Essential タンパク質科学

[監訳]
津本浩平
東京大学大学院教授

植田　正
九州大学大学院教授

前仲勝実
北海道大学大学院教授

Mike Williamson
HOW PROTEINS WORK

南江堂

© 2012 by Garland Science, Taylor & Francis Group, LLC
This book contains information obtained from authentic and highly regarded sources. Reprinted material is quoted with permission, and sources are indicated. A wide variety of references are listed. Reasonable efforts have been made to publish reliable date and information, but the author and the publisher cannot assume responsibility for the validity of all materials or for the consequences of their use.

All rights reserved. No part of this publication may be reproduced, stored in a retrieval system or transmitted in any form or by any means — graphic, electronic, or mechanical, including photocopying, recording, taping, or information storage and retrieval systems — without permission of the copyright holder.

Published by Garland Science, Taylor & Francis Group, LLC, an informa business, 711 Third Avenue, New York, NY 10017, USA, and 2 Park Square, Milton Park, Abingdon, OX14 4RN, UK.

© Nankodo Co., Ltd., 2016
Translated by Kouhei Tsumoto, Tadashi Ueda and Katsumi Maenaka
Published by Nankodo Co., Ltd., Tokyo
Authorized translation from English language edition
published by Garland Science, part of Taylor & Francis Group LLC.

Printed in Japan

訳者一覧

監訳

津本浩平	つもと こうへい	東京大学大学院工学系研究科教授
植田　正	うえだ ただし	九州大学大学院薬学研究院教授
前仲勝実	まえなか かつみ	北海道大学大学院薬学研究院教授

翻訳（収載順）

津本浩平	つもと こうへい	東京大学大学院工学系研究科教授
田中良和	たなか よしかず	北海道大学大学院先端生命科学研究院准教授
阿部義人	あべ よしと	九州大学大学院薬学研究院准教授
植田　正	うえだ ただし	九州大学大学院薬学研究院教授
帯田孝之	おびた たかゆき	富山大学大学院医学薬学研究部准教授
栗栖源嗣	くりす げんじ	大阪大学蛋白質研究所教授
白石充典	しろいし みつのり	九州大学大学院薬学研究院助教
安達成彦	あだち なるひこ	高エネルギー加速器研究機構物質構造科学研究所特別助教
千田俊哉	せんだ としや	高エネルギー加速器研究機構物質構造科学研究所教授
尾瀬農之	おせ とよゆき	北海道大学大学院薬学研究院准教授
黒木喜美子	くろき きみこ	北海道大学大学院薬学研究院助教
堀内正隆	ほりうち まさたか	北海道医療大学薬学部講師
齊藤貴士	さいとう たかし	北海道大学大学院薬学研究院特任准教授
前仲勝実	まえなか かつみ	北海道大学大学院薬学研究院教授

序　文

　タンパク質はとめどなく我々を魅了し続けてくれる．細胞内における酵素機能のほとんどはタンパク質が担っており，また細胞の構造骨格にかかわる配向や形成も担っている．タンパク質が行う触媒反応は，同等の環境下において人間が考案してきたいかなるシステムよりも，速く多様な反応速度を実現している．また，人間によって設計された多くの人工触媒よりはるかに数多くの種類の酵素が存在している．さらに，タンパク質はさまざまな強さと持続性を有しながらいくつもの相互作用を行っている．このようなタンパク質の機能を理解するうえできわめて重要なことは，その立体構造を知ることである．ところが，長年にわたり"タンパク質がどのように機能しているのか"に関して多く議論されてきたにもかかわらず，いまだ"タンパク質はいかなるものなのか"を真に理解するための詳細な構造情報を持ち合わせていない．これは我々が膜タンパク質や球状タンパク質を理解できていない主な理由である．しかしながら，タンパク質構造は，いかにしてその機能を果たしているかを明確に説明できる概念に到達しうる詳細な1つの情報に過ぎない．それゆえ，筆者は基盤となる原理を知るために構造情報を超えてタンパク質をみていく努力をし続けている．

　本書は，中級課程や専門課程の大学生に向けて筆者が行った講義内容から生まれたものである．タンパク質が生命システム・進化システムの機能的部位を担っている，という考えのもとに本書はつくられている．タンパク質は生体内でその役割を果たすための確かなかたちと機能を持ち合わせている．そこからさまざまな生物学的課題に対する明瞭な答えを求める必要はないものの，実行可能で解決の見込みがある答えを確かにもっている．タンパク質に興味をもっている専門課程の大学生，大学院生，さらには実習生にとって，本書が役立つものとなるはずである．初級課程の大学生が受講する生化学講義で含まれるような，化学や生物学に関する基本的内容は本書で十分網羅されている．さらに本書は，化学，物理学，生物学などさまざまなバックグラウンドをもった学生が読むことを想定し，どの分野からでも読めるように書かれている．

　本書は読んで楽しいスタイルで書かれている．ときに脇道にそれるようなとりとめのない内容を入れ，類推や具体例を随所に散りばめ，細部にとらわれず全体像が見えるようできる限り平易なものにし，その本質が導き出せるように実験内容よりも原理原則を強調したものになっている．

　目的の機能をもつようにタンパク質が進化的に修正されていく法則については慎重な議論が重ねられてきた．そのなかで，筆者は触媒機能や動き，そしてシグナル伝達といった"難解な"生物学的課題をタンパク質がいかに解決しているのか，という点にとくに興味をもっている．他国のことはその歴史的背景を知らない限り本当に理解することができないのと同じように，タンパク質がどのようにして現在の形態になったのかを知らない限り，タンパク質を理解したことにはならないと感じている．タンパク質の周りに存在する生理環境に関して一般性をもって類推し，そして意識することによって，読者はタンパク質そのものの姿を知ることができるだけでなく，タンパク質の理解に近づく．

　タンパク質の理解には定量的計算が用いられる．生化学分野全般，とくにタンパク質科学の領域では，その分野が成熟するためには，定量的測定の重要性をもっと強調していく必要があると筆者は強く感じている．本書の鍵となるものが，「細胞が適切に機能を果たすことをタンパク質がいかに手助けしているのか理解するために構造学的，化学的，そして生物学的な研究データを一体化する」という総体的な視点である．我々は生物科学の新しい時代に足を踏み入れようとしており，生物科学における多くの断片について，よいアイデアを持ち合わせている．そしてその断片が，機能全体を発揮するためにどのようにして互いに関わり合っているのかについて理解しつつある（これがシステム生物学の背景である）．本書はまさにそこに向かおうとしている．

私はしばらく前から動物界においてもっとも不可欠な物質の研究に専念している．その物質とはつまり，フィブリン，アルブミン，ゼラチンである．私は動物の体のすべての構成成分において存在している有機物があると結論付け（植物界においても同様である），その有機物を πρωτειος [proteios], primarius にちなんでプロテインと名付けた．それは $C_{400}H_{620}N_{100}O_{120}\cdots$ の組成をもつ．

Gerhardus Johannes Mulder（1802–1880）

本書では，取り上げるタンパク質において包括的に記述しようとはしていない．医学的な側面は，シグナル伝達関連のように必要に応じて記述しているものの，あまり網羅はされていない．実験に関する細かい内容を過度に含むことによって，どのようにタンパク質が機能しているかについての本質が曖昧なものになってほしくないため，事実として示される実験的詳細はある程度省いている．

第1～4章および第6章では，タンパク質自身が機能を果たすうえで見受けられる物理的な制約条件について述べている．この制約には，構造，物性，アミノ酸の種類，そしてタンパク質同士を引き合わせる物理的な作用がある．これらは第1章で解説されており，それに沿ってタンパク質が進化的に形作られていく流れとなっている．第2章はタンパク質のドメイン，基本となる構造に関する構成要素，そして進化的な構成要素について解説する．一方で第3章では，いかにしてドメインが互いに会合しオリゴマー化するのかについて考える．そこからタンパク質のアロステリズムや協同性といったオリゴマー化の意義について解説する．第4章では，細胞内環境についてと，これがタンパク質にどのような影響を及ぼすのかについて，一般的な教科書ではあまり解説がなされていないが，重要なトピックスを取り上げている．すなわち，細胞内が生体分子で混み合った環境にあり，そのなかでタンパク質はどのようにして標的分子と迅速かつ特異的に結合するのかについて述べている．その他，天然変性タンパク質，翻訳後修飾，さらにはタンパク質フォールディングについても記述している．最後に第6章では，研究としては発展途上の分野であるタンパク質内部の運動性についても解説している．

本書の後半部分第5章と第7～10章では，タンパク質のさまざまな生物学的機能について網羅しており，いかにしてタンパク質がそれらの機能を実行しているのか，その機能はどのような構造によって発揮されているのか，について考察している．第5章は酵素，第7章は動きや転位，第8章はシグナル伝達，第9章は複合体形成の制御，そして第10章では多酵素複合体による経時的な反応の集合体について述べる．その他，第9章ではハイスループット技術から得られた結果についても考察している．最後に第11章では，実験的手法と論理的手法の両面からタンパク質を研究する際に用いられる技術について解説する．

本文では，番号のついたアスタリスクマーク（*）についてボックス中で詳細に記述している．そこでは各概念に関するより深い理解を目指して，厳選したトピックス，著名な科学者に関する簡単な伝記，教育的な類例などを記載している．さらに本文中に太字で表された単語は，その定義について用語解説としてまとめている．

謝 辞

何らかの形で手伝って下さった多くの人々に感謝しなければいけない．私の指導教員でありメンターである Dudley Williams と Kurt Wüthrich，そして，多くの必要な知見を与えてくれた同僚に深く感謝したい．助言と修正に関しては，Pete Artymiuk と Per Bulloguh に，とくに章末問題での助言に関しては，Abaigael Keegan, Hugh Dannatt, Rebecca Hill, Vicki Kent, Tacita Nye, そして Muhammed Qureshi に感謝する．もちろん，Garland Science 社の制作チーム，とくに創案を通じてこの本を大事に育んでくれた Summers Scholl, 製作プロセスを巧みに進めてくれた Emma Jeffcock, 私の原図を素晴らしい図に仕上げてくれた Matt McClements, そして，要所でコメントと修正を下さった Bruce Goatly に，心よりお礼申し上げる．

Mike Williamson

監訳者序文

　生命現象を分子で記述する分子生物学，そして生命現象を原子レベルで記述する構造生物学は日進月歩の勢いで，私たちを驚かせてきています．つい50年前には，ごくわずかな数のタンパク質の立体構造が明らかになっていただけですが，先哲はこのような限られた情報から，モデルとなるタンパク質のふるまいを精査することで，有益な描像を提案してきました．そして，今，組換えDNA技術，構造解析などの技術革新が，タンパク質研究を取り巻く環境を高度に進化させ，その成果が社会的に大きな影響を及ぼす時代になってきています．

　原著『HOW PROTEINS WORK』は，一見すると，どのようにタンパク質が機能するかについて，主に生物学的にまとめているように見えますが，実際は，官能基レベルの化学的記述から，物理学的考察，さらにはネットワーク系の生物学的記述まできわめて広範囲に及んでいます．また，本書に「Essential」という言葉を書名に入れさせて頂いたように，タンパク質の本質を理解する上で必須の観点が網羅されています．そのような意味で，本書は，タンパク質科学の教科書として，タンパク質の機能について重要かつ不可欠な視点がまとめられているだけでなく，最先端研究の現状をもっとも簡潔にかつ適切にまとめたものと言えるでしょう．

　原著者の序文からも，タンパク質は生命システム・進化システムの機能的部位を担っている，という考えのもとに本書はつくられています．化学，物理学，生物学などさまざまなバックグラウンドを持つ学生，研究者を想定して，どこからでも読むことができ，かつタンパク質研究の魅力に取りつかれる内容となっています．さらに，医学，薬学に関連するタンパク質分子についても多く取り上げられています．これらは，特に近年医薬品開発の中核となってきていて興隆著しいStructure-Based Drug Design（SBDD）にも重要な知見を多く含んでいます．医学生，薬学生，そして広く医薬関連研究者にも本書が有益であることを強調しておきたいと思います．

　本書の翻訳にあたっては，それぞれの分野の第一線で研究を牽引されている研究者にお願いして，正確でかつ分かりやすく訳出頂きました．原著者の独特な文章表現もあり，日本語に訳しづらい箇所も多く，大変苦労したところもありました．訳語の統一をはじめ，最終的な翻訳本の仕上がりについては，監訳者に責任があり，読者諸賢からの御叱正を待ちたいと思います．

　本書がすべてのタンパク質研究者に，タンパク質研究の魅力と著者の熱意を正しく伝えること，またこれからタンパク質研究に関わる若い皆様に大いなる啓発を与える書となることを祈念しております．

　　2015年　初冬の本郷にて

監訳者，訳者を代表して
東京大学大学院工学系研究科，医科学研究所　教授
津本　浩平

主な内容

第1章	タンパク質の構造と進化	1
第2章	タンパク質のドメイン	59
第3章	オリゴマー	95
第4章	*in vivo* におけるタンパク質間相互作用	123
第5章	どのようにして酵素は働くのか	175
第6章	タンパク質の柔軟性と動力学	211
第7章	タンパク質はどのように移動するか	239
第8章	タンパク質のシグナル伝達	281
第9章	タンパク質複合体：分子機械	319
第10章	多酵素複合体（MEC）	345
第11章	タンパク質研究のための実験手法	375
用語解説		429
索引		441

目次

第1章　タンパク質の構造と進化　（津本浩平）　1

1.1　アミノ酸とペプチドの構造　1
- 1.1.1　タンパク質はアミノ酸により構成される　1
- 1.1.2　アミノ酸はいくつかの許容されたコンフォメーションしかとり得ない　4
- 1.1.3　もっとも存在確率の高いコンフォメーションはβシート領域にある　9
- 1.1.4　ほかの主要なコンフォメーションはαヘリックスと"ランダムコイル"である　10
- 1.1.5　pK_aは側鎖のプロトン化の性質を表すパラメータである　12

1.2　タンパク質を構築しているさまざまな相互作用　13
- 1.2.1　静電相互作用は強い結合になり得る　13
- 1.2.2　静電双極子によって形成される水素結合　14
- 1.2.3　ファンデルワールス力は一つひとつは小さいが，集まると強力になる　14
- 1.2.4　疎水性相互作用は性質上エントロピーに寄与する　15
- 1.2.5　水素結合は独特の方向性を示す相互作用である　17
- 1.2.6　協同性は巨大システムの特徴である　17
- 1.2.7　βヘアピン構造の形成は協同的である　18
- 1.2.8　協同的な水素結合ネットワーク　19
- 1.2.9　タンパク質の機能にとって必要な水和構造　20
- 1.2.10　相互に補償し合うエントロピーとエンタルピー　21

1.3　タンパク質の構造　23
- 1.3.1　タンパク質は一次構造，二次構造，三次構造，四次構造からなる　23
- 1.3.2　二次構造は構造モチーフをとってパッキングされる　24
- 1.3.3　膜タンパク質は球状タンパク質とは異なる　28
- 1.3.4　タンパク質の構造は（多かれ少なかれ）自身の配列によって決定される　30
- 1.3.5　準安定構造を形成するタンパク質もある　32
- 1.3.6　構造は配列よりも保存されている　33
- 1.3.7　構造類似性は機能解明に使われる　33

1.4　タンパク質の進化　36
- 1.4.1　タンパク質の目的は何か　36
- 1.4.2　進化はよろず修繕屋である　37
- 1.4.3　多くのタンパク質は遺伝子重複によって起こった　38
- 1.4.4　あたらしいタンパク質はほとんどが重複した遺伝子の改良によって生み出される　40
- 1.4.5　進化的な修繕は指紋を残している　42
- 1.4.6　あたらしいタンパク質は遺伝子を分け合うことでつくられる　42
- 1.4.7　進化においてたいていの化学反応は保存され，結合は変えられる　43
- 1.4.8　収束進化と分岐進化を区別するのは難しい　44
- 1.4.9　あたらしい機能はプロミスカスあるいはムーンライティング前駆体から発達した可能性が高い　45
- 1.4.10　逆行性進化は一般的ではない　48
- 1.4.11　タンパク質はRNAワールド内で始まった　48
- 1.4.12　進化的革新のほとんどは非常に早い段階で起こった　50

1.5　章のまとめ　52
1.6　推薦図書　53
1.7　Webサイト　53
1.8　問題　54
1.9　計算問題　55
1.10　参考文献　56

第2章　タンパク質のドメイン　（田中良和）　59

2.1　ドメイン：タンパク質構造の基本単位　59
- 2.1.1　ドメインはさまざまな方法で定義される　59
- 2.1.2　ドメインは固有の機能と関連する　61
- 2.1.3　ドメインはタンパク質を構築するための基本構成要素である　64
- 2.1.4　モジュールは交換可能なドメインである　65

2.2　タンパク質の進化におけるドメインの重要な役割　67
- 2.2.1　マルチドメインタンパク質はエキソンシャッフリングによりつくられる　67
- 2.2.2　マルチドメインタンパク質は別の遺伝的機構によってもつくられる　69
- 2.2.3　3次元ドメインスワッピングにより進化は加速する　69
- 2.2.4　3次元ドメインスワッピングは現在もなお起こる　70
- 2.2.5　あらたに付加されたドメインを介した相互作用により結合特異性が向上する　71
- 2.2.6　分子内相互作用は強く，その実効濃度は高い　74
- 2.2.7　分子内相互作用により水素結合が協調的に形成される　75
- 2.2.8　分子内のドメイン-ペプチド間の相互作用は自己抑制を促進する　75
- 2.2.9　分子内のドメイン-ペプチド間の相互作用は分子進化を促進する　77
- 2.2.10　足場タンパク質により結合特異性が高まる　78
- 2.2.11　エントロピー的な不利が少ないため分子内相互作用は強い　79

2.3　マルチドメイン構造の利点の推察　81

2.3.1	マルチドメイン構造により，あたらしい機能が容易に創出される	81		3.6	推薦図書	120
				3.7	Webサイト	120
2.3.2	マルチドメイン構造により調節や制御が容易に導入できる	82		3.8	問題	120
				3.9	計算問題	121
2.3.3	マルチドメイン構造が有用な酵素を生み出す	85		3.10	参考文献	121
2.3.4	マルチドメイン構造はタンパク質のフォールディングや会合を単純にし，タンパク質を安定化する	86				

第4章　*in vivo* におけるタンパク質間相互作用

(津本浩平) **123**

2.4	道具としてのタンパク質の利用	87
2.4.1	独立して動く部分がある道具	88
2.4.2	サイズは異なるが形状の同じ部品を使う道具	88
2.4.3	取り替え可能な部品をもつ道具	89
2.4.4	対称性をもつ道具	89
2.4.5	特有の機能をもつ道具	89
2.5	章のまとめ	90
2.6	推薦図書	91
2.7	Webサイト	91
2.8	問題	91
2.9	計算問題	92
2.10	参考文献	93

4.1	分子同士の衝突頻度に及ぼす要素	123
4.1.1	小さなスケールでは，無作為な過程がより重要な影響力をもつ	123
4.1.2	分子の拡散はランダムウォークによって起こる	124
4.1.3	衝突頻度は幾何学的な要素によって制限されている	124
4.1.4	分子同士の衝突頻度は静電的な引力によって増加する	126
4.1.5	衝突頻度はまた，静電性舵取りによっても増加する	127
4.1.6	タンパク質複合体形成は過渡的複合体を通して形成される	129
4.1.7	静電相互作用による反発力も，相互作用を制限するために重要である	130
4.1.8	高分子が密集することでタンパク質同士の会合は増えるが，その速度は低下する	132
4.1.9	巨大タンパク質の拡散は遅くなる	135

第3章　オリゴマー

(阿部義人) **95**

3.1	なぜタンパク質はオリゴマー化するのか	95
3.1.1	オリゴマー化は活性部位を遮蔽および制御している	95
3.1.2	オリゴマー化は酵素機能を改善する	98
3.1.3	オリゴマー化は対称的な二量体を形成する	99
3.1.4	遺伝情報伝達のエラー，効率およびリンカーは説得力のある理由ではない	99
3.2	アロステリー	101
3.2.1	多くの酵素はアロステリックではない	101
3.2.2	ヘモグロビンはアロステリーの典型例である	102
3.2.3	ヘモグロビンの酸素への親和性はほかのエフェクター分子によって微調整される	103
3.2.4	アロステリーには2つの主なモデルがある	104
3.2.5	グリコーゲンホスホリラーゼはアロステリーのもう1つのよい例である	106
3.3	二量体によるDNAへの協同的な結合	108
3.3.1	協同性は熱力学を使うことで理解される	108
3.3.2	配列特異的なDNA結合の問題	109
3.3.3	*trp* リプレッサーはヒンジを曲げることでDNAを認識している	111
3.3.4	CAPは二量体界面を回転させてDNAを認識する	112
3.3.5	対称的なロイシンジッパーによるDNA認識	113
3.3.6	ヘテロ二量体のロイシンジッパーによるDNA認識	115
3.3.7	MaxとMycはほかのパートナーとのヘテロ二量体ジッパーをつくる	116
3.3.8	タンデムな二量体によるDNA認識	117
3.4	アイソザイム	118
3.5	章のまとめ	119

4.2	どのようにしてタンパク質はパートナーを迅速に見つけることができるのか	138
4.2.1	逐次前進性は高分子基質からの解離速度を低下させる	138
4.2.2	2次元的探索はより速い	140
4.2.3	1次元的探索により探索はわずかに迅速化する	141
4.2.4	タンパク質の標的認識には，より細かい区画分けがされていた方が都合がよい	143
4.2.5	粘着性のアームは近距離での結合標的の探索に便利である	143
4.2.6	プロリンリッチ配列が，よい粘着性アームを形づくる	144
4.2.7	粘着性アームの相互作用は結合・解離速度が速い	145
4.2.8	粘着性アームの反応が速い理由は，そのジッパーを閉めるような反応形式にある	148
4.3	天然変性タンパク質	149
4.3.1	天然変性タンパク質は広く利用されている	149
4.3.2	天然変性タンパク質は，速い結合速度での特異的結合に役立つ	150
4.3.3	天然変性タンパク質は，強い結合を伴わない特異的結合を与える	151
4.3.4	天然変性タンパク質には，ほかにも利点があるかもしれない	151
4.4	タンパク質の翻訳後修飾	151
4.4.1	共有結合性の修飾がタンパク質の機能を最適化する	152

4.4.2	リン酸化	152
4.4.3	メチル化とアセチル化	157
4.4.4	糖鎖修飾	160
4.5	**タンパク質のフォールディングとミスフォールディング**	**161**
4.5.1	タンパク質のフォールディングは多くの場合速く，そして熱力学的に制御されている	161
4.5.2	すべてのタンパク質，とくに折りたたまれていないタンパク質の寿命は限られている	163
4.5.3	アミロイドはタンパク質のミスフォールディングの結果である	165
4.6	**章のまとめ**	**167**
4.7	**推薦図書**	**168**
4.8	**Webサイト**	**168**
4.9	**問題**	**169**
4.10	**計算問題**	**170**
4.11	**参考文献**	**170**

第5章　どのようにして酵素は働くのか
（植田　正）**175**

5.1	**酵素は遷移状態のエネルギーを下げる**	**175**
5.1.1	遷移状態とは何か？	175
5.1.2	酵素は遷移状態においてエンタルピーとエントロピー障壁を下げる	179
5.1.3	触媒抗体は強力なエントロピーの寄与を論証する	181
5.2	**化学的触媒作用**	**181**
5.2.1	化学反応は電子の動きと関係する	181
5.2.2	よい脱離基が重要である	186
5.2.3	一般酸塩基触媒は広範に分布する	187
5.2.4	求電子触媒も一般的である	188
5.2.5	サーモリシンはこれらのすべての機構を利用している	189
5.2.6	求核触媒は機構を変える	190
5.2.7	酵素はしばしば補因子や補酵素を用いる	191
5.2.8	酵素は活性部位で水をコントロールする	194
5.3	**酵素は基質の形よりも遷移状態の形を見分ける**	**195**
5.3.1	鍵-鍵穴モデルと誘導適合モデル	195
5.3.2	酵素はその基質に対して強く結合すべきでない	198
5.3.3	結合と触媒速度は密接に相互関係がある	201
5.3.4	遷移状態類似体はよい酵素阻害剤をつくる	202
5.4	**トリオースリン酸イソメラーゼ**	**203**
5.4.1	トリオースリン酸イソメラーゼは多くの触媒機構を利用している	203
5.4.2	トリオースリン酸イソメラーゼは進化的に完全な酵素である	206
5.5	**章のまとめ**	**207**
5.6	**推薦図書**	**208**
5.7	**問題**	**208**
5.8	**計算問題**	**209**
5.9	**参考文献**	**209**

第6章　タンパク質の柔軟性と動力学
（帯田孝之）**211**

6.1	**運動の時間域と距離域**	**211**
6.1.1	すばやい運動は局所的であり，互いに相関がない	211
6.1.2	局所的な運動が全体の不規則なコンフォメーションを生み出す	214
6.1.3	大きなスケールの運動はより相関があり，それゆえに遅い	215
6.1.4	すばやい運動と比較して，遅い運動はよりタンパク質に特異的である	216
6.1.5	相関する運動は，複数の水素結合を介して起こる	220
6.2	**立体配座選択**	**220**
6.2.1	タンパク質はコンフォメーション地形に存在する	220
6.2.2	立体配座選択は誘導適合よりもよいモデルである	223
6.2.3	立体配位選択と誘導適合は連続体の両端である	224
6.2.4	酵素の少数が活性型コンフォメーションを示す	227
6.3	**機能的な運動**	**229**
6.3.1	酵素は，反応座標に沿った運動性を触媒しない	229
6.3.2	部分運動は結合と触媒に必須である	230
6.3.3	埋もれた水は内部の運動性にとって重要である	232
6.3.4	内部動力学はアロステリック効果を生む	233
6.4	**章のまとめ**	**234**
6.5	**推薦図書**	**234**
6.6	**Webサイト**	**234**
6.7	**問題**	**235**
6.8	**計算問題**	**235**
6.9	**参考文献**	**235**

第7章　タンパク質はどのように移動するか
（栗栖源嗣）**239**

7.1	**タンパク質はどう働くのか**	**239**
7.1.1	細胞内移動の多くは自由拡散により起こる	239
7.1.2	一方向への移動には機械的な歯止めが必要である	240
7.1.3	Ras GTPアーゼはスイッチの原型である	241
7.2	**分子モーター，ポンプ，トランスポーター**	**243**
7.2.1	ミオシンは筋肉のリニアモーターである	243
7.2.2	ミオシンはアクチン結合と頭部の回転を連携させて働く	246
7.2.3	ダイニンは微小管のマイナス端方向へ移動する	247
7.2.4	キネシンは微小管のプラス端方向へ移動する	249
7.2.5	ATP合成酵素は回転モーターである	250
7.2.6	ATP合成酵素は回転モーターとプロトンポンプを連携させている	253

7.2.7	細菌の鞭毛はATP合成と関連している	255
7.2.8	多くのポンプやトランスポーターは対称的な開閉器に基盤がある	255
7.2.9	光駆動型プロトンポンプであるロドプシンは7本の膜貫通ヘリックスをもつGタンパク質共役型受容体である	257
7.3	**アクチンやチューブリン線維に沿った動き**	**259**
7.3.1	アクチンやチューブリン線維は継続的に重合と脱重合を繰り返している	259
7.3.2	細胞は線維構造の伸長をしっかりと制御する	261
7.3.3	細胞はどのように移動するのか	264
7.3.4	小胞は微小管に沿って運ばれる	264
7.3.5	大きな細胞はより方向性の高い細胞内輸送を必要とする	266
7.3.6	有糸分裂には主要な細胞内運動を必要とする	266
7.4	**核輸送**	**267**
7.5	**膜を介した輸送と膜への輸送**	**270**
7.5.1	膜への輸送はシグナル配列を必要とする	270
7.5.2	小胞体膜のチャネルはSec61である	272
7.5.3	ミトコンドリアや葉緑体への輸送も同様である	275
7.5.4	輸送にはエネルギーが必要である	276
7.6	**章のまとめ**	**276**
7.7	**推薦図書**	**277**
7.8	**Webサイト**	**277**
7.9	**問題**	**277**
7.10	**計算問題**	**278**
7.11	**参考文献**	**278**

第8章　タンパク質のシグナル伝達
（白石充典）**281**

8.1	**問題点とその解決方法の概要**	**281**
8.1.1	シグナル経路はいくつかの問題を克服しなくてはならない	281
8.1.2	細胞膜の障壁は脂溶性シグナルによって越えることができる	282
8.1.3	細胞膜の障壁は受容体の二量体化によって乗り越えることができる	282
8.1.4	膜障壁はヘリックスの回転で乗り越えることができる	283
8.1.5	膜障壁はチャネルを開くことで通過できる	283
8.1.6	シグナル経路は特殊化されたタンパク質モジュールを利用している	284
8.1.7	シグナル経路は特異性を得るためにモジュールを利用する	287
8.1.8	シグナル経路は特異性を得るために共局在を利用する	288
8.2	**二量体化受容体キナーゼシステム**	**289**
8.2.1	Jak/Statシステムは単純な経路である	289
8.2.2	受容体の二量体化はさまざまな形をとる	292
8.2.3	Rasは受容体チロシンキナーゼ（RTK）システムの直接のターゲットである	293
8.2.4	RasはキナーゼRafを活性化する	298
8.2.5	Rafより下流の経路はキナーゼカスケードである	300
8.2.6	共局在によりさらなる制御が可能となる	301
8.2.7	自己阻害によってさらなる制御が可能となる	303
8.2.8	細菌の二成分シグナル伝達系はヒスチジンキナーゼを有する	305
8.2.9	進化予想によって統一的な説明が可能となる	306
8.2.10	シグナルのスイッチをoffにする	308
8.3	**Gタンパク質共役型受容体**	**309**
8.4	**イオンチャネル**	**311**
8.5	**潜在性遺伝子制御タンパク質の分解を介したシグナル伝達**	**312**
8.5.1	Notch受容体は遺伝子の転写を直接活性化する	312
8.5.2	ヘッジホッグは細胞内シグナルのタンパク質分解を抑制する	313
8.6	**章のまとめ**	**314**
8.7	**推薦図書**	**315**
8.8	**Webサイト**	**315**
8.9	**問題**	**315**
8.10	**計算問題**	**316**
8.11	**参考文献**	**317**

第9章　タンパク質複合体：分子機械
（安達成彦，千田俊哉）**319**

9.1	**細胞のインタラクトーム**	**320**
9.1.1	インタラクトームは類似した構造をもつ	320
9.1.2	インタラクトームの全体像はいまだ明らかではない	321
9.1.3	相互作用複合体は決まった構造をもつが，その構造は過渡的なものである	323
9.1.4	インタラクトームは分子機械を構成する	323
9.2	**エキソソーム**	**325**
9.3	**RNAポリメラーゼⅡ複合体**	**328**
9.3.1	Pol Ⅱは順番に組み上がる	328
9.3.2	転写開始前複合体の電子顕微鏡による立体構造	331
9.3.3	C末端ドメインは伸長反応において鍵となる部分である	331
9.4	**メタボロンの概念**	**333**
9.4.1	メタボロンを巡る論争	333
9.4.2	共局在はメタボロンの証拠となる	334
9.4.3	チャネリングはメタボロンの証拠となる	335
9.4.4	ハイスループットによる解析はメタボロンに対して何の証拠も提供しない	336
9.4.5	糖分解のメタボロンには非常に有力な証拠がある	337
9.5	**章のまとめ**	**339**
9.6	**推薦図書**	**340**

9.7	Web サイト	340	11.2	分光学的手法	379
9.8	問題	340	11.2.1	分光学的手法序論	379
9.9	計算問題	341	11.2.2	紫外／可視吸光度	380
9.10	参考文献	341	11.2.3	円二色性	382
			11.2.4	蛍光	382
			11.2.5	1分子解析法	385

第10章 多酵素複合体（MEC） （尾瀬農之） 345

	11.2.6 流体力学的測定	386
10.1 基質チャネリング	346	
	11.3 NMR	387
10.1.1 トリプトファン合成酵素は基質チャネリングのもっともよい例である	346	11.3.1 核スピンと磁化	387
		11.3.2 化学シフト	389
10.1.2 ほかの基質チャネリングの例でも，毒性のある中間体を経由するものが多い	349	11.3.3 双極子カップリング	390
		11.3.4 J カップリング	391
10.2 回路反応	350	11.3.5 2次元，3次元，および4次元スペクトル	392
10.2.1 回路反応は協同性を必要とする	350	11.3.6 実例：ヘテロ核単一量子コヒーレンス実験	394
10.2.2 PDH は巨大で複雑な構造を有する	351	11.3.7 タンパク質 NMR スペクトルの帰属	395
10.2.3 PDH では活性部位でのカップリングがみられる	353	11.3.8 化学シフトマッピング	397
10.2.4 脂肪酸合成酵素は回路反応の中の複数の反応に関わっている	355	11.3.9 緩和	397
		11.3.10 NMR データからのタンパク質の構造計算	399
10.2.5 FAS の構造は反応を繰り返し起こすための大きな空洞をもつ	356	11.4 回折	400
		11.4.1 顕微鏡法とその回折限界	400
10.2.6 β 酸化は脂肪酸合成の逆反応のようなものである	359	11.4.2 X 線回折格子	401
		11.4.3 X 線回折における位相問題	403
10.3 ほぼ MEC とみなせる酵素複合体	360	11.4.4 構造，電子密度，分解能	404
10.3.1 タイプⅠポリケタイド合成酵素は化学的には FAS と似ているが MEC ではない	360	11.4.5 質の目安：R 因子と B 因子	404
		11.4.6 タンパク質結晶中での溶媒やほかの分子	405
10.3.2 いくつかのポリケタイド合成酵素は，まっとうな MEC である	362	11.4.7 タンパク質 X 線回折の実際	407
		11.4.8 膜タンパク質の構造	408
10.3.3 非リボソームペプチド生合成はポリケタイド合成酵素と似ている	363	11.4.9 繊維回折	408
		11.4.10 中性子回折	408
10.3.4 芳香族アミノ酸合成は MEC としては未熟である	363	11.4.11 電子線回折	409
10.3.5 膜内在性タンパク質は MEC のようでない	365	11.5 顕微鏡	410
10.4 多酵素複合体（MEC）の考えられる利点	369	11.5.1 クライオ電子顕微鏡	410
10.4.1 基質の代謝回転	369	11.5.2 原子間力顕微鏡法（AFM）	411
10.4.2 基質チャネル	369	11.6 相互作用解析に用いられる手法	413
10.4.3 反応速度の上昇	370	11.6.1 表面プラズモン共鳴法（SPR）	413
10.4.4 より迅速な応答時間	370	11.6.2 等温滴定カロリメトリー（ITC）	414
10.4.5 活性部位のカップリング	370	11.6.3 スキャッチャードプロット：実例	414
10.4.6 溶媒容量の増加	370	11.7 質量分析法	416
10.4.7 結論	370	11.8 ハイスループット法	418
10.5 章のまとめ	371	11.8.1 プロテオーム解析	418
10.6 推薦図書	371	11.8.2 タンパク質間相互作用—イーストツーハイブリッドスクリーニング法	419
10.7 Web サイト	371		
10.8 問題	371	11.8.3 タンパク質間相互作用—TAP 法	420
10.9 計算問題	372	11.9 コンピューター活用法	421
10.10 参考文献	372	11.9.1 バイオインフォマティクス	421
		11.9.2 動力学的シミュレーション	422

第11章 タンパク質研究のための実験手法
（黒木喜美子，堀内正隆，齊藤貴士，前仲勝実） 375

11.9.3 システム生物学	424	
11.10 章のまとめ	424	
11.1 発現と精製	375
11.11 推薦図書	425	

11.12 問題	425	用語解説	（津本浩平）	**429**
11.13 計算問題	427			
11.14 参考文献	427	索引		**441**

第1章
タンパク質の構造と進化

構造生物学は，広くは生化学，とくにタンパク質研究に多大な影響を与えてきた．タンパク質の3次元構造を知らなければ，そのタンパク質がどのように機能するのかわからないといっても過言ではない．しかしながら，結晶学者 John Kendrew が初めてタンパク質を詳細に構造決定したとき（ミオグロビン，1958年），もっとも特筆すべき特徴はその不規則さと複雑さ（Max Perutz が記したところでは，"醜い，内臓のような物体"[2]）であった（図1.1）．タンパク質がリガンドと結合し特異的に反応を触媒するためには，このレベルの複雑さが要求されるということがすぐに明らかになった．しかし，タンパク質を詳細に眺め始めるやいなや，タンパク質が折りたたまれる方法には規則的なパターンがあることがわかってきた．そのパターンは，基礎となるアミノ酸の構造や，タンパク質がどのようにパッキングされるかを方向づける力によって決められている．人体に目を向けると，構造や機能ユニットの階層組織を確認できる．すなわち，手足，臓器，細胞，細胞の構成要素というように，それらはそれぞれ下位の階層に依存している．このことはタンパク質にも当てはまる．すなわち，おのおのの構造段階（四次，三次，二次，一次構造）は，1つ下の階層に依存する．

さらに重要なことに，タンパク質の構造や機能は進化の産物である．これもまた人体に当てはまる．つまり，それを形づくってきた進化の過程を理解せずには，その機能，機能不全や発生について理解することは望めない．そのため，本書では進化の観点を重視し，その影響についての考察に第1章のかなりの部分を割いた．

第1章では基本を理解し，以降の章のための準備を行う．しかし，単なるイントロダクションではなく，発展的内容も含まれている．

1.1 アミノ酸とペプチドの構造

1.1.1 タンパク質はアミノ酸により構成される

表1.1 に示すように，DNA にコードされ，リボソーム上の mRNA からタンパク質へと翻訳される一般的なアミノ酸は20種類存在する．これらはいずれも L-アミノ酸 L-amino acid（*1.1）である．加えて，セレノシステインは UGA というアンバーコドンによりコードされる．これは通常終止コドンであり，mRNA 中の少し下流にある特殊な塩基配列により，この位置にセレノシステインが挿入される．微生物はリボソームを使わない合成法により D-アミノ酸や異常アミノ酸を生産することができる（この方法については第10章で詳細に解説する）．アミノ酸は3文字表記と1文字表記の両方が知られており，1文字表記は可能な限り3文字表記の頭文字と一致するようにしてある（表1.1）．

1つのアミノ酸には1つのカルボキシル基が含まれており，このカルボキシル基は α 炭素と呼ばれる炭素原子に結合している（この α 炭素という呼び方はカルボキシル基に隣接していることに由来する）．同様に，α 炭素はアミンに結合している（ゆえに**アミノ酸 amino acid** という）．もっとも小さなアミノ酸であるグリシンでは，これがすべてである．グリシン以外のすべてのアミノ酸では，α 炭素が β 炭素に結合し，同様にしてこれにさらなる原子が結合していく．これらにはギリシャ文字に由来する連続する文字（γ，δ など）が与えられる．カルボニル，Cα，アミンは**主鎖 backbone**（*1.3）と呼ばれ，ほかの部分は**側鎖 side chain**（*1.4）と呼ばれる．

20種類のアミノ酸は便宜的に分類されている．4種類（Asp, Glu, Arg, Lys）は中性 pH 条件下で電荷をもつ．そのうち2種類（塩基性：Arg, Lys）は正に帯電し，2種類（酸性：Asp, Glu）は負に帯電する．ほかの16種類のうち，7種類（グリシンを含めれば8種類）は**疎水性** hydrophobic で，残りの8種類は極性基を有する．この中で，ヒスチジ

> 物理学の基本的な法則は通常厳密な数式で表されるが，それらはおそらく宇宙全体で同一であろう．対照的に，生物学の"法則"は多くの場合，幅広い一般論にすぎない．なぜならば，それらは自然選択により何十億年にもわたって進化してきた，非常に巧妙な化学機構を記述するからである．
>
> **Francis Crick（1988），[1]**

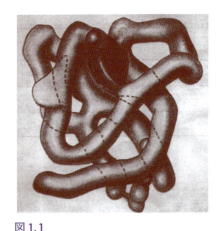

図1.1
Kendrew により得られた最初のタンパク質構造は"醜い，内臓のような物体"であった．図は1958年に得られたミオグロビンの低分解能構造である．この分解能においては，ペプチド鎖（大半は α ヘリックス）の方向しか確認できない．α ヘリックスの内部構造は規則的であるが，タンパク質構造の残り（三次構造）はきわめて不規則である．図の頂点付近の暗くなった部分はヘムであり，もちろんほぼ完全に平面のはずである（より高分解能の構造において，実際にヘムは平面である）．
(J.C. Kendrew et al., *Nature* 181: 662-666, 1958 より．Macmillan Publishers Ltd. より許諾)

表1.1　タンパク質を構成する20種類のアミノ酸とセレノシステイン							
アミノ酸名	3文字表記	1文字表記[b]	側鎖構造[c]	側鎖の pK_a	タンパク質中での pK_a の範囲	備考
アラニン	Ala	A	CH_3			疎水性，小分子
アルギニン	Arg	R	(グアニジノ基構造)	12.5		中程度の疎水性，末端は塩基性
アスパラギン[a]	Asn	N	CH_2-CONH_2			極性分子
アスパラギン酸[a]	Asp	D	$CH_2-CO_2^-$	3.9	2.0〜6.7	酸性
シスチン/システイン	Cys	C	CH_2-S- ; CH_2-SH	8.3	2.9〜10.5	疎水性 還元型（SH）：システイン 酸化型（S-S）：シスチン
フェニルアラニン	Phe	F	(ベンジル基)			疎水性，芳香族
グルタミン[a]	Gln	Q	$CH_2-CH_2-CONH_2$			極性分子
グルタミン酸[a]	Glu	E	$CH_2-CH_2-CO_2^-$	3.2	2.0〜6.7	酸性
グリシン	Gly	G	H			疎水性
ヒスチジン	His	H	(イミダゾール基)	6.0	2.3〜9.2	塩基性，芳香族
イソロイシン	Ile	I	(sec-ブチル基)			疎水性
ロイシン	Leu	L	(イソブチル基)			疎水性
リシン	Lys	K	$CH_2-CH_2-CH_2-CH_2-NH_3^+$	10.5	6.0	塩基性
メチオニン	Met	M	$CH_2-CH_2-S-CH_3$			疎水性
プロリン	Pro	P	(ピロリジン環構造)			疎水性および親水性[d]
セリン	Ser	S	CH_2-OH	14.0		極性分子
スレオニン	Thr	T	$CH(OH)-CH_3$	15.0		極性分子
トリプトファン	Trp	W	(インドール基)			疎水性，芳香族
チロシン	Tyr	Y	(p-ヒドロキシベンジル基)	9.7	6.1	芳香族
バリン	Val	V	(イソプロピル基)			疎水性
セレノシステイン	-	-	CH_2-SeH			疎水性[e]

アミノ酸は $^+H_3N-CH(R)-CO_2^-$ という共通構造を有している．ここで，Rは**側鎖** side chain であり，残りは**主鎖** backbone である．表にはRの構造を示している．

[a] 加えて，AspとAsnは総称してAsx，1文字表記ではBと表し，GluとGlnはGlx，Zと表す．

[b] 任意の20種類のアミノ酸の1文字表記は通常Xである．1文字表記は，それが唯一である場合にはアミノ酸の頭文字と同じである（C, H, I, M, S, V）．2つ以上のアミノ酸が同じ文字で始まる場合はより一般的なアミノ酸に割り当てられ（A, G, L, P, T），残りは可能な限り発音により決められている（**F**enylalanine, aspa**r**agi**N**e, a**R**ginine, **Q**tamine, t**Y**rosine）．トリプトファンは2つの環を有するためdouble-u つまりWであり，そのほかはアミノ酸の頭文字に近い文字を採用している（Asp：D, Glu：E, Lys：K）．

[c] 主鎖のCH炭素はα炭素Cαであり，それに結合するプロトンはHαである．側鎖原子には，β（ベータ），γ（ガンマ），δ（デルタ），ε（イプシロン），ζ（ゼータ），η（エータ）のように連続したギリシャ文字が与えられる．座標ファイルのようなコンピュータファイルにおいては，これらのラベルはA, B, G, D, E, Z, Hのように大文字で与えられる．Cαから同一の距離にある重い原子が2つ以上ある場合，それらは1, 2と番号をつけられる．たとえば，ロイシンの2つのメチル基はCδ1, Cδ2と名づけられる．側鎖に沿った二面角は χ_1（カイ-1．N, Cα, Cβ, Cγの4原子から形成される角度）， χ_2 などと呼ばれる．

[d] ここではアミノ酸全体が描かれている．プロリンは NH_2 基ではなくNH基を有するため，厳密にはアミノ酸ではなくイミノ酸である．第4章で解説するように，環は疎水的であるが主鎖は非常に親水的であり，たとえばポリプロリンは水に溶解する．

[e] セレノシステインは通常は標準アミノ酸の1つとみなされない（本文参照）．

*1.1 L-アミノ酸

L-アミノ酸はα炭素において L のキラリティーをもつアミノ酸である（図 1.1.1）. 接頭辞 L は左旋性 levo を表し，関連のある化合物 L-グリセルアルデヒドが偏光を左向きに回転させることを意味する．一方，D-アミノ酸（図 1.1.2）は反対の**キラリティー chirality**（*1.2）をもつ．つまり，D-グリセルアルデヒドは偏光を右向き（dextro：右旋性）に回転させる．

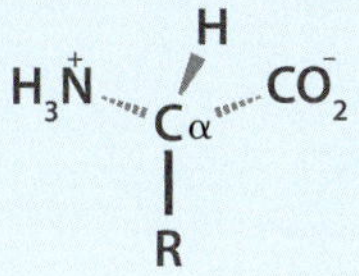

図 1.1.1
アミノ酸の $C\alpha$ 炭素はキラルである．この図は L-アミノ酸を示している．

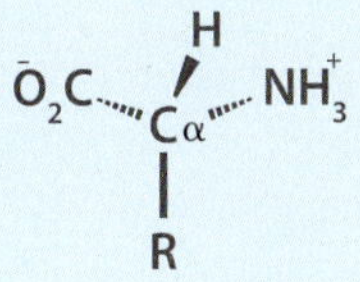

図 1.1.2
D-アミノ酸.

*1.2 キラリティー

鏡像を重ねることができない分子は非対称，言い換えると**キラル chiral** である．2つの鏡像は**光学異性体 enantiomer**，あるいはより一般的には**異性体 isomer** と呼ばれる．直線偏光を片方は左，もう片方は右に回転させるということ以外は，その物理的，化学的性質は同じである．キラリティーのもっとも一般的な要因は，たとえばアミノ酸の $C\alpha$ 炭素などの4つの異なる官能基が結合している炭素原子である（図 1.1.1）（例外はグリシンである．$C\alpha$ には2つの水素が結合しており，対称であるためキラルではない）．2つの鏡像異性体は L 体/D 体と呼ばれる．L 体の正式な定義を以下に示す．$H\alpha$ があなたの方に向くように $C\alpha$ を見る．もし C=O，側鎖，N が，時計回りに並んだらそのアミノ酸は L 体，反時計回りに並んだら D 体である．この述語体系は S 体と R 体の有機化学の定義（カーン・インゴルド・プレローグ）に関係している．すなわち，システインを除きすべての L-アミノ酸は S 体でもある．

ンの pK_a が7に近いことは特筆に値する．そのために，ヒスチジンはタンパク質中で中性 pH 付近にて，その局所環境によりプロトン化されたりされなかったりする．システインも，側鎖が容易に酸化されて S-S ジスルフィド構造を形成する（シスチンと呼ばれる）という点で特別である．血液を含む細胞外環境において，システインは通常酸化されてシスチンを形成する．しかしながら，細胞内環境は通常十分に還元的であるため，主要な構造はシステインである．そのため，ジスルフィド架橋により安定化されている細胞外タンパク質はよくみられるが，細胞内タンパク質には通常みられない（細胞内タンパク質では同様の役割を亜鉛が担っている．亜鉛は4残基のシステインまたはヒスチジンの組み合わせに結合し，多様な"ジンクフィンガー"構造を形成する）．システインもかなり低い pK_a を有しているため，良好な求核性基（*5.7 参照）となる．したがって，システインは酵素の活性部位にしばしばみられる．

20種類のアミノ酸は，物理的，化学的性質に加え，合成，分解の代謝コストも異なる．これは，異なるタンパク質においてはアミノ酸組成が大きく異なることを意味する（表

*1.3 主鎖

主鎖は，一般的にはタンパク質中の N，$C\alpha$，カルボニルの CO 基を意味する（図 1.3.1）．

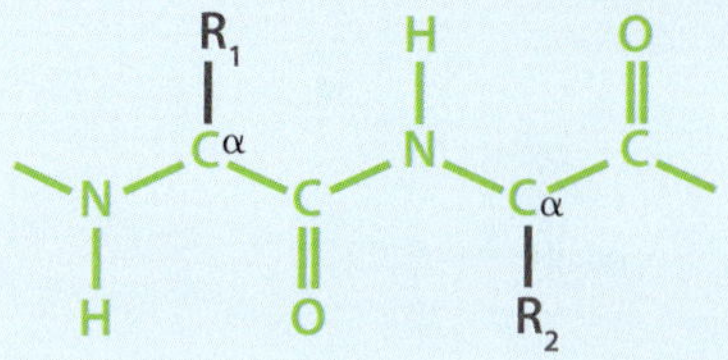

図 1.3.1
タンパク質の主鎖（緑色）．

*1.4 側鎖

側鎖は，タンパク質の主鎖ではない部分のことである（図 1.4.1）．グリシンを除くおのおののアミノ酸は側鎖を有する（表 1.1）．

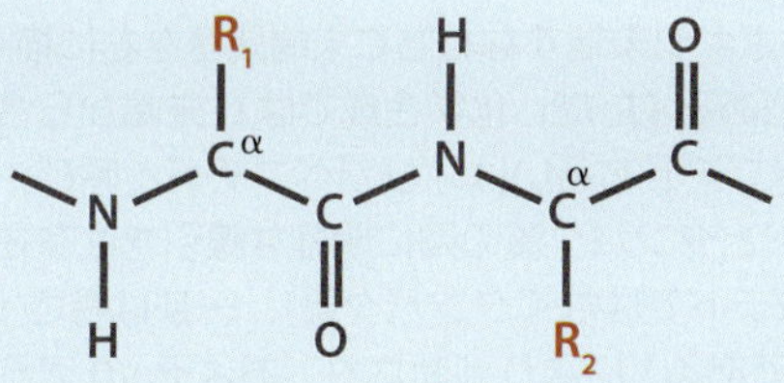

図 1.4.1
タンパク質の側鎖（赤色）．

表1.2 タンパク質中のアミノ酸の出現頻度			
アミノ酸	細胞内タンパク質中の出現頻度（%）	膜タンパク質中の出現頻度（%）	コドン数
Ala	7.9	8.1	4
Arg	4.9	4.6	6
Asp	5.5	3.8	2
Asn	4.0	3.7	2
Cys	1.9	2.0	2
Glu	7.1	4.6	2
Gln	4.4	3.1	2
Gly	7.1	7.0	4
His	2.1	2.0	2
Ile	5.2	6.7	3
Leu	8.6	11.0	6
Lys	6.7	4.4	2
Met	2.4	2.8	1
Phe	3.9	5.6	2
Pro	5.3	4.7	4
Ser	6.6	7.3	6
Thr	5.3	5.6	4
Trp	1.2	1.8	1
Tyr	3.1	3.3	2
Val	6.8	7.7	4

（データは J. Cedano et al., *J. Mol. Biol.* 266: 594–600, 1997 より引用）

1.2）．また表1.2から，アミノ酸自体も別々の数のコドンによりコードされていることがわかる．この2つの事実は，これら20種類のアミノ酸だけがDNAによりコードされるアミノ酸として選択されるにいたったかなり古い機構に関連する．

1.1.2 アミノ酸はいくつかの許容されたコンフォメーションしかとり得ない

タンパク質中ではアミノ酸は**ペプチド結合** peptide bond により連結され（図1.2），常にアミノ末端すなわちN末端残基を左に，カルボキシ末端すなわちC末端残基を右に描く．これはリボソーム上で組み立てられる順番でもある（ただし化学合成ではC末端から合成する）．アミノ酸が短く連なったものを通常ペプチドあるいはオリゴペプチドと呼び，長く連なったものをタンパク質と呼ぶ．ペプチドとタンパク質の間に明確な線引きは存在しないが，一部は構造的な側面（球状構造はペプチドではなくタンパク質），一部は長さ（化学合成できるような短いものは通常ペプチドである）により判断され，およそ40アミノ酸以上のものはタンパク質と呼ばれることが多い．ポリペプチドに組み込まれたアミノ酸

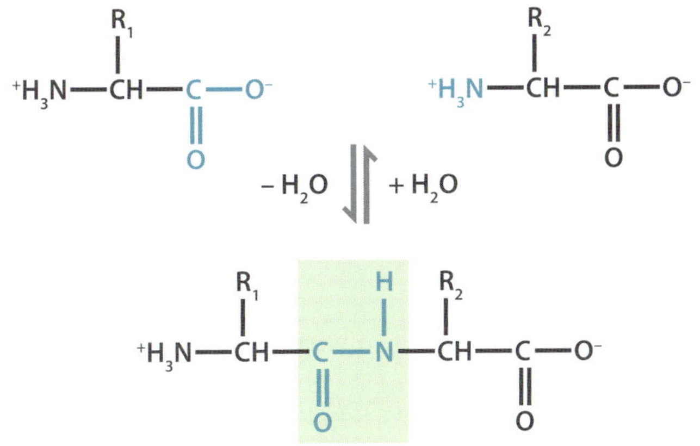

1.1 アミノ酸とペプチドの構造

図 1.2
ペプチド結合の形成．遊離アミノ酸は両端に電荷を有するが，ペプチド結合（緑色の部分）には電荷はない．結合の形成には水分子の脱離を伴い，これを**縮合 condensation** と呼ぶ．ペプチド結合の形成と開裂は，酵素により触媒されなければ，通常環境ではきわめて遅い反応である．

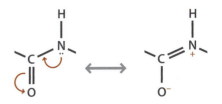

図 1.3
ペプチド結合は部分的に二重結合の特徴を有する．これは，ペプチド（C–N）結合のまわりの回転が遅く，C, O, N, H 原子がすべて同一平面上にあり，両側の $C\alpha$ 炭素も同一平面上にあることを意味する．そのとき，ペプチド窒素はわずかに正に帯電し，カルボニル酸素はわずかに負に帯電する．ここで使用されている中央の両矢印は化学において特別な意味をもつ．すなわち，巻き矢印（*5.10 参照）を用いてここで示されている電子の移動は**反応 reaction** ではなく**共鳴 resonance** という現象である．つまり，電子は（平均して）ここに示された 2 つの極端な状態の間のどこかにあるということである．したがって，C–N 結合は単結合と二重結合の間にあり，酸素はやや負電荷を，窒素はやや正電荷を帯びている．

は残基と呼ばれる．

　疎水性アミノ酸残基のなかで，プロリンは特殊である．プロリンは NH プロトンをもたず（要するにアミノ酸というよりはイミノ酸である），通常の水素結合を形成できないため，標準の規則的な二次構造にうまく適合しない．側鎖は疎水的だが，この側鎖は通常のアミノ酸よりも電子密度をカルボニル酸素に与えるため，カルボニル酸素の部分電荷はほかのアミノ酸に比べて大きい．これがプロリンに親水的性質を与えるので，プロリン含有ペプチドはよく水和し，水に溶解する．第 4 章でみるように，このことによりプロリンは重要かつ興味深いアミノ酸となっている．

　ペプチド結合は部分的に二重結合の特徴をもち（図 1.3），平面的である．99.97％の確率で *trans* 型（図 1.4 中の角 ω は 180°）であるが，例外的にプロリンの手前のアミド結合は比較的 *trans* 優先傾向が低く，およそ 5％の確率で *cis* 型（$\omega = 0$）がタンパク質中でみられる [3]（図 1.5）．これは，*trans* 型のときにプロリン環が 1 つ前のアミノ酸側鎖と近づくことを嫌い，*trans* 型を不安定化するためである．このことによりプロリンは *cis* 型コンフォメーションをほぼ唯一とり得る，興味深いアミノ酸となっている．

　アミド結合の剛直さは，ペプチド骨格において自由に回転する単結合が 1 つのアミノ酸当たり 2 つしかないことに起因する．これらの単結合は**二面角 dihedral angle**（*1.5）ϕ と ψ（それぞれファイ，プサイと発音する）により特徴づけられる（図 1.4）．これによりアミノ酸残基の主鎖配置を (ϕ, ψ) 表面上の 1 つの点として便利に示すことができるので，表面上の点の集合はタンパク質全体の主鎖コンフォメーションを表し，このプロットは**ラマチャンドランプロット Ramachandran plot**（図 1.6）と呼ばれる [4]．次に解説するように，アミノ酸コンフォメーションはこのプロット上で 2 つの主要なクラスターに分類される．これらは主鎖と側鎖の原子間にはたらく立体的な相互作用に由来し，ϕ と

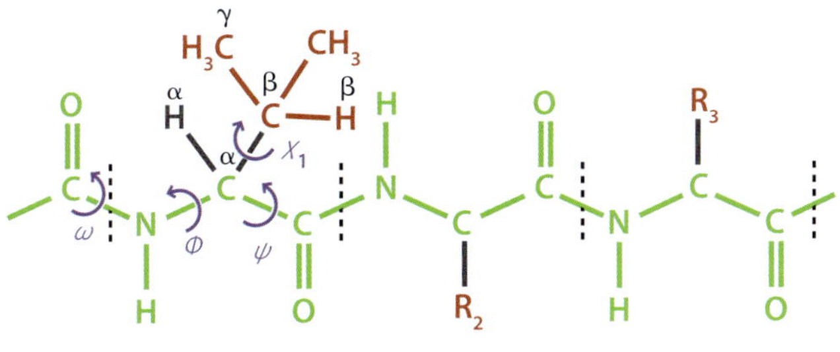

図 1.4
タンパク質鎖の一部．点線は 1 つのアミノ酸の境界を示している．この図の最初のアミノ酸はバリンである．主鎖原子は緑色で表示している．主鎖に沿った二面角（*1.5）は ϕ（ファイ．N と $C\alpha$ との間の角度），ψ（プサイ．$C\alpha$ とカルボニル炭素 C' との間の角度），ω（オメガ．C' と N との間の角度）と呼ばれている．角 ω は通常 180°であり，ペプチド結合は平面的である．赤色で表示した側鎖原子は β, γ, δ（ベータ，ガンマ，デルタ），…といった連続したギリシャ文字で命名され，側鎖に沿った二面角は χ_1, χ_2（カイ-1，カイ-2），…と呼ばれている．側鎖は，簡単に R という文字で表されることがある．

*1.5 二面角

図 1.5.1 に示すように，二面角は 4 つの原子により定義される角度である．タンパク質主鎖に沿った角 ϕ, ψ は二面角であり，側鎖の角 χ も二面角である．図は，二面角が慣例により定義された表記をもつことも示している．両端の置換基間に働く立体的相互作用により，二面角は好ましい位置をとる．

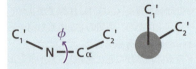

図 1.5.1
二面角は 4 つの原子により定義される角度である．たとえば，主鎖二面角の ϕ は 4 つの連続する原子，C′, N, Cα, C′（もしくは同等に，最初の 3 原子と最後の 3 原子により定義される平面間の角度）により定義される．N–Cα 結合を見下ろしたとき，もし 2 つのカルボニル炭素が重なった場合，ϕ は 0° である．ここに示したようにもし後ろの炭素が時計回りに回転すると，ϕ は正の値をとる．ここでは ϕ はおよそ +60° である．

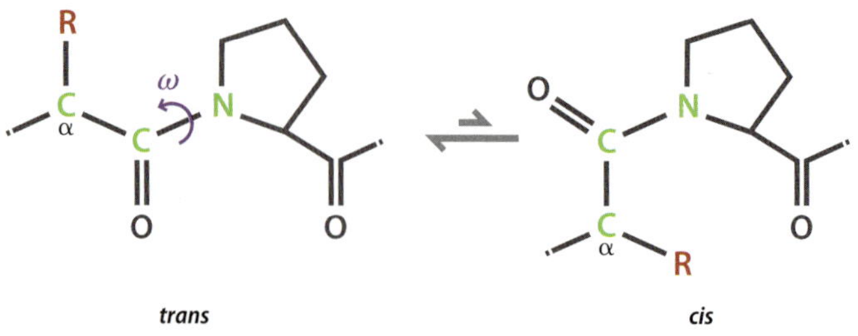

図 1.5
プロリン環と手前のアミノ酸の側鎖（R）の間の立体的な相互作用により，プロリンの手前のペプチド結合（角 ω）は，およそ 20％の割合で *cis* 型になる．*cis-trans* 異性化反応は遅く，ペプチド主鎖の方向転換を生じる．

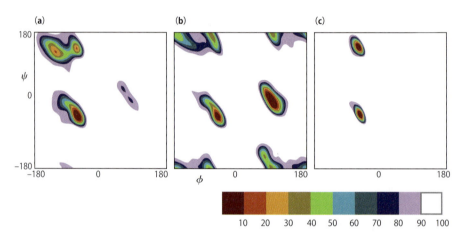

図 1.6
ラマチャンドランプロットの例．主鎖二面角である ϕ と ψ のさまざまな組み合わせのエネルギーを示している．それぞれの領域は，全体に対しての割合を示すように，右下に示した配色パターンで色分けされている．(a) すべてのアミノ酸においてエネルギー的に許容された領域．2 つの主に許容された領域が存在する．$(\phi, \psi) = (-64, -41)$ をおおよその最小値とする下側の領域には約 40％のアミノ酸が含まれ，α ヘリックス構造とヘリカルターンの特徴を有する．"真の" α ヘリックスは最小エネルギーに非常に近い値をとるが，らせん残基にはより広い範囲で角度をとるものもある．上側の領域は β シートと伸長したコンフォメーションに特徴的な領域である．β シート中の残基は左方の $(\phi, \psi) = (-121, +128)$ を中心とする極大値の大部分を，伸長した領域とポリプロリン II コンフォメーション（PP II）は右方の $(\phi, \psi) = (-66, +137)$ を中心とする極大値を占有している．$(\phi, \psi) = (+60, +60)$ を中心とした小さな領域はしばしば α_L，または左巻きヘリックス領域と呼ばれるが，実際にはほぼすべて γ ターン中の残基のみが含まれており，ターン領域と呼んだ方がよい．この領域はほかの 2 つに比べてかなり不安定であり，少数のアミノ酸しか位置していない．このプロットはタンパク質結晶構造による実験的データに基づいており，Ramachandran による最初の立体計算に基づいた，多くの教科書に掲載されているプロットとはかなり異なった形状をしていることは特筆に値する．(b) グリシンにおけるエネルギー的に許容された領域．グリシンには側鎖がないため，隣り合うアミノ酸との立体的な衝突がはるかに少なく，かなり広いコンフォメーション領域をとることができる．(c) プロリンにおけるエネルギー的に許容された領域．側鎖が主鎖アミドに戻って環化しているため，角 ϕ は −65° に制限されている．［図のデータは S. Hovmöller, T. Zhou and T. Ohlson, *Acta Cryst.* D 58: 768–776, 2002 より引用．(ϕ, ψ) プロットの利用について説明した原著論文は Sasisekharan, Ramakrishnan, Ramachandran 各氏により書かれたものであり，本来は Sasisekharan-Ramakrishnan-Ramachandran プロットと呼ばれるべきであることを追記しておかねばならない．］

*1.6 Ramachandran

G.N. Ramachandran（図 1.6.1）はインドのもっとも著名な科学者の一人で，イギリスのケンブリッジにおいて2度目の博士号を取得した時期を除いて，すべての経歴をインドで全うすることを選択しためずらしい人物である．ラマチャンドランプロット以外では，コラーゲンの三重ヘリックス構造を解明し，X線トモグラフィーにおける逆投影のためのアルゴリズムを開発した．彼は2つの生物物理研究所を設立し，伝統的なインドの音楽，哲学，詩にも関心を示した．

図 1.6.1
G.N. Ramachandran．（*Nat. Struct. Mol. Biol.* 8: 489–491, 2001 より．Macmillan Publishers Ltd. より許諾）

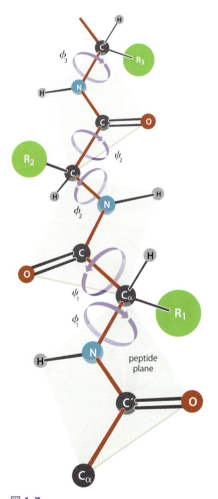

ψ の組み合わせによっては，立体障害のためエネルギーが非常に高い状態になることを意味する．

ただし，この非常に便利な表現は ω が180°であることを前提にしたものであることに注意しなければならない．事実，実際の残基では ω はたいてい180°から5°程度ずれているので，**ラマチャンドラン Ramachandran**（*1.6）プロットは ω の真の値に依存し，少しだけ動き得る角度をもつとみなすべきである．2種類を除いてすべてのアミノ酸のラマチャンドランプロットは，ほとんど同じである．**グリシン glycine** は側鎖を欠くために，より大きな範囲の主鎖の二面角をとり得る（図 1.6b）．**プロリン proline** は環化した側鎖が原因で，およそ −65°の角度 ϕ しかとり得ない（図 1.6c）．ほかのアミノ酸残基では，αヘリックスまたはβシート領域に入る傾向は最大3倍異なり，実際のヘリックスまたはシートの出現率とかなり高い相関がある [5]．これは，変性状態のペプチドがもつコンフォメーションの好みが，折りたたまれたタンパク質のコンフォメーションを決定するうえできわめて大きな役割を担うことを示唆している．

ペプチド結合の平面性は，タンパク質の構造が平面の連続から構成されることを意味し，それぞれの平面は $C\alpha$ 原子をヒンジとしてペプチド結合の原子および両端の $C\alpha$ 原子により定義される（図 1.7）．したがって，タンパク質は $C\alpha$ 原子のみを効果的に用いて表現することができる（*1.7）（図 1.8）．

アミノ酸側鎖にも好ましいコンフォメーションがある．飽和炭素原子のまわりの配置は正四面体型であり，炭素–炭素結合に沿ってアミノ酸側鎖（通常は飽和炭素原子から構成される）を見たとき，置換基は120°ずつ離れて正三角形の方向を向く（図 1.9a）．側鎖は立体障害を最小限にするように，構成原子同士を可能な限り遠ざけることを好む．これは，隣り合う酸素が"ねじれ型"のコンフォメーションをとる傾向にあることを示唆している（図 1.9b）．各側鎖二面角に対して，120°ずつ異なる3つのねじれ型の回転異性体が存在する可能性がある．高分解能タンパク質結晶構造解析により，側鎖はこれらの角度に非常に近いことが明らかになっている [6]．すべての大きい原子を可能な限り遠ざける最善の方法である場合には，しばしば1種類のねじれ型の回転異性体が好まれる．たとえば，リジンやメチオニンのような長い側鎖はジグザグのコンフォメーションで伸長するのを好む（図 1.9c）．しかしながら異なる配向間のエネルギー差は小さいため，とくにタンパク質の機能に特定の配向が必要な場合，側鎖がねじれ型にならないような配置になる例も多数存在する．低分解能の結晶構造において，表面上の側鎖の配向がしばしば乱雑であることも指摘しておくべきであろう．ゆえに，そのような構造中の表面に露出した側鎖の構造は，実験よりはモデリングによって決定される．

図 1.7
タンパク質主鎖構造は $C\alpha$ をヒンジとした平面の連続として考えることができる．（C. Branden and J. Tooze, Introduction to Protein Structure, 2nd ed. New York：Garland Science, 1999 より）

*1.7 タンパク質構造の表現

本書は，枝葉末節にとらわれることなくタンパク質が機能する原理を明らかにするように努めている．したがってタンパク質構造の図は極力単純化し，ただの1つの丸のように示すこともある．第2章のアデニル酸キナーゼは好例である．図1.7.1は酵素を非常に単純化した形で示しており，3つのドメインのコンフォメーションはフリーのときと結合したときとで変化せず，唯一の変化はそれらをつないでいるループだけであることを示唆している．図1.7.2の詳細な構造をみるとわかるように，実際は3つのドメインのうち1つはコンフォメーションをかなり変化させている．しかしながら，たとえ正確さを欠いても，図1.7.1のような単純な図の方が有益であると思われる．

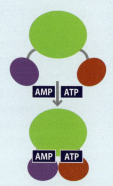

図1.7.1 略図で示された，基質に結合する際のアデニル酸キナーゼにおけるドメインの動き．

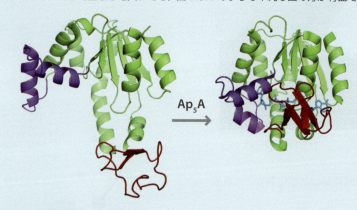

図1.7.2（左）
フリーの状態および二基質アナログである P^1, P^5-bis(adenosine-5′) pentaphosphate（Ap_5A）に結合した状態におけるアデニル酸キナーゼの詳細な構造．図1.7.1と同じ色の組み合わせを使用している．ヌクレオチド一リン酸結合ドメインは紫色，ヌクレオチド三リン酸結合ドメインは緑色，ふたは茶色，Ap_5A はシアンで示した（PDB番号：1ake，4ake．ドメインの境界はC.W. Müller et al., *Structure* 4: 147-156, 1996を参考にした）．

タンパク質構造を二次構造の絵として見ることは少なくない．これらは非常に複雑な物体を眺める助けとして非常に有用である．しかしながらそれにはいくつか問題があり，その1つは規則的な二次構造の要素をつないでいるループを細く描いているために，その存在を過小評価してしまうことである．実際，これらの構造を描くのに使用されるPymolのような多くのソフトウェアにはループをなだらかな曲線で描くオプションがあるが，それらは構造をきれいに見せる一方で実際の様子を著しく歪曲してしまう．たとえば図1.7.3aと図1.7.3bを比較すると，両方の表現はともにタンパク質構造中には多くの空隙があるという印象を与えてしまうが，これは側鎖が描かれていないためである．側鎖を含めると（図1.7.3c）図はより乱雑になり解釈が難しくなるが，少なくともタンパク質が密に詰まっていることは示せる．このことは原子を実際の体積で表示することでより明瞭に確認できる（図1.7.3d）．このような図は，タンパク質が"実際にどのように見えるのか"についてもっとも近い形で示すが，どのように機能するのかを理解するためにはあまり有用ではない．表面の表現（図1.7.3e）はタンパク質が別の分子とどのように相互作用するのかを理解するのに役に立つ．

このことを理解する最良の方法はグラフィックプログラムを使用して実際に試してみることである（章末の問題3参照）．

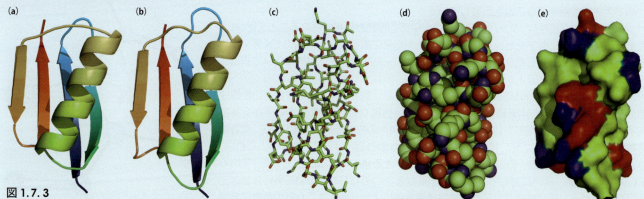

図1.7.3
これら5つの図は同じタンパク質を同じ方向から別の表現で示したものである．連鎖球菌由来Gタンパク質のB1ドメインを用いた．(a) N末端の青色からC末端の赤色にかけてグラデーションで色づけされた，タンパク質の標準的な表現．βシート中のきわだったねじれに注目せよ．(b) ループがより実際の位置に近く示されていること以外は(a)と同じ．ループはより長く，なだらかではなくなっている．(c) 標準的な配色（炭素：緑色，酸素：赤色，窒素：青色）で示されたすべての原子（水素を除く）．これはより"真実"に近いタンパク質構造の表現であるが，構造を理解するうえでは有用さに欠ける．側鎖を見ることができるし，ヘリックス状の主鎖などを認識することもかろうじてできるが，まったく容易ではない．(d) ファンデルワールス半径をもつ原子．より真実の構造に近いが，タンパク質がどのように折りたたまれているのか理解するのはほとんど不可能であるため，まったく有用ではない．しかしながら，図の下部左側の角のアスパラギン酸[やや見やすい(c)と比較せよ]と隣り合うリジンとの塩橋の好例を示している．(e) コノリー表面あるいは溶媒排除表面．これは水分子と同じ大きさの球をタンパク質のまわりに転がすことで得られ，水が浸入できない体積を示している．酸性側鎖（AspとGlu）は青色，塩基性側鎖（LysとArg）は赤色で示されている．したがって，水中で遠くから接近したときにタンパク質がどのように見えるのかについての感覚がわかる．

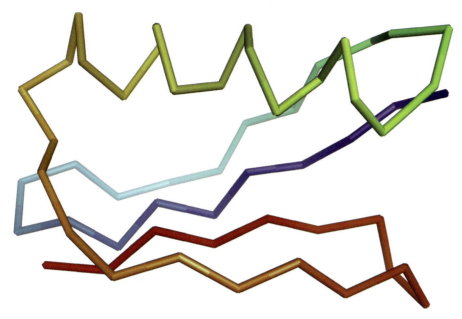

図 1.8
タンパク質は平面の連続により表現できるので（図 1.7），疑似的な結合でつないだ Cα 炭素を用いてタンパク質の 3 次元構造を簡便に表現することができる．図は，N 末端の青色から C 末端の赤色にかけてグラデーションで色づけされた連鎖球菌由来の G タンパク質を示している．

1.1.3 もっとも存在確率の高いコンフォメーションは β シート領域にある

立体的な制限（すなわち原子が近づきすぎてしまうこと）のため，エネルギー的に許容されるコンフォメーションは 3 つの広がった領域にしかなく，これがラマチャンドランプロットの原点であった．この 3 つの領域のなかでもっとも密集しているのが β シート領域である．この領域には β シートを含む伸長したコンフォメーションをとる残基が含まれる．これらのシートは，横に並んだいくつかのポリペプチド鎖，すなわち **β ストランド** β strand から形成される．隣り合うストランド（鎖）は平行にも逆平行にもなり得るが（図 1.10），**逆平行鎖** antiparallel strand の方がより一般的である（小さな β シートはほとんど逆平行であり，平行鎖のみからなるシートは非常にめずらしい）．逆平行シートは，平行シートと同様の局所配置とエネルギーを有するが，フォールディング中の 1 本のス

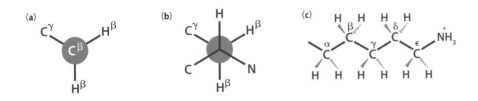

図 1.9
アミノ酸側鎖のねじれ型回転異性体．(a) Cα から Cβ の方向に眺めたときの長い側鎖（たとえば Met や Lys）．(b) Cα とそれに結合した原子（L-アミノ酸の場合）を含めたときの同じ方向からの眺め．Cα と Cβ 上の置換基は，3 つの可能なねじれ型回転異性体のうちの 1 つの状態をとる．(c) すべての炭素がねじれ型で立体重複が最小限となる，エネルギー的に好ましいコンフォメーションをとる場合のリシン側鎖．炭素原子は紙面上にあり，水素は手前と奥に位置する．

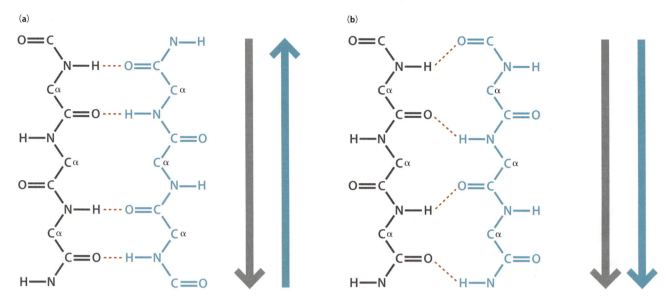

図 1.10
βシートの2つの種類．(a) 逆平行βシート．水素結合は茶色の点線で示されており，シートの方向に対しておおよそ垂直に形成される．シートはしばしば簡潔に矢印を用いて描かれる．(b) 平行βシート．水素結合は逆平行βシートより非対称である．

トランドだけで平行シートよりも容易に形成される（図1.11）．逆平行シートは一般的に著しいねじれを有する（図1.12）．これはおそらく，アミノ酸が折りたたまれる方法の当然の帰結として生じたものである．ラマチャンドランプロットのβシート領域には，**ポリプロリンⅡヘリックス** polyproline Ⅱ helix（図1.13）や伸長したストランドの中の残基も含まれる．これらの構造はすべてアミノ酸当たり同じ長さをもち，可能な限り伸長した状態に近い．これらの異なるコンフォメーション型に決まった境界線を引くのは不可能である．実際のβシートでは，個々の残基は"標準的"なラマチャンドラン角からはかなり異なったコンフォメーションをとり得る．βシートは，シート中の主鎖の原子がジグザグの配列を形成するために，**ひだ状** pleated に表現されることもある（図1.14）．

1.1.4 ほかの主要なコンフォメーションはαヘリックスと"ランダムコイル"である

ラマチャンドランプロット中のほかの主要な領域としてはαヘリックス領域がある．αヘリックスは右巻き（標準的なねじを回す向きと同じ方向．時計回り）であり，1回転当たり3.6残基である（図1.15）．残基 i のカルボニル酸素が残基 $i+4$ のアミド窒素と水素結合する必要があるため，αヘリックスの構造はβシートよりも正確に固定されている．αヘリックスのほかの顕著な特徴は，すべてのアミド N–H 基がヘリックスの N 末端を向き，一方すべてのカルボニル基は C 末端を向くことである．アミドの N–H 結合は，H が正，N が負にかたよった極性をもち，カルボニルも C が正，O が負にかたよった極性をもつ．これによりαヘリックスは巨視的な**双極子** dipole を有する．1.3.2 項でさらに解説するように，N 末端は正，C 末端は負に分極する傾向がある．

ほとんどのαヘリックスは一般的に Thr, Ser, Asp, Asn のような親水性アミノ酸により構成され，N 末端に特徴的なアミノ酸のパターンを有する．これらの側鎖はヘリックスが開始する1残基前の"露出した"アミド基と，安定化に寄与する水素結合をつくる．

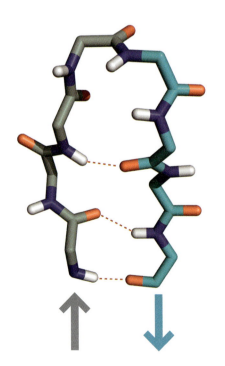

図 1.11
βヘアピンを構成する逆平行βシート．2つのストランドが末端でβターンを形成している．原子は，炭素：灰色またはシアン，窒素：青色，酸素：赤色，水素：白色（アミドの水素のみ）で示されている．主なターンの形式は2種類ある．図はⅠ型ターンで，おおよそらせん状であり，もっとも一般的な形式である．Ⅱ型ターンでは，中央のペプチド結合のペプチド平面がおよそ180°回転している．これによりターン中の2番目の残基の側鎖が関与する立体障害が生じるため，この残基は結果としてほとんどの場合グリシンである．

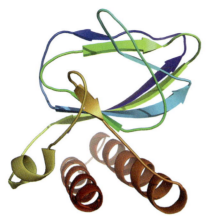

図 1.12
β ストランドから形成されるねじれたシート．この典型的な例はアラビノース結合タンパク質 araC である（PDB 番号：2ara）．

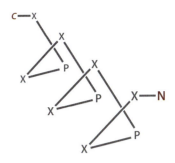

図 1.13
ポリプロリン II ヘリックスの略図．1 つのアミノ酸から次のアミノ酸にかけて 120°回転し，1 ターン当たり 3 アミノ酸となっている．PXXP という配列では 2 つのプロリンが同じ面を向く．この図では省略されているが，このヘリックスは実際はとても長い．ポリプロリン I ヘリックスは *cis*-プロリンの繰り返しを含むため，実際のタンパク質の中にはみられない．

これは N-cap と呼ばれ，どこでヘリックスが開始するのかを定義するための助けとなる．α ヘリックスの C 末端を示す明確な合図はなく，概して N 末端に比べてはっきりと定義されていない [7]．

アミノ酸が左巻きヘリックスを形成することは理論的には可能であるが，この構造はより不安定である．とくにターンにおいて，個々の残基がこのコンフォメーションをとることはあるが，タンパク質中で左巻きヘリックスは観察されない．変性状態あるいは天然変性のタンパク質のような構造をとらないペプチドは，一般的に図 1.6a に示す分布に従った (ϕ, ψ) 表面上に位置するような主鎖コンフォメーションをとる（厳密にいうと，側鎖構造によりそれぞれのアミノ酸は個々の (ϕ, ψ) 分布をもち，これによりランダムコイル構造は配列特異的になっている [8]）．したがって，残基がたまに α ヘリックスコンフォメーション，または非常にまれに左巻きヘリックスコンフォメーションをとることはあるが，優先されるコンフォメーションは伸長した，言い換えると β シートの領域にある．ゆえに変性状態あるいは**ランダムコイル** random-coil のタンパク質は基本的に伸長している．

タンパク質には疎水基および**親水基** hydrophilic／極性基が含まれる．以下でみるよう

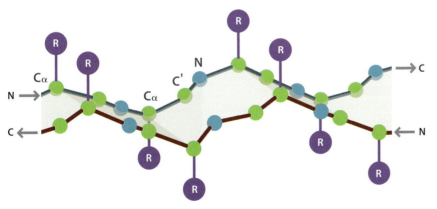

図 1.14
"ひだ"を強調した逆平行 β シート．"ひだ"によりシートはジグザグの構造になっている．側鎖が交互に上下に配置され，隣接するストランド上の側鎖が接近していることに注目せよ．（C. Branden and J. Tooze, Introduction to Protein Structure, 2nd ed. New York：Garland Science, 1999 より）

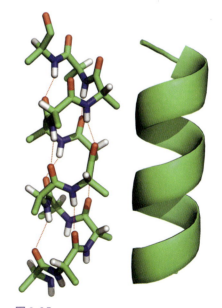

図 1.15
α ヘリックス．すべての N–H 結合がヘリックスに対しておおよそ下を向いており，すべての C=O 結合がヘリックスに対して上を向いていることに注目せよ．これがヘリックスに双極子モーメントを与えている．多くの水素結合が直線的でないことも印象的である．見やすいように側鎖は除いてある．

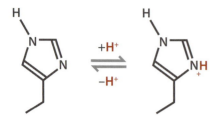

図 1.16
ヒスチジンのプロトン化平衡．ヒスチジンの pK_a に対応する pH のとき，それぞれの存在確率は 50％である．

に，それらの構造は，疎水基は互いに集まるように，そして荷電基または極性基は水素結合できるように決定される．とくに，すべてのアミノ酸は極性のあるペプチド結合を有するため，ペプチド結合は互いに，または水と水素結合できるようにすることが重要である．タンパク質で形成される規則的な二次構造は，ラマチャンドランプロット上の主鎖のペプチド結合が互いに水素結合を形成することもできる領域になるように決定される．これは，タンパク質は α，β と命名された 2 つの規則的な構造に折りたたまれるはずである（すなわちこれらはすべての主鎖のアミドとカルボニルを含む主鎖の水素結合の形成が可能な 2 つしかない規則的な構造である）という，**ライナス・ポーリング Linus Pauling**（*1.8）による最初の提案の根拠であった．

1.1.5　pK_a は側鎖のプロトン化の性質を表すパラメータである

pK_a はある官能基の 50％がプロトン化されおり，50％が脱プロトン化されている状態での pH である．したがって，たとえば露出したヒスチジン側鎖の pK_a は 6.0 である（表1.1）．これは pH 6.0 のとき，50％は中性のヒスチジンであり，残りの 50％はプロトン化されたヒスチジンであることを意味している（図 1.16）．異なる pH のとき，プロトン化されている官能基とプロトン化されていない官能基の割合は**ヘンダーソン・ハッセルバルヒの式** Henderson-Hasselbalch equation によって以下のように簡単に求められる．

$$\mathrm{pH} = \mathrm{p}K_a + \log([\mathrm{base}]/[\mathrm{acid}])$$

ここでは，プロトン化されていない官能基が base で，プロトン化されている官能基がacid である．この式によると，pH 7.0 の環境においては，約 90％のヒスチジンは中性であり，10％しかプロトン化されていないことがわかる．

ところが，実際のタンパク質内では，pK_a は表 1.1 に記載されている値からいくらか変化する可能性がある．このため，プロトン化や脱プロトン化が必要なさまざまな状況にお

---

*1.8　Linus Pauling

Linus Pauling（図 1.8.1）は化学の新分野を開拓した．彼は量子化学に取り組み，化学結合，炭素の四価性，結合混成の性質を明らかにした．また，電気陰性度の概念を生み出したほか，芳香性と共鳴の性質を明らかにした．ペプチドの構造を研究し，結晶構造が得られるずっと以前に α ヘリックスと β シートという 2 つの新規な構造を提案した．酵素触媒を研究し，酵素は遷移状態を安定化することにより働くということを初めて明確に提案し，遷移状態アナログに注目することで研究を進めることができるとした．鎌状赤血球貧血の分子基盤を明らかにし，分子レベルでの遺伝病の研究を開始した．彼は 2 つのノーベル賞を受賞した数少ない人物の一人である（ほかには Marie Curie, John Bardeen, Fred Sanger がいる）．1 つは化学結合についての業績によるもので，もう 1 つは平和賞である（彼は核実験と核兵器に反対する運動を率い，マッカーシーが影響力をもつ上院国内治安小委員会に"この国における共産主義的な平和攻勢の主要活動のほぼすべてにおいて一番の学者"といわしめた）．*New Scientist* 誌は，歴史上でもっとも偉大な 20 人の科学者の 1 人に彼を選んだ．彼はまた，ビタミン C の大量摂取は健康によいという運動を精力的に行って議論を呼んだ（93 歳まで生きたので，一理あるのかもしれない）．

図 1.8.1
Linus Pauling.（写真提供：US Library of Congress, public domain）

いてヒスチジンは非常に機能的なアミノ酸側鎖として働くことができる．タンパク質は大きく2種類の方法で側鎖のpK_aを変化させることができる．まず1つ目として，ある側鎖が疎水環境下にある場合，その側鎖は電荷をもちにくくなる．つまり，酸性アミノ酸側鎖のpK_aは上昇し（これは，プロトン化するためには，よりプロトン濃度を下げる必要があることを意味している），塩基性アミノ酸側鎖のpK_aは低下する．2つ目として，酸性アミノ酸側鎖を正の電荷をもつ官能基のすぐそばに配置することで，脱プロトン化が促進される（すなわち，pK_aは低下する）．また反対に，負の電荷をもつ官能基のすぐそばに配置することで，pK_aは上昇する．

遊離した Asp，Glu，Lys，Arg の pK_a はそれぞれ 3.9，4.1，10.8，12.5 であり，7 からは離れているため，pH 7 では 1 つの状態が支配的であると予想される．タンパク質内では，各残基のpK_aはpH 7にシフトし得るが，これはそれほど一般的ではない．というのも，触媒残基の大半はプロトンの運搬を担っており，ヒスチジンが酵素の活性残基に広くみられるからである．そして実際にヒスチジンはもっとも一般的な触媒残基である [9]．ところが，Asp，Glu，Cys，Lys，Tyr が酵素活性に必要な場合にはpK_aが7近くに変わることがある（表1.1）．

タンパク質全体の電荷は，単純にタンパク質内の電荷の合計である．そして，それはタンパク質を構成する各アミノ酸のpK_aの値に基づき見積もることができる．そのような計算をする Web サイトも多数あり，いくつかを章の最後にリストアップした（たとえばNCBIなどである）．タンパク質内の電荷が0になるpHはpIと呼ばれる．pIの溶媒中ではタンパク質の可溶性はもっとも低くなるため，pIは非常に有用な情報である．さらに，pIはイオン交換クロマトグラフィーで精製できるか，2次元電気泳動で分離可能かなどを示唆する値でもある．

アミノ酸単体では，主鎖のアミノ基とカルボキシル基に電荷がある（*1.1）．その電荷はそれぞれプラス，マイナスである．つまりアミノ酸単体は，**両性イオン** zwitterion である．ポリペプチドは主鎖にそのような電荷をもっていないが，N末端はプラスに帯電しており，C末端はマイナスに帯電している（図1.2）．

1.2　タンパク質を構築しているさまざまな相互作用

タンパク質内のもっとも強い結合は共有結合である．そのエネルギーは約 200 kJ mol^{-1} である．これらの共有結合はタンパク質が死ぬまでの間，壊れることはない．ただ1つの例外がジスルフィド結合である．この共有結合は，還元により開裂する場合がある．細胞外のタンパク質内では，ジスルフィド結合は実際に驚くほどタンパク質を安定化している．たとえば，リボヌクレアーゼ A 内の 4 本のジスルフィド結合が壊れると，タンパク質は完全に変性する．一方，以下で解説する非共有結合のエネルギーの大きさは数 kJ mol^{-1} 程である．そして水分子がどれほど非共有結合の多くの力を弱めているかを考慮する必要がある．生体内でのタンパク質の安定性は26〜60 kJ mol^{-1}である．第2章で解説するように，その値は1つの共有結合のエネルギーより圧倒的に小さく，数個の非共有結合の合計に等しい．タンパク質の安定性は，トータルのエネルギーの間の微妙なバランスで決まっている．

1.2.1　静電相互作用は強い結合になり得る

分子間の相互作用は原理的にはすべて電荷-電荷間相互作用である．もっとも明確な例は常に電荷をもっているイオン間の相互作用であり，**塩橋** salt bridge を形成しているクーロン力や**静電相互作用** electrostatic force などをさす．水中では電荷は水分子やイオンに溶媒和される（図1.17）ので，溶媒和されていないむき出しの電荷に出くわすことはほとんどない．ただし，金属タンパク質は例外である．金属タンパク質内では金属はタンパク質内部に埋もれていることが一般的である．タンパク質の表面では，電荷の大きさは水分子との相互作用により効果的に弱められる．しかしそうはいうものの，電荷だけが遠い距離を超えても影響を及ぼす唯一の力である．2つの電荷間に働く力は距離の2乗のみに反比例して減少するが，遠い距離まで影響を及ぼすことができる．ところが，水分子の大きな極性モーメントにより，その効果は劇的に弱められる．水分子の極性モーメントはそ

図 1.17
水中では，電荷を帯びた官能基は電荷を互いに遮蔽するように働く水分子によって水和されている．

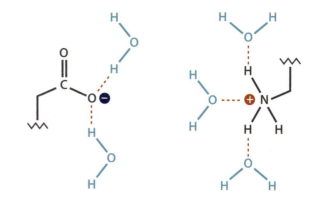

の電荷を互いに遮蔽する役割を果たし，期待するほどの効果を電荷がもたないようにしているのである．第4章で解説するように，静電相互作用は溶液中で分子が互いに引き寄せ合い，適切な位置で向かい合うことに重要な役割を果たしている．

タンパク質内の多くの原子は部分的な電荷を保有している．電気陰性度の大きいN原子やO原子などは部分的にマイナスの電荷を帯びているが，アミド基の水素やカルボニル炭素などはプラスの電荷を帯びている．ペプチド結合内のN, O, C, H原子に関して計算されたおおよその電荷は，それぞれ –0.4, –0.5, +0.5, +0.2 であり，部分的な電荷はけっして小さくはないのである．これらの電荷も互いに引きつけ合い，反発する．それらの電荷は比較的小さいため力も小さいが，部分電荷を帯びている原子の数は一般的に完全な電荷を帯びている原子の数よりも多いため，蓄積したこれらの力の影響は非常に大きいといえる．注目すべき一例として，微生物のもつ硫酸結合タンパク質内に存在する硫酸イオンが挙げられる．この2価の負の電荷をもつ硫酸イオンは，完全にタンパク質内の疎水領域に埋まっており，主鎖原子上の部分電荷との水素結合によって安定化されている [10]．

1.2.2 静電双極子によって形成される水素結合

水素結合 hydrogen bond はマイナスの電荷を帯びた2つの原子の間に1つの水素原子がある場合に形成される．水素結合は，その性質上，静電相互作用であるとみなされることが普通である．N–H と C=O の双極子は強力な水素結合を形成する（図1.18）．第4章で記述するように，ペプチド基–ペプチド基間に形成される水素結合のエネルギーはおよそ $15 \sim 20 \text{ kJ mol}^{-1}$ であるが，ペプチド基–水分子間に形成される水素結合も同様のエネルギーをもつ．それゆえに，まったく水素結合を形成していないペプチド基は本来ならば $15 \sim 20 \text{ kJ mol}^{-1}$ エネルギー的に不利な状況であるにもかかわらず，水中のペプチド基はたいていの場合すでに水和しているため，2つのペプチド基間で形成される水素結合の正味のエネルギーはとても小さいのである（図1.19）．タンパク質の表面においては，ペプチド基は水分子と水素結合している可能性が高いが，タンパク質の内部においては，あらゆるペプチド基は必然的に別のペプチド基と水素結合を形成しているか，内部に埋もれた水分子や側鎖と水素結合を形成している．

水素結合はタンパク質内においてもっとも興味深い非共有結合である．それは，水素結合が非常に配向制御された結合であるからである．水素結合の配向性に関しては以下の項においてより詳細に解説することとする．

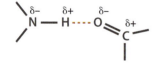

図 1.18
アミド N–H, C=O 基間で形成される水素結合．隣り合った原子にわずかなプラス，マイナス電荷を帯びた双極子をそれらは形成している．N, H, O, C 原子はそれぞれおよそ –0.4, +0.2, –0.5, +0.5 の電荷を帯びている．N–H⋯O や C=O⋯H の最適角度は $120 \sim 180°$ の範囲である（図1.23）．NMRの結果によると，水素結合にはわずかに共有結合が寄与している．それは，Jカップリングが水素結合をはさんで観察できるからである（第11章）．

1.2.3 ファンデルワールス力は一つひとつは小さいが，集まると強力になる

あらゆる原子はプラスに帯電した原子核と，その周辺にあるマイナスに帯電した電子から構成されている．原子核は動かないが，電子はその周辺を非常に高速に動き回ることができる．とくに，部分電荷をもつ原子がまったく帯電していない原子のすぐそばにある場合，その電荷は帯電していなかった原子の電子密度分布を変化させ，ある弱い誘起的な相互作用を生み出す．これは，完全に電気的に中性な2つの原子においても当てはまる．つまり，ある原子において一瞬生まれた電荷のかたよりが，もう1つの原子の電子密度

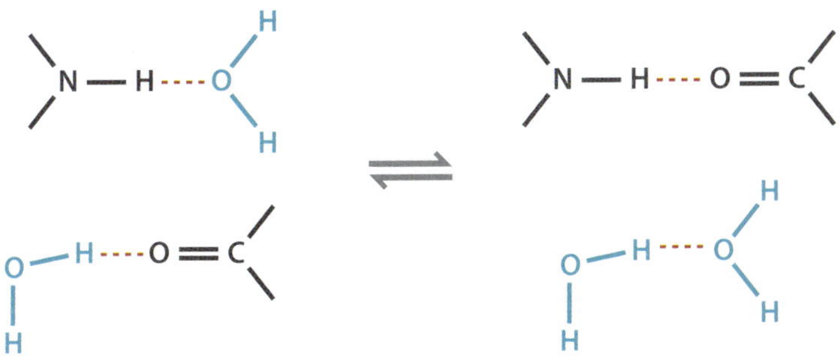

分布を変化させ，弱い誘起的な相互作用を生み出すのである．このように，あらゆる原子は互いに引きつけ合っており，この相互作用が通常**ファンデルワールス引力** van der Waals attraction と呼ばれるものである．上記の力はロンドン分散力とも呼ばれる．この力は，直接的な静電相互作用よりも弱い．しかしながら，あらゆる原子は互いに引きつけ合うため，その力は総合すると非常に強力になる（ところが，引きつけ合ったり反発したりする双極子間の相互作用は単純に足し合わせにはならない）．ファンデルワールス引力は距離 r のおよそ 6 乗に反比例して，遠ざかるほど小さくなる．したがって，この相互作用は静電相互作用と比べて非常に近距離で働く相互作用であり，分子同士がほとんど接触しているような距離にある場合にのみ効果的に影響力をもつ．異なる原子同士でも，多かれ少なかれ効果的である．もっとも大きな力が働くのは，もっとも電子が動き回りやすい原子，言い換えればより分極しやすい polarizable 原子同士においてである．より分極しやすい原子とは，より原子量の大きな原子であるという傾向がある．たとえば，硫黄原子は酸素原子より分極しやすく，それゆえに非常に強力なファンデルワールス引力を形成する．

ファンデルワールス力は引力とそれに対応して反発力ももっている．電荷–電荷間の反発力は引力のとき同様より遠くの距離まで働く唯一の反発力である．そして，第 4 章でより詳しく論じるが，反発力は分子同士が互いに引き寄せ合いながら正しい配向をとっていく際に，重要である．**ファンデルワールス反発力** van der Waals repulsion は原子同士が互いに接近しすぎた場合非常に強力な力となり，距離 r のおよそ 12 乗に反比例して近づくほど大きくなる（図 1.20）．

1.2.4 疎水性相互作用は性質上エントロピーに寄与する

最後に論じる力は，一般的に疎水力または**疎水性相互作用** hydrophobic interaction として知られているものである．そしてそれは，これまで論じてきたほかの力と違い，物理的な力ではない．疎水性相互作用は，Leu，Ile，Val，Phe などの疎水性残基がタンパク質内部で集合し，水分子を内部から追い出すことで生まれる力であると一般的に説明されている．これまで論じてきた相互作用の駆動力はエンタルピー的であるのに対し，疎水性相互作用の駆動力はエントロピー的である点において異なる（*3.1 参照）．

水 water（*1.9）中において親水基は水分子とエンタルピー的に有利な相互作用をする．親水基は水分子と水素結合を形成する．一方で疎水基は水素結合を形成できない．それゆえに，水中にある疎水基は水分子周辺で形成され得る水素結合の数の減少を導き，結果として，水分子をエネルギー的に不安定な状態にする．水分子は互いに水素結合をより形成しやすくするため，疎水基のまわりに規則正しく並ぶようになる（図 1.21）．結果として，水中において疎水基が増えることはエンタルピーの増加と明らかなエントロピーの減少につながり，このどちらからも疎水基が水中にあることはエネルギー的に好ましくないといえる．

疎水性相互作用はこのエネルギーの損失を最小にしようとする結果，生まれてくる力である．疎水基は互いに集合し，水中に露出した疎水的な領域を最小化しようとすることで，上記の影響を減少することができる．水分子は水素結合を再構築し，より流動的になることができるのである．それにより，エンタルピーは減少，エントロピーは増加する．$\Delta G =$

図 1.19
ペプチド基は通常水和している．したがって，水中における 2 本のペプチド鎖間の水素結合の形成は，形成されている水素結合の正味の数を変化させない．

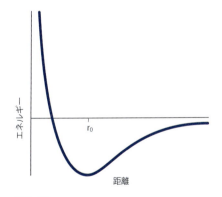

図 1.20
距離の関数としてプロットした 2 原子間のファンデルワールスエネルギー．r^{-6} に比例するエネルギー的に有利な（負の）エネルギーと，おおよそ r^{-12} に比例するエネルギー的に不利な（正の）エネルギーがある．不利なエネルギーは 2 原子が近づきすぎると（2 原子のファンデルワールス半径の合計より小さい距離になると）影響が大きくなる．これら 2 つのエネルギーの合計は平衡の距離である r_0 において最少となる．

*1.9 水

水分子が少し変わった分子であることは忘れられがちである．たとえば，もしさまざまな水素化した元素の融点や沸点をプロットしたならば（図1.9.1），水分子が非常に高い沸点をもっていることが際立つであろう（同様の理由でHFも高い沸点を示す）．ほかにも凍らせると膨張する，非常に大きな表面張力をもっている，非常に高い熱容量をもっている，ほかの溶媒にはほとんど溶けない多くの金属イオンを溶かす，といった性質がある．これらの性質はいうまでもなく，**水素結合** hydrogen bond を形成できる性質による．水素結合は本質的には静電相互作用である．酸素原子上の部分的な負電荷が水素原子上の部分的な正電荷を引きつけるのである．これらの引力は，氷のような構造体へ集合するように水分子を誘導する（図1.9.2）．その状態では，あらゆる水素原子は1本の水素結合を形成し，あらゆる酸素原子は2本の水素結合を形成する．したがって，あらゆる水分子は合計で4本の水素結合を形成する．しかしながら，そのような配列はエントロピー的に不利である（*3.1参照）．その結果"fluctuating iceberg"（たゆたう氷山）とおしゃれな名前で呼ばれる構造体となり，この秩序だった配列は熱運動により絶えず壊れ続けているのである（図1.9.2）[133]．

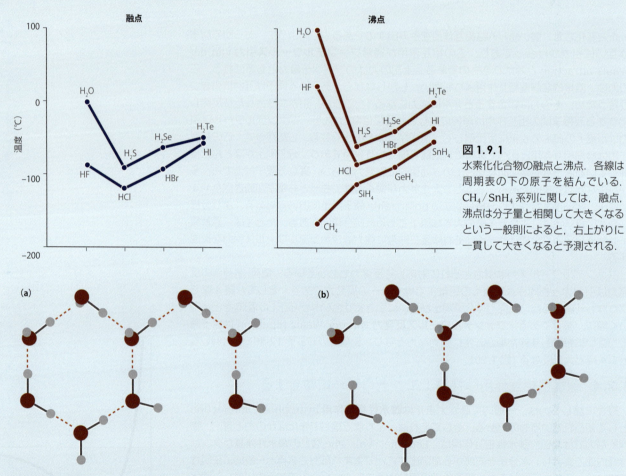

図1.9.1
水素化化合物の融点と沸点．各線は周期表の下の原子を結んでいる．CH_4/SnH_4 系列に関しては，融点，沸点は分子量と相関して大きくなるという一般則によると，右上がりに一貫して大きくなると予測される．

図1.9.2
氷と水の構造の違い．(a) 氷の構造：3次元格子構造．あらゆる水分子は互いに2本の水素結合を酸素原子から，1本の水素結合を水素原子から結んでいる．この構造はエンタルピー的には有利であるが，エントロピー的には不利である．したがって，この構造は低温下で好ましい．(b) 水の構造．氷のような領域がいくつか残ってはいるものの，平均して1分子当たりの水素結合の本数は減少している．したがって，エンタルピー的には不利になるが，エントロピー的には有利になる．水分子は水素結合を素早く形成したり破壊したりしている．

$\Delta H - T\Delta S$（*3.1参照）であるため，これら両方が全体の好ましい自由エネルギー変化につながることになる．この効果により，水と油の混合物から油だけが集まってくる．この駆動力は，油性分子同士の引力ではなく，水分子が油性分子と結合するより水分子同士で結合することを好むことによって生じるのである．それゆえに，本質的には疎水性相互作用は力ではなく，むしろ，エネルギー的な不利の解消である．疎水効果は表面の疎水領域の面積に比例する．

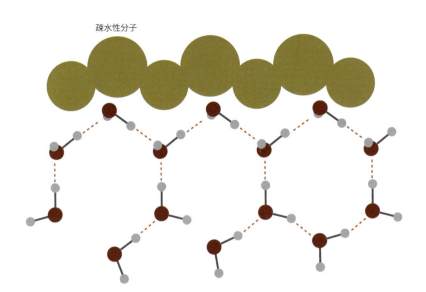

図1.21
疎水性分子を水の中に入れると，氷のような構造をその周囲に誘起する（*1.9の水の構造と比較せよ）．

　この説明は一般的な生物学的温度下では妥当なものである．しかしながら高温下ではエントロピーとエンタルピーのバランスが異なっており，疎水性相互作用は水分子が疎水的な溶質と相互作用するとエンタルピー的に不利になるために生じる力であると説明する方が理にかなっている．

1.2.5 水素結合は独特の方向性を示す相互作用である

　これまで述べてきた相互作用はすべて方向性をもつものであるが，方向性の程度には驚くほど違いがある．ファンデルワールス力は適切に接近しているあらゆる2原子間で起こる．これは，2分子の表面は，詳細な形がどうあれ互いに引き付け合っていることを意味する．なぜなら，常にいくつかの原子は互いに接近しているはずだからである（図1.22）．ファンデルワールス力はそれゆえに，実際にはそれほど方向性をもつものではない．これと同様のことがクーロン力にもあてはまる．その力は電荷へと向かって，または電荷から離れるように働くものではあるが，少しの原子配置の変化はクーロン力に対してそれほど影響を与えない．ところが，水素結合はそれとは大きく異なる．それは，水素結合の力がかかわっている2つの双極子の方向に強く依存するからである（図1.23）．この場合，たとえば相対的なN–HのC=Oに対する位置が少し変化しただけで，水素結合の強さは大きく異なる．この意味において，水素結合は，これまで述べてきたあらゆる相互作用の中でもっとも方向性をもつものである．したがって，分子間の相互作用の**親和性** affinity は主に疎水性相互作用とファンデルワールス力によって決められており，**特異性** specificity が水素結合によって決められていると考えることができる（なぜならば，水素結合が存在しない場合，もしくはその配向性がよくない場合，結合のエネルギーは非常に弱くなるからである）．同様に，タンパク質の球形への初期のフォールディングは主に疎水性相互作用によって引き起こされると一般的に考えられており，一方で，（モルテングロビュール状態とは異なり）安定で特徴的な四次構造への最終的なフォールディングは水素結合によって決定されている．

1.2.6 協同性は巨大システムの特徴である

　協同性はタンパク質特有の特徴である．図1.24は温度に対するタンパク質の安定性の一般的なグラフを示しており，高い協同性をもって変性状態へと遷移していることがみてとれる．非常に類似したグラフが**変性剤** denaturant（*1.10）濃度に対する安定性に関しても得られる．これらの多くは，タンパク質中の規則的な二次構造に起因する．アミノ酸からなる高分子は**ヘリックス-コイル状態** helix-coil transition を経て，高温ではランダム状態となり，低温ではらせん状となる（ただし，その高分子が溶けている場合に限る．少々意外なことかもしれないが，ほとんどのアミノ酸高分子は水に対し不溶性なのであ

図1.22
でこぼこした分子表面の接近は，その形によるが，いくつかの強力なファンデルワールス力を誘起する．

図 1.23
アミド水素結合のエネルギーは N–H⋯O の角度の関数である．データは $r_{HO} = 2.1$ Å，$\theta_{COH} = 160°$ としたときの計算値．(H. Adalsteinsson, A.H. Maulitz and T.C. Bruice, *J. Am. Chem. Soc.* 118: 7689–7693, 1996 より再描画. American Chemical Society より許諾)

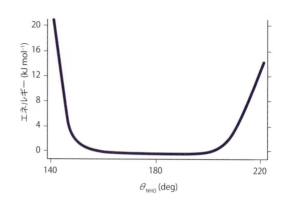

る)．*in vitro* では，らせん構造を誘導するには 50 〜 100 程度のアミノ酸が並ぶかなり長いアミノ酸配列を必要とするが，その一方で，立体構造をとっているタンパク質内にある平均的ならせん構造の長さは約 10 残基で構成される．このように，タンパク質内における協同性のいくつかは三次構造に起因している．これまで，配列を設計して新規な *de novo* タンパク質を工学的に合成する試みがなされてきた．そのような試みの多くでは，(一般的にはらせん構造の) 二次構造を形成するタンパク質をつくることを目指しているが，複数の二次構造要素がうまく整列することはない (そのような構造は**モルテングロビュール molten globule** として描かれる典型的なものである)．これらの合成されたタンパク質は，実際のタンパク質と比べて，協同的なフォールディングがきわめて少ない．このように，協同性はタンパク質全体のもつ特徴であり，二次構造の中に存在するだけのものではない．

　協同性は本質的に巨大システムの特徴である．もっともはっきりとした協同的な現象の 1 つは，氷の融解である．簡単に見つけることのできる氷のかけらのほとんど (たとえば，$1\,mm^3$ や 1 mg より大きいもの) は 10^{19} 個以上の分子から構成されており，分子のスケールでは巨大システムである．数分子分の厚さに相当する区分に分けて考えると，融解は協同的なものではなく (つまり，融点ははっきりとした点ではなく)，−90℃程度のきわめて低い温度においても融解は起こっている [11]．それゆえに，タンパク質が鋭敏に融解遷移するということはタンパク質が非常に協同的なシステムとして振る舞っていることを示す例の 1 つである．この協同性はタンパク質の振る舞い方に大きな影響を与えている．

1.2.7　β ヘアピン構造の形成は協同的である

　タンパク質内の基本的な二次構造 (たとえば β シート構造) は，多数の水素結合網から構成される．一つひとつの水素結合は弱く，それに伴う安定性も取るに足らない．しかしながら，結合が集まると非常に強力な安定性と剛性をもつものとなる．このことは，水素結合の協同性を考えると理解できるだろう．変性状態と β ヘアピン構造の間で平衡状態

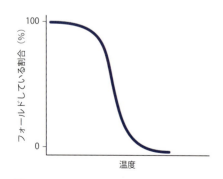

図 1.24
一般的な協同的熱変性曲線．

*1.10　変性剤
変性剤はタンパク質を不安定化し，タンパク質を変性させる．言い換えると，変性剤は，構造をとっている状態よりも，構造をとっていない状態をよりエネルギー的に好ましい状態とする．どのように変性剤が機能しているかに関して意見は一致しておらず，それぞれの変性剤が異なったしくみで機能している可能性は十分にあるが，多くの変性剤が主鎖のアミド基との好ましい相互作用によって機能しているという説が有力である．このようにして変性剤はアンフォールド状態の，非常に多数の主鎖構造をとるタンパク質を安定化している．尿素で変性させたユビキチンがランダムコイルペプチドに対して，予測されるよりも伸長した構造をとっていることを示した実験データはこの説明を示唆している [135]．つまり，アンフォールド状態のタンパク質の主鎖に尿素が結合したことにより，異なった配向分布をとるようになったということである．

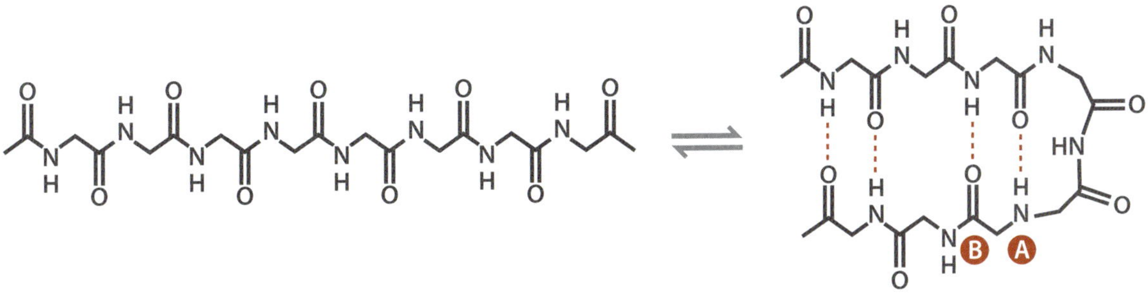

図 1.25
βヘアピン構造のモデルシステム.

にあるペプチド鎖を考えてみる（図 1.25）．そのようなペプチドが水溶液中でどのようにフォールディングをしているか実際には知ることはできないが，疎水的な集合により部分的に形成された構造を安定化し，さらに，水素結合によっても安定化されているだろう[12]．しかしながら，これから疎水的な効果は無視し，水素結合だけに注目してみる．

最初に組まれる水素結合は不利である．1本の水素結合は強い相互作用ではなく，鎖を折りたたみ，水素結合を組んでいる相手を固定するために必要なエントロピーの減少の方が上回っている（*3.1 参照）．これは，1本の水素結合の形成が起こらないということではなく，その可能性が低いということ，そしてその水素結合が長くは存在しないことを意味している．もっとも組まれやすい水素結合は図 1.25 内のⒶの水素結合である．それは，2 つのアミド基が配列上もっとも近接しており，それゆえに，水素結合を形成するためにいっせいに正しい方向へ折り曲げる必要のある主鎖の二面角の数がもっとも少ないからである．

しかしながら，いったん水素結合が形成されると，次の水素結合（図 1.25 内で B と表示）を組むにはよい環境にあり，最初の水素結合よりも組まれるのが有利になる．実際に，この 2 つ目に組まれる水素結合はエネルギー的に少し有利な場合が多い．しかしながら，ヘアピン構造全体の安定性は，これでもまだ好ましい状態ではない．それは，好ましい 2 つ目の水素結合のエネルギーが，好ましくない 1 つ目の水素結合のエネルギーに打ち勝てていないからである．ヘアピン構造の形成における全体の平衡定数は，最初の結合の平衡定数と 2 つ目の結合の平衡定数によって決まる．1 つ目の結合はエネルギー的に損で，2 つ目の結合は全体のエネルギー的な損が解消するように働く．ところが，まだエネルギー的に得ではないのである（図 1.26）．しかしながら，あたらしい水素結合が加わっていき，十分な数の結合が組まれれば（図 1.26 では 6 本），ヘアピン構造はよりエネルギー的に得なものとなり，安定な状態となる．

1.2.8 協同的な水素結合ネットワーク

上記のように，協同性が意味するものは，それぞれの水素結合は隣り合う水素結合をより強固なものにする役割があるということである．しかしながら，このような役割を果たし，同じくらい重要な 2 つ目の特徴が存在する．それは，水素結合の強さが配向にかなり大きく依存する，という特徴である．自由度のある分子中の水素結合は，絶え間なく伸び縮みしているので，本来は弱いはずである．しかし，より多くの水素結合が β ヘアピン構造を構成している水素結合ネットワークに加わるほど，その水素結合ネットワークの自由度は小さくなり，平均した一つひとつの水素結合が適切な配向を示すことにより，水素結合全体で強さを増すことになる．これは，既存の水素結合ネットワークが効果的にあたらしい水素結合を強力にするというだけでなく（図 1.26），同時にあたらしい水素結合が既存の水素結合ネットワークをより強いものにするということである．つまり，協同的な水素結合ネットワークは，すべての水素結合が互いの存在によって影響を受けており，1 つ取り除くとネットワーク全体がより弱く，1 つ加えるとネットワーク全体がより強くなるということである．

この分析が意味していることの 1 つは，リガンドのタンパク質への結合は長い距離まで影響を及ぼし得るということである．とくに，リガンドとタンパク質の間の水素結合は隣り合った水素結合の強さに影響を及ぼすことがしばしばあるので，タンパク質全体の水素結合が影響を受ける可能性がある．このことは，結晶構造や NMR などの解析において

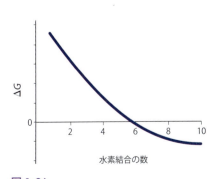

図 1.26
β ヘアピン中の水素結合形成における自由エネルギーの概要.

一般的に観察されることであり，たとえばリガンドを添加した際の溶媒とのアミドプロトンの交換速度は，リガンド結合部位だけにとどまらず，タンパク質全体で影響を受け得る．概してその速度は遅くなるが，速くなる例もある程度は存在する．"リガンド"にはプロトンも含まれるので，pHの変化もタンパク質全体の構造に影響を及ぼし得る．同様に，タンパク質の変異は通常その構造を微妙に変化させ，その効果はタンパク質全体にわたって影響を及ぼす．したがって，変異の影響に関する詳細な解析や予想は不可能といってよいほど困難である．

1.2.9　タンパク質の機能にとって必要な水和構造

水はタンパク質の機能にとって必要不可欠なものである．ところが，タンパク質が必要とする水分子の数は驚くほど少ない．完全に脱水された酵素が，水和しているときの活性よりも数桁弱くなっているものの，酵素活性を保持している例もある[13]．タンパク質溶液を乾燥させ，その後徐々に再溶解するような実験では，一般的に酵素が乾燥状態から機能を回復し始めるのにおよそ50個の水分子しか必要としないことが示されている．これらの水分子はタンパク質表面の荷電残基に対してだけでなく，タンパク質内部に埋もれた機能に必須な水分子結合部位にも水和している（第6章で詳細に解説する）．さらに多くの水分子を加えると，水分子はクラスターを形成し始め，タンパク質表面で溶質やプロトンが動き回ることを容易にする．完全な機能は数百個の水分子によって回復され得るが，この数百という値はタンパク質表面を水分子が1層おおう数よりも少ない[14, 15]．この上限値は完全に活性化されて機能を保持したタンパク質（に必要十分な水の数）を表しており，この第1層より外側の溶液は，事実上バルクの水に過ぎない．実際に，第4章でみるように，この表面の層は in vivo での混在した溶液中のすべての水と等しい．とくに，ミトコンドリア内では，水の総質量はタンパク質の総質量の40％しかないが，これはおよそ分子表面1層分の水の量に相当する．したがって，ミトコンドリアは多くのタンパク質結晶にみられる水と同様の量の水しかもっていないのである．バクテリア内の水の量はほんの少し多く，タンパク質の総質量の50％ほどである[16]．細胞内では15％の水が表面や水和層にあり，残りの85％が自由に動き回っている状態であると推測される．この不可欠な水は，タンパク質の正しい構造や活性残基の極性を維持するために必要である．したがってバルクの水と比較して運動性は小さいが[15, 17]，その一番の理由はこのような水分子が通常はタンパク質表面のくぼみに入っているからである．タンパク質表面の水の多くは，周辺のバルクの水のおおよそ半分ほどの自由度をもっているが，くぼみに存在している少量の水分子の動きの自由度ははるかに小さい[18]．結果として，くぼみにある少数の水分子により，水和層の流動性は平均して周辺の水分子の1/15〜1/10になる．また当然のことながら，この水和層は周辺の水といくらか異なっている．たとえば，わずかに密度が高く，これ以上圧縮できないようになっていたり[19]，熱容量変化やエンタルピーが小さくなっていたりする[15]．水和層は本質的にタンパク質の必要不可欠な部分とみなすことができる．水和層の厚さについてはこれまでに議論されてきた[20]．そして，現在一般的に受け入れられている考えは，水和層はせいぜい水分子2分子分の厚さしかなく，多くの場合では上記のように1分子分の厚さであるというものである．水和層は荷電残基のまわりでより構造化されており，それゆえに偏った分布になっているということは疑いようのない真実である．したがって，たとえば，タンパク質周辺よりDNA周辺の方がおそらく厚みがあるであろう．それはDNA表面の電荷密度が非常に高いからである．

タンパク質の結晶構造の解析が示すように，多くのタンパク質は内部に水分子を含んでおり，タンパク質周辺の水分子が近づくことがまったくできないようになっている（図1.27）．類似するタンパク質は同様に内部に水分子をもつ傾向があることから，これらの水分子はタンパク質の構造の一部としてみなすことができる[21, 22]．第6章でみるように，それらの水分子は機能上重要なことが多く，一般的に界面や活性部位のすぐ近くでみられる[23]．

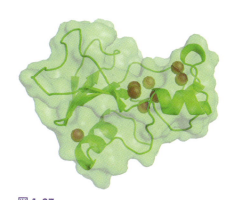

図 1.27
内部に埋もれた水分子．これはタンパク質表面に包まれたバチルス菌RNアーゼを示した図である．この構造中には，内部に埋もれた水分子（赤色）が8つある（PDB番号：1brn）．

1.2.10 相互に補償し合うエントロピーとエンタルピー

タンパク質とリガンドのような2分子間の相互作用の自由エネルギーについて，完全な予想とはいかないまでも合理的に説明することは難しくない．好ましい相互作用をする分子を加えると自由エネルギーはより有利になり，反対に，相互作用を阻害するものを加えると自由エネルギーは不利になる．ところが，エントロピーやエンタルピー（*3.1参照）などの変化量まで理解しようとすると，非常に難しくなる．エンタルピーやエントロピーの変化は等温滴定カロリメトリー（第11章）などの技術により簡単に求めることができ，そのおかげでエンタルピーやエントロピー変化に関する論文が多数発表されている．しかし，それらの論文は結果として何かの知見を示唆しているということがほとんどない．エントロピー変化を測定するために，温度に対する自由エネルギー変化を測定するという方法もあるが，手助けにはならない．なぜなら，それはエンタルピーに温度依存性がない，すなわち**熱容量** heat capacity 変化が0のときにのみ意味をもつからである．熱容量変化が0であることはけっしてないので，過去のそのような測定で得られている美しい比例関係はもしかするとあまり参考にならないかもしれない．さらに，測定可能な温度や親和性の範囲では，自動的にエンタルピー・エントロピー補償が生じる傾向がある[24]．そして，第3に，エントロピー変化の大きさは絶対的な値ではなく，濃度の単位で規格化された変化量である．すなわち，どのような結合・反応に関しても，"エントロピー駆動"である，もしくは"エンタルピー駆動"である，といったような議論をすることは無意味であるという結論にいたるのである[25]．

実験的には，エントロピーやエンタルピーの変化は自由エネルギー変化よりもずっと大きなものである．つまり，自由エネルギー変化とは，2つのずっと大きな変化量の間にある比較的小さな変化量のことなのである．そして，エントロピーやエンタルピーの大きな変化量は，期待するような値をとらないことがしばしばある．非常に似た相互作用においても，それらの変化量は非常に大きく異なっているのである．広く議論された（とはいえ，あまり理解されていない）現象として，**エントロピー・エンタルピー補償則** entropy/enthalpy compensation というものがある．それは，タンパク質のフォールディングやリガンドの結合や塩の効果などの結合反応は，自由エネルギー変化を小さくするために，エンタルピーやエントロピーなどの大きな変化が互いを打ち消すようにバランスをとるというものである（図1.28）．この現象はこれまで広く観察され，多くの著者が水分子の特別な性質であると理由づけている．結合反応は多くの水分子の放出を含む傾向にあると示唆されており，その水分子群と関連するエンタルピー・エントロピー変化がそのような大きな効果を導くのである．

あるいは，より有益な情報として，エントロピー・エンタルピー補償則は非水系の反応

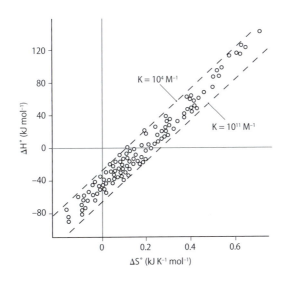

図1.28
エントロピー・エンタルピー補償則．この図は巨大分子に結合するリガンドの実験データを示している．この場合，10^4 と 10^{11} M^{-1} の結合定数をそれぞれ表している破線に描かれているように，この明らかな補償則の多くはおそらく人工的なものであろう．結合測定の多くはこの範囲に限られる．それは，この範囲を超える値は非常に強すぎたり，弱すぎたりするため，簡単には測定できないことによる．（P.Gilli et al., *J. Phys. Chem.* 98: 1515–1518, 1994 より改変. the American Chemical Society より許諾）

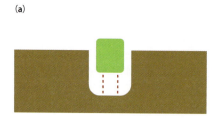 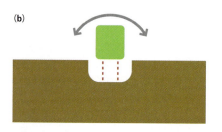

図 1.29
水素結合はエンタルピー的に，またはエントロピー的に好ましいものである．（a）結合したリガンドがその場所にしっかりと固定されている場合，配向の決まっている強力な（エンタルピー的に好ましい）水素結合が形成されている可能性が高い．しかしながら，非常に動きが制限されているため，結合によるエントロピーの損失は大きくなる．（b）一方，リガンドがそれほど強固に固定されていない場合，弱い水素結合が形成されるが，結合によるエントロピーの損失は小さくなる．2種類のリガンドによってつくられる全体的な自由エネルギーは類似していても，寄与するエントロピーとエンタルピーのバランスが異なっているのである．

でも等しくみられることが報告されている [26]．それは補償則が水分子特有の特徴ではないということであり，協同的な振る舞いに関する重要なことを示している．リガンドとタンパク質のような2分子の反応系は，もっとも低い自由エネルギー状態に落ち着き，その状態はいつもエントロピーとエンタルピーのバランスによって決まっている．好ましい**エンタルピー** enthalpy 状態は強力な水素結合が形成されている状態であるが，水素結合は強い方向性をもつため，強力な結合では動きが固定され強固になり，したがって**エントロピー** entropy 的には不利になる．一方，水素結合の形成がエントロピー的に有利な場合もあり，その場合はその配向に流動性があるため，弱い水素結合となる（図 1.29）．これらの最適なバランスはリガンドの種類によって異なるため，エントロピー・エンタルピーのバランスも異なる．構造的に固い複合体（水素結合場が正確に強固に組まれる阻害結合の場合など）はエンタルピー的に有利である．ところが，より動きに自由度のある水素結合はよりエントロピー的に有利である．

　前の2段落で述べた考えは，同時に両方が成立することはない．どちらが正しいのだろうか．よくあることだが，真実の姿は両方が混在したものであるように思われる．あるときにはエントロピーとエンタルピーは水分子によって支配され，またあるときには，それらはタンパク質とリガンドの動きの自由度によって支配される．類似した2つの複合体を比べるとき，水分子は通常考慮されない [27]．しかしながら，リガンド結合における全体のエントロピー・エンタルピー変化を説明する際には非常に重要である．この2つの考え方をどういったバランスで採用すれば適切な解釈が可能かということは，とても難しく，ほとんど解決されていない問題である．

　したがって，エントロピーやエンタルピーの変化の測定は，ほとんど役に立たず，解釈が難しいといってもよいだろう．しかし幸いなことに，いくつか明らかになってきたことがある．Weber は，多くのタンパク質相互作用（たとえばタンパク質間相互作用やタンパク質のフォールディング）は多数の弱く，協同的な相互作用の自発的な形成を含む傾向があると述べている [28]．それらの相互作用は，前に述べた相互作用界面内の異なる水素結合間におおよそ等しく分散している傾向がある．本質的に，最大のエントロピーを得るためにシステムはもっとも適した構造の再構成を行う（図 1.30）．そのもっとも適した構造とは，すべての水素結合がおおよそ等しい強さになった状態である．Weber は，結合前のタンパク質-水分子界面からタンパク質-タンパク質界面を形成する際，数本の強力なタンパク質-水分子間結合が弱いタンパク質-タンパク質結合に変換され，このエンタルピーの損失が結果として水素結合ネットワークの再構成につながり，より広がった水素結合ネットワークを構築してシステム全体のエントロピーの増加につながると述べている．このことから，彼は，タンパク質-タンパク質結合（そして，タンパク質のフォールディング）にみられるエントロピーの増加は疎水表面からの水分子の解放によるものではなく，水素結合エネルギーのより均一で，より流動性のある状態への再分配によるものであると結論づけている．前述したように，この主張はエンタルピーとエントロピーのバランスを示す幅広い実験データを提示した Williams [26, 29] が独立に進展させた．

　しかしながら，その主張に対するもっとも信頼できる証拠は，Alan Cooper によってもたらされた．彼は，構造のほどけたタンパク質は多様な自由度をもつ非協同的なシステムであることを指摘した [24, 30]．したがって，得られたエネルギーは多様な動きに分配されることになる．言い換えれば，構造のほどけたタンパク質は，大きな熱容量をもっているということである．一方で，構造をとっているタンパク質はずっと協同的な組織で

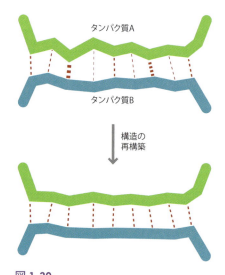

図 1.30
2種類のタンパク質間の界面では，およそ等しい水素結合群が形成され，図中の直線の幅で示したように，結合が大きく等しいエンタルピーをもつように，タンパク質が構造を再構築することが多い．

(a) MDQTYSLESF LNHVQKRDPN QTEFAQAVRE VMTTLWPFLEQNPKYRQMSL LERLVEPERV IQFRVVWVDD RNQIQVNRAW

(b) secondary structure prediction
```
index               ....|....10...|....20...|....30...|....40...|....50...|....60...|....70...|....80...|....90...|
query sequence      MDQTYSLESFLNHVQKRDPNQEFAQAVREVMTTLWPFLEQNPKYRQMSLLERLVEPERVIQFRVVWVDDRNQIQVNRWRVQFSSAIGPYKGGMRFI
psipred               ccc hhhhhhhhh     ccc    h hhhhhh hhh hhhh hhhhh  ccc h hhhhhh  eeee eeeee ee         cccccc  e ee
jnet                    hhhhhhhhh  cccc    hhhh hhhhh hhhh hhhhh hhhhh    h hhhh h  eeee eeeee ee         cccccc  e ee
sspro               cccchhhhhhhhhh      hhhhhh hhhhh hhhhh hhhhh hhhhh hhhhh h hhhhhh  eeee eeeeee ee        cccccc ee ee
consensus             cc hhhhhhhhh  cccc   hhhhh hhhhh hhhh hhhhh hhhhh    h hhhhhh    eeee eeeee ee         cccccc  e ee
cons_prob           9 877657777665457998489999999999999998755756777878988668985999998858996789999999977878877776766
```

disorder prediction
```
index               ....|....10...|....20...|....30...|....40...|....50...|....60...|....70...|....80...|....90...|
disopred            d d dddoooood oddddd ooooooo oooo ooooo ooooo ooooo oooooo oo oooooo oooooooooo ooooooooo oo
diso_prob           999998444436456886944432100102213201211224322143211211121131110100234221200000000000011101000000
```

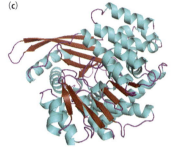

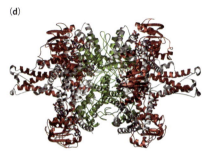

あり，それゆえにエネルギーが分配できる場所がほとんどなく，その結果として熱を生じるのである．つまり，構造をとったタンパク質の熱容量は小さいということになる．これは実験的には正しいが，タンパク質が構造をとるとき，疎水表面から多数の水分子が解放されることによるものであると通常は説明される．しかしながら，Cooper の説明は単に構造をとったタンパク質の協同的な性質の結果であるとも説明できる，ということが強調されている．タンパク質のフォールディングに関する熱容量の変化が意味することは，アンフォールディングの際のエンタルピーは温度とともに増加するということであり，このことは，通常そのような場合にみられるエントロピー・エンタルピー補償則の説明を定量的に与えるものとなっているのである．同様の主張はリガンド結合の場合にも適用できる．

以上を要約すると，多くの教科書や研究論文は，リガンド結合やフォールディングに伴うエントロピーやエンタルピー，熱容量の変化を，疎水的な集団を形成する疎水表面から水分子が解放されることによるものであると主張していたり，想定していたりするが，少なくともこれらの熱力学的な変化量のいくらか，またはその多くは，より巨大な組織（タンパク質の二量体や構造をとったタンパク質など）の特徴である．協同性の増加によるものである．それゆえに，水分子の解放による熱力学的な効果は通常想定されているほど大きくはなく，結合やフォールディングにかかわる熱力学的な変化は，結合の強さやタンパク質内の自由度の変化という立場でより簡便に説明できるのである．

図 1.31
タンパク質の一次構造，二次構造，三次構造，および四次構造．(a) グルタミン酸脱水素酵素の一次構造の一部をアミノ酸のタイプによって色分けしてある（青色：疎水性，茶色：芳香族，緑色：極性，オリーブ色：硫黄を含む）．(b) グルタミン酸脱水素酵素の二次構造．二次構造予測プログラム phyre (http://www.sbg.bio.ic.ac.uk/phyre/) の出力結果であり，非構造領域も予測している．(c) グルタミン酸脱水素酵素の三次構造．二次構造ごとに色分けしてある．(d) グルタミン酸脱水素酵素の四次構造．この酵素は二量体が3つ寄り集まった六量体である．二量体界面は図中央下部にある．

1.3 タンパク質の構造

1.3.1 タンパク質は一次構造，二次構造，三次構造，四次構造からなる

一般的に教科書では4段階のタンパク質構造を定義するが，この定義は常に一貫しているわけではない（図1.31）．**一次構造** primary structure とは共有結合構造である．つまり，ジスルフィド結合やリン酸化などの共有結合による修飾を加えたアミノ酸配列のことである．**二次構造** secondary structure とは規則的な骨格の幾何的配置で決まる要素であり，αヘリックスやβシートに加え，βターン，ポリプロリンヘリックス，3_{10}-ヘリックスが挙げられる．さらに"コイル"と呼ばれるそのほかのものもすべて含まれる傾向にある．αヘリックスやβシート中に優先的に含まれるアミノ酸は異なるため，二次構造は

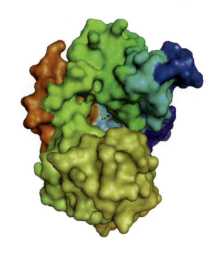

図 1.32
グルタミン酸脱水酵素の活性部位．深いくぼみの中に存在している（基質は棒で示してある）．色分けは四次構造中の異なるペプチド鎖を示している．

比較的精度よく一次構造から予測することができる．とくにプロリンは自身の側鎖の性質ゆえにαヘリックスやβシートに含まれることはまれであり，むしろその性質のために規則的な二次構造を壊す役割を担うことが多い．二次構造を予測するアルゴリズムは数多くあり，最良で75〜80％の精度である．誤差は三次構造によって自身の二次構造を決定する残基群によって生じ，その存在がよりいっそう予測を困難にしている．一連の知見において，多くのタンパク質はまずはじめに二次構造の要素を形成しながらフォールディングし，そしてその二次構造が寄り集まることで3次元的な相互作用を形成していくと考えられている．一般にフォールディングの中間体は折りたたまれたタンパク質中にみられる二次構造を有しているが，フォールディングの過程で初期に形成された二次構造が壊されている例外も確かに存在している．これらのケースで二次構造予測が機能しないのは明らかである．

三次構造 tertiary structure とは完全に折りたたまれた3次元構造である．したがって，二次構造が骨格の配置をある程度示すだけなのに対して，三次構造は側鎖の構造さえも含んでいる．タンパク質の三次構造は一般に**ドメイン** domain に分けられる（第2章）．また，三次構造は1つ以上の**活性部位** active site を表面にもっている．活性部位が小分子と結合する場合，その部位はほかの表面とは明らかに異なっており，表面上にへこんだくぼみを形成する．くぼみはほぼ常にほかの表面より疎水的な環境であり（図 1.32），そのため同定しやすい．活性部位がほかのタンパク質と結合界面を形成する場合や，二量体界面を形成する場合，ほかの表面と大きく異なっていないことが多い．

最後に，**四次構造** quaternary structure とは異なるポリペプチド鎖が多量体となってできる構造のことである．これについては第2章および第3章でより詳しく解説する．四次構造は進化の過程において二次構造や三次構造ほど保存されてはいない [31]．

1.3.2　二次構造は構造モチーフをとってパッキングされる

二次構造と三次構造の間で，二次構造はしばしば超二次構造，もしくは**構造モチーフ** structure motif となる．これらには逆並行ヘリックスバンドルやヘリックス・ターン・ヘリックス（HTH．第3章），カルシウム結合性の **EF ハンド EF hand**（*1.11），コイルドコイル，グリークキー，β-α-β やβヘアピンモチーフが含まれる（図 1.33）．これらは二次構造の中でとくに安定した（もしくは折りたたまれやすい）配列であり，多くのタンパク質はこのような形で役に立つように解析されている．そしてより大きな単位へと順次折りたたまれていく．そのなかでもっとも一般的な構造は **β バレル β barrel**（*1.12）（図 1.34）であり，トリオースリン酸イソメラーゼ（TIM）で発見されたものである．そのため，このバレル構造は TIM フォールドや TIM バレルとしてもよく知られている．

非常に特徴的なパッキング様式をもつ構造モチーフもある．もっとも明確なのは，おそらくαヘリックスが互いにパッキングする構造であろう [32]．側面からみた場合，1つのαヘリックスは隆線と溝から構成されている．隆線については2通りの見方がある．配列内の残基を4残基ごとにつないで見た場合，隆線はらせん軸に対して25°の角度をとる一方で，3残基ごとにつないで見た場合，隆線は逆方向に約45°の角度をとる（図 1.35）．よって，あるらせんがもつ隆線がもう一方のらせんの溝へと当てはまることができる幾何学的な配置は2通りしかないことがわかる．一方では 25°の隆線がもう一方の 25°の溝へと直接入り込む．このとき，2つのらせんは逆平行で，かつ相対的に 50°傾いている必要がある（図 1.36a）．もう一方の様式では，らせんは再び逆平行となるが，今度は 25°の隆線が，45°の溝へと当てはまり，その際，20°の相対的な傾きが必要となる（図 1.36b）．2つのらせんを平行に配置するために，もっとも一般的なのは一方のらせんがもつ側鎖をもう一方の側鎖がもつ隙間へ当てはめるという様式であり，**フランシス・クリック Francis Crick**（*1.13）によって "knobs into holes" 様式と記述されている [33]．ら

---

*1.11　EF ハンド
奇妙な名をもつ EF ハンドはカルシウム結合モチーフである．カルモジュリンやトロポニン C などのほぼすべてのカルシウム結合タンパク質にみられ，それぞれ 4 つのコピーを含む．ループによってつながれた 2 つのらせん構造からなり，カルシウム結合部位は典型的には 2 つの Asp と 1 つの Glu，1 つの Asn およびループ内のバックボーンのカルボニル基からなる．初めて観察されたのはパルブアルブミン中で，このモチーフは E，F らせんとその間のループからなっており，右手の人差し指，中指，親指（順に E らせん，ループ，F らせん）のようにカルシウムをつかまえることから EF ハンドと名づけられた．

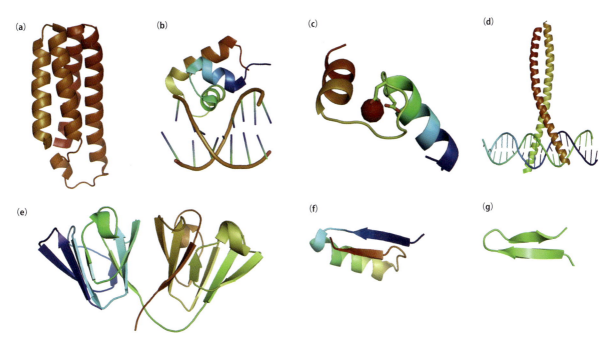

図 1.33
構造モチーフの例．(a) 4-ヘリックスバンドル：大腸菌のシトクロム *b*562（PDB 番号：3c63）．(b) ヘリックス・ターン・ヘリックス（HTH）モチーフ：*lac* リプレッサーヘッドピースと DNA の複合体（PDB 番号：2pe5）．らせんの認識部位は緑色で示されている．第3章で述べるが，Max や Myc のような b-HTH-Zip ファミリーを形成する真核生物のいくつかの転写因子では，HTH モチーフは結合ではなくドメインの二量化に用いられ，4-ヘリックスバンドルを形成する．(c) EF ハンド：カルモジュリンの4つの EF ハンドの1つ．カルシウム結合部位の一部を形づくるアスパラギン酸の側鎖が示してある（PDB 番号：1a29）．(d) コイルドコイル：DNA に結合する Fos-Jun 二量体（PDB 番号：1fos）．(e) 4つのグリークキー：ヒト γb クリスタリン（PDB 番号：2jdf）．グリークキーモチーフは半分が逆平行の β ヘアピンフォールディングからなり，もう半分はそれを繰り返している．(f) β-α-β モチーフ：トリオースリン酸イソメラーゼの β バレル中で多く繰り返されている連続モチーフの1つ（PDB 番号：3gvg）．(g) リゾチームの β ヘアピン（PDB 番号：2lym）．

*1.12 β バレル

β ストランドの繰り返しからなる構造であり，バレル構造をとるために通常は上下互い違いの様式で並べられる（図1.34）．これは酵素でもっともありふれた構造の1つであり（"TIM バレル"），非常に多彩な機能をもつ．膜貫通タンパク質にも存在し，主にチャネルを形成している．バレルは強く圧縮することで，ストランドの縁において水素結合を欠いた二層シート構造をとることができる（図1.12.1）．この折りたたまれ方は，たとえばレチノールなどの疎水性分子の結合や輸送に用いられ，またげっ歯類の尿中の尿タンパクに結合した小分子でも用いられるが，その小分子はタンパク質表面に蓄積され，尿が乾いたときに放出されることで，さまざまな生物学的な刺激を生じる．

図 1.12.1
レチノール（緑色）が結合したヒト細胞レチノール結合プロテインⅡ（PDB 番号：2rct）．β バレルが不完全である様子に注目せよ．もっとも近い2つのストランド（図中右下）がストランド間の水素結合を形成していない．

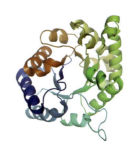

図 1.34
β バレル：トリオースリン酸イソメラーゼの構造．図1.33 の β-α-β モチーフを引用している．この視点ではバレルをほぼ真上から見下ろしており，バレルの頂上はすべての β バレルの活性部位である．

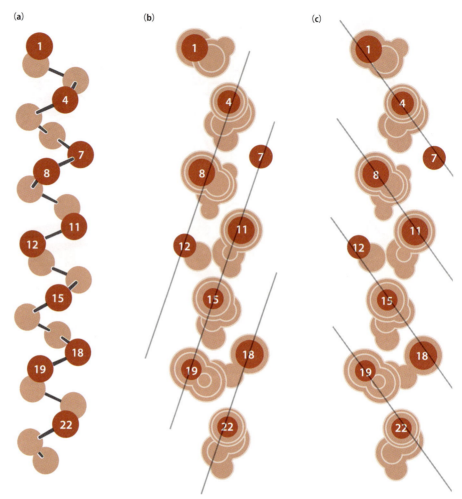

図 1.35
αヘリックスの複合体形成原理．らせんの側鎖によって形成された "knob" (a) は平行に並んでおり，4 残基ごとに捉えた場合，軸に対して 25°で並ぶ (b)．3 残基ごとに捉えた場合，軸に対して 45°で並ぶ (c)．(b) と (c) で描かれている円は側鎖のおおよその位置と大きさを示している．(C. Branden and J. Tooze, Introduction to Protein Structure, 2nd ed. New York: Garland Science, 1999 より)

せんを平面表現で描くことで（図 1.37），この様式は 2 つのらせんが 18°の角度をとっているときにもっとも生じやすいということがわかる．

　らせん構造とシート構造についてはある程度有用に一般化できる．らせんは比較的強固で直線的であるが，タンパク質の表面に存在するらせんはしばしばそのタンパク質コアに沿って折り曲がっている．そのようならせん構造は軸に沿って見下ろす形式で側鎖の配置を描く，一般に**車輪モデル** helical wheel と呼ばれる方法によって容易に見分けられる．この車輪モデルによって，らせんは疎水性の内面と親水性の外面をもち，**両親媒性** amphipathic であることがわかる（図 1.38）．1.1.4 項で述べたように，らせんはすべてのペプチド結合が同方向に向いているため，巨視的には双極子モーメントをもっている（図 1.39）．キナーゼやホスファターゼの活性部位のように，タンパク質が結合や電荷の安定化を必要とする場合，たいていその部位にはリン酸結合部位方向に向いている N 末端正電荷をもつ α ヘリックスが存在している．一方，シート構造は容易にねじれたり変形したりする（このことはシート構造同士が集まって構造を形成する際に，らせんについていえるような単純なルールがないことを意味している）．細胞膜を通してシグナルを伝達するタンパク質のように機械的な動きの伝達が要求されている場合，らせん構造が用い

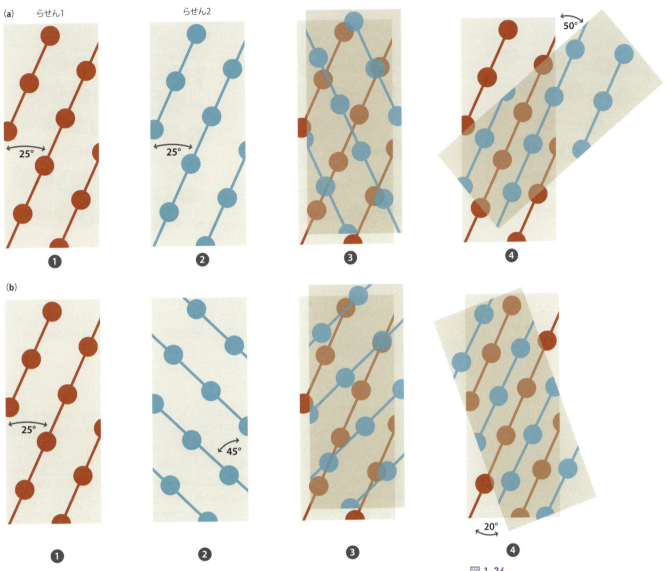

図 1.36
2つの逆平行な，"knobs into holes" による，らせんのパッキング様式．(a) 先述した 25°のラインを用い，らせん 1（赤色）と 2（青色）の 2 つのらせんを想定する．まずらせん 2 を 1 に対して逆平行となるように回転し（パネル 3），そして 50°回転させることで 2 つの列が平行に並び，らせん 2 と 1 を合わせることができる．(b) らせん 1 は 25°のラインを用いるが，らせん 2 では 45°のラインを用いる場合．らせん 2 を 1 に対して逆平行で配置し（パネル 3），20°回転させるだけでラインを平行にすることができる．(C. Branden and J. Tooze, Introduction to Protein Structure, 2nd ed. New York: Garland Science, 1999 より．図は C. Chothia et al., *Proc. Natl. Acad. Sci. USA* 74: 4130-4134, 1977 のアイデアに基づく)

*1.13 Francis Crick
Francis Crick（**図 1.13.1**）はご存知のとおり 1953 年の DNA 二重らせん構造の発見で非常によく知られており，その発見によって 1962 年にノーベル生理学・医学賞を受賞した．彼はほかにも，"セントラルドグマ" の提唱や，タンパク質合成と遺伝暗号の調査，らせん構造による X 線回折理論の解明，コイルドコイルに対する "knobs into holes" モデルの提唱など重要な貢献をした．1975 年から彼が亡くなる 2004 年まで，カリフォルニアのソーク研究所で神経生物学とヒトがもつ意識について研究した．"無神論に対する強い傾倒" をもった完全な不可知論者であったが，科学と宗教の間には関係性があるという強い信念をもっていた．

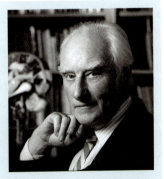

図 1.13.1
Francis Crick.（写真提供：Marc Lieberman, 2004）

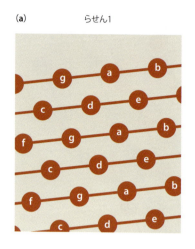 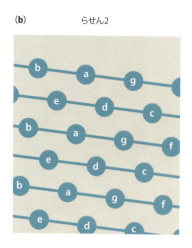 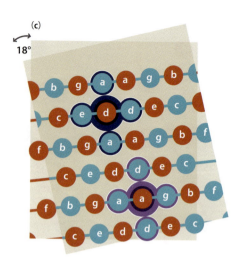

図 1.37
2 つのらせんが平行に並ぶ様式．(a) と (b) において，2 つのらせんは垂直面で"切る"ことで平面にひらいて平らにしてある．2 つのらせんは 18°回転させることで "knobs into holes" 様式で重ね合わせることができる (c)．2 つのらせん界面では "d" 側鎖（主にロイシン）と "a" 側鎖（主に疎水性側鎖）が交互に並んでいる．(c) 中ではらせん 1 の "d" 側鎖がらせん 2 からの 2 つの "a" 側鎖と 1 つの "d" 側鎖そして 1 つの "e" 側鎖が囲まれている様子を示すことで強調してある．逆にいえば，らせん 1 の "a" 側鎖がらせん 2 の 1 つの "a" 側鎖と 2 つの "d" 側鎖，そして 1 つの "g" 側鎖に囲まれている．(C. Branden and J. Tooze, Introduction to Protein Structure, 2nd ed. New York: Garland Science, 1999 より)

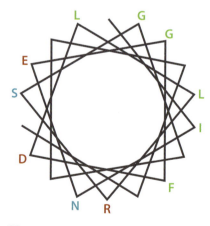

図 1.38
らせんの車輪モデル．アミノ酸は円上に 100°ごとに並べられており，らせん表面上のどこにあるかを示している．このアルコール脱水素酵素由来の 11 残基のらせん構造の例では，緑色は疎水性アミノ酸，青色は極性アミノ酸，そして茶色は荷電性アミノ酸を示しており，両親媒性らせんであることがよくわかる．そのため，右側が球状タンパク質の内側に向くと予想される．

られることが知られている．とくに簡単な例はいくつかの"特殊な"ミオシン，つまりモーターと荷台をつなぐ 1 つの α ヘリックスからなる"支柱"が，らせんの長さ方向にある電荷間相互作用によってみられる（筋肉にみられる通常のミオシン II ではない．これについては第 7 章でさらに解説する）[34]．一方，リガンドに結合するためにタンパク質が変形する必要がある場合，β シートが通常用いられる [35]．そして，抗体や有名な TIM バレル（図 1.34）などは異なるシート間をつないでいるループ部位を用いることでリガンドと結合している．もっとも強固な構造モチーフの 1 つは**コイルドコイル** coiled coil である．筋肉中のタンパク質や，F_oF_1-ATP アーゼの中央の回転軸にみられるような極端な剛直性は，たいていコイルドコイルによって成立している．そのためコイルドコイルは，その機能のためにとても長くならなければならないタンパク質，たとえば多くの線維状タンパク質などとも共通した構造である (*1.14)．

　球状タンパク質 globular protein と**線維状タンパク質** fibrous protein (*1.14) はよく区別されて扱われる．これは実際に便利な分け方であり，シルクやコラーゲンのような線維状タンパク質は実際に通常の球状タンパク質とは異なっている．しかしその違いは"構造"というよりはむしろ"機能"から生じている．とくに，シルクやコラーゲンはつくられたらそのままの細胞外タンパク質であり，ひとたび産生されたら分解や修飾をされることはない．結合する，放出する，移動するなどの機能をもつほかのほぼすべてのタンパク質は，可逆的共有結合による修飾を経て"制御"される．線維状ではあるものの，制御を受けるタンパク質のよい例はアクチンである．しかし，これらの線維は断続的に構成され，分解され，そして修飾され，ほかのタンパク質が付けられる．したがってアクチンフィラメントは，長く連続的な特徴のない二次構造からではなく，要求に応じて取り外しが可能なより小さい単量体の球状構造体から形づくられる（第 7 章）．つまり，"機能"は"構造"の決定を後押しするのである．

1.3.3　膜タンパク質は球状タンパク質とは異なる

　1.2.2 項において，対になっていない水素結合グループはエネルギー的に不利であることを示した．球状（つまり，水溶性）のタンパク質において，ほかの部位に水素結合していない骨格中のアミドの N–H や C=O は，どれもたいてい水と水素結合することができる．

球状タンパク質の内部は水が近寄りにくいため，通常は規則的な二次構造からなり，その構造内で水素結合が形成されている．しかしながら，球状タンパク質の外部は主に多くの水素結合が水に向かっているループによって構成されている．

膜タンパク質はこのような機能をもっておらず，とくに膜貫通面のすべての骨格アミドは水素結合を形成している必要がある．このことはほとんどの膜貫通タンパク質が，すべてのアミドが水素結合でつながっているらせん構造によって形成されることを意味している（図1.40）．らせんの末端は膜外の水系環境にあるため，自由に好きなループやターンを形成できる．

膜タンパク質については構造についても動きについても知見はほとんどない．（可溶性の球状タンパク質の例とは異なり）膜貫通らせん間の相互作用は強くないことが多く，それによってほかのらせんと比較して相対的にかなり大きな動きを可能にする．このことは多くの膜タンパク質の機能に大きく貢献しているとみられる．例としては接着因子として重要なインテグリンが挙げられ，おそらくリン酸化と細胞内リガンドの結合の一方，もしくは両方に起因する膜貫通らせん構造の迅速な分離が機能に決定的な影響を与えているだろうと考えられている [36]．1.3.2項で述べたように，多くのらせんは両親媒性である．球状タンパク質においては，外側の面が親水性で，内部が疎水性である．しかし，膜タンパク質においてはたいていその逆の構造をとる．つまり，らせん構造をもつ多くの膜タン

図1.39
らせんではすべてのN–Hが下向き（N末端方向）であり，すべてのC=Oが上向きである．結果的に巨視的な双極子モーメントをもっている．

*1.14 線維状タンパク質

恒久的な線維状タンパク質（つまり，アクチンやチューブリンのように線維は形成するが自身は線維状でないものは含まない）はαヘリックスとβシートのどちらにもなり得る．ケラチン（肌や，髪，羽などでみられる）を含むらせん構造のタンパク質と，第7章で述べるほかの中間径フィラメントは**コイルドコイル**のタンパク質であり，たいていコイルドコイルがさらに束になって，より大きな線維となる．各組織（肌，腱，軟骨や骨）をつなぐ役割の中心を担い，哺乳類では体重の1/4を構成するもっとも豊富にあるタンパク質であるコラーゲンもこれに含まれる．コラーゲンはGly-Pro-Hyproという1種類の配列から形成されており，Hyproとは4-ヒドロキシプロリンであるが，これはビタミンCを補因子として要する翻訳後修飾の例である．コラーゲンは平行な三重らせん（図1.14.1）であり，らせんの中心に入るという理由で，グリシンが不可欠である（それより大きいアミノ酸だと構造を壊しかねない）．それぞれのペプチド鎖は**ポリプロリンIIヘリックス** polyproline II helixを形成する．

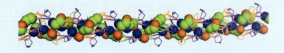

図1.14.1
コラーゲンの構造．コラーゲンは平行な三重らせんであり，(Pro-Hypro-Gly)の繰り返しユニットからなる．ここでのHyproとは4-ヒドロキシプロリンのことである．グリシンは充填された球状で示してあり，らせんの中央に収まっている．プロリン（オレンジ）とヒドロプロリン（マゼンタ）は外部に配置されており，3つのらせんは互いにからみ合っている．それぞれのストランド（鎖）はポリプロリンIIヘリックスを形成している．

βシート構造の線維状タンパク質の典型例はシルクである．商用のカイコ由来のシルクは長いGly-Alaの繰り返しによって構成されており，逆平行のβシートを形成している．対照的に，クモの糸は高い比率でグリシンを含む配列とともに，分散したpoly-Alaブロックを含んでいる．Poly-Alaブロックは結晶性のβシート領域を形成し，グリシンに富む領域は大部分がアモルファス状である [136]．シルクの強度は大半が結晶性領域の架橋の影響によるものであると考えられ，その一方でアモルファス領域はシルクに柔軟性を与えている．

興味深いことに，コラーゲンとシルクはどちらも低複雑性なタンパク質を構成要素としており，それらは天然状態では一般には構造をもたない．

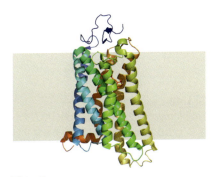

図1.40
膜タンパク質．7回膜貫通のらせん状タンパク質ロドプシンの構造．膜表面のおおまかな位置が示されている．リガンドであるレチナールは赤い棒で示してある．水と接することができる中央上部のいくつかの残基を除いて，膜内のすべての残基はらせん状である（PDB番号：3c9l）．

図 1.41
多くの膜タンパク質はらせん状であり，疎水性の外面（緑色）をもつが，親水性の内面（赤色）をもっている．

パク質はらせんの親水性面によって構成されたチャネルを通して，親水性分子に結合したり，ときには輸送を行うことができるということを意味している（図 1.41）．このことは *Streptomyces lividans* 由来のカリウムチャネルで図式化することができ，同一の 4 つのサブユニットからなるチャネルであることがわかる（図 1.42）[37, 38]．内側の細胞質末端では，チャネルは負に帯電した親水性面をもち，正電荷との結合に対応している．膜の中央部には 4 つのらせんの C 末端が向いている水で満たされた空洞がある（図 1.43）．これは空洞内の正電荷を安定化する効果があり，そのため，空洞はチャネルの後半まで送る準備のできたカリウムイオンを保持するエリアとして機能する．ナトリウムに対するカリウムの強烈に選択的なフィルター（10^4 倍もの差がある！）はチャネルのもう一方の端によるものである（一連のカルボニル骨格で構成されており，カリウムイオンが通り抜けるために脱水される必要があり，さらに 1 列でしか通り抜けられないように配置されている）．カリウムイオンを脱水するための自由エネルギーはカルボニル群の結合によって生じるエネルギーとよく一致しており，より低エネルギーのプロセスにしていると考えられているが，その一方でより小さいナトリウムイオンはカルボニル基とうまく結合できず，そのためチャネルを通り抜けるためのエネルギーコストが高くなり，通り抜けにくくなる．このようにある程度制限された孔であるにもかかわらず，カリウムイオンは 1 秒当たり 10^8 個というめざましい速さで通り抜けることができる．

比較的少数の膜貫通タンパク質が膜を β シートで貫通している．通常の β シートは縁に飽和していない水素結合があり，それは膜タンパク質内には存在し得ない．したがって，すべての β シート型膜貫通タンパク質は β バレル（*1.12）を形成し，バレル内でシートが自身に重なるように湾曲して連続的な水素結合ネットワークをつくっている（図 1.44）．ほぼすべての膜貫通 β バレルは偶数個のストランドをもっており，それは連続的な逆平行シートを形成できることを意味している．多くの β シートはチャネルとして機能する．

1.3.4 タンパク質の構造は（多かれ少なかれ）自身の配列によって決定される

タンパク質の基本原理は Christian Anfinsen [39] によって 1960 年代に初めて明確に述べられた，**天然の 3 次元構造** native structure や折りたたまれ方，すなわちタンパク質のすべての振る舞いはその一次配列によってのみ決められるというものである．この知見は 2 つの大きな示唆を含んでいる．1 つは，タンパク質の構造を配列から予測することが可能なはずであるということである．これは非常に長い時間，数多くの科学者たちが目指してきたゴールであり，確かに予測は進歩してきてはいるものの，いまだに的確に予

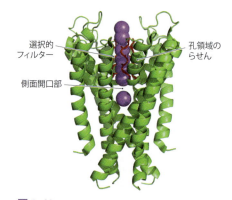

図 1.42
Streptomyces lividans 由来のカリウムチャネル（PDB 番号：1k4c）．このチャネルは 4 つの等価なサブユニットからなる．細胞質側末端は図の下部であり，紫色の球がカリウムイオンである．一番下のカリウムイオンは水で満たされた空洞の中にあり，孔領域の 4 つのらせんがもつ C 末端の負の双極子で安定化されている．選択的なフィルターは赤色で示された 4 つの領域から形成されており，カルボニル基の酸素原子（カリウムイオンの方向を向いている）を通してカリウムイオンと結合している．

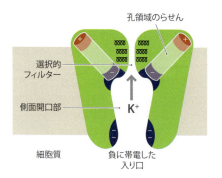

図 1.43
カリウムチャネルの図．選択的フィルターは芳香族の疎水性相互作用によって "バネが張った状態" であり，そのため，カリウムイオンを通し，ナトリウムイオンを抑えるためのきわめて正確な寸法を保っている．孔領域のらせんは入り口に向けて負電荷の末端をもち，それによってカリウムイオンを安定化させている．

測できるには程遠い．配列から構造をつくり出す，いわゆる**構造予測** structure prediction のための，現在もっとも有用なプログラムの1つは Rosetta と呼ばれている [40]．このプログラムは，疎水的な埋没やアミノ酸残基同士の相互作用などの妥当な理論的基礎をもった力やエネルギーにできる限り則っている．しかしながら，よりよい予測を行うためには，ストランド（鎖）やらせん構造が寄り集まる様式のような，タンパク質の折りたたみ方についての解析から導かれる相関関係を使う必要や，あり得ないようにみえるフォールディングを除いたり，実際のタンパク質が折りたたまれるときとは明らかに違う結果を集めたりするために，数多くの結果を整理する必要がある．この方法論は典型的であり，タンパク質の構造を支配する力について多くが知られているにもかかわらず，それがまだ十分ではないということを反映している．

もう1つの示唆は，タンパク質の3次元構造は全体的なエネルギーがもっとも小さい，つまりタンパク質の最安定状態であるということである．このことは立体構造エネルギーダイアグラム（図 1.45）によって示されることが多く，このダイアグラム中ではエネルギーは縦軸であり，横軸はタンパク質がとり得る構造の範囲を模式的に示している．このタイプのダイアグラムはしばしばタンパク質の**エネルギー地形** energy landscape として描写される（第6章でさらに詳しく解説する）．図 1.45a で描かれているエネルギー地形は滑らかな面をもっており，構造が乱された場合に常に緩和されて天然状態に戻ることを意味している．実際の生物界では，エネルギー地形はたいていこれほど滑らかではない．大きな視点でみると（図 1.45b）エネルギー地形上にはたいていいくつかのくぼみがあり，そのためタンパク質はある程度**準安定** metastable な構造をとる [41]．小さな視点でみると（図 1.45c）エネルギー地形はたいてい粗くなっており，そのためタンパク質は数多くの似たような構造をとる．これはたとえば側鎖の構造や，似たようなエネルギーをもち，その間の障壁も小さいという骨格構造の細かいディテールの違いであり，ある構造から次の構造への変遷が非常に速いことを意味している．

タンパク質の構造が数多くの弱い力のバランスで成り立っていることはすでにみてきた．この解析におけるきわめて重要なポイントは，エネルギー地形の形や全体的な最小エネルギーの位置は溶媒条件に応じて変化し，タンパク質に対して作用する力を変えるという点である．たとえば，もしpHが変わった場合，タンパク質の電荷分布が変わり，立体構造的な再編成が起こって，たいていの場合結果としてタンパク質のアンフォールドへとつながる．似たような例として，温度や圧力が増えた場合，もしくは多種の変性剤（*1.10）が加えられた場合，タンパク質はアンフォールドする．同様に著しい例として，リガンドが加えられた場合，その結合は一連のあたらしい力に寄与する．生じる力はもちろん十分に強力であり，小さいが非常に顕著な値でタンパク質の構造を変化させる（図 1.45d）．リガンドの結合は酵素が活性化するための構造変化を引き起こし（第3章），そして結合

図 1.44
NMRにより決定されたバクテリアの外膜タンパク質 OmpX の構造．8本のストランド（鎖）によるβバレル構造である（PDB番号：1q9f）．このようなタンパク質の多くはチャネルであるが，このタンパク質は細菌が哺乳類の細胞に取り付くために使われている．つまり，病原性を生み出すために必要であり，そのため**病原性因子** virulence factor と呼ばれている．

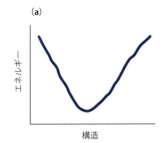  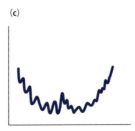 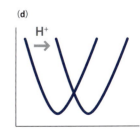

図 1.45
タンパク質の立体構造エネルギー地形．縦軸はエネルギー（おおよそ自由エネルギー，しかし明確に定義されているわけではない）を表し，横軸は広大なきわめて多次元的な表面構造を1次元に示したものである．(a) 典型的なタンパク質は1つのきわめて明確な最小エネルギーをもち，そのため全体的に最小なエネルギーへとスムーズに折りたたまれる．(b) いくつかの（おそらくは多数の）タンパク質はより高いエネルギーをもった準安定構造をもち，通常は最小エネルギーに対してエネルギー障壁が小さいために，非常に寿命が短い．(c) 局地的には，エネルギー地形の表面はとても粗い．しかしながらたいていのエネルギー障壁は十分に小さいため，タンパク質は室温ではその間を素早く行き来する．(d) 環境が変わることによって，この例では正電荷が結合することによって（つまり，pHを下げることによって），最小エネルギーの構造に変化が生じている．

図 1.46
エンドソーム形成．タンパク質（この場合はウイルス粒子表面の赤血球凝集素）は細胞膜上のタンパク質と結合する．この結合によってエンドソーム形成が刺激され，細胞内へと引き込まれて酸性化し，通常ではレセプターからタンパク質を放出させる．

したリガンドの構造に依存して 2 つの状態の間で構造を行き来させることで"スイッチ"の役割を果たす GTP アーゼなどのタンパク質を制御する（第 7 章）．

1.3.5 準安定構造を形成するタンパク質もある

多くの場合において，これらの準安定構造への構造変化は小さいものの，生体内で重要な影響をもつには十分である．いくつかのケースでは進化によって構造変化が発達し，よりいっそう劇的な構造変化を生み出した．1 つの例としてインフルエンザウイルス由来の赤血球凝集素が挙げられる [42, 43]．これはウイルスの表面にあるタンパク質で，ヒト細胞を認識し，細胞表面の糖タンパク質にウイルスを付着させ，そして細胞応答をウイルス膜と細胞膜との融合に利用してウイルスの RNA を細胞内へと送り込むタンパク質である．赤血球凝集素の結合は細胞のエンドソーム形成を刺激する（図 1.46）．これは外部からの物質に対して共通の反応である．エンドソームは酸性状態になり，細胞表面のタンパク質とリガンド間の結合を弱くする．そしてリガンドは解離し，分解や細胞への取り込みが可能となる一方で，細胞膜と複合膜タンパク質は細胞表面へと戻ってリサイクルされる．しかしながら，このウイルスの場合，低 pH によってウイルス性のタンパク質に特徴的な変化が生じる（図 1.47）．タンパク質中で 1 つのヒンジが開き，もう 1 つが閉じ，それによって疎水性の"融合ペプチド"が露出してタンパク質自身を細胞膜へと付着させ，ウイルスを細胞表面へと固定化し，通常の解離プロセスを阻害する．そして第 2 段階目の大きな構造変化が起こり，赤血球凝集素をウイルス膜とつなげている部分があたらしく露出したタンパク質の端をジッパーのように閉じることでウイルス膜と細胞膜を近づける．最後のプロセスはいまだによくわかってはいないが，2 つの膜が融合する．似たようなメカニズムが細胞膜融合で使われるタンパク質で用いられているようであり，その多くもまた pH によって制御された構造をもっている [44]．このような振る舞いをみせるほかの主なタンパク質群としてはセルピンが挙げられる（章末の問題 7 参照）．

異なる環境下できわめて特異な構造変化を起こす顕著な例としてアミロイドが挙げられるが，これについては第 4 章の最後で解説する．また，第 2 章で解説するが，3 次元構図中のドメインスワッピングが，タンパク質は 2 つ以上の構造をとるというさらなる例を

図 1.47
低 pH における赤血球凝集素の構造変化．赤血球凝集素はウイルス被膜の一部であり，対象の細胞と初期の相互作用を形成するオーカー領域に隣接している．低 pH においては伸長した鎖（B）がらせん状になり，C, A とともに連続したらせんを形成する．そのため，上向きに突出し，赤血球凝集素を（つまりはウイルスを）結合して解離を妨げるために融合ペプチドを膜内へと押しこむ．同時に，D らせんの一部（D'）がほどけて C 末端領域を上向きに引っ張り上げ，細胞膜へと近づける．この C 末端領域はウイルス被膜とつながっており，細胞膜とウイルス膜を近づけ，（詳しくはわかっていないメカニズムによって）膜融合を刺激するという複合効果をもっている．（P.A. Bullough et al., *Nature* 371：37-43 より改変．Macmilln Publishers Ltd. より許諾）

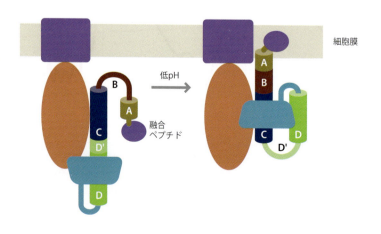

示してくれる．これらのケースの両方にいえることは，"異なる環境" というものはタンパク質の濃度と関係しているということである．つまり，低い濃度ではタンパク質は通常の構造をとるが，高濃度ではアミロイドやドメインスワップした構造をとってより安定となる．いくつかのほかの例については Murzin が議論しており [45]，準安定構造というものはたいてい "通常の" 単量体とともに非対称な二量体を形成することによって安定化されるとし，それらの構造は自然淘汰によって突然生まれて発達した変異事故によるものであると主張している．

1.3.6 構造は配列よりも保存されている

DNA は複製ミスや化学的な分解の結果，大まかに一定の割合で変異が生じているが，ほかのたいていのものと同じようにこの比率は進化的な支配下にあり，たとえばある生物種が通常にはない強力な選択圧の対象となっているときなどに増加し得る．このことはタンパク質もまた，おおよそ一定の割合で変異が生じているということを意味している．しかしながら，タンパク質（およびその帰結としての表現型）のレベルでは選択はより強烈に作用する．これは非常に数多くの相手と相互作用し（たとえば第 9 章で解説するインタラクトームコアタンパク質など），そのために表面を一定に保つ必要のあるタンパク質の変異率は低いということをとくに意味している．典型的な例として**ヒストン** histone タンパク質が挙げられるが，これは DNA と，DNA の発現を制御している数多くのタンパク質と相互作用しており，変異率は非常に低い．それと比較して，高い進化的圧力のもとにある免疫グロブリンや分泌タンパク質のようなタンパク質は，より速く進化しやすい（**表 1.3**）．異なるタイプのタンパク質における変異率は 1,000 個の要因で変わるということが報告されているが，そのうちの 30 個はより共通したものである．進化的な圧力が変異率を変化させるよい例として，ラングールという猿のリゾチームタンパク質が挙げられる．そのタンパク質中では新種の進化的圧力（反芻(はんすう)行動を必要とする食事変化）がヒヒ由来のものよりも 2.5 倍高い変異率を引き起こしている [46]．

1.3.7 構造類似性は機能解明に使われる

タンパク質の進化において，上記以外の主要な制約は構造と機能によって与えられる．つまり，タンパク質の構造や機能に必要なアミノ酸残基はほかの残基と比べてより遅く変化する．これはバイオインフォマティクス的手法の広範囲にわたる基礎であり，第 11 章でより十分に解説する．構造類似タンパク質由来のアミノ酸配列はすみやかに簡単に並べることができる．高い**保存性** conservation がみられる部位は機能もしくは構造のどちらかに重要である傾向にある（**図 1.48**）．酵素の活性部位残基はしばしばこのようにして判

表 1.3　タンパク質の進化率	
タンパク質	比率[a]
ヒストン H4	0.0025
ヒストン H1	0.13
シトクロム c	0.07
インスリン	0.07
トリオースリン酸イソメラーゼ	0.05
ヘモグロビン β	0.3
ヘビの短神経毒	1.3
抗体 IgG (V)	1.4

[a] 比率は 100 残基当たり 100 万年で変化する割合で見積もられている．（データは A. C. Wilson, S. C. Carlson and T. J. White, *Annu. Rev. Biochem.* 44:573–639, 1977 より引用）

```
score = 108 bits (271),  expect = 8e-29, method: compositional matrix adjust
identities = 84/239 (35%), positives = 120/239 (50%), gaps = 24/239 (10%)

Query   1   VGGEDAIPHSWPWQISLQYLRDNTWRHTCGGTLITPNHVLTAAHCISNTLTYRVA--LGK   58
            VGG  A PH+WP+ +SLQ LR     H CG TLI PN V++AAHC++N      V   LG
Sbjct   1   VGGRRARPHAWPFMVSLQ-LRGG---HFCGATLIAPNFVMSAAHCVANVNVRAVRVVLGA   56

Query  59   NNLEVEDEAGSLYVGVDTIFVHEKWNSFLVRNDIALIKLAETVELSDTIQVACLPEEGSL  118
            +NL   +  ++ V  IF     ++  +N DI +++L    + ++QVA LP +G
Sbjct  57   HNLSRREPTRQVFA-VQRIF-ENGYDPVNLLNDIVILQLNGSATINANVQVAQLPAQGRR  114

Query 119   LPQDYPCFVTGWGRLYTNGPIAAELQQGLQPVVDYATCSQRDWWGTTVKETMVCAGGDGV  178
            L   C  GWG L N  IA+ LQ+ L V  +C ++        T+V   GV
Sbjct 115   LGNGVQCLAMGWGLLGRNRGIASVLQE-LNVTVVTSLCRRSNVC------TLVRGRQAGV  167

Query 179   ISACNGDSGGPLNCQAENGNWDVRGIVSFGSGLSCNTFKKPTVFTRVSAYIDWINQKLQ   237
              C GDSG PL C      N  + GI SF G C +   P F V+ +++WI+  +Q
Sbjct 168   ---CFGDSGSPLVC-----NGLIHGIASFVRG-GCASGLYPDAFAPVAQFVNWIDSIIQ  217
```

図 1.48
BLAST で行ったウシのキモトリプシン（上部）とヒトの好中球エラスターゼ（下部）の配列比較（http://blast.ncbi.nlm.nih.gov/Blast.cgi）．2 つの配列は 34 % 一致しているため明確に相同性があり，高い確率で相同的なフォールディングと似た機能をもつ．保存されている残基は配列比較の中心に示してあり，触媒性トライアド（*1.15）(S，D，H が強調されている) を含む．ほぼすべてのシステインや，多くのプロリン，半分のグリシン，多くの疎水性残基が保存されているのは自然なことだといえる．

*1.15　触媒性トライアド

すべてのセリンプロテアーゼは活性部位のなかに触媒活性において重大なセリン，ヒスチジン，アスパラギン酸という3つのアミノ酸残基をもっている．セリンは求核剤として働き，ペプチド結合を切り離すために攻撃をする（図 1.15.1）．セリンが攻撃するのとあわせて，ヒスチジンは全体的な塩基としてとして働き，セリンのOH基からプロトンを奪い，セリンの求核性を高める．アスパラギン酸はヒスチジンと水素結合し，プロトンを引き抜いたかのようにヒスチジン上の正電荷を安定化させる．触媒性トライアドの3次元的な配置はキモトリプシンやサブチリシンときわめてよく似ているが，そのほかの部位はまったく異なる構造をもっており，**収束進化 convergent evolution** の古典的な例といえる．Ser-Lys のように，触媒性トライアド残基のいくつかが失われているか異なっているプロテアーゼの関連ファミリーがある．

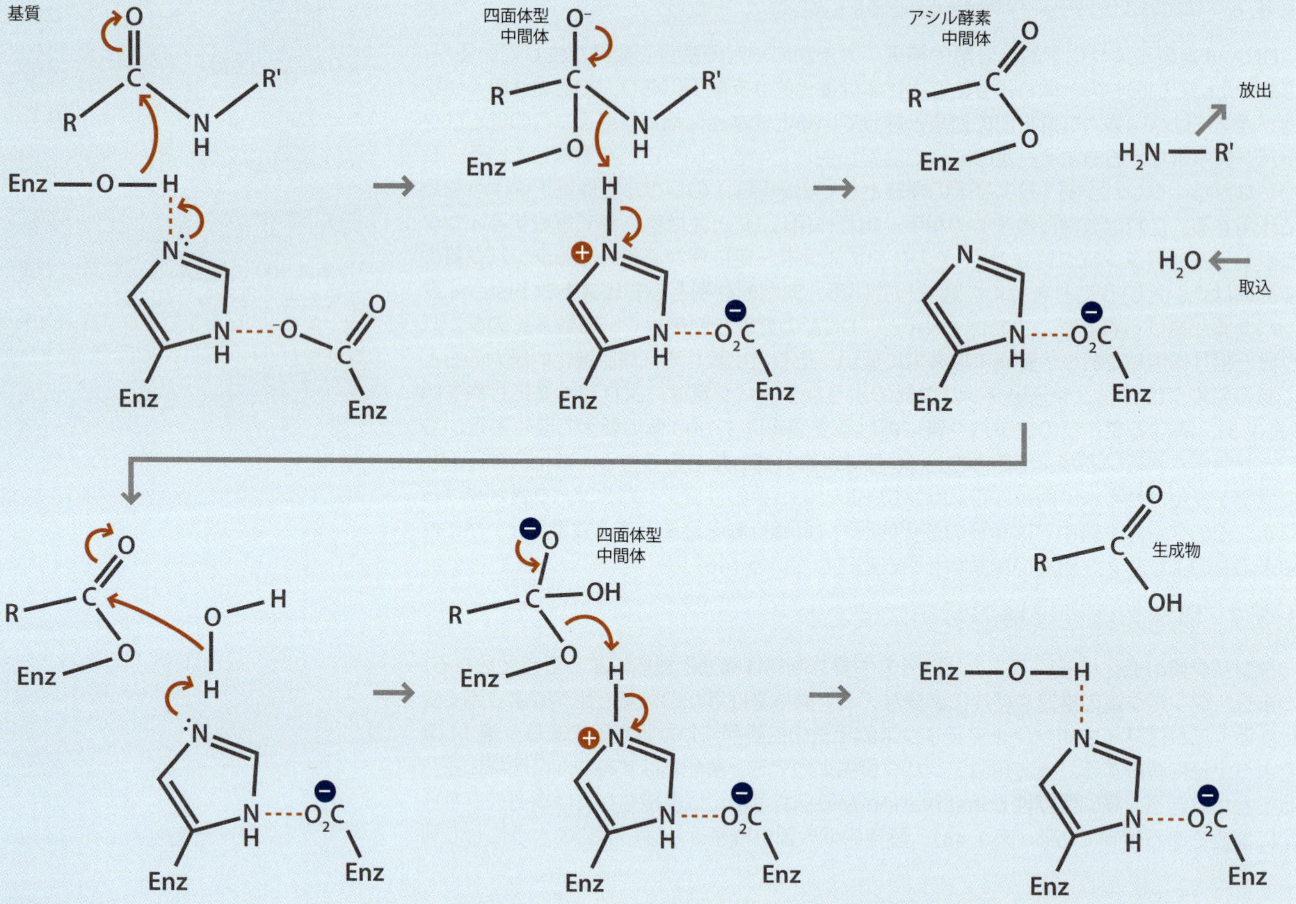

図 1.15.1
セリンプロテアーゼの反応機構．詳細については議論中の箇所もある．

別でき，その例としてセリンプロテアーゼの Ser-Asp-His の**触媒性トライアド catalytic triad**（*1.15）が挙げられる．同様に，タンパク質において機能のために必要な領域も判別できる．たとえば，ヌクレオチドに結合する多くのタンパク質はロスマンフォールド（*2.1 参照）として知られるドメインを使って結合している（第2章）．この折りたたみ構造はヌクレオチドにがっちりとからみつくような保存されたループ構造をもっており，GXGXXG（G：グリシン，X：ほかのアミノ酸）という配列である．この配列において，グリシンはその小さいサイズゆえにヌクレオチドに近づくことと，通常とは異なる骨格構造をとることが可能である．ラマチャンドランプロット内でほかのアミノ酸ではその構造を容易にとれないため，ヌクレオチド結合機能にはグリシンが必要とされている．この短い配列は**配列モチーフ sequence motif** と呼ばれており，たくさんのモチーフが知られ，Web 上のデータベースに集められている（本章の最後でリスト化してある）．実際，グリシンはタンパク質機能においてユニークな役割をもっているためかなり高い割合で保存されていることが多く，同様のことはプロリンやシステインにもいえる．

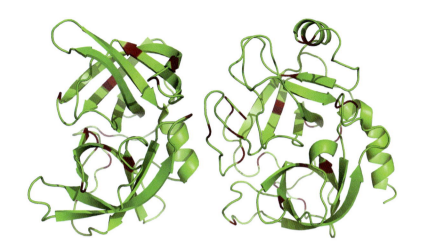

図 1.49
Stpreptomyces griseus のプロテアーゼ B（左）とウシの β-トリプシン（右）の構造．2つの構造は，たとえば β-トリプシンの上部にある余分ならせんの存在などを除いて，きわめて類似している．しかしながら，配列相同性のある残基（赤色）は基本的にランダムであり，機能的には重要性はない．その残基の多くは構造が著しく異なっており，そのため"本当の意味"では一致していない構造領域に存在している．

　タンパク質構造を保存する要求があるということは，相同タンパク質にとって，構造は配列よりもはるかに高い割合で保存されているということを意味している．たとえば，図 1.49 は遠い昔に分化し，結果として配列相同性が 15％よりも少ない 2 つのタンパク質の骨組みを示している．それにもかかわらず，これらの構造はとてもよく似ている．BLAST によってマッチした配列は配列内の異なる場所同士であり単なる偶然によるものであった．その一方で"本当に"保存された配列（赤色で示してある）はまったく目立たない．時の流れの中で，構造類似タンパク質の配列は分化し，配列から構造類似タンパク質を判別することは難しくなった．きわめて類似したタンパク質配列は確証をもって相同体であると帰属できるが，このことは 2 つの類似した配列をもつタンパク質は同じフォールディングをし，ほぼ確実に同じ機能をもつことを意味している．配列が異なっていくにつれて，相同体として帰属することは難しくなっていく．つまり，一度タンパク質配列が 30％以下の相同性になってしまえば，確証をもって帰属することは難しくなり始め，20％を切ってしまうと事実上不可能になってしまう．それゆえにこの 30％から 20％の相同性の間の領域は"トワイライトゾーン"と呼ばれている [47]（図 1.50）．しかしながら，相同タンパク質の構造はとても広範囲で保存されており，5％の配列相同性しかなくても，とてもよく似た構造をもったタンパク質が見つかったこともある．このレベルの配列相同性は，ランダムで選ばれた 2 タンパク質間の相同性と一致する（すなわち，どの位置でも 5％の確率で一致する 20 残基のアミノ酸を選ぶことができる．しかしながら異なるアミノ酸はそれぞれタンパク質内できわめて異なる頻度で出現するため（表 1.2），配列相同性の確率は向上し，ランダムな配列一致は実際には 5％よりも頻度が高い）．3 次元構造を比較するために使えるプログラムはいくつかあり，よく使われているものの 1 つに DALI が挙げられる．

　上述したタンパク質の配列比較において，通常，ある程度の配列の**挿入** insertion や**欠失** deletion（＝挿入欠失 indel）は許容される．たいていの挿入欠失は規則的な二次構造の中よりもむしろループ中で起こる（図 1.51）．そのため挿入欠失の存在は，（構造が知られている場合に）配列比較が正しく行われたかどうかのチェックや，（構造が未知の場合に）二次構造の位置を調べるための指標として役立つ．挿入欠失は非常に長くなることもあり，また，まったく別のドメインが挿入されることもある．典型的な例としては免疫グロブリンが挙げられる．免疫グロブリン中では基本的なフォールディングは高度に保存されており，抗原認識のために必要な変異は基本的にすべてループ中で起こるため，ループは多数の挿入や欠損を受けている（5.1.3 項でより詳しく解説する）．

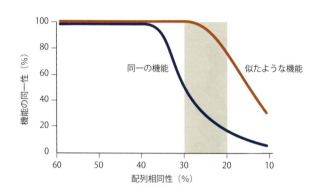

図 1.50
配列相同性が 20〜30％の範囲にある，配列の類似性におけるトワイライトゾーン．配列相同性が 30％を超えている場合，対となる配列は合理的にまっすぐに並んでおり，2つのタンパク質は同じフォールディングをとって，同一ではないにしても似たような機能をもつと確信できる．ところが，配列相同性が 20％以下の場合，対となる配列をつくることはもはや不可能であり，ほかの意義のある配置を行うことも難しくなり，2つのタンパク質が同じ機能をもつという可能性はきわめて低くなる．しかしながら，似たようなフォールディングをもつ可能性はある．

図 1.51
挿入欠失の例．二量体を形成する酵素である，*Anopheles dirus* B 種というカ由来のグルタチオン S-トランスフェラーゼのアイソフォームは mRNA の 2 つのスプライシングによって異なっている．アイソフォーム 1-4（右側）はアイソフォーム 1-3（左側）と比べて，6 つの追加のアミノ酸を含んでおり，表面の小さならせん（紫色）の長さを延ばしている．この伸長の影響によってらせんのパッキングが変わっており，このことは，長い棒で示したらせん（黄色）のもう一方の末端において，結合部位への入口にある残基（茶色）がより近づき合うように押されていることを意味している．結果として，基質であるグルタチオン（橙色）が結合部位へ近づくことがより制限されるようになる．活性部位が 2 つの単量体ドメインの間にあることも注意すべきである．この図において，らせんは見やすさのため棒状に示されている．異なるスプライシングが挿入欠失につながるのはよくあることである [133]．（PDB 番号：1jlv，1jlw）

1.4 タンパク質の進化

1.4.1 タンパク質の目的は何か

本章の最初の部分ではタンパク質の**構造** structure を扱った．次にタンパク質の**進化** evolution へと移る．

生命は進化の過程，言い換えれば**自然淘汰** natural selection によって現在の姿となった．生化学的な変化は，宿主がより多くの子孫をつくるために有利であった場合に残ってきたのである．この項は挑戦的に "タンパク質の目的は何か" と銘打たれている．タンパク質の "目的" は宿主が子孫を増やす手助けとなる（つまり適応度を上げる）機能を達成することであるという点には同意してほしい．タンパク質はいわゆる "目的" として的確に表現し得るほかの機能をもっていない．しかしながら，本書では時折タンパク質があたかも "ある目標達成に挑戦している" かのように，あたらしいタンパク質機能の進化について説明している．これは単なる簡便な省略にすぎない．タンパク質は "何も" 知らないのである．つまり，何も "狙って" はいない．自然は目的論的ではない．つまり，どこへたどり着こうともしていない．生命体は生き残り，子孫をつくり，より成功したものが最終的に勝つ．もしあたらしいタンパク質，もしくはあたらしい制御系が，生命体を助けるならば，それは子孫へと伝搬し，残っていく．そのため，タンパク質の機能とは何かを理解しようとするときは気をつけなければならない．実際の生命（つまり "自然"）がかかわっている限り，その機能は生物の適応度をあげるためだとしっかり明言できる．さらに，そのしくみを，たとえば触媒反応や，プロセス制御や，選択性の向上などによって説明することができる．これらは個々のタンパク質の特性が宿主の適応度上昇をどのように補助し

ているのかを調べるため，初期のダーウィン効果を理解するために有用な試みである．したがって，タンパク質の機能を，たとえば，酵素や制御タンパク質であると説明することや，その機能をどのように達成しているか，つまり，タンパク質の構造がどのように機能を改良しているのかを解析することは有用である．その程度までは（そしてその程度までに限り），タンパク質が構造や特性をもっている理由はある特定の機能を効率的に発現できるようにするためだと言及してもよい．言い換えれば，タンパク質がそのような特性をもっている理由を求める場合（本書では頻繁に行われていることだが），その機能は宿主の適応度を上げることを仮定している．これは伝統的な還元主義的視点であり，それは個々の構成要素がよりよく，またはより速く働く場合，全体のプロセスもそのようになるという視点である．**システム生物学** Systems Biology（第 11 章）というあたらしいサイエンスはそれが本当なのかどうか，本当ならばどのようになっているのかを調べようと挑戦している．本書で説明されていることが，システム生物学が発展するためのいくつかのアイデアを生み出すうえで助けになることを筆者は望んでいる．タンパク質が自身の生物学的機能をどのようにして達成しているのかということは，とても的確で意義深い疑問である．タンパク質がそのように機能を果たしている理由は"今まで進化してきたほかの何よりもうまく機能しているから"という形でのみ正当化される．

　この文脈においては，Richard Perham が，（今では古くなったものの，いまだにすばらしい）ピルビン酸脱水素酵素についての総説で述べた説話を繰り返すことが役立つかもしれない [48]．19 世紀初頭に，2 人の優秀な外交官がヨーロッパにいた．1 人は Talleyrand といい，ナポレオンの外務大臣であったが，めずらしいことにナポレオンの失脚のなか生き延びた人物である．そしてもう 1 人は Metternich といい，オーストリアの貴族であった．彼らは外交で頻繁に争っており，互いに敬意を表してはいたものの，気を許せず，その真意については懐疑的であった．Talleyrand の訃報を聞いて，Metternich は "彼は何を意図して死んだのだろうか" と述べたという記録がある．この話の教訓は，タンパク質の世界においても，単純に起こっただけで "隠れた真意" のない現象があるということであり，あらゆる観測について深読みしすぎることへの戒めである．

　この冗長にして，多少申し訳なくなるほどのイントロダクションは重要である．というのも "なぜ" という問いかけは，正しく理解される場合にはとても有用であるからである．特筆すべきは，"なぜ" と適切に問うためには，進化の偶然性というものを常に頭にとどめておかなければならないということである．進化はただ起こっただけで，目的も計画もないということを覚えておかなければならない．時には進化は行き止まりにたどり着いてしまったり，実際には発展のために何も役に立たないところで終わってしまったりすることもある．そのため，"なぜ" に対するよい答えが "そのように進化したから" 以外にないことも常に起こり得る．本書は "なぜ" を説明しようとするときに進化のプロセスへと差し戻すことがよくあるだろう．なぜならそれしか答えようがないからである．

1.4.2 進化はよろず修繕屋である

　『Chance and Necessity』[49] という本の中で，Jacques Monod は自然をよろず修繕屋と表現した．よろず修繕屋は今や悲しむべきことにも絶滅しようとしているたぐいの職種だが，あなたのポットを引き取って修繕し，場合によっては別の何か役に立つ物に変えてくれる人たちのことであり，伝統的な "つくり，直す人" である．自然もまったく同じである．つまり，眼の前にあるものを何でも選んで，ほかの便利なものに変えていくのである．したがって，あたらしい酵素が必要ならば，あたらしいものがつくられるよりも，むしろすでにあるものからつくり変えられる．それ以上に，何度も目にしてきたであろうが，自然は密接に関係のあるタンパク質を出発点として使う傾向にある．その主な理由というのはそのようなタンパク質は簡単に転用可能であり，おそらくはすでに必要とされる基本的な活性や，ときに "日和見主義" だといわれるような特徴をもっているからである [50]．たとえば 1950 年代に幅広く使われた抗生物質ペニシリンは，バクテリアにペニシリンを失活させる酵素である β-ラクタマーゼを獲得しなければならないという差し迫った必要性（先述した進化的な意味）を生み出した．現在ではすでに β-ラクタマーゼを獲得したバクテリアもいる．これらは 1 つのバクテリア種からほかのものへと平行に輸送され，それはほかのどの進化プロセスよりもはるかに単純で速い．オリジナルの β-ラ

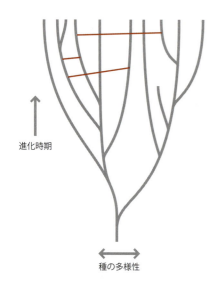

図1.52
遺伝子水平伝播．ほとんどの進化は枝分かれである．つまり種は歴史的に非常に長い期間分岐し，分化してきた．しかしながら，平行遺伝子輸送はある種からもう一方の種への直接的なDNA輸送を取り込んでいる．つまり，異なる系統樹間のギャップを効率よく橋渡ししている．これはとくに細菌類によく起こることである．

クタマーゼはペニシリン結合タンパク質だったというのももっともである．つまり，バクテリアはペニシリンを認識して結合するという機能をもったタンパク質を選び，触媒性部位を適切な位置に加えることで改良したということである．もう一度いうが，これはまったくあたらしいタンパク質を生み出すよりはるかに簡単なプロセスである．実際，水平伝播はとても重要であるということが現在明らかになっており，大腸菌 Escherichia coli は近年では，自身のゲノムのうち10-15%をこのように獲得したと考えられている[51-53]．このことは進化を一次的なプロセスとは程遠いものにしている（図1.52）．

このような伝播はもちろんすでに存在している酵素があろうとも起こり得る．このケースでは進化はどちらの酵素についても試してみて，たいてい失敗したほうを切り捨てる．異なった生命体のゲノムを比較すると，一方の生命体で明確に定義された機能をもち得る酵素は別の生命体の同じ酵素と，関連のある機能という点を除いてはまったく関連性がないということは往々にしてある．これは**非オルソロガス遺伝子置換** nonorthologous gene displacement と呼ばれ，同じ機能が後から独立して進化することを表している[54]．この無関係ではあるが機能的に同等な酵素は**アナログ** analogous と呼ばれる．そしてそれは進化的圧力の結果としてよくみられる，広範囲に広まった現象である．進化がこのように繰り返し修繕を行ってきたのは明らかであり，tRNA合成酵素をつくる必須の基本的なタンパク質がよい例である[55]．それはまったく異なる解決策を示す2つのクラスに分類されている．驚くべきことに，基本的な経路においても酵素の取替えはとてもありふれたことのようである[51, 56]．

1.4.3 多くのタンパク質は遺伝子重複によって起こった

もしペニシリン結合タンパク質がβ-ラクタマーゼをつくるために変異したなら，元のおそらくは有用であったペニシリン結合タンパク質は失われてしまう．したがって，変異の元が**秘密遺伝子** cryptic gene (*1.16) もしくは偽遺伝子でない限りは，変異には前の**遺伝子の重複** gene duplication が必要であり，それによって，一方のコピーは元の機能を保ち，もう一方が自由に別の機能を獲得する．遺伝子重複のメカニズムはいくつかあり[57]，真核生物においてもっとも一般的なものはヒトがもつAlu **偽遺伝子 pseudogene** (*1.17) のようなレトロウイルス由来の可動性遺伝因子間における**相同組換え homologous recombination** (*1.18) である．インフルエンザ菌 Haemophilus influenzae の遺伝子のうち少なくとも1/3は遺伝子重複によって生じていると見積もられており[58]，出芽酵母 Saccharomyces cerevisiae の遺伝子では88%，ヒトゲノムでは98%と見積もられている[59, 60]．遺伝子重複の割合はおおまかにヌクレオチド部位当たりの変異率と同じである[61]．もう1つのよくある機構はゲノム全体の重複である．

---

*1.16 秘密遺伝子
ゲノム配列決定は数多くの"秘密遺伝子"の存在を明らかにした．それはよく知られた生物学的機能をもったタンパク質に密接に関連しているものの，その機能をランダム変異（遺伝子かもしくはプロモーター）によって喪失しており，その結果発現しない，もしくは機能をもたない遺伝子のことである．これらの遺伝子を取り除くという進化的圧力はあるが，とくに真核生物においては遺伝子を急いで複製する必要性はとくになく，数多くの"ジャンクDNA"を気軽にもっているためにその圧力は強くはない．したがってこれらの遺伝子は長い間残ることができる．そして実際に秘密遺伝子を保持することは生命体にとって有用である．というのも秘密遺伝子は機能性タンパク質へと戻すことができるからである．たとえば，突然の環境変化が起こった場合，生命体は死に迫られて速く進化する必要が生まれるかもしれない．秘密遺伝子の存在は，必要なときにすばやく取り出せる潜在的な遺伝子の"貯蔵"とも考えることができる（このようにいうと生命体が計画的に秘密遺伝子を残したように聞こえるが，ほかのすべてと同じように秘密遺伝子が取り除かれる割合も進化的な制御によるものであり，選ばれたからそうなったということは明らかである．上のような"説明"は単なるわかりやすい正当化にすぎない）．あるいは第1章の後半で解説するように，秘密遺伝子は選ばれて修繕され，考え得るあたらしい機能を生み出すことができるタンパク質の"ジャンクルーム"をつくっているともいえる．

*1.17 偽遺伝子

偽遺伝子とは遺伝子のようにみえるがタンパク質発現はしない DNA 配列のことであり，そのため，秘密遺伝子 (*1.16) とおおよそ同じようなものである．偽遺伝子はたいていさまざまな変異やフレームシフトの結果つくられるため機能をもっていないが，進化のためにあたらしいタンパク質を生み出す方法として使われ得る．重要な例としては霊長類の Alu ファミリー (DNA 中の短い散在性の反復配列，SINEs という) があり，それらはシグナル認識粒子 (*1.20) の構成要素である．細胞質内の 7 SL RNA の遺伝子に由来する．これらはレトロトランスポゾンであり，すなわち自身を切断したり，ゲノムのほかの場所に挿入したりする能力をもっている．そのため，重要な転移性要素を構成し，遺伝子重複や挿入に関連していることが頻繁に発見されている．ヒトゲノムは 20,000 以上の偽遺伝子をもつと見積もられており，それは偽遺伝子の数がタンパク質をコードしている遺伝子の数と同じくらいあることを意味している．

これは進化のなかで数多く起こり，脊椎動物の発展を可能にした (2 つの連続した重複による) 起動力であると示唆されている [62, 63]．この重複によって *Kluyveromyces* (とくに，嫌気性の糖発酵においてより効率的な種) から出芽酵母 *S. cerevisiae* が分岐し [64]，いくつかの植物は恐竜が絶滅した最後の大絶滅期を生き残った [65]．

遺伝子重複には明らかに難しい点がある．遺伝子重複による余分なコピーは別途に制御や操作をする必要があり，重複された遺伝子が互いに干渉し合うのをどのように防ぐかというジレンマが生じる．有性生殖を行う種において，性染色体の重複は受精率の減少を引き起こすことが多い [66]．したがって，遺伝子重複はたいてい大部分の不要な遺伝子のサイレンシングや欠損が後に続く [61]．たとえば，先述した酵母類 *Saccharomyces* の遺伝子重複はつくり出されたあたらしい遺伝子の 85% を後で失うと考えられている [64]．制御遺伝子は触媒性のタンパク質よりも多く変化しているということも一般的に認められており [52, 67]，あたらしく重複した機能を正しく制御することの重要性を反映している．

時には，遺伝子重複は単に遺伝子コピーをさらに増やし，細胞内のタンパク質数を高めるために使われることもある．その古典的な例はヒストンタンパク質であり，たとえばショウジョウバエ *Drosophila* のコピー数は約 100 である [57]．

遺伝子重複が明らかに大規模に何回も起こっていて，あたらしい遺伝子の発展にきわめて重要であるにもかかわらず，少なくともほかの真核生物よりも重複が容易だと思われる植物を除いて，現在の真核生物において遺伝子重複が起こりそうもないということは注目すべきことである．ヒトにおいては，1 個の遺伝子の偶発的な重複は受精時にある程度頻繁に起こり，染色体が 3 つになる．これはトリソミーとして知られており，もっともよく知られているのはトリソミー 16 である (つまり，染色体 16 番が余分なコピーをもつ)．トリソミー 16 は妊娠時に 1% の割合で起こるが，たいていは自然流産となる．実際，ほとんどのトリソミーは生存可能な胎児をつくることができないために観測されることはない．誕生まで生き残るトリソミーは染色体 8, 9, 12, 13, 18, 21 と性染色体だけである．

*1.18 相同組換え

相同組換えとは二重らせん DNA 分子間の DNA の交換であり，2 つの分子内の相同な，もしくはきわめて似ている配列の塩基対形成によって起こる (図 1.17.1)．典型的な生物の傷ついた DNA の補修に使われるが，あたらしい遺伝子材料を導入したり除いたりするために使うこともできる．

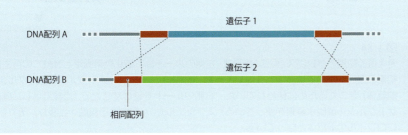

図 1.17.1
相同組換え．配列 A において B 中の配列に対して相同な (つまり，一致しているか，もしくは非常に相関している) 2 つの短い DNA 配列がある．相同組換えはある配列をほかのものと交換し，その結果遺伝子 1 が遺伝子 2 によって置き換わる．この機構は天然の DNA 複製においても分子生物学においても幅広く使われている．

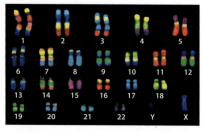

図 1.53
23 対のヒト染色体．FISH（蛍光 in situ ハイブリダイゼーション）として知られているテクニックを用いて，蛍光プローブによって染色されている．色は蛍光波長の変化を使ってコンピューターによって表現されている．番号は大きさ順につけられていることに注意すること．（写真提供：Steven M. Carr. Genetix による原本に倣う）

ヒト染色体は大きいものから小さいものへと順に 1 から 23 の番号がつけられており（図 1.53），大きい染色体の重複はたいてい生存不可能な胎児を生み出すということを意味している．上で挙げたトリソミーのほとんどは厳しい障害をもっており，生き残らないが，例外はトリソミー 21（ダウン症）と性染色体のトリソミーである．

1.4.4 あたらしいタンパク質はほとんどが重複した遺伝子の改良によって生み出される

この原理については**クレブス Krebs**（*1.19）回路としても知られている**トリカルボン酸 TCA**, tricarboxylic acid 回路がよい例となる．地球の初期の大気は酸素がほとんどなく，還元的環境であった．ほぼすべての生物中の回路の現在の形において，TCA 回路は 2 つの主だった役割をもつ．代謝中間体をつくる役割と，NADH のような還元当量といった形でエネルギーを生み出すことである．しかしながら地球上の早い段階で生まれた生物にはこの 2 つ目の機能が獲得されておらず，比較的後から発達したものであると一般に考えられている．実際，初期のクレブス回路はまったく回路にはなっておらず，基本的にはピルビン酸からコハク酸へ "逆" 方向に進むことで NAD^+ を生み出し，二酸化炭素を固定する一本道であった（図 1.54）[68, 69]．この見解は，たとえば，現在のクレブス回路の "最後" の部分がもっとも高い割合で保存されているという事実からも支持される．1999 年の総説で，遺伝子が判明している種では，ほとんどの回路は実際には完全な回路ではないということが明らかとなった [70]．標準のクレブス回路における第 1 段階目もまた，生合成前駆体である α-ケトグルタル酸（グルタミン酸をつくるために使われていた）をつくる方法として存在していた [68]．ある時点において，すでに存在しているピルビン酸脱水素酵素が複製，改良されて α-ケトグルタル酸脱水素酵素をつくり，それがとてもよく似た化学反応を起こしたことで，α-ケトグルタル酸からスクシニル CoA の生合成を行うことが可能になった．スクシニル CoA はそれ自体が有用な生合成前駆体であり，ポルフィリンやヘム，クロロフィルなどの合成に使われている．図 1.55 からわかるように，これらの 2 つのルートが近年の回路の大半の酵素を構成しており，たった 1 つ "あたらしい" 酵素をつくる必要があるだけである．実際に多くの原核生物において，クレブス回路はこの不完全な形のままである．還元当量を必要とすることはもうないが，生合成前駆

*1.19 Hans Krebs

Hans Krebs（図 1.19.1）は 1900 年にドイツで生まれた．彼はユダヤ人であり，1933 年にドイツを去ってイギリスのケンブリッジにやってきた．その後シェフィールドへと移り，初の生化学の教授となった．彼はクレブス回路とも呼ばれるトリカルボン酸回路を発見したことで有名であるが，2 つ目の回路，尿素回路もまたその 5 年前に発見している．彼はノーベル医学・生理学賞を 1953 年に受賞した．

図 1.19.1
Hans Krebs.（Krebs 氏の家族より許諾）

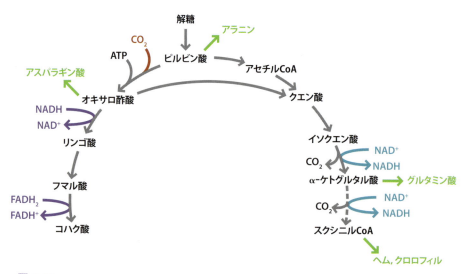

図 1.54
考え得る初期のクレブス "回路" の形式．左側のルートは二酸化炭素固定と NAD^+ の再生に使われ，初期の還元的環境では重要な機能であった．右側のルートは α-ケトグルタル酸（グルタミン酸の前駆体）をつくるために使われていた．右側のルートを延ばすことで（点線で示した箇所では α-ケトグルタル酸脱水素酵素を使っている）スクシニル CoA をつくる段階へと移り，それがヘムやクロロフィルの前駆体となっている．

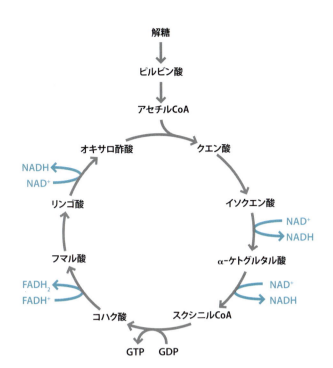

図 1.55
現在のクレブス回路の形．ヒトの体内で使われているものとしてよく知られているものであり，全体的には還元された補因子（NADH と $FADH_2$）をつくる方向へと働いていることは注目に値する．しかしながら，多くのバクテリアにおいて，とくに光合成をするものや還元的環境で生きているものでは，図 1.54 で示したものがより近く，1 つか 2 つ酵素が"失われて"おり，多くが"後ろ向き"に進んでいる．

体は必要とし光合成を行う多くの生命体において，この逆方向のタイプの回路はきわめて普通のものである．最後に必要な酵素は現在スクシニル CoA 合成酵素と呼ばれ，アセチル CoA 合成酵素やほかの多くのアシル CoA 合成酵素と近縁関係にあり，共通したフォールディングをもつ．そのため，遺伝子重複や改良からこの酵素を供給することは難しくはなかっただろうと考えられる．

　少々異なる例として，凍結防止タンパク質が挙げられる．多くの魚は 0 ℃以下の海水中で生きているため体内での氷結晶形成を防ぐ必要があるが，それは凍結防止タンパク質をつくることで達成されている．これは比較的近年に進化の必要が生じており，少なくとも 4 回，遺伝子重複が独立して達成されている．南極圏の魚のなかでもっともありふれた種の凍結防止タンパク質は，膵臓のトリプシノーゲン遺伝子から生じた．遺伝子中の非翻訳の 5′ と 3′ 末端がそれぞれ分泌シグナルと 3′ の非翻訳領域をつくり，タンパク質の主だった部分は，最初のイントロンと 2 つ目のエキソンの境界上にある，アミノ酸 Thr-Ala-Ala をコードするトリプシノーゲン遺伝子の 9 ヌクレオチド節の**繰り返し伸長** repeat expansion に由来している [71, 72]（図 1.56）．この事実を発見した科学者たちは，腸液を凍結から守ることが最初に必要なので，遺伝子はまずはじめに膵臓で生まれ，その後により広域に発現されたのではないかという仮説を立てた．遺伝子やタンパク質が変わる割合はあたらしいタンパク質の出現の年代を示す分子時計となり [73]，それによってこの凍結防止タンパク質の誕生は 500 万〜 1400 万年前のどこかであるということがわかる．比較してみると，南極の凍結は 1000 万〜 1400 万年前に起こったため，この凍結防止遺伝子は強い選択圧の産物として生まれたという考えを裏づける．それに反して，北極のタラ由来の

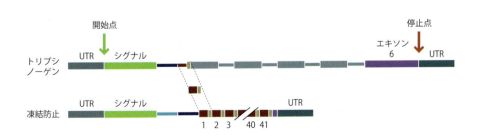

図 1.56
現在提唱されている，南極海域に棲んでいる魚の凍結防止タンパク質の進化．原型となるトリプシノーゲン遺伝子の各部分が凍結防止遺伝子をつくるために使われている．とくに，1 つ目のイントロン部分と 2 つ目のエキソンの開始部（茶色とベージュ色）がトリペプチド TAA をコードしており，合計で 41 コピーになるように増幅されている，一方でエキソン 6 のフレームシフト変異がコード領域を短くしている．

凍結防止タンパク質は，こちらも大部分はThr-Ala-Alaリピートで構成されているが，まったく異なるルートで現れたということが示されており，後で解説する**収束進化** convergent evolution のよい例となっている [74]．以上のことは進化のメカニズムがはっきりとわかる例を探すためには，近年生まれたタンパク質がよいということもまた意味している．

繰り返し伸長は進化においてあたらしいタンパク質に試してみるには有効な方法のように思える．結果として，そのようなタンパク質は限られた配列変動しかなく，**複雑性の低いタンパク質** low-complexity protein になりがちであるが，先に述べた理由から，驚くほどにありふれたものである．そのため，天然変性タンパク質であることが多い [75]（第4章）．

1.4.5 進化的な修繕は指紋を残している

修繕の本質は，少なくとも進化において起こっているものにおいては，何かを選んで，ランダムに変化させるということである．結果が有用でない場合は捨ててしまうし，もし何か有用性があるなら，たとえそれが元のものとはまったく異なる機能であっても，それを保持してさらに発展させる．本書を通して，現在まで装飾物と呼ばれてきたこのような現象についてたくさんの例をみていくことになる．つまり進化の本質とはもともと非常に単純な構造や機構であったものを選んで，原型からはまったく異なるようにみえる結果になるまでさらなる改良を加えていくということである．

自然がタンパク質を選んで修繕し始めるとき，もっとも手近なものを選ぶ傾向がある．内部重複（つまりドメインをコピーして元のものにくっつけてしまうこと）がきわめてありふれたものであるのは明確であり，もっともよく目にするタンパク質相互作用のタイプは近い相関をもつか，**パラロガス** paralogous なドメインと相互作用するものである [76]．制御タンパク質や調節タンパク質が，自身が制御しているタンパク質と構造的に，もしくは機能的に似ているという発見はよくあることである（きわめて洞察力のある，1968年のKoshlandとNeetによる酵素についてのレビューは読む価値がある．構造情報はほとんど基にしてはいないが，十分な知識のもと推理をして，"制御活性部位はほとんどの場合変異された活性部位である"という予測を立て，きわめて正しい結論を導いている [77]）．したがって，プロテアーゼはタンパク質分解によって，キナーゼはリン酸化によって，そしてアセチラーゼはアセチル化によって [78]，といった具合に活性化や制御を受けることが多い．本書の中には自身の制御対象であるタンパク質の遺伝子重複から生じた調節タンパク質の例がいくつか示されている．それとは異なる例はPyrRによって提示される．PyrRとは *Bacillus subtilis* のピリミジン塩基遺伝子の発現を制御する翻訳のアテニュエーターであり，リボシル転移酵素から結合能を保ちつつ触媒活性を失うことで進化した [79]．シグナル系列は同様の限られた結合タンパク質のレパートリーを再利用している．

以上を踏まえて，進化は愚かでありながらも同時に賢いといえる．ぎこちないシステムを廃棄して，再度組み直すことができないという意味では愚かである．しかし，あるシステムを最終的にとてもよく働くものになるまで修繕し続けることができるという意味では賢いのである．ボンネットを開けてエンジンを調べようとしたら，Heath RobinsonやRube Goldbergが頭の中に描いたような，ごちゃごちゃしたものが出てくることになったとしても，である（**図1.57**）．

1.4.6 あたらしいタンパク質は遺伝子を分け合うことでつくられる

どのようにして生命体はあたらしい機能をもったタンパク質を獲得しているのか．それは，よろず修繕屋のように，手に取れるものは何でも使って可能な限り簡単な方法で適応させているのである．

もっとも簡単な方法は何も変えないというものだが，単純に古いタンパク質をあらたな目的に利用するという手法は，時に**ジーンシェアリング** gene sharing と表されるアプローチである [57]．典型的な例としては眼のレンズであるクリスタリンが挙げられる [80]．視覚がより重要になるにつれて，生命体には光を屈折して網膜上に焦点を合わせるために眼のレンズを進化させる必要が生じた．レンズのタンパク質には3つの特性が必要である．

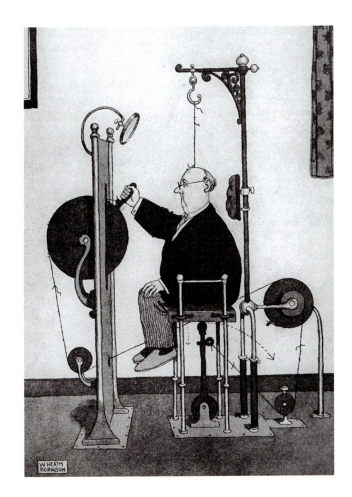

図 1.57
Heath Robinson による The Wart Chair と名づけられた絵．奇妙なしかけが動いているが，下手に繕われたものであり，適当に選ばれた要素や，必ずしも最適化されたとはいえない構成要素が一緒くたになっている．進化はたいていこのような感じで行われている．(W.H. Robinson, Absurdities. London: Hutchinson, 1934より．Pollinger Ltd および Estate of J. C. Robinson より許諾)

高い屈折率をもった溶液をつくるために十分可溶性があり，可溶性がありながらも動物の生きている間は透明で，あたらしい場所や濃度において無毒性でなければならない（ヒトは現在，進化によって得た寿命よりも長く生きるようになったので，2番目の特性が備わっておらず，高齢者が白内障を患っている．これは肥満症や透析関連アミロイド症といった近年の病気の多くが，今まで対処したことのないただの生物学的現象にすぎないことを示唆するよい例である [81]）．したがって，多くの異なるタンパク質がレンズに使われた可能性があり，実際に使われてきた．クロコダイルや数種の鳥において，ε クリスタリンは乳酸脱水素酵素と同一のものであり，その機能さえ保持している．すべての鳥類や爬虫類でみられる δ2 クリスタリンはアルギニノコハク酸分解酵素と同一である．これらのタンパク質は通常の代謝のものと同じ遺伝子を用いており，眼において高い水準で発現されているだけである．ほかの多くのレンズタンパク質はほとんど機能性の酵素と同一であるが，無機能化する小さな変異が入っている．この遺伝子重複と後に続く変異が，2つのきわめて異なる機能をもった1つのタンパク質をもつことによって生じる制御上の難しさに対する進化的対応だというのももっともである（1.4.3項）．δ クリスタリンは，ムーンライティングタンパク質（後述）の進化的な適合のもっとも明確な例の1つであるといわれている [80, 82]．ムーンライティングタンパク質ではあたらしい機能を発達させることが適応に関する対立を生み，その結果，遺伝子重複や分岐に関する圧力が生じている．

1.4.7 進化においてたいていの化学反応は保存され，結合は変えられる

しかしながら，あたらしい酵素をつくるもっとも一般的な方法は，古いものを適応させることである．酵素には主に2つの条件がある．それは，基質に正しい配置で結合できることと，反応を触媒するためのある種の化学反応を起こすことである．そのため，あたらしい酵素を生み出すために，自然は2つの選択肢をもっている．すなわち，基質に結

合する酵素を使って化学反応を変えることもできるし，正しい化学反応をする酵素を使って，結合を変えることもできる（これをいうのももう最後にしたいが，自然は選択なんてしていないということを指摘しておく．ランダムで行動を起こして，もっともよい機能が現れてくるのである）．自然はどちらを行っているのだろうか．

　実際には，その両方が観測されている [83-85]．しかしながら，化学反応を保存するほうがより一般的であり，おそらくこれは触媒反応についての構造的な条件が，単純に結合するための条件よりも厳しいということを反映しているのだろう [86-89]．代謝の酵素は"たいていの場合，触媒反応や補因子結合性を保存しており，基質認識はめったに保存されてはいない"という詳細な研究が完了している [90]．この研究は，その中で代謝経路に使われているドメインに型や順序はない，つまり，ドメインは多かれ少なかれランダムに選ばれているだけであると結論づけており，日和見主義者が進化的選択の図面を修繕しているということを強く支持している．以上のことは，ほかの場所から集めた要素をランダムに寄せ集めていることを意味する"パッチワーク"という言葉でうまく表されている [89]．

1.4.8 収束進化と分岐進化を区別するのは難しい

　前の2つの項での議論は，進化的な修繕は通常存在しているタンパク質を選んで遺伝子を重複し，一方のコピーを修繕するということを意味していた．結果が有用であるとわかれば保存され，そうでなければ捨てられる．ランダムな進化的出来事はたいてい二次構造を保存しているため，結果として生じるタンパク質は一般的には異なる配列をもってはいるものの，"原型"とよく似た三次構造をもっている．このプロセスは**分岐進化** divergent evolution として表現される．タンパク質とその相同分子種は進化の結果として徐々に異なっていくが，通常は同じ三次構造を保持している．たいてい常に，機能には相関があるものの同一ではない [91]．これについてはとても多くの例がある．

　収束進化 convergent evolution は分岐進化ほど一般的ではない．2つのまったく異なるタンパク質から進化が始まり，最後にはとてもよく似たタンパク質になる場合である．この共通性はたいてい機能的要求の結果生じている．同じ反応の触媒には同じタンパク質の配置が必要だということである．大きなスケールにおけるこの現象についてはよく知られており，進化上の生態的位置が似ている動物同士が，異なる形から始まっても似たようなものになることが多い．例としてはサメとイルカが挙げられる．タンパク質に関するこのような古典的な例はセリンプロテアーゼである．これらの酵素は，触媒活性を最適化するような水素結合の配置に並べられたセリン，アスパラギン酸，ヒスチジンから構成される触媒性トライアド（*1.15）（図 1.58）の残基でタンパク質を分解する．この3残基の配置は進化によって2回現れており，きわめて独立したものである．ひとつは原核生物において，スブチリシンとその類縁体におけるものであり，もうひとつは真核生物において，キモトリプシンとその類縁体におけるものである．触媒性トライアドの配置はとても似ているものの，構造内の位置，局所的な二次構造，そして配列内の3残基の順序さえ，どれもかなり異なっている．収束進化は分岐進化よりは一般的ではないものの，それでもまだきわめて一般的であるといえる [92]．そしてそのことは，おそらく酵素の活性部位を構成しているタンパク質側鎖の最適な配置は実際にはむしろ特異的であるということを意

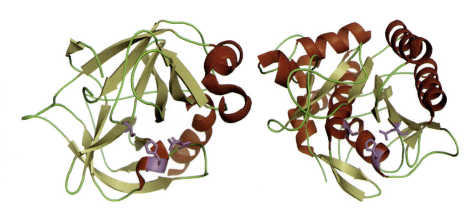

図 1.58
収束進化したスブチリシン（左）とキモトリプシン（右）の比較．これらの酵素の三次構造はまったく異なっているが，触媒性トライアド活性部位の構造（マゼンタ）はとてもよく似ている．その一方で，残基の順番（スブチリシンの His, Asp, Ser とキモトリプシンの Asp, His, Ser）や，残基が出てくる二次構造さえ異なっている．

味している．

収束進化は側鎖の配置だけに限定されていない．ほかのものよりいっそう安定で"進化可能"であるタンパク質構造モチーフがいくつかあることは明らかである．とくに β-α-β モチーフは容易に転移可能なものであるらしく，収束進化によって高い割合でそれを基にした構造に到達する．もっとも多用途な酵素フォールディングは TIM バレル（*1.12）であり，β-α-β モチーフの繰り返しから構成されている（図 1.34）．このフォールディングは多くの異なる反応を触媒している酵素の，かなりの広範囲において見つかっている．上記の議論は，構造類似性は必ずしも分岐進化を意味せず，同程度の割合で収束進化の結果にもなり得るということを暗示している．数多くの例があるが，とりわけ TIM バレルにおいては，以前は収束進化を示していると考えられていた数多くのケースが今では遠く離れた分岐進化の例だと信じられているにもかかわらず，どちらが本当に TIM バレルを説明しているのかいまだにはっきりしていない [83, 93]．それでもやはり，同じタンパク質フォールディングをした本当の収束進化の例は確かに存在している [94]．

1.4.9　あたらしい機能はプロミスカスあるいはムーンライティング前駆体から発達した可能性が高い

現存しているおおよその酵素はその機能においてとても効率化されている．言い換えれば，酵素は 1 つの反応をきわめて特異的に触媒し，ほかのどの反応に対しても活性の低い触媒であるといえる．古い酵素からあたらしい酵素を生み出すということは，あたらしい機能を獲得するだけでなく古い機能を失ってしまうということも意味している．そして，それは選択圧によって"やみくもに"行われているに違いないということを忘れてはならない．選択圧がどのように不必要な機能の喪失を行うことができたのかを想像することはできるが，ではあたらしい機能はどのようにして"始める"ことができたのだろうか．少なくともいくつかの例においては，あたらしい機能はすでにそこにあったということが提案されている．つまり，タンパク質が 2 つ目の異なった反応を，たとえ弱くであっても，触媒することがすでにできていたかもしれないのである．この現象は"**ムーンライティング**"moonlighting と呼ばれており，きわめて一般的であるとみなされている．また，異なる 2 つの反応を，同一の活性部位を使って触媒する酵素は"**プロミスカス**"promiscuous とも呼ばれる [86, 96]．

乱雑な酵素の方が相対的には一般的である．簡単なリストを表 1.4 に示した．活性部位は本質的に触媒活性に適するような構造を形成しているということに関して，説得力のあ

表 1.4　乱雑な酵素

酵素	通常の反応	乱雑な反応
α-キモトリプシン	ペプチド加水分解	エステルとリン酸トリエステルの加水分解
アルカリフォスファターゼ	リン酸モノエステル加水分解	リン酸ジエステル，ホスホン酸モノエステル，硫酸エステルの加水分解 リン酸の酸化
アリルスルファターゼ A	硫酸エステル加水分解	リン酸ジエステルの加水分解
ホスホナートモノエステルヒドロラーゼ	ホスホン酸モノエステルの加水分解	リン酸モノエステル，硫酸モノエステル，リン酸ジエステル，スルホン酸の加水分解
エキソヌクレアーゼⅢ	DNA リン酸ジエステルの加水分解	DNA リン酸モノエステルの加水分解
ホスホトリエステラーゼ	リン酸トリエステルの加水分解	リン酸ジエステル，エステル，ラクトンの加水分解
ウレアーゼ	尿素加水分解	ホスホロアミダイトの加水分解
ジヒドロオロターゼ	ジヒドロオロト酸の加水分解	リン酸トリエステルの加水分解

（Table 3.2 in A.J. Kirby and F. Hollfelder, From Enzyme Models to Model Enzymes. Cambridge, UK: Royal Society of Chemistry, 2009 より）

る議論がなされてきた．それはたとえば，部分的に埋没していることで，戦略上重要な位置に荷電残基が保持されていることがよく挙げられる [95]．このことがおそらく酵素に乱雑な活性を付与している．表 1.4 中のほぼすべての酵素が加水分解酵素であるということにも注目すべきであり，活性化された基質への水の攻撃が 1 つ以上の基質に対して起こり得るというのは想像にたやすい．そのため，あたらしい酵素機能の進化について考え得る 2 つの機構について，わずかではあるものの重要な区別をすることができる．1 つのモデル（古典的モデル）では，遺伝子が重複し，一方のコピーがもともとの機能のために "保持される"．そしてもう一方が自由に進化において修繕されて，何か有用な機能をもつかどうかがわかる．もう 1 つのモデルにおいては，重複された遺伝子産物がすでに乱雑であり，つまりすでにある程度弱い 2 番目の活性を保持している．そして，重複されることで 2 番目の活性が初期の活性と独立して発達できるようになる．そのため進化は今まで行くべき方向というものをもっていない．進化は特徴的なまでに日和見主義であるため，後者の機構の方が実際の進化において起こっていることのように思える．これら 2 つの機構は連続したスペクトル上の 2 つの場所にあり，そのため劇的に違うということではないが，後者の機構は進化の行っていることを考えるうえではおそらく有益なものであり，あたらしい酵素の進化をみる視点として "スタンダードな" 方法としての地位を得つつある [84]．

　この "乱雑な" 経路のもっともらしい例はアズロシジンにおいて示されている [57]．このタンパク質は細胞がバクテリアの攻撃から身を守るために導入している数多くのセリンプロテアーゼと相同性があるが，プロテアーゼ活性は失っており，その代わりにバクテリアの細胞壁上にあるリポ多糖と結合することで，免疫系による認識と攻撃を活性化させる橋を形成する [96]．タンパク質のもともとの役割はプロテアーゼであったが，リポ多糖を認識することもできたという，とてもわかりやすい進化のシナリオをイメージすることができる．進化によってこの能力が別の防御機構として発達し，もともとの活性を低下させたのである．

　2 つかそれ以上の異なる機能をもつムーンライティングタンパク質は驚くほど数多くある．いくつかは表 1.5 と表 1.6 に示してある [97-99]．多くのケースにおいて，2 つ目の機能は酵素活性ではない．あるタンパク質が第 2 の機能を採用するのは典型的な "修繕による" 進化戦略である．しかしながら，1.4.4 項における議論は多くのケースにおいて，一度 2 つ目の機能が確立してしまえば，関連する遺伝子は重複され，それによってタンパク質だけでなくその制御についても分化が可能となることも意味している．ムーンライティングタンパク質の "驚くべき点" は 1 つのタンパク質が 2 つの機能をもつことができるという点ではなく，進化がそれらを分けてはいないという点である．そのため本来のムーンライティングと呼べるケースはおそらくとても近年に生まれたものであるか，もしくは似た機能を発現しているということになる．この後半の記述はいくつかのケースにおいて確かに正しい．たとえば，アコニターゼという酵素（図 1.59）では，活性部位において鉄イオンが Fe_4S_4 クラスターという形で用いられている．これは，鉄貯蔵タンパク質であるフェリチンをコードする mRNA に対して結合し，フェリチンの合成阻害に使われることに関連している．さらに，アコニターゼはクラスターから 1 つ以上の鉄原子を失ったときにのみ mRNA の鉄応答要素に結合するため，フェリチンによる鉄貯蔵は，細胞内の鉄濃度が減少し，アコニターゼクラスターから失われた鉄原子が補充されないときにのみ阻害される．しかしながら，ほかのムーンライティングタンパク質においては，2 つの機能間にまったくつながりはないと思われる．糖分解や TCA 回路の酵素，つまり豊富にあるハウスキーピング酵素にいくつかムーンライティングタンパク質があるというのは驚くべきことである．（いまだに明らかにはされていないものの）これらの酵素は単純に利用可能で豊富にあったために使われている可能性が高いのである．似たようなタイプとして，いくつかのリボソームタンパク質（こちらも細胞内にとても豊富にある）は翻訳制御や DNA 修復因子，発達制御として副業をしているということが明らかとなっている．

　関連した現象が，1 つの活性部位で 2 つの連続した反応を触媒する数少ない酵素においてみられる．TCA 回路のイソクエン酸脱水素酵素もそのようなものの 1 つである [100]．この酵素の "主" 反応はイソクエン酸のオキサロコハク酸への酸化である（図 1.60）．2 つ目の反応は化学的にはほぼ完全に一方向への反応であり，カルボニル炭素から電子を引

1.4 タンパク質の進化

表 1.5 非酵素であるムーンライティング機能をもつ酵素

酵素	機能	2つ目の機能
シトクロム c	電子輸送	アポトーシス
PutA	プロリン脱水素酵素	転写抑制因子
ホスホグルコースイソメラーゼ	糖分解酵素	サイトカイン
ホスホグリセリン酸キナーゼ	糖分解酵素	サイトカイン
チミジンホスホリラーゼ	生合成酵素	内皮増殖因子
アコニターゼ	TCA回路酵素	鉄応答因子結合タンパク質
チミジル酸合成酵素	生合成酵素	翻訳阻害
Band 3 イオン交換タンパク質	Cl^-/HCO_3^- 交換輸送体	糖分解制御因子
FtsH	メタロプロテアーゼ	シャペロン
birA	ビオチン合成酵素	Bioオペロン抑制因子
乳酸脱水酵素	糖分解酵素	目のレンズのクリスタリン
アルゴノート4	siRNA合成用 RNA分解酵素	クロマチン再構成
シクロフィリン	ペプチジルプロリン cis / trans イソメラーゼ	カルシニューリン制御因子
エノラーゼ	糖分解酵素	ミトコンドリアの取り込み
エノラーゼ	糖分解酵素	転写制御因子 [131]
ヘキソキナーゼ	糖分解酵素	アポトーシス抑制因子 [132]
ガレクチン-1	レクチン（糖結合）	タンパク質タンパク質相互作用

表 1.6 ムーンライティング酵素機能をもつ酵素群

酵素	ムーンライティング機能
ウラシルDNAグリコシラーゼ	グリセルアルデヒド3リン酸加水分解酵素
チオレドキシン	T7 DNAポリメラーゼのサブユニット
フェレドキシン依存グルタミン酸合成酵素	UDP-スルホキノボース合成酵素のサブユニット

き抜くために求電子性の触媒（第5章）を必要としている．適切な官能基がすでに第1段階の反応触媒として Mn^{2+} イオンの形で存在している．この反応はプロトン（図 1.60 中の AH^+）を供給する一般酸触媒（第5章）もまた必要としている．これは適切な側鎖によって簡単に供給されるが，大腸菌の酵素では，チロシンやリジンのような，かなり独特な側鎖によって供給されていることが明らかになっている [100]．したがって，このケースにおいて同じ活性部位内で2つ目の触媒反応を発達させることは容易に達成できる．そして，こちらの反応は本質的にきわめて速く，"主"反応が比較的遅いために，1段階目と同じ

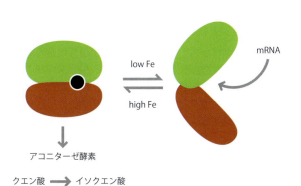

図 1.59
アコニターゼは2つの機能をもっている．細胞内の鉄レベルが高いときは 4Fe-4S クラスター（黒丸）を形成し，クエン酸をイソクエン酸に変換するクレブス回路内の活性酵素である．しかしながら，鉄レベルが低い場合，鉄-硫黄クラスターが崩壊し，タンパク質が開いて mRNA ステムループへの結合部位をつくる．そのため，このタンパク質は鉄制御性タンパク質1（IRP1）としても知られている．とくに，鉄応答因子（IRE）として知られる制御配列の上流に結合し，鉄の取り込み，貯蔵，利用に関連しているタンパク質の翻訳を変える．たとえば，鉄貯蔵タンパク質であるフェリチンの翻訳は阻害するが，鉄を取り込むトランスフェリン受容体の翻訳は促進する．

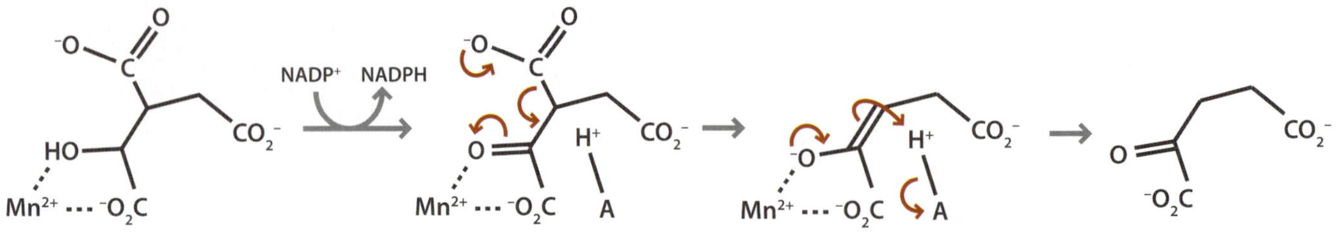

図 1.60
イソクエン酸脱水酵素により触媒される反応群．難しい反応は NAD^+ によってイソクエン酸が酸化される段階であるが，同時に2つ目の反応，すなわち，オキサロコハク酸からカルボキシル基が離脱してケトグルタル酸が生じる反応が起こっている．

速度で2段階目の反応を進行させるほど，触媒的な反応促進作用が強くなる必要がないのである．

1.4.10 逆行性進化は一般的ではない

1945年にHorowitzは当時利用可能であった限られた配列情報を見て，同じ代謝系列にある酵素同士に明らかに相同性があるといういくつかの証拠に気がついた［101］．彼はこれらが逆行性進化によるものであると提唱した．つまり，早期の進化において代謝経路は周囲の培養環境中ですでに利用可能であった代謝体 A が使われており，そして A を有用な産物である B に変換できる酵素（B 合成酵素）が進化したと提案したのである（図 1.61）．しかしながら，一度 B 合成酵素が進化してより効率的になると，A の供給量を使い尽くしてしまう．そのため，生命体は B 合成酵素を重複させて適応させることで 2 つ目の合成酵素，すなわち A の合成酵素をつくる必要があったのである（図 1.61）．

以上のことは論理的で明解な発想の一例であり，事実をうまく説明している．しかし不運なことに，少なくとも一般的な機構についてはまったくの間違いなのである［88, 90, 102］．本書を通してこのようなことにいくつか出くわすはずであるが，それは生物学的な知見を説明し，合理化しようとする人々がとくに陥りやすい落とし穴なのである．同じ経路中に相同性のある酵素があるという証拠が存在するのは確かな真実であるが，酵素が先に説明したように進化しているケースは，あったとしても非常に少ない．相同性のある酵素をもつ経路中では，もともとの酵素は両方の反応を触媒する，ある程度非特異的で非効率的な酵素であったとする方がずっと可能性が高い．そして，重複し，2 つのコピーが 2 つの独立した反応を触媒するように進化したのである［89, 103］．しかしながら，経路中の異なる酵素はまったく違う出自からくるほうがより一般的であり，このメカニズムは"モザイク"や"パッチワーク"などと表現されることがある．

1.4.11 タンパク質は RNA ワールド内で始まった

タンパク質がどのようにして始まったのかということについて，明確な合意は得られていない．しかしながら，早期の生命が RNA ワールドであったということは一般的に受け入れられており，その RNA ワールドにおいては RNA が遺伝情報と触媒の両方を形成していたと考えられる［104］．また，おそらく熱い世界でもあったらしく，タンパク質は熱い岩の中にある小さなまだら模様の水によって構成されていたらしい．というのも，たとえばもっとも古代からあるタンパク質が近代の好熱性タンパク質に一番よく似ているからである［105, 106］．初めて生まれたタンパク質は，おおよそ今でいうリボソームのようなタンパク質であったと想像できる．リボソームは早い段階の生命において見つかる典型的な構造のよいモデルである．なぜなら，リボソームの基本的な構造と触媒活性機能はどちらも RNA に由来するものだからである［107］．リボソームのタンパク質構成要素は基本的には RNA 上のコーティングである（図 1.62）．リボソームが RNA を支え，形づくり（そしてそのため，特異性を向上させているのは疑いようがない），さらに組み立てるのを手伝っているが，RNA を切り離すと構造や機能をもたないものもあるだろう．独立して存在するということを成し遂げるリボソームタンパク質もある．それらは周辺タンパク質であることが多く，機能を強化するために後から加わったものであると考えられる．そして，タンパク質やペプチド側鎖が触媒としてより幅広い化学的活性を得るために RNA から置き換わり，よりいっそう構造の鍵となっていったと推測することができる［108］．タンパ

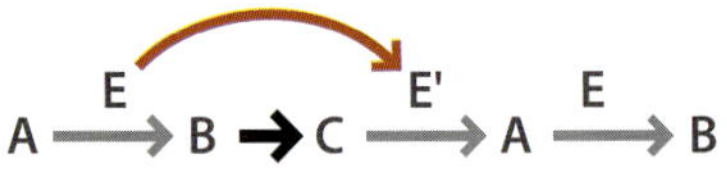

図 1.61
逆行性進化の理論．酵素 E は A を B に変換できるように進化している．しかしながらこれでは使用可能な A の供給量を使い果たしてしまうので，E は重複して進化することで E′ をつくり出した．それが C から A を合成する反応を触媒している．

ク質進化から少し経ったときの構造の"スナップ写真"といえるのが**シグナル認識粒子 signal recognition particle**(*1.20)(図1.63)である．それはすべての生命において共通したものであり，欠くことのできない機能，すなわちタンパク質の膜貫入や膜貫通を制御している [109]．これもまた主としてRNAで構成されており，そのまわりにいくつかのタンパク質が結合している．しかしながら，鍵として保存されているタンパク質のフォールディングはRNAと密接に相互作用しているにもかかわらずRNAからは独立しており，この分子の機能はタンパク質-RNA間相互作用というよりは，むしろタンパク質-タンパク質相互作用に依存している．したがって，タンパク質がRNAの付着物から，独立した触媒として確かに進歩してきたと想像することができる．

　タンパク質はRNAよりもはるかに用途が広く効率的な触媒である．というのも，タンパク質はより大規模に機能性部位を配置することができ，幅広い構造に適応するからである．したがって，二重らせん構造がRNAよりも目的に適しているという理由でDNAがRNAから遺伝子保存という役割を引き継いだのと同じように，タンパク質は触媒と構成要素としての役割を引き継いだのである．初期のタンパク質はむしろ構造をとっておらず，それらを支える付随のRNAに頼っており，明確な構造をもたないモルテングロビュール状態のようなものであったに違いない．また，極端に貧弱で非特異的な酵素であったと考えられる．第4章で扱ういくつかの天然変性タンパク質のように，自分の基質に結合したときに折りたたみ構造のような何かを採用しているに過ぎない可能性が高い [110]．だからといって，初期の酵素が構造的に不明確で，一般的に流動的であり，非特異的な触媒であり [111]，それゆえに極端に速い遺伝的な変化の影響を受けていたということを仮定するのは適切ではない．つまり，酵素特異性の発達と初期進化の度合いはとても大きかったに違いないのである [112]．言い換えるならば，進化は初期の激しいころからきわめて大きく減速したのである．このコンセプトは"hypobradytelism"というそれを表す名前さえもっている [113（[114]での引用）]．

　この視点は近年のタンパク質の安定性についての有用な洞察を与えてくれる．進化的圧力は一般的に，タンパク質が独立した安定な折りたたみ構造を採用するように導いてきた．このことには前述してきたような意味がある．というのも，折りたたみ構造がない，またはあまり折りたたまれていないタンパク質は，一般的により凝集・分解しやすくなり，触媒やリガンドなどとしての効率は下がってしまうからである．しかしながら，一度安定な折りたたみ構造に進化してしまえば，それ以上の進化的な圧力はない．つまり，一度タンパク質が十分安定に進化したならば，よりいっそう安定化させようとする圧力はないのである．近年のタンパク質についての研究により"十分に安定"という意味はタンパク質によって異なるということが提案されているが，それはたとえば一般的にはタンパク質は一生のなかで顕著な凝集やミスフォールディングを引き出すほどにアンフォールディングしないということを意味している．このアイデアは以下の2つの意味を含んでいる．（1）細胞周期を制御するような，きわめて短い寿命のタンパク質はハウスキーピングタンパク質より不安定であることが多い．（2）我々が進化によって得てきた寿命よりも現在は長く生きるようになったので，タンパク質のアンフォールディングや凝集を含む問題（"進化が終わって生じた病気"）がより一般的になりつつある [80]．白内障（眼の中のクリスタリンのミスフォールディング），アミロイド症やさまざまな関節炎などはすべてこのカテゴ

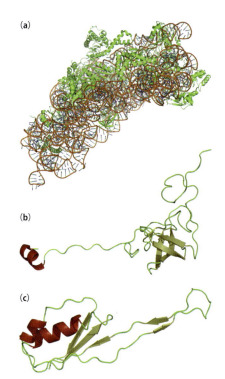

図 1.62
Thermus thermophilus リボソームの 30S サブユニット（PDB番号：1j5e）．（a）リボソーム全体．RNAは茶色で示されており，タンパク質は緑色で示されている．RNAがコア粒子であることは明らかであり，タンパク質は主に表面を装飾している．（b）S12タンパク質．（c）S10タンパク質．多くのリボソームタンパク質は典型的な球状タンパク質に似ているが，いくつかは（S12やS10のように）明らかに残りのリボソームが存在しているときのみ明確な構造をもつことができる．

---

*1.20　シグナル認識粒子

シグナル認識粒子は膜をターゲットとするためにリボソームを止めるタンパク質を認識する機能をもった，リボヌクレオタンパク質（RNA-タンパク質複合体）である（図1.63）．シグナル認識粒子はリボソームが膜上のレセプターにドッキングするまで翻訳を止め，その後に解離する．幅広い範囲のシグナル配列を認識する必要があり，その主となる一般的な要素は疎水性である．一部は数多くのメチオニン側鎖を認識部位にもつことで達成しており，メチオニン側鎖は疎水性であると同時に，数多くの標的に適応する能力をもっている．広く見つかっているカルシウムシグナルタンパク質であるカルモジュリンも似たような認識問題を抱えており，同様の解決法を用いている．

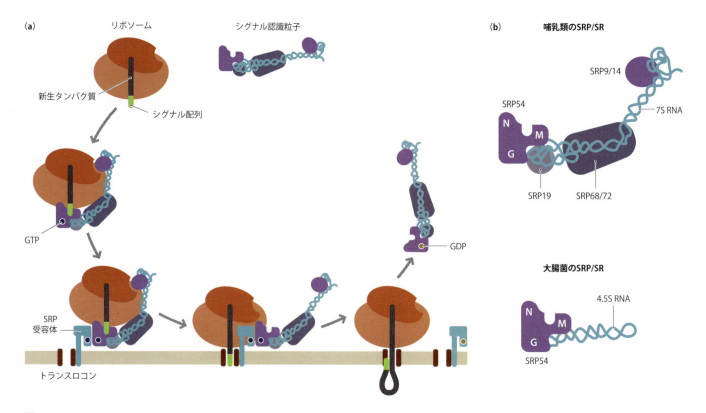

図 1.63
シグナル認識粒子の構造と機能．シグナル認識粒子（SRP）signal recognition particle は N 末端のシグナル配列（緑色）がリボソームから出てきたときに認識し，結合することで，翻訳を引き延ばさせる．哺乳類の SRP はさらに翻訳阻害を促進するためにリボソームに固定化される．そして小胞体膜上のレセプターに結合するが，そのプロセスには GTP が必要である．レセプターに結合した GTP の加水分解によってレセプターが Sec61 膜チャネルに移動し，その後で SRP に結合した GTP のさらなる加水分解によって SRP が解離し，Sec61 チャネルを通して翻訳が続行される．(b) 細菌と哺乳類の SRP についての構造比較．どちらのケースにおいても球状タンパク質のくっついた RNA である．G は SRP54 の GTPase ドメインを示し，N は N 末端ドメインを，M はシグナル配列に結合するメチオニンリッチなドメインを示している．（H. Halic and R. Beckmann, Curr. Opin. Struct. Biol. 15: 116–125, 2005 より．Elsevier より許諾）

リーに当てはまる．

1.4.12 進化的革新のほとんどは非常に早い段階で起こった

　種間のゲノム比較解析［115］によって近年のタンパク質機能のほぼすべてと，数多くのタンパク質のフォールディング構造が**共通祖先** Last Universal Common Ancestor（つまり，原核生物や真核生物，そして古細菌などが分化した元となるオリジナルの生命体，および生命体群）の段階ですでに存在していたということが示された．そしてこの祖先は DNA の複製と修復，転写翻訳，タンパク質のフォールディングや原初のシグナル伝達，糖代謝，ヌクレオチドや脂質の代謝，解糖系（下流半分だけの可能性はあるが［116］），そして TCA 回路のパーツや酸化的リン酸化に関わる遺伝子を保持していた．以上のことは，一番早く進化によって生まれた酵素は主にリン酸とヌクレオチドの化学に関与しているということを示唆している［117］．つまり，進化の早い段階で，酵素はすでに近年みている構造の中に"化石化"し始めていたということである．そしてもっとも"近年の"酵素は，すでに存在するものから採用されてきた［118］．さらに，共通祖先においてさえ，タンパク質はすでに**モザイク** mosaic であり，ゲノム上のどこかからコピーされた多数のモジュールによって構成されていたということも示唆している［90］．これは驚くほどのことでもなく，とても読みやすく洞察力にあふれた論文において 30 年前にすでに提唱されていることであり［118］，その原則のもとではあたらしい構造や機能について調べる実験は相対的に"若く"非効率的なときほど簡単であったことになる．タンパク質の配列のとり得る空間をきわめて大きく複雑な平面とみなし，その平面に存在する点の高さを，その配列が望ましい反応を触媒できる能力を表すものとする場合（図 1.64），酵素機能の進化というものはおおまかにはこの平面空間をもっとも高い点をみつけるために探索するプロセスであるといえる[1]．進化にはあたらしいタンパク質を抽出する 2 つの基本的な手法がある．変異と，スプライシングまたは転位である．変異は基本的には一度に 1 つのアミノ酸残基を変えることからなり，そして基本的には平面空間上のある位置から次の位置へゆっくりと歩いてくことと一致する．その一歩が高い活性，もしくは少なくとも低過ぎはしない活性へといたる場合は，受け入れられるか許容される．進化の早い段階において

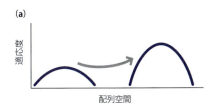
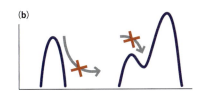

図 1.64
進化は要求された仕事を行うタンパク質を選ぶことで，最適な遺伝子型を選ぶ．通常これは"上り方向"へ動くことのみを意味しており，少なくとも急すぎる下り坂方向へは起こらない．(a) したがって，早期の進化において，存在しているタンパク質があまり効率的でないときは"下り方向"の進化が可能であり，配列空間の探索が起こり得る．(b) しかしながら，後期の進化ではタンパク質がより効率的になっているため，下り方向の進化は不必要な遺伝子重複を除いては起こり得ない適応度の損失を意味している．したがって，極大値であるだけでさらなる発達を阻害するには十分である．

はすべての配列は貧弱な触媒であり，たとえていうなら自然は効率的に丘陵地帯を歩き回っている．したがって，ほとんどの変化は少なくとも許容され，探索は速い．しかしながら，一度自然が"良好な"配列をみつけたら（つまり，より高くより険しい山を登り始めたら），下るような一歩はあまり許容されず，この山登りは徐々に単純なアップヒルクライミングへと制限されていく（図 1.64b）．したがって，変異によって極大値に辿り着くことはできるが，これが全体的な最大でない場合には，変異は再び"山を降りて"どこかを探すというよい機構にはなり得ない．

この解析は，現在の進化した酵素は自身の仕事にたいして可能な限り最適なものとはなってはいないだろうということを意味している．酵素は単に，もともとの開始点があった場所の近くを探索することによって達成された最良にすぎないのである [119]．この結論はオルソログでない遺伝子転位について，初期の段階で議論されていた知見が支持している．GenBank データベースにおける酵素調査によって 105 個の反応が少なくとも 2 つのオルソログでない酵素によって触媒されているということが明らかとなった [54]．このことは同じ仕事をほぼ同じようにできるが，まったく構造の異なるタンパク質が少なくともいくつかあることを示している．もう少し考えてみると，近年使われている酵素の多くは，まったく異なるほかの何かで置き換わることによって進歩したと示唆しているともいえる．

まったく異なる機能が要求された場合，変異はこれを達成することができるが，それは数少ない変異が劇的に元の活性を弱める場合に限られる（そうでなければ，元の活性が求められているあたらしい機能を妨げてしまうであろう）．しかしながら，それは言うまでもなく難しくはないのである．というのも，このようなプロセスの起点として使える機能をもたないタンパク質の鋳型が，偽遺伝子によって頻繁に提供されるからである．

どの配列についてもおよそ 2％ほどのアミノ酸置換だけが無害であるという，今まで議論したことを示すような証拠がある [120]．しかしながら変異の影響は近くの残基に依存しており，たとえば近くの残基が異なれば，立体構造が原因で不可能であった変異が起こり得るかもしれない．結果としてタンパク質中の 90％以上の区画は置換を受け入れ，ほかの場所で正しいアミノ酸の組み合わせを生み出す．そして以上のことは進化が今のところ分岐進化の限界付近ではないということを意味している．配列は分岐し続けているのである．

スプライシングと転位というほかの探索機構は，基本的にある場所からほかの場所へとジャンプすることであり，潜在的にはまったくあたらしい場所へと非常に大きなジャンプをする．ほとんどのケースにおいてジャンプはランダムであり，たいてい使えないものとして終わってしまう．しかし，もし，より可能性のある方向へのみジャンプを導くような機構があるなら，自然は有用な場所へとたどり着くチャンスを得る．まさにそのような機構が，2 つの貧弱ながらも機能を有する配列をまとめるようなスプライシングによって提供される（第 2 章でさらに詳しく解説する）．このスプライシングは現在自然が要求されたときにまったくあたらしい機能を生み出すことができるほぼ唯一の方法である．というのもほとんどのタンパク質は今や変異によってはあまり進歩しないのである．"本当の"進化と**遺伝的アルゴリズム（GA）genetic algorithm**（*1.21）として知られている計算機による最適化法を比較することは非常に興味深い．GA はここで議論されているものと同じようなしくみで機能する．素早い初期進歩をし，大半は遺伝的な重複の産物として，正しい，もしくは一部正しい解決法に"結晶化"する傾向にある．そしてその成功した結果を変異によって洗練させる．

しかしながら，近年の進化的進歩の群を抜いた最大の例はシグナル伝達にある．その

---

[1] 十分高い点においてはさらに進歩しようという進化的な圧力はもうない．このことは実際問題として 2 つのことを意味している．1 つは，酵素活性が少なくとも同じ経路のほかのものと同じぐらい速いので，酵素が経路を通した全体の代謝の流れにおいて無視できるほどの影響しかもっていないということであり，もう 1 つは酵素活性が拡散律速であるため，酵素のターンオーバー数の向上が効率の向上へとつながらないということである．その例としてトリオースリン酸イソメラーゼがある（第 5 章）．

*1.21 遺伝的アルゴリズム

遺伝的アルゴリズム（GA）とは複雑な問題に対する正しい解決策を導くために，連動して最適化する必要がある多くの変数を用いた，コンピューターによる最適化メソッドである．進化と同様の方法で機能するようにデザインされている．問題は一連の遺伝子として提示され，それぞれが1つのパラメーターを示し，直線上の染色体に組織化される（たとえば，もしGAがタンパク質の構造を計算するために使われた場合，それぞれの遺伝子が二面角の骨組みを意味し得る．そして染色体の全体はすべての二面角骨格のリストである）．それぞれの染色体は1つの表現型を引き起こす（たとえば，一連の二面角が3次元構造を生み出す）．そして，GAになくてはならないものとして，表現型がどれだけ最適化された特性へと近づいているのかを計算するための**適応度関数** fitness function がある．コンピューターで計算できる限り，ほぼすべてのものを適応度関数に代入することができる．GAを始めるために，たとえばランダムで遺伝子を選ぶなどの手法を用いて染色体の母集団がつくられる．集団内の数は問題の複雑さに依存するが，典型的には数百程度である．初期収集が第一世代を表し，適合度が計算される．この世代は第二世代，一連の娘染色体をつくるために使われる．進化のプロセス上にモデリングされ，複製のために第一世代が選ばれる可能性は適応度に依存している．もっとも適応したものがもっとも適応しないものよりも選ばれやすい．複製は無性にも有性にもできる．無性の複製においては，1本の染色体が変異によって娘染色体を生む．有性の複製においては，2つの染色体の遺伝的交差（つまり，1個の染色体の一部がもう一方の等価な部分と置き換わる）と変異によって娘染色体を生む．より適応した子孫は適応度の低い両親から置き換わり，このプロセスが何世代にもわたって（たいてい数千世代），これ以上進歩しなくなるまで続けられる．進化との興味深い平行線のなかで，遺伝的交差はスタート付近ではより効率的だが，終わりに向けて有害なものになっていく．交差と変異の割合，母集団の大きさ，選択圧（つまりより適応度の高い両親が好まれるという度合い）は自然と，問題の複雑さに依存することがわかっており，そして最適な解のためにはこれらが計算を通じて変わっていく必要がある．以上のことはもちろん進化にも当てはまる．進化において用いると，GAはたいてい袋小路，つまり低い適応度で動かなくなり，抜け出せないままで終わってしまう．そして，それらは徐々に，より適応度の高いところたちに置き換わっていく[137]．

かでは，後の章で解説することではあるが，自然はすでに存在しているタンパク質をもう1回取り出して，別の様式で1つにしているだけなのである．哺乳類と原核生物の酵素の違いは，哺乳類の酵素がシグナル伝達に関する数多くの酵素を大きく拡張し，それと同時に数多くの追加ドメインを大きく増やしていることである（それについては第2章で考察する）[121]．

1.5　章のまとめ

　タンパク質は20の候補から選ばれて，ペプチド結合でつながれたアミノ酸残基の直鎖から構成されている．そのためタンパク質は特異的な一連の側鎖をつけた規則的に繰り返される骨格で構成されており，その側鎖は荷電残基であったり，極性残基であったり，疎水性残基であったりする．立体障害のために，それぞれの残基がとり得る構造の範囲は限られている．もっともエネルギー的に好ましい構造はペプチドに伸長した構造を与え，ほかの主な立体構造はらせん構造を与える．タンパク質内ではアミノ酸が相互作用し，タンパク質の天然状態へのフォールディングを引き起こす．疎水性相互作用は水が水素結合を形成しやすい傾向にある結果として生じ，疎水性側鎖の埋没を引き起こす．この疎水性相互作用は強力なファンデルワールス相互作用も生み出す．というのも，これらの相互作用は2つの表面間の立体的に近づいた接触に依存しているからである．荷電群はたいてい常にタンパク質の外側にあり，水によって溶媒和されている．

　1つのアミノ酸によるもう1つのアミノ酸への水素結合形成は水との水素結合形成と競合する．したがって水素結合からの正味のエネルギーは小さいが，非飽和な水素結合はきわめて不利である．このことはタンパク質内部において，ほぼすべての骨格アミノ酸群が規則的な構造の中で互いに水素結合を形成し，αヘリックスかβシートのどちらかを形成しているということを意味している（シートは平行か逆平行のどちらかになる）．以上のことは膜タンパク質においてとくに当てはまる．というのも，膜の内部では水素結合を形成する水分子が存在しないからである．タンパク質内の弱い相互作用はそれ自体のもつ強い方向性によって協同的に互いを安定化し合うが，それがとくに顕著なのが水素結合である．タンパク質は溶媒和している水分子と相互作用し，完全な機能をもつためにはおおまかにいって一層の水の層が必要になる．

　タンパク質の構造は，一次構造（共有結合構造），規則的な二次構造（シートとらせん），三次構造（3次元フォールディング構造），そして四次構造（1つのポリペプチド鎖と別の

ポリペプチドとのパッキング）などの観点から解析することができる．種々の二次構造もまた，明確に定義された方法で寄り集まり，超二次構造や構造モチーフをも生み出す．

　タンパク質の三次構造は一次配列によって決定される．しかしながら，たいていは機能的な理由で，準安定構造を採用し得るタンパク質もある．

　進化はよろず修繕屋であるといえる．つまり，手近なものを選んで，修正するというプロセスである．ある相同分子種からほかの物への変化はほぼすべてランダムな変化であるため，たいていは機能をもたないような変化となる．したがって，相同性のあるタンパク質においてみられる数多くの変化は十中八九，収束進化よりはむしろ分岐進化によるものである．配列比較によって保存されている残基が同定でき，その保存された残基は機能や構造にとって重要であることが多い．しかしながら種内においても種間においても，進化によってある酵素が機能は等価であるものの進化的には関連のないものによって置き換わり，異なる構造のパッチワークとなることは頻繁に起こる．

　あたらしいタンパク質への進化のもっとも一般的な機構は遺伝子重複とそれに続く分化である．これは重複したタンパク質がすでにムーンライティングタンパク質であり，"あたらしい"機能を引き受けるために，弱いながらも能力をもっているという場合にもっとも成功しやすい傾向にある．多くの場合，ムーンライティングとはあたらしい基質に結合する能力というよりは，むしろあたらしい化学反応を触媒する能力を表している．

　生命の初めての形態はおそらく RNA ワールドであり，その中ではタンパク質の主な役割は RNA を支えて守ることであった．しかしながら，タンパク質は RNA より大きい触媒活性と結合多様性をもっているために，徐々に RNA に取って代わった．進化的な変化は初期の生命においてきわめて劇的に起こった．共通祖先はおそらく現在目にするほとんどのタンパク質のフォールディング構造と機能をすでにもっていた．一度タンパク質がある程度の機能水準に達すると，それは"化石化"して進化的袋小路へ向かう．そのため，多くの酵素は自身の役割において最善のものではない可能性が高く，単にこれまで進化によって見つけられたもっともよいものにすぎないのである．

1.6　推薦図書

　タンパク質と生化学におけるその役割についての一般的な導入は，どの生化学の教科書でも目にすることができる．筆者としてはとくに Berg らのものを薦める［122］．ほかにも同様によいものはたくさんある．ほかには 2 人の Voet によるものなどがよい［123］．

　Branden と Tooze による『Introduction to Protein Structure』（タンパク質の構造についての導入）［43］はタンパク質構造とそれを支配するルールに関するすばらしい記述である．

　Lesk による『Introduction to Protein Science』（タンパク質科学への導入）［124］もまたタンパク質構造と進化に関するすばらしい説明をしている．

　Creighton による『Proteins: Structure and Molecular Properties』［125］はここで議論した生物物理学的な側面についてより詳しく学ぶためによい．多少古いものではあるので，生物学と実験技術については少し不便である．

　Li による『Molecular Evolution』［126］はタンパク質進化についてぜひ読むべき説明をしている．

1.7　Web サイト

http://agadir.crg.es/　　　　　　　　　　　　　　　　　　　　　（ヘリックス予測）
http://ekhidna.biocenter.helsinki.fi/dali_server/　　　（DA LI / FSSP［129, 130］）
http://robetta.bakerlab.org/　　　　　　　　　（ロゼッタを含む構造予測ソフト）
http://scop.mrc-lmb.cam.ac.uk/scop/　　　　　　　　　　　　　　（SCOP［127］）
http://www.biochem.ucl.ac.uk/bsm/sidechains/　　　（側鎖相互作用のアトラス）
http://www.biophys.uni-duesseldorf.de/BioNet/Pedro/research_tools.html
　　　　　　　　　　　　　　　　　（生体高分子研究ウェブサイトへのリンク集）

http://www.bioscience.org/urllists/protdb.htm
（タンパク質分類プログラムのインデックス）
http://www.cathdb.info/ （CATH [128]）
http://www.geneinfinity.org/sp_proteinsecondstruct.html
（二次構造，膜貫通領域，変性領域などを予測するプログラムへのリンク集）
http://www.genome.jp/kegg/ （KEGG 代謝経路）
http://www.ncbi.nlm.nih.gov/sites/entrez?db=protein
（ENTREZ：NCBI タンパク質バイオインフォマティクスのトップページ）
http://www.ncbi.nlm.nih.gov/Structure/VAST/vast.shtml
（VAST：ベクターアライメント検索ツール）
http://www.piqsi.org （四次構造）
http://www.proteopedia.org/
（情報付きでタンパク質の動く 3 次元構造を示す興味深いウェブサイト）
http://www.rcsb.org/pdb/home/home.do
（プロテインデータバンク．タンパク質と核酸の構造座標がある．本書で示した詳細な構造すべては PDB から取った座標を用いている）
http://www.sbg.bio.ic.ac.uk/~phyre/ （別の二次構造予測．構造から機能も予測する）

分子グラフィックス・プログラム

http://jena3d.fli-leibniz.de/ （タンパク質構造を描けるプログラムへのリンク集）
http://jmol.sourceforge.net/ （Jmol）
http://rasmol.org/ （Rasmol）
http://www.liv.ac.uk/Chemistry/Links/refmodl.html
（タンパク質構造を描けるプログラムへのリンク集）
http://www.pdbj.org/jv/index.html （jV）
http://www.pymol.org/ （Pymol：本書の構造図は pymol を使って描いている）
http://www.rcsb.org/pdb/static.do?p=software/software_links/molecular_graphics.html （タンパク質構造を描けるプログラムへのリンク集）

1.8　問題

1. pH 7 における Asp, Glu, Lys, Arg, His, Ser, Thr, Tyr の側鎖は一般にどのような形式をとると予想できるだろうか？ Glu の等電点が $pK_a = 4$ である場合，pH 7 ではどれくらいの割合がプロトン化されるだろうか？

2. ペプチド ACEQLRYTFS においてみられると予想される荷電残基を書け．

3. タンパク質構造を可視化するコンピュータープログラムを手に入れよ（もしくはダウンロードせよ）．推薦するのは Rasmol（http://www.umass.edu/microbio/rasmol/など．簡単に使えるが少し基本的すぎるところもある），もしくは Pymol（http://www.pymol.org/など．より洗練されているが，使い方が難しい）の 2 つである．タンパク質の座標ファイルを PDB（http://www.rcsb.org/pdb）からダウンロードし，いくつかの異なったオプションでタンパク質を描写せよ．骨組みのみ，Cα のみ，cartoon，全原子，surface，ball-and-stick，空間充填モデルなど．プログラムがそのようなオプションをもつ場合，異なる設定を試してみよ（たとえばループやらせんなど）．色を変えてみよ．とくにタンパク質がどれだけ"固まり"であるか，という感覚をつかめるよう，cartoon 表示と空間充填モデル表示の空いている空間を比較せよ．これらのうち，どれがもっともタンパク質の"本当"の姿を表しているだろうか？ cartoon や空間充填モデルや surface を印刷せよ．

4. トリペプチド Ser-Arg-Phe の図をスケッチせよ．骨格にしるしを付け，骨格の二面角 ϕ と ψ，側鎖の角度，酸性プロトンなどを示せ．

5. (a) 図 1.6 の Pro と Gly について，どういった構造的な特徴がラマチャンドランプロットの形を説明しているといえるか？ (b) 図 1.6 の左側のパネルはラマチャンドランプロットに 4 つの最小値が実際にあることを示している．これらは何で

あり，タンパク質のどこで生じるのだろうか？
6. 1.7 節にリストされている Web サイトを使って，ヒトリゾチームと α-ラクトアルブミンのアミノ酸配列を見つけよ．BLAST や同様のプログラムを使ってこれら 2 つの配列アラインメントを行い，結果についてコメントせよ．
7. セルピンはセリンプロテアーゼの阻害物質であり，ターゲットとなるプロテアーゼを阻害するときに著しく構造変化する．このような劇的な構造変化は進化的に選ばれたはずであり，そのため細胞にとって利益があるはずである．しかしながら，この変化は問題をもまた引き起こす．というのもミスフォールドしたセルピンはとても頻繁に現れ，抗プロテアーゼ欠損や多量体化から生じる細胞死などの幅広い病気を引き起こすのである．インターネットを使ってセルピンの構造変化に関する情報を集め，この大きな構造変化のもつ潜在的な利点について議論せよ．
8. 1.1.1 項において，亜鉛は小さなドメインをシステインとヒスチジンの側鎖でクロスリンキングして安定化させる相互作用を形成することで，細胞内タンパク質において細胞外タンパク質のジスルフィド架橋に似た構造的な役割を担っていると記した．進化において，どちらが先に現れたのだろうか？一方がもう一方へと進化することは可能なのだろうか？（おそらく細胞内のクロスリンキングをする亜鉛の発生について，いくらか調査する必要があるだろう）
9. 1.4.2 項において，2 つの異なる種類の tRNA シンセターゼがあることを述べた．それらはどのアミノ酸を認識しているのだろうか？このなかに何かロジックはあるだろうか？
10. 同じ機能をもつがまったく異なる構造をもつタンパク質ペアの例はたくさんあり，類似タンパク質といわれることもある（本書中にも記述がある）．そのようなペアを 1 つ示せ．

1.9 計算問題

N1. pKa が 6.5 であるヒスチジンの側鎖をもっているタンパク質の場合，何分の 1 のヒスチジンが pH 7.0 でプロトン化されているか？

N2. Protein Data Bank にある高解像度の構造から *cis*-ペプチド結合を探した．タンパク質の平均の長さが 270 残基，タンパク質内のプロリンの頻度は 4.8％，*cis* Xaa-Pro（プロリンの前のすべてのペプチド結合の割合）は 5.2％であり，プロリン以外へのシスペプチドの割合が 0.029％だった場合，およそどれくらいの *cis* Xaa-Pro がタンパク質内でみつかると予想されるだろうか（もしくは同等に，1 つの *cis* Xaa-Pro を含んだタンパク質をみつけるためにはどれだけのタンパク質を調べることになるだろうか）？また，プロリンを含まない *cis*-ペプチドについてはどうだろうか？

N3. 表 1.2 にタンパク質中においてアミノ酸が観測される頻度と，それぞれのアミノ酸に対応するコドン数について示した．もし 64 個のコドンがアミノ酸をコードしていないものを除いてすべて同等の割合で発生する場合，たとえばアラニンをコードするコドンのどれかが表れる確率は $(4/64) \times (64/61)$ すなわち $4/61 = 6.6\%$ となる．表 1.2 のデータをスプレッドシートに入れてすべてのアミノ酸の予想される頻度について計算し，観測される頻度を y 軸，計算結果を x 軸にプロットせよ．相関係数を計算するスプレッドシートを使用せよ．そこから何がいえるか？

N4. 4 つの異なるコドンは異なる出現頻度をもつ．実際の塩基の出現頻度は U が 22％，A が 30.3％，C が 21.7％，G が 26％である．これらの頻度と N3 で行った計算を使って予想されるランダムのアミノ酸出現頻度を計算せよ．また，3 つのストップコドンについても補正すべきである．これから何がわかるだろうか．通常とは違う，もしくは極端な挙動を示すアミノ酸についてコメントせよ．

N5. それぞれのアミノ酸の代謝コストを決定することは難しい．糖分解の中間体からアミノ酸をつくるために必要な ATP 分子の数を基にして見積もられたものが**表 1.7** にまとめてある．代謝コストに対するアミノ酸出現頻度をプロットせよ．そこから何がわかるだろうか．異常値についてコメントせよ．

表 1.7 アミノ酸の代謝コスト（ATP 分子の必要数）

アミノ酸	コスト
Ala	20
Arg	44
Asp	21
Asn	22
Cys	19
Glu	30
Gln	31
Gly	12
His	42
Ile	55
Leu	47
Lys	51
Met	44
Phe	65
Pro	39
Ser	18
Thr	31
Trp	78
Tyr	62
Val	39

1.10 参考文献

1. FHC Crick (1988) What Mad Pursuit: A Personal View of Scientific Discovery. New York: Basic Books.
2. MF Perutz (1964) The hemoglobin molecule. *Sci. Am.* 211:64–76.
3. A Jabs, MS Weiss & R Hilgenfeld (1999) Non-proline *cis* peptide bonds in proteins. *J. Mol. Biol.* 286:291–304.
4. S Hovmöller, T Zhou & T Ohlson (2002) Conformations of amino acids in proteins. *Acta Cryst. D* 58:768–776.
5. MB Swindells, MW MacArthur & JM Thornton (1995) Intrinsic ϕ, ψ propensities of amino acids, derived from the coil regions of known structures. *Nature Struct. Biol.* 2:596–603.
6. RA Laskowski, MW MacArthur, DS Moss & JM Thornton (1993) PROCHECK—a program to check the stereochemical quality of protein structures. *J. Appl. Cryst.* 26:283–291.
7. AJ Doig & RL Baldwin (1995) N- and C-capping preferences for all 20 amino acids in α-helical peptides. *Prot. Sci.* 4:1325–1336.
8. P Bernadó, L Blanchard, P Timmins et al. (2005) A structural model for unfolded proteins from residual dipolar couplings and small-angle x-ray scattering. *Proc. Natl. Acad. Sci. USA* 102:17002–17007.
9. GL Holliday, DE Almonacid, JBO Mitchell & JM Thornton (2007) The chemistry of protein catalysis. *J. Mol. Biol.* 372:1261–1277.
10. JW Pflugrath & FA Quiocho (1985) Sulfate sequestered in the sulfate-binding protein of *Salmonella typhimurium* is bound solely by hydrogen bonds. *Nature* 314:257–260.
11. Q Jiang, LH Liang & M Zhao (2001) Modelling of the melting temperature of nano-ice in MCM-41 pores. *J. Phys. Condensed Matter* 13:L397–L401.
12. MS Searle (2001) Peptide models of protein β-sheets: design, folding and insights into stabilising weak interactions. *J. Chem. Soc. Perkin Trans. 2* 1011–1020.
13. M Lopez, V Kurbal-Siebert, RV Dunn et al. (2010) Activity and dynamics of an enzyme, pig liver esterase, in near-anhydrous conditions. *Biophys. J.* 99:L62–L64.
14. AM Klibanov (1989) Enzymatic catalysis in anhydrous organic solvents. *Trends Biochem. Sci.* 14:141–144.
15. JA Rupley & G Careri (1991) Protein hydration and function. *Adv. Protein Chem.* 41:37–172.
16. S Cayley, BA Lewis, HJ Guttman & MT Record (1991) Characterization of the cytoplasm of *Escherichia coli* K-12 as a function of external osmolarity: implications for protein–DNA interactions *in vivo*. *J. Mol. Biol.* 222:281–300.
17. AJ Lapthorn & NC Price (2008) Enzyme action: lock up your waters? *Biochemist* 30:4–9.
18. K Modig, E Liepinsh, G Otting & B Halle (2004) Dynamics of protein and peptide hydration. *J. Am. Chem. Soc.* 126:102–114.
19. DJ Wilton, R Kitahara, K Akasaka et al. (2009) Pressure-dependent structure changes in barnase on ligand binding reveal intermediate rate fluctuations. *Biophys. J.* 97:1482–1490.
20. P Mentré (1995) L'eau Dans la Cellule [Water in the Cell]. Paris: Masson.
21. CA Bottoms, TA White & JJ Tanner (2006) Exploring structurally conserved solvent sites in protein families. *Proteins Struct. Funct. Bioinf.* 64:404–421.
22. U Sreenivasan & PH Axelsen (1992) Buried water in homologous serine proteases. *Biochemistry* 31:12785–12791.
23. S Shaltiel, S Cox & SS Taylor (1998) Conserved water molecules contribute to the extensive network of interactions at the active site of protein kinase A. *Proc. Natl. Acad. Sci. USA* 95:484–491.
24. A Cooper, CM Johnson, JH Lakey & M Nollmann (2001) Heat does not come in different colours: entropy–enthalpy compensation, free energy windows, quantum confinement, pressure perturbation calorimetry, solvation and the multiple causes of heat capacity effects in biomolecular interactions. *Biophys. Chem.* 93:215–230.
25. H-X Zhou & MK Gilson (2009) Theory of free energy and entropy in noncovalent binding. *Chem. Rev.* 109:4092–4107.
26. DH Williams, E Stephens, DP O'Brien & M Zhou (2004) Understanding noncovalent interactions: ligand binding energy and catalytic efficiency from ligand-induced reductions in motion within receptors and enzymes. *Angew. Chem. Int. Ed.* 43:6596–6616.
27. HF Xie, DN Bolam, T Nagy et al. (2001) Role of hydrogen bonding in the interaction between a xylan binding module and xylan. *Biochemistry* 40:5700–5707.
28. G Weber (1993) Thermodynamics of the association and the pressure dissociation of oligomeric proteins. *J. Phys. Chem.* 97:7108–7115.
29. DH Williams, E Stephens & M Zhou (2003) Ligand binding energy and catalytic efficiency from improved packing within receptors and enzymes. *J. Mol. Biol.* 329:389–399.
30. A Cooper (2000) Heat capacity of hydrogen-bonded networks: an alternative view of protein folding thermodynamics. *Biophys. Chem.* 85:25–39.
31. J Janin, RP Bahadur & P Chakrabarti (2008) Protein–protein interaction and quaternary structure. *Q. Rev. Biophys.* 41:133–180.
32. C Chothia, M Levitt & D Richardson (1977) Structure of proteins: packing of α-helices and pleated sheets. *Proc. Natl. Acad. Sci. USA* 74:4130–4134.
33. FHC Crick (1953) The packing of α-helices: simple coiled coils. *Acta Cryst.* 6:689–697.
34. M Peckham & PJ Knight (2009) When a predicted coiled coil is really a single α helix, in myosins and other proteins. *Soft Matter* 5:2493–2503.
35. RJP Williams (1993) Are enzymes mechanical devices? *Trends Biochem. Sci.* 18:115–117.
36. C Ader, S Frey, W Maas et al. (2010) Amyloid-like interactions within nucleo-porin FG hydrogels. *Proc. Natl. Acad. Sci. USA* 107:6281–6285.
37. DA Doyle, JM Cabral, RA Pfuetzner et al. (1998) The structure of the potassium channel: molecular basis of K^+ conduction and selectivity. *Science* 280:69–77.
38. Y Zhou, JH Morais-Cabral, A Kaufman & R MacKinnon (2001) Chemistry of ion coordination and hydration revealed by a K^+ channel–Fab complex at 2.0 Å resolution. *Nature* 414:43–48.
39. CB Anfinsen (1973) Principles that govern the folding of protein chains. *Science* 181:223–230.
40. R Bonneau & D Baker (2001) *Ab initio* protein structure prediction: progress and prospects. *Annu. Rev. Biophys. Biomol. Struct.* 30:173–189.
41. RB Tunnicliffe, JL Waby, RJ Williams & MP Williamson (2005) An experimental investigation of conformational fluctuations in proteins G and L. *Structure* 13:1677–1684.
42. PA Bullough, FM Hughson, JJ Skehel & DC Wiley (1994) Structure of influenza haemagglutinin at the pH of membrane fusion. *Nature* 371:37–43.
43. C Branden & J Tooze (1999) Introduction to Protein Structure, 2nd ed. New York: Garland Science.
44. LK Tamm, J Crane & V Kiessling (2003) Membrane fusion: a structural perspective on the interplay of lipids and proteins. *Curr. Opin. Struct. Biol.* 13:453–466.
45. A Murzin (2008) Metamorphic proteins. *Science* 320:1725–1726.

46. CB Stewart & AC Wilson (1987) Sequence convergence and functional adaptation of stomach lysozymes from foregut fermenters. *Cold Spring Harb. Lab. Symp. Quant. Biol.* 52:891–899.

47. DF Feng & RF Doolittle (1996) Progressive alignment of amino acid sequences and construction of phylogenetic trees from them. *Methods Enzymol.* 266:368–382.

48. RN Perham (1975) Self-assembly of biological macromolecules. *Phil. Trans. R. Soc. Lond. B* 272:123–136.

49. J Monod (1971) Chance and Necessity: An Essay on the Natural Philosophy of Modern Biology. New York: Alfred A Knopf.

50. E Meléndez-Hevia, TG Waddell & M Cascante (1996) The puzzle of the Krebs citric acid cycle: assembling the pieces of chemically feasible reactions, and opportunism in the design of metabolic pathways during evolution. *J. Mol. Evol.* 43:293–303.

51. P Bork, T Dandekar, Y Diaz-Lazcoz et al. (1998) Predicting function: from genes to genomes and back. *J. Mol. Biol.* 283:707–725.

52. MA Huynen & P Bork (1998) Measuring genome evolution. *Proc. Natl. Acad. Sci. USA* 95:5849–5856.

53. JG Lawrence & H Ochman (1997) Amelioration of bacterial genomes: rates of change and exchange. *J. Mol. Evol.* 44:383–397.

54. MY Galperin, DR Walker & EV Koonin (1998) Analogous enzymes: independent inventions in enzyme evolution. *Genome Res.* 8:779–790.

55. LR de Pouplana & P Schimmel (2001) Aminoacyl-tRNA synthetases: potential markers of genetic code development. *Trends Biochem. Sci.* 26:591–596.

56. RL Tatusov, EV Koonin & DJ Lipman (1997) A genomic perspective on protein families. *Science* 278:631–637.

57. L Patthy (1999) Protein Evolution. Oxford: Blackwell.

58. SE Brenner, T Hubbard, A Murzin & C Chothia (1995) Gene duplications in *H. influenzae*. *Nature* 378:140.

59. SA Teichmann, C Chothia & M Gerstein (1999) Advances in structural genomics. *Curr. Opin. Struct. Biol.* 9:390–399.

60. A Müller, RM MacCallum & MJE Sternberg (2002) Structural characterization of the human proteome. *Genome Res.* 12:1625–1641.

61. M Lynch & JS Conery (2000) The evolutionary fate and consequences of duplicate genes. *Science* 290:1151–1155.

62. J Spring (1997) Vertebrate evolution by interspecific hybridisation—are we polyploid? *FEBS Lett.* 400:2–8.

63. A Sidow (1996) Gen(om)e duplications in the evolution of early vertebrates. *Curr. Opin. Genet. Dev.* 6:715–722.

64. KH Wolfe & DC Shields (1997) Molecular evidence for an ancient duplication of the entire yeast genome. *Nature* 387:708–713.

65. JA Fawcett, S Maere & Y van de Peer (2009) Plants with double genomes might have had a better chance to survive the Cretaceous–Tertiary extinction event. *Proc. Natl. Acad. Sci. USA* 106:5737–5742.

66. S Ohno (1970) Evolution by Gene Duplication. Berlin: Springer-Verlag.

67. TS Mikkelsen, MJ Wakefield, B Aken et al. (2007) Genome of the marsupial *Monodelphis domestica* reveals innovation in non-coding sequences. *Nature* 447:167-U1.

68. H Gest (1987) Evolutionary roots of the citric acid cycle in prokaryotes. *Biochem. Soc. Symp.* 54:3–16.

69. G Zubay (2000) Origins of Life on the Earth and in the Cosmos, 2nd ed. San Diego: Academic Press.

70. M Huynen, T Dandekar & P Bork (1999) Variation and evolution of the citric-acid cycle: a genomic perspective. *Trends Microbiol.* 7:281–291.

71. LB Chen, AL DeVries & CHC Cheng (1997) Evolution of antifreeze glycoprotein gene from a trypsinogen gene in Antarctic notothenioid fish. *Proc. Natl. Acad. Sci. USA* 94:3811–3816.

72. JM Logsdon & WF Doolittle (1997) Origin of antifreeze protein genes: a cool tale in molecular evolution. *Proc. Natl. Acad. Sci. USA* 94:3485–3487.

73. AC Wilson, SC Carlson & TJ White (1977) Biochemical evolution. *Annu. Rev. Biochem.* 44:573–639.

74. LB Chen, AL DeVries & CHC Cheng (1997) Convergent evolution of antifreeze glycoproteins in Antarctic notothenioid fish and Arctic cod. *Proc. Natl. Acad. Sci. USA* 94:3817–3822.

75. P Tompa (2003) Intrinsically unstructured proteins evolve by repeat expansion. *BioEssays* 25:847–855.

76. J Park, M Lappe & SA Teichmann (2001) Mapping protein family interactions: intramolecular and intermolecular protein family interaction repertoires in the PDB and yeast. *J. Mol. Biol.* 307:929–938.

77. DE Koshland & KE Neet (1968) The catalytic and regulatory properties of enzymes. *Annu. Rev. Biochem.* 37:359–410.

78. BF Pugh (2004) Is acetylation the key to opening locked gates? *Nature Struct. Mol. Biol.* 11:298–300.

79. DR Tomchick, RJ Turner, RL Switzer & JL Smith (1998) Adaptation of an enzyme to regulatory function: structure of *Bacillus subtilis* PyrR, a pyr RNA-binding attenuation protein and uracil phosphoribosyltransferase. *Structure* 6:337–350.

80. G Wistow (1993) Lens crystallins: gene recruitment and evolutionary dynamism. *Trends Biochem. Sci.* 18:301–306.

81. CM Dobson (2006) Protein aggregation and its consequences for human disease. *Protein Peptide Lett.* 13:219–227.

82. J Piatigorsky & G Wistow (1991) The recruitment of crystallins: new functions precede gene duplication. *Science* 252:1078–1079.

83. AG Murzin (1993) Can homologous proteins evolve different enzymatic activities? *Trends Biochem. Sci.* 18:403–405.

84. RA Jensen (1976) Enzyme recruitment in evolution of new function. *Annu. Rev. Microbiol.* 30:409–425.

85. JA Gerlt & PC Babbitt (2001) Divergent evolution of enzymatic function: mechanistically diverse superfamilies and functionally distinct suprafamilies. *Annu. Rev. Biochem.* 70:209–246.

86. ME Glasner, JA Gerlt & PC Babbitt (2007) Mechanisms of protein evolution. In EJ Toone (ed), Advances in Enzymology and Related Areas of Molecular Biology. Hoboken, NJ: Wiley.

87. GA Petsko, GL Kenyon, JA Gerlt et al. (1993) On the origin of enzymatic species. *Trends Biochem. Sci.* 18:372–376.

88. CA Orengo & JM Thornton (2005) Protein families and their evolution: a structural perspective. *Annu. Rev. Biochem.* 74:867–900.

89. SCG Rison & JM Thornton (2002) Pathway evolution, structurally speaking. *Curr. Opin. Struct. Biol.* 12:374–382.

90. SA Teichmann, SCG Rison, JM Thornton et al. (2001) The evolution and structural anatomy of the small molecule metabolic pathways in *Escherichia coli*. *J. Mol. Biol.* 311:693–708.

91. CA Orengo, AE Todd & JM Thornton (1999) From protein structure to function. *Curr. Opin. Struct. Biol.* 9:374–382.

92. PF Gherardini, MN Wass, M Helmer-Citterich & MJE Sternberg (2007) Convergent evolution of enzyme active sites is not a rare phenomenon. *J. Mol. Biol.* 372:817–845.

93. N Nagano, CA Orengo & JM Thornton (2002) One fold with many functions: the evolutionary relationships between TIM barrel families based on their sequences, structures and functions. *J. Mol. Biol.* 321:741–765.

94. SS Krishna & NV Grishin (2004) Structurally analogous proteins do exist! *Structure* 12:1125–1127.

95. LC James & DS Tawfik (2001) Catalytic and binding poly-reactivities shared by two unrelated enzymes: the potential role of promiscuity in enzyme evolution. *Prot. Sci.* 10:2600–2607.

96. B Rasmussen, FC Wilberg, HJ Flodgaard & IK Larsen (1997) Structure of HBP, a multifunctional protein with a serine proteinase fold. *Nature Struct. Biol.* 4:265–268.
97. CJ Jeffery (1999) Moonlighting proteins. *Trends Biochem. Sci.* 24:8–11.
98. CJ Jeffery (2003) Moonlighting proteins: old proteins learning new tricks. *Trends Genet.* 19:415–417.
99. CJ Jeffery (2009) Moonlighting proteins—an update. *Mol. BioSyst.* 5:345–350.
100. JH Hurley, AM Dean, DE Koshland & RM Stroud (1991) Catalytic mechanism of $NADP^+$-dependent isocitrate dehydrogenase: implications from the structures of magnesium isocitrate and $NADP^+$ complexes. *Biochemistry* 30:8671–8678.
101. NH Horowitz (1945) On the evolution of biochemical syntheses. *Proc. Natl. Acad. Sci. USA* 31:153–157.
102. MA Huynen, T Gabaldón & B Snel (2005) Variation and evolution of biomolecular systems: searching for functional relevance. *FEBS Lett.* 579:1839–1845.
103. L Dijkhuizen (1996) Evolution of metabolic pathways. *Soc. Gen. Microbiol. Symp.* 54:243–265.
104. LE Orgel (1998) The origin of life—a review of facts and speculations. *Trends Biochem. Sci.* 23:491–495.
105. EA Gaucher, JM Thomson, MF Burgan & SA Benner (2003) Inferring the palaeoenvironment of ancient bacteria on the basis of resurrected proteins. *Nature* 425:285–288.
106. M Pagel (1999) Inferring the historical patterns of biological evolution. *Nature* 401:877–884.
107. DH Bamford, RJC Gilbert, JM Grimes & DI Stuart (2001) Macromolecular assemblies: greater than their parts. *Curr. Opin. Struct. Biol.* 11:107–113.
108. A Roth & RR Breaker (1998) An amino acid as a cofactor for a catalytic polynucleotide. *Proc. Natl. Acad. Sci. USA* 95:6027–6031.
109. M Halic & R Beckmann (2005) The signal recognition particle and its interactions during protein targeting. *Curr. Opin. Struct. Biol.* 15:116–125.
110. T Yomo, S Saito & M Sasai (1999) Gradual development of protein-like global structures through functional selection. *Nature Struct. Biol.* 6:743–746.
111. CR Woese (1990) Evolutionary questions: the "progenote." *Science* 247:789.
112. LC James & DS Tawfik (2003) Conformational diversity and protein evolution—a 60-year-old hypothesis revisited. *Trends Biochem. Sci.* 28:361–368.
113. JW Schopf (1992) Evolution of the proterozoic biosphere: benchmarks, tempo and mode. In JW Schopf & C Klein (eds), The Proterozoic Biosphere. New York: Cambridge University Press.
114. G D'Alessio (1999) The evolutionary transition from monomeric to oligomeric proteins: tools, the environment, hypotheses. *Prog. Biophys. Mol. Biol.* 72:271–298.
115. JAG Ranea, A Sillero, JM Thornton & CA Orengo (2006) Protein superfamily evolution and the last universal common ancestor (LUCA). *J. Mol. Evol.* 63:513–525.
116. MY Galperin & EV Koonin (1999) Functional genomics and enzyme evolution—homologous and analogous enzymes encoded in microbial genomes. *Genetica* 106:159–170.
117. G Caetano-Anollés, HS Kim & JE Mittenthal (2007) The origin of modern metabolic networks inferred from phylogenomic analysis of protein architecture. *Proc. Natl. Acad. Sci. USA* 104:9358–9363.
118. E Zuckerkandl (1975) The appearance of new structures and functions in proteins during evolution. *J. Mol. Evol.* 7:1–57.
119. B Alberts (1998) The cell as a collection of protein machines: preparing the next generation of molecular biologists. *Cell* 92:291–294.
120. IS Povolotskaya & FA Kondrashov (2010) Sequence space and the ongoing expansion of the protein universe. *Nature* 465:922–926.
121. S Freilich, RV Spriggs, RA George et al. (2005) The complement of enzymatic sets in different species. *J. Mol. Biol.* 349:745–763.
122. JM Berg, JL Tymoczko & L Stryer (2007) Biochemistry, 6th ed. New York: Freeman.
123. DJ Voet & JG Voet (2004) Biochemistry, 3rd ed. New York: Wiley.
124. AM Lesk (2010) Introduction to Protein Science, 2nd ed. Oxford: Oxford University Press.
125. TE Creighton (1993) Proteins: Structures and Molecular Properties, 2nd ed. New York: Freeman.
126. WH Li (1997) Molecular Evolution. Sunderland, MA: Sinauer Associates, Inc.
127. AG Murzin, SE Brenner, T Hubbard & C Chothia (1995) SCOP—a structural classification of proteins database for the investigation of sequences and structures. *J. Mol. Biol.* 247:536–540.
128. CA Orengo, AD Michie, S Jones et al. (1997) CATH—a hierarchic classification of protein domain structures. *Structure* 5:1093–1108.
129. L Holm & C Sander (1998) Touring protein fold space with Dali/FSSP. *Nucleic Acids Res.* 26:316–319.
130. L Holm & C Sander (1993) Protein structure comparison by alignment of distance matrices. *J. Mol. Biol.* 233:123–138.
131. S Feo et al. (2000) ENO1 gene product binds to the c-*myc* promoter and acts as a transcriptional repressor: relationship with Myc promoter-binding protein 1 (MBP-1). *FEBS Lett.* 473:47–52.
132. JG Pastorino & JB Hoek (2003) Hexokinase II: the integration of energy metabolism and control of apoptosis. *Curr. Med. Chem.* 10:1535–1551.
133. J Stetefeld & MA Ruegg (2005) Structural and functional diversity generated by alternative mRNA splicing. *Trends Biochem. Sci.* 30:515–521.
134. HS Frank & MW Evans (1945) Free volume and entropy in condensed systems III. *J. Chem. Phys.* 13:507–532.
135. S Meier, S Grzesiek & M Blackledge (2007) Mapping the conformational landscape of urea-denatured ubiquitin using residual dipolar couplings. *J. Am. Chem. Soc.* 129:9799–9807.
136. E Yamaguchi, K Yamauchi, T Gullian & T Asakura (2009) Structural analysis of the Gly-rich region in spider dragline silk using stable-isotope labeled sequential model peptides and solid-state NMR. *Chem. Commun.* 28:4176–4178.
137. MJ Bayley, G Jones, P Willett & MP Williamson (1998) GENFOLD: a genetic algorithm for folding protein structures using NMR restraints. *Protein Sci.* 7:491–499.

第 2 章
タンパク質のドメイン

　第1章では，タンパク質の構造が一次，二次，三次および四次構造に分類されることを学んだ．しかし，タンパク質はこれらの構造分類ではなく，ドメインを基本単位として進化する．また，ドメインは機能の基本単位でもある．本章では，なぜドメインが重要であるかを考える．タンパク質が進化するうえでドメインは都合のよいサイズであり，また，ドメインを使うことは，あたらしい機能をもった別のタンパク質へと一度に効率よく進化させるうえで都合がよいことをみていく．

　生体内の複雑な環境下で進化する際に重要となるのは，いかに既存の系に悪影響を及ぼすことなく，目的とするあたらしい系をつくるかということである．ドメインはこの問題を解決するための重要な道具となる．たとえば，あらたなドメインを加えることにより，容易に相互作用の選択性を上げることができる．また，分子内の相互作用は一般に分子間の相互作用よりも強いため，ドメイン間の相互作用を利用すれば，容易に分子間の相互作用を調整することができる．つまり，分子内のドメイン間の弱い相互作用を利用すれば，分子間相互作用を調節することができるのである．このような方法により，たとえば，ドメインを追加することにより結合能を調節するといった，装飾による進化が可能となる．あらたなドメインの追加によって分子が進化することは，本書のいたるところで解説されるトピックである．

自然淘汰の過程で起こった分子進化が，いかに無駄がなく，エレガントで，利口なものであるかに気づかされるたびに，生物学者として非常に大きな楽しみを覚える．

David Baltimore（1975），ノーベル賞講演，[1]

数を増やすことにより問題を解決することは，進化の一般的法則である．

J.E. Baldwin and H.E. Krebs（1981），[2]

2.1　ドメイン：タンパク質構造の基本単位

2.1.1　ドメインはさまざまな方法で定義される

　ドメイン domain と**モジュール** module という単語は，人によって異なった用途で使われる．そこで，まず本書での定義を明確にする．

> **ドメイン**とは，安定でコンパクトな三次構造もしくは単独でフォールドへと折りたたまれる1本のポリペプチド鎖（もしくはポリペプチド鎖の一部）である [3, 4]．

　ドメインはタンパク質の構造および進化における基本単位であるが [5]，上記の定義は実験的に証明された物理的特性に基づいた定義である．しかし，実験的に物理的特性を評価するのは必ずしも簡単なことではないため，この定義はタンパク質を配列情報から解析するうえで有用な定義とはいえない．もっとも一般的なもう1つのドメインの定義は，"ドメインは進化の際に保存された特徴的な配列である"というものである．これは配列アライメントに基づいた定義であり，ずっと単純で扱いやすい．複製されて別のタンパク質中で利用されている配列のほとんどは独立した立体構造を形成する能力があるので，これらの2つのドメインの定義には関連性がある．ドメインの平均サイズは 17 kDa 程度と比較的小さく [6, 7]（ただし，ドメインの分子量分布はかたよっているため，この中央値は著しく小さくなっている），また，ドメインの定義にはよるものの，大きいものでも 35 kDa 程度である（図 2.39 と比較せよ）．

> **モジュール**とは，さまざまなマルチドメインタンパク質の異なる位置にみられる保存性の高い配列である．

　モジュールはドメインに含まれるサブカテゴリーの1つで，その定義はドメインの2つ目の定義と類似している．モジュールとドメインの違いは，モジュールは連続したペプチド配列から構成されており，また，モジュールは異なるタンパク質中では異なった配列

とつながっており，さらに，モジュールには明らかな境界があるということである．実際に多くのモジュールはランダムコイルで連結され，あたかも糸でつながれたビーズのように振る舞う（いくつかの例を後述する）．複数のモジュールから構成されるタンパク質は，しばしばキメラ状タンパク質もしくは**モザイク状** mosaic タンパク質と呼ばれる．

フォールド fold とは，立体構造中での二次構造の相対配置である．

したがって，すべてのドメインやモジュールは何らかのフォールドをもつといえる．

タンパク質の構造を階層的に分類するさまざまな試みがなされてきたが，そのなかでもっとも有名なのは Murzin らによる SCOP 分類[5] と Orengo らによる CATH 分類[8] である．これらの 2 つの分類法は類似しているが，もっとも大きな違いは，SCOP ではあるタンパク質が既存のフォールドに分類されるか，あたらしいフォールドであるかの判断が人間によってなされるが，CATH では自動的に分類されるということにある．フォールド間には明確な境界が定義されているわけではないため任意の基準に基づいて分類されることになり，その結果，約 30％のタンパク質が 2 つの分類法において異なる領域に分類されている[9]．両方の分類法においてもっとも高い階層の構造分類は，α 構造，β 構造，α と β の混合構造，および二次構造に乏しい小さなタンパク質，の 4 つである．α と β の混合構造はさらに，α と β の領域が分離した構造（α＋β．典型的な逆平行 β シート構造）と，α と β の領域が混合した構造（α/β．主として β-α-β の超二次構造により構成される構造）に分類される．その次にくる階層がフォールドである．Chothia は 1992 年にフォールドの種類はそれほど多くはなく，およそ 1,000 種類程度だろうということを提唱した[10]．その後，フォールドの種類について多くの議論がなされ，数万種類だろうと見積もられた．しかし，現在は 2,000 種類以下だといわれている[11]．CATH では，フォールドはさらにアーキテクチャー（二次構造の配置），続いてトポロジー（二次構造同士のつながり方）により分類される．

フォールドの 1 つ下の階層の分類がスーパーファミリーである．同じスーパーファミリー内に含まれるタンパク質間には配列相同性があり，また構造的特徴や機能にも関連性がある．これは，これらのタンパク質が進化学上で関連性があることを意味している．別の用語では，これらのタンパク質は**ホモログ** homolog 同士であるといわれる．厳密にいえば，ホモログは 2 つのタンパク質が進化学上で関連性があるということを意味するが，ここでは大まかに，類似した配列をもっているという意味で使われている．これら 2 つの意味することはほぼ同じであり，すなわち，同一な配列を 30％以上もつタンパク質同士はほぼ間違いなく進化学的に関連性がある（図 2.1）．タンパク質同士の進化学上の関連性は，オルソログ，パラログという 2 つの単語によってより詳細に定義される．**オルソログ** ortholog は，種の分化により生じた相同タンパク質をさす．2 つのオルソログタンパク質は，同じタンパク質に由来するため，分化した生物においても同じ役割を担ってい

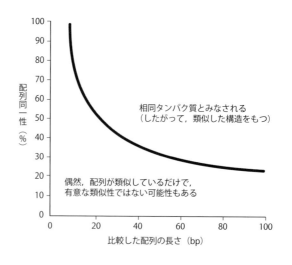

図 2.1
約 30％以上の残基が同一なタンパク質はほぼ間違いなく相同タンパク質（進化学的に関連性のあるタンパク質）である．これは同時に，それらのタンパク質が類似した構造をしており，また類似した機能をもつことを意味する（図 1.50 参照）．相同タンパク質として同定するために必要とされる類似性は，アミノ酸配列の長さによって決まる．つまり，短い配列の場合は偶発的に類似する可能性があるため，相同タンパク質と断定するにはより高い配列類似性が必要となる．

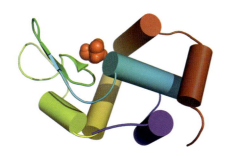

図 2.2
リゾチームの構造（PDB 番号：2vb1）は α ヘリックス領域と β シート領域から構成され，活性部位はそれらの間の溝に存在する（赤のボールで表示してある）．分類の仕方によっては，リゾチームは 2 つのドメインをもつタンパク質に分類される．しかし，いずれの領域も独立に存在している例はなく，したがって，独立して折りたたまれているとはいえないため，本書の基準では，リゾチームは 1 つのドメインのタンパク質となる．おそらく，祖先のタンパク質において，2 つの"ミニドメイン"として融合して，これらの領域が形成されたと思われる．

図 2.3
ショウジョウバエ由来 Notch 受容体のアンキリンドメイン（PDB 番号：1ot8）は，6 つのアンキリンリピート配列をもつ．おのおののリピート配列は独立には折りたたまれた構造を形成できない．

る．一方，**パラログ** paralog は遺伝子重複により生じた相同タンパク質をさす．

　本書でのドメインの定義は，一般的な定義とは必ずしも一致していない．タンパク質を仮想的に分割した際に生じる，おのおのの構造に対してドメインという単語が用いられる場合もある[12]．たとえば，リゾチーム（図 2.2）は，しばしば 2 つのドメインをもつタンパク質といわれる．多くの点で，リゾチームの 2 つの領域は実際にドメインのような挙動を示す．すなわち，それらは独立しており，活性部位はこれらの間に位置し，これらはまったく別々に動き，ヘリカル"ドメイン"はシート"ドメイン"の前に折りたたまれて位置しているのである[13]．しかし，これらは独立して安定な構造単位へと折りたたまれることはできず，また，複数のタンパク質において，おのおのが独立に存在しているわけでもない．後者の理由により，SCOP および CATH ではリゾチームは 1 つのドメインとして，また 2 つの領域は異なるサブドメインとして分類されている．さらに多くの小さな構造単位が連続するタンパク質もある．8.5.1 項でとりあげる，Notch シグナルタンパク質中のアンキリンドメインはその一例である（図 2.3）．アンキリンはヘリックス・ターンの構造単位に分けることができるが，それぞれの構造単位は安定な構造を形成しない．このタンパク質が折りたたまれるときは，すべての構造単位が同時に協調的に折りたたまれ，おのおのの構造単位は構造も生物学的機能も保持されていない[14]．この場合，タンパク質全体が"ドメイン"となり，おのおのの構造単位はサブドメインとして分類される．

2.1.2　ドメインは固有の機能と関連する

　ドメインはしばしばそのドメイン固有の機能をもつ．そのよい例は**ロスマンフォールド Rossmann fold**（*2.1）である（図 2.4）．ロスマンフォールドは，$NADP^+$ や ATP のような核酸分子と結合する機能をもつ．核酸に結合するタンパク質の多くが 2 つのロスマンフォールドをもち，おのおのが 1 つの核酸と結合する．ドメインの立体構造は核酸結合という分子特性と密接に関連しているため，立体構造を調べることは機能を推定するためのよい手法となる．

　一方，非常に多くの酵素（全酵素の約 10%）に共通してみられるドメイン構造が TIM バレルである（トリオースリン酸イソメラーゼで初めて同定されたため，TIM と略される）．このドメインは一連の β-α-β **構造モチーフ** structure motif（図 2.5）により形成される β バレル（β シートで形成される円筒状の構造）で，バレルを形成する β 鎖の C 末端側に存在するループにより形成されるくぼみが活性部位となる．活性部位の位置は容易に予測できるものの，このドメインは多種多様な機能の酵素で用いられる万能なモチーフであるため，その機能を構造から特定するのは難しい．

---

*2.1　ロスマンフォールド
このフォールドは 1970 年に Michael Rossmann によって初めて報告され，当時は，タンパク質の**フォールド**がその機能（核酸との結合）を明確に記述できる数少ない例であった[99]．その典型的な構造を図 2.4 に示す．β-α-β-α-β の構造モチーフで構成され，また，たとえば核酸のリン酸基と結合するための GXGXXG（X は任意のアミノ酸）に代表されるような，いくつかの保存配列が存在する．上記の配列中で，グリシンは以下の 3 つの理由から保存されている．1 つ目は，結合した核酸分子と立体障害を起こさないために，小さなアミノ酸でなければならないことである．大きなアミノ酸が存在して構造変化すると，結合が弱められたり，構造が不安定化されるだけでなく，活性部位に水分子を流入させることにもなる．2 つ目は，ループが柔軟性をもつ必要があり，これを可能とするのはグリシンだけであることである．3 つ目は，立体化学的理由である．はじめのグリシンはラマチャンドランプロットで右上部に存在しており，グリシン以外ではとることのできない立体配座をとっている．ロスマンフォールドは，核酸を補因子として用いるさまざまなタンパク質でみられる．

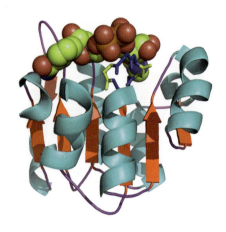

図 2.4
ロスマンフォールド（PDB 番号：1u3w）．図はヒト由来アルコール脱水素酵素の一部を示しており，NAD^+ と Zn^{2+} と結合している．このタンパク質はアルコールを代謝する重要な酵素である．図中で，NAD^+ はボールで，また，NAD^+ との結合に関与する GXGXXG 配列モチーフはスティックで，分子の中央付近に表示されている．青で表示された残基はグリシンで，モチーフ中の Gly 3 はループの右上部に位置し，NAD^+ のリン酸基（オレンジのボールで表示）に近接している．β-α-β の超二次構造が連続して形成されているのがみてとれる．

　リプレッサーのような，細菌由来の DNA 結合タンパク質の多くは，短いループにより連結された 2 つの α ヘリックスにより構成される "ヘリックス・ターン・ヘリックス"（HTH）モチーフを含む DNA 結合ドメインをもち，このドメインを使って DNA と結合する．この DNA 結合ドメインは，ドメインとしては非常に小さく，その短い配列からは独立に折りたたまれた構造を形成しないように思われることが多いため，ドメインよりも構造モチーフとみなされることが多い．しかし，HTH 構造は実際には独立して折りたたまれることがわかり，これが 1 つのドメインであることが示された [15]．このドメイン（図 2.6 に *lac* リプレッサー由来の HTH ドメインを示す）は，2 つのヘリックスのうちの 1 つを DNA の主溝に挿入し，もう一方のヘリックスはほぼ直角にその上を横切る．特異的に認識する DNA 配列は "認識ヘリックス" 中のアミノ酸配列に大きく依存するが，認識される DNA 配列と認識するタンパク質の配列が 1:1 で明確に対応するわけではない．リプレッサーの全体構造は一連のドメイン，すなわち，N 末端より，HTH DNA 結合ドメイン，DNA 結合ヘリックス，2 つのコアドメイン，そして四量体を形成するためにほかのリプレッサー分子の同部分と相互作用する C 末端ヘリックスドメイン，により構成される（図 2.7）．おのおののドメインがそれぞれ異なる機能をもつことに注目してほしい．

　第 11 章で述べる two-hybrid スクリーニングは，おのおののドメインが固有の機能をもつことを示すよい例である．two-hybrid スクリーニングシステムとは，一方のドメインを DNA 結合ドメインと融合させ，もう一方のドメインを転写活性化ドメインと融合させることで，ドメインとドメインの間の相互作用を検出するための手法である．このスクリーニングは，あらたなドメイン構成においても，おのおののドメインが正しく活性を有する（すなわち，ほかのドメインと融合させた場合でも，元と同じ機能をもつ）場合にのみ機能する．この系が広く用いられ，実際にうまく機能しているという事実は，ドメインが独立に機能をもつことを証明している．

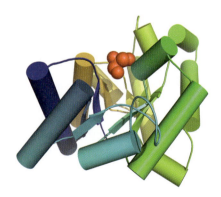

図 2.5
β バレル型タンパク質（トリオースリン酸イソメラーゼ）の構造（PDB 番号：3gvg）．N 末端から C 末端にかけて，青色から黄色になるように色づけしてある．バレルの C 末端側（β 鎖の C 末端側の部分）に位置する活性部位を赤色の球で表示してある．これは図 1.34 と同じタンパク質であるが，活性部位の位置を強調するために向きを変えて表示してある．

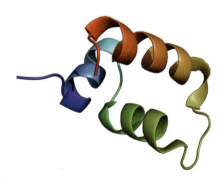

図 2.6
ヘリックス・ターン・ヘリックスタンパク質（*lac* リプレッサー由来．PDB 番号：2pe5）．DNA と結合する部分だけを表示している（図 1.33 参照）．DNA の主溝と結合するのは下側のヘリックスである．

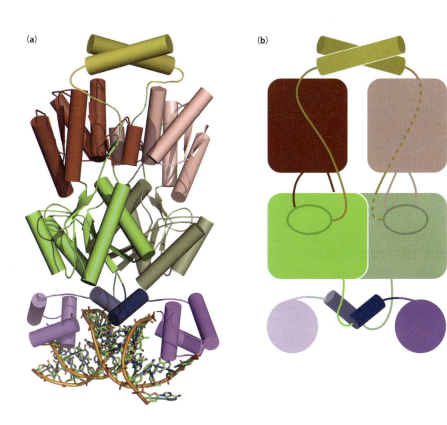

図 2.7
lac リプレッサーのドメインの構造（PDB 番号：2pe5）．構造のカートゥーン表示（a）とその模式図（b）．C 末端の四量体化ドメインは結晶構造中には存在しないが，黄土色で描かれている．全長のタンパク質の構造は二量体が 2 つ会合した構造をしているが，ここでは二量体の構造を示した．1 つのサブユニットは，紫/青/緑/赤/黄色の領域から構成され，もう 1 つのサブユニットは同系の淡い色で描かれている．DNA 結合ヘリックスの部分で左右のサブユニットが入れ替わっている点に注目してほしい．また，赤色で示した 2 つ目のコアドメインの C 末端の配列（前面の長い緑色のヘリックスとその左の短い β 鎖がそれに該当する）が N 末端側のコアドメインの一部を形成している（(a) の図を参照）．

　原核生物においては，おおよそ 3 分の 2 のタンパク質が 2 つ以上のドメインから構成されており [16]，真核生物においては，約 80% とさらに高くなる [17, 18]（表 2.1）．すなわち，大多数のタンパク質は複数のドメインから構成されるということである．これは酵素においてはさらに顕著であり，一般的な特徴として 2 つのドメインの界面に酵素の活性部位が存在する．その一例がアデニル酸キナーゼであり，この酵素は次の重要な変換反応を触媒する．

$$AMP + ATP \rightleftharpoons 2ADP$$

この酵素は 3 つのドメインから構成され，中心ドメインが 2 つの小さな核酸結合ドメ

表 2.1　さまざまな生物のゲノムにおける単一ドメインおよびマルチドメインタンパク質の割合 (%)

ゲノムのグループ	タンパク質中のドメインの数					
	1つ	2つ	≧2	3つ	≧3	≧4
古細菌	36	9	43	2	9	2
細菌	35	10	42	2	10	2
酵母	22	5	57	1	5	3
後生動物	23	4	52	1	4	7

これらのデータは SCOP で定義されたドメインをアミノ酸配列と比較して作製した．"1 つ" は配列全体が 1 つのドメインを形成していることを意味する．一方，"≧2" は，配列のうちの一部だけが 1 つのドメインと一致しており，すなわち，このほかにもドメインが存在することを意味する．そのほかの数についても同様のことを意味する．"≧2" は 3 つ，4 つのドメインのタンパク質も実際には含む．したがって，たとえば，"≧3" は，3 つ以上のドメインのタンパク質が少なくとも表中の割合以上で存在するということを意味している．（G. Apic, J. Gough, and S.A. Teichman, *J. Mol. Biol.* 310：311-325, 2001 より．Elsevier より許諾）

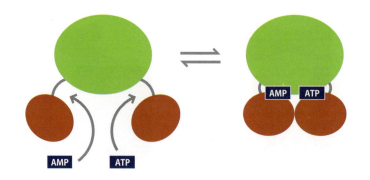

図2.8
アデニル酸キナーゼの構造．2つの赤色のドメインは相同なドメインである．AMP および ATP と結合すると，これらのドメインは中心ドメインへと接近し，活性部位を形成する．

インにはさまれている．核酸の結合部位は，中心ドメインと2つの核酸結合ドメインの間にそれぞれ存在する（図2.8）．この酵素は，オープン型とクローズ型の両方の形で結晶構造解析がなされている．クローズ型の構造では，2つの小ドメインがそれぞれ回転し，基質を囲い込むように1つの球状構造を形成する．

アデニル酸キナーゼは**分子内重複** internal duplication をもつタンパク質の一例である．分子内重複とは，1つのタンパク質中に，複製されたドメインが2つ存在することをさす．これはそれほどめずらしい現象ではなく，おそらく遺伝学的には非常に容易に起こる．後述するキモトリプシンというプロテインキナーゼでも分子内重複がみられる．配列情報から重複が明らかな場合があるが，複製が起こったのがはるか昔だと，立体構造が明らかになって初めて分子内重複が見つかることもある．このような場合は分子の半分ずつがほぼ同じ構造を形成しており，分子内に**擬似的な2回対称** pseudo-twofold symmetry が現れることになる．

2.1.3 ドメインはタンパク質を構築するための基本構成要素である

ドメインは，分子の機能を別の分子へと伝達するために使われるものと考えることができる．ドメインはそのドメイン単独で，もしくはほかのドメインと組み合わせて使われ，別のタンパク質へと移された後も元と同様の機能をもつ．ドメインは1つの剛体として取り扱うことができるが，ドメイン同士がリンカーでつながれることによりドメイン間には柔軟性がある．大多数の酵素が2つ以上のドメインにより構成され，また活性部位がこれらのドメインの界面に存在することが多いということは，おのおののドメインの主鎖構造を変化させるのではなく，界面に存在するいくつかの側鎖とドメイン同士をつなぐリンカーを変化させるだけで目的の機能をもった酵素がつくり出せることを意味する．本書では多くのドメインの構造が簡単な模式図で描かれているが，これはドメインの構造は変化が少ないうえ，それ自体には大した意味がないためである．もちろん，立体構造や内部の動的な構造についての詳細な議論は非常に重要であり，これについては第6章で述べる．

生物界はさまざまな階層からなる集合体である[19]．生物はさまざまなパーツが集まって形づくられている．たとえば昆虫を見ればこれは明らかであるが，すべての生物に対して同様のことがいえる．さらに，ある生物を構成するパーツはほかの生物においては異なった目的で使われることがある．たとえば，魚のえらは，脚や羽，肺などに変化していった[20]．これらのパーツは独自の機能をもった器官が集まって形成され，器官は個々の組織が特有の方式で集合することにより形成される．さらに器官は，異なる種類の細胞がそれぞれの細胞に固有の様式で接着し合うことにより形成される．真核細胞はいくつかの細胞内区画により構成されており，おのおのの細胞内区画にはその細胞内区画に特有のタンパク質が存在している．ドメインはその次にくる階層であり，タンパク質の構成要素である．さらにその下の階層には，二次構造，一次構造，アミノ酸，原子が続く．このような考え方は，システム生物学というあたらしい科学の概念の基礎となっている．Jacob の言葉を引用すると，"生物学を扱うすべての研究対象は，組織化されたものがさらに組織化したものだと考えることができる" [19] のである．

多くの研究者がこれまで，進化の初期における基本単位は現在ドメインと呼ばれているものよりも小さいものであり，おそらくは20残基程度の長さのヘリックスやβヘアピン

*2.2 バルナーゼ

バルナーゼは *Bacillus amyloliquefaciens* 由来のリボヌクレアーゼである．図2.2.1にその立体構造を示す．バルナーゼは110残基の小さなタンパク質で，βシートとαヘリックスから構成されており，またジスルフィド結合はない．そのため，主にタンパク質のフォールディングのモデル系として深く研究されてきた．また，バルナーゼはもっとも小さな酵素である上，第4章で述べるように，天然の阻害分子であるバルスターと非常に速い結合速度定数で強く結合することからも興味深いタンパク質である．

図 2.2.1
リボヌクレアーゼの1つであるバルナーゼの構造（PDB 番号：1brn）．活性阻害分子d（CGAC）の真ん中の2つの塩基が酵素に結合する様子を示している．図の中心，K27とH102の間にあるホスホジエステルが酵素により切断される．E73が触媒塩基で，K27はリン酸基を攻撃する求電子残基として機能する．

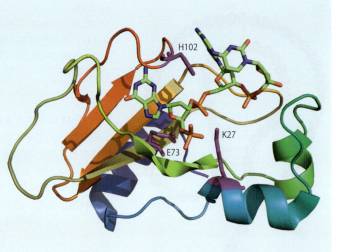

などの二次構造をもった分子である，と提唱してきた（図2.2）．とくに，断片を組み合わせたり変異導入したりしながら新規なタンパク質を構築する場合は，おのおのの断片の長さが短い方がより簡単であるため，上記の提唱は納得のいく話である．たとえば，エキソンの長さがおよそこの程度の長さであることは注目すべき点である．**バルナーゼ Barnase**（*2.2）という細菌由来のリボヌクレアーゼは，構造解析の結果，コンパクトに折りたたまれたいくつかの構造が連結されてできており，6つの構造単位に分割されることがわかった．そのうちの3つはRNAとの結合活性があり，また弱いながらもRNAの切断活性も認められた[21]．これらの知見により，ドメインおよび，それよりも大きなタンパク質は，太古につくられた小さな構造要素，おそらくは構造モチーフに対応するようなものが組み合わされることにより生じたということが示唆された．確かにそうではあるのだが，比較的最近の進化の歴史に焦点を当てた場合はすでに構造要素が組み合わさってタンパク質ができあがっているため，より大きな構造単位であるドメインを単位として議論すべきである．

2.1.4 モジュールは交換可能なドメインである

2.1.1項で定義されたモジュールは，原核生物においても真核生物においても存在するが，真核生物ではより重要な役割をもつ[22]．これを示すよい例が血液凝固に関連するタンパク質である．これらのタンパク質のうちのいくつかは，複数のモジュールが異なる順番でつながったタンパク質である．ウロキナーゼ（図2.9）というタンパク質は，EGFドメイン（上皮増殖因子 epidermal growth factor にちなんで命名されたドメイン．上皮増殖因子はこのドメインについて初めて解析されたタンパク質で，その名前は上皮細胞の成長を刺激するサイトカインであることを意味する），クリングルドメイン（配列の模式図がデンマークのクリングルという菓子パンと類似していることから命名された．図2.10），およびキモトリプシンドメインの3つのモジュールから構成される．おのおののドメインは機能をもっており，EGFドメインはEGF受容体を活性化し，クリングルドメインはリジンと結合し，キモトリプシンドメインはタンパク質分解活性をもつ．ほかのタンパク質ではさらにたくさんのモジュールが連続している場合もある．ヒト由来アポリポタンパク質（a）は38個のクリングルドメインをもち，フィブロネクチンは2個のⅡ型モジュールと15個のⅢ型モジュールをモジュール間にはさんだ，12個のⅠ型フィブロネクチンモジュールをもつ[23]．

もう1つの興味深いモジュールの例は，免疫グロブリンスーパーファミリーである．免疫グロブリンスーパーファミリーは免疫グロブリンだけではなく，細胞表面に存在するさまざまな受容体分子中にも連続して存在している（図2.11）．免疫グロブリンフォールドとⅢ型フィブロネクチンフォールドは非常に類似している．この**スーパーフォールド**

図 2.9
ウロキナーゼのドメイン構造．EGFドメイン（紫色），クリングルドメイン（赤色），キモトリプシンドメイン（水色）からなる．キモトリプシンは遺伝子重複により生じた2つのサブドメインから構築される．HIVプロテアーゼのような相同なタンパク質が存在するが，それらは，2つの同一なポリペプチドの二量体である．

図2.10
クリングルドメイン．（a）プラスミノゲンは5つのクリングルドメインからなるが，そのうちの4番目のクリングルドメインの配列を示す．3つのジスフィド結合も表示している．（b）クリングルパイ．（SkagenHus, Wisconsinより許諾）

superfold はさまざまなリガンドとの結合に用いられている．

　モジュールの多くは，特定のリガンド分子を認識して結合する．これらのモジュールは，原核生物よりも真核生物においてとくに顕著にみられる．2.2節で述べるが，これらのモジュールはリガンドとの特異性を向上させる（表8.1に一覧がある）．これらのドメインの多くでN末端とC末端は近接しており，リガンド結合部位はその反対側に存在する．この特徴により，既存のタンパク質の中にモジュールを挿入することが可能となる．すなわち，タンパク質の末端か表面に存在するループの中にあたらしいモジュールを組み込めば，もともとのタンパク質の機能に悪影響を及ぼさずに，あらたなリガンド認識部位を加えることができる．

　これらのモジュールは，互いに相互作用するわけではなく，また，連結することによりあらたな機能が生じるわけでもないため，おのおのが独立して機能しているようにみえるが，実際は違う．たとえば，マルチモジュールタンパク質中に存在するおのおののクリングルドメインはいずれも同程度のリガンドとの結合力をもつ．しかし，ドメインが連結した場合のリガンドとの結合力は，おのおののドメインの結合力よりも強くなり，したがって，これらのクリングルドメインは協調的にリガンド分子と結合する．また，もともとの機能が完全に消失し，純粋にスペーサーとしてのみ機能しているドメインもある．血液凝固に関連するタンパク質は，流動している血液と相互作用する必要があるうえ，分子同士が強く架橋される必要がある．これを効率よく行うためには，長いひも状の分子である方がよいということは想像に難くない．したがって，純粋にスペーサーとして機能するモジュールでも重要な役割があるといえる（そのほかのモジュールの例については，Liによる文献[24]参照）．

　一方で，隣接するモジュールと相互作用するモジュールもある．フィブロネクチンや組織プラスミノーゲン活性化因子のモジュールは協調的に機能する[25-27]（図2.12，図2.13）．ヒストン尾部の修飾を認識するモジュールのいくつかは，1つのモジュールを使って1つの修飾を認識するのではなく，対になって機能しており（4.4.3項参照），認識部位は2つのモジュールの界面に存在する．同様のことはヒト癌抑制タンパク質BRCA1においても報告されているが[28]，これらは例外的である．

　タンパク質中のモジュールやドメインを検索し，表示するためのWebサイトがある．

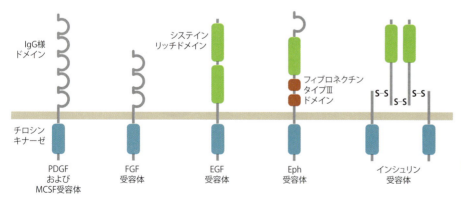

図2.11
細胞表面受容体のモジュール構造．これらのタンパク質は細胞外に複数のIgG様フォールドを，細胞内にチロシンキナーゼをもつことが多いが，その構成はさまざまである．第8章で述べるように，シグナル伝達経路にはモジュールタンパク質がたくさん存在する．

図2.12
フィブロネクチンはたくさんのフィブロネクチンタイプIIIモジュールをもつ．これらのほとんどは独立して機能していると思われるが，9番目と10番目のモジュールは2つのモジュールで1つのインテグリン結合領域をつくる．

Pfam (http://pfam.sanger.ac.uk/) や ProDom (http://prodom.prabi.fr/) などのデータベースには 10,000 以上のファミリーが含まれている．これらの Web サイトでの解析により，多くのモジュールにおいて隣接する配列には偏りがあることが示されており，特定のモジュールと隣接する傾向が高い．また，隣接するモジュールとの組み合わせには種特異性がある．これらの知見は，進化の際には利用価値のもっとも高いものが取り込まれるということを示す 1 つの例である［29］．しかし，不特定のモジュールと隣接するものも存在する．その一例として，さまざまな機能をもつシグナル伝達モジュール SH2（第 8 章）は，あるタンパク質において 47 の異なるモジュールとして同定された．これらのモジュールのほとんどは複数のモジュールを含んでおり，それゆえさまざまな組み合わせが可能となる．たとえば，SH2 は SH3 ドメインとともに存在していることが多いが，SH3-SH2，SH3-SH2-SH3，SH2-SH3，SH2-SH3-SH2，SH3-X-SH2（X はさまざまなほかのモジュールを意味する）という組み合わせすべてがみられる．分子が進化する際，モジュールを集めて組み合わせることにより意図する機能を獲得できるのである［30］．以下では，どのようにしてこのようなことが行われるのかを述べる．

図 2.13
組織プラスミノーゲン活性化因子は 5 つのモジュールから構成され，それらはヘアピン状に配向している．

2.2 タンパク質の進化におけるドメインの重要な役割

2.2.1 マルチドメインタンパク質はエキソンシャッフリングによりつくられる

マルチドメインタンパク質が広く存在しているのであれば，それらはどのようにしてつくられるのだろうか．どのような機構により，ゲノム上の特定の位置に存在するモジュールを取り出し，コピーして，さらにほかの場所に再び挿入するのだろうか．それにはいくつかの機構が関係しており，その代表がエキソンシャッフリングである［18, 24, 31-33］．

原核生物にはみられないことであるが，真核生物のゲノムでは，イントロンと呼ばれる非翻訳領域により遺伝子が小さな断片（＝エキソン）へと分断されている（図 2.14）．真核細胞にはイントロンを切り出して，エキソン同士をつなぎ合わせる機構がある．何年も前になるが，この機構がドメインをシャッフルするための機構であることが提唱された．図 2.15 は，血液凝固タンパク質を例に，どのようにしてモジュールがつながり，マルチモジュールのタンパク質ができたのかを示している［34］．

これを可能とするためには，1 つのエキソンが 1 つのモジュールをコードしている必要がある．そんなことが本当に起こるのだろうか．起こる場合もあるし，起こらない場合もあるというのがその答えである．通常，エキソン断片はかなり短いため，ドメインよりも構造モチーフに対応していることが多い［32］．実際，典型的なヒトのエキソンのサイズは 180 塩基対，60 残基であり，これはモチーフを形成するのにちょうどよいサイズである．エキソンの境界は明確であるが，上記の理論から推察されるとおり，エキソンの境界はしばしばドメインの境界やループの途中に存在する．しかし，ドメインの真ん中にエキソンの境界がみられることも多々ある．エキソンの境界が種を越えて保存されていることがあり，さらに，エキソンの境界の位相（つまり，3 塩基コドンにおけるエキソンの境界の位置）

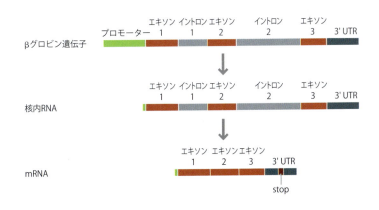

図 2.14
真核生物の DNA は非常に多くの非翻訳イントロン領域を含んでおり，これらの領域はスプライシングにより除去される．この図はヘモグロビンの β サブユニットの遺伝子構造と，それが成熟 mRNA へとプロセシングされる様子を示す．

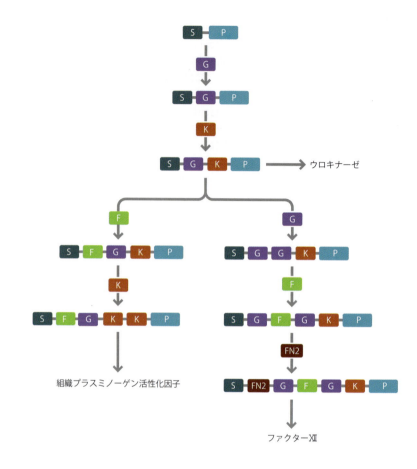

図 2.15
血液凝固カスケードにかかわるタンパク質の進化の仮説．既存のイントロンにあたらしいエキソンが挿入されることであたらしいモジュールが組み込まれたと考えられている．モジュール間の領域はイントロンに由来する．S：シグナルペプチド，P：トリプシン様プロテアーゼ，G：EGF，K：クリングル，F：フィンガー，FN2：フィブロネクチンタイプ2．（L. Patthy, Protein Evolution. Oxford, Blackwell, 1999より再描出．John Wiley & Sons Ltd. より許諾）

もよく保存されている．これらも上記の機構には必要とされることである．最後に，よりあたらしいタンパク質（最近，進化したタンパク質）はドメインの境界にエキソンの境界をもつ傾向が強いという点を述べる．たとえば，血液凝固に関連するタンパク質の多くは，エキソンの境界とドメインの境界とが正確に一致しており，さらに，エキソンの境界の位相も一致している[24]．したがって，エキソンは構造の単位をコードしている，あるいは，少なくとも過去にはそうであったと考えられる．

　イントロンは原核生物と真核生物が分岐する前からタンパク質を進化させる手段として存在していたが，のちに原核生物がその手段を失っていったという説が，Gilbert らによって提唱された[35]．この説はイントロン前生説として知られている．一方，これに対抗する説として提唱されたのがイントロン後生説で，この説では，イントロンは進化の後期になってから生じたものであるとされている．イントロン後生説によると，より広範囲のドメイン間でドメインのシャッフルを行うために，また，多細胞生物がおのおのの細胞において必要とされる膨大な数のあらたな遺伝子をつくり出すためにイントロンが現れたという．これはまた，後生動物（もしくは多細胞生物）が急速に進化して発展するうえで，エキソンのシャッフルが非常に重要であったと言い換えることもできる[31, 36]．これと関連する知見として，種の分化（すなわち，あらたな種を発生させるために2つの集団へと分離すること）とあらたなドメインの組み合わせとが関連しているということが報告されている[18]．

　イントロンの発生についてはこれまで非常に多くの議論がなされ，最近はイントロン後生説が広く受け入れられている．しかし，イントロンの歴史はこれらの理論のように単純なものではなく，進化の過程でイントロンは一部では獲得され，また一部では失われてきた[37]．論争の結論がいかなる方向に進んだとしても，少なくとも真核生物においては，エキソンのシャッフルがドメインをシャッフルするための主要な方法であったことは明らかである．

　本書でもたびたび登場するトリオースリン酸イソメラーゼは，エキソンシャッフリング

のさらなる重要性を示すタンパク質であり，このタンパク質のエキソンの境界はドメインの境界と正確に一致している．エキソンシャッフリングをシミュレーションするために，このタンパク質を2つの部分に分けて別々に発現させたところ，これらの2つの断片部分は会合して活性を示した．さらに重要なのは，これらの2つの断片のおのおのが活性をもっていたということである[38]．これらの結果は，エキソンシャッフリングにより，弱い活性をもつ2つの前駆体から高い活性をもつ分子がつくられることを示す非常によい例である．

明らかに最近起こったと考えられるエキソンシャッフリングが，トリパノソーマ由来のホスホグリセリン酸キナーゼ（PGK）においてもみられる．この酵素の遺伝子には，明らかにイントロンの配列の一部と思われるものが含まれている[39]．イントロンの配列は基本的に進化とは無関係であるため，この方法はタンパク質の配列中にまったくあたらしいアミノ酸配列を導入するための方法として用いられる．

広く知られる**選択的スプライシング** alternative splicing という現象により，タンパク質の一部が足されたり，除去されたり，あるいは交換されたりしていることは注目すべきことである．この現象は単にタンパク質を進化させるために起こるのではなく，日常的に起こっている．また，選択的スプライシングが起こる場合は，個々のエキソン断片が独立した立体構造を形成する必要がある[40]．選択的スプライシングは非常に一般的な機構で，たとえば，抗体による抗原認識の多様性はこの機構を用いて獲得されている（*5.6参照）．選択的スプライシングでは，全体構造を変化させずに，ドメインやサブドメイン，ループなどを追加することが多い．しかし，二次構造の配置を変え，構造や機能に明らかな変化をもたらすような例もある[41]．

2.2.2 マルチドメインタンパク質は別の遺伝的機構によってもつくられる

エキソンシャッフリング以外にもドメインをシャッフルするための機構がある．仮にエキソン後生説が正しいのであれば，エキソンシャッフリングが唯一の方法であるということにはなり得ない．なぜなら，エキソンシャッフリングが唯一の方法なのであれば，原核生物が遺伝子のシャッフルを行うことができないことになるためである．遺伝子の組換えという観点からいえば，原核生物は真核生物よりもすぐれている[42]．原核生物はプラスミドを介して遺伝情報を交換することができる．さらに，プラスミドは同一生物内に限らず，生物間でも交換される．真核生物ではみられないが，原核生物においては共通にみられるこのような遺伝子伝達の経路のうち，もっとも重要なのが生物種間での**水平伝播** horizontal transfer である．あたらしい遺伝情報は水平伝播された後，既存の遺伝子の隣に挿入される[43]．微生物はさらに，接合によっても種を越えてモジュールをシャッフルさせることができる[44]．

2.2.3 3次元ドメインスワッピングにより進化は加速する

ドメインのシャッフリング，すなわち，あるドメインを別のドメインの隣に配置して複数のドメインが連結したあらたな分子をつくることにより，あらたな機能を有する分子を1段階のステップで迅速につくれることをこれまでみてきた．ドメインシャッフリングは進化におけるきわめて重要な戦略であるといえる．この項では，非常に少ないステップでより複雑な分子をつくり出す別の方法についてふれる．これはマルチドメインタンパク質をつくる唯一の方法ではないが，進化の間ずっと広く用いられてきた方法であり，**3次元ドメインスワッピング** three-dimensional domain swapping と呼ばれている．ドメインシャッフリングと混同しないように注意してほしい．これらはまったく異なるものである．3次元ドメインスワッピングについては，いくつかの文献で議論されている[45-50]．

ドメインシャッフリングにより2つのドメインが融合されることを考えてみる[45]．はじめは，おのおののドメインは互いに関係なく気ままな方向を向いていると考えられる．しかし，ドメイン間の界面にいくつかの変異を導入することにより，2つのドメインが特定の配向で連結されるようになる．このようなプロセスは，いずれのマルチドメインタンパク質においても，いずれかの段階で必ず起こっているはずであり，したがって，普遍的

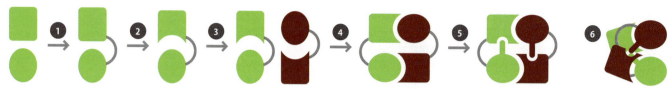

図 2.16
3次元ドメインスワッピングによるマルチドメインタンパク質の進化の仮説．2つのタンパク質のドメインから始まる．(1) 遺伝子が融合する．(2) 界面の形状が変化する．(3) 2つ目のタンパク質が相互作用する．(4) ドメインスワップをするようにリンカーの構造が変化する．(5) あらたにできた界面に構造変化が起こる．(6) ねじれるような配向をとり，ドメイン同士の相互作用が安定化される．

なものであると考えられる．

今度は，2つのドメインからなるタンパク質が2つ会合する場合を考えてみる．2分子目を1分子目の隣に置くと，同一分子内の2つのドメイン間の界面はうまく相互作用できるが，分子間のドメイン間の界面には適切な相互作用が形成されず，結果として，2つの分子は弱くしか会合できないことになる．

しかし，図 2.16 に示すような構造変化をすれば，ドメイン間のリンカーをわずかに調整することで，もともとは同一分子内のドメイン間にあった相互作用を分子間のドメイン同士で形成することが可能になる．この変化により同一ポリペプチド中のドメイン間の相互作用は弱くなり，逆に分子間の相互作用は強くなる．このような方法を使えば，単量体から1回の作業で分子間に適切な相互作用を形成できるような，ドメインスワッピングによる二量体タンパク質をつくり出すことができる．もともとのドメイン間の相互作用とドメインスワップした二量体間での相互作用は基本的には同じものなので，会合に必要なエネルギーはどちらの場合でも同じである [47]．したがって，もともとのドメイン間の相互作用がエネルギー的に安定なものであれば，あらたに生じた二量体間の相互作用も同様に安定なものとなる．

一度ドメインスワッピングが起こると，二量体間の相互作用を安定化させるのはわずかな変異導入だけですみ [51]，また，さらにいくつかの変異導入により分子内のドメイン間の界面も安定化できる．このようにして，いくつかの簡単なステップにより，複雑な4つのドメインからなる二量体タンパク質を単量体からつくることができる [52]．もちろん，この構造はさらに進化し，元の構造とは異なるものへと変化していく．分子内重複をもつようなタンパク質のいくつかは，進化の途中で3次元ドメインスワッピングにより安定化されている可能性がある [53]．2.3節では，さまざまなドメイン間の界面の意義について言及する．たとえば，それらは活性部位やアロステリック部位を構築するために使われる．したがって，ドメインスワッピングはリガンド認識 [54] や酵素活性 [55]，アロステリック部位 [56] を新規に構築するための有用な方法である．これらを裏づける証拠は多くあり（たとえば [46, 47]），さまざまな文献で述べられている．

ドメインスワッピングにおいて用いられるドメインは，交換するドメイン全体を形成していることもあるが，たとえば，βシートのうちの1本のβストランドや，NもしくはC末端のヘリックスだけのように，ドメインの一部だけであることもよくある．まれではあるが，ドメインスワッピングによってヘテロ二量体を形成する場合もある [46]．

2.2.4 3次元ドメインスワッピングは現在もなお起こる

2.2.3項では，過去の進化で起こったこととして3次元ドメインスワッピングを紹介した．しかし，ドメインスワッピングが生体外においても起こることを示す例は数多くある．もともとの構造とドメインスワップした後の構造の違いは，リンカーだけである．多くの場合，単量体のリンカーはおよそ 180° 湾曲しているが，ドメインスワップした構造では伸びた構造をしている．したがって，折り曲がりやすい残基を伸びた構造をとりやすい残基に置換したり（たとえば，グリシンをプロリンに置換するなど），あるいはリンカーの

図 2.17
3次元ドメインスワッピングは，アミロイド線維を形成するような片側のドメインが解放された二量体を形成する可能性がある．

長さを変えることにより，ドメインスワッピング型の構造は形成しやすくなる[50, 57, 58]．

　ドメインスワッピングは2つの単量体分子を効果的に絡み合わせる．したがって，単量体とドメインスワップ型の構造間の平衡は非常に遅い．さらに，ドメインスワッピングは2種類の形状の分子を生じ得る．1つは閉じた形の対称な二量体構造で，もう1つはあらたな単量体と相互作用することのできる末端をもった，開いた形の二量体である（図2.17）．アミロイド線維はドメインスワッピングによって形成される可能性がある[48, 59]．実際に，ドメインスワッピングにより形成された線維はアミロイド線維と同様に解離が非常に遅い．

2.2.5　あらたに付加されたドメインを介した相互作用により結合特異性が向上する

　現在，知られているなかでもっとも短いゲノムをもつ生物は，尿路に寄生する *Mycoplasma genitalium* である．ゲノム上には521個の遺伝子があり，そのうちの482個が翻訳される[60]．しかし，単一遺伝子欠損の実験によると，このうちの必須遺伝子はわずかに382個だけであり[61]，動物の生体内のような代謝物が豊富な環境下で細菌が生育する場合，最低限必要とされるゲノムの大きさは，おおよそ270個程度の遺伝子であると見積もられた[62]．これらの遺伝子のほとんどは酵素で，およそ半分がDNA合成や修復，および転写，翻訳に関与するものである．そのほかは，膜の合成や物質輸送といったさまざまな役割のものが含まれ，代謝に関するものは多くはなく，また，生合成に関するものは非常にまれであった（なんとTCA回路や電子伝達に関するタンパク質は含まれていなかった）．一般的な細菌は約3,000個の遺伝子を有する．一方，酵母のような単細胞の真核生物は5,000個程度，ヒトは約21,000個の遺伝子をもつ．ヒトのもつ複雑な生命機構を考えると，この遺伝子の数はそれほど多くはないといえる．では，複雑な機構はどこに起因するのだろうか．

　真核生物の酵素は単一の機能に特化している傾向はあるものの，真核生物だけが獲得したあらたな機能や構造の酵素は非常に少ないことが，ゲノム配列の比較から示されている[63]．第1章では，共通祖先（LUCA）がどれだけの種類のタンパク質のフォールドや触媒機能を有していたかについて述べた．原核生物と真核生物のタンパク質のもっとも大きな違いは，真核生物のタンパク質がより複雑であることであり，これらは多くのドメインが付加されている．ドメインの構成を比較すると，真核生物のドメインはより多様性に富んでおり，また，寄生虫のような下等な真核生物からヒトのような高等なものへと進むにつれてより複雑なドメイン構成になる[64]．同一機能のタンパク質を原核生物と真核生物で比べた場合，約50％のタンパク質において真核生物の方が長いことがわかっているが，これは真核生物のタンパク質の方がドメインの数が多いためであるといわれている[65]．では，なぜそうなるのだろうか．

　多細胞の真核生物があたらしい機能を獲得する場合，どのような問題と直面するかを考えてみる．もちろんこれは，不測の事態であらたな機能が求められる場合の話である．真核生物が直面する課題は，既存の機能を失うことなく，どのようにしてスペアパーツを使ってあらたな機能を獲得するかということである．コンピュータープログラマーが既存のコードを修正するときにも同様の問題と直面することになる．すなわち，プログラムのほかの部分に悪影響を及ぼすようなバグを発生させながら，目的の修正を行うのはもちろん簡単なことである．プログラマーがバグを発生させることなくあらたな機能を加えるには，既存のプログラムに干渉しない独立したモジュールにあらたなコードを組み込むのがよい方法である．生体においても同様である．システム生物学が追求するように，生体系も独立したサブシステムに分割できるのならば，それらを独自に修正すれば，簡単に進化することができる．

　タンパク質があらたな機能を創出する際にも，同様に系を分割する．ある生物が，あらたなシグナル伝達分子に応答するためのシグナル伝達システムを構築する必要があるとしよう．この生物は，すでに類似した分子を認識するシグナル伝達システムをもっており，また，細胞内では，活性化された受容体分子を認識し，応答するシグナル伝達経路（第8章）が複数存在している．あたらしいシグナル伝達経路をつくり出すためのもっとも簡単な方

*2.3 解離速度，結合速度と結合力

下記の結合反応について，

$$A + B \underset{k_{off}}{\overset{k_{on}}{\rightleftarrows}} AB$$

結合速度は $k_{on}[A][B]$ で与えられるため，右向きの反応は2次の速度定数に支配される．**解離速度**は $k_{off}[AB]$ で与えられるため，左向きの反応は1次の速度定数に支配される．反応全体としての結合定数 K_a は $K_a = k_{on}/k_{off}$ で与えられ，逆に解離定数 K_d は $K_d = k_{off}/k_{on}$ で与えられる．したがって，強く結合する複合体は小さな K_d，大きな K_a をもち，一般に解離速度が遅い．慣習として，反応速度は小文字の k で表され，一方，平衡定数は大文字の K で表される．

法は，既存の経路（受容体とその下流の因子群）を複製し，あらたな外部刺激に対して特異性をもつように改良することである．しかし，どの程度の特異性が必要なのだろうか．あたらしいタンパク質があらたな受容体を認識する場合，もともとの経路とあたらしい経路がどの程度まで誤認識してよいのだろうか．1％，10％，それとも50％だろうか．

より特異的な相互作用を創出するには，それなりの犠牲を払う必要がある．特異的に認識するためにはより多くのアミノ酸を用いて相互作用を形成する必要があり，また，結合速度および**解離速度 off-rate**（*2.3）は遅くなる．2つの物体を比較して，それらが同じものかどうかを認識する場合，より詳細に比較しようとすればするほど，時間は長くかかる．生物でも同様のことが起こる．すなわち，結局のところ上述の誤認識がどの程度まで許されるのかという問題は，特異性を創出するためのデメリットと，それにより得られるメリットの兼ね合いにより決まるということになる．より高い特異性を得るには，それと引き換えに何かを犠牲にしないといけないのである．

SH2ドメインとリン酸化チロシンの相互作用を例に，より詳細に考えてみる（図2.18）．通常，SH2ドメインは，リン酸化チロシンとそのC末端側に続く3つの残基を認識する．しかし，特定の配列だけが認識されるわけではない（表2.2）．SH2ドメインがこれらの認識配列を誤認識することなく正確に認識できるとしたら，それは非常に驚くべきことである．表中でまだ使われていないアミノ酸の配列はそれほど多くはない．より長いアミノ酸配列を認識するように認識部位を変化させることで，特異的に認識することは可能である．実際に，ある程度はこのようなことが確認されており，リン酸化チロシンのN末端のアミノ酸残基も認識できるSH2ドメインが存在する．しかし，そのためには既存の系全体を修正するという大きな"コスト"が生じるので，このような方法では進化しない．

これに代わって用いられる方法は，あらたなパーツを使って認識するというものである．たとえば，受容体の別の部分を認識するあらたなドメインを付加したり，SH2ドメインを二量体化させるドメインを付加して二量体の受容体分子だけを認識できるようにしたり，膜に対して特定の向きにSH2を配置するドメインを付加して特定の結合様式でだけ受容体と結合できるようにしたり，あるいは，もともとのSH2との結合を形成させないようなドメインを受容体分子に付加したりすることにより，特異的に認識できるようにするのである．例を挙げるときりがないが，もし十分な時間が与えられ，また十分な選択圧

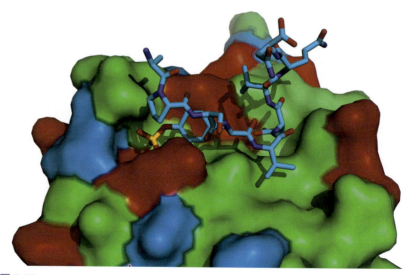

図 2.18
SH2ドメインとリン酸化ペプチドの相互作用（PDB番号：1jyr）．SH2ドメインの正に帯電した残基を赤色で，負に帯電した残基を青色で示してある．リン酸化チロシン（リン原子は橙色で表示）は正に帯電した深いくぼみに認識され，そのすぐC末端側にある疎水性残基（とくに，図中で右下に描かれているバリン）は浅い疎水性のくぼみ（緑色で表示）に認識されている．図8.8aはこの複合体を別の角度からみたものである．

表 2.2　SH2 ドメインのコンセンサス認識配列

ドメイン	配列			
Abl	pY	E/T/M	N/E/D	P/V/L
Crk	pY	D/K/N	H/F/R	P/V/L
Fes	pY	E	X	V/I
Fgr	pY	E/Y/D	E/N/D	I/V
Fyn	pY	E/T	E/D/Q	I/V/M
Grb2	pY	I/V	N	I/L/V
Lck	pY	E/T/Q	E/D	I/V/M
Nck	pY	D	E	P/D/V
Rasa-N	pY	I/L/V	X	Φ
Rasa-C	pY	X	X	P
SH3BP2	pY	E/M/V	N/V/I	X
SHB	pY	T/V/I	X	L
Src	pY	E/D/T	E/N/Y	I/M/L
STAT1	pY	D/E	P/R	R/P/Q
STAT3	pY	X	X	Q
Syk-C	pY	Q/T/E	E/Q	L/I
Tns	pY	E	N	F/I/V
Vav1	pY	M/L/E	E	P

X は任意のアミノ酸を，また Φ は疎水性のアミノ酸を意味する．（B.A. Liu, K. Jablonowski, M. Raina, M. Arcé, T. Pawson and P.D. Nash, *Mol. Cell* 22：851-868, 2006 より．Elsevier より許諾）

がかかれば，目的の機能を得るために，これらのすべての手段が用いられる．生物はいずれかの時点でこれらの方法を用いて進化してきた．第 8 章では，ドメインを付加することによって獲得された特異性の例を紹介するが，[66] はこれらがまとめられたすばらしい文献である．RNA-タンパク質間相互作用においてもまた，同様のことがみられる [67]．

　さらに巧妙な方法は**足場タンパク質** scaffold protein を用いることである．足場タンパク質は付加的な役割のタンパク質で，たとえば，受容体分子と結合することができるタンパク質が足場タンパク質として付加されると，結果として，ある特定の SH2 ドメインだけが結合できるようになる．確かに，この方法ではあらたなタンパク質を獲得しなければならず，系は複雑になるが，応急処置をするためには非常に簡単な方法である．この方法は，最良の方法として用いられるのではなく，むしろ，目的を達成するために手当り次第に行った結果として採用されるものである．仮にあらたな系に特異性が足りなければ，十分な特異性が得られるまで，あらたな足場タンパク質を加えるのである．したがって，どの程度の誤認識までが許されるのかという問いに対する答えとしては，受容体によるリガンドの認識は非特異的であることが多いが（定量化するのは非常に難しいが，おそらくほかの経路と 20％程度のクロストークをしていると思われる），ほかのドメインや足場タンパク質を付加させることにより，系として必要とされる程度の特異性（1％程度の誤

図 2.19

SH2B1 の配列．SH2B1 はいくつかのシグナル伝達経路（とくにインスリンに関連するもの）で，ドメイン同士を結合するアダプタータンパク質である（DD：二量体化ドメイン，P：プロリンリッチ配列，PH：プレクストリン類似ドメイン，SH2：Src 類似ドメイン 2．）．756 残基の成熟タンパク質のうち，40％以下のわずか 294 残基だけがリガンド認識ドメインであり，残りはランダムコイルである．この割合は SH2B1 だけに固有の特徴ではなく，とくに真核生物のシグナル伝達タンパク質では一般的である．

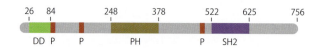

認識）を創出しているということになる．あらたなタンパク質を付加することにより特異性を上げることは，もともとのタンパク質自身が特異性を上げるように進化するのと比べて容易であるうえ，結合速度や解離速度を下げることがない．

これらの結果，シグナル伝達タンパク質の多くが装飾的な構造，すなわち，いたるところでさまざまなドメインが連結された構造を有し，これにより，リガンドとの結合がより特異的なものとなっている．そして，特異的なリガンド分子との結合により，シグナルの認識や応答，ほかの経路へのシグナルの伝達，あるいは応答の増強や抑制といった複雑な分子機構が可能となっている．これらの進化の結果，現在の我々が存在するのである．

2.2.6 分子内相互作用は強く，その実効濃度は高い

足場タンパク質のようなドメインを付加して結合の特異性を上げることだけが，分子進化の戦略ではない．内部のペプチド配列を使ってタンパク質の活性を制御することが，広く一般的に用いられる．そして，これはドメイン構造により達成される機構である．非常に多くのタンパク質が，単にドメインが連結しただけでなく，長い非球状の**天然変性** natively unstructured ペプチド（図 2.19）をもち，この傾向は真核生物ほど顕著である．これらの天然変性ペプチドは，分子内あるいはほかの分子のドメインと結合するために用いられることがあるが，この機構は非常に重要である（第 4 章，第 8 章）．この機構を理解するためには，いくつかの数式が用いられる．これは，Creighton [68] により提唱された**実効濃度** effective concentration という概念に基づいている．類似した概念は，Mammen ら [69] によっても提唱されており，文献中では実効濃度は β として与えられている．

A と B という 2 つの分子が 1 本のポリペプチドにより共有結合で連結されているとすると，これら 2 つの分子のとり得る位置は限られることになる（図 2.20）．したがって，これらの分子が連結されていない場合に比べて，より強く相互作用することになる．この効果は，実効濃度の概念を用いて記述できる．B に対する A の実効濃度は [A/B] で表される（Creighton は $[A/B]_i$ と表記した）．ここで，[A/B] = [B/A] となる．実効濃度は，A と B が連結されている場合の B に対する A の結合力（$K_{分子内}$）と，連結されていない場合の B に対する A の結合力（$K_{分子間}$）の比として定義される．

$$[A/B] = K_{分子間} / K_{分子内}$$

ここで K は会合定数ではなく，解離定数である．Creighton の定義とは異なるようにみえるかもしれないが，それは，Creighton の定義では，結合定数を用いているためである．A と B が連結されている場合の解離定数は，以下の式で表される．

$$K_{分子内} = [\text{A-B}_{解離状態}] / [\text{A-B}_{結合状態}]$$

つまり，A と B が結合した状態の分子の数と，解離した状態の分子の数の単純な比で表される．$K_{分子内}$ が 1 ということは，50％の分子が結合した状態にあり，残りの 50％の分子が解離した状態にあるということを意味する．また，$K_{分子内}$ が 10 であれば，結合状態の分子と解離状態の分子の比が 1：10 であることを意味し，これは，言い換えると結合が弱いことになる．結合状態にある分子の割合は，[A-B$_{結合状態}$]/[全 A-B 分子] もしくは，$1/(1 + K_{分子内})$ で表される．

実効濃度 [A/B] は，A と B が連結されていない場合に，A と B が連結されている場合と同じ状態にするために必要とされる A の濃度である．実効濃度の概念を導入すれば，相互作用する 2 つの分子同士を 1 つのポリペプチドとして連結することで，どのような影響があるのかを理解することができる．理論的には，実効濃度 [A/B] は，A と B の間に存在し回転することのできる相互作用の数に依存する．もし，方向が重要となるような相互作用（たとえば，共有結合や水素結合は，疎水性相互作用に比べて方向が重要な相互

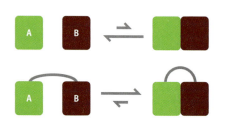

図 2.20

A と B が連結されているならば，これらの 2 つのドメインの相互作用はより強くなる．相互作用が強められる程度は，B に対する A の実効濃度として計算できる．

作用である）が多ければ，実効濃度は高くなるはずである．さらに，もし分子同士が相互作用することができないような構造であれば，実効濃度は 0 になる．実効濃度の実測値は理論値とおおむね一致しており，また，驚くほど高い値になることがある．非常に高い場合では，A と B が強制的に相互作用するような構造にした場合，[A/B] の値は 10^5 M 程度になる．これは，適切に連結されれば，2 つの分子は著しく強く結合することができるということを意味する．

2.2.7 分子内相互作用により水素結合が協調的に形成される

分子内の相互作用により，水素結合はどの程度強くなるのだろうか．たとえば β シート中の 2 つの残基のように，1 つのタンパク質中で A と B が 2 つの水素結合により相互作用していると仮定する．もし，隣の残基同士がすでに水素結合を形成していたとしたら，A の B に対する実効濃度 [A/B] からはどんなことがわかるだろうか．それは，部分的に β シートが形成されていた場合，β シートの残りの部分はどのぐらい容易に形成されるかということである．一部の水素結合が形成されている場合，水素結合を形成する残基同士はすでにほぼ理想的な立体配座になっているはずである．したがって，実効濃度は高くなり，実際には約 100 M 程度になる (図 2.21)．この値がどの程度の影響を相互作用に与えるかは，以下の計算により理解できる．

$$K_{分子内} = K_{分子間} / [A/B]$$

この式は，先述の式を変形して得られる．この式を用いると，もし A と B が連結されていない条件下での A と B の間の相互作用の強さ，および実効濃度がわかっていれば，A と B が連結された場合に，これらがどの程度強く相互作用するかを容易に算出できることを意味する．水中での C=O と NH の間の水素結合の解離定数は，2 つの小さなアミド化合物間の相互作用を測定すれば求められる．C=O と NH の間の相互作用は非常に弱く，たとえば，尿素が二量体化する場合の解離定数 K_d は 25 M であり，また，N-メチルアセチルアミドが二量体化する際の解離定数 K_d は 200 M である [70]．分子間の水素結合は，水分子との水素結合と競合するため非常に弱い．さらに，2 分子が会合することによるエントロピー損を考えると，全体としての結合力は，通常では起こらないほど弱くなる．

上記の解析に従うと，$K_{分子間}$ は 100 M 程度，[A/B] もおよそ 100 M 程度と見積もられる．したがって，$K_{分子内}$ は約 1 になる．これは，β シートの水素結合がすでに 1 つ形成されている場合，それに隣接する水素結合があらたに形成される反応の平衡定数は約 1 であることを意味する．平衡定数が 1 であるということは，この反応は起こりやすいわけでも，起こりにくいわけでもないということである．

しかし，第 1 章で学んだように，水素結合は協調的に形成され，隣接する水素結合は互いを強め合う．とくに，あらたに形成された水素結合により，もともと形成されていた水素結合が強められる．$K_{分子内}$ はおよそ 1 ではあるが，2 つ目の水素結合の形成は既存の水素結合を強めるため，全体としては有利になる．したがって，水素結合が増えるにつれ，ますますあらたな水素結合による貢献は大きくなり，結果として協調的にシートが形成されるのである．

2.2.8 分子内のドメイン-ペプチド間の相互作用は自己抑制を促進する

2.2.6 項から分子内の相互作用について述べてきたが，これに関する別の興味深い現象として，分子内でのペプチドとの相互作用をとりあげる．同一タンパク質内の 2 つのドメイン間の相互作用は nM 程度の解離定数であることが多い．接触界面で多くの相互作用が形成されるため，ドメイン間の相互作用は非常に有利である．一方，ドメインとペプチドの結合は，相互作用する接触面積がせまいため弱い．また，結合していない状態ではペプチドは構造を形成していないが，ドメインと結合することにより特定の構造に固定されるため，結合することはエントロピー的に非常に不利であり (*3.1 参照)，相互作用をむしろ弱める (より詳細な解説は後述する)．$K_{分子間}$ で定義された分子同士の結合力は，一般的に μM 程度であることが多い．同一のポリペプチド内に存在する 2 つの部位間の実効濃度 [A/B] は，間に存在する残基の数に依存する．10～20 残基程度離れている場合，約 1 mM となり [71]，距離が離れるにつれて実効濃度は低くなる．分子内相互作用の結

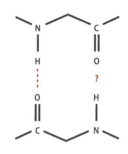

図 2.21
β シート中で 1 つの水素結合が形成された場合，その隣の水素結合を形成する原子は自動的に水素結合を取り得る位置に配置されるため，元の水素結合がない場合よりも，これらの原子は水素結合を形成しやすい．

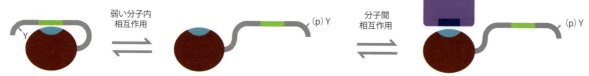

図 2.22
自己抑制の典型的な例．タンパク質中のリガンド結合部位は弱い分子内相互作用にてタンパク質自身の一部の領域でおおわれている．リガンド結合部位をおおっているペプチドがリン酸化されることにより，自己抑制活性が失われ，活性部位が解放される．これによってタンパク質はリガンド分子と結合できるようになる．

合解離定数（$K_{分子内}$）は $K_{分子間}/[A/B]$ で与えられるため，ペプチドとそれに結合するドメインとが近接している場合，$K_{分子内}$ は $10^{-6}/10^{-3}$ つまり 10^{-3} 程度になる．言い換えると，1,000 分子のうち，わずか 1 分子のペプチドだけがドメインから解離しているということであり，非常に強く結合していることがわかる．ドメインとペプチドの間の配列が長くなれば相互作用は弱くなるが，依然として強く結合することには変わらない．

一般的に，分子内の相互作用は調節機構として用いられる．ペプチドがドメインに結合することにより，ドメインがほかの分子と相互作用することは阻害され，一方，リン酸化（もしくは脱リン酸化）や上流のシグナル伝達経路など，何らかの方法でスイッチが ON の状態になると，ペプチドはドメインから解離し，これによりドメインはほかの分子と相互作用できるようになる（図 2.22）．タンパク質中の一部のペプチドがタンパク質自身の相互作用を阻害することから，この機構は**自己抑制** autoinhibition と呼ばれており，非常に重要で広く用いられる機構である．自己抑制はカルシウム結合タンパク質のカルモジュリンによる制御機構や[72]，X11/Mnt 中に連続して存在する PDZ ドメインによる阻害[73]，インテグリンとアクチン細胞骨格を連結させる分子であるタリンによる下方制御[74] など，非常に広くみられる生命現象である．さらに，シャペロンタンパク質 Hsp70[75] やタンパク質ジスルフィド異性化酵素[76] においても自己抑制は重要な役割を担っており，これらのタンパク質では変性した基質タンパク質と結合するための疎水性の基質結合部位が，分子内のペプチドとの弱い相互作用により保護されている．自己制御はシグナル伝達においてとくによくみられるが，これについては第 8 章で述べる．自己抑制を行うには，ペプチドがドメインと結合して不活性化するために十分な結合力をもたなくてはならないが，一方で，ドメインとペプチドの結合は，必要に応じて迅速に解離することができる程度に弱くなければならない．これを満たすための分子内相互作用の解離定数 $K_{分子内}$ は，おおよそ 1〜0.1 の間である．これは，50％から 10％のドメインがペプチドと結合していない状態にあることに対応する．これらをもとに計算すると，$K_{分子間}$ は 0.1〜1 mM 程度ということになり，これは非常に弱い相互作用である．もちろん，ペプチドとドメインの結合を弱めることにより，$K_{分子間}$ を変化させることができる．

上記のような結合力の調節は一般的で，また非常に有用であり，ここで再度とりあげる．ペプチド配列を認識するドメインをもつタンパク質（たとえば，前述の SH2-リン酸化ペプチドの系）は，コンセンサス配列と類似した分子内の領域と結合することにより，ドメインがペプチドと相互作用しない off の状態にすることができる．しかし，これは分子内の結合であるため結合力は強く，コンセンサス配列と異なる配列でも十分に結合できる．実際は，$K_{分子間}$ で表される本来のドメイン-ペプチド間の相互作用は非常に弱く，認識されるペプチドの配列は非常に短い（容易に同一の配列が偶然現れる程度といえる）．たとえば，SH3 ドメインが弱く結合する RxPxxP モチーフは，無作為に 20 のタンパク質を選べば，その中に 1 回は見つかる[77]．しかし，分子間では相互作用できないほど結合が弱いため，これらのタンパク質と SH3 ドメインは結合しない．しかし，同一分子内にこのような配列がある場合は，十分に結合することができ，自己抑制機構が可能となる．1 残基変異は容易に分子内相互作用を創出したり，逆に欠損させたりできるが，このように結合力を容易に変化させられるという特徴は，相互作用を制御する方法として，シグナル伝達経路を進化させる際に広く用いられてきた．次項に示す方法により，分子内の相互作用は容易に制御されるのである．

これらの相互作用の詳細は Zhou により報告されている[78]．SH3 ドメインと，コンセンサス配列とは異なるプロリンに富んだ配列の分子間相互作用の解離定数 $K_{分子間}$ は 6 mM であり，これらが生体内で別々のポリペプチド中に存在する場合は顕著な相互作用はしないことを示唆する．しかし，これらは同一タンパク質中で非常に近接して存在しているため，実効濃度は 13.5 mM となり，$K_{分子内}$ は約 0.5 と見積もることができる．実測

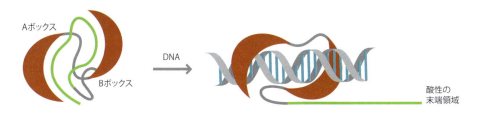

図 2.23
酸性のC末端領域を用いたHMGB1の自己抑制の分子機構。2つのHMGB1ボックス（AとB）は，分子内部に取り込むようにしてDNAと結合する．自己抑制阻害条件下では，HMGB1ボックスはDNAの代わりにC末端領域と結合している．HMGB1ボックスがDNAと結合すると，C末端領域は解放されてヒストンなどのパートナー分子と結合できるようになり，また逆に，C末端領域がパートナー分子と特異的に結合することにより，HMGB1ボックスはDNAと結合できるようになる．

値は2であるが，これは3分の1の分子が結合した状態にあり，残りの3分の2が解離した状態にあるということを意味する．リンカーの長さを短くして，プロリンに富んだ配列がSH3ドメインに分子内結合しにくくなるようにすると（結晶構造から，これらが分子内結合するにはある程度の長さのリンカーが必要であることがわかっている），$K_{分子内}$の計算値は2となり，また，その実測値は10であった．類似した手法による解析はRNAに対するドメインの結合においても報告されており，$K_{分子内}$は個別に算出されているが，おおむね$1 \sim 10^{-3}$の範囲であった[79]．

最後に示すのは，高移動度タンパク質B1（HMGB1）の例である．HMGB1は非ヒストン染色体結合タンパク質の主要成分であり，2つの類似したDNA結合領域を介して非特異的にDNAと結合する．HMGB1が結合するとDNAは折り曲げられる．これは核タンパク質複合体を形成する際にDNAが湾曲するのを助けると考えられている．HMGB1のC末端30残基はグルタミン酸とアスパラギン酸だけで構成されており，この領域がHMGB1の活性を抑制している．C末端領域はHMGB1のDNA結合領域に結合し，DNAが結合できなくすることにより自己抑制していると考えられている[80]（図2.23）．分子内の相互作用は弱く，静電的なものである．

2.2.9 分子内のドメイン–ペプチド間の相互作用は分子進化を促進する

異なる生物種由来の**オルソログ** ortholog タンパク質を比較すると，ドメイン構成が非常によく保存されていることが多い．ドメイン同士の相互作用を使った分子機構に何か変化を加えるためには，先述のように大規模な調整が必要となる．これに対し，ペプチドは容易に挿入したり削除したりできるため，分子内相互作用をするようなペプチドの配列の保存性は高くない．図2.24に例を示す[77]．

分子内の相互作用を用いた制御機構は生体のあらゆる部位で利用されており，本書でもとくに第8章においてその一部を紹介している．第9章で紹介するRNAポリメラーゼⅡ TFⅡDは，DNAと結合するまでは分子内の相互作用により活性を抑制している．RNAとの結合にも同様の機構が用いられており，プロテインキナーゼRの例を図2.25に示

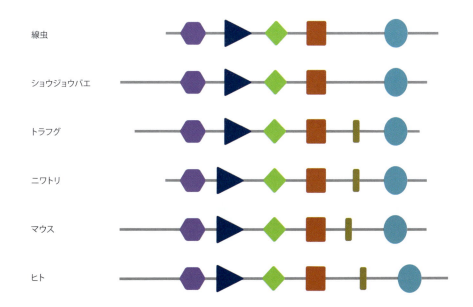

図 2.24
分子内のペプチド結合モチーフは，折りたたまれたドメインよりも容易に加えられたり除去されたりする．SNA2α様タンパク質のドメイン構造を示す．各ドメインは高度に保存されているが，網膜芽腫認識配列モチーフ（黄土色）は高等な真核生物にのみ存在する．

図 2.25
プロテインキナーゼR（ウイルスの二本鎖RNAを認識することで，ウイルスによる感染を防御するタンパク質）は，自身の二本鎖RNA結合ドメイン-2（dsRBD2）により自己抑制される．このドメインが二本鎖RNAと結合している間はキナーゼが活性化されており，翻訳開始因子2αをリン酸化することで翻訳を阻害する．

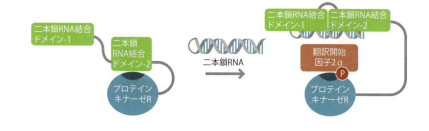

す[81]．分子内相互作用は転写因子のDNA結合の制御にも用いられており，転写因子が活性化されるまでDNAとの結合を阻害する．ETSタンパク質はDNA結合調節タンパク質の主要なファミリーの1つであるが，約85残基から構成されるETSドメインと呼ばれるDNA結合ドメインをもつ．DNAとの結合が不要な場合は，パートナータンパク質と相互作用することによりDNA結合活性は抑制されている．しかし，ETSタンパク質の1つであるETS-1は，C末端のヘリックスが自身の別の部分と分子内相互作用することによりDNAとの結合を阻害する[82]．

短いペプチドと結合して活性を制御する分子機構は，近年1つの研究領域を確立しつつある．このようなペプチド配列はShort Linear Motifs（SLiMs）と呼ばれる．

2.2.10 足場タンパク質により結合特異性が高まる

2.2.8項では，相互作用しあうドメインとペプチドが連結されれば，実効濃度が増加し結合が強くなることを学んだ．これは，相互作用する2つの成分が同一ポリペプチドとして連結されたり，もしくは，複数種の分子からなる複合体の一部になることにより，解離速度は変えずに結合速度を増加させることができると言い換えられる（*2.3参照）．解離定数K_dと，結合速度定数k_{on}，解離速度定数k_{off}の間には，$K_d = k_{off} / k_{on}$の関係があるため，解離速度が変わらずに結合速度が増加すれば，結果として結合力が増加するのである．

詳細は第8章で述べるが，この効果は**足場タンパク質** scaffold protein において広く用いられている．このようなタンパク質は分子を認識して結合するドメインを複数もち，とくにシグナル伝達に関連するタンパク質に共通してみられる．足場という名前が建築現場の足場 scaffolding を連想させることから，足場タンパク質は剛直な構造をもつタンパク質であると誤解されることがある．しかし実際は，各ドメインがおのおののパートナー分子と結合して複合体を形成することにより，単に実効濃度を増加させるためだけに足場タンパク質は必要であり，結合する分子同士を正確な位置に配向させる必要はない．足場タンパク質は剛直である必要はなく，柔軟性をもってさまざまな配向でタンパク質同士が相互作用できるような複合体を形成できる方がうまく機能する．足場タンパク質の主な機能はシグナル伝達の特異性を上げることにある．複数のドメインがおのおののパートナー分子と結合してタンパク質複合体が形成されれば，パートナー分子同士の相互作用はほかのタンパク質との相互作用よりもより頻繁に起こるようになる．そして，たとえばAというタンパク質が活性化されてBのリン酸化を行う場合，もしAとBの相互作用がAとほかのタンパク質との誤った相互作用よりもより頻繁に起こるようになれば，AによるBのリン酸化の特異性は高くなる（図2.26）．共通の足場タンパク質に結合して分子同士が接近することにより，シグナル伝達の特異性は溶液中で分子同士が相互作用する場合と比べて$1/K_{分子内}$倍増加する．$1/K_{分子内}$は容易に100以上の値となるため，その効果は非常に大きい．

通常，足場タンパク質はシグナル伝達経路に関連する分子として紹介されることが多いが，ほかの系でも類似した機構は用いられている．よい例は血液凝固カスケードである[83-85]．血液凝固カスケードの最終生産物はトロンビンであり，トロンビンはフィブリノーゲンを分解して，血栓をつくるために必要なフィブリンを生成するためのプロテインキナーゼである．しかし，一度損傷部が補修されたら，トロンビンは足場タンパク質のトロンボモジュリンにより不活性化される（図2.27）．トロンボモジュリンは3つの機能

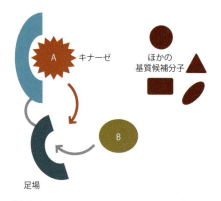

図 2.26
足場タンパク質を使えば，基質分子Bのリン酸化効率を上げることができる．足場タンパク質がBおよびキナーゼAと結合してこれらを近接させれば，BがキナーゼAと接触する頻度はほかの基質候補分子が接触する頻度よりも高くなるため，Bのリン酸化の効率が上がる．

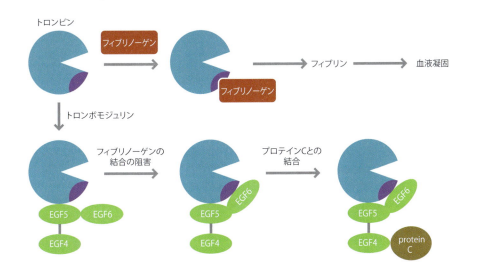

図 2.27
足場タンパク質トロンボモジュリン（EGF4, EGF5, EGF6 ドメインにより構成される）は，凝血塊が形成された後に余分な血液凝固が起こらないようにトロンビンを不活化する．トロンボモジュリンは，トロンビンに結合してトロンビンがその基質分子であるフィブリノーゲンと結合するのを阻害するとともに，プロテイン C とも結合し，プロテイン C の構造をトロンビンにより切断されやすく変化させる．

をもつ．1 つ目の機能は，5 番目の EGF ドメインである EGF5（図 2.27 参照）を介してトロンビンと結合することである．2 つ目の機能は，EGF6 ドメインを介して，トロンビンがフィブリノーゲンと結合するのを阻害することである．基質と結合できなくなる結果，フィブリノーゲンの切断の速度は減少する．3 つ目の機能は，EGF4 ドメインを介してプロテイン C と結合することである．プロテイン C は通常はトロンビンの基質としては働かないが，トロンボモジュリンと結合することにより，トロンビンによるプロテイン C の切断速度は増加する．これには 2 つの機構が関係している．1 つは，上記のような単純な近接効果であり，すなわち，足場タンパク質であるトロンボモジュリンがプロテイン C をトロンビンの活性部位に近づけることである．もう 1 つは，EGF3 ドメインがプロテイン C と結合し，よりトロンビンに切断されやすい構造へと構造変化させることである．足場タンパク質はトロンビンのタンパク質分解活性にはまったく影響を与えず，単に，本来の基質とは異なる基質（プロテイン C）をトロンビンが切断できるようにするだけである．

　血液凝固タンパク質中にみられるモジュールの大部分が，プロテアーゼの基質特異性を上げるという理由で（本章の前半で述べたような機構で）付加されたと考えられている．たとえば，プラスミンやプラスミノゲンは，クリングルドメインを介して基質であるフィブリンと結合する．

　本書は，タンパク質を応用することよりも，タンパク質がいかにして機能するのかを理解することに焦点を当てている．しかし，キナーゼやフォスファターゼの多くは基質特異性が低いため，薬剤設計のターゲットになることはほとんどないということに言及したい．一方，これらのタンパク質の基質特異性は足場タンパク質により高められている．足場タンパク質はタンパク質の活性自体には影響を与えず，単に局所的な基質濃度を上げるだけなので，薬剤設計をする際によいターゲットとして利用され得る[86]．足場タンパク質の機能を阻害しても，副作用は起こりにくいと考えられる．また，足場タンパク質の機能はリン酸化やプロトン化などの修飾により制御されることが知られている．系全体の機能を改変するために，これらの機構は注目すべき重要な機構である．

2.2.11　エントロピー的な不利が少ないため分子内相互作用は強い

　分子内結合によりリガンドとの親和力が増加することは，とくにめずらしいことではない．2 つの部位で受容体と結合するリガンド分子の結合力を説明するための手法は，1970 年代に Jencks により提唱され[87-89]，Williams がさらにそれを発展させた[90]．この方法はこれまで述べてきた解析法とは異なるようにみえるが，これから説明するように本質は同じことを意味する．

　リガンドが受容体の 2 つの部位，X と Y に結合するとしたとき（図 2.28）．全長のリガンド分子の結合力が X，Y それぞれの部位の結合力の和よりも強くなることを以下で考え

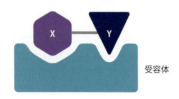

図 2.28
2つの部位（XとY）で受容体と結合するリガンド分子

てみる．

リガンドがタンパク質に結合する際の自由エネルギー変化は，以下のように分離して考えられる．

$$\Delta G = \Sigma \Delta G_i + \Delta G_{t+r} + \Delta G_{conf}$$

この式において，ΔG_i はおのおのの結合部位における自由エネルギー変化を意味する．今注目している系では，ΔG_i は X と Y のフラグメントによる結合エネルギーに相当するため，ΔG_X と ΔG_Y の 2 つの成分だけとなる．これらの項は，相互作用そのもののエネルギーだけを考慮していることに注意してほしい．つまりこれらは，水素結合，ファンデルワールス相互作用，疎水性相互作用などの単純な和であり，これから解説していく X と Y が別々に結合すると仮定した場合の自由エネルギー変化とは異なる．ΔG_i の項は常に結合に対して好ましく（favorable である），正の貢献をする．これに対して後の 2 つの項の効果は逆であり，結合に対して好ましくなく（unfavorable である），負に貢献する．ΔG_{t+r} は主にエントロピー変化の合計である．2 つの分子が結合して 1 つになる場合，並進および回転のエントロピーが失われるため，この項は結合に対しては負の効果（unfavorable な効果）を与える（図 2.29）．さらに，ΔG_{conf} は結合した状態での全長のリガンドにおけるコンフォメーションの制限を示す．これは主に，結合に伴う X–Y 間の結合における回転エントロピーの損失である．ΔG_{t+r} はリガンドのサイズや結合状態での運動の自由度に依存するが，およそ 50 kJ mol^{-1} 程度である．また ΔG_{conf} はおのおのの結合の回転の自由度がどの程度減少したかに依存するが，1 つの回転が失われるごとに約 5 kJ mol^{-1} となる．

では，実際に計算してみることにする．Williams は，水素結合 1 つの結合エネルギー ΔG_i が約 20 kJ mol^{-1} になると見積もった．この値を基に，X のフラグメントが受容体分子と結合した場合の自由エネルギー変化を計算してみる．ただし，この相互作用により 2 つの水素結合が形成されると仮定する．上記の式より，

$$\Delta G = \Sigma \Delta G_i + \Delta G_{t+r} + \Delta G_{conf} = -40 + 50 + 0 = +10 \text{ kJ mol}^{-1}$$

となる．水素結合の形成による正の貢献（−40 kJ mol^{-1}）は結合に伴うエントロピーのロスによる負の貢献（+50 kJ mol^{-1}）により打ち消されてしまうため，この相互作用は溶液中では起こらないほど弱い．もし，Y と受容体の相互作用でも同様に 2 つの水素結合だけを形成するのであれば，Y の結合の自由エネルギー変化も同様の値となる．次に，X と Y が 2 つの回転可能な結合で連結された場合を考える．この結合は，受容体と複合体を形成した状態では固定化されるとする．この場合は，

$$\Delta G = \Sigma \Delta G_i + \Delta G_{t+r} + \Delta G_{conf} = -80 + 50 + 10 = -20 \text{ kJ mol}^{-1}$$

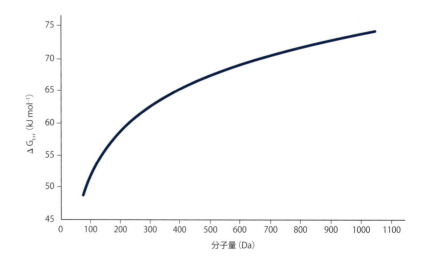

図 2.29
ΔG_{t+r}（受容体がリガンドと結合することで並進と回転の自由度が減ることにより生じる，好ましくない自由エネルギー変化）とリガンドの分子量の関係．

となり，これは，結合にとって好ましい相互作用である．これは，リガンド分子の大きさにかかわらず結合に不利な ΔG_{t+r} の項はおおむね一定であるが，分子間に形成される結合は分子が大きくなるにつれて増えるため，XとYが別々に結合した場合の相互作用の合計よりもX-Yという大きなリガンド分子の相互作用の方が結合にとって好ましいということを意味する．

この考え方が，前に述べた実効濃度の概念とどのように関係しているかを理解するのは本質を理解するために重要である．Xの結合の自由エネルギーは $+10\,\mathrm{kJ\,mol}^{-1}$ と算出された．$\Delta G = -RT \ln K$ の式（*5.5 自由エネルギーと結合定数，解離定数の関係を参照）により，この値は60 Mの解離定数へと変換される．2.2.6項では，この値を $K_{分子間}$ と呼んだ．ここで，分子間という単語はX，Yそれぞれの相互作用をさし，分子内は，X-Yの相互作用をさす．X-Yの相互作用は，同様の方法により，$K_{分子内} = 3 \times 10^{-4}$ と計算される．XのYに対する実効濃度は，これらの値の比であり，2×10^5 M となる．これは実効濃度としては大きな値であるが，XとYはX-Yとなることにより，結合した後にとる配置とほぼ同様の配置で固定されるため，不適切なほど高いわけではない．これらの2つのアプローチは関連しており，相互作用という現象を理解する際に，互いに補い合う形で用いられる方法である．

2.3 マルチドメイン構造の利点の推察

3分の2以上のタンパク質が複数のドメインにより構成されることを学んだ．では，どのような利点からそのようになったのだろうか．本節では，考えられるいくつかの理由を述べる．これらはすべてのタンパク質について当てはまるわけではないが，少なくともいくつかのタンパク質については当てはまる．そのため，本節のタイトルに"推察"という言葉を用いた．この命題は**サイラス・ショチア Cyrus Chothia**（*2.4）によるすぐれた解析をはじめ，さまざまな研究者により考察されてきた[91]．

2.3.1 マルチドメイン構造により，あたらしい機能が容易に創出される

第1章で述べたことを，ここでもう一度考えてみる．タンパク質は目的をもっているわけではなく，特定のところに向かって進化しているわけではない．あらゆることを行い，そのなかで得られたものをうまく使っているのである．第1章で述べたように，変異導入では導入された位置の近傍の配列領域しか探索することができないため，特定の機能をもった既存のタンパク質から別の機能をもったタンパク質をつくり出す方法としては，変異導入はよい方法ではない．変異導入によって既存のものを最適化することはできるが，配列領域を探索するよい方法ではない．あたらしい機能を創出するにはたくさんの変異が必要と考えられるため，変異導入による最適化では遅いのである．

一方，これまでみてきたように，すでに存在する2つの機能を組み合わせれば，あらたな機能を一度につくり出すことができる．Stemmerによると，進化と書類の編集には共通点が多い[92]．変異は書類に1つずつ文字や単語を加えたり消したりするのと類似している．ドメインシャッフリングはカット＆ペーストとみなすことができる．1文字ずつしか編集することができないとしたら，書類の編集に時間がかかることは明白である．ドメインシャッフリングがいかにすぐれているかは明らかである．ほとんどのタンパク質は，この方法で進化してきたと考えられる．これはとくにモジュールタンパク質において明らかであるが，ほかの多くの一般的なタンパク質に対しても同様である．酵素が複数の基質と結合する場合，それぞれのドメインが1つの基質と結合することが多い．したがって，2つの分子を結合させるような機能のタンパク質をあらたにつくるには，それぞれの分子に結合する2つの別々のドメインから始めるのがもっとも簡単である．これは，たとえば，2つのドメインをもち，それぞれが基質とATPに結合するキナーゼのような分子にも当てはまる．また，同様のことが，付加反応やその逆反応の脱離反応を触媒するリアーゼにも当てはまる．これらの例を以下に示す．アデニル酸キナーゼは2つのロスマンフォールドが連結された構造をしており，それぞれのドメインが反応により連結されるヌクレオチドのそれぞれと結合する．糖加水分解酵素のホスホグリセリン酸キナーゼは2

> ***2.4 Cyrus Chothia**
> Cyrus Chothia（図2.4.1）はバイオインフォマティクスを確立した一人であり，最近まで英国，ケンブリッジのLaboratory of Molecular Biologyでタンパク質の構造に関する研究を行っていた．第1章で述べたヘリックス充填の仕事や，タンパク質フォールドの数には限りがあることを提唱したほか，SCOPによるタンパク質のフォールドの分類法を確立し，さらに，タンパク質（とくに抗体）の分子認識や，ゲノムワイドなタンパク質およびタンパク質進化の研究を行った．

図 2.4.1
Cyrus Chothia（C. ChothiaとMedical Research Council, UKの厚意により）

つのドメインをもち，それぞれのドメインはそれぞれの基質と結合する．脂質不飽和化酵素は膜に接着するためのドメインと酵素活性をもつシトクロム b_2 フォールドのドメインをもつ．このほかにもさまざまな酵素で同様のことがみられる．

これらの知見から，1つのドメインは1つの機能だけをもち（たとえば，リガンドの結合や，酵素を膜に接着させる機能，活性の調節など），2つ以上の機能をもたないということが示唆される．これは，一般的なほかのタンパク質に対しても同様に当てはまり，ドメインが進化の単位として機能するという概念を裏づける．1つのドメインが異なる2つの機能をもてなくする機構や，2種類の機能をもつように進化することを阻止する機構，異なる2つの機能を得るためには複数のドメインを使うように強制する機構が存在するとは考えられない．

このような，あらたな機能をつくる簡単な方法により，2種類の酵素活性をもつ分子（＝二機能性酵素，bifunctional な酵素）を創出することが可能となる．すなわち，単純に2つの酵素の遺伝子を融合させて1つのタンパク質にするのである．上記のマルチドメインタンパク質の解析で，分子を融合してつくられたタンパク質のうち，もっとも広くみられるのが二機能性酵素であった[91]．連結された2つの酵素は代謝系の連続する酵素であることが多く，これは第10章で述べるチャネリングの可能性を示唆している．

2.3.2 マルチドメイン構造により調節や制御が容易に導入できる

いかなる生物化学的機構も周囲の環境に応じて活性を制御される必要がある．これは，すべての反応が制御される必要があるといっているのではない．おのおのの反応は基質や酵素の量によってのみ制御され，常にその条件下での最高速度で進行する．しかし，多くの反応は制御されている．そこにはどんな機構が存在するのだろうか．もっとも単純なのは存在する酵素の量を調節することである．系に存在する酵素の量は，合成や分解，輸送の速度を変えたり，あるいはほかの場所に移動させたりして調節する．この方法は，実際に非常に広く使われている．しかし，細胞はもっと柔軟に酵素活性を可逆的に変化させることができる．これには主に2つの方法がある．1つはアロステリック制御であり，もう一方はリン酸化のような共有結合を使った修飾による制御である．第3章，第4章でより詳細に言及するが，ここではとくにドメインの役割について簡単にふれておく．

ほとんどのアロステリック酵素は複数のドメインをもっており，さらに多くの酵素は多量体である．これは必要不可欠なことではないが，第3章，第6章で述べるように，アロステリック効果を発揮するもっとも単純な方法である．アロステリック効果には，活性に影響を及ぼす部位にリガンド分子が結合することが必要とされ，リガンドの結合により活性部位の構造や運動性が変化する．これはどのようにして起こるのか，また，どのようにして獲得されたのだろうか．もし活性部位が2つのドメインの間に存在しているならば（実質的にはいつもそうであるが），アロステリックエフェクター分子が活性部位の近傍に結合することによりドメイン間の界面の構造変化が起こり，それにより活性部位の構造が変化するというのが，もっともシンプルな方法である（図2.30）．マルチドメイン構造により，コンフォメーションを変えることで複数のリガンド分子と結合できるようなリガンド結合部位をつくり出しているのである．

アロステリック効果は2つの段階を経て獲得されたと考えられる（図2.31）．最初の段階では，2つのドメインが会合して酵素がつくられる．ここでは，ドメイン同士の界面の柔軟性が重要となる．界面の構造変化によりドメイン界面が関節のように動き，これにより基質が結合し，生成物が放出されるためである．第2段階では，アロステリックエフェクター分子と弱く結合する部位（これは活性部位とは異なる位置にある）が進化し，エフェクター分子とより強く結合できるようになるとともに，アロステリックエフェクター分子

図 2.30
酵素の活性部位は2つのドメインの間に存在することが多い．アロステリック因子は，このドメイン界面の別の部分に結合し，活性部位の構造を変化させる．

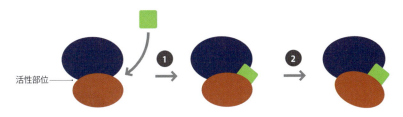

図2.31
アロステリック酵素の進化の過程．(1) 関連するリガンド分子がドメイン界面に弱く結合する．(2) リガンドとの結合が強くなり（生理条件下でも結合できる程度になり），また，リガンドが結合することにより活性部位の構造が変化するように，徐々に酵素が進化する．

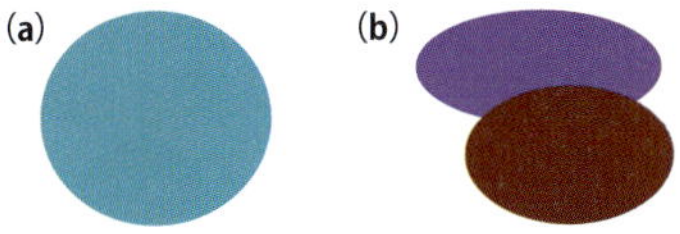

図2.32
1つのドメイン (a) は基本的に凸状の表面しかもたないため，リガンド分子と結合するくぼみをつくるのに適していないが，2つのドメインのタンパク質 (b) は凹状のくぼみをつくるのに適している．

の結合がドメイン界面の構造変化を引き起こし，これにより酵素の活性が変化するようになる．実際はもっと複雑であるが，もっとも一般的なのが，ここでいう2つのドメインが同一の分子であること，すなわち多量体の酵素である．この場合，アロステリック効果を獲得するために進化させなければならないのは1つのポリペプチド鎖だけなので，多量体を用いるのは非常にすぐれた方法であるといえる．第1章で述べたように，進化によりあらたな機能を獲得して精巧な分子へと改良することができるのである．

1つのドメインから構成されるタンパク質は凸型の表面をもった球状の分子であり，一方，2つのドメインのタンパク質や二量体タンパク質は凹型の表面やくぼみをもったより複雑な形の分子である（図2.32）．これらの特徴を比較すると，低分子化合物やパートナータンパク質との結合部位をつくるのは2つのドメインのタンパク質からの方がはるかに簡単であると予想される．

リン酸化修飾は共有結合による修飾であるが，酵素活性を変化させるために広く用いられている．リン酸化はどのように酵素活性を変化させているのだろうか．それぞれの分子は独自の方法で変化させているが，共通してみられるのが酵素に活性調節ドメインを付加することである（図2.33）．この調節ドメインが，たとえば活性部位に基質が結合するのを邪魔するなどして触媒ドメインの活性を制御するのである．また，活性部位の構造形成を促すことにより活性を上げるような調節ドメインも多数ある．調節ドメインの適切な官能基をリン酸化することにより，酵素活性が変化するようにドメイン界面の構造変化や解離が引き起こされるのである．

リン酸化修飾の1つの例は，非常に多くの微生物でみられる二成分制御系である（二成分制御系については第8章で詳しく述べる）．まず，外部刺激により膜タンパク質（ヒスチジンキナーゼ）のヒスチジン残基がリン酸化される（図2.34）．リン酸化されたヒスチジンキナーゼは，そのリン酸基を応答制御タンパク質と呼ばれる細胞内タンパク質のアスパラギン酸残基へと転移する．応答制御タンパク質がリン酸化されることにより，細胞内応答が誘発される．DNAと結合する応答制御タンパク質の2番目のドメインにリン酸基が転移されることが多い．応答制御タンパク質のリン酸化によりDNAと結合できるようになり，転写が制御されるのである．この機構には非常に多くのバリエーションがあるが，多くの場合，リン酸化によりレシーバードメインの構造変化が引き起こされ，それにより，エフェクタードメインが解離する（図2.35）．2つのドメインがまったく異なる機能をも

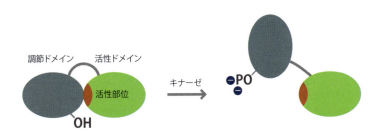

図2.33
リン酸化による単純な酵素の制御機構．リン酸化されることにより調節ドメインが活性ドメインから離れ，活性部位が露出する．弱い分子内相互作用と柔軟なドメイン間の連結部分があればこのような調節機構がつくれるため，1つのドメイン内で機能を変化させるよりも簡単である．

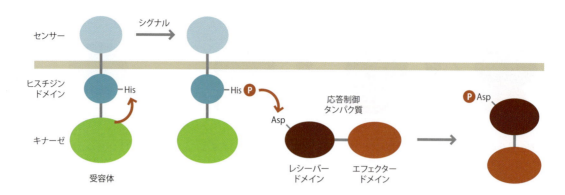

図 2.34
細菌の二成分シグナル伝達系．この図は，図 8.34 を簡素化したものである．細胞外シグナルにより，細胞内のキナーゼドメインが受容体のヒスチジン残基をリン酸化する．このリン酸基はさらに，応答制御タンパク質のアスパラギン酸残基へと転移される．応答制御タンパク質の多くは 2 つのドメインのタンパク質であり，レシーバードメイン（リン酸化されるドメインで，その構造と機能はすべての二成分シグナル伝達系において保存されている）とエフェクタードメイン（このドメインは変化に富む）により構成される．

つことに注目してほしい．リン酸化されていない状態は，以下の 2 つの理由により不活性化状態となる．1 つ目は，レシーバードメインの存在により，DNA 認識ヘリックスが立体障害となり，DNA と結合できないためである．2 つ目は，エフェクタードメインは二量体になったときに DNA と強く結合するが，レシーバードメインから解放されたときにのみ二量体が形成されるためである（図 2.36）．（これは第 3 章で述べる協調的な結合の例の 1 つである．）エフェクタードメインが酵素の場合もあり，リン酸化されていない不活性化状態ではレシーバードメインとの界面に埋没している活性部位が，リン酸化されたときにのみ露出する（図 2.35）．

これとは異なるリン酸化による活性調節機構として，リン酸化された残基が別のタンパク質によって認識されるという機構がある．リン酸化されることにより 2 つのタンパク質が結合できるようになる（図 2.37）．分子認識の特異性は，特徴的な部分を正確に認識して得られるのではなく，不完全な分子認識が複数組み合わされることによって獲得されるということを本書では幾度となくみてきた．とくに，2 つのタンパク質を弱く結合させることは，それらの間で起こる反応を改良する非常によい方法である．第 8 章で述べるように，この種の制御によりほとんどのシグナル伝達系が特異性を獲得してきた．

さらに別の方法でもリン酸化修飾は活性を制御できる．もっとも単純なのは，リン酸化修飾が活性部位を直接ブロックすることである．TCA 回路の酵素の 1 つであるイソクエン酸脱水素酵素のリン酸化による不活性化はその一例である．リン酸化によるキナーゼの制御はどちらかというと特殊な制御機構であるが，これは第 4 章および第 8 章で詳細に述べる．

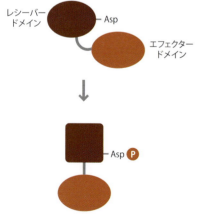

図 2.35
レシーバードメインがリン酸化されると，エフェクタードメインから解離する．走化性システムの CheB はその一例である．エフェクタードメインは酵素であるが，リン酸化されていない状態では，その活性部位が内部に埋もれている．

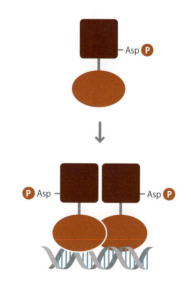

図 2.36
多くの二成分シグナル伝達系において，レシーバードメインのリン酸化によりエフェクタードメインが解離するが，さらに，これにより応答制御タンパク質が二量体化し，DNA とエフェクタードメインとの相互作用が強くなる．

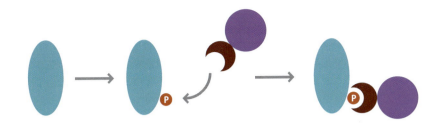

図 2.37
リン酸化されると，SH2，PTB，14-3-3 などのリン酸化部位と特異的に結合するドメインをもつタンパク質に認識される．その結果，たとえば酵素のような特定の機能をもったドメインがあらたに付加されることになる．

2.3.3 マルチドメイン構造が有用な酵素を生み出す

図 2.38 は，1 基質酵素反応の反応過程における自由エネルギーを示す．最初に起こるのは，はじめは離れていた酵素と基質の結合である．この段階は結合が自発的に進むような熱力学的に好ましい反応でなければならないと思うかもしれないが，基質の結合は熱力学的にどちらかといえばわずかに好ましくないことが多い（第 5 章）．これは，酵素の機能が反応をより速く進行させること，すなわち，遷移状態の自由エネルギー $\Delta G^{\ddagger}$ を下げることにあるためである．$\Delta G^{\ddagger}$ は，基質と酵素から反応生成物ができる過程において，自由エネルギーがもっとも高い状態ともっとも低い状態の差である．したがって，もし基質と酵素の結合が自由エネルギー的に安定であれば，ES の状態の自由エネルギーは E + S の状態の自由エネルギーよりも低くなり，その結果，反応が遅くなることになる．

化学反応が始まる前には，活性部位周辺に適切な官能基を配置するように酵素がコンフォメーション変化を起こすことが多い．このコンフォメーション変化は"誘導適合"と呼ばれ，これにより酵素は E（活性化していない状態）から E*（活性化状態）へと変化する．第 6 章で詳細を述べるが，これは酵素の機能を議論するうえで必ずしも正確なモデルではなく，基質が結合する前にも酵素の構造変化が必要である．いずれにせよ，酵素を活性化させるためにコンフォメーション変化が起こることと，基質の結合を別々のイベントとして考えるのは重要なことである．

基質が結合した後には反応が進行する．エネルギー図でもっとも高い自由エネルギーの状態は遷移状態と定義される．下記のアレニウスの式により定義される反応速度定数は，遷移状態になるために必要とされるエネルギーにより決まる．

$$k = A \exp\left(-\Delta G^{\ddagger}/RT\right)$$

指数項の係数 A については*6.4 で解説する．

酵素は化合物が遷移状態になるように活性部位周辺の構造（E*の構造）をつくることで，活性化自由エネルギー $\Delta G^{\ddagger}$ を下げる．これを可能とするためには，E + S → ES や ES → E*S の過程が必要以上に好ましい反応（自由エネルギーが低くなるような反応）になってはいけない．はじめのステップについてはすでに述べたが，2 番目のステップである E → E* では，通常基底状態にあった酵素の構造が変化する．この過程は必ずしも熱力学的に好ましくない過程である必要はない．なぜなら，Jencks らが明確に示したように[87]，基質が結合する際に生じるエネルギーがこのステップに使われるためである．しかし，速度論的にも熱力学的にも，構造変化はできる限り小さい方がよい．

ドメイン中で構造変化をすることは不可能ではないが，それには多くの原子が協同的に動く必要があるため，通常は遅い．また，タンパク質の機能には，簡単には変化しないよ

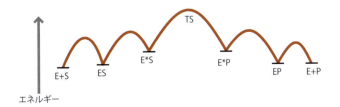

図 2.38
酵素反応のエネルギー準位の推移．
E+S：酵素と基質が離れている．
ES：酵素−基質複合体
E*S：活性化された酵素−基質複合体
TS：遷移状態
P：生成物

うな安定な構造が必要とされるため，ドメイン内の構造変化が必要となるような進化は容易ではない．より速く，簡単に構造変化を起こす方法は，2つのドメインの間に活性部位をつくることである．ドメイン間の数残基のヒンジ領域の構造変化により $E \rightarrow E^*$ の過程で起こる酵素の構造変化を引き起こせば，ドメイン中で構造変化を起こすよりもずっと簡単になる．以上のことから，酵素がドメイン間に活性部位をもつことは，構造上だけではなく，熱力学的にも速度論的にも意味のあることなのである．

2.3.4 マルチドメイン構造はタンパク質のフォールディングや会合を単純にし，タンパク質を安定化する

　タンパク質はほどけた状態で合成され，その後，適切に折りたたまれる．生体内では，あらたに合成されたタンパク質は不必要に会合しないようにシャペロンタンパク質により保護されているが，ある時点でシャペロンから解放されて，本来の構造へと折りたたまれる．この過程は，非常に速くなければならない．そうでなければ，シャペロンから出たタンパク質が細胞内の成分と相互作用して，正しく折りたたまれなくなってしまう．小さなタンパク質はほかの分子の手助けなしに迅速に折りたたまれるが，大きなタンパク質はしばしば，GroEL に代表されるようなシャペロン（*4.12 参照）を必要とする．シャペロンはこれらのタンパク質を内部に取り込んでほかの細胞内分子から隔絶することにより，タンパク質の折りたたみを助けている．本来の構造へと効率よく折りたたまれる必要があるというのは，タンパク質がもつべき特性の1つである．小さなドメインを複数もつタンパク質の方が，大きなドメインをもつものよりも簡単に折りたたまれる．

　モジュール状のタンパク質の多くにおいて，おのおののモジュールは独立に折りたたまれる．すなわち，数珠の珠のように振る舞うそれぞれのモジュールは，おのおのが自分自身で折りたたまれる．折りたたみの複雑さはアミノ酸残基数を n とするとおよそ n^3 に比例し，また，折りたたみの速度とは反比例の関係になる．したがって，大きなタンパク質は小さなタンパク質よりも折りたたまれるのが遅い．n 残基の2つのドメインは，$2n$ 残基の1つのドメインよりもおよそ8倍速く折りたたまれる．したがって，ドメインの大きさは小さい方が都合がよいと考えられる．実際に，ドメインのサイズは小さいことが多い．ドメインの大きさの分布の中央値は120残基程度であるが，タンパク質の場合は200残基程度となる（図2.39）．

　まだ明らかにはされていないが，おそらく，GroEL が内部空間に取り込むことのできる大きさには限界があるため，ドメインの大きさにも限界があるものと思われる．

　タンパク質の安定性（すなわち，生理条件下で折りたたまれた状態とほどけた状態の自由エネルギーの差）は非常に小さく，20～60 kJ mol^{-1} 程度である．水素結合1つのエネルギー（いろいろと議論はあるが，2～3 kJ mol^{-1} 程度），あるいは，$RT/2$（1自由度当たりの熱エネルギー：1.2 kJ mol^{-1}）と比較すると，この値はそれほど大きくはない．ほかのことと同様に，タンパク質の安定性は進化によりコントロールされており，タンパク質の安定性がそれほど高くないことには利点がある．タンパク質の安定性は折りたたまれた状態と変性した状態の分子の存在割合を決める．変性するための自由エネルギーが 30 kJ mol^{-1} のタンパク質の場合，変性したタンパク質は 200,000 分子中に 1 分子存在することになる．これは，それほど高い割合ではないように思われるが，タンパク質がある程度の時間変性状態にあることを意味する．変性したタンパク質は分解・除去されやすい．逆に非常に剛直で安定なタンパク質は分解されにくい．タンパク質の安定性がそれほど高くない理由の1つはおそらく，必要なくなったときに細胞が簡単に分解・除去できるためだろう．逆に，著しく不安定なタンパク質は非常に速く分解される（第4章の天然変性タンパク質を参照）．

　一般に，タンパク質の安定性は分子内部に埋没している疎水性領域によって決まり，これはタンパク質の体積に依存する．一方，タンパク質の不安定さ，あるいは変性のしやすさは主に溶媒分子との相互作用によって決まり，これはタンパク質の表面積に依存する．球状の分子の場合，表面積は $4\pi r^2$，体積は $4\pi r^3/3$ で与えられる．したがって，表面積に対する体積の比は $r/3$ となる．言い換えると，一般に，タンパク質の安定性は半径とともに増加するということになる．したがって，もしタンパク質の安定性に最適値があるならば，最適な大きさも存在するということになる．確かに，タンパク質のサイズには下

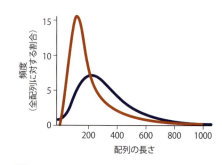

図 2.39
PDB データベース中のドメインの配列の長さ（赤色）とゲノム中のタンパク質の配列の長さ（青色）の分布．（M. Gerstein, *Fold. Des.* 3:497–512, 1998 より再描出. Elsevier より許諾）

限がある．一般に，ジスルフィド結合を形成しない40残基以下のタンパク質は折りたたまれた構造を形成しない．複数のドメインから構成されるタンパク質の分子量はMDaクラスになることもあるが，ドメインの大きさは最大でも約35 kDaである．つまり，安定性はタンパク質のサイズと関連しているのである．タンパク質を分解するにはタンパク質表面に接触する必要があるが，マルチドメイン構造を形成すれば表面積は減少するため，タンパク質を安定化させることができる．

2.4 道具としてのタンパク質の利用

本書で示すように，タンパク質は機械のように機能する分子と考えることができ，おのおのの構造単位が担う化学反応はそれぞれ無関係なものとみなせる．原核生物ではすべてのタンパク質のうち酵素タンパク質はわずか約30〜40％程度であり，特筆すべきこととして，真核生物ではその割合はさらに低く，20〜30％程度である[63]．これは，リガンド分子の化学変化を起こすのはわずか40％以下のタンパク質だけであることを意味し，残りの多くは単にほかの分子と結合し，コンフォメーション変化させるだけの働きしかない．もっと詳しくみてもタンパク質は機械のように働くと考えることができる．タンパク質が，単純な働きだけをこなす機械の部品のようにみなせるということを学んでみることにする[93]．

人間が使用する道具の特徴は主に以下のように分類される（図2.40）．
・基質を認識する（例：スパナ，ねじ回し）．
・基質やその環境に応じて構造変化する（例：ペンチ，モンキーレンチ）．
・基質の形状を変える（多くの道具）．

タンパク質はこれらのすべてを行う．うまく機能する道具はいくつかの原理に基づいて設計されている（図2.41）．
・独立に動く部分がある（例：ペンチ，モンキーレンチ）．
・形状は同じだが異なる大きさのものがある（例：ねじ回しやスパナのセット）．
・共通の部品を使う（例：共通の取っ手，交換可能なアダプター部品）
・対称性がある（例：はさみ，ペンチ）
・上記に分類されない特殊な機能

では，どの程度までタンパク質はこれらを使っているのだろうか．

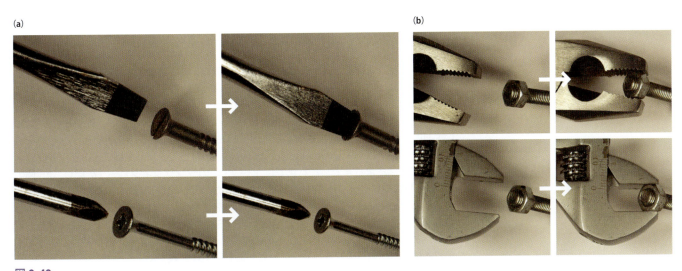

図2.40
道具の特性（a）部品に応じて道具を使い分ける必要がある．異なる部品を扱うには，それに応じた道具を使う必要がある．（b）部品の大きさに応じて道具は大きさを変える必要がある．わずかな動きではあるが，うまく作業するには非常に重要である．

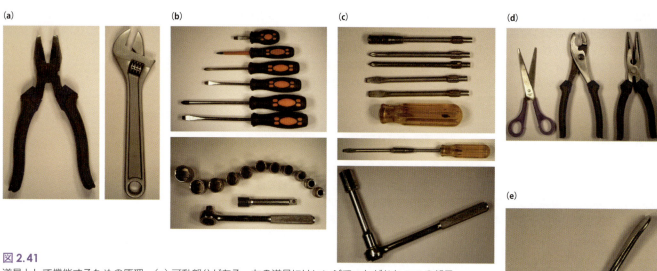

図 2.41
道具として機能するための原理．(a) 可動部分がある．左の道具にはヒンジでつながれた 2 つの部品しかないが，右の道具には 3 つの部品があり，それぞれ異なる方向に動く．(b) 同じ形状だが大きさの異なる道具がある．完全に同一の形状であるわけではないが，どれも非常に類似した形状をしている．(c) 共通の部品を使うことができる ((c) と (b) の下の図に示されているねじ回しセットとスパナのセットは，非常に便利な取付け部品 (交換可能な部分) をもっており，これはタンパク質にもみられる)．(d) 対称性をもつ (図に示したペンチ類は，対称な形をしているようにみえるが，実際には対称ではない)．(e) 1 つの用途に特化した特殊なものである．

2.4.1 独立して動く部分がある道具

多くの部分が独立して動くことができるのは，タンパク質分子のもっとも重要な特徴の 1 つである．しかし，無制限に動いているわけではなく，特定の構造単位を保ちながら，それらの配向を変えるように動く．カルモジュリンに代表されるように (図 2.42)，2 つのドメインをもつタンパク質が，まるでくるみ割りやペンチのように，2 つのドメインの間に基質を捉えることが多いということはすでに述べた．また，ふたを用いて基質をおおうのも広く用いられる分子機構である (図 2.43)．これはとくにプロテアーゼやヌクレアーゼで広くみられる特徴であり，おそらく，このような分子機構は活性部位から水を排除するために必要なのだと考えられる．第 10 章で述べるが，このほかにも，いくつかの酵素は可動性の腕のような部分をもつことが知られている．

2.4.2 サイズは異なるが形状の同じ部品を使う道具

一見すると，タンパク質がこのような特徴をもつのは不可能のように思われる．どのようにして類似したタンパク質が異なる大きさになることができるのだろうか．このようなケースはめずらしいが存在する．タンパク質は 3 次元的に伸びることはできないが，1 次元的に伸張することは可能である．例として，ジンクフィンガータンパク質をみてみよう．Cys_2His_2 ファミリーは真核生物の転写因子のもっとも大きなクラスであるが，それぞれのジンクフィンガーは DNA の主溝に入り込む．これらのタンパク質においてジンクフィンガーの数はさまざまで，これまでに 1〜28 個のジンクフィンガー (ただし，25 個のジンクフィンガーをもつタンパク質だけは見つかっていない) をもつタンパク質が報告されている．必要に応じてジンクフィンガーの数を増やし，より長い配列を認識できるようになるといえる．同様に，RNA と結合するプミリオタンパク質は繰り返し構造をもっており，おのおのの繰り返し単位が 1 つのヌクレオチドを認識する．繰り返しの数が増えることにより，塩基の認識が非常に特異的になる (図 2.44) [81]．

同様に，34 残基で構築される β ヘリックス構造を繰り返してもつタンパク質も存在する．アンキリンリピートやロイシンリッチリピート，アルマジロリピートがこれに該当し，これまでに最大で 16 回の繰り返しが報告されている．おそらく，繰り返し構造により特

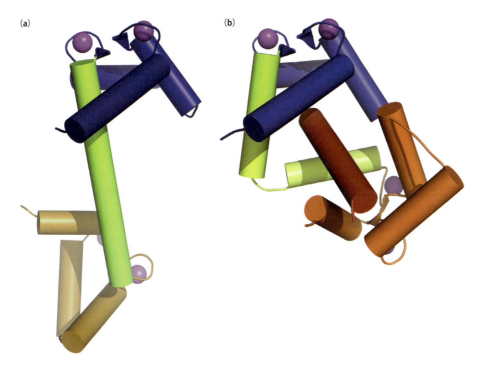

図 2.42
カルモジュリンの構造．（a）単体のカルモジュリン（PDB 番号：1up5）．（b）心臓の $Ca_v1.2$ カルシウムチャネルの IQ モチーフ（赤色で表示）と結合したカルモジュリン（PDB 番号：2f3y）．カルモジュリンは 2 つのドメインをもつが，それぞれが 2 つのヘリックス-ループ-ヘリックス（EF ハンド）モチーフからなり，またループにはカルシウムが結合している．結合したカルシウムイオンは紫の球で表示してある．N 末端の 3 つのヘリックスは青色，C 末端の 3 つのヘリックスは橙色で表示している．単体のカルモジュリンでは中心に長いヘリックスが存在するが，これは N 末端ドメインの 4 番目のヘリックスと C 末端ドメインの最初のヘリックスからつくられている（緑色で表示）．溶液中ではこのヘリックスは非常に柔軟である．リガンドと結合すると中央のヘリックスが折れ曲がり，2 つのドメインへと折りたたまれる．リガンドは 2 つのドメインが接近してできた疎水性のくぼみに取り囲まれる．

異性と親和性の両方が向上していると推測される．これらのタンパク質のいくつかは進化学上，最近できたタンパク質であると考えられ，たとえば，β ヘリックスタンパク質として知られる不凍タンパク質がそれに該当する．しかし，ジンクフィンガーやテトラトリコペプチド反復配列はあらゆる生物でみられるため，比較的古くから存在するタンパク質であると考えられる．

2.4.3 取り替え可能な部品をもつ道具

道具の一部を交換することができれば，道具の数を減らすことができ，それによりコストや重さも抑えることができるため，非常に便利である．また，コンパクトにもなるし，さまざまな用途に使用できる．生体分子はコストや重さはあまり問題としないが，コンパクトさ，そしてとくに適応性は非常に重要な要素である．したがって，このようなデザインはきわめて一般的で，モジュールタンパク質において効果的に使われている．このような例は非常に多くみられる．

2.4.4 対称性をもつ道具

鏡面対称をもったタンパク質分子をつくるには D 体のアミノ酸が必要となるため，もちろん存在しない．人間が使う道具でも，鏡面対称をもったものはめずらしい．たとえば，はさみは鏡面対称ではない．左利きの人に聞いてみるか，あるいは左手で自分の右手の爪を切ってみたらわかるだろう．はさみやペンチはほぼ回転対称な道具で，これらは多量体タンパク質に似ている．とくに似ているのが DNA 結合タンパク質であるが，DNA 結合タンパク質の対称構造は基質 DNA の回文構造に起因する．詳細は第 3 章で述べる．

2.4.5 特有の機能をもつ道具

ここでいう特有の機能をもつ道具とは，単一の目的でしか使用できないような道具をさし，たとえば，自転車のタイヤレバーのようなものを意味する．1 つのタンパク質フォールドが 1 つの機能しかもたないのはどれぐらいめずらしいことなのだろうか．機能とフォールドの定義にもよるが，分子進化の特徴の 1 つは手当り次第に分子をいじくり回すことであるため，その答えの 1 つとしていえるのは，いかなる共通の構造をもったフォールドも進化のどこかの段階では何か別の機能をもつ分子として使われていたということで

図 2.43
多くの酵素はふたを使って基質と結合する．基質がない状態では，ふたは柔軟な構造をとっているが，基質が結合するとそれをおおい隠す．

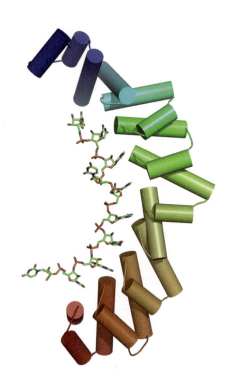

図2.44
ヒト由来プミリオ1とPuf5 RNAの複合体の構造（PDB番号：3bsx）．それぞれの2本1組のヘリックス（はじめの3つは除く）が，1つの塩基を認識する．RNAの5′末端は下方であるため，タンパク質はRNA配列を反対向きに認識していることになる．

ある．しかし，一方で，あらたな機能をもった酵素が誕生するのは非常にまれであることも事実である．2001年現在での調査では，わずかに25％のスーパーファミリーだけが（本章のはじめで述べたとおり，おおよそフォールドの数と同じぐらいである）**EC分類番号 EC classification number**（*2.5）の定義上，異なる分類の酵素を含む．2つの酵素の配列を比較したとき，もし40％以上のアミノ酸が同じだったならば，それらが異なる機能の酵素であるとは考えられない．30％以上のアミノ酸が同じであれば，EC分類番号の最初の3つの数字を90％の確度で推察できる[94]．最近は同一のスーパーファミリー内にも異なる機能のタンパク質が含まれている例が報告されているが，これらの多くは，主にあらたな構造要素が付加されることで起こる[95]．

2.5 章のまとめ

　ドメインは1つの独立した構造的そして進化上の単位である．モジュールもこれと類似しているが，ほかのタンパク質へと容易に転移されるという点がドメインと異なっている．CATHやSCOPによる分類は，ドメインを分類するすぐれた方法である．通常ドメインは認識や結合のような，そのドメインに固有の機能をもつ．したがって，これらのドメインがコピーされ，別の分子の中に取り込まれれば，一度の作業であらたな分子との結合特性が獲得されることとなる．あらたな機能は単純な足し算によって獲得されることがほとんどである．酵素が2つのドメインの間で基質と結合することを除けば，2つのドメインが協調的に働いて機能を発現することはめずらしい．ドメインの移動は，真核生物においては主にエキソンシャッフリングにより行われ，原核生物では組換えによって行われる．ドメインシャッフリングは水平伝播のすぐれた特徴の1つである．ドメインシャッフリングを3次元ドメインスワッピングと混同してはいけない．3次元ドメインスワッピングは，あらたなマルチドメインタンパク質を創出するための重要な分子進化の機構の1つであり，さまざまなタンパク質にみられる．

　多くのドメインの機能は，ほかのドメインやペプチド配列に結合することである．弱く非特異的なドメイン-ドメイン相互作用は，それらを連結させることにより強く特異的なものになる．このような手法により，もともとの相互作用を邪魔することなく，効率よく相互作用を強めることができる．このような付加による分子進化は，とくに哺乳類の進化において支配的であった．類似した機構は足場タンパク質の付加であり，これにより足場タンパク質と相互作用する分子同士を複合体の中で近接させることができる．いずれのケースでも，分子間の相互作用が分子内の相互作用へと変換されている．分子内相互作用の実効濃度は高いため（つまり，エントロピー損失が少ないため），分子内相互作用は強い．弱い分子内の相互作用は強い分子間の相互作用と競合する．そのため，分子内の弱い結合は，容易に調節可能な自己抑制機構や制御機構に応用される．

---

*2.5　EC分類番号
酵素分類 Enzyme Commission（EC）番号は，酵素反応を階層的に分類したものである．番号は4つの部分からできており，たとえば，トリオースリン酸イソメラーゼ（TIM）は5.3.1.1のEC番号をもつ．最初の数字は反応の一般的な種類を示す（1．酸化還元酵素，2．転移酵素，3．加水分解酵素，4．付加・脱離酵素，5．異性化酵素，6．合成酵素）．2つ目の数字は，上記の基本的な分類の中での反応様式を表す．異性化酵素の場合，5.1　ラセミ化酵素とエピマー変換酵素，5.2　cis/trans異性化酵素，5.3　分子内酸化還元酵素，5.4　分子内転移酵素，5.5　分子内付加・脱離酵素，5.6　その他の異性化酵素，となる．3番目と4番目の数字は，おのおののカテゴリー内のさらに詳細な分類を表している．

これは，大多数のタンパク質（とくに真核生物のタンパク質）が複数のドメインから構成されていることを意味する．マルチドメインタンパク質のおのおののドメインの界面は柔軟性に富んでおり，この特性によりアロステリック効果やリン酸化のような共有結合による制御が可能となる．さらに，酵素が基質や生成物を認識できるのも，この特性に起因しているうえ，タンパク質のフォールディングにも貢献している．また，タンパク質を道具として捉えることは，タンパク質の機能を理解するうえで有用である．

2.6 推薦図書

　Li らによる『Molecular Evolution』[24] は，分子レベルで進化の機構を明確に読みやすく記述している．

　Pesto および Ringe による『Protein Structure and Function』[96] は，最新の情報を美しく図解している．ドメインやその機能についての多くの例が紹介されている．

　Doolittle による論文 [97] は古い文献ではあるが，エキソンシャッフリングにより創出されたモジュールタンパク質について，非常に読みやすく記述されている．

　Doolittle によるドメイン，モジュール，ドメインシャッフリングについてのレビュー [98] はすばらしい．Doolittle は "ドメインシャッフリングの父" の一人である．

　Creighton による『Proteins：Structures and Molecular Properties』[70] では，少し異なった視点から実効濃度の概念が記述されている．

　Matrix Biology, volume 15, part 5, pp. 295–367 はモジュールタンパク質の機能と進化に特化しており，とくに文献 [23]，[33] は必見である．

2.7 Web サイト

http://pfam.sanger.ac.uk/ （Pfam）
http://prodom.prabi.fr/prodom/current/html/home.php （Prodom）
http://supfam.mrc-lmb.cam.ac.uk/SUPERFAMILY/
　　　（すべてのタンパク質とゲノムに対する構造的および機能的注釈のデータベース）
http://www.bioinf.manchester.ac.uk/dbbrowser/PRINTS/index.php
　　　（PRINTS：タンパク質のモチーフやフィンガープリント）
http://www.bork.embl-heidelberg.de/Modules/ （Modules）
http://www.cellsignal.com/reference/ （細胞内タンパク質相互作用ドメイン）
http://www.ebi.ac.uk/interpro/
　　　（Interpro：CATH，SCOP，MODBASE を含むすぐれたデータベース集）
http://www.ebi.ac.uk/thornton-srv/databases/ProFunc/
　　　（ProFunc：構造から機能を予測する）
http://www.expasy.org/databases.html
　　　（Expasy プロテオミクスサーバーのトップページ）
http://www.expasy.org/prosite/ （ProSite）
http://www.sanger.ac.uk/Software/ （サンガーセンターからの他の多くのリソース）

2.8 問題

1. タンパク質を 1 つ選び，CATH と SCOP で検索せよ．同じカテゴリーに分類されているだろうか？もし異なっていたならば，その理由を考えよ．また，Pfam や Prodom のドメインの機能についてのデータベースでも確認せよ．これらのデータベースでの分類は妥当だっただろうか？
2. *Rhodobacter sphaeroides* のシトクロム c_2 の配列を入手せよ．BLAST サーチにより類似タンパク質の配列情報を入手せよ．もっとも高度に保存された残基はどれだろうか？また，その構造を Protein Data Bank で調べよ．構造から上記の残基がどうして保存されているかを考察せよ．
3. ヒトのトリオースリン酸異性化酵素のエキソンの構造は，たとえば *ensembl* の

Webサイト (http://www.ensembl.org) (triosephosphate + isomerase + human で検索した後，TPI1 gene を選択し，sequence → protein に進めば，色づけされたエキソンの構造が表示される) など，いたるところで入手できる．トリオースリン酸異性化酵素の立体構造をダウンロードし，グラフィックプログラムで表示せよ．エキソンは3次元構造中で，本章で述べたような位置に存在しているだろうか？

4. アポトーシス促進性のタンパク質であるカスパーゼは，タンパク質プロセシングの興味深い例として知られている．カスパーゼはプロ配列をもち，これが切断されることにより成熟タンパク質になる．適当な Web サイトもしくは文献を調べ，pro-カスパーゼがプロセシングされることの機能的な意義を述べよ．

5. 多くの真核生物由来のモジュールタンパク質は (a) 細胞外に存在し，また (b) ジスルフィド結合により安定化されている．なぜ，このようになるのかを考察せよ．

6. タンパク質フォールドの進化の1つとして，円順列変異が知られる．円順列変異では，タンパク質のN末端とC末端をコードする部位が連結された後，元とは異なる場所で遺伝子が切断される．どのようにして円順列変異が起こるようになったかを考察せよ．どのようにすればこれを実験的に試すことができるだろうか？

7. 本章でタンパク質と類似する部品としてとりあげなかったものの1つが電源部品である．現在，世の中には2種類の電源部品がある．1つは電源に接続しなければならないもの，もう1つはバッテリーを使用する携帯型のものである．これらはタンパク質とどのように関連づけられるだろうか？

2.9 計算問題

N1. プロテイン A はペプチド p1 と $K_d = 1\,\mu M$ の結合力で結合する．また，これとは別のペプチドであるペプチド p2 とは $K_d = 5\,\mu M$ の結合力で結合する．p2 に対する p1 の相対的特異性を計算せよ．言い換えれば，p1 と p2 の濃度が等しい，あるいは低い場合，p1 は p2 に比べてどのぐらいプロテイン A と結合しやすいだろうか？

N2. ペプチド p1 にアミノ酸配列を付加することで，結合の特異性を上げることができる．もし，アミノ酸が1つ付加されるごとに結合力が3倍強くなるとしたら，相対的特異性を 1,000 倍以上にするには認識部位にいくつのアミノ酸を付加する必要があるだろうか？

N3. 別の方法として，相互作用し合う2つのドメインを A とペプチド p1 に付加することでも，特異性を上げることができる．また，その効果を計算により見積もることができる．(a) 仮に，p1 に対する A の結合力が $1\,\mu M$ であったならば，結合の自由エネルギーはいくらだろうか？(ただし，温度は 25℃，$R = 8.31\,J\,K^{-1}\,mol^{-1}$ とする) (b) 2.2.11 項の補正値を用いて，A と p1 の結合の本質的な強さ，すなわち，結合によるエントロピー損を除いた後の自由エネルギーを計算せよ．(c) 仮に，付加したドメイン同士の結合力も $1\,\mu M$ で，さらに，A に付加されたことにより5つの結合の回転自由度が失われたとするならば，結合力はどの程度になるだろうか？ 2.2.11 項で述べた方法で計算せよ．また，その値を N2. の結果と比較し，結合力を上げる方法としてどちらが適当かを考えよ．

N4. 2.2.6 項で述べた，以下の式を証明せよ．

$$結合状態にある分子の割合 = 1/(1 + K_{分子内})$$

N5. Zhou は2つ目の SH3 ドメインとプロリンリッチペプチド間の相互作用について議論している [78]．Rlk SH3 ドメインの QPSKRKPLPPLP という配列のペプチドに対する結合力は $830\,\mu M$ である．しかし，この配列を14残基のリンカーを介して SH3 ドメインに付加させた場合，$K_{分子内}$ は3となる．(a) これは何を意味するのだろうか？すなわち，ペプチドが結合した状態と解離した状態の時間の割合はどのぐらいだろうか？(b) 実効濃度を計算せよ．この値は，実効濃度として高いだろうか？低いだろうか？

2.10 参考文献

1. D Baltimore (1976) Viruses, polymerases and cancer. *Science* 192:632–636.
2. JE Baldwin & H Krebs (1981) The evolution of metabolic cycles. *Nature* 291:381–382.
3. EV Koonin, YI Wolf & GP Karev (2002) The structure of the protein universe and genome evolution. *Nature* 420:218–223.
4. C Branden & J Tooze (1999) Introduction to Protein Structure, 2nd ed. New York: Garland Science.
5. AG Murzin, SE Brenner, T Hubbard & C Chothia (1995) SCOP - a structural classification of proteins database for the investigation of sequences and structures. *J. Mol. Biol.* 247:536–540.
6. M Gerstein (1997) A structural census of genomes: comparing bacterial, eukaryotic and archaeal genomes in terms of protein structure. *J. Mol. Biol.* 274:562–576.
7. SK Burley (2000) An overview of structural genomics. *Nature Struct. Biol.* 7:932–934.
8. CA Orengo, AD Michie, S Jones et al. (1997) CATH - a hierarchic classification of protein domain structures. *Structure* 5:1093–1108.
9. G Csaba, F Birzele & R Zimmer (2009) Systematic comparison of SCOP and CATH: a new gold standard for protein structure analysis. *BMC Struct. Biol.* 9:23.
10. C Chothia (1992) Proteins—1000 families for the molecular biologist. *Nature* 357:543–544.
11. M Levitt (2007) Growth of novel protein structural data. *Proc. Natl. Acad. Sci. USA* 104:3183–3188.
12. J Janin & SJ Wodak (1983) Structural domains in proteins and their role in the dynamics of protein function. *Prog. Biophys. Mol. Biol.* 42:21–78.
13. SE Radford, CM Dobson & PA Evans (1992) The folding of hen lysozyme involves partially structured intermediates and multiple pathways. *Nature* 358:302–307.
14. E Kloss, N Courtemanche & D Barrick (2008) Repeat-protein folding: new insights into origins of cooperativity, stability and topology. *Arch. Biochem. Biophys.* 469:83–99.
15. TL Religa, CM Johnson, DM Vu et al. (2007) The helix–turn–helix motif as an ultrafast independently folding domain: the pathway of folding of Engrailed homeodomain. *Proc. Natl. Acad. Sci. USA* 104:9272–9277.
16. M Gerstein (1998) How representative are the known structures of the proteins in a complete genome? A comprehensive structural census. *Folding Design* 3:497–512.
17. G Apic, J Gough & SA Teichmann (2001) Domain combinations in archaeal, eubacterial and eukaryotic proteomes. *J. Mol. Biol.* 310:311–325.
18. C Vogel, M Bashton, ND Kerrison et al. (2004) Structure, function and evolution of multidomain proteins. *Curr. Opin. Struct. Biol.* 14:208–216.
19. F Jacob (1970) The Logic of Life: A History of Heredity. Paris: Gallinard.
20. SB Carroll (2005) Endless Forms Most Beautiful. London: Weidenfeld & Nicolson.
21. H Yanagawa, K Yoshida, C Torigoe et al. (1993) Protein anatomy: functional roles of barnase module. *J. Biol. Chem.* 268:5861–5865.
22. P Bork, AK Downing, B Kieffer & ID Campbell (1996) Structure and distribution of modules in extracellular proteins. *Q. Rev. Biophys.* 29:119–167.
23. JR Potts & ID Campbell (1996) Structure and function of fibronectin modules. *Matrix Biol.* 15:313–320.
24. WH Li (1997) Molecular Evolution. Sunderland, MA: Sinauer Associates, Inc.
25. C Spitzfaden, RP Grant, HJ Mardon & ID Campbell (1997) Module–module interactions in the cell binding region of fibronectin: stability, flexibility and specificity. *J. Mol. Biol.* 265:565–579.
26. AR Pickford, SP Smith, D Staunton et al. (2001) The hairpin structure of the $^6F1^1F2^2F2$ fragment from human fibronectin enhances gelatin binding. *EMBO J.* 20:1519–1529.
27. ID Campbell & AK Downing (1994) Building protein structure and function from modular units. *Trends Biotechnol.* 12:168–172.
28. JA Clapperton, IA Manke, DM Lowery et al. (2004) Structure and mechanism of BRCA1 BRCT domain recognition of phosphorylated BACH1 with implications for cancer. *Nature Struct. Biol.* 11:512–518.
29. CA Orengo & JM Thornton (2005) Protein families and their evolution: a structural perspective. *Annu. Rev. Biochem.* 74:867–900.
30. YI Wolf, SE Brenner, PA Bash & EV Koonin (1999) Distribution of protein folds in the three superkingdoms of life. *Genome Res.* 9:17–26.
31. L Patthy (1999) Genome evolution and the evolution of exon-shuffling: a review. *Gene* 238:103–114.
32. TW Traut (1988) Do exons code for structural or functional units in proteins? *Proc. Natl. Acad. Sci. USA* 85:2944–2948.
33. L Patthy (1996) Exon shuffling and other ways of module exchange. *Matrix Biol.* 15:301–310.
34. L Patthy (1999) Protein Evolution. Oxford: Blackwell.
35. W Gilbert (1987) The exon theory of genes. *Cold Spring Harb. Lab. Symp. Quant. Biol.* 52:901–905.
36. A Müller, RM MacCallum & MJE Sternberg (2002) Structural characterization of the human proteome. *Genome Res.* 12:1625–1641.
37. S Gudlaugsdottir, DR Boswell, GR Wood & J Ma (2007) Exon size distribution and the origin of introns. *Genetica* 131:299–306.
38. BL Bertolaet & JR Knowles (1995) Complementation of fragments of triosephosphate isomerase defined by exon boundaries. *Biochemistry* 34:5736–5743.
39. GB Golding, N Tsao & RE Pearlman (1994) Evidence for intron capture: an unusual path for the evolution of proteins. *Proc. Natl. Acad. Sci. USA* 91:7506–7509.
40. J Stetefeld, AT Alexandrescu, MW Maciejewski et al. (2004) Modulation of agrin function by alternative splicing and Ca^{2+} binding. *Structure* 12:503–515.
41. J Garcia, SH Gerber, S Sugita et al. (2003) A conformational switch in the Piccolo C_2A domain regulated by alternative splicing. *Nature Struct. Mol. Biol.* 11:45–53.
42. M de Château & L Björck (1996) Identification of interdomain sequences promoting the intronless evolution of a bacterial protein family. *Proc. Natl. Acad. Sci. USA* 93:8490–8495.
43. JP Gogarten & JP Townsend (2005) Horizontal gene transfer, genome innovation and evolution. *Nature Rev. Microbiol.* 3:679–687.
44. M de Château & L Björck (1994) Protein PAB, a mosaic albumin-binding bacterial protein representing the first contemporary example of module shuffling. *J. Biol. Chem.* 269:12147–12151.
45. MJ Bennett, MP Schlunegger & D Eisenberg (1995) 3D domain swapping: a mechanism for oligomer assembly. *Protein Sci.* 4:2455–2468.
46. Y Liu & D Eisenberg (2002) 3D domain swapping: as domains continue to swap. *Protein Sci.* 11:1285–1299.
47. MP Schlunegger, MJ Bennett & D Eisenberg (1997) Oligomer formation by 3D domain swapping: a model for protein assembly and misassembly. *Adv. Protein Chem.* 50:61–122.
48. M Jaskólski (2001) 3D domain swapping, protein oligomerization, and amyloid formation. *Acta Biochim. Pol.* 48:807–827.
49. J Heringa & WR Taylor (1997) Three-dimensional domain duplication,

swapping and stealing. *Curr. Opin. Struct. Biol.* 7:416–421.

50. F Rousseau, JWH Schymkowitz & LS Itzhaki (2003) The unfolding story of three-dimensional domain swapping. *Structure* 11:243–251.
51. A Canals, J Pous, A Guasch et al. (2001) The structure of an engineered domain-swapped ribonuclease dimer and its implications for the evolution of proteins toward oligomerization. *Structure* 9:967–976.
52. G D'Alessio (1995) Oligomer evolution in action? *Nature Struct. Biol.* 2:11–13.
53. AJ Murray, SJ Lewis, AN Barclay & RL Brady (1995) One sequence, two folds: a metastable structure of CD2. *Proc. Natl. Acad. Sci. USA* 92:7337–7341.
54. AD Cameron, B Olin, M Ridderström et al. (1997) Crystal structure of human glyoxalase 1. Evidence for gene duplication and 3D domain swapping. *EMBO J.* 16:3386–3395.
55. ME Newcomer (2002) Protein folding and three-dimensional domain swapping: a strained relationship? *Curr. Opin. Struct. Biol.* 12:48–53.
56. L Vitagliano, S Adinolfi, F Sica et al. (1999) A potential allosteric sub-site generated by domain swapping in bovine seminal ribonuclease. *J. Mol. Biol.* 293:569–577.
57. SM Green, AG Gittis, AK Meeker & EE Lattman (1995) One-step evolution of a dimer from a monomeric protein. *Nature Struct. Biol.* 2:746–751.
58. M Bergdoll, MH Remy, C Cagnon et al. (1997) Proline-dependent oligomerization with arm exchange. *Structure* 5:391–401.
59. KJ Knaus, M Morillas, W Swietnicki et al. (2001) Crystal structure of the human prion protein reveals a mechanism for oligomerization. *Nature Struct. Biol.* 8:770–774.
60. CM Fraser, JD Gocayne, O White et al. (1995) The minimal gene complement of *Mycoplasma genitalium*. *Science* 270:397–403.
61. JI Glass, N Assad-Garcia, N Alperovich et al. (2006) Essential genes of a minimal bacterium. *Proc. Natl. Acad. Sci. USA* 103:425–430.
62. K Kobayashi, SD Ehrlich, A Albertini et al. (2003) Essential *Bacillus subtilis* genes. *Proc. Natl. Acad. Sci. USA* 100:4678–4683.
63. S Freilich, RV Spriggs, RA George et al. (2005) The complement of enzymatic sets in different species. *J. Mol. Biol.* 349:745–763.
64. RR Copley, J Schultz, CP Ponting & P Bork (1999) Protein families in multicellular organisms. *Curr. Opin. Struct. Biol.* 9:408–415.
65. L Brocchieri & S Karlin (2005) Protein length in eukaryotic and prokaryotic proteomes. *Nucleic Acids Res.* 33:3390–3400.
66. T Pawson & P Nash (2003) Assembly of cell regulatory systems through protein interaction domains. *Science* 300:445–452.
67. R Singh & J Valcárcel (2005) Building specificity with nonspecific RNA-binding proteins. *Nature Struct. Mol. Biol.* 12:645–653.
68. TE Creighton (1984) Proteins: Structures and Molecular Principles. New York, WH Freeman.
69. M Mammen, SK Choi & GM Whitesides (1998) Polyvalent interactions in biological systems: implications for design and use of multivalent ligands and inhibitors. *Angew. Chem. Int. Ed.* 37:2755–2794.
70. TE Creighton (1993) Proteins: Structures and Molecular Properties, 2nd ed. New York: Freeman.
71. M Mutter (1977) Macrocyclization equilibriums of polypeptides. *J. Am. Chem. Soc.* 99:8307–8314.
72. KP Hoeflich & M Ikura (2002) Calmodulin in action: diversity in target recognition and activation mechanisms. *Cell* 108:739–742.
73. JF Long, W Feng, R Wang et al. (2005) Autoinhibition of X11/Mint scaffold proteins revealed by the closed conformation of the PDZ tandem. *Nature Struct. Mol. Biol.* 12:722–728.
74. BT Goult, N Bate, NJ Anthis et al. (2009) The structure of an interdomain complex that regulates talin activity. *J. Biol. Chem.* 284:15097–15106.
75. J Jiang, K Prasad, EM Lafer & R Sousa (2005) Structural basis of interdomain communication in the Hsc70 chaperone. *Cell* 20:513–524.
76. LJ Byrne, A Sidhu, AK Wallis et al. (2009) Mapping of the ligand-specific site on the b' domain of human PDI: interaction with peptide ligands and the x-linker region. *Biochem J* 423:209–217.
77. V Neduva & RB Russell (2005) Linear motifs: evolutionary interaction switches. *FEBS Lett.* 579:3342–3345.
78. HX Zhou (2006) Quantitative relation between intermolecular and intramolecular binding of pro-rich peptides to SH3 domains. *Biophys. J.* 91:3170–3181.
79. Y Shamoo, N Abdul-Manan & KR Williams (1995) Multiple RNA binding domains (RBDs) just don't add up. *Nucleic Acids Res.* 23:725–728.
80. M Watson, K Stott & JO Thomas (2007) Mapping intramolecular interactions between domains in HMGB1 using a tail-truncation approach. *J. Mol. Biol.* 374:1286–1297.
81. BM Lunde, C Moore & G Varani (2007) RNA-binding proteins: modular design for efficient function. *Nature Rev Mol. Cell. Biol.* 8:479–490.
82. KR Ely & R Kodandapani (1998) Ankyrin(g) ETS domains to DNA. *Nature Struct. Biol.* 5:255–259.
83. M Overduin & T de Beer (2000) The plot thickens: how thrombin modulates blood clotting. *Nature Struct. Biol.* 7:267–269.
84. MJ Wood, BAS Benitez & EA Komives (2000) Solution structure of the smallest cofactor-active fragment of thrombomodulin. *Nature Struct. Biol.* 7:200–204.
85. P Fuentes-Prior, Y Iwanaga, R Huber et al. (2000) Structural basis for the anticoagulant activity of the thrombin–thrombomodulin complex. *Nature* 404:518–525.
86. RB Russell & P Aloy (2008) Targeting and tinkering with interaction networks. *Nature Chem. Biol.* 4:666–673.
87. WP Jencks (1975) Binding energy, specificity, and enzymic catalysis: Circe effect. *Adv. Enzymol.* 43:219–410.
88. MI Page & WP Jencks (1971) Entropic contributions to rate accelerations in enzymic and intramolecular reactions and the chelate effect. *Proc. Natl. Acad. Sci. USA* 68:1678–1683.
89. WP Jencks (1981) On the attribution and additivity of binding energies. *Proc. Natl. Acad. Sci. USA* 78:4046–4050.
90. DH Williams, E Stephens, DP O'Brien & M Zhou (2004) Understanding noncovalent interactions: ligand binding energy and catalytic efficiency from ligand-induced reductions in motion within receptors and enzymes. *Angew. Chem. Int. Ed.* 43:6596–6616.
91. M Bashton & C Chothia (2007) The generation of new protein functions by the combination of domains. *Structure* 15:85–99.
92. MA Fuchs & C Buta (1997) The role of peptide modules in protein evolution. *Biophys. Chem.* 66:203–210.
93. RJP Williams (1993) Are enzymes mechanical devices? *Trends Biochem. Sci.* 18:115–117.
94. AE Todd, CA Orengo & JM Thornton (2001) Evolution of function in protein superfamilies, from a structural perspective. *J. Mol. Biol.* 307:1113–1143.
95. BH Dessailly, OC Redfern, A Cuff & CA Orengo (2009) Exploiting structural classifications for function prediction: towards a domain grammar for protein function. *Curr. Opin. Struct. Biol.* 19:349–356.
96. GA Petsko & D Ringe (2004) Protein Structure and Function. New York: Sinauer.
97. RF Doolittle (1985) The genealogy of some recently evolved vertebrate proteins. *Trends Biochem. Sci.* 10:233–237.
98. RF Doolittle (1995) The multiplicity of domains in proteins. *Annu. Rev. Biochem.* 64:287–314.
99. MG Rossmann, D Moras & KW Olsen (1974) Chemical and biological evolution of a nucleotide-binding protein. *Nature* 250:194–199.

第3章
オリゴマー

第2章でみてきたように，マルチドメイン構造は進化において非常に有利な点がある．それはタンパク質があたらしい機能を獲得し，基質やアロステリック因子が結合する適切なくぼみをつくり出すという点である．ここからは，このことがほとんど同様に，オリゴマータンパク質 oligomeric protein においても成り立つことを示していく．たいていのタンパク質は実際にはオリゴマーであり，すなわちそれはタンパク質がオリゴマーであることが非常に有利であることを示している．これから説明するのは，オリゴマーの形成にはさまざまな利点が実際に存在しているということである．主に2つの利点があるが，1つはタンパク質にアロステリックな性質をもたせること（3.2節），もう1つはタンパク質が協調的に結合を形成できるようになることである（3.3節）．また，ホモオリゴマー間相互作用において対称性という制約があることにより，ホモオリゴマー間相互作用の進化が容易になったという利点もあるのかもしれない[2]．すなわち，オリゴマーであれば迅速かつ容易に進化できる可能性がある（図3.1）．もしそのように進化が困難なく進められるのであれば，分子進化はそれを見過ごさないだろう．

タンパク質は自己会合 self association によってホモオリゴマーを形成するか，もしくは異なったタンパク質と結合してヘテロオリゴマーを形成することができる．本章では主にホモオリゴマーに関して述べる．異なったタンパク質からなるタンパク質複合体に関しては，第9章で解説する．

> 分子の進化において，なぜ球状タンパク質のオリゴマーがこれほどまでに頻繁に形成され，保存されてきたのか疑問に思うことだろう．それは，単量体にはない，あるいは単量体では成しえがたい何らかの機能的な利点がオリゴマーに備わっているからにほかならない．
> **Monod, Wyman, Changeux（1965），[1]**
>
> 真実はおおよそ純粋ではなく，ましてけっして単純ではない．
> **Oscar Wilde（1854-1900），『真面目が肝心』第一幕**

3.1 なぜタンパク質はオリゴマー化するのか

大腸菌ではタンパク質の会合数は平均的に4であり，タンパク質が単量体で存在することは比較的まれである．また，ヒト酵素を調べたところ約2/3はオリゴマーを形成していることがわかった[3]．タンパク質のオリゴマーの形成にはいくつかの問題点がある．すなわち，同時に同じ場所で少なくとも2つの分子が存在する必要があることや，オリゴマー化によってタンパク質が巨大化し，動きが制限されることなどである．したがって，なぜタンパク質がオリゴマーとして存在するように進化してきたのかについては適切な理由が存在しなければならない[4]．本節ではこれらのことについて探っていく．

3.1.1 オリゴマー化は活性部位を遮蔽および制御している

すでに第2章で複数のドメインをもったタンパク質が，1つのドメインをもったタンパク質より非常に有利な点をみてきた．もちろんオリゴマータンパク質は複数のドメインをもったタンパク質をつくるシンプルかつ効果的な方法である．単量体から安定なオリゴマータンパク質への進化は比較的単純であり，1つの変異が二量体の双方の単量体に影響することでヘテロな二量体の"2倍の効果"を生み出す．それゆえに，少数の変異により安定なタンパク質二量体を生み出すことができる（あるいはもちろん変異によって二量体が壊れることもある）（図3.1）．

また，オリゴマーの界面を観察することは興味深い．オリゴマーの界面はオリゴマーではないタンパク質の表面とは異なっているのだろうか．答えは"Yes"である[5, 6]．界面

図3.1
表面に負電荷をもった単量体タンパク質が弱い二量体を形成した場合．1ヵ所の変異で相補的な正電荷ができれば，2つの対称的な安定化する相互作用が生まれ，二量体化の平衡状態に強い影響をもたらす．もしこのタンパク質にとって二量体化する方が有利であるならば，この変異はすぐに確立されるだろう．

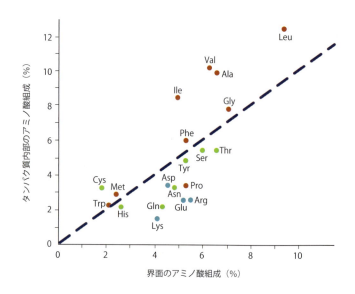

図 3.2
オリゴマータンパク質の相互作用界面とタンパク質内部のアミノ酸の出現頻度の比較．相互作用界面では比較的電荷をもったアミノ酸（シアン）が少なく，疎水性アミノ酸（赤色）は多い．第 1 章で記したように疎水性と親水性の両方の性質をもつプロリンの変則的な位置に注意せよ．点線は Y = X のグラフを示す．（C. J. tsai et al., Protein Sci. 6:53–64, 1997 より．John Wiley and Sons より許諾）

はタンパク質の分子表面よりも，よりタンパク質の内部と似た性質となっている [7]．たとえば，通常のタンパク質表面同士から形成される抗原と抗体やプロテアーゼとその阻害タンパク質間の接触面のようにはなっていない [8]．すなわち界面の端にある溶媒にさらされているアミノ酸の"縁"を除けば，予測されるようにオリゴマー界面はより疎水性である [7]．しかしながら，そこではアルギニンが多い傾向もあり（ある程度は存在する他の荷電アミノ酸と同じように），内部に埋もれた塩橋 salt bridge を形成している（図 3.2）

*3.1 エントロピーとエンタルピー

（これが私の考えであればいいとは思うが）以下の記述は筆者のオリジナルの考えではない．これは文献 [25] によるものである．
熱力学の第 2 法則はもし全宇宙のエントロピーが増大するならば，反応は自発的に進むということを示している．系の**エントロピー**はその系がとりうる状態の数によって決まる．Boltzmann（*5.3 参照）の有名な式は，

$$S = k \ln W$$

であるが，W は状態数であり，k は気体定数 R をアボガドロ数で割った Boltzmann 定数である．たとえば 2 つの分子は 1 つの分子より大きいエントロピーをもっている．なぜなら 2 つの分子はよりいろいろな状態で存在することができるためである．ランダムな混合状態は整然とした状態よりもエントロピーが大きい．結合の回転，振動や並進運動など分子内のあらゆる自由度は相関したエントロピーをもっている．このことはエントロピーが系の**乱雑さ**の量として記述されている理由である．すなわち第 2 法則は本質的に明らかなことを述べており，誰しもが予測しうる結果となる．

したがって，もし反応が進むかどうかを知りたければ，問題はその反応が進行することによってエントロピーが増大するかどうかである．このエントロピーは 2 つの部分から生じる．すなわち反応する分子自体のエントロピー変化とその周囲のエントロピー変化である．前者のエントロピー変化を ΔS と表すが，この Δ の意味は"観測可能な変化"という意味である．この ΔS は Boltzmann の式から並進運動や結合の振動運動などの変化を考慮して計算される．2 つ目の周囲のエントロピー変化は本質的には反応中に発する熱（もしくは吸収する熱）と同じである．反応から出る熱は**エンタルピー**と呼ばれ，ΔH で表し，結合エネルギーの変化などに依存している．熱を発する反応は発熱と呼ばれており，また熱を吸収する反応は吸熱と呼ばれている．発熱反応の ΔH は負の値を示すが，それはトータルの分子の熱エネルギーが減少するからである．もし反応が熱を発すれば，その熱が周囲を温め，その周囲によりランダムな熱運動が起こるためエントロピーは増加する．エントロピー変化はまた温度に依存し，もし周囲が低温であれば，少量の熱が乱雑さを大きく増大させることとなる．一方，もしすでに高温であれば，同じ量の熱では乱雑さの増大は少なくなる．なぜなら，その場合はすでに乱雑な状態であるからである．

そのため，周囲のエントロピー変化は $\Delta H / T$ で表すことができる．このときの T はケルビン [K] で表される絶対温度である．発熱反応（負の ΔH）は周囲のエントロピー増加に相当し，この変化は実際には $-\Delta H / T$ である．

したがって系全体のエントロピー変化は主に $-\Delta H / T + \Delta S$ の 2 つの和によって与えられる．これは反応が進むかどうかを決定するものであり，**ギブス Gibbs**（*3.2）はこれを自由エネルギーと呼んだ．これは現在 $-\Delta G$ で表される．これをエネルギーの単位と合わせるためには温度で割る必要があり，すなわち，$-\Delta G / T = -\Delta H / T + \Delta S$，これはもちろんよく知られている式，

$$\Delta G = \Delta H - T \Delta S$$

である．この式は反応が進行するかどうか分析するために，考える必要がある 2 つの事柄を示している．それは結合やそのほかの反応に含まれている化学エネルギーの変化が反応に有利となるかどうか，また，統計的な意味でのその反応の結果がより確からしいかどうかである．これを結合する場合に当てはめると，本質的にはもし結合に有利なエネルギー（すなわちエンタルピー）があれば結合が起こるであろうことを述べている．しかし，分子の構造的な自由度がかなり制限されるとするならば結合は起こりにくくなる．

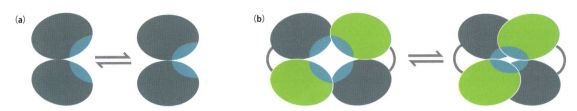

図 3.3
オリゴマー酵素は二量体界面の変化によって比較的簡単に活性部位への近づきやすさを制御することができる．これは1つのドメインをもつ二量体酵素 (a) にも当てはまる．また2つのドメインをもつ二量体酵素 (b) ではさらによく当てはまり，こちらの方がより一般的である．

[5]．タンパク質表面に露出している塩橋はエネルギー的にとくに有利ではない．なぜなら結合に有利な**エンタルピー enthalpy**（*3.1）は，2つの電荷が互いに近づくことにより不利になったエントロピー entropy とほとんど正確に均衡しているからである．通常，電荷は水とイオンに遮蔽されているので（*4.4 参照），結合に有利なエンタルピーはそれほど大きくはない．実際に，最近の研究では水溶液中において露出している塩橋はわずかに結合に不利であることが示されている [9]．しかしながら，タンパク質間の界面の内部は誘電率 dielectric constant（*4.2 参照）がより小さくなっており，そのために結合のエンタルピーは大きくなる．すなわち内部に存在する塩橋は結合により有利に働くのである．これらの相互作用はオリゴマーの界面を安定化するだけでなく，オリゴマー構造に高い特異性と相補性を与える．これは，不十分かつ構造的に形成されにくい塩橋であればより不利な結合エネルギーとなるためである．

　オリゴマー化における利点は第2章で書いたマルチドメインの利点にかなり相関している（安定性に関する議論を含めてここではこれ以上ふれない）．2.3.3 項で述べたオリゴマー形成が酵素をよりよくする理由について解説していこう．もし酵素の活性部位が二量体界面近くに存在するならば（それが通常であるが），これは数多くの利点を生み出す．ドメイン界面の柔軟性は活性部位を開き（極端な例では二量体が可逆的な乖離をする場合もあるが），より速く基質の結合と生成物の解離を行い，しかし一方で実際に反応が起こっている間には2つの単量体により活性部位を閉じて溶媒から活性部位を遮蔽している（4.1.3 項参照）（図 3.3）．さらに，このことは活性部位が変化したり，遮蔽したりするときに必要なエネルギーを減らし，第2章で述べたような理由から酵素による触媒反応を速くすることができるのである．

　活性部位への接近にさらに制限を設けることは，活性部位に入ることができる基質を酵素がより選択的に選ぶことができるという点においても有益である．いろいろな物質が混ざっている状態では，露出した活性部位にはとても大きな基質でも入ることができるが，制限された活性部位ではそのサイズを制限することもできる（図 3.4）．

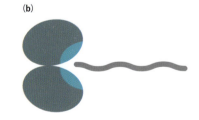

図 3.4
露出した活性部位は大きな基質に適応するが，二量体のように接近に制限のある活性部位では小さな基質にだけ適応できる．単量体 (a) は内側を切断する（エンド型の）酵素，および末端を切断する（エキソ型の）酵素として作用するが，二量体 (b) では末端を切断する（エキソ型の）酵素としてしか切断できない．

＊3.2　Josiah Willard Gibbs
Josiah Willard Gibbs（図 3.2.1）はアメリカの偉大な科学者の一人である．彼は多くの化学系熱力学（いうまでもないが，とくに自由エネルギーや利用可能エネルギーの分野において），ベクトル解析，先進の統計力学を考案してきた．彼はとても内向的な性格で，また彼の著作は明らかに難しく，読みづらい．彼は"数学者は自分の好き勝手をいえるが，物理学者は，少なくとも部分的には分別がなければならない．"（Wikipedia より）と記している．

図 3.2.1
Josiah Willard Gibbs．（Wikimedia Creative Commons より）

図 3.5
二量体酵素はアロステリックに影響する因子によって単純に進化する．もし活性部位が二量体の界面であるとすれば，そのようなアロステリックリガンドは界面のほかの部位に結合し，構造を変化させて活性部位に影響する．

第 2 章でも述べたように，2 つのドメインの界面に活性部位が配置されることで**アロステリック** allosteric 効果の可能性も生み出している．すなわち固いドメイン構造を維持したままでドメインの界面を変化させることによって，広い範囲でドメイン間の結合部位とドメイン同士のつながりを直接的に生み出している（図 3.5）．これからこのことをより詳細にみていく．一般的にオリゴマー化によって，結合部位を増やすような進化が容易になる．

たとえばこれまでみてきた二量体であるトリオースリン酸イソメラーゼ triosephosphate isomerase を 1 つの例とする．界面にあるループを短くすることによって二量体を単量体に変える操作をしたとき，単量体の活性は二量体よりも低くなる．なぜなら通常基質に結合しているループは二量体を形成しているときよりも単量体を形成しているときの方が，より不規則な構造をしているからである [10]．この例は活性部位の詳細な構造および挙動が二量体界面によって制御されていることを示している．したがって界面のわずかな変化は機能に影響しやすく，進化の過程でアロステリックな機能やそのほかの制御するための変化を生み出すために獲得され，改良を重ねてきたと考えられる．

最後に，酵素の活性部位は通常疎水性であるため，本来は不要なタンパク凝集や非特異的な疎水性分子との結合が起こる傾向がある．これらの現象は，オリゴマーにおいて活性部位が少なくとも部分的に溶媒から遮蔽されていれば起こりにくくなる可能性がある（図 3.6）．

3.1.2 オリゴマー化は酵素機能を改善する

第 5 章でさらに詳細に述べるが，酵素は特異的な結合（すなわちある程度低い K_m）と同時に特異的な基質に対する触媒作用（すなわちある程度高い k_{cat}）を必要とする．これらの結合と触媒作用は通常 2 つのドメイン（オリゴマーの 2 つの単量体間でもあることが多い）の間の界面に位置するアミノ酸によってまかなわれる．したがって，これらのアミノ酸の変異はその残基自身の結合や触媒作用に影響するか，もしくはオリゴマーの相互作用界面にも影響する．そしてさらに結合力やアロステリック効果にも影響する．逆にいえばオリゴマーの界面の変化は結合，触媒作用，アロステリック効果のいずれか，もしくはこれらの組み合わせに影響する．したがってオリゴマー化はタンパク質にさらなる進化への多大なる可能性を与える．

興味深い例の 1 つはアミノ酸脱水素酵素である [11]．ロイシン脱水素酵素（LDH）leucine dehydrogenase とグルタミン酸脱水素酵素（GDH）glutamate dehydrogenase はよく似た反応を行う．すなわち，アミノ酸を 2-オキソ酸へ変化させる酸化的な脱アミノ化 deamination を行う．2 つの酵素はよく似たアミノ酸配列と立体構造をもっている．2 つの酵素間の違いは活性部位における基質結合部位の残基の変異による違いであり，それらはどちらのアミノ酸に結合するかという特異性に影響するが，触媒残基には影響しな

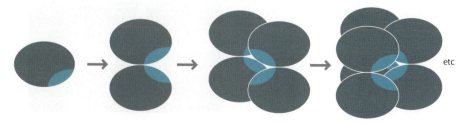

図 3.6
酵素の活性部位は通常，疎水性（シアンの部分）である．これはランダムな二量体化と制御できない多くの凝集を引き起こす．二量体化はこれらの会合を抑制する．

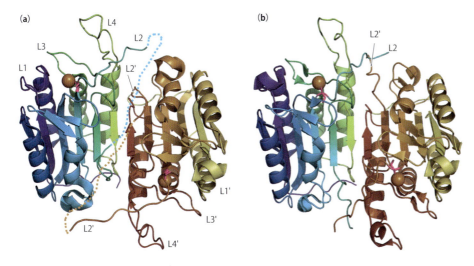

図 3.7
カスパーゼ-7 のタンパク質切断による活性化．(a) 切断されていない前駆体の構造（PDB 番号：1k86）．二量体界面はおおよそ垂直に中心を走っており，1 つの単量体は青色から緑色へ，もう 1 つの単量体は黄色から赤色への色分けをしている．活性部位は Cys 186 でマゼンタのスティックとオレンジのボールで表示しており，ループ 2（L2）の始まりに位置している．基質は L3 による底部と L1 と L4 からできた壁によって形成されたクレフトに位置している．L2 はシステインの位置を決定し，また L4 と接触している．これはとても長いループで酵素の表面を右に走っている．そして結晶中では構造をもっていない．これは電子密度が可視化できないことを意味している．その主鎖がありそうな位置は点線で示している．L2′ ループ（すなわち，もう 1 つの単量体の L2 ループ）の始まりはそれ自体が強固に折り返しており，L2′ は L2 とは相互作用していないことを意味している．(b) 切断された活性化酵素（PDB 番号：3h1p）．切断は L2 内であり，2 つの切断末端がさらに広がり，遊離している．とくにループの始まりはここでは L2′ によって示されているが，もう 1 つの単量体の L2 および L4 と相互作用して安定化しており，切断前とは異なる向きにある．このようにして基質に結合する活性部位を生み出す．よってタンパク質の二量体としての性質はタンパク質分解による活性化の鍵である．ほかのカスパーゼも同様に活性化されると考えられている．

い．しかしながら，もう 1 つの違いは LDH が八量体であり，GDH は六量体であることである．この違いは単量体における界面のパッキングにわずかな違いを引き起こし，基質結合ポケットの形状に変化を生じる．それゆえに結合特異性に影響を与える．したがって結合特異性は基質結合部位でのアミノ酸の種類だけではなく，四次構造によっても決定される．チロシン tRNA 合成酵素やトリプトファン tRNA 合成酵素においても同様の結果が得られている [12]．

単量体では基本的に不活性であるが，オリゴマーにおいてのみ活性をもつ例は多くの酵素にある．もっとも重要な例は**カスパーゼ** caspase である．カスパーゼはアポトーシス apoptosis 機構の中心的な分子であり，細胞死へと導く不可逆なタンパク質分解を開始する．不適切なカスパーゼの活性化は不要なアポトーシスを生じるので，そのプロセスは厳密に制御されている．この制御の 1 つの方法として，カスパーゼは二量体においてのみ活性を示すことが挙げられる．活性部位は複数のループ構造によって構成されており，活性化前駆体のループ部分のプロテアーゼ切断によって活性部位が形成される．この活性化された二量体は非対称で，片方の単量体の切断されたループは活性部位を形成しており，もう一方の切断されたループ構造によってその活性部位がもち上げられているが，この活性構造を支えるためにはそのループ構造が大きく移動しなければならない（図 3.7）[13]．

3.1.3 オリゴマー化は対称的な二量体を形成する

二量体は 2 つの単量体によって形成されるが，通常それは対称的である．もしタンパク質の基質やリガンドが対称でなければ，この二量体の対称性には利点がない．しかし，本章の後半で詳しく述べるが，DNA に結合するタンパク質の多くはパリンドローム palindrome 配列（回文配列）に結合するときにこの対称性を利用している．

異なったタイプの対称性があることにも注意する必要がある．とくにタンパク質の単量体同士は面対称的に相互作用してヘッドツーヘッド head to head で，もしくは輪を形成するようにヘッドツーテイル head to tail で会合しているかもしれない．ヘッドツーヘッドはオリゴマー内で偶数個の単量体から，ヘッドツーテイルは偶数もしくは奇数個の単量体から形成される．とくにヘッドツーヘッドは進化しやすいので，ヘッドツーテイルに比べて 10 倍程度よくみられるオリゴマー形成機構である．それは偶数個の単量体を含むオリゴマーが，奇数個の単量体を含むオリゴマーよりもかなり一般的なオリゴマー形成機構であることによる [14]．

3.1.4 遺伝情報伝達のエラー，効率およびリンカーは説得力のある理由ではない

上記で挙げた利点は二量体タンパク質にもリンカーでつながった 2 つのドメインを含む単独のポリペプチド鎖にも当てはまる．第 2 章でみてきたように，リンカーでつながっ

た2つのドメインから構成されるモジュールタンパク質は，とくに真核生物によくみられる．モジュールタンパク質はしっかりと構成されたオリゴマーを形成することもあるが，モジュールが完全に，もしくは部分的に独立した形をもち，単独モジュールでの明確なオリゴマー構造は形成しないことの方が多い．したがって，実際には"正しい"オリゴマータンパク質は，単独のポリペプチド鎖よりもむしろ複数のポリペプチド鎖によって構成されていることの方が多い．

　その理由は現在のところ明らかではない．しかし単独のポリペプチド鎖からなるタンパク質の形成には利点があるのは事実である．1つのオリゴマーはその構成要素である単量体から形成されなければならない．混み入った細胞内ではたとえ2つのタンパク質の転写産物が同じmRNAから素早く連続的に産生されたとしても，2つの単量体が互いを見出すことは非常にやっかいな問題である．真核細胞は原核細胞よりサイズが大きいので，とくに真核細胞においては大きな問題である．このことは，真核生物において2つのポリペプチド鎖よりも単独のポリペプチド鎖から形成されるオリゴマータンパク質が見つかりやすい理由の1つかもしれない．

　2つの別々のポリペプチド鎖に関する議論には，転写や翻訳の際のエラーに関係しているものもある．2つのドメインからなるタンパク質の長さは，単独のドメインからなるタンパク質の長さの2倍に等しい．よって転写や翻訳の際のエラーが起こる機会は2倍に増える．翻訳においてエラーの起こる割合は真核生物と原核生物で異なるが，ほぼ4,000アミノ酸に1回である．したがって200アミノ酸の単独ドメインタンパクでは20個のタンパク質に1ヵ所のエラーが含まれ，400アミノ酸の2つのドメインからなるタンパク質では10個のタンパク質に1ヵ所のエラーが含まれる．ほとんどのエラーは機能には関与しないが，一部はそうではない．もしエラーがドメインの機能を損なうとすると，2つのドメインからなるタンパク質の場合には全体の機能を損なうことになるが，2つに分離したうちの1つのドメインの場合にはただ1つのドメインの機能を損なうだけである．したがってエラーの影響は1つのドメイン構造の場合の方が深刻ではない．それに加え，エラーを正すときに消費するエネルギーも1つのドメイン構造の方が少なくて済む．なぜなら細胞は正しくない1つのドメインをつくるのにエネルギーの半分を浪費するだけでよいからである．また，転写校正機能と翻訳後の調節機構がすぐれているので，長いポリペプチド鎖をもつ真核生物にはわずかだが利点がある．

　ドメイン間のリンカーにも理由がありそうである．上に述べたように，オリゴマータンパク質の大きな利点はドメイン間の界面が柔軟に変化することであるが，リンカーは必然的にこの柔軟性を制限してしまう．この問題は，細胞が長いリンカーをつくることで対処可能であるが，長いリンカーには構造をもたないペプチドとして認識されて分解されたり，ほかのタンパク質との不要な相互作用に関与したりするなどの問題がある（図3.8）．

　2つの相同な単独のドメインからなるタンパク質は，2つの連続したドメイン構造をもつタンパク質よりも"遺伝子をコードする効率"がよくなる．すなわち，タンパク質は長さを半分にしてコードするので，そのゲノムをより短くすることができるということであ

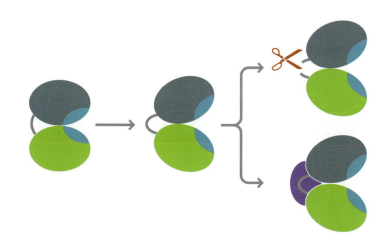

図3.8
リンカーでつながれた2つのドメインをもつタンパク質では，ドメイン界面の構造変化がリンカーを緩めるので分解が起こりやすくなったり，リンカー部分に不要な相互作用が生じたりする問題がある．

る．しかし，ほとんどの生物ではこれは重要な問題ではない．なぜなら真核生物ではほとんどの DNA はタンパク質をコードしていないからである．タンパク質や RNA をコードしている DNA や明確な調節的役割をもつ DNA は全体の 2 % 以下である．原核生物は基本的に 15 % 以下しかゲノムに "不必要な（ジャンク）" DNA をもっていないが，そうであってもゲノムサイズを小さくするような進化圧はあまり受けていない．しかしながら，ある原核生物はゲノムサイズを小さくするために明らかに相当の進化圧を受けている．顕著な例はもっとも小さいバクテリアのゲノムであるマイコプラズマ Mycoplasma genitalium で，それらは霊長類の尿路に存在し，合理的に素早くそのゲノムを複製する．マイコプラズマはゲノムを 580,000 塩基，482 の遺伝子に縮小している．しかしながら，この小さな生物でさえも約 20 % の遺伝子は必須ではなく，ゲノムの 12 % はコードされていない（もちろんその部分は必ずしも "ジャンク" ではない [15]）．したがって，ほとんどの生物において，遺伝子をコードする効率はタンパク質構造に関連する要因とはならない．

その例外はウイルス virus である．ウイルスは DNA を効率的に利用するために相当の進化圧を受けている．たとえば代表的なウイルスである B 型肝炎 hepatitis B ウイルスは 3,182 個の核酸からなる [16]．そのゲノムは 4 つのポリペプチドをコードする（図 3.9）．すべての核酸はタンパク質のコードに用いられているが，加えてゲノムの 1,583 塩基（50 %）が 2 回，しかも異なったコドンフレーム（読み枠）で使われている．そして通常ウイルスの殻は多数の同じタンパク質がオリゴマーを形成することによって形成されているが，興味深いことにウイルス殻タンパク質の会合はしばしば三次元的なドメインスワッピングにより仲介されている（ドメインスワッピングに関しては第 2 章で述べた）．これはドメインスワッピングがタンパク質のサイズを大きくすることなしに強い相互作用を得られることや，ウイルス殻の形成にみられる準等価的な接触に適応するのに必要な柔軟性があることをも示唆している [17]．

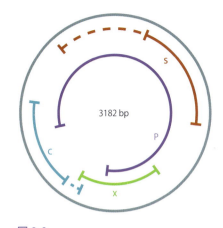

図 3.9
B 型肝炎ウイルスのゲノム構造．ウイルスのゲノムは 4 つのみタンパク質をコードする．このうち 2 つはプレ領域（点線）をもっている．重なった配列が異なるリーディングフレームとなっている．

3.2 アロステリー

3.2.1 多くの酵素はアロステリックではない

アロステリック allosteric な特徴をもつためにタンパク質がオリゴマーである必要はないが，オリゴマー化は確かにアロステリックへの進化を単純にし，事実多くのアロステリックタンパク質はオリゴマーである．なぜならアロステリーには活性部位の構造に影響を与えるような場所へのリガンドの結合が必要となるからである．基質結合とリガンド結合の両方の部位がドメインの界面にあるならば，オリゴマーを形成することがアロステリーにとってもっとも単純な方法である（図 3.5）．最近の総説ではアロステリック酵素に関するたくさんの例があり，ほぼすべての場合のアロステリック効果はこの方法で働いている [18]（このルールの例外としてヘキソキナーゼはアロステリックでも単量体である．しかしながらその単量体は祖先タンパク質の内部重複からつくられており，事実上は二量体である．その興味深いアロステリック機構のモデルは Aleshin らによって報告されている [19]）．

相対的にアロステリーはそれほど一般的ではなく，すべての酵素がアロステリックな制

> ***3.3　流動**
>
> 代謝経路の詳細な数学的な解説は 1960 年代後半から Kacser らの考え方から起こり，一般的に代謝制御分析として知られている．これは 2004 年に出版された A. Cornish-Bowden の本に記述されている（Fundamentals of Enzyme Kinetics, 3rd ed. London: Portland Press, 2004）．たとえば，経路を通る流れ flux（flow）が決定されるときの酵素の重要性は 0 と 1 の間の制御定数によって特徴づけられる．すべての酵素は 0 ではない制御定数をもっており，これは厳密にいえば "律速段階" のようなものがないことを意味している．なぜなら，すべての酵素は経路での流れ flux において何らかの役割をもつからである．たとえば，大きな制御定数をもっている酵素の速度の増加はシステムのほかの酵素の制御定数を変化させる．しかしながら，酵素のうちのいくつかはほかの酵素よりも重要であり，実際多くの場合には，律速段階に効果のある酵素がおそらく存在していると思われる．

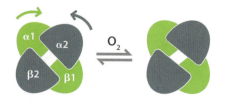

図 3.10
ヘモグロビンは α_2-β_2 の四量体であり，2 つの αβ ペアからできている．酸素の結合によって 1 つの αβ ペアに対してもう 1 つの αβ ペアが回転する．

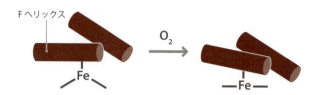

図 3.11
還元型のヘモグロビンにおいて，ヘムの中心の Fe^{2+} イオンはヘム環の内部にはまるにはわずかに大きいので少し上部に配置され，ヘム平面は曲がっている．酸化型のヘモグロビンでは Fe-N の結合がわずかに小さく，Fe^{3+} イオンはフラットなヘムの中にはまることができる．したがって酸化によって鉄原子は約 0.6 Å 移動する．ヘムは F ヘリックスのヒスチジンと結合しており，F ヘリックスを同じくらい (1.0 Å) 引き下げる．この動きはほかの部分でのレバーのような大きな動きに変換され，とくに F ヘリックスが隣の C ヘリックスとパッキングするときに影響する．

御をもつ必要はない．ほとんどの反応はできるだけ速く進行し，生合成経路上の一連の酵素群に関してはそのうち 1 つの酵素が制御をすればよい．なぜなら，この酵素が全体的な生合成経路の **流れ flux**（*3.3）を変えるための制御装置として働くからである．筆者は酵素のアロステリックな制御の系統だった検証に詳しくないが，Laskowski ら [18] はさまざまなアロステリック酵素が，とくに高生産的で重要なアミノ酸の生合成の経路の開始点に存在していることを述べている．これは大いに理にかなっている．なぜなら生合成経路は代謝において相当な労力を払うために，細胞が生合成経路を制御できるようになることは有用であるからである．第 10 章で多酵素複合体 multi enzyme complex と呼ばれる大きく複雑な装置をみることになるが，それはおそらく同じ理由で，もっともコストのかかる生合成経路においてのみみられる．

3.2.2 ヘモグロビンはアロステリーの典型例である

ヘモグロビン hemoglobin の機能は酸素分圧が高い肺で酸素に結合し，結合した酸素を酸素分圧の低い筋に輸送することである．ヘモグロビンの構造は Max Perutz (*11.13 参照) により 1960 年に決定されており，その構造を基にしたアロステリーの以下の説明がこれまでのところ最良のモデルといえる．ヘモグロビンはおおまかにはミオシンの単独ドメインが四面体になって形成したオリゴマーである．実際には 2 つの α 鎖と 2 つの相同な β 鎖が 2 つの αβ のペアを組んで形成しており，α 鎖とそのパートナーの β 鎖の間の相互作用（すなわち α_1-β_1 と α_2-β_2）がそのほかの相互作用より強固に多数存在している（図 3.10）．酸素の結合はヘモグロビンの四量体の構造変化を引き起こし，それに伴って αβ のペアはもう 1 つのペアに対して約 15° 回転する（図 3.10）．これは詳細な分子構造を用いてよく記述されるが，実際にはこの変化は単純なモデルを用いて比較的簡単に（そして願わくはより教育的に）考えられている．

ヘム環の中心にある鉄への酸素の結合は，ヘム環の構造に非常に小さな変化をもたらす．なぜなら基本的に酸素が結合した鉄は酸素が結合していない鉄よりも小さくなり，平らになったヘムの中心にきちんとはまり込むからである（図 3.11）．その後この変化はヘムに近接した F ヘリックスに伝わり，ヘリックスがより強固なユニットとして動き (1.3.2 項参照)，F ヘリックスの末端では 2.5 Å の位置まで構造変化を拡大する "レバー" として働く．またタンパク内部の強固なパッキングは，界面には 2 つの安定なコンフォメーションしか存在しないことを意味している．これらは第 1 章に記した "溝にはまり込む突起" 原理によって決定されている．一度ヘリックス F によって形成されたレバーが十分に離れるように移動すると，α_1 サブユニットのヘリックス F と β_2 サブユニットのヘリックス C のヘリックス-ヘリックス相互作用面が（そして α_1 サブユニットのヘリックス C と β_2 サブユニットのヘリックス F 間の対応する相互作用面も同様に）接触し，もう 1 つのコンフォメーションへスライドする（図 3.12）．それぞれのコンフォメーションにおいてその構造は単

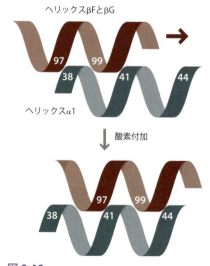

図 3.12
α1 鎖のヘリックス C と β2 鎖のヘリックス F/G のターンとの相互作用界面は 2 つの方法のうちの一方で，穴に入るノブのように互いに合わさる．F ヘリックスのシフトはある配置からほかの配置への変化を起こす．それぞれの配置は水素結合によって安定化されている．

*3.4 熱力学的回路

自由エネルギーはいわゆる状態関数であり，ある状態からほかの状態へ進むときの自由エネルギー変化がその経路に依存していないことを意味している．これは2つの経路によって進む可能性がある反応を表す際にとても役に立つ考え方である．自由エネルギーの変化は両方の経路で同じであり，ある自由エネルギーから相関するほかの自由エネルギーへの変化を便利な差し引きで表すことができる（図3.13）．熱力学の変数の多くは状態関数であり（たとえばエンタルピーとエントロピー），これは熱力学的回路が状態関数の変数に対して組み立てることが可能であることを意味している．

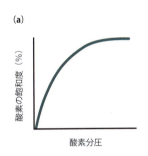

図3.13
酸素結合と構造変化のエネルギー的つながりを説明する熱力学的回路．

量体の間の一連の水素結合によって安定化されており，もちろんそれぞれの水素結合は酸素結合型と酸素解離型で異なっている．

1つのサブユニットの鉄原子への酸素の結合と，そのサブユニットと逆の αβ ペアーにある隣接したサブユニットが接している界面の位置との間にはエネルギー的につながりがある（たとえば α_1 と β_2 である．複合体中の対称性のため，ほかのサブユニット同士の界面においても同じである）．一度酸素が結合すると変化した界面が安定化される．これは**図3.13**のように**熱力学的回路 thermodynamic cycle**（*3.4）を使って描くことが可能である．サブユニット1は酸素に結合する（Fe_1^+ で表す）か，もしくは結合しない（Fe_1^- で表す）可能性があり（ここでの下付き文字はドメイン1を示し，＋，－の印は酸素が結合しているかどうかを示す），また一般的にはT（tense：緊張型），R（relaxed：弛緩型）と記述されている2つのコンフォメーションのうち一方の界面をもつことができる．したがって，図に示される4つの状態のうち1つが存在する可能性がある．これまでみてきたことは酸素が結合すると（段階1，Fe_1^- が Fe_1^+ となる），T型からR型へより好ましい形に変化することである（段階2）．しかしながら，T型，R型によって表される界面はもちろん2つのドメイン間の界面である．したがって，ほかのドメインでは酸素が存在しないで，T型からR型への変化が起こっている（段階3）．段階1と2を経由していようが段階3と4を経由していようがトータルのエネルギー変化は同じでなければならないので，これは必然的にほかのドメインにおいては酸素の結合がより好ましくなることを意味している（段階4も同じことであるが，ここで意味しているのはドメイン2において起こることであり，Fe_2^- から Fe_2^+ への変化である）．そして対称性によって，同じことがほかの酸素に関しても起こる．

したがって，あるドメインへの酸素の結合は，ほかのドメインへの酸素結合を促進することになる．また，この作用は累積的な作用であるため，3つ目の酸素がより結合しやすくなるようにこの変化が起こり，4つ目はさらに結合しやすくなる（4つ目の酸素は最初の酸素より 100～1,000 倍強く結合する）．これは酸素の結合曲線をミオグロビンにみられるような通常の飽和曲線から，シグモイド型の曲線へと変化させる（図3.14b）．これはもちろん生理学的に非常に大きな利点である．なぜなら肺の中で通常みられる酸素分圧ではほとんどのヘモグロビンが酸素に結合しており，一方で筋の中での酸素分圧では酸素はほとんど結合していないからである．したがってヘモグロビンは4つの酸素を満載して運ぶことができる．これはミオグロビンには当てはまらず，はるかに少ない酸素しか運搬できない．

3.2.3 ヘモグロビンの酸素への親和性はほかのエフェクター分子によって微調整される

酸素結合曲線はさらに2つのアロステリックエフェクター allosteric effector によって変わってくる．2つのエフェクター（ビスホスホグリセリン酸（BPG）bisphosphoglycerate と水素イオン（H^+））がドメイン間の界面に結合することは驚くべきことではない．BPGは4つのドメイン間の中心にある穴に結合する．水素イオンは多数の部位に結合し，そのうちいくつかはドメイン界面上に存在する（しかし，そのほかは界面ではない）．水素イオンの結合（すなわち低い pH への変化）は結合曲線を右にシフトさせる．これはボーア効果 Bohr effect として知られている（発見者 Christian Bohr の名前がつけ

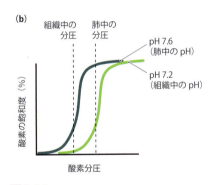

図3.14
ミオグロビンとヘモグロビンの酸素飽和曲線．(a) ミオグロビンは典型的な非協同的飽和曲線である．(b) ヘモグロビンは協同的な，シグモイド曲線である．これは肺と筋の間の酸素分圧の比較的わずかな差が，酸素の結合においては非常に大きな差となることを意味している．肺の高い酸素分圧ではヘモグロビンは酸素によってほぼ完全に飽和されている（右の点線と青色の曲線の交点）が，組織の低い酸素分圧ではほとんどすべての酸素が放出される（左の点線と緑色の曲線の交点）．pH の効果については 3.2.3 節で解説する．

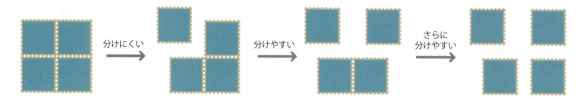

図 3.15
切手を4枚綴りのシートから切り離すとき，それぞれつながった切手は次第に分けやすくなる（各切手に対して2倍ほど）．これはオリゴマータンパク質のアロステリックな挙動に似ている．

られている．彼は原子物理学者の Niels Bohr の父である）（図 3.14b）．活発な筋組織の呼吸は CO_2 を生み出し，CO_2 は血液に重炭酸（HCO_3^-）として溶解する．すなわち，

$$CO_2 + H_2O \rightleftharpoons H^+ + HCO_3^-$$

の式にしたがって水素イオンを生み出す．よって呼吸している組織付近の pH は肺付近よりも低くなり，ボーア効果によって大量の酸素を組織に運ぶことが可能になる（ヘモグロビン四量体につき1つ以上の酸素を運んでいることになる）．

　BPG は（酸素に結合していないヘモグロビンに対して選択的に結合することで）酸素に対するヘモグロビンの親和性を減少させる．それは有用な生理的制御因子であり，高所適応の原因にもなる．高所では BPG の濃度が増加し，（とくに組織での）酸素への親和性が低くなる．その結果，より多くの酸素が組織で解離する．BPG はそのほかの生命維持に関する生理的な現象にも関与している．胎児は母親の血液から酸素を得る必要がある．よって胎児のヘモグロビンは母親のヘモグロビンよりも酸素へ高い親和性をもっている．これは胎児のヘモグロビンは β サブユニットが γ サブユニットに置き換わり，$α_2γ_2$ 構造をもっていることに起因する．この形は BPG によって同じようには制御されず，酸素に強固に結合する．

　ここに示すアロステリックな挙動（酸素が結合するにつれて，結合がより強くなる）のモデルは『Stryer 生化学』の旧版で，4枚の切手からなるシートから切手を1枚ずつ外していくことに例えて的確に示されていた（残念なことに最新版からは除かれている）（図 3.15）．最初の切手を外すにはサブユニット間の相互作用を2つ壊す必要があり，これは難しい．2つ目の切手では壊すべき相互作用は1つであり，より簡単である．また，3つ目の相互作用は1ヵ所を壊すだけで2つの切手を得ることができるので2倍簡単である．この例えはいささかこじつけかもしれないが，アロステリーが生み出すオリゴマーの相互作用の価値を説明するには非常に都合がいい．

3.2.4　アロステリーには2つの主なモデルがある

　モデルは事実を単純化する試みである．そして，詳細な部分を気にすることなしに全体像を眺め，よりよい理解へ導いてくれることがある．それゆえにモデルにおいては詳細な部分は必ずしも正確ではない．しかしながら一度モデルの制約を理解すれば，それは非常に強力に理解の手助けをしてくれる．たとえば現在ニュートン力学は高速および高エネルギーでの環境下では再現できないモデルであることが知られている．とはいうものの，ほとんどすべての事象に関して，ニュートン力学は相対論的な計算と同じくらい正確であり，さらに理解を簡単にすることができるため，非常に有用なモデルである．

　アロステリーを理解するうえでもっとも重要なモデルは，多くの構造的および速度論的なデータがあるヘモグロビンを基盤としている．もっとも単純で明確なモデルは 1965 年に Monod, Wyman, Changeux によって提唱されたものであり [1]，その論文は現在でも十分に読む価値がある．MWC モデル，もしくは対称性モデルと呼ばれている彼らのモデルでは，ヘモグロビンは同一のサブユニットからなる四量体であり，それぞれのサブユニットが2つの状態のうちの1つとして存在することができる．そのうちの1つの状態は T（tense：緊張型）で酸素への親和性が低く，もう1つは R（relaxed：弛緩型）で酸素への高い親和性をもっている（図 3.16）．R 状態への親和性は実際ミオグロビンと同じである．アロステリーはオリゴマーではないミオグロビンの親和性よりも，T 状態での**弱い親和性 weaker affinity**（*3.5）から生じる．なぜなら，T 状態では単量体間の相互作用が酸素の結合を邪魔するからである．ヘモグロビンは常に対称であり，それはヘモグロビンの単量体が4つのT状態もしくは4つのR状態を含んでいることを意味している．T 状態で

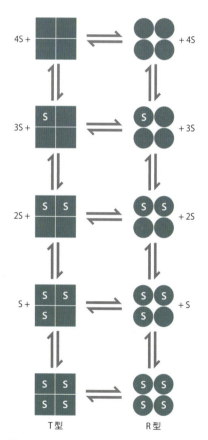

図 3.16
四量体タンパク質へのリガンド結合のMWCモデル．Sは基質，TとRはそれぞれ緊張型および弛緩型を示す．Tはサブユニット間の相互作用がRよりも多い．TはSが存在していないときの主要な形である．Rは基質に対してTよりも高い親和性をもっているので，基質が存在するときにはR型になるように平衡をずらす．

> ***3.5 弱い親和性**
> 本書ではミオグロビンからヘモグロビンへの進化で起こったアロステリックな修飾は，T状態の酸素の親和性の減少に対応していると記述している．これは親和性や活性に関して増加より減少の方により進化しやすく，実際，すべての制御に関わる相互作用は活性が増加するより減少する方に対応している．たとえばエキソソーム内では活性が減少するRNAハイドラーゼの活性変化について記述した9.2節と比較してみよ．

は単量体間にたくさんの相互作用が存在する（このことはなぜこの状態が tense と呼ばれているか，また酸素がない状態においてとりやすいコンフォメーションであるかを意味している）．そのときヘモグロビンは T_4 と R_4 状態間の平衡状態である．それぞれの酸素が付加されるにつれて酸素の結合は R 状態を安定化し，そして全体的な平衡は完全に酸素が結合した R_4 状態へと徐々に向かっていく．

　MWCモデルはとてもシンプルである．必要なパラメータは3つ（それぞれの状態への親和性と2つの状態の相対的な安定性）で，ほとんどの実験データを説明でき，また簡単な方法でどのように活性化因子や抑制因子が作用する（R状態もしくはT状態を安定化したり，もしくはそれぞれの状態に結合したりする）かを説明できる．

　しかし，このモデルはすべてを説明できない．このモデルは中間状態や非対称な状態が存在できないという前提があったが，そのような状態は実際には明らかに観察されていた（そして実際にヘモグロビンは4つの同じ状態のサブユニットから形成されておらず，詳細には MWC モデルは"間違い"である）．加えて，それぞれの基質を加えることによって，基質の親和性がさらに下がっていく負の協調性 negative cooperativity が説明できない．負の協調性はヘモグロビンではみられないがほかのタンパク質では実際に存在する．

　まもなく Koshland ら [20] は，KNF もしくは連続モデルと呼ばれるモデルを提唱した．

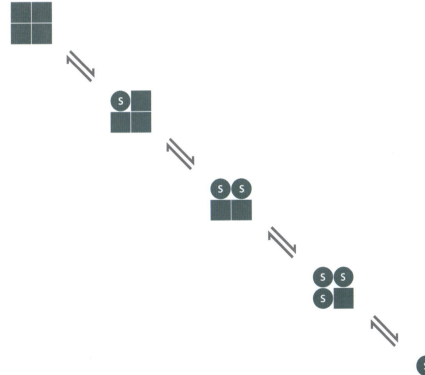

図3.17
四量体タンパク質へのリガンド結合に関する連続モデル，もしくは KNF モデル．

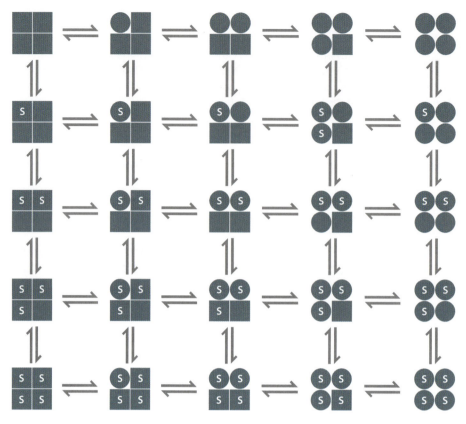

図 3.18
四量体タンパク質へのリガンド結合に関する一般的な機構図．これには特別な場合としてMWCモデル（対称性モデル）やKNFモデル（連続モデル）も含まれている．MWCモデルは左と右の列だけのモデルであり，連続モデルは対角線上のモデルである．

このモデルは対称的な四次構造を必要としない代わりに，1つの単量体への酸素の結合によってT状態からR状態へ**誘導適合** induced fit が起こり変化していく連続的な過程としての結合に対応するモデルである（図 3.17）．そのような場合，隣の分子や基質に対応して単量体の親和性が変化する．また，酸素結合部位に酸素が結合していくにつれて増える親和性を説明することもできる．このモデルはMWCモデルほど単純で明快なものではないが，負の協調性を説明でき，MWCモデルよりも実用的である．また，MWCモデルと同様にヘモグロビンの種々の実験結果を説明できる．

まもなくこれら2つのモデルは総合的な図（図 3.18）を単純化したものであることが，1967年にノーベル賞を受賞したEigenによって示された [21]．すなわち，MWCモデルはこの図の左と右の端だけを使ったモデルであり，KNFモデルはその対角線を使ったモデルである．

これは完全なモデルがよいということを意味するのだろうか．確かにより完全なモデル（図 3.18）が必要な状況はある．しかし，多くの場合においてMWCモデルはもっとも理解しやすく，データを完全といっていいほどよく説明できるモデルである．欠点があることに注意する必要はあるが，ほとんどの場合においてこのMWCモデルは"ベスト"である．

3.2.5 グリコーゲンホスホリラーゼはアロステリーのもう1つのよい例である

古典的なアロステリーの別の例はグリコーゲンホスホリラーゼ glycogen phosphorylase（通常は単にホスホリラーゼとして知られている）である．グリコーゲンは体内のグルコースの主な貯蔵源を形成しており，分解され，再構成されることにより継続的に血液中のグルコースレベルを一定に保つ役割がある．ホスホリラーゼはグリコーゲンからグルコースユニットを切断するので，血液のグルコースレベルの制御に不可欠な酵素である [22]．

$$\text{グリコーゲン}_n + P_i \rightleftharpoons \text{グリコーゲン}_{n-1} + \text{グルコース-1 リン酸}$$

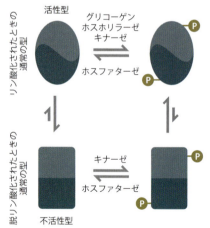

図 3.19
グリコーゲンホスホリラーゼのリン酸化は2つのとりうる構造間の平衡を変え，活性構造に平衡を寄せるので，活性は顕著に上昇する．グリコーゲンホスホリラーゼはホスホリラーゼキナーゼによってリン酸化される．ホスホリラーゼキナーゼはcAMP依存的プロテインキナーゼによってリン酸化され，活性化される．エピネフリン（アドレナリン）が引き金となる受容体の活性化の結果，cAMP濃度が上昇してcAMP依存的プロテインキナーゼは活性化される．よってエピネフリンは"闘争か逃走か"の反応にかかわらず，細胞内のグルコースを増加させる．

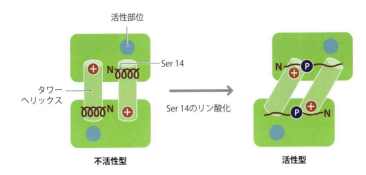

図3.20
グリコーゲンホスホリラーゼのSer 14のリン酸化による活性化のしくみ．リン酸化は負電荷を生み出し，もう1つの単量体のタワーヘリックスの正電荷に引き寄せられる．これによりN末端のヘリックスがほどけ，タワーヘリックスに向けてN末端が延び，タワーヘリックスがずれる．こうして活性部位のカバーが外れ，酵素が活性化される．

　この酵素はリン酸化によって制御される．すなわち，グリコーゲンホスホリラーゼキナーゼおよびホスファターゼが，リン酸化状態をコントロールする．酵素は非リン酸化状態では活性が低いが，リン酸化状態では活性が高くなる．これはリン酸化によって生じる構造変化によって起こる．そのリン酸化に関しては図3.19に概略を示した．また一方では，図3.20に示したやや詳細な構造をみることによって，この変化を仲介するホモオリゴマー化の役割を理解することができる．
　ホスホリラーゼは二量体である．ホスホリラーゼは"タワーヘリックス"と呼ばれる一方の単量体から突き出てもう一方の単量体に接触するヘリックスをもっており，これが2つの単量体間の主な接触部位である[23]．リン酸化されるアミノ酸はSer 14で，この部位は非リン酸化状態では規則正しい構造をもっている．非リン酸化型は本質的には活性部位の入り口がタワーヘリックスによって遮られているという構造的な理由で不活性である．Ser 14がリン酸化されると，負電荷によりタンパク質のN末端の構造が壊れ，負電荷のリン酸基が約36Å移動する．さらにもう一方の単量体のタワーヘリックスにあるタンパク表面の正電荷部分がこの負電荷に結合する（図3.20）．この結果，タワーヘリックスが動いて，単量体のスライドが起こる．したがってそこには主に四次構造の変化があるが，とりわけ2つの単量体間の界面において三次構造のいくらかの変化も必要である．タワーヘリックスは傾き，活性部位が露出することで活性型のホスホリラーゼとなる．
　ホスホリラーゼは実際にはこの単純な図よりも複雑である．なぜならその活性はアロステリック制御因子によっても制御されるからである（章末の問題4参照）．
　このレベルでみたときに，活性化メカニズムは単純な位置構造の変化である．これは少し単純化しすぎであるが，本質的である．タンパク質が2つの独立して動く部位もしくはドメインをもっている限り，同様のメカニズムは単量体タンパク質でも起こる可能性がある（図3.21）．そして本質的にはこのことがリン酸化によって制御されている種々のタンパク質システム（たとえば第8章で述べるような二成分シグナル伝達系など）で起こっている．では二量体化の利点は何であろうか．さらに刺激的で，すこし擬人的な言い方をすれば，なぜ自然は単量体でも作用できるのに，複雑な二量体系に進化するような困難にわざわざ向かっていくのだろうか．その答えは，もちろん単量体でも作用するが，それが効果的であるとはいえないからである．とくに単量体では協同性が低く，"on"と"off"の切り替えはシャープになりにくい．次節ではこの重要な挙動の理由について考察する．
　古典的な例であるアスパラギン酸トランスカルバミラーゼのアロステリックな変化はここで述べたホスホリラーゼと似ているが，触媒ドメインと制御ドメインの三量体から構成される2つの対称的な部位の半分がレバーのように回転するので，より複雑である[24]．

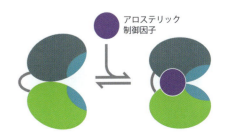

図3.21
2つのドメインをもった（しかし単量体である）酵素のアロステリックの機構．

図 3.22
第 8 章で述べる典型的なバクテリアの二成分シグナル伝達系.上のドメイン(レシーバードメイン)のリン酸化は構造を変化させ,下のドメイン(エフェクタードメイン)の解離を引き起こす.このドメインは二量体化し,DNA に結合する.

3.3 二量体による DNA への協同的な結合

3.3.1 協同性は熱力学を使うことで理解される

すでに述べたように,なぜ二量体システムは潜在的に協同性をもっているのだろうか.単純な二量体系である細菌の二成分系 two component system(8.2.8 項参照)を例にして考えてみる.このシグナル伝達系の下流端の重要な部分を図 3.22 に示す.不活性状態ではエフェクタードメインは DNA に結合できない.なぜなら立体的に DNA への結合が妨げられるためである.レシーバードメインのリン酸化はエフェクタードメインの解離を引き起こし,DNA への結合を可能にする.この系は二量体である.なぜこのことがシステムをより協同的にさせるのだろうか.また,ここでいう協同性とは厳密には何を意味するのだろうか.

図 3.23 のようにこのモデルをさらに重要な部分だけに単純化してみることにする.不活性な状態(四角)と活性をもつ状態(丸)があり,タンパク質はこの状態で単量体か,もしくは二量体となることができる.最初の近似では,構造変化に必要であるエネルギー(段階 1 と 3)は 2 つの単量体でも,1 つの二量体でも同じである.なぜならリン酸化の影響を受ける主な相互作用面は 1 つの単量体中の 2 つのドメイン間であるからである.左上から右下へのトータルの自由エネルギー変化はこのループの中のどの道筋を通っても同じでなければならない.つまり,次式が成り立つ.

$$\Delta G_1 + \Delta G_4 = \Delta G_2 + \Delta G_3$$

もし $\Delta G_1 = \Delta G_3$ ならば,これはまた $\Delta G_4 = \Delta G_2$ であることを意味する.つまり,ここまで二量体であることの利点はほとんどない.

二量体であることの大きな利点は次のステップ,すなわち DNA への結合にある.ここでは図 3.24 のような 2 つの可能性を示す.この 2 つの結合様式の違いは二量体中で 2 つのドメインが互いを多かれ少なかれ強固に結びつけているか,いないかである.タンパク質-DNA 間の結合に有利なエネルギーは,双方の結合に関しては同じである(図 3.24 に描いたドメインをつなぐ赤色のリンカー部分の結合は無視する).しかしながら,結合に関して大きく不利になるエネルギーがある.それは結合するタンパク質の並進や回転に関するエントロピーの損失である(2.2.11 項参照).このエネルギーの不利益は単量体および二量体の両方の結合にあるが,それは単量体の方がはるかに大きい.なぜなら単量体では 2 つの分子がそれぞれ動き回っているので,それぞれがその動き,すなわちエントロピーを損失するためである.一方,二量体では 2 つの分子はリンカーによって相対的に多くの動きがすでに失われており,よってエントロピーの損失も少ない.エントロピーとエンタルピー(*3.1)の節で使った言葉を用いれば,二量体における 2 つのタンパク質分子がとれる状態の数は 2 つの単量体の場合よりも少ない.なぜなら二量体中の 2 つの分子は同じ向きで近接するように制限されるからである.この 2 つの場合のエントロピーの損失はエネルギーに変換すると実際には少し低い値になるが,$50 \, \text{kJ mol}^{-1}$ 程度になる可能性がある [25].

このことは協同性をどのように説明するのだろうか.リン酸化のステップは本質的にはスイッチとして作用する.そのシグナルは非リン酸化状態では off,リン酸化状態では on であるべきである.すなわち単量体では DNA と結合しないで,二量体では結合している必要がある.もし単量体で結合し,二量体で解離するのであれば,そのスイッチにはあまり効果がない.結合の度合いは結合した状態と解離した状態の平衡定数で測定するこ

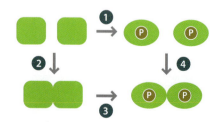

図 3.23
リン酸化による二量体タンパク質の活性化のモデル.これは熱力学的回路(*3.4)として示した.リン酸化された二量体タンパク質は DNA に結合することができる.

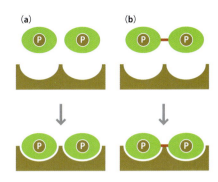

図 3.24
DNA 上での二量体結合部位へのタンパク質の結合．(a) ではタンパク質は 2 つの独立した単量体で DNA と結合する．(b) ではタンパク質は DNA と結合する前に二量体として互いに接触している．

とができる．すなわち，

$$K = \exp(-\Delta G / RT)$$

ここで，ΔG は結合状態と解離した状態の間の自由エネルギー差である（結合定数，解離定数については*5.5 参照）．単量体と二量体の自由エネルギー差である $50\,\text{kJ mol}^{-1}$ は結合定数においては 10^9 倍もの大きな値となる．言い換えれば，二量体としての結合を強くすることでスイッチの機能を 10^9 倍までよくすることができる（すなわち結合する単量体か，もしくは結合していない二量体の割合を減らすことによる）．これが "協同的" という言葉が意味することである．二量体化によって 2 つの部位が一緒に結合することでスイッチはより効果的になる．実際の系ではこのスイッチが完全である必要性はないが（また実際に完全ではない），その可能性はある．

3.3.2 配列特異的な DNA 結合の問題

3.1.3 項に記したように，オリゴマーになることの利点の 1 つは DNA に結合するタンパク質にもみることができる．DNA に結合するタンパク質が直面する主要な問題は，どのように特異的結合部位を認識するかということである．DNA 結合タンパク質が結合部位を見つける通常の方法では，まず非特異的結合を行い，DNA に沿って一次元的に探索する（4.2.3 項参照）．細菌のゲノムの長さは約 10^7 塩基対であり，そのゲノムの中にある 1 つの結合部位だけに結合するタンパク質もある．したがって，もしすべての非特異的な部位にタンパク質が結合した場合，約 10^7 回もの区別によって特異的部位か非特異的部位かを見分ける必要があり，1 つだけの特異的な部位に結合するのにかなりの時間を要することになる．そして，もし特異的な部位へ結合するのにかなりの時間を要するとすれば，もっとよい方法を行う必要がある．すなわち，タンパク質は DNA から解離しない程度に強いが，DNA 上を素早く動ける程度に弱い結合をしなければならない．しかし一度その特異的部位を認識したら，強く結合して，そこに長い時間（たとえば数十分）とどまっておく必要がある（すなわちゆっくりとした解離速度が必要である）．DNA 結合タンパク質は 1 つの塩基から次の塩基に約 10^6 塩基/秒で移動し，主に静電相互作用で結合している．非特異的配列にはとても弱く結合し，その K_d は 1～2 mM である．一方で上記の分析と一致するように，特異的な部位への結合の K_d は約 1 pM であり，10^9 倍程度の非常に強い結合である [26]．よってどのように非特異的な配列よりも強く "特異的" な DNA 配列を認識し，結合するかが主な問題点となる．この問題点はタンパク質の二量体による協同性 cooperativity によってかなり助けられている．

認識する配列を長くすることでタンパク質-DNA 間の特異性を上げることができる．もし DNA 配列がランダムな 4 つの塩基をもつならば，長さ n の DNA 配列では 4^{-n} の確率で，ある配列ができることになる．よって 3 mer の場合にはある配列ができる平均確率は $p = 1/4^3 \fallingdotseq 0.0156$ であり，10^7 塩基のゲノム中には同じ 3 mer の配列が 1.6×10^5 個存在する．4 mer であれば $p = 0.0039$ で 4×10^4 個，6 mer であれば 2,500 個，8 mer であれば 150 個，10 mer であれば 10 個，そして 12 mer であればその配列はゲノム中に 1 個以下存在することになる．言い換えると，ゲノム中にある 1 つの部位を認識するためには，少なくとも 12 塩基が必要である．実際にはそのように単純ではないが，それにもかかわらずこの計算は必要とされる大まかな DNA 表面の大きさを感じさせてくれる．ほとんどのタンパク質がメジャーグルーブ major groove で DNA を認識すること，そしてメジャーグルーブは B 型 DNA では 10 塩基対に一度の周期で存在することを思い出そう．よって 12 mer に結合するタンパク質は，1 回転より多く DNA のまわりを包み込むことが必要である．これはもちろん可能であり，多くのタンパク質が実際に行うことではあるが，そのような配置をとるためにはタンパク質が進化しにくいかなり曲がった結合部位をもつ

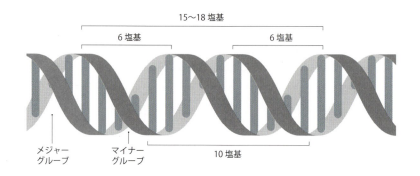

図 3.25
B 型 DNA のメジャーグルーブに結合し，ある面から少なくともトータルとして 12 塩基に結合しなければならないタンパク質は，6 塩基からなる 2 つのグループに結合しなければならない．したがってトータル 15～18 塩基の長さが必要である．

必要がある．

　上で述べたように，ほとんどの DNA 結合タンパク質はさまざまな戦略をもっている．たとえば DNA 結合タンパク質は一方向から DNA を認識する（図 3.25）．これにより DNA のまわりを包み込む必要はなくなるが，また別の問題が生じる．より長い DNA 配列に対して，結合できるタンパク質をどのようにつくるかという問題である．図 3.25 にはおよそ 12 塩基対であるが，ある配列（マイナーグルーブ minor groove）がはさまることで 2 つの 6 塩基配列に分かれており，全部で約 16 塩基対の長さになっている DNA を示した．この問題を解決する答えはもちろん二量体タンパク質を使うことである．これは 2 つの問題をいっぺんに解決してしまう．最初の問題は，今ちょうど議論した，どのように 1 つのタンパク質が連続した約 16 塩基もの配列をカバーするかということである．2 つ目はどのように配列の探索のスピードを最大にするかである．第 4 章でみるように，大きく強固な界面は遷移状態において多くの脱水和が必要であり，とてもゆっくりとした過程で結合する．しかし，一連の小さな過程を経て，柔軟に形を変えられる界面をもつことができれば結合はもっと速くなり，効果的に DNA 上を進んでいくことができる．もし DNA 結合タンパク質が二量体で結合するならば（1 つの単量体として最初に結合し，その後 2 つ目の単量体が結合するか，少なくとも柔軟なジョイント部分をもつ二量体として結合する．よって 1 つの強固なブロックとして結合する必要はない），脱水和した遷移状態に対して界面は半分であるため結合は 2 倍以上速くなる．言い換えると速い探索と強く特異的な結合は柔軟な界面をもった二量体タンパク質によって促進される（図 3.26）．

　さらに高い特異性が要求される場合，2.2.5 項での結合特異性の議論のように，タンパク質は隣接した DNA 配列に相互作用するようなドメインを付け加える．たとえばホメオドメインは成長を制御する転写因子 transcription factor であり，似た配列をもっているものがたくさんある．酵母の出芽タイプは転写因子の MCM 1 か MAT α1 によって決定されるが，それだけでは DNA 結合はとても弱い．結合の強さと特異性はそれらとホメオドメインの MAT α2 とのヘテロ二量体（それぞれ異なった配置をもっている）によって決定される [27]．それらは単量体としては弱く結合するが，ヘテロ二量体としては 2 つのまったく異なった結合様式で特異な DNA 配列ととても強く結合する（図 3.27）．

　二量体としての結合はほかの特徴ももっている．それは第 2 章で述べた，二量体が回転対称をもっており，その認識される DNA も回転対称であるということである．言い換

図 3.26
二量体として DNA に結合するタンパク質．非特異的な結合は弱く，そのためタンパク質は片方の面，あるいはもう 1 つの面でよく解離している．これは DNA とタンパク質の引力を弱くすることで，タンパク質が DNA 上を素早く探索できるようにしているということである．特異的配列への結合はより強いので，二量体中の単量体は両方とも DNA に同時に結合する．

3.3 二量体による DNA への協同的な結合

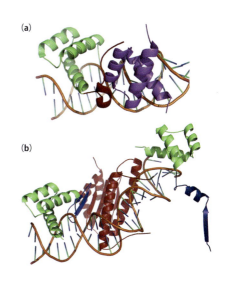

図 3.27
酵母の接合因子である MAT α2 の DNA への結合．両方の例において，MAT α2（緑色）は C 末端のヘリックスがメジャーグルーブへ結合する同じ形式で結合している．(a) MAT α2 はヘテロ二量体として MAT α1（紫色）とともにハプロイド特異的遺伝子の上流に結合し，その発現を抑制している．MAT α2（赤色）の C 末端の延びた部分は，結合していないタンパク質では構造をもっていないが，α ヘリックスを形成し，MAT α1 の疎水表面に対してはまり込む（PDB 番号：1le8）．(b) MAT α2 はまた MCM1（赤色）ともヘテロ四量体としてある特異的な遺伝子の上流に結合し，その発現を抑制する．この複合体では左側の MAT α2 の N 末端の延びた部分（青色）は，結合していないタンパク質では構造をもっていないが，β ストランド状に延びた MCM1 の一部分と結合することで 2 つのストランドから形成されるシート構造を形づくる（*6.2 参照）．MCM1 は二量体として結合し，もう 1 つの単量体も MAT α2 と結合する．しかし，このとき MAT α2 の N 末端の延びた部分は異なる構造をつくり，結晶中で近接したタンパク質と結合している（PDB 番号：1mnm）．両方の例において，ヘテロ二量体の複合体は DNA をかなり曲げている．しかし，単量体の複合体では DNA は曲がっていない．

えれば DNA 配列はパリンドロームである（図 3.28）．これは生体内のほとんどの DNA のアデニンとシトシンが特異的にメチル化されている状況では意味がない．DNA メチルトランスフェラーゼはタイプ I とタイプ II の 2 つの主なカテゴリーに分けられる．タイプ I 酵素はすべて対称的な配列を認識し，また酵素自体が対称的である [28]．対称的にタイプ II のメチルトランスフェラーゼは非対称のへミメチル化された DNA を認識することができ，その場合には対称性は必ずしも必要ではない．

3.3.3 *trp* リプレッサーはヒンジを曲げることで DNA を認識している

trp リプレッサー tryptophan repressor は古典的な DNA 結合様式を示す．これはまた転写制御の古典的な 1 例である．*trp* リプレッサーは大腸菌のようなバクテリアのトリプトファン合成のオペロン operon を制御する．トリプトファンが欠乏すると，*trp* リプレッサーは DNA に結合しない．よってトリプトファンをつくるために必要な遺伝子を発現させる．しかしながら，トリプトファンが十分にあるとタンパク質の構造変化が起こり，DNA に *trp* リプレッサーが結合し，合成を止めてしまう．

trp リプレッサーの構造はヘリックス・ターン・ヘリックス（HTH）helix–turn–helix であり，これはよく知られた DNA 結合構造である．最初のヘリックスは認識ヘリックスと呼ばれており，DNA のメジャーグルーブに結合する（図 3.29）．二量体が DNA と結合するには，2 つの単量体の認識ヘリックスがおおよそ平行で 34 Å 離れることが必要である．なぜなら，これは DNA ヘリックスが 1 回転した距離に対応するからである．トリプトファンがない場合には 2 つのヘリックスは互いに対してねじれており，タンパク質は DNA に結合できなくなっている．

トリプトファンが存在すると，トリプトファンは認識ヘリックスとヘリックス 3 の間にある穴に結合する．これにより構造変化が起こり，2 つの単量体の 2 つの認識ヘリックスが結合のための正しい配向となる（図 3.30）．言い換えれば，二量体界面は同じであるが，2 つのヘリックス間の角度が変化したということである．

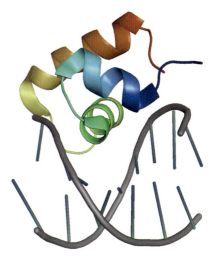

図 3.29
ヘリックス・ターン・ヘリックスリプレッサー，実際には *lac* リプレッサーのヘッドピース（PDB 番号：2pe5）．認識ヘリックス（このモチーフの最初のヘリックス）は緑色の部分にある．このモチーフによる DNA の配列特異的な認識のための暗号があるが [49]，まだタンパク質配列から結合する DNA 配列を予測できるほどしっかりしたものではない．

```
5' ATGACGTCAT 3'
3' TACTGCAGTA 5'
```

図 3.28
酵母の転写因子 GCN4 の DNA 結合部位はパリンドローム（回文）配列である．ある DNA 鎖上の 4 塩基の配列（赤字）はもう 1 つの DNA 鎖上の逆方向から読んだ 4 塩基の配列と同じである．

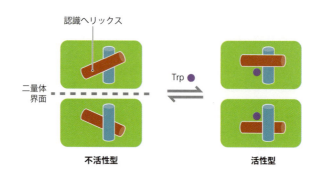

図 3.30
trp リプレッサーの DNA 結合ドメインはトリプトファンがない場合には DNA に結合するためには認識ヘリックスが正しくない角度になっている．トリプトファンの添加によって内部のヘリックスの角度の変化を起こし，認識ヘリックスが平行になり，約 34Å 離れることになる．よって 2 つの隣り合うメジャーグルーブに入ることができる．

3.3.4 CAP は二量体界面を回転させて DNA を認識する

異化遺伝子活性化タンパク質（CAP）catabolite gene activating protein は生化学や遺伝学を学ぶ学生にはなじみのあるものである．なぜなら優先的に利用されるエネルギー源であるグルコースが存在するとき，ラクトースの運搬や代謝に必要な遺伝子の発現を抑える *lac* オペロンを制御する役割をもっているからである（図 3.31）．ラクトースや合成化学物質である isopropyl β-D-thiogalactoside（IPTG）の結合により制御されている *lac* リプレッサーの結合によって，*lac* オペロンの発現は直接コントロールされている．しかしながらこの「スイッチ」はそれほど効果的ではない．結果として発現量は 20 の要因のうちのたった 1 つの要因で変わってしまう．よってこれとは別の選択のメカニズムが必要である．これらのうちの 1 つのメカニズムは 2 つの付加的なオペレーター部位である．1 つは *lacZ* 遺伝子の中にあり，1 つは CAP の結合部位と重なった場所にある（ここでは示していない）．また，第 2 の制御メカニズムは CAP である．付加的な特異性をもたせるために進化した苦心の作であるが，これらの付加的なメカニズムは飾りである可能性がある．しかしながらそこにはリークしないスイッチをもつ DNA 結合タンパク質が多く存在している．そして弱い"第 1 の"スイッチは色々な細胞内環境の変化に対して柔軟に対応しながらバックグラウンドの活動を行う手段をもつためには合理的であるように思える．

グルコース存在下では，CAP タンパク質（CRP としても知られている）は DNA に結合できない．しかしながらグルコースの濃度が下がると，細胞内の cAMP の濃度が増加する．cAMP は CAP に結合し，その構造を変化させ，オペレーター部位の上流の DNA へ CAP の結合を引き起こす．この複合体は *lac* オペロンのプロモーターに結合し，オペロンの転写を始める RNA ポリメラーゼの結合部位を形成する（図 3.31d）．

この場合の構造変化はまた，2 つの認識ヘリックスが平衡になり，正しい距離をもつよ

図 3.31
lac オペロンのはたらき．このオペロンは大腸菌のラクトースの代謝に必要な 3 つの遺伝子を発現する．これはラクトースが存在するときとグルコース（これが優先的に利用される基質である）がないときにのみ必要とされる．（a）オペロンには CAP 結合部位に続いてプロモーター（RNA ポリメラーゼの結合部位）があり，さらにオペレーター部位とそれから 3 つの *lac* 遺伝子，*lacZ, lacY, lacA* と続く．（b）ラクトースがない場合に，*lac* リプレッサーはオペレーター部位に結合し，遺伝子の発現を妨げる．（c）ラクトースがあるが，高い濃度のグルコースも存在する場合，リプレッサーは結合しない．しかし，*lac* 遺伝子は弱く発現する．なぜなら，RNA ポリメラーゼはプロモーターにあまり結合しないからである．（d）ラクトースがあり，またグルコースがない場合，cAMP の濃度が上昇し，cAMP は CAP タンパク質に結合する．これにより CAP が DNA に結合できるようになる．このことはプロモーターへの RNA ポリメラーゼの親和性を上げ，転写速度を大幅に上げることになる．

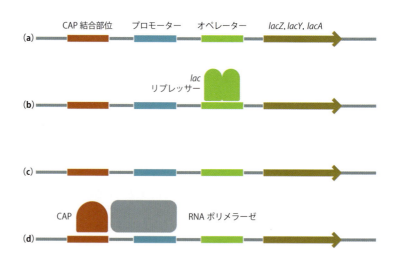

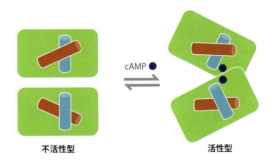

図 3.32
不活性な CAP タンパク質は不活性な trp リプレッサーと似ており，DNA 認識ヘリックスが結合できない向きにある．CAP は 2 つのドメインすなわち二量体化ドメイン（緑色）と 2 つのヘリックスで表した DNA 結合ドメインから構成されている．cAMP の結合は二量体界面の変化を促し，認識ヘリックスを平行にする．

うにするものである．しかしながら trp リプレッサーの場合とは異なったメカニズムで起こっている．CAP は 2 つのドメインをもっている．HTH DNA 結合ドメインとホモ二量体界面を形成して cAMP と結合する第 2 ドメインである（ちなみにそれぞれのドメインは明確な機能を有しており，タンパク質全体の機能は単純にドメインがもつそれぞれの機能の組み合わせによって成り立っていることをもう一度述べておく）．cAMP の結合により，認識ヘリックスが正しい配向になるように界面の構造を変化させる（図 3.32）．

これら 2 つの DNA 結合タンパク質である trp リプレッサーと CAP では全体としては同じ効果が生じる．すなわち，固定されたヘリックスの機械的な回転が 2 本を平行な配向にすることである．しかしながらそれは異なったメカニズムで行われる．すなわち trp リプレッサーは固定された枠組み構造内でのヘリックスの回転であり，一方 CAP も固定された枠組み構造をもっているが，こちらは二量体界面の回転である．それらはまた対称的な二量体を形成する眼鏡とよく類似している（実際には軸対称よりもむしろ面対称であるが）．眼鏡は顔によく合うように配置されなければならない．trp リプレッサーに起こっていることは通常用いる眼鏡に似ている．この方法ではそれぞれの対称の半分にある角を正しい位置に変化させられる（図 3.33a）．もちろんレンズと耳掛けの部分の角度を固定したまま，二量体界面の角度を変える CAP と似たようにできる可能性もある（図 3.33b）．trp リプレッサーまたは CAP の単量体でもそうなるように，眼鏡の"単量体"では十分に結合できないことに気がつくだろう．すなわち二量体は 2 つの別々の単量体よりもより強く結合することができる．これは結合の協同性の重要性を示すよい例である．

CAP の結合は DNA を全体で約 90°の顕著な屈曲を引き起こす．これによりさまざまな効果が得られ，その 1 つは特異性の向上である．これは，この方法で曲げることが可能な配列（TG）が必要となるからである．また，この屈曲は複合体による認識や他のタンパク質の集合を容易にしている．

3.3.5 対称的なロイシンジッパーによる DNA 認識

trp リプレッサーと CAP は両方ともに HTH タンパク質である．DNA を認識するもう 1 つの主なクラスが GCN4 に代表されるロイシンジッパー leucine zipper である．ほとんどの DNA 結合タンパク質のように，GCN4 は "1 つのドメインが 1 つの機能をもつ" 古典的な例である．すなわちロイシンジッパードメインが DNA に結合し，ほかのドメイ

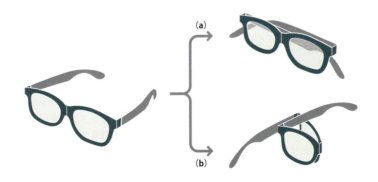

図 3.33
眼鏡のペアを折りたたむ 2 つの方法．(a) 通常の方法．レンズと耳掛けの間で面を曲げる．(b) もう 1 つの方法．ブリッジで曲げる．

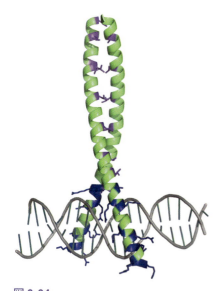

図 3.34
コイルドコイル，Fos-Jun の AP1 二量体（PDB 番号：1fos）．ロイシン残基を紫色で，塩基性残基を青色で強調した．Fos と Jun の配列が似ていることから，このコイルドコイルはほとんど対称であり，GCN4 の対称的な二量体ととてもよく似ている．

ンが転写活性化を引き起こす．

ロイシンジッパーは，進化しやすく制御もしやすいため，オリゴマーを形成するのによく使われる方法である**コイルドコイル** coiled coil 構造を形成する [29]．コイルドコイル構造は 2 つの α ヘリックスから形成され，そのヘリックスは互いに巻きついている（図 3.34）．一般的なヘリックスは 3.6 アミノ酸で 1 回転し，1 つのアミノ酸当たりにヘリックスでは 360°/3.6 = 100°の回転をすることを意味している．それゆえに回転を完全に一致させ，元のスタートの位置に戻すのに 18 アミノ酸 (18 × 100° = 5 × 360°) かかる．しかしながらコイルドコイル構造ではヘリックスはわずかに曲がっており，結果的に 3.5 アミノ酸で 1 回転，7 アミノ酸で 2 回転する．Francis Crick（*1.13 参照）によって最初に示されたように，これはなぜコイルドコイル構造が一般的に 7 アミノ酸リピート（"heptad リピート" という）（図 3.35）であるかを説明している．とくに，配列内では通常記述したときの d の位置には 7 アミノ酸ごとにロイシンが存在する．

そのロイシンはすべてヘリックスの同じ面にあり，2 つのヘリックスはロイシンが並んで，界面に疎水性の列を形成するように互いに巻きついている（図 3.34）．通常 7 アミノ酸の a の位置にある残基は同様に疎水性であり，2 つのヘリックスが接触する手助けをしている．

GCN4 は酵母で見つかった転写因子であり，飢餓応答時にアミノ酸の生合成に関わる多くの遺伝子の発現を制御している．DNA 結合領域の配列は bZip として記述されており，これは塩基性ジッパー basic zipper という意味である．約 7 つのアルギニンと 1 つのリジンを含む 20 個のアミノ酸の塩基性領域があり，ロイシンジッパー領域が続く．DNA と結合していないときには塩基性領域は構造をもっていないが，DNA と結合したときには連続したヘリックスを形成する．そのヘリックスは 2 つのモノマー由来の塩基性領域が DNA のメジャーグルーブに結合し，レスリングのシザーズグリップ（足を相手に巻きつけて，相手を締め上げるレスリングの技）のように DNA をつかんでいる（図 3.34）[30]．

GCN4 は対称的な二量体なので **GATGA**CG**TCATC** という対称的な配列をもつ DNA に結合する．認識される配列は外側の 5 つの塩基対（太字）であり，内側の 2 つの塩基対は外側の間のスペーサーとしての役割がある．これはまた 1 つ塩基対が短い疑似パリンドローム配列 (d(**GATGA**C**TCATC**)．(**GATGA**G**TCATC**)) にも結合する．これは外側の配列は対称であるが中心は対称ではない．ゆえに GCN4 は異なった長さの DNA 構造にも結合できる．2 つの構造ではコイルドコイルは塩基性領域につながったところでわずかに異なった配向をしており，DNA はわずかに曲がっている．結果的にはタンパク質と DNA の相互作用はまったく同じである．

GCN4 は DNA 結合タンパク質の 1 つの大きなクラスを代表する．ロイシンジッパーである GAL4，PUT3，PPR1 の 3 つは bZip タンパク質であり，塩基性領域とジッパー領域をつなぐ短いリンカーをもっている（それぞれ図 3.34 の青色と紫色の領域である）．これ

(a) a b c d e f g
     φ   L

(b)
Fos KRRIRRERNKMAAAKSRNRRRE
Jun KAERKRMRNRIAASKSRKRKLE

Fos LTDTLQAETDQLEDEKSALQTEIANLLKEKEKLEFILAAH
     abcdefgabcdefgabcdefgabcdefgabcdefga
Jun RIARLEEKVKTLKAQNSELASTANMLREQVAQLKQKVMNH

図 3.35
Fos-Jun のコイルドコイルの二量体化．(a) コイルドコイル配列は基本的に heptad リピートから構成される．残基 a は疎水性アミノ酸（φで示している）を，d はロイシンを示している．(b) Fos と Jun の配列．N 末端の配列は強い塩基性（紫色）であり，一方 C 末端の配列は d の位置（茶色）ごとにロイシンを，ほとんどの a の位置（シアン）には疎水性残基を含んでいる．また，2 つの列が空間的に近い e と g の位置（緑色）と逆の電荷をもつペアの出現をハイライトし，以下で議論した（また e と g の位置は図 1.37，ヘリックスウィールは図 1.38 参照）．

らのタンパク質はすべて疑似パリンドローム配列である CGG-N_x-CCG に結合するが，真ん中の塩基数は異なっている．GAL4, PUT3, PPR1 に関して x はそれぞれ 11, 10, 6 塩基の長さである．この違いは単純にリンカーの長さとタンパク質構造に相関している．GAL4 においてリンカー部分は延びた構造になっており，PUT3 においては β シート構造をもっている（あまり延びた構造ではない）．PPR1 では β ターンを形成しており，ゆえにさらに短くなっている [31]．すなわち種々の生物学的な必要性に容易に適応するため，bZip 構造は DNA 結合時の構造モチーフに適応している．

3.3.6 ヘテロ二量体のロイシンジッパーによる DNA 認識

　これまでみてきた二量体はすべて厳密にはホモ二量体であり，すなわち 2 つの同じタンパク質であった．次に複雑さと制御能に関するレベルを引き上げるのはヘテロ二量体であり，二量体中の 2 つのタンパク質は異なったタンパク質であるが機能的に関連していることをこの項で紹介する．ヘテロ二量体における複雑さが制御システムにさらに複雑な機能をもたせること，とくにより複雑な制限を受けていることがわかるだろう．これはホモ二量体が原核生物で，ヘテロオリゴマーが真核生物で，とくに高等真核生物でよくみられることを意味している．たとえば酵母のロイシンジッパーはホモ二量体であるが，高等真核生物ではヘテロ二量体であることが多い．

　とくにヘテロ二量体はよく真核生物の転写因子の主因子を形成する．真核生物の転写因子は真核生物の遺伝子の発現を制御しているので，不適切な機能はよく癌や発生時の問題につながり，それらはバイオ医薬品研究のキーターゲットとなる．よってこれらのタンパク質は興味深いタンパク質となり，また脚光を浴びている．

　Fos と Jun は真核生物の転写因子であり，DNA に結合し，幅広い機能を制御している．それらは両方ともに第 8 章で述べる MAP キナーゼのカスケードにより活性化される．Fos と Jun が通常機能すべき時間よりも長い時間シグナルがスイッチ on もしくはスイッチ off になるということはそのシグナルカスケードの機能不全を意味している．Fos の活性は通常 Fos の mRNA の迅速な分解によってスイッチ off になっている．しかし，Fos はレトロウイルスの DNA からも発現することができ（これは v-Fos として知られている），この形の Fos は 3' 末端の分解シグナルを含んでいない形である．それゆえに v-Fos は長く継続的なシグナルを送り，最終的に癌を引き起こすことになる．通常の細胞に存在する Fos である c-Fos は実際の癌遺伝子 oncogene (*8.8 参照) と深く関わっているため，原癌遺伝子と記述されている．

　同様に通常の細胞内の Jun である c-Jun は効率的にユビキチン化されており，プロテアーゼにより分解除去される．一方，ウイルス由来の Jun である v-Jun は分解除去されない．よって Jun もまた原癌遺伝子である．

　Fos と Jun は AP1 として知られているヘテロ二量体の転写因子の半分ずつを形成している [32]．これらのタンパク質は bZip 配列を含み，転写活性化ドメインを含んでいる（図 3.36）．よって本書で解説されているほかのすべてのタンパク質と同じように，これらの活性は別々のドメインがもっている．すなわち 1 つのドメインは DNA に結合し，もう 1 つのドメインは二量体化し，さらに 3 番目のドメインは転写装置を認識する．それらのドメインは正しく機能するために互いが適切につながっている必要があるにすぎない．（この性質は第 11 章で解説する 2-ハイブリッドスクリーニングシステムの理論的根拠となっている）．Fos と Jun の塩基性領域は類似した配列であり（図 3.35），それは認識する DNA 配列が似ており，Fos-Jun 二量体により認識される配列はほぼパリンドロームであることを意味する．実際二量体は高い対称性があるので，DNA に結合する AP1 の結晶構造ではそれぞれの向きに応じて 2 つの分子があり，Fos-Jun は DNA を両方の方向から認識している [33]．Fos と Jun の塩基性領域は実質的に GCN4 と同じであり，それは Fos-Jun は実質的に GCN4 と同じように DNA と相互作用していることを意味している．

　Fos と Jun は両方ともロイシンジッパー配列をもっており，これは原理的にヘテロ二量体と同様にホモ二量体が形成できることを意味している．しかし，これらはまた電荷をもった残基をその配列の中にもっている．図 3.37 に示すように，Fos は負電荷のグルタミン酸をもち，その反対の位置に Jun の正電荷のリジンが配置されている．これにより Fos-Jun のヘテロ二量体が安定化する．Fos-Fos のホモ二量体は 2 つのグルタミン酸が

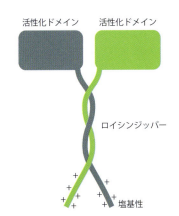

図 3.36
Fos-Jun AP1 ヘテロ二量体の構造は塩基性ロイシンジッパーモチーフとそれに続く活性化ドメインから成り立っている．

向かい合うため不安定になり，二量体化しない．Jun-Jun のホモ二量体は 2 つのリジンをもつ．リジン側鎖は長く，グルタミン酸より柔軟であるため側鎖は離れるように動くことができ，ホモ二量体を不安定化しない．よってヘテロ二量体の 1 / 10 ほどではあるが Jun-Jun のホモ二量体は適度に安定である [34]．

AP1 の最大活性には Fos と Jun 両方の転写活性化ドメインの存在が必要であり，それはヘテロ二量体によってのみ得ることができる．Fos と Jun は異なるキナーゼにより両方ともにリン酸化されるが，これにより二量体の形成が制御される．すなわちホモ二量体よりもむしろヘテロ二量体をもつことにより，ホモ二量体の場合と比較して二量体の活性をよりしっかりと制御することができるようになるのである．

3.3.7 Max と Myc はほかのパートナーとのヘテロ二量体ジッパーをつくる

複雑さと制御調節のレベルをさらに少し上げて，DNA 結合タンパク質の Max と Myc について説明する [35]．これらもまた bZip タンパク質である．しかしこれらはさらに HTH ドメインを塩基性およびジッパー領域の間にもっており，b-HTH-Zip タンパク質といわれている．第 1 章で述べたように，このタンパク質の HTH モチーフは DNA 結合には使われずに二量体形成に用いられる．二量体においては 2 つの HTH ドメインが二量体化し，1 つの 4 ヘリックスバンドル構造を形成する．これは魅力的な予測ではあるが，HTH モチーフについては DNA 結合能をすでに "知っていた" ので進化はこの機構を選んだのであるが，HTH モチーフを変異させたことにより，それらは全く別の機能を得るにいたったと考えられる．このタンパク質は DNA のパリンドローム配列 CACGTG に結合する．

このシステムの因子として最初に同定されたのは Myc である．Myc は Fos，Jun のような原癌遺伝子である．Myc はその機能が何であるかを同定するのが困難であった．なぜなら Myc の過剰発現はほとんど表現型に影響がないからである．この理由は Myc が Max とともにヘテロ二量体としてのみ機能することが示されたときに明らかになった [36]（これは酵母での名前であり，マウスでは相同タンパク質は Myn という名前で知られている）．この機構は Fos-Jun よりももっと複雑である．なぜなら Max はまた，ホモ二量体やほかのヘテロ二量体を形成することができるからである（図 3.38）．

Max のホモ二量体は CACGTG に結合し，低レベルの発現を誘導する．これが基底レベルであると考えられている．Max はそれ自身が活性化ドメインをもっておらず，活性化ドメインをもつ Myc および Mad とヘテロ二量体を形成したときだけ，転写に大きな影響を与える．Fos-Jun と同じように，（Myc か Mad との）ヘテロ二量体はホモ二量体より安定であり，これは低い濃度で Myc や Mad とヘテロ二量体が形成されるだろうということを意味している．また Fos-Jun と同様に，二量体の親和性はジッパー領域のイオン相互作用によって決められている [37-39]．Myc とのヘテロ二量体の形成は転写活性化を誘導する．しかし，Mad は Myc が Max に結合するよりも強固に結合する．これは Myc と Mad が両方存在するときに Mad とのヘテロ二量体がより形成しやすいということを意味している [40]（これは Myc の過剰発現がほとんど影響しないことの理由である）．Mad-Max のヘテロ二量体は転写の抑制を誘導する．

図 3.37
Fos-Jun ヘテロ二量体は側鎖間の好ましい静電相互作用によって安定化されている（図 3.35 の緑色で示した残基を参照）．しかし Fos-Fos および Jun-Jun のホモ二量体は不安定化する．

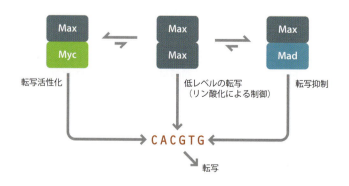

図 3.38
Max-Myc-Mad のシステム．原論文の著者によると Mad（Mad-Max ヘテロ二量体の 2 番目のタンパク質）の名前は同名の映画とは関係ないが，"最大活性（マックス）の二量体化 Max dimazation" から来ている．

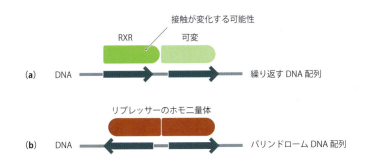

図 3.39
脂溶性ホルモン受容体とバクテリアリプレッサーとの比較．(a) 脂溶性ホルモン受容体は DNA にタンデムな向きで結合する．上流のパートナーは常に 9-cis レチノイン酸受容体，RXR である．2 つの結合部位の間隔は変化し（表 3.1 参照），2 つの受容体間の接触を変化させる．(b) 対称的にバクテリアのリプレッサー（およびコイルドコイルの転写因子）はパリンドローム配列に結合する．

よって Myc ととくに Mad の適切な濃度変化により遺伝子の転写が大きく変化し，Fos-Jun のシステムよりもシンプルにまたさらに制御の程度が大きくなっている．Max の発現レベルはほとんど一定であるが，Myc と Mad の濃度は細胞周期にかなり制御されるようである．またその他の相互作用が二量体を引き離すことによっても活性を制御する [41]．さらに Fos-Jun のようにほかの因子のリン酸化によってもこのシステムは制御される．

3.3.8 タンデムな二量体による DNA 認識

ほとんどのシグナル伝達システムでは，細胞表面の受容体へシグナルの結合がリン酸化のような細胞内への影響を引き起こす．そしてシグナル伝達経路を介して DNA 結合タンパク質への作用に変換され，最終的に遺伝子発現の変化をもたらす．しかし脂溶性のホルモンに関しては（ほぼ間違いなく古典的にも）異なっている．それらはステロイドホルモン steroid hormone，レチノイン酸，ビタミン D，甲状腺ホルモンなどから構成され，すべてが細胞膜を透過するのに十分な脂溶性であり，ゆえに細胞内の因子と直接結合できる．それらはまた，より細胞表面上の受容体に結合する多くの一般的なホルモンより，長時間細胞に影響を与える傾向がある．基本的にこれらの脂溶性ホルモンは細胞内受容体に結合し，不活性構造から活性構造へ変換する．そしてその活性構造が DNA に結合する [42]．

受容体は DNA にヘッドツーテイル型で結合する（図 3.39a）．これは結合する DNA 配列がタンデムリピートであることを意味しており，*trp* リプレッサーや CAP に結合する一般的な細菌のリプレッサーが結合する配列とは対称的である．*trp* リプレッサーや CAP が結合する配列は，回転対称な二量体が結合するのでパリンドロームである（図 3.39b）．通常多くの（しかしすべてではない）DNA 結合タンパク質は，水溶液中では二量体の受容体は安定ではなく，DNA が結合したときにのみ二量体化する．

受容体の上流因子は常に AGGTCA 配列と結合する 9-*cis* レチノール酸受容体 RXR である．下流因子は同様に AGGTCA 配列と結合するが，その結合は表 3.1 に示すような，2 つの繰り返し配列間の配列の長さによって決定される．この固定されたドメインともう 1 つの変化するドメインの利用は第 2 章で解説した"基本的な部品を利用したツール"の考えを思い出させる．DNA はもちろんらせんを巻いている．これは，結合部位間の配列が長くなると，結合部位間の距離がさらに離れていくというだけでなく，ヘリックスのまわりを回転するということを意味している．それゆえに 2 つの受容体の相互作用界面はその配列間の塩基数に依存して異なった配置をもっている．

この章の最初でなぜ二量体の結合が協同性を誘導するかを解説した．ここで解説されなかったのは最初の単量体（ここでは上流因子の RXR 受容体である）との結合であるが，図 3.40 に示すように結合時の相互作用で受容体（ここでは下流因子の受容体）の"ヘッド"端の構造を安定化する．ヘッド部分は 2 つの AGGTCG 配列間の塩基と相互作用し，それはヘッド部分の構造が 2 つの配列間の塩基数に依存していることを意味している．これは下流因子に 2 つ目の AGGTCG 配列が結合して決定する結合の相互作用 に RXR のヘッド部分との相互作用が含まれるということである．そのヘッド部分は適切な受容体への特異性を上げるのに役立つ．言い換えると，2 つの受容体の DNA への結合は互いの受容体同士の結合によって協同的になるということである [43]．これはもちろんなぜ 2 つの受

表 3.1 脂溶性ホルモン受容体のターゲット

RXR.RXR	AGGTCA*n*AGGTCA
RXR.RAR	AGGTCA*nn*AGGTCA
RXR.VDR	AGGTCA*nnn*AGGTCA
RXR.TR	AGGTCA*nnnn*AGGTCA
RXR.RAR	AGGTCA*nnnnn*AGGTCA

RXR = 9-*cis* レチノイン酸受容体；RAR = all-*trans* レチノイン酸受容体；VDR = ビタミン D1 受容体；TR = 甲状腺ホルモン受容体．（F. Rastinejad, *Curr. Opin. Struct. Biol.*11: 33-38, 2001 の表より作成．Elsevier より許諾）

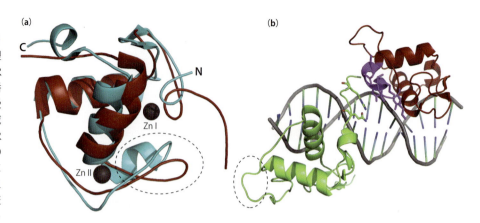

図 3.40
RAR と RXR の DNA への協同的結合．(a) レチノイン酸受容体の構造の比較．非結合型（赤色：PDB 番号：1hra）と DNA と RXR 受容体に結合している形（シアン：PDB 番号：1dsz）．2 つの亜鉛原子は非結合型の受容体にみられる．点線で示した ZnII の領域にはかなりの構造変化がみられる．(b) RXR（左，緑色）と RAR（右，赤色）の複合体の構造．RXR の Arg 75 と Gln 72 は DNA に向けて図の中央にスティック表示で示されている．RAR の Zn II の領域はマゼンタで表す．この領域の多くの残基は DNA と接触しており，そのほかの領域は RXR 受容体と接触している．構造が変わった Zn II 領域がどのように DNA の特異的な認識を行うかだけではなく，RXR との界面を形成しているかに注意せよ．ほかの複合体では RXR の接触は下流のパートナーのまったく異なる残基を使って行われている．例を挙げると，TR 複合体では逆方向に結合し，主に Arg 38, Arg 48, Arg 52（点線で示した部分）を使っている．((a) は F. Rastinejad, *Curr. Opin. Struct. Biol.* 11: 33–38, 2001 の図を基に作成．Elsevier より許諾)

容体が溶液中で二量体化しないのかということに対する強固な理由づけになる．間違いなくこのような協同的な機構は，ほとんどの二量体による結合の場合において役割をもっているが，この場合にはさらに明らかである．なぜなら，上流因子の結合部位は明らかに下流因子に対しての特異性をもっているからである．

3.4　アイソザイム

この章では，ヘテロ二量体がホモ二量体よりも利点があることを強調してきた．なぜならヘテロ二量体は制御に関してさらに上のレベルを示すからである．この最後の節ではヘテロオリゴマーの異なる例をみる．これはとても古典的な"代謝"に関与する部分で，数年前まではすべての生化学のコースの中心として使われていた．現在は間違いなくより重要なほかのトピックに追い出されている．それはすなわちアイソザイム isozyme である．アイソザイムは異なったアミノ酸配列をもつが，同じ宿主の中で同じ反応を触媒する酵素のペアである．これらは異なる組織中でよくみられる．興味深いアイソザイムは 2 つの異なる単量体から構成されるオリゴマー化酵素である．アイソザイムはその単量体の比を変えながら存在することができ，結果としていろいろな性質をもつ酵素が得られる．よってアイソザイムは Myc-Max のようなシステムと機能的に共通性をもっており，関連する単量体の異なった組み合わせによって異なる機能を示す．アイソザイムを形成する種々の単量体間の強い会合は進化によって選択されてきたものであり，機能的に有用である [4]．

乳酸脱水素酵素 lactate dehydrogenase は動物にとっては重要な酵素である．なぜなら生体輸送系の一部を形成しているからである．筋肉においてエネルギーは解糖によって得られる．しかしながら，TCA 回路と電子伝達系を介してグルコースが完全に酸化する必要はないことがしばしばみられ，その場合はすべてピルビン酸までの酸化である．これは電子伝達系に比べてほとんどエネルギーを生み出さないが，グルコースの炭素骨格を使い尽くさないためにリサイクルができるといった大きな利点をもっている．ピルビン酸がアセチル CoA に一度変換されると，炭素はグルコースに戻ることができず，完全に酸化するか，（多くの人には残念なことに）脂肪酸に変換されるかのどちらかで終わる．したがって，筋肉がハードに動く必要がない場合には，グルコースをピルビン酸に酸化させることによって必要なエネルギーを獲得し，ピルビン酸をグルコースにもう一度還元して血液から肝臓へ再び戻すことには意味がある．これはもちろんエネルギーを浪費するが，肝臓での重要な代謝をすべて維持し，代謝に関して生体に多くの適応性を与える．

ピルビン酸はあまり安定な化合物ではない．そのため，代わりに生体はピルビン酸を乳酸に還元するようなさらなる反応を行う．すなわち，

$$\text{ピルビン酸} + \text{NADH} \rightleftharpoons \text{乳酸} + \text{NAD}^+$$

これは実際に血中から肝臓へリサイクルされる乳酸であり，肝臓では逆反応として乳酸をピルビン酸へ酸化して戻すのが最初の段階である．

これらの反応は両方ともに乳酸脱水素酵素によって行われる．上記の反応は還元であり，骨格筋や肝臓のような還元的な環境で正の方向に進む．しかし，酸素が結合した血液の供給が多くなる心筋のように，より酸化された環境では逆反応が起こる．よく知られているように酵素は反応を速くすることができるだけであり，平衡の位置を変化させることはできない．しかし心臓には，NAD^+に高い親和性をもっており，ピルビン酸による阻害を受ける異なる型の酵素が存在する．こういった理由により心臓の酵素は好気的に乳酸からピルビン酸への変換をよりよく触媒し，対照的に肝臓や骨格筋でみられる酵素は嫌気的にピルビン酸から乳酸への変換をよく触媒する．体内のそのほかの臓器では2つ（心臓と筋）の極値の間で活性の段階的変化が必要とされる．酵素が四量体として構築されたことにより段階的な酵素活性を得たために，体は洗練され経済的なシステムに進化してきた（図3.41）．4つのサブユニットはH型（心臓型）およびM型（筋型）の2つのうち1つの型である．これは5種類の四量体ができる可能性を示しており，それはアイソザイムとして知られている．異なるアイソザイムは図3.42のように種々の臓器に異なる比でみられる．また胎児が嫌気的な子宮から好気的な外界へ移動するため，胎児の成長の間は心臓において好気的なH型が増加して多くなり，嫌気的なM型が少なくなるという異なる存在比がみられる[44]．

3.5　章のまとめ

ヒトのタンパク質の約2/3はオリゴマーである．それにはいくつかの理由があるが，主なものは以下の2つである．

1. オリゴマーではたいていの場合，活性部位が2つのドメイン間のクレフトに存在し，活性部位はクレフトによって守られている．また活性部位は開閉しやすくなっており，アロステリック効果を受けやすい．

2. オリゴマー化は結合表面を大きくし，協同性を増加させている．DNA結合タンパク質ではとくに顕著である．

ほとんどすべてのアロステリック酵素はオリゴマーである．なぜならアロステリックエフェクターはオリゴマーの界面の近くに結合するからである．そしてアロステリック効果をオリゴマー内で進化させることは比較的簡単である．アロステリーの古典的な例はヘモグロビンで，構造変化はほぼ完全にドメイン界面で起こる．2つの主なモデルが提唱されており，両方ともにデータにはよく合致している．これらのうち，MWC対称モデルは直感的で簡単であり，ほぼ適切な説明であるが，すべての場合には適合しない（たとえば負の協同性など）．"本当"の状態はもっとより複雑なモデルによって記述されなければならないが，このモデルは何が起きているかということに関してはほとんど情報を与えない．

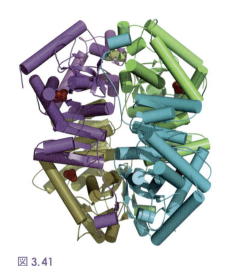

図3.41
ヒト乳酸脱水素酵素の構造（PDB番号：1i10）．これはM_4型である．L_4型も非常によく似ている．この構造は基質類似阻害剤のオキサミン酸（赤色のボールで示す）を4つ含んでいる．

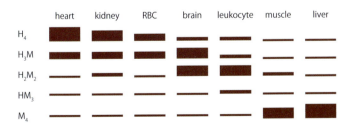

図3.42
ヒト組織での乳酸脱水素酵素の異なるアイソザイムの相対濃度．RBCは赤血球を示す．（K. Urich, Comparative animal Biochemistry Berlin：Springer verlag, p.542, 1990より再描出．Springer Science + Business Mediaより許諾）

DNAには多くのタンパク質が二量体で，ほとんどは対称的なヘッドツーヘッド二量体として結合する．協同性によって増加した親和性は結合に不利なエントロピーをより小さくすることにより説明することができる．*trp* リプレッサーと CAP は同じように DNA にヘリックス・ターン・ヘリックスを用いて結合するが，異なる構造変化を用いて DNA 結合を行う．ほかのタンパク質も多くはロイシンジッパーコイルドコイル構造から続く塩基性領域を使って DNA に結合する．ロイシンジッパーは DNA 結合部位の半分の部分にかなりの柔軟性をもたせている．真核生物ではこれらのタンパク質はヘテロ二量体である傾向があり，よりよい制御が可能となる．脂溶性のホルモン受容体ではさまざまな下流の受容体と結合するためにヘッドツーテイルの配置を利用し，また 2 つの結合部位間の塩基数にも依存して，DNA と結合している．

アイソザイムは異なるサブユニット比をもつ一連のオリゴマータンパク質を形成しており，体内のさまざまな部位で段階的に異なる活性になるようにしている．

3.6　推薦図書

Goodsell と Olson による，よく書かれたレビューがある [45]．このレビューはオリゴマータンパク質の対称性について解説しており，ここで解説したさまざまなトピックスに関して異なる視点からアプローチしている．それは本書とのよい比較になる．

Branden と Tooze による「Introduction to Protein Structure」はとくに DNA 結合タンパク質に関してはよい書籍である [46]．また，ヘモグロビンに関しては生化学の教科書でもよく説明されている．

Monod，Wyman，Changeux による論文 [1] は古典的ではあるが，学ぶ価値はある．ここで紹介した熱力学的な議論の詳細に関しては Williams らの論文を参照せよ [25]．これを読むのは簡単ではないが，非常に明確に記述されている．

アイソザイムはすべてのメジャーな生化学の教科書，とくに古い教科書に記載されている．

3.7　Web サイト

http://3did.irbbarcelona.org/ 　　　　　　　　（3DID：ドメイン間の相互作用）
http://3dcomplex.org/ 　　　　　　　　　　　（複合体の 3 次元構造）
http://cluspro.bu.edu/login.php 　　　　　　　（Cluspro：ドッキング）
http://consurftest.tau.ac.il/ 　　　　　　　　　（ConSurf：タンパク質の機能領域）
http://dunbrack.fccc.edu/ProtBud/ 　　　　　（ProtBud：非対称単位の同定）
http://nic.ucsf.edu/asedb/
　　　　　　　　　　　（アラニンスキャニングによるホットスポットのエネルギー論）
http://prism.ccbb.ku.edu.tr/prism/ 　　　　　（PRISM：タンパク質相互作用）
http://viperdb.scripps.edu/ 　　　　　　　　　（VIPERdb：ウイルスの構造）
http://www.bioinformatics.sussex.ac.uk/protorp 　（PROTORP：タンパク質表面）
http://www.boseinst.ernet.in/resources/bioinfo/stag.html
　　　　　　　　　　　　　　　　　　　　　　（Proface：プログラム集）
http://www.ebi.ac.uk/thornton-srv/databases/cgi-bin/valdar/scorecons_server.pl 　　　　　　　　　　（Scorecons：残基を変化させたときのスコア）
http://www.piqsi.org/ 　　　　　　　　　　　（PiQSi：四次構造データベース）

3.8　問題

1. ホスホフルクトキナーゼは解糖系の初期の段階の酵素であり，アロステリック制御の古典的な例である．なぜならそれは解糖系の主要な制御酵素であるからである．この酵素は ADP と GDP によって活性化され，ホスホエノールピルビン酸（PEP）によって阻害される．このアロステリー制御の構造メカニズムは Schirmer と Evans によって記述されている [47]．この論文を勉強し，どのようにアロステリッ

クな変化が起こるのか（本書でみてきたヘモグロビンやグリコーゲンホスホリラーゼのレベル程度）を記述せよ．とくに (a) 酵素の四次構造，(b) T 状態から ADP 活性化状態である R 状態への活性化においてどのように構造が変化するか，(c) なぜ基質のフルクトース-6-リン酸が R 状態により強く結合するか，を説明しながらグルタミン 161 とアルギニン 162 の遷移での役割などについて議論せよ．

2. ゲノムサイズを小さくすることはホモオリゴマー化の 1 つの利点であることがよくいわれている．この仮説を支持する根拠は何か？また，実際に本当であることを示す根拠はあるか？

3. 第 1 章で構造は配列よりも保存されており，機能はその中間くらい保存されていることを示した．言い換えると 20％の類似性をもつ 2 つのタンパク質では，同じフォールドと非常に類似した機能をもつ可能性がある．オリゴマー状態（四次構造）においてこれに当てはまるのはどこか？すなわち，仮にタンパク質が六量体であればホモログもまた六量体となるだろうか？

4. グリコーゲンホスホリラーゼの活性の制御因子は何か？その効果も考えよ．

5. Fos と Jun の配列は何か？本章で述べた塩基性領域と電荷-電荷間の相互作用について示せ．

6. クレアチンキナーゼは異なる組織で異なる組成をもったアイソザイムのもう 1 つの例である．アイソザイムがどのように機能に影響するか述べよ．

3.9 計算問題

N1. 3.3.2 項で解説した DNA 結合の特異性の 1 つの試験は，制限酵素の切断部位の数である．制限酵素を用いた大腸菌ゲノム内で生成する切断部位の数の調査では，酵素ごとに 470 と 1567 間で切断された．実際の切断部位は *Bam*HI, *Bgl*II, *Eco*RI, *Eco*RV, *Hind*III, *Kpn*I, *Pst*I, *Pvu*II がそれぞれ 470, 1567, 610, 158, 517, 497, 846, 1431 である．これは 3.3.2 項で述べた可能性と一致するだろうか？それぞれの酵素は 6 塩基配列を認識し，大腸菌ゲノムの長さは 4.72 Mbp である（データは [48] より抜粋）．

N2. 3.2.4 項では MWC モデルは 3 つのパラメーターだけをもつが，連続モデルでは 4 つのパラメーターをもっている．連続モデルの原論文を確認せよ [20]．これは実際に本当だろうか？Koshland らはヘモグロビンが酸素に結合する方法についてどのように結論づけているか？

N3. 3.3.1 項では単量体と二量体の自由エネルギー差が 50 kJ mol^{-1} で，これは結合定数に換算すると 10^9 倍に相当すると述べた．これが正しいことを証明せよ（R = 8.31 J K^{-1} mol^{-1}：25℃であると仮定せよ）．

3.10 参考文献

1. J Monod, J Wyman & J-P Changeux (1965) On the nature of allosteric transitions: a plausible model. *J. Mol. Biol.* 12:88–118.

2. J Park, M Lappe & SA Teichmann (2001) Mapping protein family interactions: intramolecular and intermolecular protein family interaction repertoires in the PDB and yeast. *J. Mol. Biol.* 307:929–938.

3. NJ Marianayagam, M Sunde & JM Matthews (2004) The power of two: protein dimerization in biology. *Trends Biochem. Sci.* 29:618–625.

4. RN Perham (1975) Self-assembly of biological macromolecules. *Phil. Trans. R. Soc. Lond. B* 272:123–136.

5. CJ Tsai, SL Lin, HJ Wolfson & R Nussinov (1997) Studies of protein–protein interfaces: a statistical analysis of the hydrophobic effect. *Prot. Sci.* 6:53–64.

6. J Janin, S Miller & C Chothia (1988) Surface, subunit interfaces and interior of oligomeric proteins. *J. Mol. Biol.* 204:155–164.

7. J Janin, RP Bahadur & P Chakrabarti (2008) Protein–protein interaction and quaternary structure. *Quart. Rev. Biophys.* 41:133–180.

8. L Lo Conte, C Chothia & J Janin (1999) The atomic structure of protein–protein recognition sites. *J. Mol. Biol.* 285:2177–2198.

9. JH Tomlinson, S Ullah, PE Hansen & MP Williamson (2009) Characterization of salt bridges to lysines in the protein G B1 domain. *J. Am. Chem. Soc.* 131:4674–4684.

10. TV Borchert, KVR Kishan, JP Zeelen et al. (1995) Three new crystal structures of point mutation variants of monoTIM: conformational flexibility of loop-1, loop-4 and loop-8. *Structure* 3:669–679.

11. PJ Baker, AP Turnbull, SE Sedelnikova et al. (1995) A role for quaternary structure in the substrate specificity of leucine dehydrogenase. *Structure* 3:693–705.

12. S Doublié, G Bricogne, C Gilmore & CW Carter (1995) Tryptophanyl-tRNA synthetase crystal structure reveals an unexpected homology to tyrosyl-tRNA synthetase. *Structure* 3:17–31.

13. SJ Riedl & Y Shi (2004) Molecular mechanisms of caspase regulation during apoptosis. *Nature Rev. Mol. Cell Biol.* 5:897–907.

14. AJ Venkatakrishnan, ED Levy & SA Teichmann (2010) Homomeric protein complexes: evolution and assembly. *Biochem. Soc. Trans.* 38:879–882.
15. CM Fraser, JD Gocayne, O White et al. (1995) The minimal gene complement of *Mycoplasma genitalium*. *Science* 270:397–403.
16. V Bichko, P Pushko, D Dreilina et al. (1985) Subtype ayw variant of Hepatitis B virus: DNA primary structure analysis. *FEBS Lett.* 185:208–212.
17. M Bergdoll, MH Remy, C Cagnon et al. (1997) Proline-dependent oligomerization with arm exchange. *Structure* 5:391–401.
18. RA Laskowski, F Gerick & JM Thornton (2009) The structural basis of allosteric regulation in proteins. *FEBS Lett.* 583:1692–1698.
19. AE Aleshin, C Kirby, XF Liu et al. (2000) Crystal structures of mutant monomeric hexokinase I reveal multiple ADP binding sites and conformational changes relevant to allosteric regulation. *J. Mol. Biol.* 296:1001–1015.
20. DE Koshland, G Némethy & D Filmer (1965) Comparison of experimental binding data and theoretical models in proteins containing subunits. *Biochemistry* 5:365–385.
21. M Eigen (1967) Kinetics of reaction control and information transfer in enzymes and nucleic acids. *Nobel Symp.* 5:333–369.
22. LN Johnson & M O'Reilly (1996) Control by phosphorylation. *Curr. Opin. Struct. Biol.* 6:762–769.
23. LN Johnson (1992) Glycogen phosphorylase: control by phosphorylation and allosteric effectors. *FASEB J.* 6:2274–2282.
24. KL Krause, KW Volz & WN Lipscomb (1985) Structure at 2.9-Å resolution of aspartate transcarbamoylase complexed with the bisubstrate analog *N*-(phosphonoacetyl)-L-aspartate. *Proc. Natl. Acad. Sci. USA* 82:1643–1647.
25. DH Williams, E Stephens, DP O'Brien & M Zhou (2004) Understanding noncovalent interactions: ligand binding energy and catalytic efficiency from ligand-induced reductions in motion within receptors and enzymes. *Angew. Chem. Int. Ed.* 43:6596–6616.
26. RB Winter, OG Berg & PH von Hippel (1981) Diffusion-driven mechanisms of protein translocation on nucleic acids. 3. The *Escherichia coli lac* repressor–operator interaction: kinetic measurements and conclusions. *Biochemistry* 20:6961–6977.
27. C Wolberger (1999) Multiprotein-DNA complexes in transcriptional regulation. *Annu. Rev. Biophys. Biomol. Struct.* 28:29–56.
28. GG Kneale (1994) A symmetrical model for the domain structure of type I DNA methyltransferases. *J. Mol. Biol.* 243:1–5.
29. RA Kammerer (1997) α-Helical coiled-coil oligomerization domains in extracellular proteins. *Matrix Biol.* 15:555–565.
30. D Pathak & PB Sigler (1992) Updating structure-function relationships in the bZip family of transcription factors. *Curr. Opin. Struct. Biol.* 2:116–123.
31. JWR Schwabe & D Rhodes (1997) Linkers made to measure. *Nature Struct. Biol.* 4:680–683.
32. T Curran & BR Franza (1988) Fos and Jun—the AP-1 connection. *Cell* 55:395–397.
33. JNM Glover & SC Harrison (1995) Crystal structure of the heterodimeric bZIP transcription factor c-Fos–c-Jun bound to DNA. *Nature* 373:257–261.
34. EK O'Shea, R Rutkowski & PS Kim (1992) Mechanism of specificity in the Fos-Jun oncoprotein heterodimer. *Cell* 68:699–708.
35. EM Blackwood & RN Eisenman (1991) Max: a helix-loop-helix zipper protein that forms a sequence-specific DNA-binding complex with Myc. *Science* 251:1211–1217.
36. B Amati, MW Brooks, N Levy et al. (1993) Oncogenic activity of the c-Myc protein requires dimerization with Max. *Cell* 72:233–245.
37. P Lavigne, LH Kondejewski, ME Houston et al. (1995) Preferential heterodimeric parallel coiled-coil formation by synthetic Max and c-Myc leucine zippers: a description of putative electrostatic interactions responsible for the specificity of heterodimerization. *J. Mol. Biol.* 254:505–520.
38. P Lavigne, MP Crump, SM Gagné et al. (1998) Insights into the mechanism of heterodimerization from the ^{1}H-NMR solution structure of the c-Myc-Max heterodimeric leucine zipper. *J. Mol. Biol.* 281:165–181.
39. SK Nair & SK Burley (2003) X-ray structures of Myc-Max and Mad-Max recognizing DNA: molecular bases of regulation by proto-oncogenic transcription factors. *Cell* 112:193–205.
40. DE Ayer, L Kretzner & RN Eisenman (1993) Mad—a heterodimeric partner for Max that antagonizes Myc transcriptional activity. *Cell* 72:211–222.
41. AS Zervos, J Gyuris & R Brent (1993) Mxi1, a protein that specifically interacts with Max to bind Myc-Max recognition sites. *Cell* 72:223–232.
42. F Rastinejad (2001) Retinoid X receptor and its partners in the nuclear receptor family. *Curr. Opin. Struct. Biol.* 11:33–38.
43. F Rastinejad, T Perlmann, RM Evans & PB Sigler (1995) Structural determinants of nuclear receptor assembly on DNA direct repeats. *Nature* 375:203–211.
44. WH Li (1997) Molecular Evolution. Sunderland, MA: Sinauer Associates, Inc.
45. DS Goodsell & AJ Olson (2000) Structural symmetry and protein function. *Annu. Rev. Biophys. Biomol. Struct.* 29:105–153.
46. C Branden & J Tooze (1999) Introduction to Protein Structure, 2nd ed. New York: Garland.
47. T Schirmer & PR Evans (1990) Structural basis of the allosteric behaviour of phosphofructokinase. *Nature* 343:140–145.
48. GA Churchill, DL Daniels & MS Waterman (1990) The distribution of restriction enzyme sites in *Escherichia coli*. *Nucleic Acids Res.* 18:589–597.
49. M Suzuki & N Yagi (1994) DNA recognition code of transcription factors in the helix-turn-helix, probe helix, hormone receptor, and zinc finger families. *Proc. Natl. Acad. Sci. USA* 91:12357–12361.

第4章
in vivo におけるタンパク質間相互作用

　タンパク質が一般的に研究されている環境は，希薄な水溶液状態である．しかし，これは実際にタンパク質が働く本来の環境とは異なる．細胞内の環境は研究で用いられる標準的な環境とは大きく異なっており，そのことがタンパク質が何を，どのように行うかということに大きな制約を与える [2]．この章では，タンパク質の存在する環境の重要性，そしてその機能に対して強く影響を与えるタンパク質固有の物理的性質について考える．結合定数や結合速度に影響を及ぼす細胞やタンパク質の物理的な側面，そして，タンパク質がこれらの問題にどのように対処しているのかについてみていく．たとえば，会合するために膜を用いたり，プロセッシブ酵素として機能したり，パートナーとなるタンパク質に結合し，巻き付くことのできるさまざまなタイプのアームをもつようにしたり，といった方法がある．章の最後では，タンパク質がどのように共有結合的に修飾されるのか，そしてミスフォールディングに対するタンパク質の安定性が限られていることがどのようによい結果，わるい結果を導くにいたるのかについて述べる．

> 知らないことが問題になることはそれほど多くない．問題になるのは"知ったつもり"になっていることである．
>
> **Artemus Ward**（1834-1867），ユーモア作家

> 新発見をしたいと意気込む若い科学者にとって，わるいアドバイスは以下である．"かけずり回って観察せよ"．よいアドバイスは以下である．"現在人々が科学の何について議論しているのか調べてみよう．どこに問題点があるのかを探して，意見の不一致に関心をもとう．そこにあなたが取り上げるべきテーマがある"．
>
> **Karl Popper**（1972），[1]

4.1　分子同士の衝突頻度に及ぼす要素

4.1.1　小さなスケールでは，無作為な過程がより重要な影響力をもつ

　結合や自由エネルギーなどの基礎となる現象を記述するために用いられる多くの方程式や法則は，基本的に確率論に基づいた法則である．たとえばAのBに対する親和性を測定する場合，平均の結合速度は k_{on} [A][B]，解離速度は k_{off} [AB] であり，親和性は一方の他方に対する比である，と定義される．分子スケールでは，これらの値は2つの分子が結合，解離する確率を表すものでしかない．このような確率論は，測定し得るたいていの系においてはすぐれた説明となり得る．なぜなら系の中に存在する分子の数はとてつもなく大きいからである．濃度 1 μM の溶液 10 ml 中にはおよそ 6×10^{15} 個もの分子が存在し，その数が多すぎるため，確率差異は測ることができないほど小さくなる．しかし，細胞内においては同じことはいえない．たとえば，目に見えるような大きさの固形物の体積は時間に対して不変であるが，タンパク質は結合や角度の変化によって二乗平均平方根での体積が 0.2 % 程度変動する．一方で，小さな分子（体積にして 1/100 程度）の体積は 2 % 程度変動する．1つの大腸菌の細胞内には 200 万個ほどのタンパク質しか存在せず，多くのタンパク質は細胞当たりにたった1つのコピーしか存在しない．つまりその"濃度"は 2 nM である．pH 7.0 の条件下では，1つの大腸菌内に存在するプロトンの数はおよそ 50 個である．これらのプロトンの多くが通常タンパク質に結合していることを考えると，自由に動き回れるプロトンの数は十分ではない．それゆえに，分子スケールでのプロトンの付加は量子化される必要があり，プロトンはあたらしい箇所に結合する前に，別の場所で外れなければならない．実際，どのような場合でも結合が生じるのは確率論的である．平均的には親和定数に従って結合・解離という現象が起こるが，どのような分子であれ "on" のスイッチが "off" になる確率は，常に限られているもののそれなりの大きさで存在する．

　それらの結論として，それぞれの分子，細胞は予測不可能な挙動を示し，分子スケールでの無作為なゆらぎはとても大きなものになる．それでもすべてがうまくいく理由はたった1つ，すなわち膨大な数の分子や細胞を長い時間にわたってみれば，系が平均化され

> ***4.1 速度定数**
> 速度定数と速度には重要な違いが存在する．
>
> $$A \rightarrow B$$
>
> という反応の場合，右方向への反応速度定数は k や，k_f などで表される（単位は $M^{-1}s^{-1}$）．名前から想像されるとおり，反応速度定数は与えられた温度や pH，イオン強度などの実験条件における定数である．反応速度は反応速度定数と基質の濃度によって求めることができる．この反応の場合，反応速度は k_f [A] と表すことができ，単位は s^{-1} である．このように，反応速度は A の濃度によって変化するが，反応速度定数は A の濃度に依存しない．

た挙動を示すからである（ここでいう長い時間というのは，一般的に分子間相互作用に要する時間であるナノ秒（ns）程度に比べて，という意味であり，1秒でも長い時間である）．それゆえに，スイッチの on/off，変化を伴う結合，反応を触媒する酵素などについて議論する際には，分子レベルでは無秩序に現象が起こっており，その数千，数百万の平均を捉えたときだけ秩序が現れることを忘れてはならない．

4.1.2 分子の拡散はランダムウォークによって起こる

酵素による触媒反応の速さの限界は，化学的要因によってではなく，物理的要因によって決まる．化学反応が十分に速い場合，酵素反応速度は基質が活性部位に拡散して入る速度と，生成物が活性部位から拡散して出ていく速度に依存する [3]．また，酵素反応速度は物質の拡散衝突頻度に比例し，拡散衝突頻度は分子の大きさや溶媒の粘度に依存する（後述）．

水中の小分子が大きな分子に衝突する際の最大拡散衝突を示す**速度定数 rate constant**（*4.1）は約 $10^9 M^{-1} s^{-1}$ である．この数値から，純粋にランダムな拡散によってどのくらいの頻度で基質が酵素に衝突するかを計算することができる．たとえば，基質の濃度が $100\,\mu M$ であれば，1つの酵素に対する衝突頻度は単純に k_{on} [A] であり，以下の式で表される．

$$衝突頻度 = 100\,\mu M \times 10^9 M^{-1} s^{-1}$$

つまり，小分子は1秒当たり 10^5 回酵素に衝突していることになる．このように，拡散はとても速い効果である．

また，分子の動きの速さも計算することができる．1905年，Einstein は粒子の一方向への平均運動エネルギーが $kT/2$ であることを示した．ここで，k：ボルツマン定数，T：絶対温度である．また，平均運動エネルギーは単純に $mv^2/2$ とも表すことができる．ここで，m：質量，v：平均速度である．つまり，$mv^2/2 = kT/2$ であり，$v = (kT/m)^{1/2}$ となる．したがって，室温における小さなタンパク質であれば平均速度は約 $15\,ms^{-1}$（時速 50 km），さらに小さな分子になれば相当に速くなる．たとえば水分子は平均速度が $500\,ms^{-1}$（時速 1,800 km）にもなる．

しかし，分子レベルでの拡散はブラウン運動と同じように "ランダムウォーク" である．つまり，溶媒あるいは溶質分子に衝突するまで，とても短い距離を（たいていは溶質分子の大きさよりも少ない距離を）さまざまな方向に向けて運動し，そして衝突すると，結合するか，跳ね返って別の方向に進む．ランダムウォークにおいて，分子はしばしばスタート地点に近い位置に戻るので，実際にはスタート地点から球形に拡散する．拡散のスタート地点からの距離は経過した時間の平方根に比例することから，ランダムウォークによる分子の拡散は短い距離においては速いものだが，長い距離でみるとかなり遅いといえる．これでは，ある地点からほかの地点に到達するにはかなり効率がわるいように思われるし，事実そのとおりである．基質が結合部位を，そしてタンパク質が結合のパートナーである基質を "探している" などという軽い表現がしばしば使われるが，実際には拡散という現象はランダムであるがゆえにかなり非効率的である．

4.1.3 衝突頻度は幾何学的な要素によって制限されている

衝突がうまく起こる確率は "形" という要素に依存する．基質は酵素の結合部位への道を見つけなければならず，それは酵素の結合部位がどれくらい大きく，接近しやすいかに大きく依存する（図4.1）．もし基質結合部位が酵素の表面に大きく露出していれば，基質に対して広い立体角（平面角の3次元に対応するもの）を提示し，拡散も速くなる．もし，数個の基質が酵素に向かって別々の方向から射出された状況を想像すると，活性部位に到達する確率は酵素表面に対する基質結合部位の表面積の大きさに比例する．それゆえに，とくに基質も結合するために適切な配向になっていなければならない場合には，その確率は最大衝突率の数％しかない [4]．

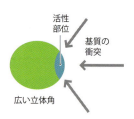

図 4.1
基質と酵素の活性部位との衝突率は活性部位への近づきやすさに依存する．活性部位が酵素の溝に埋まっている場合，近接できる角度が小さくなり，衝突頻度が下がる．

しかし，もし活性部位が奥に埋まっており表面に露出していない場合，提示される立体角はかなり小さくなり，衝突頻度は減少する．そして実際にはほとんどの活性部位は埋没している．というのも，酵素は基質の配向を非常に厳密に制御できなければならないからである．そのほかにも酵素は静電的な環境を制御する必要があり，これは通常水分子の活性部位への接近を制限する必要があることを意味する．このように，実際に存在するどんな酵素にとっても，埋没した活性部位をもつ必要があることによって衝突の成功率は大きく減少し，酵素のとり得る最大の代謝回転率も著しく下がることになる．その結果，反応率はおよそ 1/10 になると見積もられている [5]．

この反応率の減少が重要となるのは酵素の効率がとてもよく，基質の拡散が律速段階となる場合のみである．反応が非常に速いいくつかの酵素の特異性定数 k_{cat}/K_m の値を表4.1に示す．k_{cat}/K_m の値は，酵素の見かけの二次速度定数であり，酵素の見かけの最大代謝回転率に相当する（第5章）．これらの酵素反応は明らかに拡散律速で機能しており，活性部位の面積が限られていることで"理論上の"最大速度が拡散限界の1％程度（＝約 $10^7 M^{-1} s^{-1}$）にまで制限されてしまうことを考慮すると，反応が非常に速いことがわかる（理論的に可能である速度よりも速く反応が起こる理由については後述）．したがって，我々が単純に思い描く，活性部位へ"基質を発射する"という考えが単純すぎることは明らかである．この後の数項では，この複雑性について解説していく．上述したように，一般的には活性部位への接近が制限されていることが問題である．少なくともいくらかの酵素においては反応が顕著に効率的に起こるようになっており，基質の反応部位への拡散が拡散律速の限界に近くなっている．

ほとんどの活性部位が2つのドメイン間の界面に存在することはすでにみてきた．第2章では，そのもっともらしい理由を進化の観点から提示した．すなわち，ドメイン間の界面に活性部位をつくるのが一番簡単であり，その位置にあることであたらしい機能を創出したり，アロステリック効果（3.2節参照）を加えたり，調節・制御性を向上させることがより容易になるのである．また，このことは酵素反応のエネルギー的な観点からも説明される．つまり，ドメイン間の界面に活性部位があることによって，酵素が活性化構造 E^* に移行するのに必要なエネルギー入力が最小化されるので，反応速度が速くなるのである．さて，ここではさらにほかの理由である，衝突頻度の最大化についてみていく．

表4.1 各酵素の k_{cat}/K_m 値

酵素	基質	k_{cat}/K_m ($M^{-1} s^{-1}$)
アセチルコリンエステラーゼ	アセチルコリン	1.5×10^8
炭酸脱水酵素	CO_2	8.3×10^7
カタラーゼ	過酸化水素	4.0×10^8
フマラーゼ	フマル酸	1.6×10^8
フマラーゼ	リンゴ酸	3.6×10^7
スーパーオキシドジスムターゼ	スーパーオキシド	2.8×10^9
トリオースリン酸イソメラーゼ	ジヒドロキシアセトンリン酸	7.5×10^5
トリオースリン酸イソメラーゼ	グリセルアルデヒド-3-リン酸	2.4×10^8
リゾチーム	(NAG-NAM)$_3$	83
グルコースイソメラーゼ	グルコース	7.4

NAG-NAM：N-アセチルグルコサミン-N-アセチルムラミン酸ジサッカライド

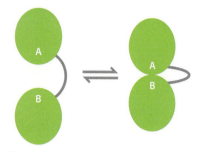

図 4.2
柔軟性のあるリンカーでつながれ，基質が結合する際には開き，反応を触媒する際には閉じることのできる 2 つのドメインの界面に結合するとき，基質の酵素の活性部位への拡散速度は最大となる．

これまでの議論によって，1 つのジレンマが生じる．すなわち，酵素はいかにして，制御性と選択性を増すための埋没活性部位をもつと同時に，反応速度を最大化するための表面に露出した活性部位をもつことができるのであろうか．その答えが，2 つのドメイン間に活性部位をもつことである．これにより，基質が入るときと生成物が出ていくときにはドメイン同士が開くことができ，また，反応が続いている間は必要とされる閉鎖環境を提供するために閉じることができるようになる（図 4.2）．本質的にこれと同様の解決方法が，トリオースリン酸イソメラーゼをはじめとした多くの酵素によって用いられている．その方法とは，ふたのようなものをもち，基質が結合すると閉まるようにすることである．

この解決方法では，2 つのドメインが開閉する速度やふたが開く速度によって反応速度が制限されてしまう可能性があり，いくらか反応速度を低下させてしまうことにつながりかねない．いくつかの酵素は k_{cat}/K_m の値が約 $10^8\,M^{-1}\,s^{-1}$ であることが表 4.1 に示されている．これは，ふたがこの速度で開閉する必要があることを意味するのだろうか．答えは No である．その理由は，いつものように条件と単位に気をつけて，"速度" と "速度定数" を区別すれば理解できる．表 4.1 に示したのは速度定数であり，速度を求めるためには速度定数の値に基質濃度をかけ合わせなければならない．これは基質への酵素の結合を考えればはっきりすることである．

$$\text{酸素} + \text{基質} \xrightarrow{k} \text{生成物}$$

この反応において，二次速度定数を k とすると，反応速度は以下の式で表される．

$$\text{反応速度} = k[\text{酵素}][\text{基質}]$$

さらにこの式を酵素の視点から考えると，酵素 1 分子当たりの速度は以下のようになる．

$$\text{反応速度}/[\text{酵素}] = k[\text{基質}]$$

酵素-基質複合体の生理的な濃度は非常に多様である．しかしながら，たとえば，神経刺激後のシナプス中のアセチルコリンは 0.1 mM，すなわち $10^{-4}\,M$ 以上にまで上昇する．したがって，アセチルコリンの加水分解反応の速度定数がきわめて速いにもかかわらず，アセチルコリンエステラーゼによって触媒される反応の速度は約 $10^4\,s^{-1}$ と非常に遅い．この計算のポイントとして，仮にアセチルコリンの加水分解がドメインの動きによって遅くならないのだとしたら，ドメインの動きの速さも少なくともこの速さ，つまり $10^8\,M^{-1}\,s^{-1}$ ではなく $10^4\,s^{-1}$ ほどでなければならない．実際，ドメインの動きにとって速さ $10^4\,s^{-1}$ というのは十分到達可能である．このように，多くの酵素にとって，ドメインの動きは顕著な回転代謝率の低下を引き起こすことはなく，明らかに活性部位に近づきにくいことによって引き起こされるような減少はまったくない．つまり，（もちろん進化によって達成できるものに限定されるが）進化がもたらしたものが一番速い解決方法となる．それは，ドメインが折れ曲がる動きである．

4.1.4 分子同士の衝突頻度は静電的な引力によって増加する

2 つのタンパク質の相互作用において，典型的な生体分子の速度定数はおよそ $10^6\,M^{-1}\,s^{-1}$ である．これは前項において考慮された立体因子を考慮すると，拡散律速を反映していることがわかる [6]．しかし，前項で述べたように，多くの酵素はこれより大きい速度定数をもち，（前項の簡単な要旨として）いくつかの場合においては最大代謝回転率が物理学的に可能な値より大きい場合がある．これはどのように説明すればいいのであろうか．本項と次項では，その大部分が静電的な効果に起因するものであることをみていく．静電的な効果には 2 つの作用がある．1 つは，反対の電荷同士を引きつけることである．そしてもっと重要であるのは，分子同士が近づくにつれて，正しい方向から近づくように，正しい配向で結合するように進ませることである．これら 2 つの効果はそれぞれ，並進的舵取り，配向的舵取りと呼ばれる．

> *4.2 誘電率
> 距離 r だけ離れた電荷 q_1 と q_2 の間に働く力は，概略で $F = q_1q_2/4\pi\epsilon r^2$ と表される．ϵ は誘電率であり，真空における ϵ の値は 1，ヘキサンなどの有機溶媒はおよそ 2，水中ではこの値は 80 にもなる．このことから，水中では水が電荷同士に働く力を弱め，また水和することにより電荷を安定化するとともにそれらを遮蔽している．しかし，タンパク質内部の誘電率はおよそ 4 であり，この効果は水中に比べてかなり弱まる．

> *4.3 イオン強度
> 溶液に過剰なイオンを加えると，溶液中のイオン強度が強まる．イオン強度 μ は，
> $$\mu = 1/2 \sum z_i^2 C_i$$
> で与えられる．z_i は各イオン i の電荷であり，C はその濃度である．それらを合計した値がその系全体のイオン強度となる．例として血液中では，およそ 130 mM の Na^+，110 mM の Cl^-，加えてその他のイオンが微量に存在する．すなわち，およそ 150 mM の 1 価の正電荷と，150 mM の 1 価の負電荷をもつイオンが存在することになり，イオン強度は，$\mu = 0.5 \times (0.15 + 0.15) = 150$ mM となる．

> *4.4 静電遮蔽
> イオン強度を増加させることによる静電相互作用への効果は，1923 年に Debye と Hückel によって調べられた．両者は物理化学の発展に多大なる貢献をした．Debye は双極子モーメント（後にその単位は debye と名付けられた）や，低温における比熱，原子構造，温度による回折への影響（デバイ-ワラー因子 Debye-Waller factor：B と呼ばれる）などに関する研究を行った．彼の助手であった Hückel は，Debye と同程度もしくはそれ以上に有名であり，芳香族における π 電子の電子密度に関する研究で知られている．彼らの研究を発展させたモデルによると，荷電種は，活量係数 γ をかけて活量 activity に変換しなければならない．すなわち，
> $$\alpha = \gamma C$$
> となる．25℃ における活量係数 γ は，
> $$\log \gamma_i = \frac{-0.509 z_i^2 \sqrt{\mu}}{1 + (3.29 \alpha_i \sqrt{\mu})}$$
> α は実験的に求められた，水和したイオンの有効直径（nm）である．（たとえばリジン残基の）アンモニウムイオンではこの値は 0.25 であり，K^+，Cl^- では 0.3，Na^+ やカルボン酸イオン（グルタミン酸やアスパラギン酸側鎖など）では 0.4 である．
> この式からリジンの γ 値は 0.7，グルタミン酸，アスパラギン酸は 0.74 と求まる．全体の引力は $F = q_1q_2/4\pi\epsilon r^2$ の式で与えられるが，電荷 q は活量係数 γ によって弱められる．したがって，全体においては $\gamma_{Lys}\gamma_{Glu} = 0.7 \times 0.74$ となり，約半分になる．
> 関連する異なるアプローチとして，静電力の働く距離であるデバイ長（Debye length）を計算するという方法がある．デバイ長 r は，
> $$r = \left(\frac{\epsilon KT}{2N_0 e^2 \mu}\right)^{1/2}$$
> と表すことができる．ここで，N_0 はアボガドロ数である．生理学的なイオン強度に関して，r はおよそ 8 Å である．

もし，2 つの相互作用する分子同士が反対の電荷をもつのであれば，互いに静電相互作用を経てより早く一緒になり，同じ電荷をもつのであれば，静電的な反発を経てよりゆっくりと一緒になることは自明である．その効果はそこまで大きくないものの，この単純な予測は実際に正しい．酵素-基質の衝突頻度は，電荷が +1 と -1 の分子同士は電荷をもたない分子同士に比べて約 2 倍であり，電荷が +1 と -2 の分子同士であれば約 4 倍であると見積もられている [7]．さらに重要なこととして，これも大きな要因ではないものの，静電相互作用による反発は静電的な引力よりも大きな効果をもつ [8]．このように，並進的舵取りは重要な効果ではあるが，甚大というほどのものではない．

この効果は静電遮蔽によってさらに減少する．静電的な相互作用は距離に従ってかなりゆっくりと減衰する（第 1 章で記述した通り，この効果は r^2 に比例する）．しかしながら，引力もまた，**溶媒の誘電率 dielectric constant**（*4.2）によって与えられる因子にしたがって減衰する．水の誘電率は 80 であり，この値は水が非常によく静電遮蔽を起こすことを意味している．このため，非極性溶媒中での引力と比較して，水中の引力はかなり弱くなる．逆にいえば，静電的な引力は 2 つの電荷がかなり近づいたときにだけ重要なのである．

水溶液中にほかの電荷をもつ種類のものがあるとき，つまりは**イオン強度 ionic strength**（*4.3）の強い場合にも静電相互作用は減少する．実際には水溶液中にはほかのイオンが存在している．とくに Na^+，K^+，Cl^- といったイオンである．これらの電荷は反対の符号の電荷をもつ分子のまわりに集まり，溶媒和させる．その効果によって，それらの分子が帯びる"電荷"は減少し，反対の電荷同士の引力は弱められる．生理学的な濃度においては，かなり大まかにいって実効電荷は約半分になっているので（計算は**静電遮蔽 electrostatic screening**（*4.4）参照），有利な相互作用は弱まる．総じて，電荷間の引力や反発力は，およそ 10 Å ほどの距離しか効果を及ぼさないのである [2, 9]．上に引用した単純な例において，酵素-基質の並進速度の向上は，150 mM NaCl の生理的条件下ではほとんど消えてしまうと考えてよい．

4.1.5 衝突頻度はまた，静電性舵取りによっても増加する

電荷を帯びた基質が，酵素の表面のかなり近くにたどり着いたものの活性部位へ到達していないケースは，非常に興味深く，重要である（図 4.3）．その場合，静電的な引力は水を通してではなく，タンパク質を通して起こる．一般的にタンパク質の内部は誘電率の値が 4 程度と考えられている．これは水中に比べてかなり少ないため，静電相互作用は水中よりもずっと強いと推測される．しかし，もしタンパク質が道を塞いで邪魔をしていたら，これはどのようにして働くのだろうか．タンパク質内の電荷の配置はしばしば非対称であり，**双極子モーメント dipole moment** をつくることで静電相互作用が働くのである．そのような配置ではタンパク質の電荷に方向性が与えられ，基質を反対の電荷をもつ双極子

図 4.3
基質が酵素の活性部位と反対符号の電荷をもつ場合，酵素と基質は互いに引き合う．

の部位へと動かす力が与えられる．たとえば，アセチルコリンエステラーゼ（すでに記述したとおり，"不自然に"反応速度の速い酵素である）は，活性部位の溝に直線に並んだ強い双極子モーメントがあり，砂鉄が磁石に引き寄せられるように，基質を正しい方向に向かせて溝へ引き込む（図 4.4）[10]．基質であるアセチルコリンは正の電荷を帯びており，酵素上の電荷の配置によって近づいてくる基質に強い配向性が与えられる．これにより，基質が高い確率で正しい方向から近づくことを保証する．この効果は静電性配向的舵取り，または単純に**静電性舵取り** electrostatic steering と呼ばれる．また，アセチルコリンエステラーゼの活性部位の溝に並んでいる負の電荷は，溝を疎水的あるいは"油性の"環境にするように"連なっている"芳香族の残基によってほとんど完全におおわれている．おそらくこれにより直接的な静電相互作用が減少し，基質が溝の側面に結合することなく移動することができるのだと考えられる [10]．このような親油性の残基が並ぶことはほかの例でもみられる．たとえば，中心紡錘体や，F_oF_1 ATPase の中心にあるチャネル（第 7 章），水分子のチャネルである細胞膜タンパク質アクアポリンなどである．アクアポリンは，溝の側面の片方に親油性の面をもち，水分子が滑ることができるようになっている．もう片方の面は親水性であり，水分子が滑りながら適切に列が保たれるようになっている．同じような効果は $10^9 M^{-1} s^{-1}$ という非常に速い速度定数をもつ酵素であるスーパーオキシドジスムターゼにもみられる．この酵素は負の電荷を帯びたスーパーオキシドイオンと反応するが，酵素上の電荷分布によって基質が活性部位に導かれ，衝突率が 30 倍に高められている [11]．酵素上の正味の電荷はおおよそ −4 であり，負であるにもかかわらず，である．つまり，静電効果は，実際には不利となる正味の電荷よりも，電荷の分布によって決まるのである．

以上では静電効果が，基質を活性部位へと導くために用いられることを述べた．同時に，この静電効果は，活性部位に近づく基質を回転させ，到着するときに正しい方向を向くように制御する効果もある．トリオースリン酸イソメラーゼにおける双方の相乗効果は，生理学的なイオン強度であれば 10 〜 100 倍になることが計算されている [12]．並進効果はタンパク質の正味の電荷に依存するが，配向効果は 3 次元の電荷分布，とくに結合部位に近い位置の分布，に強く影響される [13]．一般的に，配向効果は並進効果よりも大いに重要であると考えられる [4]．

静電効果はタンパク質-タンパク質間相互作用においても重要である．**シトクロム c cytochrome c** (*4.5) はとくに興味深い例である．シトクロム c は電子伝達系の一部を担っており，その機能は電子供与体から電子受容体へと電子を運ぶことである．シトクロム c はいくつかのそのような伝達系において機能することが知られており，そのためには多くの種類のタンパク質を認識しなければならない．また，できるだけ速く電子を受け渡すため，電子が酸化還元の相手の方向を向いている必要がある（電子はヘム-鉄システム上に位置し，酵素の片側の端に向いている）．これを可能にしている作用機序の 1 つがヘ

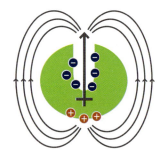

図 4.4
アセチルコリンエステラーゼは，活性部位のある溝に沿った電気双極子をもち，それによって正に荷電した基質を活性部位へと導く．矢印は正に荷電した基質に働く力線（電界の向きの線）を示している．

*4.5 シトクロム c

シトクロム c は，電子キャリアー（担体）として働き，主に電子伝達系において機能している．シトクロム c は電子供与体と電子受容体との間をすばやく往復する必要があるため，その分子サイズが小さい（4.1.9 項）．電子はヘム（図 4.5.1）によって受け渡され，その中心に位置する鉄原子に主に局在するので，鉄原子は Fe^{2+} と Fe^{3+} の状態を行ったり来たりする（酸化数 2 および 3）．鉄原子には 6 つの原子が結合可能で，ミトコンドリアのシトクロム c では 4 つがヘムとの配位に使われており，1 つはヒスチジンが，最後の 1 つはシトクロム c の 80 番目のメチオニンの硫黄原子が配位している．酸化によって，水素結合を形成しているチャネルの Met 80 から表面への可動性が増し，これにより電子を受け渡す相手がシトクロム c が酸化されていることを認識しやすくなる．シトクロムは一般的に可溶性タンパク質であるが，いくつかのシトクロムは脂質のアンカー（錨）をもち，分子を膜の近傍に固定することができる．シトクロムは多くの生物種において保存されているが，これはシトクロムが多くのタンパク質と相互作用する必要があるためであると推定されている．実際，人間とチンパンジーのミトコンドリアに存在するシトクロム c はまったく同じ配列をもち，またアカゲザルとも 1 アミノ酸残基が違うのみである．

1996 年にこのよく研究されてきたタンパク質が副業としてアポトーシスのシグナルを担っていることが発見され，近年シトクロム c に関する研究が再び盛んに行われている．

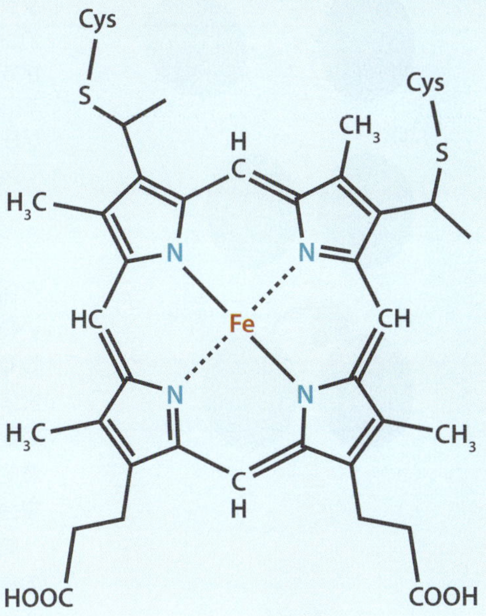

図 4.5.1
シトクロム c に存在するヘムの構造．ヘムの 2 つのシステインを介してシトクロム c とヘムが結合している．

ムの周辺で正に帯電した残基の輪の存在であり，これが酸化還元の相手の負に帯電した残基の輪と合わさることで，正しい方向に向くように作用する（図 4.5）[14].

4.1.6 タンパク質複合体形成は過渡的複合体を通して形成される

このように，電荷を帯びた領域同士が合わさることは一般的である．とくに，DNA に結合するタンパク質はほとんどが界面に正に帯電した領域をもつ．しかし，遠距離の誘導に対する解決策としては，多くのタンパク質にとって実用的な解決策ではない．なぜなら，活性部位の周りの電荷はこの用途で使用できないからである．それゆえに，タンパク質の帯電した領域は活性部位とは別の場所に存在し，その領域がタンパク質を結合する相手に対して正しい向きになるように作用する，というのが一般的である（図 4.6）[15]．2 つのタンパク質は近接するにつれて反対の電荷同士が引き合い**過渡的複合体 encounter complex** を形成するが，完全に正しい配向となるのはまだである．分子動力学計算によると，過渡的複合体形成のための重要な必要要件は，まず少なくとも 2 つの極性の相互作用が起こり，2 つのタンパク質が適した向きに固定されることである．ほかの部分は後でジッパーのように止めることができる [16, 17]．タンパク質の再配置が行われている間に静電相互作用によってタンパク質同士が互いを固定しておくことができる場合，正しい向きでの相互作用は顕著に促進される（少なくとも 1,000 倍）[9]．そして，概して分子は相手の分子の近傍にかなりの時間存在するため，この再配置が可能になる．これはブラウン運動の性質によるもので，最初の位置からかなりの距離を移動するには，多くの細かな周遊を経る必要がある．分子動力学シミュレーションによると，2 つのタンパク質が複合体を形成するとき，1 度の衝突につき約 0.4 ns しか互いを保持できない [6]．残基を再配置するには約 5 ns は必要であるため，これは十分な時間ではない．ところが，複合体を形成してからブラウン運動によって分子同士が完全に解離するまでの時間は 6 ns ほどであり，これは立体配座を探索するのに十分な時間である．

計算によると，β ラクタマーゼとその阻害剤との過渡的複合体においては，β ラクタマーゼと阻害剤が解離する頻度の方が，安定な結合に向かう頻度よりも高い．これは，電荷-電荷相互作用が，すべての衝突のたびに 2 つのタンパク質を引きとめておくほど強くないことを示している．それでもやはり，静電相互作用は複合体を正しく形成する可能性を上げることで，全体としての結合速度を上昇させている．この場合，正しい複合体形成

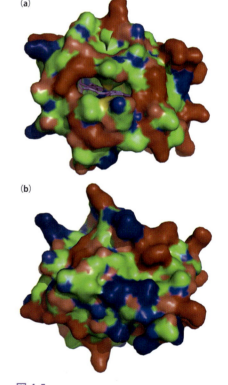

図 4.5
シトクロム c 表面の電荷分布．(a) 前から見た図．ヘムはマゼンタで示している．電子伝達はヘムを介して行われるため，この面がシトクロム c のパートナーと相互作用する面である．ヘム周辺の赤色の（塩基性の）リングに注目である．(b) 後ろから見た図．表面の中心は青色の部分（酸性残基）が多く，これらによりシトクロム c が双極子となっている．

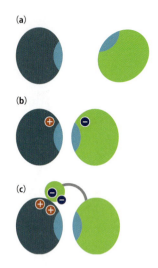

図 4.6
タンパク質の正しい配向性をもつ衝突は静電相互作用に助けられている．(a) 2つのタンパク質の結合速度は，それらが相対的に正しい配向で出会う必要があることによって制限を受けている．(b) 結合速度は静電的な舵取りによって上昇している．(c) 静電的な舵取りにより，構造をもたない腕やドメインが長い距離を超えて相互作用することが可能となる．このような様式によってタンパク質は表面の荷電残基の配置に大きな柔軟性をもっている．

を保証することができるような，より強力な静電的結合はかえって逆効果となるだろうといわれている．なぜならその場合，複合体形成時に過度の脱溶媒和が必要となり，全体としての結合速度の低下へとつながるからである [9]．この分野の研究者の多くは過渡的複合体は脱溶媒和していない――つまり，過渡的複合体の形成時はまだ水分子を脱離させる必要のあるステージにいたっていないという一致した見解をもっている．それゆえに，過渡的複合体は2つのタンパク質が抱擁するような複合体ではなく，"腕を伸ばす"ような複合体である．

　前の段落ではいくらか巧妙な概念，すなわち過渡的複合体（2つのタンパク質の最初の重要な接触に対応する中間体と考えていい）と，結合へ向けた**遷移状態** transition state（ここから半分の分子が結合へと向かい，残りの半分は再び解離する，と古典的に定義された状態である [16]）の違いについて説明した．遷移状態はタンパク質の種類や，とくに出会ってからどの程度速く結合するか，に依存して過渡的複合体形成の前にも後にもなり得る．先ほど述べたβラクタマーゼの場合，過渡的複合体形成後に遷移状態をとる．拡散律速に近い速度で結合する分子については，遷移状態は必ず過渡的複合体形成の手前にある．なぜなら，拡散律速の定義により，すべての過渡的複合体は結合へと向かうからである．この観点から導かれる推察として，過渡的複合体は比較的多くが，弱くかつ速く相互作用している複合体であると考えられ，実際にそれは真実のようである [18]．

　このような主張は幅広い実験結果から支持されている．たとえば，ヌクレアーゼであるバルナーゼ（*2.2 参照）がその生理的な阻害剤であるバースターと結合する速度は非常に速い（バルナーゼが宿主の RNA を分解するのを防ぐために必要であるため）．その速度はイオン強度が 10 mM の水中で $10^9 M^{-1} s^{-1}$，イオンを含まない水中では異例の $10^{10} M^{-1} s^{-1}$ である（これは自力での拡散律速よりも速い）．溶液に塩を添加することにより静電相互作用が遮蔽され，結合速度は $1/10^5$ にまで低下する [4]．このように，バルナーゼは静電相互作用によってバースターとの拡散による衝突速度を高めるとともに，静電的な舵取りによって互いに正しい配向で接近できるようにしている [19]．

　トリプシンとその阻害剤であるウシ膵臓トリプシン阻害剤（BPTI）との結合はよい例である [4]．結合速度定数は $10^6 M^{-1} s^{-1}$ であり，この結合は異常に速いというわけではないが，酵素-阻害剤が幾何学的に正確に結合することを考慮すれば，十分に速いといえる．トリプシンと BPTI はともに正電荷を帯びており，静電的な並進性舵取りとしては好ましくない．BPTI の活性部位の 15 番目のリジンをアラニンに変異させると，BPTI の総正電荷が減少し，静電反発が弱まるはずである．にもかかわらず，結合速度は 1/250 にまで低下する．これは 15 番目のリジンが静電的な配向的舵取りの役割を担っているためである．この例では配向的な舵取りが並進的な舵取りよりも通常より重要であることが示されている．

4.1.7 静電相互作用による反発力も，相互作用を制限するために重要である

　細胞内においてタンパク質が受けている大きな制約として，細胞内が非常に混み合っていることを忘れてはならない．このことはタンパク質間の静電相互作用がきわめて重要であることを意味している．実際，タンパク質の外側に存在する荷電残基の数とタンパク質

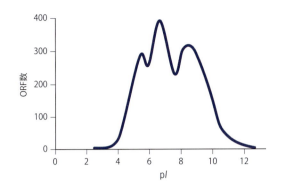

図 4.7
ゲノム情報から予測した，キイロショウジョウバエの各タンパク質の pI の分布図．真核生物においても同じようなプロットが得られる．ORF：オープン・リーディング・フレーム．（R. Schwartz, C.S. Ting and J. King, *Genome Res.* 11：703-709, 2001 より再描画．Cold Spring Harbor Press より許諾）

が非常に高濃度であることを考えると，なぜタンパク質は互いにくっつき合って，1 つの乱雑に凝集した粘着質のかたまりを形成しないのだろうか．

　この問いには主に 2 つの答えがあるように思える．1 つ目は，細胞内のイオン強度においては静電相互作用は一般的に弱いということである．（上述したように）静電相互作用はタンパク質間の相互作用を桁違いに増加させ，タンパク質をより粘着質にすることでタンパク質が互いの前を通り過ぎる際に一時的に相互作用するようになり，結果として拡散を遅くさせる．しかし，これではまだタンパク質を "互いに結合した，乱雑に凝集した粘着質のかたまり" にするには不十分であり，ただ前を通り過ぎる際により強く結合するようになる程度である．2 つ目の答えはより面白いもので，タンパク質は総じて同じ電荷を帯びる傾向をもっており，それによって互いに反発し合うというものである．

　細胞内タンパク質の**等電点 pI** の予測値のプロットを図 4.7 に示す．このプロットは，7 以上あるいは以下の pI をもっているタンパク質があり，これらが pH 7 において幅広い範囲で正電荷，もしくは負電荷を帯びていることを示している．これは上で述べた "答え" とは合致していないようにみえる．しかし，pI 値を膜タンパク質と可溶性タンパク質に分けてプロットすると（図 4.8），実際にはほとんどの膜貫通タンパク質は高い pI 値をもっており（つまり中性条件では正電荷を帯びる），一方ほとんどの可溶性タンパク質は低い pI 値をもっている（つまり，中性条件では負電荷を帯びる）ことがわかる．これにより可溶性タンパク質は中性条件では互いに反発し合い，膜タンパク質とは結合するという傾向となる．細胞膜自身は負に帯電する傾向があり，これはおそらく膜タンパク質が逆の電荷を帯びているためであると考えられる．したがって，可溶性タンパク質は概して膜からは反発されるが，膜タンパク質によっては引きつけられる．細胞の異なる箇所に存在するタンパク質の残基分布を解析すると，細胞外タンパク質は細胞内タンパク質よりも荷電している残基が少なく，しかし極性をもつ残基は多いという興味深い結果となった．これは，細胞外の非常に低いイオン強度に関連しているのではないかと考えられている [20]．このように，タンパク質の電荷はほかのすべてのものと同様，進化によって厳密に制御され

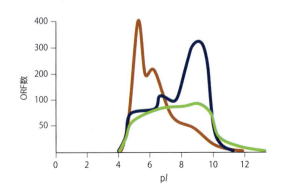

図 4.8
SWISS-PROT によって求めた，真核生物の細胞内におけるタンパク質の pI の分布図．細胞質に存在するタンパク質は赤色，細胞膜は青色，核内は緑色の線で示した．（R. Schwartz, C.S. Ting and J. King, *Genome Res.* 11：703-709, 2001 より再描画．Cold Spring Harbor Press より許諾）

ているようにみえる.

図4.8は多くのタンパク質が存在することを示しており,したがってこのように一般化することは正しくない.また,図はpK_aの摂動や,タンパク質をより負に帯電させる非常に多くのリン酸化といった現象を考慮に入れていない.しかしながら,このプロットは単一電荷が分子間相互作用を改変する力を示している.

4.1.8 高分子が密集することでタンパク質同士の会合は増えるが,その速度は低下する

細胞内は驚くほど混み合っている.これはDavid Goodsellの著書である『The Machinery of Life』や,Protein Data BankのWebサイトに掲載されている『Molecule of the month』などに詳細に描かれている[21].例として,図4.9は微生物の細胞内部を表したものだが,細胞内にいかに物質が密集しているか,そして自由な水分子が少ないかを示している(それはすなわち水分子は溶質と隣接していないということである).それと同時に,ほとんどのタンパク質はわずかに1層,または2層の水によって水和されている.図4.9ときわめて類似した全体像が,クライオ電子顕微鏡を用いた直接的な実験観察から得られている(図4.10)[22].加えて,超高濃度のタンパク質が意味するのは,タンパク分子はほかのタンパク質とすぐ衝突してしまうため,水中では自由に拡散できないということである.細胞中のタンパク質間の平均距離は100 Å以下と推定されており[23],多くの場合は50 Å以下である[24].タンパク質の直径は約35 Åなので,クラウディングはきわめて現実的な現象である.別の言い方をすれば,タンパク質は細胞中の移動可能な全体積のうち,10〜40%を占めている[25, 26].真核細胞中では,微小線維,微小管などの多数の線維によって縦横に縛られており,状況はさらにひどいことになる.こ

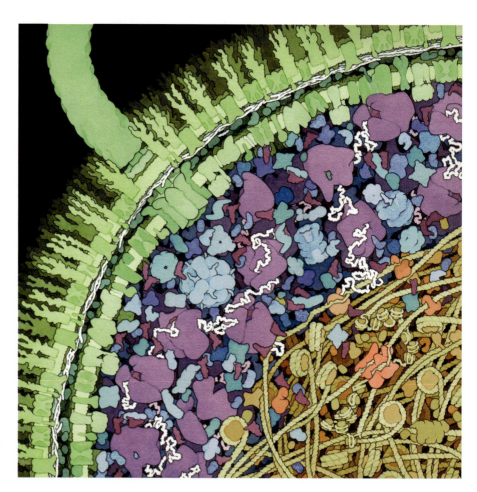

図4.9
大腸菌内の想像図.細胞膜と,膜タンパク質は緑色で示してある.左上に緑色で示されているのは鞭毛である.細胞質は青または紫色で示した.紫色で示した大きなかたまりはリボソームで,Lの形をした栗色のものはtRNAである.mRNAは白色で示してある.HUタンパク質のまわりに巻きついたDNA(ヌクレオソーム)は橙色と茶色で示した.(David S. Goodsell, The Scripps Research Institute より提供)

れら線維はより大きなタンパク質に対しては"かご"として働くのに十分すぎるほど近接しており，一方で小さなタンパク質に対しては流動性を厳密に制限している．

このように細胞内でタンパク質が高濃度になっているという特徴を一般に細胞のクラウディング cellular crowding，もしくは**高分子クラウディング** macromolecular crowding と呼ぶ [27]．このクラウディングという名は，各タンパク質が高濃度であることが問題なのではなく（事実，大半のタンパク質は低濃度である），高分子が全体的に超高濃度であることが問題であるということを強調しているのである．高分子は細胞内の有効なスペースを占有して超巨大な排除体積を生み出すので，ほかの機能分子に残されたスペースは小さく，奇妙な形となる．事実上，溶質は存在するすべてのほかの高分子によって残されたスペース内でのみ自由に機能し，拡散することができる．

排除体積についてのこの概念が示唆することの1つとして，高分子が密集することによる影響が，隙間を埋めている物質（クラウディング物質）と比べたときの対象となる分子の大きさに強く依存する，ということがある．とくに，対象となる分子がクラウディング物質より大きい場合，その分子が使うスペース（全体積から排除体積を引いたもの）は，クラウディング物質の濃度が増加するにつれて著しく減少する．それに対して，対象となる分子がクラウディング物質より小さい場合は，ほとんど影響を及ぼさない．細胞中の主なクラウディング物質はタンパク質であるため，小分子がほとんどクラウディングの影響を受けないのに対し，タンパク質はクラウディングに強く影響を及ぼされることになる（後述）．

排除体積についてのこの難しい考えを理解するために，ある類似例を挙げて明確に説明してみる（図 4.11）．ボールベアリングで満たされたビーカーを想像してほしい．乱雑に詰められたボールによって全体積の約65％が占有されているとき，残された35％が"空"であっても，それ以上ボールベアリングをビーカーに加えることは不可能である．この体積ではボールベアリングとそれより大きいものは排除される．しかしながら，砂のようなより小さい粒子を加えることはできる．もし砂をビーカーに加える場合，スペースを満たすことになるだろう．事実，全体積から減少した分は別として，砂の流動性はボールベアリングに大きくは影響されない．実際には，砂は入ることができる体積のうち，再び約65％だけを占有し，残りは再び"空"となる．そのスペースには水のようなさらに小さい粒子を再び加えることができるのである．

高分子クラウディングによっていくつかの非常に重要な効果が現われる．いくつかの例を表 4.2 に示した．まず1つ目に，タンパク質の会合している度合は水中でみられる状態と比べて，桁違いといえるほど高いであろう．図 4.12 は典型的な影響を示している [25]．より大きいオリゴマーの結合ではより顕著であり，そのため，たとえば四量体は二量体よりも安定的である．GroEL 七量体（*4.12）や FtsZ 高分子量自己会合体といったより大きいオリゴマーではさらに安定となる [28]．クラウディングは，鎌状ヘモグロ

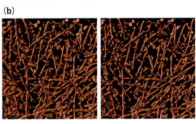

図 4.10
タマホコリカビ *Dictyostelium* 属（粘菌）細胞の低温電子顕微鏡観察像．アクチンネットワークを表している．（a）815 nm × 870 nm × 97 nm のアクチンフィラメント（赤色），リボソーム（緑色），細胞膜（青色）．（b）（a）左上のアクチン層の立体図（斜視図）．枝分かれしたクラウディングネットワークと交差結合線維を示している．（O. Medalia et al., *Science* 298: 1209-1213, 2002 より．AAAS より許諾）

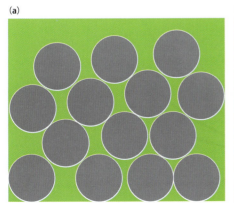

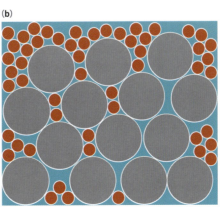

図 4.11
排除体積はクラウディング物質の対象分子に比したサイズに依存する．（a）この例では容積がボールベアリングでいっぱいになっていて，それ以上入れることはできない．したがって緑色の領域にボールベアリングを入れることはできない．（b）しかしながら，より小さい粒子（赤色）は入ることができる．赤色の粒子が空いている領域を占めた後でも，水（青色）のようなさらに小さい粒子が入ることができる領域はまだある．（D. Hall and A.P. Minton, *Biochim. Biophys. Acta* 1649: 127-139, 2003 より．Elsevier より許諾）

表4.2　分子クラウディング効果の例

観察される現象	影響の大きさ；コメント	参照
アポミオグロビンの自己会合	水溶液中では単量体，>200g/l タンパク質注入時では主に二量体	[27]
熱変性に対するスロンビンの安定化	おそらく耐熱性のオリゴマー形成による	[27]
ピルビン酸塩脱水素酵素の自己会合	30g/l PEG 存在下で 50〜90％の 22S が 55S へ転換	[27]
T4 遺伝子 45 タンパク質と 44/62 遺伝子タンパク質複合体の会合	75g/l PEG 存在下で 50 倍に増加	[27]
好熱菌由来の DNA リガーゼの最適温度の変化	20％ PEG 存在下で 37℃から 60℃へ	[27]
グリセロアルデヒド-3-リン酸脱水素酵素の切断効率の減少	300g/l タンパク質存在下で 1/30 に．四量体化が原因か？	[27]
アクチン重合の加速	80g/l ポリマー存在下で 3 倍に	[27]
T4 ポリヌクレオチドキナーゼの加速	数桁；オリゴマー化酵素の安定化による	[27]
スペクトリンの自己会合の増加	20％ デキストラン存在下で 10 倍に	[33]
アミロイド形成の加速	150g/l デキストラン存在下で 8 倍に	[25]
アンフォールド状態と比較して pH 2 におけるシトクロム c のモルテングロビュール状態の安定化	370g/l デキストラン存在下で 2.5kJ/mol（K 値が 150 倍に）	[25]
WW ドメインのフォールディング-アンフォールディング転移	25％クラウド状態でフォールディング状態が 4.5kJ/mol 安定に（シミュレーション）	[34]
還元リゾチームの巻き戻し	高濃度デキストラン下ではアンフォールド体の自己会合が起こる	[120]
線維状，アミロイド会合の伸長率の促進	チューブリンや α-シヌクレンを含むさまざまなタンパク質に及ぶ	[29]

略記) PEG：ポリエチレングリコール

ビン，チューブリン，FtsZ，パーキンソン病関連タンパク質の α-シヌクレンのような線維状，あるいは棒状の会合形成の割合と速度の両方を増大させるのである [29-31]．

上記の考察から，その効果は単量体が大きくなるにつれ増加すると推測される．その効果はオリゴマーの形にも依存するため，およそ球状のオリゴマーは細長いオリゴマーよりもより安定となる [32]．

2つ目に，高い密集度合はタンパク質を効果的に粘つかせ，タンパク質複合体の会合速

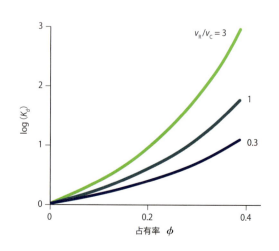

図4.12
二量体化における分子クラウディング効果　横軸は体積占有率を示す．細胞中の最大分子クラウディング率は $\phi = 0.4$ となる．縦軸は二量体化係数の対数を示す．単量体 R とクラウディング物質 C の体積比が異なる 3 つの値が示されている．グラフから，$\phi = 0.4$ のクラウディングでは二量体化定数が，クラウディング物質とタンパク質が同サイズの場合は 30 倍に，モノマー体積がクラウディング物質の 3 倍の場合は 400 倍になる．（D. Hall and A.P. Minton, *Biochim. Biophys. Acta* 1649: 127-139, 2003 より．Elsevier より許諾）

度を著しく低下させる．これは単純な類似例で示すことができる．あなたがパーティー会場に入り，あるタイプの人（あなたの想像に任せる）に会いたがっている場面を想像してほしい．会場にいる人数が増えるにつれ，はじめは期待通りに出会う確率が上昇する．なぜなら人が増えるにつれ，あなたが望む人も増えるからだ．しかしながら，いったん会場が本当に混雑すると，出会う確率は減少する．なぜなら自由に動き回ることが難しくなるため，あなたはある場所から離れられず，通ることができる数少ない小道でしか移動できなくなるからである（図 4.11 の排除体積の図参照）．

別の類似例は車での移動である．目的地到着にかかる時間は車の速度（溶媒の粘性と溶質の大きさの関係），信号での停止時間（結合），経路（高分子クラウディング）に依存する．高分子クラウディングはこれら 3 つのすべて，とくに 3 番目にもっとも影響を及ぼす．

このような結合速度の低下は反応速度にもっとも顕著に反映される．つまり，**図 4.13** で示すように，高分子濃度によって最初は増加し，その後減少する [27]．この増加から減少に移行する変化点は系により変化する．つまり，ただ単調に増加するのが観察されるときもあれば，より複雑な効果が起きているときもあるということである．一般的に，クラウディングは速い結合速度を低下させ，遅い結合速度を上昇させる．

アンフォールド状態のタンパク質は大きな慣性半径をもち，フォールド状態のタンパク質よりも大きな体積を占める．クラウディングはより少ない体積を必要とする状態のものをより安定化するので，アンフォールド状態のタンパク質に比べてフォールド状態のタンパク質を安定化する．しかしながら，その影響は大きくはない．さらに，**モルテングロビュール** molten grobule 状態はほんの少しだけ天然状態より膨張しているため，クラウディングはモルテングロビュール状態と天然状態間の平衡に少ししか影響を及ぼさないと考えられており，アンフォールド状態のタンパク質をモルテングロビュール状態に構造変化させることにその影響力を最大限に発揮しているのだろうと考えられている [35]．それゆえに，**天然変性タンパク質** natively unstructured protein は低濃度水溶液よりも細胞中の方が構造をもちやすい可能性が示唆されるが，その影響は後述のとおり，おそらくごく小さなものである．

もっとも混雑した細胞成分の 1 つはミトコンドリアである．しかしながら，ミトコンドリア内で測定された拡散速度は細胞質内のものとほとんど同じである [36]．これはミトコンドリア内のタンパク質の分布が一様と呼べるものからはかけ離れており，ほとんどのタンパク質が細胞膜に接着していて，ミトコンドリア内の構成物が通常よりも自由に拡散できるためといわれている．この結果は多くの，大半といっても過言ではないタンパク質は細胞中で自由には動き回れず，代謝性複合体やメタボロンに局在し，おそらくは膜に接着しているのではないかという考えを支持するものとなっている．

進化はタンパク質を，環境を支配している高分子クラウディングの程度に合わせて最適化してきたと考えるのが妥当だろう．言い換えれば，タンパク質の自己会合率はそれらが存在する環境内における自然淘汰により最適化されてきたと推測できる．興味深いことに，このことが意味するのは，たとえば低濃度水溶液でタンパク質研究を行う際，会合度は減少していって準最適になり，安定性，フォールディング構造も準最適になり得ると期待できるということである [37]．これは第 9 章においてタンパク質複合体におけるタンパク質間の弱い結合を考える際に，とても重要な意味合いをもつことになる．また，当然ながら希薄溶液系で測定された物性データから実在の細胞を推定することはおおよそ不可能であるということも意味している．

4.1.9 巨大タンパク質の拡散は遅くなる

細胞中の分子濃度が高いということは，細胞内の粘性が非常に高いことを意味する．つまり，細胞質は水というより，どろどろしたスープのようなものである．細胞内の粘性に関してはいくつかの測定結果があり，真核細胞は水よりも 5 倍ほど粘性が高いのに対し，原核細胞はもっとひどいことに 10 倍ほど粘性が高いことを示している [38-40]．興味深いことに，ペリプラズムはさらに粘性が高く，水の約 30 倍である [39]．それに対して，

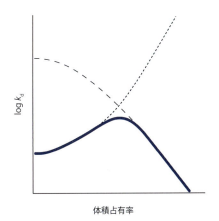

図 4.13
体積占有率と反応速度の相関関係の図．反応速度ははじめ，分子濃度が高くなるにつれて増加するが（短線），拡散速度の減少により，その後低下する（長線）．最終的な結果は太線で示したようになる．（A.P. Minton, *Int. J. Biochem.* 22: 1063-1067, 1990 より．Elsevier より許諾）

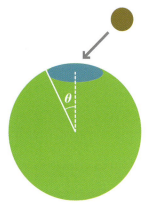

図 4.14
標的タンパク質の活性部位は全領域のごく一部であり，活性サイトへの衝突頻度は減少していることを示している．計算によると衝突頻度は活性部位の面積 [$\sin^2(\theta/2)$] ではなく，線的な範囲 [$\sin(\theta/2)$] に比例して減少する．そのため，衝突頻度の減少は予想されるほど顕著ではない．

細胞核は細胞質と同等の粘性である [41]．

細胞中の不均一性はほかにも重要な意味をもつ．すなわち，粘性の効果はタンパク質のような巨大分子にとってより大きいものであり，それゆえにタンパク質の拡散は想像以上に遅いものとなる．そして水分子ほどの小分子にとっては，純水と同程度の粘性となる [36, 42]．とくに超巨大分子やリボソームのような会合体は，ほとんど固定されているようなものである．なぜなら，それらは微小線維やほかの線維によって形成された"かご"によって閉じ込められているからである．つまり，"スープ"という描写よりも"パスタの入ったスープ"という描写の方がより的確である [43]．

水溶液中における 2 つの球状分子 A と B の拡散的衝突頻度は，以下の Smoluchowski の式によって表すことができる [3]．

$$k_a = 4\pi DR$$

D は衝突する 2 つの分子の拡散係数であり，2 つの分子それぞれの拡散係数の和である（$D = D_A + D_B$）．R はターゲットの半径であり，これもまた衝突する 2 つの分子それぞれの半径の和，つまり $R = r_A + r_B$ である．この章のはじめに述べたとおり，多くの場合，活性部位はタンパク質ターゲット表面の小さい部分であり，それゆえに衝突頻度は比例して小さくなる．直感とは異なり，衝突頻度は活性部位の面積ではなく，その半径によって減少するため，Smoluchowski の式は $k_a = 4\pi DR\sin(\theta/2)$ へと修正される（図 4.14）．同様に，D は Stokes-Einstein の関係によって以下のように表される．

$$D = kT/6\pi\xi r$$

k は Boltzmann 定数，T は絶対温度，ξ は水溶液の粘性，r は拡散粒子の半径である．リガンド A が酵素 B よりもずっと小さい場合，活性部位は全体の半径 r_s と比べて小さくなるので，$r_B \gg r_A$, $D_B \ll D_A$ となり，上記の 2 式を近似して組み合わせると，

$$k_a = kTr_s/3\xi r_A$$

ゆえに，衝突頻度は溶媒の粘性に依存する．上述したとおり，細胞中の粘性は水に比べて非常に高い．しかしながら，高分子クラウディングによる粘性効果は分子サイズに依存する．つまり，低分子に比べて，タンパク質にとっての粘性は非常に大きいものとなる．したがって程度の差はあるが，小分子の拡散のみを考える場合，粘性の問題は無視できる．

また，衝突頻度は拡散分子の r_A 値にもっとも決定的に依存する．つまり，低分子の拡散は高分子の拡散よりも速いということである．ゆえにリガンドと酵素の結合を考える際には，リガンドは回り込むのではなく，酵素の方向に向かって拡散していると考えるのが一般的である．

この概念は Goodsell によって明確に示されたとおり，タンパク質の実際のサイズを反映している [44]．図 4.15 は数種類のタンパク質のサイズ，スケールを示しており，細胞膜や tRNA，DNA も示されている．左上のタンパク質は毒素である．毒素の機能は活性部位に素早く拡散することであるため，とても小さいサイズであると考えられている．その下の 2 段は，シトクロム c などの電子運搬タンパク質であり，機能は電子の運搬である．通常，電子運搬はすばやく行う必要があるため，それらの分子サイズも小さい．一番左側に並べてあるタンパク質はホルモンである．毒素と同じく，それらはすばやく拡散するため，小さい．そして左側の中央は運搬タンパク質であり，それらもまた一般的に，電子運搬タンパク質が小さいのと同じ理由で小さい．

たいていの酵素（図 4.15 の右側）は通常オリゴマーを形成しており（理由は第 2 章で述べた），とりわけそのためにホルモン，毒素などの運搬体よりもはるかに大きいことが印象的である．これは基質と生成物が酵素に向かってすばやく拡散する限り，酵素がどんなに遅く拡散するかは問題にならないからである．そしてもっとも驚くべき結果は，プロテアーゼ，リパーゼ，ヌクレアーゼ（左下）のような，すばやく拡散できない巨大分子が基質である酵素は，分子サイズが再び小さくなるということである．巨大分子である DNA

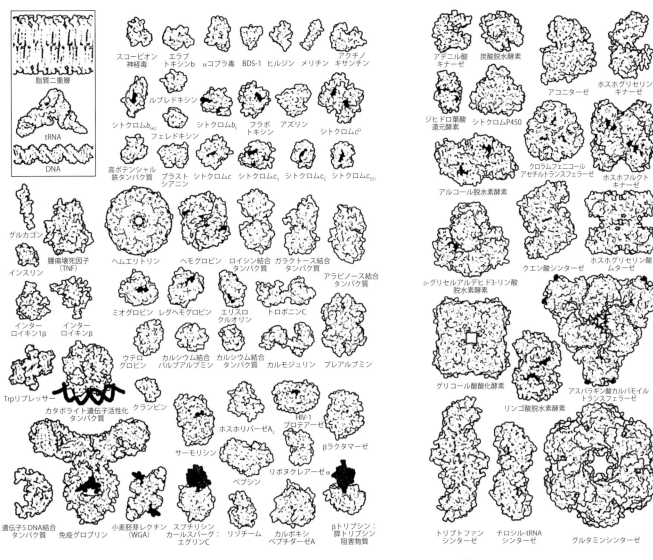

図 4.15
タンパク質，膜，tRNA，DNA の相対的なサイズ．（D.S. Goodsell and A.J. Olson, *Trends Biochem. Sci.* 18: 65-68, 1993 より．Elsevier より許諾）

リガンドに結合するタンパク質もまた，分子サイズが小さい．

　細胞中の自由水分子の濃度は低いため，細胞質は水溶液というよりは，ゲル，もしくは水の結晶だと考えるべきだということが主張されてきた [45-47]（この主張によって，運動や細胞内分画に対する部分的な関与があるとされる相転移，あるいは拡散の（より少ない）役割についての魅力的な推測が可能となるが，今もなお明らかにされていない [48]）．その主張を支持する主な論拠の 1 つに，細胞中のタンパク質の高い濃度がある．これは疑いもない事実だが，これまでの章で述べたとおり，タンパク質は高い確率で細胞中ではひどく不均一に分布している（たとえば膜上に密集しているというように）．そのためこの主張は可能かもしれないが，（現在ある証拠に基づく限り）あり得そうもない．

　タンパク質の分子スケールでは，粘性 viscosity という単語を用いるのは実際のところ間違っている．なぜなら，分子は粘性抵抗ではなく，ブラウン運動によって制御されるからである．事実，分子スケールでは我々の日常生活における粘性，重力，凝縮という概念は，魅力的で示唆に富む論文 [2] によればほとんど意味をなさないものとなる．

図 4.16
DNA，RNA に作用するプロセッシブ酵素は，基質へと結合させ，解離しないようにするクランプをもつ．

4.2 どのようにしてタンパク質はパートナーを迅速に見つけることができるのか

4.2.1 逐次前進性は高分子基質からの解離速度を低下させる

　酵素は拡散が遅く，分子サイズが大きいものであることをみてきた．例外は，巨大で，固定された基質に活性をもつ酵素である．これらの酵素の多くは，同じ基質に対して多数の反応の触媒作用を及ぼす．DNA ポリメラーゼはヌクレオチド 1 つだけでなく多くのヌクレオチドを加え，セルラーゼはグリコシド結合 1 つだけでなく多くのグリコシド結合を分解する．すなわち，これらは**プロセッシブ酵素** processive enzyme である．したがって，これらの酵素が基質に近づくように，何らかの方法で制限を加えることは明らかに有効である．もし DNA ポリメラーゼが 1 つのヌクレオチドを加えるごとに解離して，再び結合サイトを探さなければならないとすれば，それは非常に非効率的なものとなる．DNA ポリメラーゼと逆転写酵素は，自身を DNA ヘリックスに結合させ，離れないようにするクランプを得ることによって，この前進していく機能を獲得したのである（図 4.16）．

　多くのセルラーゼは異なる機構をもつ．すなわち，それらは触媒ドメインに加え，1 つ，またはそれ以上の糖結合モジュールを含む．モジュールの機能は酵素を高分子基質に結合させ，複数箇所の分解を行うのに十分な長時間の結合を保つ（図 4.17）．それらは酵素が分解し，最終的にはほかの基質を探すためどこにでも動けるよう，弱い結合である必要がある．結合ドメインの親和性は通常は比較的低く（μM の範囲），おそらくは酵素の解離を許さない強い結合と，酵素が基質への長時間結合を保てない弱い結合のちょうどいいバランスを保っている．酵素の多く（と**レクチン** lectin（*4.6））は非常に強い結合モジュールではなく，複数の弱い結合モジュールを使っている [49]．本書で何度も述べているとおり，複数の弱い結合の組み合わせは変化，進化しやすいだけではなく，結合・解離の速度を速くし，制御に関してはより高い潜在能力を与える．レクチンは興味深い戦略をもつ．レクチンの多くは 2 価であり，巨大基質に対して協同的に結合し，お互いをクロスリンクさせることができる．これは親和性を向上させるだけではなく，巨大高分子集合体を形成するための最適な方法である．多くの免疫グロブリンに使用されるこの方法は**免疫沈降法 immunoprecipitation**（*4.7）の基本となっており，**赤血球凝集反応 hemagglutination**（*4.8）として知られる．デンプンを分解する酵素であるグルコアミラーゼは興味深い．結合ドメインはヒンジ領域を発展させることで酵素が結合ドメインに隣接する表面を自由に動けるようにし，また 2 つの結合部位はデンプンのらせん構造をねじってバラバラにすることで，基質を酵素がより取り扱いやすい形にする（図 4.18）[50]．

　セロビオヒドロラーゼはプロセッシブ酵素であり，セルロース鎖から 2 糖ユニットを切り離す．この作用はいくつかの機能を果たすトンネルによって行う．すなわち，線維からセルロースのらせん構造を引きはがす助けをし，DNA ポリメラーゼのクランプと似た方法で酵素の基質への結合を保持し，トンネル内に通すことでセルロースのらせん構造をねじりあげて加水分解を促し，酵素が多糖鎖上で後退や落下をしないように防ぐ歯止めの役割を果たす（図 4.19）．実に驚くべき範囲の機能である．

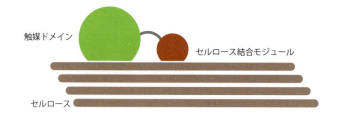

図 4.17
セルラーゼ（と多糖鎖に作用するほかの加水分解酵素）は一般的に触媒ドメインに加え，酵素が基質から解離しないようにする糖結合ドメインを 1 つ以上もつ．

*4.6 レクチン

レクチンは糖類に結合する機能をもつタンパク質である．一般的に，レクチンはタンパク質と結合する糖鎖の末端を認識する．例として，細胞壁中の内在性タンパク質がある（図 4.6.1）．それを真核生物は特定のタンパク質や細胞，主に細胞-細胞間の認識に利用する．炎症部への白血球の動員，病原体の認識，精子-卵子間相互作用に使われ，また，肝細胞中では糖タンパク質と結合し，循環から糖タンパク質を取り除くために使用される．多くのレクチンは 1 つ以上の糖類と結合し，動物細胞の凝集を引き起こす．このことは血液型の臨床診断や，糖タンパク質の精製，機能解析に使われる．

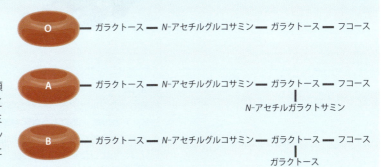

図 4.6.1
ABO 式の血液型は，赤血球に付随する糖複合体により分類される．通常の血液型判定は抗体を用いて行われるが，これは末端のガラクトースもしくは *N*-アセチルガラクトサミンを特異的に認識するレクチンを用いても可能である．レクチンは 2 つ以上の結合部位をもち，そのため 2 価抗体と同様の方法で細胞の集合，および凝集を引き起こす．

*4.7 免疫沈降法

免疫沈降法では，抗体はビーズに固定されている．そして，この抗体が抗原タンパク質と結合すると，抗原はビーズともつながることになる．ビーズは分離可能であり，タンパク質は溶出させて解析することが可能である．タンパク質は結合相手とともに免疫沈降するので，この方法はとくにタンパク質複合体を研究する際に有効である．たとえば，グルタチオン S-トランスフェラーゼ（GST）のようなタグを目的タンパク質と融合し，GST 抗体とともに免疫沈降させることができる．この方法は，目的タンパク質と結合するタンパク質でも代用することができ，プルダウンアッセイとしてよく知られている．どんな結合タンパク質でも SDS-PAGE により特定することが可能である．"単純な"免疫沈降法はタンパク質の特定，解析にも利用されており，たとえばタンパク質がどの特定の組織，どの細胞腫に存在するかを調べるのに用いられる．この方法では，一般的に可溶性の抗体が加えられ，その後ビーズに固定化されたプロテイン A のような抗体結合タンパク質が加えられる．それにより，目的タンパク質はビーズ上に吸着する．

*4.8 赤血球凝集反応

赤血球凝集反応法は免疫沈降法の一種であり，2 価の IgG や多価の IgM を赤血球と混合する．抗体が赤血球表面上の抗原を認識した場合に結合し，その結果，赤血球を架橋した多価の弱い結合が生じる（図 4.8.1）．赤血球凝集体形成の結果は，抗原の存在を診断するマーカーとなる．例として，血液型診断に使われる．

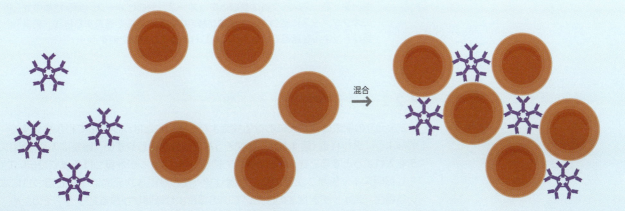

図 4.8.1
IgM 抗体は，1 つの会合体中に 5 つの 2 価抗体を含み，合計 10 個の認識サイトをもつ．適した（例として，既知の血液型に特異的な）エピトープをもつ赤血球と IgM を混合し，低温放置すると細胞の凝集体が形成される．

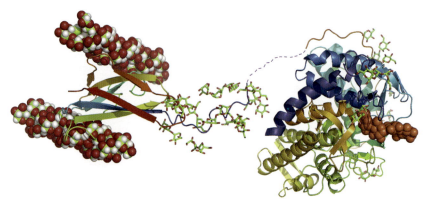

図 4.18
細菌由来のグルコアミラーゼの構造モデル．右側に示したとおり，N 末端に触媒活性ドメインをもち，アカルボースのような阻害剤 (茶色) と結合する．C 末端のドメインは長いリンカーであり，ドメインのまわりに巻きついている．それはドメインの左中心から始まり，後ろ側に巻きついてグリコシル化した右上から表面に出てくる．よってこれは伸長した，重度にグリコシド化したリンカーを形成し (紫色の点線)，2 つの別々のドメインを保持する棒状の半剛体として働く [121]．基質結合ドメイン SBD, substrate-binding domain はタンパク質とデンプンを接着させ，リンカーは触媒作用ドメインがデンプン顆粒の表面上を動き回れるようにする．リンカーが接着している SBD 末端は動的であり，リンカーをさらに柔軟にする [50]．この図はアワモリコウジカビ *Aspergillus awamori* 由来の触媒作用ドメインの結晶構造 (PDB 番号：1 agm) の図であり，NMR の構造はクロコウジカビ *Aspergillus niger* 由来の SBD である (PDB 番号：1 aco)．2 つはデンプンのらせんモデルとリンカーの一部である．

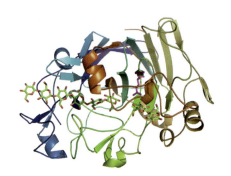

図 4.19
セロビオヒドロラーゼ (PDB 番号：7 cel)．活性部位の一般塩基は Glu 217 (マゼンタ) で，タンパク質はセロヘキサオース，セロビオース，開裂状態のセロオクタノースに結合する．糖類が酵素中のトンネルを通過する様式，糖基質がトンネルを通過できるようにねじれる様式は特筆に値する．

4.2.2 2 次元的探索はより速い

2 次元での探索は 3 次元における探索よりも速いことはシンプルでわかりやすく，合理的なように思われる (図 4.20)．なぜそうなるかは想像しやすい．暗室に入り，照明スイッチを入れようとするとき，壁を手探りで探し，照明スイッチを見つけるまで壁伝いで探す．もし照明スイッチが 2 次元の壁に位置せず，代わりに 3 次元的にひもで宙づりになっている場合，スイッチを探すのはたいていの場合より時間がかかるだろう．そのため，照明スイッチを探すためにすべきことは，(壁を見つけるために) 3 次元的探索を行い，その後壁に沿って 2 次元的探索を行ってスイッチを見つけることである．タンパク質もほとんど同じことを行っており，たいていは細胞膜を 2 次元的探索に用いている．つまり，もっ

とも迅速な探索戦略は，探索者が膜を見つけた後は膜上を沿うだけで済むように，標的を細胞膜上に配置することである．

　数学的に標的へのランダム拡散平均時間は 3 次元における R/r, 2 次元における $\ln(R/r)$ に比例する一方，1 次元における R/r とは独立している（R は探索範囲の半径であり，r は標的の半径である．そのため R/r は標的に対する探索範囲全体の相対的な大きさを示す）[51, 52]．拡散時間は拡散係数にも依存しており，そのためこれらの数字を単純に比較することはできない．しかしながら，非常に簡単な説明として，R を 1 μm（細菌細胞のだいたいの大きさ），r を 10 Å（酵素の活性サイトのだいたいの大きさ）とすると，R/r は 1,000，$\ln(R/r)$ は 7 となる．この値は 3 次元から 2 次元の探索へ移ることにより，探索時間が大幅に減少することを示している（1/150）．また，2 次元から，1 次元に移ることによっても，少しではあるが減少がみられる（1/7）．より詳細な計算は図 4.21 に示す．この図では D_2/D_3（2 次元と 3 次元の拡散における拡散係数）と R について，$r=10$ Å としたときの関係を示している．陰をつけた部分よりも上の部分では，3 次元よりも 2 次元における拡散の方が速いことになる．一方，実際のケースのほぼすべてに当てはまる $D_2/D_3 > 0.01$ の条件では，1 μm 以上の距離の拡散について 2 次元における拡散の方が速いことになる．細菌細胞の一般的な半径が約 0.5 μm であるのに対し，酵母菌細胞の直径は約 3 μm，上皮細胞の直径が 10 μm であるため，細菌細胞は探索スピードに関しては 2 次元的に拡散しても利点はないが，真核細胞には利点がある．このことは，真核細胞は内膜をもつのに対し，原核細胞は内膜をもたないという事実とよく適合する．つまり，論理的に考えて，細菌細胞のサイズがそれほどしかないのはランダム拡散が標的探索機構に有効であるからであり，もしもっと大きいサイズであった場合，拡散は重大な問題となり始め，代謝経路は最終的により遅くなると推測できるのである．

　細胞膜表面上における 2 次元的探索は，第 8 章でシグナル伝達について詳細に考察するように，確かに生体システムにおいて幅広く使われている．これはタンパク質-タンパク質複合体形成にとってはきわめて重要なことである．なぜならタンパク質の 3 次元的拡散は相対的に遅いかもしれないからである．微生物由来タンパク質の約 20 ～ 30 ％は細胞膜上に位置し [53]，膜貫通配列か，細胞膜表面に結合する共有結合修飾をもつ．これらの多くは細胞膜表面に位置する必要は明らかにない（事実，それらはチャネルでもなければトランスポーターなどでもない）．これらが細胞膜に結合しているのは，ただ単純に結合相手をすばやく探せるからである．真核細胞は内膜を数多くもっている．たとえば，肝細胞中には細胞膜の 50 倍に相当する広さの内膜が存在する（[42] での引用）．それゆえにタンパク質にとって結合先となる膜を見つけるのは難しいことではない．

　真核細胞は原核細胞よりも約 100 倍大きく，このことは真核細胞中におけるランダムウォークによる探索過程が原核細胞のものより格段に遅いことを示す．真核細胞における膜結合タンパク質の割合が高いことも特筆すべきことである．おそらくこれら 2 つの事実は 3 次元よりも 2 次元における探索の方が簡単であることと関係しているのであろう（図 4.20）．また，異なる真核細胞小器官の膜は異なる脂質，異なる表面電荷をもつことが明らかになってきた．ゆえに，探索における問題は 2 次元的探索のみではなく特定の細胞小器官だけを探索することによっても大きく解決され得る．

4.2.3　1 次元的探索により探索はわずかに迅速化する

　前述したように，1 次元における探索は 2 次元のものよりも速くなるが，それほど大きく速くなるわけではない．1 次元的探索はしばしば起こる．もっとも明確な例として，DNA 結合タンパク質が挙げられる．DNA 結合タンパク質がどのようにして特定の標的を発見するかについての研究が数多く行われてきた．一般的な解答は，それらのタンパク質は DNA のどこかにランダムに結合し，特定の結合部位にたどり着くまで DNA 鎖上をたどる，というものであり [54]，これは真核細胞であっても同じである [55]．この方法は 3 次元的探索と比較して最大 10^4 倍速くなる [56]．タンパク質は時に DNA 鎖から脱離し，ほかの結合部位へとジャンプするという証拠もある．真核生物の DNA の長さと，

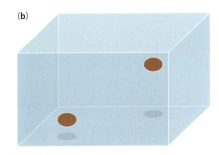

図 4.20
探索は 2 次元 (a) の方が 3 次元 (b) よりも速い．

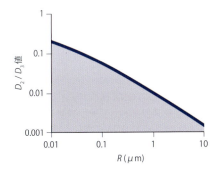

図 4.21
2 次元と 3 次元における拡散係数比．R は探索範囲の半径を示し，標的の半径は 10 Å として算出した．白色の領域では 3 次元よりも 2 次元における拡散の方が速い．（G. Adam and M. Delbrück, in Structural Chemistry and Molecular Biology（A. Rich and N. Davidson, eds）, pp.198-215, 1968. San Francisco：W.H. Freeman より再描画）

そのDNAがタンパク質におおわれていること，普段はスーパーコイル状（らせん構造が密になっている状態）であることを考慮すると，真核生物には，この方法で単に直線状に探索するよりも速く探索できそうである[57]．

実際の探索方法はタンパク質によってさまざまである．よい例としてヒトの転写因子であるOct-1があり，これはPOUファミリーに属し，柔軟性のあるリンカーにつながれた2つのヘリックス・ターン・ヘリックスDNA結合ドメインで構成されている．Oct-1はDNAのほぼ等価な2つの部位に結合する．生理的条件下では，1次元的探索によりすり足で歩くようにDNA上を沿う．しかしながら，Oct-1はあるDNAセグメントからほかのセグメントへと"ジャンプ"することもある．このジャンプはタンパク質のDNAからの完全な脱離を必要とする．一方，核内における一般的なDNA高濃度下では，ステップ運動によってもジャンプする（図4.22）[58]．この2つのジャンプ過程は，恐らくは頻繁といっていいほど行われているだろう．この過程は2つのドメインを介する結合の利点を示す絶好の例である．

高次元的探索よりも速さを求められている低次元的探索にとって，拡散速度は速くならなければならない（図4.21を参照．D_2/D_3値が小さければ小さいほどいいというわけではなく，下手すれば3次元のままの方が効率的である場合もある）．言い換えると，探索者にとって，1次元的，2次元的表面に"固執しない"ことが重要なのである．たとえば，DNA表面は局所的にでこぼこしているが，このことは拡散を飛躍的に遅くはしないだろうか．答えはNoである．なぜならDNAに沿って探索しているタンパク質はほぼ静電相互作用のみによって結合しており，それゆえにタンパク質とDNAの間に潤滑油的な溶媒層を保持し，スライド運動をスムーズに行っているからである（興味深いことに，このことはDNA上の1次元的探索がリン酸鎖を追跡するためのタンパク質のらせん回転を含んでいることを示唆しており，これは一分子観察を含む多くの実験からも裏づけられている[59]）．膜表面上の負に荷電したタンパク質を探索している，正に荷電したタンパク質についても同じことがいえるだろう[3]．

1次元での探索のもうひとつの顕著な例に，微小管に結合するタンパク質がある．真核生物における輸送の多くは，ダイニンやキネシンといったモータータンパク質と結合した細胞小器官が関与する．それらのモータータンパク質は，マイクロチューブ上をなぞりながらマイナス端やプラス端に向けて移動している．これは通常は連続的な反応（第7章）であり，解離の前にたくさんのステップを踏む．

この点については，細胞を空港にたとえて説明するとわかりやすいかもしれない[21]．細胞はまさに空港のように，往来するタンパク質に対し，互いに妨害し合うことなく，正しく運行を指示しなければならないし，また積荷を正しい場所に届けなくてはならない．空港はこれをさまざまなメカニズムにより達成している．すなわち，正しい目的地に届けられるべき積荷には通常タグが付けられており，そのタグを識別する輸送システムに送られ，適切に分類される．細胞もこれと同じようなことをしている．多くの空港は出発口と到着口とが物理的に分けられており，搭乗客の流れはめったに交わらない．とくに空港を出ようとしている到着客は，自分の荷物を見つけられるように，そしてその後すぐさま外に出るように誘導される．同じことが細胞でも起こっている．細胞内の流動はほとんど解明されていないが，1次元の動きを伴うことは明らかである．この1次元の動きは空港の連絡バスと似た機能をもっている（章末の問題1参照）．

図4.22
Oct-1は2つのDNA結合ドメインをもち，DNA上をスライド，ジャンプすることによって，それぞれDNAの異なる部分に移動することができる．それぞれの完全解離機構（a）とある鎖から隣の鎖へのステップ機構（b）を示した．（M. Doucleff and G.M. Clore, *Proc. Natl. Acad. Sci. USA* 105：13871–13876, 2008より．the National Academy of Sciencesより許諾）

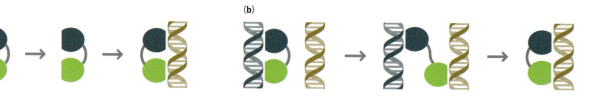

4.2.4 タンパク質の標的認識には，より細かい区画分けがされていた方が都合がよい

膜はタンパク質が互いを認識するための場を提供するという点で重要である（第3章）．もちろん，膜は細胞小器官の片側をもう片側から分けるという意味でも重要である．一度細胞がタンパク質を標識し，適切な細胞内区画に導く機能を進化させると，細胞小器官は異なるプロセスを分けておくことに対し非常に役に立つ．また，細胞内の異なった部分において，代謝物やタンパク質の濃度をそれぞれ異なった状態に保っておくこともできる．一般的に，実際細胞内の異なる細胞小器官は明確な生物学的機能を有している．たとえば，エネルギー生産，廃棄物の処理，分泌，翻訳後プロセッシングなどである．

異なる機能を分離させておくことによる利点は，細胞が刺激に応答する必要があるときに，代謝系の変化を細胞内の限られた区画に局在化させることができるので，ほかの部位の代謝系を過剰にかき乱さずに済むことである．

4.2.5 粘着性のアームは近距離での結合標的の探索に便利である

分子の結合は静電気力により大幅に促進されることをみてきた．反対の電荷同士は引き合い，その引力はかなり広範囲に及ぶ相互作用である．このことが，これまで静電気力に注目してきた理由である．一方，水中で起こり得るそのほかの分子間相互作用は，より狭い範囲でのみ働く．とくに，疎水性相互作用は必要不可欠な接触相互作用である．疎水性相互作用では2つの面が相互に十分に近寄ることで，相互作用面中にある水分子を追い出さなければならない．この水分子の排除によって，相互作用のエネルギーを得ることができる．疎水的相互作用と同様に，水素結合も水分子の排除を必要とする．また，結合が安定した状態になる前に，相互作用している2つのグループが，非常に正確に配置されることも重要である．こういった理由により，これらの相互作用はどちらも，遠くにあるリガンドを引きつけることに関しては使い勝手がわるい．次のいくつかの項で，これら近距離相互作用がどのように迅速な標的探索に用いられるかを解説する．

説明のために，2つのたとえ話をしよう．1つはカメレオンである．カメレオンはハエが十分近づけば，座ったままでも，その舌をさっと動かすことによってハエを食べる．舌はハエに結合し，カメレオンは体を動かす必要なくハエを引きずり込むことができる．それゆえ，結合はカメレオンの体のほんの一部の可動部分によって達成される．これはとても効率的なメカニズムである．もう1つの例は，タンパク質が実際に行っていることにより近い．4.1.8項で紹介したアナロジーを思い出そう．あなたがとても混雑した部屋にいて，近くにいるが，話せるほど近くにはいない友人に話しかけたいのに，部屋の中を動き回ることができない状況を考えてほしい．あなたが取れる方法の1つは，腕を伸ばして友人をつかまえ，ランダムな拡散によってあなたと友人の間にいる人たちが次第にいなくなり，友人と対面できるようになるまで効率的に待つことである．筆者はこの方法をパーティーで使えるテクニックとしてはお勧めしないが，これはタンパク質に広く使われている方法である．タンパク質は社会的な上品さにはあまり関心がないだろうから．

この方法でタンパク質が用いる粘着性のアームにはいくつかの性質を必要とする．まず1つ目に，それは疎水的でなければならないが，これには少し問題がある．というのも，疎水的なペプチドは水中でとぐろを巻く傾向があるからである．それゆえ，アームはかなり硬くて，伸びている必要がある．アームにとって硬いことは大きな利点である．なぜなら，アームの硬さは，アームがその標的に結合したときのエントロピー（*3.1参照）の不必要な損失を減らすからである．これには解説が必要であろう．結合の自由エネルギーはエンタルピーとエントロピーの変化の和であり，これらはそれぞれ形成される結合のエネルギーと，アームが失う乱雑さの量に対応している．

$$\Delta G = \Delta H - T\Delta S$$

粘着性アームは通常は比較的狭い範囲を動く1本のペプチド鎖である．それゆえに，アー

図 4.23
ペプチドは標的と結合すると，そのエントロピー（S）のほぼすべてを失う．それゆえ，効率的な結合形成をするためには，過剰なエントロピーがあってはいけない．つまり，ペプチドは比較的硬くて曲がらないものでなければならない．これはしばしば，ペプチド内の高いプロリン（プロリンは硬さを与える）含有率によって達成される．

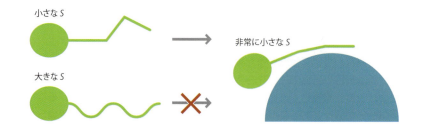

ムは標的とたくさんの結合性の相互作用を形づくることはできず，したがって比較的小さく好ましい結合エンタルピーのものに限られる．これは，アームにはあまりに不利な結合エントロピーをもつ余裕がない，つまり，あまりに大きな柔軟性を失う余裕がないことを意味する．さもなければ，アームは自由で，緩んでいて，だらりとした状態の方が，標的に結合したより硬い状態以上に安定になってしまう（有利なエンタルピーは，不利なエントロピーを克服できるほど十分に大きいというわけではない）．よって結合するペプチドは硬く，エントロピーが低い必要がある．これは自由なペプチドもすでに適度に硬く，それゆえに結合時に過剰に多くのエントロピーを失わないことを意味する（図 4.23）．疎水的で，硬く，伸びたペプチドに対する解決策は，そのペプチド中のプロリン残基を豊富にすることである．

4.2.6 プロリンリッチ配列が，よい粘着性アームを形づくる

プロリンは疎水性の側鎖をもっており，ゆえにかなり疎水的な残基である．しかしながら，プロリンは同時にほかのアミノ酸よりも電子リッチなカルボニル基をもっており，ゆえによい水素結合受容体である．つまり，プロリンはよく水和され，強い水素結合を形成するため，親水的でもあるといえる．実際，ポリプロリン配列はほとんどのポリアミノ酸に比べて，はるかに水溶性をもつ．プロリンは立体構造上の可動性が制限された主鎖をもっており，プロリンのポリマーは水中で**ポリプロリンⅡヘリックス** polyproline Ⅱ helix として知られる，よく伸びた構造を形成する傾向にある．ポリプロリンⅡヘリックスは 1 残基ごとに 120°回転し，3 残基で 1 回転するらせん状にねじれた構造である．（図 4.24）．これはつまり，ポリプロリンは疎水的なかたまりに凝集する傾向をもたないことを意味する．この性質により，表面を結合に用いやすくさせ，また（カメレオンの舌のように）そのホストタンパク質によい"リーチ"を与える．プロリンリッチ領域は主として N 末端か C 末端に存在し，それゆえタンパク質のメインボディから突き出ており，まさに"アーム"を形成している [60]．加えて，プロリンは立体構造上の可動性が制限されているため，ポリプロリン配列はすでにどちらかというと硬く，それゆえ標的タンパク質との結合時に発生するエントロピーの損失は小さい．これらすべての理由により，ポリプロリンは粘着性のアームとして理想的である．次の項で解説するように，ペプチド配列はまた，速い結合・解離速度をもつ．この特徴が，粘着性のアーム，とくにプロリンリッチな粘着性のアームをシグナル伝達系に適した道具にしている．シグナル伝達系はしばしば速い結合・解離速度を必要とする（第 8 章）．

図 4.24
理想的なポリプロリンⅡヘリックスの構造．(a) 横から見た図．(b) 末端方向から見た図．ある残基から次の残基までに 120°の回転がある．これは，3 残基ごとに特定の向きがあるということである．

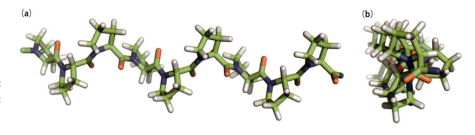

粘着性のアームは完全に硬いとよくない．タンパク質にとって，その表面から硬いアームがずっと突き出ているのがどんな困難があるか想像してみよう．実際，理想的な粘着性のアームは，実際の腕と肘の関係と同じように硬い部分と可動式のリンカーをもっている（図4.25）．これが硬さ（とそれによる最小のエントロピー損失）と柔軟性の最適な組み合わせを与える．興味深い例として，ピルビン酸脱水素酵素 pyruvate dehydrogenase がある（第10章）．ピルビン酸酸脱水素酵素は，ドメインの連結された動きをつくり出すために，プロリンに富んだリンカーを用いている．これらのリンカーは交互にプロリンとアラニン，ときどきグリシンの残基配列をもっている．グリシンはヒンジ（蝶番）として働き，大きな柔軟性を提供する．$(AP)_n$ 配列は，いくらか柔軟なポリプロリンIIヘリックスを形づくる．この配列をプロリンのみで置換するとより硬いポリプロリンIIヘリックスになるのに対し，アラニンのみで置換すると α ヘリックスをもつペプチドになる．[61]．どちらに置換した場合でも，酵素は元の酵素よりも活性が低い．おそらく，リンカーの柔軟性が低すぎることが原因である．プロリンリッチなアームの機能は，ほかのアミノ酸をプロリンに置換することによって，累進的に変化させることができる．グリシンによる置換は，エンタルピーとエントロピーの両方を勘案すると，自由エネルギーを1つのグリシンにつき $4\ kJ\ mol^{-1}$ ずつ減少させる．一方，アラニンはもっと小さい効果しかもたない [62]．kT は室温で $2.5\ kJ\ mol^{-1}$ であるため，これは親和性を顕著に減少させたといえる．

4.2.7 粘着性アームの相互作用は結合・解離速度が速い

プロリンリッチ領域は，適度に強い（上限が μM 程度の）結合によって，速い結合・解離速度という独特の組み合わせを提供し，それゆえにそれらの特性が重要な状況，すなわちシグナル伝達系において広範囲で使われている．第8章で述べるように，シグナル伝達は，あるドメインがほかのドメインやペプチド鎖を認識することで起こる．プロリンリッチ配列を認識するドメインとしてよく解析されており，かつ広範に用いられているシグナリングドメインは少なくとも3つある [63]（SH3, WW, EVH1．EVH1 は Wasp homology 1；WH1 ドメインの一部である）．プロリンリッチ配列は，一般に1アミノ酸残基につき120°ねじれ，3残基ごとに1回転するポリプロリンIIヘリックスを形成する．プロリンに富んだ標準的な認識配列は，PXXP モチーフをもっている．このモチーフでは，プロリンは1回転分離れたらせん内の同等の位置に存在する．それゆえに，それらのプロリンは多くの場合，結合タンパク質中の芳香族残基からなる疎水的なタンパク質表面と相互作用するのに都合のよい位置取りをしている（図4.26）．認識表面はかなり硬く，露出しており，速い結合・解離速度と強い結合を生み出すことができる．さらに，この結合が必要とするのはプロリンリッチなコアの配列中の，わずか6，7残基だけである．

興味深いことに，ポリプロリンIIヘリックスの三回対称性によって，ポリプロリンIIヘリックスはどの方向から見てもほとんど同じに見えるし，カルボニル基を似たような場所にもっているために，同じ官能基と両方の配向で水素結合をつくることができる．これは，SH3ドメインがどちらの方向からでもプロリンリッチ配列に結合する能力を有していることを意味する（図4.27）．配向は，SH3ドメインの負に荷電した領域と相互作用する，正に荷電した残基の位置によって決定される．+XXPXXP（ここで，+は正に荷電した残基）の配列をもつペプチド鎖は"クラスI"配向で結合する．一方，PXXPX+という配列は，反対に"クラスII"配向で結合する．シグナル伝達系で重要となる Src を含め，いくつか

図 4.25
ヒンジ型の粘着性アームの重要性．突き出た硬いアームをもつタンパク質 (a) はかさばって扱いにくく，細胞のほかの部分と絡まりやすい．ヒンジ型のあるアーム (b) は，ほとんど同じエントロピーをもつが，より機動性があり扱いやすい．

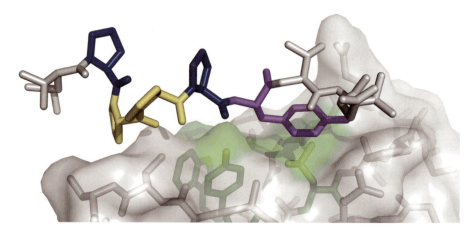

図 4.26
プロリンリッチペプチド GTPPPPYTVG（PDB番号：1jmq）をもった YAP 65 の WW ドメインの複合体の構造．ポリプロリンⅡヘリックスの 4 つのプロリン．プロリン 2 と 3（黄色）はタンパク質表面と接触している．また，ほかの 2 つ（青色）はペプチドをポリプロリンⅡヘリックスの状態に保っている．チロシン環（マゼンタ）もまた，タンパク質表面と接触している．これは，Trp 39, Tyr 28, Leu 30（緑色）からなる，完全に疎水的な表面である．

の SH3 ドメインは，ペプチド鎖にどちらの配向からでも結合できる．この性質のために，これらのタンパク質は，幾何学的な相違を利用することで，短い時間内に結合パートナーを切り替えることが可能である．

ここで，シグナル伝達に関係する例を挙げる．いくつかの受容体の下流で，アクチンの伸張反応を制御する Arp2/3 複合体の活性化因子を含む，細胞骨格のリモデリングに関係するいくつかのタンパク質は，プロリンリッチ配列をもっている [64]．アクチン重合調節タンパク質であるプロフィリンは，ポリプロリン結合配列を有しているが，同時にアクチンに結合し，アクチンフィラメントの構築を制御する．おそらくプロリンリッチ配列の価値は，速く結合できて，速く解離できることである．ポリプロリン配列はまた，通常シグナル伝達系にみられる SH3 や WW ドメインにも結合する．これは，受容体シグナリングとアクチン伸長（と，シグナル伝達と細胞骨格に沿った動き）に関係があることを示している．シグナル伝達と細胞骨格のさらなる関連として，ある種の"特殊な"ミオシン（標準的なアクチン結合する筋タンパクのミオシンⅡとは異なる）は SH3 ドメインを含んでいるという事実がある．この SH3 ドメインは，細胞成長のための場所であるアクチンパッチを極性化させるために，ミオシンを局在化させる機能をもつようである [65, 66]．進化の過程で，プロリンリッチ配列は，その便利な性質を 1 つの機能からほかの機能へと適応させた．しかし，古い機能とあたらしい機能の兼ね合いという問題に直面した．起こり得る運命の 1 つは，あたらしい機能を取捨選択して取り除くことであろう．しかしこ

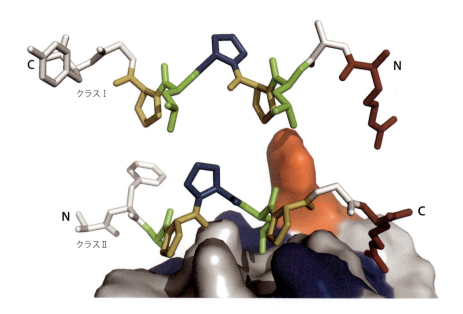

図 4.27
Src SH3 ドメインとプロリンリッチペプチド（PDB 番号：1prm, 1rlq）．タンパク質はどちらの方向からでもペプチドに結合できる．隆起によって分けられた 2 つの疎水性ポケット（左と真ん中）をもつ表面があり，正に荷電したポケット（右の青色部分）がある．ポリプロリンⅡ中のペプチドは，プロリン（黄色）と，それと隣接した疎水性ポケット中の疎水性残基（緑色），正に荷電したポケット中のアルギニン（赤色）と結合できる．ペプチドの方向はアルギニンが N 末端（クラスⅠペプチド RALPPLPRY）にあるか C 末端（クラスⅡペプチド AFAPPLPRR）にあるかによって決まる．

の場合，古い機能とあたらしい機能は関連しすぎていて，あたらしい機能を下手にいじくり回すと，より混乱してしまいかねない．これにより結局，似ているタンパク質が干渉が望ましい場合を除いては干渉しないように保たれながら，継続的に両方のシステムで使われている．

プロリンが関連する粘着性アームの相互作用は，いくつかの異なる方法で制御されている．とくに共通の方法は，セリンやスレオニンをプロリンリッチ配列に含ませ，それらを可逆的にリン酸化する方法である [63]．この方法は，RNAポリメラーゼIIで使われている．RNAポリメラーゼIIのC末端は，YSPTSPS配列を含む，長いタンデム反復領域を含んでいる．2つのセリンのリン酸化と，それに続く脱リン酸化は，転写複合体に多くの付加的な酵素が結合することを制御している（9.3.3項参照）．

粘着性アームはプロリンに限ったものではない．いずれにせよ粘着性アームは伸びたペプチドである必要があるが，ほとんどの"ランダムコイル"ペプチドが本来伸びたものであることを考えると，伸びたペプチドというのはむしろ普通の状況である（第1章）．プロリンリッチではないペプチドは，結合親和性が小さい（つまり，より粘着性が小さい）．これは，そのようなペプチドの可動性が大きく，よって結合時のエントロピーの損失が大きいこと，また先に述べたように，一般的に比較的弱い相互作用を形成することなどが原因である．それゆえに，プロリンリッチではない配列に結合するタンパク質は，プロリンリッチ領域へ結合するためのSH3やWWドメインに用いられる6～7残基よりも，長い結合部位をもつ必要がある [63]．そのような結合部位をもつ例が，ショウジョウバエ *Drosophila* のアルマジロとして知られるタンパク質β-カテニンである．β-カテニンは図4.28に示されるような特徴的な構造をもつ．これは長く伸びた結合部位を有するため構造をとらないペプチド鎖との結合に適しており，段階的な結合を可能にする．段階的な結合は，on/offスイッチというよりむしろボリュームコントロールのように働くので，異なるシグナルからの情報を統合することができる [67]．

ほかにも数多くの粘着性アームが知られている．そのなかのいくつかは末端ペプチドであり，また内部に存在するものもある（それらはより正確には直線モチーフ linear motif と呼ばれている）[68]．これらは，シグナル伝達，分解マーカー，翻訳後修飾，輸送などの幅広い機能を有している（詳しい機能については，章末にいくつかのWebサイトを載せている）．末端モチーフの1つの例は，タンパク質を異なる細胞画分に運ぶためのシグナル配列である（7.5.1項参照）．配列のアラインメントから容易に行うことのできるドメインの同定とは対照的に，直線モチーフの同定は困難な問題を抱えている．なぜなら直線モチーフは10残基以下と短く，さらにその配列や系統分布において多様性を有しているからである [69]．

より強くより遅い相互作用が必要とされる場合に，相互作用をスケールアップさせるためモジュールを丸ごと粘着性エレメントとして使うことは理にかなっている．真核生物のいくつかの細胞外タンパク質は，この方法を用いていると考えられる（2.1.4項参照）．たとえばトロンボモジュリン thrombomodulin のように，ある場合にはそれらのモジュールは，複数の弱い粘着性の結合部位として働くようにみえる [70]．

図4.28
β-カテニンのアルマジロリピートArmadillo repeatは腺腫性のポリープのコイルタンパク質である．ペプチド（藤色）は繰り返し構造をとる．それぞれの繰り返し単位中に，平均して4つ程度の残基が見てとれる．破線の部分は結晶中で構造を保っていなかった（PDB番号：1v18）．アルマジロリピートはさまざまな大きさをもつツールとして，めずらしい例である（2.4.2項参照）．

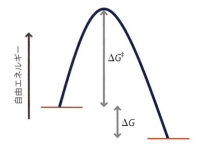

図 4.29
1つの分子がほかの分子に結合するときの自由エネルギーのダイアグラム．

4.2.8 粘着性アームの反応が速い理由は，そのジッパーを閉めるような反応形式にある

ここまで，主に結合のエネルギー論について考えてきた．しかし速度論についてはどうであろう．第2章で述べたように，大きな結合界面は通常遅い結合・解離速度を意味する．一方，粘着性アームのような小さな結合界面は速い結合・解離定数を与える．これはなぜだろうか．図 4.29 に標準的な反応の自由エネルギーのダイアグラムを示してある．これは結合にも適用できる．この反応の速度は通常，

$$\text{rate} = A\exp(-\Delta G^{\ddagger}/RT)$$

として与えられる．ここで $\Delta G^{\ddagger}$ は活性化エネルギーを表し，エネルギーのプロファイル上で反応開始地点と極大点との差で定義される．結合反応では，何がエネルギーの極大点を決めるのだろう．それはほぼいつも，水和している水分子の除去である．タンパク質同士が結合していないときは，水分子はそれらタンパク質の表面と水素結合を形成しているが，タンパク質同士が結合している状態ではそのような水素結合を形成していない（図4.30）．A と B が結合するとき，それらの水分子は結合界面から追い出され，水分子同士で自由に結合できるようになる．それゆえに，タンパク質同士が解離している状態であっても，結合している状態であっても，大体同じ数の水素結合が形成されており，系全体の水素結合のエンタルピー変化（*3.1 参照）は小さい．しかし，結合形成の途中に，水分子が結合界面から退けられるが，溶媒としてバルクに遊離できないような状況が存在する．このとき，水素結合の寄与が失われるのである．1つの水素結合につき大体 15〜20 kJ mol^{-1} という数値は，大きなエネルギー障壁であり，また速度を決定する大きな因子であることを意味している（賢明な読者なら，この水素結合の自由エネルギーが 15〜20 kJ mol^{-1} という記述と，2〜3 kJ mol^{-1} と記した第2章での記述を比較するだろう．この差は実に示唆に富んだものである．第2章ではタンパク質のフォールディングの自由エネルギーとの関係の上で水素結合の平均エネルギーを解説した．つまり，ペプチド–ペプチド間の水素結合の自由エネルギーと，ペプチド–水分子間の水素結合の自由エネルギーを比較したものでありこれらの自由エネルギー間の差は小さい．今回問題なのは水素結合の自由エネルギー全体であり，これはもちろん，より大きい値になる）．

実際，この脱溶媒和による大きな活性化エネルギーは，脱溶媒和は1ステップの反応ではなく，一連の細かな反応であることを意味している．このそれぞれのステップで，溶

図 4.30
結合面の脱溶媒和を伴う，リガンドのタンパク質への結合．水分子は茶色で示してある．（a）もし水分子の除去が結合が起こる前に完全になされないといけないとすれば，エネルギー障壁はとても大きくなる．（b）ジッパーを閉めていく過程の中で水分子が1つずつ取り除かれていくならば，エネルギー障壁はより小さい．このダイアグラムはとても単純化されている．現実には，結合面に存在する水分子がすべて取り除かれる必要はない．

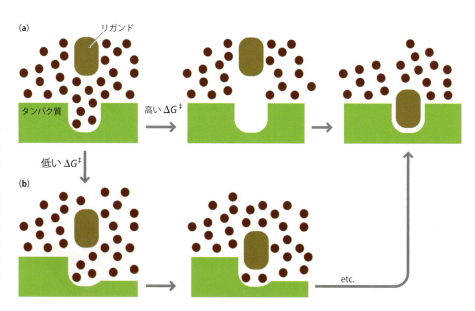

媒分子は結合界面から取り除かれ，バルクに拡散していく．この脱溶媒和，そして2つの分子の結合は通常，硬いもの同士のドッキングというよりはむしろ，ジッパーを閉めるように起こる（図4.30b）．生化学分野での多くのすばらしいアイデアと同様に，このアイデアもそうあたらしいものではない[71]（5.2.8項参照）．

この章のテーマに戻ると，小さな結合界面は，結合に関与する溶媒水の数が比較的少ないことを意味する．そして，脱溶媒和の活性化エネルギーは小さく，結合速度は速い．ペプチドリガンドに関しては，その速度はペプチドの柔軟性によって上昇し，その結果リガンドをその標的に押し込み，溶媒を追い出すことができるようになる．

4.3 天然変性タンパク質

4.2.5項から4.2.8項までで，速いタンパク質-タンパク質間相互作用における粘着性アームの重要性をみてきた．次は異なる種類の粘着性アーム，天然変性タンパク質をみていく．

4.3.1 天然変性タンパク質は広く利用されている

細菌のタンパク質の4％，真核生物のタンパク質の30％は，in vivoで天然変性領域をもつことが明らかになっている[72]．とくに，哺乳類のタンパク質のうち25％は，その全長が天然変性タンパク質であることが予想されている[73]．一般的に，変性タンパク質は構造を失っているので正しく機能できないと考えられている．変性タンパク質がより分解されたり凝集したりしやすいことを考えたとき，それほど多くの天然変性配列が存在することの意義とは何であろうか．

天然変性タンパク質は，in vivoではin vitroで観察されるよりずっと構造を保っているかもしれないということにまず言及すべきであろう．この章で先に述べたように，巨大分子の密集は折りたたまれたタンパク質を，変性タンパク質に比べてより安定化させる．この作用により，細胞内のタンパク質は希釈された水溶液中に比べ，より折りたたまれているのである．たとえば，天然変性タンパク質FlgMは，400g/lのグルコース中で部分的に折りたたまれる．C末端は折りたたまれるが，N末端は変性状態のままである[74]．しかしながら，この効果は変性タンパク質と折りたたまれたタンパク質の間の回転運動の半径の差によって決まり，たいていはとても小さい．これは，巨大分子の密集環境はタンパク質の変性状態と折りたたまれた状態の平衡を変え得るが，天然変性タンパク質の大部分は変性したままであることを示唆している．

この話題は比較的あたらしく，なじみのないものであり，まだ完全に立証されているものではない．全般に主要な点において受け入れられている総説は多く存在する[72, 73, 75-80]．天然変性タンパク質には1つのクラス，機能は存在しない．まず，異なる機能の幅をもっているため球状ではない形が適しており，それゆえに折りたたまれていない必要がある，ずっと変性しているタンパク質群がある．たとえば，多くの足場タンパク質や，シグナル伝達タンパク質はずっと天然変性状態である．なぜならそれらのタンパク質の機能は，第2章で解説したように主に2つのタンパク質間の相互作用を調節することであり，その機能がそれらのタンパク質間の（ランダムコイルの）距離によるからである．また，核孔にあるヌクレオポリンタンパク質（第7章）はおそらく天然変性タンパク質である．なぜなら，その機能は小孔を横切るカーテンのようなバリアとして働くことだからである．さらに，レシリンは自分の身長の何倍もの距離をジャンプする昆虫から見つかった，弾力のあるタンパク質であるが，（交差結合してはいるものの）天然変性タンパク質である．唾液中の主なタンパク質成分はプロリンに富んだタンパク質であり，ランダムコイル構造をもっている．それは，そのタンパク質が，食べ物を飲み込むときの潤滑剤であり，食物中のポリフェノールやタンニンに結合して取り除くという役割をもつからである[81]．どちらの場合も，そのタンパク質は機能を発揮するために広範囲に拡張されている必要がある．それらのタンパク質の多くが，**単純な構造 low complexity**である．それは，その

配列の大部分で，単純な配列が何回も繰り返されているからである [82]．このようなタンパク質は，進化の後期に出現した可能性がある．それは進化の過程において，**繰り返し伸長** repeat expansion は，特定の配列が重要な役割を果たすわけではないときに，あたらしい配列をつくるもっとも単純な方法だからである．

次に，より興味深いタンパク質のグループが存在する．それらのタンパク質は単体では折りたたまれていないが，標的タンパク質に結合すると折りたたまれる．このような動きには，おそらく2つの利点がある．1つ目の利点は，結合速度を犠牲にすることなく，結合の特異性を保持できることである．1つ目と同じくらい重要な利点であるが，2つ目は，それほど強固な結合ではないのに，特異的な結合を達成できることである．それ以外にもさらに2つの利点が提唱されている．結合時に構造を変えるため，異なる標的タンパク質に適応できる．また，折りたたまれていない構造はより速く分解されるため，すばやく解離する必要がある相互作用の調節に役立つというものである．以下でそれらを順番に考察していく．

4.3.2 天然変性タンパク質は，速い結合速度での特異的結合に役立つ

本章でこれまで述べたことを思い出してみよう．選択的相互作用は多くのアミノ酸をその結合面に必要とする．そして，正しい相互作用に有利に働き，間違った相互作用に不利に働くためには，それらの残基は非常に正しい位置になければならない．これがすなわち大きな結合面を必要とする理由である．しかし，正しい方向づけがより厳密である分，大きな結合面は，より遅い相互作用であることを意味する傾向にある．結合面に取り除くべき水分子がたくさんあり，それゆえ表面を柔軟な方法でジッパーを閉めるためにとり得る選択肢が少なくなるからである．このことから，特異的な相互作用は遅い反応である必要があると思われるかもしれない．しかしながら，ここに構造をとらないタンパク質の利点がある．もしタンパク質がそのパートナーと結合したときにだけ天然構造に折りたたまれるのであれば，このタンパク質は柔軟にジッパーを閉めることができ，結合面にある水分子は1つずつ遊離していくことができる．それゆえ，この結合は速く，同時に，(もし必要なら)この結合は強い．なぜなら，折りたたまれていないタンパク質は，大きな結合面をつくってそのパートナーと結合するように，折りたたまれるからである．

タンパク質が最初に折りたたまれていないパートナーと結合し，結合相手が折りたたまれるにつれ結合面が形づくられるというこの考えは，"フライキャスティング" fly casting と呼ばれてきた [83]．参考にされたのはフライフィッシング(図 4.31)である．この図では，釣り人が疑似餌(fly；魚のエサ)を，できるだけ魚を釣る確率を上げようと，かなり遠くへ投げている(casting)．パートナーとなるタンパク質は折りたたまれていないので，かなり広い射程距離がある．したがって，結合の確率，すなわち結合速度が大きくなる．結合初期(遭遇したばかりの複合体)では，天然変性タンパク質の大部分は折りたたまれていない構造のままであるが，このタンパク質はその後折りたたまれる(このような理論を支持する証拠もある)[84, 85]．さらに，少なくともいくつかのケースでは，結合したタンパク質は顕著な運動性を維持している．

天然変性タンパク質のリガンドは DNA であることが多い．タンパク質-DNA 複合体の単純なモデルを用いて，フライキャスティングによる反応速度の向上を検証したところ，たかだか 1.6 倍であった [83]．しかし，静電的相互作用についてのより現実的考察を計算に加えると，より加速されるとの計算結果が得られている [86]．

これらはすべてよいようであるが，欠点も存在する．1つはすでに言及している．天然変性タンパク質は本質的に分解されやすく，凝集しやすいという点である．しかし，細胞がすばやい相互作用を必要としているならば，このことは小さな代償であろう．もう1つの欠点は，たとえ構造をとっていないタンパク質の柔軟性によって反応速度の向上が得られたとしても，タンパク質が折りたたまれるためにも時間が必要だという点である．しかし，タンパク質の折りたたみは非常に速いので，たとえこのプロセスが現実的に影響を

図 4.31
フライフィッシング．

及ぼすにしても，それは球状のタンパク質の場合の非常に遅い結合反応に比べれば，それほど重大な問題ではないといえる．

4.3.3 天然変性タンパク質は，強い結合を伴わない特異的結合を与える

特異的な相互作用（つまり正しい結合パートナーとは結合し，たとえどんなに似ていても，正しくないパートナーとは結合しない）では，結合しているタンパク質間で必然的に多くの相互作用が形成され，ほとんど自動的に，特異的な相互作用は強い相互作用となり，結合エンタルピー（*3.1 参照）的にとても有利である．これは，その結合を解消するときには，多くの結合を壊さなければならないことを意味する．それゆえに，強い相互作用というのは通常遅い解離速度（*2.3 参照）で特徴づけられる．生物学的には，多くの場合これはよくないことである．というのも，すべてのことが遅くなるからである．たとえば，シグナル伝達においては，結合したタンパク質が再び離れるまではシグナルのスイッチは入ったまま，あるいは切れたままである．結合のエントロピー（*3.1 参照）を不利にすることで結合を弱く，解離速度を速くすることはできる．つまり，結合エネルギーが有利な結合相互作用と不利なフォールディングのエネルギーの和となるように，結合していない状態のタンパク質を天然変性状態にする，ということである（図4.32）．この方法では，結合していない状態のタンパク質のフォールディングの自由エネルギーを変化させることで，結合の強さと解離速度を望ましい値に合わせることができる．天然変性タンパク質のうち，あるものはほとんど折りたたまれており，一方ほかのものは折りたたまれていないことが観察されてきた．この振る舞いは，自由エネルギーのこの調節による当然の帰結である [87]．

そのような例の1つが，先に述べた本来折りたたまれていないタンパク質 FlgM である．"込み合った"環境では N 末端は折りたたまれていない状態のままであるが，C 末端は構造をとるようになる．したがって，C 末端が fly-caster である，というのが妥当である．というのも，C 末端の機能というのは，標的タンパク質である転写因子 σ^{28} に結合し，構造をとることであるからである [74]．それゆえに，N 末端ドメインは折りたたまれる必要がないのに対し，C 末端はほとんど折りたたまれているような状態なのである．

4.3.4 天然変性タンパク質には，ほかにも利点があるかもしれない

折りたたまれたタンパク質は，おおよその構造相補性を有した相手に結合しなければならないため，とり得る相互作用の範囲は限られている．天然変性タンパク質は大きな柔軟性をもち，そのために天然で折りたたまれているタンパク質に比べて，はるかに多様なパートナーと結合することができる [75, 88]．これは面白いアイデアではあるが，複合体の構造といったようなこのアイデアを裏づける実際の証拠となると，これまでのところほとんど存在していない [80]．

構造をとらないタンパク質は細胞内で速い回転率にさらされるので，もし非常に厳密なタンパク質機能の調整が必要なら，折りたたまれていないことによる利点があるであろうという主張がなされてきた [72, 78]．なぜなら，天然変性タンパク質はおそらく，必要とされなくなったらすぐに取り除かれるからである．多くの天然変性タンパク質がシグナル伝達や転写調節において働くという事実は，この主張を支持する．シグナル伝達や転写調整は典型的に，速いシグナルスイッチの切り替えを必要とするからである．重ねていうが，これまでこのアイデアを裏づける証拠はほとんど存在しない．

4.4 タンパク質の翻訳後修飾

通常想定される水溶液中に希釈された理想的なタンパク質とは対照的に，この節では細胞内での実際のタンパク質の振る舞いについて考える．ここまでは，タンパク質間相互作用を重点的にみてきた．この節の最後の2つの項では，細胞内での実際のタンパク質の

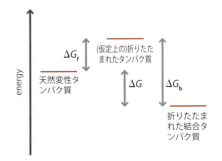

図 4.32
折りたたまれていないタンパク質の標的への結合における自由エネルギーの変化 ΔG は2つの項の和であると考えられている．2つの項とは，結合していないタンパク質のフォールディングの（仮定上の）不利な項（ΔG_f）と，折りたたまれたタンパク質の有利な結合エネルギー（ΔG_b）である．フォールディングエネルギー ΔG_f は仮定上の存在であり，それは，折りたたまれていないタンパク質が結合するとき，実際には結合の前にタンパク質の折りたたみを経てはいないからである（2つのプロセスは結合時に段階的に起こる）．それゆえに，自由エネルギー ΔG の総量の変化は，フォールディングエネルギー ΔG_f を修正することで，望まれた値に調整される．このことは，結合タンパク質に関係する変性タンパク質の安定性を調節することによって実現する．これはもちろん逆反応にも同じように適用できる．すなわち，タンパク質の，ターゲットからの解離と，それに続く変性の自由エネルギーもまた調整可能である．それゆえ，解離の自由エネルギーとエネルギー障壁，それに伴う解離速度も望まれる値に調節できる．

異なる側面——すなわち共有結合性の修飾と，そのフォールディング，ミスフォールディングについて解説する．

4.4.1 共有結合性の修飾がタンパク質の機能を最適化する

　本書の大部分（と，ほとんどの教科書）で，タンパク質はつくられるとすぐに細胞質内を漂ってその仕事につく，という安易な印象を植えつけてきたかもしれないが，これは実際とはかけ離れている．タンパク質の誕生と死は厳密に制御されている．また，その位置も制御されており，ほとんどのタンパク質にとってはこの変化は一生にわたる．複合体の形成も制御されている．さらに，機能に影響する共有結合性の修飾も頻繁に受けている．それらの側面の多くはいまだにあまり研究が進んでいない．この節では，タンパク質機能の調節のカギとなる，共有結合性の修飾について解説する．タンパク質の位置取りの問題については第7章で述べる．

　翻訳後修飾は2つの主だった機能をもっている．1つは，タンパク質の活性を調節することである．そのような調節はたいてい可逆的であり，リン酸化，メチル化，アセチル化などが挙げられる．そのなかには不可逆的な活性化反応もあり，プロテアーゼ酵素前駆体の活性のある酵素への転化や，短いペプチドからなるホルモンを長い前駆体からつくり出す反応が挙げられる．また，タンパク質に特別な特異的性質を与える反応もある．たとえば，コラーゲン中のプロリンのヒドロキシル化，シトクローム中でのヘムの結合，GFP中での蛍光団などである．もう1つの主要な機能は，タンパク質の行き先を決めることである．これには，脂質や糖鎖の付加が含まれる．進化というのは複雑で，たくさんの修飾はそれぞれ複数の役割をもっている．そしてそのもっとも感動的な例は**ユビキチン化 ubiquitylation**（*4.9）である．翻訳後修飾は，とくに真核生物ではとても広く用いられている．たとえば，翻訳後修飾と**選択的スプライシング** alternative splicing の組み合わせの結果，ヒトのプロテオームは，遺伝子にコードされたものの約10倍になると見積もられている．

　もっともなじみ深く，一般的な共有結合性の修飾はリン酸化である．しかし，**表4.3**に示したように，ほかにもたくさんの共有結合性の修飾が存在する．進化の過程で，何かしら有用な可能性があるものはいろいろと試されてきた．もっとも劇的な修飾の1つが，内部ドメインの完全除去であり，自己スプライシングタンパク質，すなわち**インテイン intein**（*4.10）が該当する．

4.4.2 リン酸化

　共有結合性の結合のなかでも，**リン酸化 phosphorylation** にはいくつかの長所がある．リン酸化はATPのようなリン酸の活性体を必要とし，求核性の攻撃を伴う比較的簡単な機構により起こる，単純な反応である（**図4.33**）．このことにより，必要とあらばあたらしい**キナーゼ（リン酸化酵素）** kinase を簡単に進化させることができる．タンパク質にはリン酸化可能な側鎖がたくさん存在する．そのよい点はあたらしいリン酸化部位が誕生する豊富な機会ができることで，わるい点は無差別なリン酸化につながり得ることである．キナーゼはRNAのような補因子（ATP）を使うことから，おそらく進化のとても早い段階で現れた機構であるということは特筆すべきである．リン酸化はたった1つのATPを必要とするだけであり，細胞にとって負担が小さい．リン酸化は必要なときにすぐに取り除くことができ，かつ中性条件下では2つの負電荷を加えることになるため，容易に認識できる大きな変化をタンパク質に加えることになる．構造，および機能的な意義については第2章で解説した．

　ヒトの遺伝子は518種類ものキナーゼを有していると見積もられており[89]，ヒト遺伝子の約1.7%にあたる．これはハエ，ウジ虫の約2倍であり，発生，制御におけるリン酸化の重要性を示している．キナーゼの大半は同じスーパーファミリーに属しており，共通の祖先から分岐したことを意味している．また多くのキナーゼについては，すでに機能が知られている相同分子種との相同性をみることにより，どのような生物学的役割があ

*4.9 ユビキチン

ユビキチンという名前は，ubiquitous という単語に由来している——このタンパク質は，細胞内できわめて広範囲にわたって分布しているためである（*訳注：ubiquitous はラテン語で「いたるところにある」という意）．ユビキチンは大変興味深いタンパク質である．（本書で扱われるほかのタンパク質と同じように）さまざまな機能に対して進化によって適応してきた小さく安定なタンパク質であり，その主な機能は，タンパク質分解の目印となることである（図 4.9.1）．2004 年にノーベル化学賞を受賞した Ciechanover，Hershko，Rose の 3 人により，その機構の詳細が明らかにされた．まず，ユビキチンは E1 活性化酵素と結合して活性化され（ユビキチンの C 末端との間でチオエステル結合が形成されることにより，ユビキチンは活性化される），多くの種類が存在する E2 結合酵素のなかの，どれか 1 つへと運ばれる（図 4.9.2）．E2 結合酵素はそれぞれ数種類の E3 ユビキチンリガーゼと結合し，E3 ユビキチンリガーゼはそれぞれ異なる基質タンパク質を認識する．タンパク質は，主に変性，ミスフォールディング，酸化およびその他の原因により損傷を受けたと認識されると，分解されるべき標的とされる．すると E2-E3-ユビキチン複合体がダメージを受けたタンパク質に結合し，ユビキチンの C 末端が標的タンパク質のリジン残基へと結合される．その後，さらなるユビキチンが，ユビキチン内 48 番目のリジン残基に結合する．このユビキチン鎖複合体をプロテアソーム（*4.13）が認識し，ユビキチン鎖を取り除いた後に再利用し，標的タンパク質を小さなペプチドへと分解する．ユビキチン化は，そのほかにも驚くほど多くの細胞内の現象に関与している．DNA の修復，細胞周期，細胞内局在，免疫機能などの制御だけでなく（これらはユビキチンのタンパク質分解機能と関係がある），タンパク質分解機能とは明らかに異なる現象，小胞輸送やヒストン修飾にも関係している．しかし，これらの機能のうちの大半は，実際にはユビキチンによる特定のタンパク質の分解が行われた結果，発現している．たとえば，細胞周期はその一部がサイクリン B Cyclin B により制御されている．有糸分裂の開始時にサイクリン B の濃度は著しく上昇するが，有糸分裂の終了時にはサイクリン B の濃度は元の濃度に戻る必要がある．後者のステップは，ユビキチン化により制御されている（図 4.9.3）．ユビキチンの果たす機能の違いは，ユビキチンの結合様式の違い（すなわち，ユビキチンのどのリジン残基を用いてユビキチン鎖がつくられているか）

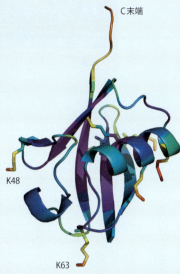

図 4.9.1
ユビキチンの構造（PDB 番号：1ubq）．結晶構造中の B 因子の値に従い色分けした（11.4.5 項参照）．ここでは黄色と赤色の部分がもっともよく動いている．これを見ればわかるように，タンパク質中の C 末端部位がもっとも可動性が高い．また，図中では 6 つのリジン残基が示されており，これら 6 残基も（予測されるように）その側鎖末端は可動性が高い．もっとも広く使用される 2 つのリジン残基は K48（一般にプロテオソームによる分解を目的として使用される），K63（エンドサイトーシスなどそのほかさまざまな目的に対して使用される）である．

と，結合しているユビキチンの数によって生まれている．ユビキチンの 7 つのリジン残基はすべてユビキチン鎖の結合に用いることが可能であり，その割合はそれぞれ，K48，K11，K63，K6，K27，K29，K33 に対して 29％，28％，17％，11％，9％，3％，3％となっている．特定の脱ユビキチン化酵素が関与する経路もある．ヒトのゲノムには，2 種類の E1 酵素，約 40 種類の E2 酵素，約 300 種類の E3 酵素，それに加え約 90 種類の脱ユビキチン化酵素が存在する．
ユビキチンと似た配列をもつタンパク質は多数存在し，Ubiquitin-like modifier と呼ばれている．それぞれの Ubiquitin-like modifier には対応する E1，E2，E3，脱ユビキチン化酵素類縁体が存在する．これら Ubiquitin-like modifier はそれぞれ異なる機能をもつ．そのうちの 1 つ，SUMO はユビキチンに対するアンタゴニストとして作用する．ユビキチンのさまざまな機能については，参考文献に詳しく論じられている [125]．

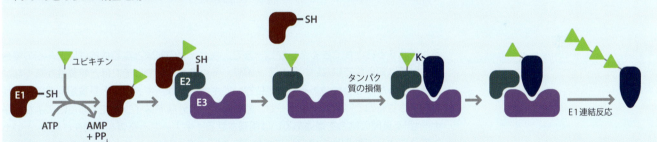

図 4.9.2（上）
ユビキチン化はプロテアソームによるタンパク質の分解を目的として行われる．E1 酵素（ユビキチン活性化酵素）はユビキチンの C 末端とチオエステル結合をつくることによりユビキチンを活性化する．その後ユビキチンと E1 酵素複合体はさまざまな種類がある E2 酵素（ユビキチン結合酵素）-E3 酵素（ユビキチンリガーゼ）複合体のうちの 1 種類を選択し，E2 酵素側に結合する．ユビキチンは E2 酵素上のチオール官能基へと輸送され，さらに E3 酵素により認識されたタンパク質上のリジン残基へと運ばれる（第 2 章，第 8 章の用語法に従えば，E3 酵素は酵素と基質の仲立ちをする足場タンパク質である）．その後ユビキチン内 48 番目の残基であるリジン残基を介してさらにユビキチンが付加されていく（図 4.9.1 と比較せよ）．

図 4.9.3（右）
細胞周期中で，有糸分裂期への移行は，主に Cdk1 キナーゼ活性化の刺激を受けて起こる．このキナーゼは，4.4.2 項で記されるように，サイクリン B と結合することにより活性化される．すなわち有糸分裂期への移行はサイクリン B の濃度の急激な上昇により制御されている．細胞が有糸分裂期から脱却するには，Cdk1 キナーゼの機能抑制を行う必要があり，サイクリン B のユビキチン化とそれに引き続くサイクリン B のプロテアソームによる分解が機能抑制を行っている．このステップ中でユビキチン付加を行うユビキチンリガーゼは，Cdk1 自身により活性化されている．

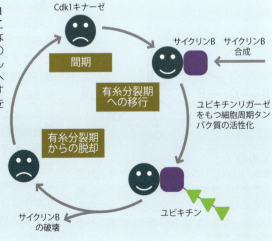

表4.3 タンパク質の共有結合的修飾の例

修飾	部位	備考
リン酸化	Ser, Thr, Tyr	活性調節，会合調節
アセチル化	Lys	クロマチンのヒストンコードの一部をつくる
メチル化	Lys	クロマチンのヒストンコードの一部をつくる
メチル化	Arg	
リン脂質付着	Cys, C terminus	膜へのタンパク質付着
SUMO化	Lys	輸送，転写制御，アポトーシス
ユビキチン化	Lys	輸送，分解の制御，＋ヒストンリードアウト
限定分解		細胞外におけるプロテアーゼ（チモーゲン）の活性化（例：キモトリプシン），ホルモンの活性化（例：インシュリン）
N-アセチルグルコサミン付加	Ser, Thr	グルコース代謝における酵素の活性調節
グリコシル化	Asn, Ser/Thr	真核生物，認識，膜タンパク質のフォールディング
ヒドロキシル化	Pro	コラーゲン三重らせん形成の促進，不可逆
ADPリボシル化	Arg, Glu, Asp	DNA修復やアポトーシスシグナルの一部
硫酸化	Tyr	不可逆でおそらく活性に必要
カルボキシル化	Glu	カルシウムリガンドであるγ-カルボキシグルタミン酸（Gla）をつくる

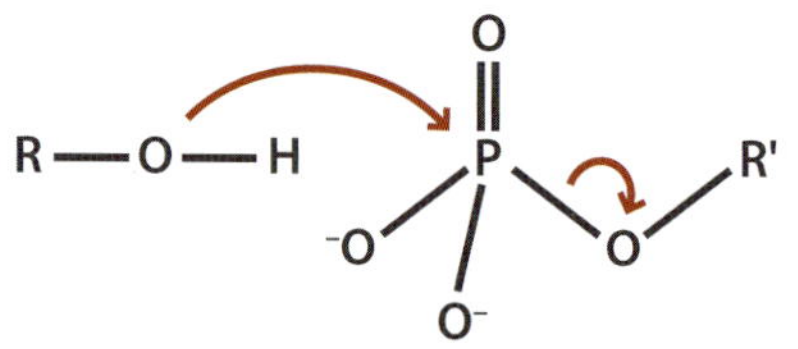

図4.33
機構的には，リン酸化はきわめて単純な反応であり，簡単な求核置換反応である．触媒されない状況下では反応は非常に遅く[123]，キナーゼは10^{20}倍という驚くべき触媒効率を示す．

るか予測することができる．しかし一方で，キナーゼの対象となる標的はほとんどの場合については知られていない．そして，実際，多くのキナーゼはそれほど特異性が高くないことが明らかになりつつある．進化においてキナーゼは，キナーゼと基質配列間の特異性を向上させるのではなく，キナーゼ，基質両者に余分なドメインを加えることにより，キナーゼ-基質間の結合を増強あるいは阻害させる，キナーゼと基質を共局在させる，といった方法によって特異性を獲得してきた（第2章，第8章）．シグナル伝達系では，キナーゼは一般的には複数箇所をリン酸化する．本質的にはこの複数部位のリン酸化はキナーゼの特異性の低さを反映したものであるが，進化の中で自然とこれら複数部位のリン酸化は修繕されながら，それを介してあたらしい結合部位や制御方法が生み出されるように活かされてきた（第8章）．多くのタンパク質が，本来の機能を発揮するために異なる部位の適切なリン酸化の組み合わせを必要とする．よい例は第9章に登場するRNAポリメラーゼIIのC末端ドメイン（CTD）で，これは転写の最中に一連のリン酸化，脱リン酸化を受ける．正しい順序でリン酸化と脱リン酸化が行われる必要があるが，同時に多くのかなり非特異的なリン酸化，脱リン酸化が起こる．多くのタンパク質においてリン酸化部位の多くは，おそらく生物学的にはほとんど，もしくはまったく意味がない．約25,000個の人間のタンパク質のうち3分の1がリン酸化されると見積もられているが，それらの多くは複数の位置が1つ以上のキナーゼによってリン酸化されており，このことからリン酸化がかなり非特異的な反応であることは明らかである．それらすべてについて個別にリン酸化するのに十分な種類のキナーゼは存在しないのである[90]（第8章章末の計算問題N2参照）．

*4.10 インテイン

インテインとは，ほかの分子の補助を必要とせずに，自身に対してスプライシングを行う自己スプライシングタンパク質のことである [126]．この現象は基本的には翻訳後修飾であるが，mRNA におけるイントロンのスプライシングと同様に（機構は完全に異なる），インテインドメインを切り取りエクステインドメインをつなぎ合わせることを考えると，翻訳後修飾のなかでもどちらかといえば特殊な現象であると考えられる．およそ 135 残基のインテインドメインは，切り出される両端残基を接近させている．典型的なインテインドメインは Ser もしくは Cys 残基で始まり（図 4.10.1 ではインテインドメインの左側の，側鎖が XH と表示されている残基），Asn 残基で終わっている．加えて，C 末端側エクステインは，Ser, Thr, Cys のいずれかで始まっている．図 4.10.1 で示されている機構は 4 つの求核置換により構成されており，最終生成物は通常のポリペプチドであり，Ser, Thr, Cys のいずれかをスプライシングサイトに含んでいる．

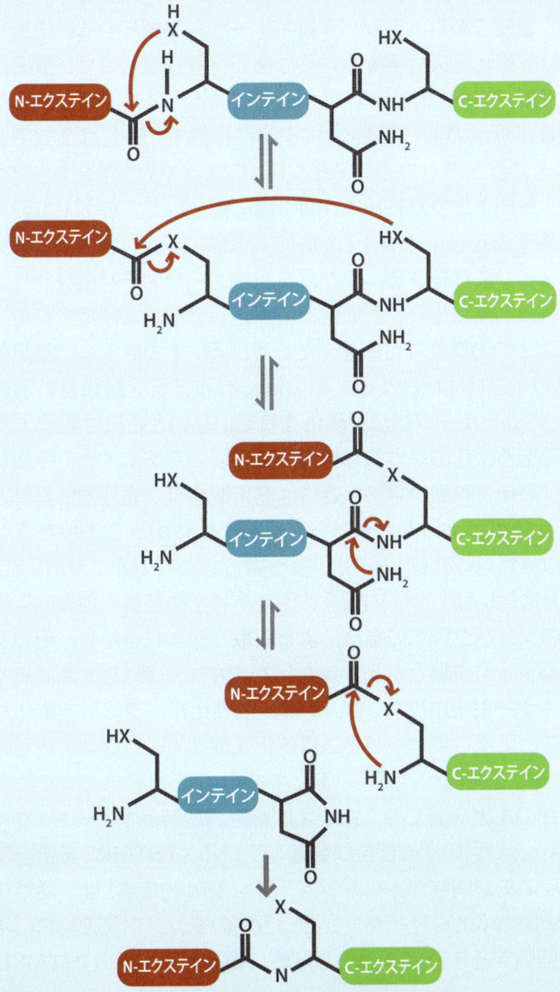

インテインは原核生物，古細菌，単細胞真核生物で見つかっているが，散発的である．したがって，今までに見つかっているのはせいぜい数百種類の配列に過ぎない［2009年9月時点で, Intain Registry（http://tools.neb.com/inbase/list.php）には 100 種の真核生物，232 種の原核生物，157 種の古細菌由来の遺伝子が登録されている］．おそらく，インテインは "寄生した" 配列であり，もともとは，インテインドメイン配列内に余分なドメインとして含まれるホーミングエンドヌクレアーゼ homing endonuclease によって DNA に挿入されたと考えられる．このホーミングエンドヌクレアーゼはインテインをコードした DNA をゲノムに挿入する機能をもつ．主に，タンパク質のドメインの連結機能のバイオテクノロジーへの応用の期待から，インテインは発見された 1987 年以来，強い関心を引いてきた．たとえば，タグをタンパク質に連結したり，タンパク質間相互作用を調べたり，NMR 解析に向けたタンパク質の部分的なアイソトープラベル化などへの応用がある（図 4.10.2）．数例ほど成功例はあるが，インテイン挿入は決して単純な手法ではない．これはスプライシング反応にはエクステインがある程度会合していることが必須であるためであると考えられる．すなわち，ただインテインドメインで 2 つのドメインをつなぎ，スプライシングを起こすことはできないのである．

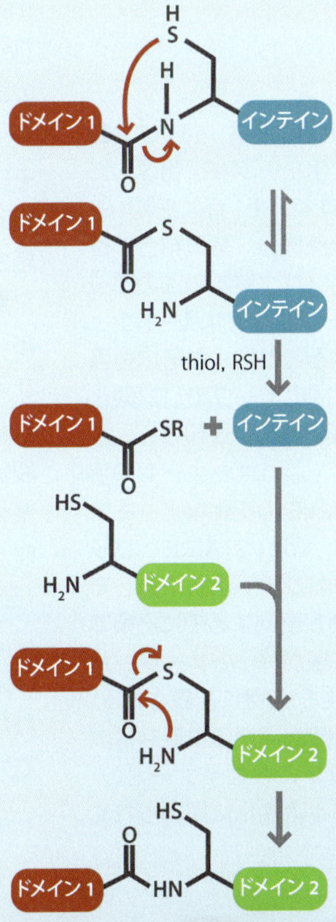

図 4.10.1
インテインスプライシングは 4 つの求核置換反応を含む．最初の反応では，Ser, もしくは Cys（インテインドメインの最初のアミノ酸残基である）の求核的な側鎖が，前方のアミド結合を攻撃し，アシル基転移によりチオエステル結合をつくる（これはアミド結合よりも反応性が非常に高い）．この結合が C 末端側エクステインドメインの最初の残基により攻撃され，枝分かれしたエステル，もしくはチオエステルをつくる．インテインドメインの最後の残基である Asn の側鎖が自身の主鎖のカルボニル基を攻撃し，インテインを取り除く．最後には主鎖のアミン基が先行するエステル基を攻撃し，通常のポリペプチドをつくる．

図 4.10.2
インテインのバイオテクノロジーへの応用．ここでは，ドメイン 1 とインテインの融合タンパク質（これは遺伝子を融合させることにより作製できる）が，外部のチオールである RSH を添加されることで，自己切断を起こしている．このようにして形成されたチオエステルは，その後 Cys 残基から始まる 2 番目のドメインにより切断され，結果 2 つのドメインでできたタンパク質となる．

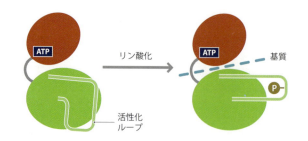

図 4.34
活性化されたキナーゼ（右）では，ペプチド基質は2つのドメイン間の溝に保持されており，水素結合により，下のドメインの活性化ループへと配向されている．ATPはもう1つのドメイン内に保持されている．活性化ループはチロシン残基のリン酸化により正しい配置に固定されている．

図 4.35
脱リン酸化とリン酸化の機構．(a) リン酸化されていない活性化ループが，物理的に基質結合部位を阻害する．(b) 疑似基質ループと呼ばれる基質を模倣し，基質結合部位に結合する部位がタンパク質内の別の部位に存在する．このループは適切なパートナータンパク質が結合することによりその位置から外れる．(c) 活性化ループのリン酸化が二量体化界面の再配置を引き起こし，結果二量体化へと導く．これはキナーゼの活性化や，キナーゼの局在の変化など，さまざまな影響を与える．(d) PSTAIRE ヘリックス内に存在する，ペプチド基質に対して相対的に正しくATPが配向するのに必須であるグルタミン酸残基がパートナータンパク質の結合により正しい位置に配置される．このような機構は，細胞周期の重要な構成要素であるサイクリン依存性キナーゼの，サイクリン結合による活性化に用いられている．

　上記のように，タンパク質キナーゼは同一の基本的なパターンを基に，多岐にわたる進化を経て生まれてきた．これは反応が本質的に難しいためというより，むしろキナーゼ活性の調節が細胞の機能において重要であり，タンパク質キナーゼが制御しやすい構造をもつためである [91]（ただし，リン酸化反応は実際難しくはある．触媒なしのリン酸の脱水はきわめて遅く，キナーゼはそれを 10^{20} 倍にまで引き上げている．これは現在知られているなかでもっともすぐれた反応促進の1つである）．タンパク質キナーゼは2つのドメインからできており，ATPはそのうちの1つのドメインに（GXGXXG 配列モチーフを介して）結合し，基質であるペプチドは2つのドメイン間の溝に結合して，もう1つのドメインの活性化ループと相互作用することにより正しい配向に配置される（図 4.34）．反応に必要なアミノ酸残基は両ドメインに存在する．タンパク質キナーゼはそれ自身がリン酸化されることにより活性化され，活性化ループと活性部位が正しい配置に固定される．これらの機構により，この構造は2つの重要な目的を果たしている．1つは正しい基質のみの認識が許容されることであり（これは結合するための溝にあるアミノ酸残基と活性化ループによる），もう1つは，活性化ループがリン酸化されていないときには実質100%キナーゼを確実に止めることである．この基本的な機構はあらゆる方法によって手直しされている．活性化ループがリン酸化されていないときには溝に収まり，物理的に基質との結合を防ぎ，より強く酵素の活性が止まるキナーゼもある（図 4.35a）．この役をタンパク質内の別の部分にある"疑似基質"配列（ループ）が担う場合もある（図 4.35b）．このループと活性部位の溝との結合は弱いが，分子内相互作用であるため基質と効果的に拮抗する．疑似基質ループはほかのタンパク質への結合によって取り除かれるため，そのタンパク質はキナーゼを活性化するタンパク質となる．またほかのキナーゼ（たとえば有糸分裂促進因子活性化タンパク質キナーゼERK2）においては，活性化ループのリン酸化が二量体界面の配置を変化させることによりキナーゼの二量体化を促す．これはキナーゼの性質を変化させ，たとえばキナーゼを核内へと移行させる核内移行配列をつくったりする（図 4.35c）．そしてさらにほかのキナーゼでも，たとえば細胞周期制御キナーゼ（サイクリン依存性キナーゼCDKs）は，2つ目の制御部位が発達している．PSTAIRE モチーフと呼ばれるヘリックス内にある反応に必須なグルタミン酸（図 4.35d 内のE）は，活性化された構造ではATPを正しく配向させるが，サイクリンという別のタンパク質の結合によってヘリックスが正しい位置に回転するまでは不適当な配置に置かれている．PSTAIRE ヘ

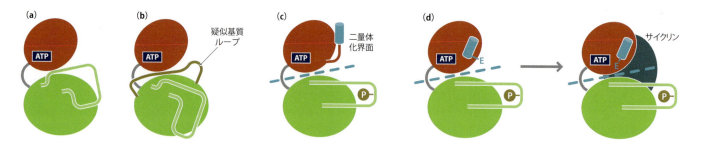

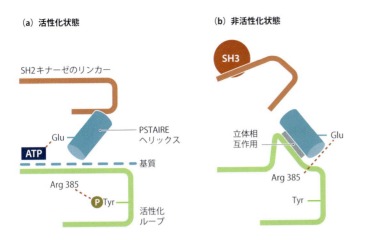

図 4.36
Hck, Lck などの Src キナーゼの活性化．(a) 活性化状態では，αC もしくは PSTAIRE ヘリックスのグルタミン酸が ATP を基質のリン酸化のための配向にする．このヘリックスは，キナーゼドメインとその前方に位置する SH2 ドメインとの間にあるリンカーと相互作用することで，位置を固定されている．基質は活性化ループとの相互作用により位置を固定され，その活性化ループは，Arg 385 と水素結合を形成しているリン酸化チロシンにより固定されている．(b) 酵素は，リン酸化チロシンの脱リン酸化，αC ヘリックスの配向変化のうちのどちらか，もしくは両方が起きることにより活性を失う．リン酸化チロシンの脱リン酸化は Arg 385 との水素結合の消滅につながり，Arg 385 は代わりにグルタミン酸残基と相互作用するようになる．その結果起こる αC ヘリックスの配向変化は，再配置された活性化ループとの立体構造的な相互作用により安定化される．ヘリックスはまったく異なる機構によっても再配向され得る．すなわち，SH2 ドメインへとつながるリンカーに SH3 ドメインが結合することによって起こる，リンカーの構造変化によるものである．(F. Sicheri, I. Moarefi and J. Kuriyan, *Nature* 385: 602-609, 1997 より再描出．Macmillan Publishers Ltd. より許諾)

リックスもまた，それにつながるリンカーの配向によっても制御することができる（図4.36）[92]．たとえば，Src キナーゼの活性はこのように抑制されている（8.1.8 項参照）．
　以上のキナーゼの活性化の機構は重ねて記述するに値する．活性化されていないキナーゼでは，活性化ループは構造をもたず，したがって基質に結合することができない．いったん活性化ループがリン酸化されると，活性化ループは活性型の構造に固定化され，基質に結合することができる．異なるキナーゼはそれぞれ異なるように不活性な，特定の高次構造をもたないループをもつが，どのキナーゼも活性型の構造はかなり似ている．まったく同じことが第 7 章で解説する small GTPase にも当てはまる．不活性型（GDP 結合状態）はタンパク質ごとに異なるが，活性型（GTP 結合状態）は"緊張"した状態であり，どの GTPase もよく似ている．このような振る舞いを示す理由のうち少なくとも 1 つは，天然変性タンパク質について提案されているものと同じであると考えられており，妥当であるといえる．すなわち，構造をとらない状態の活性化ループの固定によるエントロピー的な損失が，活性型に移る際にあたらしくできる結合によるエンタルピーの増加を一部打ち消すことにより，スイッチのエネルギーバランスを調節しているのである．2 つの状態の一方のみがはっきりした構造をもつスイッチの方が，進化のうえでずっと容易というのも事実である．
　ホスファターゼ（脱リン酸化酵素） phosphatase はさらに特異性が低い．ホスファターゼはキナーゼの約 1/3 の種類しかなく，このことは，平均して 1 つのホスファターゼは，1 つのキナーゼがリン酸化する量の 3 倍の量のタンパク質を脱リン酸化しなければならないことを意味する（すなわち，キナーゼによって 20 種類がリン酸化されるのに対し，ホスファターゼは平均して 60 種類のタンパク質を脱リン酸化しなければならない）．キナーゼと同じように，ホスファターゼは細胞内の特定の領域に輸送するモジュールや，SH2 ドメインなどのさまざまなモジュールと結合することにより特異性を向上させている [93]．
　ホスファターゼの特異性は実は前段落に記したよりもずっと低い．ヒト遺伝子中には 130 種類のチロシンキナーゼと 100 種類のチロシンホスファターゼがあり，このことは脱リン酸化はリン酸化に比べわずかに特異性が低いだけであることを示唆している [94]．チロシンのリン酸化の主な役割はシグナル経路の開始であり，高い特異性を要求するため，これはもっともであるといえる．しかし，Ser/Thr キナーゼが約 350 種類であるのに対して Ser/Thr ホスファターゼは 35 種類しかなく，それに加えてセリンとスレオニンを脱リン酸化する二重特異性をもつホスファターゼが 50 種類あるだけであり，セリン，スレオニンの脱リン酸化はきわめて非特異的である（第 8 章章末の数値問題 N2 参照）．

4.4.3　メチル化とアセチル化

　タンパク質は 1 つ，2 つ，もしくは 3 つのメチル基をリジン側鎖に付加したり，リジンを**アセチル化** acetylation することによっても修飾される（図 4.37）．これらは互いに排他的な修飾であり，リン酸化のように生化学的にきわめて単純で，可逆的な低いエネルギー

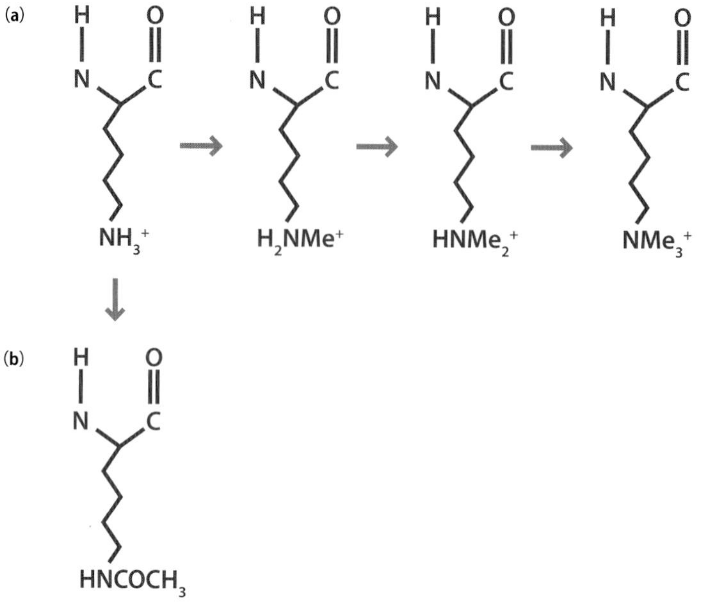

図 4.37
リジン残基の修飾．(a) メチル化による電荷への影響はまったくないが，側鎖がより疎水的になり，大きくなる．3つの異なるメチル化リジン残基が生じる可能性がある．どれも生理的には意義があるが，もっとも重要なのはトリメチル化リジン残基である．(b) アセチル化により電荷が除去される．

の変換である（ただし，リン酸化ほど容易ではない）．**メチル化** methylation は，（ほかの RNA 様補因子である）S-アデノシルメチオニンのはたらきによって起こるが，これは1サイクルの付加と再生に ATP の3つのリン酸基すべての脱離とメチルテトラヒドロ葉酸の寄与を必要とし，リン酸化と比べて非常にコストがかかる．（補酵素 A，さらなる別の RNA 様補因子による）リジン残基のアセチル化は，側鎖の正味荷電を1変化させる．結果，それはリン酸化ほど大きな影響は与えない．さらにリジン残基はセリン残基，スレオニン残基と比べ長く可動性が高いため，その影響はあまり局在化しない．リジン残基のメチル化は電荷には影響を与えず，したがってよりわずかな変化の修飾である．

このような修飾は**ヒストン** histone の N 末端では非常によくみられる修飾で，ヒストンの機能状態を示すための"暗号"を形成している，とされている [95]．リン酸化と同様に，これらの変化は可逆である．しかし，ヒストンの修飾はしばしばかなり長く続き，数世代もの細胞分裂にわたって維持されることができる．ヒストンの修飾は受精卵の中にまで存続し，卵での DNA の読まれ方を制御している．このような効果は**エピジェネティック** epigenetic と呼ばれており，"DNA にコードされていない"という意味である．

DNA はヒストンのまわりに巻きつけられ，ヌクレオソームを形成する（図 4.38）．ヌクレオソームの核は，H2A, H2B, H3, H4 ヒストンがそれぞれ2コピーずつほぼ球状になるように配置された八量体で構成されている．これらのタンパク質の N 末端はヌクレオソームから突出している．H2B, H3 の末端は DNA と強く相互作用する領域をもち，またそれとは別にほかのヌクレオソームの H4 ヒストンの末端と相互作用する領域をもつ．しかし，多くの末端はそれに加えてほかのタンパク質とも相互作用すると考えられており，それらタンパク質は遺伝子の発現やヌクレオソームの展開を調節している．本書の全般的なテーマは，進化はさまざまに修繕されることによって達成される，というものである．したがって，進化の結果とても精密で一般的な"ヒストンコード"なるものが出現したとは思えない．しかし一般的なルールは存在しており，いろいろと修繕するなかで，うまく働いたものが拾い上げられ，適応され，より改善されていくということから考えると，常に用いられているわけではないにしても，アセチル化とメチル化が便利なデバイスであることは暗に示されている．アセチル化はヒストン上の正電荷を減少させ，結果としてヒストンは DNA に対してより弱く結合するようになる．したがって一般的には遺伝子の発現を促進する．一方，H3 ヒストンの Lys 4 の三重メチル化は遺伝子の発現をもたらすが，Lys 9, Lys 27 のメチル化は遺伝子抑制に働く．まぎらわしいことに，Lys 4 のジメチル化は遺伝子抑制をもたらす．リン酸化にも当てはまるように，ある部位の修飾にはそれに先

4.4　タンパク質の翻訳後修飾　159

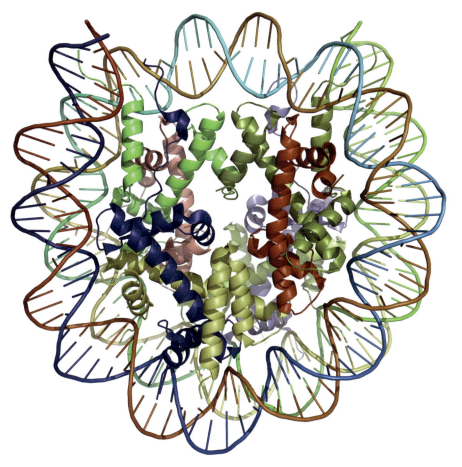

図 4.38
ショウジョウバエ *Drosophila* のヌクレオソームは H2A, H2B, H3, H4 ヒストンそれぞれの 2 コピーずつから形成される（PDB 番号：2pyo）．2 つの H3 ヒストンは緑色に，H4 は赤色とサーモンピンク，H2A は青色，H2B はオリーブで表示している．これらヒストンは相同の関係であり，"ヒストン折りたたみ構造"を共有している．全部で 147 塩基対の DNA がこれらのタンパク質の周囲に巻きつくことで，ヌクレオソームの核をつくっている．核は，DNA の出入り口をおおっているヒストン H1 によりふたをされている．H1 はこの図では示されていないが，図の構造の上部に位置する．完全な形のヌクレオソームは，1 つの核から次の核をつなぐ約 80 塩基対を含めて完成する．DNA とタンパク質の相互作用は，配列にかかわらずどんな DNA でもヌクレオソームが形成されなければならないことから予想されるように，かなり非特異的である．DNA の曲がり方は一様ではなく，また特定の位置でねじれている．ヒストンの N 末端部位は DNA から突出して表面に露出しており，そこが "ヒストン暗号" という修飾が起こる配列である．これらは一般に構造をもたないために結晶構造中に現れず，作用機序については理解が制限されている．

図 4.39
複数ドメインを用いた認識による，ヒストンタンパク質への結合の特異性の向上の例．(a) ヒストン H3 もしくは H4 上の，2 つの隣接するアセチル化リジンは hTAF1 の一対のブロモドメイン (Br) により認識される．リジンのメチル化は，概して複数の芳香環アミノ酸残基により認識される．それらの残基は，疎水的ではあるが電荷をもつメチル基に対して選択的に結合する疎水性のケージ構造を形成する．メチル基のプロトンは芳香環の中心に対して，脂肪族性の水素結合をつくる傾向にある．(b) L3MBTL1 の MBT1, MBT2 モジュールは，それぞれプロリン残基とジメチルリジン残基を認識できる．(c) BPTF 上の隣接する PHD ドメイン（植物ホメオドメイン）とブロモドメインは，ヒストン H3 上のトリメチル化リジンとアセチル化リジンをそれぞれ認識する．(d) Rco1p の PHD フィンガーは Eaf3p クロモバレル (Chro) のトリメチル化リジン残基に対する特異性を向上させる．(S.D. Taverna, H. Li, A.J. Ruthenburg, C.D. Allis and D.J. Patel, *Nat. Struct. Mol. Biol.* 14: 1025–1040, 2007 より再描出．Macmillan Publishers Ltd. より許諾）

立つほかの部位の修飾が必要とされ，暗号を解読するにはしばしば複数部位の同時修飾が必要とされる．同様に（本書全体を通して繰り返し出てくるように），複数の部位を複数の認識ドメインが読み取ることにより暗号の特異性が増大する（図 4.39）[96]．当然，リジン残基のアセチル化とメチル化はけっしてヒストンに限ったものではなく [97]，たとえばシグナル伝達中にもみられる．アセチル化はほかの生物と比較すると哺乳類により多くみられるが，これがほかの生物についての情報不足を反映するものなのか，それとも実際に進化圧に直面した哺乳類のまったくあたらしい適応の結果なのかはまだはっきりしていない（少なくともおそらく，リン酸化がほとんど可能な限り発展したから，という理由ではない）．

あるヌクレオソームと次のヌクレオソームの間の距離は固定されており，その結果，読

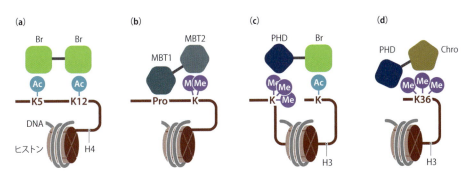

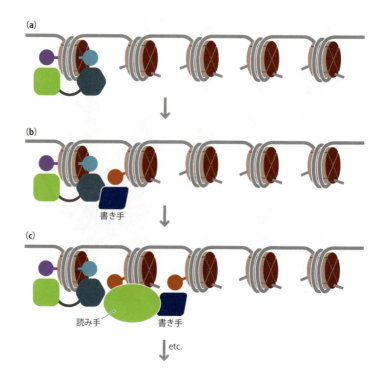

図 4.40
ヒストン読み書き複合体はクロマチンに沿ったシグナルの伝播を可能にする．(a) 制御タンパク質は特定の暗号の組み合わせを認識する（図 4.39 と比較せよ）．(b) ヒストン修飾酵素（"書き手"）は制御タンパク質と結合し，隣接したヒストンを修飾する．(c) 修飾は読み手のタンパク質により認識され，読み手のタンパク質はまた別の書き手のタンパク質を募るが，これらのタンパク質が 1 つのヌクレオソームから隣のヌクレオソームにまたがるのに適切な距離にあることから，タンパク質は隣のヌクレオソームを修飾することができ，その後もこれが続く．

み・書きを行う複合体を介し，ヌクレオソーム鎖に沿って共有結合修飾を伝播するとても整った機構の進化を可能にした（図 4.40）．あるヌクレオソームの"書き手"（ヒストンアセチル化酵素もしくはメチル化酵素）による修飾は，読み・書きを行う複合体による修飾を伝え，また，読み・書きを行う複合体はその中の"書き手"が隣のヌクレオソームにまで伸長して，修飾するのに適切な大きさと電荷分布をもっている．すなわちそのような複合体鎖が存在することで，修飾がヌクレオソーム鎖に沿って伝わることができ，結果としてたとえば，すべての遺伝子を一度に読むことが可能になる．

おそらく，これらすべてのヒストン修飾酵素はある一定の足場によって保持されている．強固な構造をとらないタンパク質によってヌクレオソームと酵素が近くに配置されることで，適切な相互作用が促進されるとともに，不適切な相互作用が抑制されている可能性が高い（第 2 章）．

4.4.4 糖鎖修飾

糖鎖修飾（グリコシル化）glycosylation はアミノ酸側鎖（ほとんどの場合アスパラギン，セリン，スレオニン）にグルコース，あるいはほかの糖を付加する修飾である．ヒトのタンパク質の 50％以上がそのどこかで糖鎖修飾を受けていると見積もられており，非常に重要な修飾である．この糖は通常，UDP といった核酸から移し替えられる．糖鎖修飾は原核生物や古細菌でも起こっており，それらの生物では主に細胞外に位置するタンパク質や膜タンパク質，分泌タンパク質が修飾される [98]．糖鎖修飾の主な機能は，タンパク質を安定化し，切断や分解から守ることであると考えられている [20]．真核生物においてははるかに広く用いられており，進化において既存の機能が修繕されるなかで，それをまったく異なる目的で用いるようになるというよい例となっている．真核生物においても明らかに本来の機能と同じく，タンパク質の安定化や膜タンパク質のフォールディングの補助としての機能をもっている．しかし，真核生物においては糖鎖修飾はほかにタンパク質のフォールディングや分泌を監視，制御するうえで重要な機能を担っており（後述），細胞間認識やそれに伴って多細胞生物の発生においても重要な機能をもっている．

4.5 タンパク質のフォールディングとミスフォールディング

4.5.1 タンパク質のフォールディングは多くの場合速く，そして熱力学的に制御されている

　折りたたまれたタンパク質は，一般的に熱力学的にもっとも安定な状態にある．したがってタンパク質が折りたたまれるためには，単にアンフォールド状態で合成されて，タンパク質自身に折りたたませればいいだけである．タンパク質の配列は，緩やかな進化圧を受けてきたという十分な証拠がある [99]．進化圧によって，タンパク質配列は強制的にすばやく，確実に，基本的にたった1つのエネルギーが最小値となる安定構造をとるようになった（これは RNA には当てはまらず，RNA は複数の二次構造をとることが可能であり，実際そうしている）．フォールド状態にいたるまでの道のりは，しばしばもっとも邪魔が少ないルートであるとされ，これは天然の状態では折りたたまれるのに大きなエネルギー障壁がないことを意味している．上の文章の "緩やかな" という言葉は，たいてい正確な折りたたみが配列を制御する主要な要因になっていないこと，そして結果として，非常に混み合っており理想的な折りたたみ環境にほど遠い細胞内の環境では，折りたたみに伴い少し補助を必要とすることを意味している．また一方で，まだ多くはないが，折りたたみの道筋は折りたたみ後の構造に比べ，はるかに保存性が低いことを示唆する証拠がある．細菌類のタンパク質であるプロテイン G，プロテイン L は非常に類似した単純な構造をもつが，φ 値解析 (*4.11) で示されるように異なるフォールディングの道筋を通る [100, 101]．さらにいくつかの例において，タンパク質への変異によってフォールディングの道筋が変化することが示されている（しかし最終的な折りたたみ構造はよく似ている）．したがって多くのタンパク質にとって，折りたたみの道筋は重要でないのかもしれない．

　タンパク質がどのように折りたたまれるかについては多くの研究がなされてきた．これらの研究におけるもっとも明確な結論は，異なるタンパク質は異なってフォールディングする，ということである．すなわち，そういった意味では，フォールディングの "一般的な機構" はない，ということである．もっとも一般的な道筋は，まず二次構造，とくに α ヘリックス構造が "変性" タンパク質において出現したり消えたりし，それら自身やタンパク質鎖のほかの部分と相互作用して安定化する．とくに，空間的に近くにある側鎖で形成された疎水性クラスターはタンパク鎖をより折りたたまれた構造へと安定化する．この初期の折りたたみは非常にすばやく起こる (ms より速い)．タンパク質はその後ある種の探索を行い，その過程で側鎖は密にパッキングされた配置を見出す．遷移状態と呼ばれる地点で，タンパク質内部は十分に組織化されて，まさにジッパーを閉じたような状態になることが可能となり，それに伴ってタンパク質内部に残った水ははじき出される．しかしながら，これらの異なる段階が相対的にどのような比率で起こり，どれくらい重要かは，タンパク質によって大きく異なる．たとえば，疎水的な折りたたみが非常に早期に起こるタンパク質もある．

　折りたたまれていないタンパク質は，機能をもたず細胞にとって危険である（例外はおそらく天然変性タンパク質である；4.3節参照）．それらは露出した疎水表面をもち，互いに，さらには細胞内のほかの構成要素とも相互作用しやすいため，不適切で望ましくない相互作用をし，結果としておそらく凝集や，あるいはタンパク質の分解を引き起こす．よって通常細胞は，タンパク質の翻訳後にタンパク質ができる限りすばやく，確実に折りたたまれるようにしている．フォールディングはしばしば翻訳と共役している．つまりタンパク質はリボソームから現れると，すぐに折りたたまれ始める．実際，複数のドメインをもつタンパク質がこのように折りたたまれていることについては，かなりの証拠がある [102]．ドメインが1つずつ折りたたまれ，場合によっては明確にドメインの間で翻訳が止まり，次の翻訳を再開する前にドメインを折りたためるようになっている [103]．

　タンパク質は N 末端から順に生産される．折りたたまれた N 末端側のドメインが，C

*4.11 Φ値解析

これは Alan Fersht により導入された，フォールディング反応中の遷移状態で重要なアミノ酸残基を決定する方法である [127]．この方法では変異導入，たとえばアミノ酸残基をアラニン残基に置換した際の影響を解析する．一般に，アミノ酸残基の変異は折りたたみ状態を不安定化すると予想される．もしこのアミノ酸が折りたたみの遷移状態でも折りたたまれていないなら，変異は遷移状態の安定性には影響せず，したがって遷移状態のエネルギーは変化しない（図4.11.1 (a)）．このエネルギーはフォールディングの速度である k_f から計算することができ，k_f は $k_f = \exp[-(\Delta G_{\neq\text{-}U}/RT)]$ で与えられる．ここで，$\Delta G_{\neq\text{-}U}$ とはアンフォールド状態と遷移状態の間の自由エネルギーの差である．そのとき変異の影響は変異体と天然タンパク質間の自由エネルギーの差であり，折りたたみ速度に対する割合である．すなわち $\Delta\Delta G_{\neq\text{-}U} = -RT\ln k_f^{wt}/k_f^{mut}$ である．これはアンフォールド状態と折りたたみ状態の間の自由エネルギーの変化としてもっとも有効に表され，表記として Φ が与えられている（$\Phi = \Delta\Delta G_{\neq\text{-}U}/\Delta\Delta G_{F\text{-}U}$）．原理的に，$\Phi$ の値は，変異残基がフォールディングの遷移状態にまったく関係しない 0 と（図 4.11.1 a），変異残基が遷移状態に対して折りたたみ後とまったく同じ影響を与える 1 との間の範囲をとる．そして多くの場合これは実際に当てはまり，予想されるように，多くの残基は 0 に近い Φ をとるが，ごくわずかの残基だけは大きな値をとる．

プロテイン G とプロテイン L は非常によく似た折りたたみ状態をとり，1 つのヘリックスが，2 つの調節ヘアピンによりつながれた 4 本のストランド（鎖）からなるシートに対してパッキングされた構造をもつ（図4.11.2）．これらはおそらく相同である（すなわち，進化により分化したものである）．プロテイン L においては，Φ 値解析は，$\Phi > 0.3$ である残基は主に最初の β ヘアピンに配置されている（ストランド 1, 2）（図 4.11.2a）．言い換えると，最初のヘアピンがフォールディングの遷移状態の核を形成している [100]．一方，プロテイン G では，折りたたみ遷移状態の核は 2 番目のヘアピンである（図 4.11.2b）[101]．興味深いことに，プロテイン G の最初のヘアピンのアミノ酸残基はより好ましいヘアピンをつくるよう置き換えられており，全体のフォールディング速度は 100 倍向上し，そして遷移状態では最初のヘアピンだけが折りたたまれた状態で存在している [128]．したがって，最終的な折りたたみ状態の変化は伴うことなく，フォールディングの経路が比較的単純な変化をしているのであろう．

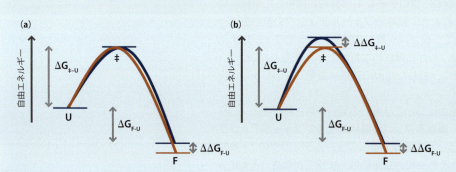

図 4.11.1
Φ 値解析の原理 (a) もし残基がフォールディングの遷移状態に関係ないならば，残基の変異はフォールディングの遷移状態の安定性には影響せず，したがってフォールディングの速度にも影響しない．これは $\Phi = 0$ を意味する．(b) 一方，もし残基の構造と相互作用がタンパク質の折りたたみ後と遷移状態で同じならば，$\Phi = 1$ である．

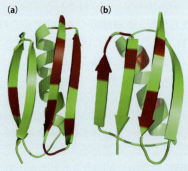

図 4.11.2
プロテイン L (a) とプロテイン G (b) の構造．フォールディングの遷移状態に関係する残基（すなわち，Φ 値が 0.3 より大きい残基）は茶色で示してある．プロテイン L ではこれらの残基は主に最初の β ヘアピン（右側のヘアピン）にあるが，一方プロテイン G では主に 2 番目のヘアピン（左側のヘアピン）にある．

末端側の 2 番目のドメインの折りたたみを助けるといった例もあるが [104, 105]，一般的には複数ドメインタンパク質の各ドメインは独立してフォールドするようである．興味深いことに，直列的に繰り返されるドメインをもつタンパク質では，ドメイン間で結合を形成して互いの折りたたみを妨げないよう，進化によって隣り合う繰り返し配列が調節されたという証拠もある [104]．

ほとんどの真核生物のタンパク質では，出来たばかりのタンパク質はまずはじめにミスフォールディングを防ぐため**シャペロン chaperone**（*4.12）によっておおわれる．引き続くフォールディングのステップは，しばしば制御された環境内（たとえばシャペロニンの内側など）で管理され，適切にそれらのステップが起こるようになっている．細胞はまた，折りたたみが確実に起こるよう，追加して**ペプチヂルプロリルイソメラーゼ** peptidylprolyl isomerase などのタンパク質を用いることがある．多くのタンパク質は糖鎖修飾などの翻訳後修飾を必要とする．そのようなタンパク質はリボソームから**粗面小**

*4.12 シャペロン

19世紀，シャペロンという年長もしくは既婚の女性が，これから社交界にデビューする未婚の女性に付き添い，男性との不適切な接触に巻き込まれないように介添え役として助けていた．シャペロンタンパク質も似た役目をもっており，まだタンパク質が折りたたまれておらず，疎水領域が外側に露出している場合，そこへ非特異的に結合することで，ほかのタンパク質との不要な相互作用が起こるのを防いでいる．Hsp70（大腸菌の DnaK を含む）といったシャペロンは，折りたたまれていないタンパク質に結合することで，そのタンパク質に凝集や不必要な結合が起こらないように保護している．その後，Hsp70 に結合している ADP が ATP に交換されることで Hsp70 からタンパク質が解離する．このようなタンパク質はたとえば新生したポリペプチド鎖をミトコンドリア膜まで移送するのに使われている（7.5.3項参照）．Hsp という名前は heat shock protein を表しており，これらのタンパク質は熱やほかのストレス状態にさらされた場合にその発現量が上昇する．これらのタンパク質は細胞内に大量に存在しており，とくにストレス環境下にある細胞でよく見られる．

タンパク質の折りたたみを助ける機能をもつシャペロンのことを，シャペロニン chaperonin という．もっとも一般的なのは GroEL（細菌では Hsp60）であり，7つのサブユニットからなるリングが2つ重なり合い，中空のバレルのような構造を形成している（図 4.12.1）．各端に7つのコピーからなる GroES（細菌では Hsp10）のふたがある．折りたたまれていないタンパク質は GroEL バレルの内側にある疎水性領域に結合する．ATP 加水分解により構造変化が起こり，GroEL の疎水性表面が隠れることにより，結合していたタンパク質を放出し，タンパク質が折りたたまれるようにする．さらに折りたたまれていないタンパク質がもう一方のバレルの端から入ってくることで，タンパク質は細胞質に放出される．この段階で，もし正しくタンパク質が折りたたまれていればシャペロンの任務は終わりであるが，もし，そうでないならタンパク質は折りたたまれるまで，何度でも必要な回数だけバレルに再度入ることができる．シャペロニンはタンパク質のフォールディングの速度を上げることはないばかりか，実際には速度を緩めている．しかし，凝集体の形成を防ぐことにより，折りたたまれたタンパク質の割合はかなり増加している．

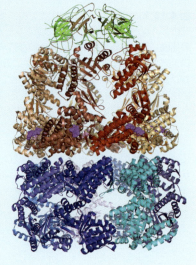

図 4.12.1
シャペロニン GroEL-GroES 複合体の構造（PDB 番号：1pf9）．図は2つの七量体の GroEL リングを表しており，1つは赤色，もう1つは青色で色づけされている．構造は明確に非対称である．赤いリングは7つの GroES タンパク質によってできたリング（緑色）によってふたをされている．ADP の位置はマゼンタの球体によって表されている．変性タンパク質は GroEL リング上部の円筒空洞内に結合する．

胞体（**ER**）endoplasmic reticulum 内へと移り，放出される前にそこで折りたたまれ，続いて修飾を受ける［106］（図 4.41）．

4.5.2 すべてのタンパク質，とくに折りたたまれていないタンパク質の寿命は限られている

小胞体の中には，誤った折りたたまれ方をしたタンパク質を認識し，それらを分解する

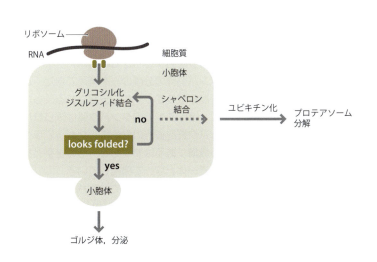

図 4.41
小胞体の中の品質管理機構．分泌型か膜挿入型のタンパク質は翻訳され，リボソームから離れて小胞体へ入る．ここでそれらはグリコシル化され，さらにジスルフィド結合を組むこともある．グリコシル化は品質管理機構によって注意深く監視されており，正しい折りたたみの主要な標識となる．折りたたまれたタンパク質は分泌のためゴルジへ輸送される一方，正確に折りたたまれなかったタンパク質はグリコシル化，脱グリコシル化のサイクルを数回受ける．持続的にこの品質管理に落第するタンパク質はシャペロンに拾われ，小胞体から運び出され，ユビキチン（*4.9）と結合して細胞質のプロテアソームで分解される．

*4.13　プロテアソーム

プロテアソームは細胞質の分子機械で複数のユビキチン分子が付着することで不必要もしくは誤った折りたたみとして標識されたタンパク質を分解する機能がある．$(\alpha_7\beta_7)_2$リングからなる大きなバレル（図4.13.1）を形成し，ポリユビキチンタグを認識する調節粒子によっておおわれている．タンパク質をアンフォールディングし，プロテアソームに送り込むプロセスはATPを必要とする．プロテアーゼの活性部位はバレルのβサブユニットの中心に位置している．$\alpha_7\beta_7$界面は"控えの間"antechamberを形成しており，これはおそらく変性タンパク質を活性部位に調節しながら送り込む機能を有している．古細菌ではすべてのβサブユニットは同じだが，真核生物ではβサブユニットはそれぞれ異なっており，基質に対する特異性も異なる．つくり出されたペプチドは一般的に7～9残基の長さである．プロテアソームは前進的に反応を行い，標的が完全に分解されるまで解放しない．

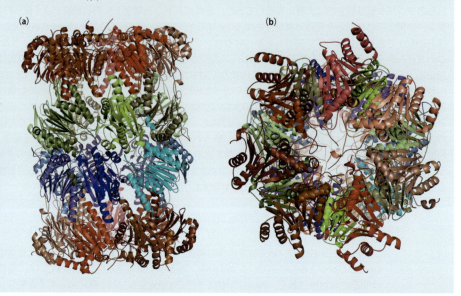

図4.13.1
プロテアソームの構造．(a) プロテアソームの側面．図は酵母菌 *S.cerevislae* の20Sプロテアソーム（PDB番号：1ryp）．7つのαサブユニットを異なる色合いの赤〜茶色で，βサブユニットは1つのリングを緑色で，もう1つを青色で示す．違うリングへの貫入がいくつか観察される．活性部位はβサブユニットの内側にある．完全なプロテアソームにはそれぞれの端にキャップがあり，バレル状の内部への物質の侵入を制御している．(b) 同じカラースキームのプロテアソーム上面図．狭い入口を示している．

システムがあり，きめ細かく品質管理されている．このすぐれたシステムはミスフォールディングされたタンパク質のサイン，たとえば疎水性パッチや，システイン残基の露出，不完全な糖鎖修飾パターン，凝集などを探す．とくに，小胞体内に存在するグリコシル化タンパク質に関してはタンパク質がたどるグリコシル化，脱グリコシル化の複雑な系が，正しいフォールディングか，誤ったフォールディングかを区別する基準として作用している（図4.41）[107]．これらの品質管理に落第したタンパク質と，細胞質で発現し，誤った折りたたみをもつタンパク質として検出されたタンパク質はポリユビキチン鎖（*4.9）で標識され，**プロテアソーム proteasome**（*4.13）と呼ばれるタンパク質分解装置に送り込まれる[108]．約30％のタンパク質がこれらのタンパク質品質管理テストに落第し，その結果ただちに分解されることが実験結果により示唆されている[109]．いくつかのタンパク質は折りたたみが難しく，そのタンパク質が分泌系から現れるまでに半数以上が誤った折りたたみ構造のタンパク質として排斥される（したがって，もし可溶性タンパク質を発現させようとして失敗しても，あまり落胆するべきではない）．

ここまでは，誤って折りたたまれたタンパク質の分解のみを考えてきた．これらのタンパク質は潜在的な危険性をもつため，可能な限りすみやかに分解される．しかしほかのすべての機能が進化の管理下にあるように，ほぼすべてのタンパク質は限られた寿命をもつように進化してきた．したがって，タンパク質を彼らの寿命にしたがってラベルし，寿命に到達した時点でタンパク質を破壊する機構があるはずである．その推察どおり，実際そのような機構は複数存在し，複雑な方法で一体となって機能している．

基本的なルールとして，常に一定のレベルで必要とされている**ハウスキーピングタンパク質** housekeeping protein は長い寿命をもち，一方でシグナルタンパク質や細胞周期を制御するタンパク質のように短いタイムスケールで機能するタンパク質は非常に短い寿命をもっている．後者はすでに述べた方法により，ポリユビキチンで標識されて分解され

る．また後者はユビキチン化のシグナルとして機能する短い配列のモチーフをもっている．おそらく，これはシグナルにさらされることとユビキチンリガーゼの機構に拾われる頻度によって決まる速度で起こっている．同様に，PEST 配列（10～50 アミノ酸残基の長さで，Pro, Glu, Ser, Thr に富む配列）は分解に関するシグナルであり，構造をもたない配列であることが示されている．このようなシグナルが，たとえばリン酸化によって露出されると，分解の速度は著しく高まる．しかし，もっともありふれたラベルは N 末端の残基である（これを"N 末端則" N-end rule という）．疎水性の残基（Phe, Leu, Trp, Ile, Tyr）と原核生物の塩基性残基（Arg, Lys, His）は分解シグナルとして働くが，一方で小さな残基（Gly, Ser, Ala, Cys）は安定化シグナルとして働く（表 4.4）[110]．それゆえにタンパク質の残基の除去もしくは付加による N 末端プロセシングは，タンパク質の寿命をも変化させる．真核生物の N 末端残基はタンパク質をプロテアソームに誘導する E3 ユビキチンリガーゼに認識されるが，原核生物では ClpAP プロテアーゼへタンパク質を誘導するアダプタータンパク質 ClpS によって認識される [111]（原核生物はユビキチンシステムをもっていない．しかし，シャペロン様タンパク質をもつという点と，プロテアソームとよく似ている Clp の全体構造をもつという点で類似性がある）．これらすべてのシグナルは互いに影響しあっているが，いずれも支配的ではない [112]．つまりシグナル機構の詳細はまだ理解されているというにはほど遠いのである．

　折りたたまれたタンパク質の *in vitro* での安定度は通常驚くほど低い（*in vivo* での安定度は，細胞内クラウディングの結果 *in vitro* よりいくらかすぐれているようである．とはいえ，最近の NMR を使った *in vivo* 実験ではユビキチンに関して特殊なケースである可能性があるものの，ユビキチンとそのほかのタンパク質が相互作用することで，ユビキチンが不安定化していることが示唆されている [113]）．典型的なタンパク質は折りたたまれていない状態と比べ約 $20～60\ \mathrm{kJ\ mol^{-1}}$ の安定性をもっており，驚くべきことにタンパク質の安定性はそのサイズと無関係である．このエネルギー差は折りたたまれていないタンパク質の割合が $3 \times 10^{-4}～3 \times 10^{-11}$ 程度存在するということに相当する．したがって効率的に折りたたまれ，*in vivo* ではアンフォールディングしないタンパク質もあるかもしれないが，多くのタンパク質は確実にアンフォールディングする集団をもち，多くのタンパク質はその生涯で少なくとも一度はアンフォールディングとリフォールディングを経験する．局所的にアンフォールド状態となったタンパク質ということならばめずらしくない．実際，アンフォールド状態であるとプロテアーゼによって認識されて分解されるタンパク質のうち，かなりの割合のタンパク質は本当のところアンフォールド状態にはなく，過度な監視システムによって標識されているだけであると示唆されている．もしそれが本当なら，いかに細胞にとってミスフォールディングの兆しをもつタンパク質を凝集を起こす前に排除することが重要かを表している．重要な例の 1 つとして，嚢胞性線維症の原因である膜貫通型の塩化物イオンチャネルがある．嚢胞性線維症を引き起こす，もっとも一般的な突然変異は 508 番目のフェニルアラニンを欠損させる 3 つのヌクレオチド欠損である．この変異体はミスフォールドとして認識，分解され，塩化物イオンチャネルの異常を引き起こす．しかし，もしこの変異体が膜に到達するチャンスがあれば，実際には機能するのである．

4.5.3 アミロイドはタンパク質のミスフォールディングの結果である

　たいていのタンパク質は基本的に単一の折りたたみ構造で機能し，ある程度アンフォールディングしたものや，機能しない構造は細胞によって除去される．これに対するいくつかの例外はすでに本書で述べたが，それには自然にほどけたタンパク質や，3 次元ドメインスワップ二量体のような準安定タンパク質が含まれる．しかし，驚くほどたくさんのタンパク質が 2 つの状態，すなわち標準的に折りたたまれた状態とアミロイドと呼ばれる病的なミスフォールディングの状態の両方で存在することが見出されている．第 1 章で述べたように，これは"タンパク質はもっとも安定した構造をとる"とする"アンフィンセン Anfinsen のドグマ"を破ってはいない．なぜならこの誤った折りたたみの状態はタンパ

表 4.4	細胞質タンパク質の半減期の N 末端残基への依存性
N 末端残基	**半減期**
Met, Gly, Ala, Ser, Thr, Val	> 20 時間
Ile, Glu	30 分
Tyr, Gln	10 分
Pro	7 分
Leu, Phe, Asp, Lys	3 分
Arg	2 分

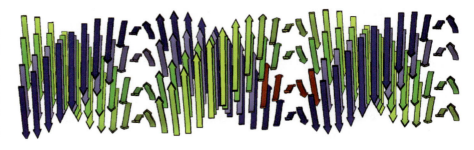

図 4.42
一般的に受け入れられているアミロイド線維モデル．βストランドは線維の方向に垂直なのでクロスβシートと呼ばれる．これはほかのタンパク質には見られない様式であり，一部は逆平行βシートを形成していることが明らかとなってはいるものの，平行に積み重なった構造が準支配的であると一般に考えられている．線維にははっきりとしたねじれがあり，これは電子顕微鏡写真にもしばしばみられる．

質の濃度が高い場合のみ安定だからである．つまり，タンパク質の濃度が低いときには最低エネルギー状態は凝集体ではない形態であるが，タンパク質の濃度が高くなりすぎると，もっとも安定な形態が凝集体となるのである．この状態は**アミロイド**amyloid として知られる線維状の重合体構造をとり，全体的にβシートで構成されている．このタイプのβシートはβストランドが線維の方向に対して垂直であるため，"クロスβシート"と呼ばれる（図4.42）．βシートは，シート中央において1残基おきに大きさと極性に関するかなり一般的な条件がある以外は，とくに配列的な特徴を必要としない安定な構造であるため，さまざまなタンパク質がこの折りたたみ構造をとることができる．それにもかかわらず，単一のタンパク質分子にとってβシートの形態は天然状態よりも高いエネルギーが必要なので，βシートの形態をとる割合は少ない．しかし，一度βシートの核ができると，それは足場として働き，それぞれのモノマーが加わるごとに核へ水素結合からの安定化エネルギーが加わるので，安定な線維構造が組み上げられる．したがってアミロイドの形成には核かシードができるまでの長い遅滞期があり，その後，迅速な重合段階が続く（図4.43）（これは第7章で述べるように，単量体のチューブリンから，とても安定したチューブリン線維の形成にいたる原理と同じである）．

詳細をみれば，異なるタンパク質によって形成されたクロスβ構造には違いがあると思われる．ストランドの長さは異なり，それぞれの層（線維軸に垂直）のストランド数も異なる．実際，1本鎖のポリペプチドでさえ，1つ以上のクロスβ構造をとることができる．アルツハイマー病はアミロイドβ（Aβ）ペプチドがβヘアピン構造を形成し，それから平行な層状に重合する．しかし，線維が形成される環境により，結果として生じるアミロイド線維は層ごとに2つの二量体が反平行に配置されたり，3つの二量体が正三角形の形に配置されたものを含む［114］．これに似た多様性はおそらくほかのアミロイドでも同様に起きている．安定的なアミロイド線維を形成する1つの機構は3次元ドメインスワッピング（第2章）であり，2つの隣接し合う単量体のドメインをドメインスワッピングすることで，安定的なβシートの形成が起こる．

通常アミロイドの形成には高濃度のタンパク質が必要であり，加えて十分な量の部分的に変性したタンパク質を生み出せるほどの，タンパク質を正常な天然状態からアンフォールド状態にする何らかの機構が必要であるとされている．この機構は突然変異によって（多くのアミロイド病は通常細胞内タンパク質を不安定化する変異によって引き起こされていることが示唆されている），あるいはランダムに生じ（"散発性"疾患），ミスフォールドタンパク質を除去する機構の破綻（アミロイドーシスは高齢者によく起こる傾向がある），もしくは医療処置の結果として起こり得る．血液透析は免疫システムのタンパク質である$β_2$ミクログロブリンの部分的なアンフォールディングを引き起こし，体全身，とくに関節へのアミロイド沈着として蓄積されていく．アルツハイマー病のペプチドAβは天然変性で，もっと大きな前駆体タンパク質から切断されてできる小さな断片である．とはいえ，これらのペプチドや前駆体の"通常"の生体機能はいまだにはっきりとしていない．一方，**プリオン** prion（*4.14）タンパク質によって引き起こされる疾患，たとえばウシ海綿状脳症（BSE，狂牛病）などは，普通に細胞質内に存在するタンパク質がミスフォールディングした結果であるが，やはりこのタンパク質が正しく折りたたまれた状態の機能はは

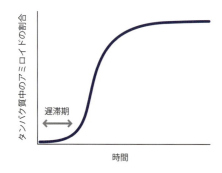

図 4.43
アミロイドの形成には一般的に遅滞期があり，続いてすばやい重合段階がある．*In vitro* では遅滞期を実験的に都合のよい範囲（時，日）でコントロールできる．*In vivo* では遅滞期は通常何年もある．

*4.14 プリオン

プリオンはすべてがタンパク質によって構成された感染体で，ヒツジのスクレイピー，ウシの狂牛病（海綿状脳症，BSE）やヒトのクロイツフェルト・ヤコブ病（CJD）などの原因とされている．プロリンタンパク質 PrP は 2 つの構造で存在し得る．すなわち，正常な構造をもつプリオンタンパク質 PrP^c と，疾患形態の PrP^{Sc}（Sc はスクレイピーを表す）である．多くの場合正常なプリオンタンパク質の機能はまだ判明していない．まだ正確な機構は解明できていないが，PrP^{Sc} は脳の中に蓄積し，神経障害を起こす．PrP^{Sc} はアミロイドタンパク質で，PrP^c から PrP^{Sc} への転換を伝播させる種として働いている（図 4.14.1）．この疾病は PrP^{Sc} を食べることにより伝染し得るという可能性が高い．アミロイドの一部は消化と免疫システムから逃れ動物の中に入り込み，プリオン病を引き起こす．BSE は感染したウシの脳脊髄を材料とした餌を与えることで，ほかのウシにも伝染したと考えられている．そしてヒトのクールー病は人食いの儀式で亡くなった親族の脳を食べたことにより生じたと考えられている．伝播速度は同種間の方が違う種の壁を越える場合よりもはるかに速い．イギリスのあたらしい CJD 変異体は BSE に感染したウシの肉を食べたことが原因で発生したこと，そしてウシからウシへの BSE 伝播よりも伝播速度が遅いことが強く示唆されている．アミロイドタンパク質を破壊するのは簡単ではなく，それゆえにヒトのプリオン感染の一部は手術器具の不完全な消毒によって引き起こされていると考えられる．

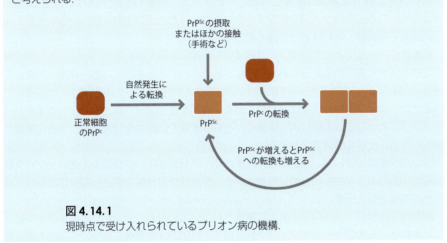

図 4.14.1
現時点で受け入れられているプリオン病の機構．

きりとしていない．これらすべてにおいて，アミロイドーシスはおそらく生体がアミロイドを取り除き得る速度よりも，アミロイドの形成される速度が勝った結果である．

ほとんどの場合，クロス β 構造はごく一部のタンパク質分子によって形成される．プリオンにおいては，細胞質内における形態である PrP^c はその多くの領域があまり構造をもっていないが，線維状アミロイド体の PrP^{Sc} においてもそれらの領域は比較的構造をとらないままである．

アミロイドは不必要で危険なタンパク質のミスフォールディングの結果である．しかし，進化はアミロイドについてのいくつかの生命機能を見出したという証拠がある [115]．すなわち，細菌と真菌類は細胞外構成成分として，産卵動物は卵を保護する保護膜として用いており，そしてヒトでは，アミロイドはメラニンの生産と保管を手助けしている線維状の場を提供する [116]．

4.6 章のまとめ

細胞内の分子は主に拡散によって動く．これはブラウン運動によって動かされるランダムウォークであり，動き回るには効率のわるい方法である．基質の酵素活性部位への拡散速度は主に活性部位の小さな領域によって制御される．したがって，たいていの酵素は活性部位の上にふたがあったり，柔軟なドメイン界面をもっていたりする．そして基質への

接触がより迅速に行われるように活性部位を露出させたり，その後に反応自体を進めるためにふたを閉じたりするのである．

衝突頻度は静電引力により少し増加し，そして静電性の舵取りによって基質が酵素の活性部位に正しい配向で当たるようになることにより，より大きく増加する．非常に多くの場合，タンパク質–タンパク質間相互作用は初期過渡的複合体を形成する．それはタンパク質がその構造を変化させて再配向し，目的の複合体を形成するまで続く．同じ細胞区画にあるタンパク質は全体的に同じ電荷をもつ性質があり，それによって不必要な相互作用を形成するのを阻止する．

細胞内の高いタンパク質濃度は高分子のクラウディングにつながり，とくに大きなタンパク質に対してそれはより頻繁にタンパク質会合を生み出し，そして会合速度を低下させる．大きな分子はゆっくりと拡散し，それは酵素に対して重要な制約になっている．ポリマー基質に作用する酵素は基質に対して拡散する必要があり（対照的にほとんどの酵素は基質が酵素のところまで拡散してくるのをじっと待つことができる），それゆえに小さい．そのような酵素は前進する傾向があり，基質に接着したまま多くの触媒サイクルを繰り返す．とくにタンパク質–タンパク質間相互作用について衝突頻度を増やす別の方法は，両方のタンパク質を膜表面に付着させることで2次元に限定して探索させる方法である．膜は探索される区画のサイズを限定するのに役立つ．たとえばDNA鎖に沿うような1次元的探索であれば，会合はさらに速く起こる．

粘着性のアームによって，タンパク質は手を伸ばして近くのものをつかみ，すばやく形成されすばやく壊されるような結合を形成することができるようになり，探索が迅速にできるようになる．プロリンリッチ配列はこのような粘着性のアームを形成するのに適しているため，よくシグナル伝達に使われている．天然変性タンパク質もまた，フライキャスティングによってこれと同じように働く．これはすばやい結合を可能とし，さらに速度を犠牲にすることなく特異性を与える．

タンパク質はしばしば，リン酸化，メチル化，アセチル化，グリコシル化やタンパク質分解的切断のように共有結合的に修飾される．タンパク質分解は別として，これらは可逆的制御機構をもたらす．

細胞内では普段シャペロンによって補助されているものの，タンパク質はすばやく折りたたまれる．ミスフォールドタンパク質は通常，特定の分解機構によってすばやく取り除かれる．すべてのタンパク質の寿命は限られており，主にN末端残基によって決められている．タンパク質はときどきβシート構造をもつアミロイドにミスフォールディングする．アミロイドの形成率が分解率を上回るときは害を及ぼす．

4.7 推薦図書

Goodsellによる『The Machinery of Life』[117] は魅力的な本で，生物系が分子レベルでは実際どのように見えるか，いろいろと考えさせる図が載っている．

Leskによる『Introduction to Protein Science』[118] はタンパク質のフォールディングについての詳しい解説を提供している．

Bergとvon Hippelによる衝突頻度の文献 [3] は詳しく議論，総括されており，精読する価値がある．

Bergによる『Random Walks in Biology』[119] は拡散について明瞭かつ明確に解説している．

4.8 Webサイト

http://elm.eu.org/ and http://scansite.mit.edu/ （リニアモチーフの同定）

4.9 問題

1. 空港を設計するうえで，人や荷物を正しい方向へ誘導するために用いられている方法のリストを作成せよ．それらには細胞が動きを制御する方法と類似している点があるだろうか？あるとしたらどのような点が挙げられるか？
2. 多くのペプチドホルモンは pre-pro-peptides と呼ばれる長い不活性な状態の前駆体として合成され，少なくとも 2 回のタンパク質分解的切断を経験する（それぞれ pre-peptide とホルモンを生産するため）．なぜ，そのように複雑なシステムが発達したのかを答えよ（インスリンとプロオピオメラノコルチンの議論を含めること）．
3. ハウスキーピングタンパク質には天然変性領域があるだろうか？理由もあわせて答えよ．
4. 酵素について想定し得る拡散律速の最大回転速度はどのようなものか？それはどのような理由で最速たり得るのか？また，これ以上酵素の回転速度を上げるにはどうすればいいか？
5. シトクロム c は pH を 2 まで下げることで変性させることができる．デキストラン（約 35,000 Da の分子量）をシトクロム c の溶液 (pH 2) に添加し，円偏光二色性 (CD) スペクトルの変化を観測した（図 4.44）[35]．デキストランの濃度が高いときの CD スペクトルはモルテングロビュールのものと似ている．この系で何が起こったかを説明せよ．半分のタンパク質が折りたたまれた状態で存在するには，どれくらいのデキストランの濃度が必要か？デキストランはタンパク質を天然状態に折りたたむのに使用できるだろうか？もし，分子量が低いデキストランの重合体が使用されたら，異なった反応になるだろうか？もしなるとすれば，どのような反応になるだろうか？
6. 4.2.1 項で，巨大なポリマー基質に作用する酵素（たとえばセルラーゼ）は，基質に付着するための束縛領域をもつ傾向があると述べた．これはリパーゼにも同じように当てはまるだろうか？理由もあわせて答えよ．
7. もし，プロリンに富んだアームが本文中で示唆されたとおりに役に立つなら，かなり広い範囲の生物学的現象において発見されているはずである．これは実際のところ本当だろうか？
8. 4.3.2 項で解説した，タンパク質-DNA 間の結合状況におけるフライキャスティングの静電性意義は何か？
9. C.M. Dobson はすべてのタンパク質はアミロイドを形成することができると提案している．このことについて意見を述べよ．
10. 以下について議論せよ．
    (a) 反応速度，衝突速度，拡散速度は一般的に"平均"濃度で計算される．もし多くの分子が細胞内にごく少量しか存在していないとすれば，これは実際のところけっして"平均"ではない．これは正しいだろうか？また，この計算に意味はあるだろうか？
    (b) どの時間スケール以上なら平均化は容認できる，あるいは有意であるか？
    (c) もし細胞内のプロトンの数が非常に少ないとしたら（計算問題 N2 参照），細胞内の pH について議論する意味はあるだろうか？
    (d) もしランダムウォークの効果が非常に低いとしたら，物質はどのようにしてそれがあるべき場所に妥当な時間内にたどり着くだろうか？
    (e) たとえば高分子のクラウディングなど，実際の細胞の状況に近づけるためには，どのようにして実験を修正するべきか？

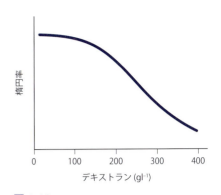

図 4.44
シトクロム c とデキストランの楕円率の変化．

4.10 計算問題

N1. 大腸菌の細胞はほぼ円柱で，長さは $2\,\mu m$，直径は $0.65\,\mu m$ である．体積は何 μm^3 か？（単位換算すると）何 l か？体積の求め方は $\pi r^2 h$ で，r は半径，h は長さを表す．$1\,l = 1\,dm^3$ である．

N2. 大腸菌細胞質内の pH を pH 7.0 → pH 6.5 に変更するためにはいくつのプロトンが必要か？アボガドロ数（1 モルの物質の分子数）は約 6×10^{23} である．

N3. もし大腸菌のチャネルが 1 秒につき 1×10^6 個のプロトン伝導率をもつ場合，細胞内の pH を pH 7.0 → pH 6.5 に変更するのにどれくらい時間がかかるか？それは妥当な数値か？

N4. もし基質の濃度が 1 mM で，細胞の中の運動が妨げられていない（つまり，典型的な小分子拡散係数をもっている）場合，毎秒どのくらいの頻度で目的酵素に衝突するか？

N5. 典型的な植物細胞の直径は約 $50\,\mu m$ である．植物細胞内で酵素活性部位を 1 次元，2 次元，3 次元で探索するときの速度の近似比率はいくつか？これは何を意味しているだろうか？

N6. もし，タンパク質のフォールディングの自由エネルギーが $30\,kJ\,mol^{-1}$ の場合，どの程度の時間でアンフォールディングされるか？

4.11 参考文献

1. K Popper (1972) Conjectures and Refutations: the Growth of Scientific Knowledge, 4th ed. London: Routledge & Kegan Paul.
2. G Albrecht-Buehler (1990) In defense of "nonmolecular" cell biology. Int. Rev. Cytol. 120:191–241.
3. OG Berg & PH von Hippel (1985) Diffusion-controlled macromolecular interactions. Annu. Rev. Biophys. Biophys. Chem. 14:131–160.
4. J Janin (1997) The kinetics of protein–protein recognition. Proteins Struct. Funct. Genet. 28:153–161.
5. HV Westerhoff & GR Welch (1992) Enzyme organization and the direction of metabolic flow: physicochemical considerations. Curr. Top. Cell. Regul. 33:361–390.
6. SH Northrup & HP Erickson (1992) Kinetics of protein–protein association explained by Brownian dynamics computer simulation. Proc. Natl. Acad. Sci. USA 89:3338–3342.
7. RA Alberty & GG Hammes (1958) Application of the theory of diffusion-controlled reactions to enzyme kinetics. J. Phys. Chem. 62:154–159.
8. GG Hammes & RA Alberty (1959) The influence of the net protein charge on the rate of formation of enzyme-substrate complexes. J. Phys. Chem. 63:274–279.
9. T Selzer & G Schreiber (2001) New insights into the mechanism of protein–protein association. Proteins Struct. Funct. Genet. 45:190–198.
10. DR Ripoll, CH Faerman, PH Axelsen et al. (1993) An electrostatic mechanism for substrate guidance down the aromatic gorge of acetylcholinesterase. Proc. Natl. Acad. Sci. USA 90:5128–5132.
11. K Sharp, R Fine & B Honig (1987) Computer simulations of the diffusion of a substrate to an active site of an enzyme. Science 236:1460–1463.
12. RC Wade, RR Gabdoulline & BA Luty (1998) Species dependence of enzyme-substrate encounter rates for triose phosphate isomerase. Proteins Struct. Funct. Genet. 31:406–416.
13. RC Wade, RR Gabdoulline, SK Lüdemann & V Lounnas (1998) Electrostatic steering and ionic tethering in enzyme–ligand binding: insights from simulations. Proc. Natl. Acad. Sci. USA 95:5942–5949.
14. E Margoliash & HR Bosshard (1983) Guided by electrostatics, a textbook protein comes of age. Trends Biochem. Sci. 8:316–320.
15. BW Pontius (1993) Close encounters: why unstructured, polymeric domains can increase rates of specific macromolecular association. Trends Biochem. Sci. 18:181–186.
16. RR Gabdoulline & RC Wade (2002) Biomolecular diffusional association. Curr. Opin. Struct. Biol. 12:204–213.
17. G Schreiber (2002) Kinetic studies of protein–protein interactions. Curr. Opin. Struct. Biol. 12:41–47.
18. X Xu, W Reinle, F Hannemann et al. (2008) Dynamics in a pure encounter complex of two proteins studied by solution scattering and paramagnetic NMR spectroscopy. J. Am. Chem. Soc. 130:6395–6403.
19. C Frisch, AR Fersht & G Schreiber (2001) Experimental assignment of the structure of the transition state for the association of barnase and barstar. J. Mol. Biol. 308:69–77.
20. MA Andrade, SI O'Donoghue & B Rost (1998) Adaptation of protein surfaces to subcellular location. J. Mol. Biol. 276:517–525.
21. DS Goodsell (1991) Inside a living cell. Trends Biochem. Sci. 16:203–206.
22. O Medalia, I Weber, AS Frangakis et al. (2002) Macromolecular architecture in eukaryotic cells visualized by cryoelectron tomography. Science 298:1209–1213.
23. R Phillips, J Kondev & J Theriot (2009) Physical Biology of the Cell. New York: Garland Science.
24. P Mentré (1995) L'eau Dans la Cellule [Water in the Cell]. Paris: Masson.
25. D Hall & AP Minton (2003) Macromolecular crowding: qualitative and semiquantitative successes, quantitative challenges. Biochim. Biophys. Acta 1649:127–139.
26. SB Zimmerman & SO Trach (1991) Estimation of macromolecule

concentrations and excluded volume effects for the cytoplasm of Escherichia coli. J. Mol. Biol. 222:599–620.

27. SB Zimmerman & AP Minton (1993) Macromolecular crowding: biochemical, biophysical, and physiological consequences. Annu. Rev. Biophys. Biomol. Struct. 22:27–65.

28. G Rivas, JA Fernandez & AP Minton (2001) Direct observation of the enhancement of noncooperative protein self-assembly by macromolecular crowding: indefinite linear self-association of bacterial cell division protein FtsZ. Proc. Natl. Acad. Sci. USA 98:3150–3155.

29. G Rivas, F Ferrone & J Herzfeld (2004) Life in a crowded world. EMBO Rep. 5:23–27.

30. VN Uversky, EM Cooper, KS Bower, J Li & AL Fink (2002) Accelerated a-synuclein fibrillation in crowded milieu. FEBS Lett. 515:99–103.

31. MD Shtilerman, TT Ding & PT Lansbury (2002) Molecular crowding accelerates fibrillization of a-synuclein: could an increase in the cytoplasmic protein concentration induce Parkinson's disease? Biochemistry 41:3855–3860.

32. AP Minton (1981) Excluded volume as a determinant of macromolecular structure and reactivity. Biopolymers 20:2093–2120.

33. AP Minton (2001) The influence of macromolecular crowding and macromolecular confinement on biochemical reactions in physiological media. J. Biol. Chem. 276:10577–10580.

34. HX Zhou, GN Rivas & AP Minton (2008) Macromolecular crowding and confinement: biochemical, biophysical, and potential physiological consequences. Annu. Rev. Biophys. 37:375–397.

35. K Sasahara, P McPhie & AP Minton (2003) Effect of dextran on protein stability and conformation attributed to macromolecular crowding. J. Mol. Biol. 326:1227–1237.

36. AS Verkman (2002) Solute and macromolecule diffusion in cellular aqueous compartments. Trends Biochem. Sci. 27:27–33.

37. RJ Ellis (2001) Macromolecular crowding: an important but neglected aspect of the intracellular environment. Curr. Opin. Struct. Biol. 11:114–119.

38. MB Elowitz, MG Surette, PE Wolf, JB Stock & S Leibler (1999) Protein mobility in the cytoplasm of Escherichia coli. J. Bact. 181:197–203.

39. CW Mullineaux, A Nenninger, N Ray & C Robinson (2006) Diffusion of green fluorescent protein in three cell environments in Escherichia coli. J. Bacteriol. 188:3442–3448.

40. HP Kao, JR Abney & AS Verkman (1993) Determinants of the translational mobility of a small solute in cell cytoplasm. J. Cell Biol. 120:175–184.

41. T Misteli (2001) Protein dynamics: implications for nuclear architecture and gene expression. Science 291:843–847.

42. K Luby-Phelps (2000) Cytoarchitecture and physical properties of cytoplasm: volume, viscosity, diffusion, intracellular surface area. Int. Rev. Cytol. 192:189–221.

43. HV Westerhoff (1985) Organization in the cell soup. Nature 318:106.

44. DS Goodsell & AJ Olson (1993) Soluble proteins: size, shape and function. Trends Biochem. Sci. 18:65–68.

45. GH Pollack (2001) Is the cell a gel—and why does it matter? Jpn. J. Physiol. 51:649–660.

46. GH Pollack (2003) The role of aqueous interfaces in the cell. Adv. Colloid Interf. Sci. 103:173–196.

47. HJ Morowitz (1984) The completeness of molecular biology. Israel J. Med. Sci. 20:750–753.

48. H Walter & DE Brooks (1995) Phase separation in cytoplasm, due to macromolecular crowding, is the basis for microcompartmentation. FEBS Lett. 361:135–139.

49. U Kishore, P Eggleton & KBM Reid (1997) Modular organization of carbohydrate recognition domains in animal lectins. Matrix Biol. 15:583–592.

50. K Sorimachi, MF Le Gal-Coëffet, G Williamson, DB Archer & MP Williamson (1997) Solution structure of the granular starch binding domain of Aspergillus niger glucoamylase bound to b-cyclodextrin. Structure 5:647–661.

51. TE Creighton (1993) Proteins: Structures and Molecular Properties, 2nd ed. New York: Freeman.

52. G Adam & M Delbrück (1968) Reduction of dimensionality in biological diffusion processes. In A Rich and N Davidson (eds) Structural Chemistry and Molecular Biology. San Francisco: W.H. Freeman, 198–215.

53. SA Teichmann, C Chothia & M Gerstein (1999) Advances in structural genomics. Curr. Opin. Struct. Biol. 9:390–399.

54. H Kabata, O Kurosawa, I Arai et al. (1993) Visualization of single molecules of RNA polymerase sliding along DNA. Science 262:1561–1563.

55. J Gorman, A Chowdhury, JA Surtees et al. (2007) Dynamic basis for one-dimensional DNA scanning by the mismatch repair complex Msh2-Msh6. Mol. Cell 28:359–370.

56. RB Winter, OG Berg & PH von Hippel (1981) Diffusion-driven mechanisms of protein translocation on nucleic acids. 3. The Escherichia coli lac repressor–operator interaction: kinetic measurements and conclusions. Biochemistry 20:6961–6977.

57. DM Gowers & SE Halford (2003) Protein motion from non-specific to specific DNA by three-dimensional routes aided by supercoiling. EMBO J. 22:1410–1418.

58. M Doucleff & GM Clore (2008) Global jumping and domain-specific intersegment transfer between DNA cognate sites of the multidomain transcription factor Oct-1. Proc. Natl. Acad. Sci. USA 105:13871–13876.

59. J Gorman & EC Greene (2008) Visualizing one-dimensional diffusion of proteins along DNA. Nature Struct. Mol. Biol. 15:768–774.

60. MP Williamson (1994) The structure and function of proline-rich regions in proteins. Biochem. J. 297:249–260.

61. SL Turner, GC Russell, MP Williamson & JR Guest (1993) Restructuring an interdomain linker in the dihydrolipoamide acetyltransferase component of the pyruvate dehydrogenase complex of Escherichia coli. Protein Eng. 6:101–108.

62. EC Petrella, LM Machesky, DA Kaiser & TD Pollard (1996) Structural requirements and thermodynamics of the interaction of proline peptides with profilin. Biochemistry 35:16535–16543.

63. BK Kay, MP Williamson & P Sudol (2000) The importance of being proline: the interaction of proline-rich motifs in signaling proteins with their cognate domains. FASEB J. 14:231–241.

64. IM Olazabal & LM Machesky (2001) Abp1p and cortactin, new "hand-holds" for actin. J. Cell Biol. 154:679–682.

65. K Tanaka & Y Matsui (2001) Functions of unconventional myosins in the yeast Saccharomyces cerevisiae. Cell Struct. Funct. 26:671–675.

66. BL Anderson, I Boldogh, M Evangelista et al. (1998) The Src homology domain 3 (SH3) of a yeast type I myosin, Myo5p, binds to verprolin and is required for targeting to sites of actin polarization. J. Cell Biol. 141:1357–1370.

67. L Shapiro (2001) b-Catenin and its multiple partners: promiscuity explained. Nature Struct. Biol. 8:484–487.

68. F Diella, N Haslam, C Chica et al. (2008) Understanding eukaryotic linear motifs and their role in cell signaling and regulation. Front. Biosci. 13:6580–6603.

69. V Neduva & RB Russell (2005) Linear motifs: evolutionary interaction

switches. FEBS Lett. 579:3342–3345.

70. M Overduin & T de Beer (2000) The plot thickens: how thrombin modulates blood clotting. Nature Struct. Biol. 7:267–269.

71. ASV Burgen, GCK Roberts & J Feeney (1975) Binding of flexible ligands to macromolecules. Nature 253:753–755.

72. AL Fink (2005) Natively unfolded proteins. Curr. Opin. Struct. Biol. 15:35–41.

73. AK Dunker, I Silman, VN Uversky & JL Sussman (2008) Function and structure of inherently disordered proteins. Curr. Opin. Struct. Biol. 18:756–764.

74. MM Dedmon, CN Patel, GB Young & GJ Pielak (2002) FlgM gains structure in living cells. Proc. Natl. Acad. Sci. USA 99:12681–12684.

75. PE Wright & HJ Dyson (1999) Intrinsically unstructured proteins: re-assessing the protein structure–function paradigm. J. Mol. Biol. 293:321–331.

76. AK Dunker, JD Lawson, CJ Brown et al. (2001) Intrinsically disordered protein. J. Mol. Graphics. Model. 19:26–59.

77. P Tompa (2002) Intrinsically unstructured proteins. Trends Biochem. Sci. 27:527–533.

78. HJ Dyson & PE Wright (2005) Intrinsically unstructured proteins and their functions. Nature Rev. Mol. Cell Biol. 6:197–208.

79. VN Uversky (2002) Natively unfolded proteins: a point where biology waits for physics. Protein Sci. 11:739–756.

80. PE Wright & HJ Dyson (2009) Linking folding and binding. Curr. Opin. Struct. Biol. 19:31–38.

81. G Luck, H Liao, NJ Murray et al. (1994) Polyphenols, astringency and proline-rich proteins. Phytochemistry 37:357–371.

82. P Tompa (2003) Intrinsically unstructured proteins evolve by repeat expansion. BioEssays 25:847–855.

83. BA Shoemaker, JJ Portman & PG Wolynes (2000) Speeding molecular recognition by using the folding funnel: the fly-casting mechanism. Proc. Natl. Acad. Sci. USA 97:8868–8873.

84. K Sugase, HJ Dyson & PE Wright (2007) Mechanism of coupled folding and binding of an intrinsically disordered protein. Nature 447:1021–1025.

85. Y Huang & Z Liu (2009) Kinetic advantage of intrinsically disordered proteins in coupled folding-binding process: A critical assessment of the "fly-casting" mechanism. J. Mol. Biol. 393:1143–1159.

86. Y Levy, JN Onuchic & PG Wolynes (2007) Fly-casting in protein–DNA binding: frustration between protein folding and electrostatics facilitates target recognition. J. Am. Chem. Soc. 129:738–739.

87. M Fuxreiter, I Simon, P Friedrich & P Tompa (2004) Preformed structural elements feature in partner recognition by intrinsically unstructured proteins. J. Mol. Biol. 338:1015–1026.

88. RW Kriwacki, L Hengst, L Tennant, SI Reed & PE Wright (1996) Structural studies of p21Waf1/Cip1/Sdi1 in the free and Cdk2-bound state: conformational disorder mediates binding diversity. Proc. Natl. Acad. Sci. USA 93:11504–11509.

89. G Manning, DB Whyte, R Martinez, T Hunter & S Sudarsanam (2002) The protein kinase complement of the human genome. Science 298:1912–1934.

90. P Cohen (2002) The origins of protein phosphorylation. Nature Cell Biol. 4:E127–E130.

91. M Huse & J Kuriyan (2002) The conformational plasticity of protein kinases. Cell 109:275–282.

92. F Sicheri, I Moarefi & J Kuriyan (1997) Crystal structure of the Src family tyrosine kinase, Hck. Nature 385:602–609.

93. LJ Mauro & JE Dixon (1994) 'Zip codes' direct intracellular protein tyrosine phosphatases to the correct cellular 'address'. Trends Biochem. Sci. 19:151–155.

94. S Arena, S Benvenuti & A Bardelli (2005) Genetic analysis of the kinome and phosphatome in cancer. Cell Mol. Life Sci. 62:2092–2099.

95. A Munshi, G Shafi, N Aliya & A Jyothy (2009) Histone modifications dictate specific biological readouts. J. Genet. Genom. 36:75–88.

96. SD Taverna, H Li, AJ Ruthenburg, CD Allis & DJ Patel (2007) How chromatin-binding modules interpret histone modifications: lessons from professional pocket pickers. Nature Struct. Mol. Biol. 14:1025–1040.

97. XJ Yang & E Seto (2008) Lysine acetylation: codified crosstalk with other posttranslational modifications. Mol. Cell 31:449–461.

98. C Schäffer, M Graninger & P Messner (2001) Prokaryotic glycosylation. Proteomics 1:248–261.

99. AL Watters, P Deka, C Corrent et al. (2007) The highly cooperative folding of small naturally occurring proteins is likely the result of natural selection. Cell 128:613–624.

100. DE Kim, C Fisher & D Baker (2000) A breakdown of symmetry in the folding transition state of protein L. J. Mol. Biol. 298:971–984.

101. EL McCallister, E Alm & D Baker (2000) Critical role of b-hairpin formation in protein G folding. Nature Struct. Biol. 7:669–673.

102. S Batey, AA Nickson & J Clarke (2008) Studying the folding of multidomain proteins. HFSP J. 2:365–377.

103. TA Thanaraj & P Argos (1996) Ribosome-mediated translational pause and protein domain organization. Prot. Sci. 5:1594–1612.

104. JH Han, S Batey, AA Nickson, SA Teichmann & J Clarke (2007) The folding and evolution of multidomain proteins. Nature Rev. Mol. Cell Biol. 8:319–330.

105. S Batey & J Clarke (2008) The folding pathway of a single domain in a multidomain protein is not affected by its neighbouring domain. J. Mol. Biol. 378:297–301.

106. CM Dobson (2003) Protein folding and misfolding. Nature 426:884–890.

107. C Hammond & A Helenius (1995) Quality control in the secretory pathway. Curr. Opin. Cell Biol. 7:523–529.

108. J Roth, GHF Yam, JY Fan et al. (2008) Protein quality control: the who's who, the where's and therapeutic escapes. Histochem. Cell Biol. 129:163–177.

109. U Schubert, LC Antón, J Gibbs et al. (2000) Rapid degradation of a large fraction of newly synthesized proteins by proteasomes. Nature 404:770–774.

110. A Bachmair, D Finley & A Varshavsky (1986) In vivo half-life of a protein is a function of its amino-terminal residue. Science 234:179–186.

111. A Mogk, R Schmidt & B Bukau (2007) The N-end rule pathway for regulated proteolysis: prokaryotic and eukaryotic strategies. Trends Cell Biol. 17:165–172.

112. P Tompa, J Prilusky, I Silman & JL Sussman (2008) Structural disorder serves as a weak signal for intracellular protein degradation. Proteins Struct. Funct. Bioinf. 71:903–909.

113. K Inomata, A Ohno, H Tochio et al. (2009) High-resolution multi-dimensional NMR spectroscopy of proteins in human cells. Nature 458:106–109.

114. AK Paravastu, RD Leapman, WM Yau & R Tycko (2008) Molecular structural basis for polymorphism in Alzheimer's b-amyloid fibrils. Proc. Natl. Acad. Sci. USA 105:18349–18354.

115. DM Fowler, AV Koulov, WE Balch & JW Kelly (2007) Functional amyloid—from bacteria to humans. Trends Biochem. Sci. 32:217–224.

116. SK Maji, MH Perrin, MR Sawaya et al. (2009) Functional amyloids as natural storage of peptide hormones in pituitary secretory granules. Science 325:328–332.
117. DS Goodsell (1998) The Machinery of Life. New York: Springer-Verlag.
118. AM Lesk (2010) Introduction to Protein Science, 2nd ed. Oxford: Oxford University Press.
119. HC Berg (1993) Random Walks in Biology, expanded ed. Princeton: Princeton University Press.
120. B van den Berg, RJ Ellis & CM Dobson (1999) Effects of macromolecular crowding on protein folding and aggregation. EMBO J. 18:6927–6933.
121. G Williamson, NJ Belshaw & MP Williamson (1992) O-glycosylation in Aspergillus glucoamylase. Conformation and role in binding. Biochem. J. 282:423–428.
122. SM Southall, PJ Simpson, HJ Gilbert, G Williamson & MP Williamson (1999): The starch binding domain from glucoamylase disrupts the structure of starch. FEBS Lett. 447:58–60.
123. C Lad, NH Williams & R Wolfenden (2003) The rate of hydrolysis of phosphomonoester dianions and the exceptional catalytic proficiencies of protein and inositol phosphatases. Proc. Natl. Acad. Sci. USA 100:5607–5610.
124. P Xu, DM Duong, NT Seyfried et al. (2009) Quantitative proteomics reveals the function of unconventional ubiquitin chains in proteasomal degradation. Cell 137:133–145.
125. D Nath & S Shadan (eds) (2009) Insight: the ubiquitin system. Nature 458:421–467.
126. FB Perler (2005) Protein splicing mechanisms and applications. IUBMB Life 57:469–476.
127. A Matouschek, JT Kellis, L Serrano & AR Fersht (1989) Mapping the transition state and pathway of protein folding by protein engineering. Nature 340:122–126.
128. S Nauli, B Kuhlman & D Baker (2001) Computer-based redesign of a protein folding pathway. Nature Struct. Biol. 8:602–605.

第5章
どのようにして酵素は働くのか

酵素に関するすばらしい本は多くあり，そのうちのいくつかはこの章の最後に列挙してある．これらの多くは酵素の速度論，酵素の機構もしくはその両方を取り扱っている．この章において強調したいのは，酵素の触媒機構よりも，むしろ本書のテーマにもっとも関連している結合と進化である．この章で確認するのは，酵素の触媒力が基質へ結合する能力や，基質の結合に伴い酵素が変化する能力と高い相関を示すことであり，それは酵素だけでなく，あらゆるタンパク質の機能の基盤をなす話題である．したがって，その意味では酵素が"特別な"ものでないことを強調したい．この章で扱う題材は一部の読者にとっては難解かもしれないが，おそらく興味深く感じてもらえるだろう．なぜならこの章はほかのどの章よりも化学的で，化学がとくに詳しく説明されているからである．

いつまでも興味のつきない酵素
Arthur Kornberg, ノーベル医学賞受賞者（1959），自叙伝のタイトル，[1]

酵素が驚くほど特異的に加速をもたらすという機構について，ほとんど解明されていないという事実は一般的には知られていない．
W.P. Jencks（1969），『Catalysis in Chemistry and Enzymology』の最初の一文，[2]

5.1 酵素は遷移状態のエネルギーを下げる

5.1.1 遷移状態とは何か？

図 5.1 に示されている，化学反応に関するエネルギーレベルのダイアグラムはこの項での説明には欠かせない．このダイアグラムは触媒の**遷移状態** transition state モデルを表している．この図で，縦軸は**自由エネルギー free energy**（*5.1）を示し，横軸は一般に反応座標と呼ばれる．この軸はとくに意味をもたないことも多いが，通常は反応中に変化するあらゆるものを意味している．たとえば，もし反応が結合の切断に関するなら，この軸は結合の長さを表すことができる．この図では，基質は左側に置き，生成物は右側に置く．これらの物質間の転移では，エネルギー障壁を通過する必要がある．エネルギー障壁の頂点は遷移状態（TS）と定義されている．遷移状態はエネルギープロファイルの頂点に存在するので，とても不安定であり，結合振動（10^{-12} s）と同程度の非常に短い寿命をもつ．したがって，遷移状態を分離することは不可能で，直接観測することもできない．それにもかかわらず，遷移状態は非常に重要である．なぜなら定義上，遷移状態はエネルギー障壁の頂点に位置するからである．

ここに示したダイアグラムは，1つの結合以外は分子中のほかのすべてのものを無視しているので，実際起こる事象を極端に簡易化している．実際の生命活動では，1つの結合を切断するのに必要なエネルギーは，単に結合の長さに依存するだけでなく，ある結合と隣接する結合間の角度など，ほかの多くの事象に依存する．その場合には，図 5.2 に示しているように，ダイアグラムを1次元平面でなく，2次元平面として描くべきである．このダイアグラムは，一般的に反応には1つの経路だけでないことを明確に示しているが，もっとも低い障壁に沿って進む反応経路が必ず存在するので，反応時には通常この経路が利用されるであろう．実際には無限に多くの経路が存在するが，これらのほとんどは超える必要のあるエネルギー障壁がとても高いので，その経路はまずありえない．したがって，そのような経路は考えなくてもよい．しかし，分子のほかの場所で反応が起こると，この

糖類に及ぼす（インベルチンやエマルシンの）特異的な効果は以下のような仮説で説明されるかもしれない．すなわち，それらが相補的で幾何学的な形状をもっているときにだけ，化学反応を起こすのに必要な分子間の接触が起きるということである．たとえば酵素と糖類は鍵と鍵穴のように互いに適合していなければいけないといえる．──酵素の効率がこのような高度な分子の幾何学に限定されるという発見は，生化学的な研究にとって非常に有益でもある．
Emil Fischer（1894），原語（ドイツ語）より著者翻訳，[3]

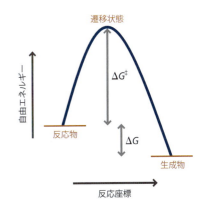

図 5.1
化学反応の遷移状態モデル．ΔG は反応の自由エネルギー変化であり，$\Delta G^{\ddagger}$ は正反応の活性化エネルギーである．したがって，逆反応の活性化エネルギーは（$\Delta G + \Delta G^{\ddagger}$）であり，正反応のそれより大きい．ゆえに，逆反応は正反応よりも遅い．このことは図で表されている．すなわち，生成物は反応物より低いエネルギーに位置する（より安定である），ゆえに，平衡は反応物側に傾いている．

ダイアグラムの表面の形に本質的な影響が生じ，反応が異なる経路で進行することがわかっている．実際の分子では，このダイアグラムの表面は2次元にとどまることなく，多次元となる．ゆえに，この反応表面を描くことやイメージすることは非常に難しい．

分子の熱エネルギーは，一般に自由度ごとに$kT/2$として見積もられる．ここでいう自由度は，たとえばある結合軸のまわりの回転を意味する．分子の熱エネルギーは**ボルツマン分布 Boltzmann distribution**（*5.2）に従う．これは少数の分子が非常に高いエネルギーをもっていること，または，分子ごとの自由度（たとえば，ある結合の振動エネルギー）がごくまれに平均より格段に高いエネルギーをもっていることを意味する．もし，その分子内にある結合を切断するのに十分なエネルギーをもつ場合この結合は切断を受ける．標準的な遷移状態理論によると，図5.1に描かれている曲線の頂点に分子がいったん達したら，0と1の間を変動する通過係数（*6.4参照）と呼ばれる一定の確率に従い，分子は頂点を越え生成物になるか，あるいは元に戻り基質になる．通過係数はエネルギー曲線の頂点がどれくらい急峻で，基質が頂点を越えるのをどの程度強く妨げられるかによって決まる．きわめて重大なこととして，反応速度（k）は，反応物のエネルギーレベルと遷移状態のエネルギーレベルの差に依存するだけなので（たとえば，エネルギー曲線の形や反応過程のどの段階に，どれだけ多くの状態が存在したとしても関係ない），反応速度はしばしば**アレニウス Arrhenius**（*5.4）の式と呼ばれる指数関数によって得られる．

$$k = Ae^{-E_a/RT}$$

この式でRは気体定数，Tは絶対温度，E_aは重要な概念である**活性化エネルギー activation energy** という．それは$\Delta G^{\ddagger}$とも表され，これは"デルタGダブルダガー"と読む．したがって，端的にいうと，もし反応を速く進めたいと望むなら$\Delta G^{\ddagger}$を小さくすればよいことになる（または温度を上げる．細胞には適さない選択肢である）．そのためには遷移状態のエネルギーを下げるか，基質のエネルギーを上げる必要があるが，酵素はいずれの方策もとる．ここで，速度は指数関数的に$\Delta G^{\ddagger}$に依存することを記載しておく必要がある．つまり，$\Delta G^{\ddagger}$の変化は"指数関数的に"速度の変化を引き起こす．

酵素が触媒する反応は，一般的には図5.3のようなエネルギープロファイルをもつ．酵素は異なる経路で反応が進むことを可能とするため（理由は後述），この図は図5.1とは異なる．この経路では，エネルギーのくぼみに中間体が存在する．一般に中間体は単離可能な安定な化合物で，しばしば特徴付け（たとえば，結晶化）され，詳しく解析されている．

---

*5.1 自由エネルギー

自由エネルギーは仕事をするのに利用可能なエネルギー量である．通常はその総量よりも，エネルギーの変化量を計算したり，測定したりする．定義上，好ましい反応とはエネルギーの放出によって進む反応である．したがって，反応の最初に存在した利用可能なエネルギーよりも，反応の終わりに存在する利用可能なエネルギーの方が小さい．言い換えれば，自由エネルギーの変化は負となる．生体系では，自由エネルギーという言葉はギブズの自由エネルギーを意味する．これは一定の温度と圧力下での自由エネルギーであり，Gという記号で与えられる．自由エネルギーの変化はΔGという記号で与えられる．ここでΔは通常変化を意味する記号である．これに関してさらに知りたい場合は，*3.1を参照せよ．

*5.2 ボルツマン分布

ボルツマン Boltzmann（*5.3）により記述された分布に適合する原子または分子の速度の分布（より正確に表現すると，MaxwellとBoltzmannにより記述されたマクスウェル・ボルツマン分布）．これは以下の式で与えられる．

$$\frac{N_i}{N} = \frac{g_i e^{-E_i/kT}}{\sum g_i e^{-E_i/kT}}$$

この式で，N_iはエネルギーE_iをもつ状態iの粒子の数，Nは全体の粒子の数，g_iはエネルギーE_iをもつ状態の数，kはボルツマン定数．グラフは**図5.2.1**のようになる．

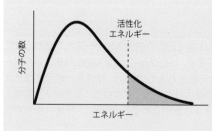

図5.2.1
与えられたエネルギーをもつ分子の割合を示すボルツマン分布．温度が上昇するにつれて分布は右へ移動し，やがて平たくなる．もし分子が活性化エネルギーと呼ばれる閾値より高い値をもっていれば，反応を行うのに十分なエネルギーをもっていることになる．

*5.3 Ludwig Boltzmann

Ludwig Boltzmann（図5.3.1）は1844年オーストリアで生まれた．彼は原子論の提唱者で，彼の原子論は彼の同時代の人々からはほぼ否定された．彼の弟子にはSvante ArrheniusとWalther Nernstがいる．彼は気体の速度論を展開し，気体分子の速度を説明するボルツマン分布を誘導した．また，彼は古典的な統計力学の基礎となる事象を統計的に記述した．そのことは，温度が何を意味するのかを理解することの手助けとなり，エントロピーの性質を特徴づけた．彼の理論は原子の存在を見込んでおり，彼は生涯を原子に関する問題に費やした．その後，彼は哲学に心酔していったが，このことがうつの発作に関与したことは疑いがない．あるときの発作が原因で彼は自殺した．ウイーンにある彼の墓には $S = k \ln W$ の式が刻まれている．この式はエントロピーの最適な定義で，k はボルツマン定数である．

図 5.3.1
Ludwig Boltzmann.（写真提供：Wikimedia Commons）

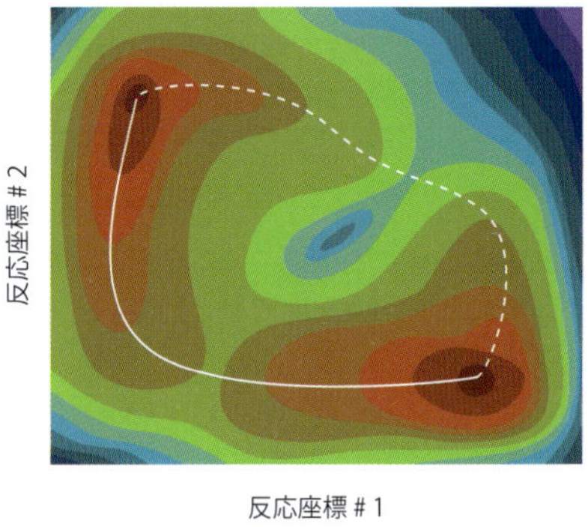

図 5.2
2つの反応座標を用いて描かれた遷移状態モデル．この例では，エネルギーレベルはもっともエネルギーの低い赤色から，黄，緑，青，紫色まで色分けされている．もっとも低い遷移状態エネルギーは優先的な経路であり，実線で示されている．しかし，破線で示される反応経路は，わずかに高いエネルギー状態であるため，ほとんど同じ速さでこの経路で反応が進むことがある．実際には多くの反応では（とくに酵素触媒反応では）非常にたくさんの反応座標が存在するであろうし，その結果，非常に多くの同じようなエネルギーをもつ経路（非常によく似た経路）を通ることができる．このことを示すには多次元の図を描く必要があるだろうが，実際には行わない．

中間体のエネルギーレベルは遷移状態のそれに近いことから，中間体は遷移状態と類似した構造をもつと予想される．ゆえに，遷移状態が何に似ているかを理解するもっともよい方法のひとつは，中間体を詳細に解析することである．

エネルギーダイアグラム（たとえば図5.3）で生成物は基質より低いエネルギーレベルに描かれる．このことは，生成物が反応物に比べ，より安定であることを意味する．すなわち，反応の平衡関係が生成物にかたよっていることになる（**結合定数 binding constant，解離定数 dissociation constant，自由エネルギー free energy**（*5.5）参照）．これは右側から左側に向かう活性化エネルギーが，左側から右側に向かう活性化エネルギーよりも大きいことを意味している．つまり，逆反応は正反応より遅いことになる．この記載はまた"平衡定数は正反応に与する"という言い方と同じ意味である．なぜなら平衡定数は $K = k_{\text{forward}} / k_{\text{back}}$ と表せるからである．遷移状態と中間状態の差を明確にすることは重要なことである．このことについては図5.4に示す．

*5.4 Svante Arrhenius

Svante Arrhenius（1859–1927）（図 5.4.1）はスウェーデン人で，塩類溶液の伝導率が解離したイオンに依存するという概念で有名である．彼はまた活性化エネルギーの概念を展開した．前者は彼の博士論文の研究対象であったが，委員会が彼を信じなかったので，彼はもう少しで落第するところだった．彼は数多くの本を執筆し，科学へ多くの国民を導いた（『Destiny of the Stars』（星の運命），『Smallpox and its Combating』（天然痘との戦い）など）．また彼は，免疫学（毒），地質学（CO_2 が温室ガスとして振る舞うかもしれないという提案はその一部である），天文学（生命は放射圧によって胞子として地球にもち込まれたという概念を提唱した．現在でも胚種広布説として知られている概念である）など，広範囲にさまざまな興味をもっていた．

図 5.4.1
Svente Arrhenius.（写真提供：Wikimedia Commons）

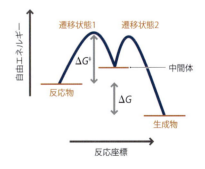

図 5.3
酵素触媒反応のエネルギー図．中間体存在下では，この反応経路は図 5.1 に示されているものと異なり，2つの遷移状態が存在する．速度はもっとも高いエネルギー障壁 $\Delta G^{\ddagger}$ によって決まる．

*5.5 結合定数，解離定数，自由エネルギー

2つの分子が相互に結合する際に，それらはある親和性または結合定数で結合する．以下の平衡を考えてみる．

$$A + B \rightleftharpoons AB$$

あらゆる式で同様に，反応の平衡定数は右辺にあるものの濃度を左辺にあるものの濃度で割ったものとして与えられる．つまり以下のようになる．

$$K = [AB]/[A][B]$$

これは会合反応なので，結合定数は会合定数であり，しばしば K_a と記載される．K_a の単位は M^{-1} のような濃度の逆数である．代わりに，以下のような**解離**を考えてみる．

$$AB \rightleftharpoons A + B$$

その解離定数 K_d は $K_d = [A][B]/[AB]$ で与えられる．K_d の単位は濃度である．伝統的に，化学者は結合定数を用いて結合平衡を記述するが，生化学者は解離定数を用いる．解離定数は直接に K_d の単位が濃度であるという利点がある．つまり，AB が半分結合し，半分解離した，おおまかな濃度は，解離反応の中点の濃度である．したがって，解離定数が 1 mM なら弱い結合だが，1 nM なら強い結合である．2つの定数には明確に $K_d = 1/K_a$ の関係がある．

平衡は**自由エネルギー**によって表すこともできる．つまり，一方からもう一方へ到達するのに必要なエネルギー（入力）量，別の言い方をすると，一方からもう一方へ到達するのに取り出されたエネルギー量として表される．生化学者はたいていギブズの自由エネルギー ΔG を用いる．それは，通常問題となる唯一の条件である一定の圧力下での自由エネルギーである．ΔG は以下の式で定義される．

$$\Delta G = -RT \ln K$$

ここで，R は $8.31 \text{ J K}^{-1} \text{ mol}^{-1}$ の値をもつ定数（気体定数）で，T は絶対温度である．[本書ではエネルギーの単位はカロリー（cal）でなく，ジュール（J）を用いる．1948 年にエネルギーの標準的な単位はカロリーでなくジュールであると同意されたからであるが，不幸なことに，生化学者たちはまだこの概念に必ずしも追随しようとしていない．しかし本書では SI 単位でない，オングストローム（Å）を用いていることを記載しておく必要がある．なぜなら，その単位は 10 倍異なるが，オングストロームはナノメーター（nm）よりずっと直感的だからである（1 nm は 10 Å である）．]

なお，上述した式は以下のように記載し得る．

$$K = \exp(-\Delta G/RT)$$

この式は上述した式よりもしばしば有益な形である．
以上より，解離の方向では以下の式が成り立つ．

$$\Delta G = -RT \ln K_d$$

解離の平衡がずっと右にかたよっていれば大きな K_d となり，そして，ΔG は大きくなり，負である．解離平衡が左にかたよっていれば ΔG は正となる．解離平衡がちょうど真ん中でつり合っているときは，$K = 1$ となり，ΔG は 0 となる．したがって，ΔG は反応が起こるのか，起こらないのかを示すものである．ΔG が負のときは反応が起こるだろうし，ΔG が正のときは反応は起こらないだろう．多くの用途で，平衡定数よりエネルギーの方がずっと取り扱いやすい．平衡定数はしばしば非常に大きい（または非常に小さい）．それに対して，エネルギーは平衡定数の対数なので，ずっと扱いやすい値である．さらに，関係する反応において，自由エネルギーは足し算であるが，平衡定数はかけ算となる．便宜上，標準温度（298 K, 25℃）での K と ΔG との関係を以下の表に示した．

K	ΔG (kJ mol⁻¹)
1	0
10	-5.9
100	-11.9
1,000	-17.8
10,000	-23.7

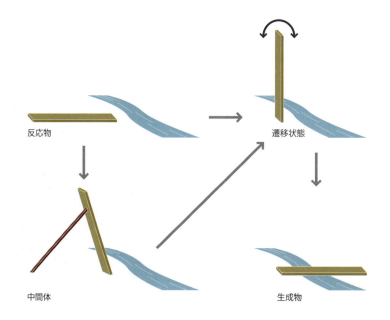

図 5.4
中間体と遷移状態の違いに関する図解．図は厚板をくるりとひっくり返し，水流を渡るためにそれを動かすという様子を描いている．遷移状態はとても不安定であり，この状態では厚板は垂直状態で，ほとんど存在しない．そして，その状態は経路の中でもっとも高いエネルギーをもつ．ここから，厚板はエネルギー障壁を越えてそのまま水流側に倒れるか，おおよそ元の位置に戻らなければならない．対照的に，中間体はかなり遷移状態に類似したものだが（準）安定であり，外部エネルギーによって緩衝されない限りこの系は静止することができる．

5.1.2 酵素は遷移状態においてエンタルピーとエントロピー障壁を下げる

広く知られているギブズの自由エネルギー（*5.1）に関する式を以下に示す．

$$\Delta G = \Delta H - T\Delta S$$

この式で，H はエンタルピー，S はエントロピー（*3.1 参照）である．自由エネルギーは，反応が前に進むか後ろに戻るかどうかを表すものである．ここで，負の ΔG は反応が前に進むことを，一方，正の ΔG は反応が元に戻ることを意味する．厳密にいうと，ΔG が負になる反応では，平衡状態において生成物が反応物より高い濃度で存在することになる．エンタルピーは系の中での熱エネルギーであり，化学反応の場面では，エンタルピーは一般的に結合エネルギーを意味する．エントロピーは系の中での実質的な乱雑さの総量である．言い換えれば，この式は，反応の自由エネルギーが結合エネルギー（一般に，より多い結合をもつ生成物，より強い結合もつ生成物，または両方を併せもつ生成物がより安定である）と乱雑さ（より自由度が大きい生成物，たとえば，より多くの状態をもつ分子からなる生成物が有利である）の間のバランスによって決まることを表している．

同じことが，活性化エネルギーについても適用できる：

$$\Delta G^{\ddagger} = \Delta H^{\ddagger} - T\Delta S^{\ddagger}$$

この式は上記の式と同様のことを表している．活性化エネルギーを下げたい場合は，活性化エンタルピーをより小さくするか，活性化エントロピーをより大きくする必要がある．具体的な例として，水酸化イオンによるエステルの加水分解における遷移状態（図 5.5）を挙げる．この反応において，遷移状態は出発分子と生成物の間のいずれかに似ていなければならない．したがって，遷移状態は，C=O の二重結合が部分的に切断され，あらたな O-C 結合が部分的に形成している形に違いない．もしそうならば，酵素はどのようにして活性化エネルギーを下げるのを手助けしているのだろうか．

第 1 に，酵素は活性化エンタルピーを反応にとって都合よく（小さく）することができる．酵素は出発分子の C=O 結合を弱くすることで，明確にこの役割を果たすことができる．実際に，酵素は求電子触媒作用や一般酸触媒作用によってこの役割を頻繁に果たしている．この概念は 1948 年に報告された Linus Pauling（*1.8 参照）のアイデアにより [4]，一般的に "酵素は基質ではなく，遷移状態に相補的である" と表現されている．この具体例（図 5.5）では，遷移状態ではより負電荷を帯びた酸素原子が存在し，分子の形が違うという点で基質とは形が異なるということが理解できるだろう．つまり，基質では C=O 結合における炭素原子は平面構造（トリゴナル）であるが，遷移状態では炭素はより四面体構造（テトラヘドラル）になっているに違いない．酵素はカルボニル基の酸素の近くに正電荷を配置すること（これは基質にとっては不都合だが，遷移状態にとっては都合がよい）や，平面構造より四面体構造の炭素により調和するような立体構造をもつことで，遷移状態を安定化できる．言い換えれば，酵素は基質を不安定な状態におくことができる．このことが，実質的に酵素が基質ではなく遷移状態に相補的であるということの意味である．

第 2 に（しばしばより重要なことだが），酵素は活性化エントロピーをより大きくすることができる．$\Delta S^{\ddagger}$ の大きさは，遷移状態の乱雑さと基質の乱雑さを比べることにより決まる．遷移状態においては，あらゆるものがきわめてうまく配置されていることが要求される．あたらしい結合の形成には，原子のきわめて正確な配置が必要である．なぜなら，

図 5.5
ヒドロキシルイオンによるエステルの加水分解．この図は，中間体までの反応の最初の部分だけを示している．反応の後半は図 5.10 に示されている．

結合には厳密な方向性が関係しているからである．しかしながら，基質には，必要とされるこのような秩序はない．つまり，水中で図5.5の反応が起こる際に，反応が開始する前までは，2つの反応物（水とエステル）の相対的な位置を特定するものは何もない．したがって，2つの反応物が遷移状態を形成する際には大量のエントロピーを失う．ゆえに，これが一般に活性化エネルギー全般を大きくする不都合な活性化エントロピーである．このことはつまり，遷移状態をより乱雑にするか，基質の状態をより整然とするかのいずれかで，酵素が活性化エントロピーを低くすることができるということである．遷移状態をより乱雑にする余地はほとんどないが，基質の状態をより整然とする余地は多くある．したがって，酵素によって引き起こされる速度向上の割合の主たるものは，酵素-基質複合体形成時において，反応物がすでにきわめて整然としていることにある．つまり，反応物は酵素が要求する位置に結合している．すなわち，このことが遷移状態に変化するまでの間に失われると予想されるエントロピーのほとんどを，酵素-基質複合体形成の段階ですでに失っているわけである．

　この考えは，2つの化合物が連結する反応や，1つの分子の化学基をほかの分子に転移する反応においてもっとも明白となる．これらの反応において，遷移状態におけるエントロピー要求性は大きい．なぜなら，あたらしい結合が形成されるには，2つの分子は正しい位置に正確に保持されなければならないからである．しかし，もし2つの分子が反応前にすでに酵素と結合し，それらが反応に適切な位置関係にあれば，この反応のエントロピーは反応が開始する前にすでに失われているはずである．これが基質のエネルギーレベルを上げるために，酵素がその結合エネルギーの一部を使うという方策である．

　このことは別の方法で表現することもできる．基質が酵素に結合することによって獲得できるエネルギー量には限度がある．進化により，酵素は結合エネルギーのほとんどを利用し，基質としっかりと結合できるように調整されてきた．以下に述べるように，実際には，このことはあらゆる場合においてあまりよくないことだろう．しかし，実際酵素は，基質に結合した状態が，基質に結合していない状態に比べて不安定になるように基質との結合を選択する．たとえば，図5.5において基質のC=O結合が弱くなるように，酵素内の適切な電荷のすぐそばに基質を結合することなどである．この配置は酵素と基質の結合をより弱くする．実際，結合した基質を不安定化もしくはひずませるために，もっている結合エネルギーの多くを使っている（図5.6）．さらに，直後に起こる反応にとって適切な向きに基質を固定するように，酵素と基質の結合エネルギーが利用される．したがって，酵素は遷移状態のエンタルピーを減少すること，酵素反応前の基質のエントロピーを減少することの両方で，活性化エネルギーを低下している．これらのなかで主たる要因は，通常正しく固定された方向で酵素と基質が結合することによるエントロピーの減少である．この要因だけでおよそ10^8倍に反応の速度を向上させることができる（実際にはこの値よりだいぶ小さい）[5, 6]．この効果はpropinquity（近親）またはproximity（近接），orientational catalysis（配向性触媒），binding in a near-attack conformation（近接攻撃形態での結合），そしてより叙情的に"サークル効果"などいろいろな名前で呼ばれている．"サークル効果"の由来は，ホーマーのオデッセイの中の，人々を豚に変えた神Circleにちなんでいる[7]．ほとんど同じ意味の25の言葉のリストがM.I. Pageにより報告されている[5]．

図5.6
酵素は遷移状態のエネルギーを低下することと，基底状態のエネルギーを上げることの両方によって活性化エネルギーを低下する．左側の系は酵素-基質複合体であり，遊離の酵素や基質でないことに注意せよ．この決定的な違いについては，5.3.2項でさらに解説する．

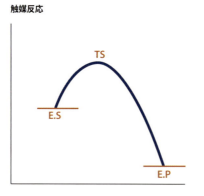
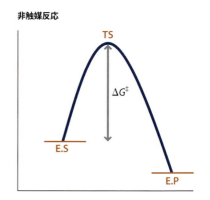

以上を要約すると，とくに電荷分布に関しては酵素は反応の遷移状態に適合する結合部位をもつことによって，触媒効果をおおむね発揮していることである（言い換えれば，重要なことは，酵素は基質の遷移状態におけるより遷移状態に対する電荷に相補的であるべきだということである）．これは，2 つの主な効果をもっている．すなわち，反応時のエントロピー要求性を著しく低下させることと，酵素が結合していない基質と比べて遷移状態を安定化させることである．このことは 30 年以上前に記されたが，分子生物学や計算法が格段に進歩している現在でも，酵素反応の基軸であり続けている [8, 9]．

5.1.3 触媒抗体は強力なエントロピーの寄与を論証する

ここまでの項で，酵素は単に正しい配向に基質を結合するだけで，何ら化学的な触媒作用を用いることなく非常に大きな速度の向上を達成することを示した．そしてこのことが，アブザイムとして知られている触媒抗体の概念の基礎となった [10]．Peter Schultz は，遷移状態に似ている化合物を抗原として**抗体 antibody**（*5.6）を作成することができたとすれば，その抗体はよい触媒となるはずであると示唆した．なぜなら，（1）その抗体は反応するために正しい配向に基質を結合するであろうし，（2）その抗体は遷移状態に相補的だからである．したがって，その抗体は，活性化エントロピーと活性化エンタルピーの両方を下げるだろう．さらに種々の変異を施すことで，基質の近くに触媒基を導入することが期待できるので，触媒効果を向上することができるかもしれない．この触媒抗体の概念は，たとえばセリンプロテアーゼであるサブチリシンの活性部位から触媒 3 残基（Ser, His, Asp）をすべて除いた場合，ペプチド結合を切断する化学的な触媒能を完全に除くことができるはずだが，その変異サブチリシンはまだ 1,000 倍も加水分解反応を触媒するという知見などからも裏づけられる．

そして，それは現実のものとなった．多数の触媒抗体が作製され，それらは $10^3 \sim 10^6$ 倍に反応を触媒できることが明らかとなった．この速度向上の要因は主に反応物のエントロピーの減少である．しかし，これ以上速度を改善することはきわめて難しいことがわかった．のちに解説するが，水が取り除かれた活性部位を構築することの重要性がこの要因の 1 つであることに疑いの余地はない．このような活性部位を構築することは，触媒抗体においては容易ではない．

5.2 化学的触媒作用

5.2.1 化学反応は電子の動きと関係する

以下のいくつかの項では，化学に関しての考察を行う．意外にもこの節は"実質的な"化学を取り上げる本書での唯一の箇所である．本書の重要なテーマは，タンパク質を特徴のない小球体とみなすことにより，ほとんどのタンパク質の機能の理解を可能にすることである．すなわち，実際の化学はタンパク質の機構を理解するには重要ではない．

化学反応というものは，一般的に化学結合の形成と切断からなる．1 つの化学結合は 2 つの電子により形成される．たとえば，C–H 結合をつくるには，一般に水素の原子核を取り囲む電子と炭素の自由電子（不対電子）のうちひとつを利用して，それらを同時に 1 つの結合軌道に置く（図 5.7）．その結合軌道において，電子は主に 2 つの原子核の間に局在している．電子は負に帯電し，原子核は正に帯電しているので，この結合は有利な相

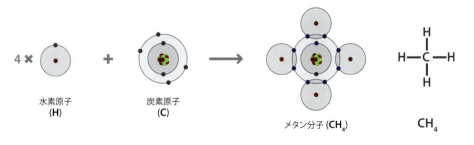

図 5.7
メタン分子（CH_4）はそれぞれ 1 つの電子をもつ 4 つの水素原子と，最外殻に 4 つの電子をもつ炭素から形成される．電子は対になり結合を形成する．それぞれの水素は 2 つの電子をもつ 1 つの閉殻によって囲まれ，炭素は 8 つの電子をもつ 1 つの閉殻によって囲まれる．

*5.6 抗体

抗体は脊椎動物だけがもっているもので，抗体は細菌やウイルスのような外来性物質を認識し，結合することによって感染から脊椎動物を守っている．抗体は免疫グロブリン（Ig）とも呼ばれる．

抗体の構造

あらゆる抗体は免疫グロブリンモジュールから構成されている（図5.6.1）．このモジュールはおよそ110アミノ酸残基の長さである．抗体はすべて同じ基本構造をもっており，ジスルフィド結合によって結合した2つの同一の軽鎖と2つの同一の重鎖からなる（図5.6.2）．軽鎖は2つのドメインをもつが，重鎖は4～5のドメインをもつ．重鎖には糖鎖が付加している．抗体はプロテアーゼであるパパインによりヒンジ領域で分断することができ，それぞれが1つの抗原に結合するFabフラグメント2つとFc領域を産生する．抗原の認識部位は腕の先端に存在し，軽鎖の一部と重鎖の一部に由来する．実際，それぞれの鎖のN末端ドメインに由来し，可変ドメインとも呼ばれる．これらのドメインのそれぞれは3つの超可変ループ（相補性決定領域として知られている）をもち，それが多様性の主な要因である．つまり，これらのループの変化がおよそ10^8個の異なる抗原に対する抗体の産生を可能とする（図5.6.1）．これらのループはおのおのわずか5～10アミノ酸残基の長さである．このことは，抗体の結合部位が相対的に小さいことを意味している．

抗体が抗原に結合するとき，抗体の構造にわずかに変化が生じる．小さなリガンドに結合する抗体は，通常リガンドにぴったりと適合するきわめて深い穴をもっているが，タンパク質に結合する抗体は，きわめて大きく，平面的な表面をもっている．一次配列に基づく抗体の構造の予測は，概ね正しいといってもよいだろう（この目的には，WAM，PIGS，Rosetta Antibodyを含むいくつかのWebサイトがある）．しかし，リガンドとの予測や結合親和性は，まだずいぶん正確性を欠く．抗体は2つのFabドメインをもっているので2価である．つまり，抗体は2つの独立した結合部位で抗原と結合する．さらに，ヒンジ領域が存在するので，2つの結合部位の間の距離や角度は変動する．これには2つの主な利点がある．第1に，第2章で解説したように，2つの部位での結合は顕著に親和性を上げることができる．第2に，2つ以上の結合部位と抗体との結合（たとえば，細胞表面のタンパク質への抗体の結合）は，抗体の結合が抗原の凝集を引き起こし得ることを意味する．もし，抗原が細胞表面に存在するなら，その結果，抗体は細胞の凝集を導くだろう（図5.6.3）．

ヒトの抗体には5つの異なるクラスがある．つまり，IgA，IgD，IgE，IgG，IgMである．IgGは血液中に存在する抗体の主なクラスである．それぞれのクラスでそれらのFc領域の構造と機能が異なる．この領域はいったん抗原に結合した抗体をどのように処理するかを決める．重鎖（Fc領域を含む）はそれぞれに相当するギリシャ文字（α，δ，ε，γ，μ）によって分けられる．IgGにおいて，Fc領域は補体系を活性化し，病原体の細胞膜に穴をあけることによってそれを破壊する．また，Fc領域はマクロファージのような白血球上の特異的な受容体とも結合し，マクロファージが異物を貪食することによって死滅させる．したがって，どちらかといえば，IgG抗体は第8章で解説するアダプター（接着体）のように働く．つまり，共通な細胞応答に特異的な抗原を結びつけている．IgG，IgA，IgDにおいては，重鎖は4つのIgモジュール（すなわち，1つの可変領域と3つの定常領域）をもっているが（図5.6.2），IgMとIgEにおいては，重鎖は5つのIgモジュールをもっている．

IgMとIgDは未分化B細胞（以下参照）の表面に発現され，免疫応答の早期段階での抗体である．IgMは分泌型五量体としても産生される．IgMの5つのFc領域の末端は，Jタンパク質もしくはジョイントタンパク質によって，環状に連結されている．（上述したように，おそらく五量体構造は多価の抗原に対してより大きい親和性を与える）．同様に，IgAは二量体として産生される．そのFc領域の末端もまたJタンパク質によって連結されている．IgAは涙や唾液のような分泌液にみられる．最後に，IgEは肥満細胞や好塩基球の脱顆粒に関与し，アレルギー反応の引き金となる．個々のIgEのFc領域（すなわち，ε鎖）は，肥満細胞や好塩基球のFc受容体に結合する．2つ以上の結合部位で抗原と結合することが，2つの受容体を同時に架橋することにつながり（チロシンキナーゼが受容体を連結することを思い出させる機構である），ヒスタミンを放出するように細胞を刺激する．

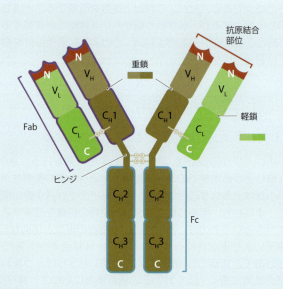

図5.6.1

免疫グロブリン（Ig）フォールドは2つの平行したβシート（βサンドイッチ）または潰れたβバレル構造からなる．結合の特異性を与える3つの超可変ループは右側にある（シアン，緑色，茶色）．そのなかの3番目のループ（茶色）はもっとも変異を含むものである．軽鎖の3番目のループ以外のあらゆる超可変領域のループは，少ししか接近可能なコンフォメーションをもっていない．これはカノニカル構造として知られている．これらのループの可変性は，抗原に対して疎水性，荷電性などの結合部位を与えるアミノ酸によって決まる．抗体重鎖の定常部のおのおののIgモジュールは，異なるエキソンによってコードされている．

図5.6.2

免疫グロブリンG（IgG）抗体の構造は，2つの軽鎖（緑色，それぞれ2つのIgモジュールからなる．1つの可変部（V_L）と1つの定常部（C_L））と2つの重鎖（茶色，それぞれは4つのモジュールからなる．1つの可変部と3つの定常部 [C_H1, C_H2, C_H3]）．C_H2モジュールは糖鎖が付加している．2つの鎖はジスルフィド結合（薄茶色の線）によって連結されている．抗体の構造はFcと2つのFabに分割することができる．Fab領域はそれらの端に抗原結合部位をもっている．そして，Fcはエフェクター，細胞膜，ほかの抗体と結合する．FcとFabの間に柔軟性の高いヒンジ領域がある．それは，抗原認識部位がさまざまな形状をとることを可能としている．

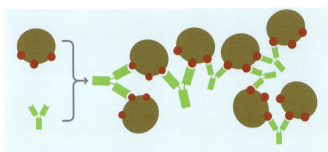

図 5.6.3
抗原の多数のコピーを発現する細胞に2価の抗体が結合することで架橋を引き起こし，その結果，細胞の凝集や沈降が惹起される．

抗体多様性の発生

抗体はB細胞によって産生される．それぞれのB細胞は遺伝学的に固有の抗体を1種類だけつくる．これらのほとんどは分泌されるが，一部は細胞膜に結合している．そこでは抗体としてではなく，抗原受容体として働く．つまり，ある抗原が結合したとき，抗原受容体はB細胞内に信号を送る．これは生命の維持に必要である．なぜなら，ほとんどのB細胞は，適切な抗原の結合による刺激が起こるまでは，静止状態で存在するからである．刺激が起こるとB細胞は増殖し（クローン増殖），多量の抗体の分泌を開始する．

ヒトはおそらく10^{10}〜10^{12}個の異なる抗体を産生しているが，我々は明らかにそこまで多くの抗体の遺伝子をもっていない．したがって，多くのさまざまな抗体の産生はV(D)J組換えと呼ばれる方法が用いられている．胚細胞（すなわち，活発に抗体をつくらない細胞）内で重鎖に関する遺伝子座は1組のVセグメントをコードする40個の遺伝子，Dセグメントをコードする25個の遺伝子，Jセグメントをコードする6個の遺伝子を含む．これらに引き続き，それぞれの定常部をコードする遺伝子クラスターが並んでいる．インタクト重鎖はDセグメントの選択により産生され，それはJセグメントと連結する．それから，このDJ連結したDNAはVセグメントに隣接した場所に置かれる（図 5.6.4）．このDNA再構成は個々のB細胞に特有のものである．したがって，個々のB細胞はちょうど$40 \times 25 \times 6 = 6000$の可能なタンパク質を産生する．この図はV3, D2, J4の組み合わせを示している．このDNAからの転写によって産生されるRNAは，その後，選ばれたJセグメントと免疫グロブリンのクラスに適したCセグメントの間のすべてのDNAを除くように切断される．この図ではB細胞がIgM抗体を産生するので，Cμクラスターが選ばれている．

軽鎖はDセグメントがなく，5つしかJセグメントがないので，多様性が低いという以外は重鎖と同じ様式で産生される．しかし，2つの異なるタイプの軽鎖が存在する．すなわちκとλである．このことは，ヒトは合計で$40 \times 5 = 200$個のκ鎖と120個のλ鎖を産生することができ，320種類の軽鎖をつくることができることを意味している．その結果，$320 \times 6000 \approx 2 \times 10^6$個の異なる抗体を与える．これは上述した$10^{12}$個に遠く及ばない．

非常に大規模で付加的な変異は，V, D,Jセグメントの結合部での遺伝子配列における変異にある程度由来する．上述したようにDNAが切断または再結合するとき，異なる数のヌクレオチドが失われたり，付加されたりする．これは，第3番目の超可変領域のアミノ酸配列を決めるDJ連結においてとくに重要である．ヌクレオチドの消失と付加はフレームシフト変異を引き起こしやすく，下流の正しいタンパク質配列を産生することができなくなる．このような変異が入ったB細胞は，B細胞の成熟中に処分され，死滅する．さらに大規模な変異は第2のレパートリーに由来する．上述した過程は"未分化"B細胞を産生する．これらの細胞は，それぞれその抗体のコピーをその細胞表面にもち，抗原受容体として機能する．この段階では，未分化B細胞はただ1つの細胞か，非常に少量の細胞として存在する．抗原受容体に抗原が結合することによってB細胞が刺激を受けた後，その細胞は増殖し分化する．細胞が増殖する際に，通常の変異の頻度に比べ10^6倍以上の高い頻度で抗原結合部位のVセグメントへ変異が導入される（＝体細胞突然変異）．この高い変異頻度は細胞分裂のたびにV領域当たりにおよそ1つの変異をつくる．体細胞突然変異は，抗原への結合親和性を著しく増加させ，その結果，ほとんどの抗原に結合する細胞を惹起する．したがって，これらの細胞は増殖を続ける一方で，ほかの細胞はアポトーシスによって死滅する．このことが，抗原に対して強い結合力をもつことに成功した変異が非常に効果的に選択される機構を形づくっている．

最後に，B細胞の分化はB細胞がつくる抗体のクラスを変えることができる．すなわち，B細胞はVDJセグメントが連結する定常領域を変えることができる（図 5.6.4）．未分化B細胞は主にIgMとIgDを産生するが，その段階で，それらは不可逆的に変化することができ，異なるクラスを産生する．

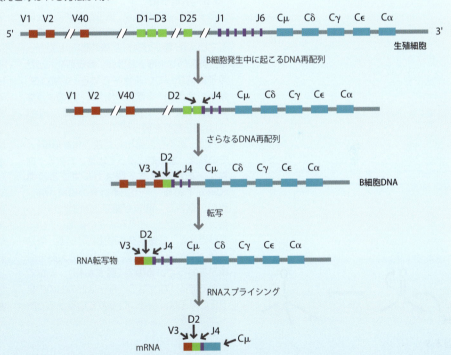

図 5.6.4.
ヒトの免疫グロブリンの重鎖の遺伝子座は40個のVセグメント，25個のDセグメント，6個のJセグメントを含む（このJセグメントはIgMやIgAモノマーを連結することになっているJタンパク質とは完全に異なることに注意せよ）．その後ろに，異なる定常領域の遺伝子が続く．事実，これらは一連のエキソンによりエンコードされているため，この図に示されているものより格段に長い．DセグメントとJセグメントの一部は3番目の超可変ループをエンコードする．インタクト重鎖はおのおののセグメントの1つを選択することによって産生される．最初がDとJの連結で，その後，これにVが連結する．これによって産生されるRNAは，目的とするJとCセグメントの間の配列を切り出すことによりさらに短くなる．そして，抗体をコードする成熟型mRNAを産生する．

H⁺	H·	H⁻
1つのプロトン	1つのプロトン 1つの電子	1つのプロトン 2つの電子

図 5.8
水素の異なる3つの状態.H⁺イオンはただ1つのプロトンをもっており,(それが水和されているか,塩基性原子に結合しているとすれば)非常に安定である.H⁻(ヒドリド)イオンは適度に安定であるが,反応性もある.つまり,それは強い還元剤である.H·ラジカルは対をなしていない電子を1つもち,非常に反応性が高い.それぞれの電子の付加は1つずつ負電荷を増やす.

> **＊5.7 求核剤**
> 求核剤という言葉は"原子核を愛する"という意味である.もちろん,原子核は正に荷電している.したがって,求核剤は通常負に荷電したもの,または,電子が豊富な基である.それは正に荷電した求電子剤(＊5.8)を攻撃することができ,その結果,それらと化学結合を形成する.もっともよい求核剤は,適切に露出して,利用可能な電子密度をもつものである.たとえばOH⁻やRS⁻である(ここでRはあらゆる有機基を表す).それらは2つとも容易に利用できる電子をもっている.Cl⁻もとてもよい求核剤であるが,Cl⁻の電子密度が少し広がって,局在化の程度が低いので,OH⁻には及ばない.リン酸基は負電荷がいくつかの酸素のまわりに広がっているので,あまりよい求核剤ではない.したがって,それぞれの酸素の総電荷は1以下である.求核剤は**孤立電子対 lone pair**(＊5.9)の軌道に電子をもっているので,求核性をもっていても多くが中性の分子である.たとえば,水やアンモニアはこの理由で求核剤である.しかしながら,それらはより緊密に電子を"保持"しているので,OH⁻のようによい求核剤ではない.本書に記載している反応においては,求核剤を記述するのにNuを用いる.

互作用であり,安定である.
　前の段落に記したことはとくには間違っていないが,厳密には結合はこのような様式で一般的に形成されるわけではない.なぜなら水素は通常1つの電子をもつ1つの原子として存在しているわけでなく,炭素もまた通常不対電子をもっているわけではないからで

> **＊5.8 求電子剤**
> 求電子剤という言葉は"電子を愛する"という意味である.そして,求電子剤は正に荷電しているか,電子が欠けた基である.したがって,典型的な求電子基は強い負電荷をもった原子に結合している原子である(すなわち,電子が余っている原子,N, O, Clのような周期表の5, 6, 7族が典型的である).それらは,電子密度を偏らせている.したがって,それは,ある程度露出した原子核を形成し,その結果,**求核剤**によって攻撃され得る.非常に一般的な求電子剤はカルボニル炭素(C=O)である.その炭素は負の性質が強い酸素に結合し,酸素が電子を炭素から引っ張っているので,ある程度正に荷電しているだけでなく,二重結合も形成している.単結合は2つの連結した原子核の間に大部分の電子をもっているので(図 5.8.1a),安定で強力である.なぜなら,電子はおのおのの側で正の原子核に引きつけられているからである.しかしながら,二重結合では,結合の横に非常に顕著な電子密度が存在する(図 5.8.1b).すなわち,π軌道である.この電子は互いの2つの原子核をさほど遮蔽しないので,π軌道は結合を弱くする.したがって,二重結合のπ軌道結合は,通常の単結合よりも顕著に結合力が弱い.
> リン酸基のリン原子は同様の理由で,求電子剤である.つまり,負の性質が強い酸素に囲まれ,二重結合を形成しているからである.リン原子はカルボニル炭素ほどよい求電子剤ではない.なぜなら,リンは炭素より負の性質が強いからである.すなわち,リンはそのまわりに多くの電子をもっている.R₃C-OHやR₃C-Brのような負の性質が強い原子と単結合を形成する炭素もまた求電子剤である.しかし,負の性質の強い原子が1つの結合だけで結びついているので,それらはあまりよい求電子剤ではない.

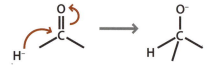

図 5.9
反応体ヒドリドイオンはプロトンと2つの電子からなる.上述している還元反応において,これらの2つの電子は,両方が炭素原子と結合を形成するのに用いられる.この過程で,CとOの間でπ(二重)結合を形成していた2つの電子は,2つの原子により共有されていた位置から酸素へ移動する.したがって,1つの負電荷をもった酸素原子が残る.巻き矢印(赤色)は,それぞれ1対の電子の動きを示す.

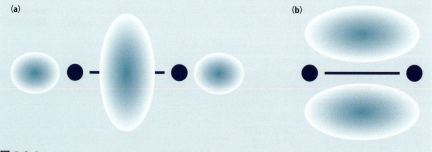

図 5.8.1
(a) 単結合(2p σ_g 結合軌道)と(b) 二重結合(2p π_u 結合軌道)の推定電子密度

*5.9 孤立電子対

これは，結合を形成せず非球状軌道に存在しているので，**求核剤**として働くのに利用できる1組の電子を表す言葉である．たとえば，酸素は8つの電子をもっている（原子番号8）．これらのうちの2つは，原子核に近い球状軌道に存在し，まったくなにも関与しない．酸素が水を形成する際に，酸素由来の残りの6つの電子のうち2つは，2つの水素原子由来の電子と結びつき，結合を形成する．おのおのの結合は酸素由来の1つの電子と水素由来の1つの電子を含む．その結果，酸素は上述した2つの電子からなる内殻と8つの電子からなる外殻によって囲まれる．これらはそれぞれ完全な殻であるため，これは安定な配置である．しかし，これら8つの外殻の電子はランダムに存在していない．それらは4つの対で存在しており，2つの対は水素との結合に関与し，さらに2つの孤立電子対が存在する．4つの電子対は互いに反発し，その結果，だいたい正四面体方向に位置する（図 5.9.1）．孤立電子対はしばしば2つの点（:）として記述される．同様に，アンモニアを形成している窒素は，3つの結合と1つの孤立電子対で，計8つの電子で閉殻している．

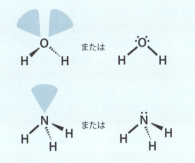

図 5.9.1
水とアンモニアの孤立電子対．電子はすべて可能な限り互いにできる限り遠くに離れようとする．そのため，2つの分子はおよそ正四面体構造である．

ある．自由電子や不対電子は非常に反応性が高く，かつ不安定であり，フリーラジカルと呼ばれている．したがって，一般に水素は1つの原子がもう1つの原子と結合した状態で存在する．その場合には，結合に含まれる1組の電子対は2つの水素の原子核によって共有されている．水素はこれ以外では，まったく電子をもっていないもの（よく知られ

*5.10 巻き矢印

巻き矢印は化学反応の機構を描くための常道である．1つの結合は2つの電子からなっているので，巻き矢印はこれらの電子の供給源（たとえば，負電荷，孤立電子対（*5.9）やもう1つの結合）から始まり，巻き矢印はあたらしい結合ができる中心で終わる（図 5.10.1）．もし反応が結合を切断するなら，巻き矢印は電子が向かう場所を示す（その結果，たとえば，荷電した原子をつくる）．

巻き矢印を用いて反応を描くとき，あらゆる電子が道理に合った位置から始まって終わることや，分子の全体の電子が保存されていることを確かめなければならない．したがって，たとえば，図 5.10.2に示されたような反応を描くことは，カルボニル基の炭素が過剰な電子をもった状態で終了することを意味するので正しくない．つまり，取り込まれた電子は通常どこかの電子と置き換える必要がある．したがって，反応機構はしばしば電子をあちこちに動かす一連の巻き矢印を含む（図 5.10.3）．このような描写はあらゆる電子が本質的には一斉に動くことを意味している．そして，あらゆる結合は切断または結合が同時に関与する．

この説明は少し紛らわしい．なぜなら，当然ながら，−1の負電荷はただ1つの電子から成り立つからである．したがって，なぜそれが

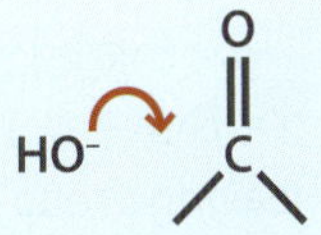

図 5.10.2
不正確な巻き矢印の図．

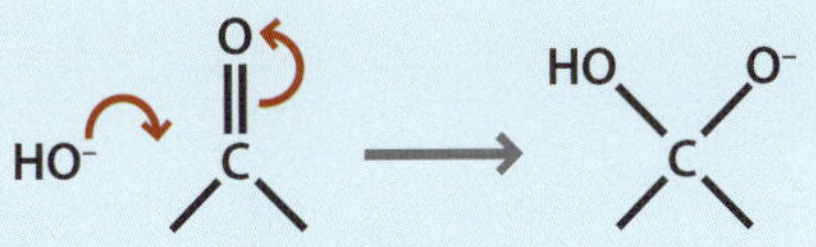

あたかも2つの電子をもっているように記述しなければならないのだろうか．OH⁻イオンについて考えてみる．負電荷を帯びている電子を取り除く場合，何が得られるのか．それは中性のOHである．その状態では，酸素原子は全部で7個の電子に囲まれている．すなわち，水素との結合に2つ，2つの不対電子対に4つ，そして，1つの対をなしていない電子がある．つまり，非常に反応性の高いヒドロキシルラジカル OH· が生成することになる．次に，電子を元に戻してヒドロキシルイオン OH⁻ をつくるときには，現存している不対電子が対をなし，その結果1組の電子対がつくられる．これが巻き矢印で動く電子である．しかし，ヒドロキシルに存在する全体の電荷は−1だけである．

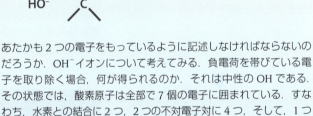

図 5.10.1
OとCの間のあたらしい結合の形成とC=O二重結合の1つの結合の切断．

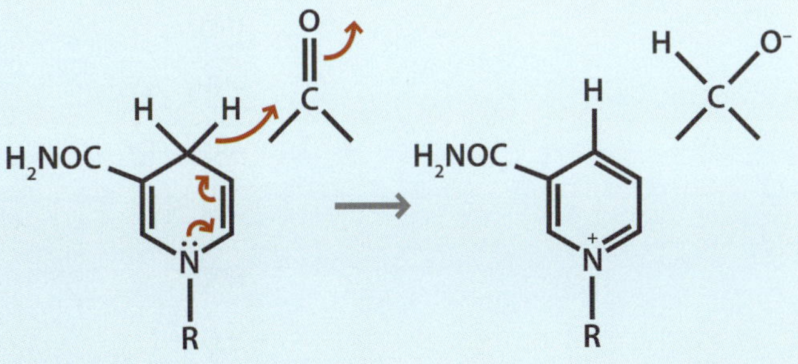

図 5.10.3
NADHによるケトンのアルコールへの還元．

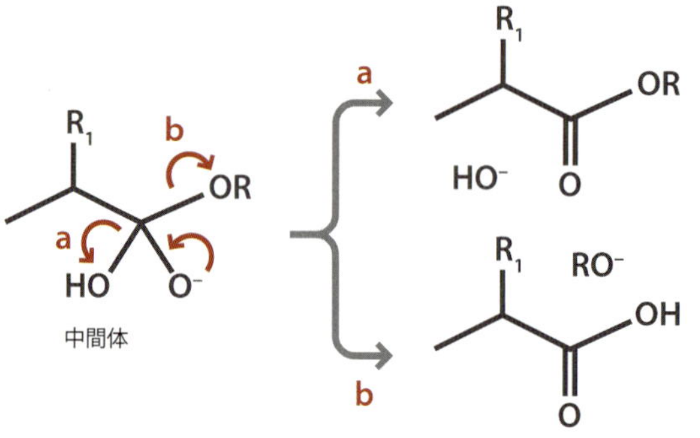

図 5.10
ヒドロキシルイオンによるエステルの加水分解反応の後半(図5.5の前半部分を参照).中間体は(示していないが遷移状態を経由して)2つの経路のうちどちらか一方へ反応が進行する.(a)においては,OHとの結合が切れ,反応物は再形成される.(b)においては,ORとの結合が切れ,エステルは加水分解される.OH$^-$とOR$^-$はこれらの反応において,**脱離基**と呼ばれる.これらの経路のいずれに従うかは,反応物の相対的な安定性,つまりそれらのpK_aに依存する.

ているプロトンイオン),2つ電子をもっているもの(ヒドリドイオン.やや高エネルギー状態であるが,比較的存在割合が多い),さらに,1つの電子のみをもつもの(水素ラジカル(H•).とても反応性が高いので,ほとんど観測されることはない)として存在する(**図 5.8**).実際に,結合は通常同一の相手から2つの結合電子を受け取ることによって形成される.このことは,いろいろな場面で不対電子が生じることを回避している.通常,反応は電子をもつ分子(**求核剤 nucleophile**(*5.7))が別の分子(**求電子剤 electrophile**(*5.8))を攻撃することとみなされる.慣習的に,2つの分子の間に結合を形成するための,1つの分子からもう1つの分子への電子の移動は,**巻き矢印 curly arrow**(*5.10)を用いて図 5.9 のように描かれる.

5.2.2 よい脱離基が重要である

多くの反応には結合の切断が関与する.上述したように,結合を切断するには結合から2つの電子を1つの原子上へ動かす必要がある.この原子を含む分子の一部は**脱離基 leaving group**と呼ばれる(**図 5.10**).脱離基がうまく脱離し,反応が完成するためには,脱離基は安定でなければならない.もし脱離基が安定でないなら,それは簡単に再結合して出発分子を再生してしまう(図 5.10a).一般に脱離基がすぐれているほど,反応は速

表 5.1 いくつかの代表的な脱離基の pK_a 値

プロトン化体 (pK_a 以下の pH)	pK_a	非プロトン化体 (pK_a 以上の pH)
C=OH$^+$	-7	C=O
$-$COOH (Glu, Asp)	4	$-$COO$^-$
ImH$^+$ (His)	6〜7	Im
H$_2$PO$_4^-$	7.2	HPO$_4^{2-}$
$-$NH$_3^+$ (Lys)	10.5	$-$NH$_2$
ArOH (Tyr)	10.5	$-$ArO$^-$
$-$SH (Cys)	12	$-$S$^-$
HPO$_4^{2-}$	12.4	PO$_4^{3-}$
H$_2$O	14	OH$^-$
$-$OH (Ser, Thr)	18	$-$O$^-$
$-$NH$_2$	25	$-$NH$^-$

く進む．よい脱離基かどうかを判断するもっとも簡単な方法は，その pK_a を測定することである（1.1.5 項参照）．pK_a は基の半分量がプロトンと結合し，残りの半分量はプロトンをもたないときのpHであり，基がどの程度しっかりとプロトンに結合しているか，また言い換えれば，基がプロトンと結合していない状態がどの程度"不適切か"を記述するものである．いくつかの代表的な脱離基の pK_a が表 5.1 に列挙されている．たとえば，$H_2PO_4^-$ が HPO_4^{2-} に解離する際の pK_a は 7 強である．pH 7 においては，HPO_4^{2-} として存在することは適切なのでこの基はよい脱離基である．これに対して，PO_4^{3-} に解離する際の pK_a は 12.4 である．pH 7 においては，これはあまりよくない脱離基である．これらのことから，ある基をよりよい脱離基にするために，それをプロトン化しておくことの重要性が強調される．とりわけ，$-NH_2$ が $-NH^-$ に解離する pK_a が 25 であることは特筆すべきことで，pH 7 においては，これがこの表の中でもっともよくない脱離基である．その pK_a が非常に高いので，水中ではその基はまったく脱離しないだろう．一方，もしその基がプロトン化していれば，少なくとも適度によい脱離基であるといえる．実際に，脱離基がプロトン化している方が脱離基はより脱離しやすく，反応が速く進むという一般則がある．この一般則は，ペプチド結合の加水分解を触媒する酵素（プロテアーゼなど）は，脱離基であるアミノ基をプロトン化する必要があることを意味している．アミノ基のプロトン化が起こらなければ，反応はとても遅くなり，直接観測することはできないだろう．このことを次の項で考察する．

5.2.3 一般酸塩基触媒は広範に分布する

前項において，多くの脱離基は結合から離れる前にプロトン化することが重要だということを示した．したがって，ほとんどの酵素が多くの場面で用いている重要な触媒機構はプロトン化である．プロトン化は脱離基の性質を向上させるだけでなく，よりよい求電子基もつくる．求核剤のカルボニル基への攻撃についてもう一度考えてみる（図 5.11）．ここでのカルボニル炭素は求電子剤（*5.8）として働き，電子が豊富な求核剤（*5.7）によって攻撃される．求核基の接近とその電子の攻撃によって，炭素は明らかにより容易に正に荷電するだろう．酸素がプロトン化することによって，さらに容易に達成される（図 5.12）．これは酸素のプロトン化が C-O 結合において電子をより酸素の方向に移し，炭素をより正に帯電させるからである．したがって，もし電子を受け取る原子または基を先にプロトン化することができれば，あらゆる反応はより速やかに進むだろう．この触媒機構は**一般酸触媒** general acid catalysis と呼ばれ，広く共通性がある．"一般"という言葉はどのような酸でも関与するということを意味している．この言葉は，反応速度が水素イオン濃度（pH）に依存し，特別な酸の濃度に依存しない特殊酸触媒と対比するものである．

どのような種類の酸がタンパク質にとって利用可能なのだろうか．タンパク質が補因子（後述）をもっていない状況で，存在する唯一の酸性基はタンパク質の側鎖である（表 5.1）．Glu または Asp のカルボキシル基は 4 付近の pK_a をもっている．したがって，pH 7 においては，カルボキシル基は主に解離しており，常時プロトン化しているカルボキシル基は全体の 1/1,000 程度である．したがって，これらの残基は一般酸としては理想的でない．一方，His の pK_a は中性に近く，格段によい一般酸となる．実際にこの理由から，触媒機構に関係している残基として，ヒスチジン残基は非常によく知られている．$HisH^+$ から $-NH^-$ へのプロトンの転移により His と $-NH_2$ が生成するが，これは His の pK_a が $-NH^-$ の pK_a に比べて低いので，エネルギー的に有利である．

このことは，タンパク質は多かれ少なかれ His を一般酸触媒として利用せざるを得ないということを意味する．一方，局所的な環境を適切に調整することで，官能基の pK_a を大きく変化させることができる（表 1.1 参照）．カルボキシレートの pK_a は $-COO^-$ の形と $-COOH$ の形がそれぞれ半分存在する pH である．仮に負電荷をもつ官能基が近くにあれば，その基は $-COO^-$ の形を不安定化し，その結果，カルボキシレートの pK_a を上げる．また逆に，隣接する正電荷はカルボキシレートの pK_a を下げる．電荷を帯びた $-COO^-$ のエネルギーは誘電率（*4.2 参照）にも依存する．すなわち，水のような高い誘電率は電荷を安定化するが，タンパク質の内部のような低い誘電率は電荷を不安定化する．したがって，タンパク質の内部に負に荷電したカルボキシレートをおくと，カルボキシレートが不安定化してその pK_a は上がる．同様に，タンパク質の内部に $-NH_3^+$ のようなプロトン化

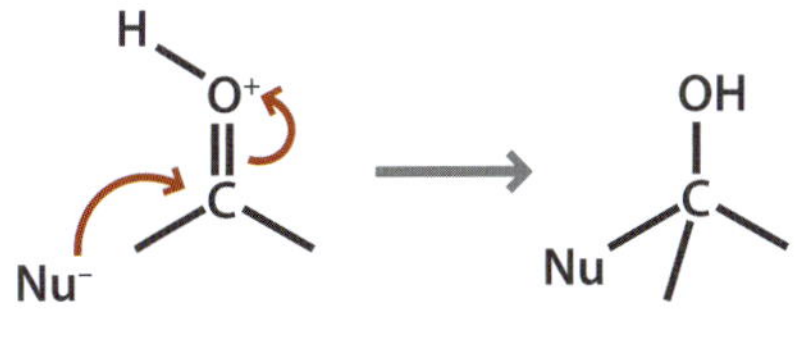

図 5.11
カルボニル基への求核剤（Nu）の攻撃．

図 5.12
プロトン化したカルボニル基への求核剤の攻撃はとても容易である．なぜなら，生成物は水中において格段に安定であるからである．

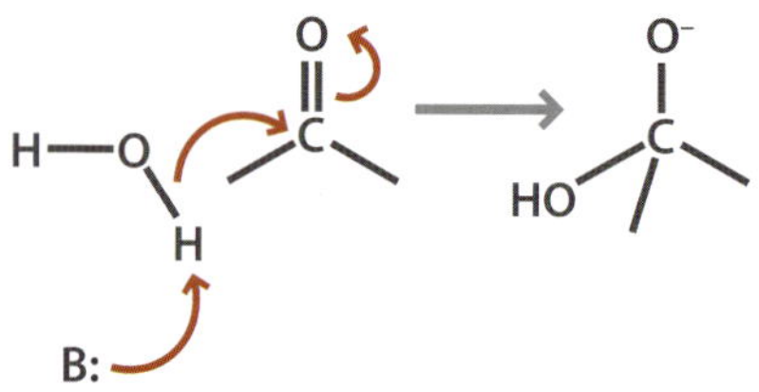

図 5.13
一般塩基触媒の例．塩基（B，プロトンを除去するのに相応しい孤立電子をもっている）は水から 1 つのプロトンを除き，非常によい求核剤であるヒドロキシルイオンをつくる．

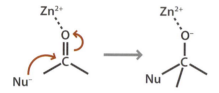

図 5.14
求電子触媒による求電子中心の活性化．この（一般的）例で，亜鉛イオンは求電子触媒である．つまり，それはカルボニル基へ結合して，求核剤による攻撃に対してカルボニル基を活性化している．ほかの金属も同様なことを実現できる．とくに一般的な例は，リン酸イオンを活性化する Mg^{2+} である．

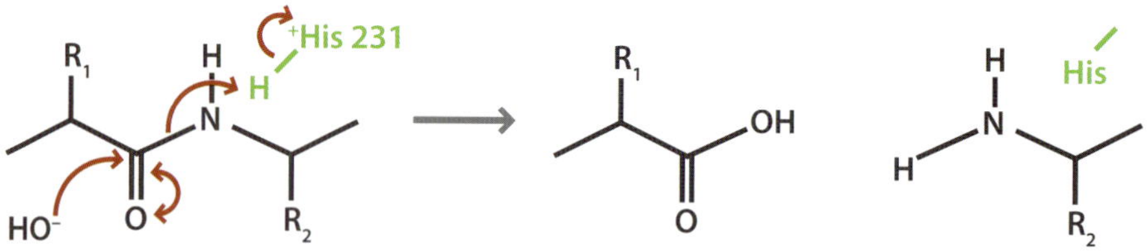

図 5.15
サーモリシンは His 231 を一般酸として用いて脱離基アミンをプロトン化する．これは，NH^-（pK_a 25）から NH_2（pK_a 10.5）へ変換する．ヒスチジン残基そのものは，pK_a が約 6 であり，アミノ基を脱離基として理想的なものである（5.2.3 項）．双頭の矢印は 2 段階反応の表記法である．ここでは電子が酸素原子へ移動し，再び戻ることを意味している．

した基をおくと，$-NH_3^+$ が不安定化してその pK_a は下がる．この方法で pK_a の値を 1 ～ 2 pH ユニットまたはそれ以上，容易に変えることができる．アセトアセテートデカルボキシラーゼにおいて，正電荷を不安定化するリジン残基が近くに存在し，かつ，それが疎水的な環境にある場合，それらの影響を受けたリジン残基の pK_a は 4.5 pH ユニット下がった [11]．また実際，タンパク質の活性部位に位置し，7 近くの pK_a をもち，一般酸触媒として働くグルタミン酸が共通して見出されている．

一般塩基触媒 general base catalysis は基本的に一般酸触媒と正反対のものである．図 5.11 でカルボニルへの求核攻撃をもう一度考えてみる．よい求核剤（*5.7）は負に荷電している．なぜなら，このことが電子をより利用しやすくするからである．プロトン化していれば，求電子剤としてよりよい性質を示すように，プロトンをもっていなければ，求核剤としてはよりよい性質を示す．とくに，OH^- は水より格段によい求核剤である．したがって，酵素がタンパク質分解反応を触媒するよい方法は，ポリペプチド結合を攻撃する水分子から水素を除き，水酸化イオンを生成することである（図 5.13）．これが一般塩基触媒である．もう一度記載するが，"一般"という言葉から，どんな塩基がプロトンを除くかということは問題とされない．確実に塩基として用いられるのは，またもや His である．Glu や Asp は低い pK_a をもつ．これは，中性近くまでそれらの pK_a が摂動しないなら，容易にはプロトンを受け取ることができないということを意味する．上述したように，このことは実際に可能であり，実際に多くの Glu や Asp 残基が一般塩基として働いている（Tyr, Ser, Thr の RS^- や RO^- はさらによい塩基である）．しかし，これらが最初からプロトンをもっていない状態で適切に働くには，少なくとも 5 pH ユニットほどそれらの pK_a の値が摂動することが必要となるが，このようなことはまれである．10.5 の pK_a をもつ Tyr は例外で，3-4 pH ユニットの摂動が必要となるだけである．しかし，実際には，一般塩基として働く Tyr はほとんど見出されていない．一方，Lys（pK_a 10.5）は，その pK_a が 3-4 pH ユニット摂動することができるなら，一般塩基としても働くことができるだろう．このことは，実際に起こっており，多くの例がある．

もっともよい（言い換えれば，もっとも強い）塩基は，もっとも高い pK_a をもつものである．したがって，もっともよい一般塩基触媒もまた高い pK_a をもつ．しかし，ここでいま理解したように，このような触媒は，それらがプロトン化していない状態では塩基として役に立つだけである．中性の水中に存在する酵素にとって，酵素の中で働く塩基の pK_a は 7 またはそれ以下のはずである．これらの 2 つの必要性から，（中性に近接した pH で働く代表的な酵素にとって）もっともよい一般塩基触媒は 7 付近の pK_a をもつものである．同様にもっともよい一般酸触媒も 7 付近の pK_a をもつものとなる．

さらにこのことは，タンパク質内で通常の pK_a からかけ離れた pK_a 値をもつと実証されたあらゆる側鎖は，触媒過程に関与している可能性があることを示唆している．なぜなら，適切な値に変動した pK_a を安定化させるようまわりの環境が変化することは，かなりの進化的な圧力を必要とするからである．このようなことは，おそらく進化した触媒過程が生じたときに限って起こるだろう．通常とは異なる pK_a をもつ残基をみつけることは，触媒的に重要な残基を同定するために有益な方法になり得る．

5.2.4 求電子触媒も一般的である

求電子触媒は一般酸触媒と深く関連している．求電子剤の活性化には，必ずしもプロトンが必要なわけでない．つまり，求電子剤から電子を引き抜くあらゆるものが活性化を行う．もっともよくみられる例として，正の電荷をもった金属イオンが用いられる（図 5.14）．金属イオンは求電子剤として働き，炭素を活性化する．5.2.7 項で解説するが，シッフ塩

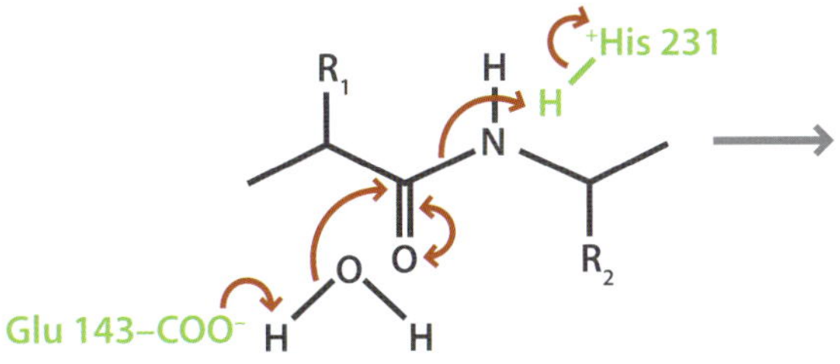

図 5.16
サーモリシンは Glu 143 を一般塩基として用いて，水を攻撃してプロトンを奪う．その結果，水は非常に求核性のあるヒドロキシイオンとなる．

基はとてもよい求電子剤である．そして，いくつかの補因子，とくにピリドキサールリン酸は，タンパク質の側鎖とシッフ塩基を形成し，反応を触媒する．

5.2.5 サーモリシンはこれらのすべての機構を利用している

　我々は現段階で，実際の酵素をみて，それがどのように働くかを解析できる立場にいる．サーモリシンは細菌由来のプロテアーゼである．以下で解説するように，サーモリシンは実際に補因子を用いる酵素の例の 1 つで，補因子は亜鉛イオンである．つまり，サーモリシンは金属プロテアーゼである．

　サーモリシンは一般酸触媒として働き，ヒスチジン残基が脱離の触媒基として用いられる（図 5.15）．サーモリシンはまた一般塩基触媒としても働く．その場合は，解離したグルタミン酸残基が水からプロトンを引き抜き，よりよい求核剤をつくる（図 5.16）．さらに，亜鉛イオンはカルボニル基の酸素の近くに位置し，カルボニル基を分極化することにより求核的な触媒としての役割を果たす（図 5.17）．

　亜鉛イオンはまた，同時に基質も不安定化することにも注目すべきである．なぜなら亜鉛イオンは C=O 二重結合を弱くするからである．すなわち，亜鉛イオンは基質の化学構造を不安定化し，基質の自由エネルギーレベルを向上して，その結果，活性化エネルギーを小さくしているのである．加えて，亜鉛イオンが荷電した酸素を安定化することで遷移状態は安定化される．したがって，亜鉛イオンは基質を不安定化することと，遷移状態を安定化することの両方，すなわち活性化エネルギーの"両端"に影響し，活性化エネルギーを小さくすることを手助けしていることになる．亜鉛イオンは，正電荷の 1 つとして反応の間にカルボニル酸素が帯びる負電荷と，その後，四面体型中間体で完全な電荷となる負電荷の近くに位置する．このような正電荷をもつ基は，セリンプロテアーゼにおいても見出されており，"オキシアニオンホール"として知られる疎水ポケット内で，中間体や遷移状態において，負の酸素を安定化する．

　亜鉛イオンは攻撃性のある水分子の酸素原子にも結合している．このことにより，攻撃する水分子の pK_a は 16 から 5 付近まで著しく変化する．したがって，金属イオンは，求電子触媒として，異なる 2 つの様式で独立に働いている．——これが酵素による非常に効率的な金属の利用である．

　一般塩基触媒である Glu 143（143 番目のグルタミン酸）は，この酵素の深い空洞の底に位置する．攻撃する水分子は Glu 残基に結合している．基質が結合するとき，基質は Glu 残基のカルボキシル基と水を疎水的な（低い誘電率をもつ）タンパク質の内部に埋める．このことは以下に示すいくつかの事象を引き起こす．最初に，水分子から水素を奪うことが可能な程塩基性となるように，グルタミン酸残基の pK_a が 5.3 まで上がる．次に（亜

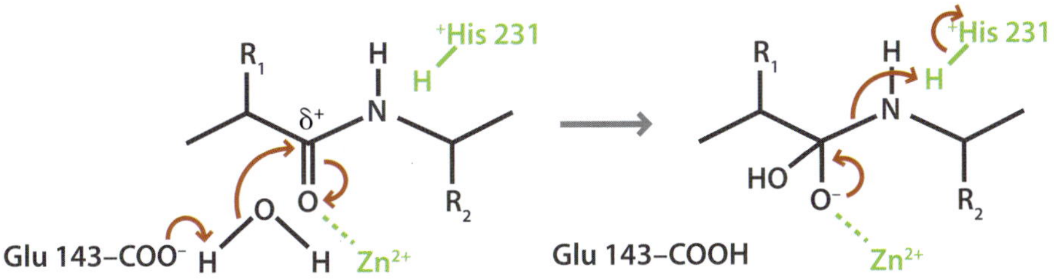

図 5.17
サーモリシンは亜鉛イオンを用いて，求電子的なカルボニル基を分極する．ゆえに求電子触媒として働く．

鉛イオンと同様な方法で)，タンパク質内部深くに埋もれた負電荷をもつことにより，遷移状態を形成する前に結合した基質を不安定化する．その後，遷移状態では，この電荷は移動し安定化される．3番目に，この荷電した系は，続いて起こるカルボニルへの攻撃を行うために，残基と基質が正しく配向されるよう，グルタミン酸の酸素原子をあらかじめ正しい位置に配置している．すなわち，このことにより遷移状態を形成する際のエントロピーの消失が減少し，活性化エネルギーは低下する．

　このすべての過程の中で，グルタミン酸残基の最初の位置は酵素-基質複合体を不安定化するように働き，それにより反応のエネルギー障壁が下がる．この自由エネルギーはタンパク質の折りたたみの自由エネルギーと事実上結びついている．一般にグルタミン酸残基のpK_aが5.3をもつ場合，タンパク質は不安定となる．しかし，サーモリシンの場合は，折りたたみの自由エネルギーは，グルタミン酸残基が埋もれていなかった場合の値と比べると，実際はより小さくなり，グルタミン酸残基のpK_aが5.3をもつことを実現している．

　サーモリシンの触媒反応の全体 (図5.17) は2段階からなる．図5.3に示したように，1つの中間体をもち，2つ遷移状態をもつ．そして，触媒反応の速度はもっとも高いピークの高さに単に依存するだけである．もし最初のピークが高いなら，"律速過程"は四面体型中間体の形成であるが，もし2番目のピークが高いなら，律速過程は結合の切断である．酵素は進化圧の影響下で進化しているが，必ずしも進化圧が反応速度を上げることはないかもしれない．たとえば，酵素リブロース1,5-ビスホスフェートカルボキシラーゼ/オキシダーゼ (RuBisCo) の古典的な例がある．この酵素は植物内で炭酸ガスを固定する．これは，効率のわるい酵素として有名である．すなわち，一般的な酵素は代謝回転数が1秒間に1,000回以上であるのに比べ，この代謝回転数は1秒間におよそ3回である．この場合，強い進化圧はこの酵素がCO_2と反応しないよりも，むしろ酸素とは反応しないようにしたのである．しかし，ほとんどの酵素において，速度を向上させる何らかの進化圧は少なくとも存在するはずである．上述したサーモリシンによって触媒される反応では，2つの段階が存在し，進化圧は遅い段階にのみ働く．なぜならこれが反応全体の速度を決める段階だからである．実際，サーモリシンにおいて，遅い反応は2番目の反応である [12]．このことに疑いがないのは，最初の段階は亜鉛イオンの存在によりある程度手助けされるからである．このように亜鉛イオンの存在は，いくつもの役割をもち，速度を著しく向上するのを手助けしている．

　進化圧が反応のもっとも遅い段階に関与していることから，進化の過程を経ることで，あらゆる段階の活性化エネルギーは，最終的にはおおよそ同じになると予想できるという考えは注目に値する．このことは，トリオースイソメラーゼを用いて確かめられているように，実際に正しい．

　要約すると，サーモリシンは反応を触媒するのに多様な方法を用いている．亜鉛イオンのようないくつかの活性基が，さまざまな異なる様式で用いられている．この意味において，サーモリシンは洗練された触媒である．しかし，一つひとつの役割は，一般的によく知られている触媒機構である．つまり，サーモリシンが行っていることで，特別に"巧妙な"ことは何もない．酵素はたくさんの異なる寄与による少量ずつの速度の加算を経て，それらを建設的に足し合わせることで大きな速度の向上を達成している．繰り返すが，これは進化が働く基本的な方策である．酵素の詳細な解析から，ほとんどの酵素が"簡単な"反応を触媒しており，一般酸-塩基触媒および求核触媒が関与していることが示唆された [13]．さて，酵素がより簡単な化学反応を触媒することでその役割を達成できるならば，なぜ酵素は複雑な化学反応を触媒するのであろうか．

5.2.6　求核触媒は機構を変える

　タンパク質分解反応の多くはサーモリシンのような金属酵素ではなく，トリプシンやキモトリプシンのようなセリンプロテアーゼによって触媒される．セリンプロテアーゼは金属イオンの恩恵をうけていないことから，それらの反応において，進化圧がかかるのは最初の段階であると推測できる．これらの酵素は，金属プロテアーゼが行っている酵素反応の最初の段階を異なる反応で一斉に置き換えている．用いられる求核剤がすぐれているので，この反応は水酸化イオンによる攻撃より速い．つまり，水酸化イオン (HO^-) よりセリン残基のヒドロキザレートイオン (RO^-) の方がすぐれている (図5.18)．その結果，セ

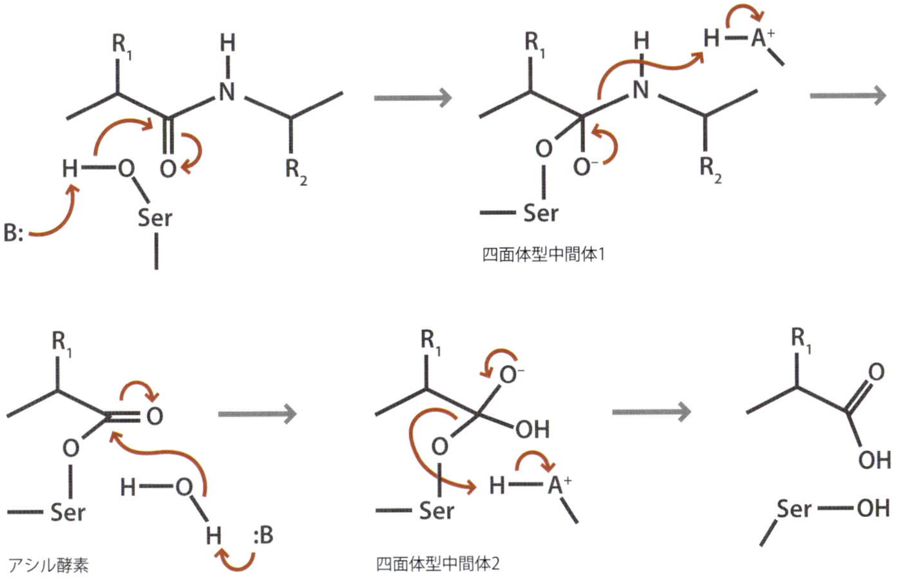

図 5.18
セリンプロテアーゼの機構. B と A はそれぞれ一般塩基触媒, 一般酸触媒を表す. 多くの場合, これらは同一のアミノ酸残基で, それが 2 つの機能を担う. 酵素のセリンのヒドロキシルイオンは直接反応機構に関与し, アミドカルボニル基への求核剤として働く. これは求核触媒の例である. セリン残基は反応が終わると再び最初の状態に戻る. これは求電子触媒の例である.

リンプロテアーゼはサーモリシンと比較して余分な 2 つの段階, すなわち初期の攻撃と, 酵素が基質に共有結合した中間体の切断を必要とする. それにもかかわらず, (おそらく) 全体の過程の中でより遅い段階は最初の求核攻撃なので, この機構を用いたとしても全体の反応は依然として速い (この段階では, 基質は通常反応性が高いエステル結合を形成し, アミド結合を形成していないため, 基質が酵素と共有結合したアシル酵素への第 2 番目の求核攻撃がより速いため). 繰り返すが, いかに多くのステップが存在しても速度には差がない. 重要なこととして, 反応速度に関係するのはもっとも高い活性エネルギーだけである. セリンプロテアーゼとサーモリシンのエネルギー論を比較することができる. その結果は, サーモリシンにおいて亜鉛イオンの取り込みが律速段階であることがわかる (図 5.19). セリンプロテアーゼは, 反応を触媒する機構に酵素内の求核基を用いるので, しばしば**求核触媒** nucleophilic catalysis と呼ばれる. 標準的な 20 種類のアミノ酸のなかでもっとも求核的な残基はシステインアニオン (RS$^-$) である. このことは, システインが触媒残基として (ヒスチジンに次いで (第 1 章)) 2 番目に多く見出されている理由である [13] (セリンやスレオニンに見出されるヒドロキシイオンは遜色ない求核性をもっているが, 相対的に pK_a が高いため, ほとんど産生されない. 表 1.1 参照). 酵素が触媒する反応が, 触媒が存在しない反応と異なる経路 (すなわち, 異なる機構) で進行するのは広く共通している.

5.2.7 酵素はしばしば補因子や補酵素を用いる

タンパク質は限られた範囲の官能基しかもっていない. それがタンパク質がもち得る化

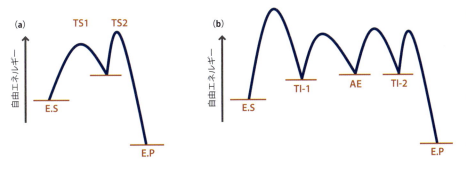

図 5.19
サーモリシン (a) とセリンプロテアーゼ (b) のタンパク質分解過程を表した自由エネルギーダイアグラム. 最後の段階のエネルギーはいずれの反応もほとんど同じである. 律速段階 (全体の活性化エネルギーの中で, もっとも高いエネルギーをもつ段階) は, 2 つの反応で異なることに注目せよ. TI と AE は四面体中間体とアシル酵素に相当する (図 5.18).

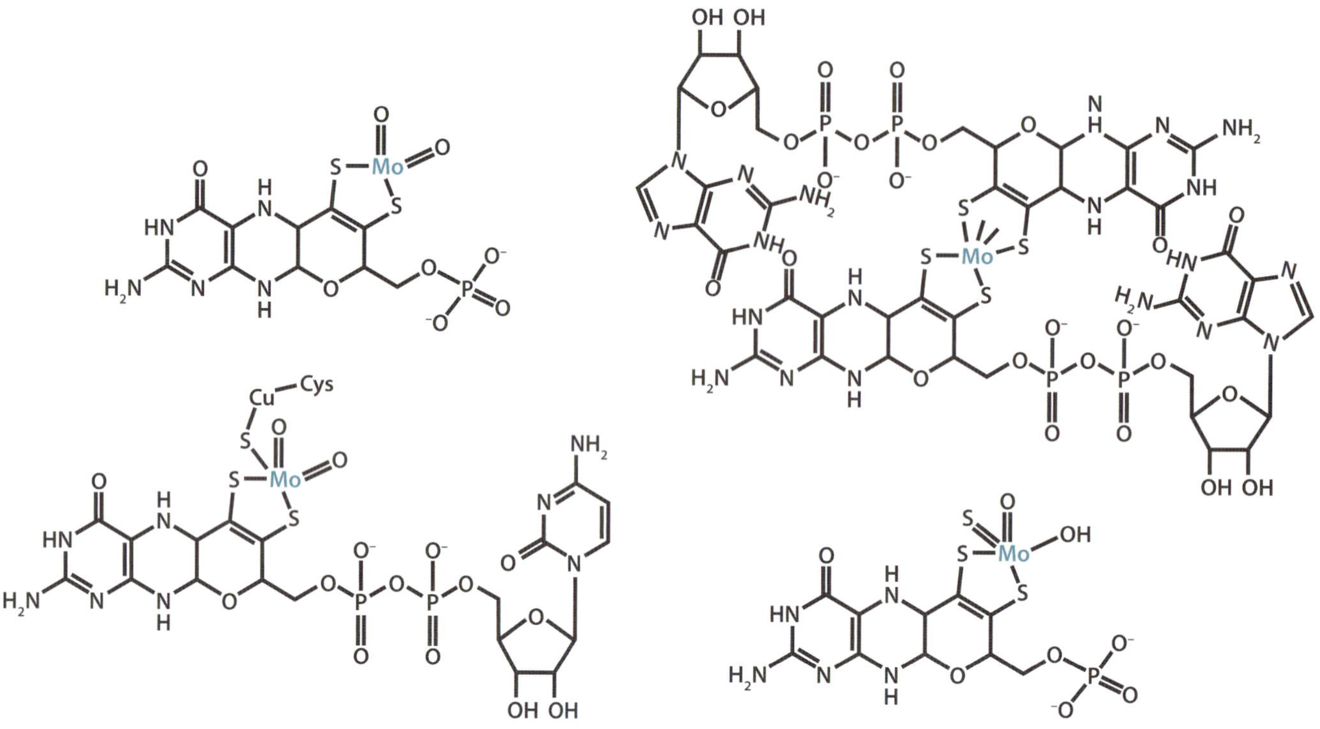

図 5.20
さまざまな酸化還元反応に用いられるモリブデンイオンを含む補因子の選抜．これらの補因子は ATP，GTP，CTP から合成される．

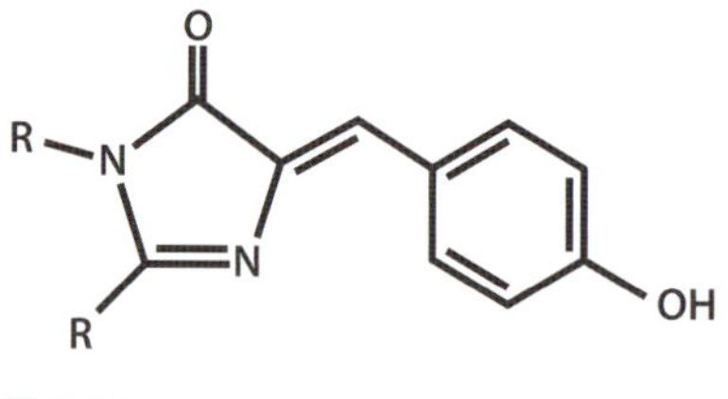

図 5.21
緑色蛍光タンパク質の蛍光体．

学的性質を制限している．第1章において，生命のもっともはじめの形態は RNA ワールドであったと想定されると記した．そこでは，RNA 分子は遺伝的な情報をもち，ほとんどの触媒過程も遂行した．タンパク質が存在した場所では，タンパク質は当初 RNA を強固にし，RNA を保護する単なる足場にすぎなかった．しかし，タンパク質は触媒機能に利用可能な非常に広範なさまざまな化学的性質をもっているので，タンパク質はかつて RNA が行っていた触媒機能のほとんどすべてを引き継いだ．しかしまだ十分ではない．明らかに不足していることは，システイン残基のスルフヒドリル基を除いて，アミノ酸には酸化や還元（レドックス）反応を触媒できる基がまったくないことである．したがって，酸化されたり，還元されたりすることのできる，利用可能なあらゆるものをタンパク質は充当している．これはさまざまな RNA 関連分子を含む．これらは，おそらく RNA ワールドで利用されていた NADH，FAD，FMN などである．タンパク質はコエンザイム A，S-アデノシルメチオニン，UDP グルコース，CDP-ジアシルグリセロールおよびモリブデンイオン補因子が結合した状態で用いられるような GTP や CTP も利用する（図 5.20）．さらに，タンパク質は遷移金属，とくに鉄を利用する．生命が誕生する前の世界において，鉄は容易に利用でき，また Fe^{2+} と Fe^{3+} との間に平衡関係が存在するので，鉄の選択は正解であった．しかし，好気的な条件下では Fe^{2+} は Fe^{3+} に容易に酸化され，Fe^{3+} の形はほとんど役にたたないのが，鉄の大きな問題点である．しかし，鉄はレドックスタンパク質で，ヘムと鉄-硫黄クラスターとして，広く利用されている．第2章や第8章で解説しているように，特別なドメインに広範囲に利用されていることのほか，タンパク質が進化の初期の段階で現在の形に類似したものに"具体化"し，それ以来その形が大きく変化していないということは，鉄がタンパク質において重要であることのさらなる証拠である．

実際，金属は驚くべきことに 47% の酵素の構造の一部を形成し，41% においてはその活性部位を構成している [14]．現在においても，生物が誕生する前でも，金属は有用性の割合におおよそ比例して利用されている．興味深いことに，亜鉛は，原核生物よりも真核生物において，格段に高い頻度で利用されている．この事実はおそらく，真核生物にお

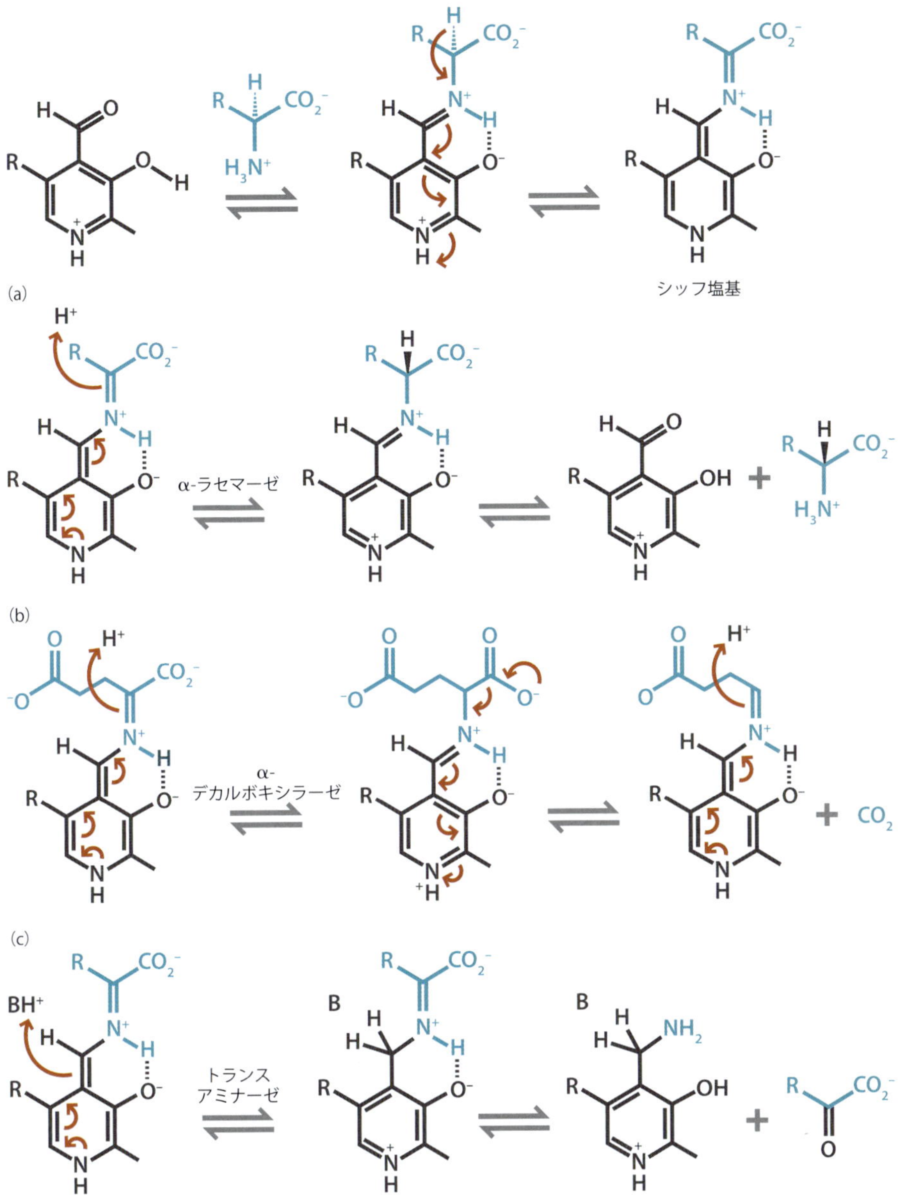

図 5.22

補因子ピリドキサールリン酸を用いて酵素により触媒されるいくつかの反応．左にある R は $CH_2\text{-}OPO_3^{2-}$ である．ピリドキサールリン酸のアルデヒド基はアミンとシッフ塩基を形成し（右上），さまざまな反応に用いることのできる多能性の求電子溜めをつくる．ここで示しているアミノ基転移反応において，α アミノ酸は α ケト酸へ変換される．もともと存在したアルデヒドは，別の α ケト酸を用いて α アミノ酸を再生する逆反応によって，再形成される．

表 5.2 一般的な補酵素

補酵素/補因子	機能
NADH / NADPH	酸化還元
FMN, FAD	酸化還元
キノン	酸化還元
鉄-硫黄クラスター	酸化還元
ニコチンアミド	酸化還元
ヘム	酸化還元
クロロフィル	光捕捉
レチナール	光捕捉
ビオチン	カルボキシル基の転移
CDP-ジアシルグリセロール	リン酸エステル部位の転移
コバラミン（ビタミン B_{12}）	アルキル基の転移
コエンザイム A（パントテイン）	アシル基の転移
リポ酸	アシル基の転移
ピリドキサールリン酸	アミノ基の転移（およびほかの機能）
S-アデノシルメチオニン	メチル基の転移
テトラヒドロ葉酸	炭素の転移
チアミンピロリン酸	アルデヒドの転移
UDP-グルコース	グルコースの転移

いて付け足された，非常に多くのジンクフィンガーや RING フィンガードメインに由来しているのであろう．亜鉛は広範に利用されるようになった比較的最近の元素の1つである．なぜなら，生物が誕生する前では，おそらく亜鉛は主として硫化亜鉛として固定されていたからである．

アミノ酸が得意としていないもう1つの機能は，基の転移反応である．一般的な補因子の機能を調べると，それらが基本的に酸化還元反応か基の転移反応に必要とされていることがわかる（表 5.2）．実際，電子の転移として酸化還元反応を，光子の転移として光捕捉を分類すると，これらはすべて転移反応に関与する．

タンパク質は有益なあらゆるものを補因子として用いている．タンパク質はほとんどの常金属に加え，多くの有機化合物をさまざまな様式で利用している．ときにはタンパク質はみずからのアミノ酸でさえも有益なものに変化させる．つまり，緑色発光タンパク質に存在する蛍光基は3つの連続するアミノ酸（セリン，チロシン，グリシン）が材料である（図 5.21）（11.2.4 項参照）．

補因子の多能な例として，ビタミン B_6 の生化学的な活性型であるピリドキサールリン酸により触媒されるいくつかの反応を図 5.22 に示している．この補因子は遊離のアミノ

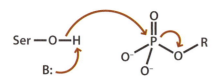

図 5.23
セリンキナーゼによる触媒反応．この機構についてはかなりの議論が続いている．しかし一般的な合意として，ここに示しているように，直接的な in-line 求核置換である．キナーゼは求電子側鎖としてだけでなく，酸素に配位する Mg^{2+} イオンも利用している．

基と反応し，シッフ塩基として知られている C=N 基を形成する．この基は容易にプロトン化し，よい求電子剤（*5.8）となる．ピリドキサールリン酸は，非常にさまざまな反応を触媒することができる．たとえば，反応性の高い炭素からのプロトンの除去反応（α アミノ酸からのラセミ化），脱炭酸反応，アミノ基転移反応（α ケト酸を α アミノ酸に交換する生化学的に重要な反応において見出される，C=O の $CH-NH_2$ への置換）などがあり，ピリドキサールリン酸は，非常に一般的かつ重要な補因子である．

この項の最初の論点に戻るために，その活性部位に金属イオン以外洗練されたものは何もない RNA 酵素（"リボザイム"）を取り上げたい．RNA は実際に広くさまざまな分子と結合できることを考えると，これは少し意外である．おそらくタンパク質は触媒として格段にすぐれているので，リボザイムのような現存する RNA 酵素を除いて，あらゆる機会を利用して RNA と置き換わったからであろう．リボザイムはおそらく非常に本質的なものなので（または非常に基本的なものなので），置き換えることができないのである．

5.2.8 酵素は活性部位で水をコントロールする

ほとんどすべての活性部位は，くぼみまたは空洞の中に存在し，水から遮蔽されている．非常に頻繁に（第 2 章ですでに示したように）酵素はその基質と結合し，基質を溶媒から完全に孤立させるために，活性部位の上にまたがるフラップやドメインを近づける．このようにして，活性部位は完全に溶媒から遮断されるようになる．そして，反応機構の一部として必要とされる水分子以外のあらゆる水は排除される．これはなぜなのか．それには主に 3 つの理由がある．

第 1 の理由は水には顕著な反応性があり，副反応を引き起こすかもしれないということである．このことに関する古典的かつもっとも的を射た実例がキナーゼ類に存在する．これらの酵素は，活性化したリン酸基への基質の求核攻撃性を用いて，基質へのリン酸基の付加を触媒する（図 5.23）．キナーゼ類は多様な手段を用いて，リンにより求電子性をもたせることで，P–O 結合を弱くするが，活性部位のあらゆる水もまた同様に反応することができるはずである（図 5.24）．その結果，リン酸エステル結合の加水分解（たとえば，ATP から ADP への変換）が起こるが，これは望ましくない副反応である．水は（セリンキナーゼの）セリン残基のようなよい求核剤ではないが，セリン残基よりも多くの水が存在するので，十分起こり得る副反応である．これは活性部位から水を排除することによって回避される．あらゆるキナーゼは 2 つのドメイン間の界面に埋もれている活性部位をもち，2 つの基質をそれぞれのドメインごとに 1 つずつ結合する．活性複合体は，いったん 2 つの基質が結合した後，ドメインが接近する際にのみ生じる．これは後述するように誘導適合機構の例の 1 つである．このようにして，酵素は触媒的に活性な複合体において，まったく水が存在しないようにしている．

水を排除する 2 つ目の理由はより一般的で，より重要である．つまり，水は非常に高い誘電率 ϵ（*4.2 参照）をもっている．電荷のエネルギーは q/ϵ と比例する．ここで，q は電荷の大きさである．したがって，タンパク質の内部（$\epsilon \approx 4$）にある電荷は水中（$\epsilon \approx 80$）と比較して，およそ 20 倍不安定である．より不安定ということは，高エネルギー状態となり，より反応性が高い．したがって，水素結合や求電子触媒などの電荷に依存するあらゆる種類の相互作用は，水が存在しない場合，より強く，より効果的であると考えられる．ほとんどの有機化学反応が疎水性度の高い溶媒で起こることは，偶然の一致ではない．酵素による誘電率の操作は，酵素の触媒力においてきわめて重要な役割である．サーモリシンによるタンパク質の分解の触媒反応で実例を探してみるとしよう（図 5.17）．亜鉛イオンは欠かすことのできない役割をもっている．これは，亜鉛イオンがおかれている環境が通常疎水的（低い ϵ）であるという事実によってさらに強調される．この酵素は，グルタミン酸の解離型カルボキシル基や亜鉛イオンのような，タンパク質内に埋もれている電荷を好まず，あまり荷電していない遷移状態を好む（安定化する）．言い換えれば，この酵素は疎水性の環境にグルタミン酸のカルボキシル基や亜鉛イオンの両方を埋めることで，基底状態のエネルギー状態を上げ，その結果活性化エネルギーを低下させている．

酵素の活性部位は疎水的だが，しばしば適切に配置された電荷が存在するという点で，酵素の活性部位が化学的に異常であることは注目に値する．この環境では，活性部位のアミノ酸が通常よりしばしば反応性が高いことを意味している．たとえば，セリンプロテアー

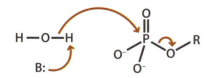

図 5.24
キナーゼの触媒中心を用いたリン酸エステル（ATP など）の加水分解．

ゼの活性部位のセリン残基は，タンパク質内のほかのセリン残基が反応しないさまざまな化合物と反応する．この知見は多くのタンパク質で活性残基を同定するのに非常に有益である．

第3の理由もまた同様に重要である．水分子は強い**双極子** dipole をもっており，水が電荷を溶媒和するように，水そのものの向きを変える．たとえば，正電荷を帯びた金属に負に分極した端を向けて，水分子の集団が荷電したイオンの周りを囲むことから，水の溶媒和をよく理解できる（図5.25）．すでに示したように，あらゆる化学反応は負に荷電した電子の動きが関係する．これが巻き矢印が描写するものである．水分子がすぐ側に存在するなら，水分子は電荷を溶媒和するように，水分子の向きを変えようとする．したがって，反応の間，水分子は反応に"調和して振る舞おう"とする．水は，反応を妨げるように作用し，反応速度を極端に低下させる[15]．電子は非常に速く移動することができるが，これに反して，水分子の再配向はとってもゆっくりしている．計算によると，水分子の再配向だけで，反応を10^{10}倍ほど遅くすることができる．しかし，この効果は通常それほど極端ではない．したがって，活性化エネルギーを低下させるためだけでなく，反応が遅くなることを避けるために，酵素は遷移状態を溶媒和しない．水が活性部位の電荷を安定化するために双極子をもつことは必要であるが，酵素の内部の原子に結合している水分子は反応中は移動しないので，原子に結合しているが反応を遅くすることはない．

水分子は一般的に非常に効果的にタンパク質の表面を溶媒和する．第4章で詳細に解説したが，水分子を除くことは，非常にエネルギーを要求する過程となり得る．したがって，たとえば，もしキナーゼが基質に接近する前に，活性部位からあらゆる水分子を除去することができたなら，非常に高いエネルギー障壁となり，この反応はとてもゆっくりした過程となるだろう．しかし，キナーゼの活性部位から水が除去されるのはこの様式ではない．活性化エネルギー障壁の高さが絶対に大きくならないように，通常水分子はまぶたをぎゅっと閉じるように一斉にではなく，ジッパーを閉じるように1つずつ活性部位から除かれる．

5.3 酵素は基質の形よりも遷移状態の形を見分ける

5.3.1 鍵-鍵穴モデルと誘導適合モデル

エミール・フィッシャー Emil Fischer（*5.11）が1894年に**鍵-鍵穴モデル** lock and key model を提唱したときは，そのモデルは革新的な考えであった．つまり，自然が鍵穴のように化合物を捉えておくことができる分子を創製できたということである．この考えにより，酵素に関する私たちの理解は大きく前進した．実際この考えは，この章のここまでに記したことの多くを言い表している．鍵-鍵穴モデルは酵素が遷移状態のエネルギーレベルを下げる方法を説明しない，ということはよくいわれる．"鍵穴が基質に適合する"という原文を用いるなら，この指摘は確かに真実である．しかし，もし鍵穴が基質よりもその"遷移状態"により適合する構造をもっているなら，鍵穴は反応物を適切な位置に保持し，基質を不安定化し，遷移状態を安定にするだろう．したがって，鍵-鍵穴モデルは

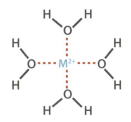

図5.25
水による金属イオンの水和．

*5.11 Emil Fisher

Emil Fisher（図5.11.1）は糖とプリンに関する仕事がもっとも有名である．糖に関する仕事では立体化学の重要性を察知した最初の化学者の一人である．1902年にノーベル化学賞が授与されたのはこの業績である．これは，酵素の反応の立体選択性を説明する**鍵-鍵穴モデル**のもとともなった．決められた組成や構造からなる分子の1つとして酵素をとらえるという概念が盛んに議論されていたので，これは革命的な考えであった．しかし，その後，彼は仕事の方向をアミノ酸やタンパク質に向けた．そのなかで，彼は多くのアミノ酸を特徴づけ，ペプチド結合というものを記述し，ジペプチドを合成した最初の人物である．

図5.11.1
Emil Fischer．（著作権：Science Museum / Science & Society Picture Library）

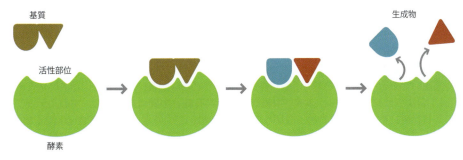

図5.26
誘導適合モデル．

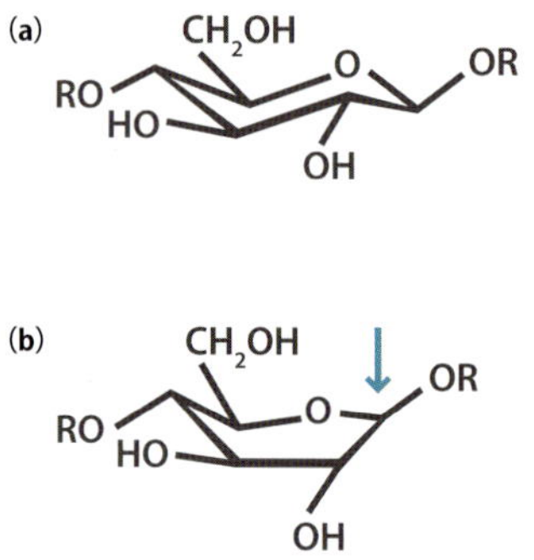

図 5.27
6炭糖環の2つのコンフォメーション．(a) 椅子型．(b) 半椅子型．椅子型は溶液中でより安定である．リゾチームの結晶構造において，D環（切断サイト）は半椅子型構造に強いられている．グリコシド結合に関与する炭素（矢印）はすでにほとんど平面であり，この構造は遷移状態に必要なコンフォメーションであるから，切断には格段に都合がよい．

酵素が行うことのほとんどを的確に表現している．触媒抗体は基本的に遷移状態と適合する鍵穴であるということによって働いている．

鍵-鍵穴モデルは**誘導適合モデル** induced fit model に置き換わりつつある．このモデルでは，酵素は固いものでなく，その構造を基質に密着するように適合させることができる．酵素は基質と結合していない状態では，1つのコンフォメーションをもっている．しかし，基質が酵素に結合すると，結合のエネルギーにより酵素はコンフォメーションを変えるように誘導される．その結果，酵素は触媒反応を起こしやすいような形になる．これらのことは，本質的には以下の一般的な連続した式によって示されている．

$$E + S \rightarrow ES \rightarrow E^*S \rightarrow EP$$

ここで，ESからE*Sへの変換は活性型または触媒反応が起こりやすい状態への遷移を表している．

誘導適合モデルの最初の提案 [16] は，酵素が"正しい"基質より小さい基質に対して，よりゆっくり働くことを説明できる方法として用いられた．鍵-鍵穴モデルは鍵穴が鍵にぴったり合わないような大きい基質に対して，酵素が選択的である方法を説明するものであった．しかし，鍵-鍵穴モデルは，酵素が小さい基質に対して働かない理由を説明することができない．"基質が酵素の形を無理に変形させる"という考えは，このことをことさら適切に説明することを可能にする（図 5.26）．それ以来この考えは，基質と結合していない状態では酵素は基質と相補的な形をしているが，基質に結合すると酵素は活性型へと変化するということを示唆するために用いられてきた．しかし，このことは誘導適合モデルにとっては必ずしも本質ではなく，すでに理解していると思うが鍵-鍵穴モデルの一端でもある．

実際，誘導適合モデルは鍵-鍵穴モデルよりもすぐれた酵素機能の説明である．このモデルを用いると酵素が固いものでないことと，遷移状態（中間体が存在するなら，それに相当するもの）における酵素のコンフォメーションは基質と結合していないときと異なるということを，ある程度受け入れることができる．基質が酵素と結合した際に，相互に構造的や動的な変化が起こる程度に基質は固くないということを理解することが最初の提案をよりすぐれたものに改変することになるだろう．つまり，実際に酵素は基質を不安定化する（すなわち，酵素が基質を不安定な環境におく）だけでなく，基質をひずませる（すなわち，酵素が基質を容易に反応するようにコンフォメーションに物理的に変形する）ということである．

上述した，基質のひずみが反応を進行させるという議論は一般的にリゾチームという酵素を用いて図解されている．リゾチームは，涙の中などに見出され，そこで多糖類の加水分解を触媒しバクテリアを殺菌するのを助ける．リゾチームは結晶構造が決定された最初の酵素である（1965年）．その基質との複合体の結晶構造は，酵素がどのように働くかを直感的に示した．この複合体構造から，仮に加水分解を受ける糖が椅子型から半椅子型に変形するなら，酵素の活性部位に基質を適合させることは可能かもしれない（図 5.27）．これは非常に魅力的な考えである．なぜなら糖の半椅子型構造は，糖の炭素（C1位）に生じる正電荷を安定化するのに好都合で，必然的に，リゾチームが（脱離するオリゴ糖をプロトン化することによる）一般酸触媒と正電荷をもつ遷移状態の安定化，ならびに基質の不安定化の組み合わせで，糖の加水分解を触媒することを意味するからである（図 5.28）．したがって，リゾチームは化学的には非常に一般的な SN_2 反応でなく，あまり例のない SN_1 反応で機能すると考えられていた．すなわち，脱離する糖がまず基質から分解され，半椅子型の糖にカルボニウムイオンを生成する．その後，その糖に水が付加するという機構である．この機構はほとんどの生化学の教科書に記載されていたが，2001年におそらく間違いであることが示された（教科書でさえときどきは間違いがあるというよい例である）．つまりリゾチームは，求核的な触媒により共有結合中間体を形成し，次のステップでそれが壊れるという，きわめて紋切り型の様式で働いているということである（図 5.29）[17]．これは，すぐれていて真実に違いないというとても素晴らしいアイデアが，不幸にも事実ではなかったという1つの例である*．

リゾチームの触媒機構についてはさらなる検討が必要だが，基質のひずみは間違いなく生じている．小さい分子を大きく変形させるには多くのエネルギー（エンタルピー）を必

---

*訳注）2001年の論文に用いられた基質は人工的なものであること，リゾチームと類似した酵素（セルラーゼ）において構造生物学的に Phillips の機構（糖のカルボニウムイオン中間体の存在 SN_2 反応）を支持している論文が最近出版されていることなどから，リゾチームの触媒機構が100% Koshland の機構（糖-酵素共有結合中間体の存在 SN_1 反応）で進行していると決まったわけではない．

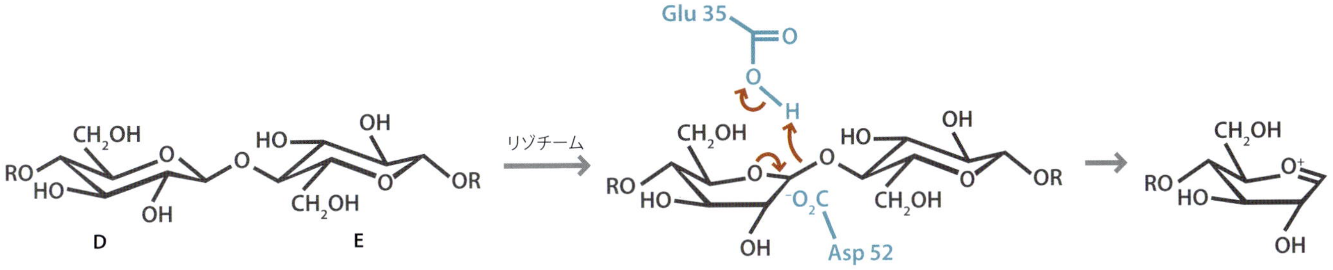

図 5.28
結晶構造に基づき提案されたリゾチームの触媒機構の原型. D 環が Glu 35 を一般酸触媒として切断されることが示唆された. このことは D 環の椅子型構造が不安定化され，D 環の半椅子型へねじれたことで可能となった. したがって，右に示すようなカルボニウムイオンの形成のため，D 環の変形を事前に行った. Asp 52 は正電荷を安定化するように働いている（同時に基質を不安定化している）. カルボニウムイオンはすみやかに水により攻撃され六炭糖を生成する. 糖環の名前はリゾチームの結晶構造に由来している.

要とする. したがって，ひずみの程度はたいてい小さいものである [18]. そして，あらゆる直接的なひずみによる触媒効果を考えるよりも，基質より優先して遷移状態を安定化すると考える方が納得がいく [19]. しかし基質が異常なコンフォメーションや，反応性が高いコンフォメーションで酵素に結合しているという一般的な証拠は，ないということも付け加えておこう [20].

誘導適合によって進行する酵素の古典的な例は，すでに第 2 章で例に挙げたアデニル酸キナーゼである. アデニル酸キナーゼの重要な点は，すでに述べたように，ほかのキナーゼと同様に活性部位から水を排除しなければならない. この酵素は 2 つのドメインをもっており（2 つともロスマンフォールドドメインである），ATP が 1 つのドメインに結合し，AMP がもう 1 つのドメインに結合している. 2 つの基質が結合したときだけ酵素は閉じて，水を排除した触媒可能な構造を形成する. この例では，コンフォメーション変化の理論的根拠は，遷移状態の構造に適合するよう酵素の構造を変えることではなく，水を排除することにある.

基質に密着するために自らを再構築するという酵素に関する考え方は，第 3 章で記述したように，アロステリーのほとんどの側面をも見事に説明する.

誘導適合モデルは，酵素がいかに働くかを論理的に記述したものである. しかし，現在ではそのモデルがすべて正しくないことがはっきりしている. 基質と結合することにより酵素に変化を"強要したり"，誘導したりすると考えるより，実際は，基質と結合してい

図 5.29
リゾチームの起こり得る触媒機構. これはグルコシル結合の加水分解酵素やグルコシル基の転移酵素に見出される，非常に典型的な機構である. Asp 52 は求核触媒として働く. 一般酸触媒として働く Glu 35 は，活性発現には必須である. これにより，酵素結合中間体を生成する. 次の段階では，水分子が加水分解される糖と置き換わる. ここでは，水分子が糖を攻撃することができるよう Glu 35 は一般塩基触媒として働き，水分子から水素原子を引き抜く. そして，糖を遊離する.

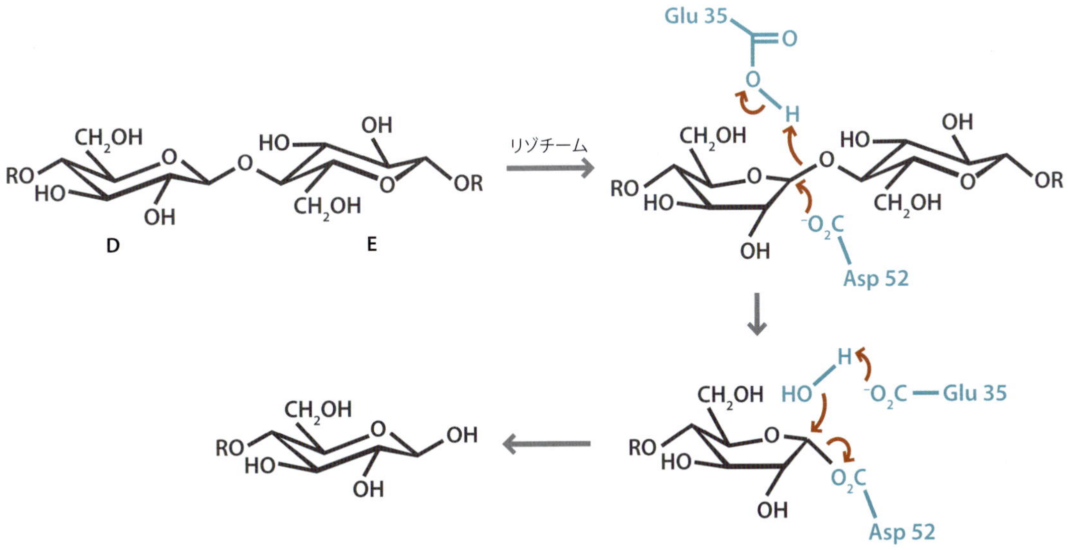

*5.12　Leonor Michaelis

Leonor Michaelis（図 5.12.1）はドイツ人の生理学者で内科医であったが，一流のドイツ人生理学者である Emil Abderhalden が提案した妊娠検査が狂人を検出することと等しいとして，その正当性について異議を唱えた．そのため，1922 年に無理やりドイツから追い出された．その後，彼はまず日本に，そしてアメリカに渡った．そこで彼は酵素反応速度論を研究するだけでなく，チオグリコール酸に溶解するケラチンを発見した．この現象は，パーマネントウエーブ，すなわちパーマをつくるのに現在でも広く用いられている．

図 5.12.1
Leonor Michaelis.

*5.13　ミカエリス・メンテンの式

ミカエリス・メンテンの式は以下のようになる．

$$V = V_{max} \frac{[S]}{[S] + K_m}$$

これは双曲線型の反応である．この式で，反応速度 V，最大反応速度 V_{max}，基質濃度 $[S]$，**ミカエリス定数** K_m である．K_m は反応が最大速度の半分の速度で進行するときの基質の濃度に相当する（図 5.30）．$[S]$ が K_m より格段に小さい，すなわち低い基質濃度では，反応は $[S]$ に直線的に比例する．このことは直感的に理解できる．最大速度は酵素が基質によって飽和しているときにのみ達成される．この状態では基質の濃度はまったく速度には関与しない．

どのような仮定がもち込まれるかによって，この式はいくつかの方法で誘導することができる．多くの教科書において示されているように，Michaelis と**メンテン** Menten（*5.14）の最初の仮定は過度に制限されていた．

シャトルバスとして酵素を捉え，人々が 1 つの場所から別の場所に行くものとして基質を捉える，わかりやすい類推法がある．人数が少ない場合では，シャトルバスにのって人々が動く速度は人々の数に伴い直線的に増加するが，旅行したい人々の数が増えるにつれて，すべてのシャトルバスが満員のときには，人々の動きの速度はやがて一定になる．

ない酵素は動的な状態で存在していると考える方が正確である．この動的な平衡状態では，たいてい"基質と結合していない酵素の構造"のようになる（たとえば，基質非存在下での結晶で観察されるように）．しかし，酵素は動的平衡過程の中で他のコンフォメーションをとることができ，その中のいくつかが活性型の構造をもつようになる．このような状況で，基質は酵素の基底状態でなく，活性型のコンフォメーションに結合するだろう．その結果，平均的にはちょうど酵素が基質に結合したコンフォメーションをとっているように，酵素のコンフォメーションアンサンブルを変える．つまり，すでに存在している酵素分子のコンフォメーション平衡において変換が存在するわけである．このモデルは，立体配座選択 conformational selection モデルまたはプレイグジスティグ pre-existing モデルと呼ばれており，一般的に，誘導適合モデルよりもより正確なモデルとして広く受け入れられている．これについては 6.2 節で詳細に解説する．

5.3.2　酵素はその基質に対して強く結合すべきでない

酵素が反応の触媒を可能とする要因のほとんどについてはすでに考察した．しかし，まだ 1 つ重要であるがしばしば見過ごされることがある．それは，どれくらい強く酵素は基質に結合すべきかということである．すでに上述したが，酵素はたいてい基質より，むしろ遷移状態に相補的になるように，本来もっている結合エネルギーの多くを犠牲にしている．言い換えれば，たとえ酵素が基質により密に結合することができたとしても，触媒作用を達成するには，そのような結合をしない方が，よりすぐれているということである．この項では，酵素の基質への至適な親和性が実際にはかなり弱いことをみていく．

酵素の基質に対する親和性は通常 K_m，すなわち**ミカエリス** Michaelis（*5.12）定数によって表される．有名な**ミカエリス・メンテンの式** Michaelis-Menten equation（*5.13）から，基質濃度 $[S]$ が K_m に等しいとき，反応速度 V が最大値の半分となる（図 5.30）（$[S]$ の角括弧 [ ] は"S の濃度"，より正確には S の**活量**を意味する）．

$$V = V_{max} \frac{[S]}{[S] + K_m}$$

したがって，K_m はほとんどの状況で，ES 複合体の解離定数（*5.5）と同じであると理解してもよいだろう．すなわち，基質の半分が酵素と複合体を形成している際の基質の濃度である．異種の酵素において K_m の値はおおよそ 0.1 mM ～ 0.1 M の範囲で広く変動するが，その値を決めるのは何であろうか．

ある酵素の K_m 値を基質の生理濃度と比較すると，一般的に K_m は $[S]$ の値より 1 ～ 10 倍であることがわかる．言い換えれば，*in vivo* のほとんどの酵素反応では，酵素の半分以上は結合しないほど，基質の親和性は弱い．これは直感に反するように思われるが，

*5.14 Maud Menten

Maud Menten（図 5.14.1）は 1911 年に医学博士号を得たカナダ人女性の最初の一人である．その時代，カナダでは女性は研究することを許されていなかった．そのため，彼女はドイツに渡り，Leoner Michaelis と酵素反応速度論について研究した．彼女はまた 1944 年に電気泳動を用いてタンパク質を分離した最初の人物であった．この手法は，もちろん現在でもあらゆる生物系の大学生によって実施されているものである．さらに，彼女は絵を描き，山を登り，北極への探検をたびたび行った．彼女は最終的に 1948 年，70 歳でピッツバーグ大学の正教授へ昇進したが，その 1 年後に死亡した．彼女が生化学でもっとも有名であるに違いない式を共同執筆したことを考えると，この処遇はまったく公平でないように思える．

図 5.14.1
Maud Menten．

そうなるのはなぜだろうか．

酵素触媒反応におけるエネルギー論を基に説明する．まず，標準的なエネルギー図を眺めてみる必要がある．会合反応における平衡関係の位置は，濃度に依存することがわかるだろう．したがって，以下の式において，

$$A + B \rightleftharpoons AB$$

仮に溶液中の A と B の濃度を上げると，たくさんの AB 複合体が形成することはすぐにわかる（そして，これはとても有意義なことである）．これは本質的には，**ルシャトリエの原理** Le Chatelier's principle である．言い換えれば，A + B と AB の間のエネルギーの差はそれらの濃度に依存する．数学的にこれは以下の式で表される．

$$\Delta G = \Delta G° + RT \ln([生成物]/[反応物])$$

ここでは，自由エネルギー ΔG は標準自由エネルギー変化 $\Delta G°$ と生成物と反応物の濃度に依存して異なることを示している．

これをエネルギー図で言い換えると，A + B から AB への段階を描くとき，エネルギー変化がそれらの濃度により依存して変化する．酵素反応という条件では，選択する見かけ上の濃度は *in vivo* で見出されているものである．

このことは，K_m が [S] より大きい通常の状況では，ES の自由エネルギーは，E + S の自由エネルギーより大きいことを意味している．言い換えれば，ES 複合体の形成はエネル

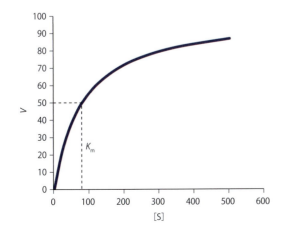

図 5.30
ミカエリス・メンテンの式に従う酵素反応速度論．グラフは V_{max} を 100 として計算している．実現可能な基質濃度では，速度はまだ V_{max} には接近しないことは注目に値する．破線は $V_{max}/2$ を示しており，K_m は 80 となる．

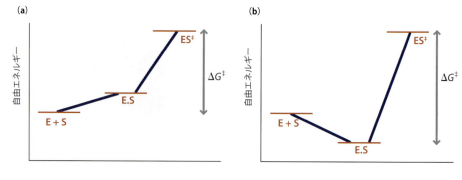

図 5.31
基質がしっかり結合したときに起こる熱力学的なくぼみ．(a) 基質の弱い結合 ($K_m >$ [S])．活性化エネルギーは遷移状態の高さによって決められる．(b) 基質の強い結合 ($K_m <$ [S])．活性化エネルギーは大きくなる．なぜなら，反応を開始する前に，複合体はそのもの自体をくぼみから抜け出さなければならないからである．

ギー的に不利である（図 5.31a）．もう 1 つのシナリオとして，K_m が [S] より小さい状況では，ES 複合体の形成はエネルギー的に有利である（図 5.31b）．この図はなぜこのようなことが起こるかを明らかにしている．反応の活性化エネルギーは，反応経路で遷移状態からもっとも低いところまでの自由エネルギーの差である．もし，E と S の結合がエネルギー的に有利だと（図 5.31b），ES は E + S より低いエネルギーに位置し，活性化エネルギーはより大きくなる．したがって反応は遅くなる．このことは，酵素が基質にしっかり結合すると熱力学的なくぼみをつくる，という言い方でしばしば表現されている．このくぼみから抜け出すにはエネルギーを必要とする．

図 5.31a のシナリオにおいては，複合体の形成がエネルギー的に不利な状況で，熱力学的なくぼみは存在しないので触媒速度はより速い．対照的に，ES の濃度は必然的にそれがとり得るものの半分以下となるので，あらゆる基質が ES 複合体を形成する場合の反応の進行に比べれば，反応はよりゆっくりと進む．しかしながら，エネルギー的要因がこの効果より重要である．なぜなら，速度は指数関数的に活性化エネルギーに依存するからである．つまり，以下の式である．

$$k = Ae^{-E_a/RT}$$

これはすべての基質が完全に結合することより，活性化エネルギーが低いことの方がより重要であることを意味している．

この一般原則における興味深い点は，酵素の特異的な基質との結合定数（または K_m）は，非特異的な基質に対する親和力より強くないことも多いということである．繰り返しになるが，これは，特異的な基質に対する結合エネルギーの多くが遷移状態のエネルギーを下げるために使われているからである．

従来の理論では証明できないものとしてこのあたらしい概念はそのよい例となる．（プロテアーゼのような）カルボニル基への求電子的な攻撃を触媒する酵素は，遷移状態に対して幾何学的な至適な配置，すなわち，カルボニル基と同じ平面で，水素結合を形成する原子団により遷移状態を安定化すると予想されるが（図 5.32a），通常，酵素はカルボニル基に対して，90°の角度で水素結合を形成する基をもっている（図 5.32b）．この幾何学的な配置において，遷移状態の安定化はほとんど同じだが，基底状態の安定化は非常に弱くなる．このことにより，基質の結合は弱いままで，活性化自由エネルギーは最大限に減少している [21]．

仮に，酵素活性を決める制約が速度を最適化するだけなら，上述した解析は適切だろうが，実際は速度を最適化することだけが必ずしも酵素の主な役割でない．酵素が触媒する反応の速度は，K_m = [S] のとき基質濃度にもっとも強く影響されることは，よく知られている [6]．言い換えると，酵素の機能が代謝産物の量をおおよそ一定に保つことであれば（多くの細胞内酵素にとってそれは正しい傾向である），酵素は，K_m = [S] のときにこの機能を最大限発揮すると考えられるため，上述したものと類似した最適な配置が存在する．しかし，酵素の役割が基質の濃度にかかわらず定常的に生成物を産生しつづけることであれば（細胞外酵素にとってこのことはしばしば正しい），酵素は飽和状態で働くはずである（[S] ≫ K_m）．そこでは，酵素の速度は基質濃度に依存しない（図 5.30）．したがって一般則はない．つまり，K_m と [S] との間の理想的な関係は，酵素ごとに異なるということである．

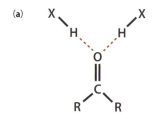

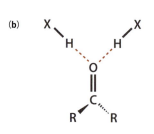

図 5.32
基質への結合は，通常基質が選択的に不安定化され，遷移状態が安定化するように構築されている．酵素触媒反応において，求核剤により攻撃される段階でほとんどのカルボニル基は，平面のジオメトリーが反応の遷移状態まで大きなエネルギーが必要という事実にもかかわらず，カルボニル平面と 90°の位置関係で水素結合供与体と結合している (b)．この理由は，この平面ジオメトリーは基質にとってはよい安定化を与えているが，面外のジオメトリー (b) はそうでないということである．

5.3.3 結合と触媒速度は密接に相互関係がある

酵素はとても特異的である．すなわち，それらは正しい基質との反応だけを触媒する．これは，酵素が正しい基質と結合することを必要とし，正しくないものを排除する（つまり結合しない）ことを意味している．正しい基質のみを認識するもっとも簡単な方法は，基質だけに結合するように官能基が適切な位置に存在する，というように酵素内で官能基を配置させることである．しかし，これは問題を生じる．なぜなら，それにより酵素が強すぎる結合を形成するようになるからである．したがって，酵素は正しい基質に対して，その特異性を維持しながら，その親和性を低下させなければならない．酵素はこれを2つの関連した機構により実現している．第1に，基質が結合した際に酵素が**誘導適合** induced fit 変化をする．つまり，この変化はエネルギーを必要とし，効果的に基質に対する親和力を低下させるのに役立っている [7]．第2に，その結果もたらされた結合部位は，基質の重要な部分を認識する特異的なサブサイトと，反応サブサイトへしばしば概念的に分けられる．しかしながら反応サブサイトへの基質の結合はとても不都合である．なぜなら，酵素の触媒力は基質よりもむしろ遷移状態を安定化する（言い換えれば結合する）ことに起因しているからである．結合エネルギーはすべて特異的サブサイトへの基質の結合に由来している．このことがおそらく酵素が基質に大きな補因子を結合する傾向があることの理由であろう．つまり，酵素の基質との結合親和力は非常に弱いので，酵素はたとえばヌクレオチド（たとえば，CoA，ニコチンアミド，フラビンヌクレオチドなど）のような，何かほかのものをもっている必要があるからである．

仮に，分割が実際の酵素で行われているとしても，酵素結合の2つのサブサイトへの分割は容易ではないことを心に留めておくべきである．なぜなら，結合と触媒は密接に連携しているからである．実際，表 5.3 に示したプロテアーゼであるエラスターゼに対する基質の速度論的なデータにより，見事に例証されている．2種類の基質のペアに対して，基質が長いほど（予想していたように）より強い結合（より低い K_m）をもっていない．付加的な残基が活性部位に存在しないにもかかわらず，実際それらの反応は，より速く進む（より高い k_{cat} をもつ）．すなわち，酵素の付加的な結合は，基質として酵素にしっかり結合するより，遷移状態へのペプチドの結合を安定化するのに用いられている．同じ理由で，たとえば，結合の鍵となる残基のアミノ酸変異が（予想していたように）基質の親和性よりもむしろ触媒速度に影響することがある．このような結果は，個々のアミノ酸残基の役割に関するさまざまな詳細な解析を混乱させている [22]．

酵素は基質よりむしろ遷移状態に結合すること，酵素が本来もっている結合エネルギーの多くを犠牲にし，基質をひずませつつ結合することについてはすでに示した．ここでは酵素がなぜそれらの基質に強く結合しないのかという第2の理由を示す．つまり，正しい基質への結合の特異性を上げることである．酵素は本来もっている使用可能な量よりはるかに少ない結合エネルギーしか利用しない．つまり，酵素は可能な限り強く基質と結合しようとはしない．もし酵素が基質と弱く結合するという制限があるなら，反応速度を上げるいくつかの方法の1つは，酵素の濃度を上げることである．実際に，細胞内のいくつかの酵素は，それらの基質の濃度よりもかなり高い，非常に高濃度の状態で存在している．

表 5.3 K_m と k_{cat} の相互依存性を示す，エラスターゼのキネティックデータ

基質	k_{cat} (s^{-1})	K_m (mM)	k_{cat}/K_m ($s^{-1} M^{-1}$)
Ac-Ala-Pro-Ala-NH$_2$	0.09	4.2	21
Ac-Pro-Ala-Pro-Ala-NH$_2$	8.5	3.9	2200
Ac-Gly-Pro-Ala-NH$_2$	0.02	33	0.5
Ac-Pro-Gly-Pro-Ala-NH$_2$	2.8	43	64

（データは R. C. Thompson and E. R. Blout, *Biochemistry* 12: 51–57, 1973 より．American Chemical Society より許諾）

*5.15 酵素阻害剤

酵素の活性は阻害剤によって低下させることができる．阻害剤はさまざまな様式で働く．いくつかの阻害剤は活性部位で酵素と反応する．それらは，不可逆的阻害剤，自殺阻害剤，触媒毒と呼ばれる．PMSF（フェニルメチルスルフォニルフロライド）のようなプロテアーゼ阻害剤の混合物（細胞抽出物からタンパク質を精製する間，細胞内のプロテアーゼを阻害するのに用いられる）の成分のいくつかはこの様式で働く．不可逆的阻害剤は治療薬としては一般的でない．

多くの阻害剤は基質，生成物，遷移状態（もっとも強く結合する阻害剤は，遷移状態に似ている）に似ている．このような阻害剤は活性部位に結合し，競合的阻害剤と呼ばれる．それらは，酵素との結合において，基質と競合し，その結果，酵素の K_m は大きくなる．競合的阻害剤の効果は基質濃度を上げることで可逆的に減少する．競合的阻害剤の存在下で，ミカエリス・メンテンの式は以下のように修飾される．

$$V = V_{max} \frac{[S]}{[S] + K^{app}_m}$$

ここで，K^{app}_m は K_m と $K^{app}_m = K_m \times (1 + [I]/K_i)$ の関係にある．ここで [I] は阻害剤の濃度であり，K_i は阻害定数である．あらゆる酵素は反応の生成物によって阻害される．それは一般的に純粋な競合的な阻害である．

ほかに2つの標準的な阻害の様式として，非競合阻害と不競合阻害がある．非競合阻害はまれである（章末の問題4参照）．不競合阻害は阻害剤が酵素-基質複合体だけに結合し，酵素そのものには結合しない場合の阻害機構である．この阻害は比較的めずらしいが，たとえば myo-イノシトールモノホスファターゼへの Li^+ の効果がこのタイプの1つであり，躁うつ病の治療において，Li^+ の効果は重要である．不競合阻害は以下の式のようにミカエリス・メンテンの式を修飾する．

$$V = V^{app}_{max} \frac{[S]}{[S] + K^{app}_m}$$

ここで K^{app}_m は上述したとおりで，$V^{app}_{max} = V_{max}/(1 + [I]/K_i)$ である．多くの阻害剤は競合阻害と不競合阻害の混合した効果をもつ．酵素はまたアロステリックにも阻害される．アロステリック効果は3章で詳細に解説している．アロステリック効果の特徴として注目すべきは，ほとんどの場合協同的であるということだ．言い換えれば，速度に及ぼすこの種の阻害剤の効果は，単なる阻害剤と比べて格段に際立っている．その効果はミオグロビンとヘモグロビンの間の酸素結合親和性の差に非常に類似している（図3.14参照）．

5.3.4 遷移状態類似体はよい酵素阻害剤をつくる

ここまで，酵素が強く遷移状態と結合し，基質にはそれほど強く結合しないことについて説明してきた．したがって，もし酵素に強く結合し，その機能を**阻害する薬 inhibitor**（*5.15）をデザインしたいと考えるなら，その薬は基質や生成物でなく，遷移状態と類似した，すなわち**遷移状態類似体 transition state analog** のはずである．このことを実現することは難しい．なぜなら，遷移状態の構造は通常詳細に知られておらず，遷移状態と同じ性質をもつ化合物を合成することはおそらく困難であるからである．たとえば，結合の切断や生成の反応において，その遷移状態は，おそらく通常の結合の長さより長い結合を部分的に含むだろう．"長い"化学結合をもつ化合物をつくることは，いくつかの工夫を必要とする．

たとえば，酵素のプリンヌクレオシドホスホリラーゼ（PNP）は，ヌクレオシド除去の一環として，リボースと結合しているプリン塩基の間の結合を切断するのにリン酸イオンを用いている．とくに，この酵素は身体からデオキシグアノシンを除去する．これはT細胞の増殖において重要な過程である．実験的や理論的計算により，反応の遷移状態が図

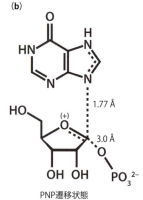
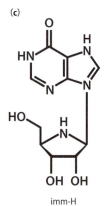

図5.33
遷移状態アナログ．(a) イノシン，プリンヌクレオシドホスホリラーゼの基質．(b) 遷移状態．(c) 遷移状態に類似し，基質より酵素に 10^5 倍強く結合する酵素の阻害剤．N^7 の pK_a（五員環の窒素）は遷移状態で予想されたものとほぼ同一である．

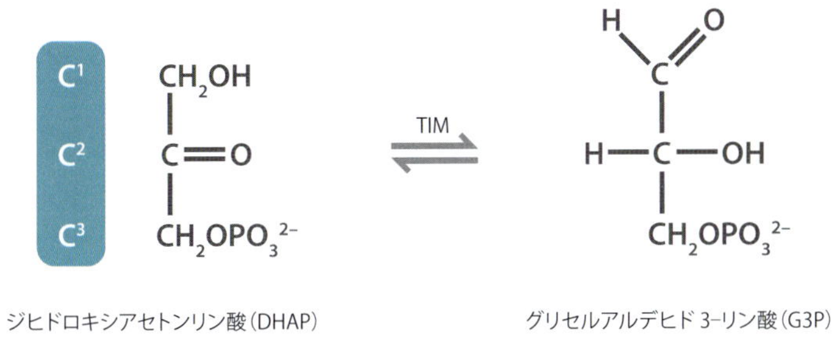

図 5.34
トリオースホスホイソメラーゼによる触媒反応．3 つの炭素原子の炭素番号は左側に示している．

5.33b の類似体であることがわかった．すなわち，リボース環の酸素は部分的な正電荷をもっており，リン酸-リボース結合が部分的に形成され，リボース-イノシン結合は部分的に切断されており（切断は十分でなく，結合はまだほとんど最初のままである），そしてイノシン環の窒素はプロトン化している．この考えを基本として，図 5.33c のような類似体が合成された．それはリボース酸素が存在していた場所はより正電荷をもち，リボース-イノシン結合はわずかに長く，あまり分極していないが，イノシン環の窒素はプロトン化している．この化合物は基質よりも酵素に少なくとも 10^5 倍強く結合する（ピコ mol の親和性）．これはドラッグデザインの有意義な手本となった [23]．PNP を阻害することで，それは T 細胞の増殖を攻撃目標とし，T 細胞白血病の治療に効果がある．

5.4 トリオースリン酸イソメラーゼ

5.4.1 トリオースリン酸イソメラーゼは多くの触媒機構を利用している

最後の節では，酵素触媒の古典的な例であり，現在でももっとも理解されている酵素の 1 つである，トリオースリン酸イソメラーゼ（TIM）についてみていく．TIM は解糖過程の反応の 1 つを触媒する．すなわち，ジヒドロキシアセトンリン酸（DHAP）とグリセロアルデヒド 3-リン酸（G3P）の相互変換である（図 5.34）．*in vivo* では（解糖過程の正方向．ここではこの反応を"正方向"と記述する），反応は通常左から右に進む．これは制御されたり，アロステリック効果を受けたりしない反応である．つまり，この反応はできるだけ速く進行することが必要であり，実際に非常に速い反応である．水中で進行する同じタイプの塩基触媒の素反応と比べて，大まかに見積もってこの反応は 10^{10} 倍速く進む．

要約すると，この反応は C^1 から H を C^2 に動かす．しかしそれは（毎回）確実に実行されることが重要である．この反応はプロトンと 2 つの電子を動かす．すなわち，1 つのヒドリドイオン H^- を動かすことになる．実際は内部の酸化還元反応であり，C^2 が還元される際に，C^1 が酸化されている．プロトンを移動することは簡単であるが，ヒドリドの移

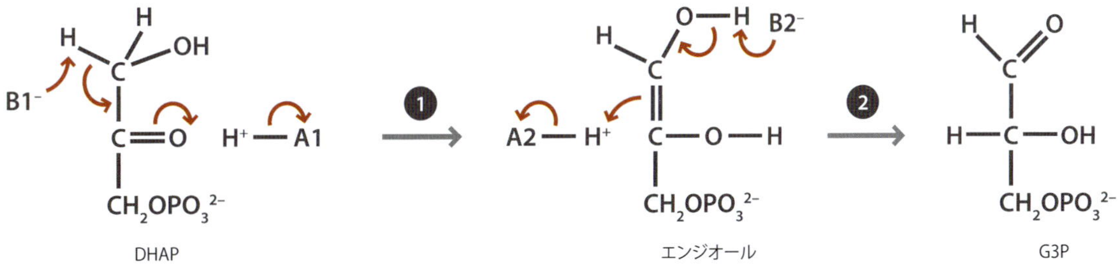

図 5.35
DHAP と G3P の相互変換．これは TIM 触媒反応に従う経路である．しかし，それは化学的に選択されたルートにも類似している．中間体は C-C 二重結合を構成する炭素にアルコール基（OH）を有しているため，エンジオールと呼ばれる．わかりやすいように，一般酸触媒は A1，A2，一般塩基触媒は B1，B2 と表記している．

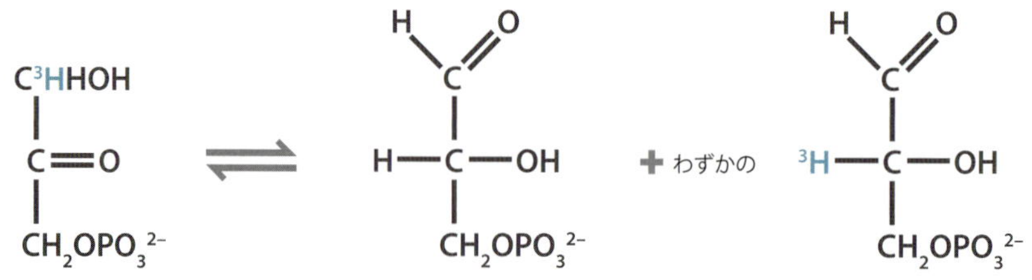

図5.36
C^1 からのトリチウムの一部は C^2 へ転移している.

動はそうではない．したがって，この反応はヒドリドの移動によって進行するものでない．つまり，プロトンと電子がそれぞれ移動するが，結合は同時には形成されない．この反応（水中での反応と TIM による反応経路の両方）を図5.35に示す．これら2つの反応は，化学反応の中で，ケト-エノール互変異性として，同様によく知られた型である．段階1はエンジオール（すなわち，二重結合に2つの OH 基が付加している）を生成する．エンジオール構造はケト-エノール互変異性によって壊れる．すなわち，C^1 の OH プロトンの除去による G3P が生成すること，または，C^2 の OH プロトンの除去により開始材料の DHAP へと戻ることである．

段階1は図5.35に示すように，一方では一般塩基に，もう一方では一般酸によって触媒されていると予想される．同様に段階2も一般酸触媒と一般塩基触媒を必要とする．

提案された機構から導かれたいくつかの理由を熟考することは有益である．

1. C^1 に放射性トリチウム ^3H をもつ DHAP を出発原料としてこの反応を観察するとき（図5.36），一部のトリチウムは最後に C^2 に存在する．このトリチウムは，段階1の一般塩基触媒で基質から除かれたプロトンで，その後，段階2の一般酸触媒で基質に付加されたプロトンに相当する（図5.35）．この機構を引き起こすいくつかの過程を推測できるが，今日までに確実になったことは，段階1で一般塩基として働いたアミノ酸残基は段階2で一般酸として働くものと同じだということである．つまり，B1 と A2 は同一のアミノ酸残基である．これらのアミノ酸残基が同じような位置に存在していることが構造学的につじつまが合う．

2. 結晶構造から，この一般酸/塩基として働くのに適当と思われる残基が存在する．すなわち，Glu 165 である．このことを調べるために，Glu 165 をアミノ酸置換した．予想されるように，アラニンへの置換は，10^6 倍以上触媒速度を減少する．驚くことに，Glu から Asp へのわずかな変異でさえ，触媒速度を 10^3 倍減少させた．したがって，カルボキシル基の位置は非常に重要な要因である．カルボキシル基は段階1と段階2の間で，プロトンを巧みに操ることができ，プロトンが正しい位置に正確に配置することを可能にすると考えられる（図5.37）．

3. 同様に一般酸残基 A1 は His 95 であることが示された．His 95 はおそらく一般塩基の B2 にあたるだろう（**トリオースリン酸イソメラーゼ triosephosphate isomerase の His 95**（*5.16）参照）．

4. 結晶構造学によって，基質が結合する際に基質結合部位をまたいで折りたたまれているループが存在することがわかった．すなわち，そのループは水から活性部位を

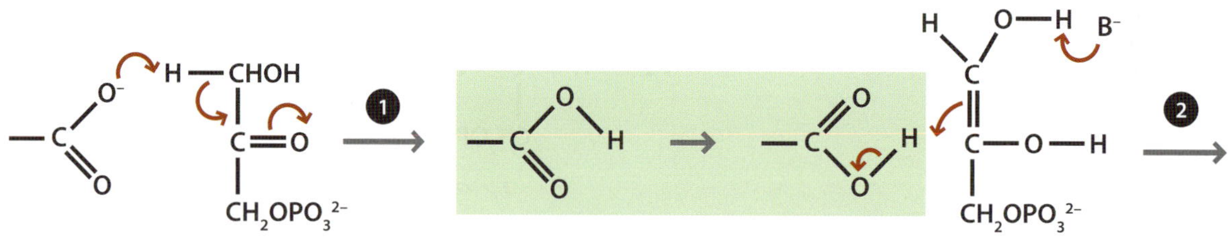

図5.37
Glu 165 はプロトンを一方からもう一方へ渡すために回転することができると考えられている（陰影部分）．そして，一般酸と一般塩基の両触媒としての役割を容易にしている．

*5.16 トリオースリン酸イソメラーゼの His 95

His 95 は単に一般酸/塩基触媒と呼ばれるものが意味する役割に比べ，より複雑な役割をもっている．ヒスチジン残基の大多数がそうであるように，一般酸とは，一般にプロトンを与えることを予想するだろう．しかし，His 95 は 4.5 より低い pK_a をもつことから，中性の pH においてはプロトン化していない [25]．さらに，C^2 カルボニルと水素結合し，その結果，二重結合をある程度不安定化することにより，His 95 は求電子触媒としても機能するようである [32]．もう一度記載するが，仮にそれが正に電荷していたとするなら，そ れはとてもすぐれた求電子触媒になるだろうが，実際はそうではない．Knowles はなぜこのヒスチジン残基がこのような低い pK_a をもっているかに関していくつかの推測をした [24]．そのなかで筆者がもっとも信頼できるものは，イミダゾリウム（プロトン化した His から中性の His）の低い pK_a はイミダゾール（中性の His からプロトンをもたない His）の低い pK_a を意味しているということである．そのことが，その pK_a をエンジオール中間体の pK_a に近づけ，その結果，プロトンを O^1 と O^2 の間で非常に速く転移させるのだろう．

遮蔽している．基質結合時にこのループはおよそ 7 Å 動く．ループを除去した変異体を用いた速度論的実験から，このループは遷移状態を安定化し，活性部位から水を除き，その結果，速度を 10^5 倍向上することが示されている．このループは正しい配向に基質を保持することにも重要である．野生型酵素においては，実質的に基質の 100% が生成物に変換されるが，ループ欠損変異体においては，わずか 1/6 の基質だけが変換され，残りの基質は反応の途中で酵素から解離した後に分解し，必要のない副産物を与える [24]．この変異体は，基質を"認識できない"酵素として，図画されている [25]．

5. NMR 実験から，基質が存在していないときでさえ，そのループは伸びたり縮んだりしていることがわかる．さらに，ループが開く速度は，生成物が酵素から離れる速度とほとんど一致している．つまり，酵素は以下のような機構で進化したと予想される．酵素が基質に結合し，基質を活性部位の中に封じ込める．次に，酵素内の残基に囲まれた水が存在しない場所で，反応が起きるのに必要な時間，酵素は基質を安全に保持する．その後，酵素は生成物を放出する．この過程は実際には，誘導適合過程である．また，より正確には立体配座選択過程 conformational selection process である（第 6 章参照）．

6. 段階 1 の遷移状態は図 5.38 のように概略的に描くことができる．遷移状態では，あらゆる結合は部分的に形成され，部分的に切断されている．遷移状態は C^2 カルボニル酸素上の電子密度を増加させ，その結果，酵素が求電子的な触媒作用を利用し，この電荷を安定化する機会を与えている．His 95（一般酸/塩基として働く残基）もこの形式で機能する可能性があるが，おそらくこの求電子基は Lys 12 であろう．

7. この反応を解析する際に，**速度論的同位体効果** kinetic isotope effect は，とても効果的であった．もし，反応が C–H 結合（たとえば段階 1）または O–H 結合（たとえば段階 2）の切断に関与しているなら，^2H や ^3H のような重い同位体によって H が置換されると，反応は遅くなるだろう．これは，$C-^3H$ 結合が C–H 結合に比べより強

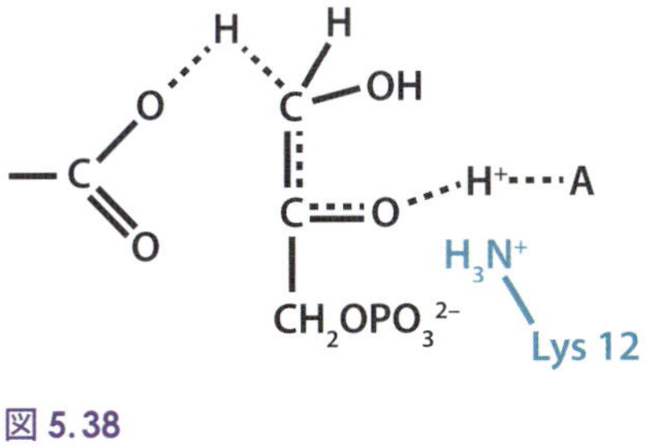

図 5.38
静電的な触媒として Lys 12 が働いている．

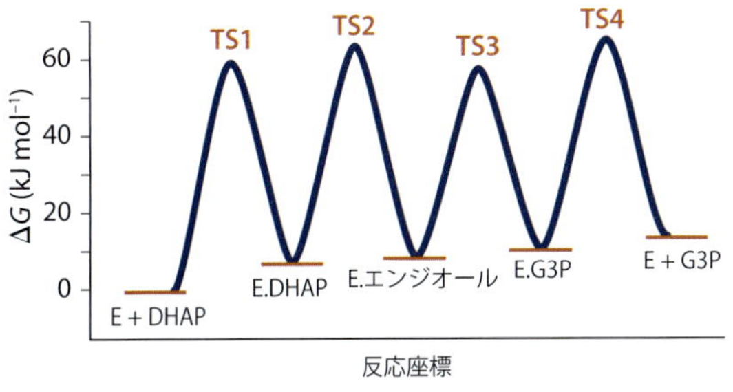

図 5.39
トリオースリン酸イソメラーゼによる触媒反応のエネルギープロファイル．（E + DHAP）と（E + G3P）間の自由エネルギー差は，in vivo での DHAP と G3P の相対的な濃度によって決まる．したがってステップ 1 とステップ 4 のエネルギー差も in vivo での DHAP と G3P の濃度に依存する．

い結合であるためである．この効果がどれくらい大きいか計算することは簡単である．実際，もし遷移状態においてこの結合（C–^{3}H 結合）が完全に切断されるなら，この反応は 1/20 程度に遅くなるだろう．しかし，この反応では，速度論的同位体効果はまったく観測されなかった．つまり，反応は ^{1}H または ^{3}H を用いても同じ速度で進行する．このこと（ほかの多くの証明も含めて）は，反応のもっとも遅い段階が，事実上，段階 1 や段階 2 のいずれでもないことを示している．つまり，もっとも遅い段階は，酵素からの生成物の逸失である．その過程は明らかに同位体置換の影響を受けない．

上述の理由 6 のような詳細な速度論的測定から，TIM のエネルギープロファイルが図 5.39 のように記述できることがわかった．このダイアグラムはじっくり解析する価値がある．正方向の反応において，活性化エネルギーはもっとも低いエネルギー（E + S）からエネルギー障壁 TS4（上述したように生成物の逸失）に届くのに必要なエネルギーである．逆反応においては，活性化エネルギーは E.G3P または E. エンジオール（エネルギー的には同程度である）からエネルギー障壁 TS2 までのエネルギーである（それは E + G3P から TS4 までの障壁よりわずかに大きい）．したがって，逆反応では速度論的な同位体効果が現れる．なぜなら，もっとも遅いステップは O–H 結合の切断を必要とするからである．

5.4.2　トリオースリン酸イソメラーゼは進化的に完全な酵素である

図 5.39 では，生成物である E + G3P は，出発材料 E + DHAP より高いエネルギーレベルで描かれている．一部は 2 つの化合物の相対的な自由エネルギーによるものだが，主な理由として，生理条件下で，G3P が DHAP より高い濃度で存在していることがある．この例のように，あらゆるエネルギー障壁とあらゆる谷が同じようなエネルギーをもっていることは驚くべきことである[1]．この効果の推定的理由は，この章で前述している．つまり，進化圧は常に，もっとも高い障壁を下げ，もっとも低い谷を上げるように働く．したがって，進化の歴史の過程で，異なる障壁や谷は，順番に改善の目標になっていたと考えることができるかもしれない．ある障壁がいったんもっとも高いものでなくなってしまったら，その障壁を少しでも下げるという進化圧は存在しない．このことは図 5.39 に示される形に帰結することになるだろう．

事実上，もっとも高い障壁（正方向の反応において）は障壁 4 である．逆反応で，この段階は，単に G3P の活性部位への単なる拡散（および関連するあらゆるコンフォメーション変化）である．逆反応が拡散律速で進むかどうかを解明することは難しくない．なぜなら，拡散律速はおおよそ，$10^9 M^{-1}s^{-1}$（第 4 章）だからである．少し数学を必要とするが，2 分子反応の**二次速度 second-order rate**（*5.17）が**特異性定数 specificity constant**（*5.18）k_{cat}/K_m によって与えられるという結論が導かれるだろう．

TIM は約 $2.4 \times 10^8 s^{-1} M^{-1}$ の特異的定数をもっている．それは実質的に拡散の限界である．このことは，TIM の活性化エネルギー障壁の高さは拡散速度によって定められることを意味している．つまり，これはいかに速く分子が拡散することができるかという物理学により制限され，化学反応がいかに速く起こるかということにより制限されてはいない．したがって，酵素をこれ以上速く働かせる方法はない．進化により酵素は最大限の能力を

---

*5.17　二次速度

一次速度は 1 つの反応物の濃度のみに依存する．たとえば，放射能をもつものの崩壊は存在する放射性物質の量にのみ依存し，水中の化合物の加水分解速度は化合物の濃度のみに依存する．いずれの場合にも，速度 = $k[A]$ と記述できる．ここでの k は一次速度定数である（これは定数なので，速度定数であり速度ではない．速度は化合物 A の濃度に依存して変動する）．これと比較して，二次速度は 2 つの化合物の濃度と二次速度定数に依存する．したがって，A と B の反応の速度は $k[A][B]$ で与えられる．ここで k は二次速度定数である．速度定数の次数を知る 1 つの方法は定数の単位からである．式の両辺の単位は常に一致していなければならない．（濃度の変化の速度を測定するので）もし速度が Ms^{-1} の単位で測定され，濃度が M（mol /l）なら，一次速度定数は s^{-1} の単位を，二次速度定数は Ms^{-1} の単位をもっていなければならないだろう．

*5.18 特異性定数

ミカエリス・メンテンの速度論に従う酵素の特異性定数はk_{cat}/K_mの比で与えられる.ここでのk_{cat}は代謝回転数である.すなわち,$V_{max}/[E]_0$(酵素のモルごとの最大可能な速度).これはいかに酵素が基質に特異的かを定義するうえで有益な比率である.質のよくない基質はずっと酵素に結合したままである(ときどき,最適な酵素に比べより強く結合している).一方,よい基質は,結合時に基質が酵素に非常に弱く結合するとしても,すばやく反応することができる.2つの測定方法を組み合わせることによってのみ,本当によい基質かどうか正しく理解できる[26].

特異性定数にはもう1つの重要な応用がある.すなわち,2分子反応(たとえば,酵素と1つの基質)において見かけ上の二次速度定数(*5.17)を定義することである.

5.3.2項に示したように,ミカエリス・メンテンの式は以下のようになる.

$$V = V_{max} \frac{[S]}{[S] + K_m}$$

これは,この式を記載するのにもっとも一般的なものである.しかし,V_{max}は,はっきりと酵素の濃度$[E]_0$に依存する.実際,V_{max}は$k_{cat}[E]_0$と記述することもできる.ここでk_{cat}は,通常代謝回転数と呼ばれ,それは酵素の活性部位が基質を生成物に変換する速度である.この形では,この式は以下のようになる.

$$V = \frac{k_{cat}[E]_0[S]}{[S] + K_m}$$

しばしば,[S]の濃度はK_mよりきわめて小さい.この場合,$[S] + K_m$はほとんどK_mと同じである.したがって,この式は以下のように記述できる.

$$V = \frac{k_{cat}}{K_m}[E]_0[S]$$

これは二次反応の通常の速度式に非常に似ている.つまり,A + B → C という反応を想起すると,正方向の反応はk[A][B]によって表される.したがって,特異性定数k_{cat}/K_mは反応の有効速度定数のように取り扱うことができる([S]が極端にK_mよりも低い条件で測定されている限り).

k_{cat}/K_mには,生理的な限界がある.つまり,それは酵素と基質が衝突する速度以上に大きくなることはできない(反応物が実際酵素に結合するまで酵素は反応することはできない).したがって,k_{cat}/K_mは酵素がどれくらい拡散律速に近いかの指標を与える.すなわち,酵素は基質が結合する速度によってのみ制限された速度をもっている.2分子が衝突する速度は約$5 \times 10^8 \, M^{-1} \, s^{-1}$なので,拡散律速による速度(5.4.2項で解説したように,"進化的に完全"な速度)は,このk_{cat}/K_mの次元であることを意味している.

発揮できるまでになった.これが,これらの仕事の多くにかかわった酵素学者**ジェレミー・ノーレス Jeremy Knowles**(*5.19)が,TIM は進化的に完全な酵素であると記している理由である.

5.5 章のまとめ

ほとんどの酵素にとって,その基質に結合するときに触媒速度の向上を導くもっとも大きい要因は,反応のために基質をあらかじめ正しい位置に置いておくという幾何学的配置

*5.19 Jeremy Knowles

Jeremy Knowles(**図 5.19.1**)は研究生活のほとんどをハーバード大学で過ごしたイギリス人の化学者であった.そこで,彼は酵素による触媒を研究した.もっとも有名なものはトリオースリン酸イソメラーゼである.彼は 1992 〜 2002 年と 2007 〜 2008 年の間,Arts and Sciences の学部長であった.きわめて効率的な管理者として評価されている.

図 5.19.1
Jeremy Knowles.(写真提供:ハーバード大学学長および研究員)

にある．それはすなわち，酵素が結合していない基質に対して，遷移状態でエントロピーを相対的に増加させるということである．酵素は基質よりも遷移状態に相補的でもある．これは酵素が遷移状態を安定化し，結合した基質を不安定化することを意味する．言い換えれば，酵素は遷移状態のエンタルピーも低下する．この事実は，触媒抗体の成功により論証された．たいていの場合，抗体触媒は反応を触媒するためにこれ以外の機構をまったく用いていない．

酵素は反応を触媒するため，多様な機構を利用している．酵素はしばしば，一般酸または一般塩基触媒の両方として働き，脱離基にプロトンを与えたり，求核剤や塩基を活性化したりする．酵素は求電子触媒も用いる．サーモリシンはこれらすべての機構を用いるよい実例である．加えて，多くの酵素は求核的な触媒機構を利用する．この機構は，酵素が触媒する酵素反応の機構が，触媒反応でない機構とは異なることを意味している．酵素は，さまざまな補因子や補酵素をも利用しており，とくに原子団の転移反応を触媒するためには必須である．なぜなら，アミノ酸残基は適切な機能をもっていないからである．最後に，反応を少なからず遅くする水分子の再配向を避けるために，酵素は水分子の活性部位への接近を厳密に調整している．

誘導適合モデルは，酵素がリガンド結合に対していかに対応するのかを説明するための一般的でよいモデルである．熱力学的な考察から，ほとんどの酵素は [S] よりも小さい K_m で，それらの基質と弱く結合していることが示された．このことは，特異的サブサイトと反応サブサイトの間の分離により説明することができる．

トリオースリン酸イソメラーゼは多くの点からよい酵素の実例である．この酵素は非常に速く反応が進み，律速段階が酵素からの生成物の拡散である点はとくに興味深い．したがって，それは進化的に完全な酵素である．

5.6　推薦図書

Alan Fersht による『Structure and Mechanism in Protein Science』[26] はもっともよい一般書である．これはそう簡単に読解できないが，じっくり学習するのに十分な価値のあるものである．W.P. Jencks による重要な論文 [7] と，同様の内容が述べられている『Catalysis in Chemical and Enzymology』[2] も勧める．酵素の機構と触媒に関してはさまざまな本があり，主要な参考書は C. Walsh による『Enzymatic Reaction Mechanism』[27] であるが，いくらか気楽な読み物はほかに多く存在している．たとえば，N.C. Price と L. Stevens による『Fundamentals of Enzymology』[28] である．

もうひとつ読む価値があるものは，A.J. Kirby と F. Hollfelder の『From Enzyme Models to Model Enzymes』[29] である．これは主にモデルとなる酵素系について記載しているが，活性部位と機構に関する記述に非常に洞察に満ちたことが多く含まれている．

5.7　問題

1. 1.4.9 項において，ケト-エノール互変異性を触媒する一般酸触媒として，チロシンやリジンは通常利用されないアミノ酸であるという記述がある．なぜ，これらは通常利用されないのか？通常は何が利用され，またそれはなぜか？
2. ほとんどの酵素触媒反応が図 5.40 に記したような速度の pH 依存性をもつ理由について説明せよ．
3. もし，酵素触媒反応を最適化したいと思うなら，最適化するのに必要な決定的な数値はどれか：k_{cat}，K_m，k_{cat}/K_m？
4. 競合的阻害と非競合的阻害は何を意味しているか説明せよ．競合的阻害がより一般的な理由は何か？非競合的阻害は，プロトン以外の場合において，実は非常にまれである．その理由を説明せよ．
5. 真正細菌，古細菌において，酵素はプロテオームの 30 〜 40% を構成する．しかし，真核細胞はプロテオームのわずか 18 〜 29% を構成するだけである [30]．これはなぜか？
6. 仮に酵素の正方向の反応が拡散律速速度で進行するなら，これは，逆反応の反応に

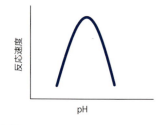

図 5.40
典型的な酵素の pH 依存性．

おいても拡散律速速度で進行することを意味するだろうか？それは何に依存するのか？

7. 酵素に見出されるもっとも一般的な3つの金属は，（順番に）マグネシウム，亜鉛，鉄である．このような順になっている理由を説明せよ．アルミニウムは地球の地殻において，もっとも豊富に存在する金属である．また，それは酸素，シリコンに次いで3番目に多い．しかし，アルミニウムやシリコンはタンパク質内ではほとんどなじみがない．それはなぜか？

8. 1.4.12項の脚注で metabolic flux control analysis と呼ばれる方法を紹介した．それは経路を通して，流れを調整するために酵素がどれほど重要であるかを述べた．その主たる結論の1つは，ある経路で1つの酵素の代謝回転速度を変更することは，しばしばほかの速度の相補的な変化を引き起こし，その結果，経路全体の流れは予想したほどの影響を受けないということである．そして，律速段階について頻繁に記載される概念は必ずしも正しくないことが多いというものである．(a) metabolic flux control analysis について説明せよ．(b) flux control 係数とは何か説明せよ．(c) flux control 係数が，非常に速い酵素では0に近い理由を説明せよ．(d) したがって，このような酵素には進化圧が存在しない理由を説明せよ．とくに，トリオースリン酸イソメラーゼによって触媒される反応の速度を向上させることが，解糖の速度を向上させない理由を説明せよ．たとえば Cornish-Bowden [31] を参照せよ．

5.8 計算問題

1. アレニウスの式から，活性化エネルギーが $50\,\text{kJ}\,\text{mol}^{-1}$ なら，温度を 10℃ 向上させたとき，反応速度はどれくらい向上するか？
2. ある酵素触媒反応は pK_a がそれぞれ 6.5 と 7.5 の一般塩基と一般酸を用いて触媒される．速度の pH 依存性を描き，pK_a の値を記せ．
3. 基質濃度が飽和濃度から (a) K_m，(b) $K_m/2$，(c) $K_m/10$ まで低下したとき，反応がどれくらい遅くなるかをミカエリス・メンテンの式（5.3.2項）を用いて求めよ．
4. A → B の一次反応において，A の濃度は開始時に 1 mM，1 分後に 0.5 mM であった．次の 20 秒後に濃度はどのようになるか？
5. 酵素は活性化エネルギーを低下させることで反応速度を加速する．もし反応速度が標準的なアレニウスの式 $k = Ae^{-E_a/RT}$ によって与えられ，酵素存在下で E_a が $4\,\text{kJ}\,\text{mol}^{-1}$（およそ1つの水素結合）ほど低下するならば，標準状態（25℃）において反応はどれくらい速くなるか？ A は酵素の有無にかかわらず，反応において同じと仮定せよ．$R = 8.31\,\text{J}\,\text{K}^{-1}\,\text{mol}^{-1}$ とする．

5.9 参考文献

1. A Kornberg (1989) Never a dull enzyme. *Annu. Rev. Biochem.* 58:1–31.
2. WP Jencks (1987) Catalysis in Chemistry and Enzymology. New York: Dover Publications.
3. E Fischer (1894) Einfluss der Configuration auf die Wirkung der Enzyme. *Chem. Ber.* 27:2985–2993.
4. L Pauling (1948) Chemical achievement and hope for the future. *Am. Sci.* 36:51–58.
5. MI Page (1991) The energetics of intramolecular reactions and enzyme catalysis. *Phil. Trans. R. Soc. Lond. B* 332:149–156.
6. MI Page (1984) The energetics and specificity of enzyme-substrate interactions. In MI Page (ed.) The Chemistry of Enzyme Action. Amsterdam: Elsevier, 1–54.
7. WP Jencks (1975) Binding energy, specificity, and enzymic catalysis: Circe effect. *Adv. Enzymol.* 43:219–410.
8. S Marti, M Roca, J Andrés et al. (2004) Theoretical insights in enzyme catalysis. *Chem. Soc. Rev.* 33:98–107.
9. A Warshel, G Narayszabo, F Sussman & JK Hwang (1989) How do serine proteases really work? *Biochemistry* 28:3629–3637.
10. TS Scanlon & PG Schultz (1991) Recent advances in catalytic antibodies. *Phil. Trans. R. Soc. Lond. B* 332:157–164.
11. MC Ho, JF Menetret, H Tsuruta & KN Allen (2009) The origin of the electrostatic perturbation in acetoacetate decarboxylase. *Nature* 459:393–397.
12. RL Stein (1988) Transition-state structural features for the thermolysin-catalyzed hydrolysis of *N*-(3-[2-furyl]acryloyl)-Gly-LeuNH$_2$. *J. Am. Chem. Soc.* 110:7907–7908.
13. GL Holliday, DE Almonacid, JBO Mitchell & JM Thornton (2007) The chemistry of protein catalysis. *J. Mol. Biol.* 372:1261–1277.
14. KJ Waldron, JC Rutherford, D Ford & NJ Robinson (2009) Metalloproteins and metal sensing. *Nature* 460:823–830.

15. WR Cannon, SF Singleton & SJ Benkovic (1996) A perspective on biological catalysis. *Nature Struct. Biol.* 3:821–833.
16. DE Koshland (1958) Application of a theory of enzyme specificity to protein synthesis. *Proc. Natl. Acad. Sci. USA* 44:98–104.
17. DJ Vocadlo, GJ Davies, R Laine & SG Withers (2001) Catalysis by hen egg-white lysozyme proceeds via a covalent intermediate. *Nature* 412:835–838.
18. WP Jencks (1997) From chemistry to biochemistry to catalysis to movement. *Annu. Rev. Biochem* 66:1–18.
19. M Štrajbl, A Shurki, M Kato & A Warshel (2003) Apparent NAC effect in chorismate mutase reflects electrostatic transition state stabilization. *J. Am. Chem. Soc.* 125:10228–10237.
20. GR Stockwell & JM Thornton (2006) Conformational diversity of ligands bound to proteins. *J. Mol. Biol.* 356:928–944.
21. L Simón & J Goodman (2010) Enzyme catalysis by hydrogen bonds: the balance between transition state binding and substrate binding in oxyanion holes. *J. Org. Chem.* 75:1831–1840.
22. GJ Narlikar & D Herschlag (1998) Direct demonstration of the catalytic role of binding interactions in an enzymatic reaction. *Biochemistry* 37:9902–9911.
23. GA Kicska, L Long, H Hörig et al. (2001) Immucillin H, a powerful transition-state analog inhibitor of purine nucleoside phosphorylase, selectively inhibits human T lymphocytes. *Proc. Natl. Acad. Sci. USA* 98:4593–4598.
24. JR Knowles (1991) To build an enzyme.... *Phil. Trans. R. Soc. Lond. B* 332:115–121.
25. JR Knowles (1991) Enzyme catalysis: not different, just better. *Nature* 350:121–124.
26. AR Fersht (1999) Structure and Mechanism in Protein Science. New York: WH Freeman.
27. CT Walsh (1979) Enzymatic Reaction Mechanisms. New York: WH Freeman.
28. NC Price & L Stevens (1989) Fundamentals of Enzymology, 2nd ed. Oxford: Oxford University Press.
29. AJ Kirby & F Hollfelder (2009) From Enzyme Models to Model Enzymes. Cambridge, UK: Royal Society of Chemistry.
30. S Freilich, RV Spriggs, RA George et al. (2005) The complement of enzymatic sets in different species. *J. Mol. Biol.* 349:745–763.
31. A Cornish-Bowden (2004) Fundamentals of Enzyme Kinetics, 3rd ed. London: Portland Press, ch 12.
32. EA Komives, LC Chang, E Lolis et al. (1991) Electrophilic catalysis in triosephosphate isomerase: the role of histidine-95. *Biochemistry* 30:3011–3019.

第6章
タンパク質の柔軟性と動力学

本書全体を通して，タンパク質のドメインは固く，道具のように機能するものとして扱われている．確かに，多くの場合においてこの扱いは正しい．しかしながら，実際のタンパク質は固くはなく，幅広い時間域および距離域において内部運動をもっている（図6.1）．このことはタンパク質が機能する方法に多くの影響を与えており，そのなかでももっとも大きな影響は酵素活性に現れる．内部運動を必要とする誘導適合モデルについてはすでに学んだ．本章では，"立体配座選択"（もしくはその2つの間のバランス）がよりよいモデルであることをみていく．関連する領域としてタンパク質間相互作用が挙げられるが，それも剛体同士による相互作用ではなく，パートナー分子間の相互の微調整を必要とする．多くの場合，タンパク質の内部に埋もれた水分子が柔軟性を生み，内部運動性に寄与する．これに対する理論的な説明はタンパク質の"あたらしい視点" new view と呼ばれている．その視点においてはタンパク質は複数のコンフォメーションの分布として捉えられ，平均コンフォメーションから大きく離れたコンフォメーションをとるものもある．また，コンフォメーションの変化は2つの状態間の単純な経路としてではなく，分布の変化として捉えられる．これらの考え方は，実験的にも理論的にも最新の研究に活かされており，この章の主題は（おそらく本書の第9章を除けば）もっとも活発に発展している分野となっている．

> 物事は可能な限り単純であるべきであるが，ただ単純なだけでは不十分である．
> **Albert Einstein（10 June 1933），The Herbert Spencer Lecture（意訳）**

> Berzelius が Protein という言葉を提案して以来，科学者たちは名前から暗にほのめかされる Proteus というギリシャ神話の神を連想した．Proteus は，環境に合わせて，姿や形を変えることができるという．
> **Gurd & Rothgeb (1979)，[1]**

6.1 運動の時間域と距離域

6.1.1 すばやい運動は局所的であり，互いに相関がない

タンパク質の運動は，最終的には熱エネルギーに由来する．タンパク質は絶えず水分子や溶質分子の衝突を受けており，個々の原子や原子団に $10^{11} \sim 10^{14}\,\mathrm{s}^{-1}$ の速度で振動や回転が生じている．より速い運動が振動であり，より遅い運動が回転である．これらの運動には非常に小さな調和した振幅が存在し，これは平均位置に対して対称的に振動していることを意味している．また，相関関係はなく，すなわち単結合の振動は別の結合の運動に関係していない．これらの運動はやや大きなスケールでの運動を導き，溶媒に露出した側鎖などについて $10^{-9}\,\mathrm{s}$ 程度の時間域で生じる単結合の回転を引き起こす．このような運動はタンパク質全体で起こるが，タンパク質の内部では空間的な制約からより制限される．ゼリーを考えるとわかりやすい（形は保持しているが，弾力性に富む）．

本章では何度も"時間域"について述べるので，ここでは時間域が意味することについ

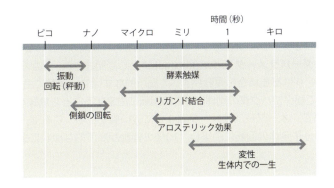

図6.1
タンパク質の運動は非常に広範囲の時間域を占める．

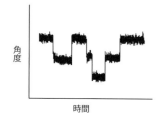

図 6.2
局所的なすばやい運動を含む，異なるコンフォメーションへのまれな("遅い")変化における典型的なタンパク質の運動．これらの"遅い"変化はすばやい移行を含む("遅い"のは頻繁に起こらないためである)．

て明確にする．単結合の回転運動では，毎秒およそ 10^9 回，側鎖の位置に変化が起こる．しかしながら，個々の変化は急激に生じるので，実際の運動はおそらくその 100 倍は速いであろう．つまり，仮に側鎖を直接観察することができるなら，それはおおよそ 10^{-9} s の間は 1 つの位置にあり，それから一般に約 120°回転した次の位置へと瞬時に移動する(図 6.2)．これは，回転のエネルギーが $10^{11} s^{-1}$ かそれより速い時間域をもつ熱運動に由来するためである．側鎖の回転は，結合の振動ほど多くは起こらない．なぜなら，側鎖の回転は，**相関のある** correlated 運動を必要とするからである．つまり，回転を邪魔しないように動くいくつかの溶媒分子が必要であり，そのためには溶媒分子が同じ方向に同様の速度で動く必要がある．相関のある運動は，いくつかの原子が同じ方向へ同様の速度で移動する必要があるために，より起こりにくい．これは，重要な一般的原則の 1 つの例である．"より相関のある運動は，より起こりにくく，より遅い"．この概念自体は新規ではないが [2-5]，一定期間ごとに再認識され，科学における多くのアイデアに役立っている．

　タンパク質には剛体としての回転も存在する．当然のことながら，タンパク質分子は剛体分子として移動や回転を行う．タンパク質分子の回転の**相関時間** correlation time は約 10 ns（= 10^{-8} s）であり，それはタンパク質の分子量に依存する．回転の相関時間はその分子量と形から精度よく予測できる．一般にタンパク質は完全な球状ではないため，ある方向へは速く回転し，ほかの方向へはより遅く回転する(異方性の回転)．しかし，多くのタンパク質はほとんど球状とみなせるので，ある方向に対してほかの方向の 2 倍以上の速さで回転することはない．2 つのドメインからなるタンパク質の場合，それぞれのドメインはある程度独立した運動を行う．それらは 2 つのドメインが同時に動く運動と，2 つのドメインが異なる方向へ動く運動に分類することができる(ヒンジ屈曲)．

　確立された複数の実験手法により，これらの運動は十分に理解されている．そのなかでも主要な方法として，NMR（11.3 節参照）がある．確立された手法である NMR 法では，分子の剛体としての回転やコンフォメーションの局所的なゆらぎの様子を観測するために，緩和速度の測定を行う．**図 6.3** からわかるように，多くのタンパク質の N 末端および C 末端はかなりの運動性をもっており，溶液に保護されて基本的には完全にランダムにゆらいでいる．仮にリンカーがある領域と固い領域とを連結していて，その長さが 10 残基以上であるならば，その運動はタンパク質の残りの部分には干渉されない．タンパク質内部のループ領域も，あるときは完全に不規則な運動性であったり，または運動性がより制限されていたりする場合もあるが，いずれも高い柔軟性をもっている．ループの規則性の高さは，そのアミノ酸残基の長さおよびタンパク質本体とループとの接触数に依存するために，ある程度予測が可能である．これはもちろん異なるドメイン間にも適用できる．あるものは非常に柔軟性が高く，あるものは実質的に固いコンフォメーションをとるが，これも主にリンカー領域の長さに依存する．リンカー以外のタンパク質分子は，平均して規則正しいコンフォメーションをとっているが，局所的な振幅は存在している．NMR ではこれらは**オーダーパラメータ** order parameter として記述され，0 から 1 までの値によって示される．0 はある結合の運動がすべて局所的なすばやい運動に由来することを，1 は運動のすべてがタンパク質の剛体としての回転に由来することを意味する．多くのタンパク質において，オーダーパラメータは 0.9 に近い値をとる．これは，運動の大部分がタンパク質の分子全体の回転に由来し，10％の運動が局所的なゆれに由来することを意味している．

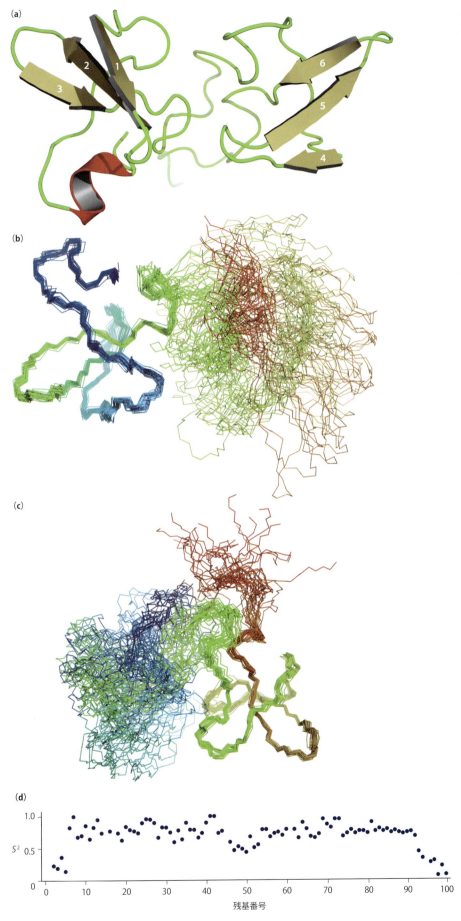

図 6.3

NMR解析によって得られた，タンパク質内部の動力学を表す図．セルロソームと呼ばれる協同的セルロース分解酵素を形成するために，2つの触媒ドメインを結合させたタンパク質．(a) 構造のリボンモデル．(b, c) 30個のNMR構造を重ね合わせた図．(b) N末端ドメインを重ね合わせた図と (c) C末端ドメインを重ね合わせた図．(d) ^{15}N核の緩和データから求めたオーダーパラメータ S^2．分子全体の遅い回転や局所的なすばやい運動に由来する，主鎖のNH結合のベクトル運動を表している．それらは0（何の制限もないすばやい運動）〜1（完全な剛体としての運動）の値をとる．このタンパク質の場合，S^2は細かい変化はあるものの全体には1に近い値をとっているが，両末端では0.5を切る値を示しており，ランダムコイル様の運動性を示している．50番目のアミノ酸残基の辺りに S^2 が低い値を示している領域があるが，これは2つのドメインがそれぞれやや独立した運動を行っていることを意味している．これは，決定されたNMR構造とも一致している．(T. Nagy et al., *J. Mol. Biol.* 373: 612–622, 2007 より改変．Elsevier より許諾)

図 6.4

NMR 解析で得られたオーダーパラメータを束縛条件とした，分子動力学計算によって決定されたユビキチンの構造．(a) 計算によって求められた多数の構造から，クラスタリング法によって得られた 15 個の構造．N 末端の赤色から C 末端の青色へと色づけされている．主鎖の原子密度を 20％の強度で表現した原子密度マップの中に，80％の構造が含まれている．(b, c) オーダーパラメータによる束縛を含んだ分子動力学計算（灰色），標準的分子動力学計算（青色），NMR 構造（赤色），X 線構造（緑色）について，(b) Cα 原子間と (c) 側鎖の原子間の RMSD（平均二乗偏差）を表示している．(M. Vendruscolo and K. Lindorff-Larsen, *Nature* 433: 128, 2005 より．Macmillan Publishers Ltd. より許諾）

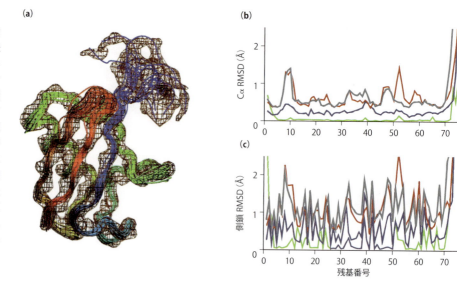

6.1.2 局所的な運動が全体の不規則なコンフォメーションを生み出す

　前項のオーダーパラメータの解説から，タンパク質はおおよそ固いコンフォメーションをとっているように思えるが，実際にはオーダーパラメータの値が 0.9 ということからタンパク質はある程度の柔軟性をもっている．1 つの例として，原子の瞬間的な位置を理解するために，非常に安定なユビキチン分子の分子動力学シミュレーションが行われた．その結果を図 6.4 [6] に示したが，主鎖の原子は平均の位置から 1 Å 程の RMSD（平均二乗偏差 root mean squared deviation）でゆらいでいることがわかった．単結合の長さは 1〜1.5 Å であるので，局所的なスケールでは大きな運動であるといえる．ほかの研究と同じように，液体に似た運動性をもつと考えられる側鎖と比べて，主鎖の運動性が低いことがこの研究でも示された．とくにこの研究では，アミノ酸残基の側鎖の大部分は多数の回転異性体が許容されるが，一部のものではシミュレーション中にただ 1 つの回転異性体しか許容されないことが示された．ごく最近の研究では，主鎖のゆらぎはこれよりずっと小さいものの，同様の結論にいたる実験データが報告されている [7]．

　図 6.4 で示された運動性は，非常に大きな値のようにみえる．しかしながら，多くの運動は相関があることを考慮しなければならない．つまり，その運動はランダムな 1 Å の動きではない．すなわち，むしろ構造のそれぞれがすべて同時に動いているのであろう．したがって，局所的なスケールや比較的短い時間域において，このタンパク質は実際にはその座標がしっかりと固定されているといえる．

　タンパク質の側鎖の回転異性体を考慮に入れた，関連する研究がいくつか報告されている．一般に異なる結晶系から解析された同じタンパク質の高分解能結晶構造を比較すると，タンパク質内部の同じ側鎖はそれぞれの構造で同じ回転異性体をとる．一方で，表面の側鎖はさまざまな回転異性体をとる．NMR による結果も結晶構造とよい一致を示し，結晶構造でみられるように内部の側鎖は基本的に同じ回転異性体をとる．そして，溶液中において複数のコンフォメーションが観測される側鎖は，異なる結晶構造では複数のコンフォメーションをとる [8, 9]．さらに，当然予想されるように，側鎖メチル基の軸に対する回転はとても速い（回転するためにほかの箇所の置換を必要としないため）．一方で，たとえばバリンの χ₁ 二面角の回転は遅い（2 つのメチル基の位置が相互に置換される必要があるため）（図 6.5）．このような研究から，側鎖の運動は明確なステップや階層はないが幅広い運動性，時間域に分布している可能性が示唆されている [10]．運動性の高い側鎖はより運動性の高い主鎖に結合している傾向があるが，あまり高い相関はない [11]．もっ

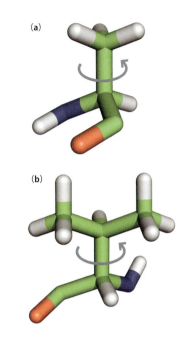

図 6.5
側鎖の回転の速度は，立体障害に依存する．(a) アラニン残基の χ_1 二面角まわりの回転は，隣接する原子の置換をほとんど必要としないために速い．(b) バリン残基の χ_1 二面角まわりの回転は，側鎖がより大きく非対称であり，隣接する原子の多くの置換を必要とするために遅い．

とも遅い運動は，まわりの原子団にもっとも大きな運動を必要とするものである．この運動性の分布は大変重要である．初期に発表された影響力のある論文では，タンパク質の運動性に階層のあるモデルを提唱していた．それによれば，異なる大きさの運動は基本的には異なる階層に位置し，階層はそれぞれ異なるエネルギー障壁と運動のスケールをもっているとされる [12]．そのようなモデルはタンパク質をガラス様のものとして扱うことができるため，理論的なモデリングには魅力的であった．しかしながら，現在ではタンパク質はより階層性のないものと考えられ，運動は連続的にさまざまなサイズと時間域で起こる，よりフラクタル fractal なものとして捉えられている．

6.1.3 大きなスケールの運動はより相関があり，それゆえに遅い

これまで解説してきた運動は局所的ですばやいものであり，10 ns の時間域よりも速い動きである．この種の運動は，すべてのタンパク質で同じように起こっている．しかしながら，運動はより大きなスケールでも起こり得る．そのような運動はあまり一般的ではないが，タンパク質の性質に応じて異なる程度と速度で起こる．たとえば，酵素の結晶構造では，1 つのドメインが別のドメインへと影響する大きなスケールでの運動が多くみられる．重要なこととして，これらの結晶構造では酵素は第 5 章で学んだ誘導適合のような運動をし，基質のまわりに近づき触媒としての役割を果たすようになる（後述）．結晶構造は，一般にこれらの運動の時間域ではあまり情報を与えない（第 11 章）．しかしながら，酵素の速度論的および分光学的な解析から，このドメイン間のヒンジの動きは酵素の代謝回転と同程度の，ミリ秒（ms）より少し速いくらいの速度で起こる．多くのタンパク質では活性部位は埋もれており，基質の結合・解離と酵素触媒のためには大きなスケールでの動きを必要とする．古典的な例は，ミオグロビンに対する酸素の結合である．ミオグロビンの結晶構造では，酸素分子がタンパク質中を通ってヘム結合部位へと進むルートがない．酸素分子が通過するためにはタンパク質の動きが必要とされ，それは室温条件下で $10^4\,\mathrm{s}^{-1}$ 程度の速度である [13]．このような動きはタンパク質の機能のために必要不可欠であり，生物学的に非常に重要である．

NMR はタンパク質の動力学の研究に盛んに用いられてきた．古典的な例は，芳香環の反転である．チロシンとフェニルアラニンの芳香環は，C_γ–C_ζ 軸に対して対称である（図 6.6）．C_β–C_γ 結合のまわりの 180°の回転はタンパク質のコンフォメーションに対して何の影響ももたないが，2 つの対称関係にある芳香環のプロトンの周波数を平均化するため，NMR による観測が可能である（図 6.7）．タンパク質の NMR スペクトルの解析から，芳香環は幅広い時間域で反転することが示されており，その多くは $10^6\,\mathrm{s}^{-1}$ 程度であるが，タンパク質内部に深く埋もれているような芳香環では $10^3\,\mathrm{s}^{-1}$ より遅い [14]．実験によって求められた，芳香環の反転における活性化体積は約 50 Å^3 である [15]．芳香環の回転は，

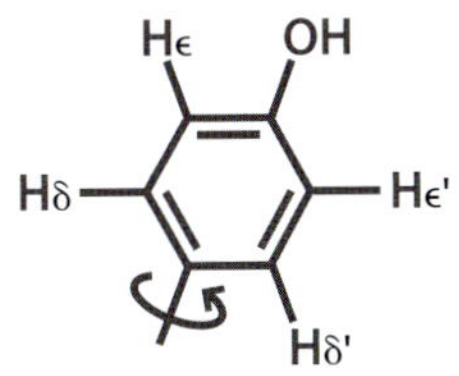

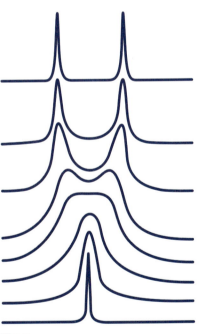

図 6.6
チロシンやフェニルアラニンの C_β–C_γ 結合における芳香環の 180 度の回転（反転）は，化学的には同一のコンフォメーションを生じる．しかしながら，2 つの対称関係にあるプロトンである $H\delta$ と $H\delta'$，$H\epsilon$ と $H\epsilon'$ の化学シフト（または周波数）の平均化を起こすために，NMR では容易に検出可能である．

図 6.7
芳香環の $H\delta/H\delta'$ や $H\epsilon/H\epsilon'$ プロトンのシグナルは，C_β–C_γ 結合まわりの交換速度に依存する．遅い回転は 2 つの分離したシグナルを与え（上），速い回転は平均化されたシグナルを与える（下）．その中間は，さまざまなブロードのシグナルを与える．

> ***6.1　群盲象を評す**
>
> おそらくインドを起源とする説話で，複数の盲目の男が象を観察したときの話である．1人は足に触り，柱のようであると言った．1人は尾に触り，ロープのようであると言った．1人は鼻に触り，木の枝のようであると言った．1人は牙に触り，槍のようであると言った，という．この話の教訓は，あなたの解釈次第である，ということだ．我々の目的では，教訓はヒンドゥー教の教義に近い．すなわち，それぞれの実験結果は不完全であり，1つの結果だけをもって全体像を描くことはできない，というものである．

環の両面に位置する原子の協奏的な運動を必要とする．約 50 Å^3 の体積はその運動に要するものであり，その速度は回転のために置換しなければならないタンパク質の体積にのみ依存する反転の速度と一致している．もっとも遅い環の反転は，非常に制限されたコンフォメーションにおいてみられる．3つのジスルフィド結合によって結ばれた，非常に固く小さなタンパク質である塩基性膵臓トリプシン阻害剤はその一例である．このように，速い時間域においてはすべてのタンパク質は非常に類似した振る舞いをするが，より遅い時間域においてはそのパッキングの環境に応じて振る舞いが異なる．

6.1.4　すばやい運動と比較して，遅い運動はよりタンパク質に特異的である

タンパク質の運動はその規模はまったく異なるものの，ほぼすべての時間域で起こることがわかってきている．その全容はまだ明らかではないが，異なるタンパク質の内部コンフォメーションは，すばやい熱運動をより遅く機能的に重要な運動へと変換することができるようである．これは，多くの小規模で相関のないすばやい運動を，少量の相関性の高い"ヒンジを曲げる"運動にまとめ上げていると考えることができる．以下で，その現象が起こる可能性のある経路を説明するものとして，3つの例を考える．それぞれ運動の型は異なるが，これまで異なる種類の方法が使用されていたために，その違いが"実際に"異なるのか，それともただ違ってみえるだけなのか明らかではなかった．これは，**群盲象を評す Blind Men and the Elephant**（*6.1）の話に似ている．

1つ目の例は，小さなリボヌクレアーゼの1つであるバルナーゼ（*2.2参照）である．このタンパク質は両端にループをもつβシートからなり，ループが基質に結合して加水分解を触媒する．分子動力学シミュレーションでは，このタンパク質は大きなスケールの柔軟性をもつことが示されている．シートはヒンジ様に曲がり，両端のループを触媒に適した位置に移動させる [16, 17]．同様のコンフォメーション変化は，阻害剤の有無で結晶構造を比較したときにも得られている．NMR 研究によれば，同様の運動は溶液中でも存在し，1,000 s^{-1} 程度の時間域で起こる [18]．しかしながら，NMR 研究はまた，約1,000倍頻繁に起こる（約 10^6 s^{-1}），より速い反応が存在することも示している．その反応は，タンパク質の同じ領域が関係しているもののあまり協奏的ではない（図 6.8）．つまりこのケースでは，相関のないすばやい運動から相関のあるまれな運動への連動が，シートの片端に運動が局在化することにより起こっている．速い時間域では，タンパク質の運動は均一に分布し非協奏的である．大きなスケールの運動は，タンパク質中で協奏的な運動を必要とするためにめったに起こらない．そのため，協奏の程度と，時間域，エントロピーの

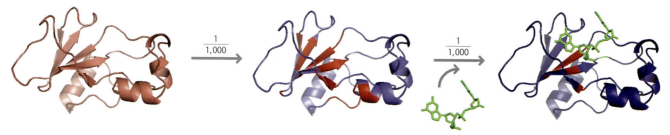

図 6.8
NMR 解析から推定されるバルナーゼの運動性．この酵素では，溶媒分子の絶え間ない衝突により相関のないナノ秒（ns）の時間域のすばやい運動が起こる．これらは均一な小規模の運動を示すピンクで色づけされている．おおよそ 1,000 回の振動に1回ほど，マイクロ秒（μs）の時間域でこれらのランダムな運動からより相関的な運動が起こり，タンパク質の中央により大きなスケールの屈曲運動を導く（赤色，中央図）．赤色は，熱運動の集中が少数の全体的な運動を引き起こしていることを示している．さらに，これらのおおよそ 1,000 回の振動に1回ほど，ミリ秒（ms）の時間域で，ヒンジの屈曲運動からより相関的な運動が起こる．これらの運動は基質（緑色）を活性化されたコンフォメーションにして分解するための，生産的な運動と考えられている．このように，ランダムな運動はいくつかのモードへと集中させられたり方向づけられたりする．（D.J. Wilton et al., *Biophys. J.* 97: 1482–1490, 2009 より．Elsevier より許諾）

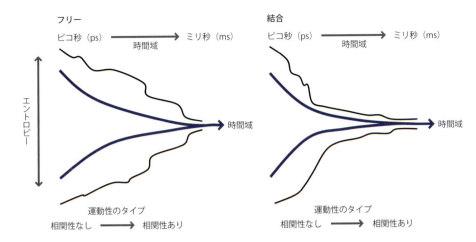

図 6.9
高いエントロピーをもつ相関性のないランダムな運動が，触媒活性の状態へと酵素を促す相関性のあるわずかな運動をごくまれに引き起こすという点において，運動のチャネリングは（すべての酵素においてはおそらく何らかの形で，バルナーゼにおいては少なくとも）必要とされると示唆される．今後さらに検証する必要はあるが，基質やリガンド類似体の存在下において，このチャネリングはより集中して起こるようである．このことは，6.2節での立体配座選択理論を効果的に説明している．

ロスに関して対比することができる（図6.9）．速い時間域の運動が，遅い運動にエネルギーを与えることは明らかである［19］．言い換えれば，タンパク質への連続的な水分子の衝突が，すばやく小さなスケールの運動を導くのである．これらの運動がタンパク質に動力学的なエネルギーを与え，それが酵素活性に必要なコンフォメーション変化を導く．2つの運動の実質的な違いは，相関のある運動の方がずっと起こりにくいという点であり，それがそのような運動がはるかに遅い理由を説明している．

2つ目の例は，別のβシートタンパク質である連鎖球菌のGタンパク質のB1ドメインである．これは，4つのストランド（鎖）からなるシートの片面にヘリックスが対角に結合している小さなタンパク質で，モデルタンパク質として盛んに研究されている．タンパク質のペプチド結合の運動性の研究では，いくつかのペプチド面はほとんど静止したままであるが，ほかの面はゆれ動いていることが示されている（図6.10）［20］．これらの運動は約 $10^6\,s^{-1}$ の速度で起こり，とくに，大きな振幅でゆれているペプチドが，シートを通じて水素結合によって結ばれたほかのβストランドのペプチド基に影響していることがわかる．この柔軟性はシートを通じて定常波として伝わっており，定常波の位置はタンパク質中の疎水性側鎖の位置と関係している．すなわち，疎水性側鎖をもつアミノ酸はよりしっかりと固定されており，一方で露出しているアミノ酸はより高い柔軟性をもっている．つまり，βシートを通じてタンパク質には大きなスケールでの屈曲が存在し，その位置は疎水性のアミノ酸側鎖の位置により少なくとも部分的に決定されている．興味深いことに，もっとも大きな振幅の運動はタンパク質の片方の端にみられ，その端でIgG抗体と相互作用することで，**βストランドの伸長 β-strand extension**（*6.2）により連続したシートの形成を行っている．これについては，その運動がGタンパク質に結合相手に対して適した形をとる屈曲を与えているのではないかと考えられている．言い換えれば，遅い相関的な運動が（バルナーゼの例のように）機能的に重要な役割を果たしているということである．

図6.11に同じ研究グループによる続く研究の結果を示す．図は実際に数秒間（タンパク質がすべてのコンフォメーションをとるのに十分な時間）にわたってタンパク質のスナップ写真を撮り，コンフォメーションの分布をみたものである．このアンサンブルは主

図 6.10
Gタンパク質の相関する回転運動．Cα-Cα軸のまわりをヒンジとするペプチド面の"ゆらぎ"は，振動の"定常波"を表している．この定常波は，ある領域ではほかの領域よりも大きく，シート中の異なるストランド間で相関して起こる．より固い領域は，疎水性の側鎖によって空間的に相互作用するために安定化されていると考えられている．（G. Bouvignies et al., *Proc. Natl. Acad. Sci. USA* 102: 13885, 2005 より．the National Academy of Sciences より許諾）

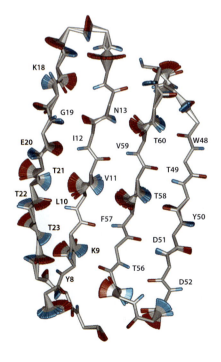

*6.2 βストランドの伸長

βシートタンパク質は，しばしばβシートの片端もしくは両端が溶媒に露出している．これらの端は，あらたな逆平行ストランドを水素結合によってシートに追加する際の，ほかのペプチド鎖との相互作用部位としてよい候補のようにみえる [94]．そのような相互作用は，GタンパクとIgGの結合と，アミロイドの交差β構造にみられる．病原菌である黄色ブドウ球菌 *Staphylococcus aureus* の表面タンパク質の，フィブロネクチンへの結合はよい例である．その相互作用により病原菌はヒト細胞へ結合し，それが侵入のきっかけとなる．フィブロネクチンは複数のフィブロネクチン I 型モジュールをもち（第 2 章），それが連続的な β ストランドを片側に形成する．病原菌タンパク質FnBPAは，フィブロネクチンのβストランド面に沿ってジップ様式でβストランドを追加形成することで，結合に高い親和性を与える（図6.2.1）．

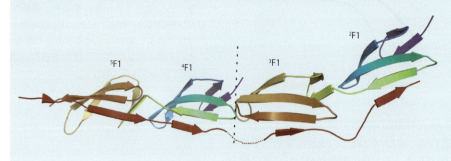

図 6.2.1
フィブロネクチン I 型ドメイン 2，3 および 4，5 が黄色ブドウ球菌の FnBPA ペプチドと結合している構造（PDB 番号：2 rkz，2 rky）[100]．別々に結晶化した 2 つのペアの構造を適切な位置関係で並べた（接合部は点線で示されている）．赤色で示した FnBPA タンパク質がそれぞれのドメインのシートを伸長しており，おそらくこれが高い親和性を説明している．

鎖の座標で 0.7 Å の RMSD（平均二乗偏差）をもち，これは前述したユビキチンの計算とほぼ同様の値である．Gタンパク質の計算にはすばやい運動だけではなく遅い運動も含まれているため，ユビキチンの計算に比べてより大きな RMSD を示すと推測されていたが，実際にはユビキチンよりも締まった分散が示された [21]．この研究で著者らは G タンパク質のエネルギー地形のモデルも提唱し，その底に比較的広い直径 1.3 Åほどの領域があり，側面は急で滑らかな面であるとした（図6.12）．ほかのタンパク質を用いた研究でも同様の傾向が示され，もっとも大きな柔軟性は活性部位にあることが示唆された [22-25]．もっとも，酵素は基質や生成物よりも遷移状態に相補的である必要があるため，これは予想されていたことである．つまり，酵素のコンフォメーションは固く保たれているが，活性部位にはヒンジ屈曲などの部分的な運動性（機能を果たすための相関的な運動）がある．

3 つ目の例は，ユビキチン（*4.9 参照）である．このタンパク質は片面にヘリックスの付いた β シートからなり，G タンパク質と似た構造をもつ．細胞内でユビキチンはほかのさまざまなタンパク質と相互作用する．$10^6 \sim 10^9 \mathrm{s}^{-1}$ 程度の遅いゆらぎの存在がユビキチンの特徴であり，ストランド（鎖）の間のループと C 末端がハサミ様の運動と呼ばれる高い運動性をもっている（図6.13）[26]．このゆらぎによってユビキチンの表面はさまざまなコンフォメーションをとることができ，結合相手のそれぞれ異なる表面に適合してユビキチンが結合できる．

この遅い運動についての検証は完全とはほど遠いものであり，現状は限定的な理解にと

図6.11
NMRデータを束縛条件とした分子動力学シミュレーションから得られた，G タンパク質の B3 ドメイン構造の重ね合わせ図．この図は NMR で決定された構造と似ているが，表しているものは本質的に異なる．NMR 構造の重ね合わせ図（第 11 章）の分布は，解を求めた異なる試みの結果がどれだけ互いに一致しているかを示している．対照的に，この図の構造の分布は，分子動力学法でのトラジェクトリー解析の結果における真の分布の見積もりを表している．言い換えれば，ここでの構造の分布は室温条件下で熱的に到達できる分布を表しており，実験的な制約によって結果が変動し得る最少の幅を表しているわけではない．（P.R.L. Markwick, G. Bouvignies and M. Blackledge, *J. Am. Chem. Soc.* 129: 4724, 2007 より．the American Chemical Society より許諾）

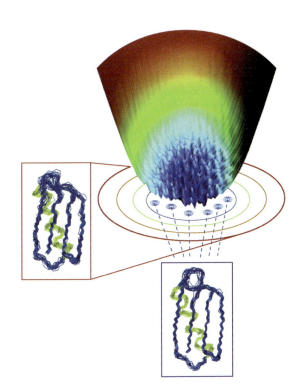

図 6.12
Gタンパク質のB3ドメインのポテンシャルエネルギー地形の模式図．急勾配の側面と，それぞれの低エネルギーコンフォメーションを含む大きく平らな底からなるとされる．底に位置するコンフォメーションのそれぞれは，青色のボックスの中にあるアンサンブルで表されるように，コンフォメーションの密な集合である．熱的に形成可能なすべてのコンフォメーションを赤色のボックスの中に示した（図6.11と同じもの）．(P.R.L. Markwick, G. Bouvignies and M. Blackledge, *J. Am. Chem. Soc.* 129: 4724, 2007 より. the American Chemical Society より許諾)

どまっている．しかしながら，これらの運動はそれぞれのタンパク質によって異なっており，その場所だけでなく時間域もタンパク質の機能と関連していることが明らかになってきている（これはすばやい運動とは対照的である）．したがって，それらはタンパク質が進化によって得た特性である．言い換えると，タンパク質の機能にはタンパク質の立体構造だけでなく，遅い動力学も重要である．たとえば，シグナル伝達系のPDZファミリーのメンバーそれぞれは，非常に類似した配列をもつにもかかわらず，それぞれがまったく異なる（機能と関連する）運動を行うことが特徴として明らかになってきている [27]．対照的に，多くのタンパク質に共通するすばやい運動は，ほとんど機能と関連していない [28]．

ここで解説している運動は，比較的単純にその性質を計算できる**基準振動 normal mode**（*6.3）とおそらく密接に関係している．したがって，これらの機能上重要な運動

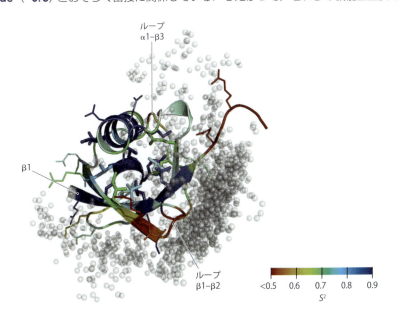

図 6.13
ユビキチンの遅い動的なゆらぎ．タンパク質主鎖の柔軟性は，青色（小さい）〜赤色（大きい）で示されている．とくに，β1-β2のループはもっとも可動的な領域であり，マイクロ秒（μs）〜ミリ秒（ms）の時間域で運動している．灰色の球は，結晶構造中でユビキチンと接触できるタンパク質の原子の位置を表している．ユビキチンとの接触に関わる主な領域は図の下部右側にあり，大きな運動性をもつ位置と一致している．言い換えれば，ユビキチンは相手と結合する際に，マイクロ秒（μs）〜ミリ秒（ms）の遅い時間域でもっとも大きな柔軟性を示す領域を主に用いているのである．(O.F. Lange et al., *Science* 320: 1471–1475, 2008 より. AAAS より許諾)

*6.3 基準振動

理想的なバネの端におもりを付けたときの振動運動を調和振動 harmonic oscillation という．調和振動では，単純な正弦運動の結果により，復元力は変位に比例する．また，振動の周期は，振幅には依存せず，バネの定数（バネの硬さ）とおもりの重さにのみ依存する．これが意味することは，バネ定数が与えられれば，おもりの振動運動を容易に計算できるということである．すべての原子間の力は比較的正確に計算できるので，タンパク質は振動系が組み合わさったものとして扱うことができる．大胆な近似ではあるが，運動が調和的（放物的）であると仮定すれば，n 個の原子を含む系は，基準振動と呼ばれる調和振動が組み合わさった，n 個の計算されたパターンを生じる．それにより，大きなタンパク質でさえも比較的容易なマトリクス法により計算可能である．これらの多くは局所的なすばやい運動に説明を与えるが，しかしめったに起こらない基準振動はタンパク質の大部分による集団的な運動である．これまでに多くの論文が，タンパク質の機能的に意味のある変化は，めったに起こらない基準振動の 1 つにきわめて類似すると報告している．たとえば，6.1.4 節でみたユビキチンの運動は基準振動に近い．基準振動はタンパク質の立体構造から比較的容易に計算可能であり，実際に Chime 分子表示ツールにリンクするデータベースの利用も可能である（http://cube.socs.waseda.ac.jp/pages/jsp/index.jsp）[95]．

はきわめて容易かつ正確に予想できるようになるかもしれない．

6.1.5 相関する運動は，複数の水素結合を介して起こる

タンパク質において，相関性をもつ単位がどの程度の大きさであるかを知ることは，興味深く重要なことである．なぜなら，相関する運動性を示す部位は，コンフォメーション変化を伝えることができるタンパク質中の固いブロックを表しているからである．相関する運動はどの程度の距離にわたって起こり得るだろうか．この問題に対する明確な答えはまだないものの，実験データとシミュレーションの両方からいくつかの解答が提案されている．

膜タンパク質のヘリックスは，ヘリックスのおおよそ 4 回転分の長さである膜の片側から逆側へと情報を伝えることができる．その"機械的な"役割（第 1 章）と一致して，ヘリックスはもっとも強くて固い構造単位である．しかしながら，水素結合ネットワークにおける相関する運動は，おそらく通常 4, 5 個の水素結合を越えて伝わる．たとえば G タンパク質に関する最近の研究で，ヘリックスの N 末端から側鎖のカルボキシル基を（pH を下げて）除去することによってヘリックスの 1 回転目だけが協同的に崩れるが，その一方で別の側鎖のカルボキシル基のプロトン化は β シートの 3 つのストランド（鎖）を介して 8 つの水素結合を弱くするという結果が得られている [29]．前述したように，相関する効果の境界は定常波のゆらぎとして定義される（図 6.10）[20]．結論として，疎水性のパッキングと水素結合は協同的に振る舞うことで構造単位の輪郭を示し，それはタンパク質中の大きな領域にわたるが，通常はタンパク質のドメインの大きさに比べるとずっと小さい．水素結合の重要性は，それらが強い指向性をもち，仮に壊れると全体のエネルギーの中の大きな変化につながることである．しっかりした構造単位は，タンパク質の疎水性コアと密接に関係している．それゆえに，タンパク質は固く相関した疎水性コアと，より親水的で運動性の高い領域からなるといって差し支えない．

コンピューターシミュレーションの結果はより多義的である．ある結果はきわめて限局した相関のあるブロックを示唆し，そしてそれはタンパク質が安定性を失うにつれてその大きさを増す [30]．しかしながら，別の結果は動的な相関が離れた領域に相関をもたらすことを示唆している．このことについては以下で解説する．水素結合もまた，もっとも強い指向性をもつ局所的な相互作用であることから，相関のある単位を定義するのに重要である [31]．

6.2 立体配座選択

6.2.1 タンパク質はコンフォメーション地形に存在する

近年，タンパク質の運動性には大きな関心が寄せられており，コンピューターと実験を組み合わせた手法が実際のタンパク質にも十分適応できるほどに発展してきている．そし

て，これによって初めてこの興味深い問題についての解答が得られるのである．その1つは，タンパク質は1つのコンフォメーションで存在しているのではなく，動的なコンフォメーションのアンサンブルとして存在しているという概念の一般化である．1.3.4項で述べたように，アンサンブルはコンフォメーション-エネルギーダイアグラムによって表現することができる（図6.14）．これは，タンパク質のとり得る多次元のコンフォメーション空間を2次元で表した非常に単純化された図である．すでに解説したように，このエネルギーダイアグラムの表面はおそらくフラクタルであり，すべての距離域で粗いものとなっている．タンパク質はボルツマン分布に従ってそのような地形に存在するので，低いエネルギー障壁は容易に越えやすく，タンパク質は類似する多くのコンフォメーションをとり得る（たとえば，表面の露出した側鎖が異なるコンフォメーションをとる，もしくは主鎖の角度に微妙な変化が生じる，など）．より大きなコンフォメーション変化，すなわち内部に埋もれた側鎖の回転や表面のヒンジループの移動などは，より大きなエネルギー障壁をもつのでめったに越えることはないが，これらもボルツマン分布に従う．このような，コンフォメーションに対する自由エネルギーの変化はしばしばエネルギー地形 energy landscape と呼ばれる．

　以上の考えは，タンパク質のフォールディングの概念的枠組みの構築にとって重要である．1968年に Cyrus Levinthal は，タンパク質がとり得るコンフォメーションの数は天文学的な数字である，と述べている [32]．これが意味することは，タンパク質がとり得るすべてのコンフォメーションのなかから最小値を見つけることは，時間がかかりすぎるために不可能であるということである．それゆえに Levinthal は，タンパク質はある経路を通ってフォールディングすると提唱した．それはタンパク質が折りたたまれる際に，徐々にそのコンフォメーションにきつい制限をかけることで，フォールディングの道案内をするような経路である．それ以後，彼は研究の大部分をそのような経路の特徴を見つけることに費やした．これは容易なことではなかったが，それは主にタンパク質のフォールディングが高度に協同的な過程をもつことに理由があった．すなわちタンパク質がフォールド状態やアンフォールド状態のときは観測できるが，中間状態の観測は非常に難しいか，もしくは不可能であった（4.5.1項参照）．

　タンパク質は尿素やグアニジンなどの化合物によって変性し，また，極端な pH などによっても部分的に変性する場合がある．したがってもっとも容易に研究される変性状態としては，未変性状態のタンパク質と比べて高度にプロトン化または脱プロトン化されて化学的に異なっている状態か，あるいは尿素やグアニジンなどと結合してランダムコイルタンパク質に予想されるコンフォメーションよりももっと伸びたコンフォメーションをとっている状態が挙げられる [33]．このことは，通常研究されるアンフォールド状態と，中性 pH において変性剤などの非存在下で研究されるフォールド状態とは，溶液の状態が異なることを意味している．それゆえに変性状態のタンパク質研究は，通常の状態でのフォールディング過程の検証をするために，ある程度の推定を必要とする．これがアンフォールディング平衡の理解にさらなる不確かさを与えることとなる．

　アンフォールド状態のタンパク質について現在考えられている一般的な像は，ランダムとはほど遠いものである．タンパク質のフォールディングの主な駆動力の1つは，疎水性のパッキングである．アンフォールド状態のタンパク質において，疎水性の原子団は凝集する傾向にあり，完全にランダムな主鎖と比べてずっとコンパクトになっている．そして，フォールド状態のタンパク質を形成するために必要なエントロピーの喪失のほとんどがすでに行われている（天然変性タンパク質は，天然状態で折りたたまれたタンパク質と比べて含まれる疎水性側鎖の数が有意に少ない．それゆえに，溶液中においてより完全なランダムコイルに近いコンフォメーションをとっていると考えられる）．タンパク質のフォールディングは，変性剤の急激な希釈や，急な pH の変化をもたらすことによってしばしば研究される．このような環境下におくことで，タンパク質の主鎖は非常に急速に（マイクロ秒（μs）より短時間で）疎水性崩壊を起こし，二次構造が形成され始める．一般的に，ヘリックスはシートよりもすみやかに形成される．なぜなら，ヘリックスはもっぱら局所

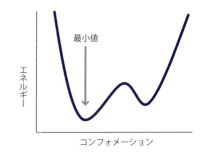

図6.14
タンパク質のコンフォメーション-エネルギーダイアグラム，またはエネルギー地形．縦軸は自由エネルギー（配座エネルギー，ポテンシャルエネルギー）を表している．横軸は単純化した多次元コンフォメーション空間を表している．この図では最小値のみ示したが，エネルギー障壁を隔てて2番目の最小値（極小値）も存在している．タンパク質はボルツマン分布に従ってエネルギーダイアグラム上に分布する．それゆえに，エネルギー障壁の大きさと極小値間のエネルギー差に依存してそれぞれの間で平衡が成立し，タンパク質はそれぞれの極小値に存在する．

的な再編成であるが，シートは一次配列上で離れたアミノ酸同士の相互作用を必要とするためである．

　エネルギー地形から得られる重要な洞察は，タンパク質は1つの経路だけを通ってフォールディングするわけではないということである（もし仮にそうであるとすれば，変性剤の急激な希釈や急なpHの変化によって，変性している異なる分子は異なるコンフォメーションに向けてフォールディングするはずである）．それぞれの分子は多次元の**フォールディングファネル** folding funnel（図6.15）において異なる位置にあり，それぞれの経路でフォールド状態のタンパク質を示す"底"へと向かう．図は，多くのタンパク質が底へと向かう際にファネル（漏斗）の同じ領域を通り，結局は同様の経路に落ち着くことを意味している．つまり，多くのタンパク質は詳細には異なる経路で異なるエネルギー障壁を越えるが，結果的に同様の経路を通ってフォールディングする．他方，異なる経路を通る分子も存在することから，フォールディングの経路を検討するには単純化しすぎた図であるといえる．このより洗練されたモデルは，その大部分がフォールディングのコンピューターシミュレーションの結果によって得られたものであり，しばしば，タンパク質フォールディングの"あたらしい観点" new view と呼ばれている [34]．

　このモデルは，フォールディングだけでなく，"フォールド状態"のタンパク質のコンフォメーションにも適用されるために，長い期間議論されてきた．異なるタンパク質が異なる経路でフォールディングするのと同様に，フォールディングしたタンパク質は複数のコンフォメーションをとることができる．そして，タンパク質が異なる経路を通ってフォールディングするように，（たとえばリガンド結合などによる）あるコンフォメーションから別のコンフォメーションへの移行は，単に遷移状態を越えて1つのエネルギーから別

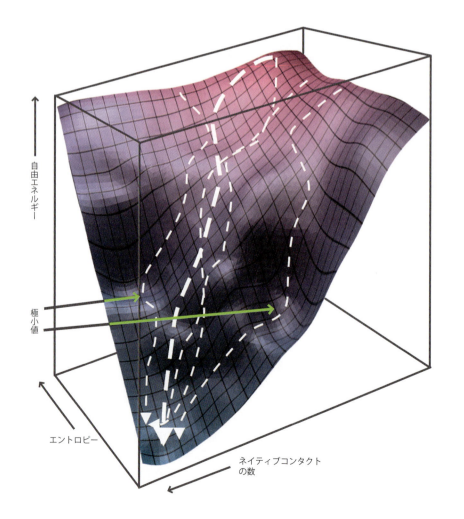

図 6.15
フォールディングファネル．この図は，実際には非常に複雑であると考えられる全ファネルの一部を表している．タンパク質コンフォメーションの自由エネルギーが減少するにつれて，そのエントロピーは減少する傾向にあり，ネイティブコンタクト native contact（天然状態においてみられる接触）が増加する．アンフォールド状態では，タンパク質はコンフォメーション面のどこにでも位置し得るが，フォールディングするにしたがって点線で示されるような1つ，もしくは少数の経路を通る傾向がある．つまり，広大な範囲に分布するような経路は比較的少ないが，かといって単独のフォールディング経路のみが存在するのではない．これらの多くは最小値に向かって滑らかに下る（太い線）が，少数はその過程で極小値に落ち，いくつかはそのままとどまるため，それらはいくつかの分子が最小値へと向かう際の遅い経路となる．これらのデータはGタンパク質のB1ドメインのものであるが [97]，ほかの多くの単独ドメインタンパク質も少なくとも定性的には同様の経路でフォールドするであろう．

のエネルギーへ移る，ということではない．その過程は複数の経路によって記述される必要があり，多くは同様の遷移状態を通るが，いくつかは異なる経路を通る [35]．その状況は，物理における波と粒子の二面性によく似ている．つまりタンパク質は，ある決まった道を通って 1 つのコンフォメーションから異なるものへと変化するというより，むしろ，ウェーブレット（さざ波）wavelet のように捉えるべきである．ウェーブレットとは，すなわちある場所から別の場所へつながって動くコンフォメーションの束である．物理学では，実際的な目的においては電子を粒子と捉えた方が便利であり，ほかの目的では波と捉えた方が便利である．同様に，多くの場合においてタンパク質は定義されたただ 1 つのコンフォメーションをとる生体高分子であると考えることができるが，実際には複数のコンフォメーションが存在しており，その一部は平均とはかけ離れていることを忘れてはならない．そのもっとも顕著な例として，どの時点においてもタンパク質のごく一部（$1/10^{11} \sim 1/10^4$ 程度）はアンフォールド状態で存在している（第 4 章）．

6.2.2 立体配座選択は誘導適合よりもよいモデルである

前章では，**鍵-鍵穴** lock and key モデルよりも**誘導適合** induced fit モデルの方が，酵素のはたらきを考えるうえでよいことをみてきた．誘導適合モデルにおいて，タンパク質は固いものではなく，リガンドに対して自身を適応させる．酵素はしばしば反応中に形を変化させることで基質と結合できるようにしたり，遷移状態を認識できるようにしたりする [36]．非常に多くの速度論的解析を行った研究から，典型的な以下の反応において，E^* で表されるある種の活性化されたコンフォメーションの存在が示されている．

$$E + S \rightleftharpoons ES \rightleftharpoons E^*S \rightarrow E^*P \rightleftharpoons EP \rightleftharpoons E + P$$

ここで，E が表すのは基底状態のコンフォメーションであり，E^* が表すのはある種の活性型コンフォメーション（誘導適合，閉構造，MWC アロステリックモデルの R 状態）である．

タンパク質コンフォメーションの地形図は，このモデルを再考させる．地形図では，タンパク質は単純に"基底状態のコンフォメーションである"とはみなされない．タンパク質はコンフォメーションのアンサンブルとして存在し，その多くは基底状態のコンフォメーション（おおまかには結晶構造と似ていると考えられている）と似ているが，活性型コンフォメーションのように決定的に異なる構造も含んでいる．したがって，酵素のコンフォメーションの変化は，基質がフリー状態の酵素に結合しそのコンフォメーション変化を強制する誘導適合モデルで考えるよりも，**立体配座選択** conformational selection モデル（population-shift モデル，pre-existing モデルともいう）で考える方がより適している [37]．このモデルでは，フリーの酵素は活性化状態を含む複数のコンフォメーションからなるとされる．そして，基質との結合ではこのコンフォメーションのアンサンブルの中から結合自由エネルギーの適したものが"選択"される．そのようなコンフォメーションへの結合によって立体配座空間でとり得るコンフォメーションの再分配が起こり，活性型コンフォメーションの数は増加する [38]．それゆえに，結合が誘導するコンフォメーション変化は存在せず，結合する前にすでにそのコンフォメーション変化は起こっているのである．この考えは要するに，第 3 章でみた MWC アロステリックモデルの本質である．近年，前述したユビキチン [26]，カルモジュリン [39] など，このような過程を報告する多くの例があり，非常によい実験的な基礎があるといえる．立体配座選択は，コンピューター計算からもよく支持されている．たとえば，フリーと複合体のそれぞれで結晶構造が決定されている 4 つのタンパク質についての研究報告 [40] がある．それぞれのケースでフリーのコンフォメーションと複合体のコンフォメーションとは異なっていたが，フリーのタンパク質について計算を行ったところ，大きなコンフォメーション変化を示すその運動は結合によるコンフォメーション変化と相関することがわかった．言い換えれば，フリーのコンフォメーションは，そのコンフォメーションのアンサンブルの中にすでに複合体のコンフォメーションを含んでいることになる．（しかしながら，結合後にそれぞれのタン

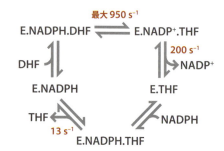

図 6.16
DHFR（E）の速度論的にもっとも重要な触媒サイクル．NADPH を補因子として用いてジヒドロ葉酸（DHF）をテトラヒドロ葉酸（THF）に還元する主要触媒サイクルが上段に示されている．左上はミカエリス複合体 Michaelis complex，右上はその生成物である．酵素が 2 つの基質を再充塡する際には好ましい経路があり，それぞれのステップで次に続く反応のために酵素が準備される．そのステップの 3 つの速度定数が 298 K，pH 6 の条件下で前定常状態速度論的に測定されており，赤字で示されている．

パク質には引き続きコンフォメーション変化が起こる．これについては次項で解説する）．

このモデルには，それを裏づける強い根拠がある．1 つは速度論である [41]．もし結合がコンフォメーション変化を引き起こすのであれば，反応が起こり得る速さに限界が存在することになる．これは，コンフォメーション変化が起こり得る時間と，平衡によって活性型コンフォメーションへと変化する結合した酵素の割合に依存する．実際の観察結果と比べて，計算では多くの酵素にとって誘導適合による変化は遅すぎるという結果になっている．

もう 1 つの根拠は酵素の触媒サイクルにおける実験的な観察に基づく．もっとも明らかな例は，NADPH を還元補因子としてジヒドロ葉酸をテトラヒドロ葉酸（THF）に還元する反応を触媒するジヒドロ葉酸還元酵素（DHFR）dihydrofolate reductase である．THF はメチル基の供給源としてチミンの生合成などに用いられるため，DHFR は重要な代謝酵素である．DHFR の主要な生理的触媒サイクルを図 6.16 に示した [42]．サイクルにおけるいくつかの段階は分光学的に調べることができ，相互変換する際の速度の測定が可能である．図 6.16 に赤色の数字で記したように，それらは比較的遅い．図には触媒ステップ，すなわち水素移動反応が含まれるが，この点については後ほど解説する．

サイクル中の中間体はすべて単離して溶液中で研究できる．それぞれの中間体は，少なくとももう 1 つ別のコンフォメーションをとることが示されており，それはサイクル中の次の段階の基底状態か，前の段階の基底状態か，あるいはその両方に似たコンフォメーションである．さらに驚くべきことに，基底状態構造と別の構造との間の交換速度は，既知の観測可能なサイクル中の移動速度とよく一致している．これらは，反応サイクルのそれぞれの段階で，誘導適合よりもむしろ立体配座選択が行われていることを強く示唆している．つまり，それぞれの段階で酵素は次の段階との平衡にあり，次の段階へと変換される速度は，立体配座選択の速度に依存している [43]．とくに，DHFR の触媒代謝回転は水素移動反応ではなく，THF の放出であり，その速度はタンパク質が開く速度に依存している [11]．

それゆえに，DHFR は誘導適合よりむしろ立体配座選択の好例である．重要なことは，1 つの触媒過程はほかのすべての触媒過程とちょうど同程度であるという事実である．とりわけ大事なことは，触媒の代謝回転速度は化学反応の速度によって決まるのではなく，酵素が基質のまわりでコンフォメーションを変化させる速度によって決まることである [44-46]．これは重要な結果であり，シクロフィリン A [47]，リボヌクレアーゼ [48]，また Boehr の総説 [11] にあるようにフォスホグルコムターゼなどの幅広い酵素におそらく適用できる．1 つの明らかな例は，プロトクロロフィリド還元酵素である．この酵素は DHFR のホモログであり，非常に類似した触媒サイクルをもつ．このタンパク質は，光誘導型触媒のステップをもつことで知られている 2 つの酵素のうちの 1 つであり，クロロフィル生合成経路の酵素として機能している．この酵素では，すべてのステップについて分光光度計を用いた解析が可能である．そして，初期の水素化合物の転移はピコ秒（ps）時間域で起こり，それは全体の反応速度よりも桁違いに速いことがわかっている [49]．低温環境下での研究に示されるように，触媒ステップとそれに続くコンフォメーション変化とは分割可能であり，全体の反応速度は酵素のコンフォメーション変化によって制限されている [50]．

非常に多くの酵素が，代謝回転速度として 50〜5,000 s^{-1} ほどの，ある限られた範囲にある．非触媒速度が非常に幅広い時間域に広がる事実にもかかわらず，である（図 6.17）[51]．以上のことから，（全部でないとしても）ほとんどの酵素において，代謝回転速度の制限因子は化学反応そのものよりも，酵素内部のコンフォメーション変化にあるように思える．

6.2.3 立体配位選択と誘導適合は連続体の両端である

立体配座選択が初めて提唱されたとき，それは誘導適合に大きな改良を加えたもののよ

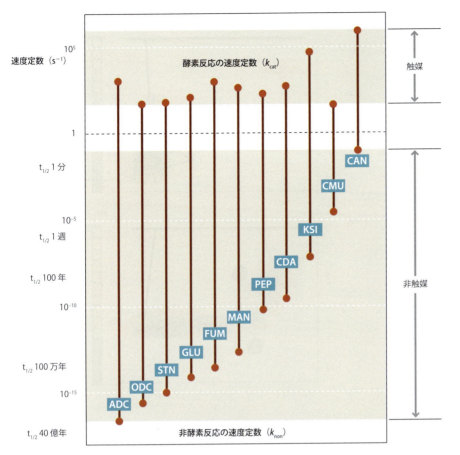

図 6.17
酵素による触媒がある場合とない場合での25℃条件下での反応速度定数の比較. ADC: アルギニン脱炭酸酵素, ODC: オロチジン 5′-リン酸脱炭酸酵素, STN: ブドウ球菌ヌクレアーゼ, GLU: サツマイモ β アミラーゼ, FUM: フマル酸ヒドラターゼ, MAN: マンデル酸ラセマーゼ, PEP: カルボキシペプチダーゼ B, CDA: 大腸菌シチジン脱アミノ化酵素, KSI: ケトステロイドイソメラーゼ, CMU: コリスミ酸ムターゼ, CAN: 炭酸脱水酵素. (R. Wolfenden and M.J. Snider, *Acc. Chem. Res.* 34: 938-945, 2001 より. the American Chemical Society より許諾)

うであり, またタンパク質の結合に関するすべての疑問に対する答えのようであった [52]. しかしながら, 2 つのメカニズムは別のものではなく, むしろ可能性という連続体の両端を表していることが現在では明らかになってきている.

リガンドがタンパク質に結合する際の, 起こり得る段階を考える. これは, 図 6.14 のような立体配座エネルギー図によって表すことができる. 図 6.14 は, 図 6.18 にあるように, フリーの酵素と基質が結合状態になるために 2 つの経路があることを示している. 1 つは酵素のコンフォメーション変化, もしくは異なるコンフォメーションのアンサンブルの創造が必要であり, 基質の結合に適するコンフォメーションの選択が行われ, このコンフォメーションに対してリガンド結合が起こる (青矢印). もう一方は, リガンド結合後に誘導適合による酵素のコンフォメーション変化を必要とする (緑矢印). しかしながら, これは単純化したものであり, 2 次元表面に描いたものの方がより完全である (図 6.19). 1 次元はややあいまいに定義された標準コンフォメーションであり, 一方, 2 次元はリガンドがどのように結合しているかが表されている. リガンドは, 結合しているか結合していないかであり, その中間は存在しないとする主張がある. しかし, 運動性のあ

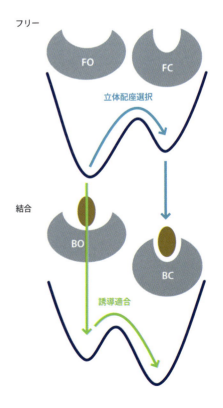

図 6.18
リガンドが酵素へと結合する際のエネルギー地形. この単純な図では酵素は 2 つのコンフォメーション, O (オープン型) と C (クローズ型) をとり得る. 酵素は 2 つのコンフォメーションの平衡下にあり, 平衡の位置は酵素がフリー (F), 結合状態 (B) のどちらであるかに依存して異なる. 上部左のフリーのオープン型コンフォメーションから, 下部右の結合状態のクローズ型コンフォメーションにいたるには, 2 つの経路が存在する. 酵素が先にコンフォメーションを変化させて結合する (立体配座選択: 青矢印) か, 先に結合してその後にコンフォメーション変化が起こる (誘導適合: 緑矢印) かである.

図 6.19

酵素がリガンドへ結合する際の2次元エネルギー面. 横軸の χ はコンフォメーションを表し, 縦軸は 0 (フリー) 〜約 $-9k_BT$ の結合エネルギーを表している. つまりこの図では, (図6.18とは対照的に) 結合は全か無かではなく, 連続体であることが示されている. (a) 純粋な立体配座選択. コンフォメーション変化が先に起こり, 続いて結合が起こる. (b) 主に誘導適合. 結合が先に起こり, 続いてコンフォメーション変化が起こる. これらのパネルは, グルタミンのグルタミン結合タンパク質への結合をシミュレーションしたトラジェクトリーを表している. (b) のいくつかのトラジェクトリーは, 黒線で示すように立体配座選択経路を通っている. ❶と❷で示した箇所については本文中で述べている. (K. Okazaki and S. Takada, *Proc. Natl. Acad. Sci. USA* 105:11182-11187, 2008より. the National Academy of Sciences より許諾)

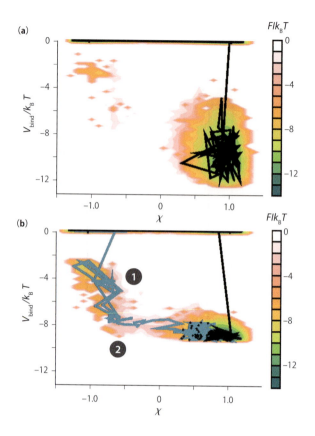

るタンパク質コンフォメーションのアンサンブルを考えると, これはもはや真実ではない. たとえば, タンパク質は漸進的に結合を進める過程において, ジッパーを閉めるようにリガンドを包み込むことが可能であり, それは実際に行われている (4.2.8項参照).

立体配座選択機構は図6.19aで示される経路であり, コンフォメーション変化が結合よりも前に起こる. 対照的に, 誘導適合機構は図6.19bで示される経路であり, リガンドが先に結合し, その後にコンフォメーション変化が起こる. したがって, エネルギー表面の形次第ではどちらの経路も可能である. もしくは, より好ましい経路が両者の間のどこかに存在するかもしれない.

図6.19はシミュレーションの結果である[53]. 2つのパネル間の計算の違いは, ファンデルワールス力や疎水性相互作用などの短い距離の相互作用と, イオン間相互作用などの遠い距離の相互作用の違いである. 図6.19bは, 遠距離相互作用に重点がおかれている. これによりわかることは, 静電相互作用によって結合するリガンドは, 誘導適合に従う傾向があり, 一方, 近距離相互作用によって結合するリガンドは, 立体配座選択に従う傾向があるということである. 遠距離相互作用は低分子よりもタンパク質などの大きな分子において, より典型的である. これは, タンパク質が低分子化合物に結合する際には立体配座選択に従い, タンパク質などの大きな分子に結合する際には誘導適合に従うということを意味する. ここで議論している計算において, 結合は常に両者の混合したものである. ある分子はある経路で結合し, 別の分子はほかの経路で結合する. つまり繰り返しになるが, 多くの結合事象は, 純粋に誘導適合であったり, 純粋に立体配座選択であったりするのではなく, それらの組み合わせである. 6.1.4項で解説した, さまざまなリガンドに対するユビキチンの結合が, おおよそ等量の立体配座選択と誘導適合の合計であることには大きな意味はない[54].

これらの計算でさらに興味深いのは, たいていの場合, 酵素-基質複合体と酵素-生成物複合体でエネルギー表面が異なっていることである. これは, 遠距離相互作用および近距離相互作用が基質と生成物で通常異なるためである[53]. つまり, 基質の結合と生成物

の放出が異なる経路を通ることは十分にあり得る．

6.2.4 酵素の少数が活性型コンフォメーションを示す

　酵素は，その活性のためにコンフォメーションに運動性を必要とする．まだはっきりしていないことは，それらのすべてが同程度の運動性を必要とするかどうかと，運動性が正確には何を行っているか，ということである．高温で至適な活性を示す好熱菌の酵素が常温で低い運動性，高温で普通の運動性を示す一方で，好冷菌の酵素が常温で高い運動性，低温で普通の運動性を示すことは注目に値する．このように，進化の過程で選択されたであろう至適な運動性は明らかに存在している．おそらく，あまりにも低い運動性では，（上で解説したように，酵素のコンフォメーション変化が触媒速度を制限するなら）結果として遅い酵素になるが，逆にあまりにも高い運動性では，不安定な酵素になってしまうと考えられる．

　酵素について，コンフォメーションの動力学に関する情報量は限られている．しかしながら，ジヒドロ葉酸還元酵素（DHFR）のすべての触媒反応中間体（図6.16）について，別のコンフォメーション状態（すなわち次のサイクルの状態）が1.5〜7％含まれていることがわかっている [42]．たとえば，DHFR-THF複合体において，DHFR-NADPH-THF複合体（NADPHが結合したときに選択されるコンフォメーション）に似たコンフォメーションが約7％存在し，これはDHFR-THF複合体よりもエネルギー的に約6.5 kJ/mol高い．しかしながら，いったんNADPHが結合すると，今度はDHFR-NADPH-THF複合体に取って代わるコンフォメーション（次のサイクルであるDHFR-NADPH複合体と似ているコンフォメーション）が2.4％存在し，これはエネルギー的に約9 kJ/mol高い．つまり近似すると，DHFRは触媒サイクルのすべての段階で局所的エネルギー地形が似るように進化してきたようにみえる（図6.20）．これは進化によるすばらしい功績であり，トリオースリン酸イソメラーゼの自由エネルギー表面の丘や谷の準位化（第5章）と同じかそれ以上に注目すべきことである．そのような地形は，それぞれの段階で次の段階への急な転位ができるため，生物学的に明らかに有利である．

　このDHFRの挙動は独立した発見ではないようである．というのも，リボヌクレアーゼAもよく似たエネルギーをもち，同様のことを行うようだ [55]．このエネルギー地形は安定性や制御を失わずに速い反応速度を与えるので最適であるように思えるが，まだほかにも学ぶべきことがある．

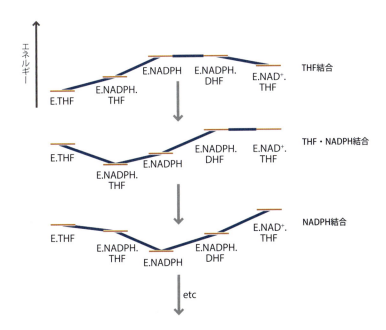

図6.20
ジヒドロ葉酸還元酵素（DHFR；E）のエネルギー地形のダイアグラム．それぞれのコンフォメーションのエネルギーは，何が酵素に結合しているかに依存している．THFだけが結合しているときには，E.NADPH.THFコンフォメーションへと変換するために必要とするエネルギーは小さい．つまり，酵素は触媒サイクルの次のコンフォメーションへの変化を容易にするために進化しているように思われる．同様に，いったんNADPHが結合して酵素がE.NADPH.THFコンフォメーションへと変化してしまえば，次のサイクルであるE.NADPH複合体へとコンフォメーションが変化するのに必要なエネルギーはまた，小さくなっている．すなわち，リガンド結合によるそれぞれの変化は，酵素を次のステップへと準備させている．

いったん図 6.18 に戻ると，この図では両方の状態について x 軸に沿って同じ位置に 2 つのエネルギー極小値が描かれている．しかしながら，リガンド結合によってエネルギー地形の形は変化するので，フリーのタンパク質が結合状態のタンパク質と同じ場所の極小値にある必要はない．もしくは，その場所は極小値ではないかもしれない．したがって，理論的には図 6.21 a または図 6.21 b のように，フリーのタンパク質が結合状態に対応するエネルギー極小値をもたないエネルギー地形を描くことは可能である．ところが，エネルギー地形が図 6.18 のようでなければいけない 2 つの理由がある．1 つは，本質的には速度論的な理由である．もし複数のコンフォメーションの間の交換が遅いならば，図 6.21 のようなエネルギー地形では，そこがエネルギー表面の極小値ではないために，リガンドに結合するのに適したコンフォメーションをもつタンパク質分子の割合は小さくなる．つまり立体配座選択では，さらなる選択が起こる前に適切なコンフォメーションの再生を行うための一定の時間が必要となり，その利点が失われてしまうのである．もう 1 つの理由は，すでに DHFR で解説したような実験結果を基盤としている．これらの実験で触媒反応中間体について測定を行ったところ，触媒サイクルにおいて，最初の中間体のリガンドが結合しているにもかかわらず，次の中間体の特徴的なコンフォメーションをとるものが数％存在していることが明らかになった．たとえば，酵素-NADPH-DHF 複合体についての測定では，実際に NADPH と DHF がまだ結合しているときでさえ，酵素-$NADP^+$-DHF 複合体に似たコンフォメーションが数％存在することが示されている．このように配座異性体に比較的大きな分布が観察されるのは，配座エネルギーの極小値が次の中間体の実際のコンフォメーションにとても近いことを意味している．ここで明白なのは，立体配座選択が実行可能な機構となるためには，図 6.18 に示すように，フリーのタンパク質において，結合コンフォメーションにおけるそれとほぼ一致するようなエネルギー極小値が存在する必要があるということである．この結論は非常に重要である．というのも，酵素は基質を認識することができるフリーのコンフォメーションだけでなく，フリーと入れ替わり可能な結合コンフォメーション，酵素活性に十分利用できる速さで 2 つのコンフォ

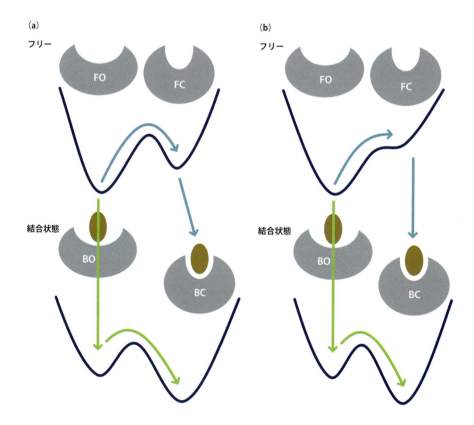

図 6.21
リガンドがタンパク質へと結合する際の，考え得る 2 つのエネルギー地形．(a) リガンド非存在下におけるクローズ型コンフォメーションは，リガンドが結合している状態でのクローズ型コンフォメーションとは異なる場合．(b) 結合状態に相応するフリー状態の最小値が存在しない場合．つまり，低密度に分布した状態の連続体から"選択"が行われる．

メーションを交換することを可能にする動力学的な過程をもつように進化しなければならないことを意味するからである．細菌の二成分シグナル伝達系タンパク質であるNtrCの研究でも同様の結論が得られている[56]．つまり，立体配座選択は連続的なエネルギー地形からコンフォメーションを選ぶのではなく，2つの極小の間で選択を行うのである．

　これらの動的な交換過程についての研究がほとんどされていないのは，その分布が非常に小さく直接観測できないことを考えれば驚くことではない．過渡的な非天然水素結合の形成は遷移状態を安定化し，その速度を上昇させることができる[57]．これは第1章で水素結合の指向性と強度についてみてきたことと完全に一致しており，1.3.3項におけるカリウムチャネルが働く様式とも似ている．カリウムイオンの選択的なフィルターは複数のカルボニル基によって形成され，水との水素結合を置換する形でこれらがカリウムイオンと水素結合を形成し，チャネルにほぼ等エネルギーの経路をつくることで非常に速く通過させることができる．同様のことがここでも起こっているかもしれない．すなわち，側鎖の過渡的な水素結合が基底状態に形成されている水素結合を置換し，その後，活性化状態における異なる水素結合に置換されている可能性がある．したがって，いくつかのアミノ酸は，天然状態や活性型コンフォメーションにおけるその役割のためではなく，その両者の間の過渡的な状態の安定化のために進化の過程で選ばれたのかもしれない．

6.3　機能的な運動

6.3.1　酵素は，反応座標に沿った運動性を触媒しない

　第5章で，図6.14に示したようなエネルギーダイアグラムを用いて酵素反応を描くとき，そのx軸を**反応座標** reaction coordinate と呼ぶ，と述べた．もし進行する反応が結合の開裂や形成によるものであれば，反応座標はおおまかには結合の長さに等しく，反応がどのくらい遠く離れて起こるのかを示す便利な数字である．少なくともいくつかの反応において，それは実際の距離を表す．

　酵素に生じる運動性は，反応座標に沿って特異的に方向づけられるのであろうか．すなわち，A原子とB原子の間に単結合形成を引き起こす反応において，酵素はAとBを互いに近づけるように動くのであろうか．反応が遷移状態へと近づくにつれて，酵素が反応物を遷移状態の上に押し上げて**透過係数** transemission coefficient（*6.4）を増加させるように動くのであろうか．酵素の運動は，基質を反応のための正しい方向へとまっすぐに進ませるのであろうか．これらはとても魅力的な考えではあるが，この過程は酵素に協奏的ですばやい（理想的には遷移状態を通過する速度と同様に10^{-11} sの時間域での）運動を必要とするために，酵素にはいくらかの創意工夫が必要とされる．多大な努力にもかかわらず，酵素が実際にこのような運動をするという証拠はほとんどなく，現状では酵素がこの機構を用いているとは考えにくい[58]．

　例外としてあり得るのは，水素化物を転位する酵素の場合である．補因子から基質への水素の転位は，原理的には水素化物イオンの単純な移動だけでなく，少なくとも一部は量子トンネル効果によって起こる．量子トンネル効果においては，エネルギー障壁を乗り越えるというよりはむしろ，水素化物トンネルを表す量子波としてエネルギー障壁を通過するようにして転位が行われる[59]．このトンネルは透過係数を1以上に増加させ，反応速度を合理的かつ劇的に増加させる．トンネル速度はカバーされる距離に強く依存するので，酵素の動力学はトンネル効果を実行可能な経路とするためにその距離を十分に短くすることを助けているのかもしれない．現在もこの問題についてはかなりの議論が行われているが，進化の圧力が酵素をこの方向へ駆り立てているという提案は理にかなっている．

　対照的に，酵素が活性部位のアミノ酸残基を適切な場所に配置し，水分子を活性部位から遠ざけ，基質を反応へと向かわせるために遅いヒンジ屈曲運動とブリージングモードを利用しているということについては十分な証拠がある．酵素は，直接的に基質をエネルギー曲線の頂点を越えるまで押すわけではないかもしれないが，すばやい熱運動が残りを仕上

> ***6.4 透過係数**
>
> 古典的な遷移状態理論では，反応の全体の速度はアレニウス式の改変によって与えられる．
>
> $$\text{rate} = \kappa \frac{kT}{h} e^{-E_a/kT}$$
>
> 第5章の式と比較すると，小さな変更として気体定数 R の代わりにボルツマン定数 k が用いられている（つまり，"モル"ではなく"1分子"当たりの計算となる）．この式では頻度因子 A を明確に定義しており，透過係数と呼ばれる通常 0〜1 の値をとる記号 κ が用いられている．κ はスケール因子であり，エネルギーが十分に高くなったときに遷移状態を越える可能性がどれだけあるのかを効率よく示す．その値は狭い範囲で変化すると想定され（酵素ではおそらく 0.5〜1 の間），そのため活性化エネルギーと比べて全体の速度に及ぼす影響はずっと小さいので，第5章では無視した．また，κ の値は実験的に直接測定することはできず，計算によって求める必要がある [96]．実際にはそれはエネルギー曲線の頂点がどれだけ"粗い"のか，そしてそのために基質が頂点を越える際にどれだけ強く邪魔されるかを示す．κ の値は酵素の動的なゆらぎによって変化するが，ゆらぎはエネルギー障壁を越えるのを邪魔するようにも働き得る．また一方でより興味深いのは，酵素はその自然な動力学によって基質がエネルギー障壁を越えるのを手助けする，つまり酵素の自然な熱ゆらぎが反応座標の方向で協同し，触媒を手助けする（反応中に切れるように結合を引っ張る，反応する分子同士をくっつける，など）ように進化してきた可能性がある，ということである．これは魅力的な考えであり，理論的にも実験的にも多くの調査が行われてきたが，今のところそのような確証はほとんど得られていない [58]（6.3.1 項）．

げることができるように，おそらくその近くまでもってきている．このような運動性は，(よりすばやい反応座標移動の証拠がある) 乳酸脱水素酵素 [60] やサイクロフィリン A [61] において特徴づけられている [62]．実際に，これは酵素において動力学運動が重要である主な理由の 1 つである．もう 1 つの理由，フラップの動きについては次項で解説する．

プリンヌクレオシドホスホリラーゼに関する一連の研究から，Schramm と共同研究者たちは，活性部位の正しい構造を提唱した．それは遷移状態が最適になるように安定化されたもので，基底状態の酵素だけではなく，活性部位からかなり離れた位置も含むいくつかの部位に，酵素コンフォメーションの大きな変化を含んでいる [63, 64]．活性部位から 25 Å 離れた位置の変異は活性部位の構造には変化を与えないものの，酵素の比較的遅いブリージングモードを変化させることによって遷移状態のコンフォメーションに影響していることが示唆されている．このような変異は，基質を実際に遷移状態へと押し上げる急速な結合振動（約 10 fs）には影響を与えない．つまり，酵素の完全な機能のためには，遅い部分運動や速い局所振動を含む，いくつかのまったく異なる時間域の運動が必要である．酵素には同様の動きが共通して存在するように思うかもしれないが，それを実験的に検出するのは非常に困難である．

6.3.2 部分運動は結合と触媒に必須である

第4章では，結合相互作用には一般的に過渡的複合体が関与することを解説した．過渡的複合体において，タンパク質とリガンドは最初は互いに非生産的な構造で出会う．ブラウン運動のランダムな性質から，それらはいくつかの再配向が可能になる時間接触している．この時間は，いくつかのコンフォメーション変化が起こるにも十分な時間である．このように，多くの結合事象は図 6.19b と似たような経路で生じる．まずいくつかの結合は生じるが，コンフォメーション変化はほとんどない初期の過渡的複合体が形成し（ポイント1），タンパク質とリガンドの再編成によっていくつかのコンフォメーション変化と結合が同時に起こり（ポイント2），そしてこれにさらなる結合が続く．このような機構はとくにペプチドや天然変性タンパク質にみられるが [65]，ある程度どんなリガンドにも起こり得る．

タンパク質-タンパク質複合体やタンパク質-リガンド複合体をそれぞれのフリーのコン

フォメーションと比較すると，結合によりタンパク質のコンフォメーションは変化するのが一般的である．結合相互作用のある時点において，タンパク質はコンフォメーションを変化させる．これは，多段階ドッキングのトラジェクトリーについて計算した分子動力学法を用いて研究されている [66]．興味深いことに，タンパク質-リガンド間相互作用には非常に多くの補完があり，その多くはフリーとも複合体のタンパク質とも似ていないことがわかった．すなわち図 6.19a の立体配座選択経路から図 6.19b の誘導適合経路まで，多くの結合経路が存在していることになる．それにより，図 **6.22** のようなドッキングにおけるエネルギーダイアグラムが提案された．図には過渡的複合体を形成するための最初のすばやいステップ，次にタンパク質とリガンドをドッキングさせるための相補的なコンフォメーションの再編成ステップ，そして最終的な結合複合体を形成するステップがある．

　この経路はほぼすべての存在するデータと一致しており，とくに，誘導適合と立体配座選択の連続性を認めている．もし図 6.22a に示すように認識複合体の形成のためのエネルギー障壁が高ければ，律速段階は適切なコンフォメーションの選択となり，経路は立体配座選択の過程をとる．しかし，もし図 6.22b に示すように高いエネルギー障壁が最後のリフォールディング段階であれば，経路は誘導適合の過程をとる．そして，もしすべてのエネルギー障壁が同じような高さ（異なる脈絡ではあるが，進化の圧力の結果によると議論したトリフォスフェートイソメラーゼ）であれば，経路は両者の混在したものになる．以上に加えて，結合相互作用が長距離の静電相互作用に支配されているのならば，これは主に結合の初期段階で重要であり，それゆえに誘導適合による結合を導くであろうと示唆されている．対照的に，短距離の相互作用が支配的であれば，これは主に最後の段階で働いているため，立体配座選択の過程を導くであろう．これは，上述した結論と合致する [53]．

　最後に，Grünberg ら [66] は立体配座選択経路（図 6.22a）が速度論的に可能となるためには，フリーとの平衡状態において結合コンフォメーションが最低限の濃度以上で存在している必要があることを指摘している．100%の立体配座選択経路では，速度は過渡的複合体の存在期間とコンフォメーション平衡の速度によって決定され，フリーとの平衡において 2〜4% の結合コンフォメーションが必要であると見積もっている．この比率は，上で解説したジヒドロ葉酸還元酵素（DHFR）など，いくつかの動力学研究において示された活性化複合体の存在比と一致する．それゆえに，この数値はかなり一般的な状況を表しているようである．

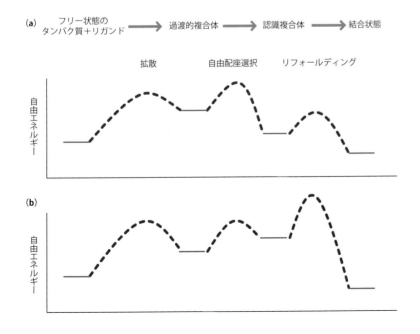

図 6.22
リガンドがタンパク質に結合する一般的な模式図．(a) 仮にもっとも高い障壁が 2 番目であるのなら，これは立体配座選択を示す．(b) しかしながら，もっとも高い障壁が最後のものであるのなら，誘導適合を示す．つまり，これらの 2 つは連続体の両極端を表しており，障壁の相対的な高さに依存する．リガンドの結合や溶液条件によって障壁の高さが変化し得ることから，立体配座選択と誘導適合の区別はとても流動的である．

活性部位が完全に埋もれているようなタンパク質ではリガンドが活性部位へと接近できないため，立体配座選択経路を100％とることは不可能である[67]．しかしながら，混合した経路はそのような状況でも可能である．加えて，コンフォメーション変化と比較したときの並進拡散の遅さは，結合コンフォメーションに必須であるフラップの一時的な開放が起こり得ることを示唆している．興味深いコンピューターシミュレーションによると，トリオースリン酸イソメラーゼの活性部位のふたは，リガンドが拡散して入口に近づく間に10〜20回開閉を繰り返している．つまりフラップは，基質が活性部位の中に拡散できる速度を阻害しないよう，十分な頻度で開閉できるように進化したようである[68]．シミュレーションでは，フラップは50％の時間開いている．拡散に比べて開閉はとても速いので，フラップの存在は全体の結合速度に驚くほど小さな影響しか与えない[69]．対照的に，実験結果ではフラップの開閉によっておそらく生成物が離れていく（律速段階の）速度が制限され，それにより代謝回転の速度に制限がかかることが示唆されている[70]．よく似た結論は，アデニレートキナーゼでも得られている[71]．これはおそらく上述した現象の別の例であり，化学反応そのものが代謝回転を制限しているのではなく，反応に応じて酵素が自身を再編成する速度が律速となっている．

6.3.3 埋もれた水は内部の運動性にとって重要である

本章のはじめに，水分子はタンパク質を動かす熱エネルギーを供給するために不可欠であると述べた．Hans Frauenfelderらは，タンパク質の運動性を水分子の運動性の"奴隷"であるとした．その意味ではタンパク質の運動性の方向と速度はまわりの水の運動性に関連しており，脱水されたタンパク質の内部運動は大きな制約を受ける[72]．しかしながら，本項では異なるグループの水分子に焦点をあてる．それは，タンパク質の内部に埋もれており，バルクの水とは接触していない水分子である．

すべてのタンパク質はその内部に小さな空洞が存在しているが，それはアミノ酸の側鎖がタンパク質内部の空間を完全に埋めることが難しいゆえの自然な結果であるといえる．この空洞のうちのいくつかは水分子を含むのに十分な大きさであり，大きな空洞の半数以上はX線結晶構造中に水分子が確認できる．タンパク質内部に埋もれた水分子の数は，一般的にタンパク質の大きさに比例する[73]．埋もれている水の位置は，同じタンパク質の異なる結晶構造間や，その相同タンパク質においてさえも保存されており，構造的にも機能的にも（またはそのどちらかで）重要であることが示唆される（図6.23）[74]．埋もれた水分子がそれほど一般的であることは，いささか驚くべきことである．水分子がバルクの水から離れ，タンパク質の内部の空洞に入るとき，その並進エントロピーのかなり

図6.23
タンパク質内部に埋もれた水分子．この例は，塩基性膵臓トリプシン阻害剤（BPTI）の内部に埋もれた4つの水分子である．ここでは，水分子はまったく表面に露出していない．この構造（PDB番号：5pti）はX線と中性子線の散乱（11.4.10項参照）を用いて精密化されており，通常とは異なる．これにより，水分子上のプロトンが示され，水素原子の位置を正確に表すことができる．また，予想どおり，3つの水分子が水素結合によって結ばれていることが示された．3つの水分子はとくにその性状が研究されている．図の上部．構造の頂に近い位置にある単独の水分子は活性部位（つまり，トリプシンの活性部位に挿入されるタンパク質領域）にも近く，27℃条件下で170 μsと異常に遅い速度で交換される．残りの3つの水分子は非常に速く（といっても埋もれた水分子としてはまだかなり遅いが），10〜1,000 ns程度で交換される[98]．4つの水分子はすべて温度因子Bが小さく（11.4.5項参照），それを囲むタンパク質原子と同程度であるため，まわりのタンパク質と比べて運動性が高いわけではない．単独の水分子はくぼみの中で回転し，それによってタンパク質を引きずるので，タンパク質に非常に大きな内部運動性を与えている[99]．

の量を失うはずである．水分子は水中で水素結合を形成するように，タンパク質中でも水素結合を形成するが，エネルギー的にはおおよそ変わらないと予想される．ではなぜ，タンパク質の内部の空洞に水分子が位置することが，エネルギー的に大きな不利とはならないのであろうか．

　答えはエントロピーとエンタルピーの組み合わせにある．エンタルピー的には，水中にあるよりもタンパク質内部にある方が，水分子はより多くの水素結合を形成できるはずである．水分子は，氷においてそうであるように，最大4つの水素結合を形成することができる．水中では水1分子当たりの水素結合の数は2.5個であり，内部に埋もれた水では3個に近いことから [75]，エンタルピー的には埋もれた水分子の方が有利である．タンパク質の内部では誘電率（*4.2 参照）が低いため，水素結合1つ当たりのエンタルピーもより大きなものであるかもしれない．エントロピー的には，タンパク質内部の水分子はある程度の運動性をもっているが，バルクの水よりは小さい．しかしながら，計算 [76-78] や，実験 [18, 22, 23] に基づくいくつかの研究から，内部に存在する水分子によってタンパク質の運動性が増加する，という重要な結果が得られている．水分子が空孔内で回転することでタンパク質はいくつかの水素結合を再編成することが可能となり，それによって水分子がないときにはエネルギー的に好ましくなかった動きを行うことができるようになる．したがって，水のエントロピーは下がるが，タンパク質のエントロピーは増加する．多くのタンパク質が活性部位の近くに埋もれた水分子をもち，それがその領域に運動性を追加している可能性があることには，おそらく深い意味がある．ドメイン間の界面においても空洞の発生頻度は高く，それがドメイン間の運動を容易にしていると考えられている [79]．

6.3.4　内部動力学はアロステリック効果を生む

　第3章でみてきたように，（とくにオリゴマータンパク質における）タンパク質のアロステリック効果は，ドメインの相対的な移動によって通常簡単に説明される．しかしながら，説明が容易ではないタンパク質も存在する．

　アロステリック効果がコンフォメーションの変化というより，むしろタンパク質の動力学の変化を介して起こると提唱されてからかなりの年月が経過した．それは，仮に1つの部位へのエフェクター分子の結合が酵素の動力学的な役割を変えるとすれば，タンパク質の平均コンフォメーションに変化を与えることなく触媒速度に影響し得ることを意味する [80]．近年，この考えは理論的 [81] にも実験的 [82, 83] にも支持されており，長距離アロステリック効果について可能性のある説明を与えるかもしれない [46, 84, 85]．

　バイオインフォマティクスによってもこの考えは支持されている．相同タンパク質の大規模比較において，あるアミノ酸残基に変異が起こると別のアミノ酸にも変異が起こる傾向にあり，共役する領域の存在が示された．多くの場合，これらの共役した残基は立体構造上で近くに存在している．しかしながら例外もあり，さらなる研究によってタンパク質に動力学的に関連した経路が形成されていることが示唆された [86]．

　関連することとして，たとえば局所的にアンフォールディングしている領域の安定性が増加するなど，リガンドが結合することによってコンフォメーションの秩序の程度は変化し得る．この安定性の増加は，タンパク質中に伝播し，より遠くへと影響する [85, 87, 88]．たとえば，NtrC のリン酸化によるシグナル（第8章）は，コンフォメーション変化ではなく動力学的な変化を介して作用するという証拠のデータが存在している [56]．

　タンパク質へのリガンドの結合がその運動性に影響しているのは明らかである．先に解説したバルナーゼの例もそのような例の1つであり，リガンドの結合によってタンパク質の運動性が減少している．これはリガンド結合の結果としてもっとも共通するものであり，不均一で予測は不可能であるが，主鎖と側鎖の両方に影響を及ぼしている [89]．しかしながら，とくにリガンド結合部位から離れた場所において，リガンドの結合が運動性を増加させている例も存在している．この運動性の増加がタンパク質のエントロピーの増加を導き，ゆえに結合はより有利になると主張されている [11, 90]．リガンド結合のエ

ネルギー論におけるエントロピーの役割の大きさはいまだ明らかではないものの [91]，タンパク質の安定性におけるエントロピーの効果はかなり小さいと考えられている [92].

これらすべての考えは興味深く魅力的であるが，必ずしも正しいとは限らない．これらが実際にタンパク質の広範な特徴であるかどうかは，今後の立証にかかっているといえる．

6.4 章のまとめ

タンパク質の局所的なすばやい運動は，溶媒の水分子の熱運動によって引き起こされる．それらは相関したものではなく小さなスケールで起こっており，直接の機能的な関連はもたない．運動がより相関的になるにしたがって，それらはめったに起こらなくなる．相関する運動は，相関しない熱運動と比べてずっと頻度が低く $10^4 s^{-1}$ 程度の時間域で起こり，運動の結果として誘導適合を導く．それらは，しばしば水素結合を介して伝えられるようである．

タンパク質はエネルギー地形上に分布し，室温条件下でも広範なコンフォメーションをとることができる．それゆえに，誘導適合モデルは立体配座選択の 1 つとして修正する必要がある．つまり，リガンドの結合によってあらたなコンフォメーションが引き起こされるのではなく，すでに分布しているコンフォメーションのなかから 1 つが選択されるのである．誘導適合と立体配座選択は 2 つの対極的なモデルであり，大部分のタンパク質は結合と再編成を同時に行うため，それら 2 つのモデルの中間に位置する．2 つのモデルの間のバランスは，おそらく長距離の分子間力に依存するであろう．

酵素の運動は，その機能に必須である．しかしながら，魅力的な考えではあるものの，それらは遷移状態において反応基を互いに押しつけたり，引き離したりするのではない．それでもなおタンパク質はフラップとふたをもち，反応速度に対する阻害がもっとも小さくなるように進化して，開閉の時間域を調整している．埋もれた水分子に起因すると思われる大きなスケールの運動性もあり，それらがタンパク質のさらなる運動性に寄与している．

アロステリックな連携にはコンフォメーション変化を必要とせず，動力学的な変化に起因すると考えられる．しかしながら，この効果がどれほど重要かを述べるには時期尚早である．

6.5 推薦図書

まだ新規な分野であるので，本章の主題に関する書籍はまだない．最近の Boehr らによる総説 [11] は，手始めに読むにはよいであろう．酵素機能における動力学の役割については，Goody と Benkovic による文献 [46]，Hammes-Schiffer と Benkovic による文献 [93] を読むとよい．

6.6 Web サイト

http://lorentz.immstr.pasteur.fr/nma/　　　　　　　　　（基準振動解析）
http://sbg.cib.csic.es/software/dFprot/　　　　　（可変形性，柔軟性の解析）
http://services.cbu.uib.no/tools/normalmodes　　　　　　（基準振動解析）
http://wishart.biology.ualberta.ca/rci/cgi-bin/rci_cgi_1_e.py
　　　　　　　　　　　　　　　　　　　（化学シフトからの柔軟な領域の予測）
http://www.igs.cnrs-mrs.fr/elnemo/　　　　　　　　　　（基準振動解析）
http://www.molmovdb.org/　　　（既知の，もしくは予測された運動．動画あり）

6.7 問題

1. タンパク質は，ピコ秒 (ps) 〜キロ秒 (ks) の時間域で運動性をもっている (図 6.1)．これらの運動はすべて機能的に重要であるか？もしそうであれば，これらの運動は自然選択によって進化してきたことになるだろうか？運動が機能的意義をもつことは，アミノ酸残基が保存されていることに対してどのような意味をもつか？逆に，アミノ酸残基の保存から運動の特定の型を調べることができるか？
2. 仮に遅い ($10^3 s^{-1}$) 誘導適合や立体配座選択運動を観察することができたとしたら，これらの遅い運動はどのようにみえるか？
3. タンパク質の基準振動を示している Web サイトをみつけよ．基準振動はどのようにみえるか？実際のタンパク質もそのように動くのだろうか？もし異なるのなら，基準振動と実際のタンパク質の運動の間にはどのような関係があるか？
4. "相関がある" 運動とは何を意味するのか，正確に記述せよ．どのようにすれば，分子動力学法でのトラジェクトリー解析からそのような運動を明らかにすることができるか？
5. タンパク質にみられる運動性に，温度はどのような影響を与えるか？圧力はどうか？極端な温度や圧力で活動している生物では，どうなると推察されるか？
6. 6.2.3 項での解説から，タンパク質–タンパク質間相互作用における結合とコンフォメーション変化の過程を記述せよ．
7. 6.3.4 項の終わりで，リガンドの結合によってしばしば起こる増加した運動性は，"タンパク質のエントロピーの増加を導き，ゆえに結合はより有利になる" と述べた．このことについて説明し，またどのように検証することができるか述べよ．
8. 文献 [86] を読み，方法の原理について説明せよ．これは，文献 [84] のジヒドロ葉酸還元酵素 (DHFR) で観察された長距離効果を説明しているだろうか？

6.8 計算問題

N1. Levithal の矛盾 (6.2.1 項) について考える．それぞれのアミノ酸が 3 つの主鎖構造だけを許容できると仮定せよ．200 アミノ酸残基からなるタンパク質では，のべ何通りのコンフォメーションが可能であるか？仮に 1 つのコンフォメーションから次のコンフォメーションへと変化するのに要する結合回転の時間域が $10^{12} s^{-1}$ であるならば，すべての可能なコンフォメーションを調べるのにどれだけの時間がかかるか？一方，典型的な 200 アミノ酸残基からなるタンパク質は，フォールディングするのにどれだけの時間がかかるか？

6.9 参考文献

1. FRN Gurd & TM Rothgeb (1979) Motions in proteins. *Adv. Protein Chem.* 33:73–165.
2. R Lumry & H Eyring (1954) Conformational changes of proteins. *J. Phys. Chem.* 58:110–120.
3. W Ferdinand (1976) The Enzyme Molecule. New York: Wiley.
4. GR Welch, B Somogyi & S Damjanovich (1982) The role of protein fluctuations in enzyme action—a review. *Progr. Biophys. Mol. Biol.* 39:109–146.
5. K Henzler-Wildman & D Kern (2007) Dynamic personalities of proteins. *Nature* 450:964–972.
6. K Lindorff-Larsen, RB Best, MA DePristo, CM Dobson & M Vendruscolo (2005) Simultaneous determination of protein structure and dynamics. *Nature* 433:128–132.
7. A De Simone, B Richter, X Salvatella & M Vendruscolo (2009) Toward an accurate determination of free energy landscapes in solution states of proteins. *J. Am. Chem. Soc.* 131:3810–3811.
8. JJ Chou, DA Case & A Bax (2003) Insights into the mobility of methyl-bearing side chains in proteins from $^3J_{CC}$ and $^3J_{CN}$ couplings *J. Am. Chem. Soc.* 125:8959–8966.
9. JC Hoch, CM Dobson & M Karplus (1985) Vicinal coupling constants and protein dynamics. *Biochemistry* 24:3831–3841.
10. RB Best, J Clarke & M Karplus (2004) The origin of protein sidechain order parameter distributions *J. Am. Chem. Soc.* 126:7734–7735.
11. DD Boehr, HJ Dyson & PE Wright (2006) An NMR perspective on enzyme dynamics. *Chem. Rev.* 106:3055–3079.
12. A Ansari, J Berendzen, SF Bowne et al. (1985) Protein states and protein quakes. *Proc. Natl. Acad. Sci. USA* 82:5000–5004.
13. RH Austin, KW Beeson, L Eisenstein, H Frauenfelder & IC Gunsalus

(1975) Dynamics of ligand binding to myoglobin. *Biochemistry* 14:5355–5373.

14. G Wagner, A DeMarco & K Wüthrich (1976) Dynamics of aromatic amino acid residues in globular conformation of basic pancreatic trypsin inhibitor (BPTI). 1. ^{1}H NMR studies. *Biophys. Struct. Mech.* 2:139–158.

15. G Wagner (1983) Characterization of the distribution of internal motions in the basic pancreatic trypsin inhibitor using a large number of internal NMR probes. *Q. Rev. Biophys.* 16:1–57.

16. A Zhuravleva, DM Korzhnev, SB Nolde et al. (2007) Propagation of dynamic changes in barnase upon binding of barstar: an NMR and computational study. *J. Mol. Biol.* 367:1079–1092.

17. J Giraldo, L De Maria & SJ Wodak (2004) Shift in nucleotide conformational equilibrium contributes to increased rate of catalysis of GpAp versus GpA in barnase. *Proteins Struct. Funct. Bioinf.* 56:261–276.

18. DJ Wilton, R Kitahara, K Akasaka, MJ Pandya & MP Williamson (2009) Pressure-dependent structure changes in barnase on ligand binding reveal intermediate rate fluctuations. *Biophys. J.* 97:1482–1490.

19. KA Henzler-Wildman, M Lei, V Thai et al. (2007) A hierarchy of timescales in protein dynamics is linked to enzyme catalysis. *Nature* 450:913–916.

20. G Bouvignies, P Bernadó, S Meier et al. (2005) Identification of slow correlated motions in proteins using residual dipolar and hydrogen-bond scalar couplings. *Proc. Natl. Acad. Sci. USA* 102:13885–13890.

21. PRL Markwick, G Bouvignies & M Blackledge (2007) Exploring multiple timescale motions in Protein GB3 using accelerated molecular dynamics and NMR spectroscopy. *J. Am. Chem. Soc.* 129:4724–4730.

22. M Refaee, T Tezuka, K Akasaka & MP Williamson (2003) Pressure-dependent changes in the solution structure of hen egg-white lysozyme. *J. Mol. Biol.* 327:857–865.

23. MP Williamson, K Akasaka & M Refaee (2003) The solution structure of bovine pancreatic trypsin inhibitor at high pressure. *Protein Sci.* 12:1971–1979.

24. MP Williamson (2003) Many residues in cytochrome c populate alternative states under equilibrium conditions. *Proteins* 53:731–739.

25. DJ Wilton, RB Tunnicliffe, YO Kamatari, K Akasaka & MP Williamson (2008) Pressure-induced changes in the solution structure of the GB1 domain of protein G. *Proteins Struct. Funct. Bioinf.* 71:1432–1440.

26. OF Lange, NA Lakomek, C Farès et al. (2008) Recognition dynamics up to microseconds revealed from an RDC-derived ubiquitin ensemble in solution. *Science* 320:1471–1475.

27. RG Smock & LM Gierasch (2009) Sending signals dynamically. *Science* 324:198–203.

28. RM Daniel, RV Dunn, JL Finney & JC Smith (2003) The role of dynamics in enzyme activity. *Annu. Rev. Biophys. Biomol. Struct.* 32:69–72.

29. JH Tomlinson, VL Green, PJ Baker & MP Williamson (2010) Structural origins of pH-dependent chemical shifts in protein G. *Proteins Struct. Funct. Bioinf.* 78:3000–3016.

30. VJ Hilser, D Dowdy, TG Oas & E Freire (1998) The structural distribution of cooperative interactions in proteins: analysis of the native state ensemble. *Proc. Natl. Acad. Sci. USA* 95:9903–9908.

31. A Tousignant & JN Pelletier (2004) Protein motions promote catalysis. *Chem. Biol.* 11:1037–1042.

32. C Levinthal (1968) Are there pathways for protein folding? *J. Chim. Phys. Phys.-Chem. Biol.* 65:44–45.

33. S Meier, S Grzesiek & M Blackledge (2007) Mapping the conformational landscape of urea-denatured ubiquitin using residual dipolar couplings. *J. Am. Chem. Soc.* 129:9799–9807.

34. KA Dill & HS Chan (1997) From Levinthal to pathways to funnels. *Nature Struct. Biol.* 4:10–19.

35. CJ Tsai, BY Ma & R Nussinov (1999) Folding and binding cascades: shifts in energy landscapes. *Proc. Natl. Acad. Sci. USA* 96:9970–9972.

36. MI Page (1984) The energetics and specificity of enzyme-substrate interactions. In MI Page (ed.) The Chemistry of Enzyme Action. Amsterdam: Elsevier, 1–54.

37. CS Goh, D Milburn & M Gerstein (2004) Conformational changes associated with protein–protein interactions. *Curr. Opin. Struct. Biol.* 14:104–109.

38. BY Ma, S Kumar, CJ Tsai & R Nussinov (1999) Folding funnels and binding mechanisms. *Protein Eng.* 12:713–720.

39. J Gsponer, J Christodoulou, A Cavalli et al. (2008) A coupled equilibrium shift mechanism in calmodulin-mediated signal transduction. *Structure* 16:736–746.

40. D Tobi & I Bahar (2005) Structural changes involved in protein binding correlate with intrinsic motions of proteins in the unbound state. *Proc. Natl. Acad. Sci. USA* 102:18908–18913.

41. HR Bosshard (2001) Molecular recognition by induced fit: how fit is the concept? *News Physiol. Sci.* 16:171–173.

42. DD Boehr, D McElheny, HJ Dyson & PE Wright (2006) The dynamic energy landscape of dihydrofolate reductase catalysis. *Science* 313:1638–1642.

43. DD Boehr, HJ Dyson & PE Wright (2008) Conformational relaxation following hydride transfer plays a limiting role in dihydrofolate reductase catalysis. *Biochemistry* 47:9227–9233.

44. M Kurzyński (1998) A synthetic picture of intramolecular dynamics of proteins. Towards a contemporary statistical theory of biochemical processes. *Prog. Biophys. Mol. Biol.* 69:23–82.

45. M Kurzyński (1993) Enzymatic catalysis as a process controlled by protein conformational relaxation. *FEBS Lett.* 328:221–224.

46. NM Goodey & SJ Benkovic (2008) Allosteric regulation and catalysis emerge via a common route. *Nature Chem. Biol.* 4:474–482.

47. EZ Eisenmesser, DA Bosco, M Akke & D Kern (2002) Enzyme dynamics during catalysis. *Science* 295:1520–1523.

48. ED Watt, H Shimada, EL Kovrigin & JP Loria (2007) The mechanism of rate-limiting motions in enzyme function. *Proc. Natl. Acad. Sci. USA* 104:11981–11986.

49. DJ Heyes, P Heathcote, SEJ Rigby et al. (2006) The first catalytic step of the light-driven enzyme protochlorophyllide oxidoreductase proceeds via a charge transfer complex. *J. Biol. Chem.* 281:26847–26853.

50. DJ Heyes & CN Hunter (2005) Making light work of enzyme catalysis: protochlorophyllide oxidoreductase. *Trends Biochem. Sci.* 30:642–649.

51. R Wolfenden & MJ Snider (2001) The depth of chemical time and the power of enzymes as catalysts. *Acc. Chem. Res.* 34:938–945.

52. S Kumar, BY Ma, CJ Tsai, N Sinha & R Nussinov (2000) Folding and binding cascades: dynamic landscapes and population shifts. *Protein Sci.* 9:10–19.

53. K Okazaki & S Takada (2008) Dynamic energy landscape view of coupled binding and protein conformational change: induced-fit versus population-shift mechanisms. *Proc. Natl. Acad. Sci. USA* 105:11182–11187.

54. TW Iodarski & B Zagrovic (2009) Conformational selection and induced fit mechanism underlie specificity in noncovalent interactions with ubiquitin. *Proc. Natl. Acad. Sci. USA* 106:19346–19351.

55. H Beach, R Cole, ML Gill & JP Loria (2005) Conservation of μs-ms enzyme motions in the apo- and substrate-mimicked state. *J. Am. Chem. Soc.* 127:9167–9176.

56. BF Volkman, D Lipson, DE Wemmer & D Kern (2001) Two-state

allosteric behavior in a single-domain signaling protein. *Science* 291:2429–2433.

57. AK Gardino, J Villali, A Kivenson et al. (2009) Transient non-native hydrogen bonds promote activation of a signaling protein. *Cell* 139:1109–1118.

58. WR Cannon, SF Singleton & SJ Benkovic (1996) A perspective on biological catalysis. *Nature Struct. Biol.* 3:821–833.

59. MJ Sutcliffe & NS Scrutton (2000) Enzyme catalysis: over-the-barrier or through-the-barrier? *Trends Biochem. Sci.* 25:405–408.

60. L Young & CB Post (1996) Catalysis by entropic guidance from enzymes. *Biochemistry* 35:15129–15133.

61. PK Agarwal (2006) Enzymes: an integrated view of structure, dynamics and function. *Microbial Cell Factories* 5:2 (doi:10.1186/1475-2859-5-2).

62. PK Agarwal (2005) Role of protein dynamics in reaction rate enhancement by enzymes. *J. Am. Chem. Soc.* 127:15248–15256.

63. M Luo, L Li & VL Schramm (2008) Remote mutations alter transition-state structure of human purine nucleoside phosphorylase. *Biochemistry* 47:2565–2576.

64. S Saen-oon, S Quaytman-Machleder, VL Schramm & SD Schwartz (2008) Atomic detail of chemical transformation at the transition state of an enzymatic reaction. *Proc. Natl. Acad. Sci. USA* 105:16543–16548.

65. K Sugase, HJ Dyson & PE Wright (2007) Mechanism of coupled folding and binding of an intrinsically disordered protein. *Nature* 447:1021-U11.

66. R Grünberg, J Leckner & M Nilges (2004) Complementarity of structure ensembles in protein–protein binding. *Structure* 12:2125–2136.

67. SM Sullivan & T Holyoak (2008) Enzymes with lid-gated active sites must operate by an induced fit mechanism instead of conformational selection. *Proc. Natl. Acad. Sci. USA* 105:13829–13834.

68. RC Wade, BA Luty, E Demchuk et al. (1994) Simulation of enzyme–substrate encounter with gated active sites. *Nature Struct. Biol.* 1:65–69.

69. HX Zhou, ST Wlodek & JA McCammon (1998) Conformation gating as a mechanism for enzyme specificity. *Proc. Natl. Acad. Sci. USA* 95:9280–9283.

70. JP Loria, RB Berlow & ED Watt (2008) Characterization of enzyme motions by solution NMR relaxation dispersion. *Acc. Chem. Res.* 41:214–221.

71. M Wolf-Watz, V Thai, K Henzler-Wildman et al. (2004) Linkage between dynamics and catalysis in a thermophilic–mesophilic enzyme pair. *Nature Struct. Mol. Biol.* 11:945–949.

72. JA Rupley & G Careri (1991) Protein hydration and function. *Adv. Protein Chem.* 41:37–172.

73. MA Williams, JM Goodfellow & JM Thornton (1994) Buried waters and internal cavities in monomeric proteins. *Protein Sci.* 3:1224–1235.

74. U Sreenivasan & PH Axelsen (1992) Buried water in homologous serine proteases. *Biochemistry* 31:12785–12791.

75. S Park & JG Saven (2005) Statistical and molecular dynamics studies of buried waters in globular proteins. *Proteins Struct. Funct. Bioinf.* 60:450–463.

76. S Fischer & CS Verma (1999) Binding of buried structural water increases the flexibility of proteins. *Proc. Natl. Acad. Sci. USA* 96:9613–9615.

77. S Fischer, JC Smith & CS Verma (2001) Dissecting the vibrational entropy change on protein/ligand binding: burial of a water molecule in bovine pancreatic trypsin inhibitor. *J. Phys. Chem. B* 105:8050–8055.

78. LR Olano & SW Rick (2004) Hydration free energies and entropies for water in protein interiors. *J. Am. Chem. Soc.* 126:7991–8000.

79. SJ Hubbard & P Argos (1996) A functional role for protein cavities in domain:domain motions. *J. Mol. Biol.* 261:289–300.

80. A Cooper & DTF Dryden (1984) Allostery without conformational change. *Eur. Biophys. J.* 11:103–109.

81. RJ Hawkins & TCB McLeish (2006) Coupling of global and local vibrational modes in dynamic allostery of proteins. *Biophys. J.* 91:2055–206282.

82. RA Laskowski, F Gerick & JM Thornton (2009) The structural basis of allosteric regulation in proteins. *FEBS Lett.* 583:1692–1698.

83. K Gunasekaran, BY Ma & R Nussinov (2004) Is allostery an intrinsic property of all dynamic proteins? *Proteins Struct. Funct. Bioinf.* 57:433–443.

84. T Liu, ST Whitten & VJ Hilser (2006) Ensemble-based signatures of energy propagation in proteins: a new view of an old phenomonon. *Proteins Struct. Funct. Bioinf.* 62:728–738.

85. VJ Hilser & EB Thompson (2007) Intrinsic disorder as a mechanism to optimize allosteric coupling in proteins. *Proc. Natl. Acad. Sci. USA* 104:8311–8315.

86. SW Lockless & R Ranganathan (1999) Evolutionarily conserved pathways of energetic connectivity in protein families. *Science* 286:295–299.

87. E Freire (1999) The propagation of binding interactions to remote sites in proteins: analysis of the binding of the monoclonal antibody D1.3 to lysozyme. *Proc. Natl. Acad. Sci. USA* 96:10118–10122.

88. E Freire (2000) Can allosteric regulation be predicted from structure? *Proc. Natl. Acad. Sci. USA* 97:11680–11682.

89. AL Lee & AJ Wand (2001) Microscopic origins of entropy, heat capacity and the glass transition in proteins. *Nature* 411:501–504.

90. MJ Stone (2001) NMR relaxation studies of the role of conformational entropy in protein stability and ligand binding. *Acc. Chem. Res.* 34:379–388.

91. KK Frederick, MS Marlow, KG Valentine & AJ Wand (2007) Conformational entropy in molecular recognition by proteins. *Nature* 448:325–329.

92. R Grünberg, M Nilges & J Leckner (2006) Flexibility and conformational entropy in protein-protein binding. *Structure* 14:683–693.

93. S Hammes-Schiffer & SJ Benkovic (2006) Relating protein motion to catalysis. *Annu. Rev. Biochem.* 75:519–541.

94. H Remaut & G Waksman (2006) Protein–protein interaction through β-strand addition. *Trends Biochem. Sci.* 31:436–444.

95. H Wako, M Kato & S Endo (2004) ProMode: a database of normal mode analyses on protein molecules with a full-atom model. *Bioinformatics* 20:2035–2043.

96. M Garcia-Viloca, J Gao, M Karplus & DG Truhlar (2004) How enzymes work: analysis by modern reaction rate theory and computer simulations. *Science* 303:186–195.

97. RB Tunnicliffe, JL Waby, RJ Williams & MP Williamson (2005) An experimental investigation of conformational fluctuations in proteins G and L. *Structure* 13:1677–1684.

98. K Modig, E Liepinsh, G Otting & B Halle (2004) Dynamics of protein and peptide hydration. *J. Am. Chem. Soc.* 126:102–114.

99. S Fischer, JC Smith & CS Verma (2001) Dissecting the vibrational entropy change on protein/ligand binding: burial of a water molecule in bovine pancreatic trypsin inhibitor. *J. Phys. Chem. B* 105:8050–8055.

100. RJ Bingham, E Rudiño-Piñera, NAG Meenan et al. (2008) Crystal structures of fibronectin-binding sites from *Staphylococcus aureus* FnBPA in complex with fibronectin domains. *Proc. Natl. Acad. Sci. USA* 105:12254–12258.

第7章
タンパク質はどのように移動するか

すでにみてきたとおり，酵素による触媒活性の増大は結合した基質の近接効果や荷電アミノ酸の側鎖の適切な配置によって引き起こされる．すなわち，一般には酵素が特別に"賢い"ことをする必要はない．酵素の目を見張るような速度上昇は，非常に正確に構造が配置されているにもかかわらず，わずかな化学反応性の変化や内部構造の再配置によるというよりも，むしろ物理法則に素直に従っていることに起因している．このことは本書の主題の1つでもあり，タンパク質のはたらきのほとんどは詳細な構造を必要としない単純な巨視的振る舞いとして理解可能なのである（この主題は，分子間や分子内のタンパク質相互作用により駆動するシグナル伝達について記した第8章でさらに追求することになるが，そこでも同様の物理法則が登場する）．言い換えると，タンパク質の機能性は，分子が結合/解離する速度と細胞表面でランダムに動き回る速度の2つによって導き出せるのである．細胞内でタンパク質がどのように機能しているかは興味深い事柄ではあるが，どのようにしてシステム全体が駆動しているのかを理解する助けにはならない．

さて，この章では非常に明確な方向性をもった分子内動力学を要求するタンパク質機能の"賢さ"について考える．すなわち，タンパク質はどのようにして必要な場所へと物を動かすのであろうか．一方向への運動をつかさどり，逆戻りしないカギとして働くのが"ATPやGTPの加水分解"であることをみていく．この原理を利用するタンパク質の多くは相同性をもつが，このことは本書に出てくる"賢い"タンパク質群も，歴史を紐解いていけば構造スイッチとして働く単純なGTPaseが基本となっていることを示している．

あらゆる物事はあなたが考えるより単純で，あなたが想像するより複雑である．

Johann Wolfgang von Goethe (1749–1832)

7.1 タンパク質はどう働くのか

7.1.1 細胞内移動の多くは自由拡散により起こる

細胞機能は，しばしば分子が細胞内のある場所からある場所へ移動することを要求する．たとえば，第8章で示すシグナル伝達には，細胞質から細胞膜への分子の移動，さらに細胞膜から核への移動が含まれている．この移動は自由拡散により起こるのであろうか．すでに第4章でランダムウォーク（自由拡散による物質輸送）が効率的でないことをみたように，細胞質は非常に混み合っているので自由拡散は顕著に阻害されているはずである．このことは，多くのタンパク質は行きたい場所に移動するために"方向性をもった移動"を必要とすることを示しているのであろうか．

一般的な答えはノーである．ほとんどすべての移動は自由拡散によって起こっている．自由拡散だけでは不十分かもしれないが，大半の細胞は非常に小さいので自由拡散が迅速に起こり得るのである．

1つのよい例が，細胞分裂する大腸菌 *Escherichia coli* の細胞隔壁形成システムである．大腸菌は大きさ 2 μm の桿状菌である（図 7.1）．大腸菌が分裂する際にはその中間部分に隔壁を形成する．隔壁の位置は，チューブリン様 GTP アーゼである FtsZ が重合して形成する高分子リングの組み立てによって決定される．さらに，FtsZ リングの位置は MinC，MinD，MinE と呼ばれる一連のタンパク質群が決定している．MinC は FtsZ の重合を阻害するはたらきをもつ．MinC，MinD，MinE の3種類のタンパク質は大腸菌の中で明瞭な振動システムを形成している．MinC は大腸菌の片方の極からもう片方の極へ約 50 s 間隔で振動していることが知られている [1, 2]（図 7.2）．実際には，約 20 s 間は片方の極で，次の 5 s 後には全体がもう片方の極で観測される．平均すると，MinC は細胞中心のリング部分以外の全体にわたって見出されることになるため，結果的にリング部分でのみ FtsZ の重合反応が起こる．

大腸菌の両極間での自由拡散にかかる時間は，Fick の法則と呼ばれる拡散の標準式で

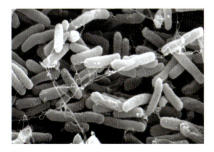

図 7.1

走査型電子顕微鏡で撮影した一群の大腸菌．画像は幅 9.5 μm なので，大腸菌は長さ約 1〜2 μm，直径 0.25 μm 程度と推察される．（写真提供：the Microbe Zoo and Michigan State University. http://commtechlab.msu.edu/sites/dlc-me/zoo/zah0700.html）

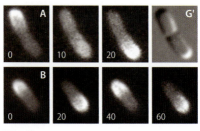

図7.2
大腸菌の細胞分裂阻害剤 MinD の動的性質. 緑色蛍光タンパク質 (GFP) green fluorescent protein を融合した MinD を撮影した蛍光イメージ図である. A と B の 2 つの細胞について撮影したもので, 数字は画像間の時間差を秒 (s) で表している. G′ の画像は微分干渉顕微鏡像で, 中央に隔膜が見える. 画像は幅 2 μm である. (D.M. Raskin and P.A.J. de Boer, *Proc. Natl. Acad. Sci. USA* 96: 4971–4976, 1999 より. the National Academy of Sciences より許諾)

求めることができる.

$$J = -D\partial\phi/\partial X$$

ここで, J は分子の流量 (すなわち, 与えられた領域で流れている基質量) を表し, 濃度×長さ$^{-2}$×時間$^{-1}$ の次元をもっている (たとえば, M μm^{-2}s^{-1}). D は**拡散係数 diffusion coefficient** (*7.1) を表し, 第 4 章で解説したとおり次元は μm^2 s^{-1} となる. そして ϕ は距離 X 離れたときの濃度差を示す. 通常用いられる d ではなく ∂ が用いられているのは, これが偏微分に相当するためである.

大腸菌の細胞質の場合, D は 8 μm^2 s^{-1} と測定される [3]. したがって, 片方の極からもう片方の極までの分子流量は, 最大で濃度の 8/3 倍の割合になることが計算できる (3 は細胞の長さ由来の数である). 言い換えると, もし細胞の片側でタンパク質の自由拡散がスタートした場合, 約半秒 (3/8 s) の間に反対側にまで拡散することになる. このことは, タンパク質が大腸菌の中で 1 μm 拡散するのにおおよそ 100 ms 要することを示す結果と一致する [4]. したがって MinC のランダムな拡散頻度は MinC が示す振動現象を説明するのに十分である. さらにすぐれた研究として, より単純な仮定によって振動現象を説明する例がある. この場合, ほかのいかなる複雑な機構の助けも借りることなく説明可能であり, この仮定を基にした計算モデルは観測した時間の推移によく合致する [5].

仮にタンパク質が大腸菌細胞の片方の端からもう片方の端まで 1 s 以内で拡散できるとするならば, 細胞表面から DNA などに向かう短距離拡散速度は, 平均ではより速いといえる. 1 s は分子のスケールでは非常に長い時間なのである. 平均の水分子の粘度は室温で約 500 ms^{-1}, すなわち 1,800 km h^{-1} であるため障害はないものと考えられ, 水分子は大腸菌内の端から端まで 6 ns で到達できる. この結果はランダムウォークと迅速な拡散速度を調和させるものである. ランダムウォークは本質的に非効率であるが, 移動の各ステップが非常に高速であるため, 全体としてはランダム移動でも現実的なスピードで移動することが可能なのである.

小分子の拡散はタンパク質の拡散よりさらに迅速である. たとえ大きな細胞であったとしても, 端から端までおおよそ 0.1 s で移動することが可能である [6]. 1 μm 程度であれば 1 ms 以内である [7]. このことは, 基質が酵素に結合する際の動き, シグナル伝達, タンパク質のリクルートメントなど, 細胞内のほとんどの動きはランダムな拡散によって起こり, 特別な駆動力を必要としないことを示唆している [8].

7.1.2 一方向への移動には機械的な歯止めが必要である

細胞の中で起こる方向性をもった動きのほとんどは, 線維構造に沿って移動するモータータンパク質の動きである. これは, 微小管上でのキネシンやダイニンの動き, アクチン上のミオシンの動きを示す. また, DNA 上のヘリカーゼの動きや, mRNA 上のリボソーム, そして RNA 上の RNA ポリメラーゼなどの動きについても同様である (後者 2 例は, 実際には酵素上の RNA の動きといえるかもしれない).

これらすべての実際の例では, 図7.3 のように動きを一般化できる. まず, 各線維構造上には等間隔に複数の結合部位が存在しており, また方向性をもつため, 分子モーターは

---

*7.1 拡散係数

拡散係数 D は, どれだけ速く分子が溶液中を拡散するかを示す数値である. D は温度 T と溶液の粘度 η, そして拡散する物質の半径 r に依存し, ストークス-アインシュタインの式により $D = kT/6\pi\eta r$ と表される. ここで k はボルツマン係数である (第 4 章). D の単位は面積/時間となるが, 長さ/時間 (つまり, どれだけ遠くに移動するか) または容積/時間 (つまり, 平均の占有容積) と混乱しがちである. 実際に, 拡散によって分子は経時的に拡大する球状容積中に広がっていく. 物理学的にはガウス分布に従っており, 半値幅は半径とともに増加して t 時間後にはおおよそ $\sqrt{(4Dt)}$ となるため [46], $4\pi r^2$ すなわち $16\pi Dt$ の面積をもつ球と等価となる. つまり, 分散の球がもつ面積は時間に比例して増加することから, D の単位は面積/時間となる.

図 7.3
コンフォメーション変化と結合/解離の協同を必要とする単純な歩行運動．このモデルでは，一方向もしくは逆方向へ移動するための駆動力が存在していない．したがって，いくら線維状の基質が方向性をもっていたとしてもランダムな移動しか説明できない．

一方向にのみ結合する．次に，分子モーターは，線維に結合する頭部と，胴体部の2つの部分で構成されている．そして，頭部と胴体部の間にはヒンジが存在しており，前方か後方のどちらかに向いている．すなわち，線維からの解離，ヒンジの構造変化，線維との結合，そして2度目の構造変化という一連のサイクルが，分子モーターを線維構造上で一歩前に進めるはたらきを担っている．図7.3に示した動きは完全に可逆的で，左から右への動きも，右から左への動きも同等に起こり得る．DNA上で転写因子を探すような細胞内での動きはまさにこの様式で行われており，探索ではランダムに前進もすれば後進もする．実際の生体系では，分子モーターが各ステップで線維構造から完全には離れてしまわないような方策を必要としている．分子モーターが異なれば，その戦略も異なることをこれから簡単にみていく．

一方向に移動するためには，ある種のエネルギー入力が必要である．これは，ラチェット機構 ratchet mechanism（図7.4）にもっとも明瞭にみてとれる．ここに示した例では，波状の歯が左へ動くとき，エネルギーは重力に逆らってラチェット（歯止め）を持ち上げるために利用される．ひとたび歯止めが下りると，元へ戻る動きには非常に大きなエネルギーが必要となり，歯止めが一方向への移動を強制するのである．生物学的なモータータンパク質は，この例と同様に働いており，エネルギーの入力はATP加水分解の形で供与される．ATPの利用には2つの大きな利点がある．第1に，ATP加水分解から得られるエネルギーは不可逆で大きく，その大きさは反応が仕事と直結できるほどである．第2に，リン酸モノエステルの自発的加水分解の速度はきわめて遅く，不必要な非触媒的加水分解のリスクがない．ちなみに，これまでに同定された酵素のなかでもっとも酵素反応の効率が高いのはホスファターゼで，反応速度は10^{21}倍にも達すると見積もられている [9]．

ここで示した運動機構を動作させるためには，結合しているリガンドの状態に依存してヒンジ構造が変化する必要がある．たとえば，ATP結合型とADP結合型はそれぞれ異なった構造をとらねばならない．ATP加水分解は基本的に不可逆なので，これを入力エネルギーとして用いた場合には図7.3で説明される4つのステップのいずれかが不可逆となり，したがって移動は一方向だけに進むよう強制されることになる．図には2つのコンフォメーション変化が含まれている．1つ目は前向きから後ろ向きへのコンフォメーション変化で，頭部が解離するときに起こる．2つ目は後ろ向きから前向きへのコンフォメーション変化で，頭部が結合するときに起こる．これらのどちらを選んでも，ATP加水分解はそれを不可逆なステップとする．これからみていくように，主要な3つのモータータンパク質（ミオシン，ダイニンおよびキネシン）のうち，ミオシンとダイニンについては最初のコンフォメーション変化は不可逆である．キネシンについても不確定な要素は残るものの，最初のコンフォメーション変化は不可逆であると考えられる．

ATP加水分解から得られるエネルギーは，単純なラチェットが必要とするエネルギーよりもはるかに大きい．したがって，それは運動を駆動する力の発生にも利用される．次項では，そのしくみについてみていく．

7.1.3 Ras GTPアーゼはスイッチの原型である

上で述べたように，モータータンパク質はATPが結合したときとADPが結合したときとで異なった構造をとることによって働く．これはモータータンパク質の機能にとってきわめて重要なことである．ここではモータータンパク質の代わりに，GTPからGDPへの加水分解に伴うGTPアーゼの構造変化を考えるとよりわかりやすい．GTPアーゼとATPアーゼは密接な関係があり，基本的に同一の様式で反応が進行する．これからみていくとおり，GTPアーゼのスイッチ機構は広く用いられているしくみなので，早い時期

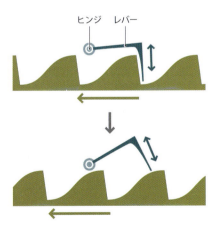

図 7.4
ラチェット機構．重力の影響下でレバーは上がったり下がったりするが，波状の歯型をしているので，波が左に移動する（茶色の矢印）のに必要なエネルギーは，右に移動するよりずっと少なくてすむ．波状の歯型が進むのに必要なエネルギーは，重力に逆らってレバーを上げるのに必要な最小限のエネルギーと一致する．

図 7.5
スイッチは2つの安定な位置をもたなければならない.

に進化が完了したものと思われる.

ここで説明するスイッチのしくみの本質は，中間状態が不安定で，通常は安定な2つの構造状態をとっていることにある（図7.5）．Ras GTPアーゼでは，この条件を2つの状態で異なった水素結合を配置することにより達成している．GTP結合状態では，一群の水素結合が協同的なネットワークを形成しており，水素結合は1つ形成されると次を安定化するように互いに強度を高め合うことで構造を安定化している．一方，GDP結合状態では，相対的に構造が乱雑で"弛緩"した状態にあり，この点で，途中部分の構造が不安定化している．GDP結合状態は部分的な水素結合ネットワークしかもたず，水素結合の数もエントロピーの損失を補うまでにはいたっていない．スイッチは，もっとも容易には水素結合を用いて形成される．その理由は，第1章で解説したように，水素結合はほかのどの相互作用と比べても高い指向性をもっているからである．水素結合が重要な役割を果たしているスイッチシステムの例としては，ほかにヘモグロビン（第3章）やアロステリックタンパク質が挙げられる．

GTPアーゼの基本的機能は，シグナルタンパク質であるRasによって説明することができる（Rasの細胞内でのはたらきは，第8章でより詳細に検討する）．基本的に，ほかのすべてのGTPアーゼや，ここで解説されるモータータンパク質のようなATPアーゼはRasと類似しているが，これに加えて修飾構造をもつことができる．タンパク質は中央にβシートをもち，シートの両面にαヘリックスを配置している（図7.6）[10]．ヌクレオチド結合部位の配列保存性は高く，GTPやGDPを特定の場所に固定する．とりわけ，**Pループ** P loop（Walker Aモチーフともいう）はαおよびβ-リン酸と結合する領域であり，とくに保存性が高い．ひとたびGTPが結合すると（スイッチがONの状態），末端のγ-リン酸がThr 35およびGly 60の主鎖にある2つの-NH基と水素結合する．これらのアミノ酸は **switch I** および **switch II** と呼ばれるループに位置している．この水素結合は2つのループを末端のリン酸基の方に引き込んで，バネがかかった状態にする役割を担っている（図7.7）．リン酸が加水分解されてGDPになると（OFFの状態），これらの水素結合は失われ，"バネが効いて"2つのスイッチループは弛緩した構造に戻る．基本的に，GDP結合型とGTP結合型の構造変化はこのループ構造の変化だけである．このことは，ドメインが剛体のままで構造変化がループやリンカーに限られる場合，より単純に考えることができるという第2章で行われた主張を裏づける．switch Iに負荷をかけるバネの役割は，主にThr 35の水素結合により供給されているが，Thr 35は Mg^{2+} イオンへも水素結合を伸ばしており（図7.6b），GDP結合型では水を置換することがわかっている．

これまで研究されてきた相同タンパク質において，ON状態はすべて基本的に同じ構造であるにもかかわらず，たいへん興味深いことにOFF状態は幅広い構造をとり得る．つまり，スイッチははっきりと異なるON/OFFの状態にあるのではなく，一定の構造をとらないGDP結合型と，保存性が高く協同して特定構造をとるGTP結合型とで構成され

図 7.6
小型GTPアーゼがもつ基本的なスイッチ機構．(a) GDP結合型のRas（PDB番号：4q21）と(b) 加水分解できないGTPアナログ（GCP, phosphomethylphosphonic acid guanylate ester）結合型のRas（PDB番号：6q21）の構造を示している．2つの構造はおおまかに同じ向きに合わせてあり，switch I（紫色）とswitch II（赤色）のループ以外はほとんど同じ構造である．さらに，GDP/GCP（青色），マグネシウムイオン（水色），そしてαおよびβ-リン酸に結合するGAGGVGモチーフをもつPループ（橙色）も表示している．GDP結合型では2つのスイッチループはゆるんでおり，外を向いている．一方，GCP結合型ではループ構造は折りたたまれており，switch IのThr 35（Cα炭素の位置を紫の球で表示）とswitch IIのGly 60（Cα炭素の位置を赤色の球で表示）は，γ-リン酸（γP）との間に水素結合を形成している．

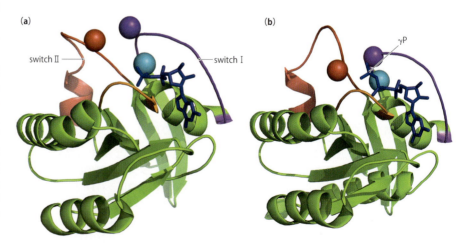

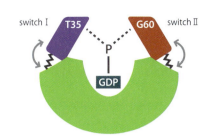

図 7.7
図 7.6 の概略図. γ-リン酸から 2 つのスイッチループへの水素結合が強調して図示してある. ループ構造はバネがかかった状態にあり, ひとたび γ-リン酸が切り離されると緩んだ状態へ戻る. (I.R. Vetter and A. Wittinghofer, *Science* 294: 1299-1304, 2001 より改変. AAAS より許諾)

ていると考えることも可能である. こういった構造変化は, しばしば**無秩序-秩序転移** disorder-order transition と呼ばれ, 非常に一般的な現象であることがわかっている. 進化的な観点からは, 構造的に制限することは厄介なので, 2 つある構造状態の片方にだけ制限をかけるように進化する方が容易なのである.

2 つのスイッチ領域の位置変化は比較的小さい. しかしながら, 構造変化は増幅することが可能であり, たとえば, 追加のドメインを switch Ⅰ か switch Ⅱ のどちらかの隣に配置し, スイッチにつなぐことで増幅できる (図 7.8). 構造的にさらにドメインを付加することも可能で, そうして付加されるドメインは増幅された構造変化を感知し反応するのである.

細かくみると, もちろんメカニズムはより複雑である. 負荷のかかったバネは複数の水素結合の変化を必要とするし, GTP の加水分解は大変遅い反応であり, それを触媒する GTP アーゼ活性化タンパク質を追加で必要とする場合も多い. また, GTP を再結合可能とするために, GDP の放出を助けるグアニン交換因子を必要とする場合もある.

興味深いのは, 生物学において用いられる塩基がグアニンとアデニンにほぼ限定されていることである. これらはプリン塩基で, 作成するにはピリミジン塩基よりもエネルギー的に高価である. しかし相対的に大きなサイズをもつので, 認識や結合の際に有利であるという大きな利点をもっている. したがって, 進化の過程でいろいろと利用可能な分子が試された結果, もっともよく機能するこれらが用いられるようになったのであろう.

本項で一般的なスイッチについてみてきたところで, 次に実際の分子モーター 3 種についてみていく.

7.2　分子モーター, ポンプ, トランスポーター

7.2.1　ミオシンは筋肉のリニアモーターである

ミオシンは筋肉の運動に関わっているタンパク質で, **アクチン actin** (*7.2) で構成される線維構造に沿って移動する. このタイプのミオシンは, ミオシン Ⅱ と呼ばれており, 2 つの頭部とヒンジ, それにつながる長いコイルドコイル構造をもっている (図 7.9). 2 つあるミオシン頭部のうち, 一度にアクチンと結合できるのは 1 つだけである. ミオシン Ⅱ は筋肉の運動のほかに, 小胞輸送や細胞質分裂などさまざまな細胞内の活動に関与し

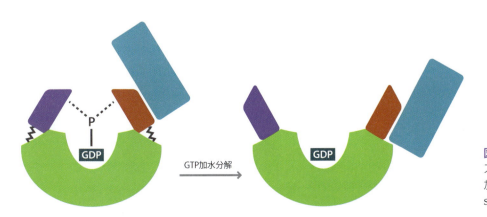

図 7.8
スイッチループに結合する追加ドメインを加えることで, スイッチ領域 (ここでは switch Ⅱ) の構造変化が増幅される.

*7.2 アクチン

アクチンは真核細胞中のとくに筋肉に多く含まれているタンパク質で，しばしば細胞中の全タンパク質の5％以上を占めている．単量体（図7.2.1）はG（globular）アクチンと呼ばれ，4つのサブドメインの間にATPを結合している．ATP，K^+それにMg^{2+}の存在下では，アクチンは高分子のアクチンフィラメントへと重合し，その線維はF（filamentous）アクチンと呼ばれる．アクチンフィラメントは，重合の速いプラス端（反矢じり端）と，重合の遅いマイナス端（矢じり端）をもつ．重合した後は，ATPからADPへの加水分解が速くなる．線維の重合には7.3.2項で解説するように非常に多くのアクセサリータンパク質が必要である．

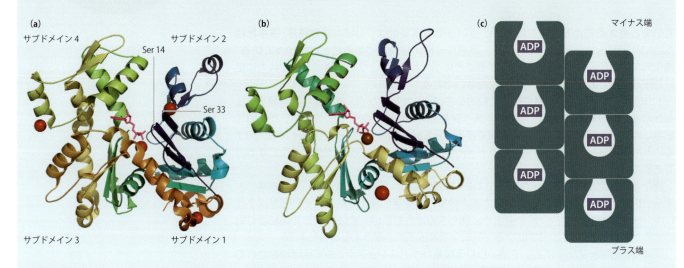

図7.2.1
アクチンフィラメントのATP依存的な重合．(a) アクチン–ADP複合体の構造（PDB番号：1j6z）．タンパク質はN末端からC末端まで青色〜橙色で色づけされている．アクチンは4つのサブドメインにより構成される（Pfamではアクチンのサブドメインは1つとされ，SCOPでは2つ，CATHでは4つのサブドメインをもつとされる）．サブドメイン1と3は疑似2回対称をもち，ATP加水分解の触媒部位は2つのサブドメインの界面にあると考えられている．その場所は，おおまかにはCa^{2+}（中心の赤色）がADP（紫色）の下にモデル化されている場所である．ADPは4つのサブドメインすべてによって形成される深い裂け目に埋め込まれている．(b) アクチン–ATP複合体の構造（PDB番号：1yag．実際にはゲルゾリンのセグメント1との複合体）．茶色の球はMg^{2+}を示している．構造の大半はADP複合体と似ているが，サブドメイン2が反時計回りに回転しており，分子表面の上部に形状の変化をもたらしている．この変化はATPのγ-リン酸に水素結合するSer 14のわずかな構造変化により引き起こされる．Ser 14はADP複合体ではβ-リン酸に水素結合していた．この水素結合の変化により主鎖でおよそ1Åの移動を導きだし，Ser 33の再配置を引き起こして（Ser 33はSer 14と水素結合ネットワークを形成している），最終的にサブドメイン2の配向を変えている [49]．(c) アクチンは重合して線維を形成する．プラス端が図の下側，マイナス端が上側に描画されている．

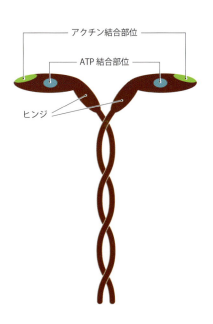

ている．アクチン線維（しばしばアクチンフィラメントとも呼ばれる）は方向性をもっており，プラス端およびマイナス端と呼ばれる2つの末端を有している（図7.10）．ミオシンIIはアクチンのプラス端方向に向かって移動し，ミオシンがアクチンフィラメント上を移動する際に筋収縮が起こる．ATPがミオシンに結合することにより，ミオシン頭部はアクチンフィラメントから解離する．続いて起こるATPの加水分解により，ヒンジのコンフォメーションが前向きから後ろ向きへスイッチし，不可逆なラチェット（歯止め）を構成して後ろ向きへ戻る動きを防ぐ．この後，無機リン酸が放出され，ミオシン頭部は再びアクチンと結合できるようになる．次に，ADPの解離が2回目のコンフォメーションのスイッチを引き起こす．すなわち，ヒンジの構造状態はATP結合に依存せず，ADP結合により依存していることがわかる．ADPが結合しているときはヒンジ構造が後ろ向き

図7.9
ミオシンIIは，アクチンとATPに結合するN末端の頭部と，150 nmの長さをもつコイルドコイル二量体を形成するC末端の尾部から構成される．頭部と尾部の間にあるヒンジ領域には，ミオシン軽鎖がもう2分子結合する．頭部のより詳細な構造は図7.12に示されている．

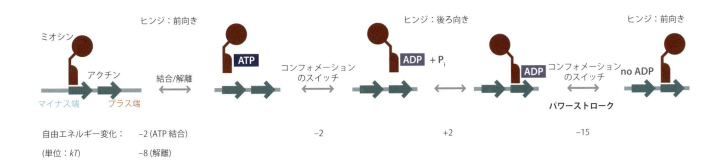

であるのに対し，ADP が結合していないとき（すなわち ATP が結合しているとき）はヒンジが前向きなのである．このコンフォメーション変化は，ミオシンがアクチンに結合しているときだけに起こるので，アクチンとミオシンの相対的な移動を引き起こし，結果として筋収縮へとつながっている．以上のような経緯により，このステップは**パワーストローク** power stroke と呼ばれる．注目すべきは，("パワーストローク"であるにもかかわらず) このステップは ATP の加水分解を伴わず，単に ADP がミオシン分子から解離することにより引き起こされることである．ではどのようにしてこのステップが筋運動に必要な力を発生させているのであろうか．

この問いに答えるために，各ステップのエネルギー論を注意深くみていく必要がある．厳密なエネルギー論は個々の対象に依存するが，おおよそは図 7.10 に示したとおりである [11]（[12] での引用）．生理的条件下での ATP の加水分解による自由エネルギーは約 $25kT$ であり，各ステップのエネルギーは kT を単位として与えられる．このうち，約 $15kT$ は実際に筋収縮を引き起こすのに利用され，残りの $10kT$ は熱として喪失する（言い換えると，筋肉はモーターとして約 60％の効率をもつ．これは効率 30％のガソリン車のエンジンや，45％のディーゼル車のエンジンと比べてもわるい数字ではない）．

これらのデータから，ATP の加水分解ステップ単独では約 $2kT$ 有利なだけであることがわかる．つまり，ATP の加水分解は，フリーな溶液状態ではエネルギー的にずっと有利な条件であるはずだが，筋肉メカニズムの一部としてはほとんど平衡状態にあることが理解できるであろう．すなわち結果的に，自由エネルギーは何かほかのことに利用されているのである．それは構造スイッチの駆動にほかならない．ADP 結合型の後ろ向きコンフォメーションは，エネルギー論的に不利な "緊張した" 状態にある．このことはパワーストロークの間に ADP が解離し，$15kT$ のエネルギーを放出するという事実からも明らかである．このようにパワーストロークのためのエネルギーは，ATP の加水分解から得られて，このエネルギーが ADP 結合状態での緊張したコンフォメーションの形で蓄えられるのである．実際に，パワーストロークと ADP の放出には最適な条件下でも約 80 ms かかり，ミオシン頭部 1 つ当たりの最大ステップ速度が $12\,\text{s}^{-1}$ ほどであることなど，このステップが非常に遅いことが示されている [13]．

上述のとおり，ミオシンが各ステップでアクチンから完全に離れてしまわないように何らかのメカニズムが必要である．筋肉では，ミオシン-アクチン間に多重の相互作用が存在しているため（図 7.11），ミオシン頭部はアクチン近傍につなぎ止められている．個々

図 7.10
筋運動のしくみ．ミオシンⅡのアクチンフィラメントへの結合と解離はもちろんのこと，ATP 結合，ATP 加水分解，そしてヌクレオチドの解離と連動した構造変化が示されている．前向きと後ろ向きのヒンジ構造の違いは距離にして約 5 nm であり，ちょうどミオシンⅡの歩幅 step size に相当する．図は各ステップにおける自由エネルギー変化も示している．ほとんどのステップは可逆的（$2 \sim 3kT$）であることを強調するために，単位は kT で与えている．しかし，1 つのステップ（パワーストローク）だけは大きな自由エネルギーをもち，本質的に不可逆で，方向性をもった運動を確実にするラチェットを構成している．自由エネルギー変化の厳密な値は，（さまざまな要因のなかで）筋線維周辺の ADP と ATP の量比に依存するが，それゆえに状況によって顕著に異なり得る．

図 7.11
アクチンフィラメント（図 7.26）は，プラス端（矢じり端）を通じて Z 線に結合している．2 つの Z 盤の真ん中は M 線で，ミオシンの連結点である．ミオシンはアクチンフィラメントに沿ってプラス端方向に歩き，それにより筋収縮を引き起こす．ミオシン頭部のほとんどは同時にアクチンと接触することはなく，接触していない頭部はヒンジを前向きに戻して，次のステップに備える時間的余裕がある．ミオシンの束を Z 線に固定し，伸縮自在の連結部としてミオシンを適切な位置に固定するタイチン titin（コネクチン）と呼ばれる巨大タンパク質が存在する．

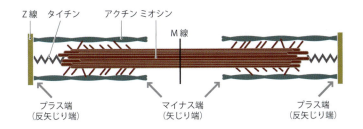

のミオシン頭部は頻繁に解離しており，実はこのことは筋機能にとって必須の要素である．ミオシン頭部に対するアクチンの相対的なすばやい動きは，連続して起こる多くのパワーストロークにより引き起こされる．単独のミオシン頭部では，十分に速く前向きと後ろ向き構造を往復することはできない．それゆえに，すばやい動きは1つのミオシン頭部が解離している間に，ほかの複数の頭部がパワーストロークを担うことによって遂行される．1つのミオシン頭部が全体の運動に占める割合はほんのわずかである．したがって，ミオシン頭部がほとんどの時間アクチンから解離しており，パワーストロークの間だけ実際にはアクチンと結合していることは，きわめて重要なのである．

図7.10は，ATP結合と加水分解が2つのイベントを引き起こすことを示している．すなわち，まずミオシンの構造変化を引き起こし，次にミオシンのアクチンへの親和性を変化させていることである．とくに，ミオシンがパワーストロークの間にアクチンへ結合し，ほかのコンフォメーション状態では結合しないことによってモーターの効率は高められている．この結合親和性とコンフォメーション変化の連携は，絶対的に必要な条件ではないが明瞭で容易な効率向上の方法であり，（これからみていくとおり，異なった様式ではあるものの）すべてのモータータンパク質で用いられている．

7.2.2 ミオシンはアクチン結合と頭部の回転を連携させて働く

ミオシン-アクチン系には，2つの"賢い"しくみが存在することをみてきた．すなわち，ADPが結合しているときに大きなコンフォメーション変化を起こす機構，そしてATPが結合しているときにミオシンのアクチンに対する親和性を弱める機構である．そこで，もしATP結合部位がアクチン結合部位からもヒンジ構造からも離れていたなら，これらはより巧妙な機構となり得るであろう．では，どのようにすればそれを達成できるであろうか．そのしくみを理解するため，詳細なミオシンの構造をみていくことにする．

ミオシン頭部は，ミオシン重鎖中に4つのサブドメインをもつ．順に，上部50 kDa，下部50 kDa，N末端そしてコンバーター converter の各サブドメインである（図7.12）[14]．これらのサブドメインは，短く柔軟で保存性の高いリンカーペプチドによってつながれている．リンカーはそれぞれ，switch I，switch II，ストラット，SH1 ヘリックス，そしてリレーと呼ばれている．switch I と switch II は Ras GTP アーゼの場合と同様の役割を（そして配列相同性を）もっている [15]．switch I は上部50 kDa サブドメインの一部であり，switch II は上部50 kDa と下部50 kDa サブドメイン間の連結部を形成している．ヌクレオチドは，上部50 kDa と N 末端サブドメインの間に結合し，βシートと（再び，Ras GTP アーゼと同様の）P ループに近接している．ATP の ADP への加水分解と，ADP および P_i の放出は，7.1.3項で記述したとおり，switch I と switch II のコンフォメーション変化を引き起こす．それによる水素結合の変化とアミノ酸側鎖のコンフォメーション変化により，4つのサブドメインと各リンカーの相対配置が改められる．前述の GTP アーゼの場合と同様の機構により，ヌクレオチド結合部位近傍の小さな構造変化が，遠く離れた領域の大きな構造変化へと増幅されるのである．とくに，上部

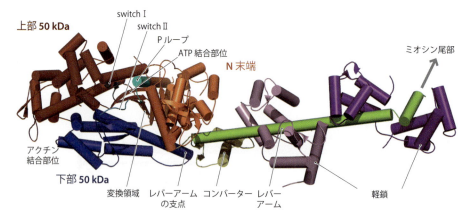

図7.12
ライガー様状態のミオシン頭部．この構造ではミオシン頭部に ADP が結合し，アクチンに結合できる（図7.10）．図はなぜ筋肉が死後に硬直（死後硬直）するのかを説明している．構造はイカのミオシン S1（PDB 番号：3i5g）であり，本文で解説した領域が図示されている．レバーアーム（緑色）は長いコイルドコイルドメインの最初の部分で，右に向かって伸びている．ATP は Ras の場合に記述したとおり，P ループ近傍に結合し，ATP の γ-リン酸は switch I と switch II の残基に結合している．コンフォメーションの転換は switch I，II の構造変化からなり，上部50 kDa ドメイン（茶色）の下部50 kDa ドメイン（青色）への相対配置を変化させる．（ここで用いているドメインの境界は，N末端ドメイン：1～203，665～707．上部50 kDa ドメイン：217～465，603～625．下部50 kDa ドメイン：466～602，643～664．コンバーター：708～778．P ループ：175～183．switch I：236-248．switch II：464～473）．

50 kDa と下部 50 kDa サブドメインは，2 つのスイッチループへ長い延長構造を形成し，図 7.8 に水色で示した追加ドメインと同じ役割を担っている．これは，ADP の放出により上部 50 kDa と下部 50 kDa の位置が回転し，これらサブドメイン 2 つの外部接点（図 7.12 の左上）に大きな構造変化が引き起こされるということを意味する．変化する領域はアクチンが結合する部位であり，結果として ATP 加水分解と ADP の解離がアクチン結合に大きな影響を与えるのである．

ADP-P_i 複合体の状態から無機リン酸が放出されると，コンバータードメインの位置が変化する．コンフォメーション変化は，N 末端ドメインとコンバータードメインを ATP 結合部位へとつなぐ，変換領域にある β シートがねじれることにより引き起こされる．このコンフォメーション変化が起こる領域は，ATP 加水分解により放出されたエネルギーがパワーストロークの前に保存される箇所であると考えられている．コンバータードメインはレバーアームと呼ばれる長いヘリックスにつながっており，レバーアームはコンバーターの少し上流の下部 50 kDa と N 末端ドメインの間にある "支点" から接続されている．コンバータードメインの小さい構造変化はレバーアームでの大きな動きの原因となり，レバーアームにより制御されるミオシン頭部の向きを変える原因ともなる．ミオシンでは（ダイニンやキネシンでも同様に），フィラメントに結合する頭部が移動する距離が，頭部が結合する結合部位の間隔と厳密に一致する．ここで一般に，剛体構造は（今回の場合ではレバーアームのような）ヘリックス構造により，一方で柔軟性のある表面構造は β シートによりもたらされるという，第 1 章で示した一般則にふれておく．

より詳細にみていくと，サブドメイン間の相互作用や，コンフォメーション変化，それにリンカー構造の相互作用は複雑でこみ入っている．これらは本書でとり上げるもののうち，複雑な相互作用に依存している機能の数少ない例である．また，上述のとおりタンパク質がもつ数少ない "賢い" 機能でもある．ミオシン頭部が，(上述の) Ras スーパーファミリーに属する小型の GTP アーゼのヌクレオチド結合部位と配列相同性をもつことは重要な意味がある．Ras GTP アーゼは，ヌクレオチド三リン酸が二リン酸に置き換わることにより重要な機能性を生み出すもう 1 つの例である．言い換えると，これらの "賢い" タンパク質は容易には進化することがなく，つまりこの相対的に複雑でこみ入った機構は確信をもって採用され，何度も再利用されているのである．

この項での筋肉に関する記述は非常に単純化したものであった．筋肉にはミオシンとアクチン以外にも多くのタンパク質が含まれており，それらの多くは，カルシウムイオン存在下でのみ起こる筋収縮の制御といった役割を担っている（章末の問題 5 参照）．

7.2.3 ダイニンは微小管のマイナス端方向へ移動する

ダイニンは主に 2 つの機能をもっているモータータンパク質である．真核生物の細胞質では細胞分裂に必要とされ，**微小管 microtubule**（*7.3）に沿って行われる小胞輸送に用いられる．一方で，繊毛や鞭毛の波打ち運動を駆動する微小管の滑り運動 sliding motion を引き起こす分子モーターでもある．微小管はアクチンフィラメントと同様に方向性をもち，マイナス端，プラス端と呼ばれる 2 つの末端をもつ．ダイニンは微小管のマイナス端方向へと移動する分子モーターで，ミオシンとは進化的な相関はない．ダイニンは相対的にすばやく動く分子モーターで，微小管に沿って in vitro で 14 μm s^{-1} の速度で移動することができる．これは，0.6 ms ごとに（チューブリンの結合部位間の距離に相当する）8 nm のステップサイズで移動しているということである（この 0.6 ms という数値は，10 ～ 20 ms ごとという in vitro でのリボソーム翻訳の最大速度と比べてもきわめてよい [16]）．また，ダイニンは 32 nm までのステップサイズを許容することができる．

ダイニンは本質的にミオシンとまったく同じように働いており（図 7.10），その機序には ADP-P_i の解離と連携したパワーストロークや，ヌクレオチド非結合状態に ATP が結合することで誘導されるコンフォメーション変化が含まれる．しかしながら，ダイニンの全体構造はミオシンの構造とは大きく異なっている．ダイニンは六量体様のリング構造をもつタンパク質で構成され，そこに微小管結合ドメインを端にもつ長いコイルドコイル構造のストークが結合している．そして，N 末端側にはリンカーと尾部が存在し，この領域に小胞などの積み荷 cargo が結合する（図 7.13）．六量体様のリング構造は配列相同性のある 6 つの AAA＋ドメインで構成されている [17]．AAA＋ドメインは ATP を結合し

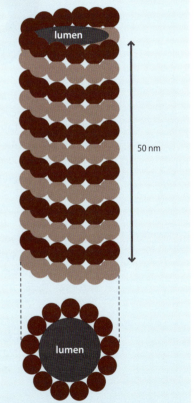

*7.3 微小管

微小管は長く硬い重合体の棒で，真核生物の細胞質中に広がっている．チューブリンタンパク質の αβ 二量体が自己重合して形成され，微小管 1 本当たり 13 本の平行なチューブリンの棒で形づくられている（図 7.3.1）．微小管の 2 つの末端は異なっており，もっとも速く重合，脱重合する側はプラス端と呼ばれ，逆側はマイナス端と呼ばれる．一般的には，微小管は中心体（核に近いタンパク質の構造体）から細胞膜へ伸長し，細胞内の動的な輸送ネットワークを構成する．

図 7.3.1
微小管は硬い中空の筒で，並行して走る 13 本のプロトフィラメントにより構成されている．各プロトフィラメントはチューブリンの αβ ヘテロ二量体で構成され，β 単量体（濃い色）が常に上側のプラス端を向くように配向している．(B. Alberts et al., Molecular Biology of the Cell, 5th ed. New York: Garland Science, 2008 より改変)

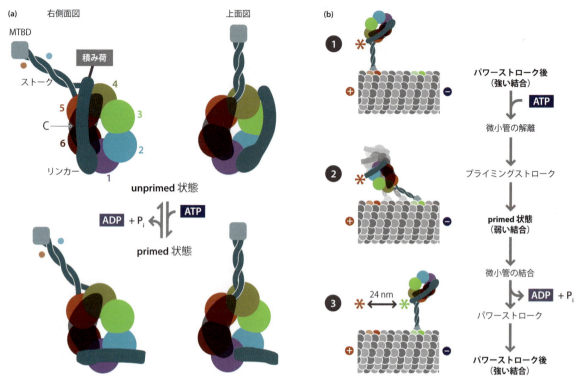

図 7.13
Roberts らにより示唆されているダイニンの運動メカニズム [17]．ダイニンは 1～6 番までの 6 つの AAA＋ドメインからなるリング構造をとり（*訳注：現在では，2009 年時点の AAA＋ドメインの並びが逆の順番であり，実際の構造が本説明の鏡面対称となっていたことがわかっている），そのうちの AAA1（紫色）だけが運動活性のある ATP アーゼである．ストークはリング構造の AAA ドメイン 4 と 5 の間から伸びており，微小管結合ドメイン（MTBD, microtubule-binding domain）につながるコイルドコイル構造をとっている．N 末端側には尾部につながり積み荷を運ぶリンカー構造が存在している．パワーストローク後（unprimed 状態）では，リンカーは AAA4 ドメインの位置に移動している．C 末端側には現時点であまりよくわかっていない C-sequence と呼ばれる構造があり，図中では三日月型の影で表されている．C-sequence は，AAA1 を AAA4 と AAA5 につなげる役割をしており，それにより ATP 結合や加水分解による AAA1 のコンフォメーション変化がストークへと伝えられる．（a）主なコンフォメーション変化はリンカーの回転で，おおまかには上面図における紙面に平行な方向である．さらに，ストークのコイルドコイル構造を変化させるもう 1 つのコンフォメーション変化が存在する．これは，C-sequence により保持されている AAA＋ドメイン間界面の再配置によるものと考えられる．2 本のストークヘリックスの組み合わせの変化（茶色と水色の点）は MTBD のつながりを変化させ，結果として微小管結合に影響を及ぼす．（b）示唆される作用機序．図中のアスタリスクは，積み荷 (a) だけでなく二量体構造をとる複合体のもう片方から構成される部分を示している（図 7.14）．この部分のはたらきで，六量体のリング構造はチューブリンにつなぎとめられ，リンカーの再配置が起こっている間もリング構造はほぼ同じ位置にとどまっている．パワーストロークに続いて起こる微小管への再結合が，微小管に沿った 24 nm 間隔の移動を引き起こす．微小管は αβ チューブリン二量体（濃い灰色と淡い灰色）によるチューブ構造として示されており，ダイニンの結合部位は先に結合する方が赤色，後に結合する方が緑色でそれぞれ示されている．(A. J. Roberts et al., Cell 136: 485-495, 2009. Elsevier より許諾)

加水分解するモジュールであるが，そのうちの 1 つ（AAA1 ドメイン）のみが実際に運動と連動した ATP アーゼとして機能している．AAA2～4 はヌクレオチドを結合し，AAA3 と AAA4 は ATP アーゼ活性をもつが，いずれも調整的な役割である（外部負荷に応答するダイニンの調整機能に関与している可能性もある）．残りの 2 つの AAA＋ドメイン（AAA5，AAA6）はヌクレオチドの結合能を完全に失っている．したがってダイニンは，そのほとんどがもともとの機能を失ってあたらしい機能を獲得している．（本書で数多く例示される）重複したモジュールにより形成される系の 1 つである．また，C 末端には C-sequence と呼ばれる配列が存在しており，ストークは 2 つの AAA＋ドメインの間に配置している．

現在提唱されている運動メカニズムを図 7.13b に示した [17]．順番はパワーストロー

ク後（unprimed 状態）のコンフォメーションから始まっている（図 7.10 と同じ）．この状態では AAA1 ドメインに ATP も ADP も結合しておらず，タンパク質複合体は強固に微小管に結合している．ここで，ATP の結合がタンパク質複合体の微小管からの解離を引き起こす．次のステップで，おそらく ATP の加水分解を伴いながら，リンカーのコンフォメーションが変化して（プライミングストローク），タンパク質複合体はパワーストローク前（primed 状態）の構造になる．そして（おそらくは，無機リン酸の放出の結果として）ダイニンは微小管へ結合する．その後，ADP の放出がパワーストロークを引き出し，結合したタンパク質複合体は元のコンフォメーションへと戻る．それにより，タンパク質複合体は微小管に沿って約 24 nm 移動したことになる．

　AAA1 ドメインの ATP 加水分解が，AAA＋リングのほとんど反対側にある，AAA4 と AAA5 の間から突き出たストークの角度を変化させることは非常に印象的である．どのようにしてこの情報伝達が行われるのか，原子レベルでは明らかになっていない．しかし，おそらくは AAA1 からストークまでをつなぐ位置にある C-sequence（図 7.13 の影の部分）によって情報が伝えられているのであろう（証拠となるデータはないが，AAA＋ドメインの相対的な角度を変化させることにより，情報が伝わる可能性がある）．

　ATP 結合型は微小管へは弱くしか結合せず，一方で ADP 結合型は，ミオシンのときと同じように強く結合する．ヌクレオチド結合部位は六量体様のリング構造内に位置し，微小管結合部位からは 25 nm も離れた位置にある．このことは相当に長距離の情報伝達を必要とする．どのようにしてこの長距離を情報が伝わるのかは厳密にはわかっていない．しかしながら，ストークは**コイルドコイル** coiled coil で構成されており，図 7.13 に示すとおりヘリックスの組み合わせを変化させることで頭部を傾け，微小管への親和性を変化させていると考えられる．

　ダイニンは尾部にある二量体化ドメインにより二量体として機能するため，これまで示されてきたダイニンの構造はその半分だけである．二量体を形成することで，ダイニンは 2 本の脚をもち，それにより微小管に沿って歩くことが可能となる（図 7.14）．歩行するためには，片脚が離れるまでもう一方の片脚が微小管から離れてはならない．したがって，両脚のどちらかが必ず ADP 結合状態で，微小管に強く結合していることを保証する，洗練された調整機構が存在するはずである．しかし，この機構の詳細はまだ解明されていない．同様に，2 本の脚をもち歩行運動を行うミオシン V では，この過程はおそらく前脚が二量体化ドメインの構造を変化させ，それにより後ろ脚にわずかな回転が起こり，ADP の放出が促されることで調整されている．この点で，ダイニンはミオシン II とは異なっている．すなわち，ミオシン II は頻繁にアクチンフィラメントから解離するが，ダイニンは対照的にほとんど微小管から解離することはない．これは機能的な必要性として，ダイニンが単一分子として小胞輸送に用いられるからである．もしダイニンが頻繁に微小管から解離するのならば，小胞は微小管から転げ落ちるであろうし，より長い時間をかけなければ目的地に到達しないであろう．結合の程度は，明らかに進化的な調整を受けている．たとえば，小胞をアクチンフィラメントに沿って運ぶミオシン V は，やはり非常に高い逐次前進性 processivity をもつ [18]．

7.2.4 キネシンは微小管のプラス端方向へ移動する

　キネシンはここで解説する第 3 のモータータンパク質である．キネシンはミオシン II と外見が類似しており（図 7.15），鍵となるヌクレオチド結合ドメインは，ミオシンのヌクレオチド結合ドメインとわずかに配列相同性がある．したがって，屈曲状態の形成や線維構造への結合についての詳細は，ミオシンの場合に解説した内容と似ている．キネシンはダイニンのように微小管に結合するが，ダイニンとは反対に微小管のプラス端方向へ向かって移動する．しかし，これには例外も存在している．いくつかのミオシン，キネシン，そしてダイニンは多数派とは異なる方向へ移動する．どうしてこのようなことが起こるのかについては，その詳細が文献 [15] などに示されている．異なった方向への移動には，明快な構造的理由が存在しているのである．プラス端への方向性をもったキネシンは N 末端側にモータードメインが存在するのに対し，マイナス端へ方向性をもったキネシンは C 末端側にモータードメインをもっている．そして，真ん中にモータードメインをもつキネシンはまったく動かないが，微小管をほかの構造体へとつなぎとめる役割を担っている．

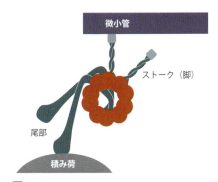

図 7.14
完全なダイニン二量体のモデル．二量体化領域は尾部が六量体リングに接する部分の近くにある．

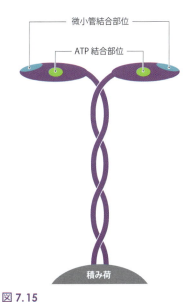

図 7.15
キネシンの構造．ミオシン II のように，キネシンは線維構造や ATP に結合する頭部と，コイルドコイル構造をもつ尾部から構成されている．尾部は積み荷を運び，2 つの頭部は高い逐次前進性をもつ（すなわち，微小管からキネシンが完全に解離してしまう割合が非常に低い）．

注目に値することとして，プラス端方向へ動く通常のキネシンは非常に逐次前進性が高く，めったに微小管から離れることがないのに対し，マイナス端方向へ動くキネシンは，各ステップで微小管から解離し，微小管に沿って飛び跳ねるように移動する．このことは，キネシンがマイナス端方向へと逐次前進運動を行うためには，複数のキネシンが必要であることを示唆している．

キネシンは機能的により特化された分子モーターで，主に**有糸分裂** mitosis や**減数分裂** meiosis で働いている．たくさんの異なった種類のキネシンが存在しており，輸送する積み荷の種類や，移動する方向もさまざまである．さらに，頭部が2つのもの以外に，4つの頭部をもつキネシンも存在する．その場合，2つの線維構造上を同時に歩くことができるので，2つの線維構造が相対的に運動することになる．2本が一緒に引っ張られるか，離れるように押し出されるかは，キネシンの種類に依存している．

キネシンはどのように歩くのだろうか．キネシンではミオシンやダイニンのようにコンフォメーション変化と微小管結合が相関しており，2つのキネシン頭部がつながることで，連携して微小管上に結合するとされている．これにより，キネシンが微小管上を離れることなく歩くことが可能となっている [18]．キネシンの微小管上での動きについては，これ以上は明らかになっていない．可能性の高い1つのモデルでは，キネシンはおおまかにはミオシンとほぼ同じように動いていると示唆される [19]．つまり，ATP の結合によって頭部が解離し，不可逆なラチェット（歯止め）は ATP の加水分解による無機リン酸の放出である．そして，エネルギーは直接供給されるのではなく"緊張状態"という形で保存される．このモデルの今までにない特徴は，2つの頭部を密に連結されたものとみなすことであろう．ATP が結合していない状態では，前方にある頭部は微小管に結合せず，後方の頭部を支柱としてそこにくっついている．そして ATP が結合することにより前方の頭部が開放され，あたらしい結合部位を前方に探すことが可能になる．もしこのモデルが正しいとすれば，キネシンはミオシンやダイニンとの相違点より類似点の方が多いことになる．

アクチンやチューブリンのホモログは細菌にも発見されているが，これまでモータータンパク質のホモログは同定されておらず，細菌はモータータンパク質をまったく必要としていない可能性が高い．おそらくは細胞自体が小さく，より単純だからであろう．

7.2.5 ATP 合成酵素は回転モーターである

F_oF_1 ATP アーゼとも呼ばれる ATP 合成酵素は，ミトコンドリア内膜のプロトン勾配を使って ATP を合成するタンパク質複合体として有名である．Paul D. Boyer と John E. Walker によるメカニズムの解明に対して，1997年のノーベル化学賞が授与されている．ATP 合成酵素はすべての生物に豊富に含まれているタンパク質で，真核生物におけるすべての ATP 合成に関与している．詳細は後ほど述べるが，基本的な機構としては膜貫通チャネルを通るプロトンの流れが膜貫通領域を回転させる．膜貫通領域に結合した回転子が固定された頭部の中心を貫いており，回転子の回転が直接的に ATP の合成へとつながっている．ミトコンドリアの ATP アーゼは最大で約 130 Hz の速さで回転し，毎秒 400 分子の ATP を合成する．ヒトの体の場合は体重の半分以上の（運動を伴う場合にはより多くの）ATP を毎日合成しており，ATP 合成酵素は生命維持に必須の酵素である（別の言い方をすると，各 ADP 分子は1日に約 1,000 回再リン酸化されるのである）．

本項のタイトルでは，ATP 合成酵素はモーター（すなわち，化学反応を物理的な運動に変換する分子機械）であるとしている．しかしながら，真核生物のミトコンドリアにおける標準的な役割はそれとは逆であり，ATP 合成酵素は分子モーターというよりむしろ発電機である．蓄えられているのは，運動を生み出すエネルギー源ではなく，エネルギーをつくり出すプロトン勾配である．しかし，ATP 合成酵素は双方向に働くことが可能であり，実際ある種の細菌では分子モーターとして機能している．ATP 結合モーターを構成するタンパク質はすべての生命体で配列保存性が非常に高く，現在の酵素に近いものがもっとも近い共通祖先に存在していたことを示唆している．そして，もともとはプロトン勾配が駆動する発電機としてではなく，ATP で駆動する分子モーターとして機能していたであろうと主張されている [20]．本書では，ATP 合成酵素をその機能のあまり一般的でない側，すなわち ATP の加水分解で駆動しプロトン輸送を行う回転分子モーターと

*7.4 化学量論比

なぜ F_o の c リング構成要素の数が 10, 11 もしくは 14 になるのか, そしてどうして生物種はその数を知っているのか不思議に思うであろう. 同様のことが, リング構造に 8 個もしくは 12 個のサブユニットをもつ光合成の光捕集アンテナ 2 複合体にも起こっている (10 章). その答えは, サブユニットは完全なリング構造を形成するまで足し続けられるという, 非常に単純な幾何学的理由にあるようである. したがって, リング構造のサブユニットの数はその形状により規定されている. いくつかの多量体タンパク質では, 部位特異的変異の導入によってサブユニット界面を微妙に改変し, 機能はほとんど損なわずに異なったサブユニット数で会合させることが可能となっている.

して扱う. モーターとして記述する方がより単純であることがその理由である. このように生体内で厳密に回転が行われることは非常にまれで, ATP 合成酵素はそのまれな例の 1 つである. またその回転運動が 90 % 以上のエネルギー効率であることも示されており, 十分によいミオシンの効率 60 % と比べても, 注目に値する高効率であることがわかる [21].

ATP 合成酵素は, F_o (factor oligomysin) と呼ばれる膜に包まれた領域と, F_1 と呼ばれる溶媒領域に露出した領域の 2 つからなる. F_1 領域の構造の詳細がかなり詳しく明らかになっている一方で, F_o 領域の詳細はいまだにはっきりとしない. したがって, 両領域の厳密な機構については議論が続いているが, F_o に比べれば F_1 の機能メカニズムははるかによくわかっている. 真核生物のミトコンドリア型の複合体と, 細菌型の複合体はどちらも構造の詳細が判明している. 両者は非常によく似ているので, 本項ではミトコンドリア型の複合体についてみていくことにする.

F_1 複合体は 5 つのサブユニットで構成され, その**化学量論比 stoichiometry** (*7.4) は $\alpha_3\beta_3\gamma\delta\epsilon$ となる. また, F_o は ab_2c_n のサブユニット構成で, ここで n の値は 10〜15 の範囲で生物種によって異なっており, 一般的には 10, 11, 14 となることが多い (図 7.16). 以降は $n = 10$ として解説する (章末の問題 N3 参照). F_1 へは d サブユニット, F_6 そして OSCP (oligomycin sensitivity-conferring protein) が結合している. 原核生物では d サブユニットと F_6 が欠損しており, OSCP に相当するものは (紛らわしいことに) δ サブユニットと呼ばれている. 真核生物のミトコンドリアでは, $n = 10$ である. $\alpha_3\beta_3$ サブユニットは図中に茶色で示した部分のように, 交互に六量体の形で配置されている. 回転

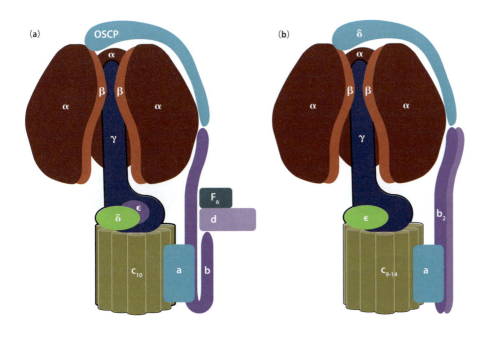

図 7.16
F_oF_1 ATP アーゼ複合体の構造. (a) ミトコンドリア型の複合体. (b) 葉緑体と細菌型の複合体. 注意すべきは, 両方に δ サブユニットが存在するが, それらはまったく関係がないということである. 黒く縁取りされたサブユニット (ミトコンドリア型では c リング, δ, ε, γ サブユニット) は一緒に回転する. $\alpha_3\beta_3$ 六量体では, その前面を横切るように 3 つ目の β サブユニットが位置しているが, みやすいように除いている. (D. Stock et al., *Curr. Opin. Struct. Biol.* 10: 672–679, 2000 より改変. Elsevier より許諾)

子 rotor は γ サブユニットからなり，やや曲がった α ヘリックスのコイルドコイル構造をとる．γ は $\alpha_3\beta_3$ の中心を通り，δ，ε サブユニットと c_{10} リングに結合している．膜貫通タンパク質である c_{10} リングは，固定されたプロトンチャネルである a サブユニットのそばで回転する．一方で，残された部分は固定子を構成する．固定子は F_o と F_1 の複合体をつなぎ，$\alpha_3\beta_3$ リングが回転子と一緒に回転するのを防いでいる．

その本質的な機能は明瞭である．$\alpha_3\beta_3$ リングへの ATP 結合，それに続く ATP 加水分解の結果起こる ADP と無機リン酸の放出がリングの構造変化を引き起こし，偏心して配向された回転子 γ を回転させる．さらに，この回転がプロトンチャネルである a サブユニットのそばにある c_{10} リングの回転へとつながる．膜の中央に位置する a，c サブユニットのアミノ酸側鎖が，リングの回転と連携してプロトン輸送を引き起こす．ATP 結合／加水分解の 1 サイクルは，$\alpha_3\beta_3$ リングの構造変化と同時に回転子を 120°回転させる．一方で，c サブユニットの c タンパク質は 1 回で 1 プロトンを輸送する．c タンパク質がプロトンチャネルである a サブユニットのそばを通過するたびに，膜を通じて 1 つのプロトンをくみ上げる．したがって，ATP 3 分子が加水分解されると 10 個のプロトンがくみ上げられることになり，H^+／ATP 比は 3.33 となる．六量体の $\alpha_3\beta_3$ リングと十量体の c_{10} リングの対称性の不整合は，回転中に必要な最小エネルギー値を下げて回転を促進すると示唆されている [22]．

ATP 合成酵素が回転する各ステップがどのように働いているのかについては，詳細なモデルが存在している．ATP モーターのすべてのモデルは Boyer ら [23] により提唱された "binding change" の原則に基づいている．この原則は，もともと $\alpha_3\beta_3$ の ATP 接合部位に tight，loose そして open と呼ばれる 3 つのコンフォメーションが存在するという視点で説明される．本書では Weber と Senior の論文 [24] に従い，H（高親和性），M（中親和性），L（低親和性）そして O（空き，すなわち非占有）というそれらとは異なった用語を用いることにする．H，M，L の親和性は極端に異なっており，大腸菌の場合の K_d 値はそれぞれ 1 nM，1 μM そして 30 μM である．

α，β サブユニットには配列相同性があり，双方ともにミオシンや Ras タンパク質で説明した P ループと β シートを有している．したがって，これらのタンパク質とは遠縁の関係にあると考えられる．ただし，α，β サブユニットにはスイッチ領域は存在しない．各サブユニットは 3 つのドメインから構成されており，ヌクレオチド結合部位は α と β の境界領域にあるが，主に片側のサブユニットに存在する．活性部位は 3 つの β タンパ

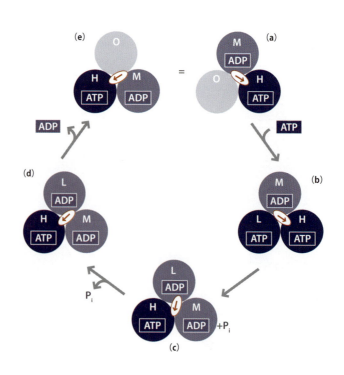

図 7.17
中心の γ サブユニットによる軸回転を駆動する ATP 加水分解の回転メカニズム．O：open（ヌクレオチドなし），H：高親和性 high affinity，M：中親和性 medium affinity，L：低親和性 low affinity．中心の矢印は γ 軸の向きを表している．右上 (a) からスタートすると，まず O 部位へ ATP が結合することにより (a → b)，右隣に位置する H 部位の ATP が，触媒残基の協同性により加水分解される (b → c)．一連の ATP 結合と加水分解が γ 軸を 80°回転させ，さらに結合部位のコンフォメーション変化によりヌクレオチドへの親和性が変化する．その結果，無機リン酸が放出されて γ 軸はさらに 40°回転し (c → d)，これに ADP の放出が続く (d → e)．最終的には 120°の回転は伴うものの，スタート地点 (a) と同じ状態に戻る．この図は逆周りにすれば，ATP 合成を駆動する γ 軸の回転メカニズムでもある．(J. Weber and A. E. Senior, *FEBS Lett.* 545：61-70, 2003 より改変．Elsevier より許諾)

ク質上に位置しているため，α タンパク質は ATP と結合できるが，単独ではそれを加水分解することができない．

ひとたび ATP が O 型（図 7.17）に結合すると，ヌクレオチド結合ドメインの下半分と C 末端ドメインが中心軸方向へ約 30°内側に回転する [25]．これにより 15〜20 本の水素結合が ATP へ形成されるとともに，O 型のときには離れていた 3 本の β ストランドが加わることで中心の β シートが伸長する．水素結合ネットワークは 2 本のつながった "留め金" を形成して，β 構造をフリー型あるいは結合型に固定するはたらきを担う [26]．ドメインの回転は γ サブユニットを強制的に約 80°回転させるが，これは基本的に機械的な圧力によって行われる [24]．γ サブユニットと $\alpha_3\beta_3$ リングの内側表面はどちらも疎水的であり（後者はプロリンリッチなループ構造で構成されている），おそらく水素結合の相互作用を排除することで "油を差す" 役割を果たしていると思われる．さて，O 型への構造変化は β ドメインの表面構造を変化させるので，隣の α ドメインへ，そして次の β ドメインへと構造変化が伝えられていく．すなわち，$\alpha_3\beta_3$ リングの全体を通じてアロステリックな構造変化が存在しているといえる．とくに，この構造変化は次の β ドメインにある ATP 加水分解の一般酸/塩基触媒として働く E188 と R373 の位置をも（複合体の上部から膜を見下ろした場合，反時計回りに）わずかに変化させるので，次の β ドメインで ADP と無機リン酸が生成する [26]．これら ATP 加水分解と，ストークとなる回転子の回転により，おのおのの β サブユニットにおける相対的なヌクレオチド親和性が変化する（図 7.17）．続く無機リン酸の放出が γ サブユニットをさらに 40°回転させるので，合計して 120°の回転が生じたことになる．最終的に，低親和性（L 型）となった第 3 の β サブユニットから ADP が放出され，最初の構造図 7.17a が 120°回転した構造図 7.17e になる．

ストークの回転は F_o 領域でのプロトン輸送と連携しているため，回転が急に動いたり止まったりしないことが重要である．また，回転により生み出される力が，回転している間は比較的均一であることも重要である．これは最初の ATP 結合が，水素結合ネットワークのジッパーを閉じるように起こることで達成されると考えられている．これにより，β サブユニットのコンフォメーションはゆるやかに変化し，ストークもゆるやかに回転するのである [21]（第 5 章で解説した，酵素結合部位の脱水におけるジッパーを閉じるような過程が思い起こされる．これらはおそらくタンパク質の非常に一般的な特徴である）．一方で，ストークが十分に柔軟で，それにより回転しながらその回転エネルギーの一部を貯めることができるので，回転におけるエネルギー障壁は一様に平均化されている，という可能性も残されている．

7.2.6 ATP 合成酵素は回転モーターとプロトンポンプを連携させている

次にプロトンポンプをみていく．γ, δ, ε サブユニット，そして c_{10} で構成されるストーク全体は一体となって回転している．c サブユニットはそれぞれ 2 本の α ヘリックスにより構成されたヘアピン構造をとっている．内側のヘリックスが固定されている一方で，外側のヘリックスの回転は許容されている．膜の中央には酸性残基が存在しており，大腸菌の場合それは Asp 61 である．この残基は pK_a が 8 と非常に高く，膜中でもプロトン化状態を好むことが示唆される．c_{10} リングは a サブユニットのそばで回転するが，a サブユニットは非対称に配置された半分の大きさのプロトンチャネルを 2 つもち（図 7.18），膜の中心にアルギニン残基を配置している（大腸菌の場合，a_4 ヘリックスに位置する Arg 210）．現時点で受け入れられているモデル [27] は以下のとおりである．2 つの c サブユニットが a サブユニットの両側に対称的に配置され，アスパラギン残基が脱プロトン化状態で Arg 210 と 2 本の塩橋を形成した状態を開始構造とする．c_{10} リングが回転するにしたがって先行するサブユニット（図 7.19 では右側のヘリックス二量体）が a サブユニットから離れていき，その際に隣接するペリプラズムプロトンチャネルからプロトンを引き抜く．このサブユニットは回転している間，プロトンを保持し続ける．さて，次の c サブユニットが a サブユニットのそばを通りすぎる際には，a_4 ヘリックス，c_2 がともに時計回りに回転し，塩橋の角度と距離をよい状態に保とうとする．さらに次の c_2 サブユニット（図 7.19c の $c2'_L$）は a サブユニットが近づくと約 180°急旋回し，プロトン化してい

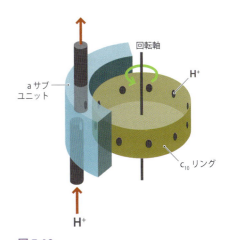

図 7.18
c_{10} リングが回転する際に，プロトンが c_{10} リングをとり巻いて a サブユニットを通過するモデル．リングが完全に 1 周すると 10 個のプロトンがくみ上げられる．（D. Stock et al., *Curr. Opin. Struct. Biol.* 10: 672-679, 2000 より改変．Elsevier より許諾）

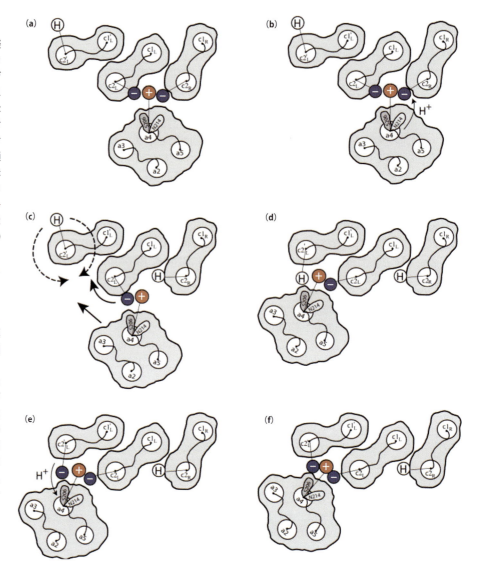

図7.19
cリングがaサブユニットのそばを通る際に，aとcのサブユニット間で起こるヘリックスとプロトンの動きを示した詳細なモデル．ただし，この図では便宜的にaサブユニットとcリングがすれ違うところを，cリングを固定する形で描画している．aサブユニットは下部に描画されており，aサブユニットのArg 210（aArg 210）の側鎖は4番目のヘリックス（a_4）から突き出た赤色の正電荷として表記されている．cヘリックスのペアは3つだけ示されている．スタート地点（a）では，aArg 210は隣り合った2つのcサブユニットのc2ヘリックス上のAsp 61（c）と2本の塩橋を形成している．(b) 下部のプロトンチャネルを通って，1つのプロトンが右側のcAsp 61に移動する．(c) aサブユニットは，左へ移動し始める．左に移動するにつれて時計方向に回転し，塩橋の構造化学をよい状態に保つために真ん中のc2ヘリックス（$c2_L$）も時計方向に回転する．aサブユニットが近づくにつれて，次のc2ヘリックス（c2′）は約180°回転してプロトンを反対側へ向ける．(d) aサブユニットは結果的に1/10周移動したことになる．(e) c2′からのプロトンは，上部のプロトンチャネルに移動し，(f) に示すとおり膜から出ていく．(f) は (a) と状態は同じであるが，1/10周回転している．(A. Aksimentiev et al., Biophys J. 86: 1332-1344, 2004 より転載．Elsevier より許諾)

たcAsp 61の側鎖がaサブユニット中のArg 210の方向を向く．Arg 210-Asp 61間の塩橋により引き起こされる極性環境がc_3のAsp 61のpKaを下げ，エネルギー的にAsp 61のプロトン放出に好ましい状況になる．そしてプロトンは細胞質側のプロトンチャネルを通って膜から出ていき，リングはさらに回転してa_4ヘリックスは元の位置，すなわちcリングが10分の1周回転した位置に戻ることになる．

上記の回転方向ではATP加水分解がプロトンをポンプしている．しかし，ミトコンドリア酵素の標準的な回転方向ではプロトン勾配がATP合成を駆動し，その場合はもちろんすべてのプロセスがここに記した内容とは逆向きに進行する．反応を確実に達成するためには，目的の方向に十分な自由エネルギーが存在していなければならない．たいへん興味深い仮説では，この酵素はもともとATP駆動型のモーターであったとされている．そして，ATP加水分解を確実にするためにαサブユニットは触媒活性をもち，H^+/ATP比はプロトンポンプを確実なものとするため，前述の比率3.33と比べて1.67と低い値であったであろうと推測されている [20]．比較的近年に進化したと考えられている液胞型ATPアーゼもATPを使ってプロトンをくみ上げる．この液胞型ATPアーゼはここで説明した標準的なプロトン駆動型ATP合成酵素から進化しており，すべてのcサブユニットが不活性型でH^+/ATP比が1.67に逆戻りしていることを付け加えておく．このように，駆動力は生物学的必要性に応じて回転に対するH^+の比率を変更することにより調整可能

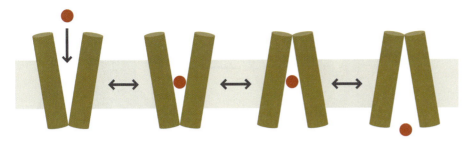

図 7.20
どのようにして膜輸送体が働くのかを示した簡単なモデル．輸送体は基本的に2つの膜貫通部分で構成されており，膜貫通部分が膜の中で回転することにより内側向き，外側向きのどちらかの開閉状態を示す．もっとも単純な場合には2つの状態は平衡状態にあり，輸送の方向性は単純に膜を介した濃度勾配に依存する．言い換えると，これは受動輸送がどのように起こるかを示している．

なのである．注意すべきは，進化の方向は常に元の活性を失う方向にあるということである（*3.5 参照）．

7.2.7 細菌の鞭毛は ATP 合成と関連している

細菌の鞭毛は円形のリング構造を通じて細胞表面に結合しており，プロトンの流れによって鞭毛の回転が駆動されている．鞭毛が回転するメカニズムは十分に理解されていないが，関連するタンパク質のいくつかは F_o 複合体のタンパク質とアミノ酸配列の相同性を有しており，おおよそは同様のメカニズム，すなわち2つの半チャネルを通じたプロトンの流れと回転ユニットが存在するであろうと推察されている．

7.2.8 多くのポンプやトランスポーターは対称的な開閉器に基盤がある

生体膜は，水やイオン，そしてタンパク質など電荷と高い極性をもつ分子を透過させない．このことは，これらの分子を移動させる場合に，膜を透過させる輸送手段が必要であることを示唆している．実際，細胞には異なった輸送メカニズムを利用する**輸送体（トランスポーター）** transporter が数多く存在している．ちょうど上でみてきた F_oF_1 ATP アーゼは ATP で駆動するプロトンポンプであり，いくつかの相関するシステムに基づきプロトンやナトリウムのようなイオンを輸送する輸送体である．この項と次項では，大きく異なった利用のされ方をする2種類のタンパク質，ATP 駆動型 ABC トランスポーターと，光駆動型プロトンポンプのロドプシン rhodopsin を例にみていく．

膜を透過する輸送手段は，能動型 active と受動型 passive のどちらかに分類することができる．能動輸送では，細胞はエネルギーを使い濃度勾配に逆らって物質を輸送する．これに対し受動輸送では，細胞はエネルギーを投入せずに既存の濃度勾配に従って濃度に依存した輸送を行う．しかしながら，この受動輸送と2つ目の分子の輸送を連携させることによって，1つ目の分子の濃度勾配を利用して2つ目の分子を輸送することができる．以下に示すように，膜を透過させてある分子を手に入れる基本的なメカニズムは同様であることが多く，能動輸送には受動輸送と ATP 駆動のエネルギー源との連携が必要な場合が多い．

どのようにして輸送体が機能するのか，そのおおまかなメカニズムは40年以上も前に提唱された [28]．そして，現在ではその推測がほとんど正しいことが明らかになっている．輸送体は各コンフォメーション状態で，それぞれ膜の異なる側に口を開けている2つの状態をスイッチすると提唱されてきた（図 7.20）．輸送体の中心にある空洞には，運ばれる分子種への結合部位が存在する．したがって2つの向きで結合の親和性が等しければ，それぞれの向きを任意に開閉することで溶質をエネルギー勾配（濃度勾配）に従って運ぶことができる．

実際に多くの輸送体がこのように働いている．**共輸送体 symporter**（*7.5）である大腸菌の LacY は，乳糖とプロトン（もしくはナトリウムイオン）を一緒に同方向へ輸送する．細胞膜をはさんで電気化学的なプロトン勾配が存在するため，プロトンの細胞内への輸送はエネルギー的に有利である．対照的に，細胞の内側には外側より高濃度の乳糖が存在しており，乳糖の細胞外からの輸送は不利である．そのため，非共役系では受動輸送により乳糖は細胞の外へと運ばれてしまう．しかし，プロトンと乳糖を同時に運ぶことにより，細胞はより大きいプロトンの電気化学的濃度勾配を利用して，乳糖を濃度勾配に逆らって

*7.5 共輸送体
2つの溶質を同時に同じ方向へ運ぶ輸送体を共輸送体という（図 7.5.1）．一般に，溶質のうち1つについては有利な濃度勾配を利用し（たとえば，水素イオン），もう1つの溶質については（小さな）濃度勾配に逆らって輸送する．それぞれを逆の方向に輸送するのが対向輸送体である．

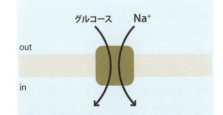

図 7.5.1
共輸送体．ここではグルコースを濃度に逆らって輸送し，ナトリウムイオンの有利な濃度勾配で駆動する輸送体を示す．ナトリウム依存性糖輸送体 SGLT 1 はこの図のように動作し，たとえ濃度勾配に逆らったとしても腸からグルコースを吸収することができる．

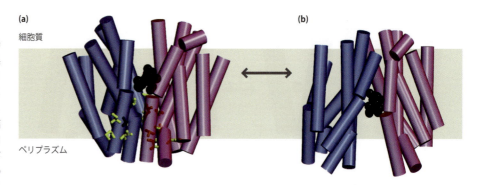

図 7.21
乳糖とプロトンを運ぶ共輸送体である大腸菌の LacY のモデル．2 つのドメインは異なった色で描画されている．このタンパク質は疑似 2 回転対称をもち，はるか昔に遺伝子重複があったことを物語っている．(a) プロトン化された内向き構造をもつ結晶構造（PDB 番号：1pv7）．乳糖のアナログである 1-チオ-β-D-ガラクトピラノシド（TDG）は黒色で表記され，膜面の中央かつ 2 つのドメインのほぼ真ん中に位置している．ペリプラズム側（下部）は堅く閉じられている．棒状に表示されている残基をシステインで置換すると基質結合時の反応性が向上するため，このコンフォメーションでは残基がペリプラズムに接近可能であると考えられる．(b) 化学修飾やクロスリンク実験を基にした外向き構造モデル．各ドメインは (a) にある元の位置から約 60°回転している．(J. Abramson et al., *Science* 301: 610-615, 2003 より．AAAS より許諾)

運ぶことが可能となる．タンパク質は α ヘリックス構造をとり，実際には異なった向きに 2 つのコンフォメーションをとると思われる（図 7.21）．コンフォメーション変化から生じる自由エネルギー変化は，細胞内の高い pH と共役して内向きのコンフォメーションからプロトンを放出させることで，変化を駆動するエネルギーを供給している [29]．付け加えておく必要があるのは，この輸送体については膨大な研究が行われており，妥当なモデルは存在するものの，厳密にどのようにしてプロトンの輸送と乳糖の輸送が共役しているのかはいまだはっきりしていないということである．これは 11.4.8 項でさらに解説するとおり，膜タンパク質を研究する際の難しさを示す実例である．

対向輸送体 antiporter（*7.6）として動作する輸送体も存在する．対向輸送体では，分子 A はある方向に濃度勾配に従って輸送されるが，結合するもう 1 つの分子 B は濃度勾配に逆らって，分子 A とは反対側へと運ばれる．

多くの ATP 駆動型輸送体は，ATP の加水分解と輸送とを結びつける類似の機構を利用している．ATP 駆動型輸送体の重要な分類として ABC トランスポーター，すなわち ATP 結合カセット ATP-Binding Casette 輸送体がある．これは最多かつ多様な ATP 駆動型輸送体であり，細菌では多様な基質の取り込みに用いられ，細菌と真核生物の両方で薬剤を含む基質の排出にも用いられている．したがって，ABC トランスポーターは薬剤が細胞内に入るとただちにこれを排出するという薬剤耐性の獲得に重要な役割を担っている．

膜貫通輸送体として働く ABC トランスポーターは，おおまかには 2 回対称をもつ向かい合った構造により構成され，細胞質側の下部領域で二量体構造をとる ATP アーゼに"カップリングヘリックス"を介してつながっている（図 7.22）[30]．カップリングヘリックスは関節として働き，膜貫通ドメインの ATP アーゼドメインに対する回転を可能にしている．このメカニズムは，本章の最初に述べた GTP アーゼのメカニズムを思い起こさせる．ヌクレオチドは P ループを介して結合する．ATP アーゼドメインは GTP アーゼのスイッチドメインに相当するいくつかのドメインを有しており，ATP が加水分解されるとこれらのドメインのコンフォメーションは変化する．それによってドメインの再配置が引き起こされ，結果として ATP 結合型構造では 2 つのカップリングヘリックスが引き寄せられて約 28 Å の間隔となり，外向きチャネル構造（図 7.22a）が導かれる．一方で，ヌクレオチドの結合していないフリー構造ではカップリングヘリックスはさらに 10 Å 以上離れて位置し，チャネルは膜の内側へ向いた構造になる [30]．したがって ATP の結合

---

*7.6　対向輸送体
2 つの溶質を同時に，しかし別方向に輸送する輸送体を対向輸送体という（図 7.6.1）．一般に，溶質のうち 1 つについては有利な濃度勾配を利用し（たとえば，ナトリウムイオン），もう 1 つの溶質については（小さな）濃度勾配に逆らって輸送する．それぞれを同じ方向に輸送するのが共輸送体である．

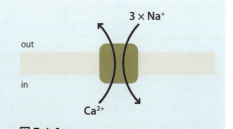

図 7.6.1
対向輸送体（ここでは Ca/Na 対向輸送体）．

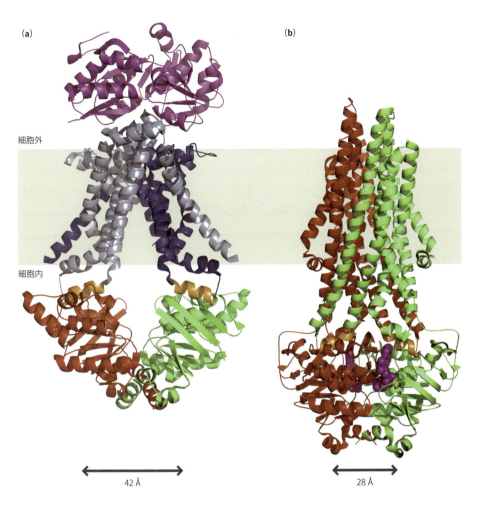

図 7.22
ABC トランスポーターのコンフォメーション変化．おおまかな膜の位置をベージュで示している．(a) 非結合型のモリブデン/タングステン輸送体 ModBC（PDB 番号：2onk）．このタンパク質は 2 つのポリペプチド鎖からなり，1 つは ATP 結合ドメインを（下部；緑色と赤色），もう 1 つは膜貫通ドメインを形成する（中央；青色）．多くのこのようなタンパク質に共通することとして，基質と結合し輸送体に運ぶ基質結合ドメインが上部に存在している．これは内向きのコンフォメーションで，ATP 結合部位にはヌクレオチドは結合していない．結果としてカップリングヘリックス（橙色）は互いに外側を向いて約 42Å 離れている．(b) ヒトの多剤耐性輸送体 Mdr1 のホモログである *Staphylococcus aureus* 輸送体 Sav1866 の ATP 結合型構造．ATP アナログの AMP-PNP（紫色）が結合している（PDB 番号：2onj）．ホモ二量体構造をとる．この構造は外向きのコンフォメーションで，カップリングヘリックスは約 28Å しか離れていない．(K. Hollenstein, R. J. P. Dawson and K. P. Locher, *Curr. Opin. Struct. Biol.* 17: 412-418, 2007 より．Elsevier より許諾)

は，取り込み輸送体 importer の場合には輸送体を外向き構造に動かして基質を受け入れ可能な状態とし，排出輸送体 exporter の場合には基質の放出を可能にするのである．ATP の加水分解と ADP/Pi の放出は輸送体を逆向きの型に変化させる．コンフォメーションの変化はタンパク質の基質親和性をも変化させ得るのである．

7.2.9 光駆動型プロトンポンプであるロドプシンは 7 本の膜貫通ヘリックスをもつ G タンパク質共役型受容体である

光駆動型プロトンポンプであるバクテリオロドプシン（bR）bacteriorhodopsin は，これまでとは異なったプロトン輸送機構を示す一例である．バクテリオロドプシンは眼の桿体細胞にあるロドプシンの類縁タンパク質であり，レチナール retinal をもち光捕集を行う．好塩菌 *Halobacterium salinarum* では，バクテリオロドプシンが光を用いて膜をはさんだプロトン勾配を形成することにより太陽光をエネルギーへと変換している．バクテリオロドプシンのタンパク質は，細菌表面に結晶状の紫膜を形成するほど非常に高濃度で存在する．このタンパク質は電子顕微鏡により原子分解能で構造解析された最初のタンパク質である（第 11 章）．バクテリオロドプシンは構造と機能の両面でロドプシンに類似しているため，いくつかの結晶構造が報告されている．ロドプシンは 7 本の膜貫通ヘリックスからなり，Lys 296 からのシッフ塩基（図 5.22 参照）により中央にレチナール分子を結合している．レチナールはプロトンチャネルの中央に位置しており，プロトンを閉じ込めている．光はレチナールの化学構造の *cis* 型から *trans* 型への変換を誘起し（図 7.23），この変換にはヘリックスの位置変化を伴う．この構造変化によりチャネルの片側が閉じられ，プロトンは膜の片側から反対側へと輸送されることになる．ロドプシンでは構造変化がヘテロ三量体を構成する G タンパク質複合体へと伝わり，シグナル伝達の引き金を引

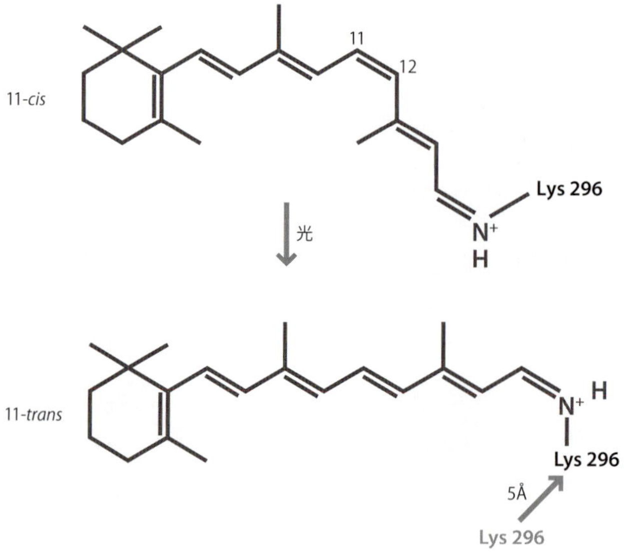

図 7.23
レチナール色素は光照射により 11-*cis* と 11-*trans* の間で異性化反応を起こす．レチナールは Lys 296 に共有結合でつながっており，この図は異性化により結合位置が約 5Å 移動することを示している（タンパク質中では Lys 296 は同じ場所にとどまるが，色素が 5Å 移動する）．これが眼の中で光を検知する構造基盤である．

く．つまり典型的なものではないが，ロドプシンは G タンパク質共役型受容体の 1 つである（第 8 章）．

ロドプシンは長年にわたりさまざまな面から研究が進められている．反応中間体の多くは異なった分光学的特性を示し，その多くは特徴づけが可能である．しかしながら，重要な反応中間体の立体構造が解明されていないことにより，ロドプシンがどのように働いているのかの全容を確立するにはいたっていない．現在までにわかっていることは以下のとおりである [31, 32]．

光照射から 1 ps 以内にレチナールの *trans* 異性化が起こる（図 7.24）．続いて，何段階かのより遅いタンパク質再配向のステップが起こる．これにより，重要な中間体である M-I が生じる．次に，シッフ塩基のプロトンは Glu 113 へ移動し（図 7.25 の青色部分），タンパク質の底部へ拡散して中間体 M-II となる．これに続くステップの詳細はいまだに明らかになっていない．可能性の高いステップは，シッフ塩基の脱プロトン化が膜貫通ヘリックス VI の制限を解き，上方左側への移動を可能にするというものである．Gα タンパク質はヘリックス VI の上部末端に固定されているため，ヘリックスが解放されることで Gα は GTP 型から GDP 型へ変換可能となり，それによって細胞内でのシグナル伝達が開始される．さらにこのことは E134 / R135（赤色）がプロトンを集め，レチナールに受け渡して再プロトン化させることをも可能にしている．光サイクルのもっとも遅い（異性化の 10^{-11} 倍と尋常でなく遅い！）部分は，*trans* 型レチナールの解離と *cis* 型レチナールの再結合である．

ロドプシンのメカニズムは前述の ABC トランスポーターの輸送メカニズムと興味深い類似性を示しており，エネルギー依存的なヘリックスの配置変化によって，膜の中心にあ

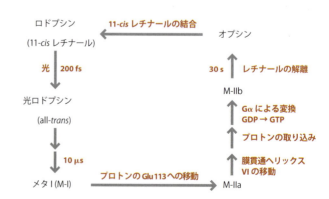

図 7.24
ロドプシンの光サイクル．光ロドプシンと M-I の間にはいくつかの中間体構造が存在する．M-II はおそらく平衡状態にあるいくつかの中間体を含むが，単一な分光シグナルを与える．

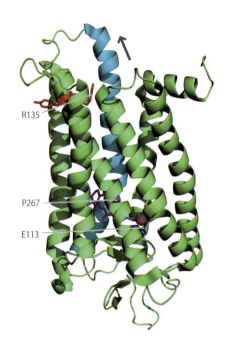

図 7.25
細胞質側を上にして描画したウシロドプシンの結晶構造（PDB 番号：1gzm）．レチナールはリングを左にしてマゼンタで表示している．レチナールはピンクの K296 に結合しており，プロトンを運ぶ窒素原子は暗いピンクの球で，プロトンを受けとる E113 は青色で表示している．プロトンの取り込みは E134，R135，そして Y136（赤色）を経て起こる．G タンパク質はこれらの残基に近い表面に結合し，これにはヘリックスⅤ（左側）とⅥ（水色）が関与する．レチナール周辺の構造再編成の結果としてヘリックスⅥは光サイクルによって図中矢印の方向へと移動し，P267（濃青色）のもたらすヘリックスの湾曲部分そばを通る．

る結合部位が膜のどちら側に近づくことができるかが制御されている．初期構造でのヘリックスⅥは，細胞質方向へのチャネル接続を阻止していると推定されている．この洗練されたメカニズムは収斂進化の一例であり，それは別々の 2 つの系で独立に進化し採用されるほどすぐれた方策であったということであろう．

　ここで注目すべきは，7.2 節で説明したタンパク質のほとんどすべてが α ヘリックス構造をとることである．その理由の 1 つとして，2 つのスイッチ部位として比較的硬い構造を必要とする可能性が指摘できる．そのような要求は，第 1 章で示したとおり，ヘリックス構造により満足されるのである．

7.3 アクチンやチューブリン線維に沿った動き

7.3.1 アクチンやチューブリン線維は継続的に重合と脱重合を繰り返している

　真核生物の細胞の形や構成は，細胞の中の線維構造の配置によって制御されている．線維構造には微小管，アクチンフィラメント，そして中間径フィラメントという 3 つの形態が存在する．前者 2 つはすでにみてきたとおりである．一方で，中間径フィラメントはあまり普遍的ではなく，細胞運動のための線維構造というよりは半永久的な補強体で，単量体の線維質である点が微小管やアクチンフィラメントと異なっている．したがって，中間径フィラメントは典型的な構造線維タンパク質（*1.14 参照）で，アクチンやチューブリンほどの面白みはない（以降はとり上げない）．

　アクチンフィラメントと微小管は，特定の細胞内輸送が起こる高速道路のような主要ルートを構成している．以下に示すように，分子モーターはこれらの線維構造上を一方向に移動していくので，ひとたび線維の位置が決まれば各分子モーターの機能は多かれ少なかれ定義される．結果的に，細胞内物質輸送の鍵となるのは線維構造の正しい重合と成長，そして脱重合ということになる．2 つの線維構造がもつ重要な特徴は，それらが永続的でないことである．実際，これらは数分もしくはもっと短い時間しか存続せずに，分解されて別の場所で再構成されるということがよくある．Alberts ら [33] は，線維構造は高速道路というよりはむしろアリの行列であるという秀逸な類比を行っている．

　アクチンフィラメントはアクチンから構成され，微小管はチューブリンから構成される．どちらもフィラメントは球状タンパク質がひも状に重合しているのであって，長い線維状のタンパク質で構成されているわけではない．したがって，構成タンパク質は小さく必要な場所ならどこへでも拡散可能であり，それによって迅速な重合/脱重合が可能になる．アクチンフィラメントは 2 本の撚り合わさった高分子鎖で（図 7.26），そのために柔軟な構造をもつ．一方，微小管は穴のあいた円筒で，13 本の並列に配置された αβ-チューブリン二量体により構成されており，構造は硬くまっすぐである（図 7.27）．しかしながら，多くの点で 2 つの線維構造の重合過程はたいへん類似している．以下，チューブリンを例にみていく．

　線維構造中の単量体間には強い結合があり，線維に沿って長軸方向につながっているが，横軸方向の相互作用も同様に線維を強化している．このことは，一般に線維構造の生成と

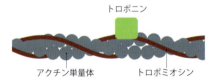

図 7.26
アクチンフィラメントの構造．基本的なアクチンフィラメントはアクチン単量体（青色）からなり，それが 37 nm 周期のねじれた線維を形成している．この図は筋肉中のアクチンフィラメントの構造を表しており，安定化のためにトロポミオシンが巻きつき（表 7.1），トロポニン T，I，C が結合している．トロポニンを構成する 3 種類のタンパク質の役割は，それぞれ T：トロポミオシン末端付近に結合すること，I：アクチンに結合すること，C：トロポニン T，I と共にカルシウムに結合することである．

図 7.27
微小管と，それを構成している αβ-チューブリン二量体の構造．

破壊が両端のみで起こることを意味している．重合と脱重合にはより単純な原理が適用でき，以下のように要約することができる．

線維構造の末端へのモノマーの付加は以下の標準的な平衡の式で表される．

$$\text{fiber}_n + \text{monomer} \underset{k_\text{off}}{\overset{k_\text{on}}{\rightleftharpoons}} \text{fiber}_{n+1}$$

全体としての線維の伸長速度は k_on[単量体]，一方で短縮速度は k_off となる．平衡状態ではこれらは等しくなり，したがって解離定数 K（*5.5 参照）は次式で表される．

$$K = k_\text{off}/k_\text{on}$$

K の単位は濃度である．ここで単量体の濃度が K より小さい場合には k_on[単量体] は k_off より小さくなり，線維構造は短縮（脱重合）する．逆に，濃度が K より大きい場合には逆の関係が成り立ち，線維構造は伸長（重合）する（図 7.28a）．K は単量体の**臨界濃度** critical concentration と呼ばれている．

このように，細胞は単量体の濃度を調節することによって線維構造の伸長や短縮の速度を変更することができる．これらの調節は通常単量体の総濃度（普通は大きい値を示す）を変更して行われているのではなく，単量体に結合するタンパク質の活性を変更することにより行われる．アクチン単量体に結合して重合を阻害するチモシンや，単量体に結合してアクチンフィラメントへと単量体を受け渡し，線維構造の伸長を促すプロフィリンなどがその例である（表 7.1，表 7.2）．

線維構造には 2 つの異なった末端が存在し，フリーの線維タンパク質の単量体はどちらの末端にも結合可能である．以下に解説するとおり，多くの場合，線維は片側の末端にある重合核形成中心に結合する．したがって，伸長速度はもう片側のフリーな末端での事象にのみ依存することになる．フリーの線維では，両末端で K_on と K_off が異なる．しかしながら，単量体がどちらの末端に結合しようと上述の平衡関係は成り立つ．つまり，K_on と K_off の比は両末端で同じになるということである．したがって，いかなる単量体濃度でも，線維構造は両方の末端で伸長することも，縮小することもできる．ただしその速度は異なっており，また臨界濃度では変化は起こらない（図 7.28b）．速い変化が起こる側の末端をプラス端と呼び，反対側をマイナス端と呼ぶ．すでにみてきたように，アクチンフィラメントと微小管はこれら両末端を有し，分子モーターは決まった一方向にのみ移動する．

図 7.28
線維の伸長と短縮のバランスを示した図．(a) 伸長速度は単量体の濃度に比例しているが，短縮速度は比例していない．したがって全体の成長速度（太線）は伸長速度 k_on[単量体] から短縮速度 k_off を引いたものとなる．もし単量体の濃度が K よりも大きければ微小管は伸長し，K より小さければ微小管は短縮する．(b) on と off の速度はマイナス端の方が遅いが，割合は同じなので全体の成長速度が遅くなっても同じ臨界濃度 K をもつ．

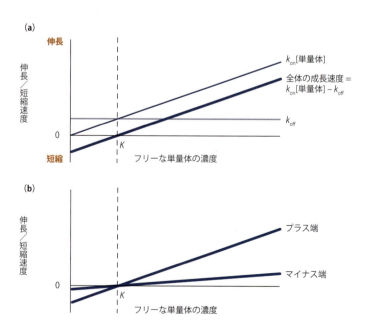

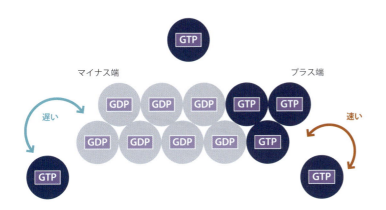

図 7.29
フリーのチューブリン単量体は GTP と結合している．チューブリンがフリーのままなら GTP の加水分解は遅いが，ひとたびチューブリンが微小管の一部となると加水分解は加速される．図はプラス端にはいくつかの GTP 結合型単量体（全体の微小管成長速度に依存する速さで GDP へ順に加水分解される）が存在するが，マイナス端には GDP 結合型しか存在しないことを示している．個々の円は αβ-チューブリン二量体を表している．

7.3.2 細胞は線維構造の伸長をしっかりと制御する

　細胞は線維構造の伸長について，単純な伸長・短縮のしくみ以上に強く制御を行う必要がある．アクチンの場合，この制御は ATP 結合により行われており，チューブリンの場合は GTP 結合により制御される．実際に，チューブリンは Ras の項などでみてきた GTP アーゼと遠縁の関係にある．GTP 結合型のチューブリン (t^T) は GDP 結合型 (t^D) よりもずっと強く線維に結合し，K^T（GTP 型の解離定数）は K^D よりも小さい値（より強い結合）を示す．K は臨界濃度なので，これは単量体の臨界濃度が GTP の結合により下がることを意味している．GTP や ATP の細胞内での濃度は，通常 GDP や ADP の濃度の約 10 倍である．したがって，ほとんどのフリーなサブユニットは GTP 結合型であり，原則的に線維構造に結合するすべてのサブユニットは GTP 結合型となる．

　このままでは GTP と GDP の細胞内比率がほとんど一定なので，ヌクレオチド結合は線維構造の伸長を制御するメカニズムとはなり得ない．制御機構となり得るのは，フリーの単量体では GTP の加水分解がたいへん遅いのに対し，単量体が線維に結合すれば GTP 加水分解の速度が非常に速くなるからである．実際，通常は GTP の加水分解の速度はマイナス端へのチューブリン結合より速く，プラス端へのチューブリン結合ほどは速くない．このことはプラス端が通常 GTP 結合型をとり，マイナス端は GDP 結合型となることを示している（図 7.29）．各末端での伸長速度は，個別に線維中の GTP 加水分解速度を調

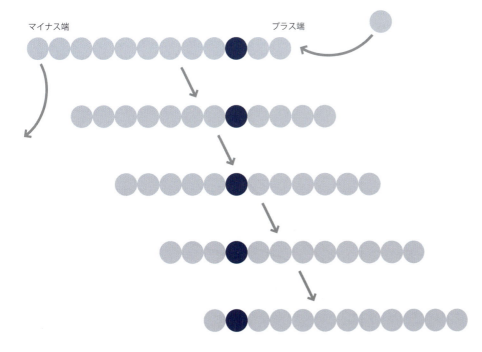

図 7.30
トレッドミル状態．線維は右へ移動しているように見えるが，実際には成分となる各単量体は同じ場所（濃青色で示してある単量体が示すとおり）にとどまっている．あたらしい単量体がプラス端に付加され続け，だいたい同じ速度でマイナス端から古い単量体が解離している．

図 7.31
トレッドミル状態のメカニズム．単量体の濃度が K^T 〜 K^D の間にあるとき，(GTP が結合している) プラス端では伸長するが，(GDP が結合している) マイナス端では短縮する．両矢印で示したように，プラス端での伸長とマイナス端での短縮が厳密に一致する濃度が存在する．この濃度では，線維は完全なトレッドミル状態を示す．

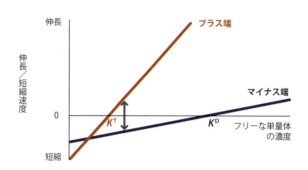

整することで制御されている．この加水分解速度の調整は制御タンパク質が線維構造に結合することにより行われている．

GTP の加水分解は，**トレッドミル状態** treadmilling として知られている現象を可能にする (図 7.30)．前述のとおり，臨界濃度は GDP 結合型 (K^D) より GTP 結合型 (K^T) の方が低い (図 7.31)．このことは，単量体の濃度が K^T より大きくかつ K^D より小さい場合には，プラス端が伸長する一方で，マイナス端は短縮していくことを示している．図 7.31 に両矢印で示すとおり，両方の速度が等しくなる濃度がその中間に存在する．この濃度では線維構造は同じ長さに固定され，しかし見かけ上はプラス端方向へと移動するのである．

さらに興味深く重要なことがある (図 7.32)．先に指摘したとおり，プラス端には GTP 結合型チューブリンの αβ ユニットが結合するので，通常，プラス端は GTP 結合型を有している．しかしひとたび線維構造に結合すれば，GTP は GDP に加水分解されていく．チューブリンのプラス端からの脱重合の速度は，GTP 結合型より GDP 結合型から起こる方が約 100 倍速い．したがって，加水分解速度があたらしいチューブリンユニットの付加速度と同等であれば，付加した後に GDP 結合型になってしまったチューブリンが，あらたに GTP 結合型チューブリンが結合する前に解離してしまうのである．ひとたびこの脱重合が起きてしまうと，プラス端は GDP 結合型チューブリンがその終端となり，いっそう多くのチューブリンが解離してしまう．結果として，それまで一定を保っていた成長速度は急激に短縮の方向へと向かうことになる (図 7.32 に示す黒色の両矢印)．加水分解と重合/脱重合の速度は本質的に起こったことの平均でしかないことを思い起こそう．それは分子レベルでは予測不可能であり，統計的なゆらぎを前提としている (4.1.1 項参照)．ひとたび加水分解速度があたらしいユニットの付加速度と近くなれば，成長の反転は伸長・短縮どちらの方向にも無作為に起こり得るのである．この現象は**動的不安定性** dynamic instability と呼ばれ，細胞が線維構造の再構築を必要とする際にはもっとも有用である．伸長と短縮の反転は，生体内では線維構造の寿命 (微小管で数分，アクチンはそれより短い) の範囲内で頻繁に起こっているようである．なお，微小管では動的不安定性が，アクチンではトレッドミル状態が優位であると考えられている．

このように，細胞はフリーの単量体の濃度を調節することで，線維構造の成長をどちらの末端でも制御できることをみてきた．両末端はさまざまな種類のアクセサリータンパク

図 7.32
動的不安定性．プラス端での伸長は GTP 結合型チューブリンの付加を必要とする．ひとたびチューブリンが線維に結合すると，GTP は GDP に加水分解される．もし加水分解の速度があたらしい単量体の結合と同程度であれば，単量体が結合する前に GDP 結合型チューブリンに変換されてしまう場合もあり得る．プラス端での微小管の脱重合は GTP チューブリンより GDP チューブリンの方が約 100 倍速く起こる．したがって，GTP の GDP への加水分解がプラス端での微小管の脱重合を引き起こす．結果として，線維伸長の顕著な遅延が起きたり (緑色の両矢印)，もしくはさらに顕著に突然脱重合したりすることになる (黒色の両矢印)．

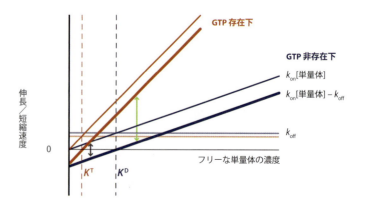

表 7.1　アクチンと相互作用するタンパク質	
タンパク質	機能
Arp2/3，フォルミン	フィラメント形成の開始
ネブリン，トロポミオシン	フィラメントの安定化
α-アクチニン，フィンブリン，ビリン	平行に並んだフィラメントを架橋
フィラミン	網状のフィラメントを架橋
トロポモジュリン，CapZ	末端をふさぐ
ADF/コフィリン，ゲルゾリン，チモシン	フィラメントの切断，脱重合
プロフィリン，twinfilin	単量体に結合
ジストロフィン，スペクトリン，テーリン，ビンキュリン	フィラメントをほかのタンパク質につなげる

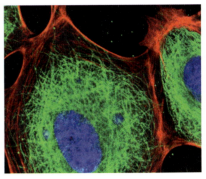

図 7.33
核近傍の DNA を青色に，抗体で微小管を緑色に，アクチンを赤色に染めた蛍光顕微鏡画像．アクチンは束になって細胞のまわりを網状に囲んでおり，一方で微小管は核から放射状に複数の方向へ伸びている．(*Traffic, International Journal of Intracellular Transport*, Virtual issue on cytoskeleton, 2010 より．Wiley-Blackwell より許諾)

質により改変される．しかし，線維の核形成に起因する別の主要な制御機構が存在している．アクチンやチューブリンの線維は，伸長を開始するにあたってある種の核形成を必要とする．そのためにアクチンは 2 種類のタンパク質を用いる．平行なアクチンの束をつくるフォルミン，そして網状のアクチンをつくる Arp 複合体である（アクチンと相互作用して機能を制御するいくつかのタンパク質を表 7.1 に列挙した．チューブリンで同様に機能するタンパク質は表 7.2 を参照）．これらのタンパク質は通常，細胞膜近傍に見出され，このことはアクチンが細胞膜の近くで束化したり網状になったりすることを示唆している（図 7.33）．微小管はアクチンとは大きく異なっている．ほとんどの真核生物では，動物の場合に中心体と呼ばれ，通常はおおむね核近傍に位置している微小管形成中心により核形成が起こる．微小管は中心体からあらゆる方向に放射状に伸び，中心体が細胞の中心近くに位置することで，微小管の長さを一様にするしくみがあるかのようである（図 7.34）．ひょっとすると，中心体を細胞壁にむけて引っぱる微小管が均等に存在しているため，結果として中心にとどまるのかもしれない．アクチンフィラメントと微小管を細胞膜に連結させるタンパク質も存在している．後述するが，これはアクチンと微小管の双方にとって非常に重要であり，その理由はそれぞれ異なっている．

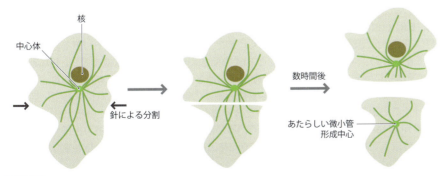

図 7.34
微小管は中心体を細胞の中心に配置する．魚の黒色素胞（色素）細胞が針で分割された後，切り離された断片にあたらしい微小管形成中心が形成される．微小管は形成中心のまわりで再編成されて，微小管形成中心がおおよそ中心にくるように位置どらせる．もう片方の断片でも，微小管を集めて中心体を再配置する．(B. Alberts et al., *Molecular Biology of the Cell*, 5th ed. New York: Garland Science, 2008 より)

表 7.2　チューブリン/微小管と相互作用するタンパク質	
タンパク質	機能
γ-TuRC	フィラメント形成の開始
MAP，XMAP215	フィラメントの安定化
Tau，MAP-2	平行に並んだフィラメントを架橋
スタスミン，キネシン-13，カタニン	フィラメントの切断，脱重合
+TIP，プレクチン	フィラメントをほかのタンパク質につなげる

*7.7 鞭毛

鞭毛(単数形では flagellum, 複数形では flagella)は, 細胞の外側にある髪の毛のようなタンパク質集合体で, 細胞が移動するのに用いられる. 真核生物では鞭毛は細胞表面に固定されており, 微小管により支えられた細胞膜の突起として存在する. 真核生物の鞭毛は長い繊毛で, 細胞を押し出す鞭のような運動をする (図 7.7.1). 対照的に, 細菌の鞭毛はタンパク質のみから構成されるまったく異なった構造をしており, おそらく F_0F_1 ATP アーゼに関連したメカニズムを使って, 細胞膜中の円形会合体の中で回転を行う.

図 7.7.1
精子は 1 本の鞭毛を使って動く. 各画像は, 基部から先が一定の振幅で波のように移動している様子を 2.5 ms ごとに記録したものである. (画像提供:C. J. Brokaw, Cal-Tech.)

7.3.3 細胞はどのように移動するのか

多くの細胞はその生涯のどこかで必ず移動している. 多くの細菌は常に移動しており, 真核生物の細胞の多くも成長過程では移動している. 白血球細胞のように循環している細胞は血流により運ばれるが, それに加え必要に応じて積み上がったり回転したり拡散したりする. 線維芽細胞は組織を通り抜けて動き回り, 組織の再構築や修復を行う. これらすべてはチューブリンやアクチンの線維を使って行われるのである.

多くの細胞は外側に小さな髪の毛のような構造をもっており, 細胞はそれを用いて前進移動を行ったり, 細胞表面を通り過ぎる飲み物や栄養物を押し込んだりする (精子や原生動物の用いるものを**鞭毛 flagellum** (*7.7), それ以外の用いるものを繊毛という. ここでいう鞭毛は, 前述の細菌の鞭毛とはまったく違うものである). これらの構造は複雑に配置された平行な微小管により構成されている. その構成は, 相互に連結された 9 つの微小管のペアが外側でリング構造をとる様式である (図 7.35). 微小管は一定の間隔をおいてダイニンにおおわれており, それによって隣の微小管と結びつけられている. ひとたび活性化するとダイニンは微小管に沿って歩こうとするが, 連結されているためほかの微小管から 1 つの微小管だけがずれることはできず, その結果屈曲することになる. これにより鞭毛の波打ち運動が発生し, 移動へとつながるのである.

表面上で細胞が行う滑り運動や腹這い運動は, アクチンを用いて達成されている. 細胞はアクチンを重合させ, 成長するプラス端が細胞を前へ押し出すのである. アクチンは細胞の類型に依存してあるときは平行な束となり, またあるときはシート状になる. 同時に, 細胞の背面にあるアクチンは脱重合し, それにより細胞の背面を引き寄せるはたらきをする. 細胞によってはミオシンがアクチンフィラメントを引き止めるのに用いられる. これは, 細胞が腹這い運動をする表面に張りつく際に重要である. ミオシンⅡは主に細胞の後ろ側にあり, 細胞を前へ押し出すことに関与している.

一般に微小管がそれと同程度に細胞を押し出すことはない. しかし, 微小管は動いている細胞の内容物再構成に関与している. 微小管は核に近い微小管形成中心から伸長するので, 核を中心付近に固定するはたらきがある. 後の項でみるとおり, 微小管は膜小胞を適切な位置にとどめておくことにも利用される.

7.3.4 小胞は微小管に沿って運ばれる

微小管は, 細胞の中心(マイナス端)から細胞膜方向(プラス端)に向かって伸びている. 一方でアクチン線維は通常, 細胞膜に沿って伸びている. 細胞内での方向性をもった運動はほとんどが細胞の中心方向もしくは外側方向への動きなので, 移動の大半は微小管に沿って起こる. 中心から遠ざかる移動にはキネシンが用いられるが, それはキネシンが通常プラス端方向へ移動する分子モーターであるからである. 積み荷の種類によって異なったキネシンが用いられており, 積み荷を認識する尾部と, 適切な位置へ移動しそこで停止する脚の部分がキネシンの種類ごとに異なっている. キネシンは, 膜で包まれた小胞を**小胞体 (ER)** endoplasmic reticulum から**ゴルジ体** Golgi apparatus へと運び, そこから小胞は細胞外分泌経路へと運ばれていく. また, キネシンはミトコンドリアを細胞内に分散して配置する. キネシンは, 最長で 1 m の長さ(脊髄の下から末端まで)にもなる**軸索** axon で最初に発見された. 微小管は幾重にも連なって軸索に沿って伸びており, 1 m 移動するのに 2, 3 日かけてキネシンは物質を軸索の端まで運ぶ. (これに対して, 自由拡散だけでこの距離を移動しようとすると 3 年はかかると見積もられている [33]) 小胞体は**核膜** nuclear envelope とつながっているが細胞内に広く分散しており, 細胞中の膜成分の半分以上を構成し, 細胞容積の約 10%を占める. この分散もやはりキネシンによって担われている.

対照的に, 細胞の中心方向への移動はダイニンによって行われる. ダイニンは細胞表面から (たとえば, エンドサイトーシスの結果生じる) 小胞を運び, 分泌小胞やシグナル受容体を保持したゴルジ体を細胞の中心に運んで再利用する. このことは, 細胞への試薬添加実験において微小管の脱重合により小胞体が核の方へ縮小したり, ゴルジ体が細胞内に分散したりすることによって非常に明瞭に説明されている.

多くの細胞小器官や小胞の場合, その位置どりはそれらを逆方向に引っ張るキネシンと

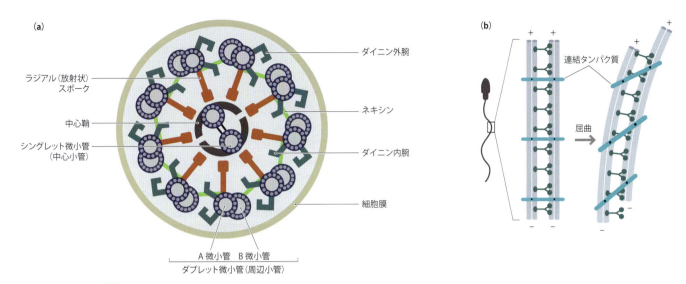

図 7.35
鞭毛の屈曲はダイニンの移動によって引き起こされる．（a）真核生物の鞭毛や繊毛の断面図．微小管は中心のペアをとり囲むように 9 つのペア（青色のリング）が配置されている．これらはネキシン（薄い緑色）で構成される随時のしなやかな架橋で束ねられている．ダイニン腕部（青緑色）は各微小管ペアから伸びて隣のペアに届いている．（b）刺激に応答して，ある面に配置しているダイニン腕部が隣の微小管上を移動しようとする．架橋構造に起因して，ダイニンの運動が鞭毛の屈曲を生み出す．（B. Alberts et al., Molecular Biology of the Cell, 5th ed. New York: Garland Science, 2008 より改変）

ダイニンのはたらきのバランスによって決定されている．これはキネシンとダイニンの移動速度を調整する以外に，たとえば中心体と細胞膜の中間点などに小胞の位置を定める直接的な方法がないことが理由としてある．また，継続的な均衡を維持することにより，細胞が一方向への迅速な小胞の移動を必要とした場合，対応する分子モーターを切り離すことで容易にそれを達成できることも理由の 1 つであろう．

特殊なケースでは細胞膜に沿った移動が必要とされ，そういった場合に細胞はアクチンとミオシンを利用する．メラノソームや黒色素胞と呼ばれる小胞には色素が含まれており，皮膚の色はメラノソームが細胞本体から外に突き出た腕部へ移動することによって変化する（たとえば，日焼けやカメレオンの体色変化）．これらはミオシンVによりアクチン線維に沿って輸送される．

これらすべての膜小胞の移動には，どこにいくべきか行き先を記し，小胞を包み込むのに用いた分子を再利用できるようにする小胞上の荷札が必要である．これらの荷札はほとんどが Rab タンパク質と呼ばれる小型の GTP アーゼによって提供される．非常にたくさんの異なった Rab タンパク質が存在しており，基本的な機能は "cis ゴルジ行き荷札（Rab2）" や "初期エンドソーム行き荷札（Rab5C）" など単純であるが，標的との相互作用は非常に多様である．小胞をそれに対応するモータータンパク質とくっつけるのもまた Rab タンパク質である．

本書を通じて（とくに，第 8 章で述べるシグナル伝達の解説で）強調されるのは，特異性が高く効率のよいシグナルやスイッチが進化によって生じることはないということである．進化はただ 1 つの "完全なシステム" をつくり出すのではなく，不器用ではあるが一応機能するものを生み出し，それがきちんと機能するまで進化の過程で何度も改良を加えながら精密化を繰り返してきたのである．この過程は **装飾 embellishment** と呼ばれ，タンパク質のターゲティングに例示される．正しいターゲティングは比較的弱い選択機構をもつ配列に基づいており，万一に備えて再びターゲティングを試みられるよう，小胞を元に戻すしくみも存在している．たとえば，多くのゴルジ体の酵素は実際に小胞体とゴルジ体の間を行ったり来たりしているが，時間的にはほとんどの時間ゴルジ体に存在しており，おそらくはこの方法がもっとも効率的に酵素をゴルジ体にとどめておく方法であると思われる．同様に，小胞体で働くタンパク質はときどきゴルジ体に輸送されるが，通常は C 末端の KDEL 配列もしくは KKXX 配列を利用して小胞体に戻ってくる．これらの配列は

再循環させる受容体に結合し，荷造りのための目印となる．

7.3.5 大きな細胞はより方向性の高い細胞内輸送を必要とする

本章のはじめに，タンパク質や代謝産物の移動は（前項で解説した小胞の場合と比べて）自由拡散の速度で十分であり，追加の介助は必要としないことに言及した．しかしながら，これは細胞が標準的なサイズの場合にのみ成立する．植物細胞や，軸索突起，卵母細胞（卵の細胞）などの細胞は桁違いに大きく，拡散によってすべてをまかなうには大きすぎる．したがって，方向性をもった運動を必要とする．軸索の端までタンパク質を運ぶには小胞にタンパク質群がひとまとめにされる必要があり，その小胞がキネシンにより軸索に沿って輸送される．大きな細胞はキネシンやダイニンを使って対応するmRNAを局在化させることで，翻訳されるタンパク質を局在させることもできる．これは軸索や卵母細胞で行われている．ショウジョウバエの卵母細胞では，中心体は中心ではなく前端近くに位置している．必然的に，微小管のマイナス端は卵母細胞の前端に多く集まり，プラス端が後端に集まる．mRNAは輸送仲介タンパク質の助けを借りてダイニンやキネシンに結合することにより，それぞれ細胞の前端か後端に集結する．目的地まで送られる際に，mRNA分子がアクチンに固定されて逆戻りしないようになっているという証拠が存在する．事実，十分な量の証拠が示すとおり，細菌の細胞でさえも正しい位置でのmRNAの局在は（そしておそらくそれを翻訳するリボソームの局在も）タンパク質を正しく配置するために重要であると考えられる [35]．

植物細胞はとても巨大なので，必要なものが必要な場所に確実に届くように非常に活発に細胞質の拡散を促す必要がある．植物細胞には**原形質流動** cytoplasmic streaming と呼ばれる注目すべき作用があり，これは細胞のふちに沿って旋回運動を行う細胞小器官の活発な移動として顕微鏡下で容易に観察できる [36, 37]．この動きはビリン（表7.1）という特殊な束化タンパク質を用いてアクチンフィラメントを細胞壁に沿った平行な束にすることにより達成される．ミオシンXIは積み荷の小胞に結合し，数 $\mu m\, s^{-1}$ の速度で束化したフィラメント上を迅速に移動する．その速度は緑藻のシャジク藻では最大で約 $100\, \mu m\, s^{-1}$ にもなり，細胞の内容物が非常に激しく撹拌される．流動は卵母細胞のようなほかの大きな細胞でも起こっており，その場合にはモータータンパク質をつなぎとめておくのに微小管が用いられる [38]．

7.3.6 有糸分裂には主要な細胞内運動を必要とする

有糸分裂 mitosis の際には細胞が2つに分断され染色体が等分されるので，真核細胞に含まれる内容物の配置に非常に大きな変化が生じる．この過程には，再び微小管とアクチンの手助けが必要となる．微小管により構成される**紡錘体** mitonic spindle がこの過程を支配している．最初に中心体が2つに分かれて，そこにある微小管が解離する．分裂したおのおのの紡錘体極（中心体）はあたらしい微小管を伸ばし，マイナス端を中心体側，プラス端を外側にして伸びていく．この過程で3種類の微小管が形成される．すなわち，細胞膜の方に突き出して細胞の中心に紡錘体を配置する**星状体微小管** astral microtubule，別の中心体からの微小管と逆平行な対をなして両極を結ぶ**極間微小管** interpolar microtubule，そして紡錘体の中心と染色体とを結びつける**動原体微小管** kinetochore microtubule である（図7.36）．5つのモータータンパク質が紡錘体の正しい形成，配置，そして機能に関わっている（図7.37）．ダイニンは細胞膜に結合し，マイナス端方向への移動により星状体微小管を細胞膜へ引っ張り，それにより紡錘体は膜の方へと引っ張られる．キネシン-5は極間微小管の界面に位置しており，プラス端への方向性をもつ．それにより紡錘体の2つの極は離れる方向に押し出される．キネシン-5は，ダイニンと同様に通常の方向性をもって働いているが，対照的に，極間微小管の界面に存在するキネシン-14はマイナス端への方向性をもっており，互いに2つの極が接近する方向に引っ張る．2つのキネシンの間の均衡が両極を正しい距離に保持したり，中間面に集中させたりしているのである．しかしこの均衡がどのように達成されているのかはよくわかっていない．最後に，キネシン-4とキネシン-10が染色体に結合し，プラス端方向に力を発生する．これにより染色体は極から離れる方向に押し出され，紡錘体の中央に正しく位置するよう導かれる．

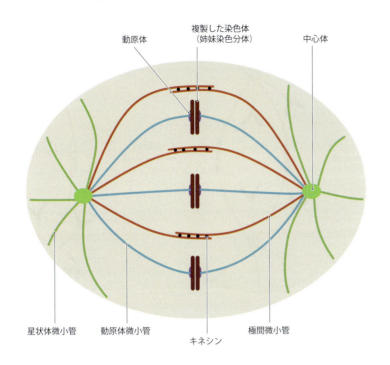

図 7.36
有糸分裂の際の微小管の配向．分裂している細胞の半分ごとに1つずつ，計2つの中心体がある．細胞の中心に沿って，染色体が姉妹染色分体のペアとして配列している．これらのそれぞれが動原体（微小管が結合する領域として中心体上に位置しているタンパク質複合体）を通して動原体微小管（青色）に結合している．星状体微小管（緑色）は通常細胞における微小管と同様の役割を担っており，中心体の位置どりを行っている．極間微小管（赤色）は細胞の中心を横切って広がっており，もう片方の中心体から伸びている極間微小管とペアを形成している．極間微小管のペアはキネシン（黒色の点）により結びつけられており，キネシンは双方の微小管を引き寄せたり押し離したりする．

　染色体分離の間（後期）に，姉妹染色分体を一緒に保持するタンパク質であるコヘシンが特異的なプロテインキナーゼにより消化される．染色体は極の方に引き寄せられ，その直後に2つの極は別々に引き離されてしまう．染色体の分離は動原体微小管の両末端での脱重合により引き起こされる（図 7.38）．マイナス端側での脱重合は微小管が中心体に結合したまま起こり，結果として微小管を短くすることになる．動原体は無傷の微小管のプラス端に結合しているので，プラス端での脱重合も動原体を縮んでいく微小管の端にとどめていることになり，動原体は微小管に沿って引っ張られることになる．2つの極を引き離すことは，すでに述べたとおりダイニンとキネシン-5の共同作業により達成される（図 7.38）．

　有糸分裂の最後には，細胞は2つに分かれなければならない．**細胞質分裂** cytokinesis と呼ばれる過程である．上述の解説から類推されるとおり，これはアクチン線維により行われる．アクチン線維は細胞の中央をとり囲むようにリングをつくり，ミオシンIIにより一緒に引っ張られるのである．

7.4　核輸送

　核は核膜と呼ばれる内外の2膜に包まれており，核膜は核膜孔によりおおわれている（図 7.39）．核膜孔は小型のタンパク質なら自由に行き来できるほど大きく，そこにはヌクレ

図 7.37
有糸分裂の際に働く5つの主なモータータンパク質．ダイニンは荷物を運ぶ尾部を細胞膜に結合させて（図 7.14），微小管のマイナス端方向，すなわち中心体方向に移動する．したがって，中心体を膜の方向へ引っ張ることになる．同じようなことがおそらく多くの微小管について起こっており，複数の分子モーターが中心体を全方向に等しい力で引っ張ることによって，2つの中心体は互いに離れながらも中心に位置している．キネシン-14は変わったキネシンで，2つの極間微小管を一緒に引っ張り，マイナス端への方向性をもっている．対照的に，キネシン-5は典型的なプラス端への方向性をもったキネシンであり，2ペアのモータードメインを有している．したがって，キネシン-5は極間微小管を引き離すように作用する．これら2種類のキネシンはまったく逆のはたらきをもっており，2つのキネシン間の適切なバランスが中心体を正しい位置に配置する．そして，キネシン-4とキネシン-10が染色体に結合し，染色体を中心体から離れる方向に引っ張ることにより，染色体は細胞の中心に位置し続ける．これらの分子モーターのうちいくつかは，有糸分裂の最終段階で2つに分裂する際にも働いている（図 7.38 など）．

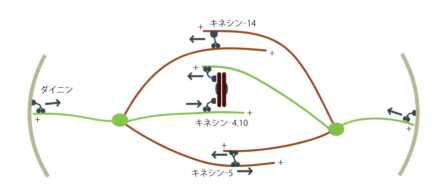

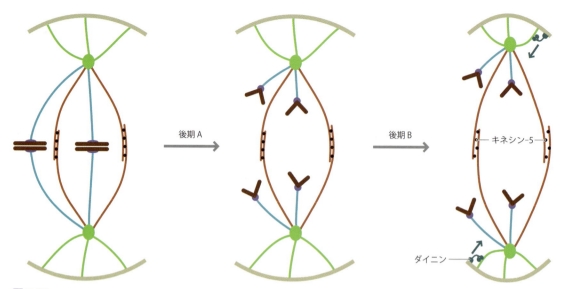

図 7.38
姉妹染色分体が分離する後期．後期 A では動原体微小管（青）が両端で脱重合するが，一方で依然として動原体と中心体には結合しているので，染色分体を中心体方向に引き寄せる．現在のところ，この現象がどのように達成されているのか厳密にはわかっていない．後期 B では，キネシン-14 により開放されたキネシン-5 が極間微小管を引っ張り，それゆえに 2 つの極が引き離されるのを手助けする．さらに，この段階では障害の少なくなったダイニン分子が星状体微小管を細胞膜側に引き寄せ，極が分かれるのを同様に助ける．

オポリン nucleoporin やポアタンパク質 pore protein が多数並んでいる．このヌクレオポリンやポアタンパク質は**天然状態で立体構造をとらず** natively unstructured，また多くの Phe-Gly（FG 反復配列）を配列にもっており，そこが核輸送体との弱い相互作用部位として働くと考えられている．Alberts らの用いた図式類似表記 [38] では，ポアタンパク質は海洋の海藻床のような役目をつとめており，自由拡散のためのカーテンのような防壁を形成している．ヌクレオポリンの間には弱い相互作用が存在し，それがカーテンを閉じた状態に保ち，核膜孔を介したタンパク質の自由拡散を防いでいる．とくに，Phe-Phe や Phe-メチル基間の疎水性相互作用，そしてアスパラギン残基間の相互作用（アミロイド線維におけるグルタミンリッチな領域でのグルタミン残基間の相互作用を思い起こさせる）が，カーテンを閉じた状態に保つのに役立っている．一方，フェニルアラニン残基と核輸送タンパク質間の相互作用にはカーテンを開け，輸送タンパク質が通り抜けられるようにするはたらきがある [39]．大型タンパク質や複合体タンパク質の場合とは異なり，小型タンパク質が核に出入りするのに特別なしくみは必要とされない．それにもかか

図 7.39
核膜孔複合体の構造．核膜（茶色）は大きな孔が埋め込まれた二重の膜を形成し，その中に核膜孔複合体がはまっている．複合体は 8 回対称をもち，両側からの侵入を防ぐ小線維をもっている．核の内側ではそれらが核バスケット nuclear basket に向かって集合している．ヌクレオポリンは，入り口をまたぐように大きく天然変性したカーテン構造を形成している．構造は主に電子顕微鏡像を基にしている．

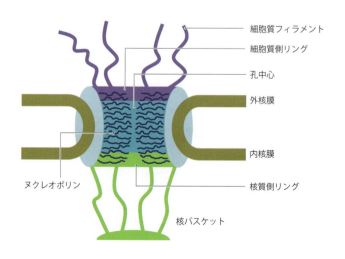

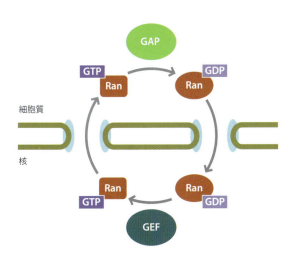

図 7.40
GTP依存型核輸送．Ranは核膜孔を通過して拡散することが可能である．核内では，クロマチンに結合したGEFがすべてのRanをGTP結合状態にする．一方で，細胞質のGAPはGTPがGDPに加水分解されるように作用する．核外輸送受容体はRan-GTPがあるときにのみ積み荷と結合し，核内輸送受容体はRan-GTPがないときにのみ積み荷と結合するため，これによって核輸送の方向性が規定される（図 7.41）．

わらず，タンパク質の多くは**核局在化シグナル（NLS）**nuclear localization signal や，その対となる**核外輸送シグナル（NES）**nuclear export signal による促進輸送の機構を用いている．これらのシグナル配列は，調節作用により呈示されたり隠されたりすることによってタンパク質の配置を制御している．このように，真核生物の情報伝達経路の最下流（第8章）では，二量体化やリン酸化の過程で転写因子やその輸送体の核局在化シグナルが呈示され，核局在へと導かれる．典型的なNLSは正に帯電したリシンやアルギニンを多く含む短い配列で，これらは呈示されていればタンパク質のどの部分にあってもよい．原型的な配列としてSV40ウイルスT抗原のKKKRKという短い配列が知られている．

この章でたびたび示してきたように，方向性をもった輸送にはエネルギーの入力が必要である．核輸送では，エネルギーの入力はRanと呼ばれる小型GTPアーゼに結合するGTPが利用される．ほかの小型GTPアーゼのように，RanはスイッチをRan-GTPとRan-GDPとで異なった認識のされ方をする．細胞質にはGTPアーゼ活性化タンパク質（GAP）GTPase-activating protein が存在しており，Ran-GTPからRan-GDPへの加水分解が促進される．そして，核にある（核ではクロマチンに結合することで保持される）グアニン交換因子（GEF）guanine exchange factor が，結合したGDPをGTPに交換してRan-GTPに戻す（図 7.40）．このことは，細胞質にあるRanのほとんどはGDP結合型である一方，核にあるRanのほとんどがGTP結合型であることを示している．この単純ではあるが洗練された装置が方向性をもった輸送を可能にしており，装置中での核内輸送/核外輸送の各受容体は，Ran-GTPにのみ結合可能でRan-GDPには結合しない．さらにいうと，核外輸送はRan-GTPの存在下でのみ進行し，一方で核内輸送はRan-GTPが存在しないときにのみ進行する．

図 7.41 にこのシステムがより詳細に説明されている．核輸送には，核膜孔に可逆的に結合し，ポアの中を両方向に移行できる可溶性の核内輸送/核外輸送の受容体が必要である．まずは核外輸送をみてみることにする．核内では，最初にRan-GTPが核外輸送受容体に結合する．次に，その複合体は核外輸送シグナルをもつタンパク質と結合する．この三重複合体は，核膜孔を含むすべての方向へ任意に拡散可能である．しかし，ひとたび核膜孔を通ると，GAPのはたらきによりGTPの加水分解が促進されGDPに変換される．結果としてRan-GDPが受容体から解離し，核外に運ばれたタンパク質も同様に解離する．核外輸送受容体はRan-GDPには結合しないので，Ran-GDPと受容体は両方とも離れてしまう．核外輸送受容体は核膜孔への結合により膜孔の近くに存在し続けるので，すぐさま核膜孔を横切って核内へと循環していく．Ran-GDPはGDP結合型に特異的な核内輸送受容体をもっており，それによりRan-GDPは核膜孔を通って核へと戻り，GEFがそれを再スタート可能なRan-GTP型へと変換するのである．

核内輸送も同様のしくみをもつ（図 7.41 b）．細胞質の核内輸送受容体は核局在化シグナルをもついかなるタンパク質とも結合し，結合した受容体は核膜孔近傍を拡散して核膜孔を通過する．しかし，ひとたび核膜孔を通過すると，核内輸送受容体はRan-GTPと結

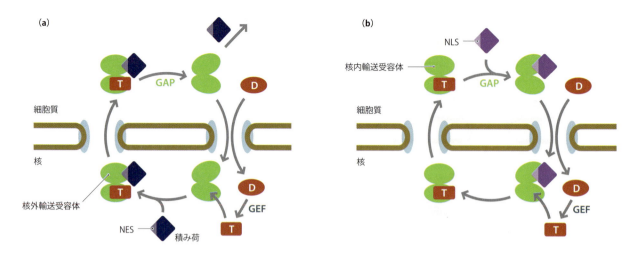

図 7.41
核輸送．(a) 核外輸送．核外輸送受容体（緑色）は Ran-GTP（T と表記）に結合するが，Ran-GDP（D と表記）には結合しない．核外輸送受容体は積み荷の核外輸送シグナル（NES）のみを認識し，もし Ran-GTP が結合していれば核外へ輸送される．それゆえに，核外輸送受容体が積み荷と結合するのは核内でのみである．ひとたび核膜孔を通って外に拡散した場合，GAP が Ran-GTP を Ran-GDP に加水分解し，結果として Ran-GDP と積み荷は解離する．積み荷は細胞質中に放出され，一方で受容体と Ran-GDP はそれぞれ別に核内へ戻る．(b) 核内輸送．核外輸送との重要な違いは，核内輸送受容体は Ran-GTP もしくは（核内輸送シグナル NLS をもつ）積み荷と結合できるが，同時に両方とは結合できないことである．細胞質では Ran-GTP は Ran-GDP に加水分解されて解離しており，したがって受容体は積み荷を自由に結合できる状態である．ひとたび積み荷を背負った受容体が核内に到着すると，Ran-GTP が積み荷と置き換わり，Ran-GTP は受容体が細胞質に戻るまで結合したままである．細胞質では GTP が再び加水分解され，次の輸送サイクルに備えてフリーとなる．

合し，積み荷タンパク質と置き換わってしまう．受容体と Ran-GTP の複合体は引き続き拡散し，核膜孔を通って細胞質へと戻る．細胞質に戻ってしまうと，Ran-GTP は加水分解されて Ran-GDP となり解離する．核内輸送受容体は Ran-GTP と積み荷タンパク質のどちらとも結合できるが，両方と同時に結合することはできない．しがたって積み荷を一方向へと輸送するのである．

輸送受容体は積み荷を運んでいようがいまいが関係なく，核膜孔を横断する．このシステムでは非生産的な輸送が起こり，GTP が浪費されるという点で無駄が多い．しかし，それでもたいへん効率的なしくみである．効用と無駄の輸送比率についていえば，このシステムでは核膜孔を横切るのにわずかな高エネルギーリン酸化合物しか必要としない．たとえば，アミノ酸を 1 つ結合するのに，高エネルギーリン酸を少なくとも 4 分子必要とするタンパク質生合成と比較してみる（tRNA をアミノアシル化するのに 1 分子の ATP が AMP に変換され，伸長反応に 2 分子の GTP が必要である．EF-Tu が 1 分子の GTP を，EF-G がもう 1 分子を消費する）．核膜孔を横切ってタンパク質を運ぶのに，なんとタンパク質生合成の過程でアミノ酸を 1 つ付加するのと同程度のエネルギーしか必要としないのである．

7.5 膜を介した輸送と膜への輸送

7.5.1 膜への輸送はシグナル配列を必要とする

ミトコンドリア mitochondrion（*7.8）や**葉緑体 chloroplast**（*7.9）で合成されるわずかな例外を除けば，すべての真核生物のタンパク質は細胞質のリボソーム上で合成される．合成されたタンパク質の最終目的地が膜に包まれた細胞小器官や膜の中，細胞外である場合には，到達するまでに生体膜の壁を横切らなければならない．この過程には，目的地をタンパク質に明示する荷札と，タンパク質が目的地に到着するためのエネルギーが必要である．荷札，すなわち**シグナル配列** signal sequence は短いペプチド配列により構成されており，しばしばタンパク質の N 末端側に位置する．一方でエネルギー入力にはさまざまなエネルギー源が利用可能であり，進化の過程で容易に手に入る材料は何でも利用している．N 末端は荷札を付けるのに適した場所である．なぜなら，N 末端はタンパク質が合成される最初の場所であり，タンパク質がリボソームから伸長を開始するとすぐに認識されるからである．ひとたびタンパク質が目的地に到達すると，通常はそこにとどまり続ける．したがって荷札はもう必要なくなるので，輸送の途中で除去されるのが普通である．

典型的なシグナル配列のいくつかを表 7.3 に示す．たとえば，細胞外への分泌シグナル配列は，典型的に短い塩基性配列，疎水性の拡張配列，そして短い側鎖をもったアミノ酸によって構成される．この最後の配列は，膜透過過程でシグナルを除去するシグナルペプ

*7.8 ミトコンドリア

ミトコンドリア（単数形は mitochondrion，複数形は mitochondria）は真核生物にみられる膜で囲まれた細胞小器官で，酸化的リン酸化が行われている．初期の祖先型真核生物に共生したバクテリアが由来であると考えられている．ミトコンドリアは独自のDNAをもち，核とはやや異なった遺伝子コドンをもっている．しかし，ほとんどのミトコンドリアタンパク質は核のDNAに由来しており，ミトコンドリアへの輸送を必要とする．ミトコンドリアは2つの膜をもっていて，内膜は大きく折れたたまれてクリステを形成し，マトリックスをとり囲んでいる（図7.8.1）．マトリックスは高濃度にタンパク質が集積し，クエン酸回路が回っている．

図7.8.1
ミトコンドリアの構造．

チダーゼの認識部位である．注目すべきは，タンパク質を再利用するために小胞体へ運び戻す配列はN末端ではなくC末端にあることである．その理由は，配列を何度も使う必要があるため，N末端配列が除かれるようには除去されるべきでないからであろう．

生体膜はタンパク質輸送の主な障壁である．膜を介した輸送は比較的初期に進化したと思われる．なぜなら，原核生物の情報と真核生物の情報とが似かよっているからである．ミトコンドリアと葉緑体は，原始的な生物に共生したとされる別々の原核生物を起源とするので，それらをとり囲むように二重の生体膜をもち，ほかの膜で包まれた細胞小器官とは顕著に異なっている（タンパク質が膜を横切るしくみは似ているものの，原核生物と真核生物に分かれる以前に進化したからであろう）．小胞体やゴルジ体，分泌小胞，リソソーム，そしてエンドソームのようなほかのほとんどの細胞小器官では，細胞膜と同様に，本質的に一重の生体膜システムを形成している．これらの系ではタンパク質は出芽小胞として輸送され，別の細胞小器官の膜や細胞膜と融合することが可能である（図7.42）．した

*7.9 葉緑体

葉緑体は植物の中で光合成が行われている細胞小器官である．多くの点でミトコンドリアに類似している．葉緑体は原始的な原核細胞に包み込まれたバクテリアを原型にもち，独自のDNAをもっており，内膜と外膜があってプロトン勾配を形成している．しかし，内膜はミトコンドリアのように折りたたまれてはいない．内部には3番目の膜胞システムである光合成を行う**チラコイド膜 thylakoid membrane** が存在している（図7.9.1）．

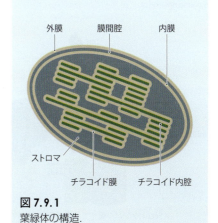

図7.9.1
葉緑体の構造．

表7.3 典型的なシグナル配列

機能	例
核内輸送	PP**KKKRK**V
核外輸送	**L**AL**K**L**A**G**LDI**
ミトコンドリアへの輸送	^+H_3N-MLS**LRQS**IRPP**K**PAT**R**TLCSS**RYLL**
色素体への輸送	^+H_3N-MVAMAMA**S**LQ**SS**M**S**SL**S**LS**S**NSFLGQPL**S**PITL**S**PFLQG
ペルオキシソームへの輸送	**SKL**-COO$^-$ or ^+H_3N-X$_n$-**RLX$_5$HL**
小胞輸送	^+H_3N-MMSFVS**LLLVGILFWATEAE**QLT**KCE**VFQ
小胞への輸送	**KDEL**-COO$^-$
細胞外への輸送	^+H_3N-MATGS**RTS**LLL**A**FGLLCLPWLQEGSA
細胞膜への挿入	^+H_3N-**MLLQ**AF**LFLL**AG**FAAK**I**SA**

重要な残基は太字で示した．

図 7.42
真核細胞の細胞内区分の間で起こる輸送．ほとんどの区分は単一の輸送システムをとるので，（たとえば）ひとたびタンパク質が小胞体内腔に入ると，そこからゴルジ体へ輸送され，ゴルジ体から分泌されるか，細胞膜に挿入される．核膜は小胞体とつながっている．このことは，ひとたびタンパク質が小胞体膜に挿入されると，いかなる目的地であろうとその配向や膜貫通パターンが決定されることを示唆している．主要な輸送システムで唯一異なっており，それゆえに独自の輸送システムが必要なのはミトコンドリア（そして，植物の葉緑体のような色素体）である．

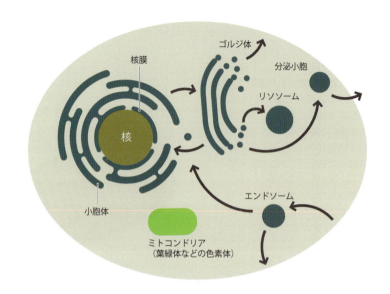

図 7.43
合成初期ペプチド鎖の Sec61 輸送体への挿入．❶合成初期ペプチド鎖（赤色）がリボソームから現れるときに適切なシグナル配列をもっていれば，シグナル認識粒子 SRP（図 1.63 参照）により認識される．SRP はリボソームにも結合し，これにより翻訳が一時停止する．❷次にリボソーム–SRP 複合体は，小胞体膜にある受容体へ結合し，合成初期ペプチド鎖を Sec61 の入り口近傍へ配置する．❸受容体への結合が，SRP と受容体の双方に結合した GTP の加水分解を引き起こす．❹ GTP の加水分解により，SRP が受容体から外れる．翻訳をブロックしていた中栓が除去され，タンパク質の翻訳が再開される．

がって，ひとたびタンパク質が生体膜や膜で包まれた細胞小器官（通常はまず最初に小胞体）の内側にあれば，最終的な局在場所への輸送は主に小胞輸送と膜融合により決定される．

7.5.2 小胞体膜のチャネルは Sec61 である

　タンパク質はフォールド状態では膜を透過することができない．タンパク質は膜を通る際にはアンフォールド状態で糸を通すように通過し，膜の反対側に到達してからリフォールディングしなければならないのである．このように膜に挿入される，または膜を透過するタンパク質の大半は，フォールディング後すぐにアンフォールディングし，そしてリフォールディングするという手間を省くため，生合成されると同時に膜を透過する．膜に局在するタンパク質や分泌システム（小胞体やゴルジ体）にあるタンパク質は——実際にはミトコンドリアや葉緑体以外のいかなる対象タンパク質も——リボソームからタンパク質が伸長するとすぐにシグナル認識粒子（SRP）(*1.20 参照) によって認識される．第1章で指摘したとおり，SRP はごく初期に進化したシステムであり，自身がリボソームを小胞体膜の受容体に結合させるまでタンパク質生合成を中断させる（図 7.43）．これにより，タンパク質の端を Sec61 と呼ばれる膜透過装置（トランスコロンともいう）へ挿入することが可能になる [40]．その後，受容体に結合した GTP の加水分解の制御によって SRP と受容体は複合体から解離する．それによりリボソームのタンパク質生合成が再開し，タンパク質は小胞体へと押し込まれていく．

　Sec61 は疎水性のチャネルをもっている．休止状態では，漏れを防ぐためにチャネルには栓がされる（図 7.44）．この中栓は，リボソームとシグナル配列の結合により置き換

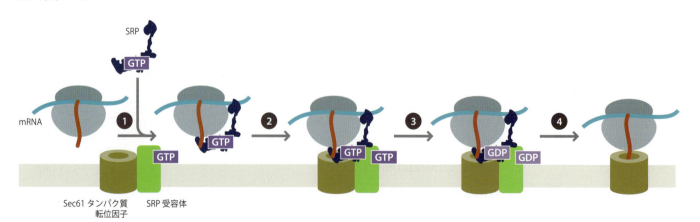

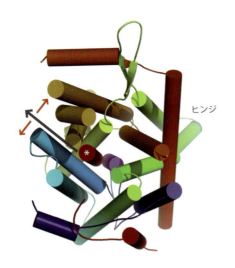

図7.44
上部（リボソーム側）から見たMethanococcus jannaschii由来Sec61/SecY複合体の構造（PDB番号：1rh5）．チャネル内の中栓は紫色で表示されている．タンパク質がトランスロコンを通じて分泌されるときには，中栓は除かれて（すなわち，紫色のヘリックスはタンパク質の中心から離れる），伸長するペプチド鎖はほぼ中栓があった場所を通って透過する．一方で，シグナルや膜透過停止/開始配列は入り口部分に保持され，おおよそアスタリスクを付けた赤色のヘリックスの位置にある（Sec61の一部ではない）．タンパク質は半円型のふたかたまりのヘリックスにより構成されており，図中での右側にヒンジをもつ．茶色と青色のヘリックスの間にある領域が，赤色の矢印で示すようにヒンジ状に開き，膜透過配列を膜中へ絞り出すことを可能にしている（太い矢印）．（B. van den Berg, W. M. Clemons, I. Collinson et al., *Nature* 427: 36-44, 2004 より．Macmillan Publishers Ltd. より許諾）．

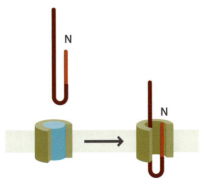

図7.45
Sec61トランスロコン中での合成初期ペプチドの位置．合成初期のペプチド鎖はシグナルペプチド（赤色）をもっている．SRPにより中栓（青色）が除かれると，シグナルペプチドはヘアピン構造を形成するために逆向きに折りたたまれ，Sec61に挿入される．これにより疎水性のシグナルペプチドはSec61の入り口に保持される．

*7.10 ハイドロパシープロット

ハイドロパシープロットはアミノ酸の疎水性を配列に対してプロットしたグラフである（図7.10.1）．疎水性の領域は正の指数をもち，十分に長く継続した疎水性領域は膜貫通ヘリックスを形成している可能性が高い．

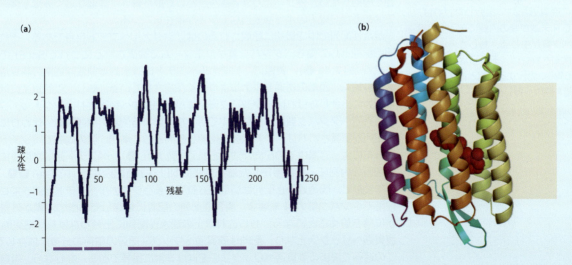

図7.10.1
ハイドロパシープロット．（a）*Halobacterium salinarum*由来バクテリオロドプシンのハイドロパシープロット．データはExpasyサーバー（http://www.expasy.ch/cgi-bin/protscale.pl）を用いて，Kyte & Doolittleの縮尺と9残基の窓枠サイズで計算した．少なくとも20残基以上で1より大きなハイドロパシースコアをもつ領域は，高い確率で膜貫通ヘリックスである．（b）同じタンパク質の結晶構造（PDB番号：2ntu）を，膜の位置を示して表示している．この構造は，（a）の紫色で示された実際の膜貫通ヘリックスの位置を決定するのに使用された．完全ではないが，非常によい相関を示している．

図 7.46
Sec61 を通してタンパク質が透過する際のタンパク質の配置. ❶シグナルペプチド（赤色）は Sec61 の入り口で保持され，翻訳により伸長するペプチド鎖が Sec61 を通して内部に押し入れられる. ❷もしこれ以上膜貫通（TM）シグナルが検知されなければ，タンパク質全長が C 末端までチャネルを通る. ❸この時点で，シグナルペプチドが切り落とされ，タンパク質は小胞の中へ移る. ❹しかしながら，もし膜透過中に次の膜貫通配列が検知されれば，この配列は N 末端のシグナル配列中の短い配列よりもチャネルの入り口に有利な配列として振る舞う（本文参照）．この 2 つ目の（膜停止）配列は膜中に保持され，正に帯電した端が膜の外側に位置する❺❼. ❺もし正に帯電した端が膜透過停止配列の N 末端側にあれば，タンパク質の N 末端は外側に向きを変える．さらに翻訳が進み，次の膜貫通配列が存在しなければ，タンパク質は N 末端側を外にした 1 回膜貫通タンパク質として完成する. ❻しかし，もし 2 本目の膜貫通配列に出会えば，この配列がチャネルの入り口にある 1 本目の配列と置き換わり，最初の配列は膜中へ絞り出される．翻訳は継続し，さらに膜貫通配列があれば同様のことが起こり，介在するループ構造を膜の内側/外側に交互にもちながら先行する配列が膜中へ押しやられる. ❼もし正に帯電した端が膜透過停止の C 末端側にあれば，タンパク質の位置どりによって N 末端は膜の内側になる．そしてさらに膜貫通配列に出会わなければ，結果として N 末端が膜の内側にある 1 回膜貫通タンパク質が生じる．もしさらに膜貫通配列が検知されれば，それらは上述のとおりに振る舞い，先行する配列と置き換わって古い配列を膜中へ押し出す.

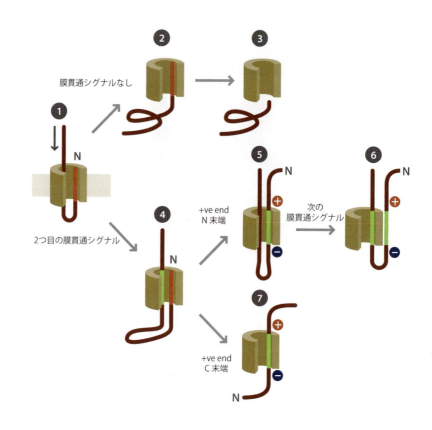

えられる．伸長するペプチド鎖は Sec61 にループ構造として入っていく（図 7.45）．十分な長さをもった疎水性領域（おおよそ 20 アミノ酸）は，**ハイドロパシープロット hydropathy plot**（*7.10）が用いられるのと同じように透過装置によって膜貫通領域であると認識され，膜中にとどまる．それらは，Sec61 膜貫通チャネルを通じたペプチドの輸送において，代わる代わる膜透過開始配列と膜透過停止配列（それぞれ，ペプチドの膜透過を開始したり，停止したりする配列）として振る舞う．詳細なしくみは全体的に不明瞭ではあるが，以下のような妥当なモデルが存在している．

疎水性配列の中で最初に認識されるのは，シグナルペプチド自身である．それは膜透過開始配列として働き，タンパク質がリボソームで翻訳されるにつれて Sec61 の中に保持される（図 7.46 ❶）．実際に，シグナルペプチドの疎水的な領域は通常の膜貫通ヘリックスより短く，通常の透過シグナルより弱く保持されている．もし，これ以上にほかの疎水性配列に出会わなければ，タンパク質全体が小胞体内へ翻訳され，シグナルペプチドが切断されて，タンパク質は小胞体の中で折りたたまれる（図 7.46 ❷❸）．代わりに次の膜貫通配列が認識されれば，それは膜透過停止配列として働き，膜の両端でペプチドがもつ電荷分布によって膜中での配向が決められる（図 7.46 ❹）．ペプチド鎖は常に負に帯電した端を膜の内側に，正に帯電した端を外側に向けるよう配向する（図 7.46 ❺❼）[41]．そのすぐ後で，膜透過停止配列は切り離されてしまうシグナルペプチドと置き換わる．この段階でタンパク質の N 末端は，膜貫通配列の配置に依存して小胞の内側か外側のどちらかに落ち着くことになる．もしこれ以上の疎水性配列に出会わなければ結果的に 1 本の膜貫通ヘリックスとなり，配向は膜貫通ヘリックス周辺の電荷の分布に依存して決まる．この過程で決まる膜貫通ヘリックスの配向は非常に重要である．なぜなら，複数の膜貫通ヘリックスをもつタンパク質では，後に続く膜貫通領域の配向が全面的に初回の膜挿入によって決定され，それが全体としての膜挿入を先導するからである．

仮に第 3 の疎水性配列に出くわした場合，その配列は別の膜透過停止配列として働き，配列自身とそれに続くタンパク質の膜挿入を導く．あたらしく出会う疎水性配列がそれぞれ膜透過開始配列，膜透過停止配列として機能し，タンパク質の向きが膜のどちら側を向くかはタンパク質中の開始配列と停止配列の順番により決定されることになる．引き続き

起こる糖鎖の付加は膜タンパク質の位置を固定するはたらきをもつが，膜配向は分泌経路を通して維持されるので，すべての膜タンパク質の最終的な配向は単純なしくみによって決定されていることがわかる．

　複数の膜貫通ヘリックスを有するタンパク質は，Sec61 を通過する間に膜中へ膜貫通ヘリックスを蓄積する必要がある．これはおそらく，Sec61 が側面を開けて，膜貫通ヘリックスが膜透過装置に到着したときに膜中へ横移動できるようにすることで達成されていると思われる（図 7.44 の矢印）．

　このモデルはヘリックス型膜貫通タンパク質のフォールディングに関するものであるが，"膜貫通ヘリックスが先に形成され配置が後に決まる" という，これまでにわかっている内容と矛盾しない [42]（**膜タンパク質のフォールディング folding of membrain protein**（*7.11）参照）．

7.5.3 ミトコンドリアや葉緑体への輸送も同様である

　対照的に，ミトコンドリアや葉緑体行きのタンパク質は，細胞質で合成され細胞質ではほかのタンパク質におおわれることにより変性状態を保つ．そのいくつかは典型的な**シャペロン** chaperone タンパク質（*4.12 参照）のはたらきによるものであり，残りはミトコンドリア行きタンパク質への結合に特化されたタンパク質によるものである．次に，それらは（N 末端もしくは中間にある）シグナル配列により認識され（長くても数分以内に）目的地へ移動する．目的地の細胞小器官では，シャペロンに結合した ATP の加水分解で供給されるエネルギーを用いて，N 末端が膜透過装置複合体 translocator complex に挿入される．この装置は，ミトコンドリア中にある場合 TOM と呼ばれる．

　次に何が起こるかは，タンパク質の最終目的地に依存して決まる．ミトコンドリアが標的であるタンパク質の場合，N 末端は常に正に帯電した残基から構成される．ほとんどの場合には，内膜の膜ポテンシャルは内膜チャネルを通じて N 末端を引き込むのに十分である．次に，タンパク質はマトリックス領域にある ATP が結合した Hsp70 シャペロンと結合し，このシャペロンがタンパク質の内膜への引き込みを助ける．ひとたび目的地に到達すると，結合した ATP の加水分解によりシャペロンが除去され，最終的にタンパク質はフォールディングする．このタイプの ATP 駆動型の移動は進化的な起源が古く，非常に一般的である．ミトコンドリア外膜（あるいは細菌の細胞膜）を目的地とするタンパク質は，特別なシャペロンにより外膜のみを透過して膜表面に付加させられ，ATP の加水分解により膜の中へ押し入れられる．葉緑体は内膜を横切る膜ポテンシャルをもたないので，ATP や GTP の加水分解を利用しなければならないのである．

*7.11　膜タンパク質のフォールディング

膜タンパク質のフォールディングについては，わずかなことしかわかっていない．本文でみてきたとおり，膜貫通ヘリックスの向きは正電荷の分布によって大きく規定される．一方で，その位置はハイドロパシーによって決まっている．膜挿入の前かその最中のどちらかで，まずヘリックスが形成され，その後でヘリックス同士の会合が起こる．複数の膜貫通ヘリックスをもつ膜タンパク質のミセル中での NMR 解析により，非常に不安定で変動するヘリックス間の相互作用が示されている．このことは，膜中でのヘリックス間相互作用が比較的容易に破壊され，そのために膜中にヘリックスを形成した後で起こることを示唆している．計算での予測により，膜貫通配列間の分子間会合は膜の中での位置どりによって大きく安定化されることがわかっている [47]．とくに，すでに膜中に高濃度の膜タンパク質が存在する場合にその効果は顕著である．したがってフォールディングの全体像としては，ヘリックスが膜中に位置するとその会合は速いが相対的に弱く，特別な助けを必要としないのであろう．しかしながら，この会合のしくみは決まった順に，シャペロンタンパク質の助けを借りて会合する膜タンパク質複合体には適用できない．とくに，いくつかの膜貫通複合体は余計なタンパク質を含んでおり，その機能は明らかに正しい会合を助けるためだけにあるという例がある [48]（第 10 章など）．

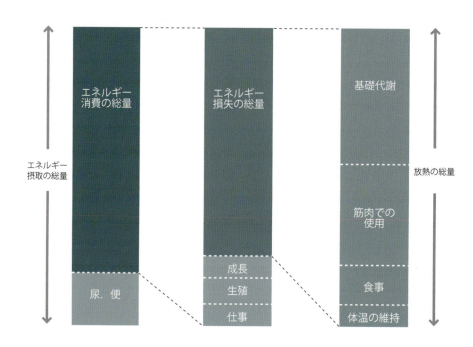

図 7.47
成人したヒトのおおまかなエネルギー使用．最初のカラムはエネルギー摂取の総量を示している．2番目のカラムは消費したエネルギーの内訳を示し，そして3番目が失ったエネルギー総量のさらなる内訳を示している（すなわち，"有効"に利用されず，結果として熱に変換されてしまった量である）．(D. F. S. Rolfe and G. C. Brown, Physiol. Rev. 77: 731, 1997 より再描画. American Physiological Society より許諾)

7.5.4 輸送にはエネルギーが必要である

本章で説明したほとんどすべての過程はエネルギーを必要とする．さらに，多くの輸送過程は2つの相反する動きが均衡する結果として起こり，そこにとどまり続けるためにもエネルギーが消費されることをみてきた．細胞のエネルギー出力のうち，おのおのの過程でどの程度の割合が消費されているのかはたいへん興味深い．全体像が明らかになっている訳ではないが，詳細が研究されている哺乳類の場合，輸送の占める割合はやや少ない[43]．休息中の哺乳類では，食物として摂取されたエネルギーのほとんどが利用され，約15%だけが糞便や尿として廃棄される（図7.47）．とり入れられたエネルギーの約20%が"仕事"（すなわち，成長，生殖やほかの活動）に用いられ，残りは最終的に熱に変換される．そして熱として出力する80%のうち40%，すなわち摂取した食べ物のおおよそ4分の1のエネルギーが標準的な代謝回転に用いられる．それには，ここで解説した輸送過程も含まれている．哺乳類は体温を一定に保たなければならないので，もちろんこの代謝反応は体温を保つためにも必要である．

エネルギー消費をより詳細にみると，物質の輸送にはほんのわずかな割合しか用いられていないことがわかる．そのほとんどはイオンポンプに用いられており，とりわけ細胞のATP消費量の約25%（神経細胞では65%にも及ぶ）はNa^+/K^+ポンプのために用いられている（図7.48）．もちろん，Na^+，K^+，H^+そしてCa^{2+}ポンプにより行われる仕事のほとんどは，機能する間にこうむった損失分を補充するためである．筆者らは，細胞のエネルギーの約20%は，ミトコンドリアの膜からプロトンが漏洩することにより浪費されていると見積もっている．しかし，輸送過程それ自体は，筋肉の運動を除いて細胞の総エネルギー要求量にわずかしか関与していない．また，筋肉の運動は伸長運動であっても少量の熱量しか消費されない事実で示されるとおり，相対的には低エネルギー過程である．そのため不幸なことに，細胞が取り込む熱量は望まない脂肪組織の堆積を生むのである．

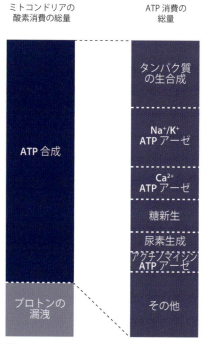

図 7.48
標準状態のヒトが消費するエネルギー過程分配の見積り．最初のカラムはミトコンドリアの酸素消費のうち20%がプロトンの漏洩により失われることを示している．2番目のカラムは，ATP消費総量に対して，各ATP消費過程の占める割合を示している．そのうち最大なのはNa^+/K^+ポンプである．(D. F. S. Rolfe and G. C. Brown, Physiol. Rev. 77: 731, 1997 より再描画. American Physiological Society より許諾)

7.6 章のまとめ

モータータンパク質のほとんどは，GTP結合によるバネを利用して力を加える小型のGTPアーゼを何らかの基盤としている．このしくみから得られるエネルギーは後ろ向きの運動を阻止するラチェット（歯止め）として放出され，前向きの運動を駆動する．筋肉では，ATPアーゼのミオシンIIがADP結合状態でアクチンフィラメントに結合し，ADPの解離がミオシン頭部を回転させるパワーストロークを生み出す．引き続き起こるATP

の結合がミオシン頭部をアクチンから解離させ，ADP への加水分解が頭部を元の位置へと回復させて次のパワーストロークに備える状態にする．ダイニンとキネシンも，微小管に沿って逆方向に移動するということを除けば，おおまかには同様のしくみで働いている．

ミトコンドリアの ATP アーゼはその中央に長い非対称な回転軸をもち，その軸が膜に埋もれた円形のプロトンポンプを駆動させる．ABC トランスポーターなどの輸送装置や膜ポンプは，比較的単純な内/外向きの旋回システムを基盤としている．このシステムは ATP アーゼと連携しており，濃度勾配に逆らった輸送を行う駆動力を供給している．

アクチンと微小管の線維は定常的に形成と分解を繰り返しており，細胞が環境変化に迅速に対応できるようにしている．微小管は細胞の中心から外向きに走り，アクチンは細胞膜をとり囲むように位置している．したがって，それらの役割は異なっている．微小管は小胞を細胞の中心へ，あるいは中心から外側へ運ぶのに用いられ，アクチンは細胞膜の近傍で分子を付加，移動させたり，表面上で細胞を移動させたりするのに用いられる．

核輸送もまた GTP アーゼに依存しており，移動の方向性を決めるエネルギーを供給している．膜を横切る輸送や，膜への輸送には幅広いエネルギー源が利用され，それには膜ポテンシャルや ATP 駆動型のシャペロン結合が含まれている．膜へのタンパク質挿入は単純で秩序だったしくみに従っており，最初の挿入は膜貫通ヘリックスの末端塩基性残基の分布に依存している．

7.7 推薦図書

細胞生物学全般に関しては，Alberts らによる『Molecular Biology of the Cell』(細胞の分子生物学) [33] はとても魅力的な本である．

ほかに，モータータンパク質についての総説 2 点 [15, 18] と，1 つの膜を介した輸送に関する総説 1 点 [40] を勧める．

7.8 Web サイト

http://valelab.ucsf.edu/ （運動中のキネシン．ランダムウォークの様子がわかる）
http://wolfpsort.org/ （細胞内局在予測）
http://www.cbs.dtu.dk/services/SignalP/ （シグナル配列の同定．文献 [44] 参照）
http://www.cbs.dtu.dk/services/TargetP/
（シグナル配列に基づく真核細胞タンパク質の細胞内局在予測）
http://www.cco.caltech.edu/~brokawc/Demo1/BeadExpt.html
（ウニ精子鞭毛の波打ち運動）

7.9 問題

1. 距離域はモーターに駆動される移動にどのような変化をもたらすだろうか？とくに，移動を駆動するものにどのような影響を与えるだろうか？
2. 問題 1 に関連して，もしラチェット（歯止め）が存在しなければ，物や場所を問わない任意の移動が可能であろうか？これは分子，あるいは巨視的な物体についてもいえるだろうか？理由も併せて答えよ．
3. この章では GTP アーゼが認識可能な立体配座スイッチとして非常に早期に完成された機構をもつことについて述べた．GTP から GDP への加水分解がこのスイッチのしくみとして選ばれた理由について，とくに以下の点を考察せよ．(1) なぜヌクレオチドなのか？(2) なぜリン酸基の加水分解なのか？(3) なぜ GTP から GMP，あるいは GDP から GMP ではなく，GTP から GDP への加水分解なのか？
4. この章ではミオシンファミリーの 1 つ，ミオシン II のみを扱った（7.2.1 項など）．ミオシンファミリーのほかのメンバーについて，その構造と機能を説明せよ．
5. この章での筋機能に関する説明は非常に単純化したものであった．トロポミオシンやトロポニン T, I, C そしてタイチンについて，その役割を述べよ．
6. ごく最近まで，細菌はアクチンのホモログをもたないものと考えられていた．細菌

には筋肉がないため，それはかなり妥当性をもった考えであった．しかし，現在では細菌はアクチンのホモログをもつことがわかっている．そのホモログとは何か？また，その機能はどのようなものか？その事実により，アクチンの進化に関してどのようなことがわかるか？

7. 中間径フィラメントの役割について説明せよ．どのようなタンパク質がそれを形づくっているか？中間径フィラメントの構造はその役割にとってどう適しているか？

8. 仮に小胞体に包まれた膜タンパク質おいて小胞体の外部に残基が存在し，そのタンパク質がゴルジ体を通って細胞膜へ移動するならば，残基は最終的に細胞の外側と内側どちらに落ち着くであろうか？

9. 7.5.2項で説明した真核細胞の小胞体膜を通じてタンパク質を得るためのシステムは，翻訳と移動が同時に起こるためにしばしば翻訳と共役した輸送 co-translational import と呼ばれる．いくつかのタンパク質は細胞質内で発現されるが，それらはその後に翻訳後輸送 post-translational import と呼ばれる過程で小胞体へと輸送される．この過程について，とくにそのエネルギーが何に由来するか説明せよ．また，たとえばアミノ酸ごとの ATP リン酸基の消費量など，通常の輸送システムが翻訳と共役した輸送と比較してどれだけ非効率か述べよ．

7.10 計算問題

N1. 何にも邪魔されない小分子の拡散では，1 μm 拡散するのにおおよそ 100 μs かかる．1 次元における Fick の法則によれば，ある距離を移動するのにかかる時間はその距離の 2 乗に比例する．直径 100 μm の卵母細胞を拡散によって通過するにはどれだけ時間がかかるか？長さ 1 m の軸索ではどうか？

N2. ダイニンは微小管に沿って最高 14 $\mu m\,s^{-1}$ の速度で移動することができる．微小管の片方の末端からもう片方の末端までダイニンが移動するにはどれだけ時間がかかるか？（すなわち典型的な細胞において，細胞膜から中心体へと移動するのにどれだけ時間がかかるか？）

N3. ATP 合成酵素は，膜に包まれ n 個の c サブユニットをもつ F_o 部分を有する．この個数 n はプロトンごとに産生される ATP の数とどのような関係があるか？n の値が 10 から 14 に変化したとき，プロトンと ATP の数の比にはどのような影響があるか？$n = 10$ もしくは $n = 14$ では，そのいずれかがよりよい ATP 合成酵素といえるであろうか？その場合，なぜその両方が観測されるのであろうか？

N4. この章ではアクチン/ミオシンがすぐれた燃費効率のモーターであることを述べた．出力対重量比についてはどうであろうか？分子の重さはミオシン六量体が 5×10^5 Da，アクチンが 43 kDa である．1 つのアクチン/ミオシンのペアにおける相互作用の強さはおおよそ 4 pN であり，ミオシン頭部はアクチンに対して約 5 ms ごとにおおよそ 11 nm 移動する [45]．比較対象として，標準的なターボチャージャー付き V8 ディーゼルエンジンは 380 kg あり，250 kW（330 馬力）のエンジン出力をもつため，出力対重量比は 0.65 kW kg^{-1} である．また，スペースシャトルの主エンジンの出力対重量比は 153 kW kg^{-1} である．これらとアクチン/ミオシンを比べることは公正な比較といえるであろうか？

7.11 参考文献

1. DM Raskin & PAJ De Boer (1999) MinDE-dependent pole-to-pole oscillation of division inhibitor MinC in *Escherichia coli. J. Bacteriol.* 181:6419–6424.

2. ZL Hu & J Lutkenhaus (1999) Topological regulation of cell division in *Escherichia coli* involves rapid pole to pole oscillation of the division inhibitor MinC under the control of MinD and MinE. *Mol. Microbiol.* 34:82–90.

3. CW Mullineaux, A Nenninger, N Ray & C Robinson (2006) Diffusion of green fluorescent protein in three cell environments in *Escherichia coli. J. Bacteriol.* 188:3442–3448.

4. MB Elowitz, MG Surette, PE Wolf et al. (1999) Protein mobility in the cytoplasm of *Escherichia coli. J. Bacteriol.* 181:197–203.

5. H Meinhardt & PAJ de Boer (2001) Pattern formation in *Escherichia coli*: a model for the pole-to-pole oscillations of Min proteins and the localization of the division site. *Proc. Natl. Acad. Sci. USA* 98:14202–14207.

6. G Albrecht-Buehler (1990) In defense of 'nonmolecular' cell biology. *Int. Rev. Cytol.* 120:191–241.

7. HP Kao, JR Abney & AS Verkman (1993) Determinants of the translational mobility of a small solute in cell cytoplasm. *J. Cell Biol.* 120:175–184.

8. HV Westerhoff & GR Welch (1992) Enzyme organization and the direction of metabolic flow: physicochemical considerations. *Curr. Top. Cell Regul.* 33:361–390.

9. C Lad, NH Williams & R Wolfenden (2003) The rate of hydrolysis of phosphomonoester dianions and the exceptional catalytic proficiencies of protein and inositol phosphatases. *Proc. Natl. Acad. Sci. USA* 100:5607–5610.

10. IR Vetter & A Wittinghofer (2001) Signal transduction: the guanine nucleotide-binding switch in three dimensions. *Science* 294:1299–1304.

11. J Howard (2001) Mechanics of Motor Proteins and the Cytoskeleton. Sunderland, MA: Sinauer.

12. RS MacKay & DJC MacKay (2006) Ergodic pumping: a mechanism to drive biomolecular conformation changes. *Physica D* 216:220–234.

13. EM de la Cruz, AL Wells, SS Rosenfeld et al. (1999) The kinetic mechanism of myosin V. *Proc. Natl. Acad. Sci. USA* 96:13726–13731.

14. YT Yang, S Gourinath, M Kovács et al. (2007) Rigor-like structures from muscle myosins reveal key mechanical elements in the transduction pathways of this allosteric motor. *Structure* 15:553–564.

15. EP Sablin & RJ Fletterick (2001) Nucleotide switches in molecular motors: structural analysis of kinesins and myosins. *Curr. Opin. Struct. Biol.* 11:716–724.

16. M Lovmar & M Ehrenberg (2006) Rate, accuracy and cost of ribosomes in bacterial cells. *Biochimie* 88:951–961.

17. AJ Roberts, N Numata, ML Walker et al. (2009) AAA+ ring and linker swing mechanism in the dynein motor. *Cell* 136:485–495.

18. RD Vale & RA Milligan (2000) The way things move: looking under the hood of molecular motor proteins. *Science* 288:88–95.

19. MC Alonso, DR Drummond, S Kain et al. (2007) An ATP gate controls tubulin binding by the tethered head of kinesin-1. *Science* 316:120–123.

20. RL Cross & V Müller (2004) The evolution of A-, F-, and V-type ATP synthases and ATPases: reversals in function and changes in the H^+/ATP coupling ratio. *FEBS Lett.* 576:1–4.

21. I Antes, D Chandler, HY Wang & G Oster (2003) The unbinding of ATP from F_1-ATPase. *Biophys. J* 85:695–706.

22. D Stock, C Gibbons, I Arechaga et al. (2000) The rotary mechanism of ATP synthase. *Curr. Opin. Struct. Biol.* 10:672–679.

23. PD Boyer (2002) Catalytic site occupancy during ATP synthase catalysis. *FEBS Lett.* 512:29–32.

24. J Weber & AE Senior (2003) ATP synthesis driven by proton transport in F_1F_0-ATP synthase. *FEBS Lett.* 545:61–70.

25. AGW Leslie & JE Walker (2000) Structural model of F_1-ATPase and the implications for rotary catalysis. *Phil. Trans. R. Soc. Lond. B* 355:465–471.

26. JP Abrahams, AGW Leslie, R Lutter & JE Walker (1994) Structure at 2.8 Å resolution of F_1-ATPase from bovine heart mitochondria. *Nature* 370:621–628.

27. A Aksimentiev, IA Balabin, RH Fillingame & K Schulten (2004) Insights into the molecular mechanism of rotation in the F_0 sector of ATP synthase. *Biophys. J.* 86:1332–1344.

28. O Jardetzky (1966) Simple allosteric model for membrane pumps. *Nature* 211:969–970.

29. L Guan & HR Kaback (2006) Lessons from lactose permease. *Annu. Rev. Biophys. Biomol. Struct.* 35:67–91.

30. K Hollenstein, RJP Dawson & KP Locher (2007) Structure and mechanism of ABC transporter proteins. *Curr. Opin. Struct. Biol.* 17:412–418.

31. KD Ridge & K Palczewski (2007) Visual rhodopsin sees the light: structure and mechanism of G protein signaling. *J. Biol. Chem.* 282:9297–9301.

32. B Knierim, KP Hofmann, OP Ernst & WL Hubbell (2007) Sequence of late molecular events in the activation of rhodopsin. *Proc. Natl. Acad. Sci. USA* 104:20290–20295.

33. B Alberts, A Johnson, J Lewis et al. (2008) Molecular Biology of the Cell, 5th ed. New York: Garland Science.

34. R Phillips, J Kondev & J Theriot (2009) Physical Biology of the Cell. New York: Garland Science.

35. A Danchin (1996) By way of introduction: some constraints of the cell physics that are usually forgotten, but should be taken into account for *in silico* genome analysis. *Biochimie* 78:299–301.

36. T Shimmen (2007) The sliding theory of cytoplasmic streaming: fifty years of progress. *Curr. Top. Plant Res.* 12:31–43.

37. T Shimmen & E Yokota (2004) Cytoplasmic streaming in plants. *Curr. Opin. Cell Biol.* 16:68–72.

38. WE Theurkauf (1994) Premature microtubule-dependent cytoplasmic streaming in cappuccino and spire mutant oocytes. *Science* 265:2093–2096.

39. C Ader, S Frey, W Maas et al. (2010) Amyloid-like interactions within nucleoporin FG hydrogels. *Proc. Natl. Acad. Sci. USA* 107:6281–6285.

40. TA Rapoport (2008) Protein transport across the endoplasmic reticulum membrane. *FEBS J.* 275:4471–4478.

41. B van den Berg, WM Clemons, I Collinson et al. (2004) X-ray structure of a protein-conducting channel. *Nature* 427:36–44.

42. DM Engelman, Y Chen, C-N Chin et al. (2003) Membrane protein folding: beyond the two stage model. *FEBS Lett.* 555:122–125.

43. DFS Rolfe & GC Brown (1997) Cellular energy utilization and molecular origin of standard metabolic rate in mammals. *Physiol. Rev.* 77:731–758.

44. O Emanuelsson, S Brunak, G von Heijne & H Nielsen (2007) Locating proteins in the cell using TargetP, SignalP and related tools. *Nature Protocols* 2:953–971.

45. JT Finer, AD Mehta & JA Spudich (1995) Characterization of single actin-myosin interactions. *Biophys. J.* 68 (4 Suppl.):291s–297s.

46. OG Berg & PH Von Hippel (1985) Diffusion-controlled macromolecular interactions. *Annu Rev. Biophys. Biophys. Chem.* 14:131–160.

47. B Grasberger, AP Minton, C Delisi & H Metzger (1986) Interaction between proteins localized in membranes. *Proc. Natl. Acad. Sci. USA* 83:6258–6262.

48. DO Daley (2008) The assembly of membrane proteins into complexes. *Curr. Opin. Struct. Biol.* 18:420–424.

49. LR Otterbein, P Graceffa & R Dominguez (2001) The crystal structure of uncomplexed actin in the ADP state. *Science* 293:708–711.

第 8 章
タンパク質のシグナル伝達

本書はタンパク質が働く原理について記述している．タンパク質の働きには構造形成，進化，オリゴマー形成，結合，動力学などがあるが，タンパク質のもつすべての機能について記述したり，この世に存在するすべてのタイプの構造のリストを載せたりすることにはあまり意味がない．とくに最近は本や Web 上でさまざまな情報を調べることができるのでなおさらである．しかし第 7 章と第 8 章では，タンパク質がどのように振る舞い，その構造がどのように機能を発揮するかについてみていくので，機能的に重要な 2 つの分野に目を向けることにする．第 7 章では，低分子量 GTP アーゼという単体のタンパク質がモーターのスイッチとして利用され，幅広いシステムを生み出すことを説明した．その複雑性と機能は非常にシンプルな起源から生じるが，さまざまな方向へと枝分かれしている．この章では，シグナル伝達というもう 1 つの機能的に重要な分野に目を向け，同じようなことがここでも当てはまるかどうかをみていく．すなわち，シグナル伝達という非常に複雑なものを理解可能にする単純な原理があるのであろうか．この章ではそれが実在するということをみていく．シグナル伝達は比較的最近になってから進化的に必要になったものであるが，それは進化によって生じた"装飾"embellishment がきわめて明白であることを意味する．しかし，前章でみてきた基本的原理をそのまま発展させたようなものはむしろ少ない．とくにシグナル伝達に必須である特異性は，1 つの強い相互作用ではなく，弱い相互作用の集まりにより生じていることがわかるであろう．すなわち，進化によって特異性に必要なドメインや配列が追加されたのである．

> 研究対象の力学モデルが構築できるまでは，私はけっして満足しない．それをつくることに成功すれば理解ができたといえるが，そうでなければ理解ができたとはいえない．
>
> Kelvin 卿（1904），分子運動論と光の波動説に関するボルチモアでの講演

> *存在し得るものはすべて存在する．*
> *(Tout ce qui peut être, est.)*
>
> George-Louis Leclerc, Comte de Buffon（1707–1788）

8.1 問題点とその解決方法の概要

8.1.1 シグナル経路はいくつかの問題を克服しなくてはならない

多細胞生物 multicellular（*8.1）は単細胞生物にはない，制御に関する問題を抱えている．多細胞生物は別々の細胞や組織が一緒に働くように協同させなくてはならない．この協同性はさまざまな時間域（即座に起こるものからとても長い時間をかけて起こるものまであり，後者は発生の制御のために存在する）や，さまざまな細胞間距離にわたっている．これは主にシグナル経路を通じて行われるが，そこでは分子は 1 つの細胞でつくられ，分泌され，ほかの細胞に運ばれ，そして標的細胞に作用し反応を引き起こす．これは一般には遺伝子転写の変化であり，必ずしもすべて同程度ではないが，複数の遺伝子が同時に影響を受ける．多くの場合シグナル分子は（ホルモンやサイトカインが典型的であるが）細胞膜を通過できないため，シグナル経路は大きな問題を克服しなくてはならない．すなわち，それはどのようにして膜の片側からもう片側へシグナルを伝達するかという問題である．分子レベルでは細胞膜が大きな障壁となっており，この長い距離を越えて物理的なシグナルを内側に伝えるのは至難の業であるということを心にとどめておく必要がある．これまでみてきたこと（1.3.2 項参照）を基に考えると，すべての膜貫通型のシグナル伝達タンパク質がヘリックス様であるということは驚くべきことではないであろう．なぜならヘリックスはシートよりも機械的シグナルを伝達するのにはるかに適しているからである．シグナル経路には図 8.1 に示すような最小限の構成要素，すなわち膜を越えてシグナルを伝える受容体，そして細胞内シグナルを認識し細胞の中で酵素の活性化のようなさらなる変化をもたらす二次的なタンパク質もしくはメッセンジャーが必要である．このメッセンジャーは核に移動して転写活性を変化させる場合もある．

上記の過程は原核生物のような多細胞生物の祖先から受け継がれたものから進化してきたはずである．シグナル同士の過度のクロストークを避けるために，シグナル経路には高い特異性が必要である．しかし，経路を増幅したり阻害したりできるような，ある程度の

> ***8.1 多細胞生物**
> 酵母のような単細胞の真核生物のシグナル伝達機構は，多細胞生物のものよりもはるかに少ない．ヒトのゲノムは 95 個の SH2 ドメインを含む約 87 個のタンパク質をコードしている．ところがチロシンキナーゼのシグナル伝達系をもたない出芽酵母 *Saccharomyces cerevisiae* では，SH2 ドメインを有するのはたった 1 つのタンパク質である [61]．同様に，ヒトには 27 個の PTB ドメインがあるが，*S. cerevisiae* には 1 つもない．

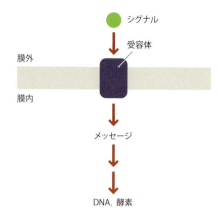

図 8.1
シグナル経路にとって不可欠な要素は，細胞膜を越えてシグナルを伝達することである．最初のシグナルは酵素活性を変化させるか，DNAの転写活性を変化させるために伝えられる．

柔軟性もなくてはならない．そしてあらたな応答の必要性が生じてもゼロから始めなくてもいいように，また既存の経路を無駄にせずに進化するために，シグナル伝達にはすばやい順応性と拡張性が必要である．

シグナル伝達系における重要な問題として，スイッチをどのようにつくるかという問題もある．ほとんどの場合，理想的なスイッチとはシグナルがないときは100% off であり，シグナルがあるときは100% on であるものである．3.3.1項で述べたように，スイッチがどれだけ"理想"に近いかはタンパク質間の結合エネルギーに依存する．つまり，結合が強いほど on と off の区別はより完璧に近づく．これは，理想的なシグナル伝達系をもつためには，シグナル経路全体のタンパク質間相互作用がすべて固い結合でなければならないことを意味している．しかしこれではシグナル伝達系の on/off が非常に遅いものとなってしまうし（固く結合してしまうと off になる速度が遅くなってしまうため），相互作用するタンパク質を大きく再構築しなくてはならないことから，あたらしいシステムが進化しにくくなってしまう．よって"完璧な"スイッチと，便利な on/off 速度をもつスイッチとは相容れないものである．理想的ではない基本システムにフリル（飾り）を付けるという一般的な進化的解決法がここではうまく働いている．すなわち，足場やモジュレーターのような追加のタンパク質を付加することでシステムに調和をもたせ，シグナル経路を極度に遅くすることなく特異性を高めているのである．

8.1.2 細胞膜の障壁は脂溶性シグナルによって越えることができる

細胞膜のような大きな障壁を越えてシグナルを伝える方法の1つは，シグナル伝達分子自身に膜を通過させることである．この方法は一酸化窒素（NO）ガスにみられる．一酸化窒素は膜の中にただちに溶け込むことができるので，内皮細胞のような合成の場から平滑筋細胞のような標的細胞まで直接移動することができる（図8.2）．第3章で解説したように，脂溶性ホルモンでも同様のことがみられる．しかしこの方法ではあらたな問題も生じる．というのも脂溶性ホルモンは水に溶けにくく，その輸送システムや場合によってはホルモンのキャリアを標的細胞に結合させるような受容体システムが必要となるからである（本書ではこれらのシステムについてこれ以上は説明しない（章末の問題2参照））．

8.1.3 細胞膜の障壁は受容体の二量体化によって乗り越えることができる

真核生物は細胞膜を越えてシグナル伝達を可能とするために，主に3つの非脂溶性のシステムを進化させてきた．そのシステムとは(1) キナーゼ結合型受容体の二量体化，(2) Gタンパク質共役型受容体，(3) イオンチャネルである．原核生物もキナーゼ結合型受容体の二量体化に似たシステムを利用するが，それらは真核生物のものとはまったく異なるはたらきをしており，進化上の関連性はないと考えられる．以下ではこれら3つのシステムについて詳細をみていくことにする．まずは本項と次の2つの項でこれらのシステムの概要をまとめることから始める．タンパク質分解が関与する4つ目のシステムもあるが，それはこの章の終わりに説明する．

受容体の二量体化システム（図8.3）では，受容体はホルモンを認識するための細胞外ドメインと細胞内キナーゼドメインを有している．これら2つのドメインは1つのタンパク質中に含まれているか，もしくは会合した2つのタンパク質中に存在する．キナーゼは（弱く）恒常的な活性を有している．つまり常にスイッチの入った状態であり，時間はかかるが適した基質が存在するとそれをリン酸化する．シグナル伝達系のきわめて重要な側面は，基質が2番目の受容体であるということである．ホルモンが存在しないときは，2つの受容体分子は互いに結合することはなく，リン酸化し合うこともない．しかしホルモンは受容体結合部位を2ヵ所有しており，ホルモンが受容体に結合すると受容体は二量体化することになる．これにより細胞内キナーゼドメインは互いに近づき，一方のキナーゼがもう一方をリン酸化（トランス自己リン酸化）するのに十分な距離と時間が与えられる．つまり細胞外でのホルモンの結合が細胞内でのリン酸化を導くようになっており，この機構がシグナルを構成している．もちろんシグナルは下流の構成要素に伝わる必要があるが，このリン酸化こそがきわめて重要な最初のシグナルであり，それ以降の残りの経路は"ただ単に"そのシグナルを認識し，受け渡しているにすぎない．

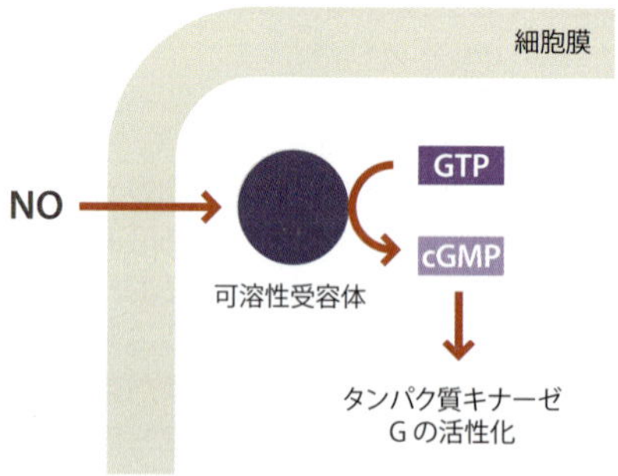

図 8.2
一酸化窒素（NO）は細胞膜を通過することができるので，細胞表面受容体を必要としない．ステロイドもまた膜受容体を必要とせずに細胞膜を通過する．

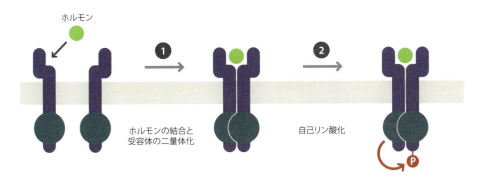

図 8.3
受容体型キナーゼのメカニズムの核心部分. ❶細胞外のシグナルが受容体に結合することで受容体の二量体化が起こる. ❷受容体は恒常的に活性をもつキナーゼを有しているので, これにより受容体のトランス自己リン酸化が起こる. このようにして細胞内の変化 (受容体のリン酸化) が起こり, それが細胞内で認識されて伝達される.

　このシステムは細胞が解決しなくてはならない固有の問題を抱えている. もしキナーゼが恒常的に活性化状態にあるならば, シグナルがないときはどのようにしてはたらきを止めているのであろうか. 上で"ホルモンが存在しない状態では2つの受容体は互いに結合しない"と述べたが, その理由は何であろうか. またもっと科学的にいえば, 受容体にホルモンが結合することで, リガンドが存在しないときの二量体が0％の状態から, リガンドが存在するときの二量体が100％の状態 (つまり完璧なスイッチ) になるのに十分な自由エネルギー変化がどのように起こるのだろうか. ここまで読み進めてきた読者なら予想がつくと思うが, 進化の末に採用された解決策は, 単量体/二量体の完璧なスイッチ (これは結合エネルギーや進化の観点からコストがかかりすぎる) をつくるのではなく, 別の微調整システムを付け加え, 必要に応じてスイッチを動かせるようにするという方法である. しかし解決の鍵となる要素は, 正真正銘ホルモンの結合という事象が起こるまではシグナルが活性化されないことにある. つまり, リガンド結合状態で100％onにならなかったとしても, リガンドが結合していない状態のときに確実に100％offであるならばその方がよいのである (章末の問題N1参照).
　受容体の二量体化メカニズムにおいて重要なのは, リン酸化されたキナーゼがリン酸化されていないキナーゼよりもはるかに活性が高いということである. このメカニズムについては第4章で説明したが, ここでももう一度簡単に説明する. キナーゼのリン酸化は"活性化ループ" activation loop (activation lip と呼ばれることもある) の一部であるチロシンで起こる (図 8.4). リン酸化されていない状態ではこのループは構造をもたず基質を結合できないが, リン酸化された状態では基質を正しく認識し反応できるような構造をもつようになる.
　以下では活性化ループの構造変化を簡単に表すために, 不活性/活性キナーゼをそれぞれしかめっ面/笑顔でしばしば描いている (図 8.5).

8.1.4 膜障壁はヘリックスの回転で乗り越えることができる

　Gタンパク質共役型受容体のシステムは, 同じ問題に対してまったく異なる方法で対処している. 膜の一方からもう一方へのシグナルの機械的伝達が実在し, その伝達はヘリックスを介して行われる. ヘリックスは比較的固いので, 機械的伝達の際にとり得る方法は何通りも想像できるであろう (図 8.6). たとえば, ヘリックスの長軸方向に沿ったピストン様の動きが思いつく. このような小さな動きは球状タンパク質ではよくみられるが, そのためには側鎖の厳密な配置が必要であり, 膜受容体ではまれである. ピストン様の動きをすると考えられている有名な例としてはロドプシンがある (第7章). また, ヘモグロビンでみられる"てこ"のような動き (第3章) や, 回転などもあり得る. 現実に起こっているのはこれらの組み合わせである. 屈曲したヘリックスが回転するとヘリックスの端は大きく動くが, これはシグナルを膜の一方からもう一方へ伝えるのにちょうどよい. 膜の片側にある受容体の部位にリガンドが結合すると, もう片側に直接構造変化が引き起こされるのである.

8.1.5 膜障壁はチャネルを開くことで通過できる

　リガンド開口型イオンチャネルでは通常時は閉じているチャネルが存在する. リガンド

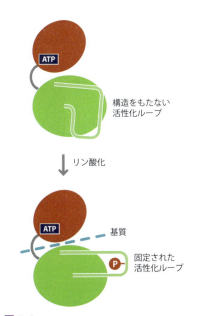

図 8.4
リン酸化によるキナーゼの活性化. 活性化ループの残基にリン酸化が起こり, ループが固い活性型のコンフォメーションに固定される. これにより基質を正しく結合できるようになる.

図 8.5
不活性型および活性型キナーゼ．それぞれ不規則または規則的な活性化ループをもつキナーゼ構造の簡略図．

が結合するとチャネルが開き（図 8.7），濃度勾配に従ってイオンがチャネルを通過できるようになる．イオンはその後すばやく拡散して細胞内のイオン濃度を変化させ，その結果イオン選択性タンパク質（たとえばカルモジュリンはカルシウムイオンに特異的に結合しコンフォメーションを変化させる）にコンフォメーション変化が生じることでシグナルが伝達される．チャネルが開く物理的なメカニズムがヘリックスの回転であるという意味では，G タンパク質共役型受容体とよく似ている．

あらゆるシグナルはある時点で off になる必要がある．受容体の二量体化や G タンパク質共役型受容体に関しては，これはかなりシンプルに行われる．すなわち，ひとたびリガンドが離れると，受容体は元のコンフォメーションに戻る．リン酸化された受容体もまた，脱リン酸化される必要があり，それは通常受容体自身の自己リン酸化活性を通じて行われる．しかしイオンは膜を越えてくみ戻さなくてはならないため，開いたイオンチャネルを正常に戻すのにかなり多くの作業をしなくてはならない．第 7 章で説明したように，これはもちろんエネルギーを必要とする

8.1.6 シグナル経路は特殊化されたタンパク質モジュールを利用している

8.1.1 項では，シグナル伝達における特異性が，相互作用モジュールの付加のような大規模な " 装飾 " によって高められていることについて述べた [1, 2]．このようなモジュールは数多く存在する（一部を表 8.1 にまとめた）．しかし，シグナル伝達の大部分はこれらのほんの一部によって行われる（図 8.8）．典型的に，モジュールは N 末端と C 末端が近接し，それらが結合部位の反対側に存在している構造をもつ．これは必要に応じてホストタンパク質に栓ができるような理想的構造である．

SH2（Src homology 2）ドメインはリン酸化チロシンを認識するが，シグナル伝達の目的ではもっとも一般的に用いられるドメインである．SH2 ドメインは通常はリン酸化チロシンとそれに続く連続した 3 つの残基を認識する（表 2.2 参照）．リン酸化と脱リン酸化はごく一般的な反応で容易に起こるため，SH2 ドメインはシグナル経路においてきわめて便利なドメインとなっている．SH2 ドメインはリン酸化されたチロシンに対してリン酸化されていないチロシンと比べて約 1,000 倍強く結合するため，効果的なスイッチとして働いている．受容体の二量体化メカニズムにおいて，最初の細胞内シグナルは受容体もしくは受容体関連タンパク質のチロシン残基のリン酸化であることが多い．このリン酸化チロシンは，通常 SH2 ドメインによって認識される．このようなドメインは多く存在しており，それぞれが固有の特異性をもっている（しかし一部は重複している）．注

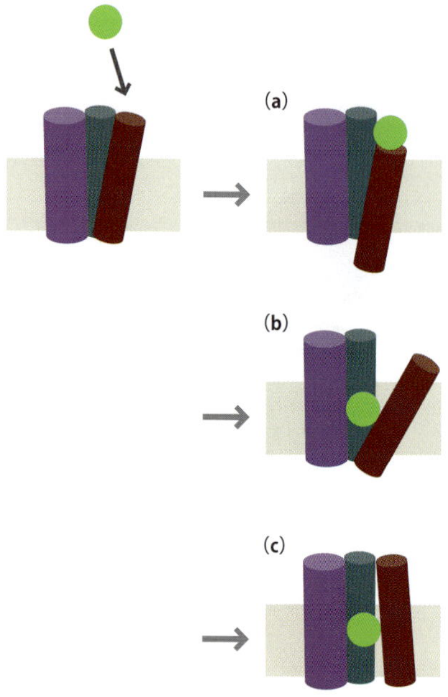

図 8.6
細胞外リガンドの結合により，シグナルが細胞膜を通して物理的に伝達される際にとり得る方法．（a）1 本のヘリックスによる膜の中へ向かうピストン様の動き．（b）1 本のヘリックスによるてこのような動き．（c）1 本もしくは複数のヘリックスによるヘリックスの長軸に沿った回転．ヘリックスのもう一端においてアミノ酸の相対的な位置変化が起こる．

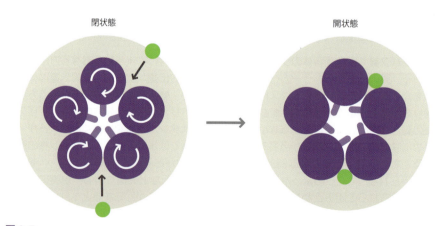

図 8.7
（アセチルコリン受容体のような）イオンチャネルは，側鎖がチャネルに向かって突き出てブロックしているため閉じた構造をもつ．リガンドが結合するとヘリックスが時計回りに回転し，それにより側鎖も回転するためチャネルが開く．これは膜の上から見下ろすように見た図である．アセチルコリン受容体では，5 つのうち 2 つのサブユニットにしかアセチルコリンは結合しない．

表 8.1　リガンド認識モジュール

タンパク質名	特異性	機能
SH2	リン酸化チロシン	シグナル伝達
SH3	プロリンリッチ領域	シグナル伝達
WW	プロリンリッチ領域	シグナル伝達
PH	膜，リン酸化スレオニン (pT)，リン酸化セリン (pS) など	シグナル伝達，細胞骨格
PTB	リン酸化チロシン	シグナル伝達，接着斑
FHA	リン酸化セリン/リン酸化スレオニンン	シグナル伝達
14-3-3	リン酸化セリン/リン酸化スレオニン	シグナル伝達
ARM	伸長した酸性ペプチド	シグナル伝達
WH1 (EVH1)	プロリンリッチ領域	シグナル伝達，核移行
bZIP	DNA	転写抑制
PDZ	C 末端 G(S/T)XVI；リン脂質	イオンチャネル
PX	ホスホイノシチド	シグナル伝達/膜結合
kringle	リジン，リン脂質など	血液凝固の制御
Bromo	アセチル化リジン	転写制御
Tudor	メチル化リジン	転写制御
PHD	トリメチル化リジン	転写制御
Zinc finger	DNA	転写因子
RING finger	さまざま	ユビキチン依存的分解
CARD	ほかの CARD ドメイン	アポトーシス
DED	ほかの DED ドメイン	アポトーシス
EF-hand	カルシウム	シグナル伝達
FYVE	主にホスファチジルイノシトール 3-リン酸	細胞内膜輸送
IQ	カルモジュリン（カルシウム依存性）	シグナル伝達
SAM	ほかの SAM	発生/シグナル伝達
UBA	ユビキチン	分解，シグナル伝達

すべてのドメインが（少なくともこれまでには）シグナル経路において見つかったわけではない．しかしここでは便宜上グループに分けている．

　目すべきことに，酵母のような下等な真核生物には SH2 ドメインはほとんど存在しない [3]．SH2 ドメインは 2 ヵ所の結合ポケットをもっている．1 つはリン酸化チロシンに対してであり，もう 1 つは主にチロシンの後に続く 3 つの残基（通常は疎水性の残基）に対してである．SH2 ドメインへの結合はソケットに 2 極プラグが刺さるのに似ている．主な親和性はリン酸化チロシンの結合に由来するが，特異性は疎水性相互作用に由来する．

　PTB（phosphotyrosine-binding）ドメインもまたリン酸化チロシンを認識するが，

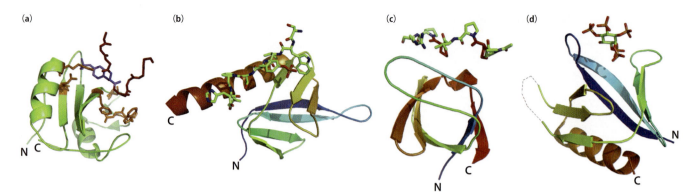

図 8.8

シグナル経路に関わり，とくに受容体型チロシンキナーゼに関与するもっとも一般的な 4 つのドメイン．(a) SH2 ドメイン．リン酸化チロシンに結合する．この図ではリン酸化チロシンを含むペプチド（赤色）と，Grb2 の SH2 ドメインの複合体構造（PDB 番号：1jyr）を示している．リン酸化チロシン（紫色）は 2 つのアルギニン（橙色，左）を含むポケットの方に向いている．このポケットは正に荷電しており，チロシンとリン酸化チロシンを容易に識別できる．一方でリン酸化チロシンの C 末端側の残基は，疎水的な芳香族のアミノ酸からなる疎水性ポケット（橙色，右）に収まっている．(b) PTB ドメイン．これもリン酸化チロシンを認識する．図ではタリン（インテグリン結合タンパク質）とリン酸化チロシンを含むペプチドとの複合体構造を示す（PDB 番号：2g35）．リン酸化チロシンは上部の中心に存在する．このタンパク質はリン酸化チロシンの N 末端側および C 末端側の残基とかなり大きな結合面をもっている．しかし重要な結合面は，通常 N 末端側に存在する．(c) SH3 ドメイン．プロリンリッチ配列を認識する．ペプチドがポリプロリン II のコンフォメーションをもち，PXXP モチーフ中の 2 つのプロリン（赤色）がポリプロリンヘリックスの同じ面に存在することに注目してほしい．この図は線虫 *C. elegans* の Sem-5 タンパク質である（PDB 番号：1sem）．(d) PH ドメイン．ホスホイノシチド，脂質やタンパク質のようなほかのリガンドを認識する．この図ではプレクストリンと D-*myo*-イノシトール (1, 3, 4, 5, 6)-五リン酸の複合体構造を示している．タンパク質の一部の配列（点線）が見えていないことに注意してほしい．これはこの領域の構造が結晶中で乱れており，電子密度が見えないからである（11.4.5 項参照）．

それに加えてリン酸化チロシンの N 末端側の 3 残基（NPXpY となっていることが多い）も認識する．PTB ドメインは SH2 ドメインほど一般的ではないが，異なる配列を認識するために相補的に機能している．

SH3（Src homology 3）ドメインはプロリンリッチ配列を認識する．プロリンリッチ配列は，通常 PXXP のどちらかの端に塩基性残基を含む 2, 3 残基が付加した配列である．この機能については第 4 章にて詳細に説明している．SH3 ドメインとプロリンリッチ配列は，アクチン細胞骨格とミオシンに関連するさまざまなタンパク質においてもみられる．それゆえに，SH3 ドメインとプロリンリッチタンパク質の相互作用は，シグナル伝達系を細胞骨格の近傍に配置し，シグナルと細胞骨格の再構築や動力学を連携させるのに重要な役割を担っていると考えられる．SH2 ドメインの結合におけるチロシンのリン酸化ほど際立ってはいないが，SH3 ドメインのプロリンリッチリガンドとの結合は，近隣のセリンやスレオニンのリン酸化により変化する．それゆえに，SH3 ドメインの結合は分子内の自己阻害によりもっとも頻繁に制御される（後述）．

PH（pleckstrin homology）ドメインもまたシグナル経路によくみられる．それらは細胞膜のホスホイノシチドを含む，ホスホイノシチド（多くの異なるタイプが存在する）に結合する．シグナル経路において，PH ドメインはタンパク質を細胞膜に固定したり，膜に対して正しい向きに配置したりするのによく利用される [4]．しかし PH ドメインは上記以外のタンパク質とも結合できるので，ほかのドメインよりも多岐にわたる形で使われる．その 1 つが DH（Dbl homology）ドメインである．DH ドメインは PH ドメインとの組み合わせとしてのみ存在し，グアニンヌクレオチド交換因子として働く [5]．たとえば，Tiam1（Dbl ファミリーグアニンヌクレオチド交換因子の 1 つで，Rho ファミリー GTPアーゼを活性化する）においては，PH ドメインの 1 つが膜に結合し，それにより PH ドメインと DH ドメインの間の結合界面が変化することで，近傍の DH ドメインの活性に影響を与えることが示唆されている [6]．一方で，それと関連する Vav グアニンヌクレオチド交換因子ではホスファチジルイノシトール 3, 4, 5-三リン酸への PH ドメイン

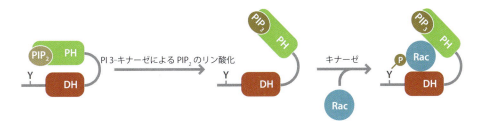

の結合によりタンパク質が活性化し、さらにそのシグナル経路とホスホイノシチド3-キナーゼが結びつけられることでPHドメインとDHドメイン間の直接の相互作用が弱まる（図8.9）[7]．このようにPHドメインは1つのシグナル経路を別のシグナル経路と結びつけるのに有用である．

8.1.7 シグナル経路は特異性を得るためにモジュールを利用する

多細胞真核生物のゲノムが原核生物のゲノムに比べて並外れて大きいということはなく，また原核生物には存在せず真核生物には存在するようなタンパク質のフォールドや機能もけた外れに多くはない．むしろ前項で述べたように，少数のモジュールタイプがさまざまな方法で互いに連結し，結合の特異性を高めている[8]．しかし限られた数のモジュールしか使わないということは，当然シグナルがクロストークするという問題が起こる可能性があるので，**特異性** specificity を獲得するための進化はシグナル伝達系には必須である．以下に述べるように，本来シンプルなシステムに特異性をもたせるために複雑なフリル（飾り）を付加するという点において，シグナル経路は"装飾"の好例である．

シグナル経路に対しては2つのタイプの付加が一般的である（図8.10）．1つ目は，SH3ドメインとプロリンリッチペプチド，あるいはSH2ドメインとリン酸化チロシンのような，相互作用するタンパク質あるいはペプチドの1ペア（表8.1）を選び，タンパク質の上流に片方，下流にもう片方を付け加える方法である．こうすることで受容体-メッセンジャー間相互作用はより特異性が高まる（この概念は第2章で詳しく述べたとおりであり，本章の有益な背景となっている）．付加モジュールは分子間相互作用を分子内相互作用へと効率よく変換し，それによって相互作用はより速く，より強いものとなる．

2つ目もこれと似たタイプの付加であり，第2章で述べた**足場タンパク質** scaffold protein が利用される．もたらされる効果は同じであるが，もう1つ追加のタンパク質が必要になる．足場タンパク質も同様に，分子間相互作用を分子内相互作用へと効率よく変換する．

これらの付加はあらたな問題を生じさせる．すなわち，シグナルがないときにどのようにして相互作用を切るかいう問題である．これを解決するためには，第2章で説明した**自己阻害** autoinhibition という形のさらなる"装飾"が必要である．ほとんどの場合，おのおののシグナル分子の中にはシグナル分子を不活性化し，うっかりシグナルが伝達されるのを防ぐための分子内相互作用が存在する．この相互作用は弱く，シグナルが入るとすぐに外れるようになっている．自己阻害のためには，さらに多くの追加モジュールやペプチドが必要である．

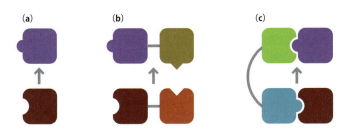

図8.9

PHドメインはリン脂質やそのほかのタンパク質，とくにDHドメインと結合できる．DHへの結合はシグナル経路の入力部分に柔軟性をもたせるスイッチとして働くことが多い．この例ではVavのPHドメインがホスファチジルイノシトール3, 4, 5-三リン酸に結合する（つまり結合していた二リン酸がリン酸化される）ことでDHドメインから解離し，シグナル伝達キナーゼによるチロシン残基のリン酸化とRacの結合が起こる．PI3-キナーゼはホスホイノシチド3-キナーゼ phosphoinositide 3-kinase の略である．(B. Das, X.D. Shu, G.J. Day et al., *J. boil. Chem.* 275: 15074-15081, 2000より．American Society for Biochemistry and Molecular Biology より許諾)

図8.10

タンパク質-タンパク質相互作用の特異性を高めるための2つの方法．(a) 単純で比較的特異性が低い相互作用．(b) それぞれのタンパク質にドメインを1つずつ追加する方法（たとえば一方がSH2ドメインで，もう一方がリン酸化チロシン配列という具合に）．(c) 第3の足場タンパク質を両方のパートナーに結合させ，両者を近づける方法．相互作用が追加されることにより親和性も向上するが，その主な役割は特異性を高めることである．

8.1.8 シグナル経路は特異性を得るために共局在を利用する

進化は適応と修繕の過程であり，そのため進化は1つの強力な制御よりも複数の弱い制御を好んで利用する．ゆえに上述した"装飾"に加えてもう1つの特徴をフル活用している．すなわち，すべての構成物を同じ場所に配置すること（**共局在** colocalization）によってシグナル伝達の特異性を向上させている．これにより正しいシグナルがはるかに伝わりやすくなり，同時に正しくないシグナルが伝わりにくくなる．たとえばキナーゼは基質特異性が一般的に低い．しかし存在する基質だけがシグナル伝達に必要なのであれば，問題は著しく減少する（1つの基質タンパク質が複数のリン酸化部位をもっているという問題はまだ残っている．しかし一般的に細胞はリン酸化に関する選択性をほとんどもたないと考えられる．なぜなら程度の違いはあるにせよ，結局のところすべての部位はリン酸化されるからである．リン酸化の多くは生物学的にほとんど影響がないとされるが，いまだにほとんどわかっていない）．

共局在の効果は重要である．というのも，その効果によってリン酸化や認識部位を同定するためのタンパク質配列の単純な解析は多くの場合きわめて不正確なものとなるからである．そのためどの部位が重要であるかを見極めるためには，ほかにどのようなモジュールが存在するのかを考えなくてはならない．コンピューターによる相同性解析を用いると，自然界はファジー理論を利用して望みどおりの結果をもたらすようにいくつかのエフェクターを集積していることがわかる．共局在は，シグナルタンパク質の過剰発現が in vivo での機能とは関係のない効果をもつかもしれないということを暗にほのめかしている．なぜなら事実上そのタンパク質は，普段機能しない場所で機能することを強いられていることになるからである．足場タンパク質の過剰発現は非常に矛盾した効果を示し得る．すなわち，正しい化学量論比では，足場タンパク質はシグナル経路においてタンパク質が会合するのを助けてシグナルを増強させるが，一方で正しくない化学量論比（たとえば足場タンパク質が過剰な場合）では，それらは競争的にタンパク質を引き離してシグナル伝達を停止させてしまうからである [9]．

Kuriyan と Eisenberg による重要な論文 [10] において，共局在はさまざまなシグナル伝達系の進化において重要な第1段階であるとされている．彼らの考えでは，2つのタンパク質が同じペプチド鎖上に存在する，もしくは足場タンパク質に結合することでひとたび会合すると，抑制メカニズムの進化は急激に加速される．これは相互の有効濃度が高くなることで変異の効果が増幅するからである．したがってタンパク質同士が互いにつながれていれば，アロステリックや自己阻害などの効果は容易に進化することができる．興味深いことにそこから導かれる結論は，アロステリックや自己阻害のメカニズムの進化が，より先に起こる連結という事象の"偶然"に大きく依存しているということである．このことは，アロステリック効果や自己阻害が関連する器官や生命体を越えて保存されることはない，という重要な意味を含んでいる．これから説明するように，進化はあきれるぐらい多数の自己阻害メカニズムを進化させてきたのである．

Pawson と Kofler は興味深い例を示している [11]．チロシンキナーゼである Abl と Src はどちらも SH3-SH2-キナーゼというドメイン構造をとっており，どちらの場合にも SH3 と SH2 ドメインが，活性化時に解放されるキナーゼドメインを自己阻害させる役割を担っている．しかし両者ではそのメカニズムが異なっている．Src では C 末端に近いチロシンのリン酸化によって大部分が制御されており，チロシンはリン酸化されると分子内で SH2 ドメインに結合する（図 8.11）[12]．これにより SH2-キナーゼ間のプロリンリッチ配列を含むリンカーが硬くなり，今度は SH3 ドメインとプロリンリッチ配列の間に第2の分子内結合が起こる．この結合は SH2 と SH3 のドメイン間のリンカーにきわめて依存し，C 末端のチロシンがリン酸化されている状態では2つのドメインを一緒に固定するが，脱リン酸化状態では柔軟性を与える．そのためリンカーは誘導型の"スナップロック"にたとえられる [13, 14]．これは第4章で解説したサイクリン依存性キナーゼと類似したしくみをもち，活性部位の構造の変形によってキナーゼの活性が阻害される．Src の活性化は，SH3 または SH2 ドメインへのより強力な分子間相互作用，あるいは C 末端のチロシン残基の脱リン酸化により起こる（その両方の場合もある）．対照的に，Abl では SH2 はキナーゼドメインの後ろに直接結合し，リン酸化チロシンは相互作用に関与しな

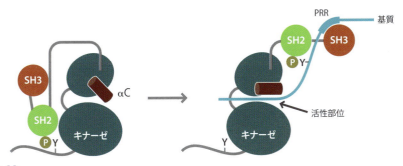

図 8.11
Src キナーゼ活性の制御．自己阻害された状態では C 末端の近くのリン酸化チロシンは SH2 ドメインに結合し，SH2 ドメインをキナーゼドメインにつないでいるリンカーは固定されている．これによって SH3 ドメインがリンカーのプロリンリッチ領域に結合できる．SH2-キナーゼ間のリンカーの向きもまた活性部位の一部である αC ヘリックスを不安定にし，キナーゼを不活性化する．リン酸化チロシンの脱リン酸化によりこれらの相互作用がほどけ，SH2 と SH3 ドメイン上にあるリガンド結合部位が開き，基質を活性部位に近づける．基質の認識方法としては，リン酸化チロシンと SH2 の相互作用以外に，プロリンリッチ領域と SH3 の相互作用が考えられる．PRR はプロリンリッチ領域 proline-rich region の略である．

い．しかしながらこの結合は異なる方法でキナーゼの構造を変形させ，活性化を妨げる．SH3 はまた再構築された SH2-キナーゼ間のリンカーにも結合する．SH2 とリン酸化チロシンリガンドの分子間結合がキナーゼを活性化する（図 8.12）．抗癌剤であるグリベック（イマチニブ）は，ほかのキナーゼには結合せず，Abl キナーゼに特異的に結合することで効果を発揮する．このような特異性を創出するのは非常に難しい．なぜなら，ほとんどすべてのキナーゼ阻害剤のように，グリベックは ATP 結合部位において競合阻害剤であるからである．それではどのようにして Abl とほかのキナーゼを見分けて特異的に結合しているのであろうか．Pawson と Kofler は，グリベックが変形した（自己阻害された）Abl キナーゼには結合するが，変形した Src キナーゼには結合しないことで，その効能に特異性を付与していると指摘している．これは活性化キナーゼを認識するのではなく，不活性型のキナーゼを安定化することによって達成されている．自己阻害は系特異的な性質であるために，薬に特異性を与えるための見込みのあるターゲットとなっている [11]．

8.2 二量体化受容体キナーゼシステム

8.2.1 Jak/Stat システムは単純な経路である

　ほとんどの受容体の二量体化システムは，最終的には DNA 結合タンパク質のリン酸化に通じており，したがって転写を変化させる．このようなシステムは活性が比較的長い時間続く傾向にあり，細胞の発生や分化の制御に関与する主要なシステムとなっている．これはもちろん医学的にも重要である．ここでは単純なメカニズムをもつ Jak/Stat 型受容体の二量体化からみていくことにする（後述するように，このメカニズムは進化的に早い段階で出現したものである）．

　Jak/Stat 経路は，一般的にサイトカインによってスイッチが on になる．**サイトカイン cytokine**（*8.2）は小さな細胞外タンパク質で，ある細胞集団により産生され，別の細胞集団に作用する．サイトカインは細胞膜を通過できないので，サイトカインによるシグナル伝達は受容体を介さなくてはならない．受容体は休止状態であっても二量体や三量体に自己会合するが（後述するほかの大多数の二量体化システムとはこの点で異なる），多くのサイトカイン（インターフェロン α や γ，増殖因子などを含む）にとって，結合する際の受容体は 1 本の膜貫通ヘリックスをもつシンプルな単量体の分子である．細胞内においては，それぞれの受容体はチロシンキナーゼと結合しているが，このキナーゼは両方向を同時に見ることができるように 2 つの顔をもつ古代ローマの出入口の神である

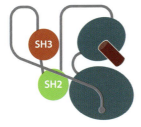

図 8.12
Abl キナーゼの活性の制御方法．活性状態は Src キナーゼとよく似ている（図 8.11）．不活性状態もまた Src の不活性状態と似ているが，SH2 ドメインがリン酸化チロシンではなくキナーゼの C 末端ドメインと結合している点が異なる．これによりキナーゼの C 末端ドメイン（下半分）が SH2 ドメインに向かって引き戻され，活性部位が開いたままになり，その結果不活性となる．このような構造をとることで，N 末端に付加したミリストイル基（灰色の丸）と C 末端のキナーゼドメインの間の相互作用がより強力なものとなっていると考えられる．グリベックは αC ヘリックスの下の開いた状態の活性部位に結合する．

*8.2 サイトカイン

サイトカインは小さな球状タンパク質またはペプチド（通常 10 kDa 以下）であり，細胞間のメッセンジャーとして働く（図 8.2.1）．サイトカインという単語は"細胞の移動"という意味のギリシャ語に由来している．それらは効率的かつ局所的に働くホルモンであり，血液や免疫システムでみられる．たとえばインターロイキンやインターフェロンは一般的にヘルパーT細胞により分泌され，B細胞やT細胞のような免疫細胞に対して作用する．それらはまた，細胞走化性因子としても働き，目的の細胞をサイトカインのあるところへと導く（これを走化性という）．このようなタンパク質はしばしばケモカインと呼ばれる．サイトカインにはトランスフォーミング増殖因子（TGF-β）や，エリスロポエチンやトロンボポエチンのように細胞の分化を引き起こすようなものも含まれる．

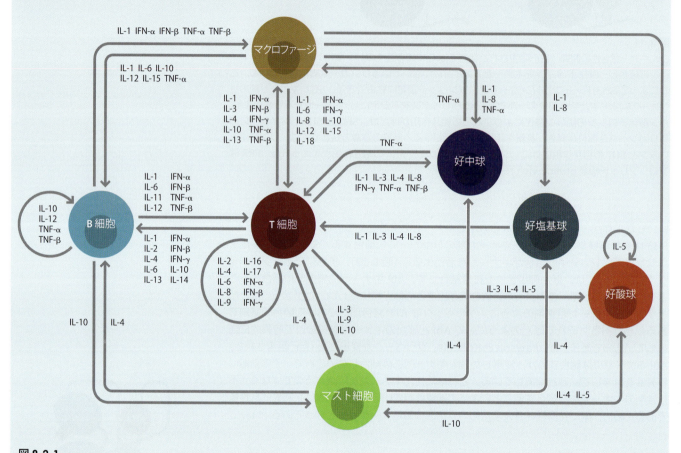

図 8.2.1
サイトカインは主に免疫システムの細胞間シグナル伝達に利用される．

Janus（1年の最初の月である1月を January というのはこのためである）にちなんで Janus kinase（Jak）と呼ばれる．Jak は2つの触媒部位をもっている．受容体と Jak の複合体は恒久的で安定な複合体である．サイトカインが受容体に結合するとコンフォメーションが変化し，構造の再編成が起こる（図 8.13）．この再構成により Jak ドメインが引き合い，互いにリン酸化し合うことができるようになる．つまり Jak のキナーゼ活性の基質は Jak そのものなのである．

基本的にはこのしくみによってシグナル経路の困難な部分，つまりどのようにして膜の片側からもう片側へシグナルをもらうかという問題が解決される．細胞外のリガンド結合が細胞内に変化を引き起こすのである．

これは非常に単純なメカニズムであるが，不必要なときにシグナルが on にならないようにどのようにキナーゼの恒常的な活性を止めるか，という前述した問題に対する対策も備えている．受容体がリガンドと結合するまでは Jak 同士を離しておくように前もって受容体と Jak の複合体を形成させておくことで，完全にではないが不必要なリン酸化を大きく低減することができるのである．

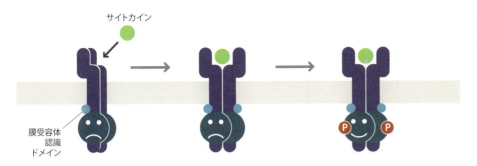

図 8.13
Jak/Stat シグナルの活性化．サイトカインが受容体に結合することで受容体構造の再編成が起こり，2 つの Jak キナーゼの活性部位が互いに近づく．これによりリン酸化が起こり，互いに活性化される．

あとはシグナル経路を完結させるだけである．リン酸化はどのように認識され，DNA の転写を変化させるのであろうか．このシステムのもつ解決策は第 3 のタンパク質，すなわち Stat（signal transducer and activator of transcription）にある．Stat は SH2 ドメインを使ってリン酸化チロシンに結合する（8.1.6 項）．Stat はまた第 2 のドメインとして DNA 結合ドメインをもっている．シグナル経路を完結させるためには Stat がリン酸化チロシンに結合することで，DNA 結合ドメインを DNA が結合できる状態に変化させる必要がある．すでに第 3 章でみたように，そのためのごく一般的な方法は DNA 結合ドメインを二量体化することである．つまり "Stat における変化" で必要なこともまた二量体化なのである．そしてこの二量体化は非常にシンプルな方法，すなわち Jak のキナーゼ活性を用いた Stat のリン酸化によってなされている．

しかし，実際のところ，Stat は Jak のリン酸化チロシンを直接は認識しない．では何が起こっているのかというと，まず Jak の最初のリン酸化は Jak 自身を活性化し，次に受容体のチロシン残基をリン酸化する（図 8.14）．Jak は受容体に安定に結合しており，受容体の二量体化によってもう片方に近づけられているのでもちろん受容体の近くに存在する（この仕掛けはシグナル経路には繰り返し用いられる）．その後，Stat はリン酸化チロシンと結合する．この結合により当然 Stat は Jak に近づくが，それは Jak により Stat の別のチロシンがリン酸化されることを意味する（図 8.14）．要するに，Stat が Jak によってリン酸化されるのは Stat が Jak にとって本質的によい基質であるからではなく，Jak が本質的によい特異的なキナーゼであるからでもない．それは Stat がキナーゼの近くに置かれるからなのである．これこそが数多くのシグナル伝達メカニズムの鍵となる要素であり，繰り返し用いる価値のあるものである．シグナル伝達における特異性は，シグナル伝達における連続的なパートナー分子を寄せ集め，共局在させたパートナー分子の間で比較的特異性の低いシグナル伝達メカニズムが行われるようにすることで獲得されているのである．

このように Jak は必然的に 3 つの異なるリン酸化を行っている．3 番目のリン酸化により，シグナル伝達系の最終目標が達成される（すなわち受容体からメッセンジャーである Stat へと特異的にシグナルが受け渡される）．そして一度に 2 つのことが行われる．まず，リン酸化により Stat の受容体への結合が弱まり解離する．そして，Jak はリン酸化チロシンを Stat 上に提供し，Stat は近くにあるもう 1 つの Stat により認識され，求められ

図 8.14
Jak キナーゼのトランスリン酸化は Jak 自身を活性化し受容体をリン酸化する．リン酸化受容体を Stat の SH2 ドメインによって認識し，Stat が結合する．続いて Stat がリン酸化される．最後にリン酸化された Stat 同士が会合する．この二量体化 Stat は核に移行し，DNA の転写を活性化する．

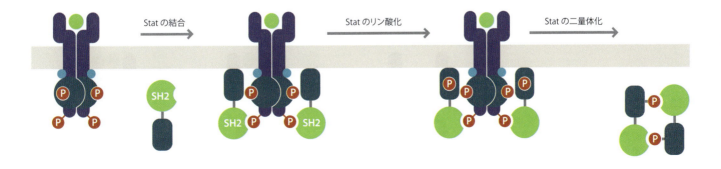

たStat二量体を形成する．二量体化により核局在化シグナルが露出し（7.4節参照），タンパク質が核に運ばれて，その後に二量体が協同的にDNAに結合できるようになる．

この章で何度もみてきたように，このようなシステムの進化はあらたなドメインや機能をまったく必要としない．ただ必要なのは既存のドメインをあらたな方法で統合することであり，その後でシステムを正常に動かすような調整が加えられるのである．

8.2.2 受容体の二量体化はさまざまな形をとる

受容体の二量体化の基本的なメカニズムは，1つの単量体の受容体が細胞外にリガンド認識ドメイン ligand recognition domain，細胞内に受容体チロシンキナーゼ（RTK）ドメイン receptor tyrosine kinase domain をもつということである．一般的にRTKドメインは，Jak/Statのように異なるタンパク質ではなく，受容体と同じポリペプチド鎖の一部として存在する．リガンドがリガンド認識ドメインに結合すると受容体の二量体化が起こり，2つのRTKが細胞内で近づき，互いにリン酸化し合う．これにより細胞内にシグナルが生じ，次のステップへと伝達される．それは，上述のようなStatの結合，もしくは**セカンドメッセンジャー** second messenger と呼ばれるホスホリパーゼCやホスホイノシチド3-キナーゼなどの酵素の結合，もしくはRasのような低分子量GTPアーゼを活性化することでキナーゼカスケードを経て，最終的にDNAと結合する転写因子をリン酸化する経路を介して行われる．3番目のシステムがRTKシグナル伝達系のもっとも共通の形であり，これについては次の項以降で詳しく説明する．

8.2.2項から8.2.5項で説明するシステムは，一般的にRTKシステムとして知られている．Jak/StatシステムもまたRTKの1つであるので，これはいくぶん混乱を招きやすい名前である．しかしJak/Statは，キナーゼが別のポリペプチド鎖に存在するため異なるタイプのシステムと考えられ，普通はRTKとは呼ばない．RTKは広く利用されているシグナル伝達系であり，上皮増殖因子（EGF）epidermal growth factor，血小板由来増殖因子（PDGF）platelet-derived growth factor，インターロイキン，インスリン，コロニー刺激因子（CSF）colony-stimulating factor をはじめ多くの成長ホルモンにより利用される経路となっている．それはJak/Statのより洗練された形とみなすことができる．

受容体の二量体化のもっともシンプルなメカニズムは，血管内皮増殖因子（VEGF）vascular endothelial growth factor，幹細胞因子（SCF）stem cell factor，PDGF，神経栄養因子（Trk受容体）など，いくつかの受容体で実証されている．これらはすべてリガンドが二量体であり，2つの同じ受容体に同じように相互作用することで受容体の二量体化を引き起こす（図8.15）[15]．なかには単量体のリガンドであるものも存在する．それは2つの同じ受容体に結合するが，おのおのの相互作用は異なっている．このメカニズムは興味深い可能性を生み出している．なぜなら2つの結合部位の親和性や結合速度がまったく異なっているからである．これは成長ホルモンとその受容体（Jak結合型）の結合においてみられる．

EGFやトランスフォーミング成長因子α（TGF-α）transforming growth factor-α [16] においては，いくぶんか複雑なメカニズムが用いられる．EGFは単量体として，単量体の受容体に結合する．その結合により受容体の構造変化が引き起こされ，EGFの結合した受容体同士が強固に結合できるようになる（図8.16）．これにより細胞内のキナーゼドメイン同士が寄り集まり，自己リン酸化へと進む．

リガンドが結合したEGF受容体の単量体は，ほかの受容体とも結合することでヘテロ

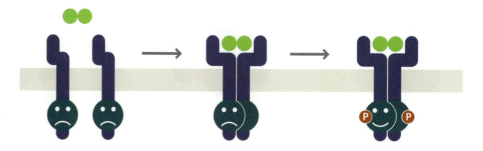

図8.15
受容体の二量体化と活性化のシンプルなメカニズム．リガンド（ここではVEGF）もまた二量体である．

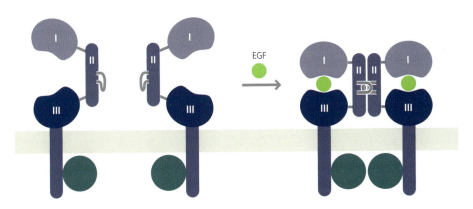

図 8.16
EGF 受容体は EGF 単量体に結合する．これによりドメインの再構成が起こり，ドメインII（システインリッチドメインともいう）からループが押し出される．受容体に隣接した 2 つのループが相互作用し，二量体の受容体を形成する．

二量体を形成し得る．第 3 章でみてきたように，これにより非常に多様な機能を生み出すことができる．とくに EGF 受容体は膜貫通型タンパク質である ErbB2，ErbB3，ErbB4 と二量体を形成する．ErbB3 と ErbB4 はヘレグリンというタンパク質の受容体であり，それはその経路が EGF とヘレグリンの両方が存在するときにのみスイッチが on になることを意味している．一方で ErbB2 はリガンドをまったく必要とせず，したがってこの経路におけるシグナル伝達は ErbB2 の濃度に強く依存する．

受容体の二量体化のもう 1 つのメカニズムは，Jak/Stat 経路を開始させるインターロイキン-4（IL-4）に代表されるものである．ここでも受容体はヘテロ二量体である（図 8.17）[17]．IL-4 は受容体の α サブユニットに結合し，この複合体が次に γ サブユニットに結合する．γ サブユニットははるかに短い分子だが，多くのインターロイキンのシグナル伝達で同じような役割を担っている（第 2 章で説明した"共通のパーツ"の興味深い例である）．**インスリン受容体 insulin receptor**（*8.3）はリガンドがない状態でも二量体を形成している．察しのとおり，進化の過程ではほかの多量体構造も試されてきた．たとえば腫瘍壊死因子（TNF）tumor necrosis factor 受容体は三量体であり，TNF の三量体構造にマッチしている．

受容体の二量体化には重要な共通点が 2 つある．第 1 に，細胞膜を越えたシグナル伝達には 2 つの膜貫通型受容体の会合が必要であり，2 つの受容体が会合するということは，つまり 2 次元の膜表面でパートナーを探すということである．第 4 章で説明したように，これはむしろ速いプロセスである．

第 2 に，シグナル伝達に受容体の二量体化が必要であるという事実は，二量体化を阻害するものがシグナル伝達を阻害するということを意味する．ゆえに，たとえば 1 つの結合部位しかもたないリガンドは，しばしばシグナル伝達を阻害し得る．これは単量体リガンドにしか結合できない単量体の抗体でも同様である．このことはある特定の経路を阻害するような薬の開発にまたとない機会を提供する．逆に，二量体化に導くものは何であれシグナル伝達を促す．とくに一般的な抗体分子は Fab の"うで"で多価抗原に結合した後，2 つの受容体に同時に結合することで，シグナル伝達の活性化を引き起こす．これはまさにアレルゲンと結合した IgE によって引き起こされる炎症反応における，マスト細胞の脱顆粒化 degranulation の際のシグナル伝達メカニズムである．

8.2.3 Ras は受容体チロシンキナーゼ（RTK）システムの直接のターゲットである

最初の細胞内リン酸化が起こってから，シグナルはどのようにして核まで伝わるのだろうか．この過程は基本的には 2 つのパートで構成される．1 番目のパートでは，特異的シグナルが低分子量 GTP アーゼである Ras タンパク質の GDP を GTP へと変換して Ras を活性化することにより，包括的な細胞内活性化システムと連携される．2 番目のパートでは，活性化した Ras がリン酸化反応の**カスケード cascade**（*8.4）を開始させて，最終的に転写因子のリン酸化を導く．その結果 DNA との親和性が改まり，遺伝子発現が変化する．この 2 部構成の経路が，より単純な Jak/Stat システムと比べて大きな恩恵をもたらすことは理解できるであろう．より洗練された包括的なシグナル伝達系は（カスケー

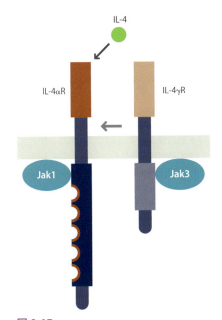

図 8.17
インターロイキン-4 受容体．IL-4αR 上の赤色の半円はリン酸化部位を示している．

*8.3 インスリン受容体

インスリン受容体はいくつかの点で独特である．第1に，二量体構造がインスリンの結合前にすでに形成されている．二量体化したJakキナーゼ型受容体がそうであるように，もちろんこれは不活性の状態である．インスリン受容体（IR）は実際には細胞外のジスルフィド結合により架橋された4つのポリペプチド鎖で構成されている（**図 8.3.1**．図2.11の受容体構造の例と比較せよ）．受容体の構造研究により，IRの機能に関するモデルが提案されている（**図8.3.2**）．そのモデルにおいてインスリンは，2つの受容体の対称的な結合部位に半分ずつ，非対称的に結合する[62]．2つの受容体はジスルフィド結合によって適切な位置に置かれており，効果的にヒンジを形成している．インスリンが結合するとヒンジが閉じ，キナーゼドメインが互いに自己リン酸化できる距離に近づく．

第2に，多くのチロシンの自己リン酸化部位は受容体にはまったく存在せず，受容体と対になったIRS1（insulin receptor substrate 1）と呼ばれる足場タンパク質（マルチドッキングタンパク質とも呼ばれている）上に存在する．これにより，相互作用できるパートナーの幅がけた違いに増え，ほかの経路からのシグナルの統合が促進される（**図8.3.3**）．

第3に，IRS2と呼ばれるもう1つの足場があり，受容体の活性がさらに調節されている．IRS2は活性化受容体につながれているが，それは活性化により受容体の4つの部位がリン酸化されるからである．このうち3つは活性化したキナーゼ部位から阻害しているポリペプチド鎖を引き離すことに関与し，残る1つ（Tyr 972）がIRS2との結合部位を形成する．IRS1と同じく，IRS2は膜の近くにPHドメインを1つもっている．またPTBドメインも1つもっており，これは活性化受容体のリン酸化チロシン（pTyr 972）と結合する（**図8.3.4**）[63]．IRS2はKRLB（kinase regulatory-loop binding）として知られる短いペプチド配列を有しており，これは受容体自身の阻害鎖と同じ様式で，受容体キナーゼの活性部位に結合する[64]．これにより活性部位がブロックされ，それ以上のキナーゼ活性が阻害されている．これが阻害なのか，もしくは受容体全体の機能を刺激しているのかということは，まだ解明されていない．しかしこのことは，とりわけこれらの相互作用がリン酸化と脱リン酸化により制御されているために，追加的な足場の結合によりその複雑性が増すことを示している．

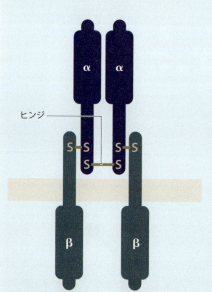

図8.3.1
インスリン受容体は4本のポリペプチド鎖で構成されており（2本のα鎖と2本のβ鎖），それらはジスルフィド結合によって連結されている．

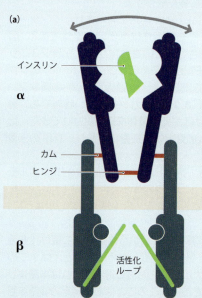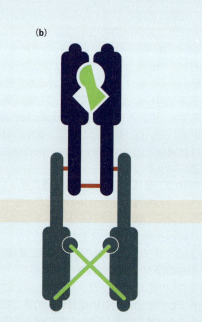

図8.3.2
インスリン受容体の活性化機構のモデル図．2つの細胞外ドメイン（α鎖）をつなぐジスルフィド結合によりヒンジ部位ができる．α鎖とβ鎖をつなぐジスルフィド結合は，2つの受容体を別々に離しておくためのカムもしくはレバーの役割をする．(a) インスリンの存在下では，2つのαドメインは両矢印で示したようにヒンジのまわりでランダムな熱運動をしている．(b) インスリンが受容体に結合すると，インスリンは非対称な形をしているため，2つのα鎖は1つのインスリンと別々の部位で相互作用し，受容体のヒンジ部位が閉じる．これによりカムの配置が変化し，2つのβ鎖同士が近づく．すると一方の活性化ループがもう片方のキナーゼの活性部位に近づいて結合できるようになり，活性化ループがリン酸化される．第6章でみてきたように，そのメカニズムは誘導適合というより，むしろコンフォメーション選択のよい例である．
(F.P. Ottensmeyer, D.R. Beniac, R.Z. Luo, and C.C. Yip, *Biochemistry* 39: 12103-12112, 2000より．the American Chemical Societyより許諾）

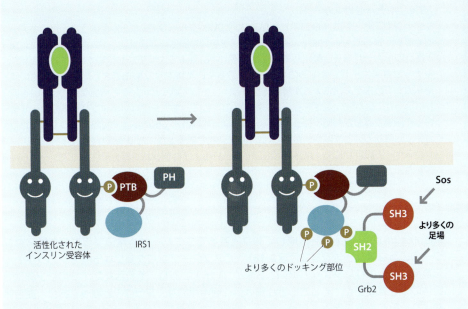

図 8.3.3
活性化されたインスリン受容体は，IRS1 と呼ばれる足場，もしくはマルチドッキングタンパク質と，リン酸化受容体を認識する PTB ドメインを介して結合する．IRS1 は PH ドメインも有しており，PH ドメインは細胞膜に結合している．IRS1 のもつ 3 つ目のドメインは，受容体キナーゼによりリン酸化され，Grb2 をはじめとしたさまざまなタンパク質との結合部位となる．

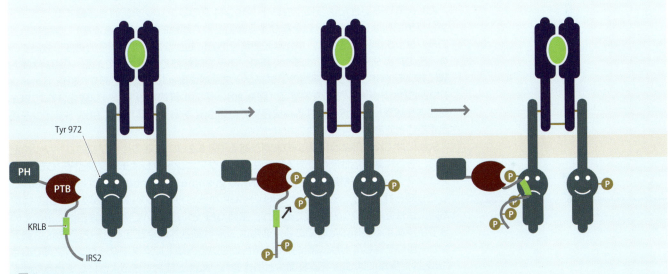

図 8.3.4
IRS2 は，細胞膜のイノシトールリン酸を認識する PH ドメインと，インスリン受容体の自己リン酸化された Tyr 972 を認識する PTB ドメインとで構成される．PTB ドメインが Tyr 972 に結合することにより，IRS2 の C 末端のチロシン残基がリン酸化されるが，これはその後さらなるタンパク質の結合部位となると考えられる．IRS2 にある KRLB と呼ばれる短い配列は受容体キナーゼの活性部位に結合し，その機能を阻害する．

ドのおかげで）より大きなシグナルを生み出し，一度に多くの遺伝子発現を変化させることができるのである．しかし，このことは大きな問題も引き起こす．多くのリガンドが同じシステムを利用してしまったら，どのようにしてそのシステムに特異性を付与すればよいのであろうか．その解決法はまたしても，小さい部品を十分な特異性が生じるまで付加していくということにある．

　第 1 段階は Jak / Stat システムが利用しているものと非常によく似ており，リン酸化チロシンが SH2 ドメインによって認識される（表 2.2 参照）．しかしここでの SH2 ドメインは包括的な Ras 経路に組み込まれている．SH2 ドメインは**アダプタータンパク質**

図 8.18
電源プラグのアダプター．上の 2 つは異なるものである．どちらも片側では英国式の 3 ピンプラグを認識し，一方もう片側では 2 ピンのソケット（フラットピン（左）やラウンドピン（右））に差し込まれる．それらは "共通な" 端と，反対側に "異なる" 端をもつ．シグナル伝達のアダプター分子においても似たような配置がよくみられる．

*8.4 キナーゼカスケード

キナーゼカスケードは，MAPKKK/MAPKK/MAPK グループ（図 8.26）のような一連のキナーゼであり，最初のキナーゼが 2 番目のキナーゼをリン酸化して活性化し，2 番目のキナーゼが 3 番目のキナーゼをリン酸化して活性化する，というように反応が進行していくものをいう．キナーゼカスケードでは 1 つのキナーゼで数多くの基質をリン酸化できるため，理論的には最初のシグナルを非常に大きく増幅させ得る．しかし実際にどれだけの増幅が起こっているのかは明らかではない．なぜなら正しい特異性のために，キナーゼは足場タンパク質によって複合体を形成する必要があるからである．このような場合，下流のキナーゼが上流のキナーゼの減少に匹敵するほどすばやく足場の on/off を交換できるときにだけ増幅が起こり得る．キナーゼカスケードのほかにも，血液凝固因子でみられるようなタンパク質分解性のカスケードも存在する．

adaptor protein の半分を形成しており，まるでユニバーサル電源プラグの変換アダプターのようなはたらきをする（図 8.18）．アダプタータンパク質にはそれぞれのシグナル伝達系に特化されたソケット（SH2 ドメイン）が 1 つあり，それはただ 1 つのリン酸化受容体のみを認識する．そしてもう片側は広く適用可能な "プラグ" となっており，受容体をより一般的なシステムに接続できる．典型的なアダプタータンパク質は片側に SH2 ドメインを，もう片側に 1 つかそれ以上の SH3 ドメインを有している（図 8.19）．

8.1.6 項でみてきたように，SH3 ドメインはプロリンリッチ配列を認識する．プロリンリッチ配列はシグナル経路を構成する部品として理想的である（第 4 章）．なぜならプロリンリッチ配列の結合は，小さな表面積であるにもかかわらず特異的で適度に強固であり，そのためターゲットをすばやく認識，あるいは解離できるからである．Grb2 は哺乳類において EGF シグナル経路のアダプタータンパク質として働いており，SH2 ドメイン 1 つと SH3 ドメイン 2 つを有する（図 8.20）．その本質的な役割はリン酸化された EGF 受容体を認識し，下流の次なる構成要素である Sos を動員するために SH3 ドメインを提示することである．

Sos には Grb2 のように 2 つの末端がある（図 8.21）．末端の片側がプロリンリッチ配列で，もう片側が活性部位である．活性部位は**グアニンヌクレオチド交換因子（GEF）**（グアニンヌクレオチド解放タンパク質（GNRP）guanine nucleotide releasing protein としても知られる）として機能し，Ras の GDP から GTP への変換を触媒する．GEF は恒常的に活性をもつタンパク質であるが，常時 GEF として働いていない理由は，単にその分子が存在する場所のためである．通常は Sos は細胞内に存在する．一方で Ras は膜アンカー部位を有しており，膜に強固に結合している．ゆえにアダプタータンパク質である Grb2 は，実際には Sos を膜表面へと引き連れ，Ras と結合できるようにしているだけで

図 8.19
シグナル伝達のアダプター分子．図 8.18 の電源プラグの変換アダプターのように，これらの分子の片側は共通しており（ここでは SH3 ドメイン），反対側はそれぞれ異なっている（ここでは別のリン酸化チロシンを認識する SH2 ドメイン）．

図 8.20
アダプタータンパク質 Grb2（growth factor receptor-bound protein 2）．1 つの SH2 と 2 つの SH3 からなる．同じタンパク質がショウジョウバエでは Drk（downstream receptor kinase）として知られている．線虫では Sem-5 と呼ばれる．

図 8.21
Sos は，片側にグアニン交換因子（GEF）ドメインを，もう片側にはプロリンリッチな尾部を有している．実際のタンパク質はこれよりもはるかに複雑である．Sos は son of sevenless の略で，sevenless という名前の遺伝子の下流に生じるショウジョウバエのタンパク質であり，これを除去するとショウジョウバエの眼の 7 番目の光受容体に欠損が起こり，紫外線を感知することができなくなる．ヒトを含む多くの真核生物においても，これに近いホモログが存在する．

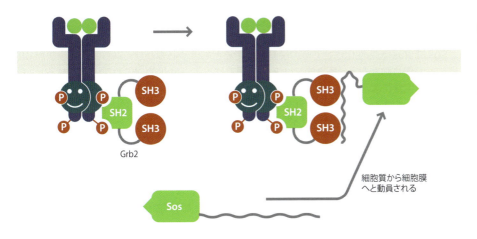

図 8.22
典型的な RTK 経路では，活性化した受容体はアダプタータンパク質 Grb2 の SH2 ドメインに結合する．Grb2 は受容体キナーゼにより生じたリン酸化チロシンを認識する．Grb2 の SH3 側は Sos のプロリンリッチな尾部に結合し，それにより Sos は細胞質から膜の近くへと引き寄せられる．

ある（図 8.22）．Sos が膜表面に存在すれば，Ras を Sos に結合するために今度は 2 次元的探索が必要となる．

　Ras は典型的な低分子量 GTP アーゼである（7.1.3 項参照）．表 8.2 に示すように，さまざまなシグナル経路において数多くの Ras のバリアントが見つかっている．Ras は低分子量 GTP アーゼに特徴的な switch I と switch II の領域を含んでおり，GDP もしくは GTP の結合時にさまざまなコンホメーションをとる．Ras は GTP が結合したときのみシグナル伝達分子として働く．しかし Ras はそれ自体に GTP アーゼ活性をもっており，それはつまりシグナルが GTP アーゼ活性により決められた速度でスイッチが off になり，また GDP が脱離して GTP と結合することでスイッチが on になる，ということを意味する．細胞内では，GTP の濃度は GDP の約 10 倍高い．それゆえに，Ras は単純に**グアニンヌクレオチド交換因子（GEF）** guanine nucleotide exchange factor（*8.5）によって活性化される．GEF は結合部位を開き，GDP と GTP を平衡状態におく．反対に，Ras は **GTP アーゼ活性化タンパク質（GAP）** GTPase-activating protein（*8.6）によって不活性化される．GAP は GTP の加水分解を本来の速さの約 100 倍まで加速させる（その GTP アーゼ固有の活性によってはそれ以上の場合もある）．Ras はまるで古典的なバネ仕掛けのねずみ取りのように働く．つまり正しい場所で，GEF である Sos により刺激されるまで GDP 結合状態を維持している．Sos は Ras の構造の一部を動かし，バネの開いた状態にする．それによって GDP が脱離して GTP が結合する．その後，再び閉じることで "張りつめた" 活性化状態に移る（図 8.23）[18]．Ras のコンフォメーション変化は，第 7 章で述べたように，基本的にはバネ仕掛けの GTP 結合状態と，それがゆるんだ GDP 結合状態の間の変化である．第 7 章ではその変化は GTP/GDP の交換により駆動されるコンフォメーション変化であると説明した．ここで最初に起こるのは（Ras の結合により駆動された）コンフォメーション変化であり，それが GTP の交換につながる．Sos はヌ

*8.5　グアニンヌクレオチド交換因子（GEF）

GEF は Ras 様の低分子量 GTP アーゼタンパク質から GDP が解離するのを助けるタンパク質であり，それによりはるかに豊富に存在する GTP に Ras が結合できるようにしている（図 8.5.1）．このようなタンパク質はシグナル伝達系にはごくありふれたものであり，GTP アーゼのスイッチを on にするはたらきをする．多くの GEF は Dbl ドメインと，それに続く PH ドメインを有している．本書で挙げる GEF の例は Sos と Vav，そして G タンパク質共役型受容体である．相補的な off のスイッチは GTP アーゼ活性化タンパク質（GAP）によってもたらされる．

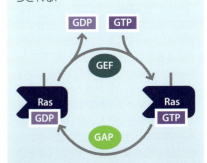

図 8.5.1
GAP と GEF の機能．GEF は一般的に Ras のような G タンパク質の "バネ仕掛けの罠" の部分（左側の切れ込みの部分）に結合することで働く．そしてバネをゆるめることで，GDP を解放する．

表 8.2 　低分子量 GTP アーゼである Ras スーパーファミリー

ファミリー	例	機能
Ras	H-Ras, K-Ras, N-Ras	RTK シグナル伝達
	Rheb	神経可塑性
Rho	Rho, Rac, Cdc42	細胞骨格へのシグナル伝達
ARF	Arf1-6	被覆小胞形成
Rab	Rab1-60	小胞輸送
Ran	Ran	核移行，紡錘体形成

> ***8.6 GTPアーゼ活性化タンパク質（GAP）**
>
> GAPはRas様の低分子量GTPアーゼに結合し，GTPからGDPへの加水分解を促進するタンパク質である．これによりシグナルはoffの状態になる．GAPはグアニンヌクレオチド交換因子（GEF）と逆のはたらきをする．

クレオチド結合部位の一端に位置し，末端のリン酸が結合するswitch I領域を押しのけるので，GTPが入ることでSosもまた押しのけられる[18]．

Sosは Rasを活性化させてその役割を終えるともはや必要がなくなり，スイッチがoffになって取り除かれる（基本的には8.2.7項で述べる活性化のプロセスの逆である）．モデリング実験によって，上流と下流のパートナーであるSosとRafはRasの同じ部位に結合する，つまりSosはRafが結合する前に離れなくてはならないということが示唆されており，このことを裏づけている[19]．

シグナル開始時のチロシンキナーゼ（それはJak/Stat経路の一部でもある）を除いて，これまでの経路に関与するタンパク質に酵素が1つもないというのは印象的である（*訳注：低分子量GTPアーゼは酵素であるが，酵素らしいはたらきはしないため）．あらたな酵素を進化させるのは，あらたな結合分子を進化させるよりも困難なのである（基本的に，酵素は結合して"さらに"触媒しなくてはならないため）．このことは，あたらしい酵素を必要としないときの方が，シグナル経路に多様性を付与するのが容易であることを意味する．

8.2.4 Rasはキナーゼ Raf を活性化する

Rasは多くのシグナル経路で鍵となる相互作用を形成する．多くのシグナル分子がRasに合流する．Rasの後には古典的なキナーゼカスケード（*8.4）が存在し，リン酸化されたキナーゼが次のキナーゼをリン酸化して活性化する．事実上，Rasの活性化によって止めることがほぼ不可能なプロセスが解放されるため，Rasが正しく活性化されることがシグナル経路には必要不可欠である．

活性化されたRas-GTP複合体は，Rafに結合することでシグナルを伝達する．活性化したGrb2がSosに結合してSosを膜に再配置するのと同様に，Ras-GTP複合体はRafに結合してRafを膜に再配置する．この再配置がRas-GTP複合体の主な機能である．Ras-GTP複合体のRafへの結合もまたRafのコンフォメーション変化を引き起こし，自己阻害から解放する．これには数多くの足場タンパク質やキナーゼ，ホスファターゼが関与しており，非常に複雑であるために特徴づけを行うのが難しい．結果としてRafの活性化の詳細についてはいまだ不明である．しかし，Rafの活性化には14-3-3というタンパク質が必要であるということが判明している．

14-3-3にはいくつかのアイソフォームがあり，細胞の中でもっとも豊富に存在するタンパク質の1つである．その機能はリン酸化されたセリンもしくはスレオニン（pSer/Thr）との結合であり，非常に幅広いタンパク質を認識して結合する[20]．注目すべきことに，ヒトにおいてはタンパク質キナーゼのおよそ92％が**セリン/スレオニンキナーゼ Ser/Thr kinase**（*8.7）である[21]という事実があるにもかかわらず，本章でこれまでにみてきたことはすべてリン酸化チロシンに集中してきた．14-3-3はかなり固い構造をもった二量体で（図8.24），pSer/Thr結合部位が長く伸びた溝に存在する．その機能については"分子金床（*訳注：金床とは金属を叩いて鍛えるための台）"というもっとも説得力のあるモデルが存在する．つまりpSer/Thrを有するリガンドにコンフォメーション変化を引き起こさせ，14-3-3にフィットさせるのである．14-3-3は硬い二量体構造をもつため，正しく配置された二量体リガンドの結合は非常に協同的である（第2章）．それゆえに14-3-3はRafのpSer/Thr部位に結合することで機能すると考えられてい

> ***8.7 セリン/スレオニンキナーゼ**
>
> 本文で述べたように，セリン/スレオニンキナーゼは実際にチロシンキナーゼよりもはるかに豊富に存在する．ではなぜそれらについてはあまり問題にされないのであろうか．その理由は，チロシンキナーゼが一般的に受容体の活性化にかかわっており，チロシンキナーゼを欠損させると，癌や発生学的異常など細胞様態の劇的な変化が引き起こされるからである．対照的に，セリン/スレオニンキナーゼはほかのほぼすべてのもの（酵素活性，輸送，タンパク質分解プロセス，細胞周期など）を制御している．それゆえにセリン/スレオニンキナーゼはきわめて重要であるといえるが，その個々についてとくにきわだった現象を引き起こしているわけではない．

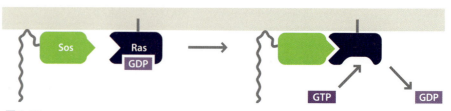

図 8.23
SosはRasに対してGEFとして働き，結合しているGDPを解離させる．GDPの解離後は，代わりにGTPが結合する．GTPが結合したRasはRafキナーゼを活性化できるようになる．

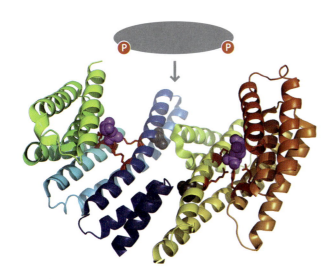

図 8.24
14-3-3 の構造．このタンパク質は二量体を形成しており，図の中心が二量体の界面にあたる．おのおのの単量体には赤色の棒状に示した pSer/Thr の結合部位がある．この図では結合したリン酸化セリンを紫色の球体で示している．このタンパク質は硬く，2 つの pSer/Thr 残基は，灰色で示したタンパク質のように離れて結合しなくてはならない．14-3-3 それ自身もまたリン酸化され得る．たとえば Ser 58（灰色の球体で示した）がリン酸化されると二量体の界面が乱れ，14-3-3 の結合が正しくなくなる．また，Ser 185 がリン酸化されると結合部位が壊される．14-3-3 と呼ばれるのは，ゲル中での移動度に由来する．ここに示したのは PDB 番号：2br9 の構造である．

る [20]．2 番目の pSer/Thr 部位への協同的な結合により，Raf は閉じた不活性状態か，もしくは開いた活性化状態に固定されるが，それはどちらの Ser/Thr 部位がリン酸化されるかによって決まる．このように 14-3-3 は，Raf の場所とリン酸化状態により，Raf の阻害分子，足場タンパク質，活性化因子として働く．もちろんこの二重機能性をもっても Raf の活性化メカニズムを理解する助けにはならない．

Raf は少なくとも 4 つの 14-3-3 への結合部位を有している [21]．そのなかでもっとも重要な 2 つは Ser 259 と Ser 621 であると思われるが，これ以上の詳細はまだよくわかっていない．説得力のある仮説を図 8.25 に示した．不活性状態（左下）では Raf は細胞質側に存在し，pSer 259 と pSer 621 の両方が 14-3-3 と結合して閉じた状態に固定されている．GTP の結合で Ras が活性化されると，Ras の Raf への親和性が強くなり，Ras 結合ドメイン（RBD）や，（おそらくは）システインリッチドメイン（CRD）を介して結合する．この結合により Raf が細胞膜近くに移動するが，これが次に起こるすべてのステップの鍵となっている．pSer 259 と 14-3-3 の結合が外れ，プロテインホスファターゼ 2（PP2，PP2A とも呼ばれる）が Ser 259 を脱リン酸化する．こうして 14-3-3 は片側が自由になり，Raf のキナーゼ部位があらわになって，Raf は足場として機能し，ほかの

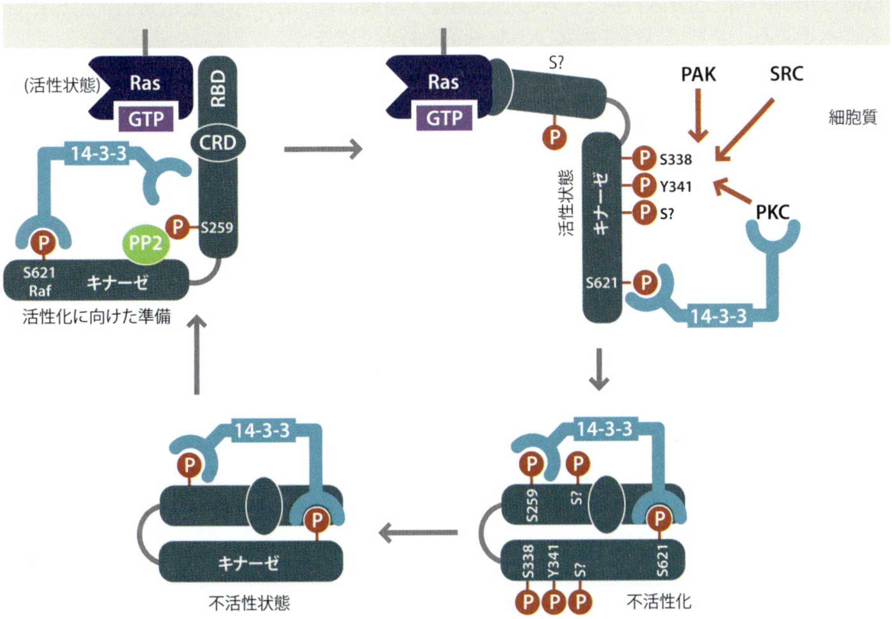

図 8.25
Ras の活性化に関する信頼性の高いモデル．この中で鍵となるのは Tyr341 のリン酸化である（詳細は本文参照）．PP2 は脱リン酸化酵素，CRD はシステインリッチドメインである（ジンクフィンガーとも呼ばれる）．RBD は Ras 結合ドメイン，PAK は p21 c-dc42/rac1 活性化セリン/スレオニンキナーゼ，SRC は Src キナーゼ，PKC はプロテインキナーゼ C である．（W. Kolch, Biochem. J. 351: 289–305, 2000 より改変．Biochemical Scociety より許諾）

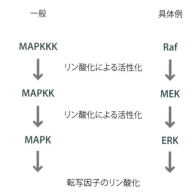

図 8.26
下流のキナーゼカスケード．Ras に GTP が結合するとキナーゼ Raf の活性化が引き起こされる．次に Raf が MEK をリン酸化して活性化し，さらに MEK が ERK をリン酸化して活性化する．活性化した ERK はいくつかのほかのタンパク質（多くは転写因子であるが）をリン酸化する．これはより一般的な MAPKKK／MAPKK／MAPK カスケードの具体例である．

さまざまなキナーゼのようなタンパク質と結合できるようになる．一部では，このことは GTP アーゼである **Rho ファミリー** Rho family の活性化にも関与していると考えられる．Rho は Ras に関連した大きなファミリーであるが，細胞骨格のシグナル伝達に関与している（表 8.2）[22]．次に続く Raf のリン酸化は主に Rho をさらに活性化する．

この全体像を完全に描くことはできない．Ras-Raf 複合体にはもっと多くのタンパク質が関与しており，Ras や Raf が二量体化するという説も提案されている．そして Raf にはほかにも重要なリン酸化部位がいくつか存在する．さらに，Raf の完全な活性化には Hsp50 や Hsp90 のようなシャペロンタンパク質（*4.12 参照）の存在も必要とされているが，その役割はまだ不明である．おそらくは Raf の制御や異なる経路からのシグナル増幅に必要な，非常に複雑な一連の相互作用が存在すると推測される．

8.2.5 Raf より下流の経路はキナーゼカスケードである

活性化された Raf は機能をもったキナーゼとなり，キナーゼカスケードを開始させる（図 8.26）．一般的なカスケードには，3 つのレベルがある．1 番目は分裂促進因子活性化タンパク質（MAP）mitogen-activated protein キナーゼキナーゼキナーゼ（MAPKKK と表記する），次に MAPKK，最後に MAPK である．分裂促進因子活性化と呼ばれるのは，シグナル経路を開始させる細胞外リガンドのいくつかが分裂促進因子であることによる．このカスケードには少なくとも 6 つのバージョンがあるが，ここでは細胞外シグナル制御キナーゼ（ERK）extracellular-signal-regulated kinase 経路を取り上げるただ 1 つの開始キナーゼである MAPKKK [23]（MEK キナーゼともいう）が Raf であり，MAPKK は MEK（MAPK／ERK キナーゼ），MAPK は ERK と呼ばれている．ERK はタンパク質を広くリン酸化するが，とくに Fos，Jun，Myc（第 3 章）といった転写因子，幅広い細胞内酵素（たとえばキナーゼ）や，炎症のメディエーターであるホスホリパーゼ A_2 などのタンパク質をリン酸化する（図 8.27）．

第 4 章では，キナーゼが基質をあまり特異的に認識しないということをみてきた．このようにキナーゼはしばしば複数の基質タンパク質をリン酸化する．そして多くのタンパク質では，複数のキナーゼにより別々の場所がリン酸化される可能性がある．当然のことながら，進化の過程ではシステムにおける根本的な欠陥が抽出され，それを利点に変えることでシステムは修繕されてきた．リン酸化のさまざまなステージを認識したり，シグナル経路を活性化もしくは阻害したり，あるいはほかの経路にリンクさせたりするような，途方もない数のタンパク質が存在する．何が進行しているかを理解する鍵は，認識ドメインに酵素と基質を引き寄せるための追加のペアを付けることで特異性が上げられているのだと認識することである．これらは足場タンパク質やアダプターと呼ばれるが，それらの機能は単純に（たとえば）キナーゼの活性部位を基質に近づけ，リン酸化を引き起こさせることである．これは同様にホスファターゼにも当てはまる．

とくにこのキナーゼカスケードの特異性は，いくつかの足場タンパク質によって高められている．たとえば足場タンパク質である Ras キナーゼ活性抑制分子（KSR）kinase

図 8.27
活性化された ERK は細胞質にとどまり，ほかのキナーゼを含むタンパク質をリン酸化できる．または核に移行し，転写因子をリン酸化することもできる．とくに血清応答配列 serum response element と呼ばれる DNA 配列に結合する転写因子をリン酸化し，Fos タンパク質をコードする fos 遺伝子を含む "初期応答遺伝子" early response gene の転写を活性化する（3.3.6 項参照）．Fos は Jun とともに AP1 転写因子を構成する．Fos が完全に活性化されるためには ERK によってさらにリン酸化される必要がある．おそらくこれは非特異的なキナーゼによるリン酸化によって Fos が活性化されないようにするメカニズムであると考えられる．

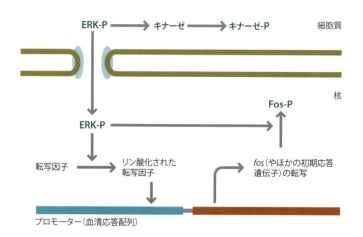

図 8.28
KSR は ERK キナーゼカスケードの構成分子を互いに近づけておくための足場タンパク質であり，それらは別の基質ではなく，互いにリン酸化し合うことができる．KSR はおそらく固い足場ではなく，柔軟性のあるリンカーをもった一連の結合タンパク質であると考えられる（足場タンパク質については 2.2.10 項でより詳細に述べた）．

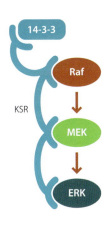

suppressor of Ras は活性化された Raf，14-3-3，MEK そして ERK に結合するといわれている（図 8.28）．KSR のコネクターエンハンサー（CNK）connecter-enhancer of KSR という別の足場タンパク質もあるが，その役割は完全には解明されていない．加えてさまざまなほかのメカニズムも存在する．たとえば酵母になく哺乳類にはあるいくつかの MEK のアイソフォームは，リン酸化により制御され Raf への結合に利用されるプロリンリッチ配列を有している [24]．

ERK の核となる基質認識部位はほかのアミノ酸に囲まれた（S/T）P 配列であるが，これ単独では完全な特異性をつくり出すには不十分である．そろそろ予想できるかもしれないが，MAP キナーゼと基質上のもう 1 つのドメインとの間に相互作用を追加することで特異性が与えられている（図 8.29）[25]．

カスケードの最後のタンパク質である ERK は，転写因子をリン酸化する際に核に移行しなくてはならない．第 7 章で述べたように，核の外から中，中から外への輸送は核局在化シグナル（NLS）nuclear localization signal および核外輸送シグナル（NES）nuclear export signal によって制御されている．一般にこれらの配列はタンパク質表面に露出した短い連続的な配列であり，核輸送または核外輸送装置によって認識される．ERK5 は露出して恒常的に活性な NLS を有している．しかしリン酸化されていない状態では，NLS よりも活性の高い NES を有しており，ERK5 はほとんどは細胞質内にとどまったままである．ERK5 がリン酸化されることで NES が壊れ，ERK5 が核内に移行するようになる（図 8.30）．

8.2.6 共局在によりさらなる制御が可能となる

基本的な RTK と Jak/Stat システムには，生体内で機能するためのさらなる進化的修繕 evolutionary tinkering が必要である．本章のはじめで述べたように，それらには特異性を付与するための**装飾** embellishment を付加する必要がある．それは関連するシステム間のクロストークを減らす（または許す）ためであり，リガンドがない状態でシグナルが伝達されるのを防ぐためである．進化の過程でさまざまなフリル（飾り）が増えていったが，なかにはまだ発見されていないものも少なからずある．想像できるほぼすべての変化に加え，いまだに想像できないような多数の変化が進化の過程で試されてきた．シグナ

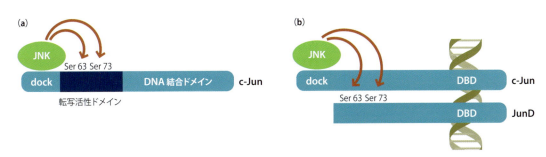

図 8.29
MAPK である c-Jun N 末端キナーゼ（JNK）は，転写活性ドメインの中にある Jun の Ser 63 と Ser 73 をリン酸化する．（a）JNK ドッキング領域（dock）に JNK が結合することで，JNK の Jun への認識がより特異的になる．（b）とりわけ JunD のようなドッキング領域を欠いているアイソフォームでも，完全長の c-Jun によって動員され，どちらの Jun タンパク質も隣接して DNA に結合している限りは JNK によってリン酸化を受けることができる．DBD は DNA 結合ドメインの略である．

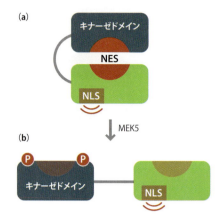

図 8.30
ERK5 の配置は，核局在化シグナル（NLS）と核外輸送シグナル（NES）の活性のバランスによって決定される．(a) NES は ERK5 の 2 つのドメインが互いに結合したときにのみ形成される．この状態では NES の方が NLS よりも影響力が強く，タンパク質は主に核外に存在する．(b) しかしリン酸化されると NES は壊され，NLS のはたらきでタンパク質が核内に移行するようになる．(K. Kondoh, K. Terasawa, H. Morimoto and E. Nishida, *Mol. Cell Biol.* 26: 1679–1690, 2000 より改変．American Society for Microbiology より許諾)

ル伝達系でみられるテーマ 1 つをとっても非常に多くのバリエーションがあるのは，そのシステム特有の賢さを反映しているのではなく，むしろ進化の過程で見つかった，あらゆる方法で修正する必要のある，特有の欠点によるものと捉える方が正しいのであろう．この項では以上の点についてみていく．

　ここで述べるすべての作用は膜の表面で起こる．効率的にシグナル伝達するためには膜が必要不可欠であり，そこでは受容体や Ras の分子間相互作用が 2 次元的探索であるため速い．しかし別の見方をすると，膜はシステムにおいてやや受動的な部分でもある．当然のことながら進化はこの部分にも修繕を加えてきた．

　膜は多くの部分がリン脂質で構成され，膜ごとに異なるリン脂質が含まれている．ゆえに特定の脂質を認識する PH ドメインのようなドメインを付け加えることで，より的を絞ったシステムを構築することができる．PH ドメインは膜にタンパク質を連結し，それらを正しく配置する．タンパク質はまた特異的な脂質と結合し，RTK シグナル伝達系をほかの伝達系に連携させることもできる．もう 1 つの例は，Ras の別のアイソフォームである．Ras には主に H-Ras, K-Ras, N-Ras の 3 つのアイソフォームがあり（表 8.2），それらはよく似た構造と制御活性をもつ．しかし K-Ras はファルネシル化 farnesylation により膜にターゲットされる．一方で N-Ras はパルミトイル化 palmitoylation され，H-Ras は二重にパルミトイル化される．これが K-Ras が形質膜にのみ見つかり，ほかの 2 つはゴルジ体の膜にも異なる割合で見つかる理由である．パルミトイル基の切断，再付加の繰返しサイクルによって，それらは継続的に再配置し直すことが可能である．これによりそれぞれのアイソフォームが細胞内で異なる機能をもつことができるのである [26]．

　もちろん，もしシグナル伝達系そのものが修飾された脂質をつくり出すのであれば，シグナル伝達の特異性に役立つであろう．1 つの共通したメカニズムは，膜を修飾する酵素を活性化した受容体に付加することである．これはシンプルな方法であり，進化はただ関連する酵素を選び SH2 ドメインにそれを付け加え，受容体のリン酸化により酵素が結合するようにするだけでよい．RTK は一般に基質特異性がかなり低いので，受容体のいくつかの部位をリン酸化し，結合するためのリン酸化チロシンが枯渇しないようにする．共通の酵素は，その名のとおりホスホイノシチドをリン酸化するホスホイノシチド 3-キナーゼ（RI3 キナーゼ）phosphoinositide 3-kinase と，ホスホリパーゼ C-γ（PLC-γ）phospholipase C-γ である．修飾された脂質は付加的結合や制御部位として機能することができる．PLC-γ は膜の脂質からジアシルグリセロールとイノシトールリン酸を産生する．また，PLC-γ はたとえばカルシウムを放出するような異なるシグナル伝達系の一部であり，そのために RTK シグナルとカルシウムシグナルを連携させている．さらにそれは，もう 1 つの主要なシグナル伝達構成要素であるプロテインキナーゼ C protein kinase C を活性化する．

　膜が単一というにはほど遠い状態であるという証拠は次々に見つかっている（争う余地がないわけではないが）．とくに膜はほとんどの場合，**脂質ラフト** lipid raft として知られる領域を含んでいる．そこはコレステロールやスフィンゴ脂質に富んでおり，膜のほかの部分よりも固く，規則正しく脂質が並んでいる．脂質ラフトには膜のほかの部分とは異なる脂質や異なるタンパク質が含まれており，とくにそれらは細胞のシグナル伝達の中心を形づくっているようである．シグナルの中心には数多くの受容体が存在し，また細胞内はアクチンや微小管などの細胞骨格構成要素のアンカー部位となっている．そのような領域にシグナル分子をターゲティングするために，さまざまなメカニズムの存在が示唆さ

れるのは驚くことではない．脂質ラフトの詳細については未解明であり，これ以上詳細には説明できない．

シグナル伝達における特異性は，きわめて特異的な結合部位によってではなく，必要な特異性が得られるまで追加の足場や結合部位をつなぐことで創出されていることをみてきた．これはシグナル伝達メカニズムを実験的に調べるうえで問題となる．なぜなら現れるシステムには相当な重複とクロストークが組み込まれているからである．それゆえにタンパク質の過剰発現やノックアウトを行っても，きれいな単一の効果は得にくい [27]．同様に，1 つのリン酸化部位を取り除いてもオール・オア・ナッシングの効果はほとんど得られない．ここで示した分析は，足場と余分な結合ドメインを除くことでよりはっきりとした像が得られ，有益な研究戦略となるだろうということを意味している．

8.2.7　自己阻害によってさらなる制御が可能となる

RTK 経路におけるすべての構成分子は基本的に自己阻害されていると考えられる．つまりシグナルの非存在下では off の状態になっており，そのためのさまざまなメカニズムが明らかになってきた．これらの制御メカニズムは，主要な経路が進化してからすぐに付加的な装飾として進化してきたのであろう．それゆえに共通のパターンはほとんどなく [10]，それぞれの系に固有かつ特異的である．この項では，受容体から Ras にいたるすべての構成分子が自己阻害されていることを示す例を紹介する．

二量体化する受容体の典型的な例として EGF 受容体を挙げた．しかし細胞の内側では典型的とはほど遠く，EGF 受容体は非対称的な二量体を形成している（図 8.31）[28]．単量体の状態でのキナーゼは不活性である．それは活性に必要なヘリックス αC のグルタミン酸残基が阻害され，正しい相互作用ができなくなっているからである．似たような効果は第 4 章でも述べており，そこではサイクリン依存型キナーゼの PSTAIRE ヘリックスにある重要なグルタミン酸が不正確に配置され，キナーゼを不活性化している．サイクリン依存型キナーゼでは，サイクリンの結合によって活性が回復する（EGF 受容体ではキナーゼの C 末端ドメインの結合によって，まったく同様の方法で活性が回復する）．もちろんこれは二量体化した受容体にある 2 つのキナーゼドメインのうち 1 つだけが活性をもっているということを示唆している．

受容体型キナーゼは通常，活性化ループの残基がリン酸化されることで活性化する．第 4 章で述べたように，この基本的なシステムは幅広い装飾の対象となってきた．シグナル伝達系はまた，アダプターや足場の一部としてほかのキナーゼを有している．よく研究されている足場システムは Src キナーゼである．*src*（サークと発音する）はもともと，サルコーマ sarcoma と呼ばれる中胚葉の癌（白血病やリンパ腫など）を引き起こすウイルスの遺伝子として記述されており，そのためタンパク質にもその名前がついた．それゆえに *src* は **癌遺伝子 oncogene**（*8.8）であり，この発見により J. Michael Bishop と Harold E. Varmus は 1989 年にノーベル生理学・医学賞を受賞した．Src タンパク質は，のちに Src ホモロジー 1（現在ではチロシンキナーゼと呼ばれている），Src ホモロジー

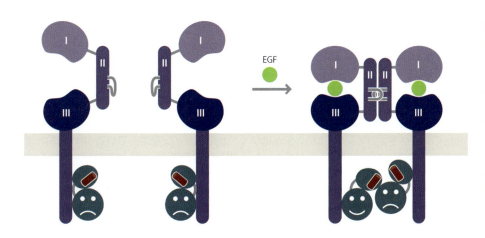

図 8.31
EGF 受容体の活性化．ヘリックス αC（茶色）の配置が正しくないためにキナーゼは阻害されており，そのため ATP が正しい配置で結合できない．受容体の二量体化によって非対称的な二量体が形成され，片方のキナーゼの C 末端ドメイン（この図では右側）がもう片方の αC ヘリックスと相互作用することで再配向させる．これはサイクリン依存型キナーゼがサイクリンによって活性化されるのと同じ様式である．しかし 2 つのキナーゼはその後場所を交換し，ほかのキナーゼを活性化する可能性もある．

*8.8 癌遺伝子

癌遺伝子はその発現が癌を引き起こす遺伝子である．それらは4つのクラスに分類され，多くはウイルス性である．ゆえにウイルスによる感染は癌のリスクを増加させる．癌は細胞分裂が制御できない病気であるので，ほとんどの癌遺伝子はシグナル伝達系に関係するタンパク質をコードしている．クラス1は，血小板由来成長因子（PDGF）をコードする sis 遺伝子のような，成長因子をコードする遺伝子である．クラス2は，上皮成長因子受容体（EGFR）のような，受容体をコードする遺伝子である．クラス3は，ras，src，raf のような，受容体の下流の細胞質タンパク質をコードする遺伝子である．最後にクラス4は，jun や fos のような，核内タンパク質（主に転写因子）をコードする遺伝子である．癌遺伝子のなかでも興味深いグループは，宿主タンパク質とは異なり off にならないシグナル経路の構成分子をコードしている．重要な例はウイルスの ras 癌遺伝子であり，そのタンパク質は Gly 12 が Ala 残基に置換されている点でヒトのタンパク質とは異なっている．この変異によって GTP を GDP に加水分解するのが非常に遅くなり，結果としてシグナルが本来よりもはるかに長い時間 on の状態になる．同様の欠陥がヒトの癌の約1/5でみられる．この変異はタンパク質を超活性化するので優位な影響をもたらす．ヒトの ras 遺伝子は癌原遺伝子 proto-oncogene と呼ばれており，遺伝子へのいくつかの変化が癌を引き起こす．ウイルスの癌遺伝子は宿主の癌原遺伝子に由来するものであると考えられている．

2（SH2），Src ホモロジー3（SH3）と名づけられ，配列比較により分類された3つのドメインを含んでいる（8.1.6項）．それらのドメインは SH3-SH2-キナーゼの順で存在し，不活性型のタンパク質では互いに阻害するような相互作用のセットを形成している（8.1.8項）．このシステムとそのほかのシステムにおいては，ドメイン間のリンカーの長さが協同的な自己阻害の程度にとって重要である [29]（2.2.8項参照）．

Grb2 の例で示されたように，アダプタータンパク質もまた自己阻害によって制御されている．仮に Grb2 が受容体に結合した後，下流のリガンドである Sos にしか結合できないのであれば，それはシステムにとって間違いなく有益である．準備ができたときだけ機能するようにアダプターには安全スイッチが必要であり，これは分子内制御のよい例である（図 8.32）．Grb2 は SH3 ドメインを両側にもった SH2 ドメインを有している．結晶中では2つの SH3 ドメインは折りたたまれて互いに接触し，SH3 の結合部位を部分的にブロックしている [30]．これは非常に弱い相互作用である．たとえば溶液中において，SH3 ドメインの短いペプチドリガンドの存在下では，このタンパク質は柔軟性をもつ [31]．しかし SH2 ドメインが関連したリン酸化受容体に結合すると SH3-SH3 間の相互作用が弱まり，平衡が移動することで Grb2 が on の状態になって Sos に結合できるようになる．Grb2 は，Cbl と呼ばれるタンパク質が関与する，これとはまったく異なった第2の自己阻害システムを有している．Cbl は Grb2 の SH3 ドメインに結合し，Grb2 を off の状態にするプロリンリッチ配列を有している．Grb2 の阻害は Cbl が RTK によってリン酸化されることで除かれる．リン酸化された Cbl はアダプター分子 Crk の SH2 ドメインに結合し，さらなるシグナル伝達イベントを開始させる [32]．

同じ様式で，アダプタータンパク質 Crk も自己阻害される．しかしそのメカニズムは Grb でみられるものと異なる．つまり，Crk は SH3 ドメインと結合できる短いプロリンリッチ挿入断片を SH2 ドメインに有している [33]．もう1つの興味深い例は，アダプタータンパク質 Nck である．Nck は SH2 ドメインに続いて3つの SH3 ドメインを有している．最初の2つの SH3 ドメインの間には52残基のリンカーが存在し，このリンカーが後に続く SH3 ドメインと分子内相互作用で結合し，プロリンリッチ配列と結合する領域をマスクすることで自己阻害している [34]．SH3 に結合するリンカー内の配列は -(K/R)x(K/R)RxxS- で，プロリンはまったく含まれておらず，（SH3 ドメインから27残基離れた）分子内相互作用として，基本的に100%，SH3 と結合する．対照的に，分子間相互作用としては，たったの2mMの親和性しかない．このように，相互作用の分子内部の性質はその強さに大きく影響するのである（第2章）．

Sos と Ras が膜に適切に配置されたときを除けば Sos もまた自己阻害されており，Ras の活性化を妨げている [35]．Sos はいくつかのドメインを含んでいる（図 8.33）．すなわち2つのヒストンフォールドをもった N 末端の制御部位，Dbl ホモロジー（DH）ドメインの後に PH ドメインが続く中心の制御部位，グアニンヌクレオチド交換触媒部位，そして Grb2 と相互作用する C 末端のプロリンリッチ領域である．不活性状態では，ヒストンドメインは PH ドメインと触媒ドメインの間のリンカーに結合する．一方で DH ドメインは触媒ドメインに結合し，アロステリックに阻害する．Sos と Ras の両方が膜の

図 8.32
Grb2 アダプターは閉じた状態と開いた状態の平衡にある．不活性化状態では閉状態のタンパク質が大半を占め，それにより自己阻害されている．SH2 ドメインのリン酸化受容体などへの結合によって SH3 ドメインが自由になり，Sos などの分子に結合できるようになる．

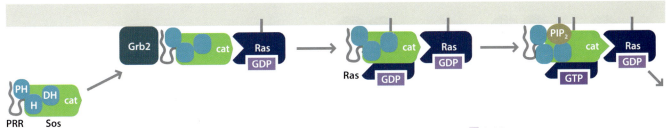

図 8.33
Sos の活性化. Sos は 5 つのドメイン, すなわち PH ドメイン, ヒストンフォールドドメイン (H), Dbl ホモロジードメイン (DH), 触媒ドメイン (cat), C 末端のプロリンリッチ領域 (PRR) で構成される. シグナルの連結において鍵となるのは Grb2 により Sos が膜近くに引き寄せられることであるが, 自己阻害された Sos は GEF として完全な活性を発揮できるようになる前に, いくつかの方法で活性化されなくてはならない. Ras-GDP 複合体への結合は Sos を活性化するが, 一方で Ras-GTP 複合体への結合はさらに効果的である. これは Sos の活性化が自己触媒的であることを意味している. なぜなら最初の Ras が活性化されると, あたらしくつくられた Ras-GTP 複合体が Sos を活性化している Ras-GDP 複合体にとって代わることができ, その後の Ras 分子の活性化を高めるために Sos の活性をさらに高めるからである. Sos はまた PH の PIP_2 への結合や, リン酸化によっても活性化される.

表面に存在するときには, 活性部位に結合する Ras に加えて, DH ドメインを退けて触媒ドメインの DH アロステリック部位に結合する Ras 分子も存在する. その結果, アロステリック効果により Sos の触媒活性が約 500 倍に向上する. Sos が Ras のヌクレオチド交換を触媒すると, Ras-GTP 複合体が Ras-GDP 複合体にとって代わりアロステリック部位に結合することで, Sos の活性をさらに約 10 倍高める. このようにして正のフィードバックループがつくり出され, Sos の活性が自己触媒的に生じる. ホスファチジルイノシトール 4, 5-二リン酸 (PIP_2) が PH ドメインに結合することで, 活性はさらに向上する. これにより DH, PH, および触媒ドメインの相対的な位置が変化し, ヒストンドメインが離れる. 結果として Sos は Ras の活性化を EGF シグナルのような PIP_2 をつくり出すほかの経路に連携させる役割も果たす. ほとんどといっていいほど必ず, Sos もまたリン酸化によってさらに活性化される.

Ras は Raf のジンクフィンガーに結合するが, Raf は Ras が存在していない状態では自己阻害されている [23]. この相互作用は Ras のプレニル化 plenylation によって増強され, Ras を膜の近くにより厳密に配置するはたらきをしていると考えられる.

8.2.8 細菌の二成分シグナル伝達系はヒスチジンキナーゼを有する

上述した受容体型チロシンキナーゼシステムは真核生物だけにみられる. 原核生物はそれと関連するが, より単純な二成分系として知られるシステムを主に利用している. 二成分系は真核生物では限られた範囲でしかみられず, 動物ではまったくみられない. 二成分系はキナーゼがヒスチジン残基をリン酸化するという点で異なっており, その後に続くステップでは, ヒスチジンキナーゼ (HK) histidine kinase から応答制御因子 (RR) response regulator のレシーバードメイン receiver domain にあるアスパラギン酸残基にリン酸が受け渡される (図 8.34). しばしば RR はエフェクタードメインに結合するが, RR がリン酸化されるとエフェクタードメインが活性化する. HK と RR はともに, シグナルを off にする脱リン酸化酵素の活性を有している. 各システムにおいて, これは秒 (s) 〜時間 (h) のスケールの速さで起こる. 細菌は基本的におのおのタイプのシグナルに対して, センサーと HK, RR を有している. HK と RR ドメインはシステムを越えてよく保存されているが, センサーとエフェクタードメインはその構造とメカニズムにおいてまったく異なっていることが多い. 大腸菌 *Escherichia coli* はこのようなシステムを 60 個以上有しており, これは全ゲノムの約 1 %にも及ぶ. これらは走化性, 浸透圧調整, 酸化還元応答, 代謝, 輸送など幅広いプロセスを制御している [36, 37]. このようなシステムは細菌に特有であるため, 抗菌薬の興味深い標的となっている.

追加のドメインを付け加えるなどの"装飾"は真核生物ととくに共通しているが, 二成分系の基本的なシステムは非常に単純である (図 8.34b) [36]. 外部シグナルの効果として多いのは, センサーを二量体化あるいは四量体化することでシグナルを開始させることである. RTK と同様に, ヒスチジンキナーゼは恒常的に活性化状態にある. 下流のエフェクタードメインは主に転写因子として機能し, RR がリン酸化されたときにのみ DNA に結合することができるが, その様式は異なる. NarL では, RR が物理的にエフェクターと DNA が結合するのを妨げており, RR のリン酸化によってエフェクタードメインが解放され, エフェクターは対称的な二量体を形成して DNA に結合する. 対照的に, リン酸欠乏応答性タンパク質 PhoB と芽胞形成タンパク質 Spo0A は 2 つのタンデムなドメインとして結合する. 酸化還元センサー PrrA は不活性状態で DNA に結合できるが, 非常に

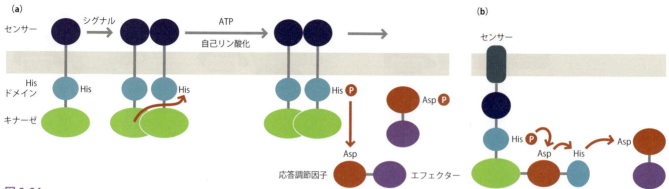

図 8.34
二成分系．(a) 浸透圧調節因子 OmpR にみられる単純な二成分系．センサーはペリプラズムに存在する．それ以外のタンパク質と応答調節因子は細胞質に存在する．(b) 酸化還元調節因子 ArcA にみられるより複雑な系．

弱い結合である．RR のリン酸化によりエフェクターが RR から解放され，エフェクターは二量体化して DNA とはるかに強く結合できるようになる [38]．興味深いことに PrrA はさまざまな DNA 調節部位に結合し，光合成，電子伝達，窒素固定，炭素固定に関係する遺伝子を活性化させ，好気性呼吸に関与する遺伝子を不活性化する．これらの効果は対称的な結合部位の DNA 配列によって引き起こされているようであるが，結合部位の中間部までの間隔に違いがあるため，異なる結合親和性を有しているのであろう [39]．リン酸化されていない窒素固定制御分子 NtrC は二量体であるが，リン酸化により多量体を形成し，中心ドメインの付加による ATP 加水分解を導く．これにより構造変化が起こり，DNA 結合にいたる．走化性関連の RR である CheB はエフェクターとしてメチルエステラーゼを有しており，リン酸化されていない RR が活性部位への接近を妨げている．

二成分系において鍵となるスイッチは RR であり，RR はリン酸化により構造変化する．RR は第 7 章で説明した低分子量 GTP アーゼと構造的に関連しており，共通した進化的起源をもつと考えてよい [40]．しかし機能的な関連性はむしろ遠い．いくぶん単純化しすぎかもしれないが，メカニズムは以下のようである [41]．RR がリン酸化されると，高度に保存されたセリンもしくはスレオニンが移動してリン酸基と結合する．これにより，保存されたフェニルアラニンもしくはチロシン残基が，表面の露出部からあたらしくできた穴へと移動し，タンパク質分子中に疎水的な穴が形成される（図 8.35）[42]．このように，リン酸化によってタンパク質表面から大きな疎水性残基がなくなる．そしてその結果，局所的に二次構造を形成していたシグナル構成要素が再配置され，エフェクタードメインに対する結合界面などが変化する．

二成分系と RTK シグナルの間にみられる種の分布の違いは印象的であるが，その理由は二成分シグナル伝達系が単純であるからということではないようである．なぜなら真核生物は，必要であれば "装飾" を導入することが確実にできるからである．理由の 1 つは on/off スイッチの効率のよさなのかもしれない．Ras に代表される低分子量 GTP アーゼのスイッチは，不活性と活性のコンフォメーションの割合で 1,000 倍以上の差がある．しかし RR スイッチはそこまで効率がよくないため，200 倍 [38] から低いもので 20 倍 [43] の間と見積もられている．RR がリン酸化された状態，またはされていない状態である on と off の間で変動していることを，溶液中で確認した数多くの報告がある [44]．これらは立体配座選択（第 6 章）のとくに明確な例であるといえる．"装飾" は不完全なスイッチを改善し得るが，立体配座選択は開始しやすいシステムを提供する．これがおそらくは低分子量 GTP アーゼのスイッチが生物界に広く浸透した理由ではないだろうか．ゆえに，Ras 型の低分子量 GTP アーゼのスイッチが "漏れ" が少ないという理由から初期の真核生物の段階で二成分スイッチに取って代わり，主流となったと考えるのが妥当である．

8.2.9 進化予想によって統一的な説明が可能となる

本章を通して，シグナル伝達系の進化が，ほかの進化プロセスと同様に日和見的であるということを示そうとしてきた．進化における最初の試みは，十分によく機能すれば発展し追加され，また十分によい代わりのものが見つかればそれに取り替えられ得る．このよ

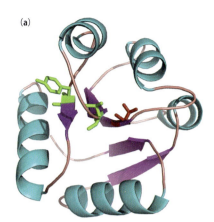

図 8.35
細菌の走化性にとって重要な応答調節因子 CheY の活性化メカニズム．CheY は Asp 57（赤色）がリン酸化されることで，不活性型 (a) から活性型 (b) へと変化する．リン酸は Thr 87（緑色）と水素結合を形成し，Thr 87 の側鎖が回転しメチル基が移動することで後ろに疎水的な穴ができる．この穴は Tyr 106（緑色）が内側に回転することで埋められる．これによりタンパク質表面にきわめて大きな変化が引き起こされ，とくに FliM（細菌の鞭毛の制御因子）のような CheY に結合するタンパク質によって認識される．図は PDB 番号：3chy（フリーの CheY），1fqw（BeF_3^- との複合体）を用いて描いた．BeF_3^- はリン酸基のよい模倣体でより安定に存在するために，ここでは実験的に用いている．

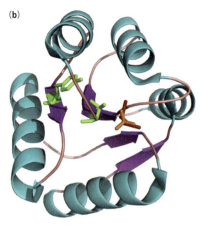

うにして機能の重複，冗長性やクロストーク，さらに個々のシグナル伝達系に特有の数多くのメカニズムを有する，大きく複雑なシステム全体ができたのである [10]．

すなわち進化はシンプルな物を取り込み，コピーや移植を行い，必要とすることができるまで"装飾"を付け加えて修繕することによって行われてきた．この節では根底にあるこのしくみを理解するために，すべての"装飾"を明らかにしていく．

膜を越えるシグナル伝達に関与している受容体キナーゼ経路としてもっとも単純なものは，おおよそ図 8.36 に示したような経路である．ここで重要なのは，細胞外のシグナルがリン酸化のような細胞内のイベントに変換されるということである．そしていずれかのリン酸化が認識されることで，細胞内のタンパク質の変化が導かれる．Jak/Stat 経路はこれと同じぐらい単純であると述べてきた．興味深いことに，線虫 *Caenorhabditis elegans* は Stat のホモログはもつが，Jak のホモログはもたない．このことは Stat システムが生物界に広く浸透し，おそらくは Jak よりも古いことを示唆している．つまり，Stat 様タンパク質のリン酸化を介したシグナル伝達は古いメカニズムであるが，Jak のような受容体関連チロシンキナーゼを用いて Stat をリン酸化する必要はないということである．繰り返しになるが，原核生物が多くのセリン/スレオニンキナーゼをもつ一方で，チロシンキナーゼをほとんどもたないということは興味深い．同様に，植物もセリン/スレオニンキナーゼは多くもっているが，受容体チロシンキナーゼはほとんどもたない．これらのことから，最初の受容体キナーゼはセリン/スレオニンキナーゼであったと考えられる．チロシンキナーゼはセリン/スレオニンキナーゼと構造的に関連しており，おそらくはセリン/スレオニンキナーゼの変化によって生じた，より最近の適応ではないかと推測される．

上で述べたことは，真核生物のシグナル伝達システムにおいて，Jak/Stat システム以上に単純なものがあることにも関連している．それが Smad システムというものであり，これこそが"初期の"シグナル伝達系と呼ぶにふさわしい [45]．その受容体は実際には四量体であるが，核となる部分はヘテロ二量体である（図 8.37）．受容体は，細胞内にセリン/スレオニンキナーゼドメインをもつタイプⅡ受容体 1 個と，異なるキナーゼドメインをもつタイプⅠ受容体 1 個で構成されている．リガンド（たとえばトランスフォーミング成長因子 β（TGF-β) transforming growth factor-β）がタイプⅡ受容体に結合し，タ

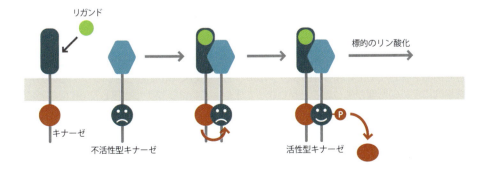

図 8.36
単純な二量体化受容体キナーゼのメカニズム．2 つのキナーゼは同じでも異なっていてもよい．細胞外の受容体もまた同じでも異なっていてもよい．重要なことは，リガンドの結合により受容体が二量体を形成し，それにより一方のキナーゼがもう片方に近づくことである．

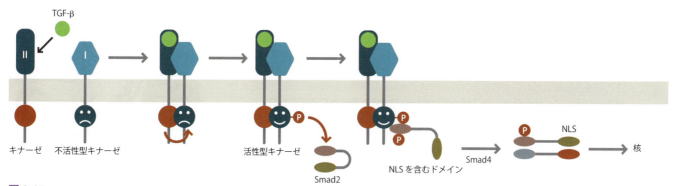

図 8.37
Smad シグナル伝達系．これは重要なファミリーであり，細胞死，組織修復，増殖，分化など多岐にわたる機能を制御する．

イブ I 受容体とのヘテロ二量体化を導く．これによってタイプ II キナーゼがタイプ I キナーゼをリン酸化できるようになり，タイプ I キナーゼが活性化する．そしてタイプ I キナーゼは Smad と呼ばれるリガンドをリン酸化する．リン酸化された Smad は解離して核に移行し，遺伝子発現に作用する．通常この過程にはリン酸化 Smad と，もう 1 つ別の Smad が関連している．もちろんこのシステムは，阻害型 Smad や Smurf（後述）のような別のタンパク質を含む"装飾"をさらに進化させてきた．

以上のことから，図 8.36 に示したような初期の単純なセリン/スレオニンキナーゼシステムがたどってきた進化のルーツが想像できるであろう．セリン/スレオニンキナーゼは，キナーゼの基質へのごくわずかな修正によって Smad に，もしくはキナーゼの基質を既存の Stat に置き換え，その後受容体キナーゼの基質にいくらか修繕を加えることで Jak / Stat に枝分かれしたのである．

それでは，どのようにしてより複雑な RTK システムが出現したのであろうか．まず考えられるのは，低分子量 GTP アーゼが進化の早い段階で生み出され，またそれをつなぐアダプター分子をシステムに取り入れて再利用するのが難しくなかったからという理由である．もう一度，取り入れた後に最小限の修正を加えることで再利用可能な，Ras から転写因子までの既存の経路を想像してみてほしい．RTK システムの主な利点はシグナルの増幅ではないと考えられる．なぜならひとたび足場が関与すると，増幅の可能性は極端に低くなってしまうからである [46]．結論として，経路においてより多くのコンポーネントが存在すれば，調整 regulation，制御 control，交差調整 cross-regulation，枝分かれ branching がより起こり得るということが RTK システムの利点としてもっともふさわしい理由であるように思われる．

アポトーシス経路におけるシグナル伝達も，上述のメカニズムと非常に類似した点と相違点の両方を持ち合わせており，それはシグナル経路が進化の過程で通ってきたと思われる道を示唆している．シグナル分子の結合により，受容体は二量体よりもむしろ三量体（NFκB シグナルにも採用された解決法）を形成し，相互作用の多くはヘテロよりもむしろホモの会合によるが，とくにデスドメイン（DD）やデスエフェクタードメイン（DED）のように構造的に関連したドメインの間に起こる．最終的につくり出されるのがキナーゼカスケードでなく主にタンパク質分解カスケードではあるが [47]，アダプターや足場タンパク質が多様なこと，酵素の機能があまりないこと，キナーゼカスケードが存在することなど，ほかの点では根本的なメカニズムはとても似ている．

8.2.10 シグナルのスイッチを off にする

シグナルを生み出すこと，伝えることと同じぐらい重要なのはシグナルを off にすることである．正しく on にならないシグナルよりも，正しく off にならないシグナルの方が医学的に多くの影響が生じることがわかってきた．これはシグナルが正しく off になることの重要性を強調している．

細胞内のシグナルはタンパク質のリン酸化を介して伝えられるので，一般的にはそれに付随する脱リン酸化によってスイッチは off になる．第 2 章や 4.4.2 項，8.2.5 項で説明したように，脱リン酸化酵素はキナーゼの約 1/3 の種類しかない．これは脱リン酸化酵

素の方がキナーゼに比べてより特異性が低いことを意味していると考えてよい．それらはキナーゼと同じように，基質の近くに配置されることで特異性を獲得する．このようにシグナルを off にする共通のメカニズムは，シグナル経路の開始に関与したリン酸化残基を認識する（SH2 のような）ドメインをつなげた脱リン酸化酵素の存在に基づいている．それが基質に結合しリン酸基を取り除き，経路をシャットダウンするのである．

例として，Jak/Stat 経路は SH2 ドメインを介して活性化受容体に結合し Jak を脱リン酸化するホスファターゼによりスイッチが off になる．このホスファターゼはすべての細胞に存在するが不活性である．ホスファターゼが受容体に結合し，活性部位を露出させることで活性が on になる．Smad 経路は受容体を対象としたホスファターゼによりスイッチが off になるが，このホスファターゼは経路の活性化によって産生された遺伝子産物の 1 つである．

もちろんシグナルを off にする手段はいろいろある．シグナル伝達タンパク質を分解するという，大雑把であるが効果的な方法によりシグナルが off になることもよくある．Jak/Stat では，シグナル経路により活性化される遺伝子の 1 つに SOCS と呼ばれるタンパク質がある．SOCS はリン酸化受容体に結合する SH2 ドメインと，E3 ユビキチンリガーゼを動員する第 2 のドメイン（SOCS ボックス）を有し，受容体のタンパク質分解を導く．同様に Smad シグナルもまた Smad ユビキチン化制御因子（Smurf）Smad ubiquitylation regulation factors の産生により off になる．Smurf はいくつかの Smad と Smad 関連タンパク質に結合し，E3 ユビキチンリガーゼを動員し，タンパク質分解を導く [48]．標的タンパク質によって，これがシグナルの促進もしくは抑制に働く．また休止状態の細胞においてシグナル強度を下方制御 down-regulation することもある．

8.3 G タンパク質共役型受容体

G タンパク質共役型受容体（**GPCR**）G-protein-coupled receptor もまた主要なシグナル伝達経路を構成している．GPCR はヒトでは最大の細胞表面受容体ファミリーを形成し（700 種類以上がゲノムにコードされている），現在使われている薬の 50% ほどが GPCR を阻害することで機能していると見積もられている．受容体二量体化システムとは対称的に，GPCR は迅速な応答が必要なところで用いられる傾向にあり，転写よりもむしろ細胞内プロセスを直接的に制御している．

GPCR のシグナル伝達メカニズムは受容体型キナーゼよりも短く単純である．受容体は 7 回膜貫通ヘリックスとヘリックスをつなぐループ，細胞外の N 末端領域と細胞内の C 末端領域からなる（図 8.38）．高分解能の立体構造が明らかでなかったため，最近まで詳細なメカニズムは不明であった．原子レベルで構造が明らかになった最初の GPCR はロドプシンである [49]．ロドプシンは GPCR の中でもかなり特殊なメンバーであり，本当の意味では代表的な受容体とはいえない．しかしさらに最近になって解明されたヒト β_2 アドレナリン受容体（図 8.39），β_1 アドレナリン受容体，オプシン，そしてアデノシン A_2 受容体の結晶構造によって，詳細な理解への道が開けてきた（図 8.40）[50-52]．これらの受容体はすべて比較的近いホモログであり，すべての種類の GPCR はカバーしきれていないため，その構造から得られた結論がどの程度の一般性をもつかは不明である．

リガンド結合部位は膜貫通領域の中に埋まっており，すべての受容体において同じような場所にある．β_2 アドレナリン受容体では，リガンドの結合によっていくつかのアミノ酸の側鎖，とくにトグルスイッチとして機能するといわれるトリプトファンが再配置される [52]．そして，再配置によって今度はプロリンが存在することでねじれているヘリックスに回転が起こる．続いて起こるヘリックスの再パッキングは，表面を滑らかにする役割をもつ水分子によって促進される．これは，受容体の形を変化させることで，シグナルを細胞内に機械的に伝えているのである．オプシンにおいても同じようなことが起こっているようであり，リガンドの結合により膜貫通ヘリックスの 1 つが傾き，もう 1 つが回転する．このようにして Gα に対する別の結合表面が現れる．リガンド特異性の詳細はよくわかっていないが，それはヘリックスの細部の特徴，つまり膜の中におけるヘリックスの相互作用に依存するようである．

細胞内においては，G タンパク質を形成する 3 つのタンパク質 Gα，Gβ，Gγ の複合体

図 8.38
G タンパク質共役型受容体．この図は一般的な略図で，7 本の膜貫通ヘリックスとそれらをつなぐループがあり，とくに長いループ I3 が細胞内で 5 番目と 6 番目のヘリックスをつないでいる．

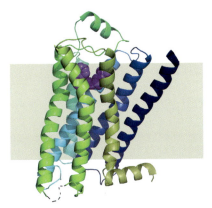

図 8.39
GPCR の高分解能構造．ここでは β_2 アドレナリン受容体（PDB 番号：2rh1）を載せた．この構造はインバースアゴニストであるカラゾロール（紫色）を含んでいる．前面の 3 本のヘリックス（緑色／黄色）において，独特の屈曲がはっきりと見える．I3 ループ（破線）は不規則な構造である（つまり動きやすい）ため電子密度が観察されないが，2 本の緑色のヘリックスの間，前面下部に存在する．

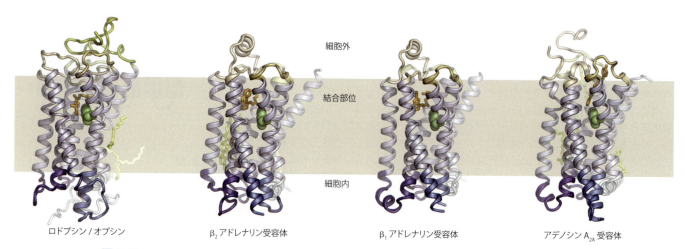

図 8.40
数種類の GPCR の構造比較．膜貫通領域を薄青色，細胞内領域を濃青色，細胞外領域を茶色で示した．リガンドを橙色の棒，結合している脂質を黄色，保存されたトグルスイッチであるトリプトファン残基を緑色の球で表した．これらの GPCR は配列がある程度近く，とてもよく似た構造とリガンド結合部位を有する．(M.A. Hanson and R.C. Stevens, *Structure* 17: 8-14, 2009 より．Elsevier より許諾)

が存在する．Gβ と Gγ は常に結合して基本的にヘテロ二量体タンパク質を形成しており，脂質アンカーによって膜につながれている．Gα もまた脂質アンカーをもつ GTP アーゼであり，第 7 章と本章の前半で説明した低分子量 GTP アーゼと同じ様式で働く．これらには構造的な類似性もあるので，進化の起源が共通なのではないかと考えられる [53]．Gα は GDP と結合しているときには不活性であるが，ヌクレオチド交換因子によって活性化され，活性化されることで GDP の解放と GTP の結合が起こる．不活性な状態では，Gα は Gβγ 複合体に結合している（図 8.41）．ヌクレオチド交換因子（*8.5）は活性化した GPCR であり，三量体 G タンパク質とすでに結合している場合もあれば，膜の中を自由に拡散している場合もある．再び注目してほしいのは，Gα が膜につながれているため，ヌクレオチド交換因子による活性化は 2 次元的探索しか必要としないということである．ヌクレオチド交換因子との結合により GDP の解離と GTP の Gα への結合が促され（そろそろ RTK 経路との類似性がわかったであろう），そして通常は Gα が Gβγ および受容体から解離する．

その後 Gα-GTP 複合体は膜表面を自由に動き回り，標的タンパク質と相互作用する．多くの場合，標的となるのはアデニル酸シクラーゼ（これもまた膜に結合している）である．これは Gα の結合により活性化し，ATP をサイクリック AMP（cAMP）に変換する酵素である．cAMP は細胞内でセカンドメッセンジャーとして働き，さらなる効果をもたらす．Gα はまた GTP アーゼとしての活性をもち（受容体型キナーゼのシグナル伝達と

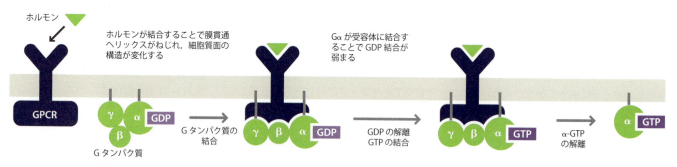

図 8.41
GPCR による三量体 G タンパク質の活性化メカニズム．Gα と Gγ は脂質アンカーで膜表面につながれていることに注意せよ．

の類似性に再び注目してほしい），それは GAP（*8.6）により調節され，アデニル酸シクラーゼとの結合により促進される．したがって，Gα が標的に送り込まれると，比較的早くシグナルが off になる（Gα は実際には GAP ドメインを有しており，もともとすばやく自己不活性化する．不活性化するのに外部からの GAP を必要とする Ras などとは対称的である）．ひとたび GTP が GDP に加水分解されると，Gα-GDP 複合体は不活性となり，Gβγ と再び会合することではじめの状態に戻る．

コレラはコレラ菌 Vibrio cholerae が生産する毒素によって引き起こされる．コレラ毒素は Gα と特異的に結合して GTP の加水分解を阻害するため，シグナルが長時間 on になり，結果として腸へのナトリウムと水の過剰な排出が引き起こされる．もちろん，たとえばアデニル酸シクラーゼの活性を促したり阻害したりするタンパク質など，進化の過程で基本的な G タンパク質システムに付け加えられた"装飾"はほかにもたくさんある．Gα によって活性化される酵素の 1 つがホスホリパーゼ C-β であり，それは PLC-γ と似たような活性をもち，GPCR と RTK 経路をつなぐ役割をもっている．

8.4 イオンチャネル

膜貫通シグナル伝達系の第 3 の分類はイオンチャネルである．チャネルは，膜間電圧の変化（電位開口型イオンチャネル），細胞内や細胞外のリガンド結合（リガンド開口型イオンチャネル），機械的な力（機械開口型イオンチャネル）に応答して開く．神経インパルスの伝達は，神経軸索に沿った電位開口型イオンチャネルの断続的な開閉によってもたらされ，軸索に沿ってすばやく伝わる電気的**活動電位** action potential がつくり出される．神経インパルスが軸索の端まで到達すると，軸索の端では小胞に封入されたアセチルコリンのエキソサイトーシスが促され，その後アセチルコリンはシナプスを越えて短い距離を拡散し，筋細胞の受容体に結合する．この受容体は**ニコチン性アセチルコリン受容体** nicotinic acetylcholine receptor（*8.9）と呼ばれる．アセチルコリンの結合によりチャネルが開き，1 s 間に 10^7 個以上のカリウムイオンやナトリウムイオンが流入することで，筋肉の収縮が刺激される．シナプスのアセチルコリンはアセチルコリンエステラーゼによりすばやく除かれ，チャネルのスイッチは off になる．

アセチルコリン受容体の構造の詳細は電子顕微鏡によりおおまかに得られている（第 11 章）．その構造は五量体であり（図 8.42），（図 8.42a の上から時計回りに）αβδαγ のポリペプチド鎖で構成されている．4 つのサブユニットは類似しているが，α サブユニットだけがアセチルコリンと結合する．チャネルを開くのに必要なアセチルコリンの濃度から考えると，2 つの α サブユニットにリガンドが直接結合すれば必要な反応が得られるのであろうと推測される．チャネルは膜の両面から長く突き出ており，アセチルコリンの結合部位は膜から約 40 Å も上部にある [54]．閉じた状態では 2 つの α ヘリックスは歪曲しているか，もしくは（第 3 章で述べたアロステリック変化によく使われる用語を用いれば）"緊張状態"にある [55]．アセチルコリンの結合により周辺のループの位置に変化が生じ，続いて小さな β シートの歪曲もしくは回転が起こる．また，このシートはヘリックスに結合しているため，ヘリックスにも回転が生じる．そのヘリックスはイオンチャネルのゲートであり，水和したイオンが通過できないほど狭い疎水性のチャネルを形成している（図 8.43）．つまり，α サブユニットへのアセチルコリンの結合により，ゲートのヘリックスの回転が引き起こされるのである．そして，これら 2 つのヘリックスの回転により，α サブユニットと隣のサブユニットとの間の相互作用が不安定化され，5 つすべてのサブユニットのヘリックスが協同的に，同じ向きに約 15°回転する．これにより，穴をふさ

*8.9 ニコチン性アセチルコリン受容体

アセチルコリン受容体にはまったく異なる 2 種類が存在する．ニコチン性受容体はイオンチャネルであり，一般に筋肉や神経細胞（とくにシナプス）にみられ，チャネルを開口するアセチルコリンの結合によるシグナル伝達に利用される．このチャネルはニコチンの結合によっても開き，これがニコチンの生理学的効果や依存性に関与している．対照的に，ムスカリン性受容体はアルカロイドであるムスカリンと結合し，平滑筋の制御や腺分泌に用いられる副交感神経系に関与する．これは GPCR である．

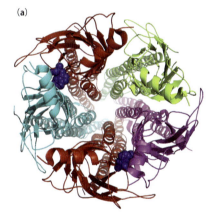

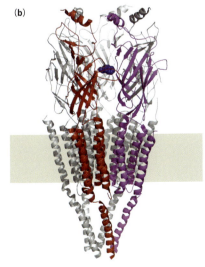

図 8.42
アセチルコリン受容体の構造．(a) 細胞の外側からの図．タンパク質は五量体であり，上から時計回りに，α（赤色），β（緑色），δ（紫色），α，γ（水色）サブユニットである．α サブユニットのみがアセチルコリンに結合する．このアセチルコリンが結合する αTrp 149（青色）を強調して示している（PDB 番号：2bg9）．(b) 膜から見た図．α と δ サブユニットのみ色つきで示した．

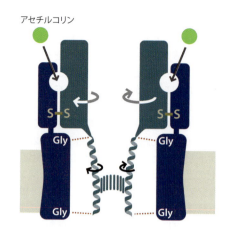

図 8.43
アセチルコリン受容体におけるイオンチャネルの開口メカニズムの予想図（詳細は本文参照）．(A. Miyazawa, Y. Fujiyoshi and N. Unwin, *Nature* 423: 949–955, 2003 より．Macmillan Publishers Ltd. より許諾）

いでいた大きく疎水的なロイシンの側鎖が邪魔にならないところに移動し，小さく親水的な側鎖に置き換わることでイオンが通過できるようになる．全体的な変化はカメラレンズの開口部の変化に似ていないこともない．

このチャネルに代表されるスイッチは 100％の on/off ではない．リガンド結合状態，非結合状態のどちらにおいても，開状態と閉状態の間でゆれ動いている．しかしながら，リガンド結合状態でも 10％程度閉じているものの，リガンド非結合状態ではほぼ 100％閉じている．これは，リガンドが非結合状態においても部分的に開いている状態と比べてより"安全"であるといえる．

アセチルコリン受容体はほかのリガンド開口型イオンチャネル，たとえばセロトニン，γ-アミノ酪酸，グリシンのようなチャネルと相同性がある．しかし，同じように作動すると考えられるグルタミン酸開口型や，ATP 開口型のチャネルではむしろそれよりも低い相同性となる．

イオンが細胞内に入ると，イオンを感知するメカニズムと，いったん役割を終えたイオンを隔離するメカニズムが必要になる．一般的なイオン感知メカニズムとしてはカルシウムイオンを感知するカルモジュリンが挙げられるが，ここではこれ以上説明しない（章末の問題 3 参照）．

8.5 潜在性遺伝子制御タンパク質の分解を介したシグナル伝達

8.5.1 Notch 受容体は遺伝子の転写を直接活性化する

これまで説明してきたものとはまったく異なる一般的なシグナル伝達メカニズムがほかにもまだ存在する．そのシグナル伝達は細胞や胚の発達における細胞パターン形成にのみ利用され，タンパク質分解により活性化タンパク質を細胞内に放つため不可逆的である．そのメカニズムはこれまでに見つかった細胞表面から核へのシグナル伝達のなかでもっとも単純であり，したがって非常に原始的なメカニズムの代表であると思われる．Notch システムはこのメカニズムのよい例であり，ショウジョウバエの羽に Notch（切れ込み）を形成させる変異により初めて同定されたためにこのように呼ばれている．

Notch 受容体は 1 回膜貫通型のタンパク質である．ゴルジ体で受容体が成熟する間にタンパク質分解による切断を受けるため，成熟した受容体は実際には 2 つの別のポリペプチド鎖で構成されている（図 8.44）．それらは大きな細胞外領域とそれ以外の短い領域であるが，この短い領域は小さな細胞外配列，膜貫通領域と比較的長い細胞内領域で構成される．Notch1 受容体の細胞外領域は 36 個の EGF モジュール（第 2 章）の繰り返しによって構成されている．この受容体がリガンドと結合するのであるが，リガンドは別の細胞表面タンパク質であるため，近くの細胞に存在しなくてはならない．リガンドもまた EGF

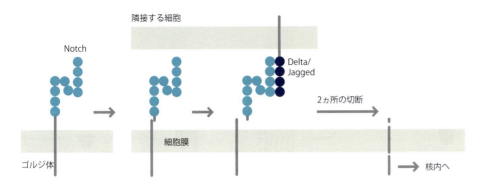

図 8.44
Notch シグナルのメカニズム．Notch 受容体はゴルジ体で処理され，タンパク質分解により 2 つのポリペプチド鎖に分かれる．そしてリガンドの結合と同時に細胞外のペプチド鎖が離れる．結果としてさらに 2 ヵ所のタンパク質分解による切断を受け，受容体の細胞内領域が分離し，それが核内に移行することで遺伝子活性化が起こる．

モジュールの繰り返し構造で構成されている（本書にはこのタイプの例が多く載っており，いずれもタンパク質-タンパク質相互作用系における両者（たとえば受容体とリガンド）が明確に関連している．これはおそらく進化の過程で手元にあるもっとも簡単なものが選ばれたためであり，それが自己認識であったのであろうと考えられる）．まだ解明されていない部分もあるが，リガンドが受容体に結合すると受容体の細胞外領域が離れ，膜貫通領域の小さな細胞外配列が露出する．露出した配列は連続した 2 つのプロテアーゼによって切断される．これらのプロテアーゼは細胞膜上に存在し，おそらくは休止状態の細胞では切断部位に接近できないために活性化されないだけなのだろうと考えられている．切り離された断片は細胞内に入り，核へと移動する．そこで転写のリプレッサーと結合し，それをアクチベーターへと変換する（図 8.44）．

　Notch リガンドと受容体は隣接する細胞の表面に存在しなくてはならないので，通常 Notch シグナル伝達は 1 つの細胞が隣接するすべての細胞へとシグナルを伝達するのに用いられ，多くの場合 Notch リガンドをもつ細胞と受容体をもつ細胞は区別される（図 8.45）．このことから，Notch シグナル伝達はたとえば神経細胞の発生に利用される．神経細胞は 1 枚の上皮前駆細胞の中にある単一の細胞に由来する．1 つの細胞がニューロンへと発生すると，その細胞は Notch リガンドを発現し，隣り合ったすべての細胞にニューロンにはならないようにシグナルを伝達するのである．これは側方抑制 lateral inhibition として知られる過程である．

8.5.2 ヘッジホッグは細胞内シグナルのタンパク質分解を抑制する

　発生の過程におけるシグナルで，もう 1 つ重要なものが**ヘッジホッグ Hedgehog**（*8.10）である．Notch リガンドが細胞膜に結合しており，接触している細胞のパターン形成をもたらすのに対し，ヘッジホッグは短い距離であれば拡散できるタンパク質性のリガンドであり，ゾーンでの細胞パターン形成をもたらす．それはハエやワームにおける分節化ボディープランの確立や，哺乳類におけるさまざまな組織の発生に関与する重要な遺伝子にコードされている．ヘッジホッグシグナルに問題が生じると，癌や発達異常などのさまざまな病気が引き起こされる．このような発達異常でもとくに衝撃的な例は，哺乳類においてヘッジホッグが阻害されると中央に 1 つしか眼が形成されないことである（単眼症 cyclopia と呼ばれる）．

　ヘッジホッグは Patched と呼ばれる受容体に結合する（図 8.46）．Patched の通常の機能は，（そのメカニズムはわかっていないが）Smoothened と呼ばれる第 2 の膜貫通タ

> ***8.10 ヘッジホッグ**
> 8.5 節を読めば，発生生物学者が自身の発見したタンパク質に変わった名前をつけることがわかるであろう．さらに例を挙げると，Notch 受容体のリガンドは 3 つあり，それぞれ Delta, Serrate, Jagged と呼ばれている．8.5.2 項で説明したシステムはショウジョウバエのものであり，これはある程度理解されているが，ヒトのものについてはほとんどわかっていない．ヒトには 3 つのヘッジホッグ遺伝子産物が存在し，それぞれ Sonic, Desert, Indian として知られている．これらのタンパク質は一風変わっており，コレステロールと共有結合でつながっている．ヘッジホッグ（ハリネズミの意）という名前は，その遺伝子に変異が生じることで，ショウジョウバエの幼虫がトゲトゲの外見になることに由来している．

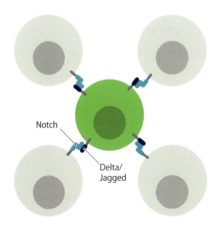

図 8.45
Notch シグナルはパターン形成にしばしば関係する．分化した細胞（緑色）は表面に Notch リガンドを発現する．Notch 受容体を有する隣接した細胞は活性化され，同様の分化を避けるように働くことが多い．それによって交互に入れ替わる細胞パターンが形成される．

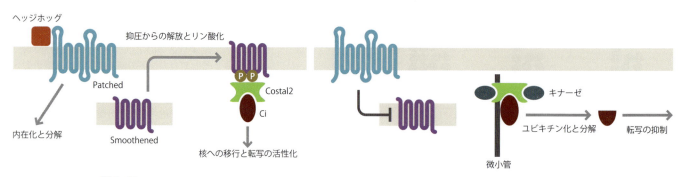

図 8.46
ヘッジホッグによるシグナル伝達のメカニズム．(a) ヘッジホッグは受容体 Patched に結合するが，その結合には通常共受容体である iHog が関与する（ここでは示さない）．iHog は多数の免疫グロブリンやフィブロネクチンタイプⅢモジュールを有する 1 回膜貫通型の受容体であるという点で，典型的な受容体である（図 2.11 参照）．ヘッジホッグが Patched に結合することで Patched は内在化され，分解される．それにより Smoothened に対する Pathced の抑制が取り除かれる．Smoothened はリン酸化され，内部の小胞から細胞膜へと移動し，そこで Costal2 と相互作用して Ci を解離させる．Ci は核へと移行し，転写を活性化する．(b) ヘッジホッグがない状態では，Patched は Smoothened を阻害する．Costal2 は Ci と結合し，キナーゼを動員する．これにより結果的に Ci がユビキチン化されて分解される．Ci の分解断片の 1 つが核へと移行し，転写の抑制因子として働く．このメカニズムでは，ヘッジホッグがない状態において Ci が常に分解され続けていることに注目せよ．一見無駄が多いようにみえるが，めずらしいメカニズムではない．

ンパク質を不活性化させることである．ヘッジホッグが結合すると Patched は内在化 internalization され，リソソームによって分解される．これにより Smoothened が自由になって機能を発揮する．その機能とは，リン酸化されることによりさらに 2 つのタンパク質，具体的には Costal2 と呼ばれる足場タンパク質と結合できるようになることである．Costal2 は Ci と呼ばれるタンパク質を切り離し，これが核に移行して転写を活性化する．

ヘッジホッグが存在しないと Costal2 は Ci および微小管に結合し，上述した Smoothened をリン酸化するキナーゼなどを含む，いくつかのほかのタンパク質を動員する．この複合体は Ci をリン酸化し，続いてユビキチンタグ（*4.9 参照）が付けられ，最終的に分解される．そのようにして生じた Ci の分解断片の 1 つが，全長の Ci によって活性化される多くの遺伝子の転写阻害剤として機能している．

以上のように，Notch とヘッジホッグにはいくつかの類似点がある．すなわち関連するタンパク質分解があり，シグナルは遺伝子の抑制から遺伝子の活性化へとスイッチする．ヘッジホッグシグナルは，リガンドファミリー Wnt（Wingless を含む）による別のシグナル伝達系ともいくつかの類似点をもつ．Wnt が Frizzled と呼ばれる受容体に結合すると細胞内タンパク質の分解が制御され，抑制から活性化へとスイッチされる．

8.6 章のまとめ

シグナル伝達が抱える根本的な課題は，どのようにして細胞膜を越えてシグナルを伝達するかということである．そのもっとも単純な方法は，膜を直接通ることのできる疎水的なシグナル分子を用いることである．

多くの受容体が細胞内キナーゼと連携しており，リガンド結合により受容体が二量体化し，自己リン酸化が起こる．このようなシステムの単純な例が Smad である．自己リン酸化されたヘテロ二量体化受容体がキナーゼとして活性化し，リガンドである Smad をリン酸化する．そしてそれが核に移行して DNA の転写を変化させる．それよりも少し複雑なシステムが Jak/Stat である．Jak/Stat では自己リン酸化された受容体が Stat を動員し，Stat をリン酸化することで二量体化して核へと移行する．しかし，ほとんどのシステムは受容体型チロシンキナーゼである．リン酸化された受容体は Grb2 のようなアダ

プタータンパク質により認識される．それらはリン酸化チロシンを認識するSH2ドメインや，Sosのプロリンリッチ領域に結合するSH3ドメインを有する．Sosは構成的なグアニンヌクレオチド交換因子であり，RasにおいてGDPとGTPの交換を触媒する．GTPが結合したRasは，さまざまな付加的タンパク質の助けを得てRafを動員し活性化する．活性化したRafはキナーゼカスケードを開始するキナーゼであり，最終的に転写因子をリン酸化する．

各段階で，シグナルを仲介する因子は必要のないときには自己阻害される．活性化には，足場タンパク質のような付加的タンパク質の介助や，シグナル伝達の特異性を増すための付加的な相互作用ドメインが必要である．それぞれのシステムで実にさまざまな"装飾"が存在しているのである．

原核生物は二成分シグナル伝達と呼ばれる同種のメカニズムをもっており，ヒスチジン残基がリン酸化され，レシーバードメインのアスパラギン酸残基にリン酸を受け渡す．これにより，共有結合で付加しているエフェクタードメインがさまざまなメカニズムで活性化される．

ほかに広く用いられているシグナル伝達メカニズムとして，Gタンパク質共役型受容体，イオンチャネル，タンパク質分解断片の放出の3つがある．1番目ではリガンドの結合により細胞内の分子表面を変化させるヘリックスの回転が起こり，Gαタンパク質が活性化され，セカンドメッセンジャーの生産が促される．2番目でもリガンドの結合によりヘリックスの回転が起こるが，この場合はチャネルが開き，イオンが通過できるようになる．そして3番目ではリガンドの結合により，遺伝子の転写に直接影響する細胞内タンパク質の分解に変化が起こる．

8.7 推薦図書

シグナル経路に関してはいくつかのすぐれた教科書で解説されている．そのなかでもとくに推薦したいのが，Albertsらによる『Molecular Biology of the Cell』[56]と，Lodishらによる『Molecular Cell Biology』[57]である．またHancockによる『Cell Signaling』[58]にもシグナル伝達に関するよい記述がある．

PetskoとRingeによる『Protein Structure and Function』[59]の中にも本書で説明したシステムの多くについてすぐれた記述がある（細胞生物学というよりも，むしろ構造生物学的な角度からの記述である）．

ここで説明した生物学的背景のすべては，Albertsらによる『Molecular Biology of the Cell』[56]に的確に記述されている．

KuriyanとEisenbergによる示唆に富む論文[10]では，分子同士が近接していることが"装飾"をよりいっそう進化させるためにまず必要なことであると論じている．

8.8 Webサイト

http://smart.embl-heidelberg.de/ （タンパク質相互作用モチーフ）
http://www.cellsignal.com/reference （細胞内タンパク質相互作用ドメイン）

8.9 問題

1. 本章は，膜障壁を越えてシグナルを伝達するためには，特別な解決方法で問題を乗り越えなくてはならないという旨の記述から始まった．真核生物の細胞は膜によって封入された細胞小器官を有しており，それぞれの細胞小器官がシグナル伝達メカニズムを進化させる必要があるように思える．これは真実といえるであろうか？たとえば，ミトコンドリアにシグナルを伝えるための細胞内のシグナル伝達系は存在するであろうか？
2. NOシステム（8.1.2項）のような，膜貫通受容体をまったく必要としないシグナル伝達系は，本章で説明した大部分のものよりもはるかに単純な解決法のようにみえる．NOによるシグナル伝達の利点と限界を説明せよ．どのような状況で用いら

れ，なぜそのような場合によい解決法であるのか？NO シグナルを阻害するために開発された薬に関する短い説明も含めて答えよ．

3. 本章では，カルモジュリンの役割を含めて，カルシウムシグナルについてはほとんど説明しなかった．（a）カルモジュリンのカルシウムが結合していない状態および結合している状態の構造について説明せよ．（b）なぜカルシウム結合状態ではリガンドと結合できるのか？また，なぜカルシウムがない状態では結合できないのか？（c）カルモジュリン結合部位における主なアミノ酸は何か？また，なぜそれが選ばれてきたのか説明せよ．（d）カルシウムはいくつかの異なる種類のリガンドと結合することが示されてきたが，リガンドとの主な相互作用様式を説明せよ．とくに，骨格筋ミオシンの軽鎖キナーゼとメリチンの結合様式の違いは何か？

4. 抗癌剤であるグリベック（イマチニブ）がどのように Abl キナーゼに結合するか説明せよ．なぜそれはほかのキナーゼには同じように結合しないのであろうか？このことからキナーゼに対して作用する薬のデザインについてどのようなことがいえるか？（現在キナーゼは製薬業界でもっともポピュラーな創薬ターゲットである）

5. RTK シグナル受容体に対する抗体の生物学的な効果はどのようなものが考えられるか？仮に抗体が 1 つもしくは 2 つの抗原結合部位を有していた場合，両者で違いはあるだろうか？

6. 仮に以下の実験を行ったなら，それぞれどのような事象が観察されると考えられるか議論せよ．（a）受容体をノックアウトする．（b）受容体のキナーゼドメインをノックアウトする．（c）常に二量体を形成するように RTK を改変する．（d）二量体化しないように RTK を改変する．（e）足場をノックアウトする．（f）受容体を過剰発現する．（g）足場を過剰発現する．（h）活性化した受容体からリン酸を取り除くホスファターゼをノックアウトする．（i）（h）のようなホスファターゼを過剰発現する．（j）二量体化しないようにリガンドを改変する．

7. 脂質ラフトがシグナル伝達に関与していることの証拠は何か？

8. かなりの割合の癌は Ras の変異により GAP と結合できなくなることが関係している．なぜこのことが癌の原因となるのか説明せよ．

9. エリスロポエチン受容体（TGF-β ファミリー）をコードする遺伝子におけるあるまれな変異は，転写産物のトランケーション truncation を引き起こし，受容体の阻害因子である C 末端ドメインを欠損させてしまう．これにより受容体の過剰な活性化が引き起こされる．このような変異の結果，どのようなことが起こるか？

10. ニコチン性アセチルコリン受容体は 5 つのサブユニットを有するが，それらのうち 2 つだけがアセチルコリンと結合する．もし 5 つすべてのサブユニットにアセチルコリンが結合するとしたら，チャネルはどのように動くと考えられるか？

8.10　計算問題

N1. 優良な生物学的スイッチ（Ras や SH2 など）はおおよそ 99.9％の効率をもつ．つまり，不活性状態は活性状態よりもシグナル伝達効率が約 1,000 倍わるい．仮に活性化スイッチが実際は 10％の確率でしか"on"になっていなかったとしたら，不活性化スイッチが"on"になる確率はどれぐらいか？原子力発電所の標準リスク評価では，深刻なダメージを受ける事故のリスクは 1 年間に 1 基当たり 10^{-4} 以下であるとされている（http://canteach.candu.org/library/19990102.pdf）．健康への全体的なリスクは，同時に起こる深刻なダメージと不十分な封じ込めによるリスクの合計で評価される．また，全体のリスクは事象の頻度と事象の結果のかけ算によって表される．シグナル伝達のリスクを比較せよ．進化が最良の解答に到達しているとすれば，その結果は間違ったシグナルが宿主細胞に及ぼすリスクについてどのようなことを物語っているであろうか？

N2. ヒトのゲノムにはおおよそ 530 個のキナーゼと 180 個のホスファターゼが存在する．キナーゼは，67％がセリン/スレオニンキナーゼ，17％がチロシンキナーゼである．フォスファターゼは，54％がチロシンホスファターゼ，19％がセリン/スレオニンホスファターゼであり，残りの 27％は両方に特異性がある [60]．セリ

ン/スレオニンキナーゼ，チロシンキナーゼ，各ホスファターゼの数を計算せよ．ヒトゲノム中の25,000個の遺伝子の約半分がリン酸化されていると考えられており（正確な数はわかっていないが，第4章では3分の1としている図を引用した），1つのタンパク質当たり平均40個ものリン酸化部位が存在し得る．これらのうち約90％がセリン，10％がスレオニン，たった0.05％がチロシンに存在する．ヒトゲノム中に可能性のあるリン酸化部位はいくつ存在するであろうか？セリン/スレオニンとチロシンがそれぞれのキナーゼまたはホスファターゼによりリン酸化または脱リン酸化される部位の数（平均）を計算せよ．どのような結論になったであろうか？

8.11 参考文献

1. J Schultz, F Milpetz, P Bork & CP Ponting (1998) SMART, a simple modular architecture research tool: identification of signaling domains. *Proc. Natl Acad. Sci. USA* 95:5857–5864.

2. I Letunic, T Doerks & P Bork (2008) SMART 6: recent updates and new developments. *Nucleic Acids Res.* 37:D229–D32.

3. GB Cohen, RB Ren & D Baltimore (1995) Modular binding domains in signal-transduction proteins. *Cell* 80:237–248.

4. N Blomberg, E Baraldi, M Nilges & M Saraste (1999) The PH superfold: a structural scaffold for multiple functions. *Trends Biochem Sci* 24:441–445.

5. RA Cerione & Y Zheng (1996) The Dbl family of oncogenes. *Curr. Opin. Cell Biol.* 8:216–222.

6. AM Crompton, LH Foley, A Wood et al. (2000) Regulation of Tiam1 nucleotide exchange activity by pleckstrin domain binding ligands. *J. Biol. Chem.* 275:25751–25759.

7. B Das, XD Shu, GJ Day et al. (2000) Control of intramolecular interactions between the pleckstrin homology and Db1 homology domains of Vav and Sos1 regulates Rac binding. *J. Biol. Chem.* 275:15074–15081.

8. RR Copley, J Schultz, CP Ponting & P Bork (1999) Protein families in multicellular organisms. *Curr. Opin. Struct. Biol.* 9:408–415.

9. W Kolch (2000) Meaningful relationships: the regulation of the Ras/Raf/MEK/ERK pathway by protein interactions. *Biochem. J.* 351:289–305.

10. J Kuriyan & D Eisenberg (2007) The origin of protein interactions and allostery in colocalization. *Nature* 450:983–990.

11. T Pawson & M Kofler (2009) Kinome signaling through regulated protein–protein interactions in normal and cancer cells. *Curr. Opin. Cell Biol.* 21:147–153.

12. M Huse & J Kuriyan (2002) The conformational plasticity of protein kinases. *Cell* 109:275–282.

13. MA Young, S Gonfloni, G Superti-Furga et al. (2001) Dynamic coupling between the SH2 and SH3 domains of c-Src and Hck underlies their inactivation by C-terminal tyrosine phosphorylation. *Cell* 105:115–126.

14. JD Faraldo-Gómez & B Roux (2007) On the importance of a funneled energy landscape for the assembly and regulation of multidomain Src tyrosine kinases. *Proc. Natl. Acad. Sci. USA* 104:13643–13648.

15. SW Cowan-Jacob (2006) Structural biology of protein tyrosine kinases. *Cell. Mol. Life Sci.* 63:2608–2625.

16. J Schlessinger (2002) Ligand-induced, receptor-mediated dimerization and activation of EGF receptor. *Cell* 110:669–672.

17. K Nelms, AD Keegan, J Zamorano et al. (1999) The IL-4 receptor: signaling mechanisms and biologic functions. *Annu. Rev. Immunol.* 17:701–738.

18. PA Boriack-Sjodin, SM Margarit, D Bar-Sagi & J Kuriyan (1998) The structural basis of the activation of Ras by Sos. *Nature* 394:337–343.

19. P Aloy & RB Russell (2006) Structural systems biology: modelling protein interactions. *Nat. Rev. Mol. Cell Biol.* 7:188–197.

20. MB Yaffe (2002) How do 14-3-3 proteins work? Gatekeeper phosphorylation and the molecular anvil hypothesis. *FEBS Lett.* 513:53–57.

21. E Wilker & MB Yaffe (2004) 14-3-3 proteins: a focus on cancer and human disease. *J. Mol. Cell. Cardiol.* 37:633–642.

22. WQ Li, HR Chong & KL Guan (2001) Function of the Rho family GTPases in Ras-stimulated Raf activation. *J. Biol. Chem.* 276:34728–34737.

23. J Avruch, A Khokhlatchev, JM Kyriakis et al. (2001) Ras activation of the Raf kinase: tyrosine kinase recruitment of the MAP kinase cascade. *Recent Prog. Hormone Res.* 56:127–155.

24. AD Catling, HJ Schaeffer, CWM Reuter et al. (1995) A proline-rich sequence unique to Mek1 and Mek2 is required for Raf binding and regulates Mek function. *Mol. Cell. Biol.* 15:5214–5225.

25. L Chang & M Karin (2001) Mammalian MAP kinase signalling cascades. *Nature* 410:37–40.

26. O Rocks, A Pekyer, M Kahms et al. (2005) An acylation cycle regulates localization and activity of palmitoylated Ras isoforms. *Science* 307:1746–1752.

27. J Downward (2001) The ins and outs of signaling. *Nature* 411:759–762.

28. XW Zhang, J Gureasko, K Shen et al. (2006) An allosteric mechanism for activation of the kinase domain of epidermal growth factor receptor. *Cell* 125:1137–1149.

29. WA Lim (2002) The modular logic of signaling proteins: building allosteric switches from simple binding domains. *Curr. Opin. Struct. Biol.* 12:61–68.

30. S Maignan, JP Guilloteau, N Fromage et al. (1995) Crystal structure of the mammalian Grb2 adapter. *Science* 268:291–293.

31. S Yuzawa, M Yokochi, H Hatanaka et al. (2001) Solution structure of Grb2 reveals extensive flexibility necessary for target recognition. *J. Mol. Biol.* 306:527–537.

32. L Buday (1999) Membrane-targeting of signalling molecules by SH2/SH3 domain-containing adaptor proteins. *Biochim. Biophys. Acta* 1422:187–204.

33. M Anafi, MK Rosen, GD Gish et al. (1996) A potential SH3 domain-binding site in the Crk SH2 domain. *J. Biol. Chem.* 271:21365–21374.

34. K Takeuchi, Z-YJ Sun, S Park & G Wagner (2010) Autoinhibitory interaction in the multidomain adaptor protein Nck: possible roles in improving specificity and functional diversity. *Biochemistry* 49:5634–5641.

35. J Gureasko, WJ Galush, S Boykevisch et al. (2008) Membrane-dependent signal integration by the Ras activator Son of sevenless. *Nat. Struct. Mol. Biol.* 15:452–461.

36. AM Stock, VL Robinson & PN Goudreau (2000) Two-component signal transduction. *Annu. Rev. Biochem.* 69:183–215.

37. AH West & AM Stock (2001) Histidine kinases and response regulator

proteins in two-component signaling systems. *Trends Biochem. Sci.* 26:369–376.

38. C Laguri, RA Stenzel, TJ Donohue et al. (2006) Activation of the global gene regulator PrrA (RegA) from *Rhodobacter sphaeroides*. *Biochemistry* 45:7872–7881.

39. C Laguri, MK Phillips-Jones & MP Williamson (2003) Solution structure and DNA binding of the effector domain from the global regulator PrrA (RegA) from *Rhodobacter sphaeroides*: insights into DNA binding specificity. *Nucleic Acids Res.* 31:6778–6787.

40. PJ Artymiuk, DW Rice, EM Mitchell & P Willett (1990) Structural resemblance between the families of bacterial signal-transduction proteins and of G-proteins revealed by graph theoretical techniques. *Protein Eng.* 4:39–43.

41. M Simonovic & K Volz (2001) A distinct meta-active conformation in the 1.1-Å resolution structure of wild-type ApoCheY. *J. Biol. Chem.* 276:28637–28640.

42. HS Cho, SY Lee, DL Yan et al. (2000) NMR structure of activated CheY. *J. Mol. Biol.* 297:543–551.

43. A Bren & M Eisenbach (1998) The N terminus of the flagellar switch protein, FliM, is the binding domain for the chemotactic response regulator, CheY. *J. Mol. Biol.* 278:507–514.

44. BF Volkman, D Lipson, DE Wemmer & D Kern (2001) Two-state allosteric behavior in a single-domain signaling protein. *Science* 291:2429–2433.

45. CH Heldin, K Miyazono & P ten Dijke (1997) TGF-β signalling from cell membrane to nucleus through SMAD proteins. *Nature* 390:465–471.

46. J Avruch, XF Zhang & JM Kyriakis (1994) Raf meets Ras: completing the framework of a signal transduction pathway. *Trends Biochem. Sci.* 19:279–283.

47. A Ashkenazi & VM Dixit (1998) Death receptors: signaling and modulation. *Science* 281:1305–1308.

48. L Izzi & L Attisano (2004) Regulation of the TGFβ signalling pathway by ubiquitin-mediated degradation. *Oncogene* 23:2071–2078.

49. K Palczewski, T Kumasaka, T Hori et al. (2000) Crystal structure of rhodopsin: a G protein-coupled receptor. *Science* 289:739–745.

50. DM Rosenbaum, V Cherezov, MA Hanson et al. (2007) GPCR engineering yields high-resolution structural insights into $β_2$-adrenergic receptor function. *Science* 318:1266–1273.

51. P Scheerer, JH Park, PW Hildebrand et al. (2008) Crystal structure of opsin in its G-protein-interacting conformation. *Nature* 455:497–502.

52. MA Hanson & RC Stevens (2009) Discovery of new GPCR biology: one receptor structure at a time. *Structure* 17:8–14.

53. SR Sprang (1997) G protein mechanisms: insights from structural analysis. *Annu. Rev. Biochem.* 66:639–678.

54. A Miyazawa, Y Fujiyoshi & N Unwin (2003) Structure and gating mechanism of the acetylcholine receptor pore. *Nature* 423:949–955.

55. N Unwin (2005) Refined structure of the nicotinic acetylcholine receptor at 4 Å resolution. *J. Mol. Biol.* 346:967–989.

56. B Alberts, A Johnson, J Lewis et al. (2008) Molecular Biology of the Cell, 5th ed. New York: Garland Science.

57. H Lodish, A Berk, CA Kaiser et al. (2008) Molecular Cell Biology, 6th ed. New York, W.H. Freeman.

58. JT Hancock (2010) Cell Signalling, 3rd ed. Oxford: Oxford University Press.

59. GA Petsko & D Ringe (2004) Protein Structure and Function. New York: Sinauer Associates.

60. S Arena, S Benvenuti & A Bardelli (2005) Genetic analysis of the *kinome* and *phosphatome* in cancer. *Cell. Mol. Life Sci.* 62:2092–2099.

61. MB Yaffe (2002) Phosphotyrosine-binding domains in signal transduction. *Nat. Rev. Mol. Cell Biol.* 3:177–186.

62. FP Ottensmeyer, DR Beniac, RZ-T Luo & CC Yip (2000) Mechanism of transmembrane signaling: insulin binding and the insulin receptor. *Biochemistry* 39:12103–12112.

63. SY Park & SE Shoelson (2008) When a domain is not a domain. *Nat. Struct. Mol. Biol.* 15:224–226.

64. JH Wu, YD Tseng, CF Xu et al. (2008) Structural and biochemical characterization of the KRLB region in insulin receptor substrate-2. *Nat. Struct. Mol. Biol.* 15:251–258.

第 9 章
タンパク質複合体：分子機械

　本書のはじめの何章かでは，タンパク質が機能する際の一般的な原理について，そのほぼすべてを述べた．第 7 章と第 8 章では，細胞内においてタンパク質が担う役割を概観することから始め，その一例としてモータータンパク質などの複雑なシステムを取り上げて，これらの多くが共通してきわめて単純なコア構造をもっていることを述べた．その一方で，進化のはたらきは必要に応じてほかのシステムの成分を取り込んで，**パッチワーク** patchwork や**モザイク** mosaic 状のシステムを生み出す傾向があることもみてきた．このような進化のはたらきによって，非常に複雑で重複性のあるシステムが生み出される．第 8 章では，ドメイン間の相互作用においてどのように特異性が構築され，またどのようにシグナル系とシグナル系の間のクロストークが促進されるのかをみてきた．

　本章と第 10 章では，精巧な分子機械を生み出すためにタンパク質がどのように組み合わされているのかをみていくことで，引き続きこのテーマについて考えることにする．実際には，細胞内においてほとんどのタンパク質はほかの相手と相互作用している．ここで Kornberg の総説 [2] から，まさに本章の主題となっている一節を引用しよう．
　"酵素は触媒表面に加え，さらに 2 つの表面をもっている．それは，制御的な表面と社交的な表面である．制御的な表面は，酵素の反応速度や特異性を変えるリガンドと結合する役割を担う．社交的な表面は，酵素を膜や足場などのほかの成分と結びつけたり，ほかの酵素と複合体を形成したりする役割を担う．"

　すでに（主に第 2 章で），ほとんどの場合，タンパク質の異なる機能は異なるドメインに見出されるということをみてきた．たとえば多くのタンパク質において，触媒ドメイン，リガンド結合ドメイン，膜結合ドメインを容易に見出すことができる．本章ではそれと同様に，分子機械の異なる機能が，どのようにして異なる構成タンパク質に見出されるのかをみていく．それにより，（厳密な制御様式で RNA を分解する）多タンパク質複合体 multiprotein complex であるエキソソーム exosome が，どのような経緯で触媒コア，一連の基質認識タンパク質，一群の制御タンパク質をもつようになったか，そして特定の基質が結合したときにのみ複合体に組み込まれる過渡的な相互作用タンパク質群をもつようになったかを理解できるであろう．

　前文で用いた"過渡的"transient という言葉は重要である．エキソソームはさまざまな種類の RNA を異なる様式で分解する．エキソソームは機能に必須な消化装置から形成されるコアやハブをもち，さらに分解する特定の RNA に対応するさまざまなタンパク質サブ複合体と相互作用することによりこれを行っている．強く持続的な相互作用もあれば，弱くきわめて過渡的な相互作用もある．本章では後者の相互作用，すなわち細胞のインタラクトーム interactome と呼ばれるシステムの構造と形成について説明する．

　第 10 章においても，引き続きタンパク質複合体についてみていく．本章と第 10 章の違いは，本章で説明する複合体は過渡的なものであり，第 10 章で説明する複合体は通常は決まった構造と化学量論的組成をもつという点である．本章に登場する複合体の多くは RNA を分解，または重合するといった単一の機能をもっている．これらの機能は制御を必要とする複雑なものである場合もあるが，基本的にはたった 1 つの酵素が担っている．それとは対照的に，第 10 章に登場する複合体は 2 種類以上の酵素機能をもち，通常はある反応経路における 2 つ以上の連続した反応を担っている．

　このような 2 種類の複合体の間に位置するのが，本章の最後で取り上げるメタボロン metabolon である．メタボロンは一連の酵素反応を担うが，その反応を過渡的で，かつ制御された複合体の形で遂行している．メタボロンに関する実験上の問題点や実験技術は，いわゆる"本当"の分子機械の実験上の問題点や実験技術と似ていることから，メタボロンについても本章で解説するのが適切であろう．

私がはるか遠くを見ることができたのは，巨人の肩に乗っていたからなのです．
Isaac Newton が Robert Hooke に宛てた書簡（1676 年 2 月 15 日）

一番になろうと急ぐときには，先人の背中に乗らないように心がけることが肝要だ．かつてのように肩に乗ろうとするならまだしも．
Paul Srere（2000），[1]

汝，説明できるというだけで信じるなかれ．
Arthur Kornberg（2003），戒律III [2]

科学の本質として，実験家は自身の実験データを信頼できる限界まで解釈しようとする．そして時にはその限界を超えてしまう．
Alan Fersht（1985），[3]

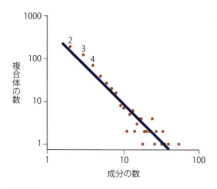

図 9.1
酵母のインタラクトームにおける，1 複合体当たりの成分の数の分布．両対数目盛のグラフ上で相関はほぼ直線であり，これはスケールフリーネットワークであることを示している．たった 2 つの構成タンパク質をもつ複合体が約 190 種類あり，3 つの構成タンパク質をもつ複合体が約 120 種類ある，というようになっている．(N. J. Krogan, G. Cagney, H. Yu et al., *Nature* 440: 637, 2006 より改変．Macmillan Publishers Ltd. より許諾)

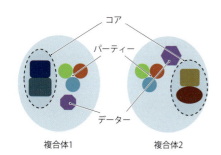

図 9.2
複合体の社会学．複合体のコアは複合体に必須の触媒活性をもっており，常に複合体中に存在している．図に示す 2 つの複合体は，同じ 3 種類の"パーティー"タンパク質を含んでいる．"パーティー"タンパク質は通常，一本鎖 RNA の結合などの決まった機能をもっている．これらのタンパク質はさまざまな複合体において同一のグループとして見出される傾向があり，また複合体が単離されるときに存在しないこともある．2 つの複合体は"データー"タンパク質も含んでいる．"データー"タンパク質はさまざまな複合体に過渡的に結合した状態で見出されることが多く，またタンパク質間相互作用などの一般的な機能をもっていることが多い．

9.1 細胞のインタラクトーム

9.1.1 インタラクトームは類似した構造をもつ

本章で扱う題材は，ほかの章で扱う題材と比較して，多くの点でもっとも理解が進んでいないといえる．近年，インタラクトーム——細胞内においてタンパク質が形成する相互作用ネットワーク——に関する論文が，数多く発表されるようになってきた．これらの研究にはさまざまな手法が用いられている．主に使用されるものとしては，ツーハイブリッドスクリーニング two-hybrid screening，そしてタンデムアフィニティ精製（TAP）tandem affinity purification タグのようなプルダウンの手法が挙げられる．TAP タグとは，複合体の一成分に精製の助けとなるようなドメインやアミノ酸配列をタグとして付加することで，一成分とその成分に相互作用するほかのタンパク質を共精製する手法である[4]．これらの技術の詳細については 11.8 節で解説する．次章ではそこから得られる情報がどれくらい信頼できるかを考えるが，本章ではこれらのスクリーニングにより明らかになったことを詳細に検討することにする．

インタラクトームに関するもっとも詳しい情報は，おそらく出芽酵母 *Saccharomyces cerevisiae* における研究から得られたものであろう．いくつかの独立な TAP タグスクリーニングが行われており[5-8]，これらの研究ではゲノムにコードされていると考えられるすべてのタンパク質にタグが付けられ，複合体を同定するために用いられている．当然のことではあるが，ゲノムにコードされているタンパク質のすべてが機能しているわけではないことを指摘しておこう．これらのスクリーニングの結果，驚くべきことにタンパク質のおよそ 2/3 には，少なくとも 1 種類の相互作用相手がいることが明らかになった．つまり，大多数のタンパク質は，細胞内でほかの 1 種類以上のタンパク質と相互作用していることになり，別の見方をすれば，単独で存在するタンパク質はほとんどないのである．また，多くのタンパク質は複数のタンパク質複合体に関与していることが示された．6,500 個の出芽酵母のオープンリーディングフレーム（ORF）open reading frame から各スクリーニングで約 500 種類の複合体が同定されたが，タンパク質のサンプル抽出方法が完璧ではないことを考えれば，酵母内の複合体の総数は 800 種類に近いであろうと見積もられている．複合体に含まれるタンパク質成分の数は 2 ～約 100 種類の範囲にわたっており，平均すると複合体は約 5 種類のタンパク質から構成されていることになる．ただし，大部分の複合体は 2 ～ 4 種類のタンパク質から構成されている（図 9.1）．もっとも大きい複合体は，プロテアソーム，リボソーム，RNA 転写に関する複合体（RNA ポリメラーゼ II とメディエーター）である．おそらくこのことは，これらの複合体が慎重な制御を必要とするような，より複雑な活性をもつという事実を反映しているのであろう．複合体のはたらきは細胞の活動全般にわたっているため，すべての細胞活動はタンパク質同士の共同作業の恩恵を受けているといえるが，多くの細胞活動は 2 ～ 3 種類のタンパク質しか必要としない．この観察結果は，これまでの章でみてきたことから無理なく理解できる．つまり，追加のドメインやタンパク質の付加，そして関連する機能の共局在によって特異性が増強されていたのである．

出芽酵母の複合体の精密な分析によって，タンパク質複合体は**"コア"タンパク質** core protein，あるいは**"ハブ"タンパク質** hub protein といった複合体を単離したときに常に存在しているタンパク質と，過渡的に結合していると思われるほかのいくつかのタンパク質から構成される傾向があることがわかってきた（図 9.2）．多くのタンパク質は互いに結合し，グループをつくって行動している．ハブ複合体はほかのタンパク質の小さな集合体と相互作用すると考えられ，このような集合体の多くはいくつものコア複合体と過渡的に結合し得る．以上の複合体は 2 つのタイプに分けられ，それぞれ**"パーティー"ハブ** party hub と**"データー"** dater という呼び方で説明されている[9, 10]．"パーティー"ハブは常に同一のグループで行動をともにするようなタンパク質群のことで，一方"データー"は相互作用の相手を頻繁に交換するが，前述のように基本的には常に同じ 1 ～ 2 種類のタンパク質と行動をともにするようなタンパク質群のことである．このような複合体の構造と動態に関する研究分野は，"細胞の分子社会学" molecular sociology of the cell という適切に表現された名前で呼ばれている[11]．

それぞれの複合体は明確な機能をもっていると考えられ，（知られている限りでは）その機能は複合体の構成タンパク質によって，非常に簡単な方法でつくり上げられている．つまり，おおよそ全体は部分の単なる総和なのである．したがって全体，すなわち複合体は単純なモジュール式の構造体であり，個々の構成タンパク質によって必要な機能が提供されるようになっている．複合体のモジュール性は，マルチドメインタンパク質のモジュール性とよく似ている．つまり複合体はたとえば RNA 分解 RNA degradation，あるいは膜融合 membrane fusion を担当するものとして分類可能であり，それらの機能のなかで構成タンパク質は一般的には独立した役割を担っているのである．"生物界において新規な発明はめずらしく，再利用が標準的な方法であるという生物界の一般的な性質をモジュール性はよく表しているのかもしれない"（文献 [6] の著者によるコメント）．このことは本書の一貫したテーマとも一致している．（次章で考察するいくつかの特殊な例を除いては）タンパク質と複合体が巧妙に影響を及ぼし合うことを示すような証拠が存在しないのはこのためである．つまり複合体は明確に限定された単一の機能をもつが，多くの場合において，同じ役割をもつ複数のタンパク質によってその機能には重複が生じているのである．これは，進化に関する議論からも予想できることであり，コンピュータープログラマーなら誰でもいうように，成分間にクロストークのあるシステムをつくることは，システムを変更することよりもはるかに難しいということである．そうはいっても，たとえば細胞周期制御と転写など，2 つの関連する機能に関与すると考えられている複合体は，実際にいくつかのタンパク質を共有している．この事実は，"パーティー"と"データー"という分類に対する論理的根拠となるであろう．つまり，"パーティー"ハブは専門的な機能を担う成分であり，"データー"は補助的で，より一般的な目的をもった成分なのである．

以上のことは，本書ですでに説明したことからも予想できると思われる．すなわち進化というものは，1 つで何でもできる機能的なタンパク質を一からつくり上げるというよりは，タンパク質やドメインの付加によって小さな機能を追加し，修繕することで達成される傾向があるということである．確かにこれまでみてきたように，進化において，それほど大規模な革新はおそらく不可能なのであろう．その理由は，それほど大規模な再編成ができるような進化機構が存在しないからである．ただし，進化は適応することに秀でており，複合体に含まれる異なる成分が共進化するということについては有力な証拠もある [7]．

すべてのインタラクトーム研究において，べき乗ネットワーク（スケールフリーネットワークともいう）が見つかっている．これらのネットワークの中では，少数のタンパク質がほかの多くのタンパク質と関係をもつ一方で，大多数のタンパク質はほかのタンパク質とほとんど関係をもたない（図 9.1）．同じことがマルチドメインタンパク質内のドメイン-ドメイン相互作用にも当てはまる．これは，タンパク質とそれらのドメインが，特定の構造的特徴ではなく，その機能に応じて組み合わされることを示唆している [12]．わずかではあるが，高度に保存された必須遺伝子（つまり，ノックアウトによって生育が妨げられる遺伝子）である重要なハブも存在しており [13]，それらのハブはほかのハブと直接的に相互作用している [14]．酵母のツーハイブリッド法による研究により，これらの必須遺伝子が，必須でない遺伝子よりも大きなネットワーク内で相互作用しやすいことが示されている [15]．

ここまで酵母のインタラクトームだけをみてきたが，酵母はまさに標準的な例であるといえる．大腸菌のインタラクトーム研究においても，いずれの複合体にも含まれないタンパク質はわずか 18 %しかないことがわかっている．また，多数のタンパク質と関係をもつ少数の"パーティー"ハブが存在する一方で，多くのタンパク質はたった 1 つか 2 つのタンパク質としか関係をもたないことを示すスケールフリーネットワークも見出されている [16]．また，ショウジョウバエ Drosophila のツーハイブリッドスクリーニングにおいても全体的にはよく似た特徴が見つかっている [17]．

9.1.2 インタラクトームの全体像はいまだ明らかではない

細胞のインタラクトーム研究はまだ黎明期にあり，これらの広範な解析結果がどのくらい信頼に足るのかはまだよくわかっていない．タンパク質の相互作用に関しては，MIPS

(Munich Information Center for Protein Sequences) によって集められ，手作業で精選されたデータベースが存在し，これはもっとも信頼できる相互作用タンパク質のデータベースとして頻繁に引用されている (http://mips.helmholtz-muenchen.de/genre/proj/corum)［18, 19］．2006 年の時点で MIPS のデータベースには 217 種類の既知の複合体が掲載されていたが，そのうちの 1/3 ～ 1/2 は TAP タグスクリーニングでは同定されなかったものであった．これには多くの理由が考えられる．まず，細胞周期の段階や生育条件に応じて多くの複合体が過渡的に形成される可能性があるためである．たとえば TAP タグ研究ではいくつかの複合体にとって適切な条件で実験が行われなかったことにより，それらの複合体が検出されなかったのかもしれない．もしくは，タグの付加によって複合体が破壊されたのかもしれない．ただし後者の可能性は低い．なぜなら，まさにこの種の問題に対処するために複合体中のそれぞれのタンパク質には順番にタグが付加され，多くの場合 2 度のスクリーニングによって別々に検証されているからである（つまり 1 度は N 末端側に，1 度は C 末端側にタグが付加される）．

　2 つの独立な研究室が行ったスクリーニングによる TAP タグ研究では，同一の生物種を対象として同一の技術を用いているにもかかわらず，ほとんど結果に重複がなかった［9, 20, 21］．これについては，相補的な結果が得られたと解釈することもできるし［9］，いまだ解決を要する問題が残っていると解釈することもできる．しかしさまざまな比較によって，これらの TAP タグ研究の結果は従来の（ハイスループットではない）方法によるものと同程度の信頼性をもつと考えられている．

　2 度の TAP タグスクリーニングから得られたデータは，統合して従来のロースループットと同程度に正確な 1 つのデータセットとした［22］．その結果から，複合体において常に会合している成分がある一方，おのおのの速度と親和性で結合/解離を繰り返す成分もあるといったように，複合体は成分連続体として存在するのではないかという推論がなされた．また統合された解析結果からは合計で約 6,500 個の遺伝子から生じる 1,622 種類のタンパク質が，"信頼度の高い相互作用"（おそらく強い/安定な相互作用を意味するものと思われる）に関与しているという結論が得られている．同様の結論は，構造情報も対象に含めた研究によっても導き出された［23］．この研究ではいくつかのタンパク質が数百もの相互作用可能な相手をもつことについて言及されている．しかしこれは構造的に不可能であり，1 つの球状タンパク質が同時に直接相互作用することが可能なのは，最大でもおおよそ 14 個の相手に限られる．また，この研究では 1,269 種類の "質の高い" 相互作用のうち，438 種類は互いに相容れないものと結論づけられた．これは "質の高い" 相互作用が同時には起こり得ず，そのため複合体において相互作用相手の交換を行わなければならないということを意味している．またこれにより，"パーティー" ハブが細胞の必要に応じて，ほかのさまざまな複合体と結合するという考えが裏づけられている．

　TAP タグスクリーニングによる解析技術は目下発展中である．TAP タグスクリーニングがかなりの割合で偽陽性を生じる（つまり，共精製されるが実際には複合体に含まれないタンパク質も検出してしまう）ことは明らかであるが，その見分け方も徐々にわかってきている［24］．細胞内に豊富に存在するタンパク質，とくにリボソームタンパク質は実際よりも高い頻度で検出される傾向があり，一方で膜タンパク質は低い頻度で検出される傾向がある．

　酵母のインタラクトームは，二成分のタンパク質-タンパク質相互作用のペアのみを検出する方法であるツーハイブリッド法によっても調べられている［25］．ツーハイブリッドスクリーニングもまた多数の偽陽性を生じる（つまり，実際にはおそらく相互作用しないタンパク質のペアを，相互作用するものとして検出してしまう）ことを主な理由として多数の批判がある．ツーハイブリッドスクリーニングから得られた一連の複合体は TAP タグスクリーニングから得られたものとは大きく異なっていたが，これは相互作用の種類や持続期間に関する実際の違いを反映しているのかもしれない［26］．また，ツーハイブリッドスクリーニングは複合体間に起こる過渡的な相互作用を発見するのにより適しているとされるが［15］，それは多くのタンパク質は弱く過渡的に相互作用しており，複数の複合体に関係する場合もあることを示唆している．

　インタラクトームに関する技術はいまだあたらしい．どのようなあたらしい技術でも肯定派はその能力を誇張する傾向があるが，その技術によって実際にできることが明らかに

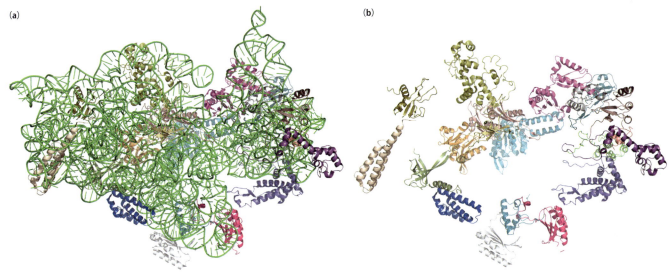

図 9.3
Thermus thermophilus の 30S リボソームサブユニットの構造（PDB 番号：1j5e）（図 1.62 と比較せよ）．(a) 30S サブユニットの全体像．RNA は緑色で示している．(b) (a) と同じ向きであるが，RNA を除いて表示している．タンパク質は RNA 周辺で保護膜を形成している．いくつかのタンパク質はおおよそ球状であるが（たとえば 7 時の位置にある青色のタンパク質．これはリボソームタンパク質 S15 である），ほかのいくつかは RNA と接することによってのみ構造が形成される．まさに非球状の領域をもっている（たとえば 5 時の位置にある深紅色のタンパク質．これはリボソームタンパク質 S11 である）．

なるまでには時間がかかる [27]．それは現在，次の段階に移ろうとしており，方法論的に困難な仕事や慎重な解析により，何が本当に起こっているのかがやがて明らかになるであろう．ただし，これまでに明らかにされたことに関しては，細かい点は違っているとしてもおおまかな概要は信頼に足るといえよう．

9.1.3 相互作用複合体は決まった構造をもつが，その構造は過渡的なものである

上述した複合体は，一定の 3 次元構造をもっているのであろうか．おそらくコア要素は一定の構造をもっているであろうし，かなりの割合の付属要素もそうであろう．これらについて 2 つの例を手短に紹介する．個別の成分のいくつかは天然変性状態にあり，複合体中で結合したときにのみ構造を形成する，というケースが想定される．第 4 章において，タンパク質の天然変性領域が相互作用相手を引き寄せ，結合するための手段として用いる"フライキャスティング"の概念について説明した．このように複合体の形成において重要な特徴が，進行中の多くの複合体研究で見つかっている．この様相はリボソームの構造と似ている．リボソーム中では構成タンパク質の多くが構造を有しているが，RNA もしくはほかのタンパク質との相互作用によってのみ構造を形成するような非球状の領域も存在する（図 9.3）．したがって，多くの複合体は，必要に応じて成分が出たり入ったりする動的な状態にあるにもかかわらず，通常，それらはおそらく一定の立体構造をとり，ほかの成分と決まった相互作用をしている．タンパク質は一般的に，相互作用相手（パートナー）との結合によって立体構造が変化する．それは側鎖の比較的小さな再配置から，秩序−無秩序転移にまで及ぶ．この事実はコンピューターによるドッキングのシミュレーションをたいへん困難なものにしており，たとえば結合エネルギーの予測は今のところ事実上不可能である [28]．このため，いまだ全面的に実験的な観察に頼らざるを得ないのである．

9.1.4 インタラクトームは分子機械を構成する

細胞内で主要な機能（DNA／RNA／タンパク質の重合や分解，DNA の修復，RNA のプロセッシング，細胞内輸送，膜融合，細胞周期制御，有糸分裂などその他多数）を担う複合体は"分子機械" molecular machines と呼ばれ [29]，協同的に働く複数の成分から構成されている．分子機械は上述の特徴——それぞれの成分が同定可能な明確な機能をもち，その機能がほぼ逐次的で独立である——をもつが，独立した機能をもつ複数の成分が 1 つの複合体内に存在するために，それらの活性はより協同的に働くことができる．これらの分子機械を同定し，理解するために，多くの努力が続けられている．

Alberts は 1998 年の総説において，分子機械の組み立てはエネルギー要求性の触媒因

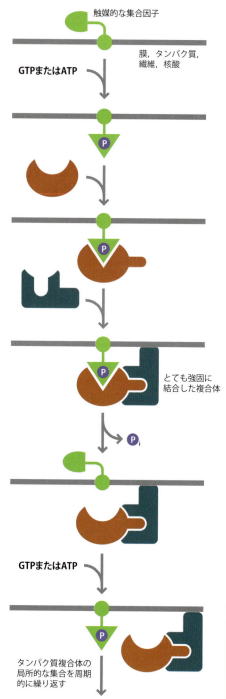

図 9.4
ヌクレオチド三リン酸の加水分解が，どのようにしてタンパク質複合体の集合にエネルギーを与えるかを示した一般的な図．触媒的な集合因子（黄緑色）はGTPへの結合，もしくはリン酸化によって活性化される．付加されたリン酸は，赤色のタンパク質に集合因子が結合することを可能にする．そしてこの結合が，藍色のタンパク質に結合することが可能になるような構造変換を赤色のタンパク質に引き起こす．これによってたいへん強固な複合体が生み出され，その複合体からの解離はどの相互作用相手においても非常に遅くなる．加水分解によるリン酸の消失は黄緑色の集合タンパク質を解放し，次の触媒的集合の周期に関与するために必要なエネルギーを供給している．
(B. Alberts, Cell 92: 291-294, 1998 より．Elsevier より許諾)

子によって駆動されることが多いようであると指摘している（図 9.4）[29]．これらの因子は分子機械の組み立てに必要であるが，分子機械が組み上がった後には，次のサイクルを開始するために分子機械から離れていく．興味深いことに，いくつかの膜タンパク質複合体においては組み立てにかかわる因子が複合体内に存在し続けるようである（つまり，この場合の因子は触媒的ではなく，再利用可能でもない）．膜タンパク質複合体の組み立てがより難しいか，もしくは組み立てにかかわる因子を再利用するような進化が起こらな

表 9.1	酵母のエキソソームに含まれるタンパク質			
出芽酵母	ヒト	古細菌関連	細菌関連	機能
Rrp44	Dis3		RN アーゼ R RN アーゼⅡ	逐次的な加水分解のエキソリボヌクレアーゼ
Rrp41		Rrp41	RN アーゼ PH PNP アーゼ PH	逐次的な加リン酸分解のエキソリボヌクレアーゼ
Rrp42		Rrp43	RN アーゼ PH PNP アーゼ PH	
Rrp43	OIP2		RN アーゼ PH PNP アーゼ PH	
Rrp45	PM/Scl-75		RN アーゼ PH PNP アーゼ PH	
Rrp46			RN アーゼ PH PNP アーゼ PH	
Mtr3			RN アーゼ PH PNP アーゼ PH	
Csl4		Csl4		S1/KH ドメインと RNA の結合
Rrp4		Rrp4		S1/KH ドメインと RNA の結合
Rrp40				S1/KH ドメインと RNA の結合
Rrp6	PM/Scl-100		RN アーゼ D	生成物に分布のある加水分解のエキソリボヌクレアーゼ

ポリヌクレオチドホスホリラーゼ（PNP アーゼ）は，加リン酸分解の 3′→5′ エキソリボヌクレアーゼ活性と，3′末端のオリゴヌクレオチド重合活性をもつ二機能性酵素である．**RN アーゼ PH** は，古細菌と細菌に存在する．tRNA のプロセッシングに関わる 3′→5′ エキソリボヌクレアーゼとヌクレオチジルトランスフェラーゼである．RN アーゼ PH は加水分解酵素とは異なり，加リン酸分解酵素である．これは無機リン酸を補因子に用いてヌクレオチド–ヌクレオチド結合を切断し，二リン酸のヌクレオチドを放出することを意味している．

かったのであろう．

次の9.2節と9.3節では，よく研究され，かつよく理解されている2つの複合体を典型例として挙げて解説を行う．

9.2 エキソソーム

エキソソームは，10個のコアタンパク質から構成される比較的小さな（600 kDa ほどの）真核細胞生物の複合体である（表 9.1）．エキソソームの機能は 3′ → 5′ の方向に RNA を末端から分解することであり（つまりエキソソームはエキソリボヌクレアーゼであって，エンドリボヌクレアーゼではない），その機能はしばしば RNA 分解 RNA decay と呼ばれる [30, 31]．また，エキソソームはリボソーム RNA，核小体低分子 RNA（snoRNA）small nucleolar RNA，そして核内低分子 RNA（snRNA）small nuclear RNA などの RNA のプロセッシングにも関与する．RNA のプロセッシングは RNA を切りそろえるためだけに必要とされ，RNA を壊すための反応ではないので，RNA 分解とはまったく異なる機能である．このような状況から考えれば，エキソソームは RNA 加水分解酵素であるといえる．しかし，エキソソームを単に加水分解酵素と記述するのは，その機能をかなり過小評価していることになる．なぜならエキソソームの機能には，どの RNA を加水分解するかを認識し，適切に反応を停止できるような機能が必要とされるからである．たいていの場合，この認識はエキソソーム自身によってではなく，細胞質の Ski（"superkiller" の略称で，ウイルス RNA の破壊に関与することから名づけられた）複合体や，核内の TRAMP 複合体といったエキソソームと相互作用する複合体によって行われる．Ski 複合体は規格外の RNA の末端に結合してそれらをほどき，TRAMP 複合体は分解される RNA にポリ A を付加することによって目印をつけると考えられている．これらのことから，エキソソームは分子機械のよい例であるといえよう．なぜなら，その主要な機能は RNA 分解であるが，分解部位をもつ過渡的な複合体によって制御されることで，無差別なヌクレアーゼとして機能するか，もしくは正確に RNA を切りそろえる酵素として機能するかが切り替わるからである．

エキソソームは真核生物と古細菌だけで発見されており，原核生物では発見されていない．しかしよくあることとして，真核生物のエキソソーム内のタンパク質は細菌のタンパク質と相同性をもっている．ただし，真核生物のエキソソームを構成するタンパク質には細菌にはないものが含まれている．真核細胞生物のエキソソームタンパク質は古細菌のタンパク質とより密接な関係があり，実際に古細菌のエキソソーム（図 9.5）は真核生物のエキソソーム（図 9.6）の単純型のように見える．古細菌のエキソソームは，真核生物のエキソソームと比べて少ない種類のタンパク質で構成されているものの，その全体的な配置は同じである．エキソソームの基本構造はヘテロ二量体であり（古細菌では Rrp41／Rrp42，酵母では Rrp41／Rrp42 と Rrp46／Rrp45 と Mtr3／Rrp43 である），細菌の PNP アーゼと明らかによく似ている．細菌の PNP アーゼでは，1 つの活性部位が二量体の 2 つの成分の間に存在しているのである（それゆえに，これらの間にはおそらく進化的な関連性がある）．これらのヘテロ二量体が 3 つ集まることで六量体のリングに組み上げられ，古細菌では Csl4 もしくは Rrp4 によって，酵母では上記のヘテロ二量体のそれぞれが

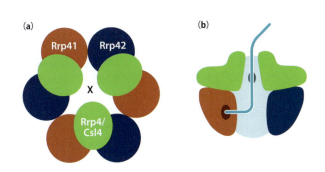

図 9.5
古細菌のエキソソームは，Rrp41（赤色）と Rrp42（青色）が交互に並んだ六量体のリングで構成され，Rrp4 もしくは Csl4 の単量体（黄緑色）からなる三量体によってキャップされている．(a) 上から見た図．X 印は RNA が複合体に入る点である．(b) 横から見た図．中央の空洞を通って Rrp41 上の活性部位にいたる RNA の通り道を示している．複合体の結晶構造において（PDB 番号：2jea），2 つの RNA 断片がタンパク質に結合した形で見出されており，楕円形で示されている．一方は水色の位置にあり，もう一方は活性部位（赤色）にある．

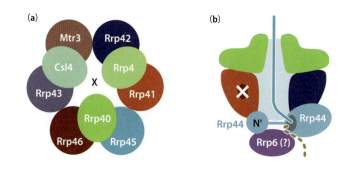

図 9.6
真核生物（酵母）のエキソソームは，今ではそれぞれのサブユニットが異なっているという点を除いては，古細菌のものに似ている．3 種類の Rrp41 ホモログ（Rrp41, Rrp46, Mtr3）は赤色，3 種類の Rrp42 ホモログ（Rrp42, Rrp45, Rrp43）は青色，3 種類の Rrp4 ホモログ（Rrp4, Rrp40, Csl4）は緑色の系統で示されている．(a) 上から見た図．(b) 横から見た図．六量体リングは，もはや活性をもつエキソヌクレアーゼを含んでいない．エキソヌクレアーゼの活性部位は Rrp44 に位置しており，六量体リングを通過することなくアクセスすることが可能である（茶色の点線で示した経路）．いくつかの複合体には第 2 のヌクレアーゼ活性が存在し，その活性は Rrp6 のドメインに存在する．このドメインの位置はいまだ明らかにされていないが，ここでは可能性のある位置のうち 1 つを示した．

Rrp4，Rrp40，Csl4 によってふた（キャッピング）をされている．もっとも強固な相互作用を有し，それゆえに基本的な構成要素であるヘテロ二量体とともに，この六量体と三量体の組み合わさった構造が相互作用の安定性に寄与していることが質量分析（第 11 章）によって示された．この三量体のキャップは，一本鎖 RNA だけが通過できる小さい穴をもっている．本来の正常な古細菌の複合体は弱いエキソヌクレアーゼ活性をもつが（ただし，酵母の複合体はエキソヌクレアーゼ活性をもたないようである），キャップを欠く複合体は分布のある活性を示す（つまり一方の端から逐次的に分解していくのではなく，RNA を不規則な長さに切断する）のに留意することは重要である．これは，キャップが RNA をしっかりと固定し，逐次的な反応ができるように働いていることを示唆している（第 4 章）．エキソソームはまた mRNA を特異的に認識する機能をもつが，その機能は六量体リングともっとも弱く相互作用するキャッピングタンパク質の Csl4 が担っているようである [32]．古細菌のエキソソーム複合体の立体構造は，チャネルに RNA が結合した形のものが得られている [33]．この構造では，RNA はキャップと結合しているが，六量体リング内部の活性部位の 1 つに到達するまでは決まった構造をとらないことが示されている（図 9.5）．キャップ中の Csl4 もまた，Ski7 複合体の結合部位のように見える．

以上から予想されるとおり，キャッピングタンパク質は六量体リング内のタンパク質と結合する機能ドメインを含んでいる．事実，キャッピングタンパク質の少なくとも 2 つは，六量体リング内のほかの 2 つのタンパク質の一方に結合するドメインをもつ．すべての結合ドメインは少しずつ異なっており，それによって酵母の複合体がただ 1 つの様式で組み上がっていくことを可能にしている．

酵母の六量体リングが，細菌の RNA 加リン酸分解酵素（ヌクレオチド-ヌクレオチド結合を切断するための補因子として無機リン酸塩を使い，ヌクレオチド二リン酸を放出する酵素）に相同なタンパク質から構成されているにもかかわらず，エキソソームは加水分解的なエキソヌクレアーゼ活性をもつ（つまり，リン酸結合を切断するために無機リン酸塩ではなく水を使う）．その理由は，六量体リングのタンパク質は加リン酸分解活性をもっておらず，Rrp44 がエキソソームの活性の鍵となる加水分解活性をもっているからである．Rrp44 は後述の Rrp6 とともに，エキソソームの底面（キャップの反対側）に結合している（図 9.6b）．この結合は，リングにはほとんど影響を及ぼさない [34]．これまでのところ，六量体リングに含まれるタンパク質の機能は正確にはわかっておらず，たとえば基質結合の特異性を向上させるためにほかのタンパク質に対する認識部位や結合部位として機能しているのかもしれないし，分解された RNA が Rrp44 の活性部位へ接近することを制限したり，RNA に対する第 2 の結合部位として機能したりすることで酵素の逐次的な性質を向上させているのかもしれない．六量体のリングタンパク質は RNA の侵入口と分解酵素の間のスペーサーとして振る舞い，切りそろえられる RNA の長さを制御できるようにしているという可能性もある．原型となる細菌の RNA 分解六量体複合体は，真核生物では細菌の酵素がもつ活性のほぼすべてを失って制御因子に変わり，その後ほかのタンパク質を付加して活性を再度得ることによって進化したようである．

Rrp44 は逐次的 processive な RNA 加水分解活性をもっており，その意味で Rrp44 こそがエキソソームそのものであるともいえる．Rrp44 は残りのエキソソームタンパク質がなくても加水分解活性をもっており，おそらく単独でも機能する．Rrp44 は 0.5 M

MgCl$_2$ の条件下でエキソソームのコアから解離し，ヒトやブルーストリパノソーマ *Trypanosoma brucei* においては Rrp44 とエキソソームの相互作用は検出されていない．したがって，おそらく Rrp44 単独では，エキソソーム内で示す活性とは大きく異なる活性を示すものと思われる．エキソソーム内における Rrp44 の活性は，一本鎖 RNA に対してはフリーの Rrp44 と基本的に同じであるが，ステムループを含む RNA に対しては大きく減少する．電子顕微鏡を用いた観察により，Rrp44 は六量体リングの底部をまたぐように位置することがわかっている（第 11 章）．Rrp44 には触媒活性をもつボディ領域と，ヘッド領域が存在する（図 9.6 の N 末端側ドメイン）．フリーの Rrp44 の N 末端側ドメインは決まった位置に固定されていないが，エキソソームにおいてはその位置が固定されており，活性部位への接近が制限されている [34]．Rrp44 は大腸菌の RN アーゼⅡと相同性があり RNB ドメインを有する．その触媒ドメイン内では，活性部位がほかの 3 つのドメインによって遮蔽されている．その 3 つのドメインとは 2 つの低温ショックドメインと S1 ドメインであり，いずれも共通の OB（oligonucleotide/oligosaccharide-binding）フォールドをもっている．しかし酵母の Rrp44 においてはこれらのドメインの配置が異なっており，活性部位への RNA の侵入は一本鎖のもののみに制限されている [35]．この配置は，RN アーゼⅡが二次構造に遭遇すると立ち往生するのに対して，Rrp44 は十分な長さの（一本鎖 RNA の）突出があれば，構造をとっている RNA 領域であっても加水分解できるという事実と関係しているのかもしれない [35]．このことは，エキソソームという分子機械が本質的に，鍵となる触媒機能の入力と作用を制御する複雑な端末であるということを示している．これは，多くの DVD プレーヤーが実際の読み取り装置の動作を制御する端末であることと似ている．

なお，上記の解説はエキソソームのリングを走るチャネルを介して Rrp44 が RNA を受け取ることを仮定している．Rrp44 がほかの側から RNA を受け取る可能性もあるが，この経路はおそらく追加されたタンパク質によって厳密に制御されている．

Rrp44 のヘッドドメインはエンドリボヌクレアーゼとしての活性もあり [32]，どのようにしてこれがエキソソームのほかの活性と調和するのかは不明であるが，その活性は 5′ リン酸をもつ RNA に優先的に作用する．Rrp44 ヘッドドメインは 3′ と 5′ の切断の調節を助けているのかもしれない．Rrp44 がこのような活性をもつことは，RNA がエキソソームの上側からと同様に底側からも Rrp44 活性部位に入ることができるのではないかという考えを支持している．めずらしいことであるが，このドメインは 2 つの機能をもっていると考えられる．1 つはエンドヌクレアーゼ活性であり，もう 1 つは Rrp44 ヘッドを六量体リングに結合させるという活性である [36]．

最後に紹介する Rrp6 は，分布のあるリボヌクレアーゼ活性をもつ（つまり，RNA を不規則な長さに切断する）．Rrp6 は C 末端側ドメインを介してエキソソームに結合するが，エキソソームと独立した状態でも機能する．つまり Rrp6 は，単独のときとエキソソームが存在するときとで異なる基質を分解する [37]．Rrp6 はその N 末端側ドメインを介して，オリゴマーを形成した酵母 Rrp47 タンパク質と相互作用するが，この相互作用によって Rrp6 が構造をもった RNA を分解できるようになるという可能性が示唆されている [38]．しかし，細胞内の Rrp6 のおよそ 1/6 のみが Rrp47 に結合しており，Rrp6-Rrp47 複合体における Rrp6 の活性がその唯一の活性ではない．正常なエキソソーム内にある Rrp6 の活性として，TRAMP 複合体によって付加されたポリ A 尾部を除去することも示唆されており，その後，RNA をさらに分解するために（おそらく，TRAMP 複合体の一部を形成するほかのタンパク質によって）RNA は Rrp6 から Rrp44 に受け渡されるようである [39]．電子顕微鏡による低分解能での解析では Rrp6 はエキソソームの上側に位置するという結果が得られたが，Rrp6 がエキソソームの底側で Rrp44 の隣に結合していることを示唆する生化学の結果は，おそらくより信頼できるものである．したがって Rrp6 の正確な位置はまだ明らかになっていないといえるであろう（図 9.6 では底側に示した）[31]．

古細菌と酵母のエキソソームは（3 つのタンパク質にふたをされた六量体リングという点で）よく似ている．しかし機能の面では，酵母複合体には核酸分解活性がまったく含まれず，代わりに Rrp44 という別個のタンパク質に活性が存在するという点で，両者は根本的に異なっている．9.1 節で紹介した言葉を用いれば，酵母のエキソソームのことを

"Rrp44に加えて9つの関連タンパク質で構成されるコアをもつ"と表現することができる．9つの関連タンパク質は，基質を送り込んでRrp44の活性を制御する機能をもつ．Rrp6は"データー"であり，ほかのいろいろな複合体にも見出される．これに加え，すでに簡単にふれたように，Ski複合体（標準的でないRNAを認識して提示する）やTRAMP複合体（核に局在し，ポリAテールを付加し，ヘリケース活性をもつ）などの，必要に応じて行き来するかなりの数の"パーティー"成分が存在する．上記以外の成分として，特定の型のRNAを認識し，それらを適切に提示するさまざまなRNA結合タンパク質，ヘリカーゼ，そして，エキソソームをsnRNA／snoRNAの前駆体へと動員して前処理するNrd1-Nab3複合体などもある．また酵母のインタラクトーム研究により，異なるセットの"パーティー"タンパク質として18S rRNA前駆体のプロセッシングに関与する低分子量サブユニットプロセッソームのいくつかのメンバーが見出されている [6]．

以上が，エキソソームに関して知られていることについての簡単な紹介である．詳細（とくに，ヘリカーゼ，ポリアデニラーゼ，そしてさまざまなほかのRNA結合因子やタンパク質結合因子を含む，核と細胞質の双方における相互作用相手）についてはほかの文献を参照してほしい [30]．

ここまでの話を要約すると，エキソソームは興味深い進化の産物であるといえる．エキソソームのコア構造はバクテリアのRNA分解複合体と似ているが，この六量体コアはバクテリアの原型がもっていたRNA分解活性を完全に失っており，現在では一本鎖RNAを活性型酵素に通すことと，追加の制御タンパク質と結合することに使われている．2つの酵素（Rrp44とRrp6）の活性はどちらもエキソソームから切り離すことが可能であり，細胞内ではエキソソームから独立して異なる分解活性をもっているようである．エキソソームに結合すると，両者の酵素は制限を受け，特異的な活性をもつことになる．Rrp44とRrp6の酵素活性は，エキソソームに結合することによってだけでなく，過渡的に結合する付加タンパク質によっても制御されている．確かにいろいろな意味で，エキソソームの残りの部分は活性型の酵素を加減したり制御したりするために酵素の周辺に集まった"付着物"といえよう．また過渡的な付加成分の助けを借りることで，Rrp44とRrp6は基質を一方からもう一方に受け渡すというような協奏的な作用を示すことがおそらくできるであろう．進化のある時点において，両者の分解酵素がエキソソームに同時に結合することが相乗的な効果を生むことがわかり，ゆえにそれが保存された，というのがもっともらしい筋書きである．さらにエキソソーム内には，複数のエンドヌクレアーゼ活性など，いくつかの重複した酵素活性が存在する．これがエキソソーム全体の機能にとって重要な特徴なのか，もしくは細胞にとって特段の価値のない進化上の遺物（"付録物"ではなさそうである）なのかはまだわかっていない．確かに，エキソソームは不器用な修繕屋のつくった製品のようなもので，機能はするが，エレガントなものではない．細菌の酵素との相同性（そして，それが原始的な生体高分子であるRNAに対して機能するという事実）により，エキソソームはきわめて初期の複合体であるかもしれないといわれ続けてきた [30]．おそらくエキソソームの初期の起源（と本質的な機能）は，その相当に乱雑な建築様式の原因の1つとなっており，その建築様式の中で適切に機能するためにかかる圧力が，余分なものをそぎ落とした分子機械に進化することを妨げているのであろう．

9.3　RNAポリメラーゼⅡ複合体

9.3.1　Pol Ⅱは順番に組み上がる

RNAポリメラーゼ（Pol）は，二重鎖DNAを鋳型としてRNAを合成する．バクテリアはただ1種類のRNAポリメラーゼしかもっていないが，真核細胞生物は3種類のRNAポリメラーゼをもっている．Pol Ⅰは18S, 5.8S, 28S rRNAを，Pol Ⅲは tRNA, 5S rRNAを，Pol ⅡはmRNA, ヘテロ核RNAをつくる．Pol Ⅱは3種類の酵素の中でもっとも複雑であり，表9.2に挙げた多数のサブユニットからできている．

RNA鎖の重合反応には3つの段階がある．転写開始反応 initiation では適切なプロモーター配列が探されるとともに，ヘリカーゼ活性によってDNAがほどかれて一本鎖の鋳型が露出する．転写伸長反応 elongation では重合反応そのものが行われ，完全に逐次的

表 9.2　酵母 RNA ポリメラーゼⅡを含む複合体の構成成分

タンパク質	成分の数	役割
Pol Ⅱ	12	・ポリメラーゼ
TFⅡA	2	・TBP と TFⅡD の結合を安定化する． ・転写阻害因子を防ぐ ・遺伝子発現の活性化と抑制
TFⅡB	1	・TBP，Pol Ⅱ，DNA に結合する ・開始点の決定に寄与する
TFⅡD TBP	1	・TATA エレメントに結合し，DNA を折り曲げる ・TFⅡB，TFⅡA，TAF の集合の土台となる
TFⅡD TAFs	14	・INR および DPE プロモーターに結合する ・調節因子の標的となる
Mediator	24	・Pol Ⅱと協調的に結合する． ・リン酸化酵素活性とアセチル化酵素活性をもつ ・基本転写および活性化された転写を促進する
TFⅡF	3	・Pol Ⅱに結合し，Pol Ⅱを PIC に呼び寄せることと，オープン複合体の形成にかかわる
TFⅡE	2	・転写開始点付近のプロモーターに結合する ・おそらくオープン複合体内の転写バブルの開裂または安定化に関与する
TFⅡH	10	・転写と DNA 修復．リン酸化酵素と 2 つのヘリカーゼ活性をもつ ・オープン複合体の形成に必須
SAGA TAFs	5	・未知
SAGA Spts，Adas，Sgfs	9	・構造的 ・TBP，TFⅡA，Gcn5 と相互作用する
SAGA Gcn5	1	・ヒストンアセチル化酵素
SAGA Tra1	1	・分子量の大きな活性化因子 ・ヒストンアセチル化酵素 NuA4 複合体の一部
SAGA Ubp8	1	・ユビキチンプロテアーゼ

processive な様式で反応が進む（第 4 章）．そして転写終結反応 termination では終結配列が認識され，その後 RNA ポリメラーゼが DNA から解離する．

　予想されるとおり，真核細胞生物のタンパク質は細菌のタンパク質と相同性をもっているだけでなく，多くの追加タンパク質をもつ．その一方で古細菌は両者の中間程度の複雑さをもっており，ポリメラーゼを DNA に結合させる機能を有する転写基本因子である TBP（TATA ボックス結合タンパク質 TATA box-binding protein）と TFB（Pol Ⅱ系の TFⅡB に相同な因子）の 2 つのみをもつ．どのような場合でも，転写開始反応では転写因子と Pol Ⅱが正しい向きで正しい DNA 配列に結合する必要がある．すべての特異的な認識は，転写因子によって行われる．転写因子は最初に結合することで，後で Pol Ⅱが結合するためのお膳立てをする．認識される DNA 配列は基本的には 4 種類あり，TATA エレメント（TBP によって認識される．TATA 配列を含み，転写開始点の約 25 塩基上流にある），BRE（TFⅡB によって認識される．TATA エレメントから約 5 塩基離れている），Inr（イニシエーター．転写開始点に存在し，TATA から約 25 塩基下流にある），そして DPE（下流制御エレメント．転写配列内の約 30 塩基目のところに見出される）と呼ばれている（図 9.7）．ただし，これら 4 種類すべてが存在することが，転写反応に必須というわけではない．

　通常，DNA に最初に結合するタンパク質は TBP である（表 9.2 に示したように，TBP

図 9.7
Pol II 複合体の成分が結合する DNA 上の配列．番号は転写開始点に対する相対位置を示す．DNA 上には，DNA に結合するタンパク質が示されている．TBP（TATA 結合タンパク質）と 14 種類の TAF は複合体を形成し，TFIID を構成している（表 9.2）．BRE 配列については，TATA 配列の上流と下流に，2 つの候補が存在する（u と d をそれぞれ示してある）．TATA 配列は左右対称である．したがって，DNA 上における正しい向きは，部分的にはほかのエレメントとの結合に依存している．ほかのいくつかの認識配列も示してある．そのなかでも注目すべきは DCE と MTE で，転写開始点のすぐ下流に位置している．

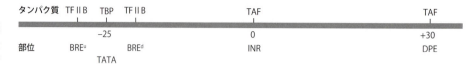

は TFIID 複合体の一部である）．TBP は鞍のような形をしており，TATA エレメントに結合して，TATA エレメントを約 80° 折り曲げる（図 9.8）．この相互作用には TATA エレメントが必要であり，TATA エレメントなしでは起こらない（図 9.9）[40]．通常，TBP は TAF（TBP-associated factor）複合体と相互作用している．TAF 複合体は Inr や DPE といった DNA エレメントとも相互作用し，TBP が正しい方向を向くことを手助けしている．この TBP-TAF 複合体は TFIID と呼ばれている（図 9.9）．TAF はすでに述べた"データー"成分の 1 例であり，ほかの複合体にも含まれていることがわかっている．たとえば TAF はクロマチンの翻訳後修飾に関与する SAGA 複合体にも含まれており（表 9.2），その多くはタンパク質ヘテロ二量体を形成している．

　そして TBP はある表面で TFIIB と，別の表面で TFIIA と相互作用する．これらの相互作用は TBP が確実に正しい向きで DNA に結合することにも役立っている．そして TFIIA と TFIIB は，TBP と折れ曲がった DNA の双方を認識する．

　興味深いことに，出来上がった TFIID 複合体は第 8 章で解説したものとよく似た自己抑制機構をもっている．ある TAF のドメインは，TBP の DNA 認識表面に結合して，TBP の DNA 結合を阻害する．そして TFIIA が TBP の DNA 認識ドメインに結合すると，阻害が取り除かれて TBP の DNA 結合が増強される [41]．

　このように DNA 上の正確な位置への結合は，単独の特異性の高い相互作用によってではなく，協調的に作用する複数の弱い相互作用によって達成される．すでに何度もみてきたように，このような方法によって強い結合を総和として達成しつつ，単独の結合で同程度の強さの結合を達成した場合よりも速い結合/解離速度を達成できるのである．

　この時点でのポリメラーゼは TFIIF ヘテロ二量体（*訳注：TFIIF は，ヒトやショウジョウバエ等では Rap74 と Rap30 から構成されるヘテロ二量体である．しかし出芽酵母の場合は，Rap74，Rap30，TAF14 から構成されるヘテロ三量体である）との複合体として DNA に結合しており，DNA に結合する際の相互作用には Pol II 自身よりもむしろ TFIIF が大きく関与している．したがって，Pol II は転写因子によって複合体内や DNA 上に引きずり込まれていると考えることができる．Pol II は 12 種類のサブユニットからできており，そのうちの 5 種類は Pol I や Pol III と同様に，細菌のポリメラーゼのサブユニットのホモログである．残り 7 種類のうち 4 種類は Pol I と Pol III に近いホモログである．そして残りの 3 種類は Pol II のみに存在し，もっとも弱く結合している．この残りの 3 種類のうちの 2 種類は開始複合体の形成のみに必要とされ，伸長時には解離する．TFIIF は細菌の σ 因子と機能的に相同な因子である．

　Pol II-TFIIF ヘテロ二量体が DNA に結合した後に，続いて TFIIE と TFIIH が結合する．TFIIH は（DNA をほどく）ヘリカーゼと，CDK7-cyclin H のリン酸化酵素複合体の両者を含む大きなタンパク質複合体である．この重要な複合体はポリメラーゼが鋳型 DNA 鎖に結合することを助け，DNA をほどき，Pol II の C 末端ドメイン（CTD）のセリン残基をリン酸化し，さらに損傷 DNA のヌクレオチド除去修復を行う．最後に，メディエータータンパク質複合体が結合して集合体全体を包み込み，結合部位からはるか上流，もしくは下流に存在するエンハンサーが相互作用する部位を形成する．メディエーターは多数の異なるタンパク質から構成されており，おそらく生育条件に応じて異なる構成をもっていると考えられる．この集合体全体は，一般には転写開始前複合体（PIC）pre-initiation complex として知られている（図 9.9）．

　このように PIC の集合過程は順序のある過程であり，異なる成分がおおよそ決まった順序で集合している．しかし，完全に順序が決まっているというわけではない．なかには標準的ではないプロモーター（たとえば TATA エレメントが含まれていないなど）も存在し，PIC の集合過程にはいくつかの代替経路があることを示唆している．おそらくこのような集合における多様性をもたせるために，いくつかの成分間には柔軟な接触面が存在す

図 9.8
TBP と TATA 配列の複合体の立体構造（PDB 番号：1ytb）．灰色の矢印で示すとおり，DNA の二重鎖はおよそ 80° 折り曲がっている．TBP はいくつかのアルギニンやリシン（赤色）を使って，非特異的に DNA と相互作用する．DNA の折れ曲がりは，DNA の塩基間に 4 つのフェニルアラニン環（青色）が挿入されることによって引き起こされる．配列特異的な認識は，5'-TATA 配列の高い変形能によるところが大きい．TBP は疑似 2 回対称性をもっているが，これはおそらく先祖遺伝子の重複により生じたものであろう．

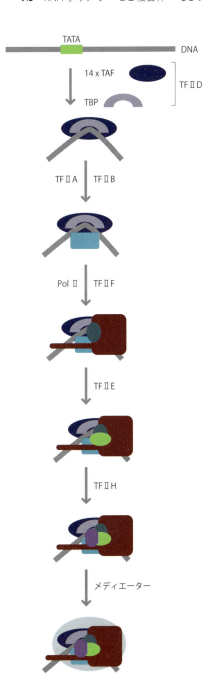

図 9.9
開始前複合体の集合．TATA ボックスが存在する場合（全遺伝子の約 10 ～ 20%だけである），最初に TBP が結合する．存在しない場合は，TAF がほかのエレメントに結合し（図 9.7），TBP を動員する．TBP の結合が必須であるが，それは DNA を折り曲げるためである（図 9.8）．続いてこの複合体は，TBP を認識する TFⅡA に結合し，曲がった DNA（とくに BRE エレメント）を認識する TFⅡB に結合する．この TFⅡD-TFⅡA-TFⅡB 複合体は，続いて PolⅡ（茶色：12 種類のタンパク質の複合体）と TFⅡF（青緑色：バクテリアのシグマ因子に関連のある 2 種類のタンパク質の複合体）を含む複合体と結合する．PolⅡは長い C 末端ドメイン（CTD）をもち，CTD は伸びた状態になっている．CTD はプロリンに富んでおり，ほかのいくつかの転写因子と相互作用する．そして TFⅡE が結合し，プロモーター配列において DNA がほどかれるのを助ける．次に TFⅡE に TFⅡH が結合する．TFⅡH はヘリカーゼ活性（DNA をほどく活性）とリン酸化酵素活性（CTD をリン酸化する活性）をもつ大きな複合体である．最後にメディエーター複合体が，PolⅡ複合体の残りの周囲をほぼ包み込むように結合する．メディエーターもまたほかの転写因子と相互作用するが，その転写因子のうちのいくつかは何 kb も離れたものである．これで開始前複合体が完成する．プライミングは ATP の結合と加水分解，そしてCTD のリン酸化によって生じる．ATP の結合と加水分解によって転写バブルが広がり，CTD のリン酸化によって CTD は DNA-転写因子複合体の結合から解離する．

るのであろう．

9.3.2 転写開始前複合体の電子顕微鏡による立体構造

　PIC については，高分解能での立体構造解析の結果はまだない．PIC はおそらく本質的に柔軟な構造をもつと考えられる．PolⅡが TATA エレメントを欠いた部位にも結合できるという事実は，PIC と DNA との相互作用の仕方にある程度の柔軟性があることを意味しているからである．TAF の中のいくつかがまずプロモーターに結合するが，その後の PIC の形成過程で，ほかのタンパク質がプロモーターに結合できるように TAF が移動することが明らかになっている．このような柔軟性があるにもかかわらず，PolⅡについてはフリー型，TFⅡB 結合型，DNA／RNA ハイブリッド結合型の結晶構造［42］や，いくつかの成分から構成される複合体の結晶構造があり，さらに TFⅡD や PolⅡ-メディエーター複合体を含むいくつかの複合体については，電子顕微鏡による立体構造解析の結果が存在する（図 9.10）［43］．（第 11 章で記述するように）電子顕微鏡像を得る方法から考えて，これらの結果が得られたということは，これらの複合体がある程度一定の構造をもつことを意味している．特筆すべきは，DNA 鎖が分離するための DNA の"準備"のすべては転写基本因子によって行われるということで，プロモーター DNA と PolⅡの間に直接の相互作用は存在しないのである［44］．

　PolⅡ自身は中央に二重鎖 DNA が入り込む大きな溝をもっており，そこで DNA は（おそらく DNA 二重鎖をほどきやすくし，その一方が RNA とのペア形成を行うために）鋭く折り曲げられ，二重鎖 DNA はほどかれ，RNA 伸長鎖とペアにされる（図 9.11）［45］．この溝は転写バブル全体を包み込んでいるのである．そして，この溝はいくつかのサブユニットから形成される"クランプ"構造によっておおわれており，開始時には DNA に結合し，少なくとも終結時には DNA 鎖を解放するために 30Å まで動くことができる．ほかの PIC 内のタンパク質はかなり強固な束になって PolⅡの周辺に集まるようである．

9.3.3 C 末端ドメインは伸長反応において鍵となる部分である

　PolⅡは C 末端ドメイン（CTD）C-terminal domain として知られる独特な領域を含んでいる．CTD は，YSPTSPS という 7 残基の繰り返しを多数もっている（哺乳動物では 52 回，酵母では 26 回繰り返されている．一般的に，複雑な生物種ほど長い CTD をもつ）．プロリンは 3 残基または 4 残基ごとに見出され，それが**ポリプロリンⅡヘリックス** polyproline Ⅱ helix と推定される構造の形成を促している．そのため CTD のポリプロリンⅡヘリックスでは 1 つの面にほぼすべてのプロリンが集まっており，第 2 番目のセリ

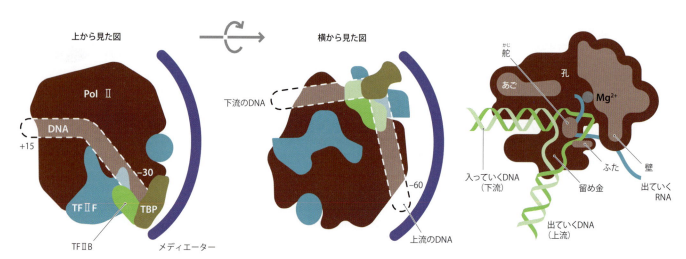

図9.10
Pol II-TFIIF複合体と，TFIIBとTBPのモデル．Pol IIは茶色，TFIIFは水色で示されている．これら2つの構造は電子顕微鏡による解析の結果に由来している．TFIIFの同定は，部分的には細菌のホロ酵素中のσ因子の構造に基づいている．TFIIB，TBP，DNAの立体構造は主に結晶構造に基づいているが，残りのDNA（破線）はモデルが描かれている．メディエーターの位置は，電子顕微鏡による解析の結果に基づいている．

図9.11
Pol IIを上から見た図．DNAは濃緑色（鋳型鎖）と薄緑色（非鋳型鎖），RNAは水色で示されている．(S. Hahn, *Nat. Struct. Mol. Biol.* 11: 394–403, 2004 より．Macmillan Publishers Ltd. より許諾)

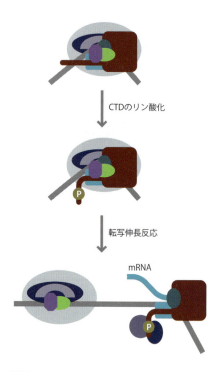

図9.12
Pol IIによる転写伸長反応．開始前複合体は，転写バブルの形成とCTDのリン酸化によって放出される．続いてPol II-TFIIF複合体は，TFIIBやTFIIFとともに複合体の残りの部分から解離し，DNAに沿って移動してmRNAを転写する．この図の中では，CTDはさらにほかのタンパク質と相互作用した状態で示されている．

ン（Ser 2）と第5番目のセリン（Ser 5）がヘリックスの同じ面で隣接している．これはペプチジル-プロリンイソメラーゼPin1に結合した場合の構造で，たとえば文献[46]に示されている．CTDをいっぱいに伸ばすとおよそ1,200 Åの長さになると考えられ，これは残りのPol IIの長さの8倍に相当する[47]．CTDはさまざまな転写因子，開始因子，伸長因子，終結因子，mRNAプロセシング因子（キャッピング，3′末端プロセシング，スプライシングに関与する）が結合できるような，プロリンの豊富な土台または足場（第4章）を形成すると考えられており，"転写工場" transcription factoryと呼ばれている．ポリメラーゼ複合体などが接近するためにはクロマチン構造を破壊する必要があるが，そのためにCTDはDNAに結合するタンパク質が非常に結合しやすくなっているようである．

TFIIHは2種類のキナーゼを含むが，それらはCTDに存在するどのSer 5でもリン酸化することができる．このリン酸化はCTDといくつかの転写因子（PICを包み込むだけでなく，その成分のいくつかと結合するメディエーター mediatorを含む）の相互作用を不安定にし，その結果，Pol IIがPICから解離して伸長過程を開始できるようにしている（図9.12）．これらの因子の多くはプロモーター部位に残され，そして次の転写反応のための分子集合を開始できるように足場タンパク質複合体内にとどまるのかもしれないと考えられている．

ひとたび伸長が進行すると，活性型複合体はPol II，TFIIB，TFIIFを含む，一定の決まった構造をとるようである．活性型複合体はさまざまな異なるタンパク質と結合することができるが，その多くはSer 5がリン酸化されたCTDを介して結合している．興味深いことに，mRNAキャッピング酵素Cgt1との複合体においてCTDはポリプロリンIIヘリックスをもたず，伸長したβ構造をとる．この構造では，1残基ごとに約180°ずつ異なる方向を向いており，Pin1と複合体を形成したCTDとは，まったく異なる向きで側鎖が配置されている[48]．このように，CTDは異なる標的に結合するためにその構造を変えることができる．より正確に表現するならば，CTDの構造は複数の標的を認識できるほどに柔軟なのである（第6章）．

PICから解離した後にSer 5がリン酸化されたCTDに結合するタンパク質の中には，mRNAの5′キャッピングに関与するものもある．後生動物では秩序だった順序でイベントが起こるようであるが，出芽酵母ではどうやらそうではないようである[49]．伸長反応はフリーの5′末端を形成するのに十分な長さの約30塩基まで進行し，その後はキャッ

ピングタンパク質が動員されて5′キャップを付加するまで一時停止している．5′のキャップがキナーゼを呼び寄せてキャッピングが完了すると，その酵素はさらに CTD の Ser 2 をリン酸化する．キナーゼはまた，CTD をプロモーター上につかまえておくほかのタンパク質もリン酸化する．このリン酸化によって CTD とプロモーターの相互作用が弱められ，プロモーター領域からの Pol II の解離が促進されることで，RNA スプライシングやポリアデニル化，そして終結に関与するものを含む，あたらしいタンパク質が結合できるようになる．Ser 5 からリン酸基を取り除き，さらなる伸長のために CTD の解放を促すホスファターゼも存在する．また，次の転写反応の準備として終結反応ではすべてのリン酸基が除去されるが，これに関係する別のホスファターゼも少なくとも 1 つは存在するに違いない．

このように CTD は反応に必要なタンパク質の一時的な待機場所として機能するが，そこでタンパク質は必要とされるまで保持され，その結合はリン酸化によって制御されている [50]．CTD は，転写と RNA プロセッシングを共役させるタンパク質を保持するための土台となっているとも考えられている．プロリンリッチな配列によって仲介される多くの相互作用と同じように，CTD とタンパク質群の結合は複数の弱い相互作用によって仲介されているため，アミノ酸配列の正確性や，どのようなリン酸化修飾を受けているかには強く依存していない．つまり，CTD には機能的に重要な特定の領域があるというわけではない．その代わりに全体の長さや繰り返しの数こそがその機能にとって問題となるのである．

ここまでの話をまとめると，Pol II 複合体はエキソソームとよく似ている．まずコア複合体が結合して，それから酵素に結合し，そして酵素のはたらきを導き，制御するように作用するのである．Pol II 複合体は多数の異なる酵素を集合させるが，それらは CTD のリン酸化によりその結合や解離が制御されている．"コア"は比較的小さく，Pol II, TF II B, TF II F のみから構成されているが，結合可能なほかのタンパク質の数は非常に多い．エキソソームと同様，それは基本的にたった 1 つの酵素機能をもっており，多くの活性をもつわけではない．この複合体はまさしく分子機械なのである．

9.4 メタボロンの概念

9.4.1 メタボロンを巡る論争

これまでに解説してきた複合体は，相当な協調を必要とする単一の機能を遂行することから，まさしく分子機械と呼ばれている．この最後の節では，分子機械とはやや異なる複合体について解説する．それは，関連のある酵素の一群が，一連の反応を行うために一緒に機能するような複合体のことである．この複合体にはメタボロン metabolon という名称が与えられている．

1987 年，Paul Srere は非常に説得力があり，かつ興味深い総説を発表した．そのなかで Srere は，共通の代謝経路内にある多くの酵素グループは，物理的に相互作用してメタボロンを構成していると主張している [51]（これは，その 10 年前に Welch が総説で主張したのと同じ内容である [52]）．この主張はとても理にかなったものである．第 1 の理由として理論的な根拠があり，それは図 9.13 にみられるような代謝経路図に基づくものである．代謝経路図にはいくつかの連続した反応が分岐することなく進行する経路が数多く存在し，その経路は最終産物をつくるためだけに存在している．それゆえに，中間体をつくったり，それらが細胞の周辺に拡散できるようにしたりすることは，細胞にとって何の価値もない．すなわち，その経路を通じて中間体が失われることなく直接供給されるような分子機構をもつことの方が，はるかに経済的であると考えられる．図 9.13 に記されている代謝産物のおよそ 80％は，中間体が拡散しないタイプである．このようなメタボロンの存在はより緊密な生合成経路の制御を容易にし，生合成経路をより速く動かすことを可能にすると推定される．人工的な遺伝子融合を用いて分析してみると，確かに反応速度は増加するのである [53]．図 9.13 にはあまり示されていないが，同様のことが分解（異化作用の）経路でもいえる．しかし，無視できない反論もある [54]．それは，"魅力的なしくみにみえるからといって，それが自然界に採用されているとは考えないように

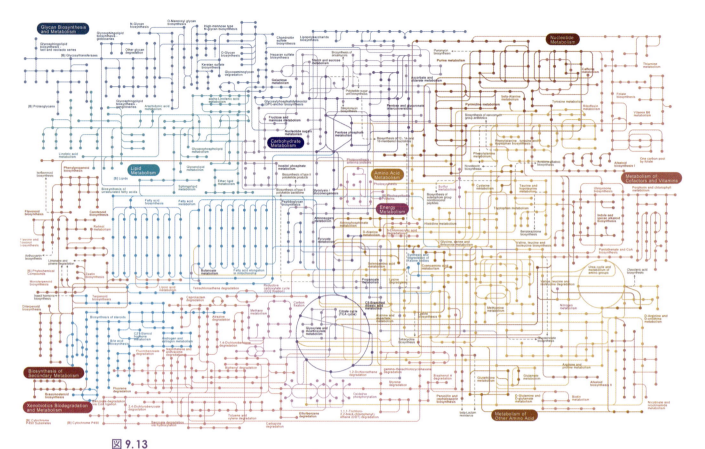

図 9.13
ヒトの主要な代謝経路の説明図．糖質代謝は青色で示されており，中央下の円は TCA 回路を表している．（KEGG；Kyoto Encyclopedia of Genes and Genomes（http://www.genome.jp/kegg/）[81] より）

気をつけなければいけない"というものである．細胞活動にとって魅力的だからといって，それが本当に起こっていることを意味しているとは限らないのである（本章冒頭の引用文，とくに 3 つ目を参照）．

第 2 の理由として，多くの実験的知見がある．1987 年に Srere が総説を執筆した時点では，異なるタイプのさまざまな結果が存在しており，今日でも引用されるような研究結果は比較的まれであった．しかし現在では，多くの信頼に足る研究結果がある．もっとも有力な証拠は，関連する酵素群が共局在していることや，共精製できること，そしてチャネリングの証拠に関するものである．ただし，酵素の共局在はそれがメタボロンであるために必要な証拠ではあるが，十分な証拠ではない．たとえば，システイン生合成の最終段階を担う 2 つの酵素には，それらが細胞内で相互作用するという明確な証拠が存在する．しかし，複合体内において酵素の 1 つがほとんど不活性型であるという理由から，今ではこれはメタボロンというより 1 つの制御機構とみなされている [55]．以降の項では，これら共局在とチャネリングについて解説する．

メタボロンという概念は，かなりの論争を引き起こしてきた．すでに述べたとおり，それは真実である"べき"と思わせるような魅力的なアイデアであるが，その一方で，実験的な証拠を出すのは難しいのである．共局在やチャネリングを観察するためには，細胞内全体における in vivo 実験を行わなければならないが，メタボロン複合体がもろいがゆえに，その実験は困難である．加えてメタボロンは，代謝的に制御される可能性が高い集合体であるうえに，過渡的で容易に解離する集合体である．これらのことが，メタボロンが観察されにくい理由なのかもしれない．

9.4.2 共局在はメタボロンの証拠となる

真核生物には，プリン生合成を触媒する酵素が 6 種類存在する（そのうちの 3 種類は多

機能酵素である).これらの酵素について,*in vitro* では共局在はまったく観察されないが,蛍光ラベル法によって *in vivo* では共局在することや,その局在性がプリンの量に応じて壊れ得ることが示されている [56].この結果は,これらの酵素になんらかの相互作用が存在することの有力な証拠となっている.さらにこのことは,ほかの実験系で相互作用に関する証拠が得られなかったとしても,そのことをきわめて否定的な証拠としてみる必要はないということも意味する.同様の共局在は栄養飢餓後のさまざまな代謝システムにおいてみられるが,その現象はメタボロンというよりも,むしろ"(栄養)貯蔵庫"としての役割に原因がある [57].酵素間にあると考えられる相互作用については,チャネリングに関する速度論的な証拠がある.緑色蛍光タンパク質(GFP)green fluorescent protein によりタグ付けされた TCA 酵素を含むミトコンドリアの光退色実験では,TCA 酵素が高分子量複合体として存在することが示唆されており [58],その高分子量複合体の半数は固定化されていた.ほかの多くの論文,たとえば Sumegi らの論文などによって,TCA 酵素複合体の存在が報告されている [59].

真核生物の代謝酵素の複合体は膜に局在するのかもしれないし,ある場合は**脂質ラフト** lipid raft に局在するのかもしれないし [60],またある場合は膜タンパク質に相互作用しているのかもしれない.このように異なる説が数多く存在している.メタボロンの分野ではよくあることであるが,これら諸説も議論の対象となっている [55, 61].そのうち 3 つを以下に記す.

1. Srere は,活性部位をつなぐ静電的なチャネルをもつ TCA 回路の 3 つの酵素から,融合タンパク質においてみられた反応速度を説明できるモデルが構築可能であることを示した [62, 63].重要なこととして,これらの酵素はミトコンドリアの内膜の内側に結合することが示されており,触媒活性をもつ複合体として(さらにもう 2 つの TCA 酵素と)共精製されている(文献 [64] も参照せよ.この文献はこれよりずっと前に行われた,5 つの TCA 酵素複合体の精製例である).
2. カルビン Calvin 回路の酵素群,青酸グリコシド(毒性の中間体をもつ)生合成に関わる酵素群,フェニルプロパノイド生合成に関わる酵素群は,*in vivo* において膜表面に(個別に)相互作用することが示唆されている [55].
3. アカパンカビ *Neurospora* やユーグレナ *Euglena* の正常な細胞の含有物を遠心分離したところ,中心的な代謝経路のすべての酵素が細胞質層ではなく膜層において見出されたことは注目に値する(文献 [1] で議論されている).この結果に対するもっとも明快な説明は,すべての中心的な代謝酵素は実際には細胞質中に自由に浮いているのではなく,何らかのしくみで膜表面に結合している,というものである.

これらは,別々に説明可能な互いに関係のない観察結果なのであろうか.もしくは,メタボロンが制御された膜局在をもつことを示す一連の結果の一部なのであろうか.その答えはいまだ不明である.

9.4.3 チャネリングはメタボロンの証拠となる

第 10 章でも解説するが,チャネリングはいくつかの酵素複合体において明確に観察されている.そのような複合体においては,基質はある酵素から次の酵素に直接受け渡され,けっして溶液中に自由拡散することはない.これはチャネリングの本質的な特徴であり,複合体の明確な証拠となっている.チャネリングはいくつかの方法で観察できるが,それがもっとも明白なのは同位体ラベルによる観察である.たとえば,ラベルされた(1 番目の酵素の)基質が,高濃度の未標識の中間体と一緒に加えられる.もし中間体が完全にチャネリングされるならば,最終産物の同位体ラベルが希釈されることはないであろう.しかし,もし中間体が自由拡散するのであれば,ラベルは希釈されることになる(図 **9.14**)(チャネリングに関する証拠は文献 [55, 61, 65, 66] の総説にまとめられている).予想されるとおり,チャネリングを裏づける最良の証拠は多酵素複合体 multienzyme complex において見出され,その構造にはチャネリングを促すトンネルが含まれている.これとは対照的に,メタボロンに関する証拠は不完全である.大切なことは,チャネリングを支持する最良の証拠は,膜結合型複合体から得られたものであるという点である.これは TCA 回路に関わる酵素だけでなく,尿素回路に関わる酵素にも当てはまる [67, 68].

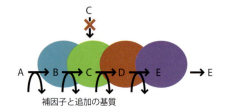

図 9.14
代謝複合体，あるいはメタボロンの証拠となるチャネリング．基質（化合物 A）は複合体の一端に送り込まれ，生成物（化合物 E）は反対側から排出される．高度にチャネル化された複合体は，ほかの出入口をもたない（もちろん，ほかの基質と生成物の出入口を除く）．このため中間体 C を外部から供給しても，反応速度に対しても，生成物の同位体ラベルのパターンなどに対しても影響がない．

代謝複合体を示唆する証拠はほかにも多数存在する．ここでは 2 つの例を紹介するが，それはこれらに特段の説得力があるからというわけではなく，単なる筆者の好みである．

1. タンパク質間相互作用を検出する方法の 1 つとして，プロテアーゼを加えて，タンパク質分解の速度が相互作用相手の添加に影響されるかどうかをみるという方法がある．そのような分解速度の変化は in vivo で実際に観察される．たとえば，シトクロム c の分解はシトクロム $a.a_3$ の存在下では減速するが，これは両者が相互作用することを示唆している [69]．
2. ブラインシュリンプは潮の干満のある場所に住み，干潮時には脱水状態になる．通常の含水量の 35％を残して脱水することができ，その状態では細胞内部に自由水はなく，細胞内部の分子を水和コートする水分子だけが存在している．しかし細胞は機能し続けている [70, 71]．仮に代謝産物を拡散させる自由水が存在しないならば，すべてがメタボロン内に組織されていることから大規模な拡散を必要としないという理由以外で，このようなことは起こり得ないであろう．

9.4.4 ハイスループットによる解析はメタボロンに対して何の証拠も提供しない

タンパク質相互作用の測定に関して，ゲノム規模の解析ツールの利点は，はるかに系統的な方法でメタボロンを探すことを可能にするという点である．現在はずっと多くの実験ツールのアレイからデータが得られるが，これらの議論はまだ有効といえるのであろうか．Srere によって強調されたことや，ほかの多くの人によって議論されてきたこと，これからも議論されるであろうことは，細胞内に存在する複合体を実験的に検出することが難しいということである．これは細胞内部の環境がとても混み合った状態にあるためで，そのような状態ではタンパク質の相互作用は促進される（第 4 章）．しかし複合体を調べるためにひとたび細胞を破砕してしまうと，その複合体は解離してしまう．したがって，たとえメタボロンのような複合体が in vivo に存在するとしても，実験的には観測されないのである．

これは的を射た議論であり，反論は難しい．しかし現在は細胞内タンパク質複合体を，TAP タグ法などの方法で観測できることが知られている．それは in vivo の複合体形成を伴う方法であるが，それでもなお複合体の精製や検出のためには細胞を破砕することが必要とされる．ここで当然の疑問は，TAP タグの技術でメタボロンを観測できるのではないか，ということである．

基本的には，答えはノーである．この章の冒頭に記述した酵母の全ゲノム実験において，確かにいくつかの代謝酵素複合体が観測されている．しかし，これらはたいてい特殊な（そして既知の）多酵素複合体であり，トリプトファン合成酵素，カルバモイルリン酸合成酵素，ピルビン酸脱水素酵素，2-オキソグルタル酸脱水素酵素（次章で解説する）などであった．文献 [6] において，自信をもって同定された 491 種類の複合体の中でメタボロンであることを主張できたものは，トレハロース-6-リン酸合成酵素/ホスファターゼ，アントラニル酸合成酵素，ホスホリボシル二リン酸合成酵素，α-アミノアジピン酸-セミアルデヒド脱水素酵素，リボヌクレオシド二リン酸還元酵素，とほんのわずかであり，そのすべてが単機能酵素であった．生合成や異化作用の複合体は 1 つの例外を除いては存在しなかった．その例外とは糖分解酵素（とその関連酵素）である TIM，エノラーゼ，フルクトース-1,6-ビスリン酸アルドラーゼ，ホスホグリセリン酸ムターゼ，ホスホグリセリン酸キナーゼ，グリセロール-3-ホスファターゼ，それからいくつかの無関係のタンパク質を含

む複合体である．TAPタグ法は，多量に存在するタンパク質を含む複合体を過剰に検出してしまうというよく知られたバイアスをもっており，そして糖分解酵素は細胞内でもっとも量が多いタンパク質である．したがって糖分解複合体が観測されたという結果は，これらのタンパク質が多量に存在することによる結果であるともいえるし，発見される前に解離してしまうために検出されない，ほかの多くのメタボロンが存在することを暗示しているともいえる．もちろん，TAPタグによってほかの多くの複合体が同定されており，もし後者が真実であれば，メタボロンは上述した分子機械よりはるかに弱く分子集合しているということになる．これはあり得る話である．なぜならメタボロンの形成はおそらく，さまざまな代謝因子や細胞因子によって可逆的な刺激を受けやすいからである．弱い複合体というものは，生理的には確かに適切である．生理的に重要な相互作用は，in vivo では $100\,\mu M$ 程度の弱い親和力をもち得ると見積もられており，ひとたび細胞が破砕されるとますます弱くなる可能性がある [72]（章末の問題 N3 には，そのような複合体が TAP タグ実験では観測されないことが示されている）．

　これまでに行われたエキソソームにタグを付加する TAP タグ実験で，ヒトにおいてもブルーストリパノソーマ *Trypanosoma brucei* においても，エキソソームと触媒ヌクレアーゼ Rrp44 の間の相互作用が見出されていないことには何らかの意味があるのかもしれない．上に挙げた理由から，これらのエキソソームが in vivo で Rrp44（もしくはほかの何らかのヌクレアーゼ）と相互作用しないなどということは信じ難いことである．そうでなければエキソソームは触媒機能をもたないであろうし，したがってエキソソームが存在する理由がないからである．要するに，存在するすべての複合体を TAP タグによって観察できるわけではないという考えは，おそらく正しいのである．上述したように，ツーハイブリッドスクリーニングはより弱い相互作用を発見することにおいて本質的によりすぐれた方法であるし，実際に多くの適切な例を見出している．しかし，それらはまた偽陽性を見出す傾向もあるので，現状ではこれらの結果が真実か否かを見分けることは難しい．

　TAP タグを利用した実験から引き出される暫定的な結論は，メタボロンが存在するとしても，広範に存在するわけではない，ということである．ただし，これが誤った結論である可能性も否定できない．

9.4.5 糖分解のメタボロンには非常に有力な証拠がある

　9.4.4 項において，酵母を用いた TAP タグ研究から同定された唯一の"真の"メタボロンが，糖分解酵素を含んでいたことに言及した．理論上，解糖系はメタボロンに組み入れるのに適した系であろう．なぜなら解糖系は，系の最適化を促す進化圧がメタボロンを生み出すのに十分なほど強いことが想像に難くない主要経路であるからである．しかし，上述したいくつかのほかの経路とは異なり，中間体の多くはほかの目的で使われている．このことは，完全にチャネリングされたメタボロンが，生物学的には実用的ではないことを意味している．理論上の有力な論拠は，メタボロンのようなものの存在が"必須"であるということは意味していない．しかし，さまざまな生物種において糖分解酵素がメタボロンとして作用しているかもしれないという，多くの証拠が実際に存在する．

　糖分解酵素間の相互作用を検出しようとしたほとんどの実験は，否定的な結果に終わっている．しかし，いくつかの実験では相互作用が見出されている．赤血球ではさまざまな糖分解酵素が，膜貫通タンパク質バンド 3 と結合した細胞膜と相互作用することが抗体染色によって示唆されている [73]．この分子集合は，酸素添加とリン酸化によって制御されている．とりわけそのような相互作用は，生理的なイオン強度下における in vitro の実験では測定できない．著者らはこの違いを高分子クラウディング macromolecular crowding のせいであるとしている．大腸菌のホスホトランスフェラーゼ系における酵素間の代謝産物の迅速な移動に必要であることを理由として，この文脈で高分子クラウディングが引き合いに出されたことは注目に値する [74]．

　いくつかの生物種で，トリオースリン酸イソメラーゼ（TIM）triosephosphate isomerase をコードする遺伝子は，ホスホグリセリン酸キナーゼ（PGK）phosphoglycerate kinase をコードする遺伝子と融合している．これはフレームシフト変異の結果であり，PGK の終止コドンが失われて，わずかに重なっている TIM 遺伝子の第一コドンに置き換わっているのである [75]．実際のところ，解糖経路において PGK は TIM の直後の酵素

ではなく，TIM の次の次の酵素である．この事実は両者の融合により反応速度を向上させるためには，このメタボロンには少なくとも 3 種類の酵素の複合体が必要であることを意味している．これは興味深い結果である．なぜなら，第 5 章で示したように，TIM は進化的な完全酵素 perfect enzyme であり，その反応速度は拡散によって制限されているからである．すなわち TIM の反応速度を向上させる唯一の方法は，拡散してくる，もしくは拡散していく速度をあげることである．ほかの酵素を含む複合体に TIM を付加することは，まさにこのようなことをしていることになるのである．しかしまた興味深いことに，融合タンパク質の PGK 活性は，おそらく融合タンパク質になることによって分子の動きや分子の接近しやすさが減少した結果として，単離された PGK よりも約 3 倍弱くなっている．これは，複合体における複数の酵素の集合がよいことばかりではないということを示している．それでもなお，人為的につくり出された遺伝子融合により，まさに期待どおりの反応速度の向上や，基質受け渡し時間の短縮が観測されている [65]．ただし，このこともやはり，それらが in vivo で相互作用しているという証拠にはならないのである．遺伝子融合の例が代謝酵素において圧倒的に見出されるという観察結果は，上記と関連があるのかもしれない [76]．これらの例は，少なくとも部分的には自然淘汰による選択を受けているので，細胞にとって少なくともある程度は有利になると考える人もいる．もっとも明らかな利点は，ある種のチャネリングを助けることである．

　さらに有力な証拠として，糖分解経路においてチャネリングが行われているという観察結果もある．大腸菌において，^{14}C でラベルしたフルクトース 1, 6-ビスホスファターゼを細胞に摂取させると，たとえ，^{12}C でラベルされた中間体が存在していたとしても，$^{14}CO_2$ までの炭素に関してはほぼ 100％のチャネリングが起こる．このことは，すべての糖分解酵素を含む複合体が存在することを示唆している [77]．とくに興味深いいくつかの実験があり，そのなかで Graham らは ^{13}C ラベルを用いて，シロイヌナズナ Arabidopsis とポテトにおいてチャネリングが 3 種類の酵素対に対して 100％に近く，また 2 種類の酵素対に対して約 50％であること，そして ^{13}C ラベルが TCA の中間体まで運ばれることを明らかにした．これにはピルビン酸にいたる全行程のチャネリングと，そしてミトコンドリア外膜を横切る協調的な輸送が必要である [78]．この結論の裏づけとして彼らは糖分解酵素の共局在も示しており，それらはミトコンドリア外膜タンパク質（VDAC）voltage-dependent anion channel に結合していた．もっとも驚くべきことは，彼らが糖分解酵素が 2 種類のプールに存在することを示した点である．一方は明らかに細胞質で自由に存在しており，もう一方はミトコンドリアの膜に結合している．酵素群は酸素消費の要請に応じて細胞質のプールから膜結合複合体に移動し，その結果，酸素消費速度の増加がより多くの酵素を膜に引き寄せるのである．これは数分以内に起こる反応である．それゆえに彼らは，ミトコンドリア膜に結合した複合体は，膜を横切って後続の TCA 回路に送り込まれるピルビン酸をチャネリングで供給するために，代謝的に制御され得ると提案している．

　解糖系はメタボロンの存在に関する最良の証拠である．メタボロンが弱く代謝的に制御された複合体であり，おそらく膜表面に形成されているであろうということを示す証拠が増え続けているが，このような証拠も解糖系がメタボロンであることに合致している（第 4 章では膜結合が複合体を集合させるためのよい方法であることを示した．1987 年の Srere の総説もまた，多くのメタボロンは膜に結合しているようであると結論している）．無細胞タンパク質発現系の成功など，in vivo で物理的に相互作用することが知られているシステムであっても，"酵素の袋" bag of enzymes としては幸運にも機能することを示唆する例もある（"酵素の袋" とは，Srere によって軽蔑的に使われた用語である）．メタボロンはおそらく，細胞機能にとって必須ではないのであろう．このような状況ではあるが，分子機械に関する近年の広範な研究によって，代謝過程が空間的に協同的であるという有力な証拠が確かに得られてきている．そしてもし，メタボロンがこれまでの研究からの予測よりも一般的な現象であると判明しなかったとすれば，それは驚くべきことである．すなわち，TAP タグの結果がおそらくメタボロンを検出していないと思われるのは，メタボロンの相互作用が実に弱く，代謝的に制御されているからであり，またもしかすると複合体の多くが膜タンパク質に結合していて，それゆえに可溶画分に少量しか存在しないからということも考えられるのである．

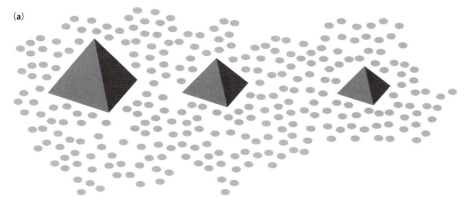
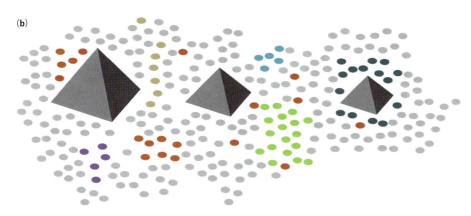

図 9.15
メタボロンは存在するのであろうか．(a) ピラミッドの周辺に集まっている旅行者たちは，完全に無関係であるように見えるかもしれない．(b) しかし，適切なラベルで標識すると（言語，出身国，次の目的地，ホテルなど），彼らはさまざまな様式でグループ分けされてみえるであろう．ただし，これらのグループ分けすべてが，真の共通点に関連があったり，それらを反映していたりするとは限らない．

文献 [67] にある比喩によって本章を締めくくろう（図 9.15）．もし細胞内のタンパク質を観察することができたなら，見かけ上は不規則に動き回っていて，あたかもにぎやかな観光地の旅行者のように見えるであろう．しかし，もしその旅行者を適切なプローブで標識（ラベル）できたならば，旅行者の大部分が実際には集団を形成しており，さらに集団をまとめるためのさまざまな引力によって，その集団が絶えず集合したり，分散したり，再集合したりしながら移動していることがわかるであろう．このたとえ話がどの程度正しいのかはいまだ不明であるが，必要なことの 1 つは *in vivo* でタンパク質を追跡することを可能にする適切なラベルを開発することである．

9.5 章のまとめ

ゲノムワイドな研究によって，細胞内のタンパク質の少なくとも 65％ が複合体の一部として機能していることが示唆された．それらの複合体は，通常 2〜4 種類のメンバーを含んでいるが，もっと多くのメンバーを含む複合体もいくつか存在する．より大きな複合体は分子機械をつくり出すが，それは多くの場合集団で動き回る"データー"に取り囲まれた"ハブ"を含んでいる．そして，"ハブ"は中核となる触媒機能に，"データー"は関連する制御機能に対応している．

本章では，2 種類の分子機械について詳細にみてきた．エキソソームは，1 種類の主な触媒タンパク質と，その核酸分解活性を特定の基質や特定の鎖長に制限するためのほかのタンパク質をいくつか含んでいる．複合体の一部は細菌のエキソヌクレアーゼと相同性をもつが，それらのタンパク質はすでにその機能を失っている．したがって，この複合体は直線的に（無駄なく）進化してきたわけではない．RNA ポリメラーゼ II は，完全に同定されているわけではないが，一貫した順序で集合する多数の成分を含んでいる．これらの成分の多くはひとたび伸長反応が始まると解離して，ほかの成分に取って代わられるが，その多くは Pol II の C 末端ドメイン（CTD）上に保持され，必要に応じて集められる．また，

その結合は CTD のリン酸化によって制御されている．

最後に，弱く相互作用し，代謝によって制御される代謝酵素の一群であるメタボロンの概念を考察した．これはいまだに議論の多い分野であるが，いくつかのメタボロン（たとえば解糖系のメタボロン）に対する証拠は説得力があり，とくにチャネリングから得られた証拠は有力であるといえる．メタボロンはおそらく膜タンパク質と相互作用していると考えられる．メタボロンの検証には，さらなる実験的検証が必要であろう．

9.6 推薦図書

インタラクトームに関する参考書としては，Devos と Russell による論文 [9] が適切である．

Srere による総説 [51] では，メタボロームの存在に関する（やや一方的であるとしても）魅力的な議論がなされている．

9.7 Web サイト

http://3dcomplex.org/	（複合体の 3 次元構造）
http://3did.irbbarcelona.org/	（3DID：ドメイン間の相互作用）
http://cluspro.bu.edu/login.php	（ClusPro：ドッキング）
http://consurftest.tau.ac.il/	（ConSurf：タンパク質の機能領域）
http://dunbrack.fccc.edu/ProtBuD/	（ProBud：非対称単位の同定）
http://nic.ucsf.edu/asedb/	（ASEdb：アラニンスキャニングによるホットスポットのエネルギー論）
http://ppidb.cs.iastate.edu/ppidb/	（タンパク質-タンパク質相互作用）
http://prism.ccbb.ku.edu.tr/prism/	（PRISM：タンパク質相互作用）
http://www.bioinformatics.sussex.ac.uk/protorp/	（PROTORP：タンパク質表面）
http://www.boseinst.ernet.in/resources/bioinfo/stag.html	（Proface：プログラム集）
http://www.ebi.ac.uk/thornton-srv/databases/cgi-bin/valdar/scorecons_server.pl	（Scorecons：残基を変化させたときのスコア）
http://www.piqsi.org/	（PiQSi：四次構造データベース）

9.8 問題

1. TAP タグスクリーニングを行う場合，N 末端側にタグを付加して，それとは別に C 末端側にもタグを付加するのが一般的である．それはなぜか？
2. 文献 [6] の付表 2 にある，酵母において同定された複合体のリストを見よ（雑誌の Web サイトに追加情報へのリンクがある）．名前の付いた複合体（つまり同定された，もしくは既知の機能があり，単に"複合体 5"などというものではないもの）について，それらの機能を確認し，適切なグループに分類せよ．その主な機能グループは何か？また，主な細胞機能に関するリストを見つけよ（文献 [79] などに情報がある）．リスト中のグループは，その比率に応じた主要な細胞機能を表しているであろうか？もし違うのであれば，それはなぜか？
3. TAP タグによって研究された酵母のインタラクトームに関してこの章で引用した 2 つの文献 [6, 7] では，どのような基準で測定の正確性と完全性を確認したか．
4. 酵母における網羅的なツーハイブリッド研究 [15] では，同定された相互作用タンパク質の主要なタイプが"データー"であることと，それらが細胞内代謝の完全性を維持するのに重要であることが見出された．一方，TAP タグ研究では"パーティー"ハブが主要なタイプであることが見出された．これらの 2 つの結果に矛盾はあるであろうか？
5. 偽陽性の相互作用と偽陰性の相互作用の定義をそれぞれ述べよ．通常，科学者は偽陽性についてより懸念を示す．それはなぜか？

6. エキソソームの2つの主要な機能は何か？エキソソームの構造はこれらの機能をどのようにして促進しているか？
7. RNAポリメラーゼIIは，RNAポリメラーゼIやRNAポリメラーゼIIIに対し相同性を示すであろうか？また，どの成分が相同であるといえるであろうか？
8. これまでに発見されたほぼすべてのメタボロンは同化作用に関するものであり，異化作用のものではない．それはなぜか？また，この結果は"真実"といえるであろうか？それとも実験的な結果にすぎないのであろうか？
9. メタボロンが細胞の要求に応じて膜上に局在することが正しいと仮定して，それらを発見するにはどのような実験をしたらよいか提案せよ．

9.9 計算問題

N1. 文献[7]に描かれている複合体の数と複合体のサイズについてのグラフは，図9.1に描かれているグラフと似ており，$y = 2556.9x^{-1.8992}$ の式で表される．複合体がサイズ4である（つまり4種類のタンパク質から構成される）と，期待される複合体の数はどの程度か？あり得ない大きさの複合体というのは（つまり y が1未満の場合），複合体中にどのくらいの数のタンパク質を含んでいると考えられるか？

N2. 問題N1で与えられた式は，比較的小さな指数においては（すなわち2未満では）スケールフリーネットワークを示す．指数が小さい値をとることの意義を説明せよ（文献を調べない限り，この問題にはすぐに答えられない）．

N3. 洗浄の過程で弱く結合した成分が洗い流されるという理由から，TAPタグを使った実験では弱い複合体を検出できないといわれている．実際，洗浄が完了する前に複合体が解離するならば，弱く結合した成分は失われるであろう．9.4.4項において，生理的に重要な複合体は100 μM程度の解離定数をもつだろうと記されている．念のため，複合体が1 μMの解離定数をもつとして，洗浄の後に複合体の10%を見出すためには，洗浄の操作はどの程度短くしたらよいであろうか？洗浄に関する上記の議論は妥当であろうか？第4章の解説に従うと，どのようにしたら洗浄の過程において複合体成分の親和力を増強できるか？

9.10 参考文献

1. PA Srere (2000) Macromolecular interactions: tracing the roots. *Trends Biochem. Sci.* 25:150–153.
2. A Kornberg (2003) Ten commandments of enzymology, amended. *Trends Biochem. Sci.* 28:515–517.
3. AR Fersht (1985) Enzyme Structure and Mechanism, 2nd ed. New York: WH Freeman.
4. A Dziembowski & B Séraphin (2004) Recent developments in the analysis of protein complexes. *FEBS Lett.* 556:1–6.
5. AC Gavin, M Bösche, R Krause et al. (2002) Functional organization of the yeast proteome by systematic analysis of protein complexes. *Nature* 415:141–147.
6. AC Gavin, P Aloy, P Grandi et al. (2006) Proteome survey reveals modularity of the yeast cell machinery. *Nature* 440:631–636.
7. NJ Krogan, G Cagney, HY Yu et al. (2006) Global landscape of protein complexes in the yeast *Saccharomyces cerevisiae*. *Nature* 440:637–643.
8. Y Ho, A Gruhler, A Heilbut et al. (2002) Systematic identification of protein complexes in *Saccharomyces cerevisiae* by mass spectrometry. *Nature* 415:180–183.
9. D Devos & RB Russell (2007) A more complete, complexed and structured interactome. *Curr. Opin. Struct. Biol.* 17:370–377.
10. J-DJ Han, N Bertin, T Hao et al. (2004) Evidence for dynamically organized modularity in the yeast protein–protein interaction network. *Nature* 430:88–92.
11. CV Robinson, A Sali & W Baumeister (2007) The molecular sociology of the cell. *Nature* 450:973–982.
12. G Apic, J Gough & SA Teichmann (2001) Domain combinations in archaeal, eubacterial and eukaryotic proteomes. *J. Mol. Biol.* 310:311–325.
13. NN Batada, LD Hurst & M Tyers (2006) Evolutionary and physiological importance of hub proteins. *PLOS Comp. Biol.* 2:748–756.
14. NN Batada, T Reguly, A Breitkreutz et al. (2006) Stratus not altocumulus: a new view of the yeast protein interaction network. *PLOS Biol.* 4:1720–1731.
15. HY Yu, P Braun, MA Yildirim et al. (2008) High-quality binary protein interaction map of the yeast interactome network. *Science* 322:104–110.
16. G Butland, JM Peregrín-Alvarez, J Li et al. (2005) Interaction network containing conserved and essential protein complexes in *Escherichia coli*. *Nature* 433:531–537.
17. L Giot, JS Bader, C Brouwer et al. (2003) A protein interaction map of *Drosophila melanogaster*. *Science* 302:1727–1736.
18. HW Mewes, D Frishman, U Guldener et al. (2002) MIPS: a database for genomes and protein sequences. *Nucleic Acids Res.* 30:31–34.
19. HW Mewes, C Amid, R Arnold et al. (2004) MIPS: analysis and annotation of proteins from whole genomes. *Nucleic Acids Res.* 32:D41–D4.
20. J Gagneur, L David & LM Steinmetz (2006) Capturing cellular machines by systematic screens of protein complexes. *Trends Microbiol.*

21. J Goll & P Uetz (2006) The elusive yeast interactome. *Genome Biol.* 7:223.
22. SR Collins, P Kemmeren, XC Zhao et al. (2007) Toward a comprehensive atlas of the physical interactome of *Saccharomyces cerevisiae*. *Mol. Cell. Proteomics* 6:439–450.
23. PM Kim, LJ Lu, Y Xia & MB Gerstein (2006) Relating three-dimensional structures to protein networks provides evolutionary insights. *Science* 314:1938–1941.
24. R Jansen, HY Yu, D Greenbaum et al. (2003) A Bayesian networks approach for predicting protein–protein interactions from genomic data. *Science* 302:449–453.
25. B Suter, S Kittanakom & I Stagljar (2008) Two-hybrid technologies in proteomics research. *Curr. Opin. Biotechnol.* 19:316–323.
26. LJ Jensen & P Bork (2008) Not comparable, but complementary. *Science* 322:56–57.
27. RB Russell & P Aloy (2008) Targeting and tinkering with interaction networks. *Nat. Chem. Biol.* 4:666–673.
28. D Reichmann, O Rahat, M Cohen et al. (2007) The molecular architecture of protein–protein binding sites. *Curr. Opin. Struct. Biol.* 17:67–76.
29. B Alberts (1998) The cell as a collection of protein machines: preparing the next generation of molecular biologists. *Cell* 92:291–294.
30. M Schmid & TH Jensen (2008) The exosome: a multipurpose RNA-decay machine. *Trends Biochem. Sci.* 33:501–510.
31. E Lorentzen, J Basquin & E Conti (2008) Structural organization of the RNA-degrading exosome. *Curr. Opin. Struct. Biol.* 18:709–713.
32. D Schaeffer, B Tsanova, A Barbas et al. (2009) The exosome contains domains with specific endoribonuclease, exoribonuclease and cytoplasmic mRNA decay activities. *Nat. Struct. Mol. Biol.* 16:56–62.
33. E Lorentzen, A Dziembowski, D Lindner et al. (2007) RNA channelling by the archaeal exosome. *EMBO Rep.* 8:470–476.
34. HW Wang, J Wang, F Ding et al. (2007) Architecture of the yeast Rrp44-exosome complex suggests routes of RNA recruitment for 3′ end processing. *Proc. Natl. Acad. Sci. USA* 104:16844–16849.
35. E Lorentzen, J Basquin, R Tomecki et al. (2008) Structure of the active subunit of the yeast exosome core, Rrp44: diverse modes of substrate recruitment in the RNase II nuclease family. *Mol. Cell* 29:717–728.
36. C Schneider, E Leung, J Brown & D Tollervey (2009) The N-terminal PIN domain of the exosome subunit Rrp44 harbors endonuclease activity and tethers Rrp44 to the yeast core exosome. *Nucleic Acids Res.* 37:1127–1140.
37. KP Callahan & JS Butler (2008) Evidence for core exosome independent function of the nuclear exoribonuclease Rrp6p. *Nucleic Acids Res.* 36:6645–6655.
38. JA Stead, JL Costello, MJ Livingstone & P Mitchell (2007) The PMC2NT domain of the catalytic exosome subunit Rrp6p provides the interface for binding with its cofactor Rrp47p, a nucleic acid-binding protein. *Nucleic Acids Res.* 35:5556–5567.
39. QS Liu, JC Greimann & CD Lima (2006) Reconstitution, activities, and structure of the eukaryotic RNA exosome. *Cell* 127:1223–1237.
40. NA Woychik & M Hampsey (2002) The RNA polymerase II machinery: structure illuminates function. *Cell* 108:453–463.
41. T Kokubo, MJ Swanson, JI Nishikawa et al. (1998) The yeast TAF145 inhibitory domain and TFIIA competitively bind to TATA-binding protein. *Mol. Cell. Biol.* 18:1003–1012.
42. AL Gnatt, P Cramer, JH Fu, DA Bushnell & RD Kornberg (2001) Structural basis of transcription: an RNA polymerase II elongation complex at 3.3 Å resolution. *Science* 292:1876–1882.
43. WH Chung, JL Craighead, WH Chang et al. (2003) RNA polymerase II/TFIIF structure and conserved organization of the initiation complex. *Mol. Cell* 12:1003–1013.
44. DA Bushnell, KD Westover, RE Davis & RD Kornberg (2004) Structural basis of transcription: an RNA polymerase II-TFIIB cocrystal at 4.5 angstroms. *Science* 303:983–988.
45. S Hahn (2004) Structure and mechanism of the RNA polymerase II transcription machinery. *Nat. Struct. Mol. Biol.* 11:394–403.
46. MA Verdecia, ME Bowman, KP Lu et al. (2000) Structural basis for phosphoserine-proline recognition by group IV WW domains. *Nat. Struct. Biol.* 7:639–643.
47. SM Carty & AL Greenleaf (2002) Hyperphosphorylated C-terminal repeat domain-associating proteins in the nuclear proteome link transcription to DNA/chromatin modification and RNA processing. *Mol. Cell. Proteomics* 1:598–610.
48. C Fabrega, V Shen, S Shuman & CD Lima (2003) Structure of an mRNA capping enzyme bound to the phosphorylated carboxy-terminal domain of RNA polymerase II. *Mol. Cell* 11:1549–1561.
49. G Orphanides & D Reinberg (2002) A unified theory of gene expression. *Cell* 108:439–451.
50. CD Lima (2005) Inducing interactions with the CTD. *Nat. Struct. Mol. Biol.* 12:102–103.
51. PA Srere (1987) Complexes of sequential metabolic enzymes. *Annu. Rev. Biochem.* 56:89–124.
52. GR Welch (1977) On the role of organized multienzyme systems in cellular metabolism: a general synthesis. *Prog. Biophys. Mol. Biol.* 32:103–191.
53. J Ovádi & PA Srere (1992) Channel your energies. *Trends Biochem. Sci.* 17:445–447.
54. JR Knowles (1991) Calmer waters in the channel. *J. Theor. Biol.* 152:53–55.
55. BSJ Winkel (2004) Metabolic channeling in plants. *Annu. Rev. Plant Biol.* 55:85–107.
56. SG An, R Kumar, ED Sheets & SJ Benkovic (2008) Reversible compartmentalization of de novo purine biosynthetic complexes in living cells. *Science* 320:103–106.
57. R Narayanaswamy, M Levy, M Tsechansky et al. (2009) Widespread reorganization of metabolic enzymes into reversible assemblies upon nutrient starvation. *Proc. Natl. Acad. Sci. USA* 106:10147–10152.
58. PM Haggie & AS Verkman (2002) Diffusion of tricarboxylic acid cycle enzymes in the mitochondrial matrix *in vivo*: evidence for restricted mobility of a multienzyme complex. *J. Biol. Chem.* 277:40782–40788.
59. B Sumegi, AD Sherry & CR Malloy (1990) Channeling of TCA cycle intermediates in cultured *Saccharomyces cerevisiae*. *Biochemistry* 29:9106–9110.
60. SW Martin, BJ Glover & JM Davies (2005) Lipid microdomains—plant membranes get organized. *Trends Plant Sci.* 10:263–265.
61. K Jørgensen, AV Rasmussen, M Morant et al. (2005) Metabolon formation and metabolic channeling in the biosynthesis of plant natural products. *Curr. Opin. Plant Biol.* 8:280–291.
62. C Velot, MB Mixon, M Teige & PA Srere (1997) Model of a quinary structure between Krebs TCA cycle enzymes: a model for the metabolon. *Biochemistry* 36:14271–14276.
63. AH Elcock & JA MaCammon (1996) Evidence for electrostatic channeling in a fusion protein of malate dehydrogenase and citrate synthase. *Biochemistry* 35:12652–12658.
64. SJ Barnes & PDJ Weitzman (1986) Organization of citric acid cycle enzymes into a multienzyme cluster. *FEBS Lett.* 201:267–270.
65. RJ Conrado, JD Varner & MP DeLisa (2008) Engineering the spatial

organization of metabolic enzymes: mimicking nature's synergy. *Curr. Opin. Biotechnol.* 19:492–499.

66. M Milani, A Pesce, M Bolognesi et al. (2003) Substrate channeling—molecular bases. *Biochem. Mol. Biol. Educ.* 31:228–233.

67. P Mentré (1995) L'eau dans la Cellule [Water in the Cell]. Paris: Masson.

68. C-W Cheung, NS Cohen & L Raijman (1989) Channeling of urea cycle intermediates *in situ* in permeabilized hepatocytes. *J. Biol. Chem.* 264:4038–4044.

69. DA Pearce & F Sherman (1995) Diminished degradation of yeast cytochrome *c* by interactions with its physiological partners. *Proc. Natl. Acad. Sci. USA* 92:3735–3739.

70. AB Fulton (1982) How crowded is the cytoplasm? *Cell* 30:345–347.

71. JS Clegg (1981) Metabolic consequences of the extent and disposition of the aqueous intracellular environment. *J. Exp. Zool.* 215:303–313.

72. ML Dustin, DE Golan, DM Zhu et al. (1997) Low affinity interaction of human or rat T cell adhesion molecule CD2 with its ligand aligns adhering membranes to achieve high physiological affinity. *J. Biol. Chem.* 272:30889–30898.

73. ME Campanella, HY Chu & PS Low (2005) Assembly and regulation of a glycolytic enzyme complex on the human erythrocyte membrane. *Proc. Natl. Acad. Sci. USA* 102:2402–2407.

74. JM Rohwer, PW Postma, BN Kholodenko & HV Westerhoff (1998) Implications of macromolecular crowding for signal transduction and metabolite channeling. *Proc. Natl. Acad. Sci. USA* 95:10547–10552.

75. H Schurig, N Beaucamp, R Ostendorp et al. (1995) Phosphoglycerate kinase and triosephosphate isomerase from the hyperthermophilic bacterium *Thermotoga maritima* form a covalent bifunctional enzyme complex. *EMBO J.* 14:442–451.

76. S Tsoka & CA Ouzounis (2000) Prediction of protein interactions: metabolic enzymes are frequently involved in gene fusion. *Nat. Genet.* 26:141–142.

77. G Shearer, JC Lee, J Koo & DH Kohl (2005) Quantitative estimation of channeling from early glycolytic intermediates to CO_2 in intact *Escherichia coli*. *FEBS J.* 272:3260–3269.

78. JWA Graham, TCR Williams, M Morgan et al. (2007) Glycolytic enzymes associate dynamically with mitochondria in response to respiratory demand and support substrate channeling. *Plant Cell* 19:3723–3738.

79. EA Winzeler, DD Shoemaker, A Astromoff et al. (1999) Functional characterization of the *S. cerevisiae* genome by gene deletion and parallel analysis. *Science* 285:901–906.

80. A Barabási & ZN Oltvai (2004) Network biology: understanding the cell's functional organization. *Nat. Rev. Genet.* 5:101–113.

81. M Kanehisa, S Goto, M Furumichi et al. (2010) KEGG for representation and analysis of molecular networks involving diseases and drugs. *Nucleic Acids Res.* 38:D355–D360.

第10章
多酵素複合体（MEC）

これまでの章で，タンパク質がオリゴマー化することにより可能となる高度な制御系・複雑な系をみてきた．多くの酵素は個々の基質に結合するドメインがまとめられたり，修繕されたりしながら進化してできたものである．結合したドメイン同士がそれぞれの驚くほど複雑なシグナル伝達をどうやって生み出し，どのように制御しているかを第8章で学んだ．続く第9章では，ほとんどのタンパク質は個々のタンパク質単独ではなく，複合体の一部として機能するということをみてきた．しかし，以上を理解しただけでは十分とはいえない．というのも少ない例ではあるが，進化過程において特別な事象を必要とする酵素も存在するからである．この章ではこういった"特別な"酵素と普通の酵素との違いについてみていくが，この比較は普通の酵素では何ができて，何ができないのかを考えるうえで役立つ．"特別な"酵素では，サブユニット間に高度なコミュニケーションがあることがその酵素を"特別"たらしめている．それにより触媒される反応は2つの主なカテゴリーに分けることができる．1つは，反応の中間生成物の反応性が非常に高い，あるいはそれ自体がとても貴重であるために細胞内へ拡散させられないものである．そういった生成物はしっかりと保持され，続く反応により危険性や反応性がより少ないものに転換される．もう1つは，反応の生成物が次の反応の基質をつくりだすといったタイプの反応で，こちらの方がより多く存在する．これらにおいては別々の反応を酵素中において結びつける方が，それぞれを独自に進化させるよりも都合がよかったのであろう．こういったものの典型的な例として，とくに"回路状"の経路として存在している生合成経路が挙げられる．

この章で解説するタンパク質は多酵素複合体（MEC）multienzyme complex である．ここで MEC は，一連の反応系を触媒する酵素で明確な化学量論比（ストイキオメトリー）や（たとえば結晶化できる程度に）明確な構造をもつ酵素の集合体と定義される．別々のポリペプチドが集合して存在しているものもあるが，1本あるいは同一の2本のポリペプチド鎖で構成されるものもある．しかし，それらはいずれも複合体として長期にわたり安定に存在することができる．すなわちこの章で解説する MEC は，これまでの章でみてきた過渡的複合体とその点で大きく異なる．

そのほかの特徴として挙げられるのは，ただ単にタンパク質を組み合わせた状態と比べると，MEC はそれ以上の恩恵を受けているということである（そのため MEC は，ただ互いに結合した酵素群よりもはるかに興味深い研究対象である）．これは MEC が個々の部品を単に足し合わせたものではなく，（ここで定義したように）MEC の構成タンパク質が互いに影響を及ぼし合っているからである．その例として，トリプトファン合成酵素にみられるアロステリック効果や，秩序立ててタンパク質を並べることが機能を発現するうえで重要であるもの，たとえばチャネリング，ピルビン酸脱水素酵素の活性部位でのカップリング，脂肪酸合成酵素でみられる終結反応などが挙げられる．

また，この章では第2の特徴（協同性）はもたず，第1の特徴のみをもつもの，すなわち明確な化学量論比（ストイキオメトリー：構成因子の比）で定義された系についても解説する．これらの系は，ときには構造的にはっきりと定義されないこともあるが，"ほぼ"MEC としてみなす．この章の最後で述べるように，MEC の注目すべき性質は進化の選択圧により説明することができ，進化の過程で受けた選択圧の結果，協同的に働くことが可能になったと考えられる．"ほぼ"MEC とみなせる酵素複合体の場合，進化による選択圧はおそらくそれほど大きくは受けておらず，その結果，複合体は協同的な挙動を明確には示さない．その好例はポリケタイド合成酵素群であり，脂肪酸合成酵素と類似しているためこの章に含めた．非リボソーム性ペプチド合成酵素も，この観点からは同様の系とみなせる．同様に，*arom* 複合体は構成酵素間において確固たる構造や協同性が見出せないため，"ほぼ"MEC として分類できる．最後に，一体となった膜タンパク質複合体に関

大事なのは何をするかではなく，どうやってするかだよ．

ジャズ・ソング『T'aint what you do（It's the way that you do it）』（1939）

しては，非常に洗練された特性をもってはいるものの，MECと定義できるような全体構造を形成しているわけではない．これは，膜内において生成物の移動（すなわち2次元平面における移動）がとても速いので，それ以上の組織化が不要であることが理由であろう．これにより，MECを同定するうえで，存在場所の条件を付与することが可能となる．

この章ではまず，最初の反応でつくられる生成物が危険であったり反応性が高すぎて細胞内を自由に拡散できないように設計された少数の例をみていくことにする．

10.1 基質チャネリング

10.1.1 トリプトファン合成酵素は基質チャネリングのもっともよい例である

遺伝学を学ぶ学生にとっては，trpオペロンの遺伝子が実際に機能をもっていることに驚くかもしれない．trpオペロンは原核生物のオペロンの典型的な例の1つであり，とくに**転写減衰 transcription attenuation**（*10.1）として知られる現象である．trpオペロンは5つの酵素をコードし，この5つの酵素はトリプトファンの生合成において最後の5つのステップを担う（図10.1．ちなみに，図の下に記載されているコリスミ酸ムターゼは，非常に有用な有機化学の転換反応（クライゼン縮合 Claisen condensation）を行う酵素の代表例である．協奏反応ではなく，多段階的な反応メカニズムのものが多いが，二次代謝産物の生合成経路にはめずらしい例が多くみられる [1, 2]）．しかしながら，単純に遺伝子と酵素は一対一の関係にはならない．遺伝子の1つは2つの酵素をコードし，また，最後の2つの遺伝子は1つの多酵素複合体をコードする．後者の例をみてみよう．trpBはトリプトファン合成酵素のβサブユニットをコードし，trpAはαサブユニットをコードしている．これら2つのサブユニットは1つの$\alpha_2\beta_2$四量体を形成し，連続的な反応を触媒する．

α：インドール-グリセロールリン酸 → インドール＋グリセルアルデヒド 3-リン酸

β：インドール＋セリン → トリプトファン

インドール（図10.2）は反応性に富んだ化合物であり，酸化反応と求電子置換反応を受けることができる．しかし，これが自然環境が複雑なインドール生合成経路（以下に説明する）を進化させてきた明確な理由とは思えない．インドールはかなり疎水的であり（そ

---

*10.1 転写減衰

原核生物の遺伝子翻訳制御の多くは，翻訳を阻害するリプレッサーにより行われているが，これはon/offのスイッチをもつ．しかし，調節は転写レベルでも減衰機構により行われており，音量調節のようなものである．trpオペロンは古典的な例である（**図10.1.1**）．trp遺伝子上流のRNA配列は1〜4までの4つの領域をもつ．領域1は14アミノ酸からなるペプチドをコードし，隣り合う2つのトリプトファンを含む．トリプトファンは希少なアミノ酸であるにもかかわらずである．領域3は領域2もしくは領域4と二次構造を形成することができる．トリプトファンが多い状況下では，リボソームは領域1，2をすばやく通過し，領域3の前で長い間止まる．長い間止まっているため，領域3と領域4は塩基同士が結合しヘアピンを形成して，さらなる翻訳が行われない．しかし，トリプトファンが枯渇してくると，リボソームは領域1をゆっくりと通過するため，領域2と領域3は結合することができる．この結合はゆるいものであり，リボソームはゆっくりと通過することができるため，trp遺伝子以下の翻訳を行うことができる．このように，リボソームの速度とRNAの二次構造の形成速度との対比により調節が行われている．類似のメカニズムはいくつかのほかのアミノ酸生合成遺伝子にもみられる（生合成経路にみられるこのような高度なシステムは，一般的に高価な生成物にみられることを再確認すべきである）．

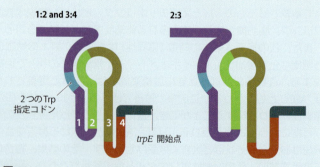

図10.1.1
生成される trpE の量は，どれくらいトリプトファンがあるかにより変化する．

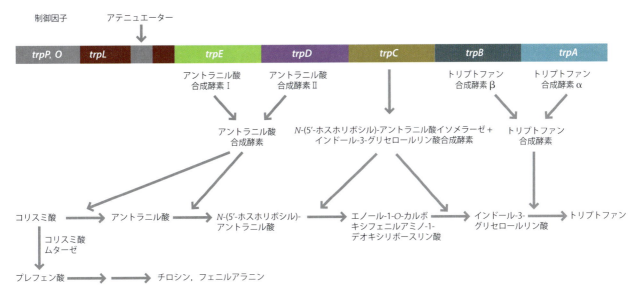

図 10.1
trp オペロンによりコードされる遺伝子．5つの遺伝子は，トリプトファン合成における最後の5ステップを触媒する酵素をコードする．とくに，*trpA* と *trpB* はそれぞれトリプトファン合成酵素 α サブユニット，β サブユニットをコードする．

して興味深いことに細胞中では数少ない，荷電していない代謝産物である [3]），それゆえに細胞外へ拡散できる．また，平面性と芳香族性をもっているので多くの酵素の活性部位へ結合したり，DNA の塩基の間に侵入することもできる．そのため，インドールは反応性が高く，また有害でもある．さらに，一般的なオーキシン auxin としてもよく知られる，植物ホルモンのインドール酢酸（図 10.3）と化学的な性質が似ていることも注目すべきことである．インドール酢酸は植物の細胞壁を越えて自由に拡散し，多様な生理活性を示す．Rechard Perham は火中の馬鈴薯にたとえ，この植物ホルモンを"ホットポテト"と記述したが，これは長い間保持するのがためらわれ，できるだけ早く次に手渡したいその性質を表現したものである [4]．また，細胞にとってインドール酢酸のはたらきでつくられる化合物が"高価"であることとおそらく関係があり，これをなくすことはできない．トリプトファンの生合成のコストはどのアミノ酸よりも高い．測定方法にもよるが，次点のフェニルアラニンよりも 25％高価であり，もっとも安価なものの 8〜10 倍高価である．このことは，動物がトリプトファンやほかの芳香族アミノ酸をつくろうとせず，植物に頼ることを選んだことと関係していると思われる．また β サブユニットは，インドールが存在しないときには単独で次の反応を行う．

セリン → ピルビン酸

上記はこの文脈において望ましくない副反応であり，おそらくこのことが細胞が躍起になって両サブユニットの活性をうまく組み合わせて 1 つの MEC をつくっているもう 1 つの理由である．個々の 2 つの反応の化学は，反応中に生じる詳細な構造変化とともに最近概説されている [5]．

2 つの構成要素はおのおので酵素活性をもつが，単独での活性は完全な四量体の活性よりもかなり低い．単離された α サブユニットは 1/100，β サブユニットは 1/30 程度の活性である [6]．この差の理由として，両者の反応は単独では無意味であることが考えられる（とりわけ，α 反応は危険である）．それゆえに，単独ではほぼ不活性である因子が集合した系として進化してきたことは，理にかなっている．

トリプトファン合成酵素の構造（図 10.4）において際立った特徴は，α 活性部位から β 活性部位へとつながる疎水性の"トンネル"をもつことである．トンネルは約 25 Å の長さで，その幅はちょうどインドールが通り抜けられるようになっている．これは，α 反応のインドール産物が酵素を離れることなく，直接 β 活性部位へ到達できることを意味する．こういった性質は基質チャネリング substrate channeling として知られる．これは基質がどこか別のところで"ホットポテト"として勝手に反応してしまわないという意味で，大きな利点である．

図 10.2
インドール構造（茶色）とトリプトファン（全体構造）．

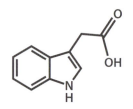

図 10.3
インドール酢酸の構造（植物成長ホルモンであるオーキシンの一種）．

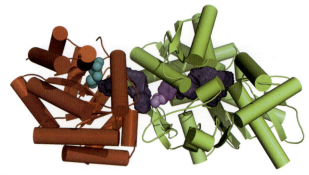

図 10.4
トリプトファン合成酵素の構造（PDB 番号：2j9x）．α サブユニットは赤色，β サブユニットは緑色で示されている．α サブユニット活性部位（水色の球）から右端の β サブユニットへと通じる内部チャネルは青色で示されており，インドール中間体が外部溶媒領域に漏れることなく活性部位から活性部位へと動くことができる．この構造中においては，チャネルは β Phe 280 側鎖（マゼンタの球）によりブロックされており，通路を開けるように動かなければ中間体が通れない．チャネルはプログラム Voidoo [63] で描かれている．

　第 2 の利点は，次の酵素へと輸送される基質の速度がより速いことである．細胞質中に自由に存在し，連続した反応を触媒する 2 つの酵素を考えてみる（図 10.5）．1 つ目の酵素反応産物（次の酵素の基質）は最初の酵素の活性部位を出発すると，次の酵素を見つけるまで細胞質中をランダムウォークで拡散しなければならない．第 4 章で解説したようにこれはとても遅い過程であり，とくに生成物が細胞中でほかの分子と結合する性質をもっているときには顕著に遅くなる．

　基質チャネリングは反応速度を上げるのに役立っているのであろうか．基質が活性部位へと拡散する速度と比べて，酵素の回転速度が速い場合において有意義である．近似計算により，それが本当であるかを評価しよう．トリプトファン合成酵素の回転速度は，とても遅い（$24\,\mathrm{s}^{-1}$）[7]．基質 S の酵素活性部位への拡散速度は $k\,[S]$ で与えられる．k は疑似的な一次拡散速度定数であり，拡散定数と比例している．したがって分子が大きかったり，疎水性であったり，あるいは高い電荷をもっていたりする化合物は，ほかの細胞内因子と結合する傾向にあるため k が小さくなる．今回の場合，インドールが疎水性であることを考慮しなければならない．水中において何にも邪魔されない拡散（$10^8\,\mathrm{M}^{-1}\mathrm{s}^{-1}$ の拡散速度定数）より 10 倍遅い拡散速度を想定してみる．さらに，基質 S の濃度 $[S]$ が低いときには，拡散速度も遅くなる．細菌の 1 個の細胞中にインドールが 1 分子あった場合，濃度はおよそ $1\,\mathrm{nM}$ に相当する．これよりインドール 1 分子が酵素へと拡散する速度は約 $10^9 \times 10^{-9}$ と計算されるので，$1\,\mathrm{s}^{-1}$ となる．このように，上記例において基質チャネリングは反応速度を増加させているが，これは極端な違いではない．ここでの大きな利点は，細胞質中からインドールを効果的に除去できることである．

　さらなるトリプトファン合成酵素の際立った特徴として，α サブユニットが触媒する反応（これは"ホットポテト"であるインドールをつくり出す反応である）は，β サブユニットがセリンと結合し"ホットポテト"を受け入れられるようになるまでは起こらないことが挙げられる [7]．これはおおいに理にかなっている．2 つの活性部位間には距離があるため，これを達成するにはアロステリックな相互作用が不可欠であり，数段階の協奏的な構造変化が必要とされる [8]．

　進化によって酵素のしかけを改善し，比較的容易にあたらしい酵素を生み出すしくみに関して，本書では頻繁に取り上げる．しかしながら，トリプトファン合成酵素を目の当たりにすると，その複雑なしかけに驚くはずである．トリプトファン合成酵素では，これほどまでに複雑な系を獲得するために，かなりの選択圧を必要としたに違いない．

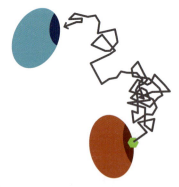

図 10.5
ある活性部位から別の活性部位までのランダムな生成物の拡散は，遅い過程となり得る．

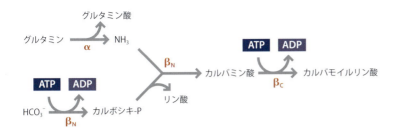

図 10.6
カルバモイルリン酸合成酵素に触媒される反応.

10.1.2 ほかの基質チャネリングの例でも，毒性のある中間体を経由するものが多い [9]

基質チャネリングは多くの酵素について提唱されているが，実際に証明されているものはかなり少ない．実際，基質チャネリング機構とは異なると反証されているものもある [10]．前項において，典型的な"遅い"酵素では基質チャネリングは速度に大きな影響力を及ぼすわけではないということを速度論的にみてきた．つまり基質チャネリングは，中間体に毒性があるか中間体が高価な場合，またはその両方である場合に発達してきたと思われる．

基質チャネリングがみられるほかの例として，アンモニアが中間体として生成されるいくつかの酵素が挙げられる．アンモニアは水にとても溶けやすく，塩基性で，タンパク質に結合しやすい．また，小さいので"つかまえて離さないでおく"のが難しい分子でもある．炭酸水素塩とアルギニンからは，ATPを用いた2つの独立したリン酸化ステップを経て，カルバモイルリン酸を生成する酵素（カルバモイルリン酸合成酵素）によってアンモニアがつくられる（図 10.6）．カルバモイルリン酸合成酵素には3ヵ所の活性部位があり，4つの反応が触媒される．その反応の最初の生成物はアンモニア，2番目と3番目の生成物はそれぞれカルボキシリン酸とカルバミン酸であり，いずれも反応性の高い中間体である．カルバモイルリン酸合成酵素は驚くべき構造をもち，3つの活性部位をつなぐ長い親水性のトンネルが存在する（図 10.7）[11]．またトリプトファン合成酵素と同様に，活性部位同士でアロステリックな相互作用を行っているという証拠がある．この反応の最終産物であるカルバモイルリン酸はそれ自体不安定な物質であり，ピリミジンヌクレオチドや，アルギニン，尿素の生合成経路における中間体である．さらにカルバモイルリン酸がピリミジン生合成経路に入る際に，アスパラギン酸トランスカルバミラーゼによって部分的なチャネリングを受けているという証拠も見出されてきている [12]．

アンモニアはグルタミンホスホリボシルピロリン酸アミドトランスフェラーゼによって生成される．これには基質が結合したときにのみ形成される 20 Å の疎水性トンネルがある [13, 14]．この酵素においてもアロステリックな制御機構があり，ホスホリボシルピロリン酸がアンモニアを受け入れられるようになるまでは，無駄にアンモニアの形成を行わないようになっている [15]．

そのほかにも基質チャネリングがみられる少数の酵素がある．そのなかには関連酵素であるアスパラギン合成酵素やグルタミンアミドトランスフェラーゼ，イミダゾールグリセロールリン酸合成酵素が含まれる．これらはすべてアンモニアチャネリング用のトンネルをもっている．

十分な根拠のあるほかの基質チャネリングの例では，酵素内に間隙（かんげき）は形成されず，そのかわりに"ハイウェイ"が酵素表面を横切るように形成されているので [16]，ドラマチックさに欠ける．その"ハイウェイ"はおそらく基質が移動するのを制限するというよりは，むしろ基質を導くのに用いられている．チミジル酸合成酵素とジヒドロ葉酸還元酵素は，チミジンの生合成における2つの連続する反応を触媒する．

デオキシウリジン 5′-リン酸（dUMP）+ N^5, N^{10}-メチレンテトラヒドロ葉酸
→ チミジル酸（dTMP）+ ジヒドロ葉酸

ジヒドロ葉酸 + NADPH → テトラヒドロ葉酸（THF）+ $NADP^+$

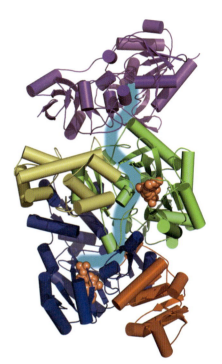

図 10.7
カルバモイルリン酸合成酵素の構造（PDB番号：1jdb）[11]．αサブユニット（小サブユニット，紫色）の触媒反応により，グルタミンからアンモニアが放出される．βサブユニット（大サブユニット）がほかの3つの反応を触媒する．すなわちN末端のドメイン（緑色）が炭酸水素塩のリン酸化および生成物とアンモニアの縮合反応を触媒する．青色のドメインはカルバモイルリン酸の生成を触媒する．βサブユニット中，ほかの2つのドメインはオリゴマー化ドメイン（黄色）とアロステリックドメイン（赤色）である．水色で示されたアンモニアの通るトンネルは 96 Å の長さがあり，平均半径は 3.3 Å である．ADP 2分子（橙色）はβドメインの2つの活性部位に結合している．βサブユニットは擬似2回回転対称をもっている．

生成されたジヒドロ葉酸はとくに毒性があるわけではないが，確かに高価なものである．トリプトファンが重要であったように，ジヒドロ葉酸はビタミン B_9（葉酸）を形成するためヒトにとって不可欠な食物由来成分である．葉酸ユニットには 4 つのグルタミン酸が付加されており，強力に荷電している．実際，グルタミン酸が付加される理由は，ジヒドロ葉酸を扱いやすくして，細胞内にとどめておくことを容易にするためと考えられる．これは，多くの代謝産物（たとえばグルコースなど）が代謝の最初の段階でリン酸化を受ける理由と同様である．

　ほとんどの生物ではこれら 2 つの酵素は分離しているが，原虫ではこれら 2 つの酵素が 1 本のポリペプチド鎖として存在しており，その系はチャネリングの存在を速度論的に証明している．というのも 2 つの酵素が別々に存在していると定常状態に達するまでに約 60 s のタイムラグが生じるが，つながった形ではタイムラグはみられないのである [17]．*Leishmania major* 由来の酵素の結晶構造では，酵素表面に 40 Å の正に荷電したハイウェイが存在し，計算および実験結果からこのハイウェイはテトラヒドロ葉酸を酵素表面にとどめておくために働いていることがうかがえた．また，2 つの活性部位間にアロステリックな関係があるとの証拠も挙がっているため [18]，これは MEC 型チャネリングの好例となっている．しかしながら，*Cryptosporidis homins* から得られた一本鎖型のこれらの酵素群は，チャネリングやアロステリックな性質は示さないようである．また，上述のとおりほとんどの生物では 2 つの酵素はまったくつながっていない．第 9 章で解説したように，もちろんこれら 2 つの酵素が制御されたメタボロンの中に入っているという可能性はおおいにあるだろうが，ほとんどのケースでは基質チャネリングのための複合体化は必要ないようである．

　いくつかのケースでは静電的なチャネルが提唱されているが，実験的な証明は乏しく，そのようなチャネルはおそらく非常にめずらしい．計算により，荷電した分子が酵素表面から離れるのに要する時間の方が，触媒の代謝回転時間よりもはるかに短いことがわかっている．したがって，本物のチャネリングでは中間体を失うことを防ぐために，何らかのバリアを必要とすることが多い [19]．基質が高電荷密度をもつ，チミジル酸合成酵素やジヒドロ葉酸還元酵素は例外であると考えられる．

10.2　回路反応

10.2.1　回路反応は協同性を必要とする

　ここまで解説してきた多酵素複合体（MEC）については，毒性があるか"高価"であるか，またはその両方の性質をもった代謝産物が細胞内で拡散してしまうことを防ぐ役割があった．多酵素複合体はこのような要請から発達をしてきたのであろう．それに対して，これから例として挙げる酵素は複雑な連続反応（たいていは回路反応である）を触媒しており，その進化過程を理論的に解釈しようとするならば，異なるステップ同士の協同や相互作用が重要であるために，すべての酵素が互いの酵素同士が近くなるように決まった配置で固定される理由があったということである．さまざまな方法により，1 つの反応における基質は直接的に次の酵素に渡される．このような系では明らかな類似性をもった生産ラインを見出すことができ，そこでは複合体中のそれぞれの酵素がそれぞれの特別な役割を果たし，基質は次の酵素へと移動していく．基質を活性部位間で移動させるはたらきをもつドメインと基質は共有結合を形成しているが，この点を除き，基質の移動は基質チャネリングのようなものである．

　上記の内容を説明する好例となるのはピルビン酸脱水素酵素（PDH）である．Richard Perham は PDH について，"まさにゴシック様式のように精巧である"と表現している [20]．PDH は通常 E1，E2，E3 と呼ばれる 3 つの構成要素を用いて 5 つの異なる反応を触媒している．どの反応においても"高価"な補因子がかかわる何らかの複雑な過程があるが，補因子が高価であることや，反応が複雑であることが PDH の"存在意義"ではない．反応系の循環的な性質，つまり生成物を失わないようにしたり再利用したりできるように，3 つの反応を近くに固定することに意味があるのである [20]．実際のところ，ほとんどの多酵素複合体（MEC）の存在意義がここに見出せる．

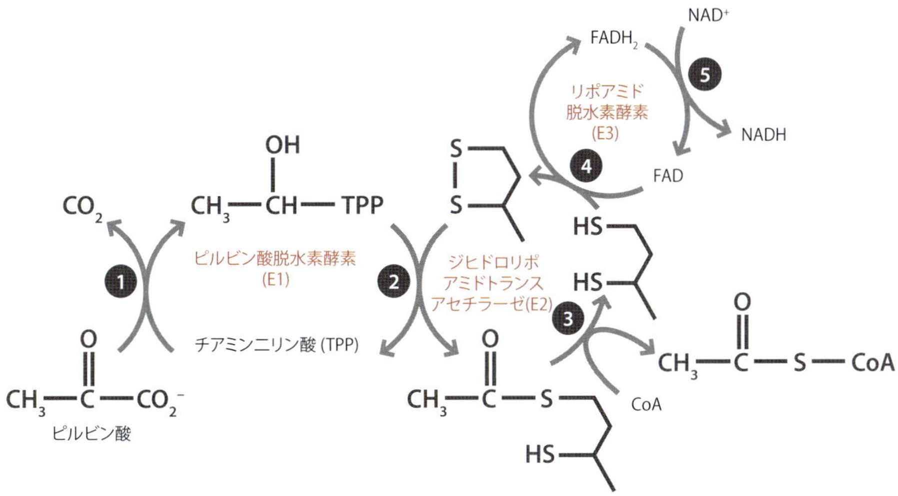

図10.8
PDHによって触媒される5つの反応. E1成分が反応❶および反応❷を触媒する. これらの反応ではチアミンピロリン酸（活性型チアミン；ビタミン B_1）を補因子として要求する. E2成分がリポアミドを利用して反応❸を触媒する. E3成分はFAD（活性型リボフラビン；ビタミン B_2）と NAD^+（活性型ナイアシン；ビタミン B_3）を用いて反応❹, 反応❺を触媒する. また反応❸では補酵素A（活性型パントテン酸；ビタミン B_5）を用いる. これほど多くの補因子が反応に欠かせないということは, 細胞にとって化学的に難しい反応であることを意味する.

10.2.2 PDHは巨大で複雑な構造を有する

PDHは代謝において重要な役割を果たしている. PDHはピルビン酸をアセチルCoAへと変換し, 生成したアセチルCoAは解糖系を出てTCA回路へと入る. もう一度解糖系に入ることはエネルギー的に厳しい, または（少なくともヒトにおいては）不可能であり, さらにピルビン酸の脱炭酸反応は不可逆であるため, こうして炭素原子が解糖系から効率的に出ていくことができる. PDH反応は（NADHやアセチルCoAによる）生成物阻害と, （真核生物では）E1サブユニットのリン酸化によって制御されている. また, このリン酸化も脂肪酸酸化の生成物であるNADHとアセチルCoA（PDHによる生成物と同じ）によって制御される. したがって脂肪酸酸化によってアセチルCoAが十分に供給されていれば, PDHは阻害される.

PDHによって行われる反応は図10.8に示されている. 全体の反応をまとめると以下のようになる.

$$\text{ピルビン酸} + CoA + NAD^+ \rightarrow \text{アセチル}CoA + CO_2 + NADH$$

複合体の最初の酵素成分であるE1は**ピルビン酸脱水素酵素（PDH）pyruvate dehydrogenase**（*10.2）であり, これが2つの反応を触媒している. まずヒドロキシエチル-チアミン二リン酸（TPP）thiamine pyrophosphateの生成と同時にピルビン酸が脱炭酸され, 続いてヒドロキシエチル基がE2のもつリポイルアーム部分のリポアミドへと転移する. この2番目の反応でTPPは再生される. 2番目の酵素成分であるE2, つまりジヒドロリポアミドトランスアセチラーゼ（ジヒドロリポアミドトランスフェラーゼ）はチオエステル交換反応を触媒する. ここではアセチル基が補酵素Aに転移してアセチルCoAとジヒドロリポアミドが生成する. 最後に3番目の酵素成分であるE3, つまりリポアミド脱水素酵素はジヒドロリポアミドを再び酸化してリポイルアームへと戻す. E3は NAD^+ によって酸化を受けることで元の状態に戻る.

特筆すべき点は, 全体の過程で鍵となるのはリポイルアーム（図10.9）であるということである. リポイルアームは物理的にE2サブユニットと結合しており, E1, E2, E3のそれぞれの活性部位と連続的に相互作用する. そのアーム部分は末端のリシン残基上に結合し, 全長は14Åに及ぶ. この酵素において, 中間体が酵素から解離せずに循環的に機能することができるのは, この連続的なアームの運動のおかげである. また, これこそがすべての成分を1つの複合体中に集めることの利点である.

3つのサブユニットは驚くほど複雑な方法で会合しているが, その構造は種によって異なる. すべての種においてこの酵素の中心となるのはE2サブユニットのオリゴマーであり, 大腸菌では24個のサブユニットから構成される. この中心部はE1, E3サブユニットからなる"かご"で囲まれている. 大腸菌では24個のE1サブユニットと12個のE3サブユニットが存在し, 図10.10に示すようにほぼ立方体状に並べられている. この多

> ***10.2 ピルビン酸脱水素酵素**
> E1成分であるピルビン酸脱水素酵素はピルビン酸デカルボキシラーゼとしても知られているが, ピルビン酸デカルボキシラーゼという同名でまったく異なる酵素が存在するので混同されやすい. E1とその複合体全体がピルビン酸脱水素酵素と呼ばれるので, 複合体のことは**ピルビン酸脱水素酵素複合体（PDHC）pyruvate dehydrogenase complex**と呼ぶのが一般的である.

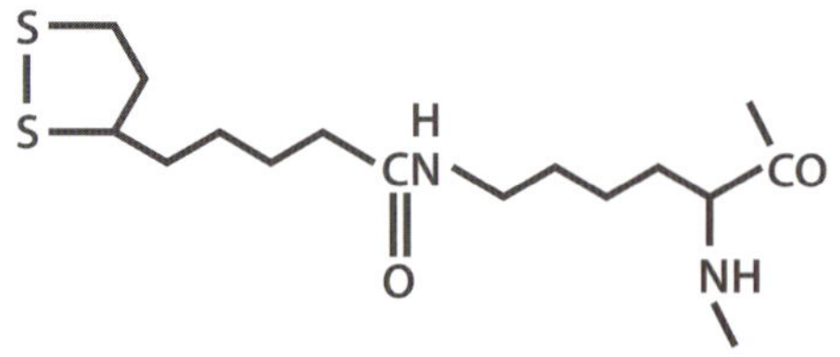

図 10.9
リポイルアームの構造．リシン残基の末端と共有結合で結ばれている．

酵素複合体は 4,600 kDa の大きさであり，おおよそリボソーム 1 分子と同じである．この配列は電子顕微鏡で見ることができるほど規則正しく安定であるが（図 10.11）[21]，サブユニットの欠損や損傷を許容するような柔軟な構造をもっており，その機能のために 60 個のすべてのタンパク質が"完全"である必要はないようである．これは明らかな利点となる．この立方体構造の内部には空隙（くうげき）が形成されており，3 つの酵素の活性部位同士が向かい合うことが可能となっている（図 10.12）[21]．この特徴を除けば，それぞれの種におけるサブユニットの数や厳格な配置には特別な合理性がなさそうである．哺乳類ではこの酵素におけるサブユニットの数が異なり，一般には 60 個の E2 サブユニットが含まれる．また，見た目にも立方体というよりは十二面体のように見える．しかし，酵素成分の内部の配列はおそらく似たようなものであろう [22, 23]．

E2 サブユニットは上記のようにそれぞれがリポイルアームをもっている．リポイルアーム部は特殊化されたリポイルドメイン上のリシン残基に結合しており，このドメインは柔軟なリンカーによって E2 の中心領域とつながっている．大腸菌では連続して 3 つ並んだリポイルドメインがあるが（図 10.13），ほかの生物ではリポイルドメインの数が異なる（哺乳類では 2 つ，酵母では 1 つ）．また，非常に小さい末梢サブユニット結合ドメイン (PSD) peripheral subunit-binding domain があり，これは E1，E3 の両方と結合する．PSD は反応が起こるのに十分な間，リポイルアームを活性部位に固定しているのであろう．

第 1 章でみてきたように，TCA 回路には PDH と相同性のある α-ケトグルタル酸脱水素酵素という酵素がある．この酵素は PDH と非常に類似した反応を担う．唯一の違いはアセチル基 (CH_3CO) が $^-O_2C-CH_2-CH_2CO$ に置き換わっていることだけで，反応の化学的性質は同じである．また，α-ケトグルタル酸脱水素酵素が PDH から登用されたものであるという証拠も存在する．E1，E2 ドメインは PDH のものと類似しており，E3 ドメイン（E2 ドメインを再生させる役割をもち，これ自身はケト酸と直接的には相互作用しない）は PDH のものとまったく同じなのである．したがって，α-ケトグルタル酸脱水素酵素は第 2 章で述べた"共通部品とさまざまな末端"を併せもつ工具モデルの顕著な例であると

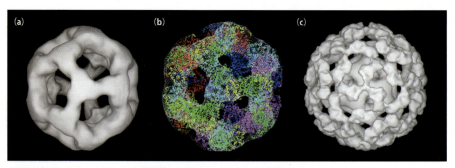

図 10.11
Bacillus stearothermophilus 由来 PDH 複合体の電子顕微鏡写真．正二十面体構造の E2 コアには 60 コピーが含まれる．(a) E2 コア．直径は約 225 Å である．(b) 同じ構造に対して，E2 の結晶構造を当てはめたもの．結晶構造は電子密度とよく一致するが，それだけではこのモデルが正しいことの証明にはならない．しかし，少なくとも矛盾がないことを示している．(c) 60 個の E1 $\alpha_2\beta_2$ ヘテロ四量体に囲まれた E2 中心 ((a) と同じ）の電子顕微鏡構造．(J.L.S. Milne, D. Shi, P.B. Rosenthal et al., *EMBO J.* 21: 5587-5598, 2002 より．Macmillan Publishers Ltd. より許諾）

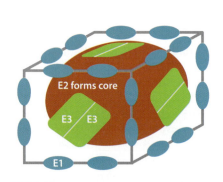

図 10.10
E. coli 由来の PDH 複合体中の E1，E2，E3 サブユニットの配列．

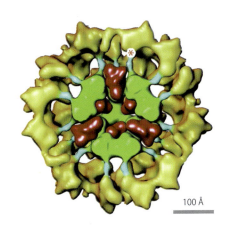

図 10.12
電子顕微鏡法と X 線構造解析の組み合わせにより得られた，完全な PDH 複合体の断面図（前半分が取り除かれている）．緑の領域は電子顕微鏡によって決定された *Saccharomyces cerevisiae* 由来 E2 コアであり，黄色の領域は E1 である．青は E1 と E2 をつなぐリンカーを表している．E3（赤）のホモ二量体はコアに連結されている．この構造では X 線構造解析によって得られたものを用い，フィルタリングにより電子顕微鏡の分解能（20 Å）で構造を発生させている．＊印の位置（ほかのリンカーにおける同じ位置も）が旋回心軸（ピボット）であると言われており，ここを中心としてリンカー・リポイルドメインが回ることができる．この位置は E1，E2，E3 上の 3 つの活性部位からおおよそ 50 Å 離れている．PDH 複合体の多くのモデル（図 10.10 のような）では E3 はここで示したように E2 コアと連結せず，外側の E1 リングと連結している．E3 は現実には E1，E2 の両方と接触しているだろう．(Z. H. Zhou et al., *Proc. Natl. Acad. Sci. USA* 98: 14802-14807, 2001 より．the National Academy of Sciences より許諾)

いえる．さらに，3-メチル-2-オキソブタン酸脱水素酵素（分岐鎖 α-ケト酸脱水素酵素 branched-chain α-ketoacid dehydrogenase）という 3 つ目の相同な酵素もある．この酵素はイソロイシン，ロイシン，バリンを分解するときに用いられる．ここではアセチル基が RCO（R は上のアミノ酸の側鎖である）に置き換わっており，同様に E3 ドメインはまったく同じである．

興味深いことに，好気性古細菌ではピルビン酸からアセチル CoA への変換はピルビン酸フェレドキシン酸化還元酵素という異なった酵素によって行われる．この酵素は脱炭酸のために TPP を利用するが，リポイル基はもたず，はるかに小さく単純な酵素である．ここで生じる疑問は，ほかのすべての種の生物において，なぜこんなにも複雑なシステムが進化を経て生み出されてきたのかということである．説得力のある答えはないが，考えられるのはたいていの生育条件では CoA の濃度が低くなるので，利用できる CoA の濃度を高めるようなシステムの方が都合がよかったということである．ただし，この理由だけでは十分とはいえないであろう．

10.2.3 PDH では活性部位でのカップリングがみられる

リポイルアームにより，3 つの活性部位間をリポイル基が移動することができる（図 10.14）．これはすなわち，E2 のコアと E1，E3 の表面の間の空間を動くことが可能になるということである（図 10.14 と図 10.12 を比較せよ）．最高効率を得るため，アームの動きは必要部位，つまり活性部位だけに限定される必要があり，ほかの部位には行かないように動きが制御されなければならない．言い換えると，リンカーは固さを維持しつつ，ヒンジのような動きもしなければならない．以上のことから，リンカーはよく"スイングアーム"と表現される [24]．すでに第 4 章でふれたが，プロリンリッチ配列の存在下でリンカーは上述したように挙動することができ，また PDH のリンカー自体も同様にプロリンに富んでいる．

PDH はこれまでに NMR を用いて研究されてきた．PDH のような大きなサイズの分子（4.6 MDa）では，普通は NMR においてシャープなシグナルはまったくみられない．な

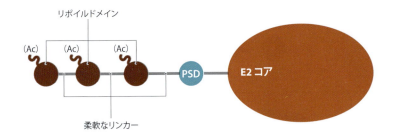

図 10.13
大腸菌由来 PDH の E2 ポリペプチド鎖の構造．それぞれのリポイルドメインはリポイルアームをもっている．リポイルアームはアセチル化されている場合もある．

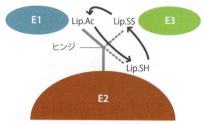

図 10.14
リポイルアームが付いたリンカーは，3つの活性部位間を巡らなければならない．E1 においてピルビン酸は脱炭酸されてリポイルアームに結合する（以下では Lip.Ac と表記）．その後リポイルアームは E2 の方へと動き，そこでアシル基は補酵素 A へと移される．最後に，リポイルアームは E3 へと動いて酸化され，ジスルフィドの形となる（図 10.8 と比較せよ）．この動きを効率よく行うため，リンカーは比較的固く，かつヒンジのはたらきをする（図 10.12 ではアスタリスクで示した位置に相当する）．

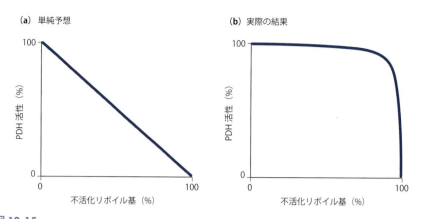

図 10.15
活性部位カップリング．リポイルアームを取り除いたり不活性化したとしても，酵素活性は比例的には下がらない．これは，基質が1つのアームから別のアームへと移されるからである．

ぜなら，ゆっくりとタンブリングする分子はシグナルがブロードになるからである（11.3.9 項参照）．しかし PDH に関しては，いくつかのシャープなシグナルが観測される．このシグナルはリポイルドメインの間にあるリンカーに由来しており，リンカーが大きな可動性をもつことを示している [20, 25]．リンカーはプロリンとアラニンで構成されている．プロリンのみで構成されたリンカーは固い**ポリプロリンⅡヘリックス** polyproline Ⅱ helix 構造をとり，一方ですべてアラニンで構成されたリンカーは α ヘリックスをつくり，これも固い構造となる．しかし，アラニンとプロリンの混合で構成されたリンカーは，ある程度柔軟な構造を形成する．進化の過程でリンカーとして選ばれた配列には，このような意味があるのである [25]．

　PDH は活性部位でカップリングを行う点において魅力的であり，またかなり特殊な酵素である．リポイルアームがこの分子装置において重要な役割をもっており，3つのすべての反応に関わっていることをこれまでみてきた．そのため，化学的，または遺伝子工学的にリポイルアームを取り除いていくと，それに伴って酵素活性が減少するように思われるかもしれない（図 10.15a）．しかし実際にはそうはならず，大部分のリポイルアームを取り去っても反応効率は影響を受けない（図 10.15b）[26, 27]．これは PDH が複雑なオリゴマー構造をとっており，リポイルドメインと E2 をつなげているリンカーに柔軟性があることから，隣接した E2 を利用することができるためである（図 10.16）．律速段階は E1 によって触媒される反応であるため，隣接したリポイルドメインに E1 のアセチル基を別の E2 の活性部位に運び込む時間的余裕が与えられる．基質をリポイル基からリポイル基へと移すこともでき，この場合同一ペプチド鎖内でも可能であるし，別のペプチド鎖中のリポイル基への転移も可能である．おそらく正常な PDH でもこのようなことが起こっているのであろう．基質や還元型のリポイル基は，フリーな E2，E3 の活性部位を見つけ

図 10.16
活性部位カップリングの説明．基質は E1 活性部位からリポイルドメインへと移され，その後 E2 活性部位に届くまで，別のリポイルドメインへと移ることができる．必ずしも同一ポリペプチド鎖上で反応が起こる必要はない．

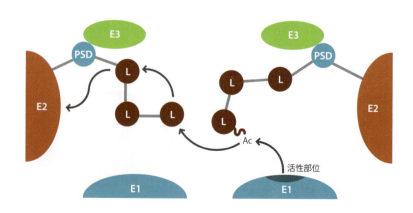

るまであちらこちらを移動している．このことは，計算機による並列計算を連想させる．すなわち，計算をフリーなプロセッサに行わせることで律速となる障害を回避して，著しく計算を速くしている．状況によっては，オリゴマー構造により著しく反応速度を高めることが可能となる．活性部位のカップリングによって，必要なときにE2，E3を効率的に提供する"バックアップ"機構を備えているといえる [28]．

ここまで，大腸菌がリポイルドメインを3つもつことをみてきた．一方で，リポイルドメインを1つか2つしかもたない種もある．これはなぜであろうか．その謎を解き明かすために，大腸菌のPDHにおいてリポイルドメインを1～9つもつ変異体をそれぞれ作製した研究がある．それぞれのアシル基を運ぶリポイルドメインの動きを調べてみると，リポイルドメインが3つであるときが最適であることがわかった [29]．リポイルドメインが4つ以上ある場合，ほかのE2ドメインのリポイルアームが絡まってしまい，リポイルドメインが2つ以下である場合，隣接したE2ドメインのリポイルアームに届かなくなってしまうのであろう．すなわち，少なくとも大腸菌においては，リポイルドメインが3つである場合が活性部位をカップリングするには最良ということになる．

10.2.4 脂肪酸合成酵素は回路反応の中の複数の反応に関わっている

長鎖脂肪酸はアセチルCoAから一連の反応を経て合成され，その反応では2つの炭素ユニットが順次付加される（図10.17）．この過程では，まず1つ目のアセチル基がアシ

図 10.17
脂肪酸合成酵素により触媒される反応．最初の3つの反応により二炭素単位がアシルキャリアータンパク質（ACP）へと導入され，その後この二炭素単位は鍵となる縮合反応により伸長途中の脂肪酸へと取り込まれる．次の3つの反応によりカルボニル基は炭化水素へと還元される．この反応は3～7回繰り返され，炭化水素鎖は決められた長さへと成長する．その後，終結反応により伸長鎖はACPから外される．

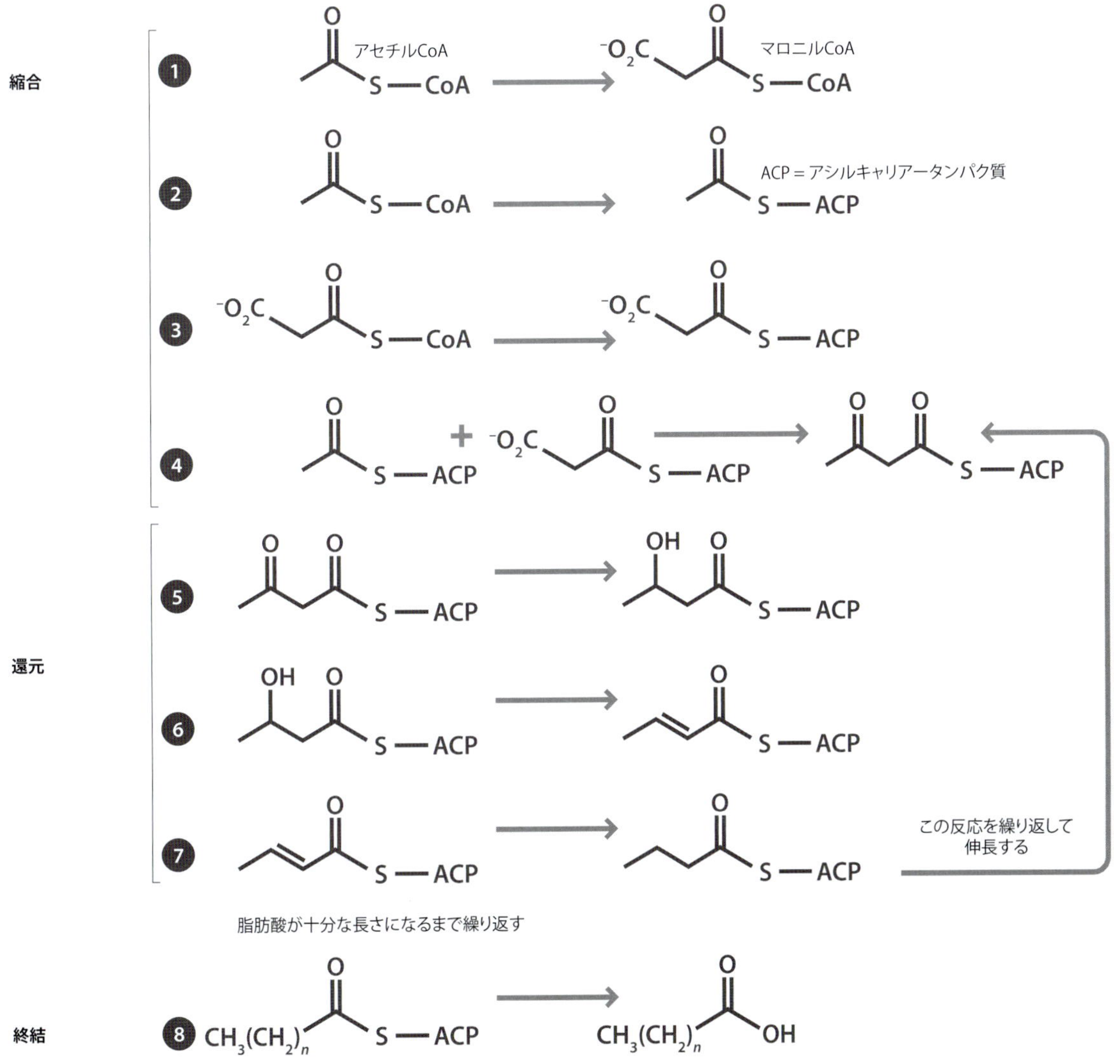

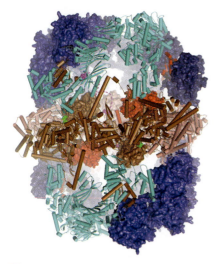

図 10.18
Saccharomyces cerevisiae 由来 FAS 構造（PDB 番号：2uv8）[64]．この複合体は $\alpha_6\beta_6$ 構造を構成し，α 鎖は N 末端から C 末端の順に，マロニル/パルミトイル転移酵素（MPT；反応 3，8．反応の番号は図 10.17 に対応），アシルキャリアータンパク質（ACP），ケトアシル還元酵素（KR；反応 5），ケトアシル合成酵素（KS；反応 4），ホスホパンテテイントランスフェラーゼ（apo-ACP の活性化に必要）で構成されている．β 鎖は順にアセチルトランスフェラーゼ（AT；反応 2），エノイル還元酵素（ER；反応 7），脱水酵素（DH；反応 6），MPT の大部分（反応 3，8）となる．したがって，タンパク質配列中の酵素の順番と反応の順番は関係はない．酵素内部には 2 つの空間があり，α_3 三量体により底部が，β_3 三量体により天井部がつくられている．α_3 三量体が相互作用することにより，完全な複合体が形成される．したがって，それぞれの空間には 3 セットの完全な酵素ドメインを含むことになる．α ドメインは茶，赤，桃色に色分けされており，β ドメインは青色の影として表されている．3 つの β ドメインのうち 2 つは表面が示されており，3 つ目はカートゥーンにより内部がわかるようになっている．この構造では側壁と真ん中の円盤が開口しており，基質が反応空間へと拡散することができる．空間の底に位置する ACP は茶，赤，桃色の表面モデルにより示されており，残りの構造部位に柔軟なアームを介して結合している．このアームは茶色の鎖に固定され，紫色の点線によって表されており，紫色の球と結合している．これにより，ACP の活性部位（緑色の球）がドーム内のいくつかの活性部位を動き回ることができる（詳細は図 10.19 に描かれている）．

ルキャリアータンパク質（ACP）acyl carrier protein として知られている結合ドメインを経由して，脂肪酸合成酵素（FAS）fatty acid synthase に付加する．このときの ACP は，PDH におけるリポイルアームと同等のはたらきをしている．PDH の場合と同様に，キャリアータンパク質は長くて柔軟性のあるアームをもっており，その実体は 20 Å の長さをもつホスホパンテテインである [24]．2 つ目のアセチル基は活性化されるとアセチル CoA にカルボキシル基を付加させる（すなわちマロニル CoA となる）ことで反応性を上げ，2 つ目の ACP に結合する．これら 3 つの反応で準備段階が完了し，次に 2 つのユニットが縮合反応を起こして伸長鎖（この時点では 4 つの炭素原子をもつ）が ACP に結合した形になる．

　そして，カルボニル基を炭化水素へ還元する 3 つの反応がこれに続く．還元された後，分子鎖は別のマロニル ACP から 2 つの炭素原子を受け取るようになる．合成された脂肪酸はこの過程を繰り返して十分な長さまで伸長する．大多数の脂肪酸は偶数個の炭素原子をもつが，それは脂肪酸が 2 つの炭素原子の付加を繰り返すことによってつくられるからである．炭素数が 16，18，20 のものが典型的であり，これらはそれぞれ 8，9，10 回の反応を繰り返すことでつくられる．FAS 多酵素複合体には 3 つのすばらしい点がある．(1) 伸長鎖は常に酵素と結合されており，全反応の過程がより速いものとなる．(2) それぞれの一連の反応は同じ酵素群によってなされるため，はるかに少ない酵素数で行うことができる．(3) 反応はすべて閉じられた空間でなされるため，最終的な生成物の長さを制御できる．すなわち，いったん伸長鎖が必要な長さまで伸びると，脂肪酸が ACP から解離して反応が終結する．哺乳動物では，終結反応のために別の酵素が用意されている．酵母では終結酵素（伸長した脂肪酸アシルの結合を ACP から CoA へと移動させる）はマロニル基転移酵素が担う．マロニル基転移酵素は最初のマロニル基を CoA から ACP に転移させる酵素であり，マロニル/パルミトイル転移酵素として知られている．

　大腸菌においてはこれらの酵素が別々のペプチド鎖として存在し，複合体をつくっている．酵母では 2 つのペプチド鎖（α と β）が二量体となっているものが 6 つ会合して $\alpha_6\beta_6$ を形成している．2 つのペプチド鎖において各酵素はばらばらに存在しており，マロニル/パルミトイル転移酵素は 2 つのペプチド鎖間で離れて存在している．哺乳類では 1 つのペプチド鎖が全活性をもち，それが二量体を構成している [30]．複数の反応について，真核生物では同一のペプチド鎖が，原核生物では複数のペプチド鎖が担っているという傾向は本書で何回かみてきた．これは，より大きな真核細胞では複数のポリペプチド鎖が集まって組み立てるということが非常に難しく，また原核生物ではペプチド鎖が分かれていても同一のオペロンで制御し，同時に発現させることができるため容易に構築できることと関係している．

10.2.5 FAS の構造は反応を繰り返し起こすための大きな空洞をもつ

　酵母および哺乳類においては FAS 複合体の結晶構造が得られており，どのように反応が制御されているかを知ることができる（図 10.18，図 10.20）．これらの構造は異なるドメイン間にいずれも大きな空洞をもっており，その中に ACP が存在する．酵母の酵素の構造（図 10.18）からは，ACP がケトアシル合成酵素の活性部位に局在しているのがわかる．一方で，哺乳類の酵素では ACP を電子密度からみることがまったくできない．これは，可動性が大きいことが原因である．しかし図 10.19 に示したように，ACP は自身を取り囲んでいる空洞のへりを動き回り，ほかのドメインに接近することができるような位置に存在しているに違いない．驚くべきことに，ドメインはタンパク質配列において反応の起こる順番どおりには存在しておらず，さらに，3 次元構造を見ても連続的に活性部位が隣接しているわけでもない [31]．あるドメインから次のドメインに行く軌道がほとんどランダムであるために，このような現象はさほど問題にはならないのかもしれない．

　繰り返しになるが，酵素がモジュール構造になっているのは非常に興味深いことである．つまり，それぞれのドメインが固有の機能をもち，酵素全体としては別々の機能を単に結びつけているだけなのである [32]．

　哺乳類の FAS（図 10.20）は X 状の構造をもち，ホモ二量体となっている．それぞれのペプチド鎖は一通りの酵素活性を有しており，1 つのアームに縮合酵素が，もう 1 つのアームに還元酵素および終結酵素が存在している（図 10.21）．この複合体は一見して柔軟性

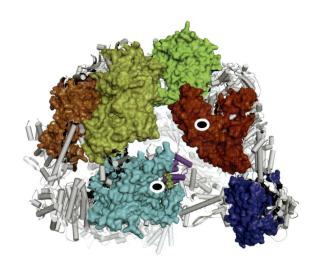

図 10.19
酵母 FAS 活性ドメインの詳細な 3 次元的配置（PDB 番号：2uv8）．$\alpha_3\beta_3$ ドームの外側から見たもので（図 10.18 で示された構造の上半分に相当），α_3 底部が下にきている．成長途中の脂肪酸を 1 つのドメインからもう 1 つのドメインまで運ぶ ACP は紫色で，脂肪酸の位置を緑色で示した．ACP はドーム内側の，黒色の楕円で示した 2 点付近で固定されている．これにより，おそらく ACP はさまざまな部位へ到達することが可能となっているのである．反応 2, 3, 4, 5, 6, 7, 8 を担う部位はそれぞれ緑，紫，水，青，茶，黄，紫色で示されている（ここで MPT は 2 つの反応を触媒するため，3 と 8 は同じ場所であることに注意）．それゆえに，ACP が通る道筋は一筆書きでは表せない．それぞれのドメインは別々の 4 つのペプチド鎖のものである（ACP と KR は α_2 から，KS は α_1 から，AT，DH，ER は β_1 から，MPT は β_2 から）．このことから，三量体形成が酵素機能にとって重要であることがわかる．

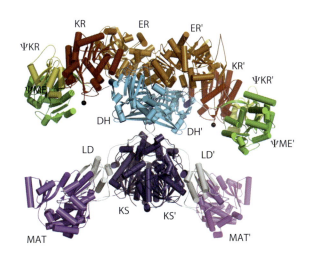

図 10.20
ブタ FAS の結晶構造（PDB 番号：2vx9）[65]．ヒトの酵素ととても類似している．異なった機能ドメインは異なった色分け（紫色から赤色まで虹色の順）にしてある．哺乳類由来の酵素は 1 本のポリペプチド鎖にすべての酵素活性が存在し，X 字型の二量体として存在する．X の右半分および左半分で，すべての酵素が網羅されている．哺乳類由来の酵素では反応 2 と反応 3（図 10.17）は 1 つの酵素により行われる（マロニル–CoA／アセチル–CoA ACP トランスアセチラーゼ：MAT）．サイクルにおける反応の順序は図 10.21 に示されたとおりであり，MAT → KS → KR → DH → ER となる．ここでも反応の道筋は線形ではないのである．ポリペプチドの C 末端には ACP とチオエステラーゼ（終結反応を触媒するもの；反応 8）が存在する．これら 2 つのドメインは結晶構造中において確認することはできなかったが，これはおそらく可動性によるものであり，位置としては黒色の円で示したところに結合している．そのため ACP は空間内をゆれ動き，異なった活性部位へと到達することができる．哺乳類由来酵素では 3 つの触媒を担わないドメインがある．これらは，リンカードメイン（LD），メチルエステラーゼ類似ドメイン（ΨME），KR 類似ドメイン（ΨKR）と呼ばれる．二量体中の 2 つ目のポリペプチド鎖は，上付きプライム（'）で示されている．DH ドメインの下にあるヒンジ領域は非常に柔軟であると考えられる．上の部分が下の部分に対して揺れ動くほど柔軟であり，その結果ドメイン間の空間のサイズが変わり，ACP が動き回れるようになる．おそらく上の部分が 180° 回転することにより，片方のポリペプチド鎖上の ACP はもう片方のポリペプチド鎖上の活性部位に到達することができると考えられる．

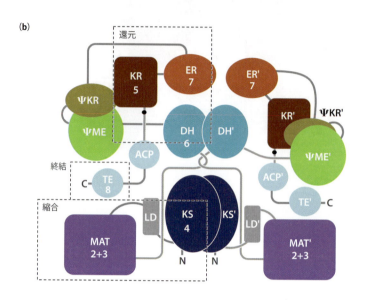

図 10.21
ブタ由来 FAS 模式図．(a) 配列に従って構成を直線的に表したものであり，おおよその相対的大きさも表している．色づけは図 10.20 と同じであり，反応の順序は数字で表している（図 10.17 中に対応している）．(b) 3 次元的な構成を平面に表したものであり，図 10.20 と同じ色分けである．（2+3 と描かれた）2 つ目のドメインは，マロニル-CoA／アセチル-CoA ACP トランスアセチラーゼ：MAT である．ACP と TE ドメインは結晶中では観測できない．3 次元において，縮合反応を担う領域や還元反応を担う領域は同じ位置にくるが，連続した反応を担うドメインはポリペプチド鎖上では遠くにくる．

がとても高く，下半分に対して上半分が回転することができるようにもみえる．脂肪酸-ACP が酵素中のすべての活性部位に届くためには，実際にそのような柔軟性が必要になるのであろう．二量体を構成する単量体同士がコミュニケーションをとっていることを示す証拠がいくつかある．これは，交互に反応を引き起こす機構により，反応はいつでもどちらか 1 つの単量体のみで起こっているというものである．しかし，詳しいことは今のところほとんどわかっていない．

対照的に，真菌の FAS はより固い構造をとっている．6 つの α 鎖が中心に平らな "ホイール" をつくり，β 鎖のつくるドームがそれにふたをするような形をしている．すなわち，それぞれの半球には酵素の完全なセットが 3 つ存在することになる．ACP も同様に 3 つずつあり，柔軟なリンカーによってつながれて両端に存在する．PDH をおおいに連想させるが，N 末端の ACP リンカーはアラニン／プロリンに富んでおり，ACP の動きを制限することで半球中の 3 つの ACP がもつれ合わないようにしていると思われる [31]．その構造を調べると，それぞれの ACP は自身の "局所的" な酵素のセットの周囲を動き回っており，またその 3 つのセットはそれぞれ独立していることがわかる（図 10.19）．しかしながら，その "局所的" な集まりには 2 つ以上の α 鎖と β 鎖が含まれている．

終結機構が働くための脂肪酸鎖長を適切に認識する機構は，哺乳類と酵母で異なる点があるが，それはおそらく単に立体障害のためである [33]．哺乳類では長鎖を縮合することは非効率的であるが，それはおそらく単に立体障害のためである．さらに，終結ドメインには脂肪酸の長さを測る定規が存在する．そのドメインには異なる長さの 3 つの間隙があり，脂肪酸を結合することができる．そしてそのうち最長のものが，最終的に目標となる脂肪酸の長さと一致する．目的の脂肪酸が結合すると，終結ドメインにアシル基が転移するのに有利なコンフォメーションとなる（図 10.22）．対照的に，酵母が有するマロニル／パルミトイルトランスフェラーゼには 2 つの結合部分があり，1 つはマロニル基と，そしてもう 1 つは C_{18} までのさまざまな炭素数のものと結合することができる．通常ではマロニル基の結合部分はマロニル基により占められ，より長鎖の脂肪酸-ACP 鎖が結合するのを防いでいる．そうすることで，酵素は排他的にマロニル基を ACP に転移することができる．しかし，C_{16}-ACP または C_{18}-ACP の酵素との親和性はマロニル基よりも高いため，マロニル基が解離し，脂肪酸が置き換わる．その後，酵素は逆反応を起こし，脂肪

酸をCoAへと転移させる．したがって，反応終結時の鎖長は酵母の方が哺乳動物よりも多様性に富む．それに加えて，マロニル基よりも長いものは阻害物質として働き得るため，最終的な鎖の長さは基質や生成物の濃度によって制御されている．代謝を行ううえでのこのような柔軟性は酵母にとって重要であり，酵母のつくる脂肪酸はより多くの用途に使用されるのではないかと考えられる．

10.2.6　β酸化は脂肪酸合成の逆反応のようなものである

　長鎖の脂肪酸を合成することのできる洗練された酵素には，同様なサイクルを何度か繰り返すことで鎖を伸長し，十分な長さになると酵素から切り離される機構があることを前項で述べた．そのような系が集まってMEC（多酵素複合体）をつくることには重要な意味がある．逆反応に不可欠である脂肪酸の酸化的分解の場合はどうであろうか．

　脂肪酸の分解としてはβ酸化が知られており，その反応は動物のミトコンドリアで起こっている [34]．実際に，それは脂肪酸合成の逆反応のようなものである．とくにFAS（脂肪酸合成酵素）による3つの還元的過程はβ酸化の3つの酸化的過程とよく似ている．しかし，異なっている点もある．同じような単一酵素複合体は存在せず，ACP（アシルキャリアータンパク質）も存在しない．二炭素単位の切断は補酵素Aによって直接行われるのである．ある意味で脂肪酸合成の反復的な反応と対照的なのは，脂肪酸が cis または $trans$ 二重結合を異なる部位にもつことができ，奇数個の炭素をもち得るためである．β酸化はこれらの分子に対して同様に行われなければならない．これは酸化の過程において基質の分岐を可能にする必要があることを意味する．つまり，もし二重結合があれば別の経路をたどらなければならない．奇数個の炭素をもつ鎖は最終段階で処理されるが，三炭素のプロピニルCoAは別様に扱われる．分解反応は基質に対応した可変性をもつ必要がある．それにもかかわらず，脂肪酸合成は不思議なことに洗練されており，β酸化が乱雑であるのとは対照的である．長鎖の脂肪酸（$C_{12} \sim C_{18}$）を酸化するための1セットの酵素と（以下で述べるようにMECを形成する），さらに C_4 までの短鎖を酸化するための2セットの酵素が存在する．

　細菌やヒトの長鎖の脂肪酸酸化酵素複合体はMECとして構成されており，ミトコンド

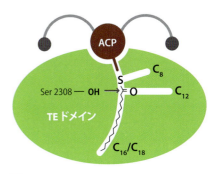

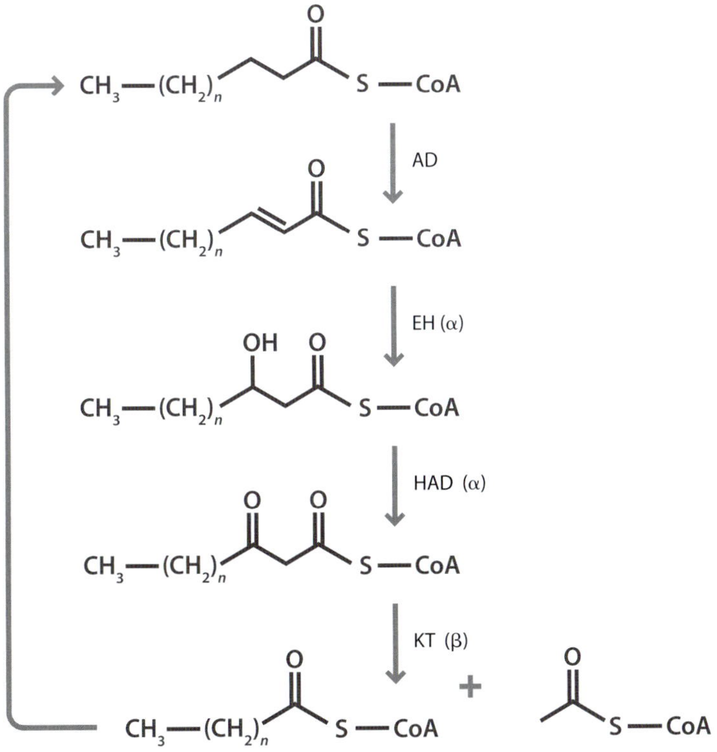

図 10.22
哺乳類において，チオエステラーゼ（TE）が担う終結反応．ACPはさまざまな活性部位を巡っているうちに，TEドメインにたどり着く．伸長過程にある脂肪酸は3つの活性部位のうちの1つに結合することができるが，それぞれ C_8, C_{12}, および C_{16}/C_{18} の長さに対して特異的である．アシル鎖が C_{16}/C_{18} の活性部位に結合すると，チオエステル結合はSer 2308の攻撃を受け，エステルが加水分解されて遊離脂肪酸を生成する．(M. Leibundgut, T. Maier, S. Jenni, and N. Ban, *Curr. Opin. Struct. Biol.* 18：714-725, 2008 より．Elsevier より許諾)

図 10.23
ミトコンドリアの長鎖脂肪酸酸化酵素複合体によって触媒される反応．この反応は中間体が酵素と共有結合するのではなく，補酵素Aと結合するという点を除けば，おおむねFAS反応の逆反応といえる．個々の酵素を挙げると次のようになる．(1) アシルCoA脱水素酵素（AD）．この酵素は異なる鎖長に基質に応じ，4通りの形で存在する．MECの一部ではない．(2) エノイルCoAヒドラターゼ（EH）．αサブユニットの一部である．(3) 3-L-ヒドロキシアシルCoA脱水素酵素（HAD），これもまたαサブユニットの一部である．(4) βケトアシルCoAチオラーゼ（KT）．βサブユニットの一部である．

リアにおける3つの機能をもつタンパク質として知られている．ヒトでは$\alpha_4\beta_4$ヘテロ八量体であり，α鎖は2つの酸化活性部位をもち，β鎖は二炭素単位の切断を行う（図10.23）[35]．細菌では$\alpha_2\beta_2$ヘテロ四量体であり，基本的に哺乳類の半分である．その複合体構造はチャネリング機構をもってはいるが，これは漏れが多いものである．サイクルの最初の酵素活性であるアシルCoA脱水素酵素活性は，哺乳類や細菌の複合体ではなく，ほかの酵素が有している．これはおそらく脂肪酸酸化酵素は異なる長さの基質に対応して4種類が必要であり，またその分岐にもそれに応じた種類が必要となることから，アシルCoA脱水素酵素が取り外し可能である方がより効率的なためだと考えられる[34]（第2章の酵素とその道具に関する記述を参照し，類似性を比較せよ．共通部品を使用して多様なものをつくる例がここでもみられる）．

β酸化は不飽和脂肪酸に対してはいくつかの問題を抱えるが，これがMECよりはるかに劣っている理由というわけではないだろう．考えられる理由としては合成，分解に必要なエネルギーの違いが挙げられ，したがって進化圧が関係しているといえる．生合成はエネルギーを要する過程であり，大きな進化圧により効率化されてきた．この章の序盤において，トリプトファン合成酵素というMECが進化してきた理由として，トリプトファン合成の際のエネルギーコストが影響していることを述べた．対照的に，β酸化はエネルギーを産生する過程である．本来，生物は食糧から最大限にエネルギーを得ようとするが，その過程がどれだけ効率的であるかは重要でなく，そのため洗練された組織的なシステムが発達するための選択圧は小さい．この章で述べた真のMECシステムにおいて，その多数は生合成のものであるということは偶然の一致ではない．

10.3　ほぼMECとみなせる酵素複合体

10.3.1　タイプIポリケタイド合成酵素は化学的にはFASと似ているがMECではない

多くの細菌は脂肪酸合成と同じような一連の反応過程で**ポリケタイド** polyketide（図10.24）を合成する[36]．しかしながらこの場合，いくつかの還元的な過程が省かれてお

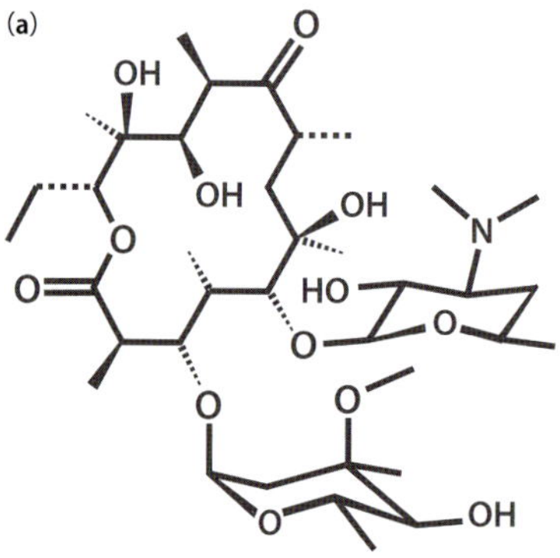

図10.24
ポリケタイド．(a) エリスロマイシン．(b) リファマイシンB．(c) アムホテリシンB．これら3つのポリケタイドは二炭素単位，もしくは三炭素単位（アセチルCoAまたはプロピオニルCoA）の結合によって生合成されるが，何度かの還元過程を経ている．還元過程によりケトン，二重結合，ヒドロキシル基を生成したり，骨格に炭化水素を付加することができる．

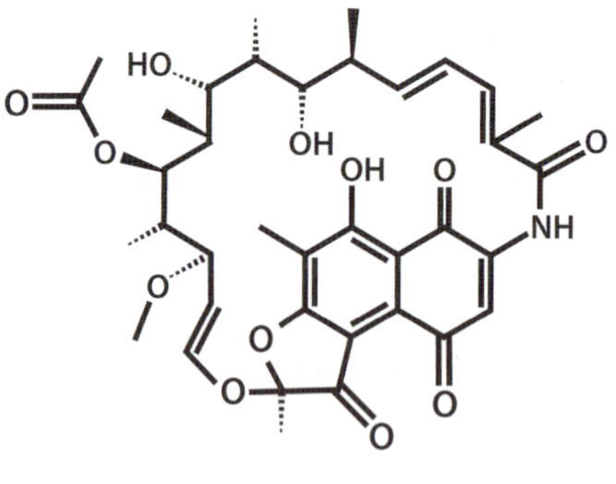

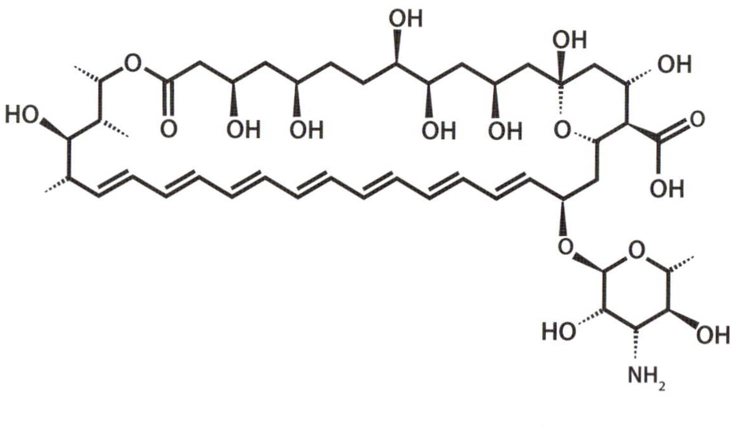

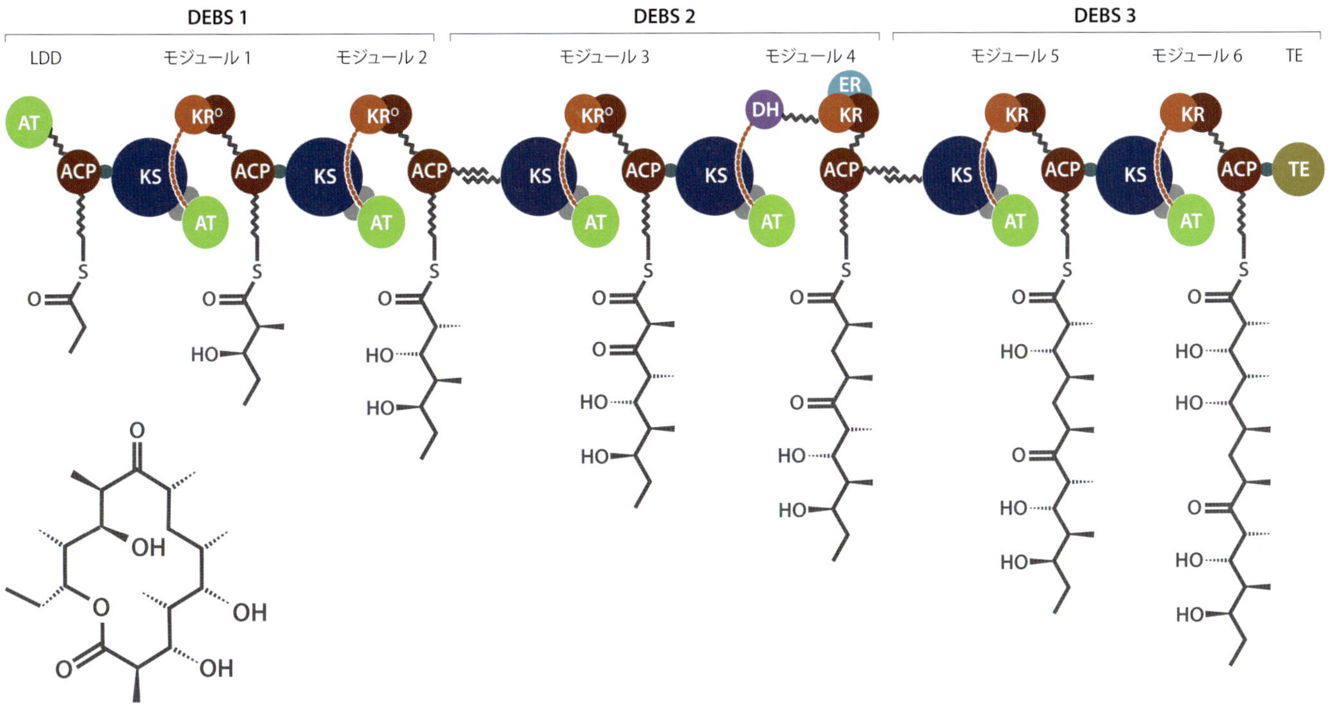

図 10.25
タイプ I ポリケタイド合成酵素である 6-デオキシエリスロライド B 合成酵素（DEBS）のモジュール型構成．3 つのポリペプチド鎖（DEBS 1, 2, 3）を含んでおり，全長複合体においてそれぞれが二量体を形成している．これらのペプチド鎖はすべて 2 つのモジュールで構成され，どのモジュールも適切に修飾を受けた二炭素単位の結合を担っている．"完全な" モジュールは，アセチルトランスフェラーゼ（AT），ケトシンターゼ（KS），ケトリダクターゼ（KR），デヒドラターゼ（DH），エノイルレダクターゼ（ER），さらにアシルキャリアータンパク質（ACP）をもっており，FAS によって行われる反応群と同じである．この酵素群全部が揃うと，脂肪酸の場合と同様，完全に飽和した二炭素単位がつくられる．また，1 つもしくはそれ以上の機能が欠落すると，部分的な機能のみからなる酵素がつくられる．最小単位（AT, KS, ACP）だけであれば，ケトンがつくられる．これはモジュール 3 の場合と同様であるが，モジュール 3 には KR ドメインが存在するが機能はしていない．KR ドメインを導入すると，モジュール 1, 2, 5, 6 でみられるようにアルコールが生成する．最後のドメインはチオエステラーゼ終結反応であり，ここで生成物が環化される．留意すべきは，鎖中のドメインの順番は反応の順番と同じではないということである．構造とは機能的になるように設計されているものである．KS, AT ドメイン間には割れ目があり，そこはとりわけ ACP の結合部位となりやすい．ACP はここから基質ポリケタイド鎖を KR, DH, ER ドメインへと配置することができ，その後伸長したポリケタイド鎖を次のモジュールへと受け渡す．DEBS KR モジュール 1 とブタの脂肪酸合成酵素における KR/ΨKR ペアは構造的に類似性があり [65]，ポリケタイド合成酵素と脂肪酸合成酵素の間の進化的関係がはっきり現れている．LDD は基質を積み込む（loading する）ドメインである．モジュール 2 のケトレダクターゼは機能していない．（Y.Y. Tang et al., *Chem. Biol.* 14: 931-943, 2007 より．Elsevier より許諾）

り，その結果さまざまなオレフィンができる．加えて細菌は二炭素単位だけでなく，三もしくは四炭素単位を加えることができる（アセチル CoA，プロピオニル CoA，ブチリル CoA が対応するユニットである）．そのため重合体にはメチル基もしくはエチル基が結合していることがある．これらの重合体はさまざまな方法で折りたたまれ，環化されたポリケタイドができる．テトラサイクリン，エリスロマイシン，アジスロマイシン（半合成品），リファマイシン，クラリスロマイシン（半合成品）といった，抗生物質として有用な多くのポリケタイド化合物が存在する．免疫抑制薬であるラパマイシン，抗真菌薬であるアムホテリシン B，などを加えると，ポリケタイド化合物の年間売上高は 10 億ドルを超える．

　タイプ I のポリケタイド合成酵素はもっとも研究されているものである．タイプ I 合成酵素は脂肪酸合成の際と同様の順番で酵素ドメインを使用し，ACP も有しているが，脂肪酸合成でみられる巧妙な循環システムをもたず，すべての酵素活性（ACP 含む）は一度だけしか使われない．それゆえ，多くのポリケタイドの生合成には非常に多くの酵素ドメインが必要となる（図 10.25）．酵素ドメインは 1 つ，もしくは少数のポリペプチドにまとめられ，しばしばその長さは 2 MDa にも達することがある．ポリケタイド ECO-02301 を産生する特筆に値する酵素は，全長が 4.7 MDa であり 9 つのタンパク質中に

122個の機能ドメインをもつ[36]．さまざまなサブユニットは反応が起こる順番に正確につながっており，ブロック（紛らわしいことに，これらはよくモジュールと呼ばれる）に分類される．それぞれがACPをもっており，それが二炭素単位の追加・修飾を担っている．しかしながら，ときどきアシルトランスフェラーゼのようにブロックを構成するポリペプチド上に存在しない酵素が必要になることがある[37]．PDH間のリンカーのように，酵素間のリンカーは一般的に主にアラニンやプロリンからなり，おそらく同じように機能する．それはACPが活性部位から活性部位へと効率的に運搬されるために必要な，制限を伴った柔軟性である．

それぞれのブロック内では，酵素ドメイン間のリンカーの性質により秩序立てて組み上がった構造がみられる[38, 39]．コイルドコイルの相互作用からブロック間をつなぐ"結合ドメイン"についての証拠も存在する[37]．6-デオキシエリスロノライドB合成酵素由来の一部の結晶構造は，ACPおよびACPと結合するケトシンターゼやアシル基転移酵素ドメインの相互作用を示しており，この相互作用は特異的なものである[40]．しかし，各ブロック内でこの相互作用が柔軟性をもったものでなくてはならないことも明らかである[41]．これらの酵素はFASの進化過程における初期のものであり，多くの構造的，機能的類似性を共有している[37]．

10.3.2 いくつかのポリケタイド合成酵素は，まっとうなMECである

しかしながら，1サイクルを越えて同じ酵素群を使うことのできるタイプⅠポリケタイド合成酵素をもっている真核生物が存在する．6-メチルサリチル酸合成酵素，ロバスタチン合成酵素，アフラトキシン合成酵素がそうである．これらの系では，修飾・環化をどのようにして正確に行っているのであろうか（より一般的な細菌の系では別個の酵素によって行われることである（既述））．その答えは，付加ドメインにあると考えられる．"product template"と呼ばれるこのドメインがどのように機能しているのかは，いまだに明らかでない[42]．

タイプⅡポリケタイド合成酵素は細菌にみられ，タイプⅠ合成酵素との関係は，細菌の脂肪酸合成酵素と真核性の脂肪酸合成酵素との関係と（おそらく同様の理由により）同じである．こういった酵素では，単一機能をもつ多くのタンパク質が1つの複合体を形成している．タイプⅡ合成酵素がつくるのは比較的簡単なポリケタイド化合物に限られており，例としてはアクチノロジン，テトラセノマイシン，ドキソルビシンが挙げられる．

タイプⅢポリケタイド合成酵素群も存在する．これらはキャリアータンパク質を使わずに，補酵素A誘導体を直接使う．ホモ二量体という規定された構造になっているのが，その対価かもしれない．二量体の半分の領域が何サイクルにもわたり使用される酵素もある．

このようにポリケタイド合成酵素はFASと密接な関係性があり，おそらく共通の祖先をもっている[43]．しかしながら，同じように組織立っているとはいえない．これらは初期のMECといえる．なぜFASと同じように組織立っていないのであろうか．ここでも，おそらくその答えは選択圧であろう．つまり，効率の良いものへと進化するための選択圧は十分なものではなかったのである．脂肪酸合成は一次代謝を行ううえで必要不可欠であり，それゆえに効率的であることが必要不可欠である．しかしながら，ポリケタイドは二次代謝物であり，生物の機能に必須というわけではない．二次代謝物の役割，重要性については多くの文献で語られている．我々が使用する抗生物質のほとんどは二次代謝物の誘導体であり，我々にとってはとても重要である．しかし，二次代謝物を産生する生物にとってはそれほど重要ではない．二次代謝物は，組織にとって不必要なものを処理する過程から，もしくは"望まれない"副反応から生成されたが，のちに生成物には付加価値が判明したため，二次代謝物の合成経路が改良され拡大されてきたというのが共通認識である．二次代謝物により，共生関係にある生物は共進化してきた．過当競争なしで異種生物が共に生きられるような場を提供するに役立つのであろう．確かに一次代謝物と比べ二次代謝物が生成系に対する選択圧は小さいのである．証拠の1つとして，二次代謝が関わる遺伝子の水平伝播が比較的少ないことが挙げられる．これは必要な遺伝子が置かれている状況とは異なっている（第1章）[44]．

10.3.3 非リボソームペプチド生合成はポリケタイド合成酵素と似ている

非リボソームペプチド合成（NRPS）nonribosomal peptide synthesis とは，名前のとおりテンプレート RNA やリボソームを用いずにペプチド合成を行うことである．タイプ I ポリケタイド合成と多くの共通点がある．生成物はこの場合も二次代謝物である．これは高分子化合物（ここではペプチド）の合成経路であり，配列によって生成物の構造が規定されるような酵素系である．各アミノ酸は高度にモジュール性をもつ酵素群によって連結され，また必要に応じ修飾される．しばしば，全体のペプチド構造は合成酵素の配列から予想できる．PKS と同様，開始モジュール，伸長モジュール，終結モジュールがある．伸長鎖を運ぶホスホパンテテインのアームをもつキャリアータンパク質が存在し，モジュール間のリンカーはモジュール間の相互作用に影響を与えているようである [36, 45]．特異的な反応を行うために，特定のモジュール上にのみ結合している "テイラー型" 酵素が存在するかもしれない．

いくつかの NRPS 酵素には必要に応じてポリケタイドモジュールが含まれており，ときには同じポリケタイド鎖上にポリケタイドを導入することができる．比較的最近明らかになったトランス-アシルトランスフェラーゼの系は，ポリケタイドと NRPS モジュール両者を含んでいる．高度なモザイク構造と独特なドメイン配置をとっており，遺伝子の広範囲における水平伝播から生じているようである．この系は今まで解説してきたほかのポリケタイド，NRPS の系とは異なる．なぜなら，どの伸長モジュールにもアシルトランスフェラーゼドメインが存在しないためである．代わりに，1 つもしくはそれ以上のトランスに働くアシルトランスフェラーゼが存在し，複合体と相互作用しながら機能発現を担っていると考えられる．

NRPS は構造的に，PKS よりも組織化されていない．つまり，まさに生まれたての MEC であるといえる（あるいは，進化するための機会や圧力がまったく与えられなかった，極端に原始的な系といえるかもしれない）．

10.3.4 芳香族アミノ酸生合成は MEC としては未熟である

トリプトファン合成酵素についてはすでに述べた．トリプトファン合成酵素はコリスミ酸からトリプトファンへの生合成の最終段階を担い，2 つの酵素から成り立っている．トリプトファンを代謝するうえでのエネルギーが，複雑なシステムを進化させてきたのであろう．実際，すべての芳香族アミノ酸は合成コストが高い．トリプトファンに次いでエネルギーが必要なものはフェニルアラニンとチロシンであり，ヒスチジン，イソロイシンがこれに続く．計算方法にもよるが，ヒスチジン，イソロイシンの合成に必要なエネルギーはトリプトファンのほんの半分ほどである（表10.1）．トリプトファン，フェニルアラニン，チロシンはコリスミ酸から生合成される．コリスミ酸はシキミ酸から生合成されるが，出発点は糖である．コリスミ酸はまた葉酸（ビタミン B_9）やビタミン K の前駆体でもある．

コリスミ酸の生合成経路は図 10.26 に示した [46]．この経路は細菌，真核生物の微生物，植物にみられるが，動物にはみられず，そのためビタミンや必須アミノ酸が存在する．

細菌において，この経路中の酵素はすべて別々のポリペプチド鎖として存在する．真核生物ではこれらは 1 つのポリペプチド鎖として存在し，AROM という名前が付けられている（arom A, arom B 遺伝子がコリスミ酸合成酵素に相当している）．AROM は二量体を形成している．AROM 中におけるポリペプチドの順番は生合成経路中の反応順序には従わない．反応順序は B, A, L, D, E であるが，実際の順序は（E. coli の遺伝子名を用いると）aroB, aroD, aroE, aroL, aroA となっている．これは驚くべきことではない．なぜなら，はるかに組織化されている FAS 複合体に関しても，その遺伝子の順序は反応順序には従わないからである．おそらく真菌の AROM 複合体は，細菌タイプの個々の遺伝子の融合によって生じたのであろう．

AROM は単に多機能をもったポリペプチドであろうか．もしくは真の MEC であろうか．また言い換えれば，単なるポリペプチドがどうなれば MEC である資格を得るのだろうか．第 1 に，MEC であるためには 3 次元的な組織化が，すなわちドメイン間の意味のある接触が必要である．AROM に関してはドメイン間が接触しているという証拠はほとんどな

表 10.1 アミノ酸の合成コスト

アミノ酸	コスト（ATP 分子の数）
Ala	20
Arg	44
Asp	21
Asn	22
Cys	19
Glu	30
Gln	31
Gly	12
His	42
Ile	55
Leu	47
Lys	51
Met	44
Phe	65
Pro	39
Ser	18
Thr	31
Trp	78
Tyr	62
Val	39

代謝中間体からアミノ酸をつくるのに必要な ATP 分子数．

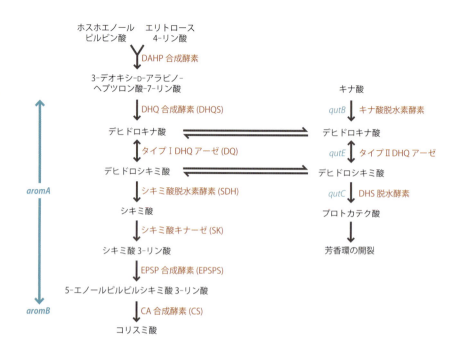

図 10.26
真菌 Aspergillus nidulans におけるシキミ酸生合成経路（左）とキナ酸分解経路（右）における酵素，遺伝子，中間体を表したもの．デヒドロキナ酸とデヒドロシキミ酸はどちらの経路でも存在している．水平方向の矢印は 2 つの経路で互いに基質チャネリングが起こり得る位置を示す．

いが，架橋結合実験によって AROM 複合体の構造は球形であると示されている [46]．第 2 に，酵素間で情報伝達がなければならない．単一もしくは二成分を取り出して発現させると，ほとんどの場合において全長の AROM と本質的に同じ特性を伴ったタンパク質ができる．しかしながら，そうではない状況がある．つまり，完全な複合体の場合，いくつかの成分の活性は単独で発現させたものと異なる事例がある [46-48]．

単なる酵素群の総和とは異なり，付加的な特徴が MEC には期待される．たとえばアロステリック効果や基質チャネリングがそうである．アロステリック効果を示す証拠はないが，基質チャネリングに関しては証拠がある．ここで，2 つ目の例として，キナ酸の経路について考えよう．

真菌の Aspergillus nidulans では，落葉上でキナ酸が代謝されるシステムが存在し，キナ酸利用（qut）経路と呼ばれる（図 10.26）[46]．キナ酸は落葉の重量比約 10％を占め，多くの真菌にとって主要な食料である．qut 遺伝子と AROM 遺伝子を比較すると，qut に使われているすべての遺伝子はほかの遺伝子から適応進化したことがわかる（図 10.27）[49]．qutD, qutG 遺伝子はそれぞれ透過酵素（パーミアーゼ），ホスファターゼ（推定）をコードしているが，細菌性糖トランスポーター，イノシトールモノホスファターゼと相同性をもつ．qutE 遺伝子は異化を担う脱水素酵素をコードしているが，AROM に存在する同化型脱水素酵素とはまったく類似性がない．しかし，真菌はオーソロガスでない完全に別々な 2 つの脱水素酵素をもっている．そして qutE はより後期型の別の（タイプII）酵素と関係がある．タイプIIの酵素は，基質キナ酸が過剰になった際に，水平伝播によって異化作用を担う酵素として登場したといわれる [50]．いくつかの真菌種において，もともとのタイプI酵素（推定されるものも含めて）は失われており，現在ではタイプII酵素が代わりに同化・異化機能を果たしている．qutB 遺伝子はキナ酸脱水素酵素をコードしており，細菌の aroE シキミ酸脱水素酵素遺伝子と関連づけられる．

しかしながらもっとも興味深い遺伝子は，2 つの制御遺伝子である．発現制御は，リプレッサー qutR とアクティベーター qutA が担っている．これらはともに AROM が多重化，分化して生じ，どこかで固有の触媒作用を失ったものであろう．qutA は AROM の最後の 3 つのタンパク質に類似しており，一方 qutR は最初の 2 つに類似している．qutA は N 末端付近に二核亜鉛クラスターを取り込み，調節機能を手助けしている．これは，進化により必要なものすべてをほかから取り入れられることを示す好例である．もちろん，取り入れられる遺伝子が手近にあれば，より容易なことである．そして qut に AROM 由来

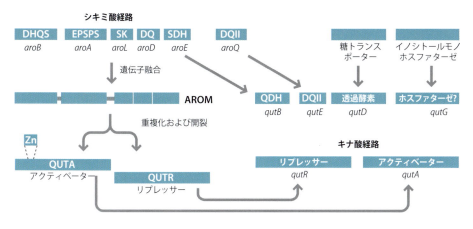

図 10.27
A. nidulans におけるシキミ酸経路，キナ酸経路に関与する酵素および発現調節タンパク質のモジュール構造．左上 *aro* と記載されている box は細菌由来の遺伝子であり，単一機能のシキミ酸経路の酵素をコードする（図 10.26）．おそらく，これらの遺伝子が融合することで，AROM をコードする *aromA* クラスターがつくられたのであろう．キナ酸利用（qut）経路の遺伝子は *qutB*, *qutE*（図 10.26）とともに，透過酵素（パーミアーゼ），ホスファターゼ（推定）が挙げられ，ここにアクティベーター *qutA* とリプレッサー *qutR* が加わる．どちらの経路にもデヒドロキナーゼ遺伝子が存在するが，互いに構造的には関係がない．いくつかの細菌には qut 経路の遺伝子と似た配列をもつタイプⅡ遺伝子が存在する．*qutA*, *qutR* は *aromA* の遺伝子が（EPSPS 遺伝子内において）重複して 2 つに分裂し，さらに DNA と結合するジンクフィンガー配列が挿入されることで生じたものであろう．（A. R. Hawkins et al., *J. Gen. Microbiol.* 139: 2891–2899, 1993 より改変．Society for general Microbiology より許諾）

の遺伝子を用いることはとても合理的であると考えられる．なぜなら，落葉中に消化すべきキナ酸がない場合 qut 遺伝子クラスターをもつ意味はないが，実際，キナ酸は植物のシキミ酸経路において主生成物であるためである（植物によって固定される炭素の約 20%がシキミ酸経路に代謝され，主にリグニン誘導化合物の合成に用いられるが，最終的にキナ酸へと分解される）．調節ドメインにはほかにも多くの例があるが，おそらくは触媒ドメインが重複して複製され，のちに触媒機能は失うが結合能は保持しているものである．すでに第 1 章で，結合能は触媒能に比べて非常に簡単に改変できることについて示した．

qut 経路（図 10.26 右）はキナ酸からデヒドロキナ酸への変換および，タイプⅡデヒドロキナーゼによるデヒドロキナ酸からデヒドロシキミ酸への変換（前述）を含んでいる．このように脱水素酵素は同じ細胞内での生合成経路と分解経路の両方を含んでいる．それゆえ，これらの 2 つの経路を区別するチャネリングの存在が予想される．そうでなければ，無駄な（エネルギー的に無駄の多い）サイクルとなるであろう．*qutE* タイプⅡデヒドロキナーゼ遺伝子を欠失させた *A. nidulans* はキナ酸存在下で生育できない．しかしながら，AROM（タイプⅠデヒドロキナーゼを含む）を 5 倍過剰発現させると，生育は回復する [51]．このことは AROM が代謝物をチャネリングすることを示しているが，これは厳密なものではない．つまり，漏れがあるチャネルなのである．チャネリング効果はその経路における代謝が低いときがもっとも効率的なのかもしれない．すなわち，実験室ではなく，自然環境でその微生物が成育している際に当てはまるということである．

AROM は MEC としての性質に乏しいと結論づけられているが，MEC として進化する方向へと向かっている．進化がなぜそのような道をたどるのか議論する際は注意が必要であるが，MEC を進化させるような圧力が存在するのであろう．それは，その経路が非常にエネルギーを必要とするからである．といっても，トリプトファンの生合成ほどではない．また，シキミ酸はコリスミ酸と関係のない生合成経路にも入るため，MEC の反応経路には漏れがある必要がある．

10.3.5　膜内在性タンパク質は MEC のようでない

この項では，まったく異なる型である複合体-膜タンパク質を構成している複合体について考える．膜タンパク質からなる複合体が球状タンパク質からなる MEC とは非常に異なっているのかどうかを調べる機会である．電子伝達系，F_oF_1-ATP アーゼ，光合成反応中心の 3 つの複合体について考える．

電子伝達系は真核生物において呼吸鎖の終端である．NADH と $FADH_2$ は分子状酸素によって酸化され，ミトコンドリアの膜を隔ててプロトン勾配をつくる．このプロトン勾配は ATP 産生に利用される．酸化により生じた電子は複合体Ⅰ，Ⅱ，Ⅲ，Ⅳとして知られる 4 つのタンパク質複合体を連続して通過する．本質的にはこれらそれぞれの複合体は 1 つの酵素であり，一方の基質がもう一方の基質を還元する二基質酸化還元反応を触媒する．この過程で，これらの酵素はプロトンを膜の一方から反対側へと輸送する．これは線型のシステムであり，1 つの反応の生成物が直接次の酵素へ受け渡される（図 10.28）．しかし

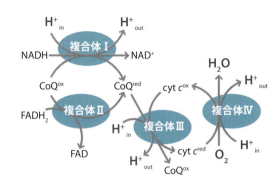

図 10.28
ミトコンドリア電子伝達鎖．複合体 I，III，IV はミトコンドリアからプロトンを汲み出し，プロトン勾配は ATP 産生に利用される．補酵素 Q（CoQ）はユビキノンとしても知られる．Cyt c はシトクロム c である．複合体 II はプロトンを汲み出さない．その主な機能は $FADH_2$ から電子伝達鎖へ電子を入れることである．

複合体 II は少し異なっており，異なるところから電子が供給される．したがってすべての構成因子を 1 つの MEC に集めたとしたら，大きな利点があるであろう．

しかし知られている限り，電子伝達系は MEC ではない．つまりそれぞれの複合体は分離した独立したものとして存在すると考えられており，個々の独立した構成因子（4 つの複合体）が，1 つの構造である．構成因子は 1 つの MEC に集まっている必要があるが，それは電子伝達の速度が酸化還元中心の距離に大きく依存しているからである．したがって，すみやかな電子の受け渡しのために十分近くに酸化還元中心があることは重要である．複合体 IX（シトクロム c オキシダーゼとしてよく知られる）の構造を図 10.29 に示す．比較的単純な酸化反応を行うことを考えると，その構造はとても複雑である．これは 8 ～ 13 個のサブユニットからなっており，4 つの酸化還元中心（2 つのヘムシトクロムと 2 つの銅）が存在する．サブユニットはミトコンドリアの DNA や，核の DNA にコードされている．内部に埋もれているものや，表面に存在するものもある．多くのものは機能がわかっていない．

4 つの複合体のうち，もっともよくわかっていないのが複合体 I である．これもまた，かなり単純な反応を（プロトン勾配と連動して）触媒する．ウシの心臓由来の複合体には 46 個のサブユニットが存在するが，そのうち 14 サブユニットは "核" と考えられており，細菌にホモログが存在する．そして，おそらく 9 つの補因子をもつ．複合体 I においても，ポリペプチド鎖は核に由来するものもあるし，ミトコンドリアにコードされているものもあり，多くは機能がわかっていない．

電子は複合体 I と II から III へユビキノン（補酵素 Q）により運ばれる（図 10.28）．電子

図 10.29
ウシ心臓シトクロム c 酸化酵素（PDB 番号：3ag1）．ペプチド鎖ごとに色分けされている．13 鎖あり，そのうち 10 鎖は核 DNA に由来し，3 鎖はミトコンドリア DNA にコードされている．図にはおおまかな膜の位置が示されている．構造の鍵となる部分は 2 つのヘムグループと 2 つの銅中心であり，それぞれシトクロム a とシトクロム a_3 および Cu_A と Cu_B と呼ばれている．酸素はシトクロム a_3/Cu_B 二核中心に結合する．ここではシトクロム a_3 の赤色の球の右側に，灰色で示される一酸化炭素が存在する．酸素は還元型シトクロム c から生じる電子により還元されるが，シトクロム c は Cu_A 中心の近くに存在している（上部の橙色の球）．ここで電子はシトクロム a を通ってシトクロム a_3 にいたる．(a) 複合体の全体．全体として複合体はホモ二量体を構成するが，ここでは 1 つの単量体を示した．(b) サブユニット 1，2 のみを異なる角度から示した図．色分けは (a) ではシトクロム a をオレンジで示したのを除いて (a) と同じである．中心の Fe 原子は球で，2 つのシトクロムは棒で示した．シトクロム c の結合部位は矢印で示した．

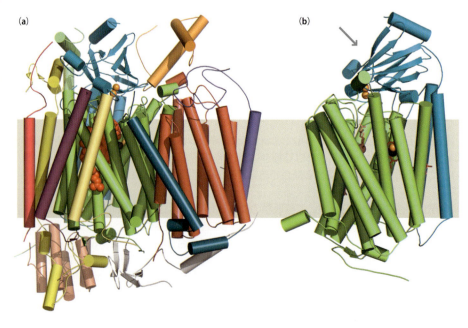

はスウィングアームにより運搬されるか，もしくはチャネルを介して拡散するのであろうか．しかし知られている限り，電子は膜間中を拡散することはほとんどできないし，複合体の間には決まった対応関係はない．同じように電子は複合体IIからIVへとシトクロム c により運ばれる．シトクロムが疎水的な尾部により膜へ結合することはあるが，通常はとくに固定されない．光合成植物の電子伝達系（光化学系I，IIおよびシトクロム b_6f）も同様で，膜中で組織的に存在しているわけではなく，ある複合体から次の複合体へと運搬するためのチャネルがないことも押さえておかなければならない．電子は，単に膜を通じた拡散により移動しているのである．

したがって電子伝達系は MEC という観点で捉えることはできない．真核生物の系と，エネルギー産生のために同様の複合体をもつ原核生物の系との比較は示唆に富んでいる．しかし原核生物には代わりの電子ドナーやアクセプターが数多くあり，多くは突発的である．原核生物のものもモジュール型であり，何が利用可能かにより，さまざまな始点・終点となる．したがって，原核生物のエネルギー産出系がさらに効率を求めるための進化の機会がなかったのであろう．この状況はすでにみてきた脂肪酸や β 酸化と対照的である．効率のよい脂肪酸合成系（エネルギー消費）を獲得するための圧力は，エネルギー産生系に比べて大きかったのである．

対照的に F_oF_1-ATP アーゼ（第 7 章）は，理想の MEC ではないかと期待できるような精妙な構造をもっている．これはプロトン勾配を機械的な（α ヘリックスで構成されると容易に予想ができるタンパク質の）動きに変換し，ATP の合成を行うものである．その洗練された構造（図 10.30）は本質的にはモーターであり，ここではプロトンの流れが軸を回転させ，ATP を生み出す．この章でみてきた完全な MEC と比較すると，知られている限りでは制御機構や，構造内におけるフィードバック機構がほとんどない．高度に構築された構造にもかかわらず，MEC としてみなせないものである．しかし巨視的には，新規な機械的側面がみられる．詳しくは第 7 章で解説したので，ここではこれ以上述べない．

最後に光合成反応中心をみることにする．理解が進んでいるバクテリアの反応中心を考えることにしよう．これはプロトン勾配というかたちで，光を化学エネルギーに変換するものである．反応中心それ自体は，ミトコンドリアの電子伝達複合体のように複雑な構造を形成し，3 本のタンパク質鎖と 10 個の酸化還元補因子をもつ．補因子の配置はほとんど完全な 2 回回転対称であるが（図 10.31），電子は一方のアームのみを通じて流れ，もう一方のアームは関わらないようである．生み出された電子の行き先は，キノンすなわちユビキノン（Q_B）であり，図 10.31b の左下に示されている．

反応中心自体には，細菌に注ぐ光の多くを捉えられるほど十分な面積がない．したがって光は，そばのアンテナ複合体により捉えられる．反応中心（RC）reaction center を取り囲む "光収穫"（LH）light harvesting タンパク質と結合しているバクテリオクロロフィル分子がアンテナ複合体の実体である．光合成細菌 *Rhodobacter sphaeroides* では，2 種類の LH タンパク質があり，どちらも実際に光を捉えるバクテリオクロロフィルと結合している．LH1 αβ 二量体が反応中心を囲って直接エネルギーを渡す一方で，LH2 タンパク質は別の環状構造を構成しエネルギーを LH1 へ渡す．LH1 環は常に LH2 環よりも大

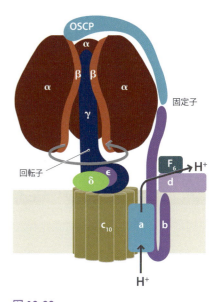

図 10.30
ミトコンドリア F_oF_1-ATP アーゼの構造．分子機械の構造と機能が詳しく描かれている図 7.16 と比較せよ．

図 10.31
細菌の *Rhodobacter sphaeroides* の光合成反応中心（PDB 番号：2rcr）．3 本のポリペプチド鎖があり，L（水色），M（紫色），H（緑色）と呼ばれている．サブユニット L と M は疑似 2 回回転対称である．(a) 全体の複合体．(b) 同じ角度から補因子のみを抜き出したもの．補因子はほとんど 2 回回転対称に配置されているが，電子は一方のアームのみを通る．光子（$h\nu$）はバクテリオクロロフィル（青色）の "特別なペア" により捉えられる．3 ps の間にエネルギーは補助的なバクテリオクロロフィル（緑色）を介して，サブユニット L アーム（右側）のバクテリオフェオフィチン（黄色）へと伝わる．そして，約 200 ps 後に電子は左側のキノン Q_A（橙色）に伝わる．左側にあるほかのキノン Q_B（ユビキノン）に伝わるのには 100 μs かかる．介在する鉄原子（赤色）はこの電子伝達においてほとんど役割がないようである．いくつかのクロモフォア間は距離が離れているため，タンパク質間の芳香環が電子伝達を補助しているのであろう．Q_B が 2 つの電子を受け取ると（反応性に乏しいハイドロキノンであるが），それは反応中心から自由拡散し，電子をシトクロム bc_1 へと運搬する．

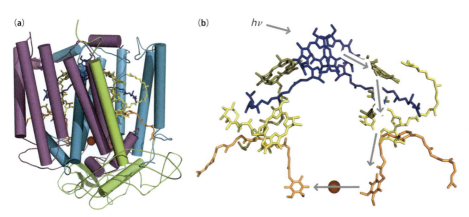

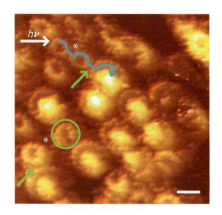

図 10.32
R. sphaeroides の生体膜の原子間力顕微鏡写真．LH2 環は小さな円であり，そのうち 2 つがアスタリスク（*）で示されている．それらは 9 つの αβ サブユニットからなる．LH1 環は大きく，反応中心（RC）を含んでいるが，RC は輝度が高い領域であり，とくに RC H サブユニットが顕著である（下に RC H サブユニットのある図 10.31 a と比較せよ）．緑の円の内側にある LH2 環には LH1 の片側がみられる．光エネルギーは LH2 から LH2，さらに LH1，そして RC（青色の矢印）を通る．スケールバーは 10 nm である．（S. bahatyrova, r. N. Frese and C. A. Siebert, *Nature* 430: 1058-1062, 2004 より．Macmillan Publishers Ltd. より許諾）

きいが，それは 1 つには RC を囲うのに十分大きくなければならないからであると考えられる．それぞれの環の αβ 二量体の数は由来種により異なっていて，数は重要ではないようである．おそらく二量体の形に応じて，完全な円形を形成できる数で集合したのであろう（*7.4 参照）．LH 環と RC は原子間力顕微鏡（AFM; 11.5.2 項参照）により生体膜上で観察することができる（図 10.32）．

LH2 および RC の結晶構造はすでに得られているが（図 10.31），これまで野生型 LH1 と RC の複合体は結晶化されたことがない．LH1 と RC の複合体構造は X 線結晶構造解析と電子顕微鏡，NMR を組み合わせて部分的にわかってきている．複合体の全体構造はクライオ電子線回折（11.4.11 項参照）により決定され，図 10.33 に示されている．単に RC を囲う環というよりは，S 型の二量体が 2 つの RC を含んだ構造となっている．この構造をとる 1 つの理由には，光エネルギーにより還元される Q_B（図 10.31 b）が RC を離れ，シトクロム bc_1 へ拡散しなければならないことにある．仮に LH 環が完全に円形であるならば，Q_B が通る間隙はないであろう．二量体の形成には PufX という 1 回膜貫通タンパク質が必要である．PufX は図 10.33 の緑の円に存在しているが，その N 末端のアームが伸びており，二量体接触面においてもう 1 つの PufX とペアになっている．

原子レベルでの構造モデルを組み立てる際には，RC の結晶構造，環を拡張したり LH2 β ペプチドを LH1 β の NMR 構造 [53] に置き換えたりすることで適切な修正を加えた LH2 の結晶構造 [52]，PufX の NMR 構造を使用した．この 2 つの NMR 構造から，膜貫通ヘリックスが膜の上部近くで大きく曲がっていることがわかる．LH1 β のこの部分において LH 環は集合しており，LH1 β の末端が RC をおおうドーム状のアーチを形成している．PufX の N 末端のヘリックスはほとんど膜と平行に走っている（図 10.33 破線部）．これらの構造は電子密度に当てはめられたものである．

最終構造の詳細はクライオ電子顕微鏡単粒子解析（11.5.1 項参照）により明らかにされた．数多くの LH1-RC-PufX 二量体が使用され，3 次元構造が計算された（図 10.34）．その結果，非常に大きく曲がった構造であることがわかり，その構造はクライオ電子線回折のデータときわめてよく一致した．たとえばこのモデルにおいて，RC の H ヘリックスは膜平面とほぼ垂直で，電子顕微鏡構造における電子密度と一致する．

光合成バクテリアにおいて，LH1-RC 複合体はクロマトフォアと呼ばれる球状の膜陥

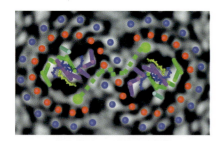

図 10.33
クライオ電子線回折により決定された LH1-RC-PufX 二量体構造の投影．白色の領域は高い電子密度を示している．それぞれの環の中心に存在する RC 結晶構造を重ねた．Q_B を黄色，バクテリオクロロフィルのペアを青色，L，M，H サブユニットはそれぞれ紫色，緑色，水色で示されている．1 回膜貫通タンパク質である LH1 α および β ペプチドは赤色と青色の円で示されている．ほかに電子密度の高い領域は緑色で示されており，これが PufX である．PufX の N 末端は膜表面に沿って伸びておおよそ破線に沿っており，2 つの PufX N 末端は二量体の境界面で互いに接触している．（P. Qian, C.N. Hunter and P.A. Bullough, *J. Mol. Biol.* 349: 948-960, 2005 より．Elsevier より許諾）

入を起こす傾向があり，クロマトフォアの構造は LH1-RC 複合体の構造により決まると考えられている．なぜなら，大きく曲がった複合体が膜を屈曲させるからである（図 10.35）[54]．シトクロム bc_1 複合体はクロマトフォアの内側には存在せず，外側にあると考えられている．したがってキノンは電子を運ぶために長い距離を往復しなければならない．このように驚くほど合理性に乏しい構造であるにもかかわらず，迅速ですぐれたエネルギー効率を実現させている．これは必要とされる 2 次元での拡散が非常に速いことがその要因の 1 つである（4.2.2 項参照）．

これらの構造がどのように構築されるかに関しては，これまでほとんどわかっていない．タンパク質は RC，PufX，LH タンパク質の順に発現する．複合体が完全に自発的に集合することは十分に考えられる．この機構では，まず PufX が RC の正しい位置に配置し，LH 環の形成を促進する．個々の LH ペプチドは完全に解離し，そして自発的に再結合しリングを形成する．したがって，直径約 70 nm に及ぶ完全なクロマトフォアが，完全に自発的に形成されることは可能である．つまり複雑な構成的複合体の情報はタンパク質構造に含まれているのである．

ここまでみてきたように，膜タンパク質複合体が実際に可溶性のタンパク質と異なっていることがわかった．高度に組織化された複合体がいくつかあるとはいえ，サブユニット間の情報伝達はほとんどないのである（MEC であるとはいえない）．2 次元拡散の速さや，正しく配置されるうえでの困難が少ないにもかかわらず，可溶性タンパク質と比べると，膜タンパク質複合体の初期集合は難しいようである [55]．おそらくこれは脂質が水よりも大きく，流動性がないためだと考えられる．しかし，一度集合すると，2 次元平面であることから複合体は容易に動くことができ，これまでみてきた可溶性タンパク質より "機械的な" 構造の集合が可能となる．

10.4　多酵素複合体（MEC）の考えられる利点

この章で使われる意味においては，多酵素複合体（MEC）はめずらしいものである．ここで挙げる例は多酵素複合体であるとほぼ証明されたものである．細胞はたいてい，そのような複合体を構成しなくても十分にやっていけるようである．より科学的に言い換えれば，選択圧は，多くの MEC を進化させるほど十分に強いものではなかった．今までみてきた例は，主として，非常に大きなエネルギーを必要とする生合成過程，とくに基質を固定することに大きな意味がある回路状の過程におけるものである．したがって，それらの重要性について強調しすぎないよう気をつけなければならない．この節では，MEC であることからどんな利点が得られるかについて考える．

10.4.1　基質の代謝回転

この章で述べた本当の MEC のほとんど（すなわち PDH や FAS，長鎖脂肪酸 β 酸化系，ポリケタイド合成）においてその存在意義は，回路状の一連の反応の中で基質（あるいは PDH においてはリポイル基）を固定させておくことにある．

10.4.2　基質チャネル

特別に高価，あるいは有害な中間体を生成する少数の反応に限っては，基質チャネリングの利点は明らかである．ある活性部位から次の活性部位へのチャネルは機能的に重要であるに違いない．ほかの基質が 2 つ目の部位に結合する前に，最初の反応を起こさせないようにするアロステリック効果につながるからである．これは "ホットポテト" のようなものである．基質チャネリングの利点がある複合体は，基質サイクル（10.4.1 項）の恩恵にあずかることができない．しかしこの 2 つが，MEC の主要な利点であろう．

AROM 複合体では，中間体が有害でなく貴重でもないので状況が異なる．チャネリング機構があるとすれば，中間体が生合成と分解の両方の経路にかかわることがその存在理由であろう．AROM 系では基質チャネリング機構があるようだが，それほど必要ではなく，重要でもない．実際，少なくとも真核生物においては，ある細胞内器官とほかのものを隔てるためには，たいていタンパク質複合体ではなく膜という仕切りを用いている．明らかな例はリソソームとペルオキシソームであり，ミトコンドリアの膜も同様に必要な機能が

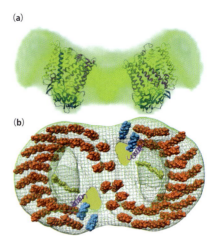

図 10.34
クライオ電子顕微鏡単粒子解析で決定された LH1-RC-PufX 二量体の 3 次元構造．(a) 二量体の側面から見たもの．緑色の濃淡で構造が示されており，RC の結晶構造はこれに当てはめたものである．(b) 二量体の上から見たもの．緑色の網はクライオ電子顕微鏡の密度の境界を示している．LH1 α と β は赤色で示してあるが，14 番目のものだけは青色で示してある．PufX は紫色のリボンモデル，Q_B は黄色の空間充填モデルで表した．黄色でベタ塗りされた領域にはタンパク質の密度がなく，次のキノン分子が蓄えられる場所であると考えられる．（画像提供：Neil Hunter, Sheffield）

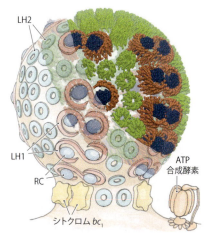

図 10.35
R. sphaeroides のクロマトフォア．LH2 は緑色，LH1 は赤色，RC は青色で示されている．シトクロム bc_1 と F_oF_1-ATP 合成酵素の位置は推測であり，クロマトフォアの内部に存在するという証拠はない．AFM（図 10.32）と電子顕微鏡の情報から考えられるのは，LH1/RC 二量体はここに示したように整列し，LH2 が点在しているということである．このように整列すると，光エネルギーはクロマトフォアのどこからでも RC へ迅速に移動できるのがわかる．(M.K. Şener et al., Proc. Natl. Acad. Sci. USA 104：15723-15728, 2007 より．the National Academy of Sciences より許諾)

あるといえる．核膜は多数の穴があいているため状況は異なる．核には分離が必要な代謝物（本章でみてきた酵素基質・生成物の意味で）を含んでいないことからチャネルは必ずしも必要ではない．

10.4.3　反応速度の上昇

基質チャネルにより反応が速くなることはよくいわれることである．とくに 2 番目の反応の基質が最初の反応の生成物であるときには，MEC として集合することにより全体反応を速くすることができると考えられる．しかし，先に解説したように，これは限られた状況にしか当てはまらず，非常に高速な酵素を除いて，ほとんど影響しないようである．実際，多段階反応で MEC が比較的少ないことから，速度向上が主要な効果でないといえよう（しかし第 9 章で示唆したように，細胞内には知られているより多くの複合体が存在する可能性があるので，この議論に関してはやがて意味がなくなるかもしれない）．

10.4.4　より迅速な応答時間

一連の酵素群が 1 つに集まった複合体は，系の応答時間を上げることができるといわれている．生合成経路にかかわる一連の酵素であれば，最終生成物の過剰状態や不足状態にすばやく応答して，経路を止めたり開始したりすることが望ましい．たとえば連続的な 10 ステップの反応を触媒する酵素が，細胞中においてランダムに配置されていた場合，スイッチオフに 1 時間かかると計算される．これは，基質が酵素から次の酵素へ拡散するのに時間がかかるためである．しかし，すべての酵素が共局在している場合，同じ 10 反応は 10 秒以内に応答することができる [56]．これに関しては議論が必要であり，チャネリングが重要であるに違いないと論理構成をする人もいる [57, 58]．しかし実際にはそれらが真実であることを示す証拠はほとんどなく，論点にはならないという人もいる [17]．

同じ経路中の酵素は，細胞内において空間的に近い傾向があることを第 9 章において考えた．証拠のバランスを考えると，上記の議論はこれ以上は踏み込めず，応答時間を向上させるために連続的な反応を行う酵素が同じ複合体の中にある必要はない．

10.4.5　活性部位のカップリング

精緻な活性部位のカップリング現象は間違いなく PDH で起こっており，PDH MEC 構造のオリゴマー化によりもたらされる．しかし PDH（と近縁の酵素）だけがこの特徴をもっており，そこまで有効なシステムであるかは明らかでない．異なる数のリポイル基をもった大腸菌 PDH の研究によると（10.2.3 項），全体の反応速度はリポイル基の数に影響しないので，少なくとも実験室での条件において活性部位のカップリングは反応速度にほとんど影響しない．FAS は二量体でありキャリアータンパク質が存在するが，活性部位のカップリングは使用していない．実際に FAS の構造を考えると，物理的にカップリングは不可能である．したがって活性部位のカップリングは，PDH 複合体の構造がもたらした偶発的な現象であるが，それを目指して進化する価値のある重要な特徴ではないであろう．

10.4.6　溶媒容量の増加

細胞内には自由な水がほとんどない．そのため，細胞はすべての溶質を溶かした状態にするために，代謝物と酵素の両方の濃度を下げなければならない．したがって，チャネル内で代謝物を保持する酵素は，ほとんど溶媒分子を必要としない．自由な水がほとんどないが（第 4 章），そのことが細胞へ与える影響についてははっきりとわかっていない（第 9 章）．多酵素複合体経路での中間体の濃度は，MEC であることによる影響をほとんど受けない [59, 60]（しかし [61] では反証がある）．そして先に述べたように，チャネルがなぜ進化したのかに関しては，もっと深い議論が行われている．したがって，溶媒を増やすという考え方は魅力的だが，選択圧には影響しないようである．

10.4.7　結論

実際に自然淘汰の中で MEC が残った理由は，回路状の反応における中間体を保持するためと，毒性のあるものや高価な中間体が逃げてしまうのを防ぐための 2 つである．ほ

かに挙げられた理由は合理的に聞こえるが，それらは実際 MEC を生み出すほどの原動力ではないようである．こう考えると，ホロヴィッツの逆行進化説（第 1 章）と同じである（すばらしい考えだが，実際は正しくない）．

10.5 章のまとめ

多酵素複合体（MEC）は構成因子の間でコミュニケーションがあるという点で特別である．そのため，全体としての機能は，単に個々の部品を足し合わせた以上のものをもたらす．MEC が進化するためには大きな選択圧を必要とする．

いくつかの MEC では，多種の反応を調節するために，基質チャネリングと呼ばれるようになった活性部位間のトンネルやアロステリック機構を発達させてきた．これらはすべて毒性があったり，反応性が高かったりする中間体が生じる．ほかの MEC は回路状の反応をつかさどり，反応の相互調節やある酵素から別の酵素への中間体の受け渡しによって，反応の効率を大きく上昇させる．これらはたいてい脂肪酸合成のような生合成過程である．ピルビン酸脱水素酵素（PDH）も MEC であり，これは補酵素リサイクルの必要性と，その代謝的役割の重要性によるものと考えられる．PDH も活性部位でのカップリング機構を備え，ここでは基質が複合体内で効率的に受け渡される．AROM は，チャネリングから中間生成物が漏れ出すという点で粗末な MEC である．

ほぼ MEC であるが，完全なものではない酵素群も存在する．この中にはポリケタイド合成系や非リボソーム的ペプチド合成がある．膜複合体は通常，複雑な多重タンパク質構造であるが，反応点の間にコミュニケーションがあるという証拠はない．コミュニケーションを必要としないくらい膜中における拡散は速いということが考えられる．

MEC の存在理由が議論されているが，納得のいく理由は，基質サイクルや，反応性の高い基質の基質チャネリングだけである．MEC として進化できる選択圧は，なかなかないものである．

10.6 推薦図書

本章でみてきたシステムの詳細は，生化学の教科書で勉強することができる．なかでも Voet and Voet の『Biochemistry』[62] を推薦する．

Perham による論文 [4] は主に PDH に関して記載されているが，MEC の一般的な話も興味をもって読むことができる．

10.7 Web サイト

http://blanco.biomol.uci.edu/Membrane_Proteins_xtal.html
　　　　　　　　　　　　　　　　　　　（構造が知られている膜タンパク）

http://www.mpdb.tcd.ie/　　　　　　　　　　　　（膜タンパクデータバンク）

10.8 問題

1. トリプトファン合成酵素のチャネリング機構の実験的証拠は何か？
2. 第 10 章では，トリプトファンの合成コストが高いため，トリプトファン合成酵素はそのような複合体として進化したことを論じた．次に合成コストが高いアミノ酸は，Phe，Tyr，そして Lys および Ile である（表 1.7，表 10.1 参照）．これらのアミノ酸に関しても，同様に複雑な過程を経て合成されるのだろうか？
3. アスパラギン酸キナーゼ-ホモセリン脱水素酵素は多酵素複合体か？
4. PDH や関連酵素（α-ケト酸脱水素酵素など）の基質を述べよ．また，この酵素の進化的背景を議論せよ．
5. PDH のリン酸化による調節機構を述べよ．
6. 中間鎖や短鎖脂肪酸酸化酵素のメカニズムを述べよ．それらは多酵素複合体といえるか？

7. 非リボソームペプチド合成酵素が組織立てた複合体構造を形成し，長所を生み出しているという証拠を挙げよ．
8. 完全に膜に埋もれた領域からなる酵素は，膜を越えて物質を輸送する（もちろん，一部が膜に埋もれているだけで，酵素ドメインは球状の可溶性領域をもつ酵素は多数あるが）．そのため，膜の内部にある多酵素複合体は期待できないが，この論理は正しいか？

10.9　計算問題

N1. チャネリング機構なしでは，大腸菌カルバモイルリン酸合成酵素の反応速度は溶液中のアンモニア濃度に制御されるか？言い換えると，チャネリングにより反応は有意に加速するか？カルバモイルリン酸合成酵素の反応回転数は BRENDA データベース（http://www.brenda-enzymes.org/）でみることができる．アンモニウムイオンではなくアンモニアを扱っていることに注意すること．細胞内部のアンモニア濃度は約 150 μM である．

10.10　参考文献

1. G Pohnert (2001) Diels-Alderases. *ChemBioChem* 2:873–875.
2. H Oikawa & T Tokiwano (2004) Enzymatic catalysis of the Diels–Alder reaction in the biosynthesis of natural products. *Nat. Prod. Rep.* 21:321–352.
3. RM Stroud (1994) An electrostatic highway. *Nat. Struct. Biol.* 1:131–134.
4. RN Perham (1975) Self-assembly of biological macromolecules. *Phil. Trans. R. Soc. Lond. B* 272:123–136.
5. MF Dunn, D Niks, H Ngo et al. (2008) Tryptophan synthase: the workings of a channeling nanomachine. *Trends Biochem. Sci.* 33:254–264.
6. P Pan, E Woehl & MF Dunn (1997) Protein architecture, dynamics and allostery in tryptophan synthase channeling. *Trends Biochem. Sci.* 22:22–27.
7. KS Anderson, EW Miles & KA Johnson (1991) Serine modulates substrate channeling in tryptophan synthase: a novel intersubunit triggering mechanism. *J. Biol. Chem.* 266:8020–8033.
8. TR Schneider, E Gerhardt, M Lee et al. (1998) Loop closure and intersubunit communication in tryptophan synthase. *Biochemistry* 37:5394–5406.
9. EW Miles, S Rhee & DR Davies (1999) The molecular basis of substrate channeling. *J. Biol. Chem.* 274:12193–12196.
10. MK Geck & JF Kirsch (1999) A novel, definitive test for substrate channeling illustrated with the aspartate aminotransferase malate dehydrogenase system. *Biochemistry* 38:8032–8037.
11. JB Thoden, HM Holden, G Wesenberg et al. (1997) Structure of carbamoyl phosphate synthetase: a journey of 96 Å from substrate to product. *Biochemistry* 36:6305–6316.
12. V Serre, H Guy, X Liu et al. (1998) Allosteric regulation and substrate channeling in multifunctional pyrimidine biosynthetic complexes: analysis of isolated domains and yeast-mammalian chimeric proteins. *J. Mol. Biol.* 281:363–377.
13. SH Chen, JW Burgner, JM Krahn et al. (1999) Tryptophan fluorescence monitors multiple conformational changes required for glutamine phosphoribosylpyrophosphate amidotransferase interdomain signaling and catalysis. *Biochemistry* 38:11659–11669.
14. JM Krahn, JH Kim, MR Burns et al. (1997) Coupled formation of an amidotransferase interdomain ammonia channel and a phosphoribosyltransferase active site. *Biochemistry* 36:11061–11068.
15. JL Smith (1998) Glutamine PRPP amidotransferase: snapshots of an enzyme in action. *Curr. Opin. Struct. Biol.* 8:686–694.
16. AH Elcock, MJ Potter, DA Matthews et al. (1996) Electrostatic channeling in the bifunctional enzyme dihydrofolate reductase-thymidylate synthase. *J. Mol. Biol.* 262:370–374.
17. DR Knighton, CC Kan, E Howland et al. (1994) Structure of and kinetic channeling in bifunctional dihydrofolate reductase-thymidylate synthase. *Nat. Struct. Biol.* 1:186–194.
18. PH Liang & KS Anderson (1998) Substrate channeling and domain–domain interactions in bifunctional thymidylate synthase: dihydrofolate reductase. *Biochemistry* 37:12195–12205.
19. HV Westerhoff & GR Welch (1992) Enzyme organization and the direction of metabolic flow: physicochemical considerations. *Curr. Top. Cell. Regul.* 33:361–390.
20. RN Perham (1991) Domains, motifs, and linkers in 2-oxo acid dehydrogenase multienzyme complexes: a paradigm in the design of a multifunctional protein. *Biochemistry* 30:8501–8512.
21. JLS Milne, D Shi, PB Rosenthal et al. (2002) Molecular architecture and mechanism of an icosahedral pyruvate dehydrogenase complex: a multifunctional catalytic machine. *EMBO J.* 21:5587–5598.
22. ZH Zhou, DB McCarthy, CM O'Connor et al. (2001) The remarkable structural and functional organization of the eukaryotic pyruvate dehydrogenase complexes. *Proc. Natl. Acad. Sci. USA* 98:14802–14807.
23. XK Yu, Y Hiromasa, H Tsen, et al. (2008) Structures of the human pyruvate dehydrogenase complex cores: a highly conserved catalytic center with flexible N-terminal domains. *Structure* 16:104–114.
24. RN Perham (2000) Swinging arms and swinging domains in multifunctional enzymes: catalytic machines for multistep reactions. *Annu. Rev. Biochem.* 69:961–1004.
25. SL Turner, GC Russell, MP Williamson & JR Guest (1993) Restructuring an interdomain linker in the dihydrolipoamide acetyltransferase component of the pyruvate dehydrogenase complex of *Escherichia coli*. *Protein Eng.* 6:101–108.
26. ML Hackert, RM Oliver & LJ Reed (1983) A computer-model analysis of the active-site coupling mechanism in the pyruvate dehydrogenase multienzyme complex of *Escherichia coli*. *Proc. Natl. Acad. Sci. USA* 80:2907–2911.
27. LC Packman, CJ Stanley & RN Perham (1983) Temperature-dependence of intramolecular coupling of active sites in pyruvate dehydrogenase multienzyme complexes. *Biochem. J.* 213:331–338.
28. MJ Danson, AR Fersht & RN Perham (1978) Rapid intramolecular coupling of active sites in the pyruvate dehydrogenase complex of *Escherichia coli*: mechanism for rate enhancement in a multimeric structure *Proc. Natl. Acad. Sci. USA* 75:5386–5390.

29. RS Machado, JR Guest & MP Williamson (1993) Mobility in pyruvate dehydrogenase complexes with multiple lipoyl domains. *FEBS Lett.* 323:243–246.
30. T Maier, S Jenni & N Ban (2006) Architecture of mammalian fatty acid synthase at 4.5 Å resolution. *Science* 311:1258–1262.
31. S Jenni, M Leibundgut, D Boehringer et al. (2007) Structure of fungal fatty acid synthase and implications for iterative substrate shuttling. *Science* 316:254–261.
32. C Khosla & PB Harbury (2001) Modular enzymes. *Nature* 409:247–252.
33. M Leibundgut, T Maier, S Jenni & N Ban (2008) The multienzyme architecture of eukaryotic fatty acid synthases. *Curr. Opin. Struct. Biol.* 18:714–725.
34. WH Kunau, V Dommes & H Schulz (1995) β-Oxidation of fatty acids in mitochondria, peroxisomes, and bacteria: a century of continued progress. *Prog. Lipid Res.* 34:267–342.
35. M Ishikawa, D Tsuchiya, T Oyama et al. (2004) Structural basis for channelling mechanism of a fatty acid β-oxidation multienzyme complex. *EMBO J.* 23:2745–2754.
36. MA Fischbach & CT Walsh (2006) Assembly-line enzymology for polyketide and nonribosomal peptide antibiotics: logic, machinery, and mechanisms. *Chem. Rev.* 106:3468–3496.
37. KJ Weissman & R Müller (2008) Protein–protein interactions in multienzyme megasynthetases. *ChemBioChem* 9:826–848.
38. RS Gokhale, SY Tsuji, DE Cane & C Khosla (1999) Dissecting and exploiting intermodular communication in polyketide synthases. *Science* 284:482–485.
39. C Khosla, Y Tang, AY Chen et al. (2007) Structure and mechanism of the 6-deoxyerythronolide B synthase. *Annu. Rev. Biochem.* 76:195–221.
40. YY Tang, AY Chen, CY Kim et al. (2007) Structural and mechanistic analysis of protein interactions in module 3 of the 6-deoxyerythronolide B synthase. *Chem. Biol.* 14:931–943.
41. YY Tang, CY Kim, II Mathews et al. (2006) The 2.7-Å crystal structure of a 194-kDa homodimeric fragment of the 6-deoxyerythronolide B synthase. *Proc. Natl. Acad. Sci. USA* 103:11124–11129.
42. JM Crawford, PM Thomas, JR Scheerer et al. (2008) Deconstruction of iterative multidomain polyketide synthase function. *Science* 320:243–246.
43. H Jenke-Kodama, A Sandmann, R Muller & E Dittmann (2005) Evolutionary implications of bacterial polyketide synthases. *Mol. Biol. Evol.* 22:2027–2039.
44. CP Ridley, HY Lee & C Khosla (2008) Evolution of polyketide synthases in bacteria. *Proc. Natl. Acad. Sci. USA* 105:4595–4600.
45. DE Cane & CT Walsh (1999) The parallel and convergent universes of polyketide synthases and nonribosomal peptide synthetases. *Chem. Biol.* 6:R319-R25.
46. AR Hawkins, HK Lamb, JD Moore et al. (1993) The pre-chorismate (shikimate) and quinate pathways in filamentous fungi: theoretical and practical aspects. *J. Gen. Microbiol.* 139:2891–2899.
47. JD Moore & AR Hawkins (1993) Overproduction of, and interaction within, bifunctional domains from the amino-termini and carboxy-termini of the pentafunctional AROM protein of *Aspergillus nidulans*. *Mol. Gen. Genet.* 240:92–102.
48. AR Hawkins & M Smith (1991) Domain structure and interaction within the pentafunctional AROM polypeptide. *Eur. J. Biochem.* 196:717–724.
49. AR Hawkins & HK Lamb (1995) The molecular biology of multidomain proteins: selected examples. *Eur. J. Biochem.* 232:7–18.
50. DG Gourley, AK Shrive, I Polikarpov et al. (1999) The two types of 3-dehydroquinase have distinct structures but catalyze the same overall reaction. *Nat. Struct. Biol.* 6:521–525.
51. HK Lamb, JPTW van den Hombergh, GH Newton et al. (1992) Differential flux through the quinate and shikimate pathways: implications for the channeling hypothesis. *Biochem. J.* 284:181–187.
52. MJ Conroy, WHJ Westerhuis, PS Parkes-Loach et al. (2000) The solution structure of *Rhodobacter sphaeroides* LH1β reveals two helical domains separated by a more flexible region: structural consequences for the LH1 complex. *J. Mol. Biol.* 298:83–94.
53. RB Tunnicliffe, EC Ratcliffe, CN Hunter & MP Williamson (2006) The solution structure of the PufX polypeptide from *Rhodobacter sphaeroides*. *FEBS Lett.* 580:6967–6971.
54. P Qian, PA Bullough & CN Hunter (2008) Three-dimensional reconstruction of a membrane-bending complex: the RC-LH1-PufX core dimer of *Rhodobacter sphaeroides*. *J. Biol. Chem.* 283:14002–14011.
55. DO Daley (2008) The assembly of membrane proteins into complexes. *Curr. Opin. Struct. Biol.* 18:420–424.
56. FH Gaertner (1978) Unique catalytic properties of enzyme clusters. *Trends Biochem. Sci.* 3:63–65.
57. GR Welch & JS Easterby (1994) Metabolic channeling versus free diffusion: transition-time analysis. *Trends Biochem. Sci.* 19:193–197.
58. J Ovádi & PA Srere (1992) Channel your energies. *Trends Biochem. Sci.* 17:445–447.
59. A Cornish-Bowden (1991) Failure of channelling to maintain low concentrations of metabolic intermediates. *Eur. J. Biochem.* 195:103–108.
60. A Cornish-Bowden (2004) Fundamentals of Enzyme Kinetics, 3rd ed. London: Portland Press.
61. P Mendes, DB Kell & HV Westerhoff (1992) Channelling can decrease pool size. *Eur. J. Biochem.* 204:257–266.
62. DJ Voet & JG Voet (2004) Biochemistry, 3rd ed. New York: Wiley.
63. GJ Kleywegt & TA Jones (1994) Detection, delineation, measurement and display of cavities in macromolecular structures. *Acta Cryst.* D50:178–185.
64. M Liebundgut, S Jenni, C Frick & N Ban (2007) Structural basis for substrate delivery by acyl carrier protein in the yeast fatty acid synthase. *Science* 316:288–290.
65. T Maier, M Leibundgut & N Ban (2008) The crystal structure of a mammalian fatty acid synthase. *Science* 321:1315–1322.

第11章
タンパク質研究のための実験手法

本書では実際の実験手法よりも，タンパク質がどのように機能するのかという原理について主に述べてきた．しかし，実験手法はきわめて重要で，タンパク質科学の基礎となる技術について理解しなければ，実験結果や学術論文をきちんと理解することはできない．個々の実験手法について詳細を述べると内容が膨大であるために，それぞれが1冊の教科書として多数出版されている．そのため，この章で扱う内容はかなり限られたものになっている．とくに，それぞれの実験手順についてはその概要のみを述べ，最新の学術論文などを理解できるように各手法の原理について記述する．一方で，いくつかの手法（NMRなど）についてはより詳細に記述し，実験手法について解説するだけではなく，筆者の経験から，個人的評価を行っていく．当然，読者にとって非常になじみ深い手法もあれば，理解しにくい手法もあるだろう．結局，研究室において研究者同士で議論する以外に，実験手法を理解する方法はないのである．

生物学の問題はその複雑さにがく然として立ち止まるのではなく，克服しなくてはならない．
Sydney Brenner (2004), [1]

11.1 発現と精製

実際，あらゆるタンパク質研究において，研究対象のタンパク質を**過剰発現** overexpression し，精製する必要がある．これに関連し，Kornberg 博士の酵素精製における10ヵ条の4つ目『Don't waste clean thinking on dirty enzymes（酵素は徹底的に精製すること）』という言葉を繰り返すことは意味がある [2]．つまり，常に精製されたタンパク質を用いなければ，紛らわしい結果を得ることになるということである．精製度は用いる精製法に依存するが，一般的に **SDS–PAGE ゲル** (*11.1) で単一バンドが得られるまで精製するべきである．

---

*11.1 SDS-ポリアクリルアミドゲル電気泳動（SDS-PAGE）

ゲルはドデシル硫酸ナトリウム（SDS）sodium dodecyl sulfate を含むポリアクリルアミドからできている．SDS はタンパク質をマイナスチャージの界面活性剤で均等にミセル化し，変性させる．そのため，すべてのタンパク質は引き延ばされ，タンパク質の長さに比例してマイナスチャージを帯びた疎水性物質という共通の性質をもつようになる．電圧は下側が陽極となってゲル全体にかかる（図11.1.1）．タンパク質はその大きさに応じた速さでゲル中を移動するので，もっとも速い（もっとも小さい）タンパク質がゲルの下側にくる．この手法はタンパク質を大きさに応じて分離するための迅速かつ信頼できる方法である．タンパク質はクマシーブリリアントブルーで青色に染色して検出するのがもっとも一般的である．さらに高い感度が必要である場合（2次元電気泳動ゲルでタンパク質を検出する場合など）は銀染色を行う．

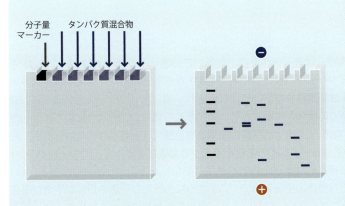

図 11.1.1
一般的に SDS–PAGE ゲルには複数のレーンがあり，そのうちの1つには市販の分子量マーカータンパク質を置く．タンパク質は一番小さいタンパク質が一番速く（ゲルの一番下側にくるように）流れていく．大きさと移動度の関係は線形ではなく対数の関係であり，より大きなタンパク質はゲルの上部に密集する．

*11.2 PCR法

Polymerase chain reaction（PCR）法は分子生物学において一般的で有用な手法であり，2本鎖DNAの増幅に用いられる．この反応は耐熱性DNAポリメラーゼによるもので，普通は好熱菌 *Thermus aquaticus* から得られた高温耐性の Taq ポリメラーゼを用いる．PCR（図11.2.1）では，90℃以上に熱することで2本鎖DNAが変性し，1本鎖DNAとなる．反応は Taq ポリメラーゼ，デオキシリボヌクレオチド三リン酸（dNTPs）および2種のプライマー存在下で行われる．プライマーとは増幅されるDNAの両端の配列に相補的な短いDNA断片である．反応溶液は次に約60℃まで冷やされ，プライマーが鋳型DNAに結合（アニーリング）し，ポリメラーゼがプライマーの端からdNTPsを付加していくことで，それぞれの鎖のコピーをつくる．この手順が何度も（20〜30回程度）繰り返される．原理的には各サイクルでDNA量は2倍になる．この手法はシークエンスやクローニングに十分な量のDNAを増幅するのに広く用いられ，科学捜査におけるDNAフィンガープリント法などにも用いられている．この手法によって1993年にKary Mullisがノーベル賞を受賞している．

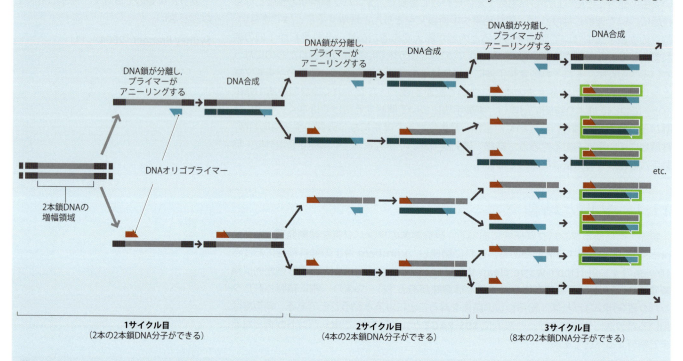

図 11.2.1
PCRは20〜30サイクル繰り返され，原理的には各サイクルでDNA鎖の数は2倍になる．最初の段階で，増幅の鋳型となる2本鎖DNA，耐熱性DNAポリメラーゼ，過剰量のdNTPs（dATP，dCTP，dGTP，dTTP）および2種のプライマーが存在する．プライマーは短い1本鎖DNA断片であり，片方は増幅されるDNAの5′末端に相補的である．もう片方は増幅されるDNAのもう一方の鎖の5′末端に相補的である．そうすることによって，これらは両方のDNA鎖のプライマーとなる．各サイクルは，2本鎖DNAを分離させるための短時間の加熱，プライマー存在下でプライマーがあらたに現れた1本鎖DNAにアニーリングするための冷却，ポリメラーゼがプライマーから伸長するあらたなDNA鎖を合成するための酵素反応というステップから構成される．何サイクルか進むと，ほとんどの2本鎖DNAが正確に片方のプライマーからもう片方のプライマーまでの配列をもつDNA鎖で構成される（右側の緑で囲まれたDNA鎖）．(B. Alberts et al. Molecular Biology of the Cell, 5th ed. New York : Garland Science, 2008 より)

タンパク質の大量発現には遺伝子が必要となる．この遺伝子は通常 **PCR 法**（*11.2）を用いてプラスミドライブラリー（または同等のもの）から得られる．たとえばプラスミドに含まれる目的遺伝子は制限酵素を用いて切り出され，適したベクターへとクローニングされる．ベクターは多くの種類が市販されている．多くの場合，このようにして作製した配列は研究上望ましい遺伝子やタンパク質の配列とは正確には一致しないため，変異，終止コドン，タグ（詳しくは後述）などの修飾を導入する必要がある．ここでもまた PCR が用いられる．これらは標準的な分子生物学的手法であり，以下のような特徴がある．(1) 研究室によってそれぞれ独自の手法をもつ．(2) さらにあらたな手法や巧妙な手法がある可能性が高い．(3) それがうまくいかないときに何が原因かを見極めるためのよい手段を

見つけにくい．筆者の研究室の大学院生は，質のよいタンパク質を過剰発現させるために，少なくとも研究時間の半分を費やしていた．しかし，経験を積んだ人であれば普通うまくいく過程である．

"実際の"実験へ進む前に，用いる遺伝子が目的に合った配列をもっているのか確かめるべきである．PCRはある頻度で変異を導入する可能性があり，1年間実験がうまくいかなかった後に，変異の入ったタンパク質で実験をしていたことに気づくと，実に腹立たしくなる．

分子生物学研究には，取扱いが簡便であるために大腸菌 E. coli を用いることが多い．タンパク質発現に用いる菌株の種類はかなり多様である．通常，増殖が速く，詳細が調べられている E. coli BL21（DE3）株が用いられる．BL21（DE3）はプロテアーゼ欠損株であるため，目的タンパク質が分解されにくい．しかし，目的タンパク質が真核生物由来である場合，大腸菌の発現系ではうまくいかないことがある．それは真核生物と原核生物で**コドン使用頻度** codon usage が異なるからである．そのため，大腸菌内で遺伝子の使用頻度の低いコドンを置換して最適化する方法がある．さらに，真核生物の遺伝子を発現するように特化した大腸菌株も存在する．また，ジスルフィド結合に富んだタンパク質の発現も困難なことが多い．そのような場合，タンパク質をペリプラズムへと誘導するようなシグナル配列をN末端に付加するなど，多くの有効な手法がある．この手法は大腸菌にとって有毒なタンパク質の発現においても役立つ．膜タンパク質の発現もまた困難である．このような場合，異なる宿主を用いることも選択肢の1つである．真核生物の遺伝子は，形質転換とタンパク質発現に適した遺伝学的システムをもつ酵母（*Saccharomyces cerevisiae* あるいは *Pichia pastoris*）を用いて発現できることがある．大腸菌を用いたタンパク質発現では通常糖鎖が付加されないのに対し，酵母では高等真核生物と同一ではないものの，真核生物の糖タンパク質に糖鎖付加が起こる．真核生物の遺伝子は動物細胞で発現させることもでき，またバキュロウイルスベクターに乗せられた遺伝子をトランスフェクションすることによって，昆虫細胞でも発現できる．これらの方法はより難しく，時間と費用もかかるので，最終手段として選択すべきである．

大腸菌での過剰発現は，通常，*lac* プロモーターの制御下にある目的遺伝子の発現をイソプロピル-β-チオガラクトピラノシド（IPTG）isopropyl β-thiogalactopyranoside で誘導することによって開始される．目的タンパク質の発現が急すぎると，タンパク質が凝集して不溶性の塊となった**封入体** inclusion body として産生されることがある．これらは遠心によって回収することができ，場合によっては変性剤で溶かした後に，透析で徐々に変性剤を取り除くことによって，可溶化タンパク質として得ることができる．

目的タンパク質はしばしばタグが付加された**融合タンパク質** fusion protein として発現させる．多くの場合，6つの連続したヒスチジン残基からなる**ヒスチジンタグ（His タグ）** histidine tag が用いられる．このタグ配列はニッケルなどの金属イオンと強く結合し，通常は固定化金属イオンアフィニティクロマトグラフィー（IMAC）immobilized metal affinity chromatography として知られる金属アフィニティカラムで容易に His タグ融合タンパク質として精製される（図 11.1）．あるいは，マルトース結合タンパク質（MBP）maltose-binding protein やグルタチオン-S-トランスフェラーゼ（GST）glutathione S-transferase などのタンパク質アフィニティタグと融合させることも可能であり，これらについてはアフィニティカラムが市販されている．別のタンパク質との融合は，目的タンパク質の可溶化やフォールディングを促進させることがある．異種タンパク質の発現の場合，宿主由来の融合タンパク質をN末端に融合すると発現レベルが向上することが多い．

融合タンパク質を使用する際には，タグがその後の実験の妨げにならないか，必ずよく考慮しなければならない．His タグは，結晶学において結晶化を妨げることがあるが，それ以外ではほとんど問題とならない．GST は二量体化する傾向があり，GST 融合タンパク質は実際に二量体化することが多い．多くの市販のベクターは融合タグだけではなく，タグ切除のためにプロテアーゼ特異的切断部位をもっているが，必ずしも切断できるとは

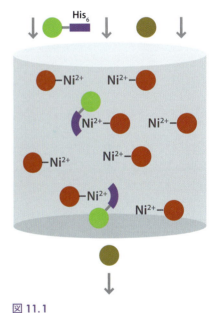

図 11.1
His タグ融合タンパク質の固定化金属イオンアフィニティクロマトグラフィーによる精製．カラムには His タグに結合するニッケルイオン（Ni^{2+}）をもつビーズ（赤色）が詰め込まれている．未精製タンパク質（緑，茶色）がカラムを通ると，His タグ融合タンパク質（緑色）はニッケルイオンに結合するが，ほかのタンパク質（茶色）は素通りする．カラムを洗浄した後，ヒスチジンの環と同じ構造をもつ高濃度のイミダゾールで洗浄することで His タグのついたタンパク質はカラムから溶出される．

*11.3 イオン交換クロマトグラフィー

静電相互作用を利用したクロマトグラフィーの一種．中性 pH においてマイナスチャージをもつタンパク質を精製するためには，陰イオン交換クロマトグラフィーを用いるのが一般的で，そのカラム担体となる樹脂はプラスチャージをもつ．そのような樹脂には Q つまり 4 級アンモニウムイオン樹脂や，DEAE がある（**図 11.3.1** a）．未精製タンパク質溶液がカラムを通るとき，マイナスチャージをもつタンパク質は樹脂と静電的に結合する（図 11.3.1 b）．カラムからの溶出は塩濃度の勾配によって行うのが一般的である．塩濃度が十分高くなると，タンパク質がカラムから解離し，溶出されるよう電荷が遮蔽される（静電遮蔽．*4.4 参照）．逆に，プラスチャージをもったタンパク質は陽イオン交換クロマトグラフィーによって精製され，ここでは樹脂がマイナスチャージをもっている．このような樹脂にはたとえば硫酸基をもつものがある（SP 樹脂など）．

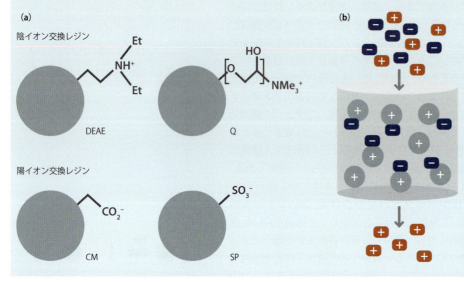

図 11.3.1
イオン交換クロマトグラフィー．(a) イオン交換樹脂．(b) 陰イオン交換樹脂はマイナスチャージをもつタンパク質を結合し，結合したタンパク質は高塩濃度や pH を下げることによって溶出される．

限らない．

研究に適した精製度のタンパク質を得るために，IMAC のみでは十分ではないことが多い．さらに精製度を高める精製法は数多く存在するが，もっとも多く用いられるのは**イオン交換クロマトグラフィー ion-exchange chromatography**（*11.3）である．この手法は精製度の高いタンパク質を容易に調製できるだけではなく，タンパク質の濃縮法としてもよく用いられており，便利である．タンパク質を粒子径によって分離する**ゲル濾過 gel filtration** もまたよく用いられる．ゲル濾過は予期せずタンパク質を失うことは少ないが，精製法としてはやや選択性が低い．しかし早い段階で凝集しやすいタンパク質か見極めるためにはよい方法である．

ハイスループット構造ゲノム科学におけるタンパク質調製法について，およそ 30％の細菌由来タンパク質と 20％の真核生物由来タンパク質のみが，標準的なハイスループット法によって発現・精製可能であるという報告がある．精製可能なタンパク質のみを選び，発現・精製が困難な膜タンパク質は除外しているにもかかわらずその割合は低い[3]．より注意深く，より広い条件で調整を行うことによって成功率が著しく増加する可能性もあるが，ランダムに遺伝子を発現させ，タンパク質を調製することは，まだまだ容易ではないということである．結論として，以下のことがいえる．

- ドメインの境界を予測するのは時に難しい．そのため，始まりと終わりの部位が異なるコンストラクトを多数つくっておく方が賢明である．
- 制限酵素を用いる方法よりもライゲーション非依存的なクローニング法を用いるべきである．この方が短時間に多くのクローンを作製可能である．

タンパク質を精製できた時点で，そのタンパク質の純度が高く，機能的であるか確認することが重要である．純度は SDS-PAGE（*11.1）によって簡単に確かめられ，単量体

の分子量も確認できる．ただし，疎水性タンパク質やプロリンを多く含むタンパク質の場合，SDS-PAGE上の分子量は実際とまったく異なってしまうことがある．分子量を迅速かつシンプルに調べるためには質量分析法がしばしば用いられる．また，多くの分光学的手法は短時間で結果を得ることができる（11.2節）．

分子生物学には，遺伝子やタンパク質の配列決定法，変異導入や融合法，タンパク質を本来とは異なる場所へと導入する方法，遺伝子やタンパク質を同定する方法など，さまざまな手法がある．これらの手法はこの章で述べる手法に比べてたいてい迅速で簡単であり，ほかの文献で詳細に述べられている．

11.2 分光学的手法

11.2.1 分光学的手法序論

分光法は，試料へ電磁波を照射し，照射した電磁波と試料との相互作用を検出する分析法である．この手法は幅広い範囲の周波数と波長をカバーしており（図11.2），f を周波数，λ を波長，c を光速（$3 \times 10^8 \mathrm{ms}^{-1}$）とすると，$f = c/\lambda$ が成り立つ．電磁波は，NMRや結晶構造解析におけるX線としても用いられるが，これらは古典的分光法とは異なる手法であるため，本章では分けて解説していく．タンパク質研究において考慮すべき電磁波は赤外線，可視光線，紫外線のみである．可視光線と紫外線（UV）は互いにとても近いものであり，これらは一般にUV/visとして扱われる．当然，人間に対しての影響は可視光線と紫外線で大きく異なるが，タンパク質に対して大差はない．

赤外線（IR）は 30 〜 120 THz の範囲がもっとも利用される．歴史的な背景から，IRの周波数は波数（cm^{-1}）で表され，周波数のヘルツ表示ではセンチメートルの逆数の 3×10^{10} 倍となる．この周波数は化学結合固有の結合振動である．つまり，赤外線はその周波数がその分子特有の結合振動と一致したときに吸収される（図11.3）．タンパク質において，IRスペクトルでとくに顕著な吸収は 1,650 cm^{-1} のカルボニル基（C=O）である．この吸収スペクトルの位置は α ヘリックスと β シートのアミドでわずかに異なる．つまり，IR はヘリックスとシートを区別するのに使えるが，その判断は容易ではないために，後述する円偏光二色性スペクトルを用いるのがより一般的である．

もっとも汎用される電磁波は UV/vis である．この電磁波のエネルギーは1電子を励起軌道へと押し込むのに必要なエネルギーと一致する．タンパク質への UV/vis の照射は電子が励起軌道へ入るのを促進するが，通常すぐに電子は元に戻る．つまりスペクトルは電子とそのエネルギーについての情報をもっている．電子は化学結合をつくるので，UV/vis スペクトルの波長と強度はタンパク質の化学結合に関連している．とくに UV/vis は **芳香族 aromatic**（*11.4）によって吸収される．タンパク質はあまり芳香族を含んでおらず，トリプトファン，フェニルアラニン，チロシンの芳香環（ヒスチジンの環は弱い芳香族性を示すのみである）と芳香環をもつ補因子のみである．DNA には多くの芳香環があり，タンパク質と DNA では最大吸収波長が異なるために，単純に UV 照射によってタンパク質への DNA の混入を検出できる．UV/vis の活用法については次に述べる．

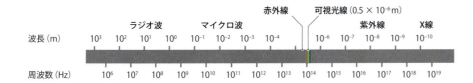

図 11.2
電磁スペクトル．

図 11.3
タンパク質の IR スペクトル．IR スペクトルでもっともよく用いられている領域はそれぞれ C=O 結合の伸縮振動によるアミド I のバンドと N–H 結合の変角振動によるアミド II のバンドである．IR スペクトルの分解能は二次微分スペクトル（$\partial^2 A/\partial \nu^2$）を計算することによって向上することが多い．これによって 1 つの吸収バンドの中に異なる複数のシグナルがあるのを区別できるようになり，それぞれ異なる二次構造要素同士を見分けられることもある．幸運と忍耐そして異なる手法（固有の吸収バンドを移動させる同位元素を用いるなど）により特異的に相互作用を同定できることもある．

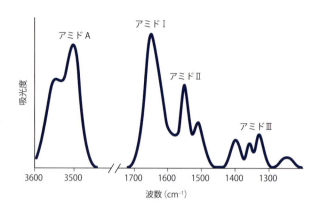

11.2.2 紫外/可視吸光度

UV/vis は芳香族のような**発色団** chromophores によって吸光される．それぞれの発色団は UV/vis 吸光能が異なり，**モル吸光係数** molar extinction coefficient および最大吸光度を示す極大吸収波長（λ_{max}）によって表され，それぞれの発色団で固有の値である（表 11.1）．UV/vis を用いた解析でもっとも汎用されるのは，発色団の濃度を定量するという単純な方法である．UV を照射し，光路長 1 cm の測定用セルを通過した光の吸収から，セルを通さない参照光の吸収を差し引いた値について測定する．タンパク質の濃度は，光路長 1 cm で 280 nm における吸光度を測定した場合，表 11.1 の値に基づき**ランベルト-ベール** Beer–Lambert の法則，$c = A_{280}/\epsilon$（ϵ は $5540 n_{Trp} + 1480 n_{Tyr} + 134 n_{s-s}$ として計算される，n はタンパク質に含まれる各アミノ酸グループの数）を用いることで，かなり正確に（ほかの発色団が存在しない限り）算出できる．吸光度は $0.05 \sim 1$ の範囲で正確に測定でき，タンパク質の濃度はその組成次第で μM レベルまで定量できる．

水は吸収波長が 180 nm より短い UV を吸収するため，タンパク質研究で利用できる波長は限定される．

多くの補因子は芳香族であり UV を吸収するので，簡単に検出できる．とくに，NADH は $\lambda_{max} = 340$ nm で強く吸光し，タンパク質の吸光とは重ならない．一方で，NAD$^+$ は

表 11.1 各発色団の 280 nm における平均モル吸光係数

発色団	極大吸収波長 ϵ_{280}
Trp	5,540
Tyr	1,480
Phe	2
S–S 結合	134

折りたたまれたタンパク質では，疎水性領域への埋没のような局所的相互作用により ϵ_{280} の範囲はかなり広い．単位は $M^{-1}cm^{-1}$ で与えられ，光路長 1 cm のセルにおける 1 M 溶液の吸光度を意味する．フェニルアラニンの λ_{max} は 250 nm であり，約 $200 M^{-1}cm^{-1}$ の ϵ_{250} をもつ．

*11.4 芳香族化合物
有機化学では，においと芳香族には関係がないとされている．芳香族化合物とは閉じた環の中に $4n + 2$ 個の共役した π 電子が並んでいる（つまり $2n + 1$ 個の二重結合がある）化合物を意味する．したがって，ベンゼンやその誘導体（$n = 1$）は芳香族化合物であり，クロロフィルやヘム（$n = 4$）もそうである（図 11.4.1）．これらは強い UV 吸収や特有の NMR スペクトルを示す．

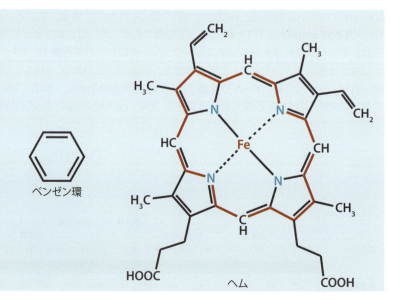

図 11.4.1
ベンゼンやヘムは $4n + 2$ の π 電子をもつ芳香環の例である．

*11.5　酵素測定法

酵素触媒反応の速度を測定するもっとも簡単な方法は分光光度測定であり，時間の関数として吸光度変化を測定する．もちろんこの方法では，基質や生成物がそれぞれ特徴的な吸光を示すことが必要である．しかしながら酵素触媒反応の中には，しばしば適した発色団を含まない場合がある．その場合，最初の反応の生成物が発色団を含む二次反応の基質となって発色を引き起こすようなアッセイ系を構築できるとたいへん便利である．$NADH/NAD^+$ のペアはとても便利であり，NADH は 340 nm で強い吸光を示すが，NAD^+ はこの波長では吸光が起こらない．そのため，NADH による吸光と酵素触媒反応を関連付けることで測定に利用できる．たとえば，ヘキソキナーゼによる触媒反応ではグルコースの 6 番目の位置にリン酸基が付加される．

グルコース + ATP → グルコース-6-リン酸 + ADP

これらの成分に発色団として利用できるものはない．しかしながら，この反応はグルコース-6-リン酸脱水素酵素でグルコース-6-リン酸からグルコネート-6-リン酸への NAD^+ の触媒作用による酸化へとつなぐことができる．

グルコース-6-リン酸 + NAD^+ → グルコネート-6-リン酸 + NADH + H^+

それゆえ，ヘキソキナーゼ活性を測定するために NAD^+ とグルコース-6-リン酸脱水素酵素を過剰に加えておくと，生成したグルコース-6-リン酸がすぐに二次反応に使われる．この方法では二次反応と一次反応の反応速度が必ず等しくなければならない．

340 nm で吸光をもたない．そのため，NADH から NAD^+ への転換率（またはその逆）は簡単に測定することができ，このことを利用して転換を伴う酵素触媒反応の速度を測定することができる．反応系を適切に選択することによって，多数の酵素触媒反応速度を**酵素測定法 enzyme-linked assay**（*11.5）で測定することが可能となる．この場合 NADH への転換を行う酵素を過剰量用いる（図 11.4）．

UV/vis スペクトルはブロードで特徴がなく，得られる情報量は少ない．最大吸収波長 λ_{max} とモル吸光係数 ϵ の値は分子の置かれた環境に依存するため，目的タンパク質が折りたたまれているかどうかの判別に利用できる．しかしながら，円二色性や蛍光の測定が，タンパク質の折りたたみ方を区別するよりすぐれた方法としてしばしば用いられている．

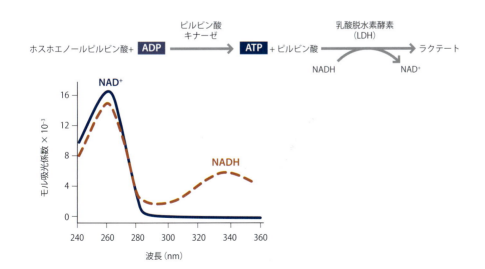

図 11.4
ピルビン酸キナーゼの酵素測定法．この反応の基質と生成物を分光学的に判別することは難しい．そこで NADH を NAD^+ へと酸化させることで簡単に検出することができる乳酸脱水素酵素反応系へとリンクさせる．この系は 340 nm における吸光度の変化が大きく，そこで消費した NADH の量とピルビン酸の量が正比例する．LDH と NADH の過剰量存在下では LDH 反応はピルビン酸キナーゼ反応と比べて反応速度が速いので，ピルビン酸キナーゼ反応速度は LDH 反応速度と等しくなる．

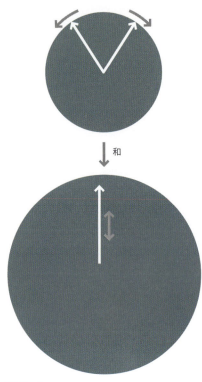

図 11.5
平面偏光は反対方向に回転している2つの円偏波の和である．2つの回転ベクトル（上図）は同じスピードだが反対方向なので，その和は常に水平方向にゼロで振動している平面波（下図）になる．

11.2.3　円二色性

円二色性（CD）circular dichroism はキラル分子や**キラル** chiral な構造を検出するために UV 照射を使う手法である．UV は直線（平面）偏光子を通過する．この平面偏光照射は右回りと左回り（図 11.5）の 2 つの円偏波の和であり，円二色性分散計は通常圧電発振器によって左円偏光と右円偏光を高速変換させている．キラル分子は右円偏光と左円偏光がわずかではあるが異なる吸光を示すため，区別することができる．この二成分の吸収の差異はわずかなので，円二色性は UV よりも感度が低い手法となる．

UV は約 200 nm（2,000 Å）の波長でタンパク質に吸収される．そのため，円二色性は個々のアミノ酸のキラル性（非常に小さい）に対しては十分な感度をもっていないものの，タンパク質の二次構造と相関を示す．円二色性の主な使い方は，タンパク質の二次構造の含量を特徴づけることである（図 11.6）．一般的に CD スペクトルは，ヘリックス，シート，そしてランダムコイル（つまりすべて）の含有率を算出（デコンボリューション）することができる．含有率は 100% ヘリックス，シート，ランダムコイルの参照スペクトルの形に大きく依存するが，これらは本来一定ではない．それゆえに CD スペクトルのデコンボリューションから正確な含有率を得ることは難しいが，おおよその値でも十分に有用なこともある．円二色性測定は単純で，タンパク質が折りたたまれているかどうか（つまり，ヘリックスやシートを含んでいるかどうか）を見たり，構造変化を検出したり，折りたたみの反応速度を測定するために広く用いられている．200 nm 付近での円二色性の変化（far-UV CD）は，ペプチド骨格の吸光，つまり二次構造変化を反映し，一方 280 nm 付近での変化（near-UV CD）は Trp，Tyr の周辺環境，つまり三次構造変化を反映する．

11.2.4　蛍光

分子が UV を吸収すると，電子が異なる軌道へ励起される．ほとんどの分子は満たされた結合性軌道と空の反結合性軌道をもっている．それゆえ，電子の励起が起こると結合性軌道から反結合性軌道に遷移が起こる．その結果，励起状態では本来の固い結合が緩くなり，結合距離が長くなる．このとき，図 11.7 に示すような状況が起こっており，励起状態での構造は基底状態のものとは異なっている．電子の動きは核の動きより速く，UV を吸収した後の分子は励起振動状態になる．ほとんどの分子で，励起状態にある電子は余分なエネルギーを熱として放出することにより，再び基底状態に戻る．しかしながら，分子構造が元に戻る速度と電子遷移の速度に依存して，図 11.7 でみられるような電子の緩和が二次遷移（放射）を引き起こす．この遷移はエネルギー的に必ず最初のものより小さく

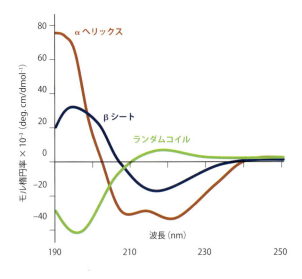

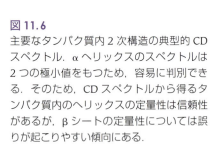

図 11.6
主要なタンパク質内 2 次構造の典型的 CD スペクトル．α ヘリックスのスペクトルは 2 つの極小値をもつため，容易に判別できる．そのため，CD スペクトルから得るタンパク質内のヘリックスの定量性は信頼性があるが，β シートの定量性については誤りが起こりやすい傾向にある．

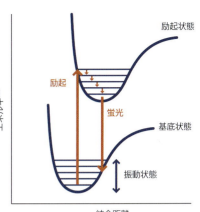

図 11.7
蛍光の原理．基底状態の分子は UV 光を吸収し，異なる軌道に電子が押し上げられることで励起状態となる．蛍光が発生するためには，発光する前に起こる振動性無放射遷移を起こす振動の時間スケールに比べ，再発光の時間スケールは遅くなければならない．それゆえ，発光エネルギーは吸収エネルギーよりも低エネルギーとなる．

なければならないため，分子は励起波長よりも低いエネルギー（より長波長）の光を放出する．これが蛍光である．ほとんどの手法で，励起光は紫外光領域であり，蛍光は可視光領域であることが多い．

　入射した光子数に対する放出された光子数の割合を**量子収率** quantum yield といい，たいていは 1 よりかなり小さい．結果として，UV で検出されるシグナルより蛍光で検出されるシグナルの方が弱い．しかし UV は入射光と透過光の差を測定するのに対し，蛍光は透過光のみを測定する．すなわち UV 検出器は入射光と透過光を測定しなければならない分，感度が低くなってしまうのに対し，蛍光検出器は弱い蛍光シグナルのみを測定するため，実際には蛍光は UV よりもかなり高感度であり，以下に述べるように 1 つの蛍光分子を観察することも可能である．

　蛍光を利用した手法は多い．その欠点は十分な蛍光を発する分子が少なく，ほとんどのタンパク質の蛍光がきわめて弱いことである．しかしながらこれは大きな利点でもあり，タンパク質を蛍光標識すると，未標識タンパク質が多く混在していてもはっきりと識別することができる．現在では非常に多くの蛍光マーカーが存在し，共有結合でタンパク質分子と結合させることができる．たとえば，さまざまな蛍光標識の抗体を購入することが可能である．赤，緑，青といった 3 種の蛍光標識抗体を使い，適切な波長フィルターを備えた顕微鏡で，それぞれを区別して検出することが可能である．この方法で細胞の特徴を解析することができる．例として，図 11.8 に核，微小管およびアクチンを染色した細胞

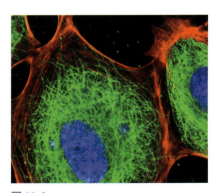

図 11.8
蛍光染色による細胞構成成分の検出．線維芽細胞を固定し，異なる波長で蛍光を発する抗体で染色した．微小管は緑色，アクチンは赤色で標識されている．核は DNA に結合する蛍光青色色素により青色に染められている．微小管が核から放射状になっていること，アクチンが細胞膜に沿って局在していることがわかる．このことについては，第 7 章でより詳しく述べた．（*Traffic, International Journal of Intercellular Transport*, Virtual issue on Cytoskelton, 2010 より．Wiley-Blackwell より許諾）

*11.6　共焦点顕微鏡

試料の手前の検出器に点光源とピンホールがあるのが共焦点顕微鏡の特徴である（**図 11.6.1**）．この配置によって非焦点対象物からのシグナルを取り除き，試料内の限られた平面からの蛍光を検出できる．焦点を変えることによってサンプルの上から下まで全体をスキャンできる．欠点は検出器に達する光が非常に少ないことであり，そのため感度が低い．

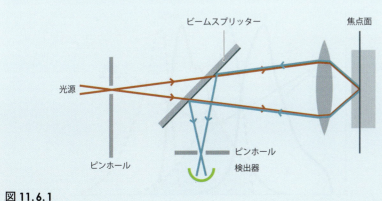

図 11.6.1
共焦点顕微鏡の配置

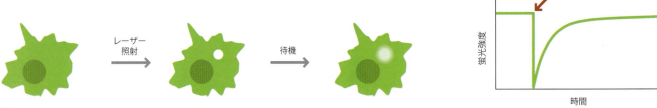

図 11.9
光退色後蛍光回復（FRAP）．サンプルの一部分をレーザーで光退色させた後，その部分の蛍光回復速度を測定することで，蛍光プローブの移動性を測定することができる．

を示す．蛍光は細胞構成成分の局在，共局在をときとして経時的に視覚化する最適な方法である．より詳細に特定の局在を調べるためには，**共焦点顕微鏡 confocal microscope**（*11.6）を用いる．

UV 照射による蛍光の励起後，蛍光強度は減衰する．減衰速度は多くの因子に依存し，タンパク質の周囲の環境にも影響される．たとえばリガンドの結合やタンパク質の折りたたみ，そして変性などが減衰速度に影響する．そのために，蛍光の寿命の測定はさまざまな環境や相互作用の情報を提供してくれる．この測定は**蛍光寿命測定法（FLIM）** fluorescence lifetime imaging microscopy と呼ばれる．

蛍光はレーザーのような強力な UV 照射により退色する．細胞内局所で退色させると，蛍光を失い黒くみえるが，その後蛍光を発光している分子が拡散して，退色した分子と置き換わると，蛍光回復が観察される（図 11.9）．この技術は**光退色後蛍光回復（FRAP）** fluorescence recovery after photobleaching と呼ばれる．これはタンパク質の運動性を測定する有力な手法である．

2008 年のノーベル化学賞は**緑色蛍光タンパク質（GFP）** green fluorescent protein の発見・進展に貢献した下村修氏，Martin Chalfie 氏，Roger Y. Tsien 氏に授与された．このタンパク質はクラゲ由来の蛍光性タンパク質である．注目すべきことに，GFP の**蛍光団**は外部の補因子を必要とせず，自己のアミノ酸配列のみで形成される．目的タンパク質のタグとして GFP を異種発現させることで，蛍光タンパク質となり，これはタンパク質の局在や性質，運動性，調節，相互作用を研究するうえでとても有力な方法である．現在，異なる蛍光波長をもつ GFP 変異体（青緑色と赤色蛍光タンパク質；CFP と RFP）も利用でき，同時に 2 種あるいは 3 種の蛍光タンパク質の検出が可能である．

蛍光を利用した重要な手法として**蛍光共鳴エネルギー移動（FRET）** fluorescence resonance energy transfer がある．2 種の蛍光団が近接し，片方の蛍光スペクトルがもう一方の吸収スペクトルと重複すると（図 11.10），片方の蛍光エネルギーが直接もう一方

図 11.10
蛍光共鳴エネルギー移動（FRET）．この例では青緑色蛍光タンパク質（CFP）と赤色蛍光タンパク質（RFP）の吸収スペクトル（実線）と蛍光スペクトル（点線）が示されている．CFP の蛍光スペクトルと RFP の吸収スペクトルが重複している領域があり，もし 2 つの発色団が十分近く適切に配向していれば，エネルギーが CFP から RFP に移動する．これは同時に起きる RFP の蛍光の増加と CFP の蛍光の減少として検出される．もしフィルターによって RFP を励起することなく CFP だけを選択的に励起する光を試料に照射できたならば，FRET が起きない条件の場合は赤色の蛍光を生じることはない．しかし普通フィルターはそれほど精密ではないので，FRET が起きない条件であっても RFP からの弱い蛍光が生じてしまう．

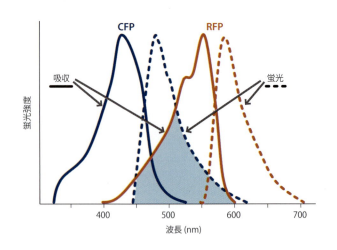

の蛍光団へ移動できる．その結果，供与体の蛍光は減衰し，受容体の蛍光は増幅する．この移動は r^6（r は蛍光体間の距離）および互いの配向に依存して 100Å まで可能である．それゆえ，この方法は 2 種の蛍光体の近接度を検出するのに利用される．たとえば，もし 2 種類のタンパク質がそれぞれ適した蛍光発色団で標識されている場合，FRET はそれらの直接的な相互作用を検出することが可能である．あるいは 2 種類の蛍光発色団が同じタンパク質の異なる場所を標識している場合，蛍光発色団間の距離が変化するような構造変化を検出することができる．2 種類の蛍光体は化学的に結合させる，もしくは CFP と RFP のように遺伝子工学的に結合させることもできる．（非常に難しいものの）1 分子レベルで検出できるため，とても有力な手法である．

　サンプルに全反射する臨界角以上の急角度で照射すると，光は全反射するものの，一部サンプルに浸透する光もある．これはエバネッセント場といわれ，表面プラズモン共鳴（SPR．11.6.1 項）における原理と同じである．エバネッセント場は表面近傍（約 100 nm 以内）だけの蛍光団から蛍光を生じさせる．この手法は**全反射照明蛍光（TIRF）** total internal reflection fluorescence と呼ばれている．細胞膜近傍のタンパク質，たとえばアクチンの観察にきわめて有効な手法である．

　最後に，蛍光は分子の再配向速度を測定する際にも用いられ，これは蛍光偏光解消法として知られている．もし蛍光団に偏光を照射すると，偏光状態の蛍光を発する．しかし，もし偏光照射と蛍光の間で動きがなければただ偏光が維持されるだけである．それゆえ蛍光偏光の消失から回転相関時間に関する情報が得られる．回転相関時間は，小さい分子もしくは早い運動性をもつ分子では短く，大きい分子では長い．つまりこの手法は，受容体-リガンドあるいは DNA-タンパク質結合といった，大きい分子への小さな蛍光団の結合を検出するのに主に用いられる．

11.2.5　1 分子解析法

　蛍光は 1 分子レベルで観察できる感度をもつ唯一の手法であり，1 分子解析法として注目されている．FRAP や FRET は 1 分子レベルで解析できるため，現在の研究において非常に重要である．ほかの実験手法の多くは，多数のプローブの平均値を測定している．つまり，もしそれぞれの分子がまったく異なる分子運動をしていても，その差異を検出できず，平均的な状態を記録しているだけである．たとえば，タンパク質のフォールディング（第 4 章）は，エネルギーランドスケープに基づいているといわれている（6.2.1 項参照）．フォールディング経路はそれぞれの分子によって異なり，フォールディングが始まる時点での分子構造に依存する．しかし，ほとんどのタンパク質フォールディングの解析は平均値しか検出できないため，単一の経路しか存在しないような結果となってしまう．対照的に，1 分子解析法は個々の分子がどのように折りたたまれるのかを検出するため，ほかの実験手法では得られない詳細なフォールディングランドスケープを明らかにすることができる．

　ほかの 1 分子レベルの解析法として，後述するクライオ電子顕微鏡単粒子解析法や原子間力顕微鏡法がある．また，**パッチクランプ法** patch clamping もある．これは単一の膜貫通チャネルを通過する電流の流れを測定する手法である．非常に小さな電極を単一細胞の細胞膜に押し付け，少し吸引するか，あるいは引っ張ることで，電極を異なった向きの細胞表面によって密封することができる（図 11.11）．そして，電圧または電流を測定することができる．この手法は非常に感度がよく，単一チャネルの開閉を簡単に検出でき（図 11.12），電位作動や薬剤結合などの測定が可能となる．重要なことは，チャネルはランダムに開閉するが，総電流量はゲートの開口確率に依存するという点である．Erwin Neher と Bert Sakmann はパッチクランプ法の開発で 1991 年ノーベル生理学・医学賞を受賞した．

図 11.11
パッチクランプ法．これは，非常に細いピペット先端内部にある電極と細胞膜反対側の2つ目の電極との間の電圧または電流を測定する手法である．ピペット先端がどのように膜に接着するかによって異なる形式で接着する．まず，ピペット先端を細胞表面におしつけ，弱く吸引することで，"オンセル（on cell）"形式で細胞膜を先端に接着させる．細胞から素早くピペットを引き抜くと細胞膜は壊れ，"インサイドアウト（inside-out）"形式（細胞膜の内側が外側にくる）をつくる．この場合，たとえば異なる細胞内リガンドを解析することができる．対照的に，"オンセル（on cell）"形式から強く吸引すると細胞膜は破れ，"ホールセル（whole cell）"形式で細胞全体がピペット先端につながる．この場合，細胞表面上のほぼすべてのチャネル（ピペットの先端が小さな膜断片で封をされるというよりは）の測定を可能にする．最後に，"ホールセル（whole cell）"形式から弱くピペットを引き抜くと，"アウトサイドアウト（outside-out）"形式（細胞膜の外側が外側にくる）となり，細胞外リガンドの解析ができる．

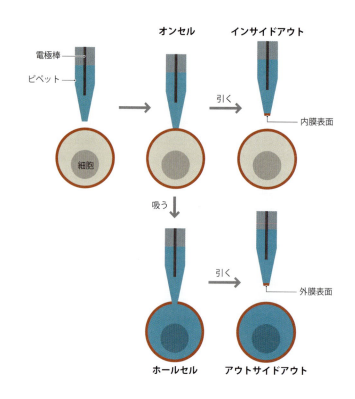

図 11.12
典型的なパッチクランプの結果．ピペットは"インサイドアウト"あるいは"アウトサイドアウト"形式であるので，膜領域は数個のチャネルしか存在しないほど小さい．この測定は，3つの電気伝導率（すべて閉じている（top level），1つまたは2つのチャネルが開いている）間の電位変化を示している．チャネルの開閉は非常に素早い．測定により開口時の電流と開口にかかる時間の関数として開口の平衡定数が求められる．2つのチャネルが開くと1つのチャネルが開いたときの2倍の電流となる．

11.2.6　流体力学的測定

タンパク質の大きさや形を測定するのに用いられる手法がある．これらには重要な特徴があり，形状だけでなくオリゴマーや複合体形成に関する情報を与える．もっとも単純で有益な手法の1つはゲル濾過で，オリゴマー形成の状態を事前に解析することができる方法である．また，native PAGE（SDS非存在下で行う）はゲル濾過同様に迅速で，必要サンプル量が少なくて済むが，人為的な影響が出てしまう傾向にある．動的光散乱 dynamic light scattering もまた直接的な測定法である．この手法では，タンパク質溶液を照射するためにレーザーが使用され，検出器は固定されたアングルで散乱光を測定するよう配置される．光は溶液中の粒子に反射して散乱する．光の強度は粒子の動きによって変動するため，粒子のブラウン運動の速度を解析することによって粒子のサイズを算出できる．そのために，非常に純度の高いタンパク質溶液が必要であり，存在する粒子サイズに幅がある場合は困難を伴うが，実験と分析はかなり容易である．粒子の形状は溶液中でのX線小角散乱によっても解析可能で，マルチドメインタンパク質の構造を解析するために非常に効果的に利用されている．

そのほかのきわめて有効な手法に，超遠心分析法（AUC）analytical ultracentrifugation がある．その原理は非常に単純で，大きな分子は遠心管内をより速く沈降するということである．タンパク質の移動は通常，UV/vis 吸光度，あるいは屈折率によって検出される．沈降速度法は大きさと形の両方に依存するが，形状の影響はそれほど強くない．

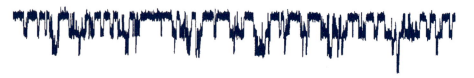

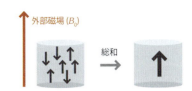

図 11.13
磁場（たいてい B_0 と呼ばれる）において，個々の核スピンは，β（down）より α（up）状態をわずかに優先する．すべての個々のスピンの総和は，観察可能な巨視的な磁化であり，上向きを示す．

*11.7　磁化
NMR では，個々の核はとても小さな棒磁石のように振る舞う．それらは印加磁場のまわりを回転する．NMR 分光計の中にある試料から観測されるシグナルは，これらすべての個々の磁場のベクトルの総和で，"磁化" magnetization と呼ばれている．ほとんどのアプリケーションにおいて，従来の磁石のように扱うことができる．

超遠心分析法は沈降平衡測定にも用いられ，この場合タンパク質はある濃度勾配で平衡に達する．沈降平衡法では，遠心セル内におけるタンパク質の位置は形ではなく大きさのみに依存し，より正確である．一方で，測定にはより多くの時間がかかる（少なくとも平衡に達するのに一晩かかる）．超遠心分析法は約 0.1 μM 以上のタンパク質濃度を必要とするため，とても強い結合の解析には不向きである．

11.3　NMR

11.3.1　核スピンと磁化

11.3 節と 11.4 節では，タンパク質の構造と動力学についてもっとも多くの情報を与える 2 つの手法である nuclear magnetic resonance (NMR) と X 線結晶構造解析についてみていく．これらの重要性から，より詳しく解説していく．

NMR は分光技術の 1 つであり，前述した他の分光法と同様に，2 つの状態間の遷移が生み出すエネルギー吸収に依存している．ここで 2 つの状態とは，異なった核スピンの配向を指し，一般に up（α）と down（β）として記述される．これらの状態は，原子核が磁場中に存在するときにのみエネルギー差を生じるため，NMR 分光法には磁石を必要とする．エネルギー差，すなわち周波数は磁場の強さに比例している．ほとんどの NMR 分光計は強力な超伝導磁石を使っており，磁場は垂直に走っている．平衡状態では，試料の磁化 magnetization（*11.7）もまた垂直に配向し，α 状態がより低いエネルギーをもっているため，正味の磁化は up の配向となっている（図 11.13）．これらの状態間のエネルギー差は非常に小さい．それは，測定される周波数が，磁石の強度に依存して 100 MHz から 1,000 MHz までと，相対的に低いということでもある（表 11.2 参照）．これはボルツマン分布（*5.2 参照）$N_1/N_2 = \exp(-\Delta G/kT)$ から，たとえば 500 MHz では，より低いエネルギー状態にある余剰成分が約 10^4 分の 1 だけであることを意味している．つまり，NMR の主な限界はその低い感度にある．NMR は一般に，0.5〜1 mM の試料濃度を必要とするが，それは UV 測定よりも 2 ないし 3 桁高い濃度であり，蛍光分光または質量分析より数桁高い濃度にあたる．それはまた，一般的な生理的濃度よりはるかに高いタンパク質濃度であり，高濃度が必要となる NMR においては，ほかのほとんどの方法以上に，タンパク質の凝集や不溶性に悩まされることが多い．

2 状態間の分布差があまりにも小さいため，NMR では UV や IR のように吸収されたエネルギーの割合を測定することはできない．そこで NMR では共鳴法によって測定を行う．試料はエネルギー差に見合った周波数の短いパルス波を照射される．この周波数は，観察されている核と磁場強度に依存しており，21 テスラ (21 T) 磁石では，^{1}H に対して 900 MHz である（したがって，21 T 磁石は通常 "900 MHz 磁石" またはただ単に "900" と記載される）．ラジオ波 (rf) パルスは核磁化を回転させる磁場を生じ，核の磁場をちょうど 90°回転させるのに十分な時間だけ照射される．これは 90°パルスと呼ばれている．今，核の磁化ベクトルは xy または水平面にあり（図 11.14），加えられた磁場の影響を受けて，z 軸のまわりを回転している．通常，この回転は歳差運動として記述される．それはジャイロスコープまたはコマの回転のような動作であり，垂直軸だけでなく，自身の軸のまわりも回転する．この回転磁場は，試料のまわりに置かれた検出器コイルに電圧を発

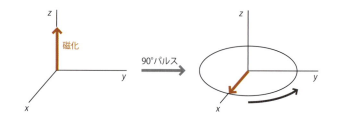

図 11.14
ラジオ周波数場（ここではy軸に沿って適用される）は磁化を回転させ，x軸上へ90°回転させるのに十分な時間だけ作用する．ラジオ波パルスがオフになると，磁化はその化学シフトによって規定された周波数でxy平面を歳差運動するようになる．

生させ，検出および増幅できるようになる．その結果生じるシグナルは自由誘導減衰（FID）free induction decay と呼ばれ，時間に対する強度の関数である．周波数に対する強度の関数を示すスペクトルは，**フーリエ変換 Fourier transform**（*11.8）によって生成される（図 11.15）．

NMRがほかに類をみない強力な分光法として成功した2つの特徴がある．1つはそのきわめて高い分解能である．UVの場合，約150 nmの使用可能な総スペクトル幅のうち，典型的な信号は約50 nm幅であり，もっともよくて約3個のシグナルに分離できる程度である．それとは対照的に，^{1}H NMRでは，約5,000 Hzのスペクトル幅にわたって0.5 Hzの分解能が得られる．すなわち原理的に約10,000個の信号を分離することができる．2つ目の特徴は，量子力学に基づくNMR理論が非常に詳細で，実験的なスペクトルが精密に理論と合致することである．非常に精緻な処理を行うことで，これらの高解像度データを解釈することができ，またスペクトルと物質的な現象とを高いレベルで関連づけることができる．

---

*11.8　フーリエ変換（FT）

NMRとX線結晶構造解析の両方で広く使用されるこの数学的手法は，もとは**ジョゼフ・フーリエ Joseph Fourier**（*11.9）によって提唱された．これは異なる周波数の余弦波の和として関数を表すのに用いられ，時間依存的な関数（NMR信号のような）を周波数依存的な信号（NMRスペクトル）へと変換するのに用いられる．数学的には次のように表現される．$f(\omega) = \int f(t)\, e^{-i\omega t} dt$．本質的には，時間依存的な関数に周波数の余弦波をかけることで各周波数での強度を得る（図 11.8.1）．ほとんどの場合，正の値は負の値により常にどこかしらで相殺されるので，このかけ算の積分あるいは和はゼロになる．しかし，狭い範囲の周波数では，かけ算は一貫して正の値を与える．したがって合計は0ではない値，すなわち周波数のピークを与える．

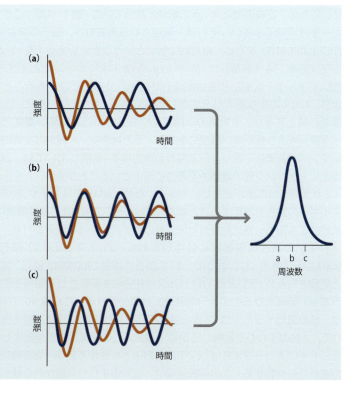

図 11.8.1
赤で示した関数（たとえば典型的なNMRのFID）のフーリエ変換を行うために，異なった周波数（青）の余弦波が試験的にかけられる．正しい周波数（b）における試験波は，いつも正の値の解を与え，そして解の総和の強度は大きいことから，右のポイントbのピークのように示される．低過ぎる（a）あるいは高過ぎる（c）試験周波数は相殺された積を与え，低い強度となる．その結果，周波数bを中心とするピークが得られる．

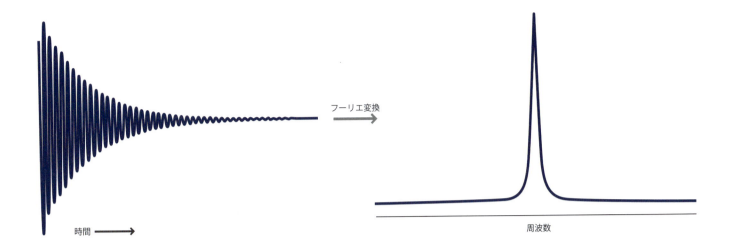

図 11.15
回転する磁化は，x および y 方向における減衰振動電圧として検出される．これは通常約 0.5 秒続き，時間の関数である FID として知られている．これはフーリエ変換（FT）によりスペクトル（周波数の関数）に変換される．

11.3.2 化学シフト

NMR は核スピンに由来するシグナルを測定する．すべての核がスピンをもっているわけではない．NMR は ^{1}H，^{2}H，^{13}C，^{15}N，^{19}F，および ^{31}P を観測することができるが，^{12}C，あるいは ^{16}O を観測することはできない．また，^{14}N は観測可能であるものの非常にブロードなシグナルを与える．異なった核からのシグナルはまったく異なった周波数を与え，常に選択的なパルスで同一の核種を観察する．通常は豊富で感度のよい ^{1}H（プロトン）が観測に用いられる（表 11.2）．炭素と窒素は同位体のままだと観測が難しい．しかし，すべての窒素および炭素源が ^{15}N および/または ^{13}C となっている最少培地で大腸菌を培養することは容易かつ安価であり，窒素および炭素の安定同位体によって標識されたタンパク質を生産することが一般的な技術となっている．

核はそのまわりの電子によって外部の磁場から部分的に遮蔽されている．つまりこれは個々の核が少しずつ違う磁場環境にあり，わずかに異なった周波数で共鳴するということを意味している．これらの周波数は一般に，**化学シフト** chemical shift と呼ばれる．化学シフトは，標準化合物との相対的な周波数として表される．相対的な周波数の変化は実に小さいことから，化学シフトは 100 万分の 1 という少し紛らわしい単位 parts per million（ppm）で測定される（図 11.16）．^{1}H および ^{13}C の測定では，標準物質として DSS（図 11.17）を用いる．この物質は水溶性かつ不活性であり，タンパク質に由来するほぼすべての化学シフトより低い値をもっている．

表 11.2　14.1 T 磁石における一般的な核の観測周波数

核	周波数（MHz）	天然存在比（%）
^{1}H	600	99.99
^{2}H	92	0.015
^{13}C	151	1.1
^{15}N	61	0.37
^{19}F	565	100
^{31}P	243	100

周波数が高い核は，検出感度も高い．

*11.9 Joseph Fourier

Jean Joseph Fourier (1768-1830)(図 11.9.1)は熱の流れに興味をもっていた数学者である．業績の1つとして，彼はフーリエ級数解析を開発し，連続関数は正弦波の和として表現できるということを示した．彼は部屋を非常に熱く保ち，家の中でさえ厚手のコートを着ていた．それというのも彼はそのような環境が健康によいと信じていたからである．この行動は彼が Napoleon に雇われ，エジプトで過ごした3年間から始まった．Fourier は次に有能な官僚となり，1815年に Napoleon により解雇された．その後，フランス科学アカデミーの教授と事務次官になった．彼の生涯において，フーリエ解析はかなり懐疑的に扱われた．彼はほかにも科学に貢献し，物理的性質を確認し，関連付けるために次元についての方程式を利用する次元解析を開発した．彼は熱伝導についても多くの研究を行い，大気中のガスが地球温暖化の原因になり得るという温室効果の発見という功績を残した．

図 11.9.1
Joseph Fourier．(Wikimedia Commons より)

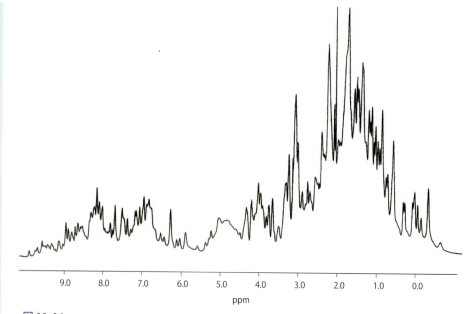

図 11.16
低分子タンパク質の水中における ^{1}H NMR スペクトル．化学シフトは ppm で表され，[(信号の周波数)−(リファレンスの周波数)]／(リファレンスの周波数) の 10^6 乗として計算される．これは NMR 磁石の強さとは独立した化学シフトを生成する．5 ppm の周りの奇妙な形状は，H_2O 溶媒からの非常に強い信号をデジタル的に取り除く方法によって起こるアーティファクトである．

^{1}H および ^{13}C の化学シフトは構造的に十分予測可能な範囲で変化する．近年，構造から化学シフトを予測する計算を改良しようと多くの研究が行われた．そして逆に，構造の制限情報として化学シフトを用いることで構造計算ができるように研究が行われた．これらは非常に有望にみえるが，今のところ精密な構造を得るためには，さらなる情報による補足が必要である．たとえばタンパク質構造を予測するための計算ツールを使ったり，最善の予測を選択するためのフィルタとして化学シフトを用いたりすることができる．この方法は小さなタンパク質に対してよく適用でき，大きな可能性を秘めている．

11.3.3 双極子カップリング

これまでに述べてきたように，化学シフトは核のまわりの磁場によって支配されている．磁界の発生源の1つは隣接する核である．その磁場は印加磁場に比べて小さいが，たいへん近い距離にあることから，その効果は非常に強いものとなる．化学シフトに対するどの効果よりも大きく，最大 10 kHz まで達する．核磁場は配向をもっているので（図 11.18)，双極子カップリングの効果は配向に依存している．したがってその効果は溶液中で回転運動する分子と同じように変化する．実際ほとんどのケースでは，分子の回転運動の結果として完全にゼロに平均化される．

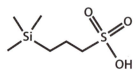

図 11.17
DSS（2, 2-ジメチル-2-シラペンタン-5-スルホン酸）の構造．これは ^{1}H と ^{13}C NMR の両方における標準的な基準物質である．メチル基からのシグナルを 0 ppm の周波数として規定する．有機化学では，リファレンスとしてテトラメチルシラン（$Si(CH_3)_4$；TMS）を用いる．しかしこれは水に溶けないので，タンパク質の測定には適していない．DSS と TMS のメチル基はほぼ同じ化学シフトをもつ．

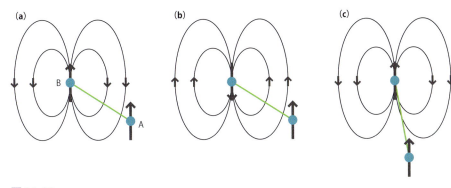

図 11.18
双極子カップリング．相対的な位置（およびスピン状態）にある別の核によって引き起こされる核の磁場変化．溶液中でランダムに歳差運動している分子（核 A および B を含む）にとって，この効果はゼロに平均化されるが，ほとんどの核にとって緩和の主要な原因である．固体では，その効果は共鳴周波数の広がりを引き起こし，通常マジック角回転によって除去される（すなわち，54.7°の"マジック角"での試料の高速回転を行う．この角度は立方体の対角線に対応しており，したがってこの角度での回転は等しくすべての配向を平均化する．これは試料がすばやく歳差運動し，ランダムな方位をもっているかのように振る舞わせる）．(a) において，核 A の総磁場は，スピン（双極子）B によってつくられた局所的磁場の影響により B_0 より小さくなる．(b) および (c) では，A にとっての総磁場は B_0 よりも大きくなる．分子のランダムな歳差運動のため，平均的な効果はゼロである．

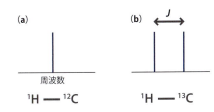

図 11.19
J カップリング．^{1}H 核が ^{15}N や ^{13}C のような NMR アクティブな核と結合していると，結合した核の α および β のスピン状態に応じてプロトンのシグナルは 2 つに分裂する．^{1}H–^{12}C の ^{1}H の NMR スペクトル (a) は 1 本のシグナルから，他方 ^{1}H–^{13}C スペクトル (b) は 2 本のシグナルからなっている．後者の 2 本のシグナルは，α 状態にある ^{13}C をもつ分子に由来する高い周波数のシグナルと，β 状態の分子に由来する低い周波数のシグナルから構成されている．シグナルの分裂は Hz で計測され，記号 J で示される．

だが最近，双極子カップリングをゼロに平均化させないように，タンパク質をある特定の配向をとるようにわずかに偏らせることができるようになってきた．必要とされる不完全な配向は，典型的には 0.1% というわずかな値であり，液晶あるいは一方向へ圧縮されたポリアクリルアミドゲルのような，異方性の溶液中にタンパク質を配置することによって配向させることができる．残っている残余双極子カップリングは核間ベクトルとアライメント軸の間の角度に関する情報を与える．この情報は，分子構造の貴重な情報源である．

11.3.4　J カップリング

前項では，隣接するスピンは双極子カップリングによって化学シフトに影響を与えることがわかった．それは空間を介した相互作用である．スカラーカップリングとして知られる J カップリングもまた化学シフトに影響を与えることができる．これは化学結合を介した相互作用である．これははるかに弱い効果だが，双極子カップリングとは異なり，J カップリングは分子の等方的な運動によってもゼロに平均化されない．原子核の周りの電子分布はその化学結合における電子の分布に影響を与える．そのことは核の遷移がそれらを接続する結合を介してお互いに影響を与えることを意味している．言い換えれば，J カップリングは NMR シグナルを 2 つに分裂させる（図 11.19）．単結合で接続された ^{1}H–^{15}N アミドペアの J カップリングは約 94 Hz であり，数千 Hz の ^{1}H 化学シフト分布とは対照的である．J カップリングの値は比較的小さいが容易に測定できる．カップリングはいくつかの結合を介して伝達され得る．3 つの結合を介した ^{1}H–^{1}H カップリング（たとえば，^3J と書かれる H–C–C–H）は，0～12 Hz の範囲にあり，結合間の角度に依存している（**カープラス曲線** Karplus curve，図 11.20）．

J カップリングは 2 つの理由から有用であるといえる．1 つは，カープラス曲線がカップリングの大きさを角度へと関連づけることである．主鎖の二面角や側鎖の向きはその例である．しかし，さらに重要な理由は，J カップリングは 1 つの核から J-結合した隣の核へと磁化を転移するために利用できることである．ある核とその隣の核との間の接続性が NMR スペクトルを帰属する非常に重要なステップにおいて，どのように用いられるのかをみていく際に，この転移の機構について簡単に説明することにする．

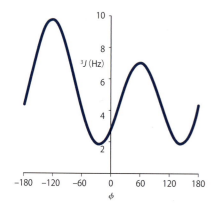

図 11.20
二面角に対する 3 つの結合 H–X–X–H カップリングの依存性．この曲線は通常カープラス曲線と呼ばれる．この曲線は主鎖の二面角 φ に対する H_N–$H_α$ カップリング定数の依存性を示している．ほかの 3 つの結合のカップリングについての曲線も同様である．2 つのプロトンが可能な限り離れているときにカップリングはもっとも大きくなるが，そのときの H–N–C–H 二面角は 180°である．これは－120°の φ 角に対応する．

11.3.5　2 次元，3 次元，および 4 次元スペクトル

そのすぐれた解像度にもかかわらず，NMR ではタンパク質中のすべてのプロトンに由来する数千のシグナルを分離することはできない．分解能を高めるために，NMR はより多次元のスペクトルを広範に使用する．

前述してきたように，NMR データは単純な**パルスシークエンス** pulse sequence により得られる．パルスとそれに続く時間 t の間にシグナルが記録され，FID を構成する．FID はフーリエ変換（FT）Fourier transform によって処理され，スペクトルとして得られる．2 次元スペクトルはこの方法を発展させたものであり，準備時間-t_1-混合時間-t_2 の混合スキームで構成されている（図 11.21）．準備時間と混合時間はパルスと待ち時間の組み合わせから構成され，それぞれ異なった経路でスピンに影響する．一方，時間 t_2 は 1 次元（1 D）スペクトルにおける t と等しい．すなわち t_2 データのフーリエ変換はスペクトルを生じる．100 ～ 500 回の一連の実験が行われ，待ち時間 t_1 は規則正しく増加される．t_1 方向の第 2 のフーリエ変換が 2 次元のスペクトルをつくり出す．そこでは両方の時間軸が周波数へと変換される．2 つの軸の間には違いがある．t_2 の間に生じる周波数は直接検出される．一方，t_1 の間に生じる周波数は，t_2 の間に測定される信号への影響によって間接的にのみ検出される．通常，2 次元（2 D）スペクトルは地図における高さの表現に類

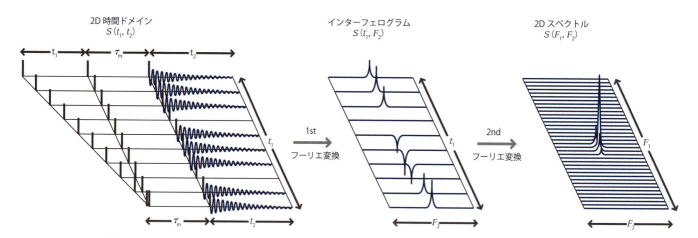

図 11.21
2 次元スペクトルの例．ここでは NOE を測定するために用いた同種核 NOESY スペクトルを示した（*11.10 参照）．パルスシークエンス（左）は次のようになる．緩和遅延，90°パルス，t_1 遅延時間，90°パルス，$τ_m$ 遅延時間，90°パルス，取り込み（t_2）．本文中の標準的な 2D スキームとの比較により，この実験における準備時間は単に緩和遅延のあとのパルスによって構成されていることがわかる．そして混合時間はパルス，$τ_m$，パルスから構成されている．NOESY 実験における時間 $τ_m$ は，通常混合時間と呼ばれ，NOE が蓄積する時間である．パルスシークエンスは，t_1 において段階的に異なる値を使用して何度も繰り返され，得られた FID は 2D 時間ドメインのマトリクス中に格納される．直接取り込まれたデータ（t_2 の関数である FID のこと）のフーリエ変換は一連の 1D スペクトルを含む "インターフェログラム" を与える．1 D スペクトルにおける各ピークは t_1 の関数として強度変化を受ける．対応する周波数は，t_1 に従ってデータの第 2 のフーリエ変換を行うことによって得られる．

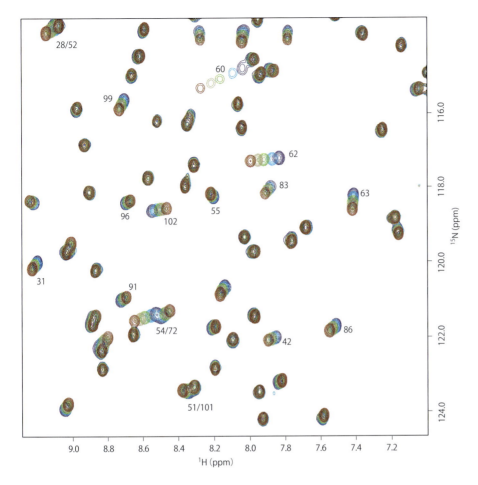

図 11.22
2次元スペクトル．このスペクトルは RNA 分解酵素バルナーゼの ^{1}H-^{15}N HSQC スペクトルの一部である（11.3.6 項参照．^{1}H-^{13}C HSQC スペクトルについて詳細に説明されている）．各ピークは一連の輪郭線として等高線地図と同じように示されている．このスペクトルは主鎖のアミノ酸残基の H-N ペアごとに 1 個のピークを示している．いくつかのピークはリガンド滴定の間に移動しており（赤から青へ，数字は残基番号を表す），リガンド結合部位に近いタンパク質上の領域を示している．

似した等高線プロットとして表現される（図 11.22）．2D スペクトルの取得には複数の 1D 実験が必要であることから，1D スペクトルを得るよりも一般に長い時間がかかる．2D NMR の開発により，Richard Ernst は 1991 年にノーベル賞を受賞した．

3 次元（3D）スペクトルは準備時間-t_1-混合時間-t_2-混合時間-t_3 とそれらに続く 3 つのフーリエ変換からなっており，まさに 2D NMR の発展型である．4 次元（4D）スペクトルはさらに別の混合時間と取り込み時間を含んでいる．次元の増加は，測定に必要な時間を指数的に増加させる．通常，このことはシグナル/ノイズ比の減少へとつながる．そのため，4D スペクトルはあまり利用されることはない．3D と 4D スペクトルは，通常はより高次元のデータから 2D 平面の形で表現される．アプリケーションによって異なる方向の平面が選択可能である．

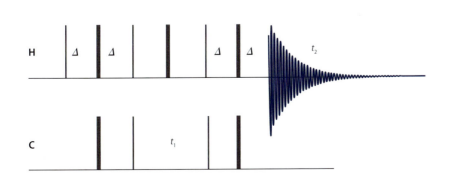

図 11.23
HSQC パルスシークエンス．横軸は時間を表す．細い線は 90°パルスで，太い線は 180°パルスを表す．実験では ^{1}H と ^{13}C の両方のパルスをしばしば同時に利用する．NOESY パルスシークエンスのところで述べたように，実験は収集された数百個の FID から構成されている．それぞれの FID は増加していく異なった t_1 の値を使用している．遅延時間 Δ の値は $1/(4J)$ である．本文中で述べたように，J は H と C の間のカップリング定数である．

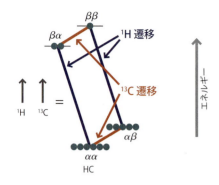

図 11.24
分離された ^{1}H–^{13}C ペアは 4 つの可能な核エネルギー準位を有す．$\alpha\alpha$，$\alpha\beta$，$\beta\alpha$，および $\beta\beta$ の 4 つであり，最初の文字は ^{1}H のスピン状態を，次の文字は ^{13}C のスピン状態を示す．^{13}C の磁気回転比は ^{1}H のおよそ 4 分の 1 である (表 11.2 で観測周波数が磁気回転比に比例しているのと比較せよ)．これは ^{13}C における α と β のスピン状態間のエネルギーの差は，^{1}H の場合の約 4 分の 1 であり，(+z 軸に沿った両方のスピンの) 平衡状態での ^{13}C 遷移の分布の違いは，^{1}H 遷移の分布のたったの 4 分の 1 であることを意味する．ここでは 4 に対して 1 ユニットとして示されている．分布はそれぞれの遷移状態でより低い (α) エネルギーレベルの方が多くなる．

H と C の間には J カップリングがある．これは 2 つの ^{1}H は遷移状態のエネルギーが J Hz 異なることを意味している．^{13}C の遷移も同様である．(必然的に，$\alpha\alpha$ と $\beta\beta$ の間の全体の差が一定でなければならないので) 準位図や分布上の効果はわずかなものである．たとえば，11.7 T 磁石では，^{1}H の遷移エネルギーは 500 MHz であり，それに対して典型的な J カップリングは 130 Hz である．

11.3.6　実例：ヘテロ核単一量子コヒーレンス実験

2D 実験の例として，ヘテロ核単一量子コヒーレンス (HSQC) heteronuclear single-quantum coherence 実験について示す．これは比較的速く (およそ 1 時間) かつ単純なヘテロ核実験であるだけでなく，ほとんどすべてのほかのタンパク質多次元 NMR 実験の基礎を形成している．技術的な理由から，ここではより一般的な ^{15}N HSQC ではなく ^{13}C HSQC を示す[1]．しかしそれらはほとんど同一と考えてよい．

パルスシークエンスは図 11.23 に示されており，^{1}H および ^{13}C の両方の一連のパルスから構成されている．これらのいくつかは 90°パルスで，いくつかは 180°パルスである．先に示したように，90°パルスは 90°まで磁化を回転させ，そして 180°パルスは 180°まで磁化を回転させる．パルスのいくつかは x 軸に沿って適用され，そして x 軸 (z から右手の法則にしたがって $-y$ まで) のまわりで磁化を回転させる．一方，y パルスは y 軸 (z から x まで) のまわりでそれを回転させる．^{1}H のパルスが ^{1}H にだけ，そして ^{13}C のパルスが ^{13}C にだけ影響を及ぼすという点でパルスは選択的である．

パルスシークエンスを開始した時点では，^{1}H と ^{13}C の磁化は $+z$ 軸に沿って均衡を保っている．図 11.24 で示すように，これは ^{1}H と ^{13}C の α/β の遷移にまたがる平衡状態での分布差に一致する．実験は ^{1}H$_x$ 90°パルスから開始される．そしてそれは $-y$ 方向に ^{1}H の z 磁化を回転させる．続く時間 Δ の間，^{1}H の磁化はその化学シフトや ^{13}C との J カップリングによる影響を受けながら回転する．幸いにもこれら 2 つの影響は別々に考えることができる．化学シフトは z 軸のまわりの回転と関連しており，その速度は化学シフトに依存する．たとえ ^{1}H がどんな化学シフトをもっていたとしても，^{1}H の 180$_y$ パルスは 2 番目の Δ 期の後で ^{1}H の磁化を $-y$ 軸へとリフォーカスする．このことは図 11.25 に示されている．したがって ^{1}H の化学シフトの展開は無視することができる．J カップリングは，J Hz の量に応じて ^{1}H シグナルを分裂させる．これは，^{1}H の磁化ベクトルは 2 つの成分に分ける必要があるということを意味している．1 つは (^{13}C β スピンへの J カップリングの結果として) 速度 $-J/2$ Hz で時計回りに移動し，他方は (^{13}C α スピンへの J カッ

---

[1] 第 1 に窒素は負の**磁気回転比** gyromagnetic ratio をもっているので，より高いエネルギーの α スピン状態をつくり出す．第 2 に ^{1}H と ^{15}N の磁気回転比の比はほぼ 10 であり，一方で炭素との比は 4 に近い．そのため，^{15}N のエネルギー準位図はあまり明確ではない．

図 11.25
90–Δ–180–Δ パルスシークエンスによる化学シフトのリフォーカシング．90$_x$ パルスによってつくられた最初の H$_{-y}$ 磁化は z 軸のまわりを歳差運動する．そして時間 Δ の後，角 $\theta = \Delta\omega$ だけ動く．ここで ω は化学シフトである．180$_y$ パルスはそれを y 軸の周りに 180°だけ回転する．そして角 $-\theta$ で $-y$ 軸に位置するようになる．すなわち，さらに時間 Δ の後，再び $-y$ 軸へ戻る．言い換えると，化学シフトはすべてリフォーカスされる．90–Δ–180–Δ パルスシークエンスはこのリフォーカシング効果のためにしばしばスピンエコーシークエンスと呼ばれる．

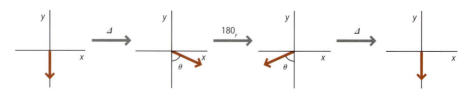

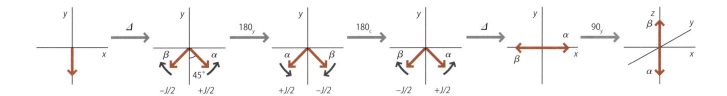

プリングの結果として）速度 $+J/2$ Hz で反時計回りに移動する．これは化学シフトゼロを中心として，J Hz で分けられた 2 つの成分に対応する．Δ 期は持続時間 $1/(4J)$ 秒となるように選択される．これは各成分が $45°$ 移動するのに十分な長さであることを意味している（図 11.26）．^{1}H$_y$ 180°パルスは 2 つの成分を交換し，それらの回転方向を変えさせる効果をもっている．しかしながら，^{13}C 180°パルス（^{1}H 180°パルスと同時である）は ^{13}C$_z$ 磁化に作用し，β の場所へ α を，α の場所へ β を入れ替える．これは，2 つの ^{1}H 成分のスピン状態のラベルを交換する．すなわち再び方向を変換することになる．2 つの 180°パルスの正味の効果は，このように 2 つの成分が最初の方向に移動し続けるということである．結果として，2 回目の遅延時間 Δ の後で，それぞれの成分は 90°へと移動する．すなわち一方の成分は $+x$ 軸に沿うようになり，他方は $-x$ 軸に沿うようになる．この時点で，90°y パルスを照射し，これら 2 つの成分をそれぞれ $-z$ と $+z$ 軸上に回転させる（図 11.26）．

本当に巧妙なのはここからである．$+z$ 軸に沿ったベクトルは，低エネルギーな α スピン状態における過剰なスピンの母集団分布に対応していることはすでに説明した．しかしここでは，$+z$ 軸に沿って J カップリングした成分と，$-z$ 軸に沿ったもう 1 つの成分が存在する．これは図 11.27 に示されており，1 つの成分は up であり，他方は down である．すなわち ^{1}H の 2 つの遷移状態のうちの 1 つを越えて分布を逆転することに成功したことになる（1 つは ^{13}C の β スピン状態とカップリングされている）．しかしながら ^{1}H と ^{13}C のスピンは 1 つの接続された系を形成していることから，^{13}C 遷移の分布差にもまた影響することを意味している．その差は初期状態より大きく（分布差は ^{1}H スピンの分布差と等しい程度まで大きくなり，γ_H/γ_C の値，あるいは 4 近くまで大きくなることを意味している），一方は up で他方は down である．つまり 100% の効率で効果的に ^{1}H から ^{13}C へコヒーレントに磁化を転移することができた．この洗練された段階が HSQC 実験，およびほぼすべてのヘテロ核 NMR 実験の中核となっている．

^{13}C への最初の 90°パルスは z の分布差を y 磁化へ転移する．続く t_1 時間の間に，^{13}C の磁化はその化学シフトの影響の下で回転する（t_1 の中央における 180°^{1}H パルスは ^{1}H α と β スピンを相互変換し，t_1 の間の J カップリングからのあらゆる効果を排除する．この過程を ^{13}C-^{1}H カップリングをデカップリングするという）．これは t_1 の終わりまで ^{13}C の磁化がその化学シフトと t_1 の長さの両方において角度依存的に移動することを意味する．これは，パルスシークエンスの後半で ^{1}H へ再び転移されるシグナル量に影響を及ぼし，^{13}C の化学シフトの間接的な検出測定を可能にする．後半のパルスシークエンスは前半のものを正確に逆さまにした形である．そして ^{13}C の磁化をその z 分布を経由して ^{1}H へと転移する．最後の t_2 期は ^{1}H の摂動周波数を測定するために用いられる．

t_2 の間に測定される最後のシグナルは，^{13}C の磁化が t_1 の終わりまで到達した位置で変調された強度を有している．そして t_1 に関するフーリエ変換は ^{13}C の周波数を生成し，t_2 シグナルのフーリエ変換は ^{1}H の周波数を生成する．H-C J-カップリングされたペアの ^{1}H と ^{13}C の周波数による相関スペクトルが最終的な結果として得られる（図 11.28）．

11.3.7 タンパク質 NMR スペクトルの帰属

帰属はタンパク質配列中の ^{1}H，^{13}C，^{15}N の各原子がもつ固有の周波数を見つけ出すための重要なステップである．しかし各原子がもつ共鳴周波数を予測することはほぼ不可能であり，実験的に求めなければならない．この帰属の作業は，数種類の 3 次元の**三重共**

図 11.26
90-Δ-180-Δ パルスシークエンスによる逆位相の ^{1}H 磁化の生成．磁化の移動は本文中で述べている．最後のパネルは軸が 3 次元で示されており，ほかのすべてのパネルは z 軸から xy 平面上へと見下ろしていることがわかる．

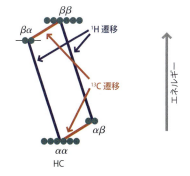

図 11.27
90-Δ-180-Δ-90 パルスシークエンスの最終的なスピン分布．1 つの ^{1}H 遷移が反転され，この遷移状態の間の分布もまた反転される．これは必然的に，2 つの ^{13}C 遷移における分布差が同じ強度であり（^{1}H の分布の差が ^{13}C へ転移されるということである），かつ反転されるということを意味している．

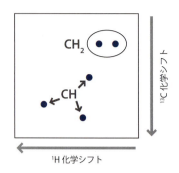

図 11.28
$^{13}C/^{1}H$ HSQC スペクトル．それぞれのピークは ^{1}H 核とそれに結合した ^{13}C との間の相関を示す．CH_2 基は一般に 2 つのピークをもち，異なる 2 つの ^{1}H の周波数と同じ 1 つの ^{13}C の周波数をもっている．慣例的に，^{1}H 軸は水平に，右から左に向けて周波数が増加するようにし，一方で ^{13}C 軸は垂直に，上から下に向けて周波数が増加するように表示する．

鳴 triple resonance 実験を組み合わせることで行われる．

前述した 90-Δ-180-Δ 部分は実質的にすべての異種核実験で使われており，ある核から J カップリングした隣接する核へと連鎖的に磁化を移すことが可能である．HNCO と呼ばれる実験では，磁化は ^{1}HN から ^{15}N へ，次いで ^{15}N から ^{13}CO へ，そして ^{13}CO から ^{15}N へと戻り，最後に ^{1}H へと戻される（図 11.29）．前述の HSQC 実験と同様に，t_1 と t_2 期を展開していくことで，この間に ^{13}CO と ^{15}N の化学シフトが測定される．結果として，それぞれのピークは $^{1}H_{i+1}$，$^{15}N_{i+1}$，$^{13}C'_i$（ここでは便宜上 C'_i によってカルボニル炭素を表記する）の 3 つの周波数によって特徴付けられる（図 11.29）．$i/i+1$ とする表記は，カルボニル炭素がその 1 つ前のアミノ酸残基の H と N に由来することを意味している．

HN(CA)CO と呼ばれる 3 次元実験も可能である．その名称から予想できるように，この実験で磁化は $^{1}H_i$-$^{15}N_i$-$^{13}C\alpha_i$-$^{13}C'_i$ の順に移され，その後同じ経路で戻ってくる（図 11.29）．t_1 と t_2 期は測定される 3 つの周波数が $^{1}H_i$，$^{15}N_i$，$^{13}C'_i$ となるように組み立てられている．

これら 2 つのスペクトルはペアで扱われ，ここでは主鎖のそれぞれの C'_i 核が（HNCO では）次の残基の HN_{i+1} に，（HN(CA)CO では）同一残基内の HN_i につながる．逆に主鎖の HN_{i+1} もしくは HN_i は $^{13}C'_i$ もしくは $^{13}C'_{i-1}$ につながる．2 つのスペクトルでカルボニル炭素の周波数を一致させることで，タンパク質の配列に沿ってつなぎ合わせることが可能となり，すべての主鎖の H，N，C' シグナルを帰属できる．

Cα，Cβ についても HNCA および HN(CO)CA と呼ばれるペアを用いた同様の実験ができる．これらの実験はすべての主鎖の H，N，Cα，Cβ 核の帰属を一度に提供するのと同時に，いくつかの C'，Cα，Cβ 核において起こり得るシグナルの重なりを避けられないケースについて，重要な冗長性を与える．この手順の多くは自動化が可能であり，主鎖の帰属は比較的素早く行うことができる．しかし側鎖の帰属は，スペクトルが混み合っていることからいまだに難しい作業であり，一般的に人が手を加える必要がある．

図 11.29
HNCO と HN(CA)CO 実験を利用した連鎖帰属．HNCO 実験は緑の四角で囲った $^{1}H_{i+1}$，$^{15}N_{i+1}$，$^{13}C'_i$ の周波数を結んだ 3D スペクトルである．茶色い矢印は隣接する原子核への磁化の移動経路（H から N を経由して C' へ，そしてその逆方向）を示している．3D HNCO スペクトルではこれら原子核の相関関係が 3 つの周波数でのピークとして表現されている．ピーク（黒い丸）は $^{13}C'$ 平面上に現れる．一方，HN(CA)CO 実験では残基内の $^{1}H_i$，$^{15}N_i$，$^{13}C'_i$ の 3 つの周波数で結ばれている．これは，特定の C'_i 周波数（水色で表現された平面で示されている）が 2 つのスペクトルで異なった（H，N の）周波数で結ばれていることを意味している．ゆえに 2 つのスペクトルで C' の周波数を合わせることで，1 つの HN から配列に沿って次々につなげることができる．

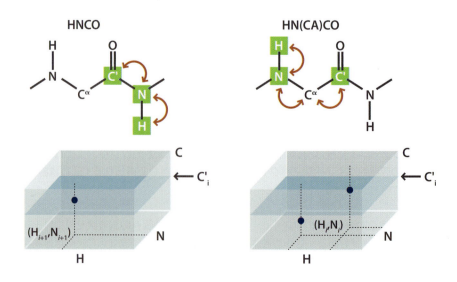

11.3.8 化学シフトマッピング

一度帰属ができてしまえば，きわめてシンプルで有用な実験として挙げられるのが，相互作用の相手となるリガンドまたはタンパク質との滴定実験の推移を $^1H-^{15}N$ HSQC で測定する方法である．化学シフトは構造的な変化を鋭敏に反映するため，リガンドの結合は HSQC スペクトルの変化を追うことで容易に解釈することができる（図 11.22）．この手法はリガンドの結合部位をよく反映しており，親和性の測定にもしばしば利用される．この実験は化学シフトマッピング，もしくは錯形成誘起シフト（CIS）complexation-induced shift と呼ばれている．

11.3.9 緩和

磁化は平衡状態では $+z$ 軸上にある．パルスは平衡状態から磁化を別の方向に移し（たとえば 90°パルスは磁化を xy 平面に移す），その後，原子核は平衡状態へと戻るために**緩和** relaxation の過程に入る．主に 2 つの緩和過程が存在する．1 つは z 磁化の回復であり，$R_1 = 1/T_1$ の速度で起こる．もう 1 つは xy 磁化の減衰であり，$R_2 = 1/T_2$ の速度で起こる（図 11.30）．タンパク質において，R_2 は R_1 よりも非常に速い．これは R_1 緩和が α 状態と β 状態の間の遷移を必要とするためである．すなわち z 磁化での反転である．対照的に R_2 緩和はいろいろな磁化（x もしくは y，z 磁化）での反転から生じる．ゆえに R_2 緩和を引き起こすより多くの過程が存在し，これが R_2 を速くする原因である．

スピンはそれらの緩和を促す何らかの要因を必要とするので，孤立したスピンの緩和は極端に遅い．緩和のもっとも一般的な原因はほかのスピンである．ほかのスピンは局所的な磁場をつくり出し，（すでにパルスの説明で述べたように）磁化が核の遷移に相当する周波数で変遷するときを除けば，磁場は磁化の回転を引き起こす．これは，緩和を引き起こす局所磁場の効果が 2 つのスピンの相対的な運動，言い換えるとタンパク質内での局所的な可動性に依存することを意味する．これも 2 つの原子核間の距離に依存する．

もしスピン A がスピン B を緩和させるのであれば，同時にスピン B はスピン A を緩和させる（必須ではないが）ことも可能である．たとえば，2 つのスピン間で磁化を交換することが可能である．この過程も前述の緩和効果と同様に距離に依存している．この効果は**核オーバーハウザー効果 nuclear Overhauser effect**（*11.10）もしくは NOE として

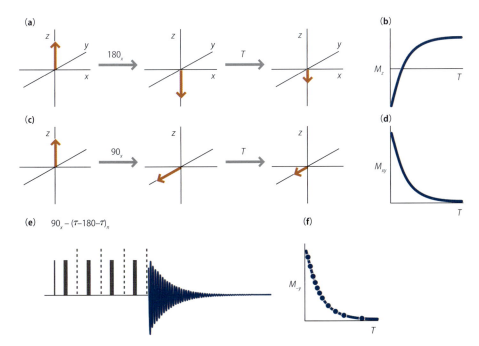

図 11.30
T_1 および T_2 緩和．180°パルス（a）の後，磁化は $M_z = M_z(0)(1-2e^{-t/T_1})$ に従いながら平衡状態に緩和していく（すなわち $+z$ 軸上にある）(b)．つまり時定数 T_1 で指数関数的に平衡状態に戻る．対照的に 90°パルス（c）の後は 2 つの緩和過程が起きる．$+z$ 方向の磁化は（a）で示したのと同じように回復する一方，xy 平面の磁化は失われていき，定数 T_2，$M_{xy} = M_{xy}(0)e^{-t/T_2}$ の関係式で指数関数的に減衰する．T_2 の測定は，装置面の不完全さとすべての測定で同じ軸上で測定された磁化を利用できるため，スピンエコー（図 11.25）の繰り返しを利用して測定されることが多い（e）．この例では $-y$ 軸に沿っている．M_y はそれぞれのエコーの時間におけるピーク強度として測定される（f）．ここで $T = 2n\tau$ となる．

*11.10 核オーバーハウザー効果（NOE）

これは2つの原子核，一般的には水素原子核の間の距離を測るのに用いられるので，NMRのもっとも重要な効果である．2つの水素原子核IとSがお互いに緩和を引き起こしているのであれば，Sの強度の変化（たとえば飽和）はIの強度変化も引き起こすことができ，その比率はr^6に比例して変化をする．ここでrは2つの核間の距離である．これは非常に単純に理解することができる．NMRシグナルの強度は低エネルギーのα状態と高エネルギーのβ状態の占拠数の違いに比例している．2スピンIS系においては4つのエネルギー準位があり，これを図11.10.1aに示す．ここではたとえば$\beta\alpha$という表記は，Iがβ状態でSがα状態であることを意味している．平衡状態では，$\alpha\alpha$状態に過剰なスピンがあり，これに相応して$\beta\beta$状態では欠乏している（図11.10.1a）．このことは図中で$\alpha\alpha$で+1/2，$\beta\beta$で-1/2の占拠数によって表現されている．なぜならIシグナルの総和（両方のI遷移の合計）は占拠数の違いの合計$(\alpha\alpha - \beta\alpha) + (\alpha\beta - \beta\beta) = 1$にならなくてはならないからである．Sが連続的に飽和されたとき$\alpha\alpha$と$\alpha\beta$の占拠数は同じになり，同時に$\beta\alpha$と$\beta\beta$の占拠数も等しくなる（図11.10.1b）．この時点で，Iの正味の占拠数に影響しない，いまだにIのままである．しかしながら，タンパク質では効率的な緩和のルートはIとSの間の磁化の交換である．これはよく$\alpha\beta$から$\beta\alpha$へ，もしくはその逆の"flip-flop"遷移として，もしくは($\uparrow\downarrow$)から($\downarrow\uparrow$)として記述される．図11.10.1cにおいて，これはW_0（ゼロ量子）遷移として示されている．これは2つのエネルギー準位の間のスピン占拠数の交換を引き起こす．$\alpha\beta$の占拠数は$\beta\alpha$のものより多いので，正味の数として$\alpha\beta$の占拠数の減少と$\beta\alpha$の増加となる．これらの占拠数の違いはSの連続的な飽和によるS遷移の全体への均等化を起こす．Iの正味の占拠数の影響は量Δによって表現されている．すなわちSの飽和はIの強度，言い換えるとNOEの減少として現れてくる．$\beta\beta$と$\alpha\alpha$の間の緩和のルートも可能であるが，タンパク質では重要ではない．これはIの強度の増加を引き起こし，低分子で観察される．

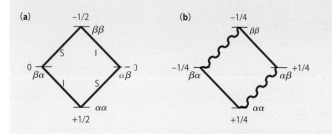
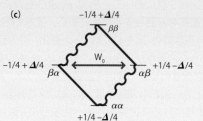

図 **11.10.1**
NOEの成因

知られており，タンパク質の構造計算における唯一のもっとも有力な構造パラメータとなる．この効果はr^6（ここでrは2つの原子核間の距離）に比例し，物理的によく似た現象なのでFRETと非常に類似している．しかしながら近距離でしか起こらない効果であり，約6 Å以内に制限される．

NOEとR_1，R_2の緩和速度は核間距離とタンパク質内の局所的な回転運動の速度に依存しており，これは，^{1}Hが付加した^{15}N核の緩和のように距離を固定したとすると，緩和速度はこの局所的な回転運動性にのみ依存することを意味している．すなわち，これらの速度は局所的な分子運動性について詳細な解析を可能にし，第6章の最初で示したように，速い局所的な運動を記述するための強力なツールである．それらは**オーダーパラメータ** order parameter（一般的にS^2で表現される）を計算することで解析可能であり，これはタンパク質全体を剛体としたときの回転運動に基づいた局所的な分子運動性の比率，言い換えると局所的な速い分子運動性の比率を表している．

定量的なレベルはあまり高くないものの，R_2緩和速度は分子の**相関時間** correlation timeとともに直線的に増加する．これは，分子が大きくなるとR_2緩和速度が速くなることでスペクトルの線幅が広くなる，言い換えると，大きくてゆっくりとした回転運動をしている分子は幅の広いNMRシグナルとなることを意味している．タンパク質のNMRスペクトルでは，低分子の不純物はシャープなシグナルを与えるため非常に目立ってしまう．

R_2緩和を引き起こす原因の1つは，異なる化学シフトをもつ核が2つの異なる環境の間で交換することである．これは構造変化やリガンドの結合といったことが考えられる．この効果は緩和分散 relaxation dispersion を測定するためにデザインされた修正型R_2測定を用いることで検出することができる（図**11.31**）．これは$10^{-4} \sim 10^{-2}$秒の時間尺度で起こる運動の過程についての情報を与える．これは典型的な酵素反応のターンオーバーや誘導適合 induced fit の時間尺度と一致しているためたいへん興味深い．この実験は第6章で解説したジヒドロ葉酸還元酵素のゆっくりとした運動性についてのデータを与えて

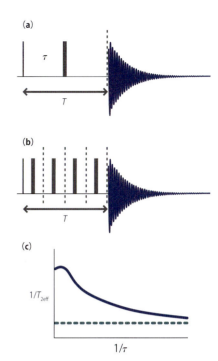

図 11.31
緩和分散法．T_2 の減衰は時間 T を固定したスピンエコーのシークエンスを使って測定されるが，そのエコーの回数は異なっている（(a) と (b) ではそれぞれ 1 回と 4 回）．もし時間 T の間に交換が起こらなければ，観測される T_2 は両方の実験で同じである (c の破線)．しかし，もし交換が起きるとスピンエコーで磁化を完全にはリフォーカスできず，その結果見かけ上緩和が速くなり，$1/T_2$ の実行値が上がる (c の実線)．測定は一般的に ^{15}N 緩和で測定され，図 11.23 で示した 2D 実験が用いられる．

くれた．

緩和は不対電子（フリーラジカル）によっても引き起こされる．フリーラジカルは，たとえばニトロキシドラジカルや常磁性金属イオンを付加することで，タンパク質中にも人工的に導入することが可能である．これらは距離依存的な緩和を引き起こすため，常磁性緩和促進 (PRE) paramagnetic relaxation enhancement といった形で有益な遠位の距離情報をもたらす．この緩和は電子スピンによるもので，^{1}H 核スピンの約 2,000 倍のエネルギー遷移を引き起こす．電子スピンは電子常磁性共鳴スペクトル測定装置 (EPR もしくは ESR) electron paramagnetic spectroscopy で測定され，電子スピンの置かれた環境についての有益な情報をもたらす．EPR は周波数がマイクロ波領域と非常に高いため，NMR と完全に異なる装置を必要とする．

11.3.10 NMR データからのタンパク質の構造計算

前述のタンパク質の帰属は，タンパク質中の ^{1}H，^{13}C，^{15}N 核の化学シフトのリストを与えてくれるにすぎない．構造を計算するには，構造情報を必要とする．これには主に 3 種類あり，前述した NOE，残余双極子カップリング，化学シフトである．NOE は明確な 2 つの原子核間の正確な距離情報を与えてくれるので，これらのうちでもっとも有用な情報である．双極子カップリングは，$(1 - 3\cos^2\theta)$ に比例するので，角度情報を与えてくれるが，それぞれの角度について 4 つの可能な解が存在するため，一義的には決められない．化学シフトも角度情報を与えてくれるが，精密ではない．つまり化学シフトと構造の関係は正確性に欠く．

150 残基からなる典型的な小さなタンパク質分子での構造計算では，約 2,000 個の NOE が存在し，約 300 個の化学シフトあるいは 120 個の残余双極子カップリングによるサポート情報があると予想される．これらの測定は，このプロセスに対する自動化の試みにより時間と労力を実質的に減らすことができつつあるが，現在でも手作業によって苦心して収集されることが多い．このサイズのタンパク質は約 900 個の重元素をもち（ここで，重元素はその位置をほかの原子から推定することができない），そのため x, y, z 座標を特定するために約 2,700 個（$3n$ 個）の情報が（第一近似のために）必要である．これは NMR から利用できる情報がほぼ十分であることを示している．しかしどのデータも精密ではない．付け加えると，NOE には曖昧な部分がある（すなわち，いくつかの水素原子核は同じ化学シフト値をもつので帰属は確かなものではない）．これは，実際問題として，NMR からの情報が構造を的確に決定するのに十分でないことを意味している．ゆえに，NMR の情報はいつも，結合長や結合角，ファンデルワールス半径，芳香環とペプチド結合の平面性，といったほかの情報によって補足される．これらはタンパク質の共有結合性の構造について知られているすべての情報である．

基本的に，構造計算は複雑な最適化問題である．つまり既知の共有結合性の構造を与え，実験的な制限をもっともよく満たす 3 次元構造を決める．この問題を解決するために利用されているいくつかの計算科学的アプローチが存在するが，もっとも広く用いられているのは制限付き分子動力学もしくは焼きなまし法 simulated annealing として知られている手法である．一般的な分子動力学計算は，(11.9.2 項で示すように) 構造上の制限が

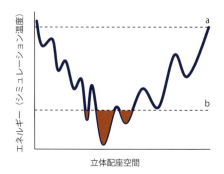

図 11.32
焼きなまし法．グラフはタンパク質が取り得る立体配座空間を示しており，本質的に第6章で解説したのと同じエネルギー地形である．焼きなまし法の計算は高温でのシミュレーションからスタートするので，高い運動エネルギーを与えられて，分子は広範囲で立体配座空間を探すのに十分なエネルギーをもつ (a)．温度は徐々に下げられていく．例として，(b) の温度によって3つの領域の立体配座空間（赤で示されている）だけが残る（分子はボルツマン分布によって与えられる速度分布をもつが (*5.2 参照)，いくつかの分子はより高いエネルギーをもったまま，ほかの領域に落ち込む）．目標は温度が最終値まで下げられていくまでに，すべての分子がもっとも低いエネルギーのくぼみに落ち着いていくことである．

付加的な力として加えられ実行される．たとえば，NOE は関連する2つの原子の間の力として加えられ，それらを正しい位置に配置する．計算は初期では擬似的に高温（ときには数千 K）で行われる．これは立体配座空間をすみやかに見つけるための十分な運動エネルギーをタンパク質分子に与えるためである．次に，構造のエネルギーが最小となるよう，徐々に冷やしていく（アニーリング）（図 11.32）．一般的に，計算は高速化のため，制限されたエネルギー項を使用しているが，これは決して実際のフォールディングを再現しているわけではない．エネルギー項の完全な組み合わせはローカルな形状を改善するためにアニーリング終了後に加えられる．

この計算は，正解の構造に対しほぼ正しい解にたどり着いている．一般的に多くの計算（おおよそ 50 回）が行われ，NMR から決定された構造がどのくらい良好であるかを示すため，これらの結果を重ね合わせた表現（アンサンブル）が用いられる（図 11.33）．

実際問題として，実験から得られる NOE リストには曖昧さだけではなく，ノイズや間違いも含まれている．ゆえに，このような構造計算は反復的に行われる．その度に NOE リストは修正されていき，最後には安定な解にたどり着く．

11.4 回折

11.4.1 顕微鏡法とその回折限界

従来の光学顕微鏡では，サンプルを照らすために光が使用される．一部の光はサンプルに吸収されるため，像により暗い領域をつくり出す．あるいは，光の吸収が波長に依存する場合は有色の像をつくり出す．多くの生物学的サンプルにおいて吸収する光はきわめて少ないため，コントラストは不明瞭で，その結果弱い像しか得られない．しかし，コントラストの問題は位相差顕微鏡によって劇的に改善される．この技術（1953 年に Frits Zernike がノーベル物理学賞を受賞した）は，サンプルは光を吸収するだけではないという性質に基づいている．つまりサンプルは光の透過速度も遅らせ（屈折率の違いのため），光の位相に小さな変化を生じさせる．位相差顕微鏡は投射する光を2つに分ける．1つは直接光として位相を 180°反転させる．そのため，サンプルを通過した光と再結合したとき，もしサンプルを通過する光に位相変化がまったくなければ，相殺される．そして異なった屈折率でサンプルを通り抜けることで位相が変化した光のみが光の強度差を生じる．そのため，小さな位相の変化が振幅の変化へと変換される．

光の回折を利用した顕微鏡の分解能の限界は，照射する波長のおよそ半分よりも小さい対象を観察しようとしたときに問題となる．つまり，青色光の波長は 400 nm 周辺であるため，約 200 nm よりも小さな物体は光学顕微鏡で観察できず，ほかの手法を用いる必要がある．回折限界はまた，対物レンズの**開口数 numerical aperture**（*11.11）のサイズにも依存する．この回折限界を克服するとても興味深い手法も開発されている．

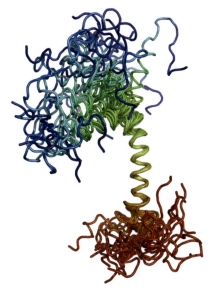

図 11.33
タンパク質の典型的な NMR 構造の一例．その構造は 10 〜 50 個の計算結果の重ね合わせで表され，おのおのが使用した制限情報や NOE，化学シフト，残余双極子カップリングなどをうまく表している．この例は膜貫通型タンパク質 PufX であり (10.3.5 項参照)，N 末端から C 末端に向けて青色から赤色で示している．中央のヘリックス領域はうまく決定されている．一方で，その末端にもうまく決定されたヘリックス領域があるものの，それら2つのヘリックスの相対配置はうまく決定されていない．N 末端および C 末端は完全に決定されていない．この例の場合，うまく決定された緑色および黄色で表されたヘリックス領域は，実際では細胞膜内に存在し，一方で両末端は細胞膜の外に伸びている．

*11.11 開口数

レンズの開口数は，$NA = \eta \sin\alpha$ で与えられる．ここでは，η は対物レンズと試料の間の媒質がもつ屈折率であり，α は光がレンズに入射する角度である（図11.11.1）．分解能の上限は，$0.61\lambda/NA$ であり，これは大きな開口数がよりよい分解能を得られることを意味する．α の最大角度は 90°（$\sin\alpha = 1$ のとき）であるが，空気の屈折率は 1 である．油浸レンズを使用すると η は 1.4 にまで上昇するため，より高分解能を得ることができる．

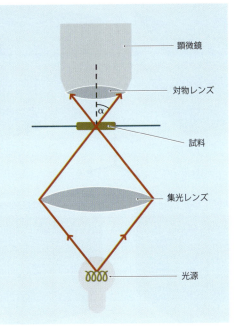

図 11.11.1
α の定義

11.4.2 X 線回折格子

X 線結晶構造解析はタンパク質の構造決定においてもっとも生産的な方法である．2010 年 9 月時点で，タンパク質データバンク（the protein data bank, http://www.rcsb.org/）には 68,000 個の構造が登録されているが，そのうち 59,000 個が X 線回折，8,600 個が NMR（全体の 13% に相当し，過去数年にわたってこの比率はほぼ一定である），そしてわずか 306 個のみが電子顕微鏡（ほぼすべてが低分解能である）により決定されており，技術的に難しいことを反映している．構造なしでは，どのようにタンパク質が機能するかについてほとんど理解できない．実際に，結晶学はタンパク質を理解するためにもっとも貢献してきた手法である．この領域にはこれまで多くのノーベル賞が贈られてきた．1914 年に von Laue が，1915 年に Bragg ら（父と息子）が物理学賞を受賞したのに始まり，最近では 2009 年に Venkatraman Ramakrishnan, Thomas A. Steitz, Ada E. Yonath がリボソームの構造研究で化学賞を受賞した．

X 線結晶構造解析にはタンパク質結晶が必要である．タンパク質結晶は整列したタンパク質分子であり，3 次元に規則正しく並んでいる．1 つまたはそれ以上のタンパク質分子を含む最小の繰り返しユニットは単位格子と呼ばれる．X 線はオングストロームオーダーの波長をもつが，これは結合長と同じオーダーであるため，分子構造を研究するうえで理想的である．X 線回折は，X 線が物質を通過するとき，一部が物質中の電子と相互作用することによって散乱するという原理に基づいている．散乱は全方向に起こるが，大部分は異なる原子から散乱した X 線同士が互いに弱め合うために，回折シグナルは生じない．しかし，隣接する結晶面から散乱する X 線が同位相にあるような結晶格子から X 線が散乱する場合，強め合う干渉が起こる（図 11.34）．Bragg らは，これは $n\lambda = 2d\sin\theta$（λ は X 線の波長，d は結晶面の間隔，θ は入射 X 線と結晶面の角度）で簡単に法則化できることを示した．これは光が格子によって回折する原理とまったく同じである．

図 11.35 で示したように，単位格子を x, y, z のそれぞれの方向に対し整数で分割し，その分割点を通るように面を引くことで多くの結晶面が構成される．結果として，結晶に X 線を照射すると，精密にある決まった方向に強め合う干渉が起こり，規則正しく並んだ明瞭な点からなる回折パターンとなる（図 11.36）．回折パターンは X 線の入射角度によっ

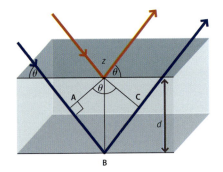

図 11.34
結晶における X 線回折の原理．X 線は結晶平面から反射される．図は 2 つの光線を示しており，片方はもう片方よりも AB + BC の距離分だけ長い道のりをたどる．AB = BC = $d\sin\theta$ である．もし，この距離が光の波長の倍数とちょうど同じであるなら（つまり $2d\sin\theta = n\lambda$ であるなら），反射光は同位相で加算的に強まり，回折点を生じる．

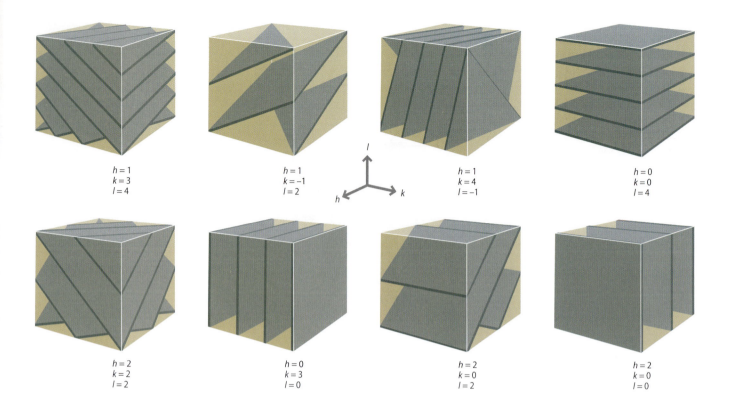

図 11.35
結晶格子面は h, k, l の 3 つの整数で定義され，単位格子内で軸とどれだけ交差するかによって決まる．（M.F. Perutz, *Sci. Am.* 211：64–76, 1964 より．the National Academy of Sciences より許諾）

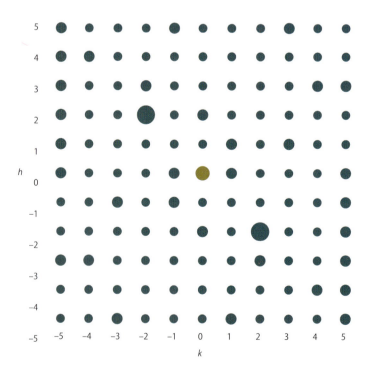

図 11.36
回折パターン．回折スポットは規則正しく並んでおり，それは異なる結晶面からの反射である．したがって，それらは hkl の整数で示される．このパターンは 2 回回転対称をもち，得られる構造も 2 回回転対称をもたねばならないことを示している．

て変化するので，すべての点を観察するためには，結晶に対して可能な限り全方向からの回折パターンを集めることが必要である．実際には，結晶を少しずつ（たとえば1°ずつ）回転させて，次に1°回転したものを次のデータセットとして次々にデータを収集していく（図11.37）．結晶学的対称とは，たとえば2回回転対称の回折パターンならば，180°分のデータ収集が必要であるということである．点の位置は単位格子の次数によって定義されるが，回折パターンの点の強度は面上に存在する原子数（厳密には電子密度）に依存する．その面により多くの原子があればより強い強度のスポットになる．つまり，スポットの強度が構造情報をもち，実際に個々のスポットが全体の構造情報をもっている．

上述のブラッグの法則は，固定波長 λ のときに，距離 d が短くなるには大きな入射角 θ を必要とする．つまり，入射光は大きな角度で散乱する必要があり，高分解能データを得るためには，回折パターンの端まで回折強度を測定できることが必要であることを意味している（図11.37）．

約150残基のタンパク質の場合，約1.8Åの分解能を得るためにはおよそ15,000個の固有の反射が，約1.2Åの分解能を得るためには50,000個の反射が必要である．このサイズのタンパク質は約900個の固有の重原子をもつため，構造決定には2,700個のデータポイントが必要である．したがって，構造決定を行うためには，回折パターンの中に十分な情報がなくてはならない．分解能がわるくなるにつれて（およそ2.5Å以上），使用可能な情報量は減少し，電子密度に構造をモデリングすることは使用するソフトウェアに依存してしまう．NMRデータとの比較は解析の助けになる．X線ではNMRよりもおよそ10〜20倍のデータを得ることができ，一般的により正確に構造決定される．そのため，X線構造がNMR構造よりも高いクオリティであるということはそれほど驚くべきことではない．もちろんNMR構造が役に立たないといっているわけではない．NMRは局所的には非常に正確だが，長距離情報に関しては短距離情報を用いた"ボトムアップ"で構成されるため，どうしても正確さに欠ける．一方，X線構造は"トップダウン"で構築される．低分解能のデータが全体的なトポロジーを生み出し，原子の詳細な配置には高分解能のデータを必要とする．さらに，X線構造は非生理学的な結晶化のステップを必要とする．しかしながら，X線構造とNMR構造や生化学データとを比較すると，ほぼすべてのケースにおいてX線構造が溶液中の構造を非常に正確に描写していることがわかる．

11.4.3　X線回折における位相問題

X線回折パターン中の各スポットは振幅と位相の両方の情報をもち，構造を決定するためにはその両方が必要である．しかし，位相を測定することは不可能であり，このことは情報の半分が欠落していることを意味する．これは，物体間の角度情報なしに距離情報だけを与えられて，3次元のマップを書こうとすることに似ている．マップを得るための基礎データとして，角度について大まかな情報さえもっていれば，この情報（場合によっては結合距離のようなほかの情報と一緒に）を使ってマップを改良することができる．同様に，X線構造を解くため，位相について少なくともいくつかの工夫が必要であり，それによって残りの部分を解決することができる．

振幅は簡単に測定できる．しかし，位相を測定するための**直接的な方法 direct methods**（*11.12）はない．したがって，系統立った方法で少しずつ位相に摂動を加え，その回折の測定を繰り返す必要がある．2つの回折パターンを比較することによって，少なくとも一部の位相を決定できるが，これは十分な解決法であるといえる．前述したように，その過程は論理上の問題を解決することとよく似ている．正しい論理的推論から，欠落部分を埋めることが可能で，最終的に問題全体を解決することができる．もちろん，もし最初の推論が間違っていたら，その間違いは解にまで伝播し，完全に間違った解を出してしまう．これは結晶構造でも起こり得る．もし最初の位相が間違っていたら，その結果は全体的に正しいように見えるが，間違いを含んだ構造になる．幸いにも，そのような問題はたいてい簡単に見つけることができる．

位相の問題を解決するもっとも一般的な方法では，重原子（炭素や酸素，窒素よりも著

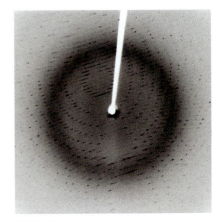

図11.37
実際のタンパク質の回折パターン．図の中央（白）は，回折していないX線である．ここから外に向かって回折スポットの平均強度は弱くなっていくとともに，より高分解能に相当する．したがって，データの分解能は中心からどのくらい離れたところに有効なデータがあるかに関係する．バンドが見えるのは，このイメージが結晶を1°回転したという事実に起因する．したがって測定可能な回折スポット総数の一部である．

***11.12　直接法**
低分子では，強度を比較するために，異なる結晶面間の幾何学的関係を利用することができるため，相対的な位相について推論することができる．これは直接法と呼ばれ，さらなる情報を必要としない．この方法は，低分子であるほど，より変数の少ない連立方程式で解が求められるので非常に単純である．この方法は有機結晶や非常に小さなタンパク質結晶で日常的に使用されてきたが，標準的な大きさのタンパク質解析には，あまりにも強力なコンピューターの能力が必要となるため，適用は難しい．この方法で，Herbert Hauptmann と Jerome Karle は1985年ノーベル賞を受賞した．

しく重い原子）がある波長（吸収端）において X 線散乱能が顕著に異なることを利用する．これは，吸収端に近い X 線波長のわずかな違いが，これらの原子による散乱に変化を及ぼし，ゆえに位相にも影響する．そのため，3 つから 5 つの異なる波長で得られた回折パターンを比較することによって，およその位相の値がわかる．この方法は多波長異常分散法（MAD）multiwavelength anomalous dispersion として知られており，重原子としてセレンがもっともよく用いられる．セレン原子を取り入れたタンパク質は，セレノメチオニンを豊富に含む培地で培養することによって，メチオニンの代わりにセレノメチオニンをタンパク質中に取り込むことで得られる．セレノメチオニンを効率よく取り込むために，通常メチオニン要求株を使用する．一般的な目安として，約 15 kDa のタンパク質について 1 つのセレン原子があれば，位相決定に十分なデータを与える．硫黄を含む非標識タンパク質を使うことも可能であり，硫黄原子の単波長異常分散（SAD あるいは S-SAD）によって位相が得られる．

この手法は最近開発されたもので，後述するシンクロトロン放射光を必要とする．**マックス・ペルーツ Max Perutz（*11.13）**によって発明されたオリジナルの方法は，重金属をタンパク質結晶に組み込み，回折点の強度を変化させるものである．その方法は同型置換法 isomorphous replacement と呼ばれ，少なくとも 2 つの異なる重金属による誘導体を必要とし，重原子に浸漬したとき構造が変化しないことが要求される．モデル構造，たとえば低分解能データから構築された構造やホモログの構造を，位相を得るための開始点として使用することもできる．この方法（分子置換法 molecular replacement と呼ばれる）を用いる場合は，初期のモデル構造によって最終的な構造にバイアスがかからないようとくに注意しなくてはならない．

11.4.4　構造，電子密度，分解能

X 線は電子により回折が起こる．したがって X 線構造解析では，実際のところ直接構造が得られるのではなく，電子密度マップが得られる．構造は電子密度に原子を当てはめることで導く必要がある．水素はきわめて電子密度が小さいので，たいてい見ることができない．電子密度への原子のフィッティングは各段階で電子密度に対して確認しながら繰り返し行われる．たとえば，仮に最初は poly-Ala 鎖を当てはめておき，その後，既知配列に基づき側鎖を当てはめていく．もしも配列に欠落部分がみられるなら（タンパク質のいくつかの領域は構造をとっていないことがあり，電子密度マップで見ることができないので，しばしば起こる），側鎖のフィッティングはその配列のどの部分に相当するか自分で解決しなければならない．

難しさや正確性は，データの分解能に著しく依存する（図 11.38）．原子間の結合距離は 1.5 Å 程度であり，結果として 2.5 Å に満たない分解能のデータでは，個々の原子を見分けることが難しく，（データの質に依存して）主鎖の N と C=O の区別が難しくなる．したがって，分解能が 2.5 Å に達しない構造においては，ペプチド平面を逆に当てはめたり，解釈を間違えたりする危険性があり，正確に側鎖を置くことは難しい．現在大部分の構造はより高分解能で決められ，これがおおよその原子分解能となる．分解能がさらによくなると，構造決定はより改善され，分解能 1.2 Å では水素原子が見えることもある．一般的に，1.8 Å 以上であると " 高分解能 " であると考えられている．

11.4.5　質の目安：R 因子と B 因子

タンパク質構造とその回折パターンは 1 対 1 で対応する．もし構造がわかっていれば，その回折パターンは厳密に計算できる（逆もまた真である．ただし位相がわかっているときのみ）．これはフーリエ変換（*11.8）を用いて行われ，構造の正確さに関するよい指標となる．なぜなら逆算した回折パターンは実験的に観測されたパターンと比較できるからである．この 2 つの実数差分は R 因子として知られており，よく精密化された構造では，分解能に依存するものの，たいてい 20％を下回る．一般的に，R 因子はデータの分解能の 1/10 程度であることが期待される．

---

*11.13　Max Perutz

Max Perutz（1915-2002）（図 11.13.1）は，オーストリアで生まれた．大学で学位取得後，1936 年に彼はイギリスのケンブリッジにきて，残りの人生をそこで過ごした．第二次世界大戦の間，彼は木材繊維によって強化された氷を使った空母を建設する計画に参加した．1962 年に John Kendrew とともにノーベル賞を受賞した彼の主な功績は，タンパク質の構造を得るための X 線の使用法，とくに重金属イオンの存在，非存在下で回折パターンを比較することにより，シグナルの位相情報を得るための手法を確立したことである．彼はヘモグロビンの構造を解明するためにこの方法を使用し，どのようにアロステリックなメカニズムが働くか，ボーア効果や鎌状赤血球貧血についても示し，死ぬまで研究を続けた（たとえば，腫瘍への酸素運搬増加に対する薬の開発や，高ポリグルタミンタンパク質によるアミロイド形成のモデル開発についての研究など）．彼は 1947 年に，MRC 分子生物学研究所（Medical Research Council Laboratory Unit for Molecular Biology）の所長に任命され（そのときは Perutz と Kendrew の 2 人からなった），1962 年にその研究所の議長になった．MRC 分子生物学研究所は，12 人ものノーベル賞受賞者（Perutz, Kendrew, Watson, Crick, Sanger, Klug, Milstein, Köhler, Walker, Brenner, Sulston, Horvitz）を輩出した機関である．彼は高く推奨されている本 "Is Science Necessary？" を著すなど，才能ある科学作家でもあった．

図 11.13.1
Max Perutz（M.F. Perutz, Annu. Rev. Physiol. 52：1-25, 1990. から引用，Annual Reviews のご厚意）

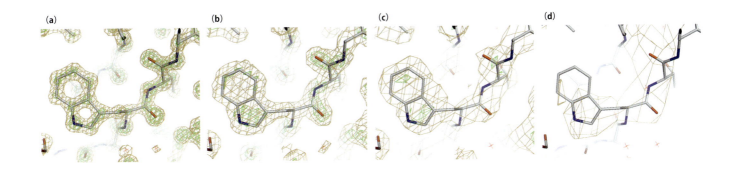

図 11.38
分解能の向上に伴い，電子密度に個々の原子を当てはめることが簡単になる．それぞれの分解能は (a) 1.2 Å，(b) 2.0 Å，(c) 3.0 Å，(d) 6 Å である．3 Å では，芳香族側鎖の様子がはっきりと見える一方で，主鎖を見分けるのが難しい．カルボニル基と主鎖の N 原子をはっきりと見分けることが難しいので，電子密度に基づいて主鎖の向きを判断することができない．2 Å では，主鎖をはっきりと追うことができる．1.2 Å では，個々の原子がはっきりと見える．メッシュは電子密度の等高線を表していて，緑のメッシュは茶色のメッシュの約 2 倍の密度の領域を示している．赤い×印は水として帰属された電子密度にあたる．このタンパク質は連鎖球菌の G タンパク質の B1 ドメインである．（写真提供：Sheffield 大学 P. Artymiuk 氏）

しかし，R 因子だけでは信頼できる評価が得られない．なぜなら原子を電子密度に当てはめた後，結晶構造は常に精密化されるためである．つまりモデルと実験データの間でもっともフィットするように原子の位置を動かされるのである．したがって，本当に正しい構造と誤った構造を過剰に精密化させたものの違いは，R 因子だけではわからない．この問題を解決するためには，一部（たとえば 10%）の実験データをランダムに選び，精密化には使用しない．そしてこのデータを用いて R 因子の計算を行う．この数字は R_{free} と呼ばれる．もし精密化が正しく行われていれば，R_{free} もよくなり，R に近くなる．よく精密化された構造では通常 R 因子が 20% 以下で，R_{free} は R と約 5% 以内の差となる．

現実の結晶はすべてが完全ではなく，欠陥がある．それは距離的な欠陥で，つまり結晶が全方向に無限に完全に広がらないことである．または局所的な欠陥，つまり格子に異なる配座をもつ部分ができてしまうことである．タンパク質のある部分がほかの部分より無秩序な構造をとることもよくある．とりわけ，末端やいくつかの表面ループは無秩序な構造をとりやすく，完全に乱れた構造をとることもある．このような構造の乱れをひとまとめに静的ディスオーダーといい，分子が異なる位置に配置されることを意味している．動的ディスオーダーも存在し，タンパク質分子の熱運動によりある分子と隣の分子との位置関係にわずかな変化が生じ，これによりサンプルの結晶性が低下する．すべてのディスオーダーにより，回折は精密度が低くなり，ぼんやりとした回折パターンとなる．構造に転換させると，電子密度は大なり小なりぼやけたものとなる．

点としての局在というより 3 次元的な分布をそれぞれの原子に与える指標がある．これは温度因子または B 因子と呼ばれ，おおよそその原子が見出されると期待される広さを表す．これは前述したように結晶中のディスオーダーに起因する．低分解能の構造では実験データの質に限界があり，過剰な精密化を防ぐために，B 因子を制限しつつ精密化することが一般的である（つまり，データ上の誤りを補正するために B 因子を変化させていくと，構造が実際よりも精密化する）．しかし，高分解能の構造では，B 因子は局所的ディスオーダーを正確に示している．たとえば，表面に露出した長い側鎖の末端や長いループは，B 因子が大きい傾向にあることがわかる．ディスオーダーしすぎているために，ドメイン全体の電子密度が失われることもある（図 8.8d 参照）．超高分解能の構造では，異方性ディスオーダーを得るため，B 因子を精密化するのに十分なデータが得られる．これは，3 次元上でどのように局所的ディスオーダーが分布するかを示すためである（図 11.39）．異常に高い B 因子はディスオーダーによるものと予想されるが，構造上に何らかの問題がないかにも注意した方がよい．したがって，B 因子は結晶構造の質を評価するもう 1 つの因子である．

11.4.6　タンパク質結晶中での溶媒やほかの分子

タンパク質結晶では，体積の約 50% を水分子が占めている．これは，タンパク質の溶媒露出表面が不規則で，おおよそ球状であるため，隣り合う分子間に必然的に大きな空間が存在することに起因する．構造が精密化されると，タンパク質ではあり得ない電子密度領域が現れてくる．これらはたいてい水分子である．中-高分解能の構造では，通常アミ

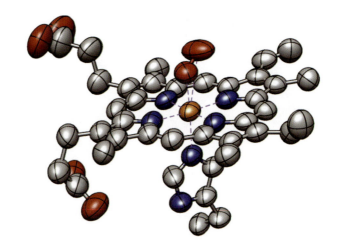

図 11.39
オキシミオグロビン（PDB 番号：1a6m）のヘム環（近傍の原子を付加した）における異方性 B 因子．楕円体はそれぞれの原子の 50％存在確率の位置を示している．ヘム平面の外に比べ，平面内での振動は大きい．この図は UCSF Chimera（http://www.rbvi.ucsf.edu/chimera/ [28]）を用いてつくられた．UCSF のご厚意．

ノ酸残基とほぼ同数の水分子を含む．これらの水分子は，タンパク質の表面付近や親水性ポケット内，タンパク質上の親水基やそのほかの明確に位置づけられた水分子と水素結合を形成できる場所に存在する傾向にある．これらはたいてい，よい対称性を保ちつつ，水素結合できる場所を占有している．

　水分子は，結晶格子中においてすべての分子が同じ位置を占めているときにのみ，観測される．もし分子が存在していても異なる分子で異なる位置にあるならば，平均の電子密度が観測されるだけである．この水分子はタンパク質の表面から離れた部位で，また表面の疎水部分に隣接する部位にみられる．結晶構造の精密化の中で，回折スポットにおいて決められた位相でエラーが生じることが必ずある．フーリエ変換で電子密度に変換したときに，位相のエラーは電子密度のエラーとなる．たとえば，特徴のない溶媒領域であるはずの領域で，電子密度に明らかな山や谷を含むようになる．そのため，これらの領域に均一に平均的な溶媒分子を当てはめるのが一般的である．修正された電子密度をフーリエ逆変換で回折パターンに戻すと，すべてのスポットの位相が向上する．実験的に決定された強度と改良された位相を組み合わせて，よりよい電子密度を得ることを繰り返していく．

　精密化の中で，水分子ともタンパク質分子とも同定できない余分な電子密度が観測されることがしばしばある．それらは金属イオンにおける単一ピークの電子密度であることがある．金属は固有の水素結合の形状をもつため，金属と同定できることもある．また，電子密度が付加的な分子と明確に一致することがある．それらは結晶化のための結晶化溶液に含まれる分子の場合もあれば，リガンドの場合もある．発現・精製・結晶化の過程を経たタンパク質が，結晶中でなおリガンドを結合したままでいるほどの強い結合はまれである．リガンドはたいてい機能的に重要であるため，こうしたケースはタンパク質がどのように働くのかを明らかにするのに有用である．

　また，研究者は基質や阻害剤，補因子のような特別なリガンドとタンパク質が，どこにどのように結合するのか明らかにしたいと思うかもしれない．これらには 2 つの選択肢がある．1 つは，結晶のまわりのバッファーにリガンドを添加する方法である．タンパク質結晶にはたいてい分子間に水で満たされたチャネルが存在し，リガンドが結晶中に拡散・結合するのに十分な空間となる．しかし，リガンドが正しい位置と配向で結合するには，タンパク質の再構成が必要となることが多く，これは結晶格子のパッキングと一致していないこともあり得る．そのためリガンドは機能的な位置で結合しないことも考えられる．あるいは，リガンド結合によって，ある分子と隣の分子の接触が崩壊し，結晶が割れたり溶解したりすることもある．もう 1 つの選択肢は，リガンドとともにタンパク質を結晶化する方法である．次に解説するように，結晶化は予測不可能な科学であり，タンパク質そのものだけで結晶化したとしても，複合体が結晶化するかは運次第である．

11.4.7 タンパク質 X 線回折の実際

タンパク質結晶学の大きな障壁は結晶化である．結晶中のある分子と隣の分子の接触面積は小さいことが多く，結晶化を促進する条件は厳密で正しいものでなければならないことを意味している．すべての結晶化において，基本的原理は溶液の状態を徐々に**過飽和 supersaturated solution** にすることである．もっともよく用いられる方法はハンギングドロップ法である（図 11.40）．適切な沈殿剤の中でタンパク質溶液は，顕微鏡のカバーグラスにぶら下がった小さなドロップ（たとえば 1～2 μl）の中に置かれる．このカバーグラスで高浸透圧の溶液にかぶせるように密閉する．数日から数週間の過程を経て，蒸気圧が等しくなるようにドロップの水は蒸発し，沈殿剤は濃縮され，ドロップ内のタンパク質と沈殿剤の濃度がゆっくり上昇する．顕微鏡下で定期的に観察することで，結晶が形成されたか確認することができる．

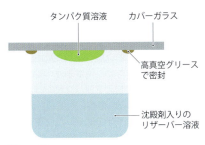

図 11.40
タンパク質結晶化のためのハンギングドロップ法．詳細は本文．

結晶化に必要な条件を予測することはほぼ不可能であるため，通常タンパク質溶液を異なる沈殿剤（短鎖アルコール，異なる重合度のポリエチレングリコールがよく用いられる），バッファー，塩，金属イオン，pH などの広く異なる条件下で静置する．結晶化しやすいとわかっている条件を組み合わせたスクリーニングキットが販売されている．大きな研究室にはこれらの溶液を分注するロボットがある．そしてもっと大きな研究室では，結晶化作業も自動化されている．

たいてい，ほとんどの溶液条件では沈殿以外に何も得られないが，いくつかの条件では質はわるいものの，結晶が形成されることがある．見込みのありそうな条件を少しずつ変化させてさらに結晶化の試験を繰り返したり，とても小さな結晶を種として結晶化を促進させたりすることもできる．

タンパク質結晶は溶媒含有量が高く，分子間接触が小さいため簡単にダメージを受ける．したがって結晶は溶液の中で保存しなければならない．さもないと乾いて壊れてしまう．以前はキャピラリー管の中で母液とともに結晶を保管していたが，今ではほとんどの結晶構造解析が，結晶を約 −180℃ の窒素冷却ガスの気流により冷やしながら超低温で行われている．これには 2 つの理由がある．1 つは熱運動が少なくなり，構造がはっきりするためである．しかしより重要な理由は，大きなエネルギーをもつ X 線が結晶に与えるダメージを軽減することにある．前述したように X 線中の結晶には寿命がある．結晶を変えることは不可能ではないが，好ましくない．なぜなら 2 つの結晶は同じものではなく，2 つの結晶データを尺度化して，統合するのに複雑な解析が必要となるからである．低温にすればダメージは軽減される．一般的な方法は，ワイヤのループでドロップから結晶を拾い，液体窒素の中へ急速に浸し冷却する．データの質の悪化を招く結晶氷が形成されるのを防ぐため，急速冷凍が重要である．この操作により水をガラス質または無秩序な状態にする．氷の結晶ができるのを防ぐために，グリセロールなどの保護剤を溶液に加えることも一般的である．

伝統的に，銅などの金属表面に高いエネルギーをもつ電子を衝突させることで X 線を発生させることができる．これは多量の熱を発するので，銅を水で冷やしたり，回転陽極を使用する必要がある．多くの結晶学の研究室はこの種の装置をもっているが，この方法で発生する X 線は強度が低く，波長も固定されているため，多波長異常分散法による位相決定を用いることができない．したがって現在多くの結晶構造のデータはシンクロトロン放射光施設でとられる．ここには真空下で高エネルギー粒子を生じさせる大きな蓄積リング（直径が 1 km にもなる）がある．この粒子が加速され，コーナーを曲がるときに X 線が生じる．X 線ビームラインはコーナーに設置され，さらに高エネルギー X 線を生み出すために電子ビームをアンジュレータやウィグラに通す．シンクロトロン光源は回転陽極よりも 2 桁大きい強度であり，多波長異常分散（あるいは単波長異常分散）による位相決定ができるように改良されている．シンクロトロン光源の短波長 X 線は（相対的に）結晶に与えるダメージが小さいという利点もある．シンクロトロン光源により，非常に小さな結晶（典型的には 100 μm 四方以下）での測定も可能となり，結晶化の問題は改善され

> ***11.14 膜タンパク質**
>
> 膜タンパク質について本書での記述はほとんどない．それは膜タンパク質が重要でないからではない．何度も述べているように，真核生物のタンパク質のおよそ30％は膜貫通領域を有しており，細胞膜の重量のおよそ半分はタンパク質で占められている．むしろ研究対象として難しいため，既知の情報がきわめて少ないのである．膜タンパク質のよい例として，単純で研究が進んでいる赤血球の膜タンパク質がある．赤血球の主要な膜タンパク質は Band 3 と glycophorin の 2 種である．Band 3 は，膜を介して重炭酸イオン（HCO_3^-）や塩素イオンを輸送する陰イオン輸送体である．glycophorin は高度にグリコシル化され，131 個のアミノ酸からできたきわめて小さなタンパク質であり，1 回膜貫通ヘリックスを有している．しかし，その機能はいまだにはっきりしていない．

てきている．

回折パターンは高感度な固体電荷結合素子を利用した面検出器で検出され（ちなみに 2009 年のノーベル物理学賞で話題になった），データ収集にかかる時間が短くなった．近年では技術の発達により，データ収集やデータ処理にかかる時間が短くなり，良質の結晶ならデータを収集してから 1 時間かそこらでタンパク質の構造を計算することが可能になった．

11.4.8 膜タンパク質の構造

膜タンパク質 membrane protein（*11.14）はさまざまな理由から，いまだに結晶学における難題の 1 つである．1 つ目の理由として，膜タンパク質の発現が困難で，とくに真核生物の膜タンパク質は細菌での発現量が低く，かつその量も予測不能であることが挙げられる．もし発現したタンパク質が細菌の細胞膜中に存在する場合，細菌を殺してしまうか，さもなければ無能化してしまい，結果的に少量のタンパク質しか得られなくなる．一方，細胞質中で発現させた場合，封入体として発現してしまい，可溶化とリフォールディングを行う必要がある．2 つ目の理由は，精製が難しいことである．一般的に，精製するには界面活性剤を用いて膜からの抽出を行う必要があるものの，タンパク質を安定に保つ最適な界面活性剤を決定する一般的な方法はいまだ確立されていない．膜タンパク質の構造は細胞の脂質と特異的相互作用を必要としているらしく，可溶化の際に壊れてしまう可能性がある．つまり，界面活性剤を用いたタンパク質抽出が，不可逆的なタンパク質変性をもたらす恐れがある．"膜タンパク質の折りたたみ（*7.11 参照）"の中で述べられているように，複数のタンパク質からなる膜タンパク質複合体は，特異的なシャペロンの補助によって正しい順序で組み立てられる必要があるようだ．膜タンパク質の抽出中にこのような状態を保つ可能性は低いため，不可逆的に構造が壊れる危険性が高い．3 つ目の理由は，結晶化が困難なことである．結晶化では，分子が隣り合う分子と規則正しく接触している必要がある．膜タンパク質の膜貫通部位は界面活性剤で囲まれるため（図 11.41），可溶化した膜タンパク質表面の大部分は特徴がなく，特異的な相互作用を形成しない．そのため，膜タンパク質の結晶化はとくに困難で，界面活性剤から露出した部分に依存する．この分野におけるあたらしい技術が開発されてはいるものの，その速度は遅く困難であるため，膜タンパク質の解析はしばらく難解なものであり続けるかもしれない．たとえばアドレナリン $β_2$ 受容体の結晶構造は，T4 リゾチーム遺伝子を細胞質領域のループの 1 つに組み込むことで，不規則なループ領域をより大きな折りたたまれたタンパク質に置換し，また不安定領域を取り除くと同時に結晶化のために表面を大きく露出させることで構造解析に成功した [6]．ランダム変異を多数導入することで，熱安定性が改善したり，運動性が低下したりする変異体タンパク質を結晶化に用いることもある．

11.4.9 繊維回折

X 線結晶構造解析には，結晶，つまりタンパク質の 3 次元的な整列が必要となる．もし平行な束状に整列していれば，繊維から回折パターンを得ることが可能である．もちろん情報量はおおいに減少するが，ヘリックスのピッチ（反復距離）と上昇角の決定だけは可能である．これは繰り返しごとの残基数の計算に使用できる．繊維回折は完全な構造解析には明らかに情報不足であり，原子レベルの分解能で構造を構成するためには，モデルへのフィッティングが必要となる．α ヘリックスと 2 本鎖 DNA のいずれにおいても，最初の構造情報は繊維回折データからもたらされた．

11.4.10 中性子回折

中性子線は波動性をもつほど十分小さく，原子核によって回折し得るため，2～4 Å の分解能の回折パターンを生じさせる．各原子が X 線を回折する度合いは原子質量に依存しており，水素は通常見ることができない．しかし中性子散乱は大きく異なっている．とくに水素は，炭素，酸素および硫黄と同程度の中性子を散乱する．一方で重水素は同程度

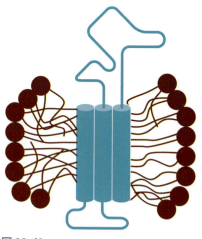

図 11.41
膜タンパク質は界面活性剤によって可溶化され，膜貫通領域は界面活性剤のミセルによっておおわれている．タンパク質間の接触はほとんどが非特異的な脂質-脂質またはタンパク質-脂質となるため，結晶格子へのパッキングが困難となる．

だが反対方向に散乱する．つまり，中性子回折によって水素の位置を決定することができ，あるいは適切な比率の ^{2}H と ^{1}H によって，中性子では見えない結晶をつくることが可能である．中性子回折の欠点は，容易に入手できない強力な中性子源を必要とすることである．また中性子は X 線よりも損傷を与えやすい．さらに，X 線回折と違って重原子（炭素，窒素，酸素よりも強く散乱する原子）が存在しないため，位相を得ることが非常に困難である．したがって，まずは X 線構造を解くことが普通である．すなわち中性子回折は一般的ではない．

11.4.11　電子線回折

中性子線とは対照的に，電子線は速やかに散乱し，高電圧（100 kV かそれ以上）で加速することによって高エネルギーの電子ビームを容易に発生させることができる．今のところ質の低いレンズしかないものの，電子ビームは電磁レンズによって光と同様に集光することができる．そのため，電子線は顕微鏡にも回折にも利用できる．次節で電子顕微鏡について述べるが，ここでは電子線回折について解説する．100 kV の電子線は 0.04 Å の波長を有しており，タンパク質構造解析に適している．X 線回折より電子線回折が支持される主なポイントは，検出器を設置する場所の違いによって，集束ビームを回折パターンの発生あるいは画像の構成に利用できる点である（図 11.42）．回折パターンは X 線回折パターンに似ており，同様の位相問題を有しているが，画像にも位相の情報は含まれているため，低解像度であるが位相を抽出するために利用できる．それゆえ，位相問題は電子線回折ではほとんど問題とならない．

前述したように，タンパク質が 3 次元格子の中で結晶化できる場合，X 線回折は膜タンパク質の構造解析に用いることができる．3 次元結晶に向いていないような場合でも，タンパク質は 1 分子の厚みをもった 2 次元の格子中で結晶化できることがある．このような場合に電子線回折による構造解析を行うことができる．電子線は X 線よりもかなり強く（約 10^4 倍まで）散乱する．つまり，サンプルはきわめて薄くなければならない（約 50 nm 未満）．そうでなければ，電子は複数の原子によって散乱させられ，とても少量の電子しか集めることができず，解析の際に大きな問題を引き起こす．これは 3 次元結晶について電子線回折研究を行う際には主な欠点となるが，2 次元結晶にはよく適している．実際，タンパク質の中には，自然の状態で高密度化して，生体膜上に結晶配列を形成するものがある．このようなタンパク質の一例としてバクテリオロドプシンが挙げられる．紅色細菌に由来するこの光感受性タンパク質は，光に反応して膜を通過してプロトンを送り込むという性質をもち，これまで詳しく研究されてきた．

2 次元結晶は生体膜よりもほんのわずかに厚いだけであり，40～50 Å ほどである．そして電子ビームは 3 次元結晶からの X 線ビームの場合よりもずっと少量の分子によって回折を受ける．つまり，シグナル／ノイズ比がとても小さく，シグナルを検出するために複数のデータセットと莫大なシグナル処理が必要である．X 線結晶構造解析と同様に，サンプルは瞬間凍結後，低温で測定されることで結晶の損傷（電子線は X 線より損傷を与えることが少ないにもかかわらず，この種の研究の主要な問題点である）を減らし，結晶秩序を増大させる．

もし 2 次元結晶が電子ビームに垂直な平面に保持されていたら，結果として生じる構造はタンパク質の射影 projection map である．すなわち奥行き方向の情報はすべて欠落しており，膜の深度方向の電位の合計となる（図 11.43）．図の中で，ヘリックスは高密度の円形パッチとして平面上に見ることができ，バクテリオロドプシンが 7 回膜貫通ヘリックスの構造を有していることは明らかである．低い強度の円形パッチは大体が傾いたヘリックスである．低分解の射影（7 Å のもの）は比較的容易に得られ，これはらせんが存在し得る場所や分子の全体像を示すものの，ほかの情報はあまりない．分解能の向上には測定するサンプル数を増やすことが必要である．3 次元の情報を手に入れるためには，一連の角度（X 線構造解析のために結晶を回転させることと同じである）で傾けることが必要であり，膜貫通方向に対し高分解能での結果を得るためには高角度の情報を必要とす

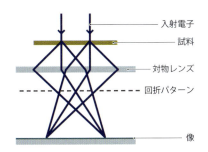

図 11.42
電子顕微鏡は回折パターンをつくり出すことにも，像をつくり出すことにも使用することができる．後者の像は，回折パターンを解析するための位相を与えるためにも使用できる．

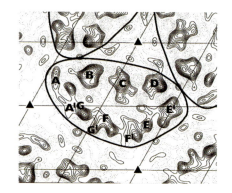

図 11.43
図はバクテリオロドプシンの 3.5 Å における射影である．7 本のヘリックスが示されている．ヘリックス A, E, F, G はすべて垂直方向からとても大きく傾いており，それゆえ密度が弱く，間に弱いピークをはさんで 2 つのピークになっている．対照的に，らせん B, C, D は膜の面に対してほとんど垂直で，それゆえ単一で強いピークとして現れる．（P.A. Bullough and R. Henderson, *J. Mol. Biol.* 286：1663-1671, 1999 より．Elsevier より許諾）

る．これは技術的にとても困難で，とくに 2 次元結晶で有用なデータを得るためには十分な平面性を保つだけでなく，測定中にサンプルが動くのを防ぐ必要がある．電子線回折によって，高分解能の構造が得られているケースが非常に少ないことは驚くべきことではなく，そのなかの 1 つであるバクテリオロドプシンは 3.5 Å の分解能で解かれている [7]．このような構造において，膜の平面方向の分解能は膜に対して垂直方向の分解能よりもはるかにすぐれている．

11.5 顕微鏡

11.5.1 クライオ電子顕微鏡

2 次元結晶からの電子線回折は，技術的にとても特殊で困難な部分を残しているようである．（決して日常的に行われるものではないが）いくらか簡単な方法として，単一粒子のクライオ電子顕微鏡がある．これは単一の高分子の集合体（数百 kDa もしくはそれ以上）の像である [8]．この技術はほかの構造解析技術ときわめて相補的であり，とくに巨大な複合体の研究にとって有用である．基本的に電子ビームは光学顕微鏡における光線とまさに同じような使われ方をしているが，波長はずっと短いものである．したがって回折の問題にぶつからずに，ずっと高い分解能の像を取得できる．主要な問題点は十分なコントラストを得ることであるが，顕微鏡に取り付け可能な開口数がとても小さいために（レンズの影響で焦点が不完全となる結果）分解能にも限界がある．

単一粒子の像について研究する方法は 2 つ存在する．簡単な方法は，複合体の希釈溶液を調製し，重金属イオンを加え，それをカーボングリッドにスポットし，乾かすことである（図 11.44）．これにより，グリッドの上に金属でおおわれた複合体が残る．金属はコントラストを改善するだけでなく，電荷と熱エネルギーの両方を奪い，ダメージの量を軽減する．しかしタンパク質表面を金属でおおうことは構造の詳細を不明確にし，その結果分解能は最高 30 Å が限界である．したがって，高分解能の解析には使用することができない．また，乾燥させる過程で複合体を変形させるかもしれないという危険性もある．

より高い分解能は，溶液中で複合体を維持し，非常に薄い膜でできたグリッド上に敷くことで得られる．溶液はガラス状の氷の中に閉じ込めるために液体エタン中で瞬時に凍結される．それから像を収集すると，金属でおったサンプルよりも少ない変形で，かつ高

図 11.44
単粒子電子顕微鏡像における 2 種類の試料調製法．(a) ネガティブ染色．重金属を含む溶液中にある粒子をカーボン膜の上に付着させ，その後で乾燥させる．重金属は電子を強く吸収し，重金属の薄くなっているタンパク質の部分を可視化できる．それゆえ，ネガティブ染色と名付けられた．乾燥させる過程で粒子がいくらか変形してしまう傾向がある．(b) クライオ電子顕微鏡．サンプルは薄いフィルムの中で速やかに凍結される．理想的には粒子がグリッドの穴のところにくるように，サンプルを炭素グリッド上に置く．この方法から得られるコントラストはそれほどよくないが，サンプルは変形を受けにくい．

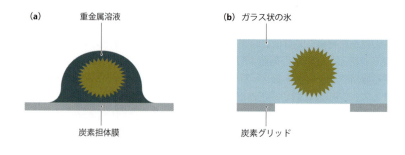

分解能である．しかし，コントラストが弱く，シグナル/ノイズ比がわるい．つまり，構造情報を得るために，多数のシグナル加算平均や統計学的手法を使う必要がある．実に多数の像が個々の複合体から集められる．これらの像はほぼあらゆる向きから見た複合体の像を反映しており，その向きは薄膜内に配置される際の偶然性に依存している．ゆえに像は，理想的には複合体のあらゆる方向を反映するような，それぞれのクラスに分類される．それから理想的に異なる方向からの高コントラスト，高分解能な像のセットを与えるためにそのクラスは平均化される．再構成法は3次元構造をつくるために使われる．間違った像のグループをクラスに加えることは誤った情報を構造に導入することになり，細部が完全に間違った構造となってしまう．この問題がどのように拡散するかについて言及するには，今はまだ時期尚早である．

　もっとも単純な像を得られるのは，非常に高い対称性をもつものである．これらは重複性がある（つまり，構造ごとに同じ基本単位を繰り返す）だけでなく，像の信頼性の高い重ね合わせも容易である．もっとも高分解能の単一粒子像は，正二十面体対称を有するウイルス粒子で得られた．対称性の低い粒子は多くの像を必要とする．たとえば，高分解能のリボソームの構造を得るためには，70,000以上の像が必要であった[9]．この結果，分解能約10 Åの構造が得られ，存在し得るタンパク質ドメインや，RNAらせんの主溝と副溝を十分に同定することができた．ほとんどの場合，最大分解能は20 Å程度である．

　クライオ電子顕微鏡測定手法の改良により低分解能のタンパク質複合体の骨組みを得ることができるようになり，ここに高分解能の結晶構造を当てはめることができるようになった．両方を組み合わせることで，非常に大きなタンパク質複合体の原子レベルでのモデルが得られるようになる．第9章ではこのような応用例について記述した．同様の方法がたとえばアクトミオシン繊維モデルに用いられてきた．原理的には"動作中"の複合体の像を，刺激を与えた後に短時間のうちに凍結することで集めることが可能である．この方法では，有用で信頼できる像を得るだけの十分な制御を行うために多くの努力が必要であるが，これまで巧みに行われてきた．おそらく一番の成功例は，ニコチン性アセチルコリン受容体のアセチルコリン活性化状態であるが，この活性化状態の寿命はたったの10 msである．これは，液化エタンに入れる際に，受容体を含むグリッドにアセチルコリンを散布することで解析された[10]．ピルビン酸脱水素酵素複合体（第10章）のように，可動性ドメインをもつ複合体では，サンプルの不均一性に関する構造的情報を得ることが可能である（ただし非常に多くの像を手に入れることが必要となる）．これは，ドメインがどのように動くのかということと，ドメインがどの位置にあるのかということに見当をつけることができることを意味している．

11.5.2　原子間力顕微鏡法（AFM）

　前述したように，顕微鏡の分解能は，用いた電磁波の波長によって決まる．しかし原子間力顕微鏡法（AFM）atomic force microscopy（および，走査型トンネル顕微鏡（STM）scanning tunneling microscopy）は電磁波をまったく使わずに，この障壁を乗り越えている．

　AFMの重要なパーツはとても小さくて軽い，先端が微細な探針となっているカンチレバーアームであり，このアームはサンプルのすぐ近くに置かれる（図11.45）．サンプルは圧電体からなるピエゾステージ上の基盤（破断面で裂かれたシリカの膜がよく用いられる）にセットされる．このステージに加わる電圧を変えることで，1 nmより小さい分解能で動かすことができる．サンプルが移動するにつれて，AFMのチップが上下運動し，サンプルの形状を追跡する．チップの高さはアーム背部でのレーザーの反射から測定できる．AFMはあるサンプルの異なる形状に沿って検知できるよう構成されている．もっとも特徴的なことは，単にサンプルの高さを測定するだけではなく，たとえば電荷や伝導率などの測定もできることである．チップに特定のタンパク質，もしくはリガンドを結合させることで，結合相手を特定することができる．このように，チップがサンプルをスキャンすることで，サンプルの高さ（もしくは電荷，伝導性）が描き出される．AFMは電子顕

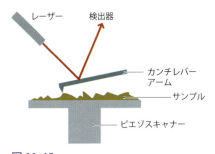

図 11.45
AFMの実験装置

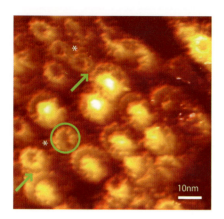

図 11.46
紅色細菌由来の集光性タンパク質（LH）複合体の AFM 像．高さは輝度により表現されている．この複合体は 2 つの環状成分から構成されている．LH2 は 9 つの αβ ペアのリングで，それぞれの α, β タンパク質は 1 回膜貫通ヘリックスをもっており，バクテリオクロロフィルと結合して入射光を捕捉する．LH1 もまたバクテリオクロロフィルに結合する αβ ペアを含むより大きなリングで，反応中心を囲んでいる．LH1 リングは通常ペアを形成する．光は LH2 または LH1 リングにより吸収され，反応中心へ伝達される．図中で，反応中心をもつ LH1 が明るく膜から平均 37 Å 飛び出している．暗い LH2 リングは 9 つのサブユニットをもつことがわかる（＊）．緑色の矢印は LH2 と LH1 の接触部位を示す．緑色の円は LH1-RC 複合体に両側を囲まれた LH2 リングを示す．（S.Bahatyrova, R. N. Frese, C. A. Siebert et al., *Nature* 430：1058-1062，2004 より．Macmillan Publishers Ltd. より許諾）

微鏡法に比べて，サンプルの水和状態が維持できるため，サンプルの乾燥によるアーティファクトが少なくなるという大きな利点をもっている．

　生体試料は，チップにひきずられることで，ダメージを受ける傾向があるので，一般的に AFM のタッピングモード（アームが上下に振動し，アームがサンプルに接触しないようにサンプルが移動する）を用いることが多い．

　AFM によって得られる画像の例が図 11.46 で示されている．これは細菌の集光性タンパク質複合体を非常に細部にまで観察したものであり，この画像は平均化したものではないにもかかわらず，電子回折法によって得られる像とほぼ同等のものが得られている．

　基本的に同じ装置をチップとサンプル間で生じる力を測定するためでなく，その間に力を生じさせるために用いることもできる．チップがタンパク質に押し付けられたとき，先端にタンパク質が付着することがある．それが引き離されたとき，タンパク質がその表面から剥がれようとする力が生じる．距離に対して力をプロットすると，タンパク質が剥がれるまで力が上昇を続けた後に，ゼロに戻ることがわかる（図 11.47）．これはたとえば，タンパク質分子内の接着力の測定やリガンド結合時の変化を研究する際に利用できる [11]．その技術をモジュラータンパク質に適用した場合，図 11.48 のようなグラフが得られる．このグラフは，タンパク質が表面から引き上げられるにつれて，それぞれのモ

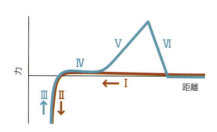

図 11.47
表面からタンパク質を引き離す際の AFM によるフォースカーブ．ステージ I と II（茶色）は先端が表面に近づいていることを示し，III-VI（水色）は表面から離れていく様子を示す．ステージ I：先端と表面に相互作用はない．ステージ II，III：先端と表面の間の斥力．ステージ IV：表面の接着による引力．ステージ V：一本鎖のタンパク質が引き伸ばされ，ほどけることによるエントロピー力．ステージ VI：タンパク質の解離．

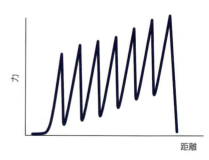

図 11.48
7 回繰り返し構造をもつモジュラータンパク質を表面から引き離す際の AFM によるフォースカーブ．先端はタンパク質の一方の末端部位に（偶然性をもって）接着し，同時にタンパク質は反対の面で表面に接着している．各モジュールは順番に引き離される．タンパク質が最終的に表面から解離したとき，力はゼロとなる．

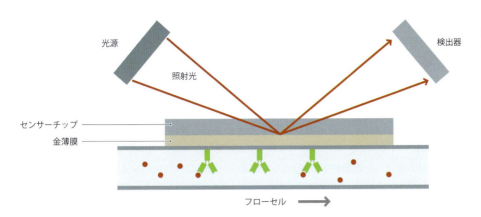

図 11.49
SPR実験の模式図．センサーチップは金のような反射率の高い表層をもち，偏光はそこで反射される．タンパク質は金薄膜の底面に固定化され，リガンド溶液が流れる．リガンドが結合すると，金薄膜の質量分布が変化し，エバネッセント波に影響することで反射角度が変化する．その変化は適切に構成された検出部で検出する．

ジュールが一つひとつアンフォールディングしていくことを示している．

11.6 相互作用解析に用いられる手法

11.6.1 表面プラズモン共鳴法（SPR）

　表面プラズモン共鳴法（SPR）surface plasmon resonance は図 11.49 に示した装置によって測定を行う．光は金薄膜表面から反射し，その裏面にはタンパク質，もしくはリガンドを固定化できる．光が全反射すると，その光の向きは急変化する．波動説において，完全にすべてが"急な"変化を起こすことはありえず，実際その反射によって反射面の背部に定常波が起きる．この波はエバネッセント波と呼ばれ，表面から波長の約 1/3 離れた位置で減衰する．しかしながら，その光の波長は約 500 nm あるため，エバネッセント波は反射面裏面にコーティングされているタンパク質の領域へ十分到達する．エバネッセント波は，通過する際の質量分布に敏感であるため，質量変化（たとえばタンパク質がコーティングされた表層へのリガンド結合による質量変化）がエバネッセント波に影響を与え，さらに反射光にも影響を与えることを示している．実際，反射光の角度，強度のいずれもが変化する．これらの変化は小さいが測定可能である．

　もっとも一般的な実験装置は，金薄膜に多糖類をコーティングしたものであり，これにはタンパク質もリガンドも容易に固定化できる．続いて，その表面に溶液を流す．一般的にまずバッファーで表面を洗浄し，それから溶液にリガンドを加える．もし，リガンドが結合するならエバネッセント波は乱れて反射光が変化し，シグナルが生じる（図 11.50）．リガンドはその後洗い流される．

　その結果得られる曲線から結合速度および解離速度が求められ，そこから結合親和性が得られる．この解析は複雑で，見かけ上の結合速度および解離速度は，流速やタンパク質

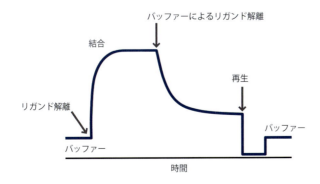

図 11.50
典型的な SPR シグナル．x 軸は時間，y 軸は任意スケール．一度ベースラインが安定した後，リガンドをチップ上に流すと結合速度に依存して結合がみられる．リガンドが一定時間流れた後，バッファーで再度洗い流すことによって解離速度に依存して解離する．解離速度と結合速度の比から結合親和性が求められる．

図 11.51
ITC 装置の模式図

11.6.2　等温滴定カロリメトリー（ITC）

等温滴定カロリメトリー（ITC）isothermal titration calorimetry とは 2 つの分子が結合する際の発熱もしくは吸熱による熱収支を測定する手法である．図 11.51 のような装置を用い，（少なくともコンセプトは）非常に単純である．厳密に温度管理された槽の中に 2 つの独立した容量約 1 ml のセルがある．一般的にリファレンスセルにはバッファーを，サンプルセルにはリファレンスセルとまったく同じバッファーに溶けたタンパク質溶液を入れる．リガンドがサンプルセルに滴定されるが，これはセルの温度変化が落ち着くまで間隔を空けながら行う．リガンド滴定により，結合が発熱的であるか吸熱的であるかに依存して熱エネルギーが放出もしくは吸収される．感度のよい熱電温度計によって 2 つのセル間の温度差が測定され，どちらのセルも同じ温度を維持できるようヒーターによって調節されている．この熱変化は非常に小さく，一般的に $\mu cal\ s^{-1}$ で測定される．そして測定者はすべての溶液が同一であり，高純度であることに非常に気を付けなければならない．一般的な結果が図 11.52 に示されている．リガンド添加が発熱反応である場合，リガンドの滴定が進むにつれてその結合部位が飽和状態になり，熱放出が小さくなっていく．シグナルの大きさから結合時のエンタルピー変化が与えられ，曲線の形からストイキオメトリー，そして自由エネルギーも与えられる．

このように，ITC は結合における熱力学的データを得る強力な手法である．第 1 章で述べたように，このような熱力学的な結果を拡大解釈してしまう恐れもあるが，ITC 技術の価値は高い．

11.6.3　スキャッチャードプロット：実例

たとえば抗原に対する抗体といったような結合を解析する古典的な手法として，スキャッチャードプロットがある．とくに生物化学の初期では，簡単な結合解析のツールとして放射線標識されたリガンドを用いていた．抗体とリガンドを混合し，次に免疫沈降法（*4.7 参照）により抗体を沈殿させることで結合を検出できる．結合したリガンドは沈殿中（たとえば，溶液の遠心分離後，もしくはフィルター後）の放射活性を計量することで測定することができる．結合していないリガンドは上清にあるので取り除くことができる．一方，リガンドの結合によってタンパク質の UV スペクトルが変化する場合，既知濃度のリガンドを添加した際の吸光度変化を測定し，リガンドで結合部位が飽和した際の吸光度変化で割ることにより，リガンドが結合しているタンパク質の結合部位の割合を算出できる．これらの手法はどちらもタンパク質の分子数に対する結合するリガンドの分子数の平均値，つまり比率（r）を求めることができる．この値はリガンド濃度 [L]，解離定数 K_d によって算出されるタンパク質のリガンドに対する親和性に依存する．

タンパク質上にリガンド結合部位がいくつあるのかということは非常に興味深いことである．これを n とする．タンパク質にリガンドを加えることで飽和曲線が得られ，これ

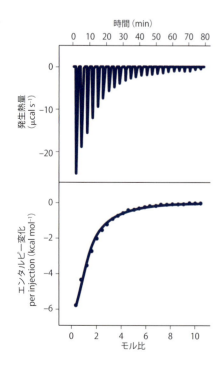

図 11.52
典型的な ITC の結果．糖質結合モジュールファミリー 29 の溶液に対してグルコマンナンの溶液を連続滴定した．上の図は，両方のチャンバーで温度を一定に保とうとするのに必要な熱を表している．滴定数を増やしていくにつれ結合したタンパク質の割合が増えていき，次の滴定時に結合するタンパク質の量が減っていくので，この熱は減少していく．この結果を滴定ごとのエンタルピー変化（下）を求めるために積分し，さらに結合の自由エネルギーを求めるためにフィッティングを行う．

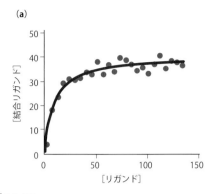 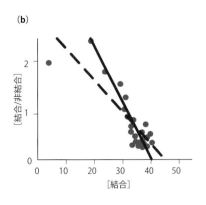 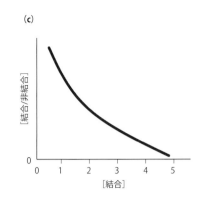

図 11.53
タンパク質-リガンド結合を解析したスキャッチャードプロット．(a) 全リガンド量と結合したリガンド量をプロットした典型的な（ノイズの入った）データ．実線カーブは測定値に対する非線形プロット．(b) 同じデータをスキャッチャードプロットに変換したもの．実線は正しい非線形フィッティングで，一方，破線は線形フィッティングで，表計算ソフトを用いて最適にフィッティングさせたもの．解離定数は−(傾き)，タンパク質上のリガンド結合部位数は x 軸切片から求められるが，どちらも線形フィッティングではかなり異なった値となる．(c) 結合部位 2 ヵ所の場合のスキャッチャードプロット．最初の急な傾きは一部の結合部位との強い結合を示す．より浅い傾きはそのほかの部分の弱い結合を示す．

は酵素反応の飽和曲線とまったく同じ双曲線型をしており，図 11.53a で示した線形の式

$$r = \frac{n\,[\mathrm{L}]}{K_\mathrm{d} + [\mathrm{L}]}$$

で表される．この曲線には一般的な酵素の反応速度曲線と同じ問題点がある．それは，この曲線を見ただけでは正確な値を得ることが難しいという点である．それゆえ，スキャッチャードによって，この式を一次方程式に変換することが提唱された．

$$\frac{r}{[\mathrm{L}]} = \frac{n}{K_\mathrm{d}} - \frac{r}{K_\mathrm{d}}$$

r に対して $r/[\mathrm{L}]$ をプロットすると図 11.53b が得られる．これはタンパク質上の結合部位が 1 ヵ所のみであるならば直線になるという利点をもっている．直線の傾きは $-1/K_\mathrm{d}$ であり，x 軸切片はタンパク質上のリガンド結合部位の数 n となる．もしリガンドがほかの部位に異なる親和性で結合する場合，図 11.53c のような曲線のスキャッチャードプロットが得られる．

　この手法は生物化学専攻の学生達へと伝えられ，今日でもいまだに非常に広く教えられている．しかしながら，これは非常に紛らわしい手法であり，前述のように K_d や n を求める手法としては好ましくない．

　その理由に，直感的に理解できる値から明らかに意味をもたない値への変換がある．図 11.53a を見れば誰でも問題点に気づくが，図 11.53b の問題点は容易には気づかない．コンピュータープログラムや表計算ソフトによって半自動的にフィッティングを行うと，知識のないユーザーは得られたフィッティングデータをなんでも信頼してしまう傾向がある．このようなときその問題点は非常に重大なものとなる．この問題点を例証する 2 つの例がある．まず図 11.53b では，"正しい"答えは実線であるのに対して，破線はデータにフィットする直線を引いた結果である．この 2 つのフィッティングでは，K_d（傾き）と n（x 軸切片）のいずれもが大きく異なっている．2 つ目の例は図 11.54 で，図 (a) は典型的な飽和曲線であり（これは実際の実験データである），破線は結合強度の 5% 分となるバックグラウンドシグナルを含む以外は実線のものと同じシグナルである．図 (b) で，バックグラウンドによる影響は一見，非常に強い結合が存在し，そこに弱い結合がプラスされたような結果をもたらす．しかしながら，これは完全にバックグラウンドによるアーティファクトである．

　スキャッチャードプロットはコンピューターがほとんど使われなかった時代に提唱され

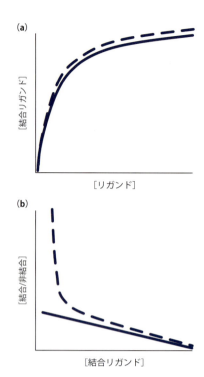

図 11.54
スキャッチャードプロットの問題点の1つ．データに対し結合のわずかなバックグラウンドについて y 軸値の補正を行わなければ (a)，スキャッチャードプロットの結果は見かけ上強い結合部位をもつように見えてしまう (b)．

たため，そのデータは直線グラフにプロットできる形に変換された．今日では，コンピューターは実際の実験データから簡単に非線形のフィッティングを行うことができ，ここからデータをどのようにして解析するべきかわかる．興味深い特徴を見つけるために，データをスキャッチャードプロット型に変換したとしても，それを解析には決して用いるべきではない．

まったく同じことが酵素反応の速度データの解析にもいえる．酵素反応の速度曲線のラインウィーバー–バークプロットの直線への変換はあらゆる種類の問題を生じる．そして今日では，実験データから直接フィッティングを行うことが容易にできるため，これを用いる必要はない．

11.7 質量分析法

質量分析法は，分子量を測定するという実に単純なものである．より正しくいえば，質量と電荷の比 (m/z) を測定している．質量分析はサンプルを気相中でイオン化させることによって行う．そのイオンは電圧によって加速され，その質量はさまざまな方法で測定される．もっとも主流なものは time of flight (TOF) と呼ばれ，その名のとおり，決められた距離を進んだときの時間を測定する．この値は m/z に比例している (図 11.55)．適切に測定すれば，質量の 0.01％の精度で，つまり 10 kDa 中の 1 Da を測定することができる．質量分析法では，イオンが偏向せず分析計に沿って飛行するように，高真空状態を維持する必要がある．

質量分析法は広範囲の質量をもった分子に適用することができる．有機化学においては，電子を分子と衝突させることによって，分子を気相中へ送り出すことができる．これらは同時に分子を表面から気相へとはじきだし，電荷を与える．しかし，この方法を生体高分子に用いると，必要とするエネルギーが大きく，質量分析が完了する前に分子が崩壊してしまう．そこでより穏やかな方法が求められる．もっとも一般的なのは，マトリックス支援レーザー脱離イオン化法 (MALDI) matrix-assisted laser desorption ionization である．通常，高分子は微結晶性の有機物質などの適切なマトリックスと混合してから測定される．マトリックスは適切な波長のレーザーを短時間照射されることで励起し，隣接しているタンパク質とともに効率的に沸騰する．タンパク質は自身の**等電点 pI** やマトリッ

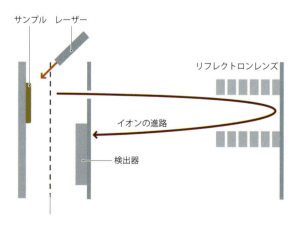

図 11.55
MALDI-TOF 質量分析計．リフレクトロンレンズとは荷電粒子に焦点を合わせ，反射させるためにつくられた電磁石コイルのことである．

クスに加えたときの pH に依存した電荷をもつようになり，ネガティブイオンモードあるいはポジティブイオンモードを必要に応じて切り替えてタンパク質を加速させると，質量分析計で測定できるようになる．別の方法として，高電圧をかけたノズルを通してタンパク質溶液を質量分析計の中へ噴射する方法もある．これをエレクトロスプレーイオン化法（ESI）electrospray ionization と呼ぶ．溶液がノズルから出ると同時に，溶媒は急速に蒸発し電荷をもったタンパク質が残る．この技法は直接クロマトグラフ分離法と接続して用いることができ，これが汎用される "hyphenated techniques"（組み合わせ技術）の1つとして液体クロマトグラフ質量分析（LC-MS）liquid chromatography-mass spectrometry がある．

MS の重要な特徴として，きわめて感度がよいことが挙げられ，質量分析計を通過するほとんどすべてのイオンを検出することができる．イオン化効率は比較的低いが，条件が適していれば，ナノグラム量（ピコモル以下）やさらにそれ以下の量からでも良質のスペクトルを得ることができる．そのため，サンプル量が限られている場合の検出技術として MS が利用されている．とくに，過剰発現させなくてもタンパク質を検出することができる．また SDS-PAGE で分離したタンパク質を検出することもできる．

ほとんどの場合，高分子は複数の箇所で電荷をもっている．このことは，m/z 比の測定における精度を向上させるので，大きな利点となる．m/z の値が 0〜5,000 の範囲を測定する分析計は 0〜50,000 の範囲を測定するものよりも高精度になるように設計されており，複数の箇所で荷電されたタンパク質は z の値が大きくなるため m/z が小さくなる．50 kDa のタンパク質の場合，電荷が増すとともに，一連のシグナルとして質量分析計で検出できる．つまり，$[M+H]^+$，$[M+2H]^{2+}$，$[M+3H]^{3+}$，$[M+4H]^{4+}$，…とイオン化されたものは，それぞれ m/z の値が 50001, 25001, 16668, 12501, …となり，複数箇所で荷電したタンパク質のシグナルはそれに応じて小さな m/z で観察される．複数の荷電をもった一連の多価イオンのピークをコンピューター上に表示させ，本来の質量を計算することは容易である．また，タンパク質中の炭素の約1％は質量数が12ではなく13であるという事実も複雑さの原因となる．そのため，"正しい"質量を得るためにはその炭素の補正をかけなくてはいけない．また，$[M+Na]^+$ などの付加イオンまで観測してしまうのもよくあることである．このことから塩を含まない溶液が望ましい．

アミノ酸の中には，質量数が一致あるいはほとんど同じものがある．たとえばイソロイシンとロイシンは同じ質量数をもつ．アスパラギン酸とアスパラギンはたった1 Da の差しかない．また，（バリン＋スレオニン）の質量数と（ロイシン＋セリン）の質量数は同一である．もちろんペプチドの質量数から配列を見出すことはできない．そのため，タンパク質の質量を正確に測定してもタンパク質の配列を同定することにはならない．また，いずれにしても，質量を的確に測定するということは通常できない．それは，多くのタンパク質は共有結合性の修飾を伴うため，配列から推定される質量よりも大きい値が出てしまうからである．それにもかかわらず，質量を測定するだけでタンパク質を同定できることがしばしばあるが，それはそのタンパク質について，宿主となる生物種，細胞質内や核内といった局在，あるいは等電点がある程度わかっている場合である．これらについては以下で詳しく述べる．

タンパク質を同定するもっとも確実な方法は，小さくて予測可能な断片に切断することである．そのために，リジン残基やアルギニン残基のカルボキシル基側のペプチド結合を切断するトリプシンがよく用いられる．これらはタンパク質中でありふれたアミノ酸残基なので，さまざまな大きさのペプチド断片が多数得られる．ペプチドはタンパク質より質量が小さいため，質量測定の正確性がより高く，信頼できる結果を得ることができる．分析計とリンクしたソフトウェアを使って，ゲノムと比較しながら得られた質量からペプチドを探索する．タンパク質から多くのペプチド断片ができるため，同じタンパク質からいくつかの識別可能なペプチドを同定することによって，元のタンパク質をそのままイオン化するよりも信頼できる結果を得られる．この方法はペプチドマスフィンガープリンティング peptide mass fingerprinting といわれている．

この方法はプロテオミクスに適している．たとえば，SDS-PAGE（*11.1）でタンパク質の混合物を分離し，目的のバンドを切り出し，トリプシンでゲル内消化したものを MS で測定すれば，未知のタンパク質を迅速に，そして正しく同定することができる（ただし，同じバンドに複数のタンパク質が混在していない場合に限る）．

タンパク質分解の方法はほかにもある．ある親イオンを m/z に基づいて選択し，多数のペプチド断片をつくる方法が多数存在する．とくに，タンパク質はアミノ酸配列上の同じアミノ酸の位置で開裂する傾向があり，アミノ酸の質量数によって区別できる多数のイオンを生じる．この方法はタンパク質の配列，少なくとも部分的な配列を決定する直接的な方法である．そのような方法は2つの質量分析計を連続して使用し，タンデム MS，または MS-MS として知られる複合技術である．

質量分析法は，原理的に共有結合性のタンパク質修飾を同定するのに適した方法であり，前述したようなペプチド分解法と組み合わせるとなおよい．たとえば，リン酸化部位の同定において，この技術は急速に発展している．

MS は定量的な技術にはあまり向いていない．なぜなら，イオン強度はもとのサンプル量とあまり関係がないからである．しかし，アイソトープラベル化された既知量のサンプルを添加（スパイク）することによって定量的な情報を得ることができる．この方法はシステム生物学とプロテオミクスにおいて用いられている．

緩やかな条件下でイオン化を行うことで，タンパク質は複合体として質量分析計で測定することができる．このように，どの成分が一緒に飛ぶかを見ることによって，タンパク質の相互作用を分析するために質量分析法を利用することもできる．酵母のエキソソーム（第9章）内にあるタンパク質組成はこのような方法で解明されている [12]．また同じような方法で，ホモオリゴマーが何量体であるのか，または，分子機械の構成が増殖条件下においてどのように変化するかを調べるために使うこともできる．あたらしく発展した技術としてイオン移動度 MS [13] があり，タンパク質複合体の断面積や構造を知ることができる．現在，質量分析計はさまざまなものがあり，それぞれ特有の活用法を有し，絶えずあたらしいものに発展している．

11.8　ハイスループット法

11.8.1　プロテオーム解析

ハイスループット（速く，かつ自動化されていること）法はゲノム規模での情報を得るために利用されている．ハイスループット法のキーポイントは速いことと，（可能ならば）網羅的であることである．トランスクリプトミクス transcriptomics はハイスループット法における理想的な研究対象である．トランスクリプトミクスの目的は，1セットの相補的 DNA がドット状に配置されたマイクロアレイチップを使って，各 mRNA 転写物がある状況下でどれだけ存在するかを測定することである．RNA シークエンスは異なるものでも，同じように精製し，取り扱うことができるので，ハイスループット性にすぐれている．ある時点でのサンプル内におけるそれぞれの mRNA の割合は，実験中のさまざまな精製段階の間ずっと変わらないので，この方法は当然定量的なものであるといえる．

しかし，ハイスループット法はサンプル中に存在するすべてのタンパク質を分析する**プロテオミクス proteomics**（*11.15）には当てはまらない．なぜならば，それぞれのタンパク質は異なる物理的な性質をもち，とても異なった振る舞いをするからである．すべてのタンパク質が同じ効率で精製できる条件を見つけることは不可能である．せめて局在ごと（たとえば，細胞質内タンパク質や膜タンパク質）のタンパク質を一緒に分析できる条件が見つからないかと期待するかもしれないが，それですら実現には程遠い．さらにプロテオミクスにおいてトランスクリプトミクスよりも重大な問題点は，それぞれのタンパク質は細胞中で濃度がまったく異なり，真核生物においては1つの細胞内で1コピーから100万コピーのものまで多様であるということである．

---

*11.15　プロテオミクス

プロテオミクスという言葉を違う意味で用いることがある．一般的にサンプル（またはある種属）中のすべてのタンパク質を定量的に解析することを意味するが，タンパク質の機能や役割を同定するという意味ももつ．初期の1994年には，"タンパク質がどのような修飾を受けるか，いつどこで発現するか，どのような代謝経路に関わってどんな相互作用をしているかについて研究する学問"と定義された [29]．つまり，プロテオミクスは，選択的スプライシングのような共有結合性の修飾と同様に，翻訳後修飾の同定についても明確に意味している．翻訳後修飾は2次元ゲル電気泳動（たとえば，ウェスタンブロッティングで抗体を使って同定される）によって検出することができ，リン酸化された量の差異は，単一のスポットとしてよりむしろ水平に一連のスポットとして現れる．この章で述べたように，それぞれのタンパク質は物理的性質が大きく異なり，すべてのタンパク質を同程度に精製するということは簡単ではないため，いまだ信頼すべきプロテオミクス解析法にはいたっていない．プロテオミクス解析における主要な方法には，2次元ゲル電気泳動法，質量分析法，免疫学的手法，また共有結合性修飾を識別する方法やタンパク質間相互作用を解析するハイスループット法などがある．プロテオミクスにおける大きな問題点は，細胞内のタンパク質濃度があまりにも幅広く，多様であることである．たとえば酵母において，興味深いタンパク質の多くは1つの細胞内にたった数分子しか存在しない．一方で，もっとも量の多いタンパク質は500,000分子以上存在している [30]．

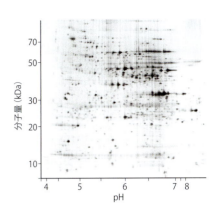

図 11.56
2次元ゲル電気泳動．タンパク質のリン酸化は分子量の変化は少ないが，等電点が大きく変化する．あるタンパク質に複数のリン酸化部位があれば，2個またはそれ以上のスポットが水平に現れる．この図では複数のタンパク質がその特徴を示している．

プロテオミクスの目的は，ある生育条件下で細胞内または細胞内区画にどのようなタンパク質があるのか分析することである．そして，生育条件や遺伝子型の違いによるタンパク質含量の変化をしばしば比較する．プロテオミクスでは2次元ゲル電気泳動（図 11.56）がよく利用されている．タンパク質混合物を2次元ゲルの1ヵ所の角にアプライし，一段階目の**等電点電気泳動** isoelectric focusing を行うことによって，それぞれのタンパク質を **p***I* に基づいて分離する．分離する p*I* の範囲を選択することで，異なる分離結果が得られる．その後，ゲルを90°回転し，SDS-PAGE によって分子量に基づく分離を行う．分離した結果は銀の塩などで染色する（クマシーブリリアントブルーよりも感度が高い染色）．染色されたスポットはさまざまな方法で調べることが可能だが，質量分析法がよく用いられる．切り出したスポットをトリプシン消化し，複数のペプチド断片に処理して解析するのが一般的だが，ゲルをそのまま直接 MALDI-TOF 分析装置で解析することもできる．

この方法は量の多いタンパク質にのみ適しており，膜タンパク質の場合，まったくゲル上を泳動されず分離できないので適さない．全タンパク質のうち，ほんの一部しか2次元ゲル上で可視化することができないということが容易に予想できる．良質な2次元ゲルでも，せいぜい数百のタンパク質しか分離できない．ヒトゲノムは約 25,000 のタンパク質をコードしており，1細胞当たり約 10,000 のタンパク質が発現していると予想されている．しかし，**選択的スプライシング** alternative splicing や翻訳後修飾を含めると最大 100,000 の異なるタンパク質がそれぞれの細胞で発現している（選択的スプライシングによって2倍，3倍とタンパク質が増加し，一方で翻訳後修飾では4倍，5倍と増加する）．つまり，実際には全タンパク質のたった1%しか検出することができない．膜タンパク質に関しては，分離前にタンパク質を分解し，細胞膜外の部分を同定することにより解析する方法がある．しかし，この手法は現在も引き続き改良段階にあり，これは細胞内の全タンパク質を完全に解析するための重要な要素となる．

プロテオミクス解析に基づく異なるタンパク質の存在比は，トランスクリプトミクス解析から予想される量と比較して相関関係が低く，非常に興味深い．つまり，mRNA の転写量が増加したからといって，必ずしもタンパク質の発現の増加にはつながらないのである．この事実がどれくらい正しく，どれくらいノイズや実験の難しさに由来する結果であるかは今のところわかっておらず，重要な問題である．しかし，ある程度は，より定量的に目的のタンパク質を解析できる**ウェスタンブロッティング** western blotting（*11.16）によって明らかにすることができる．プロテオミクス解析結果よりもウェスタンブロッティングの結果の方が，実際の転写レベルとより相関性があるといえる．また，タンパク質間の相互作用は**プルダウンアッセイ** pull-down assay によって解析することができる．

11.8.2 タンパク質間相互作用—イーストツーハイブリッドスクリーニング法

プロテオミクスの重要な目的はタンパク質の相互作用ネットワークを同定することにある．この目的を達成するための主要な2つの方法として，ツーハイブリッドスクリーニング法と TAP 法がある．これらの方法の目的はそれぞれ異なる．ツーハイブリッドスクリーニング法は，ある標的タンパク質と別のタンパク質の間にある相互作用，つまり二者間の相互作用を特異的に抽出する方法である．一方 TAP 法は，複合体の中で標的タンパク質と結合するすべてのパートナーを見つけることを目的とした方法である．ツーハイブ

*11.16 ウェスタンブロッティング

ウェスタンブロッティングは SDS-PAGE 上にあるタンパク質を膜に電圧をかけることによって転写する（図 11.16.1）．膜は特定のタンパク質を検出する抗体で反応させる．ゲル上に多くのタンパク質が存在している中からでも，特定の抗原を識別し，定量することができる．

図 11.16.1
ウェスタンブロッティング

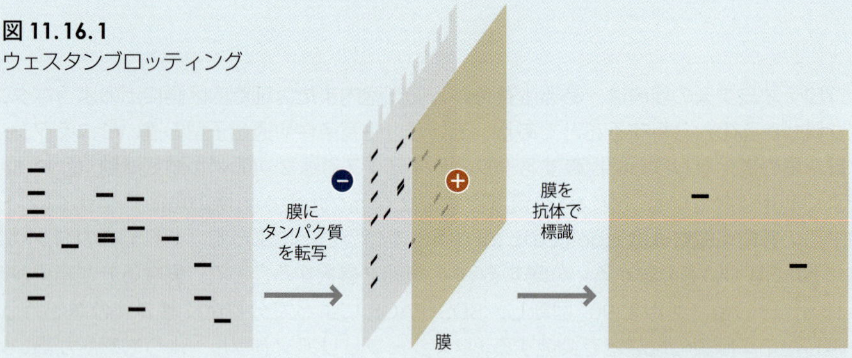

リッドスクリーニング法においては，膨大な偽陽性（*in vitro* では相互作用がみられたが，*in vivo* ではそのような相互作用がみられないこと）に苦しむのが一般的である．第 9 章である程度詳しく述べたが，このような偽陽性を生じることは事実だが，*in vitro* と同様に *in vivo* において，タンパク質が多くの弱い相互作用を示していたとして，それが，機能的相互作用なのか，単に"アーティファクト"なのかは不明瞭である．

ツーハイブリッドスクリーニング法（図 11.57）は標的タンパク質が相互作用する相手を探し出すための単純で迅速な方法である [14, 15]．スクリーニングには活性を簡単に検出できるレポーター遺伝子が使われる．よく用いられるのは，大腸菌の *lacZ* 遺伝子であり，5-ブロモ-4-クロロ-3-インドリル-β-D-ガラクトシド（X-Gal）5-bromo-4-chloro-3-indolyl-β-D-galactoside を含む培地で育った細胞は青くなるため，活性を検出することができる．*lacZ* 遺伝子は上流活性化配列（UAS）upstream activation sequence として知られている DNA の近傍領域に，転写活性ドメインをもつタンパク質が結合した場合に限り，活性化する．未修飾の細胞では，このタンパク質は 2 つのドメインをもつ．1 つは DNA に結合するためのドメインで，もう 1 つは転写活性ドメインである．図 11.57 で示すように，このタンパク質を 2 つのパーツに分割することでタンパク質間相互作用の同定に利用できるようになる．DNA 結合ドメインは推定上の二量体化ドメイン（ベイト）に付加され，転写活性ドメインはベイトと二量体化することが予想されるライブラリーのクローンタンパク質（プレイ）に付加される．2 つの二量体化ドメインが相互作用したときに限り，レポーター遺伝子上流の正しい位置に転写活性ドメインが存在できるようになる．結果として，レポーター遺伝子が活性化されて，青いコロニーが出現する．

11.8.3 タンパク質間相互作用—TAP 法

TAP（tandem affinity purification：タンデムアフィニティ精製）法とは少量のタンパク質を精製し，相互作用する可能性のあるあらゆるタンパク質を細胞から抽出する方法である [16]．これは，通常の精製に用いられる His タグ，すなわち His_6 配列をタンパク質末端に付加する方法を応用したものである．この配列はニッケルなどの金属イオンと結合するが，普通のタンパク質は親和性をもたないため，ニッケルアフィニティカラムを使うことで，1 ステップで精製することができる．TAP 法では，2 つのタグを連続で付加させる（図 11.58）．一般的にはタンパク質の C 末端側にカルモジュリン結合性のペプチドを付加させ，続いて TEV（tobacco etch virus）プロテアーゼの認識サイトを付加し，さらに続いてプロテイン A をつなげる．プロテイン A は IgG と結合する．したがって，タグ

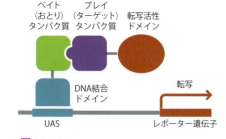

図 11.57
二量体化するパートナータンパク質を同定するツーハイブリッドスクリーニング法

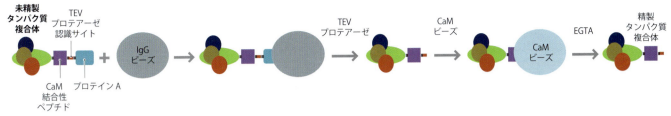

図 11.58
タグ付加タンパク質と結合するタンパク質を分離するための TAP 法．インタラクトームの適用範囲を広げるために，すべてのタンパク質に TAP-タグをつけたり，C 末端が相互作用領域で，タグがその相互作用を妨害してしまう場合，N 末端と C 末端両方にタグをつけたりする．CaM はカルモジュリン，CaM-bp はカルモジュリン結合ペプチドである．

　付加されたタンパク質は最初に IgG ビーズで精製された後に TEV プロテアーゼでプロテイン A の部分を取り除く．次にそのタンパク質はカルシウム存在下で，カルモジュリンビーズによって精製される．カルシウムはカルモジュリンの正しいフォールディングに必要とされる．続いてエチレングリコールテトラアセテート（EGTA）ethylene glycol tetraacetate を流すことによって，カルシウムを除去し，タンパク質を溶出させる．2 段階目のアフィニティステップでは，精製法として独立しているのと同時に，TEV プロテアーゼの除去に役立つ．この方法は再現性がよく，高純度で精製できるため，過剰発現することなく，非常に純度の高いタンパク質を調製できる．タグを付加したタンパク質と同時に共精製されたタンパク質は，通常，複合体としてゲルで泳動後，相互作用する分子に対応するバンドを切り出し，トリプシンなどのプロテアーゼでゲル内消化した後，得られたペプチド断片を質量分析することで同定する．トリプシン処理した複数の断片が，同じ全長タンパク質と完全に一致すれば，もとのタンパク質を同定できたと考える．穏やかな条件でサンプル処理を行うことで，複合体をおよそ本来の結合比のまま精製できるため，この方法は複合体の精製，解析によく用いられる．しかし，洗浄過程で弱い相互作用による複合体は解離してしまうことに留意しなければならない（第 9 章の問題 N3 参照）．第 9 章で述べたように，多くの重要な複合体（メタボロンと思われるものなど）は TAP 法では検出できないほどに相互作用が弱い．また，キナーゼ-基質複合体や TNF 受容体下流の TRAF-TRAD 複合体などは，観察したくても，おそらく結合力が弱すぎてそのままでは精製できない．

　ここで，タンパク質やその相互作用を同定するために使用するプロテインマイクロアレイについても言及すべきである．一般的に，顕微鏡スライドなどの表面に一連の抗体が結合しているアレイを用いる．このアレイはタンパク質混合物の捕捉と解析に用いられる．この方法では，2 次元ゲルのときと同様に，それぞれのタンパク質の安定性と可溶性が異なることが問題となるが，異なる条件で比較を行う際には，定量的で信頼できる方法として非常に有用である．

11.9　コンピューター活用法

11.9.1　バイオインフォマティクス

　この章の最後に，タンパク質研究におけるコンピューター活用法に目を向けよう．その手法は多岐にわたるため，そのなかでももっとも重要なものや，本書に登場したものについて述べる．迅速で比較的簡単なコンピューター解析はリモートサーバーで実行できるが，その反面，スーパーコンピューターや専門的なユーザーが必要となる．ここでは，よりシンプルな手法から順に述べていくが，まず，**バイオインフォマティクス bioinformatics**（*11.17）としてよく知られる非常に重要な分野から始めよう．

　タンパク質についてよく問われることは，その配列がほかの既知配列と相同性があるかということである．これは単純な質問で，もし既知のものと相同的な配列をもつならば，答えもまた非常に単純であるが，配列が大きく異なるならば，より複雑なものになる．相同性検索プログラムの中でもっとも人気のあるものが NCBI の BLAST である．ほかのプログラムと同様に，BLAST は配列一致率の高い順に，尤度スコア（E 値）とともにヒット

*11.17　バイオインフォマティクス
バイオインフォマティクスの定義は多数存在するが，一般的なものは，コンピューター解析を用いて生物学的課題を研究することである．もともと，タンパク質配列アライメントにおいて用いられていたが，11.9.1 項で述べるように拡大解釈されるようになった．最新の，もっとも目覚ましいバイオインフォマティクスの進歩はシステム生物学（11.9.3 項），つまり生物システムを完全にモデル化する領域である．一般的に，どんな生物システムにおいても，役立つモデルを構築するのに十分なデータを得られていないが，今後発展していくことは間違いない．

*11.18 部位特異的変異導入

部位特異的変異導入（SDM）site-directed mutagenesis は、ポリペプチド鎖上にあるアミノ酸をコードしている遺伝子を改変することにより、別のアミノ酸に置換する方法である。SDM は目的の場所に変異を導入したプライマーを用いて PCR を行うことで比較的簡単に行うことができる。PCR はエラーを誘発することがあるので、変異を導入したプラスミドについて配列を決定し直すことが望ましい。しかしながら、変異を解釈するのは簡単なことではない（たとえば、章末の問題 1 参照）。構造上重要な残基の変異はしばしばタンパク質の誤った折りたたみにつながり、それゆえ発現量の低下を起こす。触媒残基の変異は酵素の不活性化をもたらす。しかし第 5 章で述べたように、結合と触媒は密接に関連し合い、酵素の"結合部位"残基の変異はしばしば V_{max} に変化をもたらすのに対し、"活性部位"残基の変異はしばしば K_m に変化をもたらす。変異はしばしばタンパク質構造の再構築を引き起こす。このことは熱力学的測定の解釈をとくに難しくするので、たいてい変異タンパク質の構造を必要とする。これらの理由から、Glu を Gln や Asp、Phe を Tyr、Leu を Val のように大きな構造変化をもたらしにくい比較的小さな変異を導入することがきわめて有効である。荷電をもつ残基の変異は、精製および安定性に影響するタンパク質の pI を変化させるため意味がない。

リストを出力する。E 値はまったく偶然に配列が一致する期待値である。このようなプログラムは、モチーフ同定やマッチングにも用いられる。

問題の 1 つは、挿入や欠失（インデル）をどのように処理するかということである。2 つの相同的なタンパク質にインデルの可能性がある場合、よく考慮しなければならない。インデルは短いものが一般的であるが、どの長さでもあり得る。さらにインデルは基本的に二次構造をとっている領域よりもループ領域において起こる。プログラムが異なるとインデルの処理法も異なる。第 2 章で述べたように、タンパク質はドメインを形成し、相同的な配列は同じパターンに適合すると予想される。ドメイン内の配列はよく適合するが、ドメイン外の配列を含むと適合できる率は急激に低下する。それゆえ相同性検索においては、数種類の長さの配列で試行するのが得策である。しかし、偶然に類似配列をもつことは簡単に起こるので、短い配列の相同性検索は難しい。同じことが複雑性の低い配列にもいえる。

現在では弱い相同性の識別が容易な多重アライメントを用いて、はるかに高度な検索を行うことができる。PSI-BLAST はそのようなプログラムの例である。

配列比較は非常に有用であり、たとえば、どの残基が**保存** conservation されているか示してくれる。その結果から、なぜこの配列が保存されているのかについて研究できるようになる。第 1 章で述べたように、構造的（グリシン、プロリン、システイン、高い疎水性）あるいは、機能的（活性残基、相互作用部位）に意味のある残基なのかもしれない。どちらの場合も、**部位特異的変異導入 site-directed mutagenesis**（*11.18）などによってそれらの理由を理解する必要がある。

バイオインフォマティクスは、主にタンパク質配列のような線形の配列を扱う。本書に登場した代表的な応用例は、二次構造予測、膜貫通領域同定のための疎水性親水性指標プロットの利用、標的配列の同定、進化的相関の解明を目的とした配列比較である。大きなゲノムセンターでは、公開される膨大な量のデータの意味付けや、有用な形でデータベースへのデータ集約を試みるため、バイオインフォマティクスのグループをもっている。ゲノム研究における大きな問題は、配列からタンパク質の機能を予測する**アノテーション** annotation である。既知機能をもつタンパク質との高い相同性は、第 1 章で述べたように、機能を予測する重要な指針となるが、例外が存在する。典型的な問題点は、タンパク質内の異なるドメインがそれぞれ異なった機能をもつ場合に、いくつかのアノテーションがマルチドメインタンパク質の機能として判断してしまうことである。アノテーションはその"間違った"ドメインを使って相同タンパク質とみなしてしまう。このような間違ったアノテーションの割合は小さくても、間違いを探し出すことは容易ではない。

バイオインフォマティクスは 3 次元構造予測も可能である。主要なプログラムは配列から 3 次元構造を予測する。これらについては後述するが、非常に重要な課題である。なぜなら、構造がわかっていない一次配列データの数は構造がわかっている配列データの数に比べて少なくとも 100 倍以上あり、その差はさらに広がりつつあるからである。すべての既知タンパク質の構造を実験的に決定できるとは限らない。3 次元構造の比較や、結合部位の同定、さらにはタンパク質間相互作用を予測するプログラムがある。また、pK 値の計算、タンパク質の結合、静電ポテンシャルの計算などのためのプログラムも多く存在する。

11.9.2 動力学的シミュレーション

この種のプログラムには、さらに多くの計算時間が必要となる傾向があり、解析には専門家が必要となる。これらのプログラムは演算の細部が多種多様である。もっとも顕著な例は**分子動力学** molecular dynamics プログラムである。この手法では、ニュートン力学を用いてタンパク質の動態をシミュレーションする。それぞれの原子に質量と部分電荷を割り当て、クーロン力と斥力、ファンデルワールス力と斥力、結合振動と屈曲、角度、水素結合、ときには二面角のような原子間の全作用をモデル化する。物理的な力は低分子にみられる物理的要素に基づいている。しかし、分子動力学プログラムの最終目標は実験

的観測結果を再現できるかどうかである．それゆえ実験結果を再現するような構造や分子運動性になるよう，実験データに基づいてパラメーターを変化させる．これら物理的な力はまとめて**力場** force field と記述される．分子とその分子間力を設定すると，ある設定温度下でボルツマン分布（*5.2 参照）にしたがって原子はランダムな速度をもつ．それぞれの力場により加速度が生まれ，速度は変化する．それから，非常に短い時間だけ原子に運動させた後，もう一度すべての計算を行う．一般的には 1 fs（10^{-15} s）ごとに計算し，たいてい数百ピコ秒以上シミュレーションを行う．そのため，多くの演算が必要となる．演算に必要な CPU 時間はシミュレーションの原子数と力場の設定条件の厳密さに著しく依存する．そのような演算特有の問題は水分子をどう扱うかである．水はタンパク質の運動性を決定するのに重要である．しかしながら，溶媒の"末端"で何が起こっているのかを気にする必要がないように，タンパク質を効果的に溶媒でおおうためにはさらに何千もの原子を必要とし，演算の規模が著しく大きくなる．膨大な量の溶媒分子を含めなくてもよいように，さまざまな"連続体"やほかのモデルを使う方法がある．

　力場の正確性は，実験で得た構造を再現できるかどうかで判断するとよい．たとえばもし，"真の"構造に可能な限り近い高分解能の X 線結晶構造が得られていたとし，これについて分子動力学におけるエネルギーの最小化の計算を行ったならば，結果として得られる構造は結晶構造に比べ平均二乗偏差で約 1 Å の差異になるであろう．このことはつまり，これが正確性の高い力場であるということを示している．

　NMR 構造の構造計算に用いられる拘束条件付き分子動力学プログラムは，完全な分子動力学プログラムの簡易版であって，単に最低限の演算を行うものであり，現実的な分子動力学計算プログラムとしては設計されていない（本章の序盤により詳細な記述がある）．これらは焼きなまし法（グローバルなエネルギーの最小化を図るために，システムの温度を段階的に下げていく手法）も利用できる．

　興味深いタンパク質の動きの中にはマイクロ秒より長い時間尺度で起こるものがある．第 6 章で述べたように，これらは誘導適合/配座選択によるものであり，多くは基質，遷移状態，もしくは生成物を酵素が認識する機構である．これは従来の分子運動よりも時間尺度が桁違いに長い．このような分子運動性を観察する方法がいくつかある．昔から現在まで用いられる有用な方法は，動きの固有振動を確認することである．静的構造内での固有振動はタンパク質内のある部分とほかの部分との動きの相関を解析して求められる．大規模な相関解析は低エネルギー固有の振動となり，第 6 章で述べたように，遅い分子動態であると考えられる．

　より遅い動力学を解析する別の方法としてモンテカルロ法がある．この手法（さまざまな解析に適用可能で，分子動力学のみではない）ではシステムが大きく異なり，得られた構造のエネルギーが推定される．もしエネルギーが最初のエネルギーより低いときは，あらたな構造に変化している可能性が考えられる．もしエネルギーが高いなら，シミュレーションで設定した温度におけるボルツマン分布に従って構造をとる（それゆえモンテカルロという名前は発見したカジノに基づいている）．これは，潜在的に大きなエネルギー障壁を越える方法を見つける必要がないので，立体配座空間の大きな領域を効果的に探索するよい手法となる．遺伝的アルゴリズム（*1.21 参照）も同じ目的のために利用されている．

　タンパク質の折りたたみも秒単位の長い時間尺度で起こる．この領域の計算法は 2 つのカテゴリーに分類できる．いくつかのものは，タンパク質の折りたたみの原理を調べることを目的としており，各アミノ酸残基につき 1 つの点を用い，この点を正規格子に当てはめながらタンパク質を折りたたんでいくという，非常に単純化されたタンパク質のモデルを利用することが多い．ほかのものはタンパク質の構造予測が目的である．これらは幅広い手法を利用するが，一般には，タンパク質内の局所的相互作用と長距離の相互作用のモデルに基づいて，伸長したペプチド鎖を折りたたむためのアルゴリズムを使用する．第 1 章で述べたロゼッタプログラムは現在もっとも成功率の高い方法である（この方法は CASP の名で知られるもっともすぐれたタンパク質構造予測プログラムを探す"コンテス

ト"で評価された）．タンパク質構造予測は明らかに構造生物学の鍵となる目標である．既知構造と配列類似性の高いタンパク質については成功率が高いが，構造予測ができると本当に主張できるようになるまで，もしくはどうやって構造予測をすればいいのかを理解するまでにはいまだに長い道のりがある．

　タンパク質の安定性，構造，動力学，あるいは折りたたみにおけるすべての計算において，通常，算出される変数はエンタルピーである．エントロピーの計算は，さまざまな構造の相対頻度が必要となるために，構造的により広い表面エネルギーを計算しなければならず，はるかに困難である．このため，自由エネルギーの計算は現在でもかなり精度が低いままである．

　タンパク質構造と運動性の正確な計算には量子力学が必要である．とくに，化学結合の生成と切断の計算には電子軌道の分析が必ず必要となるので，反応がいつどのように起こるのかを計算する際に必要となる．これらの計算は桁違いに難しい上に時間がかかり，タンパク質全体を完全に量子力学的に解析することはいまだに莫大なコストがかかる．一般的には，いくつかの方法が組み合わされる．化学結合とその周辺領域は量子力学を利用して計算される．しかし，さらに離れた領域に関しては，より速いが正確性の低い方法を用いて計算される．

　本章と第6章でも述べたことをもう一度述べるが，大半の実験手法（たとえばタンパク質構造，動力学（酵素触媒反応を含む），折りたたみ測定など）は，集合体の平均を観測しているにすぎない．そのため，個々の分子レベルに関する情報はほとんど，あるいはまったくない．個々の分子が何をしているかを調べるただ1つの方法がコンピューター解析であるといってよい．それゆえ実験に対して重要でますます信頼できる情報を補完する手段となっている．

11.9.3　システム生物学

　システム生物学は1つの，あるいは一連の手法を意味する言葉ではない．本書の構成全体に関係する生物学的なシステムについて考える概念である．まさしく生物システムは各パーツの集合体以上のものであり，それぞれが相互作用することによって，個々のパーツの中には存在しなかったあたらしい，創造的な特性を生み出せることを示唆している．したがって，システム生物学の研究は2つの強く関連し合う要素，すなわち既知の生物学的構成要素の特性評価と，これらの構成要素がどのように相互作用するのかのモデル化から構成されている．この特性評価とモデル化は，ある構成要素の機能変化によりもたらされる影響などを正確に予測できるようなモデルを構築するため，十分厳密に行われるべきである．

　この種の研究はまだ始まったばかりである．もっとも成果を上げた研究の1つは心臓のモデル[17]である．モデルは筋細胞で構成されており，これらの細胞が3次元構造中で組織化されている．さらにモデル中には神経終末，イオンチャネル，イオンポンプなどが含まれている．そして"オン"にしたときの心臓の鼓動を予測し，疾病の状態（チャネルへのダメージなど）や薬の効果をみるモデルとして用いられる．このようなモデルの構築には，生物学者とモデル制作者の間で密接な協力が必要である．少なくともいくつかのケースにおいて，タンパク質がどのように働くのか理解するために次に何が必要なのかを教えてくれるかもしれない．

11.10　章のまとめ

　本章では，タンパク質の構造や機能を解析するうえで用いられる主要な手法について簡単に概説してきた．そのため，分子生物学的手法については網羅していない．構造解析でもっとも用いられるX線結晶構造解析は，より迅速に，よりオートメーション化されてきたものの，エラーが起きていないか，人が確認する必要がある．NMRも構造決定に有用な手法であるが，動力学解析においてより貢献度が高い．電子線回折はより時間がかか

り，膜タンパク質解析にのみ多用されるが，電子顕微鏡および AFM は大きなタンパク質集合体の解析に用いることができるため，第 9 章で述べたような，あまり解析の進んでいないタンパク質複合体についての情報を得る重要な手法である．さまざまな分光学的手法により，あまり一般的ではなかった特殊な機能をもつ集団や発色団についての情報を得ることができるようになった．蛍光は細胞内の分子局在を同定したり，蛍光分子間の距離をリアルタイムに測定したりでき，さらに，1 分子解析も行える．

質量分析法はタンパク質配列や，さらに複合体の同定など，多種多様な手法で必須な技術となってきている．また，ハイスループットにタンパク質を分離・同定するプロテオミクスでも利用される．ハイスループット技術は，タンパク質が多様な物理学的特性をもつことからいまだ困難な技術であるが，ゲノムワイドな情報を得るために重要な開発目標である．

コンピューター技術は実験技術を補う手法である．とくに，実験では平均値しか得られない個々の分子レベルでの特徴づけを行うことができる．また，タンパク質を比較し，配列と構造を解析する場合にも用いられる．そのなかで期待されるあらたな分野がシステム生物学である．これは，異なる場所に存在するものがどのようにシステムとしての性質をもつのか明らかにするための情報を統合しようとするものである．

11.11 推薦図書

NMR

より詳細な書籍は数多く存在する．より"化学的"には，Derome 著『Modern NMR Techniques of Chemistry Research』[18] またはその後継者である Claridge 著『High-resolution NMR Techniques in Organic Chemistry』[19]，Sanders and Hunter 著『Modern NMR Spectroscopy：a Guide for Chemists』[20] を薦める．よりタンパク質について詳しく，最適なのは，Wüthrich 著『NMR of Proteins and Nucleic Acids』[21] である．さらに，Neuhaus and Williamson 著『The Nuclear Overhauser Effect in Structural and Conformational Analysis』[22] は NOE だけでなくスピンや緩和についての基礎および 2 次元 NMR についてとても明快に記述してあるため，ここに挙げておく．

X 線結晶構造解析

Rupp 著『Biomolecular Crystallography』[23] はこれまでに出会った中で最高の教科書である．

さらに，Rhodes 著の『Crystallography Made Crystal Clear』[24] も推薦する．

バイオインフォマティクス

A.M.Lesk 著『Introduction to Protein Science』[25] はこの分野のすぐれた入門書である．プロテオミクスやシステム生物学についての記述もある．

ほかの技術に関しては，ほとんど製品の製造元の Web サイトに詳細に記述されていることが多い．分子生物学の入門書としては Lodish et al. 著の『Molecular Cell Biology』[26] がすぐれている．

11.12 問題

以下の問題についてのヒントは本書の Web サイトでみることができる．

1. T4 リゾチームは T4 バクテリオファージが産生する加水分解酵素であり，96 番目の Arg 残基はヘリックス内に存在する．アルギニン側鎖の炭化水素（$C\beta$, $C\gamma$, $C\delta$）は埋没し，疎水性残基と接触しているが，正荷電をもつ部分は表面に露出して主鎖のカルボニル基と 2 つの水素結合を形成している．この残基をほかの 19 アミノ酸

表 11.3 T4 リゾチーム Arg96 変異体の安定性

タンパク質	ΔT_m (℃)	$\Delta\Delta H$ (kJ mol^{-1})	$\Delta\Delta G$ (kJ mol^{-1})
野生型 (Arg 96)	0.0	0.0	0.0
R96K	−0.2	＋8	0.0
R96Q	−1.4	＋29	−1.3
R96A	−5.1	−80	−8.4
R96V	−6.4	−96	−10.0
R96S	−7.0	−75	−10.9
R96E	−7.0	−13	−10.5
R96G	−7.1	−67	−10.9
R96M	−7.1	−92	−11.3
R96T	−7.6	−50	−11.7
R96C	−7.7	−151	−12.1
R96I	−7.9	−80	−12.1
R96N	−8.0	−46	−12.6
R96H	−8.3	−63	−13.0
R96L	−8.6	−92	−13.4
R96D	−9.5	−50	−14.6
R96F	−11.5	−117	−17.6
R96W	−12.8	−172	−18.8
R96Y	−13.2	−155	−19.7
R96P	−15.5	−138	−23.0

自由エネルギー変化は pH 5.35 における変性実験により算出した．$\Delta T m$ は野生型の Tm（この pH においては 66.6℃）との差を示す．$\Delta\Delta H$，$\Delta\Delta G$ はエンタルピー変化および自由エネルギー変化に関して野生型における変化量との差を示す．(B. H. M. Mooers, W. A. Baase, J. W. Wray, and B. W. Matthews, *Protein Sci.* 18：871-880, 2009 より．John Wiley & Sons より許諾)

すべてに置換した結果が表 11.3 である [27]．ここからタンパク質の安定性について何がいえるか？とくに，(a) 疎水性側鎖，(b) 側鎖の大きさ，(c) 側鎖末端との適当な静電相互作用，はどのように重要であるか？

2. 高分解能の膜タンパク質構造の数が少ない理由を説明せよ．
3. 以下の翻訳後修飾を検出するために，どのような技術を，なぜ用いるか？(a) 3 ヵ所のセリン残基の相対的なリン酸化量．(b) ヒストン N 末端のリジン特異的なメチル化およびアセチル化．(c) 1 つまたは多数のユビキチン化．(d) 分泌タンパク質の糖鎖付加．(e) チロシンの硫酸化．質量分析法はおよそ 0.01 ％以下の誤差で正確に質量を測定できる．つまり，質量分析法はこれらの修飾のほとんどを検出できる．しかし，すべてにおいてベストで，一般的な方法であるわけではない．たとえば，リン酸化が 3 ヵ所のセリン残基で起こり得るとき，そのなかのどの残基がリン酸化されたか述べることができるだろうか？

4. なぜタンパク質の NMR 研究はほとんどが ^{13}C, ^{15}N ラベル化タンパク質を用いるのか？また，大きなタンパク質の場合，なぜ ^{2}H ラベル化タンパク質を用いるのか？とくに構造解析を行う際に，^{2}H ラベルを用いる問題点とは何か？

5. 多くの NMR スペクトロメーターが現在クライオプローブと呼ばれる冷却プローブを用いている．それらの何が，なぜ有用なのか？

6. (a) タンパク質構造決定における正確度 (accuracy) と精密度 (precision) の違いを説明せよ．X 線と NMR 構造を比較すると，どちらがより精密か？そしてどちらがより正確か？ (b) 結晶構造の正確さを決めるためには何を計算するか？ NMR 構造の場合についても答えよ．

7. 結晶構造は通常，きわめて高いイオン強度の沈殿剤条件下で，きわめて低温度で，さらに，タンパク質の規則正しい結晶様配列から得られる．これが構造を非生理的にするという証拠はあるか？

8. (a) BLAST と PSI-BLAST の違いは何か？ (b) *Rhodobacter sphaeroides* 由来 PufX タンパク質について BLAST 検索しなさい (Expasy UniprotKB のようなタンパク質データベースでまず配列を検索し，NCBI の Web サイトなどから BLAST 検索する必要がある)．E 値とは何か？どの配列が真のホモログといえるか？得られた結果から，そのタンパク質の機能を予測できるだろうか？

11.13　計算問題

N1. 遷移におけるエネルギー E は $E = h\nu$ (h はプランク定数 $h = 6.626 \times 10^{-34}$ Js) により周波数 ν と関連している．ボルツマン分布 $N_1/N_2 = e^{-\Delta G/kT}$ は，自由エネルギー ΔG の異なる 2 つの状態 N_1 と N_2 の存在比を示す．ここで，T は絶対温度，k はボルツマン定数 (1.4×10^{-23} JK^{-1}) である．この 2 つの方程式は 500 MHz において低スピン状態の ^{1}H 核の余剰成分を計算するときに用いる．900 MHz ではどのくらい改善されるか？磁石の強さはエネルギー差に比例するので，この数値はとても重要である．そのため，できるだけ大きな周波数が求められる．

N2. 表 11.1 を用いて，成熟した（分泌後の）トリ卵白リゾチーム（まず配列を得る必要がある）のモル吸光係数を計算せよ．同じことを Expasy などの Web サイトを利用して求めよ．最後に，Web を用いて実際の値を求めよ．求めた値は有意に異なっているだろうか？ 1 cm 長のセルで 0.308 吸光したときのリゾチーム溶液の濃度を求めよ．

N3. *11.11 の情報を用いて，入射角 60°のときの計算上の油浸対物レンズの開口数を求めよ．このレンズを用いて得られる最高の分解能はいくつか？

N4. サソリ毒 (64 残基，分子量 7,250 Da) の結晶は，長方結晶 ($49.94 \times 40.68 \times 29.93$ Å^3) である．単位格子内には 1 分子が存在している．格子内のタンパク質濃度 (mg ml^{-1} および mM) を求めよ．この濃度を原核細胞内のタンパク質濃度と比較するにはどうしたらよいか？

N5. 結晶内の典型的なタンパク質濃度はおよそ 1.4 g ml^{-1} である．この値をタンパク質 1 分子の大きさを予測するのに用いよ．また，求めた値を問題 N4 の単位格子の大きさと比較し，どのくらいの空間が水分子に占有されていないか計算せよ．20℃において，水分子濃度は 0.998 g ml^{-1} である．単位格子内に水分子はいくつ存在すると考えられるか？また，結晶構造内で，89 分子のみ同定されたとき，残りはどこに存在するか？

11.14　参考文献

1. S Brenner (2004) Interview. *Discover* 25(4).

2. A Kornberg (2003) Ten commandments of enzymology, amended.

3. S Gräslund, P Nordlund, J Weigelt et al. (2008) Protein production and purification. *Nat. Methods* 5:135–146.
4. Y Shen, O Lange, F Delaglio et al. (2008) Consistent blind protein structure generation from NMR chemical shift data. *Proc. Natl. Acad. Sci. USA* 105:4685–4690.
5. MP Williamson & CJ Craven (2009) Automated protein structure calculation from NMR data. *J. Biomol. NMR* 43:131–143.
6. V Cherezov, DM Rosenbaum, MA Hanson et al. (2007) High-resolution crystal structure of an engineered human b_2-adrenergic G protein-coupled receptor. *Science* 318:1258–1265.
7. N Grigorieff, TA Ceska, KH Downing et al. (1996) Electron-crystallographic refinement of the structure of bacteriorhodopsin. *J. Mol. Biol.* 259:393–421.
8. HR Saibil (2000) Macromolecular structure determination by cryo-electron microscopy. *Acta Cryst. D* 56:1215–1222.
9. J Frank (2001) Cryo-electron microscopy as an investigative tool: the ribosome as an example. *BioEssays* 23:725–732.
10. J Berriman & N Unwin (1994) Analysis of transient structures by cryomicroscopy combined with rapid mixing of spray droplets. *Ultramicroscopy* 56:241–252.
11. E Jöbstl, JR Howse, JPA Fairclough & MP Williamson (2006) Noncovalent cross-linking of casein by epigallocatechin gallate characterized by single molecule force microscopy. *J. Agric. Food Chem.* 54:4077–4081.
12. CV Robinson, A Sali & W Baumeister (2007) The molecular sociology of the cell. *Nature* 450:973–982.
13. G von Helden, T Wyttenbach & MT Bowers (1995) Conformation of macromolecules in the gas phase: use of matrix-assisted laser desorption methods in ion chromatography. *Science* 267:1483–1485.
14. S Fields & R Sternglanz (1994) The two-hybrid system: an assay for protein–protein interactions. *Trends Genet.* 10:286–292.
15. E Warbrick (1997) Two's company, three's a crowd: the yeast two hybrid system for mapping molecular interactions. *Structure* 5:13–17.
16. A Dziembowski & B Séraphin (2003) Recent developments in the analysis of protein complexes. *FEBS Lett.* 556:1–6.
17. D Noble (2006) Systems biology and the heart. *Biosystems* 83:75–80.
18. AE Derome (1987) Modern NMR Techniques of Chemistry Research. Oxford: Pergamon Press.
19. TDW Claridge (2009) High-resolution NMR Techniques in Organic Chemistry, 2nd ed. Oxford: Elsevier.
20. JKM Sanders & BK Hunter (1993) Modern NMR Spectroscopy: a Guide for Chemists, 2nd ed. Oxford: Oxford University Press.
21. K Wüthrich (1996) NMR of Proteins and Nucleic Acids, 2nd ed. New York: Wiley/Blackwell.
22. D Neuhaus & MP Williamson (2000) The Nuclear Overhauser Effect in Structural and Conformational Analysis, 2nd ed. New York: Wiley-VCH.
23. B Rupp (2009) Biomolecular Crystallography: Principles, Practice, and Application to Structural Biology. New York: Garland Science.
24. G Rhodes (2006) Crystallography Made Crystal Clear, 3rd ed. Burlington, MA: Academic Press.
25. AM Lesk (2010) Introduction to Protein Science: Architecture, Function, and Genomics, 2nd ed. Oxford: Oxford University Press.
26. H Lodish, A Berk, CA Kaiser et al. (2007) Molecular Cell Biology, 6th ed. New York: WH Freeman.
27. BHM Mooers, WA Baase, JW Wray & BW Matthews (2009) Contributions of all 20 amino acids at site 96 to the stability and structure of T4 lysozyme. *Prot. Sci.* 18:871–880.
28. EF Pettersen, TD Goddard, CC Huang et al. (2004) UCSF Chimera—a visualization system for exploratory research and analysis. *J. Comput. Chem.* 25:1605–1612.
29. MR Wilkins (1994) Conference on 2D Electrophoresis: From Protein Maps to Genomes; Siena, Italy.
30. J Norbeck & A Blomberg (1997) Two-dimensional electrophoretic separation of yeast proteins using a non-linear wide range (pH 3-10) immobilized pH gradient in the first dimension: reproducibility and evidence for isoelectric focusing of alkaline (pI > 7) proteins. *Cell* 13:1519–1534.

用語解説

足場タンパク質（scaffold protein）
2つのタンパク質を互いに引き寄せるタイプのタンパク質で，引き合ったタンパク質同士は近接し合い，結合したり化学反応を起こしたりする．

アノテーション（annotation）
機能が知られている，もしくは予測される遺伝子やタンパク質，またそのドメインの意味づけ，標識化．

アポトーシス（apotosis）
一般的にプログラム細胞死のことをいい，細胞が自ら細胞破壊を起こすような制御工程を踏む．対照的に，ネクローシスは制御されない細胞死をさす．

アミドプロトンの交換速度（exchange rate of amide protons）
重水（D_2O）中にタンパク質がおかれた際，主鎖のアミドプロトン（HN）が重水素（^2H アイソトープまたは D）に交換される速度．これは NMR 測定によって数分の時間分解能で測定される．より早い時間スケールは質量分析によっても観察されるが，部位特異的な情報を収集するのは困難である．交換速度は，局所的な二次構造やアミドの埋没具合で大きく異なる．

アミノ酸（amino acid）
原則として，アミノ基（$-NH^{3+}$）とカルボキシル基（$-CO^{2-}$）をもつ有機化合物のこと．実際には，α-アミノ酸を意味する．それはカルボキシル基が結合している炭素にアミノ基が付加したものをさす．

アミロイド（amyloid）
非天然型のタンパク質構造で，βストランドによって構成された線維を形成する．アミロイドは線維形成の方向に対して垂直方向に繰り返される．アミロイドはアルツハイマー病や牛海綿状脳症（BSE）のようないくつもの疾患を引き起こす．アミロイドとは"でんぷんのような"という意味で，ヨウ素によるでんぷん反応を示すことに由来する．

アライメント（alignment）
タンパク質（または DNA）の一次配列において類似した領域．

アロステリック（allosteric）
アロステリック制御とは，酵素の活性部位以外の部位でエフェクター分子が結合し，酵素活性を制御すること．ギリシア語で"別の形"という意味．（この用語の意味は本書における定義である）

異化（catabolism）
複雑な分子が小さな代謝中間体へ分解される代謝の工程．再利用されたりエネルギー発生に利用されたりする．

異種核（heteronuclear）
1種類以上の核を用いた NMR 測定．たとえば ^1H と ^{15}N．

異種性（heterologous）
由来の異なる生物をホストとして発現させたタンパク質に対して用いる．

一般塩基（general base）
反応の過程でプロトンを受け取り触媒するアミノ酸残基．

一般酸（general acid）
反応の過程でプロトンを放出し触媒するアミノ酸残基．

遺伝子型（genotype）
生物における DNA の配列．これにより表現型（phenotype）が起こる．

遺伝子共有（gene sharing）
1つのタンパク質が異なる2つの機能をもつめずらしいイベント．ムーンライティングとも呼ばれる．

遺伝子重複（gene duplication）
ゲノム中の遺伝子が2倍になるように遺伝子がコピーされること．

遺伝的アルゴリズム（genetic algorithm）
自然選択原理をもとに複雑な問題を最適化するためのコンピューター方法．

ウエスタンブロット（western blot）
タンパク質を SDS-PAGE や2次元ゲル電気泳動などにかけた後，そのゲルに対して垂直に電圧をかけて膜上に転写する技術．転写された膜は，特異的なタンパク質と結合する抗体溶液に通して同定される．この技術は，同類の手法によってハイブリダイゼーションにより核酸を同定する技術から発展している．これは Ed Southern によって発明されたことからサウザンブロットと呼ばれている．

栄養要求株 (auxotroph)
その微生物が成長するために必要な栄養素を要求するように改変された微生物株.

SDS–ポリアクリルアミドゲル電気泳動 (SDS–PAGE, sodium dodecyl suffate polyacrylamide gel electrophoresis)
ドデシル硫酸ナトリウム (SDS) を含むポリアクリルアミドによって作成されたゲルによる電気泳動. 電圧をかけることによってタンパク質がその分子サイズに依存してゲル中を移動する. この方法は分子サイズによってタンパク質を分離できるシンプルかつ信頼性の高い手法である.

N 末端 (N terminus)
フリーなアミノ基をもつポリペプチド鎖の末端. 一般的に左端に書き表される. 形容詞は terminal, 名詞は terminus.

エネルギー地形 (energy landscape)
あるコンフォメーションをもったタンパク質のさまざまなエネルギーを表したダイアグラム (通常は図解). 第 6 章を参照.

塩橋 (salt bridge)
タンパク質における 2 つの荷電性残基間における静電気引力. たとえば Asp と Lys, Glu と Arg, そして C 末端と N 末端が知られている.

エンドソーム (endosome)
細胞膜から形成されるベシクルで, 細胞の中央に移行する. タンパク質や細胞外物質をリサイクルしたり摂取するために形成される.

エントロピー/エンタルピー補償 (entropy/enthalpy compensation)
エントロピー/エンタルピー補償はさまざまな測定系 (結合測定, 解離測定, 結合や安定性における変異体解析など) において観察される熱力学的傾向で, 得られる自由エネルギーがほぼ一定であるのに対し, そのエントロピーやエンタルピー項は大きく変化し互いに補償しあう. 第 1 章にて詳細な解説をしている.

エンベリッシメント (embellishment)
単純なシステムでいじくり回して進化する傾向を表す言葉. 余分な特性を加えることでより複雑化し, より特異的なものへと進化する.

ORF (open reading frame)
タンパク質をコードしていると考えられる DNA 配列.

折りたたみ (フォールド) (fold)
二次構造成分による 3 次元配向またはトポロジー.

オルソログ (orthologs)
種の分化とともに生じた相同性のある配列. 同じ祖先の遺伝子に由来するタンパク質であることから, 進化的に関連性の高い生物間では同様の機能を果たす.

オンコジーン (oncogene)
がん化を引き起こす遺伝子.

回転半径 (radius of gyration)
ある原子群の重心からの二乗平均平方根の距離で定義される値. 実質的にはそのタンパク質と同じ質量と密度をもつ一様な球体 (を仮定したとき) の半径のことであり, それゆえ "平均の" 半径とされる. しばしば r_g と略記される. 一方で流体力学半径 (別名ストークス径) r_h は, そのタンパク質と同じ速度で沈降・拡散していく一様な球体 (を仮定したとき) の半径の値であり, 回転半径より水分子一層分の大きさほど大きな値である.

解離定数 (dissociation constant)
A と B に分けられる複合体 AB に関して, ［A の濃度］×［B の濃度］／［AB の濃度］で定義される定数. 単位は濃度で表される. 解離定数の濃度のとき, おおよそ複合体の半分量は解離していることを意味する. *5.5 を参照.

化学シフト (chemical shift)
NMR シグナルの周波数. 通常 $[(\nu - \nu_{ref})/\nu_{ref}] \times 10^6$ として ppm (百万分の一) 単位で表わす. ここで ν は試料の NMR 周波数, DSS のような基準シグナルの周波数を ν_{ref} とする.

鍵と鍵穴モデル (lock and key model)
1894 年 Emil Fischer (*5.11) によって提唱されたモデル. 酵素が鍵穴のように基質を適切に取り込み反応を触媒するところから提唱された. このモデルは, 酵素がどのようにして一方のみの構造異性体の加水分解を触媒することができるのかを説明するのに用いられる. 誘導適合モデルは鍵と鍵穴モデルにとって代わるモデルとして知られる (第 6 章参照).

核外輸送シグナル (nuclear export signal)
核局在化シグナル配列の反対で, 核内から細胞質へタンパク質を移行させるシグナル配列.

核局在化配列, 核局在化シグナル (nuclear localization sequence, signal)
リジンやアルギニンなどの正電荷アミノ酸に富んだ短いペプチド配列. タンパク質の露出部位に存在する. 原始的な配列は SV40 ウイルス T 抗原由来の KKKRK. タンパク質を核内へ移行するシグナル.

過剰発現 (overexpression)
通常の発現よりも高い量のタンパク質を生産すること. 強いプ

ロモータ制御下にある．

カスパーゼ（caspase）
システインプロテアーゼの1つで，基質となるタンパク質のアスパラギン酸残基のC末端アミド結合を切断する．その結果，アポトーシスやプログラム細胞死を誘導するシグナルが入る．

活性化エネルギー（activation energy）
1つのエネルギー経路において，もっとも低いエネルギー準位からもっとも高いエネルギー準位へ移るために必要な自由エネルギー．

活性部位（active site）
酵素において，基質と結合し触媒反応を起こす領域．広義には，タンパク質間の相互作用において，そのタンパク質の機能に重要な表面領域も意味する．

活動電位（action potential）
細胞膜を通る電位の変化で，神経インパルスを伝達するために細胞に沿って移動する．

活量と濃度（activity and concentration）
ある物質の濃度とは，溶液中の物質の量を体積で割った値である．それに対し，活量は溶液中で実際に有効な濃度のことをいう．たとえば，反応速度を計算するときには，濃度ではなく活量に従って値が求まる．理想溶液（非常に希薄な溶液）では活量と濃度は等しいが，その濃度が高くなるにつれて，活量は濃度とかけ離れてしまう．これは，大きくなる場合もあれば小さくなる場合もある．

カープラス曲線（Karplus curve）
三結合定数（*訳注：通常 ^3J カップリング定数と呼ばれる）とその二面角の関係を表す式である．この式は $^3J = A\cos^2\theta + B\cos\theta + C$（または等価な式 $A'\cos2\theta + B'\cos\theta + C$）で表される．ここで A, B, C は実験で測定されたフィッティング式から得られる．この式は Martin Karplus により 1959 年に提唱された．

過飽和溶液（supersaturated solution）
溶質の濃度が溶解度を超えた状態の溶液．この環境において，溶質は熱力学的に沈殿に向かうか，または結晶化に向かう．このプロセスは速度的にゆっくりしていると考えられている．

緩和（NMR 測定における）（relaxation（in NMR））
核スピンが熱平衡状態へ移る過程．

偽遺伝子（pseudogene）
遺伝子に類似した塩基配列をもっているが，タンパク質を発現しない DNA．

擬似二重対称性（pseudo-twofold symmetry）
複製されて融合したタンパク質の遺伝子は2つの同じ半身をもった1つのタンパク質を創出するが，時間が経つにつれてその2つが変化していき，完全に同一ではなくなった擬似の二倍体構造をつくりだす．

キナーゼ（kinase）
リン酸基を付加する酵素．通常，リン酸は ATP から供給される．

キメラ（chimera）
由来の異なるモジュールを掛け合わせたタンパク質．名前の由来は，ライオンの胴体に対して，尻尾に蛇の頭，そして背中にはヤギの頭がついた神話の動物キメラからきている．

求核種（nucleophile）
求電子種を攻撃する電子密度の高い原子．

求電子種（electrophile）
正電荷を帯びた原子で，求核種によって引き付けられ結合する．

共通祖先（last universal common ancestor, LUCA）
原形となる生物またはその仲間で，そこから原核生物，真核生物，古細菌へと分岐している．系統樹の幹にあたる．

キロダルトン（kDa）
タンパク質のサイズは通常キロダルトン（kDa）で測られる．^1H の重量を 1 Da とし，^{12}C は 12 Da となる．タンパク質をつくりあげるペプチド結合で連絡されたアミノ酸1つの平均分子重量は 110 Da となる．よって 100 残基のタンパク質はおよそ $100 \times 110 = 11{,}000$ Da または 11 kDa となる．

グアニンヌクレオチド交換因子（guanine nucleotide exchange factor, GEF）
GTP アーゼタンパク質からの GDP 放出を活性化するタンパク質．大量の GTP が結合することにより活性化される．

蛍光分子（fluorophore）
蛍光を発することができる化学物質．

ゲル濾過（gel filtration）
分子サイズによってふるい分けるクロマトグラフィー．溶液が通る樹脂には小さいサイズの分子が引っかかる空孔が存在し，大きな分子は引っかからない．ゆえに小さな分子は樹脂の中をゆっくり移動し，カラムからは遅れて溶出される．分離するのに適したサイズ領域や望ましい流速にあうさまざまな種類の樹脂が販売されている．

減数分裂（meiosis）
配偶子（卵子や精子）を形成する際に行われる細胞分裂様式．

1つの二倍体の細胞（動物でみられ，2コピーの各染色体が存在する）から，わずか1回のDNA複製で2回の細胞分裂を行い，それぞれ染色体のコピーを含んだ4つの半数体細胞ができる．

コイルドコイル（coiled coil）
2つのαヘリックスが互いに巻きつきあった単純構造のこと．

抗原（antigen）
抗体によって認識される分子．

後生動物（metazoan）
多細胞動物のこと．

構造モチーフ（structure motif）
標準的な二次構造の要素で分類したもの．逆平行型ヘリックスバンドルを含むモチーフとして，ヘリックス-ターン-ヘリックス，カルシウム結合EFハンド，コイルドコイル，βヘアピン，グリークキー，β-α-βモチーフなどがある．これらは超二次構造と同等の意味で用いられる．

抗体（antibody）
脊椎動物の免疫システムにおける1つの構成タンパク質．外来分子（抗原）を認識し結合する．

好熱菌（thermophile）
高温環境で生育する好熱性生物．主に温泉で見つかる．

後部（posterior）
本体や細胞の末尾．

好冷菌（psychrophile）
低温環境で生育する好冷性生物．主に寒冷な海中で見つかる．

コドン（codon）
1つのアミノ酸をコードする3つのヌクレオチドからなるメッセンジャーRNA中の配列．

コドン出現頻度（codon usage）
遺伝子コードは，すべての生物において共通するものである（ミトコンドリアは例外で，アミノ酸を規定する64個の組み合わせのうち，4ヵ所以上で対応するアミノ酸が異なる）．ほとんどのアミノ酸はいくかのコドン配列でコードされている．ある特定のコドンにおける使用頻度は生物によって明らかに異なる．とくに原核生物と真核生物の違いは顕著なため，たとえば細菌を用いて真核生物由来の遺伝子発現を試みた場合，発現効率が悪いことがある．

ゴルジ装置（golgi apparatus）
真核細胞中にある膜構造体．小胞体で産出され，加工されたタンパク質や脂質などは，このゴルジ体の中でさらに加工・分類され，目的の場所へと輸送される．

コンフォメーション選択（conformational selection）
酵素機能（またタンパク質結合）を説明するための誘導適合モデルを拡張したモデル．第6章で概説．タンパク質はいくつかの状態（少なくとも1つのエネルギー状態はフリーな状態で，ほかの1つの状態は結合状態）をもった平衡状態にあり，リガンドとの結合において，タンパク質はあるコンフォメーションを選択する．したがって，誘導適合モデルはリガンド結合がコンフォメーション変化を誘導するが，コンフォメーション選択モデルは，コンフォメーション変化がリガンド結合前に起きる．

最少培地（minimal medium）
多くの細菌培養は，LB培地のようなトリプトン（トリプシンによるカゼインの消化産物）や酵母エキス，ビタミン，アミノ酸，脂質などが混合された栄養豊富な培養液で行う．しかしNMRのような同位体ラベル化したタンパク質を作製する際，LB培地ではラベル化されていない分子による同位体の取り込み阻害が起きてしまい使えない．したがって化学的に設定された最少培地と呼ばれるものを用いる．これは塩や少量のビタミン以外に，炭素原子源としてグルコース，窒素原子源として塩化アンモニウムのみを含んだ培地である．

細胞質分裂（cytokinesis）
細胞分裂における細胞質の分裂．

細胞質流動（cytoplasmic streaming）
植物細胞で主にみられるプロセス．アクチン/ミオシン系システムが細胞周囲の細胞小器官（細胞質）の周期を導く．

3次元ドメインスワッピング（three-dimensional domain swapping）
1分子の二量体の中で2つの等価なドメインまたは二次構造構成要素を，構成要素の単量体が折り合わされるような別の二量体構造を形成するように組み替わることであり，これによってこの二量体は互いにより強く結合される．

三重共鳴実験（triple resonance experiment）
3つの異なる核種，^1H，^{13}C，^{15}Nのパルスや磁化移動によるNMR測定．

磁気回転比（gyromagnetic ratio）
角運動量に対する核磁気双極子モーメントの割合．磁気回転比はαスピンとβスピン間のエネルギー差に比例する．ゆえにNMRの観測周波数も比例する．

軸索（axon）
神経細胞（ニューロン）における長い突起部分．他の神経細胞

に神経インパルスを伝達する.

シグナル認識粒子（signal recognition particle）
RNAとタンパク質の複合体からなるリボヌクレオプロテインで，リボソームから翻訳されているタンパク質のうち，膜を標的とするタイプを認識する．膜上の受容体と結合するまでの間，翻訳は停止し，その後解離して翻訳は再開される．

シグナル配列（signal sequence）
タンパク質のN末端にある短い配列で，細胞内の特定個所にタンパク質を導く．

自己阻害（autoinhibition）
タンパク質が分子内の相互作用により，その活性部位が阻害されたり，または不活化すること．

脂質ラフト（lipid raft）
脂質膜における流動モザイクモデルでは，膜内での脂質の拡散速度は速いと考えられている．しかしながら現在では，膜には異なる種類の脂質からできた領域がいくつもあることが知られている．それらの領域には，コレステロールやスフィンゴ脂質が多く含まれており，脂質ラフトと呼ばれている．脂質ラフトは通常のリン脂質からなる膜よりも厚く堅いものとされている．またタンパク質の中には，脂質ラフトのみに特異的に局在したり，逆にまったく局在しないものが存在する．また脂質ラフトは細胞骨格の接着やシグナル伝達における重要な部位であるともいわれている．いずれの特徴も大きな論争の的であるが，どれも説得力の高いものである．

自然淘汰（natural selection）
進化が起こるメカニズムとしてCharles Darwinが提唱した言葉．適者生存とも呼ばれている．自然淘汰は，生存できる子孫の数が増えるかどうかで遺伝子の変化が選択される，という意味で現代の生物学では使われている．

GTPアーゼ活性化タンパク質（GTPase-activating protein, GAP, GAP）
GTPアーゼと結合し，GTPからGDPへの加水分解を刺激するタンパク質．つまりGAPはGTPアーゼをオフ制御する．

シナプス（synapse）
神経細胞間の接合部位．筋肉細胞などにある．

C末端（C terminus）
フリーなカルボキシル基をもつポリペプチド鎖の末端．一般的に右端に書き表される．形容詞はterminal，名詞はterminus．

シャペロン（chaperone）
アンフォールドなタンパク質を保護し，その凝集作用を防ぐタンパク質．いくつかのシャペロンはアンフォールド型をフォールド型にする手助けをする（シャペロニン）．多くのシャペロンはその機能を果たすためにATPを必要とする．

自由エネルギー（free energy）
1つの反応において一方から他方に向かうのに必要とするエネルギー流入．*5.5を参照．

終止コドン（termination codon）
ストップコドンともいう．コドン配列は3種類あり，アミノ酸をコードしておらず，ポリペプチド鎖の終結をコードしている．UAG（amberコドン），UAA（ochreコドン），UGA（umberコドン）がある．UGAはセレノシステインをコードしている．

収束進化（convergent evolution）
頻度は低いが，1つのタンパク質において類似する構造的または機能的特徴が，何度も独立して進化すること．

準安定（metastable）
ある環境下で安定であるが，その環境条件が乱れると異なるコンフォメーションへと変化し得る安定状態．

小胞体（endoplasmic reticulum, ER）
真核細胞でみられる膜システム．核膜へと続いており，相互連結システムを形成している．これはグリコーゲンやステロイドの合成のほか，膜タンパク質の発現や転写後修飾，分泌などを司っている．小胞体内部の空間はルメーンとして知られており，細胞中の全膜のおよそ半分を占めている．

触媒三残基（catalytic traid）
セリンプロテアーゼの活性部位における主要な3つのアミノ酸残基，セリン（Ser），ヒスチジン（His），アスパラギン酸（Asp）のこと．

親水性（hydrophilic）
文字通り，水を好む性質．水とよい親和性がある化学物質．これらは典型的にOHやNHのような極性基，水素結合基，もしくは電荷を帯びた置換基をもっている．親水性アミノ酸としては，一般的にAsp, Asn, His, Lys, Glu, Gln, Arg, Ser, Thr, Trp, Tyr．Cysは親水性と疎水性の両方の性質をもっている．

水平伝播（horizontal transfer）
遺伝以外によって1つの生物種からもう1つの生物種へ遺伝物質（DNAなど）が移行すること．細菌においてよくみられ，その際DNAは物理的に細菌間を通過できる．

スクリーニング（screening）
電荷のポテンシャルが水やイオンによる溶媒和によって低下すること．詳細はElectrostatic screening（*4.4）を参照．

スケールフリー (scale-free)
スケールフリーネットワークにおいてつくられる相互関係の数はべき乗則に従い，k 個のリンクをもつ 1 つのノードの頻度 $f(k)$ は k^{-n} に比例する．ここで n は通常 2〜3 の値である．したがって，ほとんどのノードは 1 つか 2 つのリンクしかもたないが，ごく少数のノードが非常に多くのリンクをもっている（ということを意味する）．このような構造は道路地図やインターネットのリンク，タンパク質の相互作用ネットワークなどとても広い範囲のネットワークで観測される．このようなネットワークは，小さな摂動に対しても頑強で乱されないといわれている．これらのネットワークは，異なる縮尺からみても似たような形状をしているようにみえるため，"スケールフリー" と呼ばれる．

スーパーフォールド (superfold)
いくつものタンパク質の中で関連して見つかっているフォールドタイプ．

制限酵素 (restriction enzyme)
DNA の特異的な短い塩基配列（4 つから 6 つの塩基）を切断する核酸分解酵素．制限酵素の多くは，短い突出部位を残すように，わずかに異なる位置で二本鎖を切断する．これらは DNA 配列を操作する分子生物学分野で広く用いられている．

セリンプロテアーゼ (serine protease)
プロテアーゼとは，アミノ酸間のペプチド結合を加水分解しタンパク質を切断する酵素．プロテアーゼはいくつかのクラスに分類される．そのうち最大のグループがセリンプロテアーゼで，セリン残基がペプチド結合へ求核攻撃を行う．これらは，セリン残基とそれに近接したヒスチジンとアスパラギン酸で触媒三残基として機能している．

遷移状態 (transition state)
もっとも高い自由エネルギー準位にある反応状態．遷移状態は存在時間がとても短く取り出すことはできない．

線維性タンパク質 (fibrous proteins)
線維状態を形成するタンパク質．第 1 章で述べているように，いくつかのタンパク質（アクチンやチューブリン）は継続して線維形成していく．しかしこれらのタンパク質はグロビュールな状態にもなる．一方ケラチン，コラーゲン，絹のような繊維タンパク質は，クロスリンクした繊維で長時間存在する．

潜在遺伝子 (cryptic genes)
かつてはおそらく機能していたが，もはや機能しなくなった遺伝子．

選択的スプライシング (alternative splicing)
RNA スプライシングにおいて，イントロンが除去されエキソン同士が結合することで，異なるタンパク質配列をコードした成熟メッセンジャー RNA ができる機構．

前部 (anterior)
本体や細胞の頭頂部位．

相関運動 (correlated motion)
2 つの原子が，互いの位置関係において時間変化に対して系統的に相関性があるときの運動．たとえば，原子が同じ速度で同じ方向へ移動しているもの．

相関時間 (correlation time)
分子が回転するのにかかる時間．おおよそ 1 ラジアン（360°／2π）回転するのにかかる時間に相当する．

双極子 (dipole)
2 つの極をもつもの．N 極と S 極をもつ磁石（磁気双極子）や，プラス電荷とマイナス電荷をもつ分子（電気双極子）．

双極子モーメント (dipole moment)
双極子の強さ．電気双極子は qr に相当し，q は電荷，r はその電荷のベクトル．ゆえに双極子モーメントは程度と方向をもつ．

遭遇複合体 (encounter complex)
2 つの分子が衝突したときに形成する初期の複合体．分子同士は近接しているが，必ずしも適切に結合するための正しい構造や配向をとっているわけではない．遭遇複合体は機能性複合体を形成するために，解離するか再配向しなければならない．第 4 章または第 6 章にて解説する．

双性イオン (zwitterion)
正電荷と負電荷の両方をもつ化合物．

相同組換え (homologous recombination)
2 つの二本鎖 DNA 間での DNA の鎖交換．2 分子間において一致する，もしくは類似する塩基配列同士の塩基対形成によって起こる．

相同性 (homologous)
2 つのタンパク質が進化の過程において関連性がある場合，たとえば共通する祖先から進化していたり，互いに進化の過程でいくつかの分岐点をもっている場合，それらは相同性があるタンパク質という．

挿入／欠損 (insertion／deletion)
位置合わせしたタンパク質のアミノ酸配列を比較した際，ある 1 つの個所においてアミノ酸の挿入や欠損により異なる配列となることがしばしば観察される．構造的に，これらはループの伸長や短縮，または余分なドメインの付加や欠如に対応する．

ゆえに挿入や欠損は一般的に二次構造の中ではめったに起こらないため，ループのよい指標となっている．

疎水性（hydrophobic）
文字通り，水を嫌う性質．水に対して親和性がなく，その結果水溶液中では水をはじいて互いに集合し合う．これらは，典型的に炭化水素や芳香環のある残基をもっている．疎水性アミノ酸として，一般的にはAla, Phe, Gly（分子サイズが小さいため，あまり疎水性が強くなく，そのためときどき除外される），Ile, Leu, Met, Pro, Valがある．

疎水性プロット，ハイドロパシープロット（hydropathy plot）
あるタンパク質の配列におけるアミノ酸の疎水性をグラフ化したもの．膜貫通領域の配列を決定するために使用される．

TAPタグ（TAP-tag）
タンデムアフィニティー精製において使用するタグ．2種類のアフィニティータグを用いるので，少量のタンパク質を精製するのに適している．第11章を参照．

秩序パラメータ（order parameter）
NMR測定における分子の運動性を数値化したもの．N–H結合では，全体的に自由な運動をしている状態では0であり，局所的な運動による制限された状態では1を示す．この運動性の制約をS^2という記号で表す．

超二次構造（supersecondary structure）
標準的な二次構造の要素で分類したもの．逆平行型ヘリックスバンドルを含むモチーフとして，ヘリックス-ターン-ヘリックス，カルシウム結合EFハンド，コイルドコイル，βヘアピン，ギリシャキー，β-α-βモチーフなどがある．これらは構造モチーフと同等の意味で用いられる．

ツーハイブリッド法（two-hybrid screen）
タンパク質ドメインの相互作用ペアを検出するために用いられる技術．第11章を参照．

D-アミノ酸（D-amino acid）
α炭素位にD-キラリティーをもったαアミノ酸．L-アミノ酸を参照．

TCA
トリカルボン酸のこと．トリカルボン酸回路はクレブス回路とも呼ばれるもっとも重要な代謝経路．ピルビン酸を利用して，トリカルボン酸やクエン酸を経由して代謝エネルギーを得る．

低複雑性タンパク質（low-complexity protein）
準規則的な繰り返し配列の少数アミノ酸を含んだ配列をもつタンパク質．これらの多くは天然ではアンフォールド状態である．

コラーゲンにおける(Gly-Pro-Hypro)$_n$や絹の(Ala)$_n$，(Gly-Ala)$_n$が挙げられ，いずれも繊維形成する．

デコンボリューション（deconvolution）
既に知られている関数の総和として表す数学的方法．たとえば，αヘリックス，βシート，ランダムコイルに関するCDスペクトルがわかっている場合，測定で得られたCDスペクトルはこれらの総和で観察され，その相対的な存在量がそれぞれ決定される．リファレンススペクトルのわずかな変化はフィッティングに大きな影響を及ぼすため，デコンボリューションはリファレンススペクトル次第で決まってしまう明瞭な問題点がある．

電気陰性（electronegative）
電子を引き付けやすい原子や置換基．窒素原子や酸素原子が挙げられる．

電子顕微鏡（electron microscopy）
第11章で記述．小さいサイズの物質を画像化するために，光ではなく電子を用いる技術．

天然構造（native structure）
タンパク質の天然状態における（生理条件下において活性な）構造．

天然変性タンパク質（natively unstructured protein）
生理的条件において，明確な二次構造や三次構造を形成していないタンパク質やその領域．詳細は第4章を参照．

等温滴定型カロリメトリー（isothermal titration calorimetry）
溶液をもう一方の溶液と混ぜ合わせることによって発生する熱変化を測定する手法．例として，受容体を含む溶液に対してそのリガンド溶液を段階的に注入する．装置には2つの独立したジャケット型セルがあり（図11.51参照），それらは常に等温で維持されている．そのために仕事が必要となり，この熱量変化が実験データに反映される．得られる結果は時間変化に対する熱量変化のグラフとしてプロットされる（図11.52参照）．滴下するリガンドの希釈熱を適切に補正することで，結合に関するエンタルピー変化が算出される．結合親和性が解析に適した強さで，かつエンタルピー変化が十分大きい場合，結合親和性を得るためのカーブフィッティングができる．

同化（anabolism）
小さな分子から大きな分子へと組み立てられる代謝の工程．

等電点（p*I*）
タンパク質の総電荷がゼロになるpHをさし，等電点とも呼ばれる．通常このpHではタンパク質は可溶性である．この数値はアミノ酸配列から理論的かつ正確に算出できる．タンパク質

の2次元ゲル電気泳動では，1つの次元がp*I*によって分けられる（通常，等電点電気泳動法により水平方向に流れる．垂直方向はサイズによって分けられる）ため重要なパラメータである．

等電点電気泳動法（isoelectric focusing）
タンパク質の等電点（p*I*）を利用して純度や物性を知るための手法．適した緩衝液と混合した後，電圧をかけてゲル中で泳動させる．タンパク質はp*I*に依存した位置まで移動する．これは2次元ゲル電気泳動の最初のステップとなる．

特異性定数（specificity constant）
k_{cat}/K_m のこと．これは特定の基質に対して酵素がどのくらい特異性があるのかを決定する指標となる．また生体分子反応における見かけの二次反応速度を表している．*5.17 参照．

ドメイン（domain）
ポリペプチド鎖（またはその一部）が折りたたまれて安定で密な三次構造をとるもの．

内部重複（internal duplication）
あるタンパク質の遺伝子コードにおける重複や進化によって，類似する構造をもった相同性のある2つの配列を有するタンパク質ができること．

二面角（dihedral angle）
4つの原子によって定義させる角度．

熱容量（heat capacity）
物体の温度を上昇させるのに必要な熱エネルギーの程度．圧力一定の条件として，通常 C_p という記号で表される．異なる温度におけるエンタルピー量から測定される．$C_p = \partial H / \partial T$．

バイオインフォマティクス（bioinformatics）
生物システムへ応用される計算化学的な手法．

配列モチーフ（sequence motif）
特有のタンパク質フォールドを示すアミノ酸配列．フォールドはそのモチーフから同定される．たとえばGXGXXGを含む配列はヌクレオチド結合モチーフ（ロスマンフォールド）として知られている．またCXXCHはクラスI*c*型シトクロム，DEADx$_n$SATはRNAヘリカーゼのDEAD-boxファミリーとして知られている．

ハウスキーピング酵素（housekeeping enzyme）
すべての細胞において必要とされ，基礎代謝のような重要な役割を担っている酵素．濃度や活性が時間とともに変化せず，長寿命で制御されない傾向にある．

発現ベクター（expression vector）
タンパク質の発現やクローニングを行うために構築されたDNA．多様な種類のベクターが販売されている．通常，複製起点（プラスミドの複数コピーを行うため）や強力なプロモーター（ベクター1コピーに対して複数のタンパク質をつくるため），マルチクローニングサイト（制限酵素切断サイトで，プラスミドを切断し目的の遺伝子を挿入するため），選択マーカーとしての抗生物質抵抗性遺伝子をもっている．

発光団（chromophore）
紫外線を吸収する分子．一般的に二重結合と単結合を交互にもつ芳香環や共役系の分子からなる．

パッチワーク（patchwork）
異なる2つの代謝経路からいつくかの酵素が重複や共同することによって形成される経路での酵素の集合体．異なる材料から作製された衣服の縫い合わせによってできたブランケットやテーブルクロスに例えて名づけられている．

パラログ（paralogs）
遺伝子重複によって出現したホモログ．

パルスシークエンス（pulse sequence）
NMRスペクトルを生じさせるために印加されるパルスや待機時間のシークエンス．

バルナーゼ（barnase）
バチルス菌（バチルス・アミロリケファシエンス）RNA分解酵素．

反復増幅（repeat expansion）
DNAでは，遺伝子コード領域において三塩基の配列が重複するように出現し，翻訳されたタンパク質中ではアミノ酸が連続して現れる，という現象がよく起きている．この現象はいくつかの不等交差や相同的な組み換えによって起きていると考えられる．たとえばCAGの繰り返し増幅は，ポリグルタミンの伸張を導き，いくつもの疾患を引き起こす．その重篤性はグルタミンの個数に相関している．

非オルソロガス遺伝子置換（nonorthologous gene displacement）
ある生物において，特異的な機能をコードした遺伝子が，他の生物において進化の過程で変化することなくコードされて現れること．

pK_a
滴下によって変化できる原子団において，その半数がイオン化するpH．

PCR
ポリメラーゼ連鎖反応（polymerase chain reaction）の略で，DNA量を増幅させるための技術．

ヒスチジンタグ（histidine tag）
タンパク質の末端近傍に設計された約6個のヒスチジン配列．ニッケルなどの金属イオンと結合することができ，カラムクロマトグラフィーによるタンパク質精製が可能．

ヒストン（histone）
クロマチンの主要な構成タンパク質．ヒトでは6種類のヒストンがあり，それらをコアにDNAがまわりにまきつきヌクレオソームと呼ばれる複合体を形成する．またヌクレオソームDNAをその場に固定する役割も果たしている．

比誘電率（dielectric constant）
真空に対してある媒体が電荷を遮蔽する比率．

表現型（phenotype）
外観，動作，成長といった生物に観察される形質のこと．ゲノム情報の結果として生じたものであるため，遺伝子型（genotype）と対照的に用いられる．

非リボソーム合成（nonribosomal synthesis）
巨大な多酵素複合体においていくつか特定の酵素を用いて行うタンパク質生合成（第10章参照）．リボソームによる生合成という標準的な意味と対比して用いる．

封入体（inclusion body）
細菌を用いた非天然タンパク質の発現（プラスミドに導入された遺伝子の過剰発現やウイルス遺伝子の発現）を試みる際，そのタンパク質は時に封入体状態で生産される．それは個体のタンパク質凝集体を含んでいる．過剰発現の場合，封入体中でのタンパク質量は低温環境の発現で減少する．封入体はしばしば変性剤を含んだ段階透析により溶解する．

プラスミド（plasmid）
ゲノムとは独立に複製される小さな環状DNA．遺伝子のクローニング，発現，運搬などに用いられる．一般的に，プラスミドは抗生物質に対する耐性遺伝子を保有しているため，細菌宿主から抜け落ちたものを避けるための選択マーカーになる．

プルダウンアッセイ（pull-down assay）
タンパク質の相互作用を同定するための免疫学的技術．免疫沈降法を参照（*4.7）．

フレームシフト変異（frameshift mutation）
読み枠シフトとしても知られており，遺伝子中に塩基が挿入したり欠損したりする変異．遺伝子は3つの塩基でコードされているので，塩基の挿入や欠損は読み枠のシフトを誘発する．通常このような変異はタンパク質の失活体もしくは欠損体を産出する．時折，2つの遺伝子が融合した1つのポリペプチド（たとえば9.4.5項に記載するPGK/TIMシステム）として転写されることもある．

プロセッシブ（prosessive）
プロセッシブな酵素は，ポリマー基質に対して，解離することなく何度も同じ反応を繰り返しながら基質上を移動する．DNAポリメラーゼやセルラーゼがある．

プロミスカス（promiscuous）
2つの異なる反応を触媒することができる酵素．

分岐進化（divergent evolution）
あるタンパク質の遺伝子が複製される際，そのオリジナルとコピーが進化の過程において分岐していくこと．タンパク質のアミノ酸配列や機能よりも構造が保存されていく．

分子動力学（molecular dynamics）
ニュートン力学に基づいた分子や分子システムの運動に関するシミュレーション．

ベクター（vector）
遺伝物質を運ぶために用いられる媒体物．多くの場合，細菌由来のプラスミド形体をとる．

βストランド（β strand）
ポリペプチド鎖における1つの構造で，ラマチャンドラン・プロットにおける拡張領域もしくはβ領域に属する．1つのβストランドに対して隣り合うもう1つのβストランドが水素結合をつくることで，βシート構造を形成する．

βバレル（β barrel）
いくつものβストランドによって形成されたバレル型のタンパク質構造．

βヘアピン（β hairpin）
ペプチド鎖が折りたたまれ2本のβストランドで形成された単純なβシート構造．

ペプチジルプロリン異性化酵素（peptidylprolyl isomerase）
ペプチドにおけるプロリン残基のアミド結合のシス体とトランス体の変換を触媒する酵素．

ペプチド結合（peptide bond）
1つのアミノ酸中のC=Oと隣のN-H間の結合．ほぼ平面構造をとり，ほとんどの場合トランス体で存在する．つまりO原子とH原子は反対方向を向いている（図1.3，1.5参照）．

ヘリカルホイール（helical wheel）
αヘリックスにおける側鎖の配向をイラスト化したもの．表面の疎水性や親水性を評価するのに用いられる．

ヘリックス-コイル転移（helix-coil transition）
ヘリックス状態とランダムコイル状態間の転移．この転移は競合して起こる．

ペリプラズム（periplasm）
細菌はGram氏によって発見された染色方法により，グラム陰性菌と陽性菌の2つに分類される．グラム陰性菌（大腸菌など）は内部と外部に細胞膜をもつ．一方でグラム陽性菌は細胞膜と細胞壁をもつ．これらの間の空間をペリプラズムと呼ぶ．

変性剤（denaturant）
タンパク質を不安定化したり，変性させる化学物質．代表例として尿素や塩化グアニジウムがある．

ヘンダーソン-ハッセルベルヒの式（Henderson-Hasselbalch equation）
$pH = pK_a + \log([base]/[acid])$．緩衝液のpH，$pK_a$，プロトン化の濃度$[H^+]$の関係から定義される．

紡錘体（mitotic spindle）
有糸分裂の際に，分裂する細胞の中央に向かって伸びる一時的な構造．娘細胞へ均等に染色体を分離させるための重要な役割を果たしている．

ホスファターゼ（phosphatase）
リン酸基を除去する酵素（つまりキナーゼの反対）．

保存（conserved/conservation）
タンパク質のアミノ酸配列を比較した際，アミノ酸の並びが変わらないもの，または化学的性質が類似するアミノ酸に置き換わっているものは，保存性残基という．ある1つのアミノ酸が化学的性質の似たアミノ酸に変わったものは保存的変異という（たとえば，フェニルアラニンとロイシン，トレオニンとセリン，グルタミン酸とアスパラギン酸）．これらは通常タンパク質の機能としては保存される．

ポリプロリンIIヘリックス（polyproline II helix）
プロリンの三残基繰り返しをもつポリマーによって形成される構造．4.2.6項を参照．伸張した構造をとり，コラーゲン線維でみられる．

マイトジェン（mitogen）
細胞の増殖やがん化を促進する化学物質（全般的に成長因子のようなタンパク質）．

曲がった矢印（curly arrows）
化学反応において電子の動きを示す矢印．

ミトコンドリア（mitochondrion）
真核生物において，細胞内のエネルギーのほとんどを作り出している膜におおわれた細胞小器官の1つ．

ムーンライティング（moonlighting）
メインとなる活性は進化的な機能であり（活性部位と定義される），異なる部位におけるもう1つの機能は進化の過程でランダムに発達した機能であるような2つの機能をもったタンパク質のこと．表1.5と表1.6でムーンライティング機能の例を示している．遺伝子共有としても知られている．

メタボロン（metabolon）
メタボライトとオペロンからなる造語で，タンパク質の複合体として代謝経路にかかわる酵素群．第9章を参照．

免疫沈降法（immunoprecipitation）
特異的な抗体によって溶液中の抗原タンパク質を沈殿させる．とくに相互作用相手との共免疫沈降法が用いられる．4.2.1項を参照．

モザイク（mosaic）
本書では，関連するが2つの異なる意味で用いられている．
1. モザイクタンパク質とは，異なる生物種に由来するドメインもしくはモジュールで構成されたタンパク質．
2. モザイク（パッチワーク）代謝経路では，その構成しているタンパク質らが進化的または構造的にお互い関連している．

モジュール（module）
複数のドメインをもつタンパク質において，異なる構成でみられる高度に保存された配列．

モチーフ（motif）
紛らわしいが，2つの異なる意味として使われる．
1. 構造モチーフとは，標準的な二次構造の成分で分類したもの．たとえば，アンチパラレルなヘリックスバンドル，ヘリックス-ターン-ヘリックス，カルシウム結合EFハンド，コイルドコイル，βヘアピン，グリークキー，β-α-βモチーフなどがある．超二次構造と同類．
2. 配列モチーフとは，特定のタンパク質フォールドの特徴をもつアミノ酸配列．したがってフォールドする構造はモチーフから同定される．例として，ロスマンフォールドとして知られるヌクレオチド結合モチーフGXGXXG配列，クラスIのc型シトクロムにみられるCXXCH配列，RNAヘリカーゼのDEAD-boxファミリーとして知られる$DEADx_nSAT$配列がある．

モル吸光係数 (molar extinction coefficient)
ランベルト・ベールの法則 $A=\epsilon ct$ における ϵ をさす．A は吸光度，C は溶液の濃度，t は光路長．モル吸光係数は分子の特性を表しており，アミノ酸配列から論理的に十分予測可能である．11.2.2 項を参照．

モルテン・グロビュール (molten globule)
低い pH，高濃度な変性剤，コファクターが取り除かれたアポ状態など穏和な変性条件下におけるタンパク質の構造状態に対して用いられる．名前の由来は，溶液中を水和した状態で泳ぎまわるフォールドした構造 (fat globules) からきている．このようなタンパク質は十分な三次構造はとっていないが，天然型の二次構造を形成しており，内部は水和状態，非競合的なフォールディング遷移を示す．フォールド型よりも大きな半径をもつ．似たような特徴はタンパク質フォールディングの中間体でも観察され，これらをモルテン・グロビュールであるという．

融合タンパク質 (fusion protein)
遺伝子工学によって，1 つのタンパク質に対して第二のタンパク質がポリペプチド鎖で連結して発現されたタンパク質．通常，融合するタンパク質は精製（たとえばグルタチオン S-トランスフェラーゼ GST によるグルタチオンカラムでの精製），発現，ターゲティング（たとえばペリプラズムへのターゲティング）のために用いられる．これらはリンカーをつけることも可能で，ある特定のプロテアーゼによって切断できる．

有効濃度 (effective concentration)
A と B が相互作用する場合に，A と B が共有結合でつながっているときの結合親和性と，そうでないときの結合親和性との比率を，有効濃度という．ある濃度の A に対して A・B 複合体を得ることを考える．A と B が結合されている場合に得られる複合体の濃度は，A と B がつながっていない場合に，B の濃度が有効濃度と等しいときに得られる複合体の濃度に等しい．

有糸分裂 (mitosis)
真核生物の細胞分裂において，クロマチンの凝集を伴う核分裂した細胞が二等分される様式．この結果，母細胞と同じ DNA が 2 つの娘細胞へ受け継がれる．

誘導適合 (induced fit)
1958 年に Koshland によって提唱された概念．酵素の構造が基質の結合によって変化するというもの．第 6 章ではコンフォメーション選択モデルを解説しており，誘導適合に関する最新の情報となる．

ユビキチン (ubiquitin)
真核細胞で広く見つかっている小さなタンパク質（それゆえこの名前がつけられた）．その主な機能は，分解させるためにタンパク質に共有結合で付加する（ユビキチン化）．これによりプロテアソームの標的となる．

葉緑体 (chloroplast)
植物における細胞膜で囲まれた細胞小器官の 1 つ．ここで光合成を行っている．

ラセミ化 (racemization)
キラル化合物（*1.2 参照）が D 体と L 体で 1：1 混合物の状態になったもの．アミノ酸の場合，α 炭素のプロトンが外れたときや両者に対しランダムに存在するときに起こる．

ラマチャンドラン・プロット (ramachandran plot)
タンパク質の主鎖におけるアミノ酸の二面角 ϕ と ψ でプロットした図表．

ランダムコイル (random coil)
ランダムコイルのペプチドは，自由エネルギーに従って (ϕ, ψ) マップがランダムに分布するようなアミノ酸から構成されている．ゆえに α ヘリックス領域よりも β シート領域で長い時間を費やし，結果としてきわめて伸びた構造状態をとる．

ランベルト・ベールの法則 (Beer–Lambert law)
溶液の吸光度 A は $A=\epsilon ct$ で表される．ここで c は溶質の濃度，t は光路長，ϵ はモル吸光係数である．通常，c の単位はモル/リットル，t は cm，ϵ はリットル/モル・cm である．

力場 (force field)
分子動力学プログラムにて使われる一連の力のパラメータ群．原則としてその力のパラメータはすべて測定可能な特性から算出された値であるが，実際にはそのプログラムの機能が実験系のデータに沿うようにいくつか変更を加えたり，追加したり，置換することもある．

リボソーム (ribosome)
メッセンジャー RNA をタンパク質へ翻訳する，リボソーム RNA とタンパク質から構成された巨大な分子機械．

量子収率 (quantum yield)
吸収した光子数に対して放出した光子数の割合．量子収率が 0.1 以上の物質は蛍光分子として扱われる．

両親媒性 (amphipathic)
疎水性と親水性の両方を保持した物性のもの．

緑色蛍光タンパク質 (green fluorescent protein)
天然で蛍光を発するクラゲから単離されたタンパク質．蛍光団は 3 つのアミノ酸から構成されており，自発的に発光する．したがって異なる生物種での発現においても，外部因子を必要

とせずに蛍光タンパク質が得られる．

RING フィンガー（RING finger）
RING（really interesting new gene）フィンガーは C_3HC_4 モチーフ（C はシステイン，H はヒスチジン）に対して 2 個の亜鉛イオンが結合した特別な型の Zn フィンガードメイン．ユビキチン化酵素やその基質に結合しリガーゼとして働く．

類似体（analogous）
2 つの酵素において，構造的には関連性が低いが，生物学的機能は類似するものを類似体と呼ぶ．

ルシャトリエの原理（Le Chatelier's principle）
反応が平衡状態にあるとき，濃度・圧力・温度などの条件を変えると，その変化を緩和する方向に平衡は移動する，という概念．法則というより実験事実に基づいた観察結果として成り立っている．

ロスマンフォールド（rossmann fold）
核酸結合能をもつ GXGXXG という特徴的なアミノ酸配列モチーフを含んだタンパク質のフォールド状態．Michael Rossmann によって提唱された．

索　引

あ

アーキテクチャー　60
アーム　144
アイソザイム　118
アウトサイドアウト　386
亜鉛イオン　189
アクチン　28, 243, 383
　　──フィラメント　28, 244, 259
アコニターゼ　46
足場タンパク質　73, 78, 90, 287
アシルキャリアタンパク質　355, 356
アスパラギン酸トランスカルバミラーゼ　107
アズロシジン　46
アセチル CoA　351
アセチル化　152, 157, 159, 168
アダプタータンパク質　295
アデニル酸キナーゼ　8, 64, 81, 197
アデニル酸シクラーゼ　310
アナログ　38
アニーリング　376
アノテーション　422
アポリポタンパク質　65
アミノ酸　1
　　──配列　23
アミロイド　32, 166, 168
　　──線維　71, 166
アミロイドーシス　166, 167
アルコール脱水素酵素　62
アルツハイマー病　166
α-ケトグルタル酸脱水素酵素　352
$\alpha_3\beta_3$ サブユニット　251
$\alpha_3\beta_3$ リング　253
α サブユニット　252
α 炭素　1
α ヘリックス　10, 11, 23
アルマジロリピート　88
アレニウスの式　85, 176
アロステリック　95, 98, 101, 348, 350
　　──因子　82
　　──エフェクター　103
　　──エフェクター分子　82
　　──効果　82, 91, 125, 233, 345
　　──酵素　101
　　──制御　82
アンキリンドメイン　61
アンキリンリピート　61, 88
アンテナ複合体　367
アンフィンセンのドグマ　165
アンフォールディング　49
アンフォールド状態　18, 135, 161, 221

い

イオン移動度　418
イオン強度　127
イオン交換クロマトグラフィー　378
イオンチャネル　283, 311
異化遺伝子活性化タンパク質　112
異性体　3
位相　403
位相差顕微鏡　400
イソクエン酸脱水素酵素　46
イソプロピル-β-チオガラクトピラノシド　377
Ⅰ型ターン　10
1 次元的探索　141
一次構造　23
1 分子解析法　385
一般塩基触媒　188
一般酸塩基触媒　187
一般酸触媒　187
一般酸触媒作用　179
遺伝子水平伝播　38
遺伝子重複　38, 39, 43
遺伝的アルゴリズム　51, 52
ϵ クリスタリン　43
イマチニブ　289
印加磁場　390
インサイドアウト　386
インスリン受容体　293
インターフェログラム　392
インターロイキン-4　293
インタラクトーム　319, 320
インテイン　152, 155
インデル　422
インドール　346
イントロン　67, 68
　　──後生説　68
　　──前生説　68

う

ウイルス　101
ウェーブレット　223
ウェスタンブロッティング　419
ウシ膵臓トリプシン阻害剤　130
ウロキナーゼ　65

え

エキソソーム　319, 325, 339
エキソン　67
　　──シャッフリング　67, 90
液体クロマトグラフ質量分析　417
液胞型 ATP アーゼ　254
エネルギー地形　31, 218, 221
エバネッセント波　413
エピジェネティック　158
エフェクタードメイン　84
エフェクター分子　103
エレクトロスプレーイオン化法　417
塩化物イオンチャネル　165
塩基性ジッパー　114
塩橋　13, 97
エンジオール　203
エンタルピー　15, 22, 97, 143, 179
エンドソーム　32
エントロピー　15, 22, 75, 79, 90, 97, 143, 179
　　──の損失　108
エントロピー・エンタルピー補償則　21, 23
円二色性　382

お

黄色ブドウ球菌　218
応答制御因子　305
応答制御タンパク質　83
オーキシン　347
オーダーパラメータ　212, 398
オープンリーディングフレーム　320
オペロン　111
オリゴマー化　345
オリゴマータンパク質　95
オルソログ　51, 60, 77
オンセル　386
温度因子　405

か

カープラス曲線　391
開口数　400
会合速度　168
開始前複合体　331
回折　401
回転　211
　　──異性体　9, 214
　　──速度　348
　　──陽極　407
解糖系　351
解離　178
　　──速度　72, 151
　　──速度定数　78
　　──定数　75, 78, 177
化学シフト　389
　　──マッピング　397
化学量論比　251, 345
鍵-鍵穴モデル　195, 223
核オーバーハウザー効果　397
核外輸送シグナル　269, 301
核外輸送受容体　269

核局在化シグナル　269, 301
拡散　124, 167
　　──係数　240
　　──衝突頻度　124
　　──速度　135, 142, 167
　　──律速　125, 126, 130
核スピン　389
核内輸送受容体　269
核膜　264
　　──孔　267
過剰発現　375
カスケード　293
カスパーゼ　99
活性化エネルギー　176, 179
活性化エンタルピー　179
活性化エントロピー　179
活性化自由エネルギー　85
活性型　157
　　──コンフォメーション　223
活性化ループ　156, 283
活性調節機構　84
活性部位　24
活動電位　311
カップリング　370
活量　198
過渡的複合体　129, 130, 168
下部 50 kDa　246
過飽和　407
カリウムチャネル　30
カルバモイルリン酸合成酵素　349
カルボキシル基　1
カルモジュリン　88, 421
癌遺伝子　115, 303
幹細胞因子　292
干渉　401
完全酵素　338
カンチレバーアーム　411
γサブユニット　252, 253
緩和　397
　　──分散　398

き

偽遺伝子　38, 39
基質サイクル　369
基質チャネリング　347, 349
基準振動　219
キナーゼ　152, 156
　　──カスケード　296, 300
　　──結合型受容体　282
キナ酸　364
　　──利用経路　364
キネシン　249
　　──4　266
　　──5　266
　　──10　266
　　──14　266
キモトリプシン　44
　　──ドメイン　65

逆平行鎖　9
逆平行シート　9, 11
逆行性進化　48
求核剤　184, 186
求核触媒　191
球状タンパク質　28
求電子剤　184, 186
求電子触媒　188
　　──作用　179
狂牛病　166
共局在　288
競合阻害　202
凝集　49
　　──体　166
共焦点顕微鏡　384
偽陽性　420
共通祖先　50
協同性　17, 18, 109
共鳴　5
共役　161
共有結合　13, 91
共輸送体　255
極間微小管　266
極性基　11
極性モーメント　13
極大吸収波長　380
キラリティー　3
キラル　3, 382
筋型　119
銀染色　375

く

グアニン交換因子　269
グアニンヌクレオチド交換因子　296, 297
クーロン力　13, 17
駆動力　15
クマシーブリリアントブルー　375
クライオ電子顕微鏡　410
クライオ電子顕微鏡単粒子解析　369
クライオ電子線回折　368
クライゼン縮合　346
クラウディング　132, 133, 135, 165
　　──物質　133
グリークキー　24, 25
繰り返し伸長　41, 150
グリコーゲンホスホリラーゼ　106
グリコシル化　160, 164, 168
グリシン　7
グリセルアルデヒド 3-リン酸　203
グリベック　289
クリングルドメイン　65
グルコアミラーゼ　140
グルタチオン-S-トランスフェラーゼ　377
グルタミン酸脱水素酵素　98
クレブス　40
　　──回路　40
クロスβ構造　166, 167
クロスβシート　166

クロマチン　160
クロマトフォア　368

け

蛍光　382
　　──共鳴エネルギー移動　384
　　──寿命測定法　384
　　──染色　383
　　──団　384
　　──偏光解消法　385
血液凝固タンパク質　67
血管内皮増殖因子　292
結合エンタルピー　144
結合エントロピー　144
結合性軌道　382
結合速度　72
結合速度定数　78
結合定数　177
結合モジュール　138
結合力　72
欠失　35
結晶構造　331
血小板由来増殖因子　292
結晶氷　407
ケト-エノール互変異性　204
ケトアシル還元酵素　356
ケトアシル合成酵素　356
ゲル濾過　378, 386
原形質流動　266
原子間力顕微鏡　368, 411
減衰振動電圧　389
減数分裂　250

こ

コアタンパク質　320
コイル　23
コイルドコイル　24, 25, 28, 29, 114, 249
高移動度タンパク質 B1　77
好塩菌　257
光学異性体　3
光合成細菌　367
光合成反応中心　365
酵素　175
　　──阻害剤　202
　　──測定法　381
　　──反応のエネルギー準位　85
構造　36
　　──モチーフ　24, 25, 61
　　──予測　31
抗体　181, 182
　　──多様性　183
高分子クラウディング　133, 135, 337
酵母　377
コエンザイム A　192
固体電荷結合素子　408
固定化金属イオンアフィニティクロマトグラフィー　377
コドン使用頻度　377

誤認識　72
コネクチン　245
コヘシン　267
固有振動　423
コラーゲン　29
コリスミ酸　363
　　──ムターゼ　346
孤立電子対　185
ゴルジ体　264
コレラ毒素　311
コロニー刺激因子　292
混合構造　60
コンバーター　246

さ

サーモリシン　189, 191
再構成　22
歳差運動　387
最大代謝回転率　125, 126
サイトカイン　289
細胞外シグナル制御キナーゼ　300
細胞質分裂　267
細胞内受容体　117
細胞のクラウディング　133
細胞の分子社会学　320
細胞表面受容体　66
サイラス・ショチア　81
錯形成誘起シフト　397
3次元スペクトル　392
3次元的拡散　141
3次元的探索　140
3次元ドメインスワッピング　166
三次構造　24
三重共鳴実験　395
三重らせん　29
残余双極子カップリング　391
散乱　401
三量体Gタンパク質　310

し

ジーンシェアリング　42
磁化　387
磁気回転比　394
シキミ酸経路　365
軸索　264
シグナル伝達　281
シグナル認識粒子　49, 50, 272
シグナル配列　270
シグナルペプチダーゼ　270
シグナルペプチド　274
自己会合　95
自己スプライシングタンパク質　152
自己阻害　287, 303
自己抑制　76
自己抑制機構　90
脂質ラフト　302, 335
シスチン　3
システイン　3
　　──アニオン　191
システム生物学　37, 64, 424
ジスルフィド結合　13
自然淘汰　36
実効濃度　74, 90
シッフ塩基　194, 257
質量分析法　416
シトクロム b_2 フォールド　82
シトクロム bc_1　368
シトクロム c　128, 129
シトクロム c オキシダーゼ　366
ジヒドロキシアセトンリン酸　203
ジヒドロ葉酸還元酵素　224, 349
脂肪酸合成酵素　356
四面体構造　179
シャペロニン　162
シャペロン　86, 162, 168
　　──タンパク質　76, 275
車輪モデル　26, 28
自由エネルギー　96, 175, 177
　　──変化　80
重合　259
修飾　152
修繕　44, 46
収束進化　34, 42, 44
柔軟性　211
自由誘導減衰　388
縮合　5
主鎖　1, 3
出芽酵母　281
受動輸送　255
腫瘍壊死因子受容体　293
受容体チロシンキナーゼドメイン　292
受容体の二量体化　282
準安定構造　32
常磁性緩和促進　399
脂溶性シグナル　282
脂溶性ホルモン受容体　117
衝突頻度　124, 136, 168
上皮増殖因子　292
上部50 kDa　246
小胞体　163, 264
上流活性化配列　420
触媒抗体　196
触媒性トライアド　34, 44
ジョゼフ・フーリエ　388
進化　36
進化的圧力　49
ジンクフィンガー　3
　　──タンパク質　88
シンクロトロン　407
親水基　11
心臓型　119
振動　211
親和性　17

す

水素結合　14, 16, 17, 19, 75
　　──ネットワーク　19, 22
水素ラジカル　186
スイッチ機構　241
スイッチループ　242
水平伝播　69
水和　20
　　──構造　20
　　──層　20
スイングアーム　353
スーパーファミリー　60, 152
スーパーフォールド　65
スキャッチャードプロット　414
スケールフリーネットワーク　321
ストイキオメトリー　345
ストーク　247, 253
ストークス-アインシュタインの式　240
スピンエコー　397
　　──シークエンス　394
スブチリシン　44
スプライシング　50, 51, 67

せ

制御機構　90
制限付き分子動力学　399
星状体微小管　266
精製　375
静的ディスオーダー　405
静電遮蔽　127
静電性舵取り　128
静電相互作用　13, 130, 142
青緑色蛍光タンパク質　384
セカンドメッセンジャー　292
赤外線　379
赤色蛍光タンパク質　384
赤血球凝集素　32
赤血球凝集反応　138, 139
接合　69
セリン／スレオニンキナーゼ　298
セリンキナーゼ　194
セリンプロテアーゼ　181, 191
セルピン　32
セルラーゼ　138
セルロソーム　213
セレノシステイン　1
セロビオヒドロラーゼ　138, 140
繊維回折　408
遷移状態　85, 130, 161, 175, 189
　　──類似体　202
線維状タンパク質　28, 29
選択的スプライシング　69, 152, 419
全反射照明蛍光　385

そ

相関時間　212, 398
双極子　10, 195
　　──カップリング　390, 391
　　──モーメント　26, 127
走査型トンネル顕微鏡　411

装飾　265, 301
相同組換え　38, 39
相同性　421
挿入　35
挿入欠失　35
側鎖　1, 3
速度定数　72, 124
速度論的同位体効果　205
側方抑制　313
組織プラスミノーゲン活性化因子　66
疎水性　1
　　——クラスター　161
　　——相互作用　15, 17, 143
粗面小胞体　162

た
対向輸送体　256
体細胞突然変異　183
代謝酵素複合体　336
対称性モデル　104
大腸菌　239, 377
タイチン　245
ダイニン　247, 266
タイプⅠポリケタイド合成酵素　362
タイプⅡポリケタイド合成酵素　362
多酵素複合体　335, 345
多細胞生物　281
脱顆粒　293
脱グリコシル化　164
脱重合　259
脱溶媒和　148, 149
脱リン酸化　154, 156
　　——酵素　157
多波長異常分散法　404
たゆたう氷山　16
単位格子　401
タンデム MS　418
タンデムアフィニティ精製　320, 420
タンデムリピート　117
タンパク質間相互作用　49, 149, 151, 168
タンパク質ジスルフィド異性化酵素　76
タンパク質調製法　378
タンパク質データバンク　401
タンパク質の安定性　86
タンパク質発現　377

ち
チミジル酸合成酵素　349
チモシン　260, 263
チャネリング　334, 335, 350
中心体　263
中性子回折　408
チューブリンタンパク質　247
超遠心分析法　386
重複　44
調和振動　220
チラコイド膜　271
チロシン　215

沈降速度法　386

つ
通過係数　176
ツーハイブリッドスクリーニング　320, 419
ツーハイブリッド法　321, 322

て
低分子量 GTP アーゼ　293
データ—　320
デカップリング　395
適応度　36
鉄　192
テトラヘドラル　179
転位　50, 51
転化　152
電気陰性度　14
電子顕微鏡　409
電子常磁性共鳴スペクトル測定装置　399
電磁スペクトル　379
電子線　409
　　——回折　409
電子伝達系　365
電子密度　406
　　——マップ　404
転写因子　110
転写開始反応　328
転写開始前複合体　330, 331
転写減衰　346
転写工場　332
転写終結反応　329
転写伸長反応　328, 332
電磁レンズ　409
天然の 3 次元構造　30
天然変性タンパク質　49, 135, 149, 168
天然変性ペプチド　74
天然変性領域　323

と
等温滴定カロリメトリー　21, 414
透過係数　229
同型置換法　404
凍結防止タンパク質　41
動原体微小管　266
糖鎖修飾　160
動的ディスオーダー　405
動的光散乱　386
動的不安定性　262
等電点　131, 416
　　——電気泳動　419
特異性　17, 72, 287
　　——定数　206, 207
ドデシル硫酸ナトリウム　375
トポロジー　60
ドメイン　24, 59, 90
　　——シャッフリング　69, 90
　　——スワッピング　32, 69, 90, 101, 166

　　——の平均サイズ　59
トランスクリプトミクス　418
トランスコロン　272
トランス自己リン酸化　282
トランスフォーミング成長因子 α　292
トランスフォーミング成長因子 β　307
トランスポーター　255
トランスロコン　273
トリオースリン酸イソメラーゼ　51, 98, 203, 206, 337
トリカルボン酸回路　40
トリゴナル　179
トリソミー　39
トリプシン　130, 417
トリプトファン合成酵素　346, 347, 363
トレッドミル状態　262
トロンビン　78
トロンボモジュリン　78
トワイライトゾーン　35

な
内部運動　211
内部重複　42
波打ち運動　264

に
Ⅱ型ターン　10
二機能性酵素　82
ニコチンアミド　201
ニコチン性アセチルコリン受容体　311
2 次元ゲル電気泳動　419
2 次元スペクトル　392
2 次元的探索　140
二次構造　23
二次速度　206
　　——定数　125
二成分系　108
二成分シグナル伝達系　84
二成分制御系　83
二面角　5, 6
乳酸脱水素酵素　118
二量体化受容体キナーゼシステム　289
認識ヘリックス　62

ぬ
ヌクレオソーム　159, 160
ヌクレオポリン　267
　　——タンパク質　149

ね
ネイティブコンタクト　222
ネガティブ染色　410
ねじれ型　7, 9
熱容量　21
熱力学的回路　103
粘性　135, 137
粘着性アーム　143, 145, 147, 149
粘度　124

の

能動輸送　255

は

バースター　130
パーティー　321
　——ハブ　320
バイオインフォマティクス　81, 421
配向的舵取り　126
排除体積　133
ハイスループット　336
ハイドロパシープロット　274
配列モチーフ　34
ハウスキーピング酵素　46
ハウスキーピングタンパク質　49, 164
バクテリオクロロフィル　367
バクテリオロドプシン　257, 409
発現　375
発色団　380
パッチクランプ法　385, 386
ハブタンパク質　320
パラロガス　42
パラログ　61
パリンドローム　111, 117
　——配列　99, 114, 116
パルスシークエンス　392
バルナーゼ　65, 130, 216, 393
パルミトイル化　302
パワーストローク　245
ハンギングドロップ法　407
反結合性軌道　382
反応座標　229
反応中心　367

ひ

ピエゾステージ　411
非オルソロガス遺伝子置換　38
光収穫タンパク質　367
光退色後蛍光回復　384
非競合阻害　202
微小管　247, 259, 383
　——結合ドメイン　248
ヒスチジンキナーゼ　83, 305
ヒスチジン残基　187
ヒスチジンタグ　377
ヒストン　33, 158, 159
　——修飾酵素　160
ビスホスホグリセリン酸　103
ひだ状　10
ビタミン B_6　193
ビタミン B_9　363
ビタミン K　363
ヒドリドイオン　184, 186
ヒドロオキザレートイオン　191
ヒドロキシル化　152
秘密遺伝子　38
病原性因子　31

標準温度　178
表面プラズモン共鳴法　413
ピリドキサールリン酸　193
非リボソーム性ペプチド合成酵素　345
非リボソームペプチド合成　363
ピルビン酸キナーゼ　381
ピルビン酸脱水素酵素　145, 350, 351
ヒンジ　145
　——屈曲　212, 218, 229
品質管理機構　163

ふ

Φ 値解析　161, 162
ファルネシル化　302
ファンデルワールス引力　15
ファンデルワールスエネルギー　15
ファンデルワールス反発力　15
ファンデルワールス力　17
部位特異的変異導入　422
フィブリノーゲン　78, 79
フィブリン　78
フィブロネクチン　65
フィンブリン　263
封入体　377
フーリエ変換　388, 392
フェニルアラニン　215
フェリチン　46
フォールディング　17, 23, 86, 152, 161, 272
　——ファネル　222
フォールド　60
　——状態　135, 161, 221
付加　152
不可逆的阻害剤　202
不活性型　157
不競合阻害　202
不対電子　399
不凍タンパク質　89
負の協調性　105
プミリオ　90
フライキャスティング　150, 168, 323
プライマー　376
プラス端　244, 260
プラスミノゲン　79
プラスミン　79
フラビンヌクレオチド　201
フランシス・クリック　24
ブリージングモード　229
フリーラジカル　399
プリオン　166, 167
プリンヌクレオシドホスホリラーゼ　202
プルダウンアッセイ　419
プレイグジスティグモデル　198
プレニル化　305
プロセッシブ酵素　138
プロテアソーム　164, 165
プロテイン C　79
プロテインキナーゼ C　302

プロテインキナーゼ R　78
プロテインマイクロアレイ　421
プロテオミクス　418
プロトクロロフィリド還元酵素　224
プロトン　184, 389
　——イオン　186
　——勾配　250, 367
　——ポンプ　253
プロフィリン　146, 260
プロミスカス　45
プロリン　7
　——リッチ配列　145, 146, 168, 286
　——リッチ領域　144, 145
分岐進化　44
分光学的手法　379
分光光度測定　381
分子機械　319, 323
分子クラウディング効果　134
分子置換法　404
分子動力学　422
分子内相互作用　74, 75, 90
分子内重複　64
分裂促進因子活性化タンパク質キナーゼキナーゼキナーゼ　300

へ

ヘアピン構造　19
平均運動エネルギー　124
平均二乗偏差　214
平行シート　9
並進的舵取り　126
平面構造　179
平面偏光　382
β-α-β　24
　——モチーフ　25, 45
β_2 ミクログロブリン　166
β サブユニット　252
β 酸化　359
β シート　10, 11, 23
　——型膜貫通タンパク質　30
β ストランド　9, 217
β ターン　23
β 炭素　1
β バレル　24, 25, 30
　——型タンパク質　62
β ヘアピン　10, 25
　——構造　18, 19, 166
　——モチーフ　24
β ヘリックス構造　88
べき乗ネットワーク　321
ヘッジホッグ　313
ヘッドツーテイル　99, 117
ヘッドツーヘッド　99
ヘテロオリゴマー　95
ヘテロ核単一量子コヒーレンス実験　394
ヘテロ二量体　115
ペプチジルプロリルイソメラーゼ　162
ペプチド結合　4

――モチーフ 77
ペプチドマスフィンガープリンティング 417
ヘモグロビン 102
ヘリックス-コイル状態 17
ヘリックス・ターン 61
ヘリックス・ターン・ヘリックス 25, 62, 111
変異 50
変性剤 17, 18
ヘンダーソン・ハッセルバルヒの式 12
鞭毛 264

ほ
ポアタンパク質 268
補因子 191, 193
芳香族 379
　――化合物 380
紡錘体 266
ボーア効果 103
ホールセル 386
補酵素 191
　―― Q 366
ホスファターゼ 157
ホスホイノシチド 286
ホスホイノシチド 3-キナーゼ 302
ホスホグリセリン酸キナーゼ 69, 81, 337
ホスホパンテテイン 356
　――トランスフェラーゼ 356
ホスホリパーゼ C-γ 302
保存性 33
ホメオドメイン 110
ホモオリゴマー 95
ホモログ 60
ポリケタイド 360
　――合成酵素群 345
ポリプロリン 144
　――配列 144
ポリプロリン II コンフォメーション 6
ポリプロリン II ヘリックス 10, 29, 144, 331, 354
ポリプロリンヘリックス 23
ポリユビキチン 164
ボルツマン 176
　――分布 176
翻訳後修飾 152, 162

ま
マイコプラズマ 101
マイナーグルーブ 110
マイナス端 244, 260
巻き矢印 185, 186
膜タンパク質 29, 408
膜透過開始配列 274
膜透過装置 272
膜透過装置複合体 275
膜透過停止配列 274
マックス・ペルーツ 404

マトリックス支援レーザー脱離イオン化法 416
マルチドメイン構造 81, 82
マルチドメインタンパク質 67, 69, 90
マルチモジュールタンパク質 66
マルトース結合タンパク質 377

み
ミオグロビン 103
ミオシン 243
　――II 28, 243
　――V 265
ミカエリス・メンテンの式 198
ミカエリス定数 198
水 16
ミスフォールディング 49, 152, 162, 164
水分子の運動性 232
ミトコンドリア 270, 359
　――外膜タンパク質 338

む
ムーンライティング 43, 45, 46
無秩序-秩序転移 243

め
メジャーグルーブ 109
メタボロン 319, 333, 335, 337, 340
メチル化 152, 158, 159, 168
メディエーター 332
免疫グロブリン 182
　――スーパーファミリー 65
免疫沈降法 138, 139, 414

も
モータータンパク質 240, 241
モータードメイン 249
モザイク 50
　――状タンパク質 60
モジュール 59, 65, 90, 284, 287
　――タンパク質 100
モリブデンイオン 192
モル吸光係数 380
モルテングロビュール 17, 18, 135
モンテカルロ法 423

や
焼きなまし法 399

ゆ
融合タンパク質 377
有糸分裂 250, 266
誘電率 97, 127, 194
誘導適合 85, 106, 201, 226
　――モデル 195, 196, 223
輸送体 255
ユビキチン 153, 165, 218
　――化 152
ユビキノン 366

よ
葉酸 363
葉緑体 270
4 次元スペクトル 392
四次構造 24

ら
ラインウィーバー-バークプロット 416
らせん状 17
ラチェット機構 241
ラマチャンドラン 7
　――プロット 5, 6, 10, 12, 34
ランダムウォーク 124, 141, 167, 348
ランダムコイル 10, 11, 147
ランダム状態 17
ランベルト-ベールの法則 380

り
リガンド認識ドメイン 292
力場 423
リゾチーム 61, 196
立体構造エネルギーダイアグラム 31
立体構造解析 331
立体配座選択 198, 211, 220, 223, 231, 306
　――機構 226
リプレッサー 346
リブロース 1, 5-ビスホスフェートカルボキシラーゼ/オキシダーゼ 190
リポイルアーム 351
リボソーム 48, 270, 272, 323
流体力学的測定 386
流動 101
量子収率 383
量子トンネル効果 229
両親媒性 26
両性イオン 13
緑色蛍光タンパク質 335, 384
リンカー 247
臨界濃度 260
リン酸化 107, 117, 152, 156, 168
　――酵素 152
　――修飾 83
　――チロシン 72, 284

る
ルシャトリエの原理 199

れ
レクチン 138, 139
レシーバードメイン 83
レシリン 149
レチナール 257
レバーアーム 247
連続モデル 105

ろ

ロイシンジッパー 113
　　──配列 115
ロイシン脱水素酵素 98
ロイシンリッチリピート 88
ロスマンフォールド 34, 61
ロドプシン 255, 258
ロンドン分散力 15

A

AAA＋ドメイン 247
ABCトランスポーター 256
Ablキナーゼ 289
acetylation 157
ACP 356
actin 243
action potential 311
activation energy 176
activation loop 283
active site 24
acyl carrier protein 356
adaptor protein 296
affinity 17
AFM 368, 411
allosteric 98, 101
allosteric effector 103
alternative splicing 69, 152, 419
amphipathic 26
amyloid 166
analogous 38
analytical ultracentrifugation 386
Anfinsen 165
annotation 422
antibody 181
antiparallel strand 9
antiporter 256
AP1 115
AROM 363
　　──複合体 369
aromatic 379
Arp2/3 263
Arp複合体 263
Arrhenius 176
astral microtubule 266
atomic force microscopy 411
ATP-Binding Casette 輸送体 256
ATPアーゼドメイン 256
ATP駆動型輸送体 256
ATP結合カセット輸送体 256
ATP合成酵素 250
AUC 386
autoinhibition 76, 287
auxin 347
axon 264

B

B1ドメイン 217

backbone 1
bacteriorhodopsin 257
basic zipper 114
Beer-Lambert 380
binding change の原則 252
binding constant 177
bioinformatics 421
bisphosphoglycerate 103
BL21 377
BLAST 421
Bohr effect 103
Boltzmann 176
Boltzmann distribution 176
Boyer 252
bR 257
BRE 329
BSE 166
B因子 405

C

c-Fos 115
c-Jun 115
C-sequence 248
C-terminal domain 331
c_{10}リング 252
cAMP 112, 310
CAP 112, 113
cascade 293
caspase 99
catabolite gene activating protein 112
catalytic triad 34
CATH分類 60, 90
CD 382
　　──スペクトル 382
CDP-ジアシルグリセロール 192
cellular crowding 133
CFP 384
Cgt1 332
chaperone 162, 275
chemical shift 389
chiral 3, 382
chirality 3
chloroplast 270
Christian Anfinsen 30
chromophores 380
circular dichroism 382
CIS 397
cis型 5
Claisen condensation 346
CoA 201
codon usage 377
coiled coil 28, 114, 249
colocalization 288
colony-stimulating factor 292
complexation-induced shift 397
condensation 5
confocal microscope 384
conformational selection 198, 205, 223

conservation 33
convergent evolution 34, 42, 44
converter 246
cooperativity 109
core protein 320
correlation time 212, 398
critical concentration 260
Crk 304
cryptic gene 38
CSF 292
CTD 331, 339
curly arrow 186
Cyrus Chothia 81
Cys_2His_2ファミリー 88
cytochrome c 128
cytokine 289
cytokinesis 267
cytoplasmic streaming 266
C末端ドメイン 331, 339

D

DALI 35
dater 320
David Baltimore 59
Dbl homology 286
degranulation 293
deletion 35
denaturant 17
DHAP 203
DHFR 224
DHドメイン 286
dielectric constant 97, 127
diffusion coefficient 240
dihedral angle 5
dihydrofolate reductase 224
dipole 10, 195
dipole moment 127
disorder-order transition 243
dissociation constant 177
divergent evolution 44
DNA結合タンパク質 62
DNAメチルトランスフェラーゼ 111
domain 24, 59
DPE 329
DSS 389, 390
dynamic instability 262
dynamic light scattering 386

E

E^*S 196
$E.\ coli$ 239, 377
EC分類番号 90
effective concentration 74
EFハンド 24, 25
EGF 292
　　──受容体 303
　　──ドメイン 65, 79
EGF4 79

electron paramagnetic spectroscopy　399
electrophile　186
electrospray ionization　417
electrostatic force　13
electrostatic screening　127
electrostatic steering　128
elongation　328
embellishment　265, 301
enantiomer　3
encounter complex　129
endoplasmic reticulum　163, 264
energy landscape　31, 221
enthalpy　22, 97
entropy　22, 97
entropy/enthalpy compensation　21
enzyme-linked assay　381
epidermal growth factor　292
epigenetic　158
EPR　399
ER　163, 264
ERK　300
ES　196
Escherichia coli　239, 377
ESI　417
ESR　399
ETS タンパク質　78
evolution　36
extracellular-signal-regulated kinase　300

F

factor oligomysin　251
FAD　192
farnesylation　302
FAS　356
fatty acid synthase　356
fibrous protein　28
Fick の法則　239
FID　388, 389
filamentous　244
flagellum　264
FlgM　151
FLIM　384
fluctuating iceberg　16
fluorescence lifetime imaging microscopy　384
fluorescence recovery after photobleaching　384
fluorescence resonance energy transfer　384
flux　102
fly casting　150
FMN　192
F_oF_1-ATP アーゼ　365, 367
folding funnel　222
force field　423
Fos　115

Fourier transform　388, 392
Francis Crick　24, 27
FRAP　384
free energy　175, 177
free induction decay　388
FRET　384
FT　392
FtsZ　239
fusion protein　377
F アクチン　244

G

G-protein-coupled receptor　309
G3P　203
GA　51
GAP　269, 297
GCN4　113, 114
GDH　98
GEF　269, 296, 297
gel filtration　378
gene duplication　38
gene sharing　42
general acid catalysis　187
general base catalysis　188
genetic algorithm　51
GFP　335, 384
　──変異体　384
globular　244
globular protein　28
glutamate dehydrogenase　98
glutathione S-transferase　377
glycine　7
glycogen phosphorylase　106
glycosylation　160
Golgi apparatus　264
GPCR　309
Grb2　296, 304
green fluorescent protein　335, 384
GroEL　86
growth factor receptor-bound protein 2　296
GST　377
GTP アーゼ　241
GTP アーゼ活性化タンパク質　269, 297
guanine exchange factor　269
guanine nucleotide exchange factor　297
gyromagnetic ratio　394
G アクチン　244
G タンパク質　8
　──共役型受容体　283, 309

H

H.E. Krebs　59
H^+/ATP 比　252
Halobacterium salinarum　257
harmonic oscillation　220
heat capacity　21

Hedgehog　313
helical wheel　26
helix-coil transition　17
helix-turn-helix　111
hemagglutination　138
hemoglobin　102
Henderson-Hasselbalch equation　12
heptad リピート　114
heteronuclear single-quantum coherence　394
histidine kinase　305
histidine tag　377
histone　33, 158
HMGB1　77
HN(CA)CO　396
HNCO　396
homolog　60
homologous recombination　38
horizontal transfer　69
housekeeping protein　164
HSQC　394
HTH ドメイン　116
hub protein　320
hydrogen bond　14, 16
hydropathy plot　274
hydrophilic　11
hydrophobic　1
hydrophobic interaction　15
hypobradytelism　49
H 型　119

I

IL-4　293
IMAC　377
immobilized metal affinity chromatography　377
immunoprecipitation　138
inclusion body　377
indel　35
induced fit　106, 201, 223
induced fit model　196
inhibitor　202
initiation　328
Inr　329
insertion　35
insulin receptor　293
insulin receptor substrate 1　294
intein　152
interactome　319
internal duplication　64
interpolar microtubule　266
ion-exchange chromatography　378
ionic strength　127
IPTG　377
IR　379
　──スペクトル　379
IRS1　294, 295
IRS2　295

isoelectric focusing 419
isomer 3
isomorphous replacement 404
isopropyl β-thiogalactopyranoside 377
isothermal titration calorimetry 414
isozyme 118
ITC 21, 414

J

J. E. Baldwin 59
Jak/Stat 289
JNK 301
Joseph Fourier 388, 390
Josiah Willard Gibbs 97
Jun 115
J カップリング 391, 394

K

Karplus curve 391
k_{cat} 201
k_{cat}/K_m 206, 207
kinase 152
kinase regulatory-loop binding 294
kinase suppressor of Ras 300
kinetic isotope effect 205
kinetochore microtubule 266
K_m 201
KNF 105
knobs into holes 24, 27
Krebs 40
KRLB 294
KSR 300

L

L-アミノ酸 1, 3
lactate dehydrogenase 118
LacY 255
lac オペロン 112
lac リプレッサー 63, 112
Last Universal Common Ancestor 50
lateral inhibition 313
LC-MS 417
LDH 98
Le Chatelier's principle 199
lectin 138
leucine dehydrogenase 98
leucine zipper 113
ligand recognition domain 292
light harvesting 367
Linus Pauling 12
lipid raft 302, 335
liquid chromatography-mass spectrometry 417
lock and key model 195, 223
low-complexity protein 42

M

m/z 416
macromolecular crowding 133, 337
Mad 116
MAD 404
magnetization 387
major groove 109
MALDI 416
maltose-binding protein 377
MAP 300
MAPKKK 300
MAT α1 110
MAT α2 110
matrix-assisted laser desorption ionization 416
Max 116
Max Perutz 404
MBP 377
MCM 1 110
MEC 345
mediator 332
meiosis 250
membrane protein 408
metabolon 319, 333
metastable 31
methylation 158
Michaelis-Menten equation 198
microtubule 247
microtubule-binding domain 248
MinC 239
minor groove 110
mitochondrion 270
mitogen-activated protein 300
mitonic spindle 266
mitosis 250, 266
module 59
molar extinction coefficient 380
molecular dynamics 422
molecular machines 323
molecular replacement 404
molecular sociology of the cell 320
molten grobule 18, 135
moonlighting 45
mosaic 50, 60
MS-MS 418
MTBD 248
multicellular 281
multienzyme complex 335, 345
multiwavelength anomalous dispersion 404
Murzin 60
MWC モデル 104
Myc 116
Mycoplasma genitalium 71, 101
M 型 119

N

N-end rule 165
NAD^+ 380
NADH 192, 380
native contact 222
native structure 30
natively unstructured 74, 135
natural selection 36
negative cooperativity 105
NES 269, 301
nicotinic acetylcholine receptor 311
NLS 269, 301
NMR 212, 387
　　──構造 400
　　──スペクトル 395
NOE 397
NOESY スペクトル 392
nonorthologous gene displacement 38
nonribosomal peptide synthesis 363
normal mode 219
Notch シグナル 313
Notch 受容体 61, 312
NRPS 363
NtrC 229
nuclear envelope 264
nuclear export signal 269, 301
nuclear localization signal 269, 301
nuclear magnetic resonance 387
nuclear Overhauser effect 397
nucleophile 186
nucleoporin 268
numerical aperture 400
N 末端則 165

O

off-rate 72
oligomeric protein 95
oligomycin sensitivity-conferring protein 251
OmpX 31
oncogene 115, 303
open reading frame 320
operon 111
order parameter 212, 398
ORF 320
ortholog 60, 77
overexpression 375

P

P loop 242
palindrome 99
palmitoylation 302
paralog 61
paramagnetic relaxation enhancement 399
party hub 320
patch clamping 385
Patched 313
PCR 法 376
PDGF 292
PDH 350, 351
PDZ ファミリー 219

peptide bond　4
peptide mass fingerprinting　417
peptidylprolyl isomerase　162
perfect enzyme　338
PEST 配列　165
Pfam　67
PGK　69, 337
phosphatase　157
phosphoglycerate kinase　337
phosphoinositide 3-kinase　302
phospholipase C-γ　302
phosphorylation　152
phosphotyrosine-binding　285
PH ドメイン　286
pI　13, 131
PI3-キナーゼ　287
PIC　330
Pichia pastoris　377
Pin1　332
pK_a　12, 187
platelet-derived growth factor　292
PLC-γ　302
pleated　10
pleckstrin homology　286
plenylation　305
PNP　202
　　——アーゼ　325
polyketide　360
Polymerase chain reaction　376
polyproline II helix　10, 29, 144, 331, 354
population-shift モデル　223
pore protein　268
power stroke　245
ppm　389
PRE　399
pre-existing　198, 223
pre-initiation complex　330
primary structure　23
primed 状態　249
prion　166
processive enzyme　138
ProDom　67
proline　7
promiscuous　45
proteasome　164
protein kinase C　302
proteomics　418
pseudo-twofold symmetry　64
pseudogene　38
PSI-BLAST　422
PTB ドメイン　285
pull-down assay　419
pulse sequence　392
pyruvate dehydrogenase　145, 351
P ループ　242

Q

quantum yield　383
quaternary structure　24

R

Raf　298
Ramachandran　7
Ramachandran plot　5
Ran　269
random-coil　11
Ras　242, 293
Ras キナーゼ活性抑制分子　300
ratchet mechanism　241
rate constant　124
reaction center　367
reaction coordinate　229
receptor tyrosine kinase　292
relaxation　397
relaxation dispersion　398
repeat expansion　41, 150
resonance　5
response regulator　305
retinal　257
RFP　384
R_{free}　405
Rhodobacter sphaeroides　367
rhodopsin　255
Rho ファミリー　300
RI3 キナーゼ　302
RNA ポリメラーゼII　77, 328, 339
RNA ワールド　48
root mean squared deviation　214
Rosetta　31
Rossmann fold　61
Rrp44　326
RTK システム　308
RuBisCo　190
RXR　117
R 因子　404

S

S-S ジスルフィド構造　3
S-アデノシルメチオニン　192
Saccharomyces cerevisiae　281, 377
SAGA　329
salt bridge　13
scaffold protein　73, 78, 287
scanning tunneling microscopy　411
SCF　292
SCOP 分類　60, 90
SDS-PAGE ゲル　375
Sec61　274
Sec61/SecY　273
second messenger　292
second-order rate　206
secondary structure　23
self association　95
sequence motif　34
Ser/Thr kinase　298
SH2　67
　　——ドメイン　72, 284
SH2B1　74
SH3 ドメイン　286
side chain　1
signal recognition particle　49
signal sequence　270
simulated annealing　399
site-directed mutagenesis　422
Ski 複合体　325
Smad ubiquitylation regulation factors　309
Smad シグナル　308
Smad システム　307
Smad ユビキチン化制御因子　309
Smoluchowski の式　136
Smoothened　313
Smurf　309
sodium dodecyl sulfate　375
Sos　296, 304
specificity　17, 287
specificity constant　206
SPR　413
Src homology 2　284
Src homology 3　286
Src キナーゼ　157, 289, 303
SRP　272
Staphylococcus aureus　218
stem cell factor　292
STM　411
stoichiometry　251
Stokes-Einstein の関係　136
structure　36
structure motif　24, 61
structure prediction　31
substrate channeling　347
superfold　66
superkiller　325
supersaturated solution　407
surface plasmon resonance　413
switch I　242
switch II　242
symporter　255
Systems Biology　37

T

TAFs　329
tandem affinity purification　320, 420
TAP タグスクリーニング　322
TAP 法　420
TATA エレメント　329
TATA ボックス　331
TBP　329
TCA 回路　40, 351
TCA 酵素複合体　335
termination　329

tertiary structure　24
TEV プロテアーゼ　420
TF Ⅱ A　329, 330
TF Ⅱ B　329, 330
TF Ⅱ D　77, 329, 330
TF Ⅱ E　329, 330
TF Ⅱ F　329, 330
TF Ⅱ H　329, 330
TGF-α　292
TGF-β　307
thermodynamic cycle　103
thylakoid membrane　271
TIM　337
time of flight　416
TIM バレル　24, 45, 61
TIM フォールド　24
TIRF　385
titin　245
TNF　293
tobacco etch virus　420
TOF　416
total internal reflection fluorescence　385
TRAMP 複合体　325
transcription attenuation　346
transcription factor　110
transcription factory　332
transcriptomics　418
transemission coefficient　229
transforming growth factor-α　292
transforming growth factor-β　307
transition state　130
transition state analog　202
translocator complex　275

transporter　255
trans 型　5
treadmilling　262
tricarboxylic acid　40
triosephosphate isomerase　98, 204, 337
triple resonance　396
trp オペロン　346
trp リプレッサー　111, 113
tryptophan repressor　111
tumor necrosis factor　293
two component system　108
two-hybrid スクリーニング　62

U
UAS　420
ubiquitylation　152
UDP グルコース　192
unprimed 状態　249
upstream activation sequence　420
UV／vis　379

V
v-Fos　115
v-Jun　115
van der Waals attraction　15
van der Waals repulsion　15
vascular endothelial growth factor　292
VDAC　338
VEGF　292
virulence factor　31
virus　101
viscosity　137
voltage-dependent anion channel　338

W
Walker A モチーフ　242
water　15
wavelet　223
western blotting　419

X
X-Gal　420
X 線結晶構造解析　401, 408
X 線小角散乱　386

Z
zwitterion　13
z 磁化　394

数字
2, 2-ジメチル-2-シラペンタン-5-スルホン酸　390
3-メチル-2-オキソブタン酸脱水素酵素　353
3_{10}-ヘリックス　23
4-ヒドロキシプロリン　29
4-ヘリックスバンドル　25
4-ヘリックスバンドル構造　116
5-ブロモ-4-クロロ-3-インドリル-β-D-ガラクトシド　420
9-*cis* レチノール酸受容体　117
14-3-3　298
30S リボソーム　323
90°パルス　387
180°パルス　394

Essential タンパク質科学

2016年2月25日 発行	著 者 Mike Williamson
	監訳者 津本浩平, 植田 正, 前仲勝実
	発行者 小立鉦彦
	発行所 株式会社 南 江 堂
	✉113-8410 東京都文京区本郷三丁目42番6号
	☎(出版)03-3811-7235 (営業)03-3811-7239
	ホームページ http://www.nankodo.co.jp/
	印刷・製本 真興社

HOW PROTEINS WORK
©Nankodo Co., Ltd., 2016

定価はカバーに表示してあります.
落丁・乱丁の場合はお取り替えいたします.

Printed and Bound in Japan
ISBN978-4-524-26864-1

本書の無断複写を禁じます.

JCOPY 〈(社)出版者著作権管理機構 委託出版物〉

本書の無断複写は,著作権法上での例外を除き,禁じられています.複写される場合は,そのつど事前に,(社)出版者著作権管理機構(TEL 03-3513-6969, FAX 03-3513-6979, e-mail: info@jcopy.or.jp)の許諾を得てください.

本書をスキャン,デジタルデータ化するなどの複製を無許諾で行う行為は,著作権法上での限られた例外(『私的使用のための複製』など)を除き禁じられています.大学,病院,企業などにおいて,内部的に業務上使用する目的で上記の行為を行うことは私的使用には該当せず違法です.また私的使用のためであっても,代行業者等の第三者に依頼して上記の行為を行うことは違法です.